# QUÍMICA GERAL

e

## REAÇÕES QUÍMICAS

**Dados Internacionais de Catalogação na Publicação (CIP)**

**(Câmara Brasileira do Livro, SP, Brasil)**

Química geral e reações químicas, volume 1 : tradução da
  10ª edição norte-americana / John C. Kotz...[et al.] ;
  tradutor técnico dos trechos da 10ª edição Robson Mendes
Matos. -- 4. ed. - São Paulo: Cengage Learning, 2023.

  Outros autores: Paul M. Treichel, John R. Townsend,
David A. Treichel
Townsend, David A. Treichel
  Título original: Chemistry & Chemical Reactivity. 10. ed.
  norte-americana.
  ISBN 978-65-5558-433-2

  1. Química 2. Química - Estudo e ensino 3. Reações químicas
I. Kotz, John C.  II. Treichel, Paul M.  III. Townsend, John
R.  IV. Treichel, David A.  V. Matos, Robson Mendes.  VI.
Título.

22-139774                                          CDD-540.7

**Índice para catálogo sistemático:**

1. Química : Reações químicas : Estudo e ensino   540.7

Henrique Ribeiro Soares - Bibliotecário - CRB-8/9314

# QUÍMICA GERAL

e

## REAÇÕES QUÍMICAS

**Tradução da 10ª edição norte-americana**

**Volume 1**

**John C. Kotz**
State University of New York
College at Oneonta

**Paul M. Treichel**
University of Wisconsin-Madison

**John R. Townsend**
West Chester University of Pennsylvania

**David A. Treichel**
Nebraska Wesleyan University

**Tradutor técnico dos trechos da 10ª edição
e revisor técnico de toda a obra:
Robson Mendes Matos**

Austrália • Brasil • México • Cingapura • Reino Unido • Estados Unidos

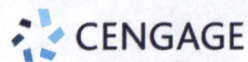

**Química Geral e Reações Químicas – Volume 1**
Tradução da 10ª edição norte-americana

**John C. Kotz; Paul M. Treichel; John R. Townsend;**
**David A. Treichel**

4ª edição brasileira

Gerente editorial: Noelma Brocanelli

Editora de desenvolvimento: Gisela Carnicelli

Supervisora de produção gráfica: Fabiana Alencar
Albuquerque

Título original: Chemistry & Chemical Reactivity, 10th Edition

(ISBN 13: 978-1-337-39907-4)

Tradução técnica (trechos da edição atual):
Robson Mendes Matos

Tradução da edição anterior (trechos): Noveritis do Brasil

Revisão técnica da edição atual: Robson Mendes Matos

Cotejo: Joana Figueiredo, Priscilla Lopes e Diego Carrera

Revisão: Joana Figueiredo, Mônica Aguiar , Luicy Caetano,
Diego Carrera e Fábio Gonçalves

Diagramação: PC Editorial Ltda.

Indexação: Priscilla Lopes

Capa: Alberto Mateus/Crayon Editorial

Imagem da capa: ggw/Shutterstock

Para informações sobre nossos produtos, entre em contato pelo telefone +55 11 3665-9900

Para permissão de uso de material desta obra, envie seu pedido para direitosautorais@cengage.com

© 2023 Cengage Learning. Todos os direitos reservados.

ISBN-13: 978-65-5558-433-2
ISBN-10: 65-5558-433-5

**Cengage**
Condomínio E-Business Park
Rua Werner Siemens, 111 – Prédio 11 – Torre A – 9º andar
Lapa de Baixo – CEP 05069-010 – São Paulo – SP
Tel.: +55 11 3665-9900

Para suas soluções de curso e aprendizado, visite
www.cengage.com.br

Impresso no Brasil.
*Printed in Brazil.*
1ª impressão – 2022

# Conteúdo Resumido

# Sumário

## PARTE DOIS ▶ ÁTOMOS E MOLÉCULAS

## PARTE TRÊS ▶ ESTADOS DA MATÉRIA

# Prefácio

A primeira edição deste livro foi concebida há mais de 30 anos. Desde essa época foram oito edições e mais de 1 milhão de estudantes no mundo todo usando o livro para iniciar o estudo de Química. Com o passar dos anos, e de muitas edições, nossos objetivos permanecem os mesmos: fornecer uma visão ampla dos princípios da Química, da reatividade dos elementos químicos e de seus compostos e das aplicações da Química. Para atingir esses objetivos, tentamos mostrar a íntima relação entre as observações que os químicos fazem das mudanças químicas e físicas em laboratório e na natureza, e a maneira como essas mudanças são vistas nos níveis atômico e molecular.

Também tentamos trazer o sentido de que a Química não é somente uma história vívida, mas também dinâmica, com importantes desenvolvimentos novos que ocorrem a cada ano. Além do mais, queremos fornecer algumas percepções sobre os aspectos químicos do mundo ao nosso redor. Os autores deste livro têm pensado coletivamente a química por mais de cem anos e temos nos dedicado há anos na pesquisa fundamental. Como com milhares de cientistas antes e atualmente, nosso objetivo tem sido satisfazer nossa curiosidade sobre áreas da química, documentar o que encontramos e transmitir isto para estudantes e outros cientistas. Nossos resultados, e muitos, muitos outros, são colocados em uso, talvez somente anos mais tarde, para produzir um material melhor ou melhores medicamentos. Cada pessoa, eventualmente, se beneficia do trabalho da comunidade mundial de cientistas.

A ciência, entretanto, tem estado sob ataque. Alguns temem o que a comunidade científica tem feito e rejeitam os resultados de pesquisa feita cuidadosamente. Portanto, a chave, dentre os objetivos deste livro e da disciplina de química geral, é descrever "fatos" químicos básicos – processos e princípios químicos, como os químicos vieram entender estes princípios, como eles podem ser aplicados na indústria, medicina e no ambiente e como pensar sobre os problemas como um cientista. Tentamos fornecer

**Balão de ar quente.** Veja o Capítulo 10 sobre a lei dos gases.

John C. Katz

as ferramentas para ajudá-lo a se tornar química e cientificamente um cidadão letrado.

## O Público para *Química Geral e Reações Químicas*

Este livro (tanto a versão impressa como e-book) é destinado a alunos interessados em estudos adicionais de ciência, independentemente de essa ciência ser a Química, a Biologia, a Engenharia, a Geologia, a Física ou assuntos correlacionados. Presumimos que os estudantes em um curso que utiliza este livro tenham certo conhecimento de Álgebra e ciência em geral. Apesar de ser inegável sua contribuição, um maior conhecimento em Química não é esperado nem exigido.

## Filosofia e Abordagem em *Química Geral e Reações Químicas*

Temos diversos objetivos importantes, mas não independentes, desde a primeira edição deste livro. O primeiro era escrever um livro que os alunos pudessem ter prazer em ler e que oferecesse, com determinado nível de rigor, Química e os princípios da Química na forma e em uma organização comuns às faculdades e cursos universitários atuais. Em segundo lugar, pretendíamos trazer a utilidade e a importância da Química introduzindo as propriedades dos elementos, seus compostos e suas reações.

A American Chemical Society (Sociedade Americana de Química) tem se esforçado para convencer os educadores a colocar a "Química" de volta nos cursos de Química iniciais. Concordamos totalmente. Portanto, tentamos descrever os elementos, seus compostos e suas reações desde o princípio e com a maior frequência possível, trazendo:

- Material sobre as propriedades dos elementos e compostos em Exemplos e Questões para Estudo.

- Usando várias **fotografias** dos elementos e compostos comuns, de reações químicas, de operações laboratoriais comuns e processos industriais.
- Utilizando as questões Aplicando os Princípios Químicos em cada capítulo que se aprofundam nas aplicações de química.

## Organização Geral

Com suas diversas edições, a obra *Química Geral e Reações Químicas* abordou dois temas: *Reatividade Química* e *Ligações e Estrutura Molecular*. Os capítulos sobre *Princípios da Reatividade* introduzem os fatores que levam as reações químicas a apresentarem sucesso ao converter reagentes em produtos: tipos comuns de reações, a energia envolvida nas reações e os fatores que afetam a velocidade de uma reação. Um motivo que justifica as enormes vantagens em Química e Biologia molecular nas últimas décadas tem sido a compreensão da estrutura molecular. As seções do livro sobre *Princípios das Ligações e Estrutura Molecular* se detêm ao fundamento para chegar à compreensão desses desenvolvimentos. Atenção especial deve ser dada ao entendimento dos aspectos estruturais das moléculas biologicamente importantes, como a hemoglobina, as proteínas e o DNA.

### Flexibilidade de Organização do Capítulo

À medida que olhamos os livros de introdução à química disponíveis atualmente e conversamos com colegas em outras universidades, fica claro que há uma ordem, geralmente aceitável, dos tópicos na disciplina. Com apenas mínimas variações, seguimos essa ordem. O que não significa que os capítulos em nosso livro não possam ser usados em outra ordem. Elaboramos este livro para ser o mais flexível possível. Um exemplo é a **flexibilidade da abordagem sobre o comportamento dos gases** (Capítulo 10). Ele foi colocado com os capítulos sobre líquidos, sólidos e soluções (Capítulos 10 a 13), pois, logicamente, encaixa-se com esses tópicos. Entretanto, pode ser facilmente lido e compreendido após o estudo dos primeiros quatro capítulos.

Da mesma forma, os capítulos sobre estrutura molecular e atômica (Capítulos 6 a 9) puderam ser usados em uma **abordagem dos primeiros átomos**, à frente dos capítulos sobre estequiometria e reações comuns (Capítulos 3 e 4).

Para facilitar isso, há uma introdução à energia e suas unidades no Capítulo 1.

Também, os capítulos sobre equilíbrio dos produtos químicos (Capítulos 15 a 17 , no Volume 2) puderam ser incluídos antes daqueles sobre soluções e cinética (Capítulos 13 e 14).

Química Orgânica (Capítulo 23, no Volume 2) é um dos capítulos finais no livro. Entretanto, os tópicos desse capítulo também podem ser apresentados aos estudantes após os capítulos sobre estruturas e ligações.

A ordem dos tópicos no texto também foi alterada para introduzir logo no início os fundamentos necessários

**Cristais de rodocrosita, MnCO$_3$.** Veja os Capítulos 12, no Volume 1, e 17, no Volume 2.

*John C. Kotz*

aos experimentos laboratoriais, geralmente executados nos cursos introdutórios de Química. Por esse motivo, os capítulos sobre produtos químicos e propriedades físicas, tipos de reação comum e estequiometria deram início a este livro. Além disso, como o entendimento da energia é tão importante no estudo da Química, a energia e suas unidades são introduzidas no Capítulo 1, e a termoquímica é introduzida no Capítulo 5.

## Organização e Objetivos das Seções do Livro

### VOLUME 1

### PARTE UM: As Ferramentas Básicas da Química

As ideias básicas e os métodos da Química são introduzidos na Parte 1. O Capítulo 1 define termos importantes, bem como as unidades de revisão e os métodos matemáticos que as acompanham na seção *Revisão*. O Capítulo 2 introduz átomos, moléculas e íons e o dispositivo organizacional mais importante na Química, a tabela periódica. No Capítulo 3, começamos a discutir os princípios da atividade química. As equações químicas escritas são abordadas aqui, e há uma breve introdução sobre o equilíbrio. Depois, no Capítulo 4, descrevemos os métodos numéricos usados pelos químicos para extrair informações quantitativas das reações químicas. O Capítulo 5 é uma introdução à energia envolvida nos processos químicos.

### PARTE DOIS: Átomos e Moléculas

As teorias atuais da disposição dos elétrons em átomos são apresentadas nos Capítulos 6 e 7. Essa discussão está intimamente vinculada à disposição dos elementos na tabela periódica e às propriedades periódicas. No Capítulo 8, discutimos os detalhes das ligações químicas e das propriedades dessas ligações. Também mostramos como derivar a estrutura tridimensional de moléculas simples. Finalmente, no Capítulo 9, consideramos as principais teorias das ligações químicas em mais detalhes.

# Novidades desta Edição

Numerosas mudanças foram feitas em relação à edição anterior, algumas pequenas, outras grandes. Algumas que se sobressaem estão listadas aqui.

Volume 1:

- Os objetivos para cada tópico em um capítulo agora são fornecidos no começo de cada seção. Uma seção Objetivos Revisitados ao final de cada capítulo então une cada objetivo a uma ou mais Questões para Estudo que se relacionam ao objetivo.
- As questões Aplicando os Princípios Químicos foram expandidas de uma por capítulo para duas ou três. Algumas estavam nos quadros Um Olhar mais Atento ou Estudo de Caso na edição anterior.
- Fizemos uma mudança em como os algarismos significativos são tratados na resolução de problemas.
- Reorganizamos a seção sobre nomenclatura de compostos no Capítulo 2.
- Foi adicionada uma nova seção ao Capítulo 2 sobre Análise Química: Determinando as Fórmulas de Compostos.
- Na sugestão de um usuário do livro, adicionamos um quadro Um Olhar mais Atento no Capítulo 3 sobre nomenclatura de ácidos comuns e seus ânions relacionados.
- Mudamos nossa abordagem para a resolução de problemas de reagentes limitantes no Capítulo 4.
- No Capítulo 8 expandimos a discussão dos diagramas de van Arkel para ligações e adicionamos uma questão de Aplicando os Princípios Químicos no tópico.
- No Capítulo 12 adicionamos uma seção sobre Modelo do Mar de Elétrons para a ligação nos metais.

**Fogos de artifício.** Veja o Capítulo 6.

John C. Kotz

- A seção sobre ligas no Capítulo 12 foi expandida.
- No Capítulo 13 retratamos um extrato do livro *Lab Girl*, de Hope Jahren. O quadro Um Olhar mais Atento sobre Hardening Árvores aplica-se às propriedades cognitivas no capítulo.

Volume 2:

- No Capítulo 14, uma nova dica para Resolução de Problemas sobre Determinação de uma Equação de Velocidade: Uma abordagem logarítmica foi adicionada e expandimos a discussão de catálise por enzimas.
- Uma Dica de Resolução de Problemas sobre Uma Revisão de Conceitos de Equilíbrio foi adicionada ao Capítulo 15.
- No Capítulo 18 há um novo quadro Um Olhar mais Atento intitulado Entropia e Espontaneidade? Este é baseado em

alguns artigos recentes no *the Journal of Chemical Education*.

- No Capítulo 18 há uma nova seção sobre A Interação da Cinética e a Termodinâmica.
- O Capítulo 19 tem uma nova seção sobre Corrosão: Reações Redox no Ambiente.
- No Capítulo 20, sobre química ambiental, muitos dos dados foram atualizados e um novo quadro Um Olhar mais Atento sobre o rio The Flint, O Problema de Tratamento de Água de Michigan.
- Nova pesquisa sobre o entendimento da dramática reatividade do sódio com a água é o assunto de um quadro Um Olhar mais Atento no Capítulo 21. Outros novos quadros Um Olhar mais Atento descrevem avanços na química do boro, explosões de nitrato de amônio e novos compostos baseados no flúor. Finalmente, existem novas questões de Aplicando os Princípios Químicos sobre o Chumbo no Ambiente e Armazenamento de Hidrogênio.
- Para o Capítulo 24, Bioquímica, a seção sobre O Mundo do RNA foi colocada como um quadro sobre Transcriptase Reversa. Mas, dado o enorme interesse em CRISPR, adicionamos um quadro Um Olhar mais Atento em Engenharia Genética com CRISPR-Cas9.
- Vários novos elementos foram adicionados à tabela periódica nos últimos anos.
- Um novo quadro Um Olhar mais Atento no Capítulo 25 descreve estes elementos e a produção deles. Existe também um novo quadro Um Olhar mais Atento, Um Suspense de Espião da Vida Real, que descreve um assassinato realizado com polônio radioativo.

## PARTE TRÊS: Estados da Matéria

O comportamento dos três estados da matéria – gasoso, líquido e sólido – está descrito nos Capítulos 10 a 12. A discussão de líquidos e sólidos está vinculada aos gases por meio da descrição de forças intermoleculares no Capítulo 11, com especial atenção à água em estado líquido e sólido. No Capítulo 13, descrevemos as propriedades das soluções, misturas íntimas de gases, líquidos e sólidos.

## VOLUME 2

### PARTE QUATRO: O Controle das Reações Químicas

Esta parte está inteiramente preocupada com os *Princípios da Reatividade*. O Capítulo 14 examina as taxas dos processos químicos e os fatores que controlam essas taxas. Em seguida, os Capítulos 15 a 17 descrevem o equilíbrio químico. Após uma introdução ao equilíbrio no Capítulo 15, destacamos as reações que envolvem ácidos e bases na água (Capítulos 16 e 17) e as reações que conduzem ligeiramente aos sais solúveis (Capítulo 17). Para vincular a discussão dos equilíbrios químicos e termodinâmicos, exploramos a entropia e a energia livre no Capítulo 18. Como um tópico final nesta parte, descrevemos no Capítulo 19 as reações químicas que envolvem a transferência de elétrons e o uso dessas reações nas células eletroquímicas.

## PARTE CINCO: A Química dos Elementos

Embora a Química de muitos elementos e componentes esteja descrita no livro todo, a Parte 5 aborda esse tópico de maneira mais sistemática. O Capítulo 20 reúne muitos dos conceitos dos capítulos anteriores em uma discussão sobre a *Química Ambiental: Ambiente, Energia e Sustentabilidade*. O Capítulo 21 é dedicado à química dos elementos do grupo principal, ao passo que o Capítulo 22 é uma discussão dos elementos de transição e seus compostos. O Capítulo 23 é uma breve discussão da Química Orgânica com ênfase na estrutura molecular, nos tipos de reações básicas e polímeros. O Capítulo 24 é uma introdução à Bioquímica, e o Capítulo 25 é uma visão geral da Química Nuclear.

## Recursos do Livro

Alguns anos atrás, um aluno de um dos autores, agora um contador, compartilhou sua visão em terminar química geral. Ele disse que, enquanto a Química Geral era um dos assuntos mais difíceis, era também o curso mais útil que ele havia tido, porque ensinava como resolver problemas. Ficamos certamente agradecidos porque sempre pensávamos que, para muitos estudantes, um objetivo importante na Química Geral não era somente ensinar Química, mas também ajudá-los a desenvolver o pensamento crítico e habilidades para resolver problemas. Muitos dos recursos do livro estão destinados a oferecer suporte para esses objetivos.

## Abordagem de Resolução de Problemas: Mapa de Organização e Estratégia

Os exemplos resolvidos representam uma parte essencial de cada capítulo. Para ajudar ainda mais os estudantes a seguirem a lógica de uma resolução, todos os *Exemplos* são organizados em torno do seguinte objetivo:

**Problema**
Essa é a informação do problema.

**O que você sabe?**
A informação fornecida é destacada.

**Estratégia**
A informação disponível é combinada com o objetivo e começamos a indicar um caminho para uma solução.

**Solução**
Trabalhamos nas etapas, lógicas e matemáticas, para chegar à resposta.

**Pense bem antes de responder**
Perguntamos se a resposta é razoável ou o que ela significa.

**Verifique seu entendimento**
Esse é um problema parecido para o aluno tentar resolver. Uma solução para ele está no Apêndice N.

Para muitos alunos, um **mapa estratégico visual** pode ser uma ferramenta útil na resolução de problemas (como na página 43). Na obra há uma série de mapas estratégicos nos problemas *Exemplo*.

## Objetivos Revisitados

Os objetivos de aprendizagem para cada seção são listados no topo da seção. Os objetivos são revisitados na última página do capítulo e são listadas Questões para Estudo específicas de fim de capítulo que podem ajudar os estudantes a determinar se eles atingiram aqueles objetivos.

## Questões para Estudo de Fim de Capítulo

Há de 40 para mais de 150 Questões para Estudo em cada capítulo e as respostas para as questões ímpares são fornecidas no Apêndice N. As questões são agrupadas como a seguir:

**Praticando Habilidades**: Essas questões estão agrupadas por tópicos abordados pelas questões.

**Questões Gerais**: Não há indicação a respeito da seção referente do capítulo. Elas geralmente cobrem várias seções do capítulo.

**No Laboratório**: Esses são problemas que podem ser encontrados em um experimento de laboratório no material do capítulo.

**Resumo e Questões Conceituais**: Essas questões usam conceitos do capítulo atual, bem como dos anteriores.

Finalmente, observe que algumas questões estão marcadas com um pequeno triângulo verde (▲). Isso significa que elas são mais desafiadoras que as outras.

## Seções Um Olhar mais Atento e Dicas para Resolução de Problema

Como na edição anterior, há ensaios em quadros intitulados Um Olhar mais Atento que fornecem uma visão mais aprofundada na química relevante.

A partir da nossa experiência no ensino, aprendemos alguns "truques do mercado" e tentamos passar alguns deles nas Dicas de Resolução de Problema.

## Aplicando os Princípios Químicos

No final de cada capítulo há duas ou três questões mais longas que usam os princípios aprendidos no capítulo para estudar exemplos de química forense, química ambiental, um problema na química medicinal ou alguma outra área.

## Material complementar online

No site da Cengage (www.cengage.com), na página deste livro, estão disponíveis os seguintes materiais:

– Slides em Power Point (para alunos e professores, em português).

– Manual de soluções para o professor (para professores, em inglês).

– Test Bank (para professores, em inglês).

– Questões AP® (Advanced Placement) traduzidas estão disponíveis apenas para professores (para aplicação em sala de aula, para estudos etc.). Essas questões não têm respostas disponíveis.

## Cengage OWLv2

Este livro contém atividades para estudo disponíveis na plataforma online OWLv2.

*OWL* é uma plataforma online totalmente em **inglês** indicada para os cursos de **Química** e **Bioquímica**.

Personalizável, a plataforma permite que sejam atribuídas tarefas que avaliem o desempenho e progresso de seus alunos. O aluno terá acesso a recursos como vídeos, simulações de experiência de laboratório e ao ebook (em inglês) para apoiá-los na resolução das atividades além de ser a referência bibliográfica da disciplina.

Com *OWL*, o professor poderá organizar previamente um calendário de atividades para que os alunos realizem as tarefas de acordo com a programação de suas aulas.

A plataforma pode ser contratada por meio de uma assinatura institucional ou por licença individual/aluno.

O professor pode solicitar um projeto-piloto gratuito, de uma turma por instituição, para conhecer a plataforma. Entre em contato com nossa equipe de consultores em sac@cengage.com.

# Dedicatória

A Katherine (Katie) Kotz, que paciente e amorosamente trabalhou e ajudou seu marido por mais de 56 anos. Ela tolerou madrugadas e perdeu os fins de semana enquanto Jack trabalhava nos manuscritos e passava o tempo ensinando e no laboratório. E a seus filhos (David e Peter) que cresceram no laboratório e agora são profissionais muito respeitados na educação.

# Agradecimentos

Preparar esta nova edição de *Química Geral e Reações Químicas* consumiu mais de dois anos de esforço contínuo. Como em nosso trabalho nas primeiras oito edições, tivemos o apoio e o encorajamento de nossos colegas na Cengage Learning e de nossos familiares e amigos maravilhosos, colegas de faculdade e estudantes.

## Cengage

A nona edição deste livro foi publicada pela Cengage, e continuamos com a mesma equipe de excelência que tivemos por muitos anos.

A nona edição do livro foi muito bem-sucedida, em grande parte graças ao trabalho de Lisa Lockwood como gerente de produto. Ela conta com um excelente conhecimento de mercado e trabalhou conosco no planejamento desta nova edição. Nós trabalhamos com a Lisa por várias edições e nos tornamos bons amigos.

Peter McGahey é nosso desenvolvedor de conteúdo desde que integrou nossa equipe na quinta edição. Peter é abençoado em energia, criatividade, entusiasmo, inteligência e bom humor. É amigo e confidente, e responde com entusiasmo e alegria nossas muitas perguntas durante conversas telefônicas e e-mails.

Nossa equipe na Cengage Learning está completa com Teresa Trego, gerente de projeto de conteúdo. Os planejamentos exigem muito na publicação de um livro-texto e Teresa nos ajudou nisso. Certamente apreciamos suas habilidades organizacionais e bom humor.

Temos trabalhado com a Graphic World, Inc. Para a produção das últimas edições e eles têm sido excelentes de novo. Para essa edição, Cassie Carey guiou o livro durante meses de produção.

Uma equipe na Lumnia Datamatics dirigiu a pesquisa de fotos para o livro e foi bem-sucedida em atender nossos pedidos, algumas vezes, não convencionais por fotos específicas. Nenhum livro pode ter sucesso sem o apropriado trabalho de marketing, e a Janet del Mundo (Gerente de Marketing) está novamente envolvida com este livro. Ela tem bom conhecimento em relação ao mercado e tem trabalhado incansavelmente para chamar a atenção de todos sobre o livro.

A respeito de mercado e vendas, ao longo das nove edições deste livro encontramos presencialmente ou por e-mail pessoas da empresa que visitaram universidades e encontraram seus membros. Eles têm sido excelentes ao longo dos anos, trabalham duro para nós e merecem um agradecimento profundo.

## Arte, Design e Fotografia

Muitas das fotografias coloridas em nosso livro foram lindamente criadas por Charles D. Winters, que produziu algumas imagens para esta edição. O trabalho de Charlie fica melhor a cada edição. Trabalhamos com ele há mais de 30 anos e ele tornou-se nosso amigo. Suas piadas sempre nos divertiram, tanto as novas quanto as velhas – são inesquecíveis.

Quando a quinta edição estava sendo planejada, há alguns anos, recebemos Patrick Harman como membro da equipe. Pat projetou a primeira edição de nosso CD-ROM de *Interactive General Chemistry* (publicado nos anos 1990), e acreditamos que seu sucesso está muito vinculado à sua habilidade de projetar. Da quinta à nona edições do livro, Pat debruçou-se sobre muitas das figuras para dar uma perspectiva renovada à maneira de transmitir Química. Mais uma vez ele trabalhou no projeto e na produção de novas ilustrações para esta edição, e sua criatividade é evidente. Pat também está trabalhando conosco na versão digital deste livro.

## Outros Colaboradores

Fomos agraciados por termos muitos outros colegas que contribuíram muito para este projeto. Vários daqueles que têm sido importantes desta edição são:

- Alton Banks (North Carolina State University) também esteve envolvido em várias edições preparando o *Manual de Resoluções do Estudante*. Alton ajudou muito ao assegurar precisão nas respostas das Questões para Estudo do livro, bem como em seus respectivos manuais. (Nota da editora: materiais disponíveis apenas nos Estados Unidos).

- David Shinn da U.S. Merchant Marine Academy tem sido o revisor de exatidão para o texto.

- David Sadeghi (University of Texas, San Antonio) revisou a nona edição e fez sugestões que ajudaram na preparação desta.

# Sobre os autores

(Da esquerda para a direita) John Townsend, Pat Harman, David Treichel, Paul Treichel e John Kotz.

**John (Jack) Kotz** graduou-se na Washington and Lee University, em 1959, e obteve Ph.D. em química na Cornell University, em 1963. Foi bolsista de pós-doutorado no National Institutes of Health na University of Manchester na Inglaterra e na Indiana University. Foi professor assistente de Química na Kansas State University antes de se mudar para o SUNY College em Oneonta, em 1970. Se aposentou na SUNY em 2005 como Professor Emérito de Química da State University of New York.

O professor Kotz é autor e coautor de 15 livros, dentre eles dois de Química Avançada e dois de Química Geral introdutória com inúmeras edições. Este último foi publicado como CD-ROM interativo, como e-book e traduzido em cinco idiomas. Ele também publicou inúmeros artigos de pesquisa em química de organometálicos. Recebeu inúmeros prêmios, dentre eles o SUNY Award for Research and Scholarship e o Catalyst Award in Education da Chemical Manufacturers Association. Foi Estee Lecturer na The University of South Dakota, Squibb Lecturer na University of North Carolina-Asheville e conferencista convidado em inúmeros encontros de sociedades de química no exterior. Foi Fulbright Senior Lecturer em Portugal e membro do corpo de revisores da Fulbright. Além disso, é Conselheiro para a equipe U.S. National Chemistry Olympiad e editor técnico da revista *ChemMatters*. Serviu nos quadros de curadores da College at Oneonta Foundation, a Kiawah Nature Conservancy e Camp Dudley. Seu email é: johnkotz@mac.com.

**Paul M. Treichel** recebeu o bacharelado na Wisconsin University, em 1958, e o título de Ph.D. da Harvard University, em 1962. Depois de um ano de estudo de pós-doutorado em Londres, assumiu posição de professor universitário na University of Wisconsin-Madison. Trabalhou como chefe de departamento de 1986 a 1995 e foi condecorado como Helfaer Professorship, em 1996. Exerceu cargos de professor convidado na África do Sul (1975) e no Japão (1995).

Aposentou-se após 44 anos como docente, em 2007, e atualmente é Professor Emérito de Química. Durante sua docência lecionou em cursos de Química Geral, Química Inorgânica, Química Organometálica e Ética Científica. Professor Treichel faz pesquisa em Química Organometálica e Aglomerado de Células e em Espectometria de Massa, auxiliado por 75 alunos graduandos e graduados, resultando em mais de 170 trabalhos em revistas científicas. Pode ser contatado pelo e-mail: treichelpaul@me.com.

**John R. Townsend**, professor doutor de Química na West Chester University of Pennsylvania, bacharelou-se em Química, assim como teve seu Programa Aprovado para Certificação em Química na University of Delaware. Após uma carreira lecionando Ciência e Matemática, obteve seu mestrado e Ph.D. em Química Biofísica na Cornell University, onde também recebeu o DuPont Teaching Award por seu trabalho como professor assistente. Após lecionar na Bloomsburg University, passou a lecionar na West Chester University, onde coordena o programa de licenciatura em Química para a escola secundária e o programa de Química Geral para o curso de Ciências. É supervisor universitário para mais de 70 futuros professores de Química do ensino médio durante o semestre letivo dos alunos. Seu interesse em pesquisa está nas áreas de Educação em Química e Bioquímica. Pode ser contatado pelo e-mail: jtownsend@wcupa.edu.

**David A. Treichel**, professor de Química na Nebraska Wesleyan University, recebeu o grau de bacharelado no Carleton College. Concluiu mestrado e Ph.D. em Química Analítica na Northwestern University. Após pesquisa de pós-doutorado na University of Texas, em Austin, iniciou docência na Nebraska Wesleyan University. Seu interesse em pesquisa está nas áreas de Eletroquímica e Espectroscopia de Laser de Superfície. Pode ser contatado pelo e-mail: dat@nebrwesleyan.edu.

**Patrick Harman** é designer gráfico e de informação especializado em desenvolvimento de mídia para a educação científica. Estudou design de comunicação, filme e animação como estudante de graduação e pós-graduação na University of Illinois e também lecionou várias disciplinas de design de comunicação e gráficos de movimento na University of Illinois, em Chicago. Por mais de 35 anos, Patrick tem produzido design gráfico, animação, design de som, design de interface, desenvolvimento de conteúdo e soluções para aprendizado a distância para uma larga variedade de aplicações e disciplinas educacionais, mais recentemente com pesquisadores do clima ártico e idiomas nativos do povo do Alasca. Ele também fez inúmeras ilustrações deste livro por várias edições.

# Sobre o tradutor técnico

## Robson Mendes Matos

Professor Robson Mendes Matos é bacharel em Química pela UFJF (1985), cursou mestrado em Química Inorgânica na UFMG, concluindo-o em 1989 e doutorou-se, na mesma área, em 1993, na University of Sussex, Brighton, Inglaterra. É Professor Associado 3 do Centro Multidisciplinar da Universidade Federal do Rio de Janeiro – Macaé, desde setembro de 2010. Iniciou sua carreira como docente na UFMG, onde, inicialmente (1993) ingressou como bolsista recém-doutor (CNPq) e um ano mais tarde (1994) foi aprovado em concurso público. Foi bolsista da Petroleum Research Fund/American Chemical Society (pesquisador visitante) na Iowa State University, Ames, Estados Unidos durante o ano de 2000. É consultor *ad hoc* da Fapesp e faz parte do corpo de *referees* do *The Scientific World Journal*, *Journal of Heterocyclic Chemistry*, *Journal of Coordination Chemistry* e *Phosphorus Sulfur and Silicon* sediados nos Estados Unidos. Desenvolve, no momento, pesquisa na área de Química de compostos organometálicos com ênfase principal em compostos de fósforo buscando novos catalisadores e/ou novos fármacos. Já publicou 20 artigos completos em periódicos indexados, um capítulo de livro na área de ressonância magnética nuclear, é autor do livro *Noções básicas de cálculo estequiométrico* e de mais de 50 resumos em conferências nacionais e internacionais. Orientou uma dissertação de mestrado, 15 alunos de graduação e coorientou duas dissertações de mestrado. O professor Robson é um apaixonado pelo ensino e já ministrou a disciplina Química Geral para os mais variados cursos superiores, além de já ter ministrado Química Inorgânica I e II e Química dos Compostos Organometálicos. Foi tradutor e/ou revisor de livros acadêmicos nas áreas de Química Geral, Química Orgânica, Física, Engenharia Química e Engenharia de Controle e Automação.

# 1 Conceitos Básicos de Química

PARTE UM ▶ AS FERRAMENTAS BÁSICAS DA QUÍMICA

# Sumário do capítulo

## 1.1  A Química e seus Métodos

**Objetivo da Seção 1.1**

● Identificar a diferença entre uma hipótese e uma teoria e entender como as leis são estabelecidas.

### Um Mistério Científico: Ötzi, o Homem do Gelo

Em 1991, um alpinista nos Alpes, na fronteira entre a Áustria e a Itália, encontrou um corpo humano bem preservado no gelo. Embora a princípio se acreditasse que se tratava de uma pessoa que falecera recentemente, uma série de estudos científicos por mais de uma década concluiu que o homem havia vivido 53 séculos antes e tinha aproximadamente 46 anos de idade ao morrer. Ele ficou conhecido como Ötzi, o Homem do Gelo.

A descoberta do corpo do Homem do Gelo, uma das múmias formadas naturalmente mais antigas, iniciou estudos científicos reunindo químicos, biólogos, antropólogos, paleontologistas e outros profissionais de várias partes do mundo. Esses estudos nos dão uma incrível visão de como a ciência é feita e o papel que a química tem. Entre as muitas descobertas feitas sobre o Homem do Gelo, temos:

● Alguns pesquisadores procuraram resíduos de alimentos nos intestinos do Homem do Gelo. Além de encontrarem algumas partículas de grãos, eles localizaram pequenas lascas de mica, que acreditam vir de pedras usadas para moer os grãos que o homem ingeriu. Eles analisaram essas lascas e descobriram que sua composição era semelhante à da mica proveniente de uma pequena área ao sul dos Alpes, estabelecendo assim o local onde o homem viveu em seus últimos anos. E, ao analisar as fibras animais em seu estômago, eles determinaram que sua última refeição foi carne de uma cabra dos Alpes.

◀ Ötzi o Homem do Gelo. Em 1991 um corpo muito bem preservado foi encontrado por um alpinista nos Alpes. O nome "Ötzi" vem de vale de Ötz, a região da Europa (na fronteira entre a Áustria e a Itália) onde o homem foi

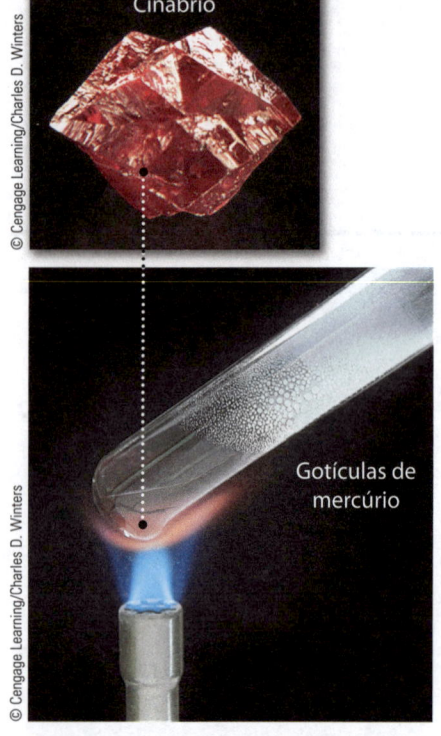

**FIGURA 1.1 Cinábrio e mercúrio.**
Aquecer o cinábrio (sulfeto de
mercúrio(II)) no ar faz com que mude
para óxido de mercúrio(II) laranja, que,
após ser novamente aquecido,
decompõe-se nos elementos mercúrio
e gás oxigênio.

encontrado. Esta descoberta despertou um grande número de estudos, muitos envolvendo químicos, para descobrir como o homem do gelo viveu e morreu.

- Altos níveis de cobre e arsênio estavam incorporados em seus cabelos. Essas observações, combinadas com a descoberta de que seu machado era quase que inteiramente de cobre puro, levaram os investigadores a concluir que ele estaria envolvido com fusão de cobre.

- Uma de suas unhas ainda estava presente em seu corpo. Com base em sua condição, os cientistas puderam concluir que ele ficou doente três vezes nos seis últimos meses antes de sua morte e sua última doença durou duas semanas. Finalmente, imagens recentes de seus dentes mostraram graves doenças periodontais e cáries.

- Cientistas australianos coletaram amostras de resíduos de sangue de sua faca com ponta de pedra, suas flechas e seu casaco. Utilizando técnicas desenvolvidas para estudar DNA antigo, eles descobriram que o sangue vinha de quatro indivíduos diferentes. O sangue em uma ponta de flecha era de dois indivíduos, sugerindo que o homem tinha matado ou ferido duas pessoas usando essa ponta de flecha. Talvez ele tenha matado ou ferido uma pessoa, recuperado a flecha e a usado novamente.

Os vários métodos diferentes utilizados para revelar a vida do Homem do Gelo e de seu meio ambiente são usados por cientistas em todo o mundo, incluindo os atuais forenses em seus estudos de acidentes e crimes. Conforme você estiver estudando Química e os princípios químicos deste livro, tenha em mente que muitas áreas da ciência dependem da Química e que muitas carreiras diferentes em ciências estão disponíveis.

## Química e Mudança

Química trata de mudança. Outrora, significava apenas transformar uma substância natural em outra – madeira em óleo queimado, suco de frutas se transformam em vinho, e cinábrio (Figura 1.1), um mineral vermelho, converte-se em reluzente mercúrio ao ser aquecido. A ênfase era muito grande em encontrar uma receita para realizar a mudança desejada, com pouca compreensão a respeito da estrutura subjacente dos materiais ou de explicações sobre o motivo pelo qual certas alterações ocorriam. A Química ainda trata de mudança, mas agora os químicos focam na alteração de uma substância pura, seja natural ou sintética, em outra, e em compreender essa alteração (Figura 1.2).

Sódio sólido, Na

Gás cloro, Cl₂

Cloreto de sódio sólido, NaCl

**FIGURA 1.2 Formando um composto
químico.** A combinação de metal sódio
(Na) e gás cloro amarelo (Cl₂) resulta em
cloreto de sódio.

Como você verá, na química moderna, agora temos um mundo incrível de átomos e moléculas submicroscópicas interagindo entre si. Também desenvolvemos formas de prever se certa reação ocorrerá ou não.

Embora a Química seja infinitamente fascinante – pelo menos para os químicos – por que você deve estudá-la? Cada pessoa provavelmente tem uma resposta diferente, mas muitos alunos fazem o curso de Química porque outra pessoa havia decidido que se tratava de uma parte importante na preparação para uma carreira específica. A Química é especialmente útil porque é central para nossa compreensão de disciplinas diversas como a Biologia, a Geologia, a Ciência de Materiais, a Medicina, a Física e alguns ramos da Engenharia. Além disso, a Química tem um papel primordial na economia das nações desenvolvidas, e a Química e os produtos químicos afetam nossas vidas cotidianas de diversas formas. Um curso de Química também pode ajudá-lo a ver como o cientista pensa sobre o mundo e como resolve problemas. O conhecimento e as habilidades desenvolvidas em tal curso irão beneficiá-lo em várias carreiras e o ajudarão a se tornar um cidadão mais informado em um mundo que se torna tecnologicamente mais complexo – e mais interessante.

## Hipóteses, Leis e Teorias

Como cientistas, estudamos questões de nossa própria escolha ou aquelas que outras pessoas nos apresentam, com a esperança de encontrar uma resposta ou descobrir alguma informação útil. Quando o Homem do Gelo foi descoberto, havia uma série de questões que os cientistas poderiam tentar responder, como onde ele viveu. Ao considerar o que supostamente se conhecia sobre humanos vivendo naquela era, parecia razoável considerar que ele era originário de uma área na fronteira do que hoje é a Áustria e a Itália. Isto é, considerando suas origens, os cientistas formaram uma **hipótese**, uma tentativa de explicação ou previsão de acordo com o conhecimento atual.

Após formular uma ou mais hipóteses, os cientistas realizam experimentos projetados para dar resultados que confirmem ou invalidem essas hipóteses. Na Química, isso geralmente exige que sejam coletadas informações tanto quantitativas quanto qualitativas. As informações **quantitativas** são dados numéricos, como a massa de uma substância (Figura 1.3) ou a temperatura na qual ela se funde. As informações **qualitativas**, por sua vez, consistem em observações não numéricas, como a cor de uma substância ou sua aparência física.

No caso do Homem do Gelo, os cientistas coletaram grande quantidade de informações qualitativas e quantitativas em seu corpo, suas roupas e suas armas. Entre elas, a informação sobre a razão dos isótopos de oxigênio no esmalte de seus dentes e ossos. Os cientistas sabem que a razão dos isótopos de oxigênio em água e plantas difere de um lugar a outro. Essa razão de isótopos mostrou que o Homem do Gelo deve ter consumido água de um local relativamente pequeno dentro do que é hoje a Itália.

Essa análise usando isótopos de oxigênio pode ser realizada, pois é bem conhecido o fato de que os isótopos de oxigênio na água variam com a altitude de forma previsível. Isto é, a variação na composição do isótopo com a localização pode ser considerada uma lei da ciência. Após inúmeros experimentos feitos por muitos cientistas em um longo período de tempo, esses resultados foram resumidos como uma **lei** – uma declaração verbal ou matemática concisa de um comportamento ou uma relação que parece sempre ser o mesmo sob as mesmas condições.

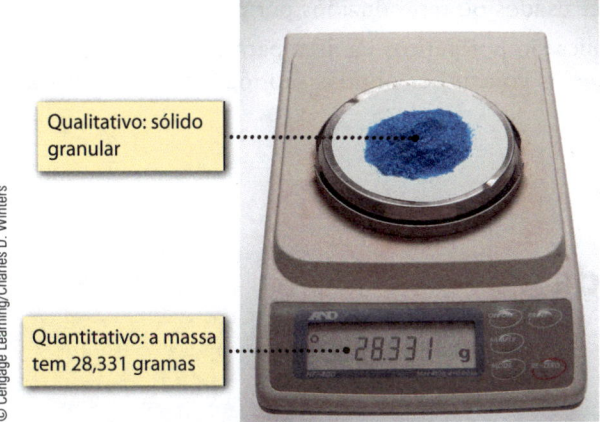

Qualitativo: sólido granular

Quantitativo: a massa tem 28,331 gramas

© Cengage Learning/Charles D. Winters

**FIGURA 1.3 Observações qualitativas e quantitativas.** Pesando um composto em uma balança de laboratório.

© Cengage Learning/Charles D. Winters

**FIGURA 1.4 O elemento metálico sódio reage com a água.**

Baseamo-nos muito acerca do que fazemos na ciência em leis, pois elas nos ajudam a prever o que pode ocorrer sob um novo conjunto de circunstâncias. Por exemplo, sabemos por meio de experiências que se o elemento químico sódio entra em contato com a água, uma reação violenta ocorre e novas substâncias são formadas (Figura 1.4). Sabemos também que a massa das substâncias produzidas na reação é exatamente a mesma que a do sódio e da água usadas na reação. Ou seja, *a massa é sempre conservada nas reações químicas*, a **lei da conservação da matéria**.

Uma vez que suficientes experiências reproduzíveis tenham sido realizadas e os resultados experimentais tenham sido generalizados como uma lei ou regra geral, talvez seja possível conceber uma teoria para explicar a observação. Uma **teoria** é um princípio unificado que bem testado explica um conjunto de fatos, bem como as leis baseadas nela. É capaz de sugerir novas hipóteses que podem ser testadas de forma experimental.

Às vezes, não cientistas usam a palavra teoria para sugerir que alguém deu um palpite e que uma ideia ainda não está substanciada. Entretanto, para os cientistas, uma teoria é baseada em evidências cuidadosamente determinadas e reproduzíveis. As teorias são as pedras fundamentais de nossa compreensão do mundo natural a qualquer dado momento. No entanto, lembre-se de que teorias são invenções da mente humana. Elas podem e devem mudar à medida que novos fatos são descobertos.

## Metas da Ciência

Os cientistas, incluindo os químicos, possuem várias metas. Duas delas são a *predição* e o *controle*. Fazemos experimentos e buscamos generalidades, pois queremos ser capazes de prever o que pode ocorrer em outras circunstâncias. Também queremos saber como podemos controlar o resultado de uma reação ou processo químico.

Compreensão e explicação são dois outros objetivos importantes. Sabemos, por exemplo, que certos elementos, como o sódio, reagem vigorosamente com a água. Mas por que isso é verdadeiro? Para explicar e compreender isso, precisamos de um conhecimento sobre os conceitos químicos.

## Dilemas e Integridade na Ciência

Você pode imaginar que a pesquisa na ciência é direta: fazer experimentos, coletar informações e chegar a uma conclusão. Mas a pesquisa raramente é tão fácil assim. As frustrações e os desapontamentos são comuns, e os resultados podem não ser conclusivos. Os experimentos muitas vezes contêm algum nível de incerteza, e dados falsos ou contraditórios podem ser coletados. Por exemplo, suponha que você faça um experimento esperando encontrar uma relação direta entre duas quantidades experimentais. Você coleta seis conjuntos de dados. Ao representá-los em um gráfico, quatro dos conjuntos ficam em uma linha reta, mas os outros dois estão muito longe da linha. Você deve ignorar os dois últimos conjuntos de dados? Ou deveria fazer mais experimentos mesmo sabendo que o tempo que eles tomam significa que outra pessoa poderia publicar seus resultados antes e assim obter os créditos por um novo princípio científico? Ou você deve considerar que aqueles dois pontos podem indicar que sua hipótese original está errada e que terá de abandonar uma ideia favorita em que está trabalhando há muitos meses? Os cientistas têm a responsabilidade de permanecer objetivos nessas situações, mas às vezes é difícil cumpri-las.

É importante lembrar que um cientista está sujeito às mesmas pressões morais e dilemas que qualquer outra pessoa. Para ajudar a garantir a integridade na ciência, alguns princípios simples que norteiam a prática científica surgiram com o tempo:

- Os resultados experimentais precisam ser reproduzíveis. Além disso, esses resultados devem ser relatados na literatura científica com detalhes suficientes para que possam ser usados ou reproduzidos por outros.

- Os relatórios de pesquisas devem ser revisados antes da publicação por peritos na área para certificar-se de que os experimentos foram conduzidos de forma adequada e que as conclusões obtidas são lógicas. (Os cientistas chamam isso de "revisão por pares".)

- As conclusões devem ser razoáveis e imparciais.

- O crédito deve ser dado àquilo que é merecido.

## **1.2** Sustentabilidade e Química Verde

### Objetivo da Seção 1.2

- Entender os princípios da química verde.

A população mundial corresponde a aproximadamente 7,2 bilhões de pessoas, e cerca de 7 milhões são acrescentadas a esse número a cada mês. Cada uma dessas novas pessoas precisa de abrigo, alimentos e cuidados médicos, e cada uma delas usa recursos cada vez mais escassos, como água potável e energia. E cada uma produz subprodutos durante a vida e trabalho que podem afetar nosso meio ambiente. Com uma população tão vasta, esses efeitos individuais podem ter graves consequências para nosso planeta. O foco dos cientistas, planejadores e políticos é voltar-se cada vez mais para o conceito de "desenvolvimento sustentável".

James Cusumano, um químico e ex-presidente de uma empresa química, disse que, por um lado, a sociedade, os governos e as indústrias buscam o crescimento econômico para criar mais valor, novos postos de trabalho e um estilo de vida mais agradável e recompensador. Por outro lado, os reguladores, os ambientalistas e os cidadãos do globo exigem que façamos isso com *desenvolvimento sustentável* – atendendo às necessidades ambientais e econômicas globais atuais enquanto conservam as opções das gerações futuras de atender às suas necessidades. Como as nações resolvem essas metas potencialmente conflitantes? Isso é ainda mais verdadeiro hoje do que em 1995, quando o Dr. Cusumano fez essa declaração no *Journal of Chemical Education*.

Muito do aumento na expectativa e na qualidade de vida, pelo menos no mundo desenvolvido, é derivado dos avanços na ciência. Mas pagamos um preço ambiental por isso, com o aumento de gases como os óxidos de nitrogênio e de enxofre na atmosfera, a chuva ácida caindo em várias partes do mundo e os resíduos de produtos farmacêuticos entrando no fornecimento de água. Entre muitos outros, os químicos buscam respostas a esses problemas, e uma resposta tem sido praticar a *química verde*.

O conceito de química verde começou a tomar forma há mais de 20 anos, e agora está levando a novas maneiras de realizar as coisas, diminuindo os níveis de poluentes. Paul Anastas e John Warner anunciaram os princípios da química verde em seu livro *Green Chemistry: Theory and Practice* (Oxford, 1998). Entre eles, estão os listados a seguir. Durante a leitura deste livro, iremos lembrá-lo desses e outros princípios, e como eles podem ser aplicados.

- "É melhor evitar a geração de resíduo do que tratá-lo ou limpá-lo após ele ter sido formado."
- Novos produtos de consumo, farmacêuticos ou químicos, são sintetizados, isto é, feitos através de um grande número de processos químicos. Portanto, "os métodos sintéticos devem ser projetados para maximizar a incorporação de todos os materiais usados no produto final".
- Os métodos sintéticos "devem ser projetados para usar e gerar substâncias que possuem pouca ou nenhuma toxicidade à saúde humana ou ao meio ambiente".
- "Os produtos químicos devem ser projetados para funcionar de forma eficiente enquanto ainda reduzem a toxicidade."
- "Os requisitos de energia devem ser reconhecidos por seus impactos ambientais e econômicos e serem minimizados. Os métodos sintéticos devem ser realizados em temperatura e pressão ambientes."
- Matérias-primas "devem ser renováveis e técnica e economicamente viáveis".
- "Os produtos químicos devem ser projetados para que, no final de sua função, não permaneçam no ambiente ou se decomponham em produtos perigosos."
- "As substâncias usadas em um processo químico devem ser escolhidas a fim de minimizar o potencial de acidentes químicos, incluindo liberações, explosões e incêndios."

À medida que você lê este livro, vamos lembrá-lo desses princípios, e outros, e como eles podem ser aplicados. Como pode ver, são ideias simples. O desafio é colocá-los em prática.

## 1.3 Classificando a Matéria

### Objetivos da Seção 1.3

- Entender as ideias básicas da teoria cinética molecular.
- Identificar a importância da representação da matéria em níveis macroscópico, microscópico e simbólico.
- Identificar os diferentes estados da matéria (sólidos, líquidos e gases) e fornecer suas características.
- Identificar a diferença entre substâncias puras e misturas e a diferença entre misturas homogêneas e heterogêneas.

Este capítulo inicia nossa discussão de como os químicos pensam na ciência em geral e na matéria em especial. Após analisarmos uma maneira de classificar a matéria, exploraremos algumas ideias básicas a respeito dos elementos, átomos, compostos e moléculas, e descobriremos como os químicos são capazes de caracterizar essas unidades estruturais da matéria.

## Estados da Matéria e a Teoria Cinética Molecular

Uma propriedade facilmente observada da matéria é seu estado, isto é, se uma substância é um sólido, um líquido ou um gás (Figura 1.5). Reconhece-se um sólido por ele ter uma forma rígida e um volume fixo que muda pouco com variações de temperatura e de pressão. Assim como os sólidos, os líquidos têm um volume fixo, mas um líquido é fluido – ele assume a forma de seu recipiente e não apresenta forma própria definida. Os gases também são fluidos, mas o volume de um gás é determinado pelo recipiente que o contém. O volume de um gás varia mais que o volume de um líquido com as mudanças de temperatura e pressão.

Em temperaturas muito baixas, toda a matéria virtualmente encontra-se em estado sólido. À medida que a temperatura se eleva, porém, ocorre a fusão dos sólidos para formar líquidos. Algumas vezes, se a temperatura for suficientemente elevada, os líquidos se evaporam para formar gases. Alterações de volume geralmente acompanham as alterações de estado. Para certa massa de material, geralmente há um pequeno aumento no volume na fusão – a água é uma exceção significativa – e então um grande aumento do volume ocorre em sua evaporação.

A **teoria cinética molecular da matéria** nos ajuda a interpretar as propriedades dos sólidos, líquidos e gases. De acordo com essa teoria, toda matéria consiste em partículas extremamente pequenas (átomos, moléculas ou íons) que estão em movimento constante.

- Nos sólidos, essas partículas estão muito próximas umas das outras, geralmente em um arranjo regular. As partículas vibram para um lado e para outro com relação às suas posições médias, mas raramente uma partícula em um sólido ultrapassa suas vizinhas de modo a entrar em contato com um novo conjunto de partículas.

- As partículas em líquidos são arranjadas aleatoriamente, em vez de apresentarem o padrão regular dos sólidos. Os líquidos e os gases são fluidos porque as partículas não estão confinadas a posições específicas e podem se mover, ultrapassando outras partículas.

- Sob situações normais, as partículas em um gás encontram-se bem distantes umas das outras. As moléculas de um gás se movem com extrema rapidez porque não são confinadas por suas vizinhas. As moléculas de gás "voam" com frequência, colidindo umas com as outras e contra as paredes do recipiente. Esse movimento aleatório permite que elas preencham seu recipiente, de forma que o volume de uma amostra de gás equivale ao volume do recipiente.

- Há forças de atração entre partículas em todos os estados – geralmente menores em gases e maiores em líquidos e sólidos. Essas forças possuem um papel significativo na determinação das propriedades da matéria.

Um aspecto importante da teoria cinética molecular é que, quanto mais alta a temperatura, mais rapidamente as partículas se movem. A energia das partículas decorrente de seu movimento (sua **energia cinética**, Seção 1.8) atua para superar as forças de atração entre elas. Um sólido funde-se para formar um líquido quando a temperatura desse sólido é elevada ao ponto em que as partículas vibram suficientemente rápidas e distantes para afastar uma do caminho das outras e mudar de suas posições espaçadas de maneira regular. À medida que a temperatura aumenta ainda mais, as partículas se movem ainda mais rapidamente até que, por fim, são capazes de escapar das garras de suas camaradas e entrar no estado gasoso. *O aumento da temperatura corresponde a movimentos cada vez mais rápidos dos átomos e das moléculas*, uma regra geral que você vai considerar útil em muitas discussões futuras.

Sólido

Bromo sólido e líquido

Gás

Líquido

Bromo gasoso e líquido

© Cengage Learning/Charles D. Winters

**FIGURA 1.5  Estados da matéria – sólido, líquido e gasoso.** O bromo elementar existe nos três estados a temperaturas relativamente próximas da temperatura ambiente.

## A Matéria nos Níveis Macroscópico e Particulado

As propriedades características dos gases, líquidos e sólidos são observadas pelos sentidos humanos sem a ajuda de equipamentos. São determinadas utilizando amostras de matéria suficientemente grandes para serem vistas, medidas e manuseadas. Você pode determinar, por exemplo, a cor de uma substância, se ela se dissolve em água ou se conduz eletricidade ou reage com oxigênio. Observações como essas ocorrem geralmente no mundo **macroscópico** da Química (Figura 1.6). Este é o mundo dos experimentos e das observações.

Vamos agora nos deslocar para o nível dos átomos, das moléculas e dos íons – um mundo da Química que não podemos enxergar. Tome uma amostra macroscópica e divida-a sucessivamente até que a quantidade dessa amostra não possa mais ser vista a olho nu, passando pelo ponto em que ela pode ser observada em um microscópio óptico. Por fim, você atingirá aquele nível das partículas que compõem toda a matéria, nível que os químicos denominam mundo **submicroscópico** ou **particulado** dos átomos e das moléculas (Figuras 1.5 e 1.6).

Os químicos estão interessados na estrutura da matéria no nível particulado. Os átomos, as moléculas e os íons não podem "ser vistos" da mesma maneira que vemos o mundo macroscópico, mas não são menos reais. Os químicos têm de imaginar

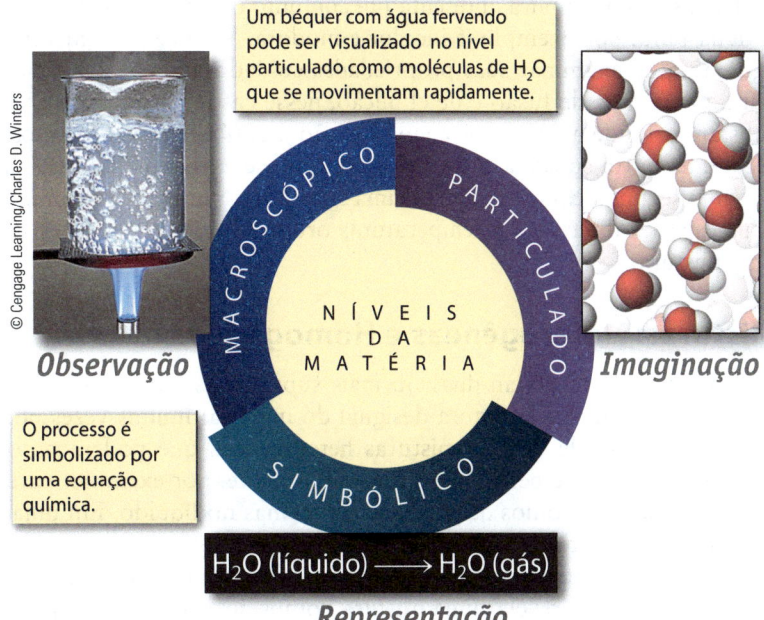

Um béquer com água fervendo pode ser visualizado no nível particulado como moléculas de $H_2O$ que se movimentam rapidamente.

*Observação*

O processo é simbolizado por uma equação química.

NÍVEIS DA MATÉRIA

MACROSCÓPICO · PARTICULADO · SIMBÓLICO

*Imaginação*

$$H_2O \text{ (líquido)} \longrightarrow H_2O \text{ (gás)}$$

*Representação*

**FIGURA 1.6 Níveis da matéria.** Observamos os processos químicos e físicos em nível macroscópico. Para entender ou ilustrar esses processos, os cientistas muitas vezes imaginam o que ocorreu nos níveis atômicos e moleculares particulados e escrevem símbolos para representar essas observações.

como os átomos são e como podem se encaixar para formar moléculas. Eles criam modelos para representar átomos e moléculas (Figuras 1.5 e 1.6) – nos quais pequenas esferas são utilizadas para representar átomos e depois usam esses modelos para pensar sobre a química e explicar as observações que fizeram sobre o mundo macroscópico.

Já foi dito que os químicos realizam experiências em nível macroscópico, mas pensam sobre a Química no nível das partículas. Eles então escrevem suas observações na forma de "símbolos", as fórmulas (tais como $H_2O$ para a água ou $NH_3$ para moléculas de amônia) e os desenhos que indicam quais são os elementos e os compostos envolvidos. Essa é uma perspectiva útil que ajudará em seu estudo de Química. Na verdade, um de nossos objetivos é ajudá-lo a fazer as conexões em sua própria mente entre os mundos simbólicos, particulados e macroscópicos da Química.

## Substâncias Puras

Um químico observa um copo de água potável e vê um líquido. Esse líquido poderia ser o composto químico puro água. Entretanto, também é possível que o líquido seja uma mistura homogênea de água e substâncias dissolvidas – isto é, uma **solução**. Especificamente, classificamos uma amostra de matéria como uma substância pura ou uma mistura (Figura 1.7).

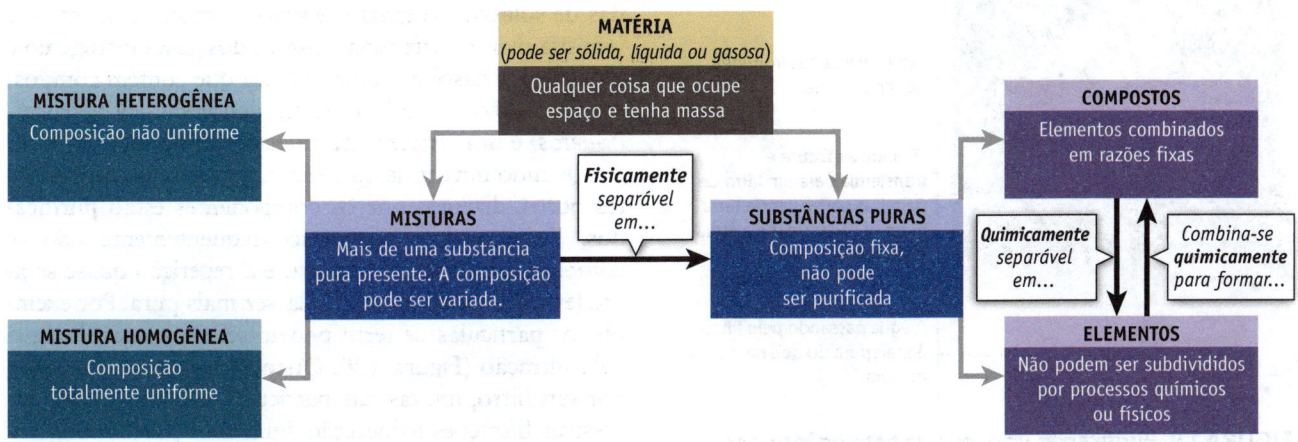

**MATÉRIA**
*(pode ser sólida, líquida ou gasosa)*
Qualquer coisa que ocupe espaço e tenha massa

**MISTURA HETEROGÊNEA**
Composição não uniforme

**MISTURAS**
Mais de uma substância pura presente. A composição pode ser variada.

*Fisicamente separável em...*

**SUBSTÂNCIAS PURAS**
Composição fixa, não pode ser purificada

**COMPOSTOS**
Elementos combinados em razões fixas

*Quimicamente separável em...*

*Combina-se quimicamente para formar...*

**MISTURA HOMOGÊNEA**
Composição totalmente uniforme

**ELEMENTOS**
Não podem ser subdivididos por processos químicos ou físicos

**FIGURA 1.7 Classificando a matéria.**

Uma substância pura apresenta um conjunto de propriedades únicas, por meio das quais ela pode ser reconhecida. A água pura, por exemplo, é incolor e inodora. Se você quer identificar uma substância de forma conclusiva como água, terá de examinar suas propriedades cuidadosamente e compará-las com as propriedades conhecidas da água pura. Os pontos de fusão e de ebulição, nesse caso, servem bem a esse propósito. Se você puder demonstrar que a substância funde a 0°C e entra em ebulição a 100°C à pressão atmosférica, pode ter certeza de que se trata de água. Nenhuma outra substância conhecida se funde e entra em ebulição exatamente nessas temperaturas.

Uma segunda característica de uma substância pura é que nenhuma técnica física é capaz de separá-la em duas ou mais espécies diferentes a temperaturas ordinárias. Se pudesse ser separada, nossa amostra seria classificada como uma mistura.

## Misturas: Heterogêneas e Homogêneas

Uma mistura consiste em duas ou mais substâncias puras que podem ser separadas por técnicas físicas. Em uma mistura **heterogênea**, a textura desigual do material muitas vezes pode ser detectada a olho nu (Figura 1.8). Entretanto, lembre-se de que há misturas heterogêneas que podem parecer completamente uniformes, mas, ao serem examinadas mais de perto, não são assim. O leite, por exemplo, parece ter uma textura lisa a olho nu, mas um aumento revelaria glóbulos de gordura e proteínas no líquido. Em uma mistura heterogênea, as propriedades em uma região são diferentes daquelas em outra região.

Uma mistura **homogênea** consiste em duas ou mais substâncias na mesma fase (veja a Figura 1.8). Nenhum aumento óptico pode revelar uma mistura homogênea como tendo propriedades diferentes em regiões diferentes.

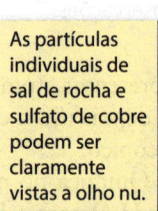

As partículas individuais de sal de rocha e sulfato de cobre podem ser claramente vistas a olho nu.

Uma mistura heterogênea.

Uma solução de sal de cozinha em água. O modelo mostra que o sal na água consiste em partículas separadas eletricamente carregadas (íons), mas as partículas não podem ser vistas com um microscópio óptico.

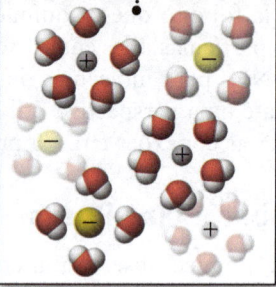

Uma mistura homogênea.

**FIGURA 1.8  Misturas heterogênea e homogênea.**

Uma mistura heterogênea de terra e água.

Quando a mistura é transferida para um filtro de papel, as partículas de terra maiores são retidas e a água é filtrada.

A água passando pelo filtro é mais pura do que na mistura.

**FIGURA 1.9  Purificando uma mistura heterogênea por filtração.**

As misturas homogêneas são frequentemente chamadas de **soluções**. Alguns exemplos comuns incluem o ar (em sua maior parte uma mistura dos gases nitrogênio e oxigênio), a gasolina (uma mistura que contém compostos de carbono e de hidrogênio denominados *hidrocarbonetos*) e um refrigerante antes de ser aberto.

Quando uma mistura é separada em seus componentes puros, dizemos que os componentes estão **purificados**. Entretanto, a separação frequentemente não se completa em uma única etapa, e a repetição quase sempre leva a uma substância cada vez mais pura. Por exemplo, as partículas de terra podem ser separadas da água pela filtração (Figura 1.9). Quando a mistura é passada por um filtro, muitas das partículas são removidas. Sucessivas filtrações fornecerão água com pureza cada vez maior. Esse processo de purificação faz uso de uma propriedade da mistura, sua transparência, para medir a extensão da purificação. Quando é obtida uma amostra de água perfeitamente transparente, pode-se supor que todas as partículas de terra tenham sido removidas.

## 1.4 Elementos

### Objetivos da Seção 1.4

- Identificar o nome ou o símbolo de um elemento, fornecido seu símbolo ou nome, respectivamente.
- Usar corretamente os termos átomo, elemento e molécula.

A passagem de uma corrente elétrica através da água pode causar sua decomposição em hidrogênio e oxigênio gasosos (Figura 1.10). Substâncias como hidrogênio e oxigênio, que são compostas de *apenas um tipo de átomo*, são classificadas como **elementos**. Atualmente, são conhecidos 118 elementos. Destes, aproximadamente 90 – alguns dos quais são mostrados na Figura 1.11 – são encontrados na natureza. Os demais foram criados por cientistas. *Nomes e símbolos dos elementos estão listados nas tabelas na guarda da frente e de trás deste livro.* O carbono (C), o enxofre (S), o ferro (Fe), o cobre (Cu), a prata (Ag), o estanho (Sn), o ouro (Au), o mercúrio (Hg) e o chumbo (Pb) eram conhecidos na Antiguidade pelos gregos e romanos e pelos alquimistas da China antiga, do mundo árabe e da Europa medieval. Entretanto, muitos outros – como o alumínio (Al), o silício (Si), o iodo (I) e o hélio (He) – não eram conhecidos até os séculos XVIII e XIX. Finalmente, os cientistas dos séculos XX e XXI produziram elementos que não existem na natureza, como o tecnécio (Tc), o plutônio (Pu).

As histórias por trás de alguns dos nomes dos elementos são fascinantes. Muitos elementos têm seus nomes e símbolos originados do latim ou grego. Alguns exemplos são hélio (He), da palavra grega *helios*, cujo significado é "Sol", e chumbo, cujo símbolo é Pb, que vem da palavra latina para "pesado", *plumbum*. Os elementos descobertos mais recentemente têm sido nomeados em homenagem ao local de descobrimento deles ou local de importância. Américio (Am), califórnio (Cf), escândio (Sc), európio (Eu), frâncio (Fr) e polônio (Po) são exemplos.

Inúmeros elementos são nomeados em homenagem a seus descobridores ou a cientistas famosos: cúrio (Cm), einstênio (Es), férmio (Fm), mendelévio (Md), nobélio (No), seabórgio (Sg) e meitnério (Mt), dentre outros. Um elemento recentemente nomeado, o elemento 112, recebeu o nome oficial de copernício (Cn), em 2010. Ele foi nomeado em homenagem a Nicolau Copérnico (1473-1543), que foi o primeiro a propor que a Terra e outros planetas orbitam o Sol. Alguns dizem que o trabalho dele foi o início da revolução científica.

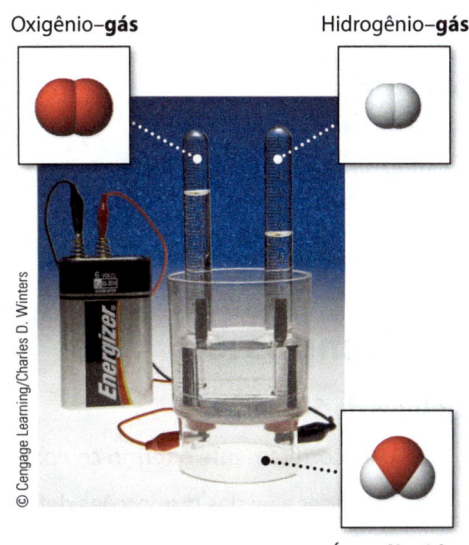

Oxigênio–**gás**  Hidrogênio–**gás**

Água–**líquido**

**FIGURA 1.10 Decompondo a água para produzir gases hidrogênio e oxigênio.**

**FIGURA 1.11 Elementos.** Os elementos químicos podem muitas vezes ser diferenciados por sua cor e estado em temperatura ambiente.

Mercúrio – **líquido**  Enxofre em pó – **sólido**  Fio de cobre – **sólido**  Limalhas de ferro – **sólido**  Alumínio – **sólido**

Ao escrever o símbolo de um elemento, observe que a primeira letra (mas não a segunda) de um símbolo de elemento é maiúscula. Por exemplo, o cobalto é Co e não co ou CO. A notação co não tem significado químico, enquanto CO representa o composto químico monóxido de carbono. Observe também que o nome do elemento não começa com maiúscula, a não ser que esteja no início de uma frase.

© Cengage Learning/Charles D. Winters

**Diamante.** Um diamante consiste de uma rede de átomos de carbono unidos por ligações químicas.

A tabela na guarda da frente deste livro, na qual o símbolo e outras informações para os elementos estão incluídos em quadrados, é chamada de **tabela periódica**. Descreveremos essa importante ferramenta da química mais detalhadamente no Capítulo 2.

Um **átomo** é a menor partícula de um elemento que conserva as propriedades químicas características daquele elemento. Alguns elementos, como o neônio ou o argônio, são encontrados na natureza como átomos isolados. Outros são encontrados como **moléculas**, partículas consistindo de mais de um átomo na qual os átomos são mantidos juntos através de **ligações químicas**. Os exemplos de elementos moleculares são os gases incolores do ar, nitrogênio ($N_2$) e oxigênio ($O_2$), bem como o violeta escuro iodo ($I_2$) e o líquido laranja bromo ($Br_2$). Ainda outros elementos consistem de redes infinitas de átomos; um exemplo desse é o diamante, uma das formas do carbono elementar.

## 1.5  Compostos

### Objetivos da Seção 1.5

- Usar corretamente o termo *composto*.
- Entender a lei das proporções definidas (lei da composição).

**Número de Substâncias** Aproximadamente 15 mil novas substâncias são adicionadas ao *Chemical Abstracts Registry* a cada dia.

Uma substância pura como o açúcar, o sal ou a água, que é composta de duas ou mais substâncias elementares diferentes unidas por uma ligação química, é chamada **composto químico**. Apesar de conhecermos apenas 118 elementos, parece não haver nenhum limite para o número dos compostos constituídos a partir deles. Em meados de 2016, mais de 100 milhões de compostos diferentes foram identificados no *Chemical Abstracts*, um banco de dados criado pela American Chemical Society.

As propriedades de um composto, como a sua cor, dureza e ponto de fusão, são diferentes daquelas de seus elementos constituintes. Considere o sal de cozinha comum (cloreto de sódio), que é composto de dois elementos (veja a Figura 1.2):

- O sódio é um metal brilhante que interage violentamente com a água. Sua estrutura em estado sólido possui átomos de sódio arranjados de forma compacta.
- O cloro é um gás amarelo-claro que tem um odor característico sufocante e é um forte irritante dos pulmões e de outros tecidos. O elemento é composto de moléculas de $Cl_2$, em que dois átomos de cloro são fortemente ligados.
- O cloreto de sódio ou sal comum (NaCl) é um sólido cristalino incolor composto de íons de sódio e cloro fortemente ligados. Suas propriedades são completamente diferentes daquelas dos dois elementos dos quais é composto.

É importante distinguir entre uma mistura de elementos e um composto químico de dois ou mais elementos. O ferro metálico puro e o enxofre amarelo em pó podem ser misturados em proporções variadas. No composto químico conhecido como pirita de ferro, entretanto, não há variação na composição. A pirita de ferro não somente exibe propriedades ímpares e diferentes daquelas do ferro ou do enxofre, ou de uma mistura desses dois elementos, como também apresenta uma composição percentual definida pela massa (46,55% Fe e 53,45% S). O fato de um composto ter uma composição química definida (em massa) dos seus elementos combinantes é um princípio básico da química e é geralmente chamado de a **lei das proporções definidas** ou **lei da composição constante**. Assim, duas principais diferenças existem entre uma mistura e um composto puro: um composto possui características diferentes de seus elementos individuais, e possui uma composição percentual definida (pela massa) de seus elementos constituintes.

Alguns compostos – como o sal de cozinha, NaCl – são constituídos de **íons**, que são átomos ou grupos de átomos eletricamente carregados (Seção 2.5). Outros compostos – como a água e o açúcar – consistem em moléculas.

O material no prato é uma **mistura** de limalhas de ferro e enxofre. O ferro pode ser facilmente separado do enxofre usando um ímã.

A pirita de ferro é um **composto químico** de ferro e enxofre. É frequentemente encontrada na natureza na forma de cubos dourados perfeitos.

A composição do composto pode ser representada por sua **fórmula química**. Na fórmula para a água, $H_2O$, por exemplo, o símbolo para o hidrogênio, H, é seguido pelo índice inferior 2, o qual indica que dois átomos de hidrogênio ocorrem em uma única molécula de água. O símbolo do oxigênio aparece sem índice inferior, indicando que há um átomo de oxigênio na molécula.

Conforme veremos durante todo este livro, as moléculas podem ser representadas por modelos que descrevem sua composição e sua estrutura. A Figura 1.12 ilustra os nomes, as fórmulas e os modelos das estruturas de quatro compostos moleculares comuns.

| Nome | Água | Metano | Amônia | Dióxido de carbono |
|---|---|---|---|---|
| Fórmula | $H_2O$ | $CH_4$ | $NH_3$ | $CO_2$ |
| Modelo | | | | |

**FIGURA 1.12 Nomes, fórmulas e modelos de alguns compostos moleculares comuns.** Um esquema de cores comum é aquele que os átomos de C são cinzas, os átomos de H são brancos, os átomos de N são azuis e os átomos de O são vermelhos.

---

**EXEMPLO 1.1**

## Elementos e Compostos

**Problema**  Identifique se cada um dos seguintes são um elemento ou composto: bromo, $Br_2$ e peróxido de hidrogênio, $H_2O_2$.

**O que você sabe?**  Tanto os elementos quanto os compostos são substâncias puras. Um elemento é constituído de apenas um tipo de átomo. Um composto é constituído de mais de um tipo de átomo, no qual os átomos estão conectados por ligações químicas e ocorrem em uma proporção definida em massa.

**Estratégia**  Observe cada uma das fórmulas fornecidas e use as diretrizes anteriores para determinar se a fórmula corresponde a um elemento ou a um composto.

> **RESOLUÇÃO** O bromo, $Br_2$, é um elemento porque ambos os átomos presentes na molécula são do mesmo tipo, átomos de bromo. O $H_2O_2$ é um composto. No $H_2O_2$ existem dois tipos diferentes de átomos presentes, átomos de hidrogênio e átomos de oxigênio. Eles estão unidos nas moléculas de peróxido de hidrogênio que tem uma composição definida em massa; cada molécula de $H_2O_2$ tem dois átomos de hidrogênio e dois átomos de oxigênio.
>
> **Pense sobre sua resposta** Se todos os átomos em uma molécula são do mesmo tipo, como em $Br_2$, então ele é uma molécula de um elemento.
>
> ## Verifique seu entendimento
>
> Identifique se o fósforo branco ($P_4$) e o monóxido de carbono (CO) são elementos ou compostos.

# 1.6 Propriedades Físicas

### Objetivos da Seção 1.6

- Identificar várias propriedades físicas das substâncias.

- Relacionar a densidade ao volume e à massa de uma substância.

- Entender a diferença entre propriedades extensivas e intensivas e dar exemplos delas.

Você reconhece seus amigos pela aparência física: altura e peso, e a cor dos olhos e dos cabelos. O mesmo se aplica às estruturas químicas. Pode-se diferenciar um cubo de gelo de um cubo de chumbo de mesmo tamanho não apenas quanto à aparência (um é límpido e incolor e o outro é um metal lustroso), mas também pelo fato de um deles ser muito mais pesado (chumbo) do que o outro (gelo). Propriedades como essas, que podem ser observadas e medidas sem alterar a composição de uma substância, são chamadas **propriedades físicas**. Os elementos químicos na Figura 1.10, por exemplo, são claramente diferentes com relação a sua cor, aparência e estado (sólido, líquido ou gasoso). As propriedades físicas nos permitem classificar e identificar as substâncias. Na Tabela 1.1 estão listadas algumas propriedades físicas da matéria que os químicos geralmente utilizam.

A **densidade**, razão entre a massa de um objeto e seu volume, é uma propriedade física útil para identificar as substâncias.

$$\text{Densidade} = \frac{\text{massa}}{\text{volume}} \tag{1.1}$$

| **Unidades de Densidade** O sistema decimal de unidades na ciência é chamado de *Système International d'Unités*, muitas vezes denominado como unidades SI. Na Química, a unidade geralmente mais usada é $g\ cm^{-3}$. Para converter $kg\ m^{-3}$ em $g\ cm^{-3}$, basta dividir por 1000.

Por exemplo, você pode rapidamente dizer a diferença entre um cubo de gelo e um cubo de chumbo de tamanho idêntico, pois o chumbo possui alta densidade, $11,35\ g\ cm^{-3}$ (11,35 gramas por centímetro cúbico), enquanto o gelo possui uma densidade um pouco menor que $0,917\ g\ cm^{-3}$. Um cubo de gelo com volume de $16,0\ cm^3$ possui massa de $14,7\ g$, enquanto um cubo de chumbo com o mesmo volume possui massa de $182\ g$.

A **temperatura** de uma amostra de matéria afeta frequentemente os valores numéricos de suas propriedades. A densidade é um exemplo particularmente importante. Embora a mudança na densidade da água de acordo com a temperatura pareça pequena (Tabela 1.2), ela afeta profundamente nosso ambiente. Por exemplo, à medida que a água de um lago esfria, sua densidade aumenta e a água mais densa afunda, conforme pode ser visto na Figura 1.13. Isso continua até que a temperatura da água atinja 3,98°C, o ponto em que sua densidade é máxima ($0,999973\ g\ cm^{-3}$). Se a temperatura da água cair ainda mais, a densidade diminuirá levemente, e a água mais fria flutuará sobre a água a 3,98°C. Se a água for resfriada abaixo de 0°C, forma-se gelo sólido. A água tem uma propriedade rara: sua forma sólida é menos densa que sua forma líquida, então o gelo flutua na água.

O volume de certa massa de líquido é alterado com a temperatura, da mesma forma que sua densidade. Essa é a razão de a vidraria de laboratório, utilizada para medir volumes precisos de soluções, sempre especificar a temperatura na qual foi calibrada (Figura 1.14).

| **Escalas de Temperatura** Os cientistas usam as escalas Celsius (°C) e kelvin (K) para temperatura.

## Tabela 1.1   Algumas Propriedades Físicas

| PROPRIEDADE | USANDO A PROPRIEDADE PARA DIFERENCIAR SUBSTÂNCIAS |
|---|---|
| Cor | A substância é colorida ou incolor? Qual é sua cor, e qual é sua intensidade? |
| Estado da matéria | É sólido, líquido ou gasoso? Se for sólido, qual é o formato das partículas? |
| Ponto de fusão | Em qual temperatura o sólido se funde? |
| Ponto de ebulição | Em qual temperatura um líquido entra em ebulição (à pressão de 1 atmosfera)? |
| Densidade | Qual é a densidade da substância (massa por unidade de volume)? |
| Solubilidade | Qual massa de substância pode ser dissolvida em um dado volume de água ou outro solvente? |
| Condutividade elétrica | A substância conduz eletricidade? |
| Maleabilidade | Quão facilmente um sólido pode ser deformado? |
| Ductibilidade | Quão facilmente um sólido pode ser transformado em um fio? |
| Viscosidade | Quão facilmente um líquido flui? |

## Tabela 1.2 Dependência da Densidade da Água com a Temperatura

| TEMPERATURA (°C) | DENSIDADE DA ÁGUA (g cm⁻³) |
|---|---|
| 0 (gelo) | 0,917 |
| 0 (água líquida) | 0,99984 |
| 2 | 0,99994 |
| 4 | 0,99997 |
| 10 | 0,99970 |
| 25 | 0,99707 |
| 100 | 0,95836 |

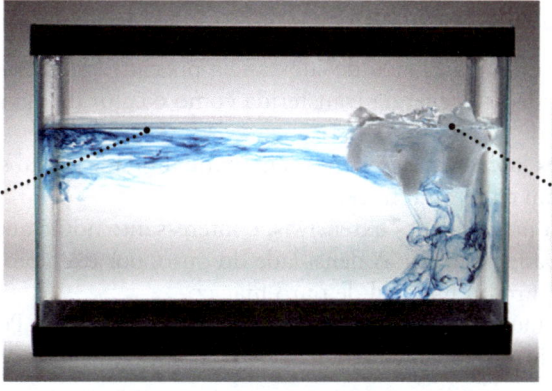

Um corante foi colocado no lado esquerdo de um tanque cheio de água; no lado direito, cubos de gelo.

A água embaixo do gelo é mais fria e densa que a água ao redor, então ela afunda. A corrente de convecção criada por esse movimento da água é traçada pelo movimento do corante conforme a água mais densa e fria afunda.

© Cengage Learning/Charles D. Winters

**FIGURA 1.13  Dependência das propriedades físicas com a temperatura.** A água e outras substâncias mudam de densidade de acordo com a temperatura.

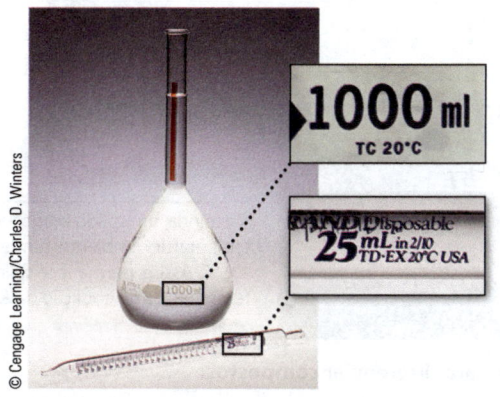

© Cengage Learning/Charles D. Winters

**FIGURA 1.14  Dependência da densidade com a temperatura.** A densidade da água e de outras substâncias varia com a temperatura, então os aparelhos de laboratório são calibrados para uma temperatura específica.

EXEMPLO 1.2

## Densidade

**Problema**  Um pedaço de corda de polipropileno (usado para esquiar na água) flutua na água, enquanto um polímero tereftalato de uma garrafa de refrigerante afunda na água. Coloque em ordem crescente de densidade o polipropileno, o tereftalato e a água.

**O que você sabe?**  A densidade é dada pela Equação 1.1. Um objeto com uma densidade maior afundará em um líquido de densidade mais baixa, enquanto um objeto com uma densidade menor flutuará em um líquido com uma densidade mais alta.

**Estratégia**  Use as observações sobre se o material afunda ou flutua na água para determinar a ordem das densidades.

**RESOLUÇÃO**  A corda de polipropileno flutua na água, consequentemente o polipropileno é menos denso que a água. A garrafa plástica de refrigerante afunda na água; consequentemente é mais densa que a água. Isso nos fornece a ordem global das densidades polipropileno < água < garrafa plástica de refrigerante.

**Pense sobre sua resposta**  Em um material com uma densidade maior, a matéria é mais firmemente empacotada para uma determinada massa que em materiais de densidade menor.

## Verifique seu entendimento

Alguns molhos de salada são feitos de uma mistura de azeite e vinagre. Esses dois líquidos não são significativamente solúveis um no outro. Se a mistura é deixada assentar, os dois líquidos se separam um do outro e o azeite flutua sobre o vinagre. Qual líquido tem a maior densidade?

## Propriedades Extensivas e Intensivas

**Propriedades extensivas** dependem da quantidade de substância presente. A massa e o volume das amostras de elementos ou compostos, ou a quantidade de energia transferida como o calor da queima de gasolina, são propriedades extensivas, por exemplo.

Por outro lado, as **propriedades intensivas** *não* dependem da quantidade de substância. Uma amostra de gelo derreterá a 0°C, não importa se for um cubo ou um iceberg.

Embora massa e volume sejam propriedades extensivas, é interessante notar que a densidade (o quociente dessas duas quantidades) é uma propriedade intensiva. A densidade do ouro, por exemplo, é a mesma (19,3 g cm⁻³ a 20°C), se você tiver uma pepita de ouro puro ou um anel de ouro maciço.

As propriedades intensivas são muitas vezes úteis para identificar um material. Por exemplo, a temperatura em que um material funde (o ponto de fusão) é frequentemente tão característica que pode ser usada para identificar um sólido (Figura 1.15).

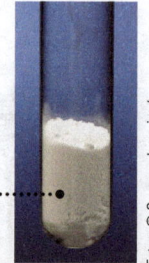

O naftaleno, um sólido branco à temperatura ambiente, funde-se a 80,2°C e, portanto, é fundido na temperatura de ebulição da água.

A aspirina, um sólido branco à temperatura ambiente, funde-se a 135°C. Assim, permanece sólida na temperatura de ebulição da água.

**FIGURA 1.15  Uma propriedade física usada para diferenciar compostos.**

EXEMPLO 1.3

## Propriedades Extensivas e Intensivas

**Problema** Uma amostra de mercúrio líquido tem uma superfície brilhante, funde a 234 K, tem uma massa de 27,2 g, tem um volume de 2,00 cm³ e densidade de 13,6 g cm⁻³. Quais dessas propriedades são propriedades extensivas e quais são propriedades intensivas?

**O que você sabe?** As propriedades extensivas dependem da quantidade presente de uma substância. As propriedades intensivas não dependem da quantidade presente da substância.

**Estratégia** Determine quais das propriedades listadas dependem da quantidade de material presente e quais não dependem.

**RESOLUÇÃO** A massa e o volume da amostra dependem da quantidade de material presente; quanto maior a quantidade de material presente, maior será a massa e o volume. A massa e o volume são propriedades extensivas. O brilho da superfície, o ponto de fusão e a densidade são propriedades que são as mesmas independentemente da quantidade de material presente, portanto elas são propriedades intensivas.

**Pense sobre sua resposta** Tanto a massa quanto o volume são propriedades extensivas, mas o quociente delas, a densidade, é uma propriedade intensiva.

## Verifique seu entendimento

Identifique se cada uma das seguintes propriedades é extensiva ou intensiva: ponto de ebulição, dureza, volume de uma solução, número de átomos, número de átomos dissolvidos por volume de solução.

## 1.7 Mudanças Físicas e Químicas

### Objetivos da Seção 1.7

- Explicar a diferença entre variações químicas e físicas.
- Identificar várias propriedades químicas de substâncias comuns.

Alterações nas propriedades físicas são chamadas **mudanças físicas**. Em uma mudança física, a identidade de uma substância é preservada mesmo que mudem seu estado físico ou o tamanho e a forma bruta de suas partes. Ao contrário de uma mudança química, uma mudança física não resulta na produção de uma nova substância. As partículas (átomos, moléculas ou íons) presentes antes e após a mudança são as mesmas. Um exemplo de mudança física é a fusão de um sólido (veja a Figura 1.15) ou a evaporação de um líquido (Figura 1.16). Em ambos os casos, as mesmas moléculas estão presentes tanto antes quanto após a mudança. Suas identidades químicas não mudaram.

Uma propriedade física do gás hidrogênio ($H_2$) é a baixa densidade, então um balão cheio de $H_2$ flutua no ar. Suponha, entretanto, que uma vela acesa seja aproximada do balão. Quando o calor causar a ruptura do balão, o hidrogênio combina-se com o oxigênio ($O_2$) do ar, e o calor da vela dá início a uma reação química produzindo água, $H_2O$ (veja a Figura 1.16). Essa reação é um exemplo de uma **mudança química**, na qual uma ou mais substâncias (os **reagentes**) são transformadas em uma ou mais substâncias diferentes (os **produtos**).

Uma mudança química no nível particulado é ilustrada na Figura 1.16 pela reação entre moléculas de hidrogênio e de oxigênio, formando moléculas de água. A representação da mudança por meio de fórmulas químicas é chamada de **equação química**. Ela mostra que as substâncias à esquerda (os reagentes) produzem as substâncias à direita (os produtos). Essa equação ilustra um princípio importante das reações químicas: a *matéria é conservada*. O número e a identidade dos átomos encontrados nos reagentes são os mesmos nos produtos. Aqui, existem quatro átomos de H e dois átomos de O antes *e* depois da reação, mas as moléculas antes da reação são diferentes daquelas depois da reação.

O termo **propriedade química** se refere às reações químicas que uma substância pode sofrer. Por exemplo, uma propriedade química do gás hidrogênio é aquela que ele reage com o gás oxigênio e de forma bastante vigorosa.

**Mudança física •** As mesmas moléculas estão presentes tanto antes quanto após a mudança.

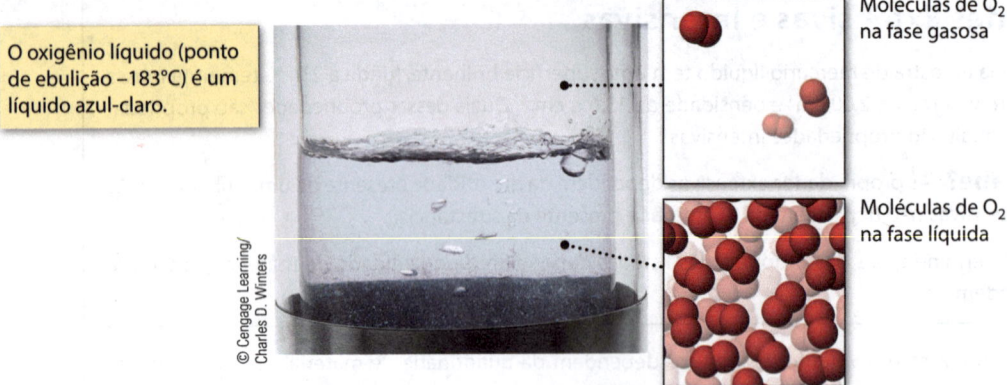

O oxigênio líquido (ponto de ebulição −183°C) é um líquido azul-claro.

Moléculas de $O_2$ na fase gasosa

Moléculas de $O_2$ na fase líquida

© Cengage Learning/ Charles D. Winters

**Uma visão simbólica e particulada •** A reação de $O_2$ e $H_2$.

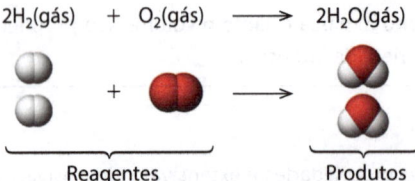

$$2H_2(gás) \quad + \quad O_2(gás) \quad \longrightarrow \quad 2H_2O(gás)$$

Reagentes        Produtos

**Mudança química •** Uma ou mais substâncias (reagentes) são transformadas em uma ou mais substâncias diferentes (produtos).

Um balão cheio de moléculas de gás hidrogênio e rodeado de moléculas de oxigênio do ar. (O balão flutua no ar porque o hidrogênio gasoso é menos denso que o ar.)

Quando são inflamados com a chama de uma vela, o $H_2$ e $O_2$ reagem para formar água, $H_2O$.

© Cengage Learning/Charles D. Winters

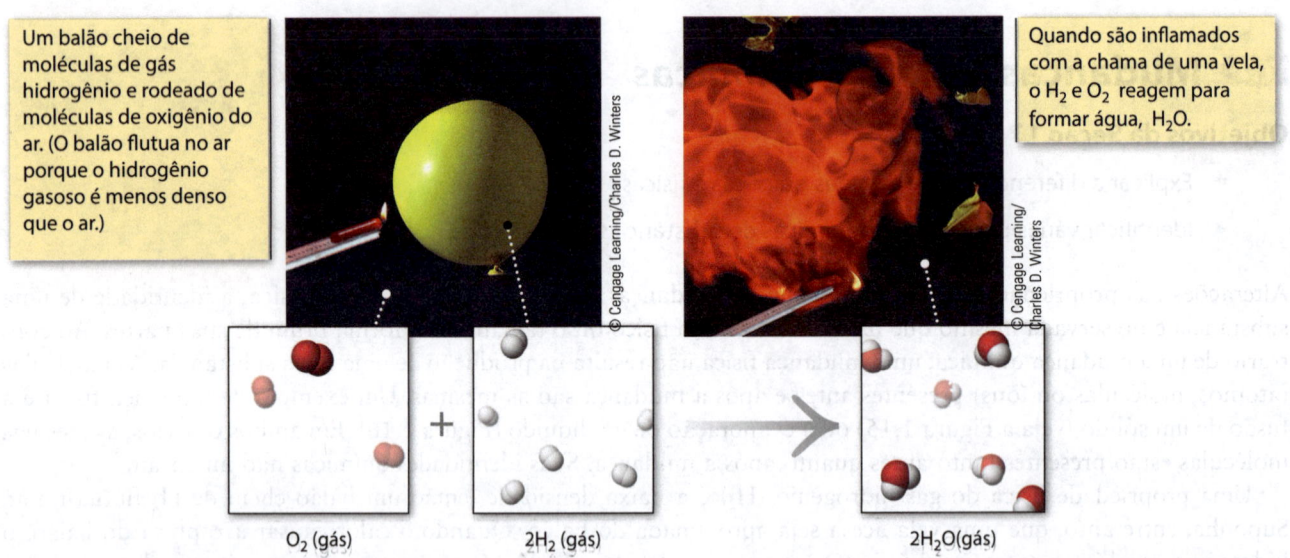

$O_2$ (gás)   +   $2H_2$ (gás)        $2H_2O$(gás)

**FIGURA 1.16 Mudanças físicas e químicas.**

---

**EXEMPLO 1.4**

## Mudanças Físicas e Químicas

**Problema**   Identifique cada um dos seguintes tópicos como sendo mudanças químicas ou físicas: ebulição da água e ferrugem de um prego de ferro.

**O que você sabe?**   Em uma mudança física, as identidades químicas dos materiais não variam, enquanto em uma mudança química, elas variam.

**Estratégia**   Examine cada uma das mudanças para determinar se as identidades dos materiais variaram.

**RESOLUÇÃO** Na água líquida, as espécies químicas presentes são moléculas de $H_2O$. Quando a água entra em ebulição, as moléculas movem-se para o estado gasoso. As espécies químicas ainda são moléculas de $H_2O$; as moléculas apenas mudaram de estado. A ebulição da água é, portanto, uma mudança física. A ferrugem de um prego de ferro é uma mudança química porque começamos com ferro e oxigênio e terminamos com a ferrugem, a qual é predominantemente óxido de ferro(III), $Fe_2O_3$. A substância ao final do processo é uma espécie química diferente daquelas com as quais começamos.

**Pense sobre sua resposta** Os estudantes algumas vezes confundem mudanças de estado com mudanças químicas; as mudanças de estado são mudanças físicas.

## Verifique seu entendimento

Identifique se cada um dos seguintes itens é uma variação física ou uma variação química: (a) manteiga derretendo, (b) madeira queimando, (c) dissolvendo açúcar em água.

# 1.8 Energia: Alguns Princípios Básicos

### Objetivos da Seção 1.8

- Identificar tipos de energia potencial e cinética.
- Identificar e aplicar a lei de conservação de energia.

A energia, parte crucial de muitas mudanças químicas e físicas, é definida como a capacidade de realizar um trabalho. Você realiza trabalho contra a força da gravidade ao andar e carregar equipamentos de acampamento subindo uma montanha. A energia para fazer isso é fornecida pelos alimentos que você consumiu. Os alimentos são uma fonte de energia química – armazenada em compostos químicos e liberada quando estes passam por reações químicas do metabolismo de seu corpo. As reações químicas quase sempre liberam ou absorvem energia.

A energia pode ser classificada como cinética ou potencial. A **energia cinética** é aquela associada com movimento, como:

**Unidades de Energia** Energia na Química é medida em unidades de joules. (Veja a Revisão: As Ferramentas da Química Quantitativa (página 26) e o Capítulo 5 para cálculos envolvendo unidades de energia.

- O movimento dos átomos, moléculas ou íons em nível submicroscópico (particulado) (*energia térmica*). Toda a matéria possui energia térmica.
- O movimento de objetos macroscópicos, tais como uma bola de tênis ou um automóvel em movimento (*energia mecânica*).
- O movimento de elétrons em um condutor (*energia elétrica*).
- A compressão e expansão dos espaços entre moléculas na transmissão do som (*energia acústica*).

A **energia potencial** resulta da posição ou do estado de um objeto, e inclui:

- A energia pertencente a uma bola mantida acima do chão e pela água no topo de uma roda d'água (*energia gravitacional*) (Figura 1.17a).
- A energia armazenada em uma mola estendida.
- A energia armazenada em combustíveis (*energia química*) (Figura 1.17b).
- A energia associada com a separação de correntes elétricas (*energia eletrostática*) (Figura 1.17c).

A energia potencial e a energia cinética podem ser interconvertidas. Por exemplo, conforme a água cai em uma cachoeira, sua energia potencial é convertida em energia cinética. De forma semelhante, a energia cinética pode ser convertida em energia potencial: a energia cinética da água em queda pode girar uma turbina para produzir eletricidade, que pode então ser usada para converter água em $H_2$ e $O_2$ por eletrólise. O gás hidrogênio contém energia química potencial armazenada, pois pode ser queimado para produzir calor e luz ou eletricidade.

**(a) Energia potencial** é convertida em energia mecânica.

**(b) Energia química potencial** de um combustível e oxigênio são convertidos em energia térmica e mecânica no motor de um avião.

**(c) Energia eletrostática** é convertida em energia térmica e radiante.

**FIGURA 1.17  Energia e sua conversão.**

## Conservação da Energia

Em pé sobre um trampolim, você possui energia potencial considerável devido a sua posição acima da água. Uma vez que você salta do trampolim, parte da energia potencial é convertida em energia cinética (Figura 1.18). Durante o salto, a força da gravidade acelera seu corpo para que ele se mova cada vez mais rápido. Sua energia cinética aumenta e sua energia potencial diminui. No momento em que você atinge a água, sua velocidade é abruptamente reduzida e muito de sua energia cinética é transferida para a água conforme seu corpo a movimenta para os lados. Você acaba flutuando para a superfície, e a água novamente se torna tranquila. Se você pudesse ver esse momento, no entanto, descobriria que as moléculas de água estão se movendo um pouco mais rápidas na área onde você mergulhou, isto é, a energia cinética das moléculas de água é ligeiramente maior.

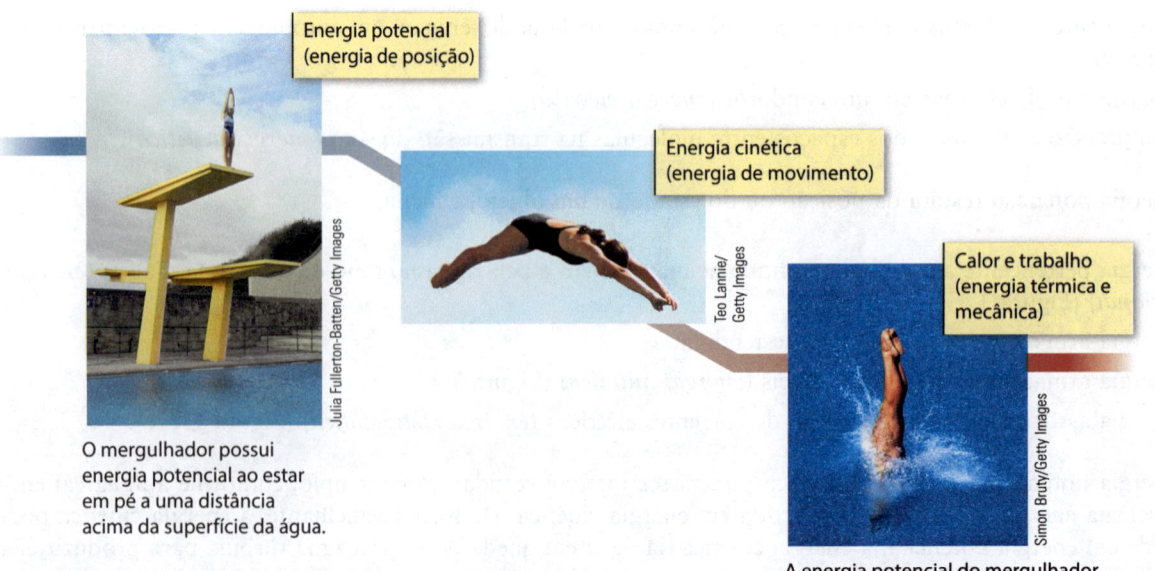

Energia potencial
(energia de posição)

Energia cinética
(energia de movimento)

Calor e trabalho
(energia térmica e mecânica)

O mergulhador possui energia potencial ao estar em pé a uma distância acima da superfície da água.

A energia potencial do mergulhador primeiro é convertida em energia cinética, que depois é transferida para a água.

**FIGURA 1.18  A lei da conservação de energia.**

# 1.1 CO$_2$ nos Oceanos

## APLICANDO OS PRINCÍPIOS QUÍMICOS

"Nos últimos duzentos anos, os oceanos absorveram aproximadamente 550 bilhões de toneladas de CO$_2$ da atmosfera, cerca de um terço da quantidade total de emissões antropogênicas nesse período." Isso equivale a cerca de 22 milhões de toneladas *por dia*. Essa declaração foi feita por R. A. Feely, um cientista da National Oceanographic and Atmospheric Administration, em relação a estudos sobre os efeitos do dióxido de carbono na química do oceano.

A quantidade de CO$_2$ dissolvida nos oceanos é muito preocupante e de interesse dos oceanógrafos, pois afeta o pH da água, isto é, seu nível de acidez. Isso, por sua vez, pode influenciar no crescimento de organismos marinhos, como os corais e ouriços-do-mar, e de cocolitoforídeos microscópicos (fitoplâncton de célula única).

Estudos recentes indicam que, na água com alto teor de CO$_2$, os espinhos dos ouriços-do-mar são muito prejudicados, as larvas do peixe-palhaço perdem sua capacidade de orientação e as concentrações de cálcio, cobre, manganês e ferro na água do mar são afetadas, muitas vezes de forma drástica.

Uma investigação recente da história da acidificação dos oceanos termina com a declaração de que "a taxa atual de liberação de CO$_2$ (especialmente de combustíveis fósseis) se destaca como capaz de conduzir a uma combinação e a uma magnitude de alterações geoquímicas nos oceanos potencialmente incomparáveis

**Peixe-palhaço.** As larvas do peixe-palhaço são afetadas pelo aumento dos níveis de CO$_2$ no oceano.

em, no mínimo, aos últimos 300 milhões de anos da história da Terra, elevando a possibilidade de que estamos entrando em um território desconhecido de alterações do ecossistema marinho".

## Questões:

1. Muito foi dito sobre o CO$_2$. Qual é seu nome?
2. Dê os símbolos de quatro metais mencionados nesse artigo.
3. Dentre os quatro metais mencionados aqui, qual é o mais denso? E o menos denso? (Use uma ferramenta da internet para encontrar as informações.)
4. Os espinhos de um ouriço-do-mar, corais e cocolitoforídeos são todos construídos do composto CaCO$_3$. Que elementos estão envolvidos nesse composto? Você sabe o nome?

**As respostas a essas questões estão no Apêndice N.**

## Referências:

"Off-Balance Ocean: Acidification from absorbing atmospheric CO$_2$ is changing the ocean's chemistry," Rachel Petkewich, *Chemical and Engineering News*, February 23, 2009, page 56.
"The Geological Record of Ocean Acidification," B. Hönisch and others, *Science*, March 2, 2012, page 1058.

Essa série de conversões de energia ilustra a **lei de conservação da energia,** a qual afirma que a *energia não pode ser criada nem destruída*, em outras palavras, *a energia total do universo é constante*. A lei da conservação de energia resume os resultados de vários experimentos nos quais as quantidades de energia transferidas foram medidas e pelas quais se descobriu que o conteúdo de energia total permaneceu o mesmo antes e depois do evento.

Vamos examinar essa lei no caso de uma reação química, a reação do hidrogênio com oxigênio para formar água (veja a Figura 1.16). Nessa reação, os reagentes (hidrogênio e oxigênio) têm certa quantidade de energia associada a eles. Ao reagir, parte dessa energia é liberada no ambiente. Se fôssemos somar toda a energia presente antes da reação e toda energia presente após a reação, descobriríamos que a energia foi somente redistribuída; a quantidade total de energia no universo permaneceu constante. A energia foi conservada.

# OBJETIVOS REVISITADOS

Os objetivos para este capítulo são marcados com as Questões para Estudo específicas para ajudá-lo a organizar sua revisão.

## 1.1 A QUÍMICA E SEUS MÉTODOS

- Identificar a diferença entre uma hipótese e uma teoria e entender as leis que são estabelecidas. **1, 2.**

## 1.2 SUSTENTABILIDADE E QUÍMICA VERDE

- Entender os princípios da química verde. **3-6.**

## 1.3 CLASSIFICANDO A MATÉRIA

- Entender as ideias básicas da teoria cinética molecular. **41, 42.**

- Identificar a importância de representar a matéria em níveis macroscópico, microscópico e simbólico. **35, 36.**

- Identificar a diferença dos estados da matéria (sólidos, líquidos e gases) e fornecer suas características. **29, 41, 51.**

- Identificar a diferença entre substâncias puras e misturas e a diferença entre misturas homogêneas e heterogêneas. **31, 32, 42.**

## 1.4 ELEMENTOS

- Identificar o nome ou o símbolo para um elemento, fornecido seu nome ou símbolo, respectivamente. **7-10, 29, 30.**

- Usar corretamente os termos átomo, elemento e molécula. **11, 12, 39, 40.**

## 1.5 COMPOSTOS

- Usar corretamente o termo composto. **11, 12, 39, 40.**

- Entender a lei das proporções definidas (lei da composição constante). **13, 14.**

## 1.6 PROPRIEDADES FÍSICAS

- Identificar várias propriedades físicas de substâncias comuns. **15, 17, 18, 30, 44, 46.**

- Relacionar a densidade ao volume e à massa de uma substância. **25, 26, 37, 38, 43, 45, 47, 48, 49, 52, 53, 56.**

- Entender a diferença entre propriedades extensivas e intensivas e fornecer exemplos delas. **25, 26.**

## 1.7 MUDANÇAS FÍSICAS E QUÍMICAS

- Explicar a diferença entre mudanças químicas e físicas. **16, 33, 34, 51, 55.**

- Identificar várias propriedades químicas de substâncias comuns. **15, 17, 18, 27, 28.**

## 1.8 ENERGIA: ALGUNS PRINCÍPIOS BÁSICOS

- Identificar os tipos de energia potencial e cinética. **19-22.**

- Identificar e aplicar a lei de conservação de energia. **23, 24.**

## EQUAÇÃO-CHAVE

**Equação 1.1** Densidade: Na Química, a unidade de densidade comum é g cm$^{-3}$, enquanto kg m$^{-3}$ é geralmente usado em geologia e oceanografia.

$$\text{Densidade} = \frac{\text{massa}}{\text{volume}}$$

# QUESTÕES PARA ESTUDO

▲ denota questões desafiadoras.

**Questões numeradas em verde** têm as respostas no Apêndice N.

## Praticando Habilidades

### Natureza da Ciência

*(Veja a Seção 1.1.)*

1. No cenário a seguir, identifique quais das afirmativas representam uma teoria, lei ou hipótese.
   - (a) Uma estudante explorando as propriedades dos gases propôs que se ela diminui o volume de uma amostra de gás, então a pressão exercida pela amostra aumentará.
   - (b) Muitos cientistas ao longo dos tempos têm conduzido experimentos similares e têm concluído que a pressão e o volume são inversamente proporcionais.
   - (c) Ela propôs que o motivo disso ocorrer é que se o volume é diminuído, mais moléculas colidirão com uma determinada área das paredes do recipiente, fazendo com que a pressão seja maior.

2. Afirme se a seguinte sentença é uma hipótese, teoria ou lei da ciência. Está ocorrendo uma mudança climática global por causa do dióxido de carbono gerado pelos humanos. Justifique.

### Química Verde

*(Veja a Seção 1.2.)*

3. Qual é o significado da frase "desenvolvimento sustentável"?

4. Qual é o significado da frase "química verde"?

5. Um dos vencedores do Presidential Green Chemistry Challenge Awards de 2016 foi um processo para fabricar a matéria-prima octano para a gasolina. O processo tradicional usa ácidos altamente corrosivos tais como ácido clorídrico e ácido sulfúrico. Uma vez usados, o ácido remanescente deve ser regenerado ou enviado para ser jogado fora, exigindo energia adicional e gerando mais resíduo. O novo processo usa um catalisador sólido mais seguro que pode ser regenerado e reutilizado. Ele também leva a subprodutos mínimos. Quais princípios da química verde estão sendo seguidos por esse novo processo em comparação ao processo mais antigo?

6. Um dos vencedores do Presidential Green Chemistry Challenge Awards de 2016 foi um processo para gerar o ácido dodecanóico (DDA), um produto químico usado na fabricação de determinados náilons. O processo mais antigo usa reagentes químicos derivados de combustíveis fósseis, assim como ácido nítrico e produz um gás de efeito estufa, o monóxido de dinitrogênio. Este processo exige também altas temperaturas e pressões. O novo processo usa uma cepa de levedura modificada para produzir o DDA a partir de um ácido derivado do óleo de palmiste ou óleo de coco, é conduzido próximo à temperatura e pressão ambiente, evita o uso de ácido nítrico, não gera monóxido de dinitrogênio e leva a um produto de mais alta pureza. Quais princípios da química verde estão sendo seguidos por este novo processo em comparação ao processo anterior?

### Matéria: Elementos e Átomos, Compostos e Moléculas

*(Veja o Exemplo 1.1.)*

7. Dê o nome de cada um dos seguintes elementos:
   - (a) C
   - (b) K
   - (c) Cl
   - (d) P
   - (e) Mg
   - (f) Ni

8. Dê o nome de cada um dos seguintes elementos:
   - (a) Mn
   - (b) Cu
   - (c) Na
   - (d) Br
   - (e) Xe
   - (f) Fe

9. Dê o símbolo de cada um dos seguintes elementos:
   - (a) bário
   - (b) titânio
   - (c) cromo
   - (d) chumbo
   - (e) arsênio
   - (f) zinco

10. Dê o símbolo de cada um dos seguintes elementos:
    - (a) prata
    - (b) alumínio
    - (c) plutônio
    - (d) estanho
    - (e) tecnécio
    - (f) criptônio

11. Em cada um dos seguintes pares, decida qual é um elemento e qual é um composto.
    - (a) Na ou NaCl
    - (b) açúcar ou carbono
    - (c) ouro ou cloreto de ouro

12. Em cada um dos seguintes pares, decida qual é um elemento e qual é um composto.
    - (a) $Pt(NH_3)_2Cl_2$ ou Pt
    - (b) cobre ou óxido de cobre(II)
    - (c) sílica ou areia

13. Uma amostra de 18 g é decomposta em 2 g de gás hidrogênio e 16 g de gás oxigênio. Quais as massas de gases hidrogênio e oxigênio teriam sido preparadas a partir de 27 g de água? Qual é a lei da química usada na resolução deste problema?

**14.** Uma amostra do composto óxido de magnésio é sintetizada como a seguir. Queima-se 60,0 g de magnésio e são produzidos 100,0 g de óxido de magnésio, indicando que o magnésio é combinado com 40,0 g de oxigênio do ar. Se 30,0 g de magnésio tivessem sido usados, qual a massa de oxigênio teria sido combinada com ele? Qual lei da química é usada na resolução deste problema?

### Propriedades Físicas e Químicas

*(Veja a Seção 1.6 e 1.7.)*

**15.** Em cada caso, decida se a propriedade sublinhada é física ou química.
- (a) A cor do elemento bromo é <u>vermelho-alaranjada.</u>
- (b) O ferro <u>transforma-se em ferrugem</u> na presença de ar e água.
- (c) O hidrogênio pode <u>explodir</u> ao ser inflamado no ar (Figura 1.16).
- (d) A <u>densidade</u> do metal titânio é de 4,5 g cm$^{-3}$.
- (e) O metal estanho <u>funde-se</u> a 505 K.
- (f) A clorofila, um pigmento de plantas, é <u>verde</u>.

**16.** Em cada caso, decida se a mudança é física ou química.
- (a) Um copo de água sanitária doméstica muda a cor de sua camiseta roxa favorita para rosa.
- (b) O vapor de água em seu hálito quando exalado condensa-se no ar em dias frios.
- (c) As plantas usam o dióxido de carbono do ar para fazer açúcar.
- (d) A manteiga derrete ao ser colocada ao Sol.

**17.** Que parte da descrição de um composto ou elemento se refere às suas propriedades físicas e qual às suas propriedades químicas?
- (a) O etanol é um líquido incolor que inflama no ar.
- (b) O metal alumínio brilhante reage rapidamente com o bromo vermelho-alaranjado.

**18.** Que parte da descrição de um composto ou elemento se refere às suas propriedades físicas e qual às suas propriedades químicas?
- (a) O carbonato de cálcio é um sólido de cor branca com densidade de 2,71 g cm$^{-3}$. Reage prontamente com um ácido para produzir dióxido de carbono gasoso.
- (b) Zinco metálico em pó, cinza, reage com iodo roxo para resultar em um composto de cor branca.

### Energia

*(Veja Seção 1.8.)*

**19.** O flash na foto não usa baterias. Em vez disso, você move uma alavanca, a qual liga um mecanismo de engrenagens que finalmente resulta em luz na lâmpada. Que tipo de energia é usado para mover a alavanca? Que tipo ou tipos de energia é/são produzido(s)?

**Um flash manual**

**20.** Um painel solar é exibido na foto. Quando a luz brilha sobre o painel, ele gera uma corrente elétrica que pode ser usada para recarregar a bateria de um carro elétrico. Que tipos de energia estão envolvidos nessa configuração?

**Um painel solar**

**21.** Determine quais das energias a seguir representam energias potenciais e quais representam energias cinéticas.
- (a) energia térmica
- (b) energia gravitacional
- (c) energia química
- (d) energia eletrostática

**22.** Determine se a energia cinética está sendo convertida em energia potencial ou vice-versa, nos processos seguintes.
- (a) A água cai em uma cachoeira.
- (b) Um jogador chuta uma bola.
- (c) Uma corrente elétrica é gerada por uma reação química em uma bateria.
- (d) A água ferve quando aquecida em um fogão a gás.

**23.** Um bloco de metal é imerso em água em um recipiente bem isolado. A temperatura do bloco de metal diminui e a temperatura da água aumenta até que a temperatura deles se iguale. O objeto metálico perde um total de 1500 J de energia. Em quanto a energia da água é aumentada? Qual a lei da ciência é ilustrada por este problema?

**24.** Um livro é mantido a uma altura acima do chão. Ele tem uma determinada quantidade de energia potencial. Quando o livro é solto, sua energia potencial é convertida em energia cinética à medida que ele cai em direção ao chão. O livro bate no chão e entra em repouso. De acordo com a lei da conservação da energia a quantidade de energia no universo é constante. Para onde a energia foi?

## Questões Gerais

*Estas questões não estão definidas quanto ao tipo ou à localização no capítulo. Elas podem combinar vários conceitos.*

**25.** Um pedaço de turquesa é um sólido verde-azulado, com densidade de 2,65 g cm$^{-3}$ e massa de 2,5 g.
- (a) Quais dessas observações são qualitativas e quais são quantitativas?
- (b) Quais dessas propriedades são extensivas e quais são intensivas?
- (c) Qual é o volume do pedaço de turquesa?

**26.** A pirita de ferro (ouro dos tolos) possui uma aparência metálica dourada brilhante. Os cristais muitas vezes estão na forma de cubos perfeitos. Um cubo de 0,40 cm de lado possui massa de 0,064 g.

(a) Quais dessas observações são qualitativas e quais são quantitativas?

(b) Quais dessas propriedades são extensivas e quais são intensivas?

(c) Qual é a densidade da amostra de pirita de ferro?

**27.** Quais observações a seguir descrevem propriedades químicas?

(a) O açúcar é solúvel em água.

(b) A água entra em ebulição a 100°C.

(c) A luz ultravioleta converte $O_3$ (ozônio) em $O_2$ (oxigênio).

(d) O gelo é menos denso que a água.

**28.** Quais observações a seguir descrevem propriedades químicas?

(a) O metal sódio reage violentamente com a água.

(b) A combustão do octano (um composto da gasolina) resulta em $CO_2$ e $H_2O$.

(c) O cloro é um gás verde.

(d) É necessário calor para derreter o gelo.

**29.** O mineral fluorita contém os elementos cálcio e flúor e pode ter várias cores, incluindo azul, violeta, verde e amarelo.

**O mineral fluorita, fluoreto de cálcio**

(a) Quais são os símbolos químicos desses elementos?

(b) Como você descreveria o formato dos cristais de fluorita na foto? O que isso nos diz sobre o arranjo das partículas (íons) no cristal?

**30.** A azurita, um mineral azul cristalino, é composta de cobre, carbono e oxigênio.

**A azurita é um mineral cristalino azul-escuro**. É rodeada de partículas de cobre e carbono em pó (no prato).

(a) Quais são os símbolos químicos dos três elementos que se combinam para formar o mineral azurita?

(b) Com base na foto, descreva algumas das propriedades físicas dos elementos e do mineral. Existe alguma semelhança? Existe alguma propriedade diferente?

**31.** Você tem uma solução de NaCl dissolvida em água. Descreva o método pelo qual esses dois compostos poderiam ser separados.

**32.** Pequenas limalhas de ferro estão misturadas com areia (veja a foto). Essa é uma mistura homogênea ou heterogênea? Sugira uma forma de separar o ferro da areia.

**Limalhas de ferro misturadas com areia**

**33.** Identifique as mudanças a seguir como físicas ou químicas.

(a) Gelo seco ($CO_2$ sólido) sublima (converte-se diretamente do estado sólido para o gasoso).

(b) A densidade do mercúrio diminui conforme a temperatura aumenta.

(c) A energia é desprendida na forma de calor quando o gás natural (em sua maioria metano, $CH_4$) queima.

(d) O NaCl dissolve-se em água.

**34.** Identifique as mudanças a seguir como físicas ou químicas.

(a) A dessalinização da água do mar (separação da água pura dos sais dissolvidos).

(b) A formação de $SO_2$ (um poluente do ar) quando carvão contendo enxofre é queimado.

(c) O escurecimento da prata.

(d) O ferro é aquecido até ficar vermelho.

**35.** Na Figura 1.2, você vê um pedaço de sal e uma representação de sua estrutura interna. Qual é a visão macroscópica e qual é a visão particulada? Como as visões macroscópica e particulada se relacionam?

**36.** Na Figura 1.5, você tem uma visão macroscópica e particulada do elemento bromo. Quais são visões macroscópicas e quais são visões particuladas? Descreva como as visões particuladas explicam as propriedades desse elemento quanto ao estado da matéria.

**37.** O tetracloreto de carbono, $CCl_4$, um composto líquido comum, possui densidade de 1,58 g cm⁻³. Se você colocar um pedaço de uma garrafa plástica de refrigerante ($d$ = 1,37 g cm⁻³) e um pedaço de alumínio ($d$ = 2,70 g cm⁻³) em $CCl_4$ líquido, eles flutuarão ou afundarão?

**38.** A foto a seguir mostra bolas de cobre imersas em água, flutuando na superfície de mercúrio. Quais são os líquidos e sólidos nesta foto? Qual substância é a mais densa? Qual é a menos densa?

**Água, cobre e mercúrio**

**39.** Identifique cada um dos seguintes itens como elemento, composto ou mistura.
(a) prata pura
(b) água mineral carbonatada
(c) tungstênio
(d) aspirina

**40.** Identifique cada um dos seguintes itens como elemento, composto ou mistura.
(a) ar        (c) bronze
(b) fluorita      (d) ouro 18 quilates

**41.** ▲ Faça um desenho, baseado na teoria cinética molecular e nas ideias sobre átomos e moléculas apresentadas neste capítulo, dos arranjos de partículas em cada um dos casos listados aqui. Para cada caso, desenhe dez partículas de cada substância. É aceitável que seu diagrama seja bidimensional. Represente cada átomo como um círculo, e diferencie cada tipo de átomo com sombreamento.
(a) uma amostra de ferro sólido (que consiste em átomos de ferro);
(b) uma amostra de água *líquida* (que consiste em moléculas de $H_2O$);
(c) uma amostra de *vapor* de água.

**42.** ▲ Faça um desenho, baseado na teoria cinética molecular e nas ideias sobre átomos e moléculas apresentadas neste capítulo, dos arranjos de partículas em cada um dos casos listados aqui. Para cada caso, desenhe dez partículas de cada substância. É aceitável que seu diagrama seja bidimensional. Represente cada átomo como um círculo e diferencie cada tipo de átomo com sombreamento.
(a) uma mistura homogênea de vapor de água e gás hélio (que consiste em átomos de hélio);
(b) uma mistura heterogênea consistindo em água líquida e alumínio sólido; mostre a região da amostra que inclui ambas as substâncias;
(c) uma amostra de latão (que é uma mistura sólida homogênea de cobre e zinco).

**43.** Hexano ($C_6H_{14}$, densidade = 0,766 g $cm^{-3}$), perfluoro-hexano ($C_6F_{14}$, densidade = 1,669 g $cm^{-3}$) e água são líquidos imiscíveis, isto é, não se dissolvem entre si. Você coloca 10 mL de cada um em um cilindro graduado, junto com pedaços de polietileno de alta densidade (PEAD, densidade = 0,97 g $cm^{-3}$), cloreto de polivinila (PVC, densidade = 1,36 g $cm^{-3}$) e Teflon (densidade = 2,3 g $cm^{-3}$). Nenhum desses plásticos comuns se dissolve nesses líquidos. Descreva o que espera ver.

**44.** ▲ Você tem uma amostra de uma substância branca cristalina em sua cozinha. Você sabe que pode ser sal ou açúcar. Embora você pudesse decidir através do paladar, sugira outra propriedade que poderia usar para decidir. (*Dica*:

Você pode usar a internet ou um livro de Química da biblioteca para mais informações.)

**45.** Você pode descobrir se um sólido flutua ou afunda se você souber sua densidade e a densidade do líquido. Em quais dos líquidos listados a seguir o polietileno de alta densidade (PEAD) flutuará? (O PEAD é um plástico comum, com densidade de 0,97 g $cm^{-3}$. Ele não se dissolve em nenhum desses líquidos.)

| Substância | Densidade (g $cm^{-3}$) | Propriedades, usos |
|---|---|---|
| Etilenoglicol | 1,1088 | Tóxico, principal componente dos anticongelantes automotivos |
| Água | 0,9997 | |
| Etanol | 0,7893 | Álcool das bebidas alcoólicas |
| Metanol | 0,7914 | Tóxico; aditivo de gasolina para evitar o congelamento nos tubos |
| Ácido acético | 1,0492 | Componente do vinagre |
| Glicerol | 1,2613 | Solvente usado em produtos de cuidados domésticos |

**46.** Você recebeu uma amostra de um metal prateado. Que informações você poderia usar para provar se o metal é prata?

**47.** Uma garrafa de vidro com leite foi colocada no congelador de uma geladeira por uma noite. De manhã, uma coluna de leite congelado emergiu da garrafa. Explique essa observação.

**Leite congelado em uma garrafa de vidro**

**48.** Descreva um método experimental que pode ser usado para determinar a densidade de um pedaço de material de formato irregular.

**49.** O diabetes pode alterar a densidade da urina, de modo que esta pode ser utilizada como uma ferramenta de diagnóstico. Os diabéticos podem excretar açúcar ou água em demasia. O que você acha que acontecerá com a densidade da urina sob cada uma dessas condições? (*Dica*: A água contendo açúcar dissolvido é mais densa que a água pura.)

**50.** Sugira uma forma de determinar se um líquido incolor em uma pipeta é água. Como você poderia descobrir se há sal dissolvido na água?

**51.** A foto a seguir mostra o elemento potássio reagindo com água para formar gás hidrogênio e uma solução de hidróxido de potássio.

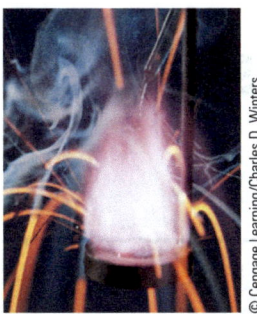

**Potássio reagindo com água para produzir gás hidrogênio e hidróxido de potássio**

(a) Quais estados da matéria estão envolvidos na reação?
(b) A mudança observada é química ou física?
(c) Quais são os reagentes nessa reação, e quais são os produtos?
(d) Que observações qualitativas podem ser feitas com relação a essa reação?

**52.** Três líquidos de densidades diferentes são misturados. Como não são miscíveis (não formam uma solução homogênea entre si), compõem camadas discretas, um sobre o outro. Esboce o resultado de misturar tetracloreto de carbono ($CCl_4$, $d = 1,58$ g cm$^{-3}$), mercúrio ($d = 13,546$ g cm$^{-3}$) e água ($d = 1,00$ g cm$^{-3}$).

**53.** Quatro balões são preenchidos com diferentes gases, cada qual com densidade diferente:

hélio, $d = 0,164$ g L$^{-1}$     neônio, $d = 0,825$ g L$^{-1}$
argônio, $d = 1,633$ g L$^{-1}$   criptônio, $d = 4,425$ g L$^{-1}$

Se a densidade do ar seco é 1,12 g L$^{-1}$, quais balões flutuarão no ar?

**54.** Um metal com a cor do cobre conduz corrente elétrica. Você pode dizer com certeza se é cobre? Sim ou não? Por quê? Sugira informações adicionais que poderiam fornecer uma confirmação de que se trata de cobre.

**55.** A foto a seguir mostra o elemento iodo dissolvido em etanol para formar uma solução. Trata-se de uma mudança física ou química?

**Elemento iodo dissolvido em etanol**

**56.** ▲ Você quer determinar a densidade de um composto, mas somente possui um pequeno cristal e seria difícil medir a massa e o volume de forma precisa. Porém, há outra forma de determinar a densidade, chamada *método de flutuação*. Se você colocar o cristal em um líquido cuja densidade é precisamente a mesma da substância, ele seria suspenso no líquido, não afundando no béquer, nem flutuando na superfície. Entretanto, para tal experimento, você precisaria ter um líquido com a densidade precisa do cristal. Você pode obter isso misturando dois líquidos de densidades diferentes para criar um líquido com a densidade desejada.

(a) Considere o seguinte: você mistura 10,0 mL de $CHCl_3$ ($d = 1,492$ g mL$^{-1}$) e 5,0 mL de $CHBr_3$ ($d = 2,890$ g mL$^{-1}$), resultando em 15,0 mL de solução. Qual é a densidade dessa mistura?
(b) Suponha agora que você queira determinar a densidade de um pequeno cristal amarelo para confirmar se é enxofre. Pela literatura, você sabe que o enxofre possui densidade de 2,07 g cm$^{-3}$. Como você prepararia 20,0 mL de uma mistura líquida com essa densidade a partir de amostras puras de $CHCl_3$ e $CHBr_3$? (Observação: 1 mL = 1 cm$^3$).

**57.** Alguns anos atrás, um jovem cientista em Viena, na Áustria, queria ver o quão estável era o ouro de seu anel de casamento. O anel era de ouro 18 quilates. (Ouro 18 quilates consiste em 75% de ouro com o restante de cobre e prata.) Uma semana após seu casamento ele retirou o anel, limpou-o cuidadosamente e o pesou. Tinha massa de 5,58387 g. Ele o pesou semanalmente a partir de então, e após um ano, havia perdido 6,15 mg somente com o uso normal. Ele descobriu que as atividades que mais desgastavam o ouro eram sair de férias em uma praia arenosa e praticar jardinagem.

(a) Quais são os símbolos dos elementos que compõem o ouro 18 quilates?
(b) A densidade do ferro é 19,3 g cm$^{-3}$. Use uma das tabelas periódicas na internet para descobrir se o ouro é o mais denso de todos os elementos conhecidos. Se não é o ouro, qual elemento é o mais denso [considerando somente os elementos do hidrogênio (H) ao urânio (U)]?
(c) Se um anel de casamento é de ouro 18 quilates e possui massa de 5,58 g, qual é a massa de ouro contida no anel?
(d) Suponha que existam 56 milhões de casais casados nos Estados Unidos, e que cada uma dessas pessoas possua um anel de 18 quilates. Qual é a massa de ouro perdida por todos os anéis de casamento nos Estados Unidos em um ano (em unidades de gramas) se cada anel perde 6,15 mg de massa por ano? Supondo que o ouro tenha o preço de US$ 1620 por onça troy (1 onça troy = 31,1 g), qual é o valor do ouro perdido?

# Revisão: As Ferramentas da Química Quantitativa

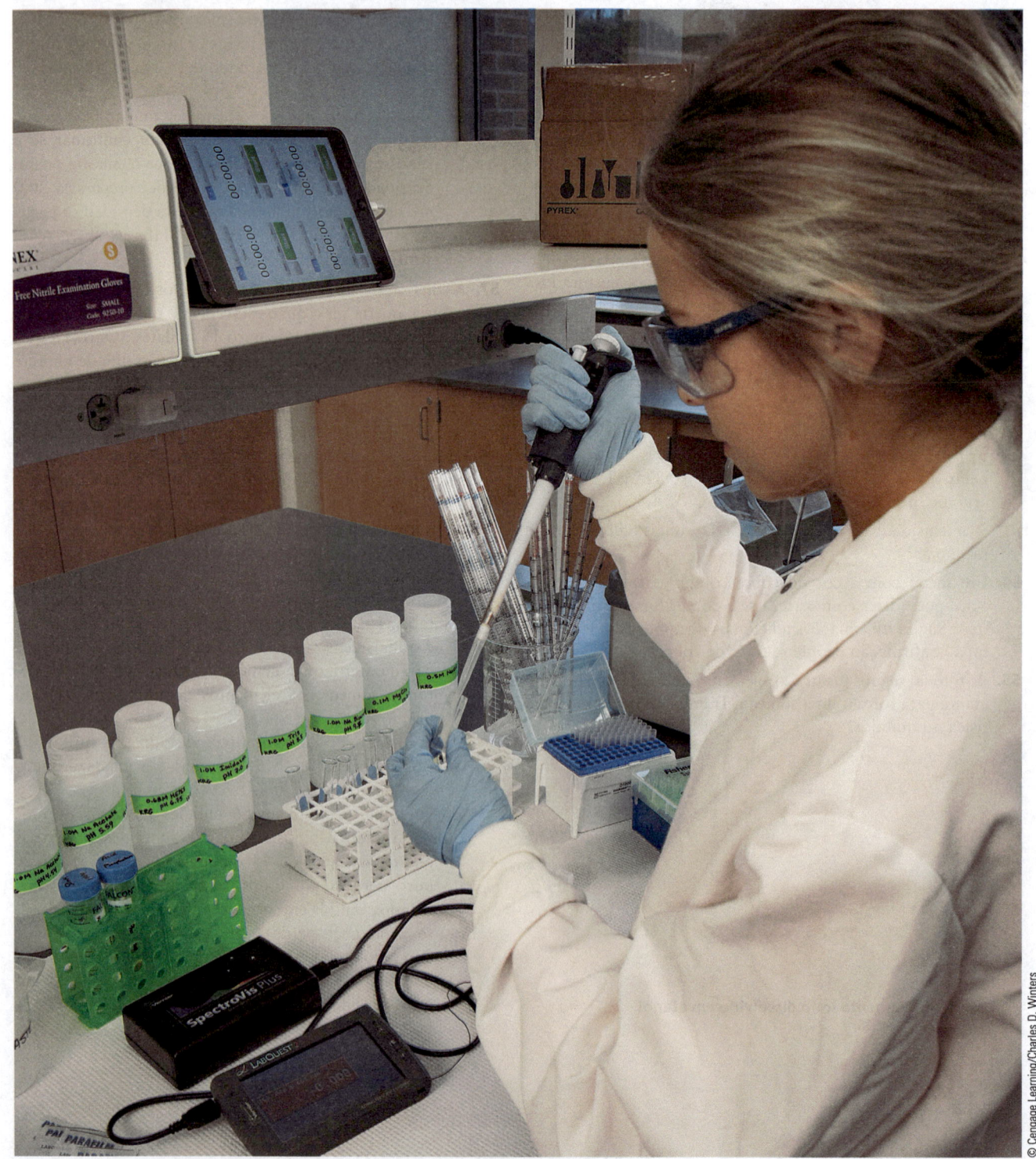

# Sumário do capítulo

## **1** Unidades de Medida

### Objetivo da Seção 1

- Usar as unidades comuns para medidas na química e realizar conversões de unidades (como litros para mililitros).

A prática da Química exige a observação de reações químicas e mudanças físicas. Fazemos observações qualitativas – como mudanças na cor ou evolução do calor – e medições quantitativas de temperatura, tempo, volume, massa e comprimento ou tamanho. Para registrar e relatar as medições, a comunidade científica optou por uma versão modificada do **sistema métrico**. Esse sistema decimal é chamado *Système International d'Unités* (Sistema Internacional de Unidades), cuja abreviação é **SI**.

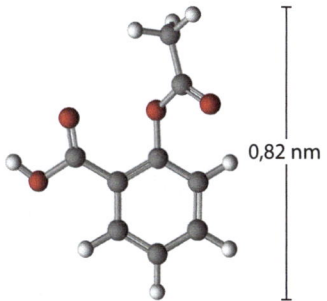

Estrutura da molécula da aspirina

Todas as unidades do SI derivam de unidades básicas, relacionadas na Tabela 1. Quantidades maiores ou menores são expressas por meio do uso de prefixos apropriados da unidade básica (Tabela 2). O nanômetro (nm), por exemplo, é 1 bilionésimo de 1 metro, isto é, $1 \times 10^{-9}$ m (metro). Dimensões em escala nanométrica são comuns na Química e na Biologia porque, por exemplo, uma molécula típica (como a aspirina) tem cerca de 1 nm de comprimento, e uma bactéria, aproximadamente, 1000 nm de comprimento. Na verdade, o prefixo *nano-* também é usado no nome de uma nova área da ciência, a *nanotecnologia*, que envolve a síntese e o estudo de materiais de tamanhos minúsculos.

### Escalas de Temperatura

No mundo científico, em geral utilizam-se duas escalas de temperatura: Celsius e kelvin (Figura 1). A escala Celsius é usada no mundo todo para medições em laboratório. Entretanto, quando cálculos envolvem dados de temperatura, quase sempre adota-se a escala kelvin.

**O Quilograma, Precisamos de um Novo Padrão?** Diferentemente do segundo e do metro, o que define o quilograma é um objeto físico: um bloco de uma liga de platina e irídio que está em um edifício em Paris, França. O bloco tem perdido massa misteriosamente, de modo que a comunidade científica está muito interessada em encontrar uma forma melhor de definir o quilograma. No momento, duas sugestões estão sendo consideradas: definir o quilograma com base na massa de um determinado número de átomos, ou defini-lo com base em uma constante fundamental da natureza. A questão ainda está longe de ser resolvida.

**Fatores Comuns de Conversão**
1000 g = 1 kg
$1 \times 10^9$ nm = 1 m
10 mm = 1 cm
100 cm = 10 dm = 1 m
1000 m = 1 km
Neste livro ainda são dados os fatores de conversão para unidades do SI.

### Tabela 1    As Sete Unidades Básicas do SI

| PROPRIEDADE MEDIDA | NOME DA UNIDADE | ABREVIAÇÃO |
|---|---|---|
| Massa | Quilograma | kg |
| Comprimento | Metro | m |
| Tempo | Segundo | s |
| Temperatura | kelvin | K |
| Quantidade de matéria | Mol | mol |
| Corrente elétrica | Ampére | A |
| Intensidade luminosa | Candela | cd |

### Tabela 2    Prefixos Selecionados Usados no Sistema Métrico

| PREFIXO | ABREVIAÇÃO | SIGNIFICADO | EXEMPLO |
|---|---|---|---|
| Giga- | G | $10^9$ (bilhão) | 1 gigahertz = $1 \times 10^9$ Hz |
| Mega- | M | $10^6$ (milhão) | 1 megaton = $1 \times 10^6$ toneladas |
| Quilo- | k | $10^3$ (mil) | 1 quilograma (kg) = $1 \times 10^3$ g |
| Deci- | d | $10^{-1}$ (décimo) | 1 decímetro (dm) = $1 \times 10^{-1}$ m |
| Centi- | c | $10^{-2}$ (um centésimo) | 1 centímetro (cm) = $1 \times 10^{-2}$ m |
| Mili- | m | $10^{-3}$ (um milésimo) | 1 milímetro (mm) = $1 \times 10^{-3}$ m |
| Micro- | $\mu$ | $10^{-6}$ (um milionésimo) | 1 micrômetro ($\mu$m) = $1 \times 10^{-6}$ m |
| Nano- | n | $10^{-9}$ (um bilionésimo) | 1 nanômetro (nm) = $1 \times 10^{-9}$ m |
| Pico- | p | $10^{-12}$ | 1 picômetro (pm) = $1 \times 10^{-12}$ m |
| Femto- | f | $10^{-15}$ | 1 femtômetro (fm) = $1 \times 10^{-15}$ m |

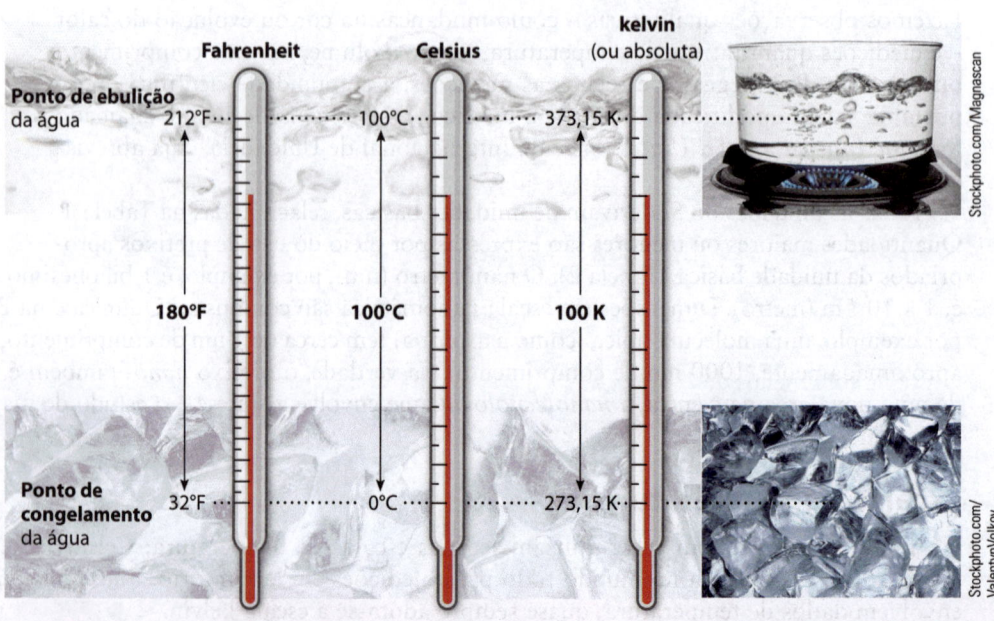

**FIGURA 1 Comparação das escalas Fahrenheit, Celsius e kelvin.** Observe que na escala kelvin não se usa o símbolo de grau (°).

Fahrenheit     Celsius     kelvin (ou absoluta)

Ponto de ebulição da água     212°F     100°C     373,15 K

180°F     100°C     100 K

Ponto de congelamento da água     32°F     0°C     273,15 K

Stockphoto.com/Magnascan

Stockphoto.com/ValentynVolkov

◀ **Instrumentos e Vidrarias Científicas.** A Química é uma ciência quantitativa. Muitos instrumentos e peças de vidraria têm sido inventados para medir as propriedades da matéria.

## A Escala Celsius de Temperatura

O tamanho do grau Celsius é definido ao atribuir 0 ao ponto de congelamento da água pura (0°C) e 100 ao seu ponto de ebulição (100°C). Você possivelmente reconhece que uma temperatura ambiente agradável fica em torno de 20°C e a temperatura normal do seu corpo é 37°C. Constatou-se que a água mais quente que podemos suportar ao mergulhar um dedo é de aproximadamente 60°C.

## A Escala kelvin de Temperatura

William Thomson, conhecido como Lorde Kelvin (1824-1907), foi o primeiro a sugerir a escala de temperatura que agora leva seu nome. A escala kelvin usa a unidade do mesmo tamanho da escala Celsius, mas atribui zero à menor temperatura que pode ser atingida, um ponto chamado **zero absoluto**. Muitos experimentos comprovaram que essa temperatura limite é de –273,15°C. *As unidades kelvin e os graus Celsius têm o mesmo tamanho.* Assim, a água atinge seu ponto de congelamento a 273,15 K; ou seja, 0°C = 273,15 K. O ponto de ebulição normal da água pura é de 373,15 K. É fácil converter as temperaturas em graus Celsius para kelvin e vice-versa, usando a relação

> **Lorde Kelvin** William Thomson (1824-1907), conhecido como Lorde Kelvin, foi professor de Filosofia Natural na Universidade de Glasgow, Escócia, de 1846 a 1899. Ele se tornou mais conhecido por seu estudo sobre calor e trabalho, do qual veio o conceito da escala de temperatura termodinâmica.

$$T\,(K) = \frac{1\;K}{1\;°C}\;(T°C + 273,15°C) \tag{1}$$

Usando essa equação, podemos mostrar que uma temperatura ambiente comum de 23,5°C é equivalente a 296,7 K.

$$T\,(K) = \frac{1\;K}{1°\!C}\;(23,5°\!C + 273,15°\!C) = 296,7\;K$$

Deve-se observar três coisas sobre a escala kelvin que são: o símbolo grau (°) não é usado com temperaturas kelvin, o nome da unidade nesta escala é o *kelvin* (em minúscula) e tais temperaturas são atribuídas com um K maiúsculo.

## Comprimento, Volume e Massa

A unidade padrão de *comprimento* é o metro, mas os objetos observados na Química quase sempre são menores do que 1 metro. Em geral, medidas são descritas em unidades de centímetros (cm), milímetros (mm) ou micrômetros (μm), e objetos em escala atômica e molecular têm dimensões de nanômetros (nm; 1 nm = 1 × 10⁻⁹ m) ou picômetros (pm; 1 pm = 1 × 10⁻¹² m) (Figura 3).

Para ilustrar a variedade de dimensões usadas na ciência, vejamos um estudo recente sobre o esqueleto vítreo de uma esponja do mar. A esponja do mar na Figura 2 tem cerca de 20 cm de comprimento e alguns centímetros de diâmetro. Um olhar mais atento mostra mais detalhes da estrutura reticulada. Cientistas dos Laboratórios Bell constataram que cada fio da rede é um compósito de fibra cerâmica de sílica ($SiO_2$) e proteína com menos de 100 μm de diâmetro. Esses fios são compostos de "espículas" que, em escala nanométrica, consistem em nanopartículas de sílica de 50 a 200 nanômetros de diâmetro.

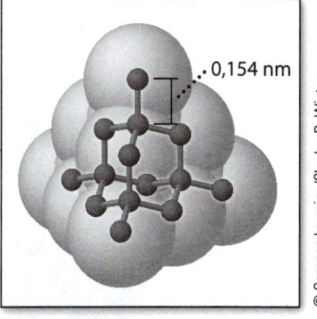

3.0 mm

0,154 nm

© Cengage Learning/Charles D. Winters

**FIGURA 2 Dimensões no mundo molecular.** Na escala molecular, em geral, as dimensões são indicadas em nanômetros (1 nm = 1 × 10⁻⁹ m) ou picômetros (1 pm = 1 × 10⁻¹² m). Aqui, a distância entre átomos de C no diamante é de 0,154 nm.

## EXEMPLO 1

## Distâncias em Escala Molecular

**Problema** A distância entre um átomo O e um átomo H em uma molécula de água é de 95,8 pm. Qual é essa distância em nanômetros (nm)?

**O que você sabe?** É fornecida a distância O–H. Você precisará saber (ou procurar) as relações das unidades métricas.

**Estratégia** Você pode resolver esse problema se conhecer o fator de conversão entre as unidades que você recebeu (picômetros) e as unidades desejadas (metros ou nanômetros). A Tabela 2 não indica nenhum fator de conversão para converter nanômetros diretamente em picômetros, mas lista as relações entre metros e picômetros e entre metros e nanômetros. Portanto, primeiro, convertemos picômetros em metros e, em seguida, metros em nanômetros.

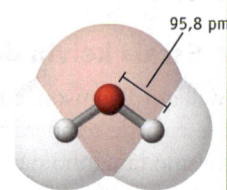
95,8 pm

> **Unidades Ångstrom**
> Uma unidade mais antiga que não faz parte do SI, mas é usada com frequência para distâncias atômicas e moleculares, é o Ångstrom (Å), em que $1 \text{ Å} = 1,0 \times 10^{-10}$ m. A distância entre dois átomos carbonos C–C no diamante seria 1,54 Å.

$$\text{picômetros} \xrightarrow{x \, m/pm} \text{metros} \xrightarrow{y \, nm/m} \text{nanômetros}$$

**RESOLUÇÃO** Ao usar os fatores de conversão apropriados ($1 \text{ pm} = 1 \times 10^{-12}$ m e $1 \text{ nm} = 1 \times 10^{-9}$ m), temos

$$95,8 \text{ pm} \times \frac{1 \times 10^{-12} \text{m}}{1 \text{ pm}} = 9,58 \times 10^{-11} \text{m}$$

$$9,58 \times 10^{-11} \text{m} \times \frac{1 \text{ nm}}{1 \times 10^{-9} \text{m}} = 9,58 \times 10^{-2} \text{ nm} \text{ ou } 0,0958 \text{ nm}$$

**Pense bem antes de responder** O nanômetro é uma unidade maior do que o picômetro, de modo que a mesma distância expressa em nanômetros deve ter um valor numérico menor. Nossa resposta está de acordo com isso. Observe como cancelar as unidades durante o cálculo de modo que a unidade da resposta seja a mesma do numerador do fator de conversão. O processo de utilizar unidades para orientar um cálculo é chamado *análise dimensional*.

## Verifique seu entendimento

A distância C–C no diamante (Figura 3) é 0,154 nm. Qual é essa distância em picômetros (pm)? E em centímetros (cm)?

---

1 cm

**(a)** Fotografia de esponja marinha de aspecto vítreo *Euplectella*. Barra de escala = 1 cm.

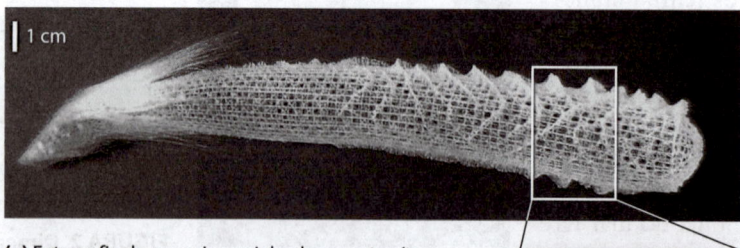

5 mm

**(b)** Fragmento da estrutura mostrando a grade quadrada com apoios diagonais. Barra da escala = 5 mm.

**(c)** Imagem de miscroscópio eletrônico de varredura (MEV) de um único fio, mostrando sua estrutura de compósito cerâmico. Barra da escala = 20 μm.

20 μm

**FIGURA 3 Dimensões em Química e Biologia.** Essas fotos fazem parte da pesquisa da professora Joanna Aizenberg da Universidade de Harvard.

Fotos cortesia de Joanna Aizenberg, Bell Laboratories. Reference: J. Aizenberg et al., *Science*, v. 309, p. 275-278, 2005

Os cientistas frequentemente usam materiais de vidro, como béqueres, erlenmeyers, pipetas, provetas e buretas, que são marcadas com unidades de volume (Figura 4). Como a unidade do SI para volume [metro cúbico ($m^3$)] é grande demais para usar no dia a dia do laboratório, em geral, os químicos usam o litro (L) ou mililitro (mL) para medir volumes. Um litro equivale ao volume de um cubo de 10 cm de lado [$V = (0,1\ m)^3 = 0,001\ m^3$].

$$1\ litro\ (L) = 1.000\ cm^3 = 1.000\ mL = 0,001\ m^3$$

Como há exatamente 1.000 mL (1.000 $cm^3$) em um litro, isso significa que

$$1\ mL = 0,001\ L = 1\ cm^3$$

As unidades *mililitro e centímetro cúbico* (ou "$cm^3$") *são intercambiáveis*. Assim, um balão que contém exatamente 125 mL tem um volume de 125 $cm^3$.

Embora não seja muito utilizado nos Estados Unidos, o decímetro cúbico ($dm^3$) é uma unidade comum no restante do mundo. O comprimento de 10 cm é chamado de 1 decímetro (dm), um décimo de um metro. Como um cubo de 10 cm de lado define o volume de 1 litro, *um litro equivale a um decímetro cúbico*: $1\ L = 1\ dm^3$. Produtos na Europa, África e outras partes do mundo em geral são vendidos por decímetro cúbico.

O *decilitro, dL*, que equivale exatamente a 1/10 de litro (0,100 L) ou 100 mL, é amplamente usado na medicina. Os padrões para concentrações de contaminantes ambientais, por exemplo, muitas vezes são indicados como uma determinada massa por decilitro. Por exemplo, o Centro para Controle e Prevenção de Doenças dos Estados Unidos recomenda que crianças com mais de 5 microgramas ($5 \times 10^{-6}$ g) de chumbo por decilitro de sangue passem por mais testes relacionados ao envenenamento por chumbo.

Finalmente, quando os químicos preparam substâncias para reações usam massas determinadas de reagentes. A *massa* é a medida fundamental para a quantidade de matéria, e a unidade do SI para massa é o quilograma (kg). Massas menores são expressas em gramas (g) ou miligramas (mg).

$$1\ kg = 1000\ g\ e\ 1\ g = 1000\ mg$$

**FIGURA 4 Materiais de vidro comuns em laboratórios.**
Os volumes estão assinalados em unidades de mililitros (mL). Lembre-se de que 1 mL equivale a 1 $cm^3$.

## Unidades de Energia

Ao expressar quantidades de energia, a maioria dos químicos (e a maior parte do mundo fora dos Estados Unidos) usa o **joule** (J), a unidade do SI. O joule está diretamente relacionado às unidades usadas para energia mecânica: 1 J é igual a 1 kg · $m^{-2}\ s^{-2}$. Como o joule é pequeno demais para a maioria dos usos em química, em geral opta-se pelo quilojoule (kJ), equivalente a 1000 joules, como unidade.

Para ter uma ideia melhor sobre joules, suponha que você deixe cair uma embalagem com seis latas cheias de refrigerante sobre o seu pé. Embora você provavelmente não queira usar seu tempo para calcular a energia cinética no momento do impacto, ela será 10 ou mais joules.

A caloria (cal) é uma unidade mais antiga para energia. Ela é definida como a energia transferida na forma de calor que é necessária para elevar a temperatura de 1,00 g de água pura em estado líquido de 14,5°C para 15,5°C. Uma quilocaloria (kcal) equivale a 1000 calorias. O fator de conversão que relaciona joules a calorias é

$$1\ caloria\ (cal) = 4,184\ joules\ (J)$$

A Caloria alimentar (com C maiúsculo) é usada muitas vezes nos Estados Unidos para representar o conteúdo energético dos alimentos. A Caloria alimentar (Cal) é equivalente à quilocaloria ou 1000 calorias. Assim, um cereal matinal que fornece 100,0 Cal de energia nutricional por porção fornece 100,0 kcal ou 418,4 kJ.

**James Joule** O joule recebeu seu nome em homenagem a James P. Joule (1818-1889), filho de um rico cervejeiro de Manchester, Inglaterra. A fortuna da família e uma oficina na cervejaria deram a Joule a oportunidade de se dedicar aos estudos científicos. Entre os temas que Joule estudou estava a questão se o calor é um fluido sem massa. Os cientistas daquela época chamavam essa ideia de hipótese calórica. Os experimentos cuidadosos de Joule demonstraram que calor e trabalho mecânico estão relacionados, provando que o calor não é um fluido. Veja o Capítulo 5 para saber mais sobre esse importante assunto.

## UM OLHAR MAIS ATENTO

# Energia e Alimentos

A U.S. Food and Drug Administration (FDA) exige que praticamente todos os alimentos embalados apresentem em seus rótulos a informação nutricional, incluindo seu teor energético. A Lei de Educação e Rotulação Nutricional dos Estados Unidos de 1990 determina que se especifique a energia total fornecida por proteínas, carboidratos, gordura e álcool. Como se determina isso? Inicialmente, o método utilizado era a calorimetria. Nesse método (descrito no Capítulo 5), um produto alimentício é queimado, medindo-se a energia transferida como calor na combustão. Agora, porém, o teor energético é estimado usando o sistema Atwater. Esse sistema especifica os seguintes valores médios para as fontes de energia em alimentos:

1 g de proteína = 4 kcal (17 kJ)

1 g de carboidrato = 4 kcal (17 kJ)

1 g de gordura = 9 kcal (38 kJ)

1 g de álcool = 7 kcal (29 kJ)

Como os carboidratos podem conter algumas fibras não digeríveis, a massa delas é subtraída da massa dos carboidratos quando se calcula a energia fornecida pelos carboidratos.

Como exemplo, uma porção de castanhas-de-caju (cerca de 28 g) contém

14 g de gordura = 126 kcal
6 g de proteína = 24 kcal
7 g de carboidratos – 1 g de fibras =
   24 kcal
Total = 174 kcal (728 kJ)

A embalagem indica o valor de 170 kcal.

Você pode encontrar dados sobre mais de 6000 alimentos no site do Nutrient Data Laboratory (Laboratório de Dados Nutricionais: www.ars.usda.gov/ba/bhnrc/ndl).

**Energia e os rótulos dos alimentos.** Todos os alimentos embalados devem ter rótulos que especifiquem os valores nutricionais, indicando a energia em Calorias (em que 1 Cal = 1 quilocaloria).

### Informação Nutricional

8 porções por recipiente
Tamanho da porção 2/3 de xícara (55 g)

| Quantidade por porção | |
|---|---|
| Calorias 230 | |
| **Valor % Diário*** | |
| **Gordura Total** 8 g | **10%** |
| Gordura Saturada 1 g | **5%** |
| Gordura Trans 0 g | |
| **Colesterol** 0 mg | **0%** |
| **Sódio** 160 mg | **7%** |
| **Carboidrato total** 37 g | **13%** |
| Fibra dietética 4 g | **14%** |
| Açúcares totais 12 g | |
| Inclui 10 g de açúcares adicionados | **20%** |
| Proteína 3 g | |
| Vitamina D 2 mcg | **10%** |
| Cálcio 260 mg | **20%** |
| Ferro 8 mg | **45%** |
| **Potássio** 235 mg | **6%** |

*O Valor % Diário (DV) nos diz quanto um nutriente em uma porção de alimento contribui para uma dieta diária. É usado 2.000 calorias por dia para aviso nutricional geral.

## 2 | Fazendo Medições: Precisão, Exatidão, Erro Experimental e Desvio Padrão

### Objetivo da Seção 2

● Identificar e expressar incertezas nas medidas.

A **precisão** de uma medida indica até que ponto várias determinações da mesma grandeza coincidem. Podemos ilustrar isso pelos resultados do lançamento de dardos contra um alvo. Na Figura 5a, a pessoa que atirou os dardos aparentemente não tinha muita habilidade e a precisão dos dardos no alvo é baixa. Nas Figuras 5b e 5c, os dardos estão próximos um do outro, indicando um aprimoramento por parte do atirador – ou seja, uma ótima precisão.

**(a)** Baixa precisão e baixa exatidão          **(b)** Alta precisão e baixa exatidão          **(c)** Alta precisão e alta exatidão

**FIGURA 5  Precisão e exatidão.**

A **exatidão** indica até que ponto uma medição corresponde ao valor aceitável de uma grandeza. A Figura 5c mostra que nosso atirador foi preciso e exato – a média de todos os lançamentos está próxima da posição desejada, o centro do alvo.

A Figura 5b mostra que é possível ser preciso sem ser exato – o atirador errou sistematicamente o centro do alvo, embora todos os dardos estejam concentrados em um determinado ponto do alvo. Isso é análogo a uma experiência com alguma falha (seja no planejamento, seja em algum instrumento de medição) que faz com que todos os resultados sejam diferentes do valor real na mesma quantidade.

A exatidão de um resultado no laboratório é em geral expressa em termos do erro percentual relativo a um padrão ou valor aceitável como verdadeiro, e a precisão é expressa como desvio padrão.

**Exatidão e o NIST** O National Institute of Standards and Technology, NIST (Instituto Nacional de Padrões e Tecnologia), é um recurso importante para os padrões e dados usados na ciência. A comparação com os dados do NIST é um teste de exatidão da medição (veja: www.nist.gov).

## Erro Experimental

Se você medir uma grandeza no laboratório, será obrigado a relatar o erro no resultado, a diferença entre o seu resultado e o valor aceitável,

$$\text{Erro na medição} = \text{valor determinado experimentalmente} - \text{valor aceitável} \tag{2}$$

ou erro percentual.

$$\text{Erro percentual} = \frac{\text{erro na medição}}{\text{valor aceitável}} \times 100\% \tag{3}$$

### EXEMPLO 2

## Precisão, Exatidão e Erro

**Problema** Suponha que uma moeda tenha um diâmetro "aceitável" de 28,054 mm. Em uma experiência, dois estudantes medem esse diâmetro. O estudante A faz quatro medições do diâmetro de uma moeda utilizando um instrumento de precisão chamado micrômetro. O estudante B mede a mesma moeda usando uma régua plástica simples. Os dois estudantes relatam os seguintes resultados:

| Estudante A | Estudante B |
|---|---|
| 28,246 mm | 27,9 mm |
| 28,244 | 28,0 |
| 28,246 | 27,8 |
| 28,248 | 28,1 |

Qual é o diâmetro médio e o erro percentual obtido em cada caso? Qual estudante obteve os dados mais exatos?

**O que você sabe?** Você conhece os dados obtidos pelos dois estudantes e quer compará-los com o valor "aceitável", calculando o erro percentual.

**Estratégia** Para cada conjunto de valores, calculamos a média das quatro medidas e o erro percentual.

**RESOLUÇÃO** Para obter a média de cada conjunto de dados, somamos os quatro valores e dividimos a soma por 4.

$$\text{Valor médio para o Estudante A} = 28,246 \text{ mm}$$

$$\text{Valor médio para o Estudante B} = 28,0 \text{ mm}$$

$$\text{Erro percentual para o Estudante A} = \frac{28,246 \text{ mm} - 28,054 \text{ mm}}{28,054 \text{ mm}} \times 100\% = 0,684\%$$

**Erro percentual**
O erro percentual pode ser positivo ou negativo, indicando se o valor experimental é alto demais ou baixo demais em comparação ao valor aceitável. No Exemplo 2, o erro percentual do estudante B é –0,2%, indicando que é 0,4% menor que o valor aceitável.

A medição do estudante B tem um erro de apenas –0,4%.

A média do Estudante B é mais exata porque ela é mais próxima do valor aceitável e, portanto, tem um menor erro percentual.

**Pense bem antes de responder** Embora o Estudante A tenha obtido resultados menos exatos do que o Estudante B, eles foram mais precisos; o desvio padrão para o Estudante A é $2 \times 10^{-3}$ mm (calculado conforme descrição a seguir), em contraste ao valor maior do Estudante B (desvio padrão = 0,13). Possíveis razões do erro no resultado do Estudante A são o uso incorreto do micrômetro ou uma falha desse instrumento.

## Verifique seu entendimento

Um estudante conferiu a exatidão de duas balanças semianalítica testando-as com um padrão de massa de 5,000 g. Os resultados foram os seguintes:

**Balança 1:** 4,99 g, 5,04 g, 5,03 g, 5,01 g

**Balança 2:** 4,97 g, 4,99 g, 4,95 g, 4,96 g

Calcule os valores médios para as balanças 1 e 2 e calcule o erro percentual para cada uma. Qual balança é mais exata?

## Desvio Padrão

Medições em laboratório podem apresentar erros, devido a dois motivos básicos. Primeiro, pode haver erros "determinados", causados por instrumentos defeituosos ou falhas humanas, tais como a anotação incorreta dos dados. Segundo, os chamados erros indeterminados (ou aleatórios) são decorrentes de incertezas em uma medição. Uma maneira de julgar o erro indeterminado em um resultado é calcular o desvio padrão.

O **desvio padrão** de uma série de medições *é igual à raiz quadrada da soma dos quadrados dos desvios de cada medição em relação à média, dividida pelo número de medições menos um.* Isso tem uma importância estatística precisa: supondo que se use um grande número de medições para calcular a média, pouco mais de 68% dos valores obtidos devem estar dentro de um desvio padrão do valor determinado, e 95% entre dois desvios padrão.

Suponha que você tenha medido cuidadosamente a massa de água contida em uma pipeta de 10 mL. Em cinco tentativas de medição (indicadas na coluna 2 da tabela a seguir), constata-se desvio padrão. Primeiro, calcula-se a média das medições (nesse caso, 9,984). A seguir, determina-se o desvio de cada medição individual em relação a esse valor (coluna 3). Esses valores são elevados ao quadrado, o que resulta nos valores da coluna 4, e determina-se a soma desses valores. Em seguida, o desvio padrão é calculado dividindo-se esse número por 4, o número de determinações menos 1, obtendo-se a raiz quadrada desse resultado.

| DETERMINAÇÃO | MASSA MEDIDA (g) | DIFERENÇA ENTRE A MEDIDA E A MÉDIA (g) | QUADRADO DA DIFERENÇA |
|---|---|---|---|
| 1 | 9,990 | 0,006 | $4 \times 10^{-5}$ |
| 2 | 9,993 | 0,009 | $8 \times 10^{-5}$ |
| 3 | 9,973 | –0,011 | $12 \times 10^{-5}$ |
| 4 | 9,980 | –0,004 | $2 \times 10^{-5}$ |
| 5 | 9,982 | –0,002 | $0,4 \times 10^{-5}$ |

Massa média = 9,984 g

Soma dos quadrados das diferenças = $22 \times 10^{-5}$

$$\text{Desvio padrão} = \sqrt{\frac{22 \times 10^{-5}}{4}} = 0,008$$

O cálculo do desvio padrão informará ao leitor que, se essa experiência fosse repetida, a maioria dos valores ficaria no intervalo entre 9,977 g e 9,991 g (± 0,007 g em relação ao valor médio).

## 3  Matemática da Química

**Objetivos da Seção 3**

● Expressar e usar números em notação exponencial ou científica.

● Relatar a resposta de um cálculo com o número correto de algarismos significativos.

### Notação Exponencial ou Científica

A Torre Eiffel, construída em 1889, é a construção mais alta em Paris. Ela foi projetada pelo arquiteto francês Gustave Eiffel para marcar o centenário da Revolução Francesa. A Torre, construída em ferro puro, tem a altura de um edifício de 81 andares. Ela deveria ser desmontada em 1909, mas ainda permanece lá como um símbolo de Paris. A tabela a seguir contém algumas informações quantitativas sobre a estrutura:

| CARACTERÍSTICAS DA TORRE EIFFEL | INFORMAÇÕES QUANTITATIVAS |
|---|---|
| Altura | 324 metros (m) |
| Massa do ferro | $7,3 \times 10^6$ quilogramas (kg) |
| Volume do ferro | 930 metros cúbicos (m³) |
| Número de peças de ferro | $1,8 \times 10^4$ peças |
| Número aproximado de visitantes por ano | $7 \times 10^6$ pessoas |

**Torre Eiffel (Paris, França).**

Alguns dados da Torre são expressos em **notação fixa** (324 metros), enquanto outros, em **notação exponencial,** ou **científica** ($7,3 \times 10^6$ quilogramas). A notação científica é uma maneira de representar números muito grandes ou muito pequenos de uma forma compacta e uniforme que simplifica os cálculos. Por causa de sua conveniência, a notação científica é amplamente utilizada na ciência.

Na notação científica, um número é expresso como um produto de dois números: $N \times 10^n$. N é o *termo dígito* e é um número entre 1 e 9,9999... . O segundo número, $10^n$, o *termo exponencial*, é uma potência inteira de 10. Por exemplo, em notação científica escrevemos 1234 como $1,234 \times 10^3$, ou 1,234 multiplicado por 10 três vezes:

$$1234 = 1,234 \times 10^1 \times 10^1 \times 10^1 = 1,234 \times 10^3$$

Inversamente, um número menor do que 1, como 0,01234, é escrito como $1,234 \times 10^{-2}$. Essa notação indica que 1,234 deve ser dividido duas vezes por 10 para obtermos 0,01234:

$$0,01234 = \frac{1,234}{10^1 \times 10^1} = 1,234 \times 10^1 \times 10^1 = 1,234 \times 10^{-2}$$

Ao converter um número para notação científica, observe que o expoente $n$ será positivo se o número for maior que 1 e negativo se o número for menor que 1. O valor de $n$ é o número de casas em que a vírgula se deslocou para obter o número em notação científica:

$$1\,2\,3\,4\,5, = 1,2345 \times 10^4$$

(a) Vírgula deslocada quatro casas para a esquerda. Portanto, $n$ é positivo e igual a 4.

$$0,0\,0\,1,2 = 1,2 \times 10^{-3}$$

(b) Vírgula deslocada três casas para a direita. Portanto, $n$ é negativo e igual a 3.

Se você deseja converter um número em notação científica para seu equivalente em notação fixa (isto é, sem usar potências de 10), o procedimento é o inverso:

$$6 \underset{\curvearrowright\curvearrowright}{,2\,7}\,3 \times 10^2 = 627{,}3$$

(a) Vírgula decimal deslocada duas casas à direita porque $n$ é positivo e igual a 2.

$$\underset{\curvearrowright\curvearrowright\curvearrowright}{0\ \ 0\ \ 6}{,}273 \times 10^{-3} = 0{,}006273$$

(b) Vírgula decimal deslocada três casas à esquerda porque $n$ é negativo e igual a 3.

**Comparação entre a Terra e uma Célula de Planta – Potências de 10**

Terra = 12760000 metros de largura
= 12,76 milhões de metros
= $1{,}276 \times 10^7$ metros

Célula de uma planta
= 0,00001276 metros de largura
= 12,76 milionésimos de um metro
= $1{,}276 \times 10^{-5}$ metros

Na Química, você frequentemente terá que usar números em notação exponencial nas operações matemáticas. As cinco operações a seguir são importantes:

- *Adicionar e Subtrair Números Expressos em Notação Científica*

Quando adicionar ou subtrair dois números, primeiro converta-os para a mesma potência de 10. Em seguida, adicione ou subtraia os termos dígitos conforme for apropriado:

$$(1{,}234 \times 10^{-3}) + (5{,}623 \times 10^{-2}) = (0{,}1234 \times 10^{-2}) + (5{,}623 \times 10^{-2})$$
$$= 5{,}746 \times 10^{-2}$$

- *Multiplicação de Números Expressos em Notação Científica*

Os termos dígitos são multiplicados de maneira usual e os expoentes são somados. O resultado é expresso por um termo dígito com apenas um algarismo diferente de zero à esquerda da casa decimal:

$$(6{,}0 \times 10^{23}) \times (2{,}0 \times 10^{-2}) = (6{,}0)(2{,}0 \times 10^{23-2}) = 12 \times 10^{21} = 1{,}2 \times 10^{22}$$

- *Divisão de Números Expressos em Notação Científica*

Os termos dígitos são divididos de maneira usual, e os expoentes são algebricamente subtraídos. Escrevemos o quociente com um algarismo diferente de zero à esquerda da casa decimal no termo dígito:

$$\frac{7{,}60 \times 10^3}{1{,}23 \times 10^2} = \frac{7{,}60}{1{,}23} \times 10^{3-2} = 6{,}18 \times 10^1$$

- *Potências de Números Expressos em Notação Científica*

Ao elevar um número em notação científica a uma potência, trate o termo dígito da maneira usual. Em seguida, multiplique o expoente pelo número que indica a potência:

$$(5{,}28 \times 10^3)^2 = (5{,}28)^2 \times 10^{3\times2} = 27{,}9 \times 10^6 = 2{,}79 \times 10^7$$

- *Raízes de Números Expressos em Notação Científica*

A menos que você utilize uma calculadora eletrônica, primeiro é preciso converter o número para uma forma na qual o expoente seja exatamente divisível pela raiz. Por exemplo, no caso de uma raiz quadrada, o expoente deve ser divisível por 2. Encontre a raiz do termo dígito da maneira usual, e divida o expoente pela raiz desejada:

$$\sqrt{3{,}60 \times 10^7} = \sqrt{36 \times 10^6} = \sqrt{36} \times \sqrt{10^6} = 10^3$$

## Algarismos Significativos

Na maioria dos experimentos é preciso fazer diversos tipos de medições, e algumas podem ser feitas de forma mais precisa do que outras. O bom senso leva a crer que um resultado calculado a partir de resultados experimentais não pode ser mais preciso do que a informação menos precisa utilizada no cálculo. É aí que entram as regras para algarismos significativos. **Algarismos significativos** são os dígitos em uma medida da grandeza que são conhecidos com exatidão, mais um dígito que é inexato.

## Determinando Algarismos Significativos

Suponha que coloquemos uma moeda nova de 10 centavos de dólar sobre o prato de uma balança de laboratório, como a mostrada na Figura 6, e constatemos uma massa de 2,2653 g. Esse número tem quatro algarismos ou dígitos significativos porque todos os cinco números são observados. No entanto, a experiência mostrará que o algarismo final (3) é um tanto incerto, porque as indicações da balança podem mudar ligeiramente e indicar massas de 2,2652, 2,2653 e 2,2654, e na maior parte das vezes observaremos uma massa de 2,2653. Assim, dos cinco algarismos significativos (2,2653), o último (3) é incerto. Em geral, *um número que representa uma medição científica, o último algarismo à direita, é considerado inexato*. A menos que se indique o contrário, trata-se de uma prática comum atribuir uma incerteza de ±1 ao último algarismo significativo.

Imagine que você queira calcular a densidade de uma peça de metal (Figura 7). A massa e as dimensões foram determinadas por técnicas laboratoriais padrão. A maioria desses dados tem dois algarismos à direita da vírgula, mas eles possuem uma quantidade diferente de algarismos significativos.

| MEDIÇÃO | DADOS OBTIDOS | ALGARISMOS SIGNIFICATIVOS |
|---|---|---|
| Massa do metal | 13,56 g | 4 |
| Comprimento | 6,45 cm | 3 |
| Largura | 2,50 cm | 3 |
| Espessura | 3,1 mm = 0,31 cm | 2 |

A quantidade 0,31 cm tem dois algarismos significativos. O 3 em 0,31 é conhecido com exatidão, mas o 1 é incerto. Isto é, a espessura da peça de metal pode ser de no mínimo 0,30 cm e no máximo 0,32 cm. No caso da largura da peça, você constatou que é 2,50 cm, sendo 2,5 um valor conhecido com certeza, mas o final 0 é incerto. Há três algarismos significativos em 2,50.

Ao ler um número em um problema ou coletar dados no laboratório (Figura 8), como determinar quais algarismos são significativos?

Primeiro, o número é uma quantidade exata ou um valor medido? Se for um número exato, você não precisa se preocupar com o número de algarismos significativos. Por exemplo, há exatamente 100 cm em 1 m. Podemos acrescentar quantos zeros quisermos depois da vírgula, e a expressão continuará verdadeira. Usar esse número em um cálculo não afetará quantos algarismos significativos você pode indicar em sua resposta.

Se, contudo, o número for um valor medido, você precisará levar em conta os algarismos significativos. O número de algarismos significativos em nossos dados anteriores está claro, com a possível exceção de 0,31 e 2,50. Os zeros são significativos?

1. *Zeros entre dois outros algarismos significativos são significativos*. Por exemplo, o zero em 103 é significativo.

2. *Os zeros à direita de um número diferente de zero e também à direita de uma vírgula decimal são significativos*. Por exemplo, no número 2,50 cm, o zero é significativo.

3. *Zeros que são marcadores de posição não são significativos*. Há dois tipos de números que se enquadram nessa regra.

    a) Os primeiros são números decimais com zeros que ocorrem antes do primeiro algarismo diferente de zero. Por exemplo, em 0,0013, apenas o 1 e o 3 são significativos; os zeros não são. Esse número tem dois algarismos significativos.

**FIGURA 6 Balança padrão de laboratório e algarismos significativos.** Essas balanças são capazes de determinar a massa de um objeto até o miligrama ou décimo de miligrama.

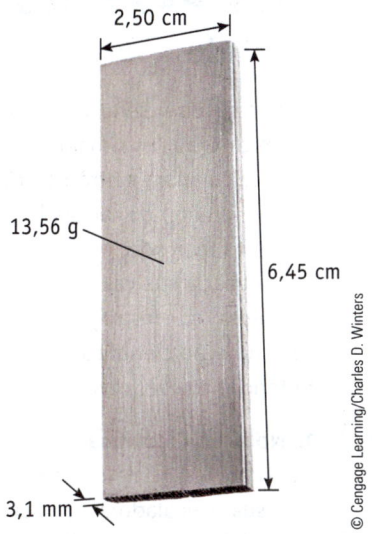

**FIGURA 7 Dados usados para determinar a densidade de um metal.**

**Zeros e Erros Comuns em Laboratórios** É comum vermos estudantes que estão verificando a massa de um composto químico em uma balança deixarem de anotar os zeros à direita da vírgula. Por exemplo, se o visor da balança fornece uma massa de 2,340 g, o zero final é significativo e precisa ser indicado como parte do valor medido. O número 2,34 tem apenas três algarismos significativos e implica que o 4 é incerto, quando na verdade a leitura da balança indicava que o 4 é um algarismo certo.

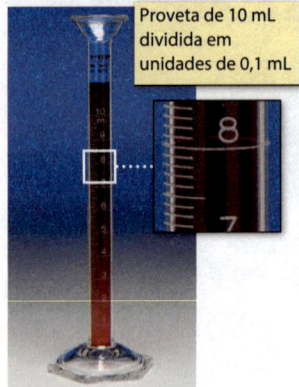

Proveta de 10 mL dividida em unidades de 0,1 mL

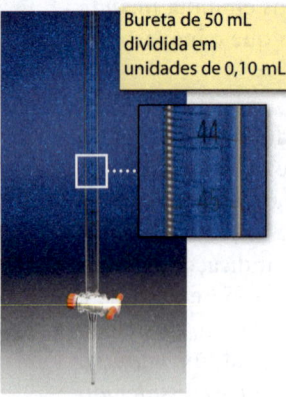

Bureta de 50 mL dividida em unidades de 0,10 mL

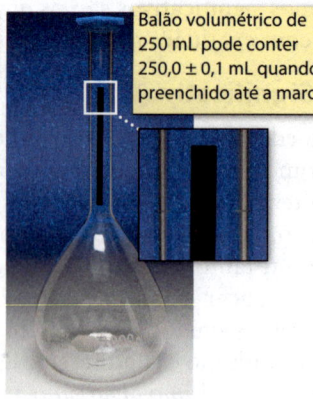

Balão volumétrico de 250 mL pode conter 250,0 ± 0,1 mL quando preenchido até a marca.

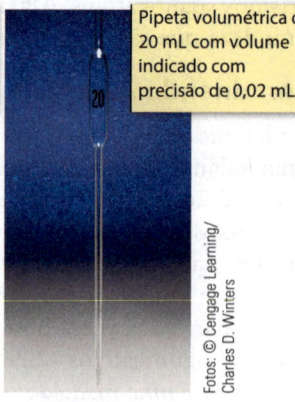

Pipeta volumétrica de 20 mL com volume indicado com precisão de 0,02 mL

Fotos: © Cengage Learning/ Charles D. Winters

A proveta de 10 mL está dividida em unidades de 0,1 mL; o seu conteúdo pode ser estimado em 0,01 mL. Entretanto, provetas não são materiais de vidro de precisão. Você pode esperar no máximo dois algarismos significativos ao ler um volume com esta proveta.

Uma bureta de 50 mL está dividida em unidades de 0,10 mL, mas o volume pode ser lido com maior precisão (0,01 mL).

Um balão volumétrico deve ser preenchido até a marca. No caso de um balão de 250 mL, o volume é indicado com precisão de 0,01 mL, de modo que o balão conterá 250,0 ± 0,1 mL quando preenchido até a marca (quatro algarismos significativos).

Uma pipeta assemelha-se a balão volumétrico porque também deve ser preenchida até a marca. Em uma pipeta de 20 mL, o volume é indicado com precisão de 0,02 mL.

**FIGURA 8  Materiais de vidro e algarismos significativos.**

---

# DICA PARA RESOLUÇÃO DE PROBLEMAS 1
## Usando sua Calculadora

Você fará uma série de cálculos em Química Geral e a maioria será com uma calculadora eletrônica. Há vários tipos diferentes de calculadoras disponíveis no mercado, portanto, consulte o manual da sua calculadora a fim de conhecer as instruções específicas para notação científica e encontrar as potências e raízes dos números.

### 1. Notação Científica
Ao digitar um número como $1{,}23 \times 10^{-4}$ em sua calculadora, primeiro você digita 1,23 e então pressiona uma tecla EE ou EXP (ou semelhante). Essa tecla insere a parte "$\times 10$" da notação para você. Em seguida, você completa o número digitando o expoente, 4. (Para mudar o expoente de +4 para -4, pressione a tecla "+/−".)

Um erro comum entre estudantes é digitar 1,23, pressionar a tecla de multiplicação (×) e, então, digitar 10 antes de terminar, apertando EE ou EXP seguido de −4. Isso produz um número dez vezes maior que o desejado.

É preciso fazer duas observações finais a respeito da notação científica.

Primeiro, esteja ciente de que, em geral, calculadoras e computadores expressam números como $1{,}23 \times 10^3$ em forma de 1,23E3, ou $6{,}45 \times 10^{-5}$ como 6,45E-5. Em segundo lugar, algumas calculadoras eletrônicas são capazes de converter imediatamente números em notação fixa para notação científica.

### 2. Potências dos Números
As calculadoras eletrônicas geralmente oferecem duas maneiras de elevar um número a uma potência. Para elevar um número ao quadrado, digite o número e então aperte a tecla $x^2$. Para elevar um número a qualquer potência, use a tecla $y^x$ (ou uma tecla semelhante, como ^). Por exemplo, para elevar $1{,}42 \times 10^2$ à quarta potência:

1. Digite $1{,}42 \times 10^2$.

2. Aperte $y^x$.

3. Digite 4 (que deve aparecer na tela).

4. Aperte = e $4{,}0659 \times 10^8$ aparecerá na tela.

### 3. Raízes de Números
Um procedimento geral para encontrar qualquer raiz é usar a tecla $y^x$. Para uma raiz quadrada, x é 0,5 (ou 1/2), e x é 0,3333 (ou 1/3) no caso de uma raiz cúbica, 0,25 (ou 1/4) para uma raiz quarta, e assim por diante. Por exemplo, para encontrar a raiz quarta de $5{,}6 \times 10^{-10}$:

1. Digite o número.

2. Pressione a tecla $y^x$.

3. Digite a raiz desejada. Como queremos a raiz quarta, digite 0,25.

4. Pressione =. A resposta aqui será $4{,}9 \times 10^{-3}$.

Para ter certeza de que está usando sua calculadora corretamente, tente esses cálculos como teste:

1. $(6{,}02 \times 10^{23})\ (2{,}26 \times 10^{-5})\ /367$
   (Resposta = $3{,}71 \times 10^{16}$)

2. $(4{,}32 \times 10^{-3})^3$
   (Resposta = $8{,}06 \times 10^{-8}$)

3. $(4{,}32 \times 10^{-3})^{1/3}$
   (Resposta = 0,163)

b) O segundo grupo são *números com zeros à direita* que precisam estar lá para indicar a magnitude do número. Por exemplo, os zeros no número 13000 podem ou não ser significativos; depende se foram medidos ou não. Para evitar confusão em relação a esses números, *neste livro consideramos que zeros à direita são significativos quando há uma vírgula decimal à direita do último zero*. Portanto, diríamos que 13000 tem apenas dois algarismos significativos, mas 13000,0 tem cinco. A melhor maneira de não ser ambíguo ao escrever números com zeros no final é usar notação científica. Por exemplo, $1,300 \times 10^4$ indica quatro algarismos significativos, enquanto $1,3 \times 10^4$ indica dois.

## Usando Algarismos Significativos em Cálculos

Quando realizamos cálculos com medidas de grandezas, seguimos algumas regras básicas de modo que os resultados reflitam a precisão de todas as medições que fazem parte dos cálculos. *As regras utilizadas neste livro para os algarismos significativos são as seguintes*:

**Regra 1.** Na adição ou subtração, o número de casas decimais na resposta deve ser igual ao número de casas decimais do número com a menor quantidade de dígitos significativos depois da casa decimal.

| | |
|---|---|
| 0,12 | 2 casas decimais |
| + 1,9 | 1 casa decimal |
| +10,925 | 3 casas decimais |
| 12,945 | 3 casas decimais |

A soma deve ser representada como 12,9, um número com uma casa decimal, pois 1,9 tem apenas uma casa decimal.

**Regra 2.** Na multiplicação ou divisão, o número de algarismos significativos na resposta será determinado pela grandeza com o menor número de dígitos significativos.

$$\frac{0,01208}{0,0236} = 0,512, \text{ ou em notação científica, } 5,12 \times 10^{-1}$$

Como 0,0236 tem apenas três algarismos significativos, enquanto 0,01208 tem quatro, a resposta deve ter três algarismos significativos.

**Regra 3.** Ao arredondar um número, ao último algarismo a ser mantido será somado um apenas se o algarismo seguinte for maior ou igual a 5.

| NÚMERO COMPLETO | NÚMERO ARRENDONDADO PARA TRÊS ALGARISMOS SIGNIFICATIVOS |
|---|---|
| 12,696 | 12,7 |
| 16,349 | 16,3 |
| 18,35 | 18,4 |
| 18,351 | 18,4 |

Agora vamos aplicar essas regras para calcular a densidade da peça de metal na Figura 7.

$$\text{Comprimento} \times \text{largura} \times \text{espessura} = \text{volume}$$

$$\text{Densidade} = \frac{\text{massa (g)}}{\text{volume (cm}^3\text{)}}$$

$$= \frac{13,56 \text{ g}}{6,45 \text{ cm} \times 2,50 \text{ cm} \times 0,31 \text{ cm}} = 2,7 \text{ g cm}^{-3}$$

A densidade calculada possui dois algarismos significativos porque *um resultado calculado não pode ser mais preciso do que o dado menos preciso usado*, e nesse caso a espessura tem apenas dois algarismos significativos.

Uma última observação sobre algarismos significativos e cálculos: quando estiver resolvendo problemas, faça os cálculos utilizando todos os algarismos significativos que sua calculadora permitir e arredonde somente no final. *O arredondamento no meio do cálculo pode introduzir erros.* Nos problemas apresentados nos Exemplos deste livro, a resposta para cada etapa intermediária é dada com o número correto de algarismos significativos *mais um dígito extra para aquela etapa*, de tal forma que os erros de arredondamento não se propaguem nos algarismos significativos. A resposta final para os problemas numéricos resulta da retenção de vários dígitos além do número exigido pelas regras de algarismos significativos e o arredondamento para o número correto de algarismos significativos é feito apenas no final.

---

## EXEMPLO 3

### Usando Algarismos Significativos

**Problema** Um exemplo de um cálculo que você fará mais tarde neste livro (Capítulo 10) é

$$\text{volume do gás (L)} = \frac{(0,120)(0,08206)(273,15 + 5)}{(230/760,0)}$$

Calcule o resultado com o número correto de algarismos significativos.

**O que você sabe?** Você conhece as regras para determinar o número de algarismos significativos para cada número na equação.

**Estratégia** Primeiro decida o número de algarismos significativos representado para cada número e então aplique as Regras 1-3.

### RESOLUÇÃO

| Número | Número de Algarismos Significativos | Comentários |
|---|---|---|
| 0,120 | 3 | O 0 à direita da vírgula é significativo. |
| 0,08206 | 4 | O primeiro 0 logo à direita da vírgula decimal não é significativo. |
| 273,15 + 5 = 278 | 3 | O número 5 não tem casas decimais, de modo que a soma também não tem. |
| 230/760,0 = 0,30 | 2 | Há dois algarismos significativos em 230 porque o último 0 não é significativo. Por outro lado, há uma vírgula decimal em 760,0 de modo que há quatro algarismos significativos. O quociente terá apenas dois algarismos significativos. |

A multiplicação e a divisão fornecem 9,0506... L. No entanto, a análise mostra que uma das informações tem apenas dois algarismos significativos. Portanto, você deve indicar um volume de gás de 9,1 L, um número com dois algarismos significativos.

**Pense bem antes de responder** Seja especialmente cuidadoso ao adicionar ou subtrair dois números, porque é fácil cometer erros com algarismos significativos nesse momento. Observe que na parte da adição desse cálculo (273,15 + 5 = 278) a soma tem três algarismos significativos.

### Verifique seu entendimento

Qual é o resultado do seguinte cálculo?

$$x = \frac{(110,7 - 64)}{(0,056)(0,00216)}$$

## 4 | Resolução de Problemas por Análise Dimensional

### Objetivo da Seção 4

● Resolver problemas usando análise dimensional.

A Figura 7 ilustra os dados obtidos para determinar a densidade de uma peça de metal. A espessura foi indicada em milímetros, sendo que o comprimento e a largura foram medidos em centímetros. Para encontrar o volume da amostra em centímetros cúbicos, primeiro tivemos que indicar o comprimento, a largura e a espessura nas mesmas unidades, por isso, convertemos a espessura em centímetros.

$$3,1 \; \cancel{mm} \times \frac{1 \; cm}{10 \; \cancel{mm}} = 0,31 \; cm$$

Aqui, multiplicamos o valor que desejávamos converter (3,1 mm) por um *fator de conversão* (1 cm/10 mm) para chegar ao resultado na unidade desejada (0,31 cm). Observe que as unidades foram tratadas como números. Como a unidade "mm" consta tanto no numerador quanto no denominador, dizemos que as unidades foram "anuladas". Assim obtivemos a resposta em centímetros, a unidade desejada.

Esse método para resolução de problemas, em geral, é chamado de **análise dimensional** (ou **método dos fatores de conversão**). *Esta é uma abordagem genérica para resolução de problemas que utiliza as dimensões ou unidades de cada valor para orientá-lo nos cálculos.*

Um **fator de conversão** expressa a equivalência de uma medida em duas unidades diferentes (1 cm = 10 mm; 1 g = 1000 mg; 12 ovos = 1 dúzia; 12 polegadas = 1 pé). Como o numerador e o denominador descrevem a mesma grandeza, o fator de conversão é equivalente ao número 1. Desse modo, a multiplicação por esse fator não altera a grandeza medida, apenas suas unidades. Sempre escrevemos um fator de conversão de modo que tenha a forma de "novas unidades divididas pelas unidades do número original".

**Usando Fatores de Conversão e Realizando Cálculos** Ao resolver os problemas deste livro e ler exemplos de problemas, observe que o procedimento adotado, a partir das informações dadas para chegar a uma resposta, muitas vezes envolve uma série de multiplicações. Isto é, multiplicamos os dados fornecidos por um fator de conversão, multiplicamos a resposta dessa etapa por outro fator de conversão, e assim por diante até obtermos a resposta.

Número na unidade original
$$\left[ \frac{\text{nova unidade}}{\text{unidade original}} \right] = \text{novo número na nova unidade}$$

Grandeza a ser | Fator de conversão | Grandeza agora
expressa em | | expressa em
novas unidades | | novas unidades

---

**EXEMPLO 4**

## Usando Fatores de Conversão e Análise Dimensional

**Problema** Os oceanógrafos frequentemente expressam a densidade da água do mar em unidades de quilogramas por metro cúbico. Se a densidade da água do mar é 1,025 g cm$^{-3}$ a 15°C, qual é sua densidade em quilogramas por metro cúbico?

**O que você sabe?** Você conhece a densidade em uma unidade que envolve massa em gramas e volume em centímetros cúbicos. Cada uma delas precisa ser convertida em seu equivalente em quilogramas e metros cúbicos, respectivamente.

**Estratégia** Para simplificar esse problema, divida-o em três etapas. Primeiro, mude a massa de gramas para quilogramas. Em seguida, converta o volume de centímetros cúbicos para metros cúbicos. Finalmente, calcule a densidade ao dividir a massa em quilogramas pelo volume em metros cúbicos.

**RESOLUÇÃO** Primeiro converta a massa em gramas para uma massa em quilogramas.

$$1,025 \; \cancel{g} \times \frac{1 \; kg}{1000 \; \cancel{g}} = 1,025 \times 10^{-3} \; kg$$

Sabe-se que nos é dada a informação de quatro algarismos significativos. Nenhum fator de conversão é um número exato, portanto, seu uso não afetará o número de algarismos significativos. Não existe fator de conversão de unidades de centímetros cúbicos para metros cúbicos. Entretanto, você pode encontrar um elevando ao cubo (à terceira potência) a relação entre metro e centímetro.

$$1\ cm^3 \times \left(\frac{1\ m}{100\ cm}\right)^3 = 1\ cm^3 \times \left(\frac{1\ m^3}{1 \times 10^6\ cm^3}\right) = 1 \times 10^{-6}\ m^3$$

Esta conversão envolve apenas números que são conhecidos exatamente, logo, não precisamos nos preocupar com os algarismos significativos nesta etapa. Isso nos indica que 1 cm³ equivale a $1 \times 10^{-6}$ m³. Portanto, a densidade da água do mar é

$$\text{Densidade} = \frac{1,025 \times 10^{-3}\ kg}{1 \times 10^{-6}\ m^3} = 1025\ kg\ m^{-3}$$

**Pense bem antes de responder** O número de algarismos significativos relatados na resposta final é determinado pela informação que nos foi dada, 1,025 g, que tem quatro algarismos significativos. Consequentemente, nossa resposta final tem quatro algarismos significativos. Densidades em unidades de kg m⁻³ muitas vezes podem ser números grandes. Por exemplo, a densidade da platina é 21.450 kg m⁻³ e o ar seco tem uma densidade de 1,204 kg m⁻³.

## Verifique seu entendimento

A densidade do ouro é 19.320 kg cm⁻³. Qual é essa densidade em g cm⁻³?

## 5 Gráficos e Representações Gráficas

### Objetivos da Seção 5

- Obter informações de um gráfico.

- Preparar e interpretar gráficos de informação numérica e, se um gráfico produz uma linha reta, encontrar a inclinação e a equação da reta.

Em vários trechos deste livro, usamos gráficos ao analisar dados experimentais com o objetivo de obter uma equação matemática que possa nos ajudar a prever novos resultados. Em geral, o procedimento resultará em uma linha reta, cuja equação é

$$y = mx + b$$

**Determinar a Inclinação com um Programa de Computador – Análise por Mínimos Quadrados** Em geral, a maneira mais fácil de determinar a inclinação e interseção de uma linha reta (e, consequentemente, a equação da reta) é usar um programa como o Microsoft Excel ou o Apple´s Numbers. Esses programas realizam uma análise por "mínimos quadrados" ou "regressão linear" e oferecem a melhor linha reta com base nesses dados. (Esta linha é chamada no Excel ou no Numbers de linha de tendência.)

Nesta equação, geralmente $y$ é chamado de variável dependente; seu valor é determinado pelos valores de $x$, $m$ e $b$ (ou seja, é dependente deles). Nesta equação, $x$ é chamado de variável independente e $m$ é a inclinação da reta. O parâmetro $b$ é o valor de $y$ quando $x = 0$. Usemos um exemplo para investigar duas coisas: (1) como construir um gráfico a partir de um conjunto de dados e (2) como obter uma equação a partir da linha gerada pelos dados.

A Figura 9 apresenta um conjunto de dados a ser representado por um gráfico. Inicialmente, marcamos cada eixo com incrementos dos valores de $x$ e $y$. Neste caso, nossos valores de $x$ estão no intervalo de –2 a 4, portanto dividimos o eixo $x$ em incrementos de 1 unidade. Os *dados y estão no intervalo de 0 a 2,5, portanto dividimos o eixo y em incrementos de 0,5*. Assinalamos cada par $(x,y)$ dado com um ponto no gráfico.

Depois de assinalar os pontos no gráfico (círculos), desenhamos uma linha reta que represente da melhor maneira possível a tendência observada nos dados. (Não conecte simplesmente os pontos!) Como há sempre certo grau de incerteza em dados experimentais, é improvável que a linha reta que desenhamos passe exatamente por todos os pontos.

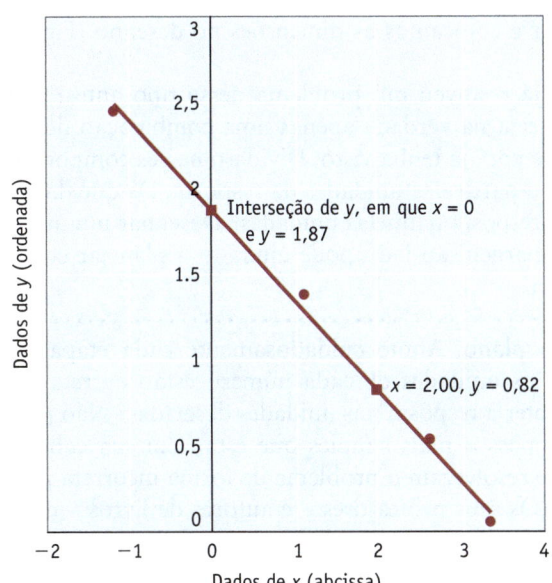

**FIGURA 9 Registro de dados em um gráfico.** Usando o Microsoft Excel e uma análise de regressão linear com esses dados, encontramos $y = -0{,}525x + 1{,}87$.

**Dados experimentais**

| $x$ | $y$ |
|------|------|
| 3,35 | 0,0565 |
| 2,59 | 0,520 |
| 1,08 | 1,38 |
| −1,19 | 2,45 |

Usando os pontos assinalados com um quadrado, a inclinação reta é:

$$\text{Inclinação} = \frac{\Delta y}{\Delta x} = \frac{0{,}82 - 1{,}87}{2{,}00 - 0{,}00} = -0{,}525$$

Para identificar a equação específica correspondente a nossos dados, precisamos determinar a interseção em $y$ ($b$) e a inclinação ($m$) da equação $y = mx + b$. A interseção em $y$ é o ponto no qual $x = 0$ e, portanto, é o ponto no qual a linha cruza o eixo $y$. Para determinar a inclinação, selecionam-se dois pontos *na linha* (assinalados por quadrados na Figura 9) e calcula-se a diferença entre os valores de $y$ ($\Delta y = y_2 - y_1$) e $x$ ($\Delta x = x_2 - x_1$). A inclinação da linha será a razão entre essas diferenças, $m = \Delta y / \Delta x$. Conhecendo a inclinação e a interseção, agora podemos escrever a equação para a reta

$$y = -0{,}525x + 1{,}87$$

e usar essa equação para calcular os valores de $y$ dos pontos que não fazem parte de nosso conjunto original de dados $x$-$y$. Por exemplo, quando $x = 1{,}50$, verificamos que $y = 1{,}08$.

# 6 Resolução de Problemas e Aritmética Química

## Objetivos da Seção 6

- Resolver problemas usando uma abordagem sistemática.

- Incorporar informação quantitativa em uma expressão algébrica e resolver a expressão.

Muitos aspectos da Química envolvem a análise quantitativa de informações, de modo que a resolução de problemas será importante para o seu sucesso. Em cada capítulo mostraremos passo a passo como resolver esses problemas. Contudo, em qualquer coisa que você faça, o planejamento cuidadoso é importante e os nossos alunos consideram importante seguir um plano definido, como ilustram todos os exemplos deste livro.

**Mapas Estratégicos** Muitos exemplos de problemas neste livro são acompanhados por um Mapa Estratégico que descreve um caminho até a solução.

**ETAPA 1** *Entenda o problema.* Leia o enunciado com atenção – e depois leia-o mais uma vez.

**ETAPA 2** *O que você sabe?* Determine especificamente o que você está tentando calcular ou concluir e quais informações você tem. Quais princípios básicos estão envolvidos? Quais informações são conhecidas ou desconhecidas? Quais informações podem estar ali apenas para colocar o problema no contexto da Química? Organize as informações para verificar o que é necessário e descobrir as relações entre os dados fornecidos. Tente escrever as informações em forma de tabela. Se as informações forem numéricas, certifique-se de incluir as unidades.

**ETAPA 3** *Estratégia.* Uma das maiores dificuldades para um estudante de Química Geral é visualizar o que está sendo perguntado. Tente fazer um desenho da situação envolvida. Por exemplo, fizemos um desenho da peça de metal

**Mapa Estratégico Geral**

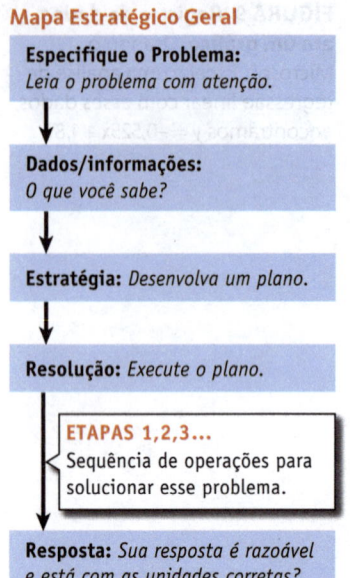

cuja densidade queríamos calcular e colocamos as dimensões no desenho (Figura 7).

Desenvolva um plano. Você já resolveu um problema desse tipo antes? Em caso negativo, talvez o problema seja na verdade apenas uma combinação de diversos problemas mais simples que você já tenha visto. Divida-o nesses componentes mais simples. Tente raciocinar a partir das unidades da resposta. De que dados você necessita para chegar a uma resposta naquelas unidades? Desenhar um mapa estratégico como o ilustrado na margem ao lado pode ajudá-lo a planejar como proceder para resolver o problema.

**ETAPA 4** *Resolução*. Execute o plano. Anote cuidadosamente cada etapa do problema, certificando-se de que as unidades de cada número estão corretas. É possível cancelar unidades para obter a resposta nas unidades desejadas? Não pule etapas. Não faça nada além dos passos mais simples que estão em sua cabeça. Muitas vezes, os alunos dizem que resolveram o problema de forma incorreta porque "cometeram um erro bobo". Os seus professores – e autores de livros – também cometem esses erros, e geralmente porque não dedicaram tempo para anotar claramente as etapas do problema.

**ETAPA 5** *Pense bem antes de responder*. Pergunte a si mesmo se a resposta é razoável e se você obteve uma resposta nas unidades corretas.

**ETAPA 6** *Verifique seu entendimento*. Neste texto, cada exemplo é seguido por outro problema para que você tente também resolvê-lo. (As soluções a essas perguntas estão indicadas por capítulo no Apêndice N). Quando responder às Questões para Estudo como lição de casa, tente resolver uma das questões da seção "Praticando Habilidades" para confirmar se entendeu as ideias básicas.

As etapas que descrevemos para resolver problemas são aquelas que muitos alunos consideraram eficazes, portanto, tente conscientemente seguir esse esquema. Mas também seja flexível. As etapas "O que você sabe?" e "Estratégia" geralmente se sobrepõem em um único conjunto de ideias.

---

**EXEMPLO 5**

## Resolução do Problema

**Problema** A densidade de um óleo mineral é de 0,875 g cm$^{-3}$. Suponha que você espalhou 0,75 g desse óleo sobre a superfície da água em um prato grande com diâmetro interno de 21,6 cm. Qual é a espessura da camada de óleo? Expresse a espessura em centímetros.

**O que você sabe?** Você conhece a massa e a densidade do óleo e o diâmetro da superfície a ser coberta.

**Estratégia** Em geral, é vantajoso começar a resolver problemas desse tipo com um esboço da situação.

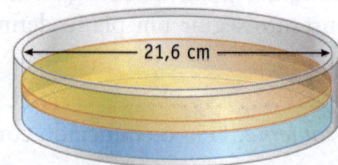

Isso o ajudará a entender que a solução para o problema é encontrar o volume do óleo sobre a água. Se você conhecer o volume, então poderá encontrar a espessura porque

Volume da camada de óleo = (espessura de camada) × (área da camada de óleo)

Portanto, você precisará de duas coisas: (1) o volume da camada de óleo e (2) a área da camada. Podemos encontrar o volume usando a massa e a densidade do óleo. A área pode ser encontrada porque o óleo formará um círculo com área igual a $\pi \times r^2$ (em que r é o raio do prato).

# 1.1 A Gasolina Acabou!

## APLICANDO OS PRINCÍPIOS QUÍMICOS

Em 23 de julho de 1983, um Boeing 767 novo voava a 26000 pés de altitude (7925 m) de Montreal para Edmonton, o voo 143 da Air Canada. O alarme sonoro disparou na cabine do avião. Naquele momento, um dos maiores aviões do mundo passou a ser um planador – o combustível havia acabado!

Como esse avião moderno, com a mais recente tecnologia, havia ficado sem combustível? Ao calcular a quantidade de combustível necessária para aquele voo, ocorreu um erro elementar!

Como todos os Boeings 767, essa aeronave também tinha um sofisticado indicador de combustível, mas ele não estava funcionando adequadamente. Ainda assim, o avião teve permissão para voar, porque existe um método alternativo para determinar a quantidade de combustível nos tanques. Os mecânicos podem usar uma vareta, como aquela usada para medir o óleo no motor de um automóvel, para verificar o nível de combustível em cada um dos três tanques. Os mecânicos de Montreal leram os dados das varetas, que estavam divididas em centímetros, e converteram esses dados para um volume em litros. Segundo esses cálculos, o avião continha um total de 7682 L de combustível.

Pilotos sempre calculam a quantidade de combustível em unidades de massa, porque precisam saber a massa total do avião antes da decolagem. Os pilotos da Air Canada sempre haviam calculado a quantidade do combustível em libras, mas o consumo do combustível do novo 767 estava indicado em quilogramas. Os pilotos sabiam que precisavam de 22300 kg de combustível para a viagem. Se ainda havia 7682 L de combustível nos tanques, quanto deveria ser acrescentado? Isso implicava usar a densidade do combustível para converter 7682 L em uma massa em quilogramas. Em seguida, seria possível calcular a massa do combustível a ser acrescentada e converter essa massa no volume de combustível a ser acrescentado.

O primeiro oficial do avião perguntou a um mecânico qual era o fator de conversão para converter o volume em massa, e o mecânico respondeu: "1,77". Usando esse número, o primeiro oficial e os mecânicos calcularam que seria preciso acrescentar 4917 L de combustível. Entretanto, cálculos posteriores indicaram que isso é somente cerca de um quarto da quantidade de combustível necessária! Por quê? Porque ninguém pensou nas unidades do número 1,77. Mais tarde eles perceberam que esse valor de 1,77 é de libras por litro e não de quilogramas por litro.

Sem combustível, o avião não conseguiria chegar até Winnipeg, de modo que os controladores dirigiram-no para a cidade de Gimli, em um pequeno aeroporto abandonado pela Royal Canadian Air Force. Depois de planar por quase 30 minutos, o avião aproximou-se da pista de Gimli. A pista, porém, havia sido convertida numa pista de corrida para carros, e uma corrida acontecia naquele momento. Além disso, uma barreira de aço atravessava a pista. Ainda assim, o piloto conseguiu tocar o chão muito perto do final da pista. O avião desacelerou na faixa de concreto; a roda dianteira arrebentou; vários pneus estouraram – e o avião conseguiu parar em segurança exatamente antes da barreira. O planador de Gimli havia conseguido! E em algum lugar um mecânico de aviões está prestando mais atenção nas unidades de seus números.

### Questões:

1. Qual é a densidade do combustível em unidades de kg $L^{-1}$?
2. Quais deveriam ser a massa e o volume do combustível acrescentado? (1 lb = 453,6 g) (Veja a Questão para Estudo 62.)

**O planador Gimli.** Após acabar o combustível, o vôo 143 da Air Canada planou por 29 minutos antes de pousar em uma pista abandonada em Gimli, Manitoba, próxima de Winnipeg.

---

**RESOLUÇÃO** Primeiro, calcule o volume do óleo. A massa da camada de óleo é conhecida, de modo que, ao combinar a massa do óleo com sua densidade, obtemos o volume do óleo usado:

$$0,75 \text{ g} \times \frac{1 \text{ cm}^3}{0,875 \text{ g}} = 0,857 \text{ cm}^3$$

Em seguida, calcule a área da camada de óleo. O óleo é espalhado por uma superfície circular, cuja área é indicada por

$$\text{Área} = \pi \times (\text{raio})^2$$

O raio da camada de óleo é a metade de seu diâmetro (21,6 cm) ou 10,8 cm, portanto

$$\text{Área da camada de óleo} = (\pi) (10,8 \text{ cm})^2 = 366,4 \text{ cm}^2$$

Conhecendo o volume e a área da camada de óleo, podemos calcular a espessura.

$$\text{Espessura} = \frac{\text{volume}}{\text{área}} = \frac{0,857 \text{ cm}^3}{366,4 \text{ cm}^2} = 0,0023 \text{ cm}$$

**Pense bem antes de responder**  Ao calcular o volume, a calculadora indica 0,857143... O quociente deveria ter dois algarismos significativos porque 0,75 apresenta dois algarismos significativos, de maneira que o resultado dessa etapa é relatado como 0,857 cm³, contém um dígito extra. Ao calcular a área, a calculadora indica 366,435... A resposta dessa etapa deve ter três algarismos significativos porque 10,8 tem três; de novo, este valor é relatado com um dígito extra. Quando esses resultados intermediários são combinados no cálculo da espessura, o resultado final só poderá ter dois algarismos significativos. Lembre-se de que o arredondamento prematuro pode levar a erros.

## Verifique seu entendimento

Uma determinada tinta tem uma densidade de 0,914 g cm⁻³. Você pretende cobrir uma parede com 7,6 m de comprimento e 2,74 m de altura com uma camada de tinta de 0,13 mm de espessura. Que volume de tinta (em litros) é necessário? Qual é a massa (em gramas) da camada de tinta?

---

## APLICANDO OS PRINCÍPIOS QUÍMICOS

# 1.2 Empates na Natação e Algarismos Significativos

Você já reparou que existem muitos empates na natação? Por exemplo, nos Jogos Olímpicos de 2016 houve um empate duplo para a medalha de ouro nos 100 metros livres feminino e um empate triplo para a medalha de prata nos 100 m borboleta masculino. As competições Olímpicas são cronometradas até um centésimo de um segundo. Você deve estar imaginando o motivo pelo qual os juízes simplesmente não fazem a cronometragem para um milésimo de segundo, algo que é tecnologicamente possível e é feito em alguns esportes e elimina a maioria desses empates. A razão se relaciona ao tópico de quantos dígitos em uma competição de natação são realmente significativos.

Vamos considerar uma piscina Olímpica de 50 m e uma disputa de natação de 50 m livre. O atual recorde mundial é de 20,91 segundos para esse evento e foi estabelecido por César Cielo do Brasil em 2009. Supondo que uma pessoa está nadando a essa velocidade, a distância máxima percorrida em um milésimo de segundo é 2,4 mm. O problema surge com as especificações necessárias nas dimensões da piscina. Sempre haverá alguma variação nos comprimentos das diferentes raias devido às limitações na construção das piscinas. Atualmente as especificações permitem que uma raia seja até 3 cm mais longa que o comprimento declarado de 50,00 m. Assim, não seria justo penalizar um nadador em uma raia que seja 3 cm mais longa que o comprimento declarado em uma diferença de tempo que corresponderia a uma distância de 2,4 mm e, desta forma não é feita a cronometragem em milésimos de segundo.

**Um Empate para o Ouro.** Simone Manuel e Penny Oleksiak empataram para o Ouro no evento dos 100 m livres nos Jogos Olímpicos de 2016 no Rio de Janeiro, Brasil.

Richard Heathcote/Getty Images

### Questões:

1. Confirme que uma pessoa nadando na velocidade do recorde mundial para o 50 m livres percorreria 2,4 mm em um milésimo de segundo.

2. Nessa velocidade do recorde mundial, quanto tempo levaria para um nadador percorrer 3,0 cm?

3. Considere uma raia que seja 3 cm mais longa que os declarados 50,00 m. Qual é o erro percentual neste comprimento de raia?

# OBJETIVOS REVISITADOS

Os objetivos para este capítulo são marcados com as Questões para Estudo específicas para ajudá-lo a organizar sua revisão.

**1  UNIDADES DE MEDIDA**

- Usar as unidades comuns para medidas na química e fazer conversões de unidades (tais como litros para mililitros). **1-12, 17-20, 35-37**.

**2  REALIZANDO MEDIDAS: PRECISÃO, EXATIDÃO, ERRO EXPERIMENTAL E DESVIO PADRÃO**

- Identificar e expressar incertezas nas medidas. **21, 22, 46, 56-58, 62, 67**.

**3  MATEMÁTICA NA QUÍMICA**

- Expressar e usar números em notação exponencial ou científica. **23, 24**.

- Relatar a resposta de um cálculo com o número correto de algarismos significativos. **25, 26**.

**4  RESOLUÇÃO DE PROBLEMAS POR ANÁLISE DIMENSIONAL**

- Resolver problemas usando a análise dimensional. **13-16, 39-40, 53**.

**5  GRÁFICOS E REPRESENTAÇÕES GRÁFICAS**

- Obter informações de um gráfico. **28, 29**.

- Preparar e interpretar gráficos de informação numérica e, se um gráfico produz uma linha reta, encontrar a inclinação e a equação da reta. **27, 30, 65, 66**.

**6  RESOLUÇÃO DE PROBLEMA E ARITMÉTICA QUÍMICA**

- Resolver problemas usando uma abordagem sistemática. **38, 44, 47-52, 54, 59-61**.

- Incorporar informação quantitativa em uma expressão algébrica e resolver a expressão. **31-34**.

# EQUAÇÕES-CHAVE

**Equação 1** Converter uma temperatura de °C para K.

$$T(K) = \frac{1\,K}{1\,°C}(T°C + 273,15°C)$$

**Equação 2** Erro na medida.

$$\text{Erro na medida} = \text{valor determinado experimentalmente} - \text{valor aceitável}$$

**Equação 3** Erro percentual.

$$\text{Erro percentual} = \frac{\text{erro na medida}}{\text{valor aceitável}} \times 100\%$$

# QUESTÕES PARA ESTUDO

▲ denota questões desafiadoras.

Questões numeradas em verde tem as respostas no Apêndice N.

## Praticando Habilidades

### Escalas de temperatura

1. Muitos laboratórios usam 25°C como temperatura padrão. Qual é essa temperatura em kelvin?

2. A temperatura na superfície do Sol é $5,5 \times 10^3$°C. Qual é essa temperatura em kelvin?

3. Faça as seguintes conversões de temperatura:

| °C | K |
|---|---|
| (a) 16 | _____ |
| (b) _____ | 370 |
| (c) 40 | _____ |

4. Faça as seguintes conversões de temperatura:

| °C | K |
|---|---|
| (a) _____ | 77 |
| (b) 63 | _____ |
| (b) _____ | 1450 |

### Comprimento, Volume, Massa e Densidade

(*Veja o Exemplo 1.*)

5. Um maratonista percorre uma distância de 42,195 km. Qual é essa distância em metros? E em milhas?

6. Em média, um lápis de grafite novo e sem uso tem 19 cm de comprimento. Qual é seu comprimento em milímetros? E em metros?

7. Um selo postal padrão dos Estados Unidos tem 2,5 cm de comprimento e 2,1 cm de largura. Qual é a área do selo em centímetros quadrados? E em metros quadrados?

8. Um CD tem um diâmetro de 11,8 cm. Qual é a área da superfície do CD em centímetros quadrados? E em metros quadrados? Área de um círculo = $(\pi)(\text{raio})^2$.

9. O volume de um béquer comum de laboratório é 250,00 mL. Qual é seu volume em centímetros cúbicos? E em litros? E em metros cúbicos? E em decímetros cúbicos?

10. Alguns refrigerantes são vendidos em garrafas de 1,5 L. Qual é esse volume em mililitros? E em centímetros cúbicos? E em decímetros cúbicos?

11. Um livro tem massa de 2,52 kg. Qual é a sua massa em gramas?

12. Uma moeda de 10 centavos de dólar tem massa de 2,265 g. Qual é sua massa em quilogramas? E em miligramas?

13. O etilenoglicol, $C_2H_6O_2$, é um aditivo do anticongelante de automóveis. Sua densidade é de 1,11 g cm⁻³ a 20°C. Se você precisa de 500,0 mL desse líquido, qual é a massa necessária do composto em gramas?

14. A massa de uma peça de prata é de 2,365 g. Se a densidade da prata é de 10,5 g cm⁻³, qual é o volume da prata?

15. Você pode identificar um metal ao determinar cuidadosamente sua densidade (*d*). Um pedaço de metal desconhecido, com massa de 2,361 g, tem 2,35 cm de comprimento, 1,34 cm de largura e 1,05 mm de espessura. Qual dos seguintes elementos é esse metal?
    - (a) níquel, $d = 8,91$ g cm⁻³
    - (b) titânio, $d = 4,50$ g cm⁻³
    - (c) zinco, $d = 7,14$ g cm⁻³
    - (d) estanho, $d = 7,23$ g cm⁻³

16. Qual dos dois ocupa um volume maior: 600 g de água (com densidade de 0,995 g cm⁻³) ou 600 g de chumbo (com densidade de 11,35 g cm⁻³)?

### Unidades de Energia

17. Você está em uma dieta que o proíbe de comer mais de 1200 Cal dia⁻¹. Qual é essa energia em joule?

18. Um pedaço de bolo de chocolate de 5 cm com cobertura fornece 1670 kJ de energia. O quanto isso representa em calorias nutricionais (Cal)?

19. Um produto alimentício tem um teor energético de 170 kcal por porção, e outro produto tem 280 kJ por porção. Qual alimento fornece mais energia por porção?

20. Uma lata de refrigerante (330 mL) fornece 130 calorias. Uma garrafa de suco misto de frutas (295 mL) fornece 630 kJ. Qual delas oferece a maior energia total? Qual delas oferece maior energia por mililitro?

### Exatidão, Precisão, Erro e Desvio Padrão

(*Veja o Exemplo 2.*)

21. Você e seu colega de laboratório devem determinar a densidade de uma barra de alumínio. A massa é conhecida com exatidão (com quatro algarismos significativos). Você usa uma régua simples para obter suas dimensões e obter os resultados pelo Método A. Seu colega usa um micrômetro de precisão e obtém os resultados pelo Método B.

| Método A (g cm⁻³) | Método B (g cm⁻³) |
|---|---|
| 2,2 | 2,703 |
| 2,3 | 2,701 |
| 2,7 | 2,705 |
| 2,4 | 5,811 |

A densidade aceita para o alumínio é de 2,702 g cm⁻³.
- (a) Calcule a densidade média para cada método. Os seus cálculos devem incluir todos os resultados experimentais? Em caso negativo, justifique suas eventuais omissões.
- (b) Calcule o valor médio e o erro percentual para cada método.
- (c) Calcule o desvio padrão para cada conjunto de dados.
- (d) Qual é o método com o valor médio mais preciso? Qual método é mais exato?

22. O valor aceitável como ponto de fusão da aspirina pura é 135°C. Ao tentar verificar esse valor, você obtém 134°C, 136°C, 133°C e 138°C em quatro testes separados. O seu colega obtém 138°C, 137°C, 138°C e 138°C.
- (a) Calcule o valor médio e o erro percentual para os seus dados e os do seu colega.

(b) Qual dos dois é mais preciso? E mais exato?

## Notação Exponencial e Algarismos Significativos

*(Veja o Exemplo 3.)*

**23.** Expresse os números a seguir em notação exponencial ou científica, e indique o número de algarismos significativos de cada um.
(a) 0,054 g
(c) 0,000792 g
(b) 5462 g
(d) 1600 mL

**24.** Expresse os números seguintes em notação fixa (p. ex., $1,23 \times 10^2 = 123$), e indique o número de algarismos significativos em cada um.
(a) $1,623 \times 10^3$
(c) $6,32 \times 10^{-2}$
(b) $2,57 \times 10^{-4}$
(d) $3,404 \times 10^3$

**25.** Realize as seguintes operações. Dê a resposta com o número correto de algarismos significativos.
(a) $(1,52)(6,21 \times 10^{-3})$
(b) $(6,217 \times 10^3) - (5,23 \times 10^2)$
(c) $(6,217 \times 10^3) \div (5,23 \times 10^2)$
(d) $(0,0546)(16,0000)\left[\dfrac{7,779}{55,85}\right]$

**26.** Realize as seguintes operações. Dê a resposta com o número correto de algarismos significativos.
(a) $(6,25 \times 10^2)^3$
(b) $\sqrt{2,35 \times 10^{-3}}$
(c) $(2,35 \times 10^{-3})^{1/3}$
(d) $(1,68)\left[\dfrac{23,56 - 2,3}{1,248 \times 10^3}\right]$

## Elaboração de Gráficos

**27.** Para determinar a massa média de um grão de pipoca, você reúne os seguintes dados:

| Número de grãos | Massa (g) |
|---|---|
| 5 | 0,836 |
| 12 | 2,162 |
| 35 | 5,801 |

Registre os dados em forma de gráfico com o número de grãos no eixo $x$ e a massa no eixo $y$. Trace a melhor reta usando os pontos no gráfico (ou faça uma análise pelo método dos mínimos quadrados ou regressão linear usando um programa de computador), e então escreva a equação para a reta resultante. Qual é a inclinação da reta? O que a inclinação da reta significa para a massa de um grão de pipoca? Qual é a massa de 20 grãos de pipoca? Quantos grãos há em um punhado de pipoca com uma massa de 20,88 g?

**28.** Use o gráfico a seguir para responder a estas perguntas:
(a) Qual é o valor de $x$ quando $y = 4,0$?
(b) Qual é o valor de $y$ quando $x = 0,30$?
(c) Quais são a inclinação e a interseção $y$ da reta?
(d) Qual é o valor de $y$ quando $x = 1,0$?

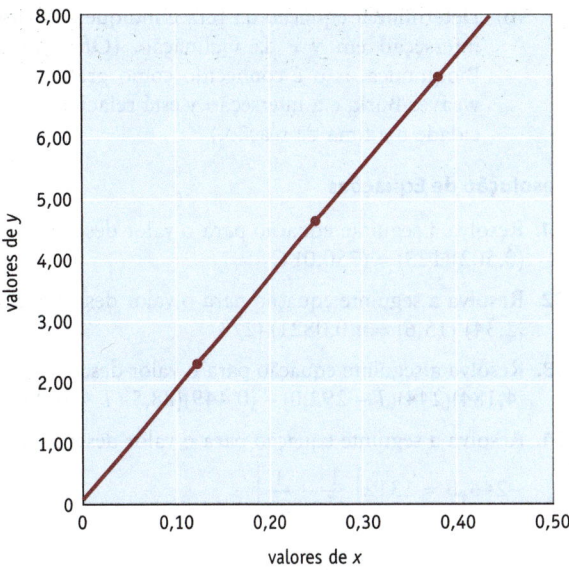

**29.** Use o gráfico a seguir para responder a estas perguntas.
(a) Determine a equação para a reta, $y = mx + b$.
(b) Qual é o valor de $y$ quando $x = 6,0$?

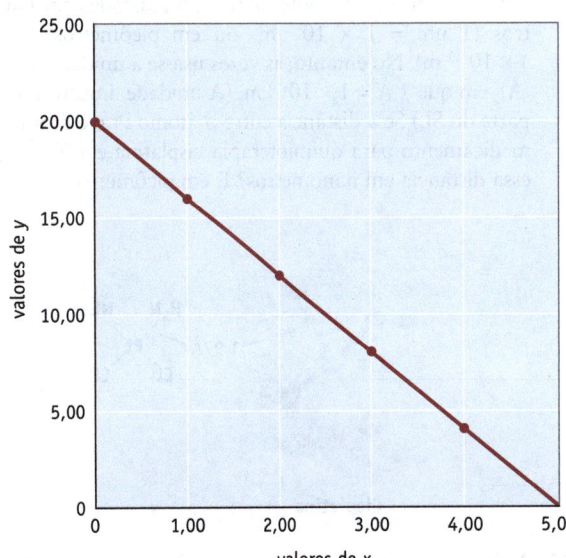

**30.** Os dados seguintes foram obtidos em uma experiência para determinar como uma enzima atua em uma reação bioquímica.

| Quantidade de $H_2O_2$ | Velocidade de Reação (quantidade/segundo) |
|---|---|
| 1,96 | $4,75 \times 10^{-5}$ |
| 1,31 | $4,03 \times 10^{-5}$ |
| 0,98 | $3,51 \times 10^{-5}$ |
| 0,65 | $2,52 \times 10^{-5}$ |
| 0,33 | $1,44 \times 10^{-5}$ |
| 0,16 | $0,585 \times 10^{-5}$ |

(a) Registre esses dados em um gráfico como 1/quantidade no eixo $y$ e 1/velocidade no eixo $x$. Trace a melhor reta para esses pontos de dados.

(b) Determine a equação da reta e indique os valores da interseção em $y$ e da inclinação. (*Observação*: em Bioquímica, isso é conhecido como gráfico de Lineweaver-Burk, e a interseção $y$ está relacionada à velocidade máxima da reação.)

## Resolução de Equações

**31.** Resolva a seguinte equação para o valor desconhecido, $C$.
$(0{,}502)(123) = (750{,}0)\ C$

**32.** Resolva a seguinte equação para o valor desconhecido, $n$.
$(2{,}34)\ (15{,}6) = n(0{,}0821)\ (273)$

**33.** Resolva a seguinte equação para o valor desconhecido, $T$.
$(4{,}184)(244)(T - 292{,}0) + (0{,}449)(88{,}5)(T - 369{,}0) = 0$

**34.** Resolva a seguinte equação para o valor desconhecido, $n$.

$$-246{,}0 = 1312\left[\frac{1}{2^2} - \frac{1}{n^2}\right]$$

## Questões Gerais

*Estas questões não estão definidas quanto ao tipo ou à localização no capítulo. Elas podem combinar vários conceitos.*

**35.** Em geral, distâncias moleculares são indicadas em nanômetros (1 nm = 1 × 10⁻⁹ m) ou em picômetros (1 pm = 1 × 10⁻¹² m). No entanto, às vezes usa-se a unidade angstrom (Å), em que 1 Å = 1 × 10⁻¹⁰ m. (A unidade angstrom não faz parte do SI.) Se a distância entre o átomo Pt e o átomo N no medicamento para quimioterapia cisplatina é 1,97 Å, qual é essa distância em nanômetros? E em picômetros?

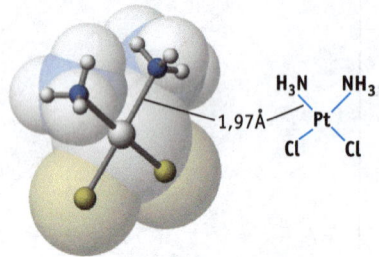

**Cisplatina**

**36.** A distância entre os átomos de carbono no diamante é de 0,154 nm. Qual é sua distância em metros? E em picômetros (pm)? E em angstroms (Å)?

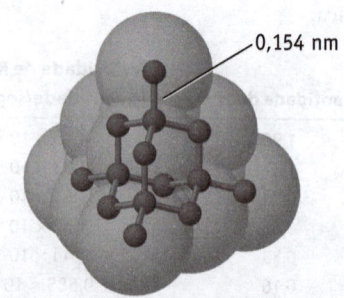

0,154 nm

**Uma parte da estrutura do diamante**

**37.** O diâmetro de um glóbulo vermelho é de 7,5 μm (micrômetros). Qual é essa dimensão em (a) metros, (b) nanômetros e (c) picômetros?

**38.** O composto cisplatina que combate o câncer contém platina (Questão para Estudo 35), que representa 65% de sua massa. Se você tiver 1,53 g do composto, qual é a massa de platina (em gramas) contida nessa amostra?

**39.** O anestésico cloridrato de procaína é usado, muitas vezes, para suprimir a dor durante cirurgias odontológicas. O composto vem em embalagens como solução aquosa 10,0% em massa ($d$ = 1,0 g mL⁻¹). Se o seu dentista injetar 0,50 mL da solução, qual será a massa de cloridrato de procaína (em miligramas) injetada?

**40.** Você precisa de um cubo de alumínio de 7,6 g. Qual deve ser o comprimento do lado do cubo (em cm)? (A densidade do alumínio é de 2,698 g cm⁻³.)

**41.** Você tem uma proveta de 250,0 mL com um pouco de água. Você coloca três bolinhas de gude com uma massa total de 95,2 g na água. Qual é a densidade média de uma bola de gude?

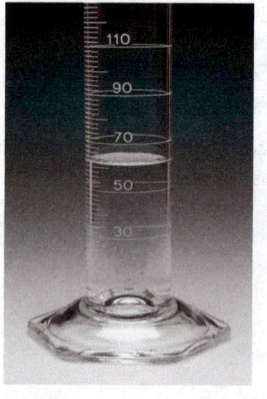 

© Cengage Learning/Charles D. Winters

**(a)** **(b)**

**Determinando densidade.** **(a)** Uma proveta com 61 mL de água. **(b)** Colocam-se três bolas de gude na proveta.

**42.** Suponha que você tenha um sólido cristalino branco, e sabe que é um dos compostos de potássio relacionados a seguir. Para determinar qual é, é preciso medir sua densidade. Meça 18,82 g e transfira essa quantidade para uma proveta com querosene (na qual esses compostos não se dissolverão). O nível do querosene líquido sobe de 8,5 mL para 15,3 mL. Calcule a densidade do sólido e identifique o composto a partir da lista a seguir.
(a) KF, $d$ = 2,48 g cm⁻³
(b) KCl, $d$ = 1,98 g cm⁻³
(c) KBr, $d$ = 2,75 g cm⁻³
(d) KI, $d$ = 3,13 g cm⁻³

**43.** ▲ A menor unidade que se repete em um cristal de sal de cozinha é um cubo (chamado de célula unitária) com 0,563 nm de lado.

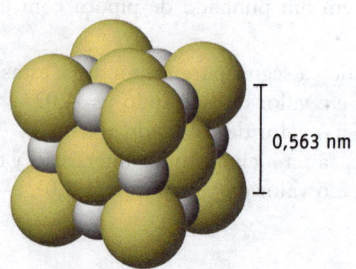

0,563 nm

**Cloreto de sódio, NaCl**

(a) Qual é o volume desse cubo em nanômetros cúbicos? E em centímetros cúbicos?

(b) A densidade do NaCl é de 2,17 g cm⁻³. Qual é a massa de sua menor unidade de repetição ("célula unitária")?

(c) Cada unidade de repetição compõe-se de quatro unidades de NaCl. Qual é a massa da fórmula unitária de NaCl?

**44.** O diamante tem uma densidade de 3,513 g cm⁻³. Em geral, a massa do diamante é medida em "quilates", e 1 quilate equivale a 0,200 g. Qual é o volume (em centímetros cúbicos) de um diamante de 1,50 quilates?

**45.** O ponto de fusão do elemento gálio é 29,8°C. Se você segurar uma amostra de gálio em sua mão, ela irá fundir? Explique sucintamente.

**Gálio metálico**

**46.** ▲ Indicamos a seguir a densidade da água pura em diversas temperaturas.

| *T*(°C) | *d* (g cm⁻³) |
|---|---|
| 4 | 0,99997 |
| 15 | 0,99913 |
| 25 | 0,99707 |
| 35 | 0,99406 |

Suponha que seu colega de laboratório diga-lhe que a densidade da água a 20°C é de 0,99910 g cm⁻³. Esse é um número razoável? Sim ou não? Por quê?

**47.** Ao aquecermos um grão de milho de pipoca, ele estoura porque perde água explosivamente. Imagine um grão de milho com massa de 0,125 g, a qual é reduzida para apenas 0,106 g depois de estourar.

(a) Qual foi a porcentagem de massa perdida pelo grão ao estourar?

(b) A pipoca é vendida por libra nos Estados Unidos. Supondo que 0,125 g é a massa média de um grão de pipoca, quantos grãos há em uma libra de pipoca? (1 lb = 453,6 g)

**48.** ▲ O alumínio contido em um pacote de folha de alumínio de 75 ft² (6,97 m²) para cozinha pesa aproximadamente 12 onças (340 g). A densidade do alumínio é de 2,70 g cm⁻³. Qual é a espessura aproximada da folha de alumínio em milímetros? (1 onça = 28,4 g.)

**49.** ▲ As cidades dos Estados Unidos recebem água fluoretada há várias décadas. À medida que sai de um reservatório, a água recebe continuamente o acréscimo de fluoreto de sódio. Suponha que você more em uma cidade de tamanho médio com 150000 habitantes e que cada habitante use 660 L (170 gal) de água por dia. Que massa de fluoreto de sódio (em quilogramas) deve ser acrescentada à água por ano (365 dias) para ter a concentração exigida de 1 ppm (parte por milhão) de fluoreto de sódio, isto é, 1 quilograma de fluoreto por 1 milhão de quilogramas de água? (O fluoreto de sódio contém 45,0% de fluoreto, e a densidade da água é de 1,00 g cm⁻³.)

**50.** ▲ Cerca de dois séculos atrás, Benjamin Franklin demonstrou que 1 colher de chá de óleo poderia cobrir aproximadamente 0,5 acre de água parada. Sabendo que $1,0 \times 10^4$ m² = 2,47 acres e que há aproximadamente 5 cm³ em uma colher de chá, qual será a espessura da camada de óleo de 0,5 acre? Como essa espessura poderia estar relacionada ao tamanho das moléculas?

**51.** ▲ Baterias de automóveis contêm uma solução aquosa de ácido sulfúrico. Qual é a massa de ácido (em gramas) em 500, mL da solução ácida da bateria se a densidade da solução é de 1,285 g cm⁻³ e 38,08% da massa da solução é de ácido sulfúrico?

**52.** Uma estátua de Buda no Tibete com 26 metros de altura está coberta com 279 kg de ouro. Se o ouro foi aplicado com uma espessura de 0,0015 mm, qual é a área da superfície coberta (em metros quadrados)? (Densidade do ouro = 19,3 g cm⁻³.)

**53.** A 25°C, a densidade da água é de 0,997 g cm⁻³, e a densidade do gelo a –10°C é de 0,917 g cm⁻³.

(a) Se enchermos uma lata de refrigerante (volume = 250, mL) completamente com água pura a 25°C e então a congelarmos a –10°C, que volume o gelo ocupará?

(b) A lata será capaz de conter o gelo?

**54.** Suponha que o seu dormitório tenha 18 pés de comprimento e 15 pés de largura, e a distância do piso ao teto seja de 8 pés e 6 polegadas. Você precisa saber o volume do quarto em unidades métricas para realizar alguns cálculos científicos.

(a) Qual é o volume do quarto em metros cúbicos? E em litros?

(b) Qual é a massa do ar no dormitório em quilogramas? E em libras? (Suponha que a densidade do ar é de 1,2 g L⁻¹ e que não há móveis no quarto.)

**55.** Uma esfera de aço tem massa igual a 3,475 g e diâmetro de 9,40 mm. Qual é a densidade do aço? O volume de uma esfera = $(4/3)\pi r^3$, em que $r$ = raio.

**56.** ▲ Imagine que você tenha que identificar um líquido desconhecido, mas sabe que é um dos líquidos relacionados a seguir. Com uma pipeta, você coloca uma amostra de 3,50 mL em um béquer. A massa do béquer vazio é de 12,20 g, e o béquer mais o líquido pesam 16,08 g.

| Substância | Densidade a 25°C (g cm⁻³) |
|---|---|
| Etilenoglicol | 1,1088 (principal componente do anticongelante para automóveis) |
| Água | 0,9971 |
| Etanol | 0,7893 (álcool em bebidas alcoólicas) |
| Ácido acético | 1,0492 (componente ativo do vinagre) |
| Glicerol | 1,2613 (solvente usado em produtos de limpeza domésticos) |

(a) Calcule a densidade e identifique o líquido desconhecido.

(b) Se você pudesse medir o volume com apenas dois algarismos significativos (isto é, 3,5 mL, e não 3,50 mL), os resultados seriam suficientemente exatos para identificar o desconhecido? Explique.

**57.** ▲ Imagine um pedaço de metal desconhecido com formato irregular. Para identificá-lo, é preciso determinar sua densidade e comparar esse valor com valores conhecidos que você pode consultar na biblioteca de Química. A massa do metal é de 74,122 g. Por causa do formato irregular, é preciso medir o volume submergindo o metal na água contida em uma proveta. Ao fazê-lo, o nível de água na proveta vai de 28,2 mL para 36,7 mL.

(a) Qual é a densidade do metal? (Use o número correto de algarismos significativos na resposta.)

(b) O metal desconhecido é um dos sete metais relacionados a seguir. É possível identificar o metal com base na densidade que você calculou? Explique.

| Metal | Densidade (g cm⁻³) | Metal | Densidade (g cm⁻³) |
|---|---|---|---|
| Zinco | 7,13 | Níquel | 8,90 |
| Ferro | 7,87 | Cobre | 8,96 |
| Cádmio | 8,65 | Prata | 10,50 |
| Cobalto | 8,90 | | |

**58.** ▲ Existem cinco hidrocarbonetos (compostos de C e H) cuja fórmula é $C_6H_{14}$. (Esses são isômeros; o que os diferencia é o modo como os átomos de C e H estão ligados. Capítulo 23.) Todos são líquidos à temperatura ambiente, mas têm densidades ligeiramente diferentes.

| Hidrocarboneto | Densidade (g mL⁻¹) |
|---|---|
| Hexano | 0,6600 |
| 2,3-dimetilbutano | 0,6616 |
| 3-metilpentano | 0,6632 |
| 2,2-dimetilbutano | 0,6485 |
| 2-metilpentano | 0,6545 |

(a) Você tem uma amostra pura de um desses hidrocarbonetos e, para identificá-lo, você decide medir sua densidade. Então constata que uma amostra de 5,0 mL (medida em uma proveta) tem uma massa de 3,2745 g (medida em uma balança analítica). Suponha que a incerteza dos valores para massa e volume seja mais ou menos um (±1) no último algarismo significativo. Qual é a densidade do líquido?

(b) Você é capaz de identificar o hidrocarboneto desconhecido com base em seu experimento?

(c) Você pode eliminar qualquer uma das cinco possibilidades com base nos dados? Em caso afirmativo, qual (quais)?

(d) Você necessita de uma medição mais precisa do volume para resolver esse problema, e, ao recalcular o volume, verifica que é de 4,93 mL. Com base nesses novos dados, qual é o composto desconhecido?

**59.** ▲ Suponha que você tenha um tubo de vidro cilíndrico com uma pequena abertura (tubo capilar), e deseja determinar o diâmetro da abertura. Você pode fazer isso experimentalmente ao pesar um pedaço do tubo antes e depois de preencher uma parte do capilar com mercúrio. Usando as informações a seguir, calcule o diâmetro da abertura.

Massa do tubo antes de acrescentar mercúrio = 3,263 g

Massa do tubo depois de acrescentar mercúrio = 3,416 g

Comprimento do capilar preenchido com mercúrio = 16,75 mm

Densidade do mercúrio = 13,546 g cm⁻³

Volume do capilar cilíndrico preenchido com mercúrio = $(\pi)(raio)^2(comprimento)$

**60.** **Cobre:** O cobre tem uma densidade de 8,96 g cm⁻³. Um lingote de cobre com massa de 57 kg (126 lb) é transformado em um fio com diâmetro de 9,50 mm. Quantos metros de fio podem ser produzidos? [Volume do fio = $(\pi)(raio)^2(comprimento)$]

**61.** ▲ **Cobre:**

(a) Imagine um cubo de cobre com 0,236 cm de lado com massa de 0,1206 g. Sabendo que cada átomo de cobre (raio = 128 pm) tem uma massa de $1,055 \times 10^{-22}$ g (no Capítulo 2 você aprenderá como calcular a massa de um átomo), quantos átomos há nesse cubo? Que fração do cubo é preenchida por átomos? (Ou, inversamente, quanto do retículo é espaço vazio?) Por que há um espaço "vazio" no retículo?

(b) Agora examine a menor unidade de repetição no retículo cristalino de cobre.

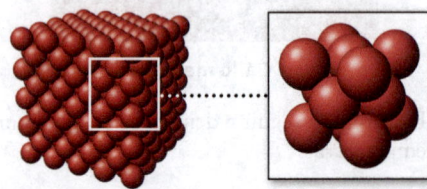

Cubo de átomos de cobre    Menor unidade de repetição

Sabendo que o lado desse cubo mede 361,47 pm e a densidade do cobre é de 8,960 g cm⁻³, calcule o número de átomos de cobre nessa menor unidade de repetição.

**62.** Você começa a determinar a densidade do chumbo no laboratório. Usando uma balança semianalítica para determinar a massa e o método do deslocamento de água (Questão de Estudo 41) para determinar o volume de uma variedade de pedaços de chumbo, você calcula as seguintes densidades: 11,6 g cm⁻³, 11,8 g cm⁻³, 11,5 g cm⁻³ e 12,0 g cm⁻³. Você consulta um livro de referência e descobre que o valor aceitável para a densidade do chumbo é 11,3 g cm⁻³. Calcule o seu valor médio, erro percentual e o desvio padrão de seus resultados.

## No Laboratório

**63.** Uma amostra de metal desconhecido é introduzida em uma proveta que contém água. A massa da amostra é de 37,5 g, e os níveis da água antes e depois de introduzir a amostra na proveta são os indicados na figura. Qual metal da lista seguinte é o mais provável na amostra? (*d* é a densidade do metal.)

(a) Mg, *d* = 1,74 g cm⁻³     (d) Al, *d* = 2,70 g cm⁻³

(b) Fe, *d* = 7,87 g cm⁻³     (e) Cu, *d* = 8,96 g cm⁻³

(c) Ag, *d* = 10,5 g cm⁻³     (f) Pb, *d* = 11,3 g cm⁻³

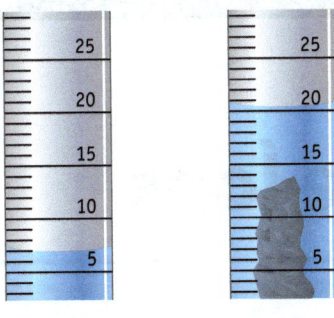

**Provetas – a da direita com metal desconhecido**

**64.** A pirita de ferro é chamada, muitas vezes, de "ouro dos tolos" porque se parece com ouro. Suponha que você tenha um sólido que parece ouro, mas acredita que é ouro dos tolos. A massa da amostra é de 23,5 g. Ao introduzir a amostra na água dentro de uma proveta (veja a Questão para Estudo 63), o nível da água eleva-se de 47,5 mL para 52,2 mL. A amostra é ouro dos tolos ($d = 5,00$ g cm$^{-3}$) ou ouro "de verdade" ($d = 19,3$ g cm$^{-3}$)?

**65.** Podemos analisar um composto de cobre na água usando um instrumento chamado espectrofotômetro. Um espectrofotômetro é um instrumento científico que mede a quantidade de luz (de um determinado comprimento de onda) absorvida pela solução. A quantidade de luz absorvida em um determinado comprimento de onda (A) depende diretamente da massa do composto por litro de solução. Para calibrar o espectrofotômetro, precisamos dos seguintes dados:

| Absorbância (A) | Massa do Composto de cobre (g L$^{-1}$) |
|---|---|
| 0,000 | 0,000 |
| 0,257 | $1,029 \times 10^{-3}$ |
| 0,518 | $2,058 \times 10^{-3}$ |
| 0,771 | $3,087 \times 10^{-3}$ |
| 1,021 | $4,116 \times 10^{-3}$ |

Faça o gráfico da absorbância (A) em função da massa do composto de cobre por litro (g L$^{-1}$), e encontre a inclinação ($m$) e a interseção ($b$) (pressupondo que A é $y$ e que a quantidade de composto na solução é $x$ na equação da reta, $y = mx + b$). Qual é a massa do composto de cobre na solução em g L$^{-1}$ e mg mL$^{-1}$ se a absorbância é de 0,635?

**66.** Para calibrar um cromatógrafo gasoso para a análise de isoctano (um dos principais componentes da gasolina), usam-se os seguintes dados:

| Porcentagem de isoctano (dados $x$) | Resposta do instrumento (dados $y$) |
|---|---|
| 0,352 | 1,09 |
| 0,803 | 1,78 |
| 1,08 | 2,60 |
| 1,38 | 3,03 |
| 1,75 | 4,01 |

Se a resposta do instrumento é 2,75, qual é a porcentagem de isoctano existente na gasolina? (Dados retirados de *Analytical Chemistry, An Introduction*, por D. A. Skoog; D. M. West; F. J. Holler; S. R. Crouch, Cengage Learning, Brooks/Cole, Belmont, CA, 7. ed., 2000).

**67.** Uma classe de Química Geral realizou uma experiência para determinar a porcentagem (em massa) de ácido acético no vinagre. Dez alunos relataram os seguintes valores: 5,22%, 5,28%, 5,22%, 5,30%, 5,19%, 5,23%, 5,33%, 5,26%, 5,15%, 5,22%. Determine o valor médio e o desvio padrão a partir desses dados. Quantos desses resultados estão dentro de um desvio padrão para esse valor médio?

# 2 Átomos, Moléculas e Íons

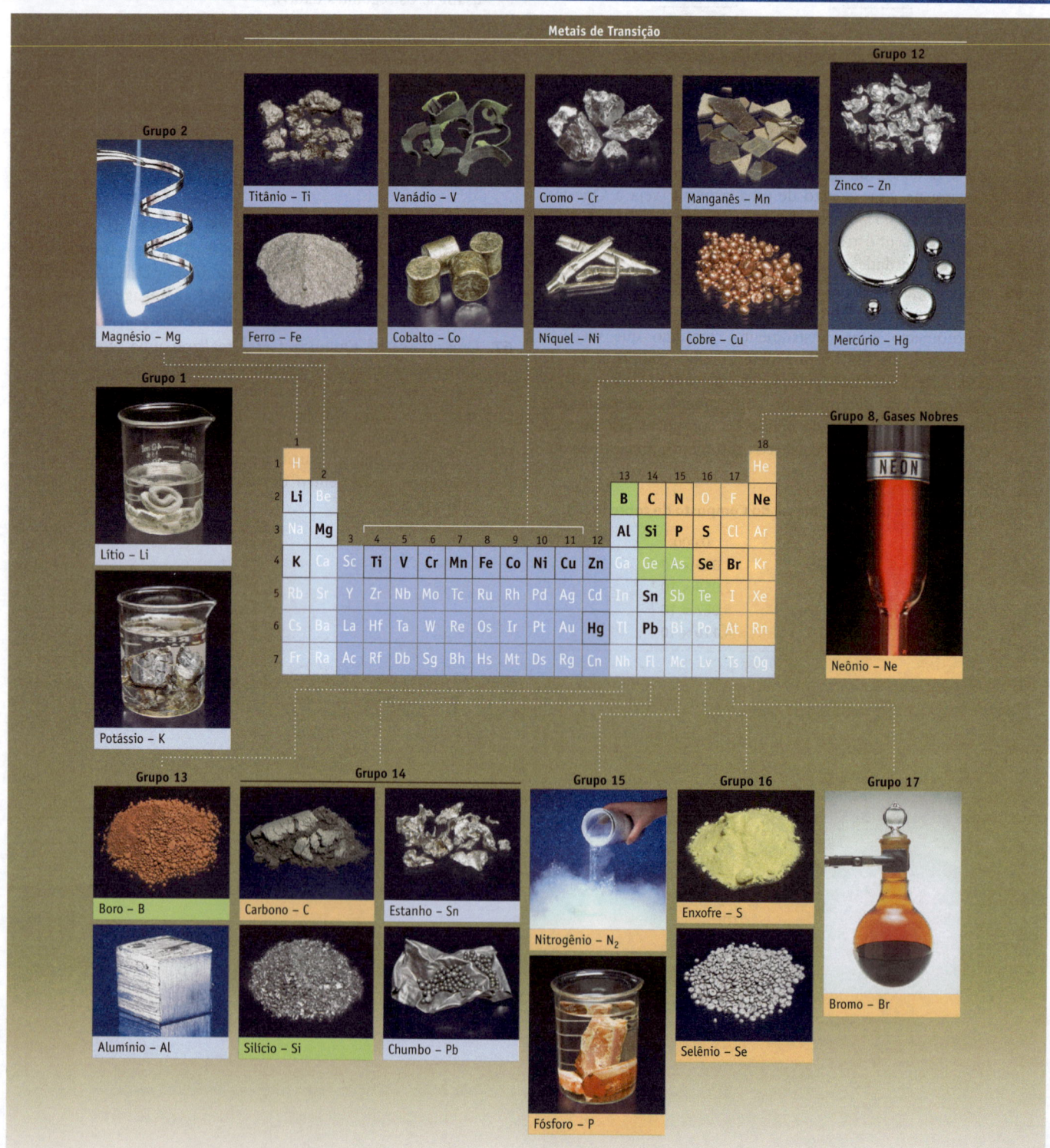

Metais de Transição

Grupo 2 — Magnésio – Mg

Titânio – Ti
Vanádio – V
Cromo – Cr
Manganês – Mn
Grupo 12 — Zinco – Zn

Ferro – Fe
Cobalto – Co
Níquel – Ni
Cobre – Cu
Mercúrio – Hg

Grupo 1
Lítio – Li
Potássio – K

Grupo 8, Gases Nobres
Neônio – Ne

Grupo 13 — Boro – B / Alumínio – Al
Grupo 14 — Carbono – C / Estanho – Sn / Silício – Si / Chumbo – Pb
Grupo 15 — Nitrogênio – N$_2$ / Fósforo – P
Grupo 16 — Enxofre – S / Selênio – Se
Grupo 17 — Bromo – Br

# Sumário do capítulo

## 2.1 Estrutura Atômica, Número Atômico e Massa Atômica

**Objetivos da Seção 2.1**

- Descrever elétrons, prótons e nêutrons e a estrutura geral do átomo.

- Definir os termos número atômico e número de massa.

### Estrutura Atômica

Neste capítulo começa nossa exploração da química dos elementos, os blocos de construção da química e os compostos que eles formam. Por volta de 1900, na Inglaterra, uma série de experimentos feitos por cientistas, como *Sir* Joseph John Thomson (1856-1940) e Ernest Rutherford (1871-1937), estabeleceu um modelo do átomo que ainda é a base da teoria atômica moderna.

Os próprios átomos são constituídos de partículas subatômicas: prótons carregados positivamente, elétrons carregados negativamente e, em todos, exceto em um tipo de átomo de hidrogênio, nêutrons eletricamente neutros. O modelo coloca os prótons e os nêutrons mais pesados em um núcleo muito pequeno (Figura 2.1), que contém toda carga positiva e quase toda a massa de um átomo. Os elétrons, com massa muito menor que prótons ou nêutrons, cercam o núcleo e ocupam a maior parte do volume. Em um átomo eletricamente neutro, o número de elétrons iguala-se ao de prótons.

◀ **Alguns dos 118 elementos conhecidos**.

Núcleo com prótons (carga elétrica positiva) e nêutrons (sem carga elétrica).

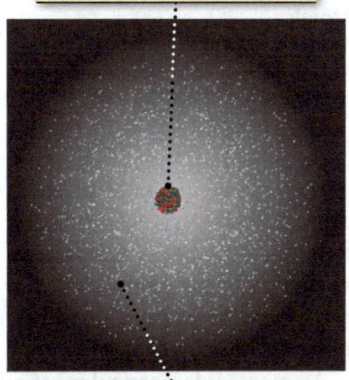

Elétrons (carga elétrica negativa). O número de elétrons é igual ao número de prótons em um átomo eletricamente neutro.

**FIGURA 2.1 A estrutura do átomo.** Esta figura não está desenhada em escala. Se o núcleo fosse realmente do tamanho descrito aqui, a nuvem de elétrons se estenderia por mais de 200 m. O átomo é em sua maior parte um espaço vazio! Nesta ilustração, os elétrons são descritos como uma "nuvem" em torno do núcleo. O modelo mais exato do átomo representa os elétrons como ondas, não como partículas. Os químicos, relutantes em apagar a ideia de um elétron como uma partícula, frequentemente usam a figura de nuvem para representar os elétrons em átomos.

As propriedades químicas dos elementos e moléculas dependem em grande parte dos elétrons nos átomos. Devemos observar mais atentamente a posição deles e como influenciam as propriedades atômicas nos capítulos 6 e 7. Neste capítulo, no entanto, queremos primeiro descrever como a composição do átomo relaciona-se com a sua massa e, em seguida, com a massa dos compostos. Esta é uma informação crucial ao considerarmos os aspectos quantitativos das reações químicas em capítulos posteriores.

## Número Atômico

*Todos os átomos de um dado elemento têm o mesmo número de prótons no núcleo.* O hidrogênio é o elemento mais simples, com apenas um próton no núcleo. Todos os átomos de hélio têm dois prótons, enquanto todos os átomos de lítio têm três prótons e todos os átomos de berílio têm quatro prótons. O número de prótons no núcleo de um elemento é dado por seu **número atômico**, que geralmente é indicado pelo símbolo Z.

Cobre
29 ········Número Atômico
Cu ········Símbolo

Os 118 elementos conhecidos atualmente estão listados na tabela periódica na *primeira guarda e na lista na guarda de trás deste livro.* O número inteiro na parte superior da caixa de cada elemento da tabela periódica é o seu número atômico. Um átomo de cobre (Cu), por exemplo, tem número atômico 29, então, seu núcleo contém 29 prótons. Um átomo de urânio (U) tem 92 prótons no núcleo e $Z = 92$.

## Massa Atômica Relativa

Graças ao trabalho quantitativo do grande químico francês Antoine Laurent Lavoisier (1743-1794), a Química começou a se transformar de alquimia medieval a um moderno campo de estudo (Seção 3.1). À medida que os cientistas dos séculos XVIII e XIX tentavam entender como os elementos combinavam-se, eles realizavam estudos quantitativos cada vez mais voltados para a aprendizagem, por exemplo, o quanto de um elemento combinaria com o outro. Com base nesse trabalho, eles aprenderam que as substâncias que produziam possuíam uma composição constante, então puderam definir as massas relativas dos elementos que se combinariam para produzir uma nova substância. No início do século XIX, John Dalton (1766-1844) sugeriu que as combinações de elementos envolvessem átomos, e propôs uma escala relativa de massas atômicas. Aparentemente, para simplificar, Dalton escolheu uma massa de 1 para o hidrogênio, na qual iria basear sua escala.

**Perspectiva Histórica Sobre o Desenvolvimento da Nossa Compreensão da Estrutura Atômica** Uma breve história de experimentos importantes e os cientistas envolvidos na formação da visão moderna do átomo encontra-se adiante.

A escala de massa atômica mudou desde 1800. Assim como os químicos do século XIX, nós ainda usamos massas *relativas*, mas o padrão hoje é o carbono. A um átomo de carbono com seis prótons e seis nêutrons no núcleo é atribuído um valor de massa de exatamente 12. Através de experimentos químicos e medidas físicas, sabemos que um átomo de oxigênio com oito prótons e oito nêutrons tem uma massa correspondente a 1,33291 vezes a massa do carbono; portanto, tem uma massa relativa de 15,9949. As massas de átomos de outros elementos são afetadas de forma semelhante.

As massas de partículas atômicas fundamentais são muitas vezes expressas em **unidades unificadas de massa atômica (u)**. *Uma unidade unificada de massa atômica, 1 u, corresponde a 1/12 da massa de um átomo de carbono com seis prótons e seis nêutrons.* Assim, um átomo de carbono tem massa exata de 12 u. A unidade unificada de massa atômica pode estar relacionada a outras unidades de massa usando o fator de conversão: 1 unidade unificada de **massa atômica (u)** $= 1,66054 \times 10^{-24}$ g.

## Número de Massa

Devido ao fato de as massas de prótons e nêutrons serem próximas de 1 u e a massa de um elétron ser cerca de 1/2000 deste valor (Tabela 2.1), a massa aproximada de um átomo pode ser estimada quando o número de prótons e de nêutrons for conhecido. A soma do número de prótons e de nêutrons em um átomo é chamada **número de massa** e é dada pelo símbolo A.

**Quão Pequeno É um Átomo?** O raio de um átomo típico situa-se entre 30 e 300 pm ($3 \times 10^{-11}$ m a $3 \times 10^{-10}$ m). Para se ter uma ideia do quão pequeno é um átomo, considere que 1 cm³ de água contém aproximadamente três vezes o número de átomos que o Oceano Atlântico contém de colheres de chá de água.

*A* = número de massa = número de prótons + número de nêutrons

Por exemplo, um átomo de sódio com 11 prótons e 12 nêutrons em seu núcleo tem número de massa 23 ($A = 11$ p + 12 n). O átomo de urânio mais comum tem 92 prótons e 146 nêutrons, e número de massa $A = 238$. Usando essa informação, frequentemente simbolizamos os átomos com a notação:

Número de Massa → $^A_Z X$ ← Símbolo do Elemento
Número Atômico →

### Tabela 2.1   Propriedades de Partículas Subatômicas*

| | MASSA | | | |
| PARTÍCULA | GRAMAS | UNIDADE UNIFICADA DE MASSA ATÔMICA | CARGA | SÍMBOLO |
|---|---|---|---|---|
| Elétron | $9{,}109383 \times 10^{-28}$ | 0,0005485799 | 1− | $-^0_1 e$ ou $e^-$ |
| Próton | $1{,}672622 \times 10^{-24}$ | 1,007276 | 1+ | $^1_1 p$ ou $p^+$ |
| Nêutron | $1{,}674927 \times 10^{-24}$ | 1,008665 | 0 | $^1_0 n$ ou $n$ |

\* Estes valores e outros deste livro são obtidos do National Institute of Standards and Technology. Disponível em: http://physics.nist.gov/cuu/Constants/index.html.

O $Z$ como índice superior é opcional porque o símbolo do elemento na tabela periódica nos diz qual é o número atômico. Por exemplo, os átomos descritos previamente têm os seguintes símbolos: $^{23}_{11}Na$ e $^{238}_{92}U$, ou simplesmente $^{23}Na$ e $^{238}U$. Em outras palavras, dizemos "sódio-23" ou "urânio-238".

### EXEMPLO 2.1

## Composição do Átomo

**Problema**  Qual é a composição de um átomo de fósforo com 16 nêutrons? Qual é seu número de massa? Qual é o símbolo desse átomo? Se o átomo tem uma massa real de 30,9738 u, qual é a sua massa em gramas? Finalmente, qual é a massa desse átomo de fósforo em relação à massa de um átomo de carbono com um número de massa de 12?

**O que você sabe?**  Você sabe o nome do elemento e o número de nêutrons. Você também conhece a massa real, então é possível determinar a sua massa relativa ao carbono-12.

**Estratégia**  O número de prótons em um átomo é determinado pelo número atômico mostrado na tabela periódica. O número de massa é a soma do número de prótons e nêutrons. A massa do átomo em gramas pode ser obtida a partir da massa em unidades unificadas de massa atômica utilizando o fator de conversão 1 u = $1{,}66054 \times 10^{-24}$ g. A massa relativa de um átomo P comparado a $^{12}C$ pode ser determinada dividindo a massa do átomo de P em unidades unificadas de massa atômica pela massa de um átomo de $^{12}C$, 12,0000 u.

**RESOLUÇÃO**  Um átomo de fósforo tem 15 prótons e 15 elétrons. Um átomo de fósforo com 16 nêutrons tem um número de massa de 31.

$$\text{Número de massa} = \text{número de prótons} + \text{número de nêutrons} = 15 + 16 = 31$$

Símbolo completo do átomo é $^{31}_{15}P$.

$$\text{Massa de um átomo } {}^{31}P = (30{,}9738 \text{ u}) \times (1{,}66054 \times 10^{-24} \text{ g u}^{-1}) = 5{,}14332 \times 10^{-23} \text{ g}$$

Massa de $^{31}P$ relativa à massa de um átomo de $^{12}C$: 30,9738/12,0000 = 2,58115

**Pense bem antes de responder**  Uma vez que o fósforo tem um número atômico maior do que o carbono, você espera que a sua massa seja maior que 12.

## Verifique seu entendimento

1.  Qual é o número de massa de um átomo de ferro com 30 nêutrons?

2.  Um átomo de níquel com 32 nêutrons tem uma massa de 59,930788 u. Qual é a sua massa em gramas?

3.  Quantos prótons, nêutrons e elétrons há em um átomo $^{64}Zn$?

## 2.2 Isótopos e Massa Atômica Relativa

### Objetivos da Seção 2.2

- Definir isótopos e fornecer o número de massa e o número de nêutrons para um isótopo específico.
- Realizar cálculos que relacionam a massa atômica relativa (massa atômica) de um elemento e as abundâncias isotópicas e massas.

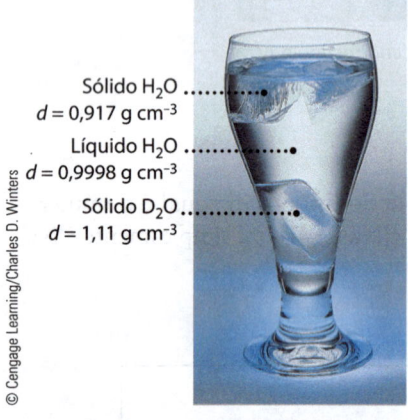

Sólido $H_2O$ ..........
$d = 0,917$ g cm$^{-3}$

Líquido $H_2O$ ..........
$d = 0,9998$ g cm$^{-3}$

Sólido $D_2O$ ..........
$d = 1,11$ g cm$^{-3}$

© Cengage Learning/Charles D. Winters

**FIGURA 2.2  O gelo de "água pesada" afunda em "água comum".** Água contendo hidrogênio comum ($^1_1$H, prótio) forma um sólido que é menos denso que $H_2O$ líquida, então ele flutua na água líquida. O gelo $D_2O$ é mais denso que a $H_2O$ líquida, então o sólido $D_2O$ afunda na $H_2O$ líquida.

Todos os átomos de uma amostra de ocorrência natural de um determinado elemento têm a mesma massa somente em alguns casos (por exemplo, alumínio, flúor e fósforo). A maioria dos elementos consiste em átomos que têm diversos números de massa diferentes. Por exemplo, há dois tipos de átomos de boro, um com uma massa de aproximadamente 10 ($^{10}$B) e o segundo com uma massa de aproximadamente 11 ($^{11}$B). Os átomos de estanho podem ter qualquer uma entre dez massas variando de 112 a 124. Os átomos com o mesmo número atômico e números de massa diferentes são chamados **isótopos**.

Todos os átomos de um elemento têm o mesmo número dos prótons. Para terem massas diferentes, os isótopos devem possuir um número diferente de nêutrons. O núcleo de um átomo $^{10}$B ($Z = 5$) contém cinco prótons e cinco nêutrons, enquanto o núcleo de um átomo $^{11}$B tem cinco prótons e seis nêutrons.

Os cientistas muitas vezes referem-se a um isótopo particular mediante seu número de massa (por exemplo, o urânio-238, $^{238}$U), mas os isótopos de hidrogênio são tão importantes que eles têm nomes e símbolos especiais. Todos os átomos de hidrogênio possuem apenas um próton. Quando essa for a única partícula, o isótopo é chamado de *prótio*, ou simplesmente "hidrogênio". O isótopo de hidrogênio com um nêutron, $^2_1$H, é chamado de *deutério*, ou "hidrogênio pesado" (símbolo = D). O núcleo do hidrogênio-3 radioativo, $^3_1$H ou *trítio* (símbolo = T), contém um próton e dois nêutrons.

A substituição de um isótopo por outro isótopo do mesmo elemento em um composto às vezes tem efeito sobre as propriedades químicas e físicas (Figura 2.2). Isto é especialmente verdadeiro quando o deutério é substituído pelo hidrogênio, porque a massa do deutério é o dobro daquela do hidrogênio.

### Determinando a Massa Atômica e a Abundância Isotópica

As massas dos isótopos e suas abundâncias são determinadas experimentalmente por espectrometria de massas (Figura 2.3). Os espectrômetros modernos podem medir as massas isotópicas com até nove algarismos significativos.

Exceto para o carbono-12, cuja massa é definida como sendo exatamente 12 u, as massas isotópicas não têm valores inteiros. Entretanto, as massas são sempre próximas aos números de massa para o isótopo. Por exemplo, a massa de um átomo de boro-11 ($^{11}$B, 5 prótons e 6 nêutrons) é 11,0093 u e a massa de um átomo de ferro-58 ($^{58}$Fe, 26 prótons e 32 nêutrons) é 57,9333 u.

Uma amostra de água de um lago consistirá quase que inteiramente de $H_2O$, na qual os átomos de H consistem no isótopo $^1$H. Algumas moléculas, entretanto, terão deutério ($^2$H) substituindo o $^1$H. Podemos prever esse resultado, pois sabemos que 99,985% de todos os átomos de hidrogênio na Terra são átomos $^1$H. Isto é, a abundância de átomos de $^1$H é 99,985%.

$$\text{Abundância percentual} = \frac{\text{número de átomos de um dado isótopo}}{\text{número total de átomos de todos os isótopos desse elemento}} \times 100\% \qquad (2.1)$$

**Massas Isotópicas e Variação de Massa** Massas reais dos átomos são sempre menores que a soma das massas das partículas subatômicas que compõem esse átomo. Isso é chamado de *Variação de massa*, e a razão para isso será discutida no Capítulo 25.

O remanescente natural do hidrogênio é o deutério, cuja abundância é apenas 0,015% do total dos átomos de hidrogênio. O trítio, isótopo radioativo $^3$H, não ocorre naturalmente.

Considere novamente os dois isótopos de boro. O isótopo de boro-10 tem uma abundância de 19,91%; a abundância do boro-11 é 80,09%. Assim, se você pudesse contar 10000 átomos de boro a partir de uma amostra natural "média", 1991 deles seriam átomos de boro-10 e 8009 deles seriam átomos de boro-11.

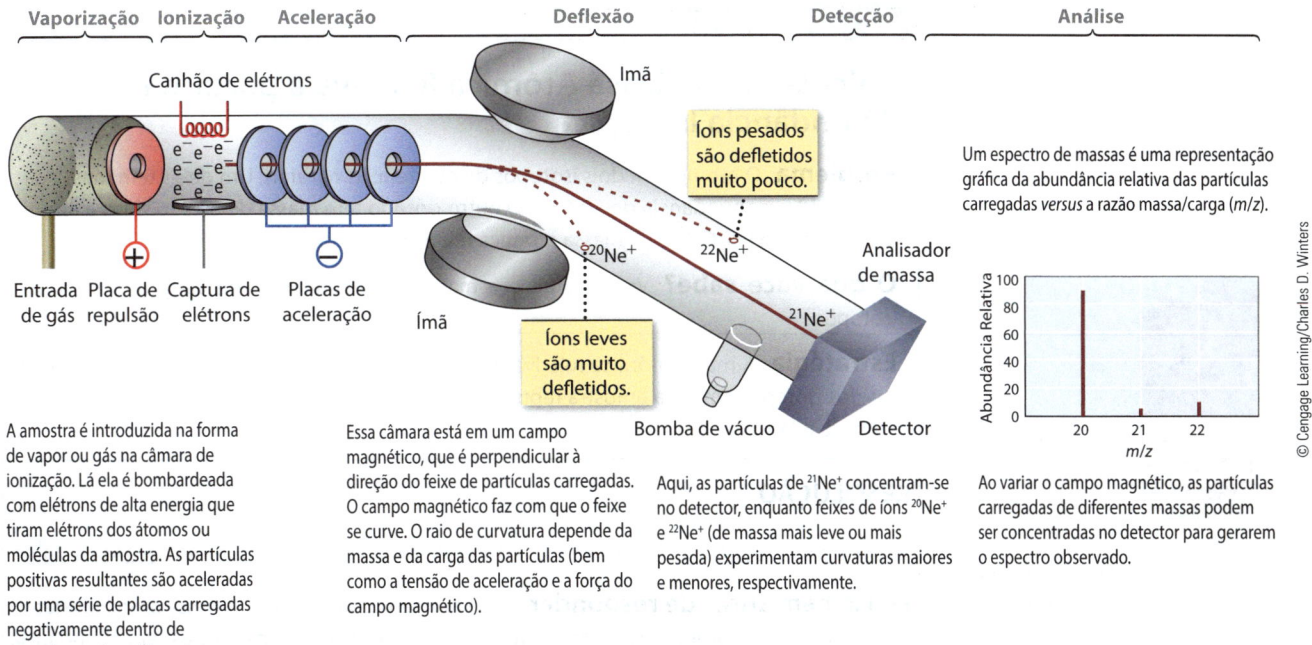

**FIGURA 2.3 Espectrômetro de massa.** Um espectrômetro de massa separará os íons de massa e carga diferentes em uma amostra gasosa de íons. O instrumento permite ao pesquisador determinar a massa exata de cada íon.

## Massa Atômica Relativa

Toda amostra de boro tem alguns átomos com massa de 10,0129 u, e outros com massa de 11,0093 u. A **massa atômica relativa** do elemento, a massa média de uma amostra representativa de átomos de boro, está em algum lugar entre esses valores. Para o boro, por exemplo, a massa atômica relativa é 10,811. Se massas isotópicas e abundâncias forem conhecidas, a massa atômica relativa de um elemento poderá ser calculada usando-se a Equação 2.2.

$$\text{Massa atômica relativa} = \left(\frac{\%\text{ de abundância do isótopo 1}}{100}\right)(\text{massa do isótopo 1})$$
$$+ \left(\frac{\%\text{ de abundância do isótopo 2}}{100}\right)(\text{massa do isótopo 2}) + \cdots \quad \text{(2.2)}$$

Para o boro com dois isótopos ($^{10}$B, abundância = 19,91%; $^{11}$B, abundância = 80,09%), encontramos

$$\text{Massa atômica relativa} = \left(\frac{19,91}{100}\right) \times 10,0129 + \left(\frac{80,09}{100}\right) \times 11,0093 = 10,811$$

A Equação 2.2 nos fornece uma média ponderada em termos da abundância de cada isótopo para o elemento. Conforme ilustrado nos dados da Tabela 2.2, *a massa atômica relativa de um elemento sempre tem um valor mais próximo à massa do isótopo ou dos isótopos mais abundantes.*

Para cada elemento estável, a massa atômica relativa é dada na tabela periódica. Para elementos instáveis (radioativos), o peso ou número de massa do isótopo mais estável é dado entre parênteses.

Br₂ vapor

Br₂ líquido

**Bromo simples.** O bromo é um líquido laranja bem escuro, volátil à temperatura ambiente. É constituído por moléculas de Br₂ em que dois átomos de bromo estão ligados quimicamente. Há dois isótopos, de ocorrência natural e estáveis: o $^{79}$Br (50,69% de abundância) e o $^{81}$Br (49,31% de abundância).

## EXEMPLO 2.2

### Calculando a Massa Atômica Relativa a partir da Abundância Isotópica

**Problema** O bromo tem dois isótopos de ocorrências naturais. Um deles tem massa de 78,918338 u e abundância de 50,69%. O outro isótopo tem massa de 80,916291 u e abundância de 49,31%. Calcule a massa atômica relativa do bromo.

**O que você sabe?** Você conhece a massa e a abundância de cada um dos dois isótopos.

**Estratégia** A massa atômica relativa de todo elemento é a média ponderada das massas dos isótopos em uma amostra representativa. Use a Equação 2.2 para calcular a massa atômica relativa.

### RESOLUÇÃO

Massa atômica relativa do bromo = (50,69/100)(78,918338) + (49,31/100)(80,916291) = 79,90

**Pense bem antes de responder** Você também pode estimar a massa atômica relativa através dos dados fornecidos. Há dois isótopos, números de massa de 79 e 81, em abundância aproximadamente igual. A partir daí, podemos supor que a massa média é próxima de 80, no meio do caminho entre os dois números de massa. O cálculo confirma isso.

### Verifique seu entendimento

Verifique que a massa atômica relativa do cloro é 35,45, dadas as seguintes informações:

massa $^{35}$Cl = 34,96885 u; abundância percentual= 75,77%

massa $^{37}$Cl = 36,96590 u; abundância percentual= 24,23%

| Tabela 2.2 | Abundância Isotópica e Massa Atômica Relativa | | | | |
|---|---|---|---|---|---|
| **ELEMENTO** | **SÍMBOLO** | **MASSA ATÔMICA RELATIVA** | **NÚMERO DE MASSA** | **MASSA ISOTÓPICA** | **ABUNDÂNCIA NATURAL (%)** |
| Hidrogênio | H | 1,00794 | 1 | 1,0078 | 99,985 |
| | D* | | 2 | 2,0141 | 0,015 |
| | T† | | 3 | 3,0161 | 0 |
| Boro | B | 10,811 | 10 | 10,0129 | 19,91 |
| | | | 11 | 11,0093 | 80,09 |
| Neônio | Ne | 20,1797 | 20 | 19,9924 | 90,48 |
| | | | 21 | 20,9938 | 0,27 |
| | | | 22 | 21,9914 | 9,25 |
| Magnésio | Mg | 24,3050 | 24 | 23,9850 | 78,99 |
| | | | 25 | 24,9858 | 10,00 |
| | | | 26 | 25,9826 | 11,01 |

*D = deutério; †T = trítio, radioativo

## EXEMPLO 2.3

# Calculando Abundâncias Isotópicas

**Problema** O antimônio, Sb, tem dois isótopos estáveis: $^{121}$Sb, 120,904 u, e $^{123}$Sb, 122,904 u. Quais são as abundâncias relativas desses isótopos?

**O que você sabe?** Você conhece as massas dos dois isótopos do elemento e sabe que sua média ponderada, a massa atômica relativa, é 121,760 u (consulte a tabela periódica).

**Estratégia** Para calcular as abundâncias, você deve saber que existem duas incógnitas com quantidades relacionadas, e você pode escrever a seguinte expressão (na qual a abundância fracional de um isótopo é a abundância percentual do isótopo dividida por 100)

$$\text{Massa atômica relativa} = 121,760 = (\text{abundância fracional de } ^{121}\text{Sb}) (120,904) +$$
$$(\text{abundância fracional de } ^{123}\text{Sb})(122,904)$$

ou

$$121,760 = x(120,904) + y(122,904)$$

onde $x$ = abundância fracional de $^{121}$Sb e $y$ = abundância fracional de $^{123}$Sb. Uma vez que você sabe que a soma das abundâncias fracionais de isótopos deve ser igual a 1 ($x + y = 1$), você poderá resolver as duas equações simultaneamente para $x$ e $y$.

---

**RESOLUÇÃO** Uma vez que $y$ = abundância fracional de $^{123}$Sb = $1 - x$, você poderá substituí-lo por $y$.

$$121,760 = x (120,904) + ( 1 - x)(122,904)$$

Expandindo essa equação, você tem

$$121,760 = 120,904x + 122,904 - 122,904x$$

Finalmente, com a solução para $x$, você encontra

$$121,760 - 122,904 = ( 120,904 - 122,904 )x$$
$$x = 0,5720$$

A abundância fracional de $^{121}$Sb é 0,5720 e sua abundância percentual é 57,20%. Isto significa que a abundância percentual $^{123}$Sb deve ser 42,80%.

**Pense bem antes de responder** Você pode ter previsto que o isótopo mais leve ($^{121}$Sb) deve ser o mais abundante, porque a massa atômica relativa está mais próxima de 121 do que de 123.

---

## Verifique seu entendimento

O neônio tem três isótopos estáveis, um com uma pequena abundância. Quais são as abundâncias dos outros dois isótopos?

$$^{20}\text{Ne, massa} = 19,992435 \text{ u; abundância percentual} = ?$$
$$^{21}\text{Ne, massa} = 20,993843 \text{ u; abundância percentual} = 0,27\%$$
$$^{22}\text{Ne, massa} = 21,991383 \text{ u; abundância percentual} = ?$$

**Uma amostra do metaloide antimônio.** O elemento tem dois isótopos estáveis, $^{121}$Sb e $^{123}$Sb.

# E X P E R I M E N T O S - C H A V E

## Como sabemos a natureza do átomo e de seus componentes?

A ideia de que os átomos são as unidades estruturais da matéria foi definida de maneira correta pelo químico inglês John Dalton no início dos anos 1800, mas pouco era conhecido sobre os átomos naquela época e por muito tempo depois. Dalton propôs que um átomo era uma "partícula móvel sólida, maciça, dura e impenetrável", longe da descrição que temos hoje. Para chegar ao modelo atual, o qual envolve um átomo nuclear com prótons, nêutrons e elétrons, foram necessários experimentos engenhosos, realizados no final dos anos 1800 e no início dos anos 1900. Esta seção descreve as principais ideias para algumas dessas experiências.

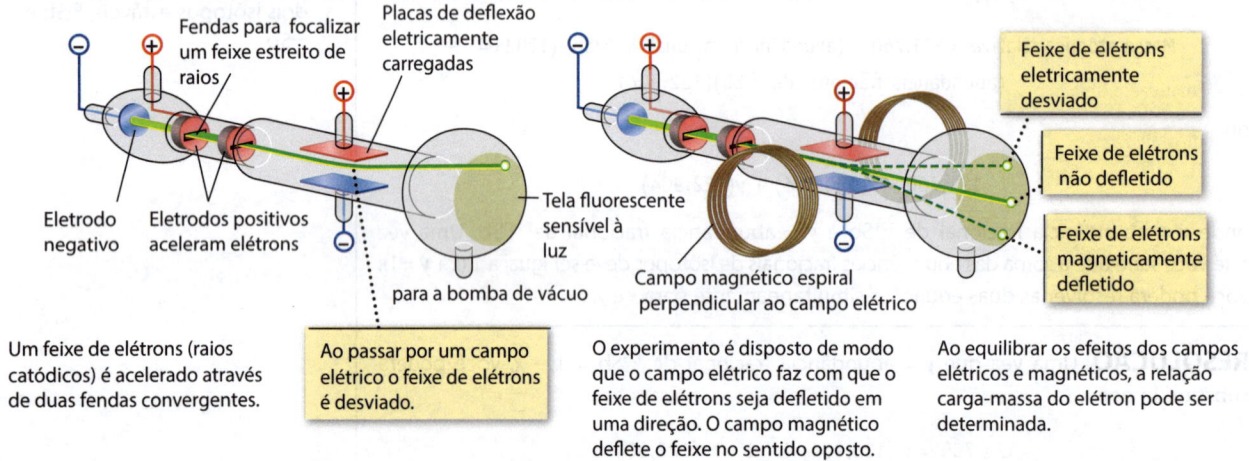

Um feixe de elétrons (raios catódicos) é acelerado através de duas fendas convergentes.

Ao passar por um campo elétrico o feixe de elétrons é desviado.

O experimento é disposto de modo que o campo elétrico faz com que o feixe de elétrons seja defletido em uma direção. O campo magnético deflete o feixe no sentido oposto.

Ao equilibrar os efeitos dos campos elétricos e magnéticos, a relação carga-massa do elétron pode ser determinada.

**FIGURA 1 Raios catódicos. O experimento de Thomson para medir a relação carga-massa do elétron**. A segunda metade do século XIX assistiu a uma série de experimentos envolvendo tubos de raios catódicos. Descrito pela primeira vez em 1869 por William Crookes (1832-1919), um tubo de raios catódicos é um recipiente evacuado que contém dois eletrodos. Quando uma alta tensão é aplicada, partículas (raios catódicos) fluem do eletrodo negativo (cátodo) ao eletrodo positivo (ânodo). Essas partículas foram defletidas por campos elétricos e magnéticos, e, ao equilibrar esses efeitos, foi possível determinar a relação carga-massa (e/m). Em 1897,

J. J. Thomson (1856-1940) na Universidade de Cambridge, Inglaterra, estimou que essas partículas tinham três ordens de grandeza menos massa que átomo de hidrogênio. Elas ficaram conhecidas como elétrons, um termo já usado para descrever a menor partícula de energia elétrica. Thomson concluiu que os elétrons se originam dos átomos do cátodo, e especulou também que um átomo era uma esfera uniforme de matéria carregada positivamente na qual elétrons negativos estavam incluídos, um modelo que agora sabemos que é incorreto.

**FIGURA 2 Radioatividade.** A prova de que os átomos eram compostos de partículas menores também foi inferida da descoberta da radioatividade. Em 1896, Henri Becquerel (1852-1908) descobriu que o urânio emitia raios invisíveis que faziam com que uma chapa fotográfica escurecesse. Estudos posteriores mostraram que a pechblenda (um minério comum do urânio) continha substâncias que emitiam mais dessa radiação invisível do que poderia ser explicado pelo urânio que continha. Isso levou Pierre Curie (1859-1906) e Marie Curie (1867-1934), que trabalhavam em um velho barracão em Paris, a extraírem e isolarem os até então desconhecidos elementos polônio e rádio a partir do minério de urânio. A radioatividade foi a palavra que o casal Curie inventou para descrever o novo fenômeno dos raios invisíveis, e concluíram que a radiação era o resultado da desintegração de átomos.

A identificação da radiação que emana dessas substâncias radioativas logo aconteceu. Foram observados três tipos de radiação e definidos os nomes: alfa, beta e gama. Estudos de carga e massa revelaram que os raios alfa são núcleos de hélio ($He^{2+}$) e os raios beta são elétrons. Os raios gama não têm massa nem carga; eles agora são conhecidos por serem uma forma altamente energética de radiação eletromagnética.

Marie Curie é uma das poucas pessoas e a única mulher a ter recebido dois prêmios Nobel. Ela nasceu na Polônia, mas estudou e realizou sua pesquisa em Paris. Em 1903, ela dividiu o Prêmio Nobel de Física com H.

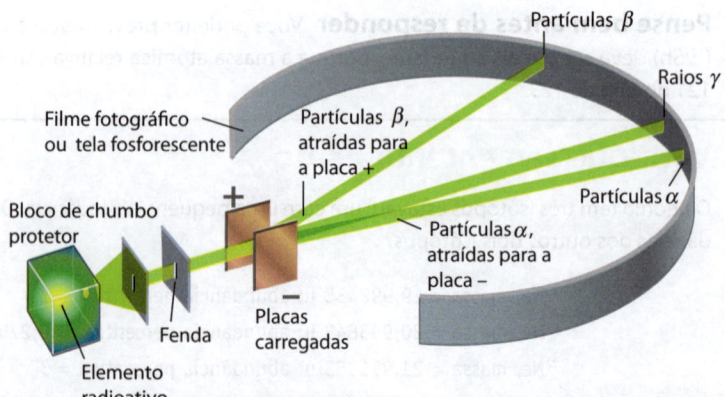

Becquerel e seu marido Pierre, pela descoberta da radioatividade. Em 1911, ela recebeu o Prêmio Nobel de Química pela descoberta de dois novos elementos químicos, o rádio e o polônio (o último recebeu este nome devido à sua terra natal, Polônia). A unidade de radioatividade (Curie, Ci) e um elemento (cúrio, Cm) receberam os nomes em sua homenagem. Pierre, que morreu em um acidente em 1906, também era conhecido por suas pesquisas sobre magnetismo. Uma de suas filhas, Irene, casou-se com Frédéric Joliot, e eles dividiram o Prêmio Nobel de Química de 1935 pela descoberta da radioatividade artificial.

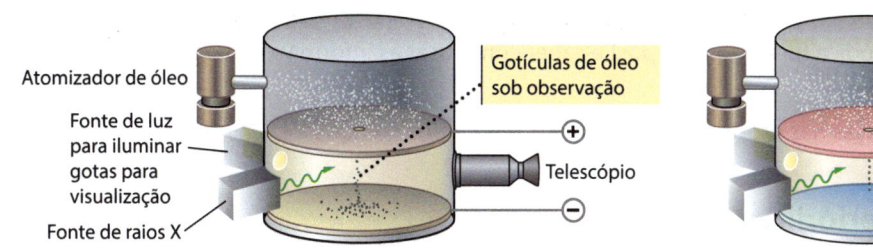

Atomizador de óleo

Fonte de luz para iluminar gotas para visualização

Fonte de raios X

Gotículas de óleo sob observação

Telescópio

Placa carregada positivamente

Tensão aplicada às placas

Um pequeno borrifador de gotas de óleo é introduzido em uma câmara.

As gotículas caem uma a uma dentro da câmara inferior sob a força da gravidade.

As moléculas de gás na câmara inferior são ionizadas (divididas em elétrons e em um fragmento positivo) por um feixe de raios X. Os elétrons aderem às gotas de óleo; algumas gotas possuem um elétron, outras dois, e assim por diante.

Essas gotículas carregadas negativamente continuam a cair devido à gravidade.

Ao ajustar cuidadosamente a tensão nas placas, a força da gravidade sobre a gota é exatamente contrabalanceada.

Placa carregada negativamente pela atração da gota negativa à placa superior, com carga positiva.

A análise dessas forças conduz a um valor para a carga do elétron.

**FIGURA 3 O experimento de Millikan para determinar a carga do elétron.** Os experimentos de raios catódicos permitiram a medição da relação carga-massa de uma partícula carregada, mas não da carga ou massa individualmente. Em 1908, o físico americano Robert Millikan (1868-1953), no California Institute of Technology, realizou um experimento para medir a carga do elétron. Na sua experiência, pequenas gotas de óleo foram vaporizadas em uma câmara e, em seguida, submetidas aos raios X, fazendo-as adquirir uma carga negativa. As gotas poderiam ser suspensas no ar se a força de gravidade estivesse equilibrada com um campo elétrico, e a partir de uma análise dessas forças sobre a gotícula a carga poderia ser calculada. Millikan determinou que a carga elétrica era de $1,592 \times 10^{-19}$ coulombs (C), não muito longe do valor hoje aceito de $1,602 \times 10^{-19}$ C. Millikan assumiu corretamente que esta tinha sido a unidade fundamental de carga. Conhecendo este valor e a relação carga-massa determinada por Thomson, a massa de um elétron poderia ser calculada.

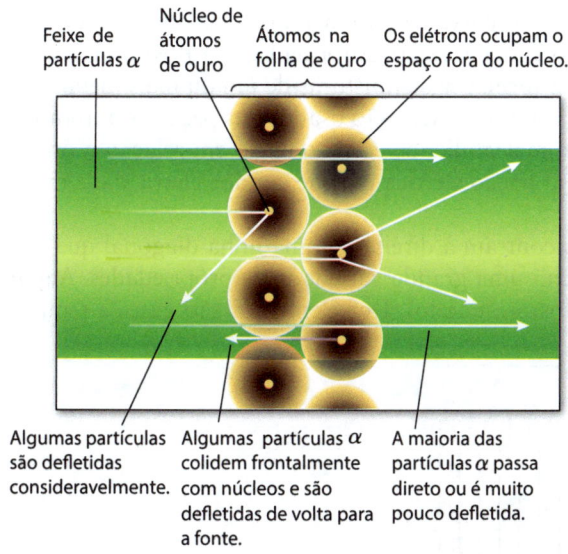

Feixe de partículas $\alpha$

Núcleo de átomos de ouro

Átomos na folha de ouro

Os elétrons ocupam o espaço fora do núcleo.

Partículas $\alpha$ não defletidas

Placa de ouro

Partículas defletidas

Fonte de feixe estreito de partículas $\alpha$ de movimento rápido

Tela fluorescente de ZnS

Algumas partículas são defletidas consideravelmente.

Algumas partículas $\alpha$ colidem frontalmente com núcleos e são defletidas de volta para a fonte.

A maioria das partículas $\alpha$ passa direto ou é muito pouco defletida.

**FIGURA 4 Experimento de Rutherford para determinar a estrutura do átomo.** Apesar de ter sido reconhecido o fato de que os átomos eram constituídos por partículas menores, não estava claro como essas partículas se encaixavam. Os experimentos de Ernest Rutherford (1871-1937) estabeleceram o modelo que aceitamos hoje. Rutherford interpretou um experimento conduzido por dois colegas, Hans Geiger (1882-1945) e Ernest Marsden (1889-1970), no qual eles bombardearam uma folha fina de ouro com partículas $\alpha$. Quase todas as partículas passaram direto pela folha de ouro como se nada houvesse lá. No entanto, algumas partículas $\alpha$ eram desviadas para os lados e outras eram até mesmo refletidas. Esse experimento mostrou que um átomo de ouro é em sua maior parte um espaço vazio com um pequeno núcleo no seu centro. Os elétrons rodeiam o núcleo e são responsáveis pela maior parte do volume do átomo. Rutherford calculou que o núcleo central de um átomo ocupava apenas 1/10000 do seu volume. Ele também estimou que um núcleo de ouro tinha uma carga positiva de cerca de 100 unidades e raio de cerca de $10^{-12}$ cm. (Os valores são agora conhecidos por serem +79 para cargas atômicas e $10^{-13}$ cm para o raio.)

A parte final da representação da estrutura atômica não foi estabelecida por mais uma década. Já se sabia há algum tempo que algo a mais deveria existir no núcleo, e que deveria ser uma partícula pesada para dar conta da massa de um elemento. Em 1932, o físico britânico James Chadwick (1891-1974) descobriu a partícula que faltava. Essas partículas, agora conhecidas como nêutrons, não tinham carga elétrica e possuíam uma massa de $1,675 \times 10^{-24}$ g, ligeiramente maior que a massa de um próton.

## 2.3 A Tabela Periódica

### Objetivos da Seção 2.3

● Saber a terminologia da tabela periódica (períodos, grupos) e saber como usar as informações dadas na tabela periódica.

● Identificar as similaridades e diferenças nas propriedades de alguns elementos comuns de um grupo.

## Características da tabela periódica

As características organizacionais principais da tabela periódica são as seguintes (Figura 2.4):

● Os elementos com propriedades químicas e físicas similares encontram-se nas colunas verticais chamadas **grupos** ou **famílias**. A tabela periódica utilizada nos Estados Unidos tem grupos numerados de 1 a 8, com cada número seguido pela letra A ou B*. Os grupos A são muitas vezes chamados de **elementos do grupo principal** e os grupos B são os **elementos de transição**. Em outras partes do mundo, os grupos são numerados de 1 a 18.

● As linhas horizontais da tabela são chamadas de **períodos** e são numeradas começando com 1 para o período que contém somente H e He. Atualmente, sabe-se que 118 elementos preenchem os períodos de 1 até 7.

© Cengage Learning/Charles D. Winters

**Silício, um metaloide.** Apenas seis elementos são geralmente classificados como metaloides ou semimetais. Esta fotografia mostra silício sólido em várias formas, incluindo uma placa que contém circuitos eletrônicos impressos.

A tabela periódica pode ser dividida em diversas regiões de acordo com as propriedades dos 118 elementos. Na tabela que se encontra na guarda deste livro (e na Figura 2.4), os metais são indicados nas tonalidades de azul,* os não metais são indicados em laranja e os elementos chamados de metaloides aparecem em verde. Os elementos tornam-se gradativamente menos metálicos indo da esquerda para a direita ao longo do período e os metaloides localizam-se na fronteira entre metais e não metais.

Você provavelmente está familiarizado com muitas propriedades dos **metais** a partir de sua própria experiência. Sob temperatura ambiente e pressão atmosférica normal, os metais são sólidos (com exceção do mercúrio), podem conduzir eletricidade, são geralmente dúcteis (podem ser transformados em fios) e maleáveis (podem ser laminados), e podem formar ligas (misturas de um ou mais metais com um outro metal). O ferro (Fe) e o alumínio (Al) são usados nas peças de automóveis em função de sua ductibilidade, maleabilidade e baixo custo em relação a outros metais. O cobre (Cu) é usado na fiação elétrica porque conduz eletricidade melhor do que a maioria dos metais.

Os **não metais**, que se encontram à direita de uma linha diagonal que vai do B ao Te na tabela periódica, têm uma grande variedade de propriedades. Alguns são sólidos (carbono, enxofre, fósforo e iodo). Dez elementos são gases à temperatura

**FIGURA 2.4 Períodos e Grupos na Tabela Periódica.** Nos Estados Unidos ainda se usa a rotulação antiga para os grupos da tabela periódica. No Brasil, utiliza-se a nomenclatura mais moderna, ou seja, as colunas são numeradas de 1 a 18 da esquerda para a direita.

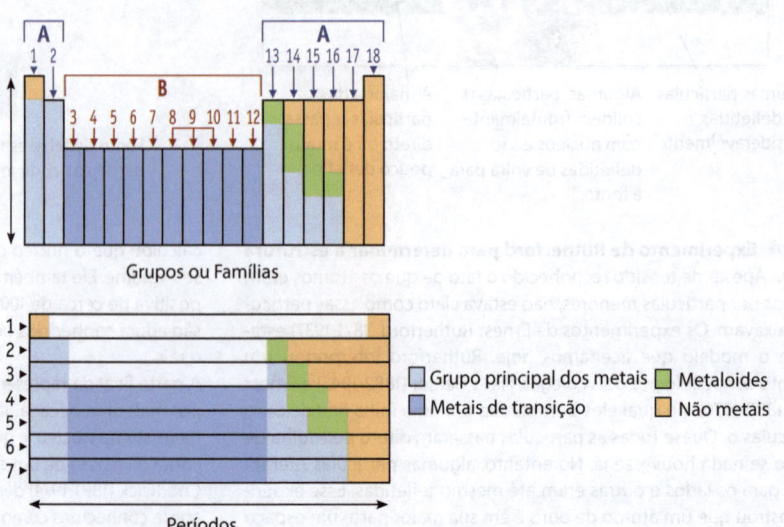

Grupos ou Famílias

■ Grupo principal dos metais   ■ Metaloides
■ Metais de transição   ■ Não metais

Períodos

* NT: A tabela periódica nas páginas finais deste livro mostra a numeração dos grupos A e B.

Os metais do Grupo 1 são macios e alguns, como o sódio e o potássio, podem ser cortados com uma faca.

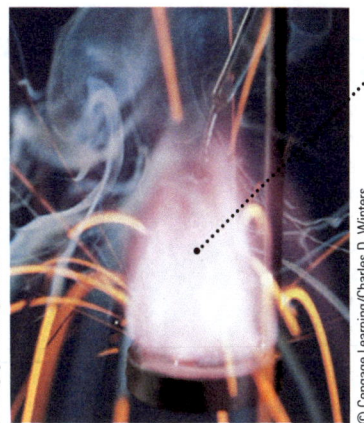

Os metais do Grupo 1 reagem violentamente com a água para fornecer o gás hidrogênio e uma solução alcalina do hidróxido metálico.

**FIGURA 2.5**
**Propriedades dos metais alcalinos.**

ambiente (hidrogênio, oxigênio, nitrogênio, flúor, cloro, hélio, neônio, argônio, criptônio e xenônio). Um não metal, o bromo, é um líquido à temperatura ambiente. Com exceção do carbono na forma de grafite, os não metais não conduzem eletricidade, uma das características principais que os distinguem dos metais.

Os elementos adjacentes à linha diagonal do boro (B) ao telúrio (Te) apresentam propriedades que tornam difícil classificá-los como um metal ou um não metal. Os químicos os chamam de **metaloides** ou, às vezes, de **semimetais** (Figura 2.5). Você deve saber, no entanto, que os químicos muitas vezes discordam sobre quais elementos se encaixam nessa categoria. Vamos definir um metaloide como um elemento que tem algumas das características físicas de um metal, mas algumas das características químicas de um não metal; apenas B, Si, Ge, As, Sb e Te estão nessa categoria. Essa definição reflete a ambiguidade no comportamento desses elementos. O antimônio (Sb), por exemplo, conduz eletricidade, assim como muitos elementos que são metais verdadeiros. Sua química, entretanto, assemelha-se àquela de um não metal, como o fósforo, um elemento também do Grupo 15.

**Colocando o H na Tabela Periódica** Onde colocar o H? As tabelas o mostram muitas vezes no Grupo 1, embora não seja claramente um metal alcalino. No entanto, nas suas reações, ele forma um íon 1+ assim como os metais alcalinos. Por essa razão, o H está colocado no Grupo 1.

## Uma Breve Descrição da Tabela Periódica e dos Elementos Químicos

Os elementos na coluna mais à esquerda, **Grupo 1**, são conhecidos como **metais alcalinos** (exceto H). A palavra *alcalino* vem da língua árabe. Químicos árabes antigos descobriram que as cinzas de certas plantas, que eles chamaram al-qali, originavam soluções aquosas que pareciam escorregadias e queimavam a pele. Essas cinzas contêm compostos de elementos do Grupo 1 que produzem soluções alcalinas (básicas).

Todos os metais alcalinos são sólidos à temperatura ambiente e todos são reativos. Por exemplo, eles reagem com a água para produzir hidrogênio e soluções alcalinas (Figura 2.5). Em razão de sua reatividade, esses metais somente são encontrados na natureza combinados em compostos (como NaCl), nunca como elementos simples.

O segundo grupo na tabela periódica, o **Grupo 2**, é também constituído inteiramente de metais que ocorrem naturalmente apenas em compostos. Com exceção do berílio (Be), esses elementos também reagem com água para produzir soluções alcalinas, e a maioria de seus óxidos (como a cal, CaO) forma soluções alcalinas; por isso são chamados de **metais alcalinos terrosos**. O magnésio (Mg) e o cálcio (Ca) são o sétimo e o quinto elementos mais abundantes na crosta terrestre, respectivamente (Tabela 2.3). O cálcio, um dos elementos importantes nos dentes e nos ossos, ocorre naturalmente em vastos depósitos de calcário. O carbonato de cálcio ($CaCO_3$) é o constituinte principal da pedra calcária e dos corais, das conchas marinhas, do mármore e do giz. O rádio (Ra), o elemento alcalino terroso mais pesado, é radioativo.

O alumínio está no Grupo 13. Este elemento, junto com o gálio (Figura 2.6), índio e tálio são metais, enquanto o boro é um metaloide. O

**Tabela 2.3  Os Dez Elementos Mais Abundantes na Crosta Terrestre**

| Posição | Elemento | Abundância (ppm)* |
|---------|----------|-------------------|
| 1 | Oxigênio | 474000 |
| 2 | Silício | 277000 |
| 3 | Alumínio | 82000 |
| 4 | Ferro | 41000 |
| 5 | Cálcio | 41000 |
| 6 | Sódio | 23000 |
| 7 | Magnésio | 23000 |
| 8 | Potássio | 21000 |
| 9 | Titânio | 5600 |
| 10 | Hidrogênio | 1520 |

*ppm = partes por milhão = g por 1000 kg.

## UM OLHAR MAIS ATENTO

# Mendeleev e a Tabela Periódica

Embora a disposição dos elementos da tabela periódica seja agora compreendida com base na estrutura atômica, a tabela foi originalmente desenvolvida a partir de muitas observações experimentais das propriedades químicas e físicas dos elementos, e é o resultado das ideias de vários químicos dos séculos XVIII e XIX.

Em 1869, na Universidade de São Petersburgo, na Rússia, Dmitri Ivanovitch Mendeleev (1834-1907) escreveu um livro sobre Química. Ao estudar as propriedades químicas e físicas dos elementos, ele percebeu que, se os elementos fossem dispostos em ordem crescente de massa atômica, os elementos com propriedades semelhantes apareceriam em um padrão regular. Isto é, ele observou uma **periodicidade**, ou repetição periódica, das propriedades dos elementos. Mendeleev organizou os elementos conhecidos em uma tabela, alinhando-os em uma fileira horizontal em ordem crescente de massa atômica. Cada vez que chegava a um elemento com propriedades similares a um que já estivesse na fileira, ele iniciava uma fileira nova. Por exemplo, os elementos Li, Be, B, C, N, O e F estavam em uma fileira. O sódio era o próximo elemento então conhecido; como suas propriedades eram muito parecidas com as do Li, ele iniciou uma nova fileira. À medida que mais e mais elementos foram adicionados à tabela, foram iniciadas novas linhas, e os elementos com propriedades semelhantes (tais como Li, Na e K) foram colocados na mesma coluna vertical.

Sódio   Germânio   Iodo   Cobre

| PERÍODO | TABELA II. | | | | | | | |
|---|---|---|---|---|---|---|---|---|
| | GRUPO I.<br>—<br>$R^2O$ | GRUPO II.<br>—<br>$RO$ | GRUPO III.<br>—<br>$R^2O^3$ | GRUPO IV.<br>$RH^4$<br>$RO^2$ | GRUPO V.<br>$RH^3$<br>$R^2O^5$ | GRUPO VI.<br>$RH^2$<br>$RO^3$ | GRUPO VII.<br>$RH$<br>$R^2O^7$ | GRUPO VIII.<br>—<br>$RO^4$ |
| 1 | H=1 | | | | | | | |
| 2 | Li=7 | Be=9,4 | B=11 | C=12 | N=14 | O=16 | F=19 | |
| 3 | Na=23 | Mg=24 | Al=27,3 | Si=28 | P=31 | S=32 | Cl=35,5 | |
| 4 | K=39 | Ca=40 | — =44 | Ti=48 | V=51 | Cr=52 | Mn=55 | Fe=56, Co=59,<br>Ni=59, Cu=63. |
| 5 | (Cu=63) | Zn=65 | — =68 | — =72 | As=75 | Se=78 | Br=80 | |
| 6 | Rb=85 | Sr=87 | ?Yt=88 | Zr=90 | Nb=94 | Mo=96 | — =100 | Ru=104, Rh=104,<br>Pd=106, Ag=108. |
| 7 | (Ag=108) | Cd=112 | In=113 | Sn=118 | Sb=122 | Te=125 | J=127 | |
| 8 | Cs=133 | Ba=137 | ?Di=138 | ?Ce=140 | — | — | — | — — — — |
| 9 | (—) | — | | | | | | |
| 10 | — | — | ?Er=178 | ?La=180 | Ta=182 | W=184 | — | Os=195, Ir=197,<br>Pt=198, Au=199. |
| 11 | (Au=199) | Hg=200 | Tl=204 | Pb=207 | Bi=208 | — | — | — — — — |
| 12 | — | — | — | Th=231 | — | U=240 | — | — — — — |

Fotos: © Cengage Learning/Charles D. Winters

**A tabela original de Mendeleev, mostrando os espaços que ele deixou para os elementos ainda não descobertos.**

Uma característica importante da tabela de Mendeleev – e uma marca de sua geniosidade – foi que ele deixou um espaço vazio em uma coluna quando ele acreditava que um elemento não era conhecido. Ele deduziu que esses espaços seriam preenchidos por elementos desconhecidos. Por exemplo, ele deixou um espaço entre o Si (silício) e Sn (estanho) no Grupo 14 para um elemento que chamou de *eka-silício*. Com base na evolução das propriedades desse grupo, Mendeleev foi capaz de prever as propriedades do elemento ausente. Com a descoberta do germânio (Ge), em 1886, a previsão de Mendeleev foi confirmada.

Na tabela de Mendeleev, os elementos estavam arranjados em ordem crescente de massa. Um olhar sobre uma tabela moderna, no entanto, mostra que, se listados em ordem crescente de massa, três pares de elementos (Ni e Co, Ar e K, e Te e I) estariam fora de ordem. Mendeleev reconheceu essas discrepâncias e simplesmente assumiu que as massas atômicas conhecidas naquela época eram imprecisas – o que não tinha sido uma suposição ruim com base nos métodos analíticos até então em uso. Na verdade, a sua ordem estava correta, e o que estava errada era a sua suposição de que as propriedades de um elemento eram uma função da sua massa.

Em 1913, H. G. J. Moseley (1887-1915), um jovem cientista inglês que trabalhava com Ernest Rutherford (1871-1937), bombardeou muitos metais diferentes com elétrons em um tubo de raios catódicos (veja "Experimentos-chave") e examinou os raios X emitidos no processo. Moseley percebeu que o comprimento de onda dos raios X emitidos por certo elemento estava relacionado de forma precisa à carga positiva no núcleo desse elemento e que isso proporcionava uma maneira de se determinar experimentalmente o seu número atômico. De fato, uma vez que os números atômicos poderiam ser determinados, os químicos reconheceram que, ao organizarem os elementos em uma tabela crescente de número atômico, corrigiriam as inconsistências na tabela de Mendeleev. A **lei de periodicidade química** está agora estabelecida assim: *as propriedades dos elementos são funções periódicas do número atômico.*

Para saber mais sobre a tabela periódica, veja:

- EMSLEY, J. *Nature's Building Blocks An A–Z Guide to the Elements.* Nova York: Oxford University Press, 2001.
- SCERRI, E. *The Periodic Table.* Nova York: Oxford University Press, 2007.

John C. Kotz

**Estátua de Dmitri Mendeleev e uma Tabela Periódica.** Esta estátua e o mural estão no Instituto de Metrologia, em São Petersburgo, Rússia.

alumínio (Al) é o metal mais abundante na crosta terrestre, com 8,2% em massa. Ele é superado em abundância apenas pelo não metal oxigênio e pelo metaloide silício e é geralmente encontrado em minerais e argilas. O boro (B) ocorre no bórax mineral, um composto usado como agente de limpeza, antisséptico e como agente fluidificante para trabalho em metal.

Como metaloide, o boro tem uma química diferente da dos outros elementos do Grupo 13, que são todos metais. No entanto, todos formam compostos com fórmulas análogas, tais como $BCl_3$ e $AlCl_3$, e essa semelhança assinala-os como membros do mesmo grupo periódico.

No Grupo 14 existe um não metal, o carbono (C), dois metaloides, silício (Si) e germânio (Ge), e dois metais, estanho (Sn) e chumbo (Pb). Por causa da mudança de comportamento não metálico para metálico, existe mais variação nas propriedades dos elementos desse grupo do que na maioria dos outros. No entanto, há semelhanças. Por exemplo, esses elementos formam compostos com fórmulas análogas, tais como $CO_2$, $SiO_2$, $GeO_2$ e $PbO_2$.

Um dos aspectos mais interessantes da química dos não metais é que um determinado elemento pode frequentemente existir sob formas distintas, chamadas **alótropos**, cada um com suas propriedades individuais. O carbono tem pelo menos três alótropos, sendo o grafite e o diamante os mais conhecidos. O grafite é composto de folhas lisas em que cada átomo de carbono está ligado a outros três (Figura 2.7a). Uma vez que as folhas de átomos de carbono somente atraem-se umas às outras de maneira fraca, uma camada pode deslizar facilmente sobre a outra. Isso explica por que o grafite é macio, é um bom lubrificante, e é utilizado no lápis.

No diamante, cada átomo de carbono é ligado a quatro outros nas extremidades de um tetraedro, e esse padrão estende-se por todo o sólido (Figura 2.7b). Essa estrutura faz com que os diamantes sejam extremamente duros, mais densos do que o grafite ($d = 3,51$ g cm$^{-3}$ para o diamante *versus* $d = 2,22$ g cm$^{-3}$ para o grafite), e quimicamente menos reativos. Uma vez que os diamantes não são somente duros mas também excelentes condutores de calor, eles são usados nas pontas de ferramentas de corte de metais e de rochas.

No final da década de 1980, outra forma de carbono foi identificada como um componente da fuligem preta, a substância que se forma quando materiais contendo carbono são queimados na falta de oxigênio. Essa substância é composta de moléculas com 60 átomos de carbono arranjados como uma "gaiola" esférica (Figura 2.7c). É possível notar que a superfície é composta de anéis de cinco e seis membros e se parece com uma bola de futebol oca. A forma

**FIGURA 2.6 Gálio líquido.** O bromo e o mercúrio são os únicos elementos que são líquidos sob condições ambientes. O gálio e o césio fundem levemente acima da temperatura ambiente.

O gálio funde (ponto de fusão = 29,8°C), quando segurado na mão.

---

Cada átomo de carbono é ligado a outros três para formar uma folha de anéis hexagonais.

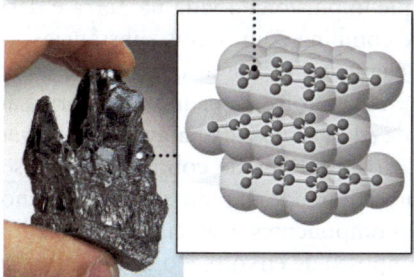

**(a) Grafite.** O grafite consiste em camadas de átomos de carbono.

Cada átomo de C está ligado tetraedricamente a outros quatro átomos de carbono.

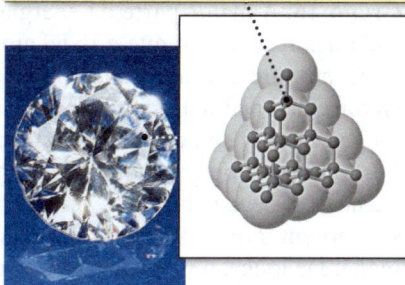

**(b) Diamante.** No diamante, os átomos de carbono também estão dispostos em anéis de seis membros, mas os anéis não são planos.

Cada anel de seis membros compartilha uma aresta com outros três anéis de seis membros e três anéis de cinco membros.

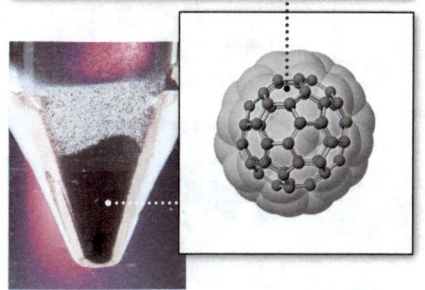

**(c) Buckyballs (fulereno).** Um membro dessa família chamado buckminsterfulereno, $C_{60}$, é um alótropo de carbono. Sessenta átomos de carbono estão dispostos em uma gaiola de forma esférica que se assemelha a uma bola de futebol oca. Os químicos chamam essa molécula de *buckyball*. $C_{60}$ é um pó preto; ele é mostrado aqui na extremidade de um tubo de vidro pontiagudo.

**FIGURA 2.7 Os alótropos do carbono.**

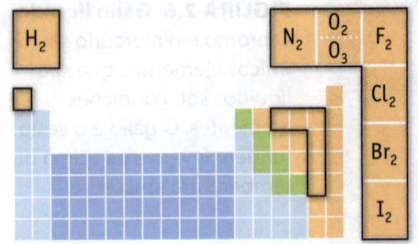

**FIGURA 2.8 Elementos que existem como moléculas diatômicas ou triatômicas.** Sete dos elementos conhecidos existem como moléculas diatômicas ou de dois átomos. O oxigênio tem um alótropo adicional, ozônio, com três átomos de O em cada molécula.

**Marie Curie (1867-1934)**
Marie Curie é uma das pouquíssimas pessoas e a única mulher a receber dois Prêmios Nobel (física e química). Ela nasceu na Polônia, mas desenvolveu sua pesquisa em Paris. O Prêmio Nobel de Química de 1911 foi por sua descoberta de dois novos elementos, rádio e polônio. O elemento cúrio foi nomeado em homenagem a ela.

**FIGURA 2.9 Enxofre.** O alótropo mais comum de enxofre consiste em átomos de S dispostos em anéis de oito membros em forma de coroa.

também remetia, para seus descobridores, a uma cúpula arquitetônica concebida há 50 anos pelo filósofo e engenheiro norte-americano R. Buckminster Fuller. Isto levou ao nome oficial do alótropo, buckminsterfulereno (fulereno), embora muitas vezes os químicos chamem simplesmente essas moléculas de "buckyballs".

Os óxidos de silício são a base de muitos minerais como argila, quartzo e belas pedras preciosas, como a ametista. O estanho e o chumbo são conhecidos há séculos, pois são facilmente separados de seus minérios por fundição. Ligas de cobre com estanho produzem o bronze, que foi utilizado no passado em utensílios e armas. O chumbo foi utilizado em encanamentos e tintas, embora o elemento seja tóxico para humanos.

O nitrogênio, do **Grupo 15**, ocorre naturalmente na forma de molécula diatômica $N_2$ (Figuras 2.8) e compõe cerca de três quartos da atmosfera terrestre. Também é encontrado em substâncias bioquimicamente importantes, tais como a clorofila, proteínas e o DNA. Os cientistas têm procurado há muito tempo formas de obter compostos a partir do nitrogênio atmosférico – um processo chamado de "fixação de nitrogênio". A natureza realiza isso facilmente em alguns organismos procariotas, mas condições severas (altas temperaturas, por exemplo) devem ser usadas no laboratório e na indústria para fazer com que o $N_2$ reaja com outros elementos (tais como $H_2$ para formar a amônia, $NH_3$, que é bastante utilizada como fertilizante).

O fósforo também é essencial à vida. É um componente importante nos ossos, dentes e no DNA. O elemento brilha no escuro se ele estiver no ar (devido à sua reação com $O_2$), e seu nome, baseado nas palavras gregas que significam "portador de luz", reflete isso. Esse elemento também tem vários alótropos, dos quais os mais importantes são o branco e o vermelho. O fósforo branco (que é composto de moléculas de $P_4$) inflama-se de forma espontânea no ar, de modo que é normalmente armazenado sob água. Quando ele reage com o ar, forma $P_4O_{10}$, que pode reagir com a água para formar o ácido fosfórico ($H_3PO_4$), um composto utilizado nos produtos alimentares, tais como refrigerantes. O fósforo vermelho é usado nas faixas laterais das caixas de fósforo. Quando um palito é riscado, o clorato de potássio na cabeça do fósforo mistura-se com o fósforo vermelho na tira de riscagem da caixa, e o atrito é suficiente para inflamar a mistura.

Tal como acontece com o Grupo 14, vemos novamente não metais (N e P), metaloides (As e Sb) e um metal (Bi) no Grupo 15. Apesar dessas variações, eles também formam compostos análogos, como os óxidos $N_2O_5$, $P_4O_{10}$ e $As_2O_5$.

O oxigênio, que constitui cerca de 20% da atmosfera terrestre e que se combina facilmente com a maioria dos outros elementos, está no topo do **Grupo 16**. A maior parte da energia que impulsiona a vida na Terra é derivada das reações em que o oxigênio se combina com outras substâncias.

O enxofre é conhecido na forma elementar desde a antiguidade como enxofre ou "pedra ardente" (Figura 2.9). O enxofre, o selênio e o telúrio são muitas vezes chamados coletivamente de *calcogênios* (da palavra grega *khalkos,* para o cobre), porque a maioria dos minérios de cobre contém esses elementos. Seus compostos podem apresentar odor fétido e serem venenosos; no entanto, enxofre e selênio são componentes essenciais da dieta humana. De longe, o mais importante composto de enxofre é o ácido sulfúrico ($H_2SO_4$), que é fabricado em grandes quantidades, maiores que de qualquer outro composto.

Assim como no Grupo 15, os elementos do segundo e do terceiro períodos do Grupo 16 têm estruturas diferentes. Como o nitrogênio, o oxigênio também é uma molécula diatômica (veja a Figura 2.8). Ao contrário do nitrogênio, no entanto, o oxigênio tem um alótropo, a molécula triatômica ozônio, $O_3$. O enxofre, que pode ser encontrado na natureza como um só-

Bromo, Br$_2$

Iodo, I$_2$

Não metais

**FIGURA 2.10 Bromo e iodo.** Estes e outros elementos do Grupo 17 são normalmente halogênios.

lido amarelo, tem muitos alótropos, dos quais o mais comum é composto de anéis em forma de coroa com oito membros de átomos de enxofre (veja a Figura 2.9).

O polônio, o elemento radioativo no Grupo 16, foi isolado em 1898 por Marie e Pierre Curie, que separaram uma pequena quantidade de toneladas de minério contendo urânio e nomearam-no em homenagem ao país natal de Madame Curie, a Polônia.

No Grupo 16, mais uma vez observamos uma variação de propriedades. O oxigênio, o enxofre e o selênio são não metais, o telúrio é um metaloide e o polônio é um metal. No entanto, há uma semelhança de família em suas químicas. Todos os membros do grupo do oxigênio formam compostos contendo oxigênio (SO$_2$, SeO$_2$ e TeO$_2$), e todos formam compostos contendo sódio (Na$_2$O, Na$_2$S, Na$_2$Se e Na$_2$Te).

Na extrema direita da tabela periódica estão dois grupos compostos inteiramente de não metais. Os elementos do **Grupo 17** – flúor, cloro, bromo, iodo e astato radioativo – são não metais e todos existem como moléculas diatômicas. Sob temperatura ambiente, o flúor (F$_2$) e o cloro (Cl$_2$) são gases. O bromo (Br$_2$) é líquido e o iodo (I$_2$) é sólido, mas vapores de bromo e iodo são facilmente vistos sobre o líquido ou o sólido (Figura 2.10).

Os elementos do Grupo 17 estão entre os mais reativos de todos os elementos, e se combinam violentamente com metais alcalinos para formarem sais, como o sal de mesa, NaCl. O nome para esse grupo, os **halogênios**, vem das palavras gregas *hals*, que significa "sal", e *genes*, ou seja, "que formam".

Os elementos do **Grupo 18** – hélio, neônio, argônio, criptônio, xenônio e radônio radioativo – são os elementos menos reativos. Todos são gases, e nenhum é abundante na Terra ou na atmosfera terrestre (apesar de o argônio ser o terceiro gás mais abundante no ar seco, 0,9%). Por causa disso, não foram descobertos até o fim do século XIX. Um nome comum para esse grupo, os **gases nobres**, denota a sua falta geral de reatividade.

O hélio, o segundo elemento mais abundante no universo após o hidrogênio, foi detectado no Sol em 1868 através da análise do espectro solar, mas não foi encontrado na Terra até 1895. É hoje amplamente utilizado, com uma produção mundial em 2015 de aproximadamente 175 bilhões de litros por ano. O maior uso do hélio é para o resfriamento dos ímãs encontrados em unidades de ressonância magnética em hospitais, e espectrômetros de ressonância magnética nuclear em laboratórios de pesquisa (Figura 2.11). Esses ímãs devem ser resfriados com hélio líquido a 4 K, porque, nessa temperatura extremamente baixa, os ímãs tornam-se supercondutores de eletricidade. Eles podem então gerar os campos magnéticos necessários para produzir uma imagem de seu corpo. Além disso, o gás hélio é usado para encher balões meteorológicos (e balões de festa) e na indústria de semicondutores. Os Estados Unidos fornecem a maior parte do hélio, mas a escassez periódica atrapalha gravemente o comércio e a pesquisa.

**Nomes de Grupos Especiais**
Alguns grupos têm nomes comuns e amplamente utilizados.
**Grupo 1: Metais alcalinos**
**Grupo 2: Metais alcalinos terrosos**
**Grupo 17: Halogênios**
**Grupo 18: Gases nobres**

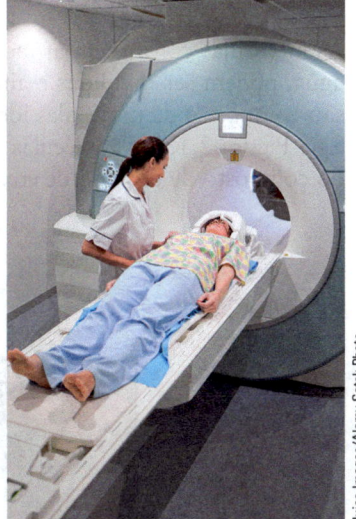

Juice Images/Alamy Sotck Photo

**FIGURA 2.11 Hélio, um gás nobre, e unidades MRI.** Os ímãs de unidades de ressonância magnética têm que ser resfriados a 4 K com hélio líquido, para que possam gerar o alto campo magnético necessário. Trata-se do emprego mais comum desse gás nobre.

**FIGURA 2.12 Uma amostra do elemento terra rara európio.** Dentre os mais raros dos lantanídeos, sua abundância na Terra é aproximadamente a mesma que o estanho e o urânio.

Estendendo-se entre os Grupos 2 e 13 da tabela periódica, está uma série de elementos chamados **elementos de transição**. Eles preenchem os Grupos do 11 ao 12 entre o quarto e o sétimo períodos no centro da tabela periódica. Todos são metais, e 13 deles estão entre os 30 elementos mais abundantes da crosta terrestre. A maioria ocorre naturalmente em combinação com outros elementos, mas alguns como cobre (Cu), prata (Ag), ouro (Au) e platina (Pt) podem ser encontrados na natureza como elementos puros.

Praticamente todos os elementos de transição têm utilizações comerciais. Eles são usados como materiais estruturais (ferro, titânio, cromo, cobre); em pinturas (titânio, cromo); nos conversores catalíticos em sistemas de exaustão de automóveis (platina e ródio); em moedas (cobre, níquel, zinco); e em baterias (manganês, níquel, cádmio, mercúrio).

Duas linhas na parte inferior da tabela acomodam os **lantanídeos** (a série de elementos entre os elementos lantânio [$Z = 57$] e háfnio [$Z = 72$]) e os **actinídeos** (a série de elementos entre o actínio [$Z = 89$] e o ruterfórdio [$Z = 104$]).

Muitas vezes nos referimos aos lantanídeos como **elementos terras raras** (Figura 2.12). Na verdade, eles não são tão raros, mas são geologicamente muito dispersos. Apesar da dificuldade na extração de minerais terrestres, eles tornaram-se muito importantes comercialmente. São usados em ímãs (neodímio), em telas de LCD, em baterias de carros híbridos e no polimento de vidros. Os minerais que contêm elementos terras raras são atualmente extraídos em grande parte na China, e há preocupação de que ocorra uma escassez mundial.

## 2.4 Moléculas, Compostos e Fórmulas

### Objetivos da Seção 2.4

- Identificar e interpretar fórmulas moleculares, fórmulas condensadas e fórmulas estruturais.
- Lembrar a fórmula e nomes dos compostos moleculares comuns.
- Dar nome e escrever as fórmulas de compostos moleculares binários.

As moléculas constituem as menores unidades identificáveis, nas quais algumas substâncias puras, como o açúcar e a água, podem ser divididas e ainda manter as composições e propriedades químicas das substâncias. Tais substâncias são compostas de moléculas idênticas que consistem em dois ou mais átomos fortemente ligados. Na reação a seguir, e na Figura 2.13, as moléculas de enxofre, $S_8$, combinam-se com moléculas de oxigênio, $O_2$, para produzir moléculas do composto de dióxido de enxofre, o $SO_2$.

$$S_8(s) + 8O_2(g) \rightarrow 8SO_2(g)$$

enxofre + oxigênio → dióxido de enxofre

Enxofre, $S_8$ (s)  Oxigênio, $O_2$ (g)  Dióxido de enxofre, $SO_2$ (g)

**FIGURA 2.13 Reação entre os elementos enxofre e oxigênio para gerar o composto dióxido de enxofre.**

| NOME | FÓRMULA MOLECULAR | FÓRMULA CONDENSADA | FÓRMULA ESTRUTURAL | MODELO MOLECULAR |
|------|------|------|------|------|
| Etanol | $C_2H_6O$ | $CH_3CH_2OH$ | H—C—C—O—H com H acima e abaixo de cada C | |
| Dimetil éter | $C_2H_6O$ | $CH_3OCH_3$ | H—C—O—C—H com H acima e abaixo de cada C | |

**FIGURA 2.14 Quatro formas para exibir fórmulas moleculares.** Aqui, as duas moléculas têm a mesma fórmula molecular. Fórmulas condensadas ou estruturais, ou um modelo molecular, mostram claramente que essas moléculas são diferentes.

Para descrever essa mudança química (ou reação química) no papel, a composição de cada elemento e composto é representada por um símbolo ou fórmula. Aqui, uma molécula de $SO_2$ é composta de um átomo de S e dois átomos de O.

## Fórmulas

Muitas vezes há mais de uma maneira de se escrever a fórmula de um composto, dependendo da informação que queremos transmitir. Por exemplo, a fórmula do etanol (também chamado álcool etílico) pode ser representada como $C_2H_6O$ (Figura 2.14). Essa **fórmula molecular** descreve a composição das moléculas de etanol – dois átomos de carbono, seis átomos de hidrogênio e um átomo de oxigênio por molécula – mas não nos dá nenhuma informação estrutural. A informação estrutural sobre como os átomos estão ligados e como a molécula preenche o espaço é importante porque nos ajuda a compreender como a molécula pode interagir com outras moléculas.

Para fornecer algumas informações estruturais, é útil escrever uma **fórmula condensada,** a qual indica como certos átomos são agrupados. Por exemplo, a fórmula condensada do etanol, $CH_3CH_2OH$ (Figura 2.14), diz-nos que a molécula consiste de três "grupos": um grupo $CH_3$, um grupo $CH_2$ e um grupo OH. Escrever a fórmula como $CH_3CH_2OH$ também nos diz que o composto não é o dimetil éter, $CH_3OCH_3$, um composto com a mesma fórmula molecular, mas cujas propriedades e estrutura são diferentes.

O fato de que o etanol e o dimetil éter são moléculas diferentes é ainda mais evidente a partir de suas **fórmulas estruturais** (Figura 2.14). Esse tipo de fórmula nos dá um nível ainda mais elevado de detalhe estrutural, que mostra como todos os átomos estão ligados dentro de uma molécula. As linhas entre os átomos representam as ligações químicas que mantêm os átomos unidos nessa molécula.

## Modelos Moleculares

As propriedades físicas e químicas de um composto estão muitas vezes intimamente relacionadas com a sua estrutura (por esse motivo veremos muitos modelos moleculares neste livro). Por exemplo, duas características bem conhecidas do gelo estão relacionadas com a sua estrutura molecular de base (Figura 2.15). A primeira é a forma de cristais de gelo: a simetria sêxtupla de cristais de gelo macroscópicos também aparece no nível de partículas em forma de anéis de seis lados de átomos de hidrogênio e oxigênio. A segunda é a propriedade incomum da água de ser menos densa quando é sólida do que quando está líquida. A menor densidade do gelo, que tem enormes consequências para o clima da Terra, resulta do fato de que as moléculas de água não estão totalmente acondicionadas no gelo.

Como as moléculas são tridimensionais, muitas vezes é difícil representar suas estruturas no papel. Certas convenções foram desenvolvidas para ajudar a repre-

**Escrevendo Fórmulas** Ao escrever fórmulas moleculares dos compostos orgânicos (compostos com C, H e outros elementos), a convenção é escrever C em primeiro lugar, em seguida, H, e, finalmente, outros elementos em ordem alfabética. Por exemplo, a acrilonitrila, um composto utilizado na fabricação de plásticos de consumo, tem a fórmula condensada $CH_2CHCN$. Sua fórmula molecular seria $C_3H_3N$.

**Cores padrão para átomos em modelos moleculares** As cores listadas neste livro são usadas para os modelos moleculares e são geralmente utilizadas pelos químicos.

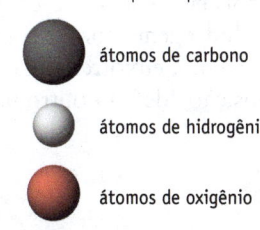

átomos de carbono

átomos de hidrogênio

átomos de oxigênio

átomos de nitrogênio

átomos de cloro

O gelo consiste em anéis de seis lados, formados por moléculas de água, em que cada um dos lados compõe-se de um anel de dois átomos de O e de um átomo de H.

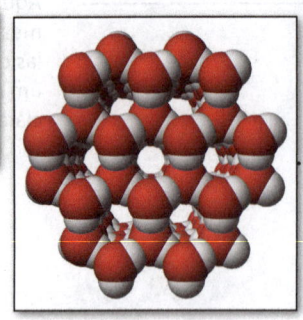

A estrutura de seis lados de um floco de neve é um reflexo da estrutura molecular de base do gelo.

Mehau Kulyk/Science Photo Library/ Science Source

**FIGURA 2.15 Gelo.** Flocos de neve refletem a estrutura básica do gelo.

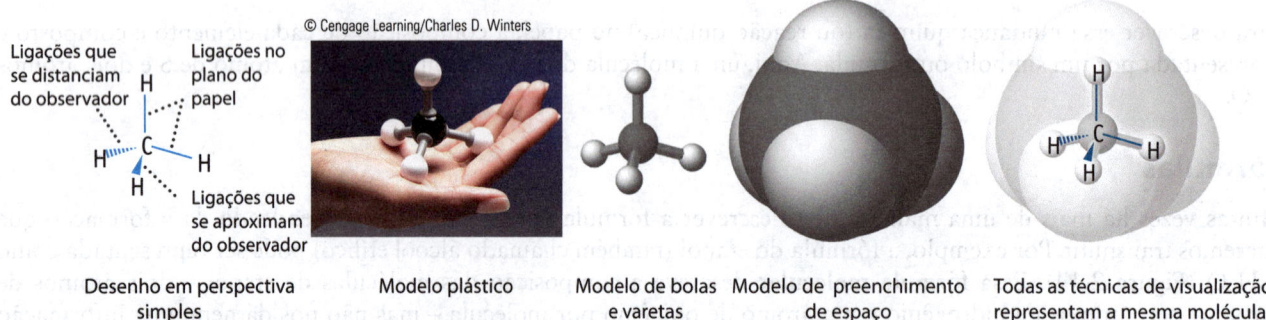

© Cengage Learning/Charles D. Winters

Ligações que se distanciam do observador

Ligações no plano do papel

Ligações que se aproximam do observador

Desenho em perspectiva simples | Modelo plástico | Modelo de bolas e varetas | Modelo de preenchimento de espaço | Todas as técnicas de visualização representam a mesma molécula.

**FIGURA 2.16 Formas de se descrever uma molécula, aqui a molécula do metano (CH₄).**

sentar estruturas tridimensionais em superfícies bidimensionais. Simples desenhos em perspectiva são frequentemente utilizados (Figura 2.16).

Os modelos moleculares são muito úteis para a visualização de estruturas. Esses modelos facilitam a visualização de como os átomos estão ligados uns aos outros, além de mostrarem a estrutura tridimensional global da molécula. No **modelo de bolas e varetas**, esferas de diferentes cores representam os átomos, e varetas, as ligações que os conectam. As moléculas também podem ser representadas por meio de **modelos de preenchimento de espaço**. Esses modelos são a melhor representação de tamanhos relativos dos átomos e de sua proximidade um com o outro. A desvantagem das imagens de modelos de preenchimento de espaço é que os átomos muitas vezes podem ficar escondidos da visualização.

## Nomeando Compostos Moleculares

Você encontrará com frequência muitos compostos e deve entender como dar nomes a eles e, em muitos casos, saber suas fórmulas. Vamos ver inicialmente as moléculas formadas pela combinação de dois não metais. Estes compostos de "dois elementos" ou **compostos binários** de não metais podem ser nomeados de maneira sistemática.

O hidrogênio forma compostos binários com todos os não metais, exceto com os gases nobres. Para compostos de oxigênio, enxofre e halogênios, o átomo de H é escrito antes na fórmula e é nomeado por último, precedido da preposição "de". O outro não metal é nomeado primeiro adicionando-se o sufixo -eto à base do nome.

| COMPOSTO | NOME |
|---|---|
| HF | Fluoreto de hidrogênio |
| HCl | Cloreto de hidrogênio |
| H₂S | Sulfeto de hidrogênio |

Embora haja exceções, muitos dos compostos binários são uma combinação de *elementos não metálicos dos Grupos 14-17 com um outro ou com o hidrogênio*. A fórmula é geralmente escrita colocando os elementos na ordem crescente do número do grupo. Ao nomear o composto, o número de átomos de um determinado tipo no composto é designado com um prefixo, como "di-," "tri-," "tetra-," "penta-," e assim por diante.[1]

| COMPOSTO | NOME SISTEMÁTICO |
|---|---|
| $NF_3$ | Trifluoreto de nitrogênio |
| $NO$ | Monóxido de nitrogênio |
| $NO_2$ | Dióxido de nitrogênio |
| $N_2O$ | Monóxido de dinitrogênio |
| $N_2O_4$ | Tetróxido de dinitrogênio |
| $PCl_5$ | Pentacloreto de fósforo |
| $SF_6$ | Hexafluoreto de enxofre |
| $S_2F_{10}$ | Decafluoreto de dienxofre |

**Fórmulas de Compostos Binários de Ametais contendo Hidrogênio** Hidrocarbonetos simples (compostos de C e H), tais como metano ($CH_4$) e etano ($C_2H_6$) têm fórmulas escritas com H depois do C, e as fórmulas de amônia e hidrazina têm H depois do N. A água e os haletos de hidrogênio, no entanto, têm o átomo de H antes do O ou do átomo de halogênio. No caso dos hidrocarbonetos, é aplicado o sistema de Hill, ou seja, primeiro vem o carbono, seguido do hidrogênio e os demais elementos em ordem alfabética. Para os demais compostos binários, o primeiro elemento é sempre o menos eletronegativo. Porém, vale ressaltar que na amônia e na hidrazina, os H são hidretos (H–).

Finalmente, muitos dos compostos binários de não metais foram descobertos anos atrás e têm nomes comuns.

| COMPOSTO | NOME COMUM | COMPOSTO | NOME COMUM |
|---|---|---|---|
| $CH_4$ | Metano[*] | $N_2H_4$ | Hidrazina |
| $C_2H_6$ | Etano[*] | $PH_3$ | Fosfina[**] |
| $C_3H_8$ | Propano[*] | $NO$ | Óxido nítrico |
| $C_4H_{10}$ | Butano[*] | $N_2O$ | Óxido nitroso (gás hilariante) |
| $NH_3$ | Amônia | $H_2O$ | Água |

**Hidrocarbonetos** Compostos como metano, etano, propano e butano pertencem à classe de hidrocarbonetos chamados *alcanos*.

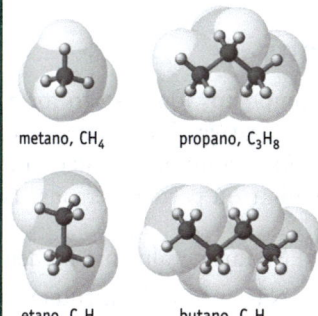

metano, $CH_4$      propano, $C_3H_8$

etano, $C_2H_6$      butano, $C_4H_{10}$

[*] NT-1: Estritamente falando, metano, etano, propano e butano são nomes sistemáticos. Os prefixos met-, et-, prop- e but- indicam a existência de um, dois, três e quatro carbonos, respectivamente, enquanto o sufixo -ano indica que o composto é um alcano.

[**] NT-2: A recomendação da IUPAC é que o $PH_3$ seja nomeado como fosfano.

## 2.5 Compostos Iônicos: Fórmulas, Nomes e Propriedades

### Objetivos da Seção 2.5

- Identificar que os átomos metálicos normalmente perdem um ou mais elétrons para formar íons positivos, chamados de cátions e os átomos não metálicos frequentemente ganham elétrons para formar íons negativos, chamados de ânions.

- Prever a carga nos cátions e ânions monoatômicos com base no número do Grupo.

- Escrever as fórmulas para compostos iônicos combinando os íons na proporção apropriada para que eles não tenham uma carga.

- Dar os nomes de fórmulas de íons e compostos iônicos.

- Compreender a importância da lei de Coulomb na química, a qual descreve as forças eletrostáticas de atração e repulsão de íons.

Os compostos que você encontrou até agora neste capítulo são **compostos moleculares**, ou seja, aqueles que consistem em moléculas separadas no nível de partículas. **Compostos iônicos** constituem outra grande classe de compostos, e

---

[1] NT: No Brasil seguimos a nomenclatura mais moderna recomendada pela International Union of Pure and Applied Chemistry (IUPAC). Para mais detalhes, veja MATOS, R. M. *Noções Básicas de Cálculos Estequiométricos*. 1ª ed. Campinas: Átomo, 2013.

| NOME COMUM | NOME | FÓRMULA | ÍONS ENVOLVIDOS |
|---|---|---|---|
| Calcita | Carbonato de cálcio | $CaCO_3$ | $Ca^{2+}$, $CO_3{}^{2-}$ |
| Fluorita | Fluoreto de cálcio | $CaF_2$ | $Ca^{2+}$, $F^-$ |
| Gipsita | Sulfato de cálcio diihidratado | $CaSO_4 \cdot 2\,H_2O$ | $Ca^{2+}$, $SO_4{}^{2-}$ |
| Hematita | Óxido de ferro (III) | $Fe_2O_3$ | $Fe^{3+}$, $O^{2-}$ |
| Ouro-pigmento | Sulfeto de arsênio | $As_2S_3$ | $As^{3+}$, $S^{2-}$ |

**FIGURA 2.17  Alguns compostos iônicos comuns.**

muitos deles são, provavelmente, familiares a você (Figura 2.17). O sal de cozinha, ou cloreto de sódio (NaCl), e a cal (CaO) são apenas dois exemplos. É importante que você seja capaz de reconhecer compostos iônicos, nomeá-los e escrever suas fórmulas.

## Íons

Compostos iônicos são formados de íons, isto é, átomos ou grupos de átomos que têm uma carga elétrica positiva ou negativa. Os átomos de muitos elementos podem perder ou ganhar elétrons para formar íons monoatômicos, e os íons comumente encontrados estão listados na Figura 2.18. Como você sabe se um átomo tem probabilidade de ganhar ou perder elétrons? Isso depende se o elemento é um metal ou não metal. Em reações,

- Metais geralmente perdem um ou mais elétrons.
- Não metais frequentemente ganham um ou mais elétrons.

### Cátions Monoatômicos

Se um átomo perde um elétron (que é transferido para um átomo de um outro elemento, no decorrer de uma reação), ele agora tem uma carga negativa a menos do que prótons no núcleo. O resultado é um íon carregado positivamente chamado **cátion** (veja a Figura 2.19). Por exemplo, a perda de um elétron do elemento lítio do Grupo 1 resulta na formação do íon $Li^+$.

$$\text{átomo de Li} \;\rightarrow\; e^- \;+\; \text{cátion Li}^+$$
$$\text{(3 prótons e 3 elétrons)} \qquad \text{(3 prótons e 2 elétrons)}$$

**FIGURA 2.18  Cargas em alguns cátions e ânions monoatômicos comuns.** Metais geralmente formam cátions e não metais geralmente formam ânions. (As áreas em destaque que contêm as caixas mostram íons de cargas idênticas.) **OBSERVAÇÃO**: É importante salientar que os metais de transição (e alguns dos metais do grupo principal) formam cátions de várias cargas. Os exemplos incluem $Cr^{2+}$ e $Cr^{3+}$, $Fe^{2+}$ e $Fe^{3+}$, e $Cu^+$ e $Cu^{2+}$. Conforme explicado no texto, seus nomes devem refletir isso.

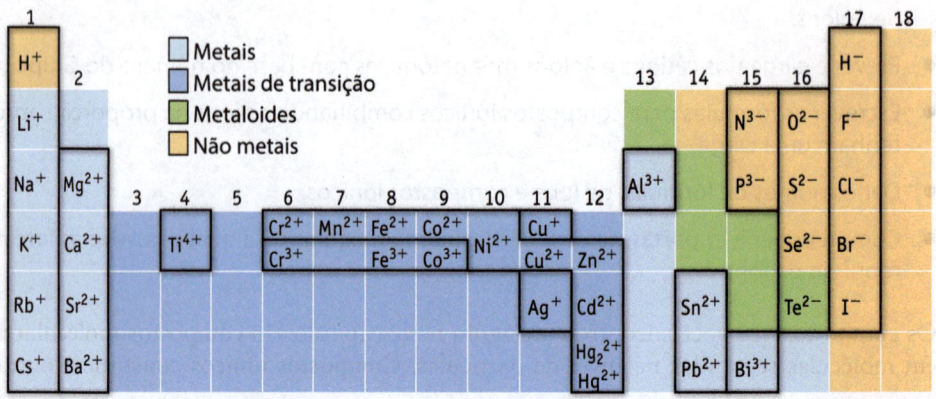

Elementos do Grupo 2 perderão dois elétrons em reações,

$$\text{átomo de Ca} \quad \rightarrow \quad 2\ e^- + \text{cátion } Ca^{2+}$$
$$\text{(20 prótons e 20 elétrons)} \qquad \text{(20 prótons e 18 elétrons)}$$

e elementos do Grupo 13 perderão três elétrons.

$$\text{átomo de Al} \quad \rightarrow \quad 3\ e^- + \text{cátion } Al^{3+}$$
$$\text{(13 prótons e 13 elétrons)} \qquad \text{(13 prótons e 10 elétrons)}$$

> **Escrevendo Fórmulas** Ao escrever a fórmula de um íon, a carga do íon **deve** ser incluída.

Como você pode prever o número de elétrons ganhos ou perdidos nas reações dos elementos dos Grupos 1 ao 13?

- Metais dos Grupos 1, 2 e 3 perdem um ou mais elétrons para formar íons positivos, tendo a carga igual ao número do grupo do metal.
- O número de elétrons que permanecem no cátion é o mesmo que o de elétrons em um átomo de gás nobre que o precede na tabela periódica.

Os metais de transição (elementos dos Grupos 3-12) também formam cátions, mas, ao contrário dos metais dos Grupos 1, 2, 13-18, não existe qualquer padrão de comportamento facilmente previsível. Além disso, os metais de transição formam frequentemente vários íons diferentes. O ferro, por exemplo, pode formar tanto os íons $Fe^{2+}$ quanto $Fe^{3+}$ em suas reações. O cobre pode formar um íon 1+ ou um íon 2+, mas a prata forma apenas um íon 1+.

## Ânions Monoatômicos

Não metais podem ganhar elétrons para formar íons carregados negativamente. Se um átomo ganha um ou mais elétrons, haverá agora um ou mais elétrons do que prótons (Figura 2.19). Um íon de carga negativa é chamado **ânion**. Um átomo de oxigênio, por exemplo, pode obter dois elétrons em uma reação para formar um íon com a fórmula $O^{2-}$:

$$\text{átomo de O} + 2\ e^- \quad \rightarrow \quad \text{ânion } O^{2-}$$
$$\text{(8 prótons e 8 elétrons)} \qquad \text{(8 prótons e 10 elétrons)}$$

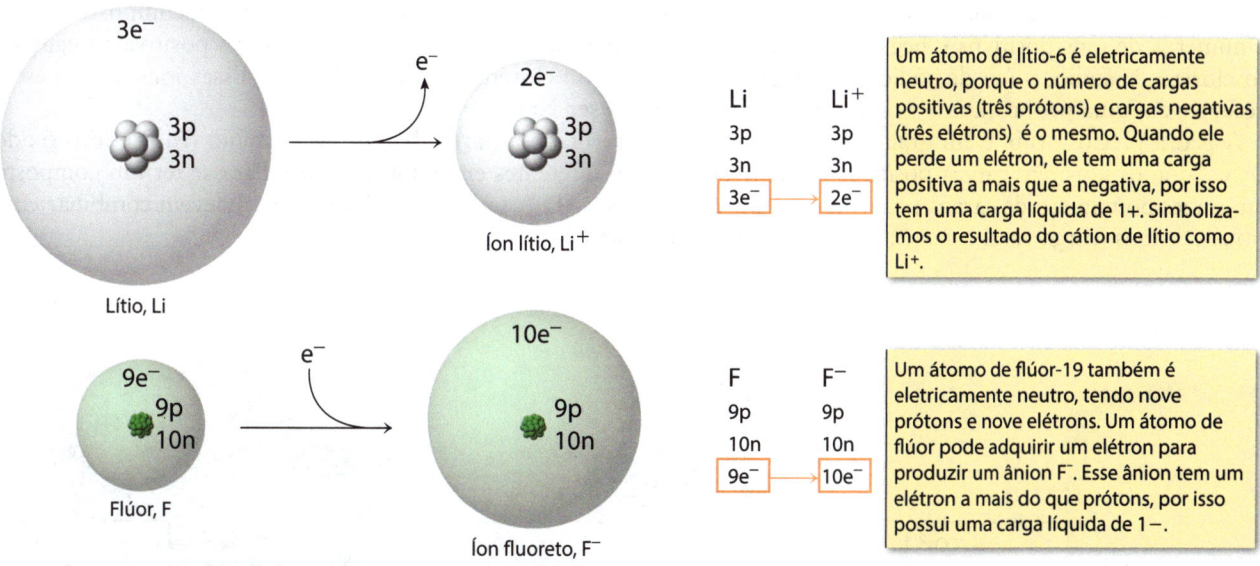

**FIGURA 2.19 Íons.**

Um átomo de cloro pode receber um único elétron para formar $Cl^-$.

$$\text{átomo de Cl} + e^- \;\rightarrow\; \text{ânion Cl}^-$$
$$\text{(17 prótons e 17 elétrons)} \qquad \text{(17 prótons e 18 elétrons)}$$

Podemos fazer pelo menos duas observações gerais sobre a formação de ânions de não metais.

- Não metais dos Grupos 15-17 formam íons negativos tendo uma carga igual ao número do grupo não metal menos 8.
- O número de elétrons no ânion é o mesmo que o de elétrons em um átomo do gás nobre que o segue na tabela periódica.

Observe que o hidrogênio aparece em dois locais na Figura 2.18. O átomo de H pode tanto perder como ganhar elétrons, dependendo dos outros átomos com que ele se combina.

$$\text{Elétron perdido: H (1 próton, 1 elétron)} \;\rightarrow\; H^+ \text{ (1 próton, 0 elétron)} + e^-$$
$$\text{Elétron ganho: H (1 próton, 1 elétron)} + e^- \;\rightarrow\; H^- \text{ (1 próton, 2 elétrons)}$$

Finalmente, os gases nobres, muito raramente, formam cátions monoatômicos e nunca ânions monoatômicos em reações químicas.

## Íons Poliatômicos

Íons poliatômicos são compostos de dois ou mais átomos, e o conjunto tem uma carga elétrica (Figura 2.20 e Tabela 2.4). Por exemplo, íons carbonato, $CO_3^{2-}$, um ânion comum poliatômico, consistem em um átomo de C e três átomos de O. O íon tem duas unidades de carga negativa, porque há mais elétrons (um total de 32) no íon do que prótons (um total de 30) nos núcleos de um átomo de C e três átomos de O.

O íon amônio, $NH_4^+$, é um cátion poliatômico comum. Nesse caso, quatro átomos de H rodeiam um átomo de N, e o íon tem carga elétrica 1+. Esse íon tem 10 elétrons, mas existem 11 prótons carregados positivamente nos núcleos dos átomos de N e H (7 para N, 1 para cada H).

## Fórmulas de Compostos Iônicos

Os compostos são eletricamente neutros; ou seja, eles não têm carga elétrica líquida. Assim, em um composto iônico, os números de íons positivos e negativos devem ser tais que exista um balanço entre as cargas positiva e negativa. No cloreto de sódio, o íon de sódio tem carga 1+ ($Na^+$), e o íon cloreto tem carga 1- ($Cl^-$). Esses íons devem estar presentes em uma proporção de 1:1, então a fórmula deverá ser NaCl.

A pedra preciosa rubi é em grande parte um composto formado a partir de íons de alumínio ($Al^{3+}$) e íons óxido ($O^{2-}$). Aqui, os íons têm cargas positivas e negativas, que são diferentes em valor absoluto. Para se ter um composto com o mesmo número de cargas positivas e negativas, dois íons $Al^{3+}$ [carga total $= 2 \times (3^+) = 6^+$] devem combinar com 3 íons $O^{2-}$ íons [carga total $= 3 \times (2^-) = 6^-$] para dar a fórmula $Al_2O_3$.

Calcita, $CaCO_3$
Carbonato de cálcio

Apatita, $Ca_5F(PO_4)_3$
Fluorofosfato de cálcio

Celestita, $SrSO_4$
Sulfato de estrôncio

© Cengage Learning/Charles D. Winters

**FIGURA 2.20** Compostos iônicos comuns contendo íons poliatômicos.

## Tabela 2.4  Fórmulas e Nomes de Íons Poliatômicos Comuns

| FÓRMULA | NOME | FÓRMULA | NOME |
|---|---|---|---|
| **CÁTION: ÍON POSITIVO** | | | |
| $NH_4^+$ | Íon amônio | | |
| **ÂNIONS: ÍONS NEGATIVOS** | | | |
| Baseados em um elemento do Grupo 14 | | Baseados em um elemento do Grupo 17 | |
| $CN^-$ | Íon cianeto | $ClO^-$ | Íon hipoclorito |
| $CH_3CO_2^-$ | íon acetato | $ClO_2^-$ | íon clorito |
| $CO_3^{2-}$ | Íon carbonato | $ClO_3^-$ | Íon clorato |
| $HCO_3^-$ | Íon hidrogenocarbonato (ou íon bicarbonato) | $ClO_4^-$ | Íon perclorato |
| $C_2O_4^{2-}$ | Íon oxalato | | |
| Baseados em um elemento do Grupo 15 | | Baseados em um metal de transição | |
| $NO_2^-$ | Íon nitrito | $CrO_4^{2-}$ | Íon cromato |
| $NO_3^-$ | Íon nitrato | $Cr_2O_7^{2-}$ | Íon dicromato |
| $PO_4^{3-}$ | Íon fosfato | $MnO_4^-$ | Íon permanganato |
| $HPO_4^{2-}$ | Íon hidrogenofosfato | | |
| $H_2PO_4^-$ | Íon diidrogenofosfato | | |
| Baseados em um elemento do Grupo 16 | | | |
| $OH^-$ | Íon hidroxila | | |
| $SO_3^{2-}$ | Íon sulfito | | |
| $SO_4^{2-}$ | Íon sulfato | | |
| $HSO_4^-$ | Íon hidrogenossulfato (ou íon bissulfato) | | |

**Nomes de Ânions Poliatômicos**
Para ter sucesso no seu estudo da química você deve saber os nomes e as fórmulas (incluindo as cargas dos íons) dos íons comuns listados nesta tabela.

O cálcio, um metal do Grupo 2, forma um cátion que possui carga 2+. Ele pode combinar-se com uma variedade de ânions para formar compostos iônicos, tais como os da tabela seguinte:

| COMPOSTO | COMBINAÇÃO DE ÍONS | CARGA TOTAL NO COMPOSTO |
|---|---|---|
| $CaCl_2$ | $Ca^{2+} + 2Cl^-$ | $(2+) + 2 \times (1-) = 0$ |
| $CaCO_3$ | $Ca^{2+} + CO_3^{2-}$ | $(2+) + (2-) = 0$ |
| $Ca_3(PO_4)_2$ | $3Ca^{2+} + 2PO_4^{3-}$ | $3 \times (2+) + 2 \times (3-) = 0$ |

**A Cor dos Rubis**  A bela cor vermelha de um rubi vem de um traço de íons $Cr^{3+}$ que tomam o lugar de alguns dos íons $Al^{3+}$ no sólido.

Ao escrever fórmulas de compostos iônicos, a convenção é a de que *o símbolo do cátion seja escrito em primeiro lugar, seguido pelo símbolo do ânion.* Além disso, observe o uso de parênteses, quando mais de um íon poliatômico de um determinado tipo estiver presente [como em $Ca_3(PO_4)_2$]. (Nenhum deles, no entanto, é usado quando apenas um íon poliatômico estiver presente, como em $CaCO_3$.)

**EXEMPLO 2.4**

## Fórmulas de Compostos Iônicos

**Problema**  Para cada um dos seguintes compostos iônicos, escreva os símbolos para os íons presentes e dê o número de carga relativo de cada um: (a) $Li_2CO_3$ e (b) $Fe_2(SO_4)_3$.

**O que você sabe?**  Você sabe as fórmulas dos compostos iônicos, as cargas previstas para os íons monoatômicos (veja a Figura 2.18) e as fórmulas e as cargas dos íons poliatômicos (veja a Tabela 2.4).

**Estratégia**  Divida a fórmula do composto em cátions e ânions. Para conseguir isso, você terá que *reconhecer, e lembrar, as fórmulas de íons monoatômicos e poliatômicos comuns.*

### RESOLUÇÃO

**Identificando Cargas em Cátions de Metais de Transição**  Como os compostos iônicos são eletricamente neutros, as cargas em cátions de metais de transição podem ser determinadas se as cargas de ânions forem conhecidas.

(a)  $Li_2CO_3$ é composto de dois íons lítio, $Li^+$, para cada íon carbonato, $CO_3^{2-}$. Li é um elemento do Grupo 1 e tem sempre uma carga 1+ nos seus compostos. Uma vez que as duas cargas 1+ equilibram a carga negativa do íon carbonato, o último deverá ser 2−.

(b)  $Fe_2(SO_4)_3$ contém dois íons Ferro (III) $Fe^{3+}$, para cada três íons de sulfato, $SO_4^{2-}$. A forma de reconhecer isso é lembrar-se de que o sulfato tem carga 2−. Uma vez que três íons sulfato estão presentes (com uma carga total de 6−), os dois cátions de ferro devem ter carga total de 6+. Isso só é possível se cada cátion de ferro tiver uma carga 3+.

**Pense bem antes de responder**  Lembre-se de que a fórmula de um íon deve incluir a sua composição e sua carga. As fórmulas dos compostos iônicos são sempre escritas primeiro com o cátion e depois com o ânion, mas as cargas dos íons **não** estão incluídas.

### Verifique seu entendimento

Dê o número de carga relativo e identifique os íons que constituem cada um dos seguintes compostos iônicos: $NaF$, $Cu(NO_3)_2$ e $NaCH_3CO_2$.

**EXEMPLO 2.5**

## Fórmulas de Compostos Iônicos

**Problema**  Faça fórmulas dos compostos iônicos constituídos por um cátion de alumínio e cada um dos seguintes ânions: (a) íon fluoreto, (b) íon sulfeto e (c) íon nitrato.

**O que você sabe?**  Você sabe os nomes dos íons envolvidos, as cargas previstas dos íons monoatômicos (veja a Figura 2.18) e as fórmulas e cargas dos íons poliatômicos (veja a Tabela 2.4).

**Estratégia**  Primeiro decida a fórmula do cátion Al e a de cada ânion. Combine o cátion Al com cada tipo de ânion para formar compostos eletricamente neutros.

**RESOLUÇÃO**  Prevê-se que um cátion de alumínio tenha uma carga 3+ porque Al é um metal do Grupo 13.

(a)  O flúor é um elemento do Grupo 17. Prevê-se que a carga do íon fluoreto seja de 1− (de $7 - 8 = 1-$). Portanto, precisamos de três íons $F^-$ para combinar com um $Al^{3+}$. A fórmula do composto é $AlF_3$.

(b)  O enxofre é um não metal do Grupo 16, de modo que forma um ânion 2−. Assim, precisamos combinar dois íons $Al^{3+}$ [carga total é $6+ = 2 \times (3+)$] com três íons $S^{2-}$ [carga total é $6- = 3 \times (2-)$]. O composto tem a fórmula $Al_2S_3$.

(c)  O íon nitrato tem a fórmula $NO_3^-$ (veja a Tabela 2.4). A resposta é, portanto, semelhante ao caso $AlF_3$, e o composto tem a fórmula $Al(NO_3)_3$. Aqui colocaremos parênteses em torno de $NO_3$ para mostrar que três íons $NO_3^-$ poliatômicos estão envolvidos.

---

**Pense bem antes de responder**  O erro mais comum cometido pelos alunos é não saber a carga correta de um íon.

## Verifique seu entendimento

(a) Escreva as fórmulas de todos os compostos iônicos neutros que podem ser formados através da combinação dos cátions $Na^+$ e $Ba^{2+}$ com os ânions $S^{2-}$ e $PO_4^{3-}$.

(b) O ferro forma íons com cargas 2+ e 3+. Escreva as fórmulas dos compostos formados entre os íons cloreto e esses dois cátions de ferro diferentes.

---

# Nomes dos Íons

## Nomeando Íons Positivos (Cátions)

Com algumas exceções (tais como $NH_4^+$), os íons positivos descritos neste texto são íons metálicos. Os íons positivos são nomeados de acordo com as seguintes regras:

1. Para um íon positivo monoatômico (isto é, um cátion de metal), o nome é o do metal mais a palavra "cátion". Por exemplo, já nos referimos ao $Al^{3+}$ como o cátion alumínio.

2. Nas séries de transição, um metal pode formar mais de um tipo de íon positivo. Assim que o nome especifica qual íon está envolvido, a carga de cátions de metais de transição é indicada por um algarismo romano entre parênteses imediatamente após o nome do íon. Por exemplo, $Co^{2+}$ é o cátion cobalto(II), e $Co^{3+}$ é o cátion cobalto(III).

Finalmente, você encontrará o cátion amônio, $NH_4^+$, muitas vezes neste livro e no laboratório. Não confunda o cátion amônio com a molécula de amônia, $NH_3$, que não tem carga elétrica e possui um átomo de H a menos.

## Nomeando Íons Negativos (Ânions)

Existem dois tipos de íons negativos: aqueles que têm apenas um átomo (*monoatômicos*) e aqueles que têm vários átomos (*poliatômicos*).

1. Um íon negativo monoatômico é nomeado adicionando-se *-eto* ao nome do elemento não metálico a partir do qual é derivado o íon (Figura 2.21). Os ânions dos elementos do Grupo 17, os halogênios, são conhecidos como íons fluoreto, cloreto, brometo e iodeto e como grupo são denominados **íons haletos**.

2. Íons negativos poliatômicos são comuns, especialmente aqueles que contêm oxigênio (chamados **oxiânions**). Os nomes de alguns dos oxiânions mais comuns são apresentados na Tabela 2.4. Embora a maioria desses nomes deva simplesmente ser aprendida, algumas orientações podem ajudar. Por exemplo, considere os seguintes pares de ânions:

$NO_3^-$ representa o íon nitrato, enquanto $NO_2^-$ é o íon nitrito.

$SO_4^{2-}$ é o íon sulfato, enquanto $SO_3^{2-}$ é o íon sulfito.

Ao oxiânion que tem o maior número de átomos de oxigênio é dado o sufixo *-ato*, e ao oxiânion que tem o menor número de átomos de oxigênio, o sufixo *-ito*.
Para uma série de oxiânions que possuem mais do que dois membros, o íon com o maior número de átomos de oxigênio tem o prefixo *per-* e o sufixo *-ato*. O íon que tem o menor número de átomos de oxigênio possui o prefixo *hipo-* e o sufixo *-ito*. Os oxiânions de cloro são o exemplo mais comumente encontrado.

**Elementos com Múltiplas Cargas**  Este é especialmente o caso dos metais de transição. Entretanto, alguns metais do grupo principal como estanho ($Sn^{2+}$ e $Sn^{4+}$) e chumbo ($Pb^{2+}$ e $Pb^{4+}$) também podem ter íons com múltiplas cargas. Nossa prática é sempre indicar a carga do íon com números romanos ao nomear compostos de transição e em outros casos quando são possíveis cargas múltiplas.

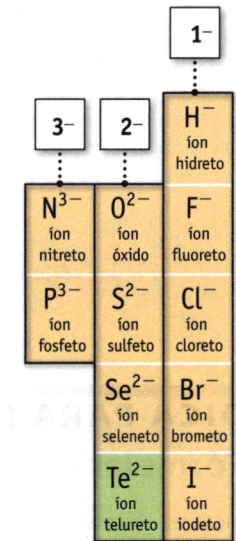

**FIGURA 2.21 Nomes e cargas de alguns íons monoatômicos.**

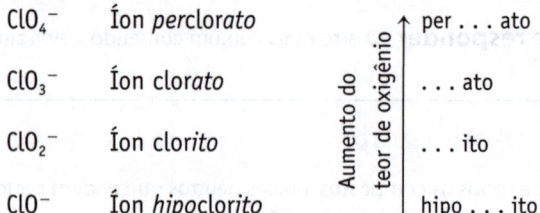

| | | |
|---|---|---|
| $ClO_4^-$ | Íon *perclorato* | per . . . ato |
| $ClO_3^-$ | Íon clor*ato* | . . . ato |
| $ClO_2^-$ | Íon clor*ito* | . . . ito |
| $ClO^-$ | Íon *hipoclorito* | hipo . . . ito |

Oxiânions que contêm hidrogênio são designados através da adição da palavra "hidrogeno" antes do nome do oxiânion. Se dois hidrogênios estão no ânion, dizemos "diidrogeno". Muitos oxiânions que contêm hidrogênio também têm nomes comuns e são usados. Por exemplo, o íon hidrogenocarbonato, $HCO_3^-$, é chamado íon bicarbonato.

| Íon | Nome Sistemático | Nome Comum |
|---|---|---|
| $HPO_4^{2-}$ | íon hidrogenofosfato | |
| $H_2PO_4^-$ | íon diidrogenofosfato | |
| $HCO_3^-$ | íon hidrogenocarbonato | íon bicarbonato |
| $HSO_4^-$ | íon hidrogenossulfato | íon bissulfato |
| $HSO_3^-$ | íon hidrogenossulfito | íon bissulfito |

## Nomes de Compostos Iônicos

O nome de um composto iônico é construído a partir dos nomes dos íons positivo e negativo no composto. O nome do ânion é fornecido em primeiro lugar, seguido do nome do cátion, ligados pela preposição "de". Exemplos de nomes de compostos iônicos são dados a seguir.

**Nomes de Compostos que Contêm Cátions em Metal de Transição** Certifique-se de que a carga de um cátion de metal de transição é indicada por um numeral romano incluído no nome.

| Composto Iônico | Íons Envolvidos | Nome |
|---|---|---|
| $CaBr_2$ | $Ca^{2+}$ e 2 $Br^-$ | Brometo de cálcio |
| $NaHSO_4$ | $Na^+$ e $HSO_4^-$ | Hidrogenossulfato de sódio |
| $(NH_4)_2CO_3$ | 2 $NH_4^+$ e $CO_3^{2-}$ | Carbonato de amônio |
| $Mg(OH)_2$ | $Mg^{2+}$ e 2 $OH^-$ | Hidróxido de magnésio |
| $TiCl_2$ | $Ti^{2+}$ e 2 $Cl^-$ | Cloreto de titânio(II) |
| $Co_2O_3$ | 2 $Co^{3+}$ e 3 $O^{2-}$ | Óxido de cobalto(III) |

---

## DICA PARA RESOLUÇÃO DE PROBLEMAS 2.1
## Fórmulas de compostos iônicos e íons

Escrever fórmulas para compostos iônicos requer prática, e isso requer que você saiba as fórmulas e as cargas dos íons mais comuns. As cargas de íons monoatômicos estão muitas vezes evidentes a partir da posição do elemento na tabela periódica, mas você simplesmente tem que lembrar as fórmulas e as cargas dos íons poliatômicos, especialmente os mais comuns, tais como nitrato, sulfato, carbonato, fosfato e acetato.

Se você não consegue lembrar a fórmula de um íon poliatômico, ou se encontrar um íon que não tenha visto antes, poderá ser capaz de descobrir sua fórmula. Por exemplo, suponha que foi dito a você que a fórmula do formiato de sódio é $NaCHO_2$. Você sabe que o íon sódio é o $Na^+$, então o ânion deve ser a porção remanescente do composto; ele deve ter uma carga de 1– para equilibrar a carga 1+ do íon

sódio. Assim, o íon formiato íon deve ser $CHO_2^-$.

Por fim, ao escrever as fórmulas de íons, você *deve* incluir a carga do íon (exceto na fórmula de um composto iônico). Escrever Na quando você quer dizer íon sódio está incorreto. Existe uma grande diferença nas propriedades do elemento sódio (Na) e dos seus íons ($Na^+$).

# Compostos Iônicos Hidratados

## UM OLHAR MAIS ATENTO

Se os compostos iônicos são preparados em solução aquosa e, em seguida, separados na forma de sólidos, os cristais frequentemente retêm moléculas de água. Esses compostos são chamados de **compostos hidratados**. Por exemplo, os cristais do composto de cobalto(II) vermelho na figura têm seis moléculas de água por $CoCl_2$. Por convenção, a fórmula desse composto é escrita como $CoCl_2 \cdot 6H_2O$. O ponto entre $CoCl_2$ e $6H_2O$ indica que 6 moléculas de água estão associadas com cada $CoCl_2$. O nome desse composto é cloreto de cobalto(II) hexaidratado.

O cloreto de cobalto(II) hidratado, um sólido vermelho, fica roxo e depois azul profundo, conforme é aquecido e perde água para formar o $CoCl_2$ anidro; "anidro" significa substância sem água. Na exposição ao ar úmido, o $CoCl_2$ anidro pega a água e é convertido de volta ao composto hidratado vermelho. É esta propriedade que permite que os cristais do composto azul sejam utilizados como um indicador de umidade.

Os compostos hidratados são comuns. As paredes de sua casa, provavelmente, são cobertas com gesso, ou "placas de gesso" que contêm sulfato de cálcio hidratado (gesso, $CaSO_4 \cdot 2H_2O$), bem como anidro $CaSO_4$, imprensado entre papel. Se o gesso é aquecido entre

 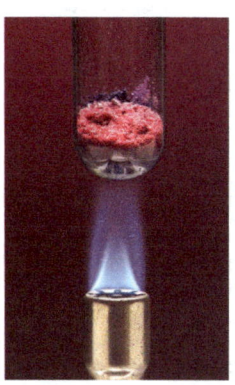 

Fotos: © Cengage Learning/Charles D. Winters

O cloreto de cobalto(II) hexaidratado [$CoCl_2 \cdot 6H_2O$] é vermelho intenso.

Quando é aquecido, o composto perde certa quantidade de água de hidratação.

O aquecimento leva aos compostos azuis escuros $CoCl_2 \cdot 2H_2O$ e $CoCl_2$. (Experimentos mostram que algo também se decompõem em CoO preto e HCl.)

120 e 180°C, a água é parcialmente liberada, ficando $CaSO_4 \cdot 1/2H_2O$, um composto comumente chamado "gesso de Paris". Se você já quebrou um braço ou uma perna e teve que colocar gesso, este foi feito desse composto. É um material de moldagem eficaz porque, quando adicionado à água, forma-se uma pasta espessa que pode ser vertida para um molde ou espalhar-se ao longo de uma parte do corpo. Como ele absorve mais água, o material aumenta de volume e forma um sólido rígido, inflexível. O gesso de Paris é também um material útil para artistas, uma vez que o composto, ao se expandir, preenche um molde completamente e se torna uma reprodução de alta qualidade.

## Propriedades dos Compostos Iônicos

Quando uma partícula que tem uma carga elétrica negativa aproxima-se de outra partícula que possui uma carga elétrica positiva, existe uma força de atração entre elas (Figura 2.22). Em contraste, existe uma força de repulsão quando duas partículas com a mesma carga – ambas positivas ou ambas negativas – são colocadas juntas. Essas forças são chamadas de forças **eletrostáticas**, e a força de atração (ou repulsão) entre os íons é dada pela **lei de Coulomb** (Equação 2.3):

$$\text{Força} = -k \frac{(n^+e)(n^-e)}{d^2}$$

carga $+$ e $-$ nos íons
carga do elétron
constante de proporcionalidade
distância entre íons

**(2.3)**

**A Importância da Lei de Coulomb**
Ela é a base para a compreensão de diversos conceitos fundamentais da Química. Entre os capítulos em que ela é importante estão:
Capítulo 3: dissolução dos compostos em água.
Capítulos 6 e 7: a interação de elétrons e o núcleo atômico.
Capítulos 8 e 9: a interação de átomos para a formação de moléculas.
Capítulo 11: as interações entre as moléculas (forças intermoleculares).
Capítulo 12: a formação de sólidos iônicos.
Capítulo 13: o processo de dissolução.

onde, por exemplo, $n^+$ é +3 para $Al^{3+}$ e $n^-$ é –2 para $O^{2-}$. Com base na lei de Coulomb, a força de atração (Figura 2.22) entre íons de cargas opostas aumenta:

- quando as cargas do íon ($n^+$ e $n^-$) aumentam. Assim, a atração entre íons com cargas de 2+ e 2– é maior que entre os íons com cargas 1+ e 1–.
- quando a distância entre os íons torna-se menor.

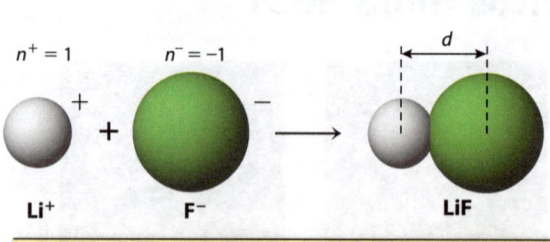

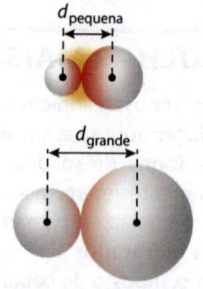

Íons como Li⁺ e F⁻ são mantidos juntos por uma força de atração coulombiana. Aqui, um íon-lítio é atraído por um íon fluoreto, e a distância entre os núcleos dos dois íons é *d*.

(a)

Com o aumento da **carga iônica**, a **força de atração** aumenta

Conforme a **distância** aumenta, a **força de atração** diminui

(b)

**FIGURA 2.22  A Lei de Coulomb e as forças eletrostáticas.**

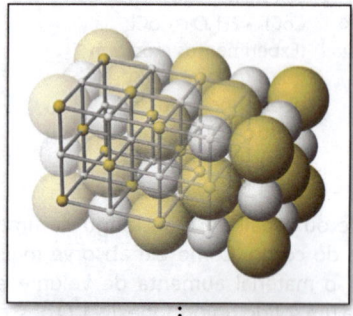

© Cengage Learning/Charles D. Winters

**FIGURA 2.23  Cloreto de sódio.** Um cristal de NaCl consiste em um extenso retículo de íons sódio e íons cloreto em uma proporção de 1:1. Quando fundido, o retículo cristalino entra em colapso e os íons movem-se livremente e podem conduzir uma corrente elétrica.

A razão mais simples de cátions e ânions em um composto iônico é representada pela sua fórmula. Entretanto, um sólido iônico consiste em muitos milhões de íons dispostos em uma rede tridimensional estendida chamada **retículo cristalino**. Uma parte do retículo de NaCl, ilustrado na Figura 2.23, representa um modo comum de se arranjar os íons para os compostos que têm uma proporção de 1:1 de cátions para ânions.

Os compostos iônicos têm propriedades características que podem ser entendidas em termos de cargas dos íons e de seu arranjo no retículo. Como cada íon é cercado por vizinhos mais próximos com cargas opostas, ele é mantido firmemente em sua posição. Sob temperatura ambiente, cada íon pode mover-se um pouco em torno de sua posição média, mas deve ser adicionada uma energia considerável para que um íon possa escapar da atração de seus íons vizinhos. Somente se energia suficiente for adicionada, a estrutura do retículo entrará em colapso e a substância fundirá. Maiores forças atrativas significam que ainda mais energia – e temperaturas mais e mais elevadas – é necessária para provocar a fusão. Assim, $Al_2O_3$, um sólido composto dos íons $Al^{3+}$ e $O^{2-}$, funde em uma temperatura muito mais alta (2072°C) do que NaCl (801°C), um sólido composto de íons $Na^+$ e $Cl^-$.

A maioria dos compostos iônicos são sólidos "duros". Isto é, os sólidos não são flexíveis ou macios. A razão para essa característica está mais uma vez relacionada com o retículo dos íons. Os vizinhos mais próximos de um cátion em uma estrutura são os ânions, e a força de atração faz com que o retículo seja rígido. No entanto, uma pancada com um martelo pode fazer com que o retículo sofra uma clivagem perfeita ao longo de uma borda bem definida. O golpe de martelo desloca camadas de íons apenas o suficiente para fazer com que os íons de carga igual se tornem vizinhos mais próximos, e a repulsão entre esses íons de cargas iguais força a ruptura do retículo (Figura 2.24).

## 2.6  Átomos, Moléculas e Mol

### Objetivos da Seção 2.6

- Entender os conceitos de mol e de massa molar e suas aplicações.

- Usar a massa molar de um elemento e o número de Avogadro em cálculos.

- Calcular a massa molar de um composto a partir da sua fórmula e de uma tabela de massas atômicas.

- Calcular a quantidade de matéria de um composto representada por uma determinada massa e vice-versa.

- Usar o número de Avogadro para calcular o número de átomos ou íons em um composto.

Um sólido iônico é normalmente rígido devido às forças de atração entre íons de cargas opostas. Quando atingido bruscamente, no entanto, o cristal pode dividir-se de forma perfeita.

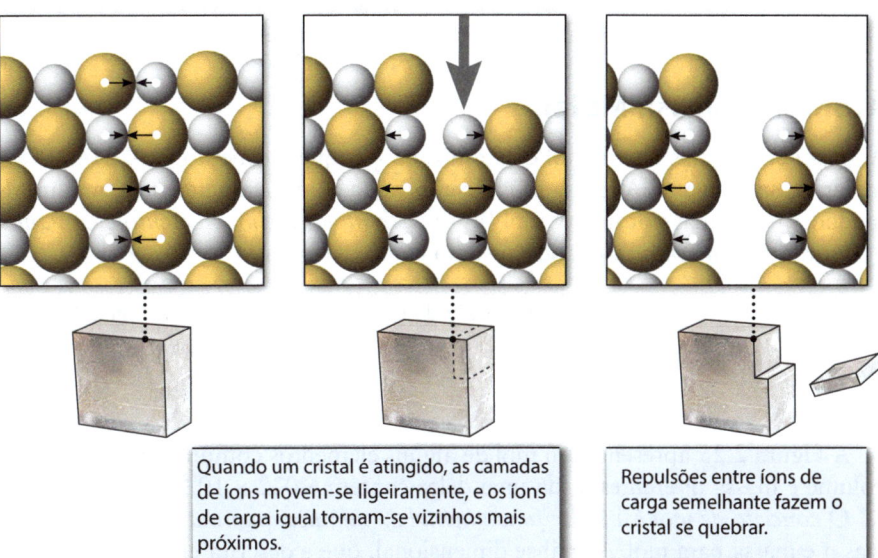

Quando um cristal é atingido, as camadas de íons movem-se ligeiramente, e os íons de carga igual tornam-se vizinhos mais próximos.

Repulsões entre íons de carga semelhante fazem o cristal se quebrar.

**FIGURE 2.24 Sólidos iônicos.**

Quando dois reagentes químicos reagem entre si, queremos saber quantos átomos ou moléculas de cada um são usados, de modo que seja possível estabelecer fórmulas para os produtos da reação. Para tanto, necessitamos de um método para contar átomos e moléculas. Isto é, devemos descobrir uma maneira de conectar o mundo macroscópico, aquele que podemos ver, ao mundo particulado dos átomos, das moléculas e dos íons. A solução para esse problema é definir uma unidade de matéria que contenha um número conhecido de partículas. Essa unidade química é o mol.

O **mol** é a base da unidade SI para medir uma *quantidade de uma substância* (Tabela 1) e é definida como segue:

> Um **mol** é a quantidade de uma substância que possui um número de unidades fundamentais (átomos, moléculas ou outras partículas) igual ao número de átomos presentes em exatamente 12 g do isótopo do carbono-12.

**O "Mol"** O termo mol foi introduzido aproximadamente em 1895 por Wilhelm Ostwald (1853-1932), que derivou o termo da palavra latina *moles*, ou seja, um "amontoado", ou uma "pilha".

A chave para compreender o conceito de mol é que *um mol contém sempre o mesmo número de partículas, não importa qual a substância*. Um mol de sódio contém o mesmo número de átomos que um mol de ferro e o mesmo número de moléculas em um mol de água. Quantas partículas? Muitas experiências ao longo dos anos estabeleceram esse número como

$$1\ mol = 6{,}022140857 \times 10^{23}\ partículas$$

## Amedeo Avogadro e Seu Número

**UM OLHAR MAIS ATENTO**

Amedeo Avogadro, Conde de Quaregna (1776-1856), foi um nobre italiano e advogado. Nos anos de 1800, voltou-se para a ciência e foi o primeiro professor de física matemática na Itália.

Avogadro não propôs a ideia de um número fixo de partículas como uma unidade química. Ao invés disso, o número foi dado em sua homenagem, porque ele havia realizado experimentos no século XIX que lançaram as bases para o conceito.

Qual é o tamanho do número de Avogadro? Um mol de grãos de pipoca não estourada cobriria a parte continental dos Estados Unidos a uma profundidade de cerca de 9 milhas (ou 14,5 quilômetros).

O número é um valor único, como $\pi$? Não. Ele é fixado pela definição do mol como exatamente 12 g de carbono-12. Se um mol de carbono fosse definido para ter alguma outra massa, então o número de Avogadro teria um valor diferente. Além disso, ele é determinado experimentalmente, e, como técnicas experimentais evoluem, o valor é determinado cada vez com maior precisão. A partir da nona edição deste livro até esta edição o valor alterou-se ligeiramente no sétimo dígito.

Amedeo Avogadro

Esse valor é conhecido como **número de Avogadro**, em homenagem a Amedeo Avogadro, advogado e físico italiano (1776-1856) que concebeu a ideia básica (mas nunca determinou o número).

## Átomos e Massa Molar

A massa em gramas de um mol de átomos de qualquer elemento ($6,022140857 \times 10^{23}$ átomos do elemento) é a **massa molar** desse elemento. A massa molar é abreviada convencionalmente com um $M$ maiúsculo em itálico e é expressa em unidades de gramas por mol (g mol$^{-1}$). *A massa molar de um elemento é a quantidade em gramas numericamente igual à massa atômica relativa.* Usando o sódio como exemplo,

$$\text{Massa molar do cobre (Cu)} = \text{massa de 1,000 mol de átomos de Cu}$$

$$= 63,55 \text{ g mol}^{-1}$$

$$= \text{Massa de } 6,022 \times 10^{23} \text{ átomos de Cu}$$

A Figura 2.25 apresenta um mol de alguns elementos comuns. Embora cada uma dessas "pilhas de átomos" tenha volume e massa diferentes, cada uma delas contém $6,022 \times 10^{23}$ átomos.

*O conceito de mol é a pedra fundamental da química quantitativa.* É essencial para que possamos converter mol para massa e massa para mol. A análise dimensional, que é descrita em Revisão mostra que isso pode ser feito da seguinte maneira:

| **CONVERSÃO MASSA** | ⟷ | **MOL** |
|---|---|---|
| *Mol para Massa* | | *Massa para Mol* |
| $\text{Mol} \times \dfrac{\text{gramas}}{1 \text{ mol}} = \text{gramas x}$ | | $\text{Gramas} \times \dfrac{1 \text{ mol}}{\text{gramas}} = \text{mol}$ |
| ↑ Massa molar | | ↑ 1/massa molar |

Por exemplo, que massa, em gramas, é representada por 0,35 mol de alumínio? Usando a massa molar de alumínio (27,0 g mol$^{-1}$), você pode determinar que 0,35 mol de Al tem uma massa de 9,5 g.

$$0,35 \text{ mol Al} = \frac{27,0 \text{ g Al}}{1 \text{ mol Al}} = 9,5 \text{ g Al}$$

**FIGURA 2.25  Um mol de elementos comuns.** *Da esquerda para a direita:* enxofre em pó, lascas de magnésio, estanho e silício. *Acima:* esferas de cobre.

Cobre
63,546 g

Enxofre
32,066 g

Magnésio
24,305 g

Estanho
118,71 g

Silício
28,086 g

As massas molares dos elementos são geralmente conhecidas com pelo menos quatro algarismos significativos. A convenção seguida em cálculos neste livro é usar um valor da massa molar com pelo menos um algarismo significativo a mais que em qualquer outro número no problema. Por exemplo, se você pesar 16,5 g de carbono, são usados 12,01 g mol⁻¹ para a massa molar de C a fim de encontrar a quantidade de carbono presente.

$$16,5 \text{ g C} \times \frac{1 \text{ mol C}}{12,01 \text{ g C}} = 1,37 \text{ mol de C}$$

↑

Note que quatro números significativos são utilizados na massa molar, mas há apenas três na massa da amostra.

O uso de um algarismo significativo a mais significa que a exatidão da massa molar é maior que os outros números e não afetará a exatidão do resultado.

## EXEMPLO 2.6

# Massa, Mol e Átomos

**Problema** Considere dois elementos da mesma coluna vertical da tabela periódica: chumbo e estanho.

(a) Qual massa do chumbo, em gramas, é equivalente a 2,50 mol de chumbo (Pb, número atômico = 82)?

(b) Que quantidade de matéria de estanho é representada por 36,6 g de estanho (Sn)? Quantos átomos de estanho há na amostra?

**O que você sabe?** Você sabe a quantidade de chumbo e a massa do estanho. Você também conhece, a partir da tabela periódica, as massas molares do chumbo (207,2 g mol⁻¹) e do estanho (118,7 g mol⁻¹). Para a parte (b) o número de Avogadro é necessário.

## Estratégia

Parte (a) Multiplique a quantidade de Pb pela massa molar.

Parte (b) Multiplique a massa de estanho por (1/massa molar). Para determinar o número de átomos, multiplique a quantidade de estanho pelo número de Avogadro.

## RESOLUÇÃO

(a) Converta a quantidade de chumbo para massa em gramas.

$$2,50 \text{ mol Pb} \times \frac{207,2 \text{ g}}{1 \text{ mol Pb}} = \boxed{518 \text{ g Pb}}$$

(b) Converta a massa de estanho para mol,

$$36,6 \text{ g Sn} \times \frac{1 \text{ mol Sn}}{118,7 \text{ g Sn}} = 0,3083 \text{ mol Sn} = \boxed{0,308 \text{ mol Sn}}$$

e, por fim, use o número de Avogadro para encontrar o número de átomos na amostra.

$$0,308 \text{ mol Sn} \times \frac{6,022 \times 10^{23} \text{ átomos de Sn}}{1 \text{ mol Sn}} = \boxed{1,86 \times 10^{23} \text{ átomos de Sn}}$$

**Pense bem antes de responder** Esses problemas foram resolvidos usando-se g mol⁻¹ ou mol g⁻¹ como fatores de conversão. Para ter certeza de tê-los usado corretamente, você deve manter o controle das unidades de cada termo. Além disso, você deve pensar sobre suas respostas. Por exemplo, no item (b), se tivesse invertido o fator de conversão (*mol átomos⁻¹* em vez de *átomos mol⁻¹*), você teria calculado que havia menos de um átomo em 0,308 mol de Sn, claramente uma resposta nada razoável.

## Verifique seu entendimento

Qual massa de ouro, Au, contém $2,6 \times 10^{24}$ átomos?

**Chumbo.** Um béquer de 150 mL contendo 2,50 mol ou 518 g de chumbo.

**Estanho.** Uma amostra de estanho que tem uma massa de 36,6 g (ou $1,86 \times 10^{23}$ átomos).

## UM OLHAR MAIS ATENTO

# O Mol, uma Unidade de Medida

Alunos que estudam Química pela primeira vez ficam muitas vezes perplexos com a ideia do mol. Mas você deve reconhecer que é apenas um nome estranho para uma unidade de medida. Pares e dezenas são duas outras unidades de medida comuns. Por exemplo, um par de objetos tem duas das mesmas coisas (dois sapatos ou duas luvas), e há sempre 12 ovos ou maçãs em uma dúzia. Da mesma forma, um mol de átomos ou um mol de jujubas possui $6,022 \times 10^{23}$ objetos.

A grande vantagem da contagem de unidades é que, se souber o número de unidades, você também sabe o número de objetos. Se sabe que há 3,5 dúzias de maçãs em uma caixa, você sabe que há 42 maçãs. E, se você tiver 0,308 mol de estanho (36,6 g), você sabe que tem $1,86 \times 10^{23}$ átomos de estanho.

No laboratório de Química, quando fazemos uma reação, precisamos saber quantas "unidades químicas" de um elemento estão envolvidas. Átomos, obviamente, não podem ser contados um a um. Em vez disso, pesamos uma dada massa do elemento e, a partir da massa molar, sabemos o número de "unidades químicas" ou mol. E, se realmente quisermos obter a informação, podemos calcular o número de átomos envolvidos.

© Cengage Learning/Charles D. Winters

**Unidades de medida.** A unidade "dúzia", que se refere a 12 objetos, é uma unidade de medida comum. Da mesma forma, o mol é uma unidade de medida da Química. Assim como uma dúzia sempre tem 12 objetos, um mol possui sempre $6,022 \times 10^{23}$ objetos.

## Moléculas, Compostos e Massa Molar

**Peso Molecular e Massa Molar** O termo antigo *peso molecular* é algumas vezes encontrado. Trata-se da soma das massas atômicas dos elementos constituintes.

A fórmula de um composto indica o tipo de átomos ou íons no composto e o número relativo de cada um deles. Por exemplo, uma molécula de metano, $CH_4$, é composta de um átomo de C e quatro átomos de H. Mas suponha que você tenha o número de Avogadro de átomos de C ($6,022 \times 10^{23}$) combinado com o número adequado de átomos de H. (No caso do $CH_4$ isso significa que existem $4 \times 6,022 \times 10^{23}$ átomos de H por mol de átomos de C.) Que massas de átomos estão combinadas, e qual é a massa das moléculas de $CH_4$?

|  C  | + | 4 H | → | $CH_4$ |
|---|---|---|---|---|
| $6,022 \times 10^{23}$ átomos de C | | $4 \times 6,022 \times 10^{23}$ átomos de H | | $6,022 \times 10^{23}$ moléculas de $CH_4$ |
| = 1,000 mol de C | | = 4,000 mol de átomos de H | | = 1,000 mol de moléculas de $CH_4$ |
| = 12,01 g de átomos de C | | = 4,032 g de átomos de H | | = 16,04 g de moléculas de $CH_4$ |

Uma vez que você sabe a quantidade de matéria de átomos de C e H em 1 mol de $CH_4$, é possível calcular as massas de carbono e hidrogênio que devem ser combinadas. Logo, a massa de $CH_4$ é a soma dessas massas. Isto é, 1 mol de $CH_4$ tem uma massa igual à massa de 1 mol de átomos de C (12,01 g), mais 4 mol de átomos de H (4,032 g). Assim, a *massa molar*, $M_m$, de $CH_4$ é 16,04 g mol$^{-1}$.

Uma vez que você sabe a massa de um mol de metano, 16,04 g, e que há $6,022 \times 10^{23}$ moléculas presentes em um mol, também é possível calcular a massa média de uma molécula de $CH_4$. (Esta é uma massa média, porque há vários isótopos de carbono e hidrogênio, e a massa de uma dada molécula será determinada pelos isótopos que compõem essa molécula.)

$$\text{Massa molecular média} = \frac{16,04 \text{ g}}{\text{mol}} \times \frac{1 \text{ mol}}{6,022 \times 10^{23} \text{ moléculas}} = 2,664 \times 10^{-23} \text{ g molécula}^{-1}$$

A Figura 2.26 ilustra quantidades de 1 mol de vários compostos comuns. Para encontrar a massa molar de qualquer composto, você só precisa adicionar as massas atômicas de cada elemento no composto, levando em consideração quaisquer índices inferiores nos elementos. Como exemplo, encontraremos a massa molar da aspirina, $C_9H_8O_4$. Em 1 mol de aspirina há 9 mol de átomos de carbono, 8 mol de átomos de hidrogênio e 4 mol de átomos de oxigênio, que somam 180,15 g mol$^{-1}$ de aspirina.

Aspirina, $C_9H_8O_4$
180,2 g $mol^{-1}$

Cloreto de cobre(II) diidratado, $CuCl_2 \cdot 2H_2O$
170,5 g $mol^{-1}$

Óxido de ferro(III), $Fe_2O_3$
159,7 g $mol^{-1}$

$H_2O$
18,02 g $mol^{-1}$

**FIGURA 2.26 Quantidades de 1 mol de alguns compostos.**
No segundo composto, $CuCl_2 \cdot 2H_2O$, uma "fórmula unitária" consiste em um íon de $Cu^{2+}$, dois íons de $Cl^-$ e duas moléculas de água. A massa molar é a soma das massas de 1 mol de Cu, 2 mol de Cl e 2 mol de $H_2O$.

$$\text{Massa de C em 1 mol } C_9H_8O_4 = 9 \text{ mol C} \times \frac{12,01 \text{ g C}}{1 \text{ mol de C}} = 108,09 \text{ g C}$$

$$\text{Massa de H em 1 mol } C_9H_8O_4 = 8 \text{ mol H} \times \frac{1,008 \text{ g H}}{1 \text{ mol de H}} = 8,064 \text{ g H}$$

$$\text{Massa de O em 1 mol } C_9H_8O_4 = 4 \text{ mol O} \times \frac{16,00 \text{ g O}}{1 \text{ mol de O}} = 64,00 \text{ g O}$$

$$\text{Massa total de 1 mol } C_9H_8O_4 = \text{massa molar de } C_9H_8O_4 = 180,15 \text{ g}$$

Assim como foi o caso com os elementos, é importante ser capaz de realizar a conversão entre quantidades (mol) e massa (gramas). Por exemplo, se você tomar 325 mg (0,325 g) de aspirina em um comprimido, qual é a quantidade de matéria do composto que você ingeriu? Com base em uma massa molar de 180,15 g $mol^{-1}$, há 0,00180 mol de aspirina por comprimido.

$$0,325 \text{ g de aspirina} \times \frac{1 \text{ mol de aspirina}}{180,15 \text{ g de aspirina}} = 0,001804 \text{ mol de aspirina}$$

Utilizando a massa molar de um composto, é possível determinar o número de moléculas de qualquer amostra a partir da massa de amostra e também a massa de uma molécula. Por exemplo, o número de moléculas do ácido acetilsalicílico em um comprimido é

$$0,001804 \text{ mol de aspirina} \times \frac{6,022 \times 10^{23} \text{ moléculas}}{1 \text{ mol de aspirina}} = 1,09 \times 10^{21} \text{ moléculas}$$

e a massa de uma molécula é

$$\frac{180,15 \text{ g de aspirina}}{1 \text{ mol de aspirina}} \times \frac{1 \text{ mol de aspirina}}{6,022 \times 10^{23} \text{ moléculas}} = 2,992 \times 10^{-22} \text{ g moléculas}^{-1}$$

Compostos iônicos, tais como NaCl, não existem como moléculas individuais. Assim, para compostos iônicos escrevemos a fórmula mais simples que mostra o número relativo de cada tipo de átomo em uma "fórmula unitária" do composto, e a massa molar é calculada a partir dessa fórmula ($M$ para NaCl = 58,44 g $mol^{-1}$). Para diferenciar substâncias como o NaCl, que não contêm moléculas, os químicos, eventualmente, referem-se a sua *massa fórmula*, ao invés de sua massa molar.

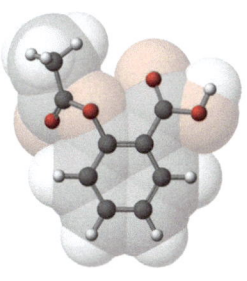

**Fórmula da Aspirina** A fórmula molecular da aspirina é $C_9H_8O_4$ e sua massa molar é 180,2 g $mol^{-1}$. A aspirina é o nome comum do composto ácido acetilsalicílico.

**Mapa Estratégico 2.7**

**Problema**

Encontre **a a quantidade de matéria em mol de ácido oxálico** em uma **massa dada**. Então encontre **o número de moléculas** e **o número de átomos de C** na amostra.

↓

**DADOS/ INFORMAÇÕES CONHECIDOS**
- **Massa** da amostra
- **Fórmula** do composto
- **Número de Avogadro**

> **ETAPA 1.** Calcule a **massa molar** do ácido oxálico.

↓

**Massa molar** do ácido oxálico **(g mol⁻¹)**

> **ETAPA 2.** Use a massa molar para calcular **a quantidade de matéria** (multiplique a **massa** por **1/massa molar**).

↓

**Quantidade de matéria** de ácido oxálico

> **ETAPA 3.** Multiplique pelo **número de Avogadro.**

↓

**Número** de moléculas

> **ETAPA 4.** Multiplique pelo número de **átomos de C** por molécula.

↓

**Número** de **átomos de C** em uma amostra

---

## EXEMPLO 2.7

# Massa Molar e Mol

**Problema** Você tem 16,5 g de ácido oxálico, $H_2C_2O_4$.

(a) Qual quantidade de matéria é representada por 16,5 g de ácido oxálico?

(b) Quantas moléculas de ácido oxálico estão em 16,5 g de ácido?

(c) Quantos átomos de carbono estão em 16,5 g de ácido oxálico?

**O que você sabe?** Você sabe a massa e a fórmula do ácido oxálico. A massa molar do composto pode ser calculada com base na fórmula.

**Estratégia** A estratégia está esboçada no Mapa Estratégico.

- A massa molar de um composto é a soma das massas dos átomos constituintes.
- Parte (a) Use a massa molar para converter massa para quantidade de matéria.
- Parte (b) Utilize o número de Avogadro para calcular o número de moléculas dessa quantidade.
- Parte (c) A partir da fórmula você sabe que há dois átomos de carbono em cada molécula.

### RESOLUÇÃO

(a) *Mol representados por 16,5 g.* Calculemos primeiro a massa molar do ácido oxálico:

$$2 \text{ mol de C por mol de } H_2C_2O_4 \times \frac{12,01 \text{ g C}}{1 \text{ mol de C}} = 24,02 \text{ g C por mol de } H_2C_2O_4$$

$$2 \text{ mol de H por mol de } H_2C_2O_4 \times \frac{1,008 \text{ g H}}{1 \text{ mol de H}} = 2,016 \text{ g H por mol de } H_2C_2O_4$$

$$4 \text{ mol de O por mol de } H_2C_2O_4 \times \frac{16,00 \text{ g O}}{1 \text{ mol de O}} = 64,00 \text{ g O por mol de } H_2C_2O_4$$

Massa molar de $H_2C_2O_4 = 90,04$ g por mol de $H_2C_2O_4$

Agora calculemos a quantidade de matéria. A massa molar (aqui expressa como 1 mol/90,04 g) é utilizada em todas as conversões de massa para mol.

$$16,5 \text{ g } H_2C_2O_4 \times \frac{1 \text{ mol}}{90,04 \text{ g de } H_2C_2O_4} = 0,1833 \text{ g } H_2C_2O_4 = 0,183 \text{ mol de } H_2C_2O_4$$

(b) *Número de moléculas.* Utilize o número de Avogadro para encontrar o número de moléculas do ácido oxálico em 0,183 mol de $H_2C_2O_4$.

$$0,1833 \text{ mol} \times \frac{6,022 \times 10^{23} \text{moléculas}}{1 \text{ mol}} = 1,104 \times 10^{23} \text{moléculas}$$

$$= 1,10 \times 10^{23} \text{moléculas}$$

(c) *Número de átomos de carbono.* Uma vez que cada molécula contém dois átomos de carbono, o número de átomos de carbono em 16,5 g do ácido é

$$1,104 \times 10^{23} \text{ moléculas} \times \frac{2 \text{ átomos de C}}{1 \text{ molécula}} = 2,21 \times 10^{23} \text{ átomos de C}$$

**Pense bem antes de responder** A massa do ácido oxálico é de 16,5 g, muito menos que a massa de um mol, por isso certifique-se de que sua resposta reflete isso. O número de moléculas do ácido deve ser muito menor que em um mol de moléculas.

## Verifique seu entendimento

Se você tiver 454 g de ácido cítrico ($H_3C_6H_5O_7$), qual é a quantidade de matéria que isso representa? Quantas moléculas? Quantos átomos de carbono?

## 2.7 Análise Química: Determinando as Fórmulas de Compostos

### Objetivos da Seção 2.7

- Expressar a composição de um composto em termos de composição percentual.
- Determinar as fórmulas empíricas e molecular de um composto usando a composição percentual ou outros dados experimentais.

Dada uma amostra de um composto desconhecido, como é possível determinar sua fórmula? A resposta está na *análise química*, um importante ramo da Química que lida com a determinação de fórmulas e estruturas.

### Composição Percentual

Um princípio central da Química é o de que qualquer amostra de um composto puro consiste sempre nos mesmos elementos combinados na mesma proporção de massa. Suponhamos que você tenha 1,0000 mol de $NH_3$ ou 17,031 g. Essa massa de $NH_3$ é composta de 14,007 g de N (1,0000 mol) e 3,0237 g de H (3,0000 mol). Se compararmos a massa de N à massa total do composto, 82,244% da massa total é N e 17,755% é H.

**Composição Percentual** A composição percentual pode ser expressa como uma porcentagem (a massa de um elemento em uma amostra de 100 g). Por exemplo, $NH_3$ é 82,244% N. Ou seja, possui 82,244 g de N em 100,000 g de composto.

82,244% da massa de $NH_3$ é de **nitrogênio**

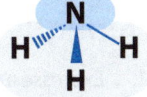

17,755% de massa de $NH_3$ é de **hidrogênio**.

$$\text{Massa percentual de N no } NH_3 = \frac{\text{massa de N em 1 mol } NH_3}{\text{massa de 1 mol } NH_3} \times 100\%$$

$$= \frac{14,007 \text{ g N}}{17,031 \text{ g } NH_3} \times 100\%$$

$$= 82,244\% \text{ (ou 82,244 g N em 100,000 g } NH_3)$$

$$\text{Massa percentual de H no } NH_3 = \frac{\text{massa de H em 1 mol } NH_3}{\text{massa de 1 mol } NH_3} \times 100\%$$

$$= \frac{3,0237 \text{ g H}}{17,031 \text{ g } NH_3} \times 100\%$$

$$= 17,755\% \text{ (ou 17,755 g H em 100,000 g } NH_3)$$

Esses valores dizem a você que em uma amostra de 100,00 g existem 82,244 g de N e 17,755 g de H.

### EXEMPLO 2.8

## Usando a Composição Percentual

**Problema** Qual é a porcentagem em massa de cada elemento no propano, $C_3H_8$? Que massa de carbono está contida em 454 g de propano?

**O que você sabe?** Você sabe a fórmula do propano. Você precisará das massas atômicas relativas de C e H para calcular a massa percentual de cada elemento.

### Estratégia

(a) Calcule a massa molar de propano.

(b) A porcentagem de cada elemento é a massa em um mol do composto dividida pela massa molar do composto e multiplicada por 100.

(c) A massa de C em 454 g de $C_3H_8$ é obtida multiplicando esta massa pela % de C e dividindo por 100.

### RESOLUÇÃO

(a) A massa molar de $C_3H_8$ é de 44,10 g $mol^{-1}$.

(b) A massa percentual de C e H em $C_3H_8$:

$$\frac{3 \text{ mol C}}{1 \text{ mol } C_3H_8} \times \frac{12,01 \text{ g C}}{1 \text{ mol C}} = 36,03 \text{ g C/1 mol } C_3H_8$$

$$\text{Massa percentual de C em } C_3H_8 = \frac{36,03 \text{ g C}}{44,10 \text{ g } C_3H_8} \times 100\% = \boxed{81,70\% \text{ C}}$$

$$\frac{8 \text{ mol H}}{1 \text{ mol } C_3H_8} \times \frac{1,008 \text{ g H}}{1 \text{ mol H}} = 8,064 \text{ g H/1 mol } C_3H_8$$

$$\text{Massa percentual de H em } C_3H_8 = \frac{8,064 \text{ g H}}{44,10 \text{ g } C_3H_8} \times 100\% = \boxed{18,29\% \text{ H}}$$

(c) Massa de C em 454 g de $C_3H_8$:

$$454 \text{ g } C_3H_8 \times \frac{81,70 \text{ g C}}{100,0 \text{ g } C_3H_8} = \boxed{371 \text{ g C}}$$

**Pense bem antes de responder** Uma vez que você sabe o percentual de C na amostra, é possível calcular o percentual de H a partir dele usando a fórmula %H = 100% – % C.

## Verifique seu entendimento

1. Expresse a composição do carbonato de amônio, $(NH_4)_2CO_3$, em termos da massa de cada elemento em 1,00 mol de composto e a porcentagem em massa de cada elemento.

2. Qual é a massa do carbono em 454 g de octano, $C_8H_{18}$?

## Fórmulas Empíricas e Moleculares a partir da Composição Percentual

Considere agora o inverso do procedimento que acaba de ser descrito. Ou seja, vamos usar os dados de massa ou dados da composição percentual para encontrar uma fórmula molecular. Suponhamos que você conheça a identidade dos elementos de uma amostra e tenha determinado a quantidade de matéria em uma dada massa do composto por análise química (Seção 4.4). Você pode, em seguida, calcular a quantidade de matéria relativa de cada elemento, que também é o número relativo de átomos de cada elemento na fórmula do composto. Por exemplo, para um composto constituído por átomos de A e B, as etapas de composição percentual para uma fórmula apresentam-se como se segue:

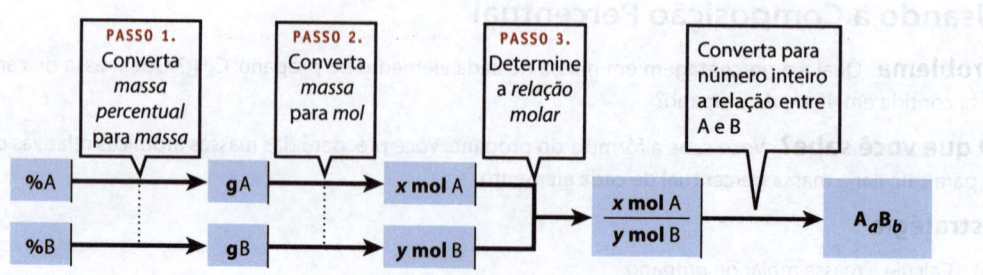

Como exemplo, deduziremos a fórmula da hidrazina, um composto usado para remover o oxigênio da água em sistemas de aquecimento e de refrigeração; trata-se de um parente próximo de amônia. A hidrazina é composta de 87,42% de N e 12,58% de H.

**ETAPA 1** *Converta a massa percentual para massa.* As massas percentuais de N e H na hidrazina nos diz que há 87,42 g de N e 12,58 g de H em uma amostra de 100,00 g.

**ETAPA 2** *Converter a massa de cada elemento para mol.* A quantidade de cada elemento na amostra de 100,00 g é

$$87,42 \ g\,N \times \frac{1 \ mol \ N}{14,007 \ g\,N} = 6,2412 \ mol \ de \ N$$

$$12,58 \ g\,H \times \frac{1 \ mol \ H}{1,0079 \ g\,H} = 12,481 \ mol \ de \ H$$

**ETAPA 3** *Calcule a proporção de mol dos elementos.* Utilize a quantidade de matéria (mol) de cada elemento em 100,00 g de amostra para determinar o valor de um elemento em relação a outro. (Para fazer isso, geralmente é melhor dividir a quantidade maior pela menor.) Para a hidrazina, essa proporção é de 2 mol de H a 1 mol de N,

$$\frac{12,481 \ mol \ de \ H}{6,2412 \ mol \ de \ N} = \frac{2,000 \ mol \ de \ H}{1,000 \ mol \ de \ N} \longrightarrow NH_2$$

mostrando que há 2 mol de átomos de H para cada mol de átomos de N na hidrazina. Assim, em uma única molécula, existem dois átomos de H para cada átomo de N; isto é, a fórmula representa um grupo $NH_2$. Essa expressão que representa a proporção mais simples dos átomos em uma fórmula é chamada **fórmula empírica**.

Dados da composição percentual nos permitem calcular a relação atômica de um composto. Uma *fórmula molecular*, no entanto, deve transmitir dois tipos de informação: (1) os números relativos de átomos de cada elemento em uma molécula (as proporções atômicas) e (2) o número total de átomos na molécula. Para a hidrazina existem duas vezes mais átomos de H do que de N, então a fórmula molecular poderia ser $NH_2$. Reconheça, no entanto, que $NH_2$ é apenas a relação possível mais simples de átomos em uma molécula. A fórmula empírica da hidrazina é $NH_2$, mas a verdadeira fórmula molecular poderia ser $NH_2$, $N_2H_4$, $N_3H_6$, $N_4H_8$, ou qualquer outra que tenha a proporção 1:2 de N para H.

Para *determinar a fórmula molecular a partir da fórmula empírica, a massa molar tem que ser obtida a partir de algum experimento.* Por exemplo, as experiências mostram que a massa molar da hidrazina é 32,0 g $mol^{-1}$, o dobro da massa da fórmula $NH_2$, que é de 16,0 g $mol^{-1}$. Assim, a fórmula molecular da hidrazina corresponde a duas vezes a fórmula empírica de $NH_2$, ou seja, $N_2H_4$.

> **Derivando uma Fórmula** Um percentual de composição dá a massa de um elemento em 100 g de amostra. No entanto, ao derivar uma fórmula, qualquer quantidade de amostra é apropriada se você souber a massa de cada elemento nessa massa de amostra.

## DICA PARA RESOLUÇÃO DE PROBLEMAS 2.2

### Encontrando Fórmulas Empíricas e Moleculares

- Os dados experimentais disponíveis para encontrar uma fórmula podem estar na forma de composição percentual ou massas de elementos combinados em alguns compostos. Não importa qual é o ponto de partida, o primeiro passo é sempre converter as massas dos elementos para mol.

- Certifique-se de utilizar *pelo menos* três algarismos significativos no cálculo das fórmulas empíricas. Utilizar menos algarismos significativos pode conduzir a um resultado incorreto.

- Ao encontrar razões atômicas, sempre divida a maior quantidade de matéria pela menor.

- Fórmulas empíricas e moleculares podem ser diferentes para compostos moleculares. No entanto, não existe uma fórmula "molecular" para um composto iônico; tudo o que pode ser obtido é a fórmula empírica.

- Para determinar a fórmula molecular de um composto após o cálculo da fórmula empírica, é necessário conhecer a massa molar.

- Quando *tanto* a composição percentual *como* a massa molar são conhecidas em um composto, o método alternativo mencionado em "Pense bem antes de responder" no Exemplo 2.9 poderia ser utilizado.

**Mapa Estratégico 2.9**

**PROBLEMA**

Determine as **fórmulas empíricas** e **moleculares** baseadas na *composição conhecida* e na *massa molar conhecida*.

**DADOS/INFORMAÇÕES CONHECIDOS**
- Massa molar
- Composição percentual

**ETAPA 1.** Suponha que cada **%** **de átomo** é equivalente à **massa em gramas** em **100 g** de amostra

A **massa** de cada elemento em uma amostra de **100 g** do composto

**ETAPA 2.** Utilize a **massa atômica relativa** de cada elemento para calcular a **quantidade de matéria** de cada elemento em 100 g de amostra (multiplicar **massa** por **mol g⁻¹**).

**Quantidade de matéria (mol)** de cada elemento em **100 g** de amostra

**ETAPA 3.** Divida a *quantidade de matéria* de cada elemento pela *quantidade de matéria* do elemento presente **na menor quantidade.**

A **razão molar** é obtida pela razão entre a *quantidade de matéria de cada elemento* pela *quantidade de matéria do elemento presente em menor quantidade* = **fórmula empírica**.

**ETAPA 4.** Divida a **massa molar** *conhecida* pela **massa da fórmula empírica.**

**Fórmula molecular**

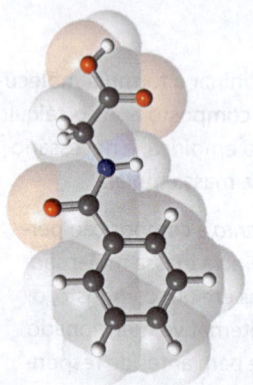

**Ácido hipúrico, C₉H₉NO₃** Esta substância, que pode ser isolada na forma de cristais brancos, é encontrada na urina de seres humanos e de animais herbívoros.

---

**EXEMPLO 2.9**

# Calculando as Fórmulas Empíricas a partir da Composição Percentual

**Problema** Muitos refrigerantes contêm benzoato de sódio como conservante. Quando você consome o benzoato de sódio, ele reage com o aminoácido glicina no seu corpo de modo a formar o ácido hipúrico, que é então excretado pela urina. O ácido hipúrico tem uma massa molar de 179,17 g mol⁻¹ e tem 60,33% de C, 5,06% de H, 7,82% de N; o restante é oxigênio. Determine as fórmulas empírica e molecular do ácido hipúrico.

**O que você sabe?** Você sabe a massa percentual de C, H e N. A massa percentual do oxigênio não é conhecida, mas é obtida pela diferença. Você sabe a massa molar, mas precisará dos pesos atômicos de C, H, N e O para o cálculo.

**Estratégia** Suponha que a massa percentual de cada elemento seja equivalente à sua massa, em gramas, e converta cada massa para mol. A proporção de mol fornecerá a fórmula empírica. A massa de um mol de composto com a fórmula empírica calculada é comparada com a massa molar real e experimental para encontrarmos a verdadeira fórmula molecular.

---

**RESOLUÇÃO** A massa de oxigênio em uma amostra de 100,0 g de ácido hipúrico é

$$100,00 \text{ g} = 60,33 \text{ g C} + 5,06 \text{ g H} + 7,82 \text{ g N} + \text{massa de O}$$

$$\text{Massa de O} = 26,79 \text{ g O}$$

A quantidade de matéria de cada elemento em 100,0 g é

$$60,33 \text{ g C} \times \frac{1 \text{ mol C}}{12,011 \text{ g C}} = 5,0229 \text{ mol C}$$

$$5,06 \text{ g H} \times \frac{1 \text{ mol H}}{1,008 \text{ g H}} = 5,020 \text{ mol H}$$

$$7,82 \text{ g N} \times \frac{1 \text{ mol N}}{14,01 \text{ g N}} = 0,5582 \text{ mol N}$$

$$26,79 \text{ g O} \times \frac{1 \text{ mol O}}{15,999 \text{ g O}} = 1,6745 \text{ mol O}$$

Para encontrar a razão molar, a melhor abordagem é basear as relações sobre a menor quantidade de matéria presente – neste caso, o nitrogênio.

$$\frac{\text{mol C}}{\text{mol N}} \times \frac{5,0229 \text{ mol C}}{0,5582 \text{ mol N}} = \frac{9,00 \text{ mol C}}{1,00 \text{ mol N}} = 9 \text{ mol C/1 mol N}$$

$$\frac{\text{mol H}}{\text{mol N}} \times \frac{5,020 \text{ mol H}}{0,5582 \text{ mol N}} = \frac{8,99 \text{ mol H}}{1,00 \text{ mol N}} = 9 \text{ mol H/1 mol N}$$

$$\frac{\text{mol O}}{\text{mol N}} \times \frac{1,6745 \text{ mol O}}{0,5582 \text{ mol N}} = \frac{3,00 \text{ mol O}}{1,00 \text{ mol N}} = 3 \text{ mol O/1 mol N}$$

Agora sabemos que há 9 mol de C, 9 mol de H e 3 mol de O para cada mol de N. Assim, a fórmula empírica é C₉H₉NO₃. A massa molar desse composto é 179,17 g mol⁻¹. Ela é a mesma que o peso molecular da fórmula empírica, de modo que a fórmula molecular é C₉H₉NO₃.

**Pense bem antes de responder** Há uma outra abordagem para encontrar a fórmula molecular aqui. Sabendo a composição percentual de ácido hipúrico e sua massa molar, você poderia calcular que em 179,17 g de ácido hipúrico existem 108,06 g de C (9,000 mol de C), 9,07 g de H (8,99 mol de H), 14,01 g de N (1,000 mol de N) e 48,00 g de O (3,000 mol de O). Isso nos dá a seguinte fórmula molecular: C₉H₉NO₃. No entanto, você deve reconhecer que *essa abordagem só pode ser utilizada quando você conhece **tanto** a composição percentual **quanto** a massa molar.*

## Determinando uma Fórmula através dos Dados da Massa

A composição de um composto, em termos de porcentagem em massa, nos fornece a quantidade de matéria em uma amostra de 100,0 g. No laboratório, muitas vezes coletamos informações sobre a composição dos compostos de forma ligeiramente diferente. Nós podemos

1. Combinar massas conhecidas de elementos para fornecer uma amostra do composto de massa conhecida. As massas dos elementos podem ser convertidas em quantidades de matéria (mol), e a proporção dessas quantidades fornece a relação entre as quantidades de matéria dos átomos combinados, ou seja, a fórmula empírica. Esse procedimento está ilustrado no Exemplo 2.10.

2. Decomponha uma massa conhecida de um composto desconhecido em "pedaços" de composição conhecida. Se as massas dos "pedaços" podem ser determinadas, a razão dos mol dos "pedaços" nos dá a fórmula. Um exemplo é uma decomposição, tal como

$$Ni(CO)_4(\ell) \rightarrow Ni(s) + 4\ CO(g)$$

As massas de Ni e de CO podem ser convertidas em mol, cuja razão 1:4 revelaria a fórmula do composto. Descreveremos este procedimento no Exemplo 2.11.

---

### EXEMPLO 2.10

#### A Fórmula de um Composto a partir de Massas que se Combinam

**Problema** Os óxidos de praticamente todos os elementos são conhecidos. O bromo, por exemplo, forma vários óxidos quando tratado com ozônio($O_3$). Suponha que você permita que 1,250 g de bromo, $Br_2$, reaja com o ozônio para obter 1,876 g de $Br_xO_y$. Qual é a fórmula empírica do produto?

**O que você sabe?** Que começa com uma determinada massa de bromo e que todo o bromo se torna parte do óxido de bromo de fórmula desconhecida. Você também conhece a massa do produto, e, por conhecer a massa de Br nesse produto, é possível determinar a massa de O nele.

#### Estratégia

- A massa de oxigênio é determinada como a diferença entre a massa do produto e a massa de bromo utilizada.
- Calcule as quantidades de matéria de Br e O das massas de cada elemento.
- Encontre a razão molar entre os mol de Br e os mol de O. Isso define a fórmula empírica.

**RESOLUÇÃO** Você já conhece a massa do bromo no composto, então consegue calcular a massa de oxigênio no composto subtraindo a massa de bromo a partir da massa do produto.

$$1{,}876\ \text{g produto} - 1{,}250\ \text{g } Br_2 = 0{,}626\ \text{g O}$$

Em seguida, calcule a quantidade de cada reagente. Observe que, apesar de $Br_2$ ter sido o reagente, precisamos saber a quantidade de Br no produto.

$$1,250 \text{ g } Br_2 \times \frac{1 \text{ mol } Br_2}{159,81 \text{ g } Br_2} = 0,0078218 \text{ mol } Br_2$$

$$0,0078218 \text{ mol } Br_2 \times \frac{2 \text{ mol Br}}{1 \text{ mol } Br_2} = 0,015644 \text{ mol Br}$$

$$0,626 \text{ g O} \times \frac{1 \text{ mol O}}{16,00 \text{ g O}} = 0,03913 \text{ mol O}$$

Encontre a relação entre o mol de O e mol de Br:

$$\text{Razão molar} = \frac{0,03913 \text{ mol O}}{0,015644 \text{ mol Br}} = \frac{2,50 \text{ mol O}}{1,00 \text{ mol O}}$$

A relação atômica é de 2,5 mol de O/1,0 mol de Br. No entanto, os átomos combinam numa relação de números inteiros pequenos, então nós os dobramos para dar uma proporção de 5 mol de O por 2 mol de Br. Assim, o produto é $Br_2O_5$ (pentóxido dibromo).

**Pense bem antes de responder** A razão molar de 5:2 foi encontrada ao perceber que $2,5 = 2 \; 1/2 = 5/2$. O cálculo forneceu uma fórmula empírica para esse composto. Para determinar se esta é também a fórmula molecular, a massa molar do composto teria que ser determinada.

## Verifique seu entendimento

Óxido de gálio, $Ga_xO_y$, forma-se quando o gálio é combinado com o oxigênio. Suponha que você permite que 1,25 g de gálio (Ga) reaja com o oxigênio e obtenha 1,68 g de $Ga_xO_y$. Qual é a fórmula do composto?

---

**EXEMPLO 2.11**

## Determinando a Fórmula de um Composto Hidratado

Branco $CuSO_4$     Azul $CuSO_4 \cdot x \, H_2O$

**Problema** Você quer saber o valor de $x$ no sulfato de cobre(II) hidratado azul, $CuSO_4 \cdot x \, H_2O$, isto é, o número de moléculas de água para cada unidade de $CuSO_4$. No laboratório você pesa 1,023 g do sólido. Após o aquecimento completo do sólido em um cadinho de porcelana (Figura), permanece 0,654 g de sulfato de cobre(II) anidro quase branco, $CuSO_4$.

$$1,023 \text{ g } CuSO_4 \cdot x \, H_2O + \text{calor} \rightarrow 0,654 \text{ g } CuSO_4 + ? \text{ g } H_2O$$

**O que você sabe?** Você sabe a massa da amostra do sulfato de cobre(II), incluindo a água (antes do aquecimento) e sem água (após aquecimento). Portanto, você sabe a massa de água na amostra e a massa de $CuSO_4$ e pode determinar a massa de água na amostra.

**Estratégia** Para encontrar $x$ você precisa saber a quantidade de $H_2O$ por mol de $CuSO_4$.

* Inicialmente, determine a massa de água liberada no aquecimento do composto hidratado.
* Depois, calcule a quantidade de matéria (mol) de $CuSO_4$ e $H_2O$ a partir de suas massas e massas molares.
* E, finalmente, determine a razão molar (quantidade de matéria de $H_2O$/quantidade de matéria de $CuSO_4$).

**RESOLUÇÃO** Encontre a massa da água.

| | |
|---|---:|
| Massa do composto hidratado | 1,023 g |
| − Massa do composto anidro, $CuSO_4$ | −0,654 |
| Massa da água | 0,369 g |

Em seguida, converta as massas de $CuSO_4$ e $H_2O$ para mol.

$$0,369 \ g \ H_2O \times \frac{1 \ mol \ H_2O}{18,02 \ g \ H_2O} = 0,02048 \ mol \ H_2O$$

$$0,654 \ g \ CuSO_4 \times \frac{1 \ mol \ CuSO_4}{159,6 \ g \ CuSO_4} = 0,004098 \ mol \ CuSO_4$$

O valor de $x$ é determinado a partir da razão molar.

$$\frac{0,02048 \ mol \ H_2O}{0,004098 \ mol \ CuSO_4} = \frac{5,00 \ mol \ H_2O}{1,00 \ mol \ CuSO_4}$$

A razão entre $H_2O$ e $CuSO_4$ é 5:1, então a fórmula do composto hidratado é $CuSO_4 \cdot 5H_2O$. Seu nome é sulfato de cobre(II) pentaidratado.

**Pense bem antes de responder** A razão da quantidade de matéria de água na quantidade de matéria de $CuSO_4$ é um número inteiro. Isto é quase sempre o que ocorre com os compostos hidratados.

## Verifique seu entendimento

O cloreto de níquel(II) hidratado é um belo composto cristalino verde. Quando bastante aquecido, o composto é desidratado. Se 0,235 g de $NiCl_2 \cdot x \ H_2O$ fornece 0,128 g de $NiCl_2$ depois do aquecimento, qual é o valor de $x$?

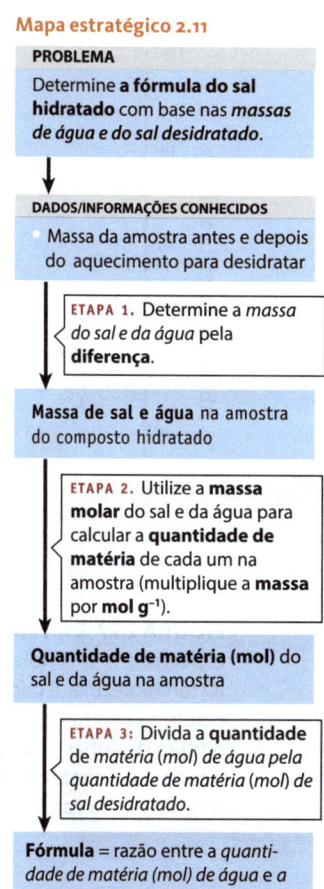

**Mapa estratégico 2.11**

**PROBLEMA**

Determine **a fórmula do sal hidratado** com base nas *massas de água e do sal desidratado.*

**DADOS/INFORMAÇÕES CONHECIDOS**

• Massa da amostra antes e depois do aquecimento para desidratar

**ETAPA 1.** Determine a *massa do sal e da água* pela **diferença.**

**Massa de sal e água** na amostra do composto hidratado

**ETAPA 2.** Utilize a **massa molar** do sal e da água para calcular a **quantidade de matéria** de cada um na amostra (multiplique a **massa** por **mol g⁻¹**).

**Quantidade de matéria (mol)** do sal e da água na amostra

**ETAPA 3:** Divida a **quantidade** de *matéria (mol) de água* pela *quantidade de matéria (mol) de sal desidratado.*

**Fórmula** = razão entre a *quantidade de matéria (mol) de água* e *a quantidade de matéria (mol) de sal na amostra desidratada*

## **2.8** Análise Instrumental: Determinando as Fórmulas de Compostos

### Objetivos da Seção 2.8

- Determinar a fórmula molecular a partir de um espectro de massas.
- Identificar os isótopos usando espectrometria de massas.

## Determinando a Fórmula pela Espectometria de Massa

Descrevemos métodos químicos para determinar uma fórmula molecular, mas existem também muitos métodos instrumentais. Um deles é a *espectrometria de massas*. Introduzimos esta técnica anteriormente, quando discutimos a existência de isótopos e sua abundância relativa (veja a Figura 2.3). Se um composto pode ser vaporizado, o vapor pode ser passado através de um feixe de elétrons de um espectrômetro de massa, onde elétrons de alta energia colidem com as moléculas em fase gasosa. Essas colisões de alta energia fazem com que as moléculas percam elétrons e se tornem íons positivos. Esses íons geralmente se decompõem ou se fragmentam em pedaços menores. Tal como ilustrado na Figura 2.27, o cátion originado a partir dos fragmentos de etanol ($CH_3CH_2OH^+$) (que perdem um átomo de H) gera um outro cátion ($CH_3CH_2O^+$), que se fragmenta ainda mais. Um espectrômetro de massa detecta e registra as massas das partículas diferentes. A análise do espectro poderá ajudar a identificar um composto e fornecer uma massa molecular precisa.

## Massa Molar e Isótopos na Espectrometria de Massas

O bromobenzeno, $C_6H_5Br$, tem uma massa molar de 157,010 g mol⁻¹. Por que, então, há duas linhas proeminentes na relação massa/carga ($m/Z$) de 156 e 158 no espectro de massas do composto (Figura 2.28)? A resposta nos mostra a influência de isótopos na massa molar.

O bromo tem dois isótopos naturais, $^{79}Br$ e $^{81}Br$. Eles são 50,7% e 49,3% abundantes, respectivamente. Qual é a massa de $C_6H_5Br$ baseada em cada isótopo? Se usarmos os isótopos mais abundantes de C e H ($^{12}C$ e $^1H$), a massa da

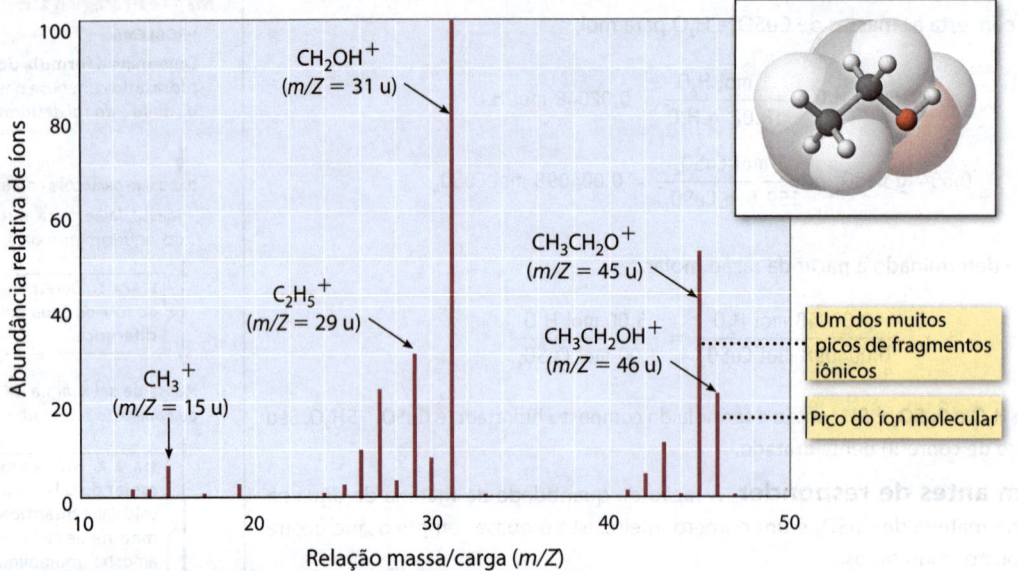

**FIGURA 2.27 Espectro de massas de etanol, CH₃CH₂OH.** Um pico ou uma linha importante no espectro é o íon "molecular" (CH₃CH₂OH⁺) de massa 46.
(O íon molecular é o íon mais pesado observado.) A massa designada pelo pico do íon molecular confirma a fórmula da molécula. Outros picos correspondem a íons mais leves (fragmentos iônicos). Esse padrão de linhas pode fornecer mais provas inequívocas sobre a fórmula do composto. (O eixo horizontal é a razão massa/carga de um dado íon. Uma vez que quase todos os íons observados possuem uma carga $Z = +1$, o valor observado é a massa do íon.)

molécula com o isótopo $^{79}Br$, $C_6H_5{}^{79}Br$, é de 156. A massa da molécula que contém o isótopo $^{81}Br$, $C_6H_5{}^{81}Br$, é 158. O tamanho relativo dos dois picos no espectro reflete as abundâncias relativas dos dois isótopos de bromo.

A massa molar calculada do bromobenzeno (157,010 g mol⁻¹) reflete a abundância de todos os isótopos. Por outro lado, o espectro de massas tem uma linha para cada combinação possível de isótopos. Isso também explica porque existem também pequenas linhas nas relações massa/carga de 157 e 159. Eles surgem a partir de diversas combinações de $^1H$, $^{12}C$, $^{13}C$, $^{79}Br$ e átomos de $^{81}Br$. Na verdade, uma análise cuidadosa desses padrões pode identificar uma molécula de forma inequívoca.

**FIGURA 2.28 Espectro de massas do bromobenzeno, C₆H₅Br.** Estão presentes dois picos para o íon molecular nas razões *m/Z* de 156 e 158. As alturas similares dos picos refletem abundâncias naturais quase iguais às dos dois isótopos de bromo, ⁷⁹Br e ⁸¹Br.

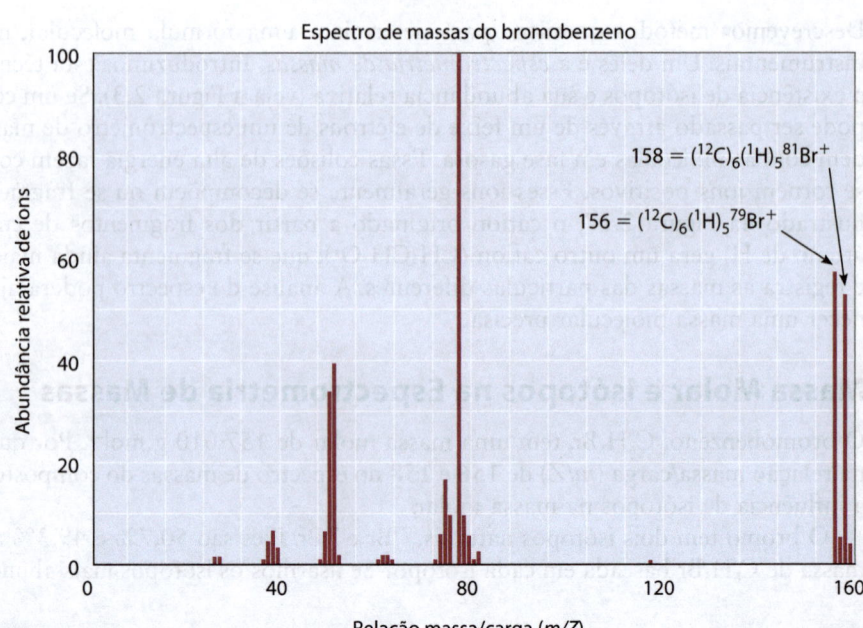

Espectro de massas do bromobenzeno

$158 = (^{12}C)_6(^1H)_5{}^{81}Br^+$

$156 = (^{12}C)_6(^1H)_5{}^{79}Br^+$

**EXEMPLO 2.12**

## Abundância Isotópica pela Espectrometria de Massas

**Problema** O espectro de massas está ilustrado aqui. O fósforo, $^{31}P$, tem um isótopo estável. O cloro tem dois isótopos estáveis, $^{35}Cl$ e $^{37}Cl$.

(a) Quais espécies moleculares dão origem aos picos moleculares nas razões $m/Z$ em 136, 138 e 140?

(b) Quais espécies moleculares dão origem aos picos moleculares nas razões $m/Z$ em 101, 103 e 105?

(c) Preveja a fórmula estrutural (veja a Figura 2.14) do tricloreto de fósforo a partir do espectro de massas.

**O que você sabe?** Você sabe que as moléculas de $PCl_3$ ionizam-se para formar íons positivos. Alguns dos íons (moleculares) fragmentam-se em íons menores. Você sabe também os números de massa de cada átomo. O espectro de massas lhe mostra a massa de cada íon dividida pela sua carga ($m/Z$).

**Estratégia** Tente gerar as razões $m/Z$ observadas no espectro de massas combinando os números de massa dos elementos ($^{35}Cl$, $^{37}Cl$ e $^{31}P$) em várias combinações.

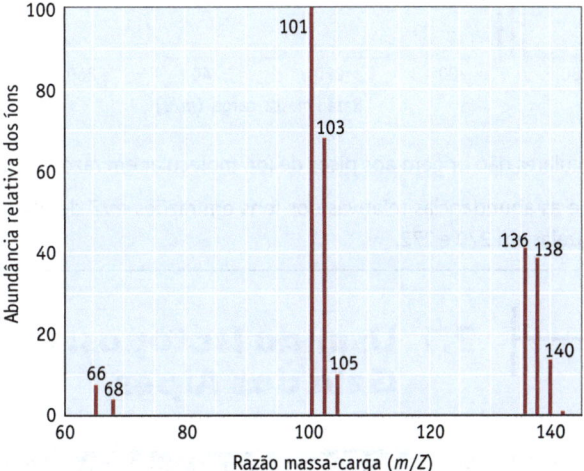

## RESOLUÇÃO

(a) Os picos do íon molecular correspondem aos íons que não se fragmentaram. Um íon molecular formado de um átomo $^{31}P$ e três átomos $^{35}Cl$ tem uma razão $m/Z$ de 136 (se a carga do íon for +1). Um átomo $^{31}P$ combinado com dois átomos $^{35}Cl$ e um átomo $^{37}Cl$ tem uma razão $m/Z$ de 138. Finalmente, um átomo $^{31}P$ combinado com um átomo $^{35}Cl$ e dois átomos $^{37}Cl$ tem uma razão $m/Z$ de 140. Portanto, as espécies moleculares são $P^{35}Cl_3$ ($m/Z = 136$), $P^{35}Cl_2{}^{37}Cl$ ($m/Z = 138$) e $P^{35}Cl^{37}Cl_2$ ($m/Z = 140$).

b) Os íons com razões $m/Z$ de 101, 103 e 105 tem a fórmula $PCl_2{}^+$. As espécies são $P^{35}Cl_2$ ($m/Z = 101$), $P^{35}Cl_{37}Cl$ ($m/Z = 103$) e $P^{37}Cl_2$ ($m/Z = 105$).

c) A estrutura provável está a seguir.

$$Cl - P - Cl$$

O espectro de massas mostra íons de fragmentos de $PCl^+$ ($m/Z = 61$ e 63) e $PCl_2{}^+$, mas não mostra íons de fragmentos de $Cl_2{}^+$ ou $Cl_3{}^+$. A ausência de íons $Cl_2{}^+$ ou $Cl_3{}^+$ é evidência de que os átomos de cloro estão ligados ao átomo de fósforo e não entre si.

**Pense sobre sua resposta** Quando da identificação de íons em um espectro de massas é importante usar as massas de cada isótopo de um elemento, ao invés de usar a média das massas atômicas do elemento.

## Verifique seu entendimento

O espectro de massas do tribrometo de fósforo está ilustrado a seguir. O bromo tem dois isótopos estáveis, $^{79}$Br e $^{81}$Br com abundâncias de 50,7% e 49,3%, respectivamente.

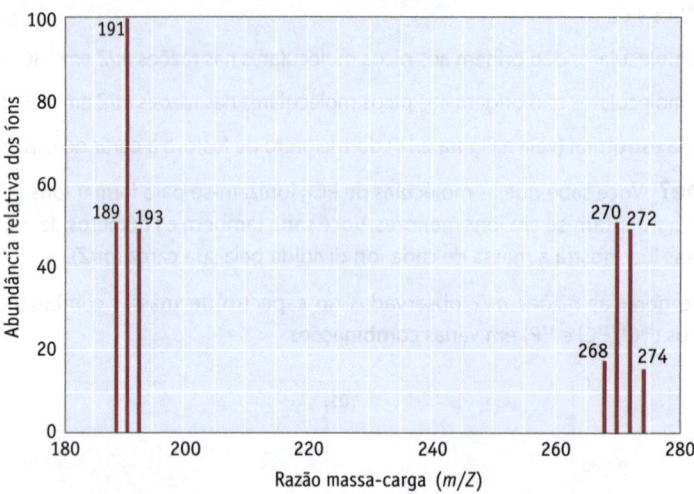

(a) Quais espécies moleculares dão origem aos picos de íon molecular em razões $m/Z$ de 270 e 272?

(b) Explique o motivo de as abundâncias relativas dos íons em razões $m/Z$ de 268 e 274 serem aproximadamente um terço daquelas em 270 e 272.

## APLICANDO OS PRINCÍPIOS QUÍMICOS

# 2.1 Usando Isótopos: Ötzi, o Homem do Gelo dos Alpes

Em 1991, um alpinista que se encontrava nos Alpes, na fronteira entre a Áustria e a Itália, deparou-se com restos bem preservados de um homem de aproximadamente 46 anos de idade, agora apelidado de "Homem do Gelo", que tinha vivido há cerca de 5300 anos (Capítulo 1). Estudos usando isótopos de oxigênio, estrôncio, chumbo e argônio, entre outros, ajudaram os cientistas a elaborar um quadro detalhado do homem e de sua vida.

A abundância do isótopo $^{18}$O do oxigênio está relacionada com a latitude e altitude em que a pessoa nasceu e foi criada. O oxigênio nos biominerais, tais como dentes e ossos, vem principalmente da água ingerida. Os lagos e rios, no lado Norte dos Alpes, são conhecidos por terem conteúdo inferior de $^{18}$O do que aqueles que se encontram no lado Sul das montanhas. O teor de $^{18}$O dos dentes e ossos do Homem do Gelo pareceu estar relativamente elevado, o que era característico da Bacia Sul dos Alpes. Ele havia nitidamente nascido e crescido naquela área.

A abundância relativa de isótopos de elementos mais pesados também varia ligeiramente de um lugar para outro, assim

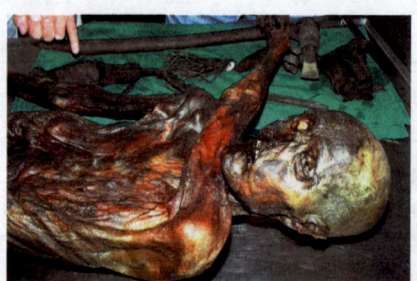

**Ötzi, o Homem do Gelo.** A múmia bem preservada de um homem que viveu no Norte da Itália cerca de 5300 anos atrás.

como na sua incorporação em diferentes minerais. O estrôncio, um membro do mesmo grupo periódico do cálcio, é incorporado nos dentes e ossos. A proporção de isótopos de estrôncio, $^{87}$Sr/$^{86}$Sr, e de isótopos de chumbo, $^{206}$Pb/$^{204}$Pb, nos dentes e ossos do Homem do Gelo era característica dos solos de uma estreita região da Itália ao Sul dos Alpes, o que determinou mais evidentemente onde ele nasceu e viveu a maior parte de sua vida.

Os pesquisadores também procuraram resíduos de alimentos no intestino do Homem do Gelo. Apesar de terem sido encontrados alguns grãos de cereais, eles

localizaram pequenas lascas de mica, que acreditam vir de pedras usadas para moer grãos e que foram, portanto, ingeridas quando o homem comeu tal alimento. Eles analisaram essas lascas usando isótopos de argônio, $^{40}$Ar e $^{39}$Ar, e verificaram que estas correspondiam à mica de uma área ao Sul dos Alpes, estabelecendo, assim, o local onde viveu nos seus últimos anos.

O resultado geral dos muitos estudos de isótopos mostrou que o Homem do Gelo viveu há milhares de anos em uma pequena área de cerca de 10-20 km a Oeste de Merano, no Norte da Itália.

Para mais detalhes sobre os estudos de isótopos, veja Müller, W. et al., *Science*, v. 302, 31 oct. 2003, p. 862-866.

### Questões:

1. Quantos nêutrons estão presentes no átomo de $^{18}$O? E em cada um dos dois isótopos de chumbo?

2. Existem três isótopos estáveis de oxigênio ($^{16}$O, massa 15,9949 u, 99,763%, $^{17}$O, massa 16,9991 u, 0,0375%, e $^{18}$O, 17,9991 u, 0,1995%). Use esses dados para calcular a massa atômica relativa do oxigênio.

## 2.2  O Arsênio, a Medicina e a Fórmula do Composto 606

### APLICANDO OS PRINCÍPIOS QUÍMICOS

Por alguns séculos, a prática na medicina tem sido a de encontrar compostos que são tóxicos para certos organismos, mas não tão tóxico a ponto de prejudicar o paciente. No início do século XX, Paul Ehrlich buscou encontrar simplesmente um composto que poderia curar a sífilis, uma doença sexualmente transmissível que era epidemia na época. Ele analisou centenas de compostos, e descobriu que seu 606º composto era eficaz: uma droga contendo arsênio chamada salvarsan, ou arsefenamina. Ela vinha sendo utilizada há alguns anos para o tratamento de sífilis até a descoberta da penicilina na década de 1930.

Salvarsan foi uma precursora da indústria farmacêutica moderna. Curiosamente, o que os químicos achavam se tratar de um único composto era na verdade uma mistura de compostos. A Questão 2, a

seguir, levará você à fórmula molecular de cada um deles.

### Questões:

1. O arsênio é bastante encontrado no meio ambiente e é um grande problema no abastecimento de água que vem do solo em Bangladesh. O ouro-pigmento e a enargita são minerais de arsênio. Este último tem 19,024% de As, 48,407% de Cu e 32,569% de S. Qual é a fórmula empírica do mineral?

2. Durante muito tempo pensava-se que a salvarsan era uma única substância. Recentemente, no entanto, um estudo de espectrometria de massas do composto mostrou que ela é uma mistura de duas moléculas com a mesma fórmula empírica. Cada uma tem a seguinte composição: 39,37% de C, 3,304% de H, 8,741% de O, 7,652%

**Uma amostra de ouro-pigmento , um mineral comum que contém arsênio ($As_2S_3$).** Supõe-se que o nome do elemento venha da palavra grega para este mineral, que por muito tempo foi usado como pigmento por pintores holandeses do século XVII.

de N e 40,932% de As. Uma tem uma massa molar de 549 g $mol^{-1}$ e a outra tem uma massa molar de 915 g $mol^{-1}$. Quais são as fórmulas moleculares dos compostos?

## 2.3  Argônio – Uma Incrível Descoberta

### APLICANDO OS PRINCÍPIOS QUÍMICOS

O gás nobre argônio foi descoberto por *Sir* William Ramsay e John William Strutt (o terceiro Lord Rayleigh) na Inglaterra e relatado em revistas científicas em 1895. Diante dessa descoberta, Ramsay e Lord Rayleigh fizeram medidas altamente precisas da densidade do gás. Eles descobriram que o nitrogênio gasoso ($N_2$) formado pela decomposição térmica da amônia tinha uma densidade ligeiramente mais baixa que a do gás que permanecia após $O_2$, $CO_2$ e $H_2O$ serem removidos do ar. A razão para essa diferença é que a amostra extraída do ar continha uma pequena quantidade de outros gases. Após remover o $N_2$ da amostra promovendo sua reação com magnésio incandescente (para formar $Mg_3N_2$), permanecia uma pequena quantidade de gás, que era mais densa que o ar. Este foi identificado como argônio.

As densidades experimentalmente determinadas por Lord Rayleigh para o oxigênio, nitrogênio e ar atmoaférico são:

| Gás | Densidade (g $L^{-1}$) |
|---|---|
| Oxigênio | 1,42952 |
| Nitrogênio, derivado do ar | 1,25718 |
| Nitrogênio, derivado de amônia | 1,25092 |
| Ar atmosférico, com água e $CO_2$ removido | 1,29327 |

### Questões:

1. Para determinar a densidade do nitrogênio atmosférico, Lord Rayleigh removeu o oxigênio, a água e o dióxido de carbono do ar, e então preencheu um globo de vidro vazio com o gás remanescente. Ele determinou que uma massa de 0,20389 g de nitrogênio possui uma densidade de 1,25718 g $L^{-1}$ em condições normais de temperatura e pressão. Qual é o volume do globo (em $cm^3$)?

2. A densidade de uma mistura de gases pode ser calculada pela soma dos

*Sir* **William Ramsay (1852- 1916).** Ramsay foi um químico escocês que descobriu vários dos gases nobres (pelo qual recebeu o Prêmio Nobel de Química em 1904). Lorde Rayleigh recebeu o Prêmio Nobel em Física, também em 1904, pela descoberta do argônio.

*continua*

produtos da densidade de cada um dos gases e o volume parcial do espaço ocupado por esse gás. (Observe a semelhança com o cálculo da massa molar de um elemento a partir das massas e das abundâncias isotópicas fracionadas.) Suponha que o ar seco com $CO_2$ removido seja 20,96% (em volume) de oxigênio, 78,11% de nitrogênio e 0,930% de argônio. Determine a densidade do argônio.

3. O argônio atmosférico é uma mistura de três isótopos estáveis: $^{36}Ar$, $^{38}Ar$ e $^{40}Ar$. Utilize as informações da tabela a seguir para determinar a massa atômica e abundância natural do $^{40}Ar$.

| Isótopo | Massa atômica (u) | Abundância (%) |
|---|---|---|
| $^{36}Ar$ | 35,967545 | 0,337 |
| $^{38}Ar$ | 37,96732 | 0,063 |
| $^{40}Ar$ | ? | ? |

4. Uma vez que a densidade do argônio é 1,78 g $L^{-1}$, em condições normais de temperatura e pressão, quantos átomos de argônio estão presentes em uma sala com as dimensões de 4,0 m x 5,0 m x 2,4 m que está preenchida com argônio puro sob essas condições de temperatura e pressão?

### Referências:

1. *Proceedings of the Royal Society of London*, v. 57, p. 265-287, (1894-1895).
2. RAMSAY, W. *The Gases of the Atmosphere and Their History*. 4. ed. Londres: MacMillan and Co., Limited, 1915.

# OBJETIVOS REVISITADOS

Os objetivos deste capítulo são marcados com as Questões para Estudo específicas para ajudá-lo a organizar sua revisão.

## 2.1 ESTRUTURA ATÔMICA, NÚMERO ATÔMICO E MASSA ATÔMICA

- Descrever elétrons, prótons e nêutrons e a estrutura geral do átomo. **1, 3**.

- Definir os termos número atômico e número de massa **2, 5-7**.

## 2.2 ISÓTOPOS E MASSA ATÔMICA RELATIVA

- Definir isótopos e fornecer o número de massa e o número de nêutrons para um isótopo específico. **8, 15-17, 101**.

- Realizar cálculos que relacionam a massa atômica relativa (massa atômica) de um elemento e as abundâncias isotópicas e massas **19-24, 156b, 158**.

## 2.3 A TABELA PERIÓDICA

- Saber a terminologia da tabela periódica (períodos, grupos) e como usar as informações dadas na tabela periódica. **25, 26, 29-31, 103**.

- Identificar as similaridades e diferenças nas propriedades de alguns elementos comuns de um grupo. **28, 32**.

## 2.4 MOLÉCULAS, COMPOSTOS E FÓRMULAS

- Identificar e interpretar fórmulas moleculares, fórmulas condensadas e fórmulas estruturais. **33, 34**.

- Lembrar a fórmula e nomes dos compostos moleculares comuns. **60**.

- Dar nome e escrever as fórmulas de compostos moleculares binários. **57-60**.

## 2.5 COMPOSTOS IÔNICOS: FÓRMULAS, NOMES E PROPRIEDADES

- Identificar que os átomos metálicos normalmente perdem um ou mais elétrons para formar íons positivos, chamados de cátions e os átomos não metálicos frequentemente ganham elétrons para formar íons negativos, chamados de ânions. **39, 40, 116**.

- Prever a carga nos cátions e ânions monoatômicos com base no número do Grupo. **35-37**.

- Escrever as fórmulas para compostos iônicos combinando os íons na proporção apropriada para que eles não tenham uma carga. **41-48**.

- Dar os nomes de fórmulas de íons e compostos iônicos. **49-54**.

- Compreender a importância da lei de Coulomb na química, a qual descreve as forças eletrostáticas de atração e repulsão de íons. **55, 56**.

## 2.6 ÁTOMOS, MOLÉCULAS E MOL

- Entender os conceitos de mol e de massa molar e suas aplicações. **61-64, 66, 67**.

- Usar a massa molar de um elemento e o número de Avogadro em cálculos. **65, 68, 105-106**.

- Calcular a massa molar de um composto a partir da sua fórmula e de uma tabela de massa atômica. **69-72**.

- Calcular a quantidade de matéria de um composto representada por uma determinada massa e vice-versa. **73-74, 116**.

- Usar o número de Avogadro para calcular o número de átomos ou íons em um composto. **75-78, 117**.

## 2.7 ANÁLISE QUÍMICA: DETERMINANDO AS FÓRMULAS DE COMPOSTOS

- Expressar a composição de um composto em termos de composição percentual. **79-81**.

- Determinar as fórmulas empíricas e molecular de um composto usando a composição percentual ou outros dados experimentais. **87-92, 127, 133, 135**.

## 2.8 ANÁLISE INSTRUMENTAL: DETERMINANDO AS FÓRMULAS DE COMPOSTOS

- Determinar a fórmula molecular a partir de um espectro de massas. **97-100**.

- Identificar os isótopos usando espectrometria de massas. **158**.

## EQUAÇÕES-CHAVE

**Equação 2.1** Abundância percentual de um isótopo.

$$\text{Abundância percentual} = \frac{\text{número de átomos de um dado isótopo}}{\text{número total de átomos de todos os isótopos desse elemento}} \times 100\%$$

**Equação 2.2** Calcular a massa atômica relativa a partir das abundâncias dos isótopos e a massa atômica exata de cada isótopo de um elemento.

$$\text{Massa atômica relativa} = \left(\frac{\text{\% de abundância do isótopo 1}}{100}\right)(\text{massa do isótopo 1})$$
$$+ \left(\frac{\text{\% de abundância do isótopo 2}}{100}\right)(\text{massa do isótopo 2}) + \cdots$$

**Equação 2.3** Lei de Coulomb, a força de atração entre íons de cargas opostas.

carga + e − nos íons     carga do elétron

$$\text{Força} = -k\frac{(n^+e)(n^-e)}{d^2}$$

constante de proporcionalidade     distância entre íons

# QUESTÕES PARA ESTUDO

▲ denota questões desafiadoras.

**Questões numeradas em verde** têm as respostas no Apêndice N.

## Praticando Habilidades

### Átomos: Sua Composição e Estrutura

1. Quais são as três partículas fundamentais a partir das quais os átomos são construídos? Quais são suas cargas elétricas? Quais dessas partículas constituem o núcleo de um átomo? Qual das três é a partícula de menor massa?

2. Defina o número de massa. Qual é a diferença entre o número de massa e a massa atômica?

3. Um átomo tem um pequeno núcleo rodeado por uma "nuvem" de elétrons. A Figura 2.1 representa o núcleo com um diâmetro de cerca de 2 mm, e descreve a nuvem de elétrons como estendendo-se ao longo de 200 m. Se o diâmetro de um átomo é $1 \times 10^{-8}$ cm, qual é o diâmetro aproximado de seu núcleo?

4. Um átomo de ouro tem um raio de 145 pm. Se você pudesse unir átomos de ouro como pérolas em um colar, quantos átomos você precisaria para ter um colar com 36 centímetros de comprimento?

5. Dê o símbolo completo ($^A_Z X$), incluindo o número atômico e número de massa, para cada um dos seguintes átomos: (a) magnésio com 15 nêutrons, (b) titânio com 26 nêutrons, e (c) zinco com 32 nêutrons.

6. Dê o símbolo completo ($^A_Z X$), incluindo o número atômico e número de massa, de (a) um átomo de níquel com 31 nêutrons, (b) um átomo de plutônio com 150 nêutrons, e (c) um átomo de tungstênio com 110 nêutrons.

7. Quantos prótons, elétrons e nêutrons existem em cada um dos seguintes átomos a seguir?
   (a) magnésio-24, $^{24}Mg$
   (b) estanho-119, $^{119}Sn$
   (c) tório- 232, $^{232}Th$
   (d) carbono-13, $^{13}C$
   (e) cobre-63, $^{63}Cu$
   (f) bismuto-205, $^{205}Bi$

8. Estrutura atômica.
   (a) O elemento radioativo sintético tecnécio é utilizado em vários estudos médicos. Dê o número de elétrons, prótons e nêutrons em um átomo de tecnécio-99.
   (b) O amerício radioativo-241 é usado em detectores domésticos de fumaça e na análise mineral óssea. Dê o número de elétrons, prótons e nêutrons de um átomo de amerício-241.

### Experimentos-chave no Desenvolvimento da Estrutura Atômica

9. A partir de experiências de raios catódicos, J. J. Thomson estimou que a massa de um elétron era "cerca de 1 milésimo" da massa de um próton. Qual é a precisão dessa estimativa? Calcule a relação da massa de um elétron pela massa de um próton.

10. Em 1886, Eugene Goldstein observou partículas positivamente carregadas movendo-se na direção oposta aos elétrons em um tubo de raios catódicos (ilustrado abaixo). A partir da massa deles, ele concluiu que essas partículas eram formadas a partir do gás residual no tubo. Por exemplo, se o tubo de raios catódicos continha o hélio, os raios dos canais consistiam em íons He⁺. Descreva um processo que poderia levar a esses íons.

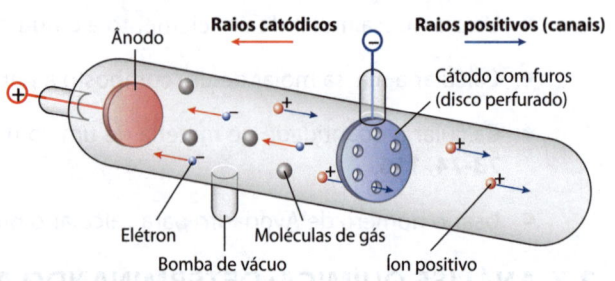

**Raios canais.** Em 1886, Eugene Goldstein detectou uma corrente de partículas que se movem na direção oposta à dos raios catódicos carregados negativamente (elétrons). Ele chamou essa corrente de partículas positivas de "raios canais."

11. Marie Curie nasceu na Polônia, mas estudou e realizou sua pesquisa em Paris. Em 1903, ela dividiu o Prêmio Nobel de Física com H. Becquerel e seu marido Pierre, pela descoberta da radioatividade. (Em 1911, ela recebeu o Prêmio Nobel de Química pela descoberta de dois novos elementos químicos, o rádio e o polônio, este último nomeado em homenagem a sua terra natal, a Polônia.) Eles e outros observaram que uma substância radioativa poderia emitir três tipos de radiação: alfa ($\alpha$), beta ($\beta$) e gama ($\gamma$). Se a radiação de uma fonte radioativa passar entre placas eletricamente carregadas, algumas partículas são atraídas à placa positiva, algumas à placa negativa, e outras não sentem atração. Quais partículas estão positivamente carregadas, quais estão carregadas negativamente, e quais não têm carga? Entre as duas partículas carregadas, qual tem a maior massa?

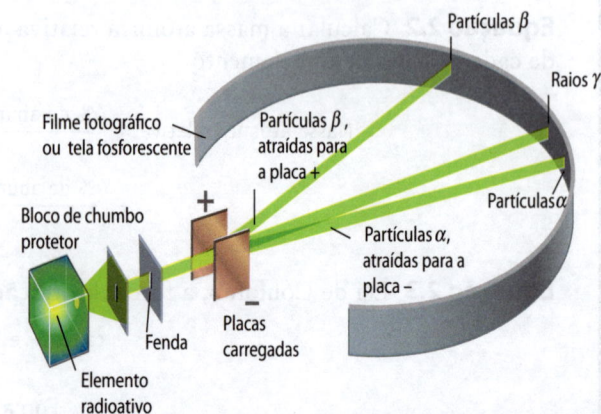

**Radioatividade.** Os raios alfa ($\alpha$), beta ($\beta$) e gama ($\gamma$) de um elemento radioativo são separados ao passarem entre as placas carregadas eletricamente.

**12.** No início dos 1800, John Dalton propôs que um átomo era uma partícula "sólida, maciça, dura e impenetrável". Critique a concepção de Dalton. Como essa descrição deturpa a estrutura atômica?

### Isótopos

**13.** A massa média do átomo $^{16}O$ é 15,995 u. Qual é a massa relativa à massa de um átomo de $^{12}C$?

**14.** Qual é a massa do átomo $^{16}O$, em gramas? (A massa de um átomo de $^{16}O$ é 15,995 u.)

**15.** O cobalto tem três isótopos radioativos utilizados em estudos médicos. Os átomos desses isótopos têm 30, 31 e 33 nêutrons, respectivamente. Escreva o símbolo completo para cada um desses isótopos.

**16.** A prata natural existe como dois isótopos que têm os números de massa 107 e 109. Quantos prótons, nêutrons e elétrons estão presentes em cada um desses isótopos?

**17.** Nomeie e descreva a composição dos três isótopos de hidrogênio.

**18.** Qual das seguintes opções são isótopos do elemento X para o qual o número atômico é 9: $^{19}_{9}X$, $^{20}_{9}X$, $^{9}_{18}X$ e $^{21}_{9}X$?

### Abundância Isotópica e Massa Atômica Relativa

*(Consulte os Exemplos 2.2 e 2.3.)*

**19.** O tálio tem dois isótopos estáveis, $^{203}Tl$ e $^{205}Tl$. Sabendo que a massa atômica relativa do tálio é 204,4, qual é o isótopo mais abundante dos dois?

**20.** O estrôncio tem quatro isótopos estáveis. O estrôncio-84 tem uma abundância natural muito baixa, mas $^{86}Sr$, $^{87}Sr$ e $^{88}Sr$ são todos razoavelmente abundantes. Sabendo que a massa atômica relativa do estrôncio é 87,62, quais isótopos mais abundantes predominam?

**21.** Verifique se a massa atômica relativa do lítio é 6,94, dada a seguinte informação:
$^{6}Li$, massa = 6,015121 u; abundância percentual = 7,50%
$^{7}Li$, massa = 7,016003 u; abundância percentual = 92,50%

**22.** Verifique se a massa atômica relativa do magnésio é 24,31, dadas as seguintes informações:
$^{24}Mg$, massa = 23,985042 u; abundância percentual = 78,99%
$^{25}Mg$, massa = 24,985837 u; abundância percentual = 10,00%
$^{26}Mg$, massa = 25,982593 u; abundância percentual = 11,01%

**23.** O gálio tem dois isótopos naturais, $^{69}Ga$ e $^{71}Ga$, com massas de 68,9257 u e 70,9249 u, respectivamente. Calcule as abundâncias percentuais desses isótopos de gálio.

**24.** O európio tem dois isótopos estáveis, $^{151}Eu$ e $^{153}Eu$, com massas de 150,9197 u e 152,9212 u, respectivamente. Calcule as abundâncias percentuais desses isótopos de európio.

### Tabela Periódica

*(Veja a Seção 2.3.)*

**25.** O titânio e tálio têm símbolos que são facilmente confundidos um com o outro. Dê o símbolo, número atômico, massa atômica relativa, número do grupo e do período de cada elemento. São eles metais, não metais ou metaloides?

**26.** Nos Grupos 14-16, existem vários elementos cujos símbolos começam com S. Nomeie esses elementos e dê para cada um o seu símbolo, número atômico, número de grupo e período. Descreva cada um como metal, metaloide ou não metal.

**27.** Quantos períodos da tabela periódica têm 8 elementos, quantos têm 18 elementos e quantos têm 32 elementos?

**28.** Quantos elementos há no sétimo período? Qual é o nome dado para a maioria desses elementos, e que bem conhecida propriedade os caracteriza?

**29.** Selecione as respostas para as perguntas abaixo a partir da seguinte lista de elementos cujos símbolos começam com a letra C: C, Ca, Cr, Co, Cd, Cl, Cs, Ce, Cm, Cu e Cf. (Você poderá usar alguns símbolos mais de uma vez.)
(a) Quais são não metais?
(b) Quais são elementos do grupo principal?
(c) Quais são lantanídeos?
(d) Quais são elementos de transição?
(e) Quais são actinídeos?
(f) Quais são gases?

**30.** Dê o símbolo e nome químico relativos aos seguintes itens:
(a) um não metal no segundo período
(b) um metal alcalino no quinto período
(c) o halogênio do terceiro período
(d) um elemento gasoso à 20°C e pressão de 1 atmosfera

**31.** Classifique os seguintes elementos como metais, metaloides ou não metais: N, Na, Ni, Ne e Np.

**32.** Aqui estão os símbolos para cinco dos sete elementos cujos nomes começam com a letra B: B, Ba, Bk, Bi e Br. Associe cada símbolo com uma das descrições abaixo.
(a) um elemento radioativo
(b) um líquido à temperatura ambiente
(c) um metaloide
(d) um elemento alcalino terroso
(e) um elemento do Grupo 15

### Fórmulas Moleculares e Modelos

**33.** Uma estrutura molecular para o ácido nítrico é ilustrada aqui. Escreva a fórmula molecular do ácido nítrico e desenhe a fórmula estrutural. Descreva a sua estrutura molecular. É plana? Isto é, estão todos os átomos no plano do papel? (Código de cor: átomos de nitrogênio são azuis; átomos de oxigênio são vermelhos, e os átomos de hidrogênio são brancos.)

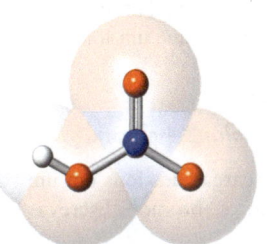

**Ácido nítrico**

**34.** Uma estrutura do aminoácido asparagina está ilustrada aqui. Escreva a fórmula molecular do composto e desenhe sua fórmula estrutural.

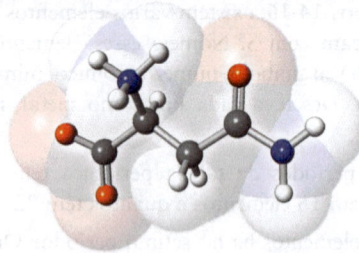

**Aspargina, um aminoácido**

## Íons e Cargas Iônicas

*(Veja a Figura 2.18 e a Tabela 2.4.)*

**35.** Qual é a carga dos íons monoatômicos comuns dos seguintes elementos?
(a) magnésio    (c) níquel
(b) zinco    (d) gálio

**36.** Qual é a carga dos íons monoatômicos comuns dos seguintes elementos?
(a) selênio    (c) ferro
(b) flúor    (d) nitrogênio

**37.** Dê o símbolo, incluindo a carga correta, para cada um dos seguintes íons:
(a) íon bário
(b) íon titânio(IV)
(c) íon fosfato
(d) íon hidrogeno carbonato
(e) íon sulfeto
(f) íon perclorato
(g) íon cobalto(II)
(h) íon sulfato

**38.** Dê o símbolo, incluindo a carga correta, para cada um dos seguintes íons:
(a) íon permanganato
(b) íon nitrito
(c) íon diidrogenofosfato
(d) íon amônio
(e) íon fostato
(f) íon sulfito

**39.** Quando um átomo de potássio torna-se um íon monoatômico, quantos elétrons ele perde ou ganha? Qual átomo de gás nobre tem o mesmo número de elétrons que um íon potássio?

**40.** Quando os átomos de oxigênio e enxofre tornam-se íons monoatômicos, quantos elétrons cada um perde ou ganha? Qual átomo de gás nobre tem o mesmo número de elétrons que um íon óxido? Qual átomo de gás nobre tem o mesmo número de elétrons que um íon sulfeto?

## Compostos Iônicos

*(Consulte os Exemplos 2.4 e 2.5.)*

**41.** Quais são as cargas dos íons em um composto iônico que contém bário e bromo? Escreva a fórmula de cada composto.

**42.** Quais são as cargas dos íons em um composto iônico que contém cobalto(III) e íons fluoreto? Escreva a fórmula de cada composto.

**43.** Dê a fórmula e o número de cada íon que compõe cada um dos compostos a seguir:

(a) $K_2S$    (d) $(NH_4)_3PO_4$
(b) $CoSO_4$    (e) $Ca(ClO)_2$
(c) $KMnO_4$    (f) $NaCH_3CO_2$

**44.** Escreva a fórmula e o número de cada íon que compõe cada um dos seguintes compostos:
(a) $Mg(CH_3CO_2)_2$    (d) $Ti(SO_4)_2$
(b) $Al(OH)_3$    (e) $KH_2PO_4$
(c) $CuCO_3$    (f) $CaHPO_4$

**45.** O cobalto forma íons $Co^{2+}$ e $Co^{3+}$. Escreva as fórmulas para os dois óxidos de cobalto formados por esses íons metálicos de transição.

**46.** A platina é um elemento de transição e forma íons $Pt^{2+}$ e $Pt^{4+}$. Escreva as fórmulas para os compostos de cada um desses íons (a) com íons cloreto e (b) íons sulfeto.

**47.** Qual das seguintes fórmulas estão corretas para compostos iônicos? Para aquelas que não estão, dê sua fórmula correta.
(a) $AlCl_2$    (c) $Ga_2O_3$
(b) $KF_2$    (d) $MgS$

**48.** Qual das seguintes fórmulas estão corretas para compostos iônicos? Para aquelas que não estão, dê sua fórmula correta.
(a) $Ca_2O$    (c) $Fe_2O_5$
(b) $SrBr_2$    (d) $Li_2O$

## Nomeando Compostos Iônicos

**49.** Nomeie cada um dos compostos iônicos a seguir:
(a) $K_2S$    (c) $(NH_4)_3PO_4$
(b) $CoSO_4$    (d) $Ca(ClO)_2$

**50.** Nomeie cada um dos compostos iônicos a seguir:
(a) $Ca(CH_3CO_2)_2$    (c) $Al(OH)_3$
(b) $Ni_3(PO_4)_2$    (d) $KH_2PO_4$

**51.** Dê a fórmula para cada um dos compostos iônicos a seguir:
(a) carbonato de amônio    (d) fosfato de alumínio
(b) iodeto de cálcio    (e) acetato de prata(I)
(c) brometo de cobre(II)

**52.** Dê a fórmula para cada um dos compostos iônicos a seguir:
(a) hidrogenocarbonato de cálcio
(b) permanganato de potássio
(c) perclorato de magnésio
(d) hidrogenofosfato de potássio
(e) sulfito de sódio

**53.** Escreva as fórmulas para os quatro compostos iônicos que podem ser obtidos através da combinação de cada um dos cátions $Na^+$ e $Ba^{2+}$ com os ânions $CO_3^{2-}$ e $I^-$. Nomeie cada um dos compostos.

**54.** Escreva as fórmulas para os quatro compostos iônicos que podem ser obtidos através da combinação dos cátions $Mg^{2+}$ e $Fe^{3+}$ com os ânions $PO_4^{3-}$ e $NO_3^-$. Nomeie cada composto formado.

## Lei de Coulomb

*(Veja a Equação 2.3 e a Figura 2.22.)*

**55.** Íons sódio, $Na^+$, formam compostos iônicos com íons fluoreto, $F^-$, e íons iodeto, $I^-$. Os raios desses íons são os seguintes: $Na^+$ = 116 pm; $F^-$ = 119 pm; e $I^-$ = 206 pm. Em qual composto iônico, NaF ou NaI, as forças de atração entre cátions e ânions são mais fortes? Explique sua resposta.

**56.** Considere os dois compostos iônicos NaCl e CaO. Em qual composto as forças atrativas cátion-ânion são mais fortes? Explique sua resposta.

### Nomeando Compostos Binários, Compostos Moleculares

**57.** Nomeie cada um dos compostos binários a seguir:
(a) $NF_3$      (b) HI      (c) $BI_3$      (d) $PF_5$

**58.** Nomeie cada um dos compostos binários a seguir:
(a) $N_2O_5$      (b) $P_4S_3$      (c) $OF_2$      (d) $XeF_4$

**59.** Dê a fórmula para cada um dos seguintes compostos:
(a) dicloreto de enxofre
(b) pentóxido de dinitrogênio
(c) tetracloreto de silício
(d) trióxido de diboro (comumente chamado óxido bórico)

**60.** Dê a fórmula para cada um dos seguintes compostos:
(a) trifluoreto de dibromo      (d) tetrafluoreto difósforo
(b) difluoreto de xenônio      (e) butano
(c) hidrazina

### Os Átomos e o Mol

*(Veja o Exemplo 2.6.)*

**61.** Calcule a massa em gramas de cada uma das amostras a seguir:
(a) 2,5 mol de alumínio      (c) 0,015 mol de cálcio
(b) $1,25 \times 10^{-3}$ mol de ferro      (d) 653 mol de neônio

**62.** Calcule a massa em gramas de cada uma das amostras a seguir:
(a) 4,24 mol de ouro      (c) 0,063 mol de platina
(b) 15,6 mol de He      (d) $3,63 \times 10^{-4}$ mol de Pu

**63.** Calcule a quantidade de matéria (mol) que representa cada um dos seguintes:
(a) 127,08 g de Cu      (c) 5,0 mg de amerício
(b) 0,012 g de lítio      (d) 6,75 g de Al

**64.** Calcule a quantidade de matéria (mol) que representa cada um dos seguintes:
(a) 16,0 g de Na      (c) 0,0034 g de platina
(b) 0,876 g de estanho      (d) 0,983 g de Xe

**65.** A você foram dadas amostras de 1,0 g de He, Fe, Li, Si e C. Qual amostra contém o maior número de átomos? Qual contém o menor?

**66.** Foram-lhe dadas amostras de 0,10 g de K, Mo, Cr e Al. Liste as amostras em ordem crescente de quantidade de matéria (mol), do menor para o maior.

**67.** A análise de uma amostra de 10,0 g de apatita (um importante componente do esmalte dentário) mostrou ser composta de 3,99 g de Ca, 1,85 g de P, 4,14 g de O e 0,020 g de H. Liste esses elementos com base nos valores relativos (mol), do menor para o maior.

**68.** Um material semicondutor é composto de 52 g de Ga, 9,5 g de Al e 112 g de As. Qual elemento tem o maior número de átomos nesse material?

### As moléculas, os Compostos e o Mol

*(Veja o Exemplo 2.7.)*

**69.** Calcule a massa molar de cada uma das substâncias a seguir:

(a) $Fe_2O_3$, óxido de ferro(III)
(b) $BCl_3$, tricloreto de boro
(c) $C_6H_8O_6$, ácido ascórbico (vitamina C)

**70.** Calcule a massa molar de cada uma das substâncias a seguir:
(a) $Fe(C_6H_{11}O_7)_2$, gluconato de ferro(II), um suplemento alimentar
(b) $CH_3CH_2CH_2CH_2SH$, butanotiol, tem cheiro similar ao de gambá
(c) $C_{20}H_{24}N_2O_2$, quinina, usada como uma droga antimalária

**71.** Calcule a massa molar de cada composto hidratado. Note que a água de hidratação está incluída na massa molar.
(a) $Ni(NO_3)_2 \cdot 6H_2O$
(b) $CuSO_4 \cdot 5H_2O$

**72.** Calcule a massa molar de cada composto hidratado. Note que a água de hidratação esta incluída na massa molar.
(a) $H_2C_2O_4 \cdot 2H_2O$
(b) $MgSO_4 \cdot 7H_2O$, sal de Epsom

**73.** Qual massa é representada por 0,0255 mol de cada um dos seguintes compostos?
(a) $C_3H_7OH$, 2-propanol
(b) $C_{11}H_{16}O_2$, antioxidante em comidas, também conhecido como BHA (butilato de hidroxianisol)
(c) $C_9H_8O_4$, aspirina
(d) $(CH_3)_2CO$, acetona, um importante solvente industrial

**74.** Suponha que você tenha 0,123 mol de cada um dos compostos a seguir. Qual massa de cada um está presente?
(a) $C_{14}H_{10}O_4$, peróxido de benzoíla, usado em medicamentos contra acne
(b) Dimetilglioxima, utilizado no laboratório para testar os íons de níquel(II)

(c) O composto abaixo, responsável pelo sabor "fétido" em cervejas malfeitas.

(d) DEET, um repelente de mosquito

**75.** O trióxido de enxofre, $SO_3$, é produzido industrialmente em grandes quantidades através da combinação de oxigênio e dióxido de enxofre, $SO_2$. Qual quantidade de matéria (mol) de $SO_3$ representa 1,00 kg de trióxido de enxofre? Quantas moléculas? Quantos átomos de enxofre? Quantos átomos de oxigênio?

**76.** Quantos íons amônio e quantos íons sulfato estão presentes em uma amostra de 0,20 mol de $(NH_4)_2SO_4$? Quantos átomos de N, H, S e O estão contidos nessa amostra?

**77.** O acetoaminofenol ou paracetamol, cuja estrutura está desenhada abaixo, é o ingrediente ativo em alguns analgésicos. A dose recomendada para um adulto é de duas cápsulas de 500 mg. Quantas moléculas formam uma dose desse medicamento?

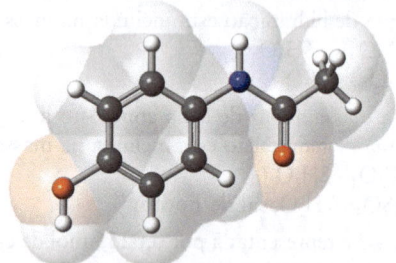

**Acetoaminofenol**

**78.** Um comprimido de Alka-Seltzer contém 324 mg de aspirina ($C_9H_8O_4$), 1904 mg de $NaHCO_3$, e 1000 mg de ácido cítrico ($H_3C_6H_5O_7$). (Os dois últimos compostos reagem um com o outro para proporcionarem as bolhas "efervescentes" de $CO_2$ quando o comprimido é colocado em água.)
  (a) Calcule a quantidade de matéria (mol) de cada substância no comprimido.
  (b) Se você tomar um comprimido, quantas moléculas de aspirina você está consumindo?

**Composição Percentual**

*(Veja o Exemplo 2.8.)*

**79.** Calcule a massa percentual de cada elemento nos seguintes compostos:
  (a) PbS, sulfeto de chumbo(II), (galena)
  (b) $C_3H_8$, propano
  (c) $C_{10}H_{14}O$, carvona, encontrada no óleo de semente de cominho

**80.** Calcule a massa percentual de cada elemento nos seguintes compostos:
  (a) $C_8H_{10}N_2O_2$, cafeína
  (b) $C_{10}H_{20}O_2$, mentol
  (c) $CoCl_2 \cdot 6H_2O$

**81.** Calcule a massa percentual do cobre em CuS, sulfeto de cobre(II). Se você deseja obter 10,0 g de cobre metálico através do sulfeto de cobre(II), que massa de CuS (em gramas) você deve usar?

**82.** Calcule a massa percentual de titânio na ilmenita mineral, $FeTiO_3$. Qual massa da ilmenita (em gramas) é necessária se você deseja obter 750 g de titânio?

**Fórmulas Empíricas e Moleculares**

*(Veja o Exemplo 2.9.)*

**83.** Ácido succínico ocorre em fungos e liquens. Sua fórmula empírica é $C_2H_3O_2$, e sua massa molar é 118,1 g mol⁻¹. Qual é sua fórmula molecular?

**84.** Um composto orgânico tem a fórmula empírica $C_2H_4NO$. Se a sua massa molar é 116,1 g mol⁻¹, qual é a fórmula molecular do composto?

**85.** Complete a tabela a seguir:

| | Fórmula empírica | Massa molar (g mol⁻¹) | Fórmula molecular |
|---|---|---|---|
| (a) | CH | 26,0 | _____ |
| (b) | CHO | 116,1 | _____ |
| (c) | _____ | _____ | $C_8H_{16}$ |

**86.** Complete a tabela a seguir:

| | Fórmula empírica | Massa molar (g mol⁻¹) | Fórmula molecular |
|---|---|---|---|
| (a) | $C_2H_3O_3$ | 150,0 | _____ |
| (b) | $C_3H_8$ | 44,1 | _____ |
| (c) | _____ | _____ | $B_4H_{10}$ |

**87.** O acetileno é um gás incolor usado como combustível em soldas, entre outras coisas. Ele tem 92,26% de C e 7,74% de H. Sua massa molar é 26,02 g mol⁻¹. Quais são as fórmulas empírica e molecular do acetileno?

**88.** Uma grande família de compostos de boro-hidrogênio tem a fórmula geral $B_xH_y$. Um membro dessa família contém 88,5% de B; o restante é hidrogênio. Qual é sua fórmula empírica?

**89.** O cumeno, um hidrocarboneto, é um composto formado apenas por C e H. Tem 89,94% de carbono, e sua massa molar é 120,2 g mol⁻¹. Quais são as fórmulas empírica e molecular do cumeno?

**90.** Em 2006, uma equipe russa descobriu uma molécula interessante, a qual passaram a chamar de "sulflower", por causa de sua forma e também porque ela era baseada em enxofre. Ela é composta de 57,17% de S e 42,83% de C e tem uma massa molar de 448,70 g mol⁻¹. Determine as fórmulas empírica e molecular do composto do "sulflower".

**91.** O ácido mandélico é um ácido orgânico composto de carbono (63,15%), hidrogênio (5,30%) e oxigênio (31,55%). Sua massa molar é 152,14 g mol⁻¹. Determine as fórmulas empírica e molecular do composto.

**92.** A nicotina, um composto tóxico encontrado em folhas de tabaco, é 74,0% de C, 8,65% de H e 17,35% de N. Sua massa molar é 162 g mol⁻¹. Quais são as fórmulas empírica e molecular da nicotina?

**Determinando Fórmulas através da Massa**

*(Consulte os Exemplos 2.10 e 2.11.)*

**93.** Um composto contendo xenônio e flúor foi preparado incidindo-se luz solar sobre uma mistura de Xe (0,526 g) e gás $F_2$ em excesso. Se você isolar 0,678 g do novo composto, qual será a sua fórmula empírica?

**94.** O enxofre elementar (1,256 g) é combinado com flúor, $F_2$, para se obter um composto com a fórmula SF$x$, um gás incolor muito estável. Se você isolasse 5,722 g de SF$x$, qual seria o valor de $x$?

**95.** O sal Epsom é usado no curtimento de couro e em remédios. Ele é o sulfato de magnésio hidratado, $MgSO_4 \cdot 7H_2O$. A água de hidratação é perdida por aquecimento. O número perdido depende da temperatura. Suponhamos que seja aquecida uma amostra de 1,394 g a 100°C e se obtenha 0,885 g de uma amostra parcialmente hidratada, $MgSO_4 \cdot xH_2O$. Qual é o valor de $x$?

**96.** Você combina 1,25 g de germânio, Ge, com o excesso de cloro, $Cl_2$. A massa do produto, $Ge_xCl_y$, é 3,69 g. Qual é a fórmula do produto, $Ge_xCl_y$?

### Espectrometria de Massas

*(Veja a Seção 2.8.)*

**97.** O espectro de massas do dióxido de nitrogênio está ilustrado aqui.
(a) Identifique os cátions presentes para cada um dos quatro picos no espectro de massas.
(b) O espectro de massas fornece evidência de que os dois átomos de oxigênio estão ligados ao átomo de nitrogênio central (ONO), ou de que um átomo de oxigênio está no centro (NOO)? Explique.

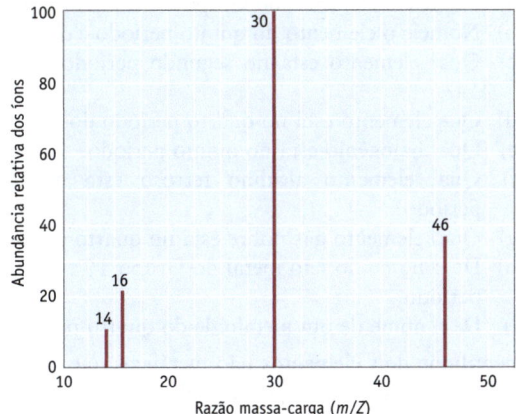

**98.** O espectro de massas do fluoreto de fosforila, $POF_3$, está ilustrado aqui.
(a) Identifique o fragmento de cátion em uma razão $m/Z$ de 85.
(b) Identifique o fragmento de cátion em uma razão $m/Z$ de 69.
(c) Quais dos dois picos no espectro de massas fornecem evidências de que o átomo de oxigênio está conectado ao átomo de fósforo e não a quaisquer dos átomos de flúor?

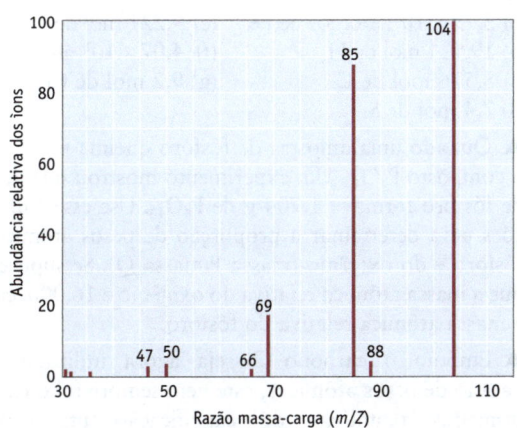

**99.** O espectro de massas do $CH_3Cl$ está ilustrado aqui. Você sabe que o carbono tem dois isótopos estáveis $^{12}C$ e $^{13}C$ com abundâncias relativas de 98,9% e 1,1%, respectivamente e o cloro tem dois isótopos, $^{35}Cl$ e $^{37}Cl$, com abundâncias de 75,77% e 24,23%, respectivamente.
(a) Quais espécies moleculares dão origem às linhas em $m/Z$ de 50 e 52? Por que a linha em 52 é aproximadamente um terço da altura da linha em 50?
(b) Qual espécie poderia ser responsável pela linha em $m/Z = 51$?

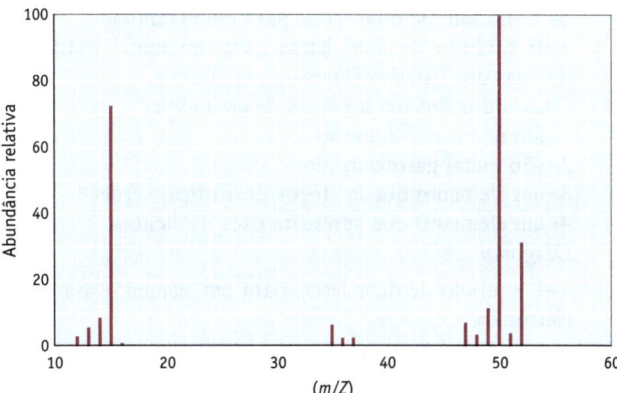

**100.** Os picos de massas mais altos no espectro de massas do $Br_2$ aparecem em $m/Z$ 158, 160 e 162. A razão das intensidades desses picos é aproximadamente 1:2:1. O bromo tem dois isótopos estáveis, $^{79}Br$ (50,7% de abundância) e $^{81}Br$ (49,3% de abundância).
(a) Quais espécies moleculares dão origem a cada um desses picos?
(b) Explique as intensidades relativas desses picos. (Dica: Considere as possibilidades de cada combinação de átomos.)

## Questões Gerais

*Estas questões não estão definidas quanto ao tipo ou à localização no capítulo. Elas podem combinar vários conceitos.*

**101.** Preencha os espaços em branco na tabela (uma coluna por elemento).

| Símbolo | $^{58}Ni$ | $^{33}S$ | _____ | _____ |
|---|---|---|---|---|
| Número de prótons | _____ | _____ | 10 | _____ |
| Número de nêutrons | _____ | _____ | 10 | 30 |
| Numero de elétrons no átomo natural | _____ | _____ | _____ | 25 |
| Nome do elemento | _____ | _____ | _____ | _____ |

**102.** O potássio tem três isótopos naturais ($^{39}K$, $^{40}K$ e $^{41}K$), mas $^{40}K$ tem uma abundância natural muito baixa. Qual dos outros dois isótopos é mais abundante? Explique sua resposta resumidamente.

**103.** Palavra cruzada: No quadro 2 × 2 exibido aqui, cada resposta deve estar correta de quatro formas: horizontal, vertical, diagonal e por si mesma. Em vez de palavras, utilize símbolos de elementos. Quando o quebra-cabeça estiver completo, os quatro espaços conterão os símbolos que quando combinados totalizam dez elementos. Há apenas uma resposta correta.

| 1 | 2 |
|---|---|
| 3 | 4 |

*Horizontal*

1–2: símbolo de duas letras para um metal usado nos tempos antigos

3–4: símbolo de duas letras para um metal que queima no ar e é encontrado no Grupo 15

*Vertical*

1–3: símbolo de duas letras para um metaloide

2–4: símbolo de duas letras para um metal usado em moedas dos Estados Unidos

*Quadrados únicos: símbolos de uma letra*

1: um não metal colorido

2: não metal gasoso incolor

3: um elemento que faz fogos de artifício verdes

4: um elemento que apresenta usos medicinais

*Diagonal*

1–4: símbolo de duas letras para um elemento usado em eletrônica

2–3: símbolo de duas letras para um metal usado com Zr para fazer fios de ímãs supercondutores

Este quebra-cabeça apareceu em *Chemical & Engineering News*, p. 86, 14 dez. 1987 (enviado por S. J. Cyvin) e em *Chem Matters*, oct. 1988.

**104.** O gráfico a seguir mostra um declínio geral na abundância com o aumento da massa entre os primeiros 30 elementos. O declínio continua além do zinco. (Note que a escala no eixo vertical é logarítmica – isto é, ela aumenta em potências de dez. A abundância do nitrogênio, por exemplo, é de 1/10000 (1/10$^4$) da abundância do hidrogênio. Todas as abundâncias são representadas como o número de átomos por 10$^{12}$ átomos de H. (O fato de que as abundâncias de Li, Be e B, bem como as dos elementos próximos de Fe, não seguem o declínio geral é uma consequência da forma com que os elementos são sintetizados nas estrelas.)

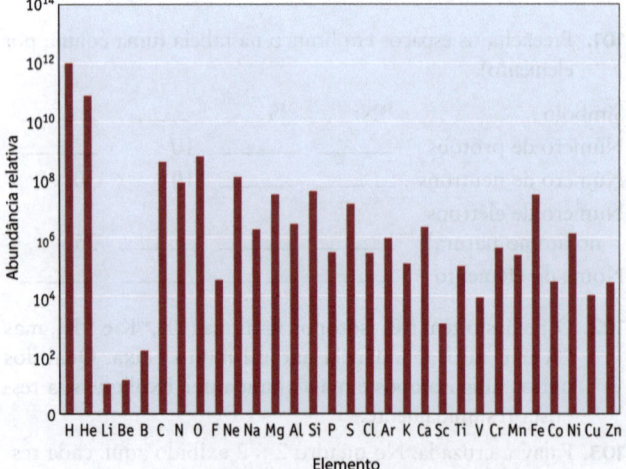

**A abundância dos elementos no sistema solar do H ao Zn**

(a) Qual é o metal do grupo principal mais abundante?

(b) Qual é o não metal mais abundante?

(c) Qual é o metaloide mais abundante?

(d) Qual dos elementos de transição é o mais abundante?

(e) Quais halogênios estão incluídos neste gráfico, e qual é o mais abundante?

**105.** Átomos de cobre.

(a) Qual é a massa média de um átomo de cobre?

(b) Os alunos de uma classe da faculdade de ciências da computação processaram a instituição porque lhes pediram para calcular o custo de um átomo e não conseguiram fazê-lo. Mas você está em um curso de Química, e você pode fazer isso. (Veja E. Felsenthal, *Wall Street Journal*, 9 maio 1995.) Se o custo de 2,0 mm de diâmetro de fio de cobre (99,999% puro) é atualmente $ 41,70 para 7,0 g, qual é o custo de um átomo de cobre?

**106.** Qual das seguintes opções é impossível?

(a) folha de prata de $1,2 \times 10^{-4}$ m de espessura

(b) uma amostra de potássio que contém $1,784 \times 10^{24}$ átomos

(c) uma moeda de ouro com massa de $1,23 \times 10^{-3}$ kg

(d) $3,43 \times 10^{-27}$ mol de moléculas S$_8$

**107.** Revendo a tabela periódica.

(a) Nomeie o elemento do Grupo 2 e do quinto período.

(b) Nomeie o elemento do quinto período e do Grupo 4.

(c) Qual elemento está no segundo período do Grupo 14?

(d) Que elemento está no quarto período do Grupo 15?

(e) Qual halogênio está no quinto período?

(f) Qual elemento alcalino terroso está no terceiro período?

(g) Qual elemento gás nobre está no quarto período?

(h) Dê o nome do não metal do Grupo 16 e do terceiro período.

(i) Dê o nome de um metaloide do quarto período.

**108.** Identifique dois elementos não metálicos que têm alótropos e descreva os alótropos de cada um.

**109.** Em cada caso, decida qual das opções representa mais massa:

(a) 0,5 mol de Na, 0,5 mol de Si ou 0,25 mol de U

(b) 9,0 g de Na, 0,50 mol de Na ou $1,2 \times 10^{22}$ átomos de Na

(c) 10 átomos de Fe ou 10 átomos de K

**110.** A dose diária recomendada (DDR) de ferro para as mulheres entre 19-30 anos de idade é de 18 mg. Quantos mol isso representa? Quantos são os átomos?

**111.** Coloque os seguintes elementos em ordem da menor para a maior massa:

(a) $3,79 \times 10^{24}$ átomos de Fe     (e) 9,221 mol de Na

(b) 19,921 mol de H$_2$     (f) $4,07 \times 10^{24}$ átomos de Al

(c) 8,576 mol de C     (g) 9,2 mol de Cl$_2$

(d) 7,4 mol de Si

**112.** ▲ Quando uma amostra de fósforo queima no ar forma o composto P$_4$O$_{10}$. Um experimento mostrou que 0,744 g de fósforo formava 1,704 g de P$_4$O$_{10}$. Use essas informações para determinar a proporção de pesos atômicos do fósforo e do oxigênio (massa P/massa O). Se supusermos que a massa atômica relativa do oxigênio é 16,000, calcule a massa atômica relativa do fósforo.

**113.** ▲ Embora o carbono-12 seja agora utilizado como padrão de pesos atômicos, este nem sempre foi o caso. As primeiras tentativas de classificação utilizavam o hidrogênio como o padrão, com o peso de hidrogênio sendo estipulado como 1,0000. Tentativas posteriores definiram pesos atômicos que utilizam oxigênio (com um peso de 16,0000). Em cada caso, as massas atômicas dos outros elementos foram definidas em relação a essas massas. (Para responder a essa pergunta, você precisa de dados mais precisos sobre pesos atômicos atuais: H, 1,00794; O, 15,9994.)

(a) Se H = 1,0000 u foi usado como um padrão para pesos atômicos, qual seria a massa atômica relativa do oxigênio? Qual seria o valor do número de Avogadro nessas circunstâncias?

(b) Supondo que o padrão é O = 16,0000, determine o valor da massa atômica relativa de hidrogênio e o valor do número de Avogadro.

**114.** Um reagente usado ocasionalmente na síntese química é a liga sódio-potássio. (As ligas são misturas de metais, e Na-K tem uma propriedade interessante por ser um líquido.) Uma formulação da liga (a que funde a temperatura mais baixa) contém 68% em átomos de K; isto é, em cada 100 átomos, 68 são K e 32 são Na. Qual é a porcentagem em massa de cada componente na liga sódio-potássio?

**115.** Escreva as fórmulas de todos os compostos que podem ser feitos a partir da combinação dos cátions $NH_4^+$ e $Ni^{2+}$ com os ânions $CO_3^{2-}$ e $SO_4^{2-}$.

**116.** Quantos elétrons estão em um átomo de estrôncio (Sr)? Será que um átomo de Sr ganha ou perde elétrons quando forma um íon? Quantos elétrons são ganhos ou perdidos pelo átomo? Quando o Sr forma um íon, este possui o mesmo número de elétrons de qual gás nobre?

**117.** Qual dos seguintes compostos tem a porcentagem em massa de cloro mais elevada ?
(a) $BCl_3$     (d) $AlCl_3$
(b) $AsCl_3$   (e) $PCl_3$
(c) $GaCl_3$

**118.** Qual das amostras a seguir contém o maior número de íons?
(a) 1,0 g de $BeCl_2$     (d) 1,0 g de $SrCO_3$
(b) 1,0 g de $MgCl_2$   (e) 1,0 g de $BaSO_4$
(c) 1,0 g de CaS

**119.** A estrutura de uma das bases do DNA, a adenina, é mostrada aqui. Qual representa a maior massa: 40,0 g de adenina ou $3,0 \times 10^{23}$ moléculas desse composto?

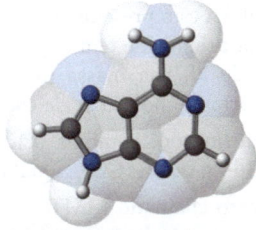

**Adenina**

**120.** Compostos iônicos e moleculares dos halogênios.
(a) Quais os nomes de $BaF_2$, $SiCl_4$ e $NiBr$?
(b) Qual dos compostos na parte (a) são iônicos, e quais são moleculares?

(c) Qual possui a maior massa: 0,50 mol de $BaF_2$, 0,50 mol de $SiCl_4$ ou 1,0 mol de $NiBr_2$?

**121.** Uma gota de água tem um volume de cerca de 0,050 mL. Quantas moléculas de água há em uma gota de água? (Suponha que a densidade da água seja de 1,00 g cm$^{-3}$.)

**122.** A capsaicina, o composto que dá o sabor picante de pimenta, tem a fórmula $C_{18}H_{27}NO_3$.
(a) Calcule sua massa molar.
(b) Se você comer 55 mg de capsaicina, qual é a quantidade de matéria (mol) que você consumiu?
(c) Calcule a porcentagem em quantidade de matéria no composto.
(d) Que massa de carbono (em miligramas) há em 55 mg de capsaicina?

**123.** Calcule a massa molar e a massa percentual de cada elemento no composto sólido azul $Cu(NH_3)_4SO_4 \cdot H_2O$. Qual é a massa do cobre e a massa de água em 10,5 g do composto?

**124.** Escreva a fórmula e calcule a massa molar para cada uma das substâncias mostradas aqui. Qual tem a maior massa percentual de carbono? E de oxigênio?
(a) etilenoglicol (usado como anticongelante)

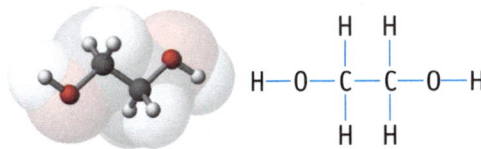

**Etilenoglicol**

(b) diidroxiacetona (usada em loções de bronzeamento artificial)

**Diidroxiacetona**

(c) ácido ascórbico, comumente conhecido como vitamina C

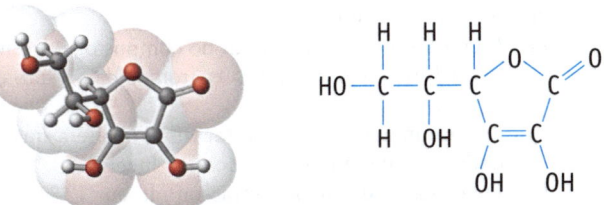

**Ácido ascórbico, vitamina C**

**125.** O ácido málico, um ácido orgânico encontrado em maçãs, contém C, H e O nas seguintes proporções: $C_1H_{1,50}O_{1,25}$. Qual é a fórmula empírica do ácido málico?

**126.** O seu médico lhe diagnosticou como anêmico, ou seja, como tendo muito pouco ferro no sangue. Na farmácia, você encontra dois suplementos alimentares que contêm ferro: um com sulfato de ferro(II), $FeSO_4$; e o outro com gluconato de ferro(II), Fe(C$_6$H$_{11}$O$_7$)$_2$. Se você tomar 100 mg de cada composto, qual deles vai lhe fornecer mais átomos de ferro?

**127.** Um composto de ferro e de monóxido de carbono, Fe$_x$(CO)$_y$, tem 30,70% de ferro. Qual é a fórmula empírica do composto?

**128.** Ma Huang, um extrato da espécie de plantas éfedra, contém efedrina. Por mais de cinco mil anos, os chineses têm usado essa erva para tratar a asma. Mais recentemente, a efedrina passou a ser utilizada em pílulas para emagrecimento que podem ser compradas em lojas fitoterápicas. No entanto, preocupações muito sérias foram levantadas em relação a esses comprimidos com base em relatórios que afirmam que seu uso teria levado a problemas cardíacos graves.

(a) Um modelo molecular da efedrina está desenhado a seguir. A partir dele, determine a fórmula molecular da efedrina e calcule a sua massa molar.

(b) Qual é a porcentagem em massa do carbono na efedrina?

(c) Calcule a quantidade de matéria (mol) de efedrina em uma amostra de 0,125 g.

(d) Quantas moléculas de efedrina existem em 0,125 g? Quantos são os átomos de C?

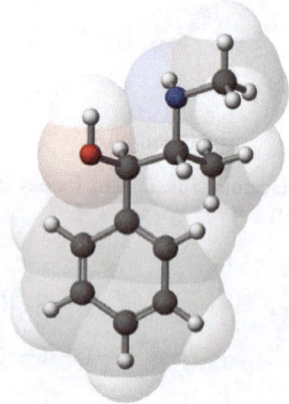

**Efedrina**

**129.** A sacarina, cuja estrutura molecular é mostrada abaixo, é 300 vezes mais doce do que o açúcar. Ela foi sintetizada pela primeira vez em 1897, quando era prática comum dos químicos registrar o gosto de todas as novas substâncias que sintetizavam.

(a) Escreva a fórmula molecular do composto, e desenhe a sua fórmula estrutural. (Os átomos de S estão em amarelo).

(b) Se você ingerir 125 mg de sacarina, qual é a quantidade de matéria (mol) de sacarina ingerida?

(c) Qual massa de enxofre está contida em 125 mg de sacarina?

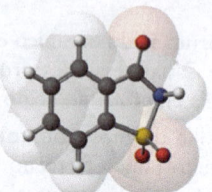

**Sacarina**

**130.** Dê o nome de cada um dos seguintes compostos e indique os que são mais bem descritos como iônicos:

(a) ClF$_3$        (f) OF$_2$
(b) NCl$_3$        (g) KI
(c) SrSO$_4$       (h) Al$_2$S$_3$
(d) Ca(NO$_3$)$_2$   (i) PCl$_3$
(e) XeF$_4$        (j) K$_3$PO$_4$

**131.** Escreva a fórmula de cada um dos seguintes compostos e indique os que são mais bem descritos como iônicos:

(a) hipoclorito de sódio
(b) triiodeto de boro
(c) perclorato de alumínio
(d) acetato de cálcio
(e) permanganato de potássio
(f) sulfito de amônia
(g) diidrogenocarbonato de potássio
(h) dicloreto de dienxofre
(i) trifluoreto de cobre
(j) trifluoreto de fósforo

**132.** Complete a tabela inserindo símbolos, fórmulas e nomes nos espaços em branco.

| Cátion | Ânion | Nome | Fórmula |
|--------|-------|------|---------|
|        |       | brometo de amônio |        |
| Ba$^{2+}$ |     |      | BaS     |
|        | Cl$^-$ | cloreto de ferro(II) |     |
|        | F$^-$  |      | PbF$_2$ |
| Al$^{3+}$ | CO$_3$$^{2-}$ |  |       |
|        |       | óxido de ferro(III) |        |

**133.** Fórmulas empíricas e moleculares.

(a) O hipofluorito de fluorocarbonila é composto de 14,6% de C, 39,0% de S e 46,3% de F. A massa molar do composto é 82 g mol$^{-1}$. Determine as fórmulas empírica e molecular do composto.

(b) O azuleno, um belo hidrocarboneto azul, tem 93,71% de C e uma massa molar de 128,16 g mol$^{-1}$. Quais são as fórmulas empírica e molecular do azuleno?

**134.** Cacodilo, um composto que contém arsênio, foi relatado em 1842 pelo químico alemão Robert Wilhelm Bunsen. Ele tem um odor quase insuportável, parecido com o do alho. Sua massa molar é 210 g mol$^{-1}$, e tem 22,88% de C, 5,76% de H e 71,36% de As. Determine suas fórmulas empírica e molecular.

**135.** A ação de bactérias na carne e no peixe produz um composto chamado cadaverina. Como o próprio nome sugere, ele fede! (Também está presente no mau hálito e contribui para o odor da urina.) Ele tem 58,77% de C, 13,81% de H e 27,40% de N. Sua massa molar é 102,2 g mol$^{-1}$. Determine a fórmula molecular da cadaverina.

**136.** ▲ No laboratório você combina 0,125 g de níquel com CO e isola 0,364 g de Ni(CO)$_x$. Qual é o valor de x?

**137.** ▲ Um composto chamado MMT foi usado para aumentar a octanagem da gasolina. Qual é a fórmula empírica do MMT se ele tem 49,5% de C, 3,2% de H, 22,0% de O e 25,2% de Mn?

**138.** ▲ O fósforo elementar é obtido pelo aquecimento do fosfato de cálcio com carvão e areia, num forno elétrico. Qual é a massa percentual do fósforo no fosfato de cálcio? Utilize esse valor para calcular a massa de fosfato de cálcio (em quilogramas) que deve ser usada para produzir 15,0 kg de fósforo.

**139.** ▲ O cromo é obtido pelo aquecimento de óxido de cromo(III) com carvão. Calcule a massa percentual de cromo no óxido e, em seguida, utilize esse valor para calcular a quantidade de $Cr_2O_3$ necessária para produzir 850 kg de cromo metálico.

**140.** ▲ Estibinita ou antimonita, $Sb_2S_3$, é um mineral cinza escuro a partir do qual o metal antimônio é obtido. Qual é a massa percentual do antimônio no sulfeto? Se você tem 1,00 kg de um minério que contém 10,6% de antimônio, qual é a massa de $Sb_2S_3$ (em gramas) no minério?

**141.** ▲ A reação direta de iodo ($I_2$) e cloro ($Cl_2$) produz um sólido amarelo brilhante de cloreto de iodo, $I_xCl_y$. Se 0,678 g de $I_2$, for em uma reação com um excesso de $Cl_2$ e produzir 1,246 g de $I_xCl_y$, qual é a fórmula empírica do composto? Um experimento posterior mostrou que a massa molar de $I_xCl_y$ é 467 g mol$^{-1}$. Qual é a fórmula molecular do composto?

**142.** ▲ Em uma reação, foram combinados 2,04 g de vanádio com 1,93 g de enxofre para se obter um composto puro. Qual é a fórmula empírica do produto?

**143.** ▲ A pirita de ferro, muitas vezes chamada de "ouro dos tolos", tem a fórmula $FeS_2$. Se você pudesse converter 15,8 kg de pirita de ferro para ferro metálico, qual massa do metal você obteria?

**144.** Qual(is) das seguintes afirmações sobre 57,1 g do octano, $C_8H_{18}$, *não* é(são) verdadeira(s)?
(a) 57,1 g é 0,500 mol de octano.
(b) O composto é 84,1% em massa em C.
(c) A fórmula empírica do composto é $C_4H_9$.
(d) 57,1 g de octano contém 28,0 g de átomos de hidrogênio.

**145.** A fórmula de molibdato de bário é $BaMoO_4$. Qual das seguintes alternativas é a fórmula do molibdato de sódio?
(a) $Na_4MoO$    (c) $Na_2MoO_3$    (e) $Na_4MoO_4$
(b) $NaMoO$    (d) $Na_2MoO_4$

**146.** ▲ Um metal M forma um composto com a fórmula $MCl_4$. Se o composto é 74,75% de cloro, o que é o M?

**147.** Pepto-Bismol, que pode ajudar a proporcionar alívio para uma dor de estômago, contém 300 mg de subsalicilato de bismuto, $C_{21}H_{15}Bi_3O_{12}$. Se você tomar dois comprimidos para dor de estômago, qual é a quantidade de matéria do "princípio ativo" que você está tomando? Que massa de Bi você está consumindo em dois comprimidos?

**148.** ▲ A porcentagem em massa de oxigênio em um óxido que tem a fórmula $MO_2$ é 15,2%. Qual é a massa molar desse composto? Qual elemento ou elementos é(são) possível(eis) para M?

**149.** A massa de 2,50 mol de um composto com a fórmula $ECl_4$, em que E é um elemento não metálico, é 385 g. Qual é a massa molar de $ECl_4$? Qual é a identidade de E?

**150.** ▲ Os elementos A e Z se combinam para produzir dois compostos diferentes: $A_2Z_3$ e $AZ_2$. Se 0,15 mol de $A_2Z_3$ tem uma massa de 15,9 g e 0,15 mol de $AZ_2$ tem uma massa de 9,3 g, quais são os pesos atômicos de A e Z?

**151.** ▲ O poliestireno pode ser preparado por aquecimento de estireno com peróxido de tribromobenzoíla na ausência de ar. Uma amostra preparada por esse método tem a fórmula empírica $Br_3C_6H_3(C_8H_8)n$, em que o valor de $n$ pode variar de amostra para amostra. Se uma amostra tiver 0,105% de Br, qual é o valor de $n$?

**152.** Uma amostra de hemoglobina possui 0,335% de ferro. Qual é a massa molar de hemoglobina se existem quatro átomos de ferro por molécula?

**153.** ▲ Considere um átomo de $^{64}Zn$.
(a) Calcule a densidade do núcleo, em gramas por centímetro cúbico, sabendo que o raio nuclear é de 4,8 × 10$^{-6}$ nm e a massa do átomo $^{64}Zn$ é 1,06 × 10$^{-22}$ g. (Lembre-se de que o volume de uma esfera é [4/3]$\pi r^3$.)
(b) Calcule a densidade do espaço ocupado pelos elétrons do átomo de zinco, sabendo que o raio atômico é 0,125 nm e a massa é de elétrons 9,11 × 10$^{-28}$ g.
(c) Tendo calculado essas densidades, o que você pode dizer sobre as densidades relativas das partes do átomo?

**154.** ▲ Estimando o raio de um átomo de chumbo.
(a) Você recebe um cubo de chumbo que apresenta 1,000 cm de lado. A densidade do chumbo é 11,35 g cm$^{-3}$. Quantos átomos de chumbo há na amostra?
(b) Os átomos são esféricos, portanto, os átomos de chumbo dessa amostra não podem preencher todo o espaço disponível. Como aproximação, suponha que 60% do espaço de cubo seja preenchido por átomos esféricos de chumbo. Calcule o volume de um átomo de chumbo a partir dessas informações. A partir do volume calculado (V) e da fórmula (4/3) $\pi r^3$ para o volume de uma esfera, estime o raio ($r$) de um átomo de chumbo.

**155.** Um pedaço da folha de níquel com 0,550 mm de espessura e de 1,25 cm², é colocado para reagir com o flúor, $F_2$, para se obter um fluoreto de níquel.
(a) Quantos mol de níquel foram usados? (A densidade do níquel é de 8,902 g cm$^{-3}$.)
(b) Se você isolar 1,261 g de fluoreto de níquel, qual é a sua fórmula?
(c) Qual é o seu nome completo?

**156.** ▲ O urânio é utilizado como combustível, principalmente sob a forma de óxido de urânio(IV), em centrais nucleares. Esta questão considera um pouco da química do urânio.
(a) Uma pequena amostra de metal de urânio (0,169 g) é aquecida entre 800 e 900°C no ar para gerar 0,199 g de um óxido verde-escuro, $U_xO_y$. Qual a quantidade de matéria de urânio metálico foram utilizados? Qual é a fórmula empírica do óxido $U_xO_y$? Qual é o nome do óxido? Qual a quantidade de matéria de $U_xO_y$ devem ser obtidos?
(b) Os isótopos naturais do urânio são $^{234}U$, $^{235}U$ e $^{238}U$. Sabendo que a massa atômica relativa do urânio é 238,02 g mol$^{-1}$, qual deve ser o isótopo mais abundante?
(c) Se o composto hidratado $UO_2(NO_3)_2 \cdot zH_2O$ for ligeiramente aquecido, a água de hidratação é perdida. Se você tem 0,865 g do composto hidratado e obtém 0,679 g de $UO_2(NO_3)_2$ após o aquecimento, quantas águas de hidratação estão presentes em cada fórmula unitária do composto inicial? (O óxido $U_xO_y$ é obtido se o hidrato é aquecido a temperaturas superiores a 800°C no ar.)

**157.** Em um experimento, é necessário 0,125 mol de sódio metálico. O sódio pode ser facilmente cortado com uma faca (Figura 2.5), de modo que, se você cortar um bloco de sódio, qual deverá ser o volume do bloco em centímetros cúbicos? Se você cortar um cubo perfeito, qual é o comprimento das arestas do cubo? (A densidade do sódio é 0,97 g cm$^{-3}$.)

**158.** A análise espectrométrica de massa mostrou que há quatro isótopos de um elemento desconhecido com as seguintes massas e abundâncias:

| Isótopo | Número da massa | Massa do isótopo | Abundância (%) |
|---------|-----------------|------------------|----------------|
| 1 | 136 | 135,9090 | 0,193 |
| 2 | 138 | 137,9057 | 0,250 |
| 3 | 140 | 139,9053 | 88,48 |
| 4 | 142 | 141,9090 | 11,07 |

Três elementos da tabela periódica que têm pesos atômicos próximos desses valores são lantânio (La), número atômico 57, massa atômica relativa 138,9055; cério (Ce), número atômico 58, massa atômica relativa 140,115; e praseodímio (Pr), número atômico 59, massa atômica relativa 140,9076. Usando os dados acima, calcule a massa atômica relativa e identifique o elemento, se possível.

## No Laboratório

**159.** Se o sal de Epson, $MgSO_4 \cdot xH_2O$, é aquecido a 250°C, toda a água de hidratação é perdida. Aquecendo-se uma amostra de 1,687 g do hidrato, 0,824 g de $MgSO_4$ permanece. Quantas moléculas de água ocorrem por fórmula unitária de $MgSO_4$?

**160.** O "alúmen" utilizado na cozinha é o sulfato de alumínio e potássio hidratado, $KAl(SO_4)_2 \cdot xH_2O$. Para encontrar o valor de $x$, você pode aquecer uma amostra do composto para eliminar toda a água e deixar apenas $KAl(SO_4)_2$. Suponha que você aqueça 4,74 g do composto hidratado, e que a amostra perca 2,16 g de água. Qual é o valor de $x$?

**161.** Estanho metálico (Sn) e iodo púrpura ($I_2$) combinam-se para formar iodeto de estanho sólido laranja com uma fórmula desconhecida.

$$Sn \text{ metal} + I_2 \text{ sólido} \rightarrow Sn_xI_y \text{ sólido}$$

Quantidades pesadas de Sn e $I_2$ são combinadas, e a quantidade de Sn é mais que a necessária para reagir com todo o iodo. Após $Sn_xI_y$ ter sido formado, ele é separado por filtração. A massa de estanho em excesso também é determinada. Os seguintes dados foram coletados:

| | |
|---|---|
| Massa do estanho (Sn) na mistura original | 11,056 g |
| Massa de iodo ($I_2$) na mistura inicial | 1,947 g |
| Massa do estanho (Sn) recuperada após reação | 0,601 g |

Qual é a fórmula empírica do iodeto de estanho obtida?

**162.** ▲ Quando um composto desconhecido foi analisado, foram gerados os seguintes resultados experimentais: C, 54,0%; H, 6,00%; e O, 40,0%. Quatro estudantes diferentes utilizaram esses valores para calcular as fórmulas

empíricas mostradas aqui. Qual é a resposta correta? Por que alguns alunos não obtiveram a resposta correta?

(a) $C_4H_5O_2$    (c) $C_7H_{10}O_4$

(b) $C_5H_7O_3$    (d) $C_9H_{12}O_5$

**163.** ▲ Dois estudantes de Química Geral que trabalham juntos no laboratório pesam 0,832 g de $CaCl_2 \cdot 2 H_2O$ em um cadinho. Depois de aquecerem a amostra por um curto período de tempo e permitirem que o cadinho se resfriasse, os estudantes determinaram que a amostra tem uma massa de 0,739 g. Eles, então, fazem um cálculo rápido. Com base nesse cálculo, o que deveriam fazer depois?

(a) Congratularem-se por um trabalho bem-feito.

(b) Supor que a garrafa de $CaCl_2 \cdot 2 H_2O$ foi catalogada erroneamente; ela realmente continha algo diferente.

(c) Aquecer o cadinho novamente, e então pesá-lo mais uma vez.

**164.** Para encontrar a fórmula empírica do óxido de estanho, primeiro você reage estanho com ácido nítrico em um cadinho de porcelana. O metal é convertido em nitrato de estanho, mas, ao aquecer bastante o nitrato, o gás castanho dióxido de nitrogênio é desprendido e o óxido de estanho é formado. No laboratório você coleta os seguintes dados:

| | |
|---|---|
| Massa do cadinho | 13,457 g |
| Massa do cadinho mais o estanho | 14,710 g |
| Massa do cadinho após aquecimento | 15,048 g |

Qual é a fórmula empírica do óxido de estanho?

## Questões Gerais e Conceituais

*As seguintes questões podem usar os conceitos deste capítulo e do capítulo anterior.*

**165.** ▲ Identifique, na lista abaixo, as informações necessárias para calcular o número de átomos em 1,00 cm$^3$ de ferro. Resuma o procedimento utilizado neste cálculo.

(a) a estrutura de ferro sólido

(b) a massa molar do ferro

(c) o número de Avogadro

(d) a densidade do ferro

(e) a temperatura

(f) o número atômico do íon

(g) o número de isótopos do ferro

**166.** Considere o gráfico das abundâncias dos elementos relativos na página 108. Existe uma relação entre a abundância e o número atômico? Há alguma diferença entre a abundância relativa de um elemento de mesmo número atômico e a abundância relativa de um elemento de número atômico diferente?

**167.** A foto aqui descreve o que acontece quando uma fita de magnésio e algumas lascas de cálcio são colocadas em água.

(a) Com base nessas observações, o que seria possível observar quando o bário, um outro elemento do Grupo 2, é colocado na água?

(b) Dê o período em que cada elemento (Mg, Ca e Ba) é encontrado; qual correlação você acha que pode encontrar entre a reatividade desses elementos e suas posições na tabela periódica?

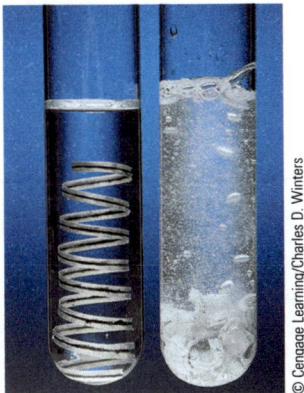

**O magnésio (*à esquerda*) e o cálcio (*à direita*) na água**

**168.** Um pote contém um número de jujubas. Para saber com precisão quantas têm, você pode retirá-las do pote e contá--las. Como é posssível estimar o número delas sem contar

todas? (Os químicos necessitam apenas fazer "contas simples" quando trabalham com átomos e moléculas. Os átomos e moléculas são muito pequenos para serem contados um por um, de modo que os químicos têm trabalhado em outros métodos para determinar o número de átomos de uma amostra.)

**Quantas jujubas há no pote?**

# 3 Reações Químicas

A adição de uma solução de $K_2CrO_4$ a uma solução de $Pb(NO_3)_2$ leva à formação de um sólido amarelo, $PbCrO_4$.

REAÇÃO **de Precipitação**

K₂CrO₄(aq)

PbCrO₄(s)

Pb(NO₃)₂(aq)

NH₃ e HCl gasosos em um recipiente aberto dispersa-se no ar e quando eles entram em contato forma-se uma nuvem de NH₄Cl sólido.

REAÇÃO **Ácido-Base**

NH₄Cl(s)

NH₃(aq)

HCl(aq)

REAÇÃO **de Formação de gás**

CO₂(g)

Ácido

CaCO₃(s)

Um pedaço de coral (CaCO₃) dissolve-se em ácido para fornecer gás CO₂.

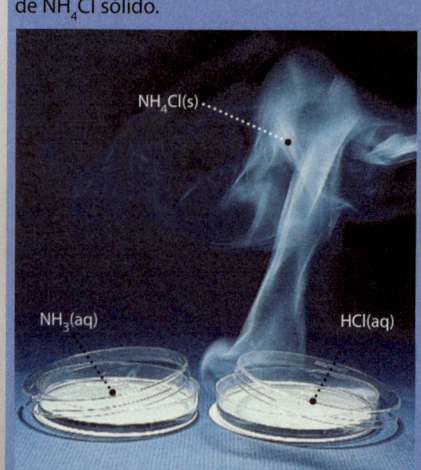

REAÇÃO **REDOX**

KOH(aq)

K(s)

O potássio reage violentamente com a água para formar H₂ gasoso e uma solução de KOH.

# Sumário do capítulo

## 3.1 Introdução às Equações Químicas

**Objetivos da Seção 3.1**

- Entender a informação transmitida por uma equação química balanceada, incluindo a terminologia usada (reagentes, produtos, estequiometria, coeficientes estequiométricos).

- Aceitar que a lei da conservação da matéria exige uma equação química balanceada.

Quando um fluxo de gás cloro, $Cl_2$, é direcionado sobre fósforo sólido, $P_4$, a mistura explode em chamas, e uma reação química produz o tricloreto de fósforo líquido, $PCl_3$ (Figura 3.1). Podemos representar essa reação utilizando uma **equação química balanceada**.

$$\underbrace{P_4(s) + 6Cl_2(g)}_{\text{reagentes}} \longrightarrow \underbrace{4PCl_3(\ell)}_{\text{produto}}$$

Em uma equação química, as fórmulas dos **reagentes** (as substâncias combinadas na reação) são escritas à esquerda da seta, e as fórmulas dos **produtos** (as substâncias produzidas), à direita. Os estados físicos dos reagentes e dos produtos podem também ser indicados. O símbolo (s) indica um sólido, (g) um gás e ($\ell$) um líquido. Uma substância dissolvida na água, isto é, em uma solução aquosa, é indicada por (aq).

**Os Estados dos Reagentes e dos Produtos** A inclusão dos estados de cada espécie (s, $\ell$, g, aq), dão informações úteis para o leitor. No entanto, essa prática é opcional, e você verá equações escritas sem essas informações em outras partes deste texto.

◄ As reações químicas são o coração da química. Aqui representamos quatro tipos de reações: precipitação, ácido-base, formação de gás e redox.

$$P_4(s) + 6Cl_2(g) \longrightarrow 4PCl_3(\ell)$$

REAGENTES · PRODUTO

**FIGURA 3.1 A reação do fósforo branco sólido com gás cloro.** O produto é o tricloreto de fósforo líquido.

## UM OLHAR MAIS ATENTO

# Antoine Laurent Lavoisier, 1743-1794

Na segunda-feira, 7 de agosto de 1774, o inglês Joseph Priestley (1733-1804) isolou o oxigênio. (O químico sueco Carl Scheele [1742-1786] também descobriu o elemento, talvez em 1773, mas não publicou seus resultados até então.) Para obter o oxigênio, Priestley aqueceu o óxido de mercúrio(II), HgO, provocando a sua decomposição em mercúrio e oxigênio.

$$2HgO(s) \rightarrow 2Hg(\ell) + O_2(g)$$

Priestley não entendeu de imediato o significado daquela descoberta, mas ele mencionou o fato para o químico francês Antoine Lavoisier, em outubro de 1774. Uma das contribuições de Lavoisier para a ciência foi o seu reconhecimento da importância das medições científicas exatas

e de experimentos cuidadosamente planejados, e ele aplicou essa metodologia no estudo do oxigênio. A partir desse trabalho, Lavoisier propôs que o oxigênio era um elemento, que se tratava de um dos componentes da água e que a queima envolve uma reação com o oxigênio. Ele também se enganou ao acreditar que o gás de Priestley estava presente em todos os ácidos, por isso ele o chamou de "oxigênio", com base nas palavras gregas que significam "para formar um ácido".

Em outros experimentos, Lavoisier observou que o calor produzido por um porquinho-da-índia ao exalar uma determinada quantidade de dióxido de carbono é equivalente à quantidade de calor produzido na queima de carbono para produzir a mesma quantidade de dióxido de carbono. A partir desse e de outros experimentos ele concluiu que "a respiração é uma combustão lenta, mas completamente semelhante à combustão do carvão". Embora ele não tenha entendido os detalhes do processo, esse foi um passo importante no desenvolvimento da Bioquímica.

Lavoisier foi um cientista pródigo, e os princípios da nomenclatura das substâncias químicas que ele introduziu ainda hoje estão em uso. Ademais, ele escreveu um livro no qual aplicou pela primeira vez os princípios da conservação da massa na Química e usou a ideia para escrever versões primordiais de equações químicas.

Como Lavoisier era um aristocrata, ele tornou-se suspeito durante o período do Terror da Revolução Francesa, em 1794. Ele foi um acionista na Ferme Générale, a vergonhosa organização de coleta de impostos na França do século XVIII. O tabaco era um produto monopolizado pela Ferme Générale e era comum enganar um comprador adicionando-se água ao tabaco, uma prática à qual Lavoisier se opunha. Ainda assim, devido ao seu envolvimento com a Ferme, ele teve sua carreira científica interrompida pela guilhotina em 8 de maio de 1794, acusado de "adicionar água ao tabaco do povo".

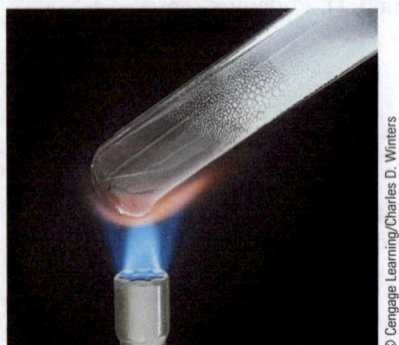

**Decomposição do óxido de mercúrio(II) vermelho.** A reação de decomposição fornece mercúrio metálico e oxigênio gasoso. O mercúrio é observado como uma película na superfície do tubo de ensaio.

**Lavoisier e sua esposa, pintado em 1788 por Jacques-Louis David.** Lavoisier tinha então 45 anos e sua esposa, Marie Anne Pierrette Paulze, 30.

No século XVIII, o cientista francês Antoine Lavoisier (1743-1794) introduziu a **lei da conservação da matéria**, a qual afirma que a *matéria não pode ser criada nem destruída*. Isto significa que, se a massa total dos reagentes for 10 g, e se a reação converte completamente reagentes em produtos, você obterá 10 g de produtos. Isso também significa que, se mil átomos de um elemento em particular estiverem contidos nos reagentes, então esses mesmos mil átomos devem aparecer nos produtos de alguma forma. *Os átomos e, assim, a massa são conservados nas reações químicas.*

Quando aplicada à reação entre o fósforo e o cloro, a lei da conservação da matéria nos diz que uma molécula de fósforo $P_4$ (com quatro átomos de fósforo) e seis moléculas diatômicas de $Cl_2$ (com 12 átomos de Cl) produzirão quatro moléculas de $PCl_3$. Uma vez que cada molécula de $PCl_3$ contém um átomo de P e três átomos de Cl, são necessárias quatro moléculas de $PCl_3$ para representar quatro átomos de P e 12 átomos de Cl no produto. A equação está *balanceada*, o mesmo número de átomos de P e de Cl aparece em cada lado da equação.

$$\underbrace{6 \times 2 =}_{12\ \text{átomos Cl}} \qquad \underbrace{4 \times 3 =}_{12\ \text{átomos Cl}}$$

$$\underbrace{P_4(s) + 6Cl_2(g) \longrightarrow}_{4\ \text{átomos P}} \underbrace{4PCl_3(\ell)}_{4\ \text{átomos P}}$$

Em uma reação química, a relação entre as quantidades de reagentes e de produtos químicos é chamada **estequiometria**. Os coeficientes em uma equação química balanceada são chamados **coeficientes estequiométricos**. (Na reação de $P_4$ e $Cl_2$ estes são 1, 6 e 4). Eles podem ser interpretados como um número de átomos ou moléculas: uma molécula de $P_4$ e seis moléculas de $Cl_2$. Eles podem referir-se às quantidades dos reagentes e dos produtos: 1 mol de $P_4$ combina com 6 mol de $Cl_2$ para produzir 4 mol de $PCl_3$.

## 3.2 Balanceando Equações Químicas

### Objetivo da Seção 3.2

- Balancear equações químicas.

Uma equação balanceada é aquela em que o mesmo número de átomos de cada elemento aparece em cada lado da equação. O processo de balancear equações envolve a atribuição de coeficientes estequiométricos corretos. Muitas equações químicas podem ser balanceadas por tentativa e erro, e este é o método que será usado com frequência. Entretanto, métodos mais sistemáticos também estão disponíveis e são especialmente úteis no caso de reações complicadas.

Uma classe geral de reações químicas é a reação de metais ou ametais com oxigênio, para obter óxidos de fórmula geral $M_xO_y$. Por exemplo, ferro reage com oxigênio para formar o óxido de ferro(III) (Figura 3.2a).

$$4Fe(s) + 3O_2(g) \rightarrow 2Fe_2O_3(s)$$

Os ametais enxofre e oxigênio reagem para formar dióxido de enxofre (Figura 3.2b),

$$S(s) + O_2(g) \rightarrow SO_2(g)$$

e o fósforo, $P_4$, reage vigorosamente com o oxigênio para obter decaóxido de tetrafósforo, $P_4O_{10}$ (Figura 3.2c),

$$P_4(s) + 5O_2(g) \rightarrow P_4O_{10}(s)$$

As equações escritas acima estão balanceadas. O mesmo número de átomos de ferro, enxofre ou fósforo e de átomos de oxigênio está presente em cada lado dessas equações.

Ao balancear equações químicas há duas coisas importantes que devemos lembrar:

- As fórmulas dos reagentes e dos produtos devem estar corretas, caso contrário a equação não tem sentido. Uma vez que as fórmulas corretas dos reagentes e dos produtos foram determinadas, seus índices inferiores não podem ser alterados para balancear uma equação. A alteração dos índices inferiores muda a identidade da substância.

**(a)** Reação entre ferro e oxigênio para obter óxido de ferro(III), $Fe_2O_3$.

**(b)** Reação entre enxofre (na colher) e oxigênio para formar dióxido de enxofre, $SO_2$.

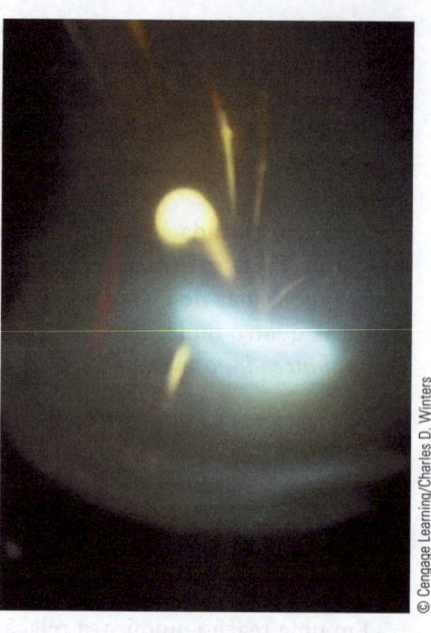

**(c)** Reação entre fósforo e oxigênio para formar decaóxido de tetrafósforo, $P_4O_{10}$.

**FIGURA 3.2 Reações de um metal e dois ametais com oxigênio.**

**FIGURA 3.3 Uma reação de combustão.** Aqui o propano, $C_3H_8$, é queimado para formar $CO_2$ e $H_2O$. Esses óxidos simples são sempre os produtos da combustão completa de um hidrocarboneto.

Por exemplo, você não pode mudar $CO_2$ para CO para balancear uma equação; o monóxido de carbono, CO, e o dióxido de carbono, $CO_2$, são compostos diferentes.

- As equações químicas são balanceadas utilizando coeficientes estequiométricos. A fórmula química completa de uma substância é multiplicada pelo coeficiente estequiométrico.

Todos os dias você encontra reações de **combustão**, ou seja, a queima de um combustível com oxigênio acompanhada pela liberação de energia na forma de calor (Figura 3.3). Uma das mais conhecidas é a combustão de octano, $C_8H_{18}$, um componente da gasolina, em um motor de automóvel:

$$2C_8H_{18}(\ell) + 25O_2(g) \rightarrow 16CO_2(g) + 18H_2O(g)$$

Em todas as reações de combustão, alguns ou todos os elementos nos reagentes terminam como óxidos, compostos que contêm oxigênio. Quando o reagente é um hidrocarboneto (um composto que contém apenas C e H, como o octano, um hidrocarboneto na gasolina), os produtos da combustão completa são sempre o dióxido de carbono e a água.

Para ilustrar o balanceamento de uma equação, vamos escrever a equação balanceada para a combustão completa do propano, $C_3H_8$, um combustível comum.

**ETAPA 1** *Escreva as fórmulas corretas dos reagentes e dos produtos.* Aqui o propano e o oxigênio são os reagentes, e o dióxido de carbono e a água, os produtos.

equação não balanceada

$$C_3H_8(g) + O_2(g) \longrightarrow CO_2(g) + H_2O(g)$$

**ETAPA 2** *Balanceie os átomos de C.* Em reações de combustão como esta, é preferível balancear primeiro os átomos de carbono e deixar os átomos de oxigênio para o final (porque os átomos de oxigênio são frequentemente encontrados

equação não balanceada

$$C_3H_8(g) + O_2(g) \longrightarrow 3CO_2(g) + H_2O(g)$$

em mais de um produto). Nesse caso, três átomos de carbono estão nos reagentes; portanto, três devem estar nos produtos. Três moléculas de $CO_2$ são consequentemente necessárias no lado direito.

**ETAPA 3** *Balanceie os átomos de H.* Uma molécula de propano contém oito átomos de H. Cada molécula de água tem dois átomos de hidrogênio, de modo que quatro moléculas de água respondem pelos oito átomos de hidrogênio necessários no lado direito.

equação não balanceada

$$C_3H_8(g) + O_2(g) \longrightarrow 3CO_2(g) + 4H_2O(g)$$

**ETAPA 4** *Balanceie os átomos de O.* Há dez átomos de oxigênio no lado direito ($3 \times 2 = 6$ no $CO_2$ mais $4 \times 1 = 4$ em $H_2O$). Cinco moléculas de $O_2$ são necessárias para suprir os dez átomos de oxigênio dos produtos.

equação não balanceada

$$C_3H_8(g) + 5O_2(g) \longrightarrow 3CO_2(g) + 4H_2O(g)$$

**ETAPA 5** *Verifique se o número de átomos de cada elemento está balanceado.* Há três átomos de carbono, oito átomos de hidrogênio e dez átomos de oxigênio em cada lado da equação.

---

## EXEMPLO 3.1

## Balanceando uma Equação de uma Reação de Combustão

**Problema** Escreva a equação balanceada para a combustão (oxidação) de gás amônia ($NH_3$) para formar vapor de água e gás monóxido de nitrogênio (NO).

**O que você sabe?** Você conhece as fórmulas corretas ou nomes para os reagentes ($NH_3$ e oxigênio, $O_2$) e os produtos ($H_2O$ e monóxido de nitrogênio, NO). Você também conhece seus estados.

**Estratégia** Escreva primeiro a equação não balanceada. Em seguida, balanceie os átomos de N, depois os átomos de H e, finalmente, os átomos de O.

### RESOLUÇÃO

**Etapa 1.** *Escreva a equação usando as fórmulas corretas dos reagentes e dos produtos.* Os reagentes são $NH_3(g)$ e $O_2(g)$, e os produtos, $NO(g)$ e $H_2O(g)$.

equação não balanceada

$$NH_3(g) + O_2(g) \longrightarrow NO(g) + H_2O(g)$$

**Etapa 2.** *Balanceie os átomos de N.* Existe um átomo de N em cada um dos lados da equação. Os átomos de N estão balanceados, pelo menos no momento.

equação não balanceada

$$NH_3(g) + O_2(g) \longrightarrow NO(g) + H_2O(g)$$

**Etapa 3.** *Balanceie os átomos de H.* Há três átomos de H à esquerda e dois à direita. Para ter o mesmo número de cada lado (6), use duas moléculas de $NH_3$ à esquerda e três moléculas de $H_2O$ à direita (o que nos dá seis átomos de H em cada lado).

equação não balanceada

$$2NH_3(g) + O_2(g) \longrightarrow NO(g) + 3H_2O(g)$$

**Mapa Estratégico 3.1**

**PROBLEMA**

**Balancear a equação** para a reação entre $NH_3$ e $O_2$

↓

**DADOS/INFORMAÇÕES**

As **fórmulas** dos **reagentes** e dos **produtos** são fornecidas

Balanceie os átomos de **N**.

**Átomos de N balanceados,** mas a equação global não está balanceada

Balanceie os átomos de **H**.

**Átomos de N e H balanceados,** mas a equação global não está balanceada

Balanceie os átomos de **O**. Melhor deixar para a etapa final.

**Átomos de N, H e O balanceados.** *A equação agora está balanceada.*

Note que, ao balancearmos os átomos de H, os átomos de N não estão mais balanceados. Para fazê-lo, vamos usar duas moléculas de NO do lado direito.

equação não balanceada

$$2NH_3(g) + O_2(g) \longrightarrow 2NO(g) + 3\,H_2O(g)$$

**Etapa 4.** *Balanceie os átomos de O.* Depois da Etapa 3, há um número par de átomos de O (2) à esquerda e um número ímpar (5) à direita. Uma vez que não pode haver um número ímpar de átomos de O à esquerda (os átomos de O estão combinados em moléculas de $O_2$), multiplique cada coeficiente em ambos os lados da equação por 2 (exceto o de $O_2$), de modo que um número par de átomos de oxigênio (10) agora ocorra no lado direito.

equação não balanceada

$$4NH_3(g) + O_2(g) \longrightarrow 4NO(g) + 6H_2O(g)$$

**Agora, os átomos de oxigênio podem ser balanceados por ter 5 moléculas de $O_2$ no lado esquerdo da equação:**

equação não balanceada

$$4NH_3(g) + 5O_2(g) \longrightarrow 4NO(g) + 6H_2O(g)$$

**Etapa 5.** *Verifique o resultado.* Há quatro átomos de N, 12 átomos de H e 10 átomos de O em cada lado da equação.

**Pense bem antes de responder** Uma forma alternativa de escrever essa equação é

$$2NH_3(g) + 5/2O_2(g) \rightarrow 2NO(g) + 3H_2O(g)$$

em que um coeficiente fracionário foi utilizado. A equação está corretamente balanceada. Porém, em geral, balanceamos as equações com coeficientes inteiros.

## Verifique seu entendimento

(a) O gás butano, $C_4H_{10}$, pode queimar completamente no ar [use $O_2(g)$ como o outro reagente] para formar o gás dióxido de carbono e vapor de água. Escreva a equação balanceada para essa reação de combustão.

(b) Escreva a equação química balanceada para a combustão completa de $C_3H_7BO_3$, um aditivo da gasolina. Os produtos da combustão são $CO_2(g)$, $H_2O(g)$ e $B_2O_3(s)$.

## 3.3 Introdução ao Equilíbrio Químico

### Objetivos da Seção 3.3

● Aceitar que as reações químicas são reversíveis e que eventualmente elas atingem um equilíbrio dinâmico.

● Aceitar as diferenças entre reações que favorecem os reagentes e aquelas que favorecem os produtos no equilíbrio.

Até este ponto, temos tratado as reações químicas como procedentes em uma única direção, com os reagentes sendo *completamente* convertidos em produtos. A natureza, no entanto, é mais complexa que isso. Todas as reações químicas são reversíveis, em princípio, e muitas reações conduzem à conversão incompleta dos reagentes em produtos.

A formação das estalactites e estalagmites em uma caverna de calcário é um exemplo de um sistema que depende da reversibilidade de uma reação química (Figura 3.4). Estalactites e estalagmites são feitas principalmente de carbonato de cálcio, um mineral encontrado em depósitos subterrâneos na forma de calcário, um resíduo de antigos oceanos. Se a água que escoa através do calcário contém

**FIGURA 3.4 Química na caverna.** Estalactites de carbonato de cálcio prendem-se ao teto de uma caverna, e estalagmites crescem a partir do chão nesse local. A química de produção dessas formações é um bom exemplo da reversibilidade das reações químicas.

$CO_2$ dissolvido, ocorre uma reação na qual o mineral é dissolvido parcialmente, resultando em uma solução aquosa de $Ca(HCO_3)_2$.

$$CaCO_3(s) + CO_2(aq) + H_2O(\ell) \rightarrow Ca(HCO_3)_2(aq)$$

Quando a água carregada de minerais atinge uma caverna, ocorre a reação inversa, liberando $CO_2$ dentro da caverna e depositando $CaCO_3$ sólido.

$$Ca(HCO_3)_2(aq) \rightarrow CaCO_3(s) + CO_2(g) + H_2O(\ell)$$

Como ilustrado na Figura 3.5, estas reações podem ser realizadas em um laboratório.

Outro exemplo de uma reação reversível é a do nitrogênio com o hidrogênio para formar o gás amônia, um composto produzido industrialmente em grandes quantidades e usado diretamente como fertilizante e na produção de outros produtos químicos.

$$N_2(g) + 3H_2(g) \rightarrow 2NH_3(g)$$

Nitrogênio e hidrogênio reagem para formar amônia, mas, sob as condições da reação, a amônia também se decompõe em nitrogênio e hidrogênio, na reação inversa.

$$2NH_3(g) \rightarrow N_2(g) + 3H_2(g)$$

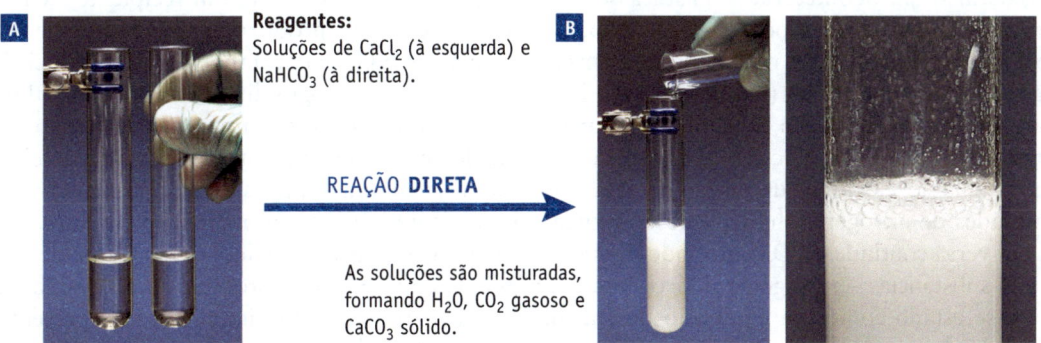

**A** Reagentes:
Soluções de $CaCl_2$ (à esquerda) e $NaHCO_3$ (à direita).

REAÇÃO **DIRETA**

As soluções são misturadas, formando $H_2O$, $CO_2$ gasoso e $CaCO_3$ sólido.

**B**

Soluções de $CaCl_2$ (uma fonte de íons $Ca^{2+}$) e $NaHCO_3$ (uma fonte de íons $HCO_3^-$) são misturadas e produzem um precipitado de $CaCO_3$ e gás $CO_2$.

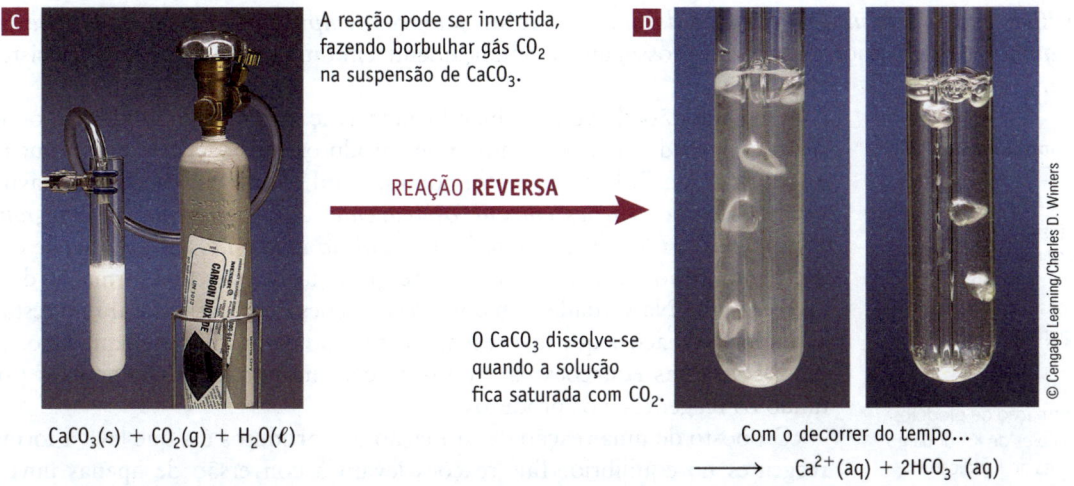

**C** A reação pode ser invertida, fazendo borbulhar gás $CO_2$ na suspensão de $CaCO_3$.

REAÇÃO **REVERSA**

O $CaCO_3$ dissolve-se quando a solução fica saturada com $CO_2$.

**D**

© Cengage Learning/Charles D. Winters

$CaCO_3(s) + CO_2(g) + H_2O(\ell)$

Com o decorrer do tempo...
$$\longrightarrow \quad Ca^{2+}(aq) + 2HCO_3^-(aq)$$

Se o gás $CO_2$ for borbulhado em uma suspensão de $CaCO_3$, ocorre a reação inversa. Isto é, $CaCO_3$ sólido e $CO_2$ gasoso reagem para produzir íons de $Ca^{2+}$ e $HCO_3^-$ na solução.

**FIGURA 3.5 A reversibilidade das reações químicas.** As experiências aqui demonstram a reversibilidade das reações químicas. O sistema é descrito pela equação química balanceada a seguir:

$$Ca^{2+}(aq) + 2HCO_3^-(aq) \;\rightleftharpoons\; CaCO_3(s) + CO_2(g) + H_2O(\ell)$$

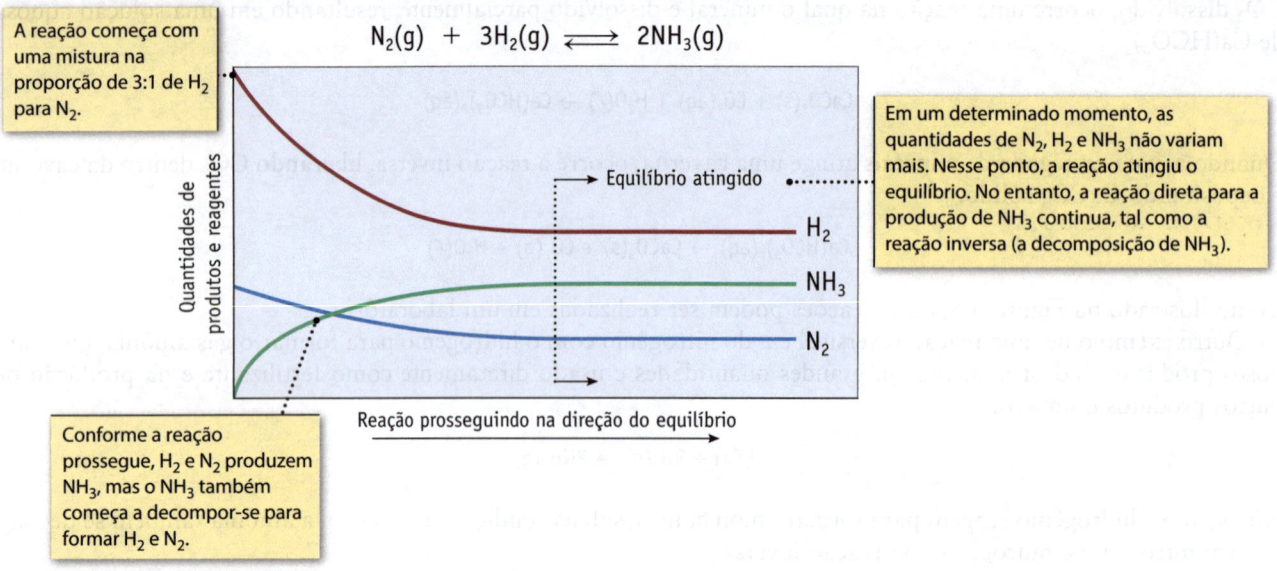

A reação começa com uma mistura na proporção de 3:1 de $H_2$ para $N_2$.

$$N_2(g) + 3H_2(g) \rightleftharpoons 2NH_3(g)$$

Em um determinado momento, as quantidades de $N_2$, $H_2$ e $NH_3$ não variam mais. Nesse ponto, a reação atingiu o equilíbrio. No entanto, a reação direta para a produção de $NH_3$ continua, tal como a reação inversa (a decomposição de $NH_3$).

Equilíbrio atingido

Quantidades de produtos e reagentes

$H_2$
$NH_3$
$N_2$

Reação prosseguindo na direção do equilíbrio

Conforme a reação prossegue, $H_2$ e $N_2$ produzem $NH_3$, mas o $NH_3$ também começa a decompor-se para formar $H_2$ e $N_2$.

**FIGURA 3.6** Reação de $N_2$ e $H_2$ para produzir $NH_3$.

Vamos considerar o que aconteceria se misturássemos nitrogênio e hidrogênio em um recipiente fechado sob as condições adequadas para a reação ocorrer. No início, $N_2$ e $H_2$ reagem para produzir certa quantidade de amônia. À medida que a amônia é produzida, no entanto, algumas moléculas de $NH_3$ se decompõem para produzir o nitrogênio e o hidrogênio na reação inversa (Figura 3.6). No início do processo, a reação direta para produzir $NH_3$ predomina, mas, conforme os reagentes são consumidos, a taxa (ou velocidade) da reação direta diminui progressivamente. Ao mesmo tempo, a reação inversa acelera conforme a quantidade de amônia aumenta. Finalmente, a velocidade da reação direta será igual à velocidade da reação inversa. Neste ponto, nenhuma outra alteração macroscópica é observada; as quantidades de nitrogênio, hidrogênio e amônia no recipiente não variam mais com o tempo (embora as reações direta e inversa continuem). Dizemos que o sistema atingiu o **equilíbrio químico**. O recipiente de reação conterá todas as três substâncias – nitrogênio, hidrogênio e amônia. Como ambos os processos ainda estão ocorrendo, referimo-nos a esse estado como um **equilíbrio dinâmico**. Sistemas em equilíbrio dinâmico são representados pela inclusão do símbolo de seta dupla ($\rightleftharpoons$) conectando os reagentes e os produtos.

$$N_2(g) + 3H_2(g) \rightleftharpoons 2NH_3(g)$$

*Um princípio importante na Química é o de que as reações químicas sempre prosseguem espontaneamente em direção ao equilíbrio.* Uma reação nunca vai prosseguir espontaneamente em uma direção que leva um sistema além do equilíbrio.

**Descrição Quantitativa do Equilíbrio Químico** Como você verá nos Capítulos 15-18, a extensão em que uma reação é favorável à formação de produto pode ser descrita por uma expressão matemática chamada *expressão da constante de equilíbrio*. Cada reação química tem um valor numérico para a constante de equilíbrio, simbolizada por $K$. Reações que favorecem a formação de produtos têm grandes valores de $K$; enquanto pequenos valores de $K$ indicam reações que favorecem a formação de reagentes.

Uma questão-chave é: "Quando uma reação atinge o equilíbrio, os reagentes serão convertidos em sua maioria em produtos ou boa parte dos primeiros ainda estará presente?". Por enquanto, porém, é útil definir as **reações que favorecem os produtos** como *reações em que os reagentes são totalmente ou em grande parte convertidos em produtos, quando o equilíbrio é atingido*. As reações de combustão que temos estudado são exemplos de reações que favorecem a formação de produtos no equilíbrio. Na verdade, a maioria das reações que você estudará no restante deste capítulo são reações que favorecem a formação de produto no equilíbrio. Costumamos escrever as equações para essas reações usando uma seta simples ($\rightarrow$) conectando os reagentes e os produtos.

O oposto de uma reação de formação dos produtos é a que leva à **formação dos reagentes** no equilíbrio. Tais reações levam à conversão de apenas uma pequena quantidade dos reagentes em produtos. Um exemplo de uma reação que favorece a formação de reagentes é a ionização do ácido acético em água, na qual apenas uma pequena fração do ácido produz íons.

$$CH_3CO_2H(aq) + H_2O(\ell) \rightleftharpoons CH_3CO_2^-(aq) + H_3O^+(aq)$$

O ácido acético é um exemplo de um grande número de ácidos denominados "ácidos fracos", porque a reação com água favorece a formação dos reagentes no equilíbrio e apenas uma pequena porcentagem das moléculas reage com a água para formar produtos iônicos.

## 3.4 Soluções Aquosas

### Objetivos da Seção 3.4

- Explicar a diferença entre eletrólitos e não eletrólitos e identificar os exemplos de cada um.
- Prever a solubilidade de compostos iônicos em água.

Muitas das reações que você estudará em seu curso de Química e quase todas as reações que ocorrem nos seres vivos são realizadas em soluções nas quais as substâncias que reagem são dissolvidas na água. No Capítulo 1, nós definimos uma **solução** como uma mistura homogênea de duas ou mais substâncias. Uma substância é geralmente considerada o **solvente**, o meio no qual uma outra substância – o **soluto** – é dissolvido. O restante deste capítulo é uma introdução para alguns dos tipos de reações que ocorrem em **soluções aquosas,** em que a água é o solvente. Primeiro, é importante entender algo sobre o comportamento dos compostos dissolvidos na água.

### Íons e Moléculas em Soluções Aquosas

A dissolução de um sólido iônico requer a separação de cada um dos íons de cargas opostas que o cercam no estado sólido (Figura 3.7). A água é especialmente boa para dissolver compostos iônicos, porque cada molécula de água tem uma extremidade carregada positivamente e outra carregada negativamente. Quando um composto iônico dissolve-se em água, cada íon negativo é rodeado por moléculas de água com suas extremidades positivas apontando na direção do íon, e cada íon positivo é rodeado pelas extremidades negativas de várias moléculas de água. As forças envolvidas são mais bem descritas pela Lei de Coulomb (Equação 2.3).

Os íons envolvidos em água que são produzidos pela dissolução de um composto iônico são livres para se movimentar na solução. Sob condições normais, o movimento dos íons é aleatório, e os cátions e os ânions de um composto iônico dissolvido encontram-se distribuídos uniformemente em toda a solução. No entanto, se dois **eletrodos**

(−)

(+)

Uma molécula de água é eletricamente positiva de um lado (os átomos de H) e eletricamente negativa do outro (o átomo de O). Essas cargas permitem que a água interaja com íons negativos e positivos em solução aquosa.

As moléculas de água são atraídas tanto para os cátions quanto para os ânions em solução aquosa.

Água em torno de um cátion

Água em torno de um ânion

Quando uma substância iônica dissolve-se em água, cada íon é rodeado por moléculas de água.

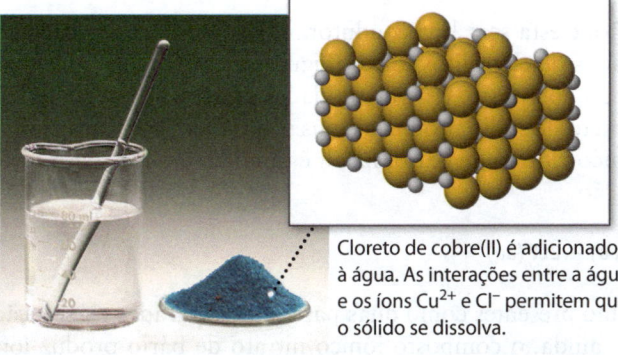

Cloreto de cobre(II) é adicionado à água. As interações entre a água e os íons $Cu^{2+}$ e $Cl^-$ permitem que o sólido se dissolva.

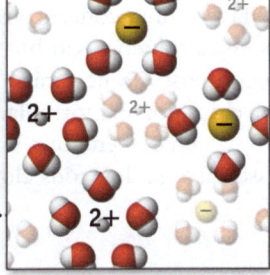

Os íons estão agora rodeados pelas moléculas de água.

**FIGURA 3.7 Água como solvente para substâncias iônicas.**

**Eletrólito Forte**

A lâmpada está acesa, mostrando que a solução conduz bem a eletricidade.

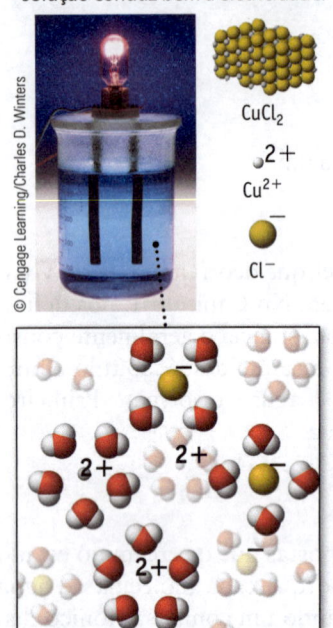

CuCl$_2$

2+
Cu$^{2+}$

—
Cl$^-$

**(a)** Um **eletrólito forte** conduz eletricidade. CuCl$_2$ está completamente dissociado em íons Cu$^{2+}$ e Cl$^-$.

**Não eletrólito**

A lâmpada não está acesa, mostrando que a solução não conduz eletricidade.

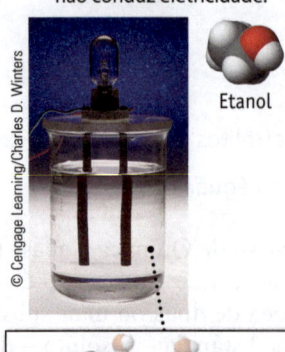

Etanol

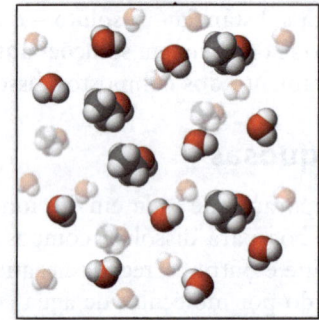

**(b)** Um **não eletrólito** não conduz eletricidade porque íons não estão presentes na SOLUÇÃO.

**Eletrólito Fraco**

A lâmpada é pouco iluminada, mostrando que a solução é má condutora de eletricidade.

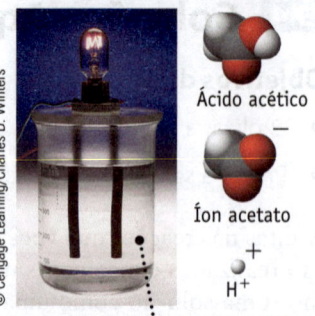

Ácido acético

—
Íon acetato

+
H$^+$

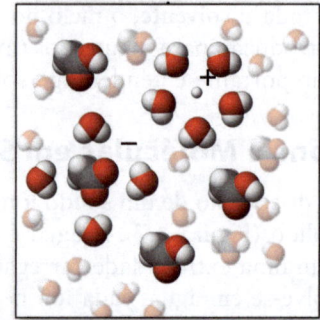

**(c)** Um **eletrólito fraco** conduz mal a eletricidade, porque apenas alguns íons estão presentes na SOLUÇÃO.

**FIGURA 3.8** **Tipos de eletrólitos.**

(condutores de eletricidade, como o fio de cobre) são colocados na solução e ligados a uma bateria, cátions positivos são atraídos para o eletrodo negativo, e ânions negativos, para o eletrodo positivo (Figura 3.8). A condução de eletricidade na solução é uma consequência do movimento das partículas carregadas na solução.

Compostos cujas soluções aquosas conduzem eletricidade são chamados de **eletrólitos**. *Todos os compostos iônicos que são solúveis em água são eletrólitos.* A extensão em que uma solução conduz a eletricidade, sua condutividade, depende da concentração de íons. Você pode testar a condutividade de uma solução através da inserção de uma lâmpada no circuito, como foi feito na Figura 3.8. Quanto maior a concentração de íons, maior a condutividade e mais brilhante a lâmpada ficará.

Para cada mol de NaCl dissolvido, 1 mol de íons Na$^+$ e 1 mol de íons Cl$^-$ entram na solução.

$$NaCl(s) \rightarrow Na^+(aq) + Cl^-(aq)$$

100% dissociação → eletrólito forte

Haverá uma concentração significativa de íons na solução, e esta será boa condutora de eletricidade. As substâncias cujas soluções são boas condutoras elétricas são chamadas de **eletrólitos fortes** (Figura 3.8a). Os íons nos quais um composto iônico irá se dissociar são dados pelo nome do composto, e as quantidades relativas desses íons são fornecidas por sua fórmula. Por exemplo, como já vimos, cloreto de sódio produz os íons sódio (Na$^+$) e os íons cloreto (Cl$^-$) na solução em uma proporção de 1:1. O composto iônico cloreto de bário, BaCl$_2$ é também um eletrólito forte. Nesse caso há dois íons cloreto para cada íon bário na solução.

$$BaCl_2(s) \rightarrow Ba^{2+}(aq) + 2Cl^-(aq)$$

Observe que os dois íons cloreto por fórmula unitária estão presentes como duas partículas separadas na solução, e não como partículas diatômicas Cl$_2^{2-}$. Em outro exemplo ainda, o composto iônico nitrato de bário produz íons bário e íons nitrato na solução. Para cada íon Ba$^{2+}$ na solução, há dois íons NO$_3^-$.

$$Ba(NO_3)_2(s) \rightarrow Ba^{2+}(aq) + 2\ NO_3^-(aq)$$

Observe também que $NO_3^-$, um íon poliatômico, não se dissocia mais; o íon existe como uma unidade na solução aquosa.

Compostos cujas soluções aquosas não conduzem eletricidade são chamados de **não eletrólitos** (veja a Figura 3.8b). As partículas de soluto presentes nessas soluções aquosas são moléculas, não íons. *A maioria dos compostos moleculares que se dissolvem em água são não eletrólitos.* Por exemplo, quando o composto molecular etanol ($C_2H_5OH$) dissolve-se em água, cada molécula de etanol permanece como uma unidade única. Nós não obtemos íons na solução. Outros exemplos de não eletrólitos são a sacarose ($C_{12}H_{22}O_{11}$) e o etilenoglicol ($HOCH_2CH_2OH$), usado como anticongelante.

Alguns compostos moleculares (ácidos fortes, ácidos fracos e bases fracas) podem reagir com a água para produzir íons em soluções aquosas e, portanto, são eletrólitos. Um exemplo é o cloreto de hidrogênio gasoso, um composto molecular, que reage com a água para formar íons. A solução é referida como ácido clorídrico.

$$HCl(g) + H_2O(\ell) \rightarrow H_3O^+(aq) + Cl^-(aq)$$

Essa reação favorece a formação de produto. Cada molécula de HCl produz íons em solução, assim o ácido clorídrico é um eletrólito forte.

Alguns compostos moleculares são **eletrólitos fracos** (Figura 3.8c). Quando esses compostos dissolvem-se na água, apenas uma pequena fração de moléculas se dissocia para formar íons, a maioria permanece intacta. Essas soluções aquosas são más condutoras de eletricidade. O ácido acético é um eletrólito fraco. No vinagre, uma solução aquosa de ácido acético, aproximadamente 0,5% das moléculas de ácido acético é ionizada para formar íons acetato ($CH_3CO_2^-$) e íons hidrônio ($H_3O^+$). Portanto, o ácido acético aquoso é um eletrólito fraco.

$$CH_3CO_2H(aq) + H_2O(\ell) \rightleftharpoons CH_3CO_2^-(aq) + H_3O^+(aq)$$

A Figura 3.9 prevê quando um determinado tipo de soluto estará presente na solução aquosa como íons, moléculas ou como uma combinação de ambos.

## Solubilidade de Compostos Iônicos em Água

As solubilidade de compostos iônicos variam extraordinariamente. Muitos compostos iônicos são solúveis em água, mas alguns se dissolvem apenas em uma pequena quantidade; outros ainda são essencialmente insolúveis. No entanto, podemos fazer algumas afirmações gerais sobre quais compostos iônicos são solúveis em água. Nesta classificação, consideramos solubilidade como uma pergunta "ou oito ou oitenta", referindo-se àqueles materiais que são solúveis até certo ponto como "solúveis" e aos que não atingem esse limite como "insolúveis".

A Figura 3.10 fornece orientações gerais que podem ajudar a prever se um determinado composto iônico é solúvel em água com base nos íons que constituem o composto. Por exemplo, nitrato de sódio, $NaNO_3$, contém um cátion

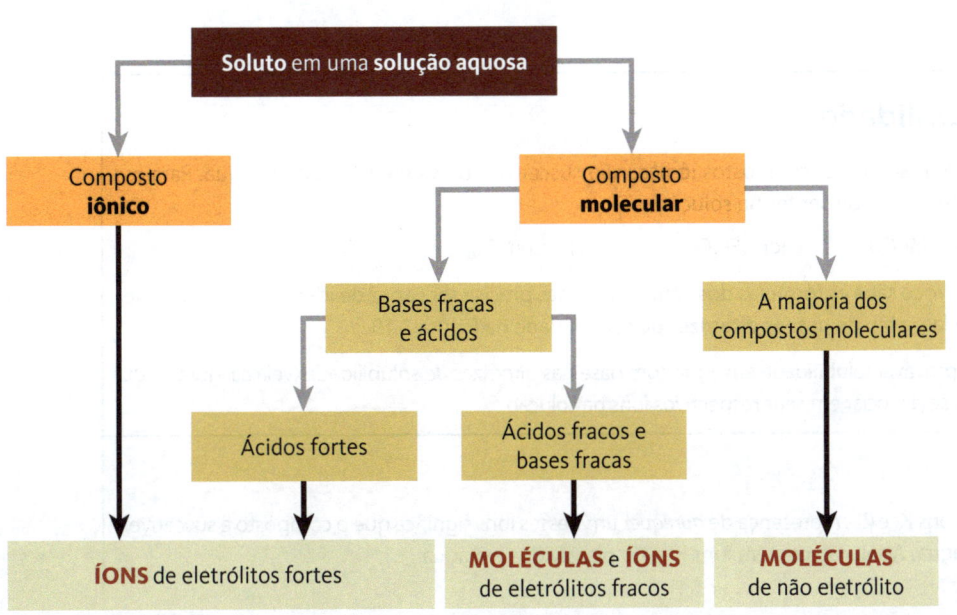

**FIGURA 3.9 Prevendo as espécies presentes em solução aquosa.** Quando os solutos dissolvem-se formando uma solução aquosa, os íons podem resultar de compostos iônicos ou moleculares. Alguns compostos moleculares podem permanecer intactos como moléculas na solução. (Note que as bases fortes contendo hidroxilas são compostos iônicos.)

| Compostos solúveis | | | | Compostos insolúveis | |
|---|---|---|---|---|---|
| *Quase todos os sais de* Na$^+$, K$^+$, NH$_4^+$<br><br>*Sais de*<br>nitrato, NO$_3^-$<br>clorato, ClO$_3^-$<br>perclorato, ClO$_4^-$<br>acetato, CH$_3$CO$_2^-$ | *Quase todos os sais de* Cl$^-$, Br$^-$, I$^-$<br><br><br><br>**Exceções<br>(não solúveis)**<br><br>Haletos de<br>Ag$^+$, Hg$_2^{2+}$, Pb$^{2+}$ | *Os sais que contêm* F$^-$<br><br><br>**Exceções<br>(não solúveis)**<br>Fluoretos de<br>Mg$^{2+}$, Ca$^{2+}$, Sr$^{2+}$,<br>Ba$^{2+}$, Pb$^{2+}$ | *Sais de sulfato,* SO$_4^{2-}$<br><br><br>**Exceções<br>(não solúveis)**<br>Sulfatos de<br>Ca$^{2+}$, Sr$^{2+}$, Ba$^{2+}$,<br>Pb$^{2+}$, Ag$^+$ | *A maioria dos sais de carbonato,* CO$_3^{2-}$<br>fosfato, PO$_4^{3-}$<br>oxalato, C$_2$O$_4^{2-}$<br>cromato, CrO$_4^{2-}$<br>sulfeto, S$^{2-}$<br><br>**Exceções (solúveis)**<br>Sais de NH$_4^+$ e dos cátions de metais alcalinos | A maioria dos óxidos e hidróxidos metálicos<br><br><br><br><br>**Exceções (solúveis)**<br>Hidróxidos de metais alcalinos, Ba(OH)$_2$ e Sr(OH)$_2$ |

**Compostos de prata**

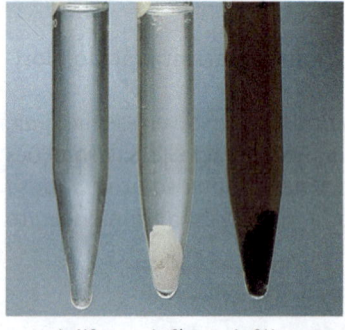

AgNO$_3$    AgCl    AgOH

**(a)** Os nitratos são geralmente solúveis, assim como os cloretos (exceções incluem AgCl). Hidróxidos são geralmente não solúveis.

**Sulfetos**

(NH$_4$)$_2$S    CdS    Sb$_2$S$_3$    PbS

**(b)** Sulfetos são geralmente não solúveis (exceções incluem sais com NH$_4^+$ e Na$^+$).

**Hidróxidos**

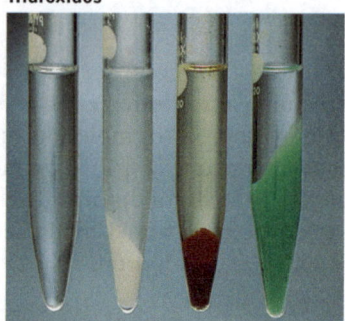

NaOH    Ca(OH)$_2$    Fe(OH)$_3$    Ni(OH)$_2$

**(c)** Hidróxidos geralmente não são solúveis, exceto quando o cátion é um metal do Grupo 1 (ou Sr$^{2+}$ ou Ba$^{2+}$).

*Cengaging Learning/Charles D. Winters*

**FIGURA 3.10  Regras para prever a solubilidade dos compostos iônicos.** Se um composto contém um dos íons na coluna do lado esquerdo na parte superior do quadro, ele é previsto para ser, pelo menos, moderadamente solúvel em água. Exceções às diretrizes estão realçadas.

de metal alcalino, Na$^+$, e o ânion do nitrato, NO$_3^-$. A presença de *qualquer* um desses íons assegura que o composto é solúvel em água; a 20°C, mais de 90 g de NaNO$_3$ podem ser dissolvidos em 100 mL de água. Por outro lado, o hidróxido de cálcio é pouco solúvel em água. Se uma colher cheia de Ca(OH)$_2$ sólido é adicionada a 100 mL de água, menos de 1 grama pode ser dissolvido a 20°C. Quase todo o Ca(OH)$_2$ permanece como um sólido (Figura 3.10c).

---

**EXEMPLO 3.2**

## Regras de Solubilidade

**Problema**   Preveja se os seguintes compostos iônicos são suscetíveis de serem solúveis em água. Para os compostos solúveis, liste os íons presentes na solução.

(a)  KCl          (b)  MgCO$_3$          (c)  Fe$_2$O$_3$          (d)  Cu(NO$_3$)$_2$

**O que você sabe?**   Você sabe as fórmulas dos compostos, mas precisa ser capaz de identificar os íons que compõem cada uma delas, a fim de usar as diretrizes de solubilidade na Figura 3.10.

**Estratégia**   Decida a provável solubilidade em água com base nas diretrizes de solubilidade (veja a Figura 3.10). Compostos solúveis irão se dissociar em seus respectivos íons na solução.

### RESOLUÇÃO

(a)  KCl é composto de íons K$^+$ e Cl$^-$. A presença de *qualquer* um desses íons significa que o composto é suscetível de ser solúvel em água. A solução contém íons K$^+$ e Cl$^-$ dissolvidos em água.

$$KCl(s) \rightarrow K^+(aq) + Cl^-(aq)$$

(A solubilidade do KCl é cerca de 35 g em 100 mL de água a 20°C).

(b) O carbonato de magnésio é composto de íons $Mg^{2+}$ e $CO_3^{2-}$. Os sais que contêm o íon carbonato geralmente são insolúveis, a menos que sejam combinados com um íon como $Na^+$ ou $NH_4^+$. Portanto, $MgCO_3$ é previsto para ser insolúvel em água. (A solubilidade de $MgCO_3$ é menor que 0,2 g/100 mL de água.)

(c) Hidróxido de ferro(III) é composto de íons $Fe^{3+}$ e $O^{2-}$. Os óxidos são solúveis apenas quando $O^{2-}$ é combinado com um íon de metal alcalino; $Fe^{3+}$ é um íon de metal de transição, de modo que $Fe_2O_3$ é insolúvel.

(d) Nitrato de cobre(II) é composto de íons $Cu^{2+}$ e $NO_3^-$. Os sais de nitrato são solúveis, de modo que esse composto dissolve-se em água, gerando íons na solução, como mostra a equação a seguir.

$$Cu(NO_3)_2(s) \rightarrow Cu^{2+}(aq) + 2\ NO_3^-(aq)$$

**Pense bem antes de responder** Para os químicos, um conjunto de diretrizes como aquelas da Figura 3.10 é útil. Se necessário, informações precisas de solubilidade para muitos compostos estão disponíveis em livros de Química para consulta ou em bancos de dados online.

## Verifique seu entendimento

Preveja se cada um dos seguintes compostos iônicos pode ser solúvel em água. Em caso afirmativo, escreva as fórmulas dos íons presentes na solução aquosa.

(a) $LiNO_3$   (b) $CaCl_2$   (c) $CuO$   (d) $NaCH_3CO_2$

**Regras de Solubilidade** Observações tais como as que são mostradas na Figura 3.10 foram usadas para criar as regras de solubilidade. Observe, no entanto, que essas são orientações gerais. Há exceções. Veja B. Blake, *Journal of Chemical Education*, v. 80, p. 1348-1350, 2003.

## 3.5 Reações de Precipitação

### Objetivos da Seção 3.5

- Identificar quais íons são formados quando um composto iônico ou ácido ou base se dissolve em água.
- Identificar reações de troca nas quais existe uma troca de ânions entre os cátions dos reagentes na solução.
- Prever os produtos de reações de precipitação.
- Escrever as equações iônicas líquidas para reações em solução aquosa.

Agora que você pode prever se compostos produzirão íons ou moléculas quando eles se dissolvem na água e se os compostos iônicos são solúveis ou insolúveis em água, podemos começar a discutir as reações químicas que ocorrem em soluções aquosas. Será útil procurar padrões que possam ajudá-lo a prever os produtos da reação.

Muitas reações que você encontrará são reações de troca (algumas vezes chamadas de deslocamento duplo, dupla troca ou reações de metátese). Nestas reações *íons dos reagentes trocam de parceiros*.

$$A^+B^- \ + \ C^+D^- \longrightarrow A^+D^- \ + \ C^+B^-$$

As reações nas quais forma-se um precipitado (reações de precipitação) são reações de troca. Por exemplo, soluções aquosas de nitrato de prata e cloreto de potássio reagem para produzir cloreto de prata sólido e nitrato de potássio aquoso (Figura 3.11).

$$AgNO_3(aq) + KCl(aq) \rightarrow AgCl(s) + KNO_3(aq)$$

| Reagentes | Produtos |
|---|---|
| $Ag^+(aq) + NO_3^-(aq)$ | $AgCl(s)$ insolúvel |
| $K^+(aq) + Cl^-(aq)$ | $K^+(aq) + NO_3^-(aq)$ |

**FIGURA 3.11
Precipitação de
cloreto de prata.**

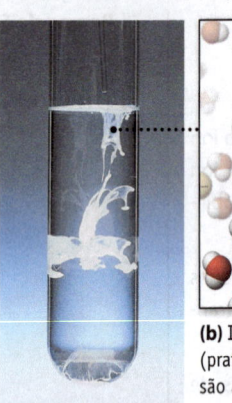

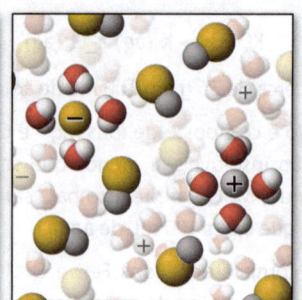

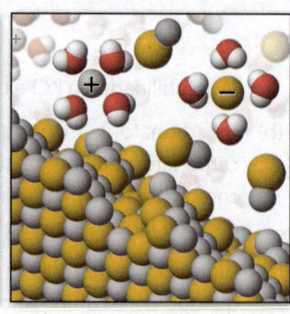

**(b)** Inicialmente, os íons $Ag^+$ (prata cor) e íons $Cl^-$ (amarelo) são amplamente separados.

**(c)** Os íons $Ag^+$ e $Cl^-$ aproximam-se e formam pares de íons.

**(d)** À medida que mais e mais íons $Ag^+$ e $Cl^-$ se juntam, forma-se um precipitado de AgCl sólido.

**(a)** Misturar soluções aquosas de nitrato de prata e cloreto de potássio produz branco, insolúvel cloreto de prata, AgCl.

Os guias de solubilidade (Figura 3.10) preveem que quase todos os sulfetos metálicos são insolúveis em água. Se uma solução de um composto metálico solúvel entrar em contato com uma fonte de íons sulfeto, o sulfeto metálico precipita.

$$Pb(NO_3)_2(aq) + (NH_4)_2S(aq) \rightarrow PbS(s) + 2NH_4NO_3(aq)$$

| Reagentes | Produtos |
|---|---|
| $Pb^{2+}(aq) + 2NO_3^-(aq)$ | PbS(s) insolúvel |
| $2NH_4^+(aq) + S^{2-}(aq)$ | $2NH_4^+(aq) + 2NO_3^-(aq)$ |

Em outro exemplo, as regras de solubilidade indicam que, com exceção dos cátions dos metais alcalinos (além de $Sr^{2+}$, $Ba^{2+}$), cátions de metais formam hidróxidos insolúveis. Assim, cloreto de ferro(III) solúvel em água e hidróxido de sódio reagem para formar o hidróxido de ferro(III) insolúvel.

$$FeCl_3(aq) + 3NaOH(aq) \rightarrow Fe(OH)_3(s) + 3NaCl(aq)$$

| Reagentes | Produtos |
|---|---|
| $Fe^{3+}(aq) + 3Cl^-(aq)$ | $Fe(OH)_3(s)$ insolúvel |
| $3Na^+(aq) + 3OH^-(aq)$ | $3Na^+(aq) + 3Cl^-(aq)$ |

© Cengage Learning/Charles D. Winters

**PbS** de $Pb(NO_3)_2$ e $(NH_4)_2S$

© Cengage Learning/Charles D. Winters

**Fe(OH)₃** de $FeCl_3$ e NaOH

---

**EXEMPLO 3.3**

## Escrevendo a Equação para uma Reação de Precipitação

**Problema**  Um produto insolúvel é formado quando as soluções aquosas de cromato de potássio e de nitrato de prata são misturadas? Se sim, escreva a equação balanceada.

**O que você sabe?**  Os nomes dos dois reagentes são dados. Você deve reconhecer que essa é uma reação de troca iônica e que precisará da informação sobre solubilidade na Figura 3.10.

### Estratégia

- Determine as fórmulas a partir dos nomes dos reagentes e identifique os íons que constituem esses compostos.

- Escreva as fórmulas dos produtos nessa reação pela troca de cátions e ânions e determine qual produto é insolúvel usando as informações na Figura 3.10.

- Escreva a equação balanceada.

**RESOLUÇÃO** Os reagentes são $AgNO_3$ e $K_2CrO_4$. Os possíveis produtos da reação de troca são cromato de prata ($Ag_2CrO_4$) e nitrato de potássio ($KNO_3$). Com base nas regras de solubilidade, sabemos que o cromato de prata é um composto insolúvel (cromatos são insolúveis, exceto no caso daqueles com metais do Grupo 1 cátions ou $NH_4$), e nitrato de potássio é solúvel em água. Um precipitado de cromato de prata será formado se esses reagentes forem misturados.

$$2AgNO_3(aq) + K_2CrO_4(aq) \rightarrow Ag_2CrO_4(s) + 2KNO_3(aq)$$

**Pense bem antes de responder** Você pode deduzir que o íon cromato ($CrO_4^{2-}$) tem uma carga 2– porque o cromato de potássio consiste de dois íons potássio ($K^+$) para cada íon cromato. Da mesma forma, o íon prata deve ter uma carga 1+ porque ele estava inicialmente pareado com um íon nitrato ($NO_3^-$).

**$Ag_2CrO_4$** de $AgNO_3$ e $K_2CrO_4$

## Verifique seu entendimento

Em cada um dos casos seguintes, ocorre uma reação de precipitação quando as soluções dos dois reagentes solúveis em água são misturadas? Dê a fórmula de qualquer precipitado que se forma e escreva uma equação química balanceada para as reações de precipitação que ocorrem.

(a)  carbonato de sódio e cloreto de cobre(II)

(b)  carbonato de potássio e nitrato de sódio

(c)  cloreto de níquel(II) e hidróxido de potássio

## Equações Iônicas Líquidas

Quando as soluções aquosas de nitrato de prata e cloreto de potássio são misturadas, obtém-se cloreto de prata insolúvel, deixando o nitrato de potássio na solução (veja a Figura 3.11). A equação química balanceada para esse processo é

$$AgNO_3(aq) + KCl(aq) \rightarrow AgCl(s) + KNO_3(aq)$$

Podemos representar essa reação de outra maneira, escrevendo uma equação em que os compostos iônicos *solúveis* estão presentes na solução como íons dissociados. Uma solução aquosa de nitrato de prata contém íons $Ag^+$ e $NO_3^-$, e uma solução aquosa de cloreto de potássio contém íons $K^+$ e $Cl^-$. Nos produtos, nitrato de potássio está presente na solução como íons $K^+$ e $NO_3^-$. O cloreto de prata, porém, é insolúvel e, assim, não está presente na solução como íons dissociados. Ele é mostrado na equação por $AgCl(s)$.

$$\underbrace{Ag^+(aq) + NO_3^-(aq) + K^+(aq) + Cl^-(aq)}_{\text{Antes da reação}} \rightarrow AgCl(s) + \underbrace{K^+(aq) + NO_3^-(aq)}_{\text{Após a reação}}$$

Esse tipo de equação é conhecido como **equação iônica completa.**

Os íons de $K^+$ e $NO_3^-$ estão presentes na solução antes e depois da reação, de forma que aparecem em ambos os lados, o dos reagentes e o dos produtos, da equação iônica completa. Esses íons são frequentemente chamados de **íons espectadores** porque eles não participam na reação líquida; eles apenas "observam" do lado de fora. Pouca informação química se perde se a equação é escrita sem eles, por isso podemos simplificar a equação para

$$Ag^+(aq) + Cl^-(aq) \rightarrow AgCl(s)$$

A equação balanceada que resulta por deixar de fora os íons espectadores é a **equação iônica líquida** para a reação. A importância das equações iônicas líquidas e a razão pela qual as equações iônicas líquidas são comumente usadas, é que elas *descrevem com mais exatidão as reações que ocorrem.*

Deixar de fora os íons espectadores não significa que os íons $K^+$ e $NO_3^-$ não sejam importantes na reação $AgNO_3 + KCl$. Na verdade, os íons $Ag^+$ não podem existir

**Equações Iônicas Líquidas**
Todas as equações químicas, incluindo as equações iônicas líquidas, devem ser balanceadas. O mesmo número de átomos de cada tipo deve aparecer em ambos os lados dos produtos e dos reagentes. Além disso, *a soma de cargas positivas e negativas deve ser a mesma em ambos os lados da equação.*

# DICA PARA RESOLUÇÃO DE PROBLEMAS 3.1
## Escrevendo Equações Iônicas Líquidas

Equações iônicas líquidas são comumente escritas para as reações químicas em solução aquosa, porque elas descrevem as espécies químicas reais envolvidas em uma reação. Para escrever equações iônicas líquidas, você deve saber quais compostos existem como íons na solução.

1. Ácidos fortes, bases fortes e sais solúveis existem como íons na solução. Exemplos incluem os ácidos HCl e $HNO_3$, uma base como NaOH e sais como NaCl e $CuCl_2$.

2. Todas as outras espécies devem ser representadas por suas fórmulas completas. Os ácidos fracos, como o ácido acético ($CH_3CO_2H$), existem

em soluções aquosas essencialmente como moléculas. (Veja a Seção 3.6). Sais insolúveis, como $CaCO_3$(s), ou bases insolúveis, como $Mg(OH)_2$(s), não devem ser escritos na forma iônica, embora eles sejam compostos iônicos.

A melhor maneira de abordar a escrita de equações iônicas líquidas é seguir precisamente um conjunto de etapas.

1. Escreva uma equação completa e balanceada. Indique o estado de cada substância (aq, s, $\ell$, g).

2. Depois reescreva a equação completa, incluindo todos os ácidos fortes, bases fortes e sais solúveis como íons.

(Considere apenas as espécies marcadas "(aq)" nessa etapa.)

3. Alguns íons podem permanecer inalterados na reação (os íons que aparecem na equação tanto como reagentes quanto como produtos). Esses "íons espectadores" não são parte da química que está acontecendo e você pode eliminá-los em cada lado da equação.

4. Equações iônicas líquidas devem ser balanceadas. O mesmo número de átomos aparece em cada lado da seta e a soma das cargas dos íons nos dois lados também deve ser igual.

sozinhos na solução; um íon negativo, neste caso, $NO_3^-$, deve estar presente para equilibrar a carga positiva de $Ag^+$. Qualquer ânion o fará, desde que ele forme um composto solúvel em água com $Ag^+$. Assim, poderíamos ter usado $AgClO_4$ no lugar de $AgNO_3$. Da mesma forma, deve haver um íon positivo presente para equilibrar a carga negativa de $Cl^-$. Nesse caso, o íon positivo presente é $K^+$ em KCl, mas poderíamos ter usado NaCl em vez de KCl. A equação iônica líquida teria sido a mesma.

Finalmente, observe que sempre deve haver um *balanceamento de cargas*, bem como um balanceamento de massa em uma equação química balanceada. Na equação iônica líquida $Ag^+ + Cl^-$, as cargas dos cátions e dos ânions à esquerda somam-se para resultar uma carga total igual a zero, a mesma carga de AgCl(s) à direita.

## EXEMPLO 3.4

## Escrevendo e Balanceando Equações Iônicas Líquidas

**Problema** Escreva uma equação iônica líquida balanceada para a reação entre as soluções aquosas de $BaCl_2$ e $Na_2SO_4$.

**O que você sabe?** As fórmulas para os reagentes são dadas. Você deve reconhecer que esta é uma reação de troca iônica e que precisará da informação sobre solubilidade na Figura 3.10.

**Estratégia** Siga a estratégia delineada em Dica para Resolução de Problemas 3.1.

### RESOLUÇÃO

**Etapa 1.** Nessa *reação de troca*, os cátions $Ba^{2+}$ e $Na^+$ trocam os ânions ($Cl^-$ e $SO_4^{2-}$) para produzir $BaSO_4$ e NaCl. Agora que os reagentes e os produtos são conhecidos, podemos escrever uma equação para a reação. Para balancear a equação, colocamos o número 2 na frente de NaCl.

$$BaCl_2 + Na_2SO_4 \rightarrow BaSO_4 + 2\ NaCl$$

**Etapa 2.** *Decida sobre a solubilidade de cada composto (veja a Figura 3.10). Os compostos que contêm íons sódio são sempre solúveis em água, como são os que contêm íons cloreto (com*

**Reação de precipitação.**
A reação de cloreto de bário e sulfato de sódio produz sulfato de bário insolúvel e cloreto de sódio solúvel em água.

*algumas exceções).* Sais de sulfato também são geralmente solúveis, sendo $BaSO_4$ uma importante exceção. Agora podemos escrever

$$BaCl_2(aq) + Na_2SO_4(aq) \rightarrow BaSO_4(s) + 2NaCl(aq)$$

**Etapa 3.** *Identifique os íons na solução. Todos os compostos iônicos solúveis dissociam-se para formar íons em solução aquosa.* Escrevendo as substâncias solúveis como íons em solução, obtém-se a seguinte equação iônica completa:

$$Ba^{2+}(aq) + 2Cl^-(aq) + 2Na^+(aq) + SO_4^{2-}(aq) \rightarrow BaSO_4(s) + 2Na^+(aq) + 2Cl^-(aq)$$

**Etapa 4.** *Identifique e elimine os íons espectadores ($Na^+$ e $Cl^-$) para obter a equação iônica líquida.*

$$Ba^{2+}(aq) + SO_4^{2-}(aq) \rightarrow BaSO_4(s)$$

**Pense bem antes de responder** Observe que a soma das cargas dos íons é a mesma em ambos os lados da equação. No lado esquerdo, 2+ e 2– somam zero; à direita, a carga no $BaSO_4$ também é zero.

## Verifique seu entendimento

Em cada um dos casos seguintes, as soluções aquosas que contêm os compostos indicados estão misturadas. Escreva as equações iônicas líquidas balanceadas para as reações que ocorrem.

(a)   $CaCl_2 + Na_3PO_4$

(b)   cloreto de ferro(III) e hidróxido de potássio (uma reação semelhante é mostrada na Figura 3.12)

(c)   nitrato de chumbo(II) e cloreto de potássio

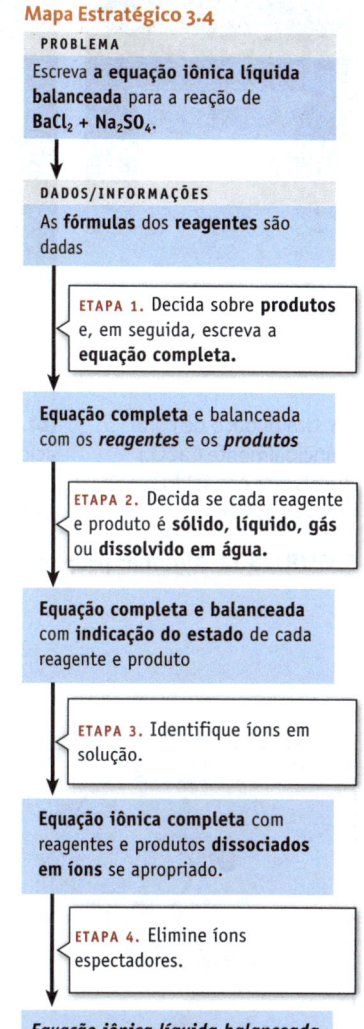

**Mapa Estratégico 3.4**

**PROBLEMA**

Escreva **a equação iônica líquida balanceada** para a reação de $BaCl_2 + Na_2SO_4$.

**DADOS/INFORMAÇÕES**

As **fórmulas** dos **reagentes** são dadas

**ETAPA 1.** Decida sobre **produtos** e, em seguida, escreva a **equação completa.**

**Equação completa** e balanceada com os **reagentes** e os **produtos**

**ETAPA 2.** Decida se cada reagente e produto é **sólido, líquido, gás** ou **dissolvido em água.**

**Equação completa e balanceada** com **indicação do estado** de cada reagente e produto

**ETAPA 3.** Identifique íons em solução.

**Equação iônica completa** com reagentes e produtos **dissociados em íons** se apropriado.

**ETAPA 4.** Elimine íons espectadores.

*Equação iônica líquida balanceada*

## 3.6   Ácidos e Bases

**Objetivos da Seção 3.6**

●   Saber os nomes e fórmulas de ácidos e bases comuns e classificá-los como fortes ou fracos.

●   Definir os conceitos de ácidos e bases de Arrhenius e Brønsted-Lowry.

●   Identificar o ácido e a base de Brønsted em uma reação e escrever as equações para reações ácido-base de Brønsted–Lowry.

●   Identificar as substâncias que são anfipróticas e óxidos que se dissolvem em água para fornecer soluções ácidas e soluções básicas.

Os ácidos e as bases são duas classes importantes de compostos. Você possivelmente já está familiarizado com algumas propriedades comuns dos ácidos. Eles produzem bolhas de gás $CO_2$ quando adicionados a um carbonato metálico tal como o $CaCO_3$ (Figura 3.12a) e reagem com muitos metais para produzir gás hidrogênio ($H_2$) (Figura 3.12b). Embora a degustação de substâncias *nunca* seja feita em um laboratório de Química, você provavelmente já experimentou o gosto azedo de ácidos como o ácido acético no vinagre e o ácido cítrico (comumente encontrado em frutas e adicionado a doces e refrigerantes).

Ácidos e bases têm algumas propriedades relacionadas. Soluções de ácidos ou de bases, por exemplo, podem alterar as cores dos pigmentos naturais (Figura 3.12c). Você pode ter visto os ácidos mudarem a cor do tornassol, um corante extraído de certos liquens, de azul para vermelho. A adição de uma base inverte o efeito, tornando o tornassol azul novamente. Assim, os ácidos e as bases parecem ser opostos. Uma base pode neutralizar o efeito de um ácido e vice-versa. A Tabela 3.1 lista ácidos e bases comuns.

 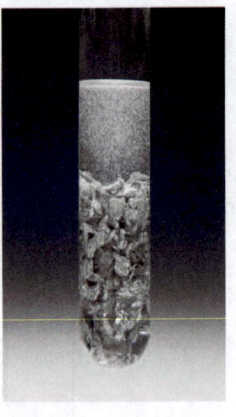 

**(a)** Um pedaço de coral (principalmente CaCO$_3$) dissolve-se em ácido para formar gás CO$_2$.

**(b)** Zinco reage com ácido clorídrico para produzir cloreto de zinco e gás hidrogênio.

**(c)** Um extrato de pétalas de rosas vermelhas torna-se vermelho escuro com a adição de ácido, mas fica verde após a adição de base.

**FIGURA 3.12 Algumas propriedades de ácidos e bases.**

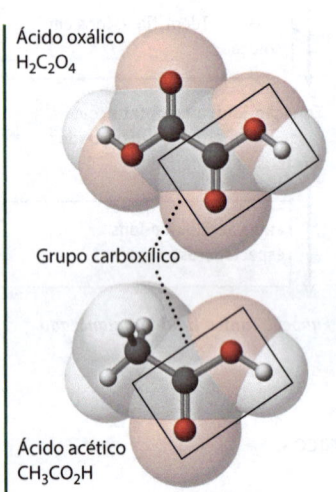

Ácido oxálico
H$_2$C$_2$O$_4$

Grupo carboxílico

Ácido acético
CH$_3$CO$_2$H

**Ácidos Fracos** Ácidos e bases comuns estão listados na Tabela 3.1. Existem numerosos outros ácidos e bases fracos, e muitos deles são substâncias naturais. Muitos dos ácidos naturais, tais como os ácidos oxálico e acético, contêm grupos carboxílicos, CO$_2$H. (O H desse grupo é perdido como H$^+$).

**Tabela 3.1 Ácidos e Bases Comuns\***

| ÁCIDOS FORTES (ELETRÓLITOS FORTES) | | BASES FORTES SOLÚVEIS (ELETRÓLITOS FORTES)\*\* | |
|---|---|---|---|
| HCl | Ácido clorídrico | LiOH | Hidróxido de lítio |
| HBr | Ácido bromídrico | NaOH | Hidróxido de sódio |
| HI | Ácido iodídrico | KOH | Hidróxido de potássio |
| HNO$_3$ | Ácido nítrico | Ba(OH)$_2$ | Hidróxido de bário |
| HClO$_4$ | Ácido perclórico | Sr(OH)$_2$ | Hidróxido de estrôncio |
| H$_2$SO$_4$ | Ácido sulfúrico | | |
| **ÁCIDOS FRACOS (ELETRÓLITOS FRACOS)** | | **BASES FRACAS (ELETRÓLITOS FRACOS)** | |
| HF | Ácido fluorídrico | NH$_3$ | Amônia aquosa |
| H$_3$PO$_4$ | Ácido fosfórico | | |
| H$_2$CO$_3$ | Ácido carbônico | | |
| CH$_3$CO$_2$H | Ácido acético | | |
| H$_2$C$_2$O$_4$ | Ácido oxálico | | |
| H$_2$C$_4$H$_4$O$_6$ | Ácido tartárico | | |
| H$_3$C$_6$H$_5$O$_7$ | Ácido cítrico | | |
| HC$_9$H$_7$O$_4$ | Aspirina | | |

\*O comportamento eletrolítico refere-se às soluções aquosas desses ácidos e bases.

\*\*Ca(OH)$_2$ é frequentemente listado como base forte, apesar de ser pouco solúvel.

Ao longo dos anos, os químicos examinaram as propriedades, estruturas químicas e reações de ácidos e bases e propuseram diferentes definições dos termos *ácido* e *base*. Examinaremos as duas definições mais comumente usadas, uma proposta por Svante Arrhenius (1859-1927) e outra por Johannes N. Brønsted (1879-1947) e Thomas M. Lowry (1874-1936).

## UM OLHAR MAIS ATENTO

# Nomeando Ácidos Comuns

Como destacado na Seção 2.4, o composto covalente simples HCl é chamado de *cloreto de hidrogênio* quando ele está puro e no estado gasoso. Entretanto, nesta seção vemos que uma solução aquosa de HCl é ácida e esta solução recebe o nome de *ácido clorídrico*. O mesmo padrão, a adição de uma terminação *–ídrico*, aplica-se a outros ácidos nos quais o ânion tem uma terminação *–eto*. Por exemplo, HF(aq) é o ácido fluorídrico e $H_2S$(aq) é o ácido sulfídrico.

Observe que outros ácidos comuns, como o ácido sulfúrico ($H_2SO_4$) e o ácido nítrico ($HNO_3$), têm nomes terminados em *–ico*. Se você começa com os ânions comuns com nomes terminando em *–ato* (como nitrato, sulfato, clorato, perclorato e acetato), o ácido associado com aquele ânion tem seu nome terminando em *–ico*. Assim, temos ácidos nítrico, clórico, perclórico e acético.

Você aprendeu no Capítulo 2 que há séries de ânions baseados no cloro, enxofre e nitrogênio. Dentre eles estão os íons hipoclorito ($ClO^-$) e clorito ($ClO_2^-$) e os íons sulfito ($SO_3^{2-}$) e nitrito ($NO_2^-$). Os ácidos baseados em íons terminando em *ito* tem os nomes terminando em *–oso*. Assim, temos os ácidos cloroso, sulfuroso e nitroso.

Essas convenções de nomes estão resumidas na tabela a seguir.[NT]

| Nomes de Ânions Comuns | Nome do Ácido Correspondente |
|---|---|
| $Cl^-$, íon cloreto | HCl, ácido clorídrico |
| $ClO^-$, íon hipoclorito | HClO, ácido hipocloroso |
| $ClO_2^-$, íon clorito | $HClO_2$, ácido cloroso |
| $ClO_4^-$, íon perclorato | $HClO_4$, ácido perclórico |
| $S^{2-}$, íon sulfeto | $H_2S$, ácido sulfídrico |
| $SO_3^{2-}$, íon sulfito | $H_2SO_3$, ácido sulfuroso |
| $SO_4^{2-}$, íon sulfato | $H_2SO_4$, ácido sulfúrico |
| $NO_2^-$, íon nitrito | $HNO_2$, ácido nitroso |
| $NO_3^-$, íon nitrato | $HNO_3$, ácido nítrico |

NT: Há uma outra maneira de nomear ácidos, que é baseada no nome dos óxidos. Os ácidos são considerados como produtos da reação do óxido com água. Consequentemente, a nomenclatura do ácido origina-se do nome do óxido. Por sua vez, a nomenclatura do óxido é baseada no número de oxidação do elemento combinado com o íon $O^{2-}$. Assim, as terminações *–oso* e *–ico* usadas para o maior e o menor dos números de oxidação, respectivamente. Os prefixos *hiper–* e *per–* são usados para diferenciar entre os dois menores e os dois maiores números de oxidação, sendo *hiper–* para o menor de todos e *per–* para o maior de todos.

## Ácidos e Bases: A Definição de Arrhenius

No final de 1800, o químico sueco Svante Arrhenius propôs que os ácidos e as bases dissolvem-se na água e formam íons. Essa teoria antecedeu qualquer conhecimento a respeito da composição e estrutura dos átomos e não foi bem aceita inicialmente. Com o conhecimento sobre a estrutura atômica, no entanto, nós agora a tomamos como certa.

A definição de Arrhenius para ácidos e bases centraliza-se na formação de íons $H^+$ e $OH^-$ em soluções aquosas.

- Um ácido é uma substância que, quando dissolvida em água, aumenta a concentração de íons hidrogênio, $H^+$, na solução.

$$HCl(g) \rightarrow H^+(aq) + Cl^-(aq)$$

- Uma base é uma substância que, quando dissolvida em água, aumenta a concentração de íons hidroxila, $OH^-$, na solução.

$$NaOH(s) \rightarrow Na^+(aq) + OH^-(aq)$$

- A reação entre um ácido e uma base produz sal e água. Uma vez que as propriedades características de um ácido são perdidas quando uma base é adicionada e vice-versa, as reações ácido-base foram logicamente descritas como o resultado da combinação de $H^+$ e $OH^-$ para formar água.

$$HCl(aq) + NaOH(aq) \rightarrow NaCl(aq) + H_2O(\ell)$$

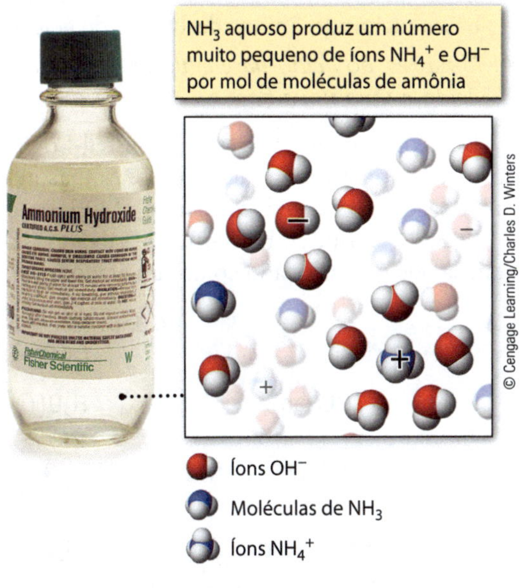

$NH_3$ aquoso produz um número muito pequeno de íons $NH_4^+$ e $OH^-$ por mol de moléculas de amônia

- Íons $OH^-$
- Moléculas de $NH_3$
- Íons $NH_4^+$

**FIGURA 3.13 Amônia, um eletrólito fraco.** O nome na garrafa, hidróxido de amônio, é enganoso. A solução consiste quase inteiramente em moléculas de $NH_3$ dissolvidas em água. Ela é mais conhecida como "amônia aquosa".

Arrhenius propôs ainda que a força do ácido estava relacionada com a extensão na qual o ácido ionizava. Alguns ácidos, como o ácido clorídrico (HCl) e o ácido nítrico ($HNO_3$), ionizam completamente na água; eles são eletrólitos fortes, e nós agora os chamamos de **ácidos fortes**. Outros ácidos, como o ácido acético e o fluorídrico, não são completamente ionizados; eles são eletrólitos fracos e **ácidos fracos**. Ácidos fracos existem em solução fundamentalmente como moléculas, das quais apenas uma fração ioniza para produzir íons $H^+$(aq) juntamente ao ânion do ácido.

Os compostos solúveis em água que contêm íons hidroxila, como hidróxido de sódio (NaOH) e hidróxido de potássio (KOH), são eletrólitos fortes e **bases fortes**.

Amônia em solução aquosa, $NH_3(aq)$, é um eletrólito fraco. Embora os íons $OH^-$ não façam parte da sua fórmula, ela produz íons amônio e íons hidroxila da sua reação com água e, por isso, é uma base (Figura 3.13). O fato de que se trata de um eletrólito fraco indica que essa reação com a água para formar íons favorece a formação de reagentes no equilíbrio. A maior parte da amônia permanece na solução sob a forma molecular.

$$NH_3(aq) + H_2O(\ell) \rightleftharpoons NH_4^+(aq) + OH^-(aq)$$

Embora a teoria de Arrhenius ainda continue sendo utilizada em certa medida e seja interessante em um contexto histórico, os conceitos modernos da química de ácido-base, como a teoria de Brønsted-Lowry, ganharam preferência entre os químicos.

## Ácidos e Bases: A Definição de Brønsted-Lowry

$H_3O^+$ ***versus*** $H^+$ A fórmula para o íon hidrônio, $H_3O^+$ é uma descrição razoavelmente mais exata e será usada para representar o íon hidrogênio em solução. Entretanto, haverá casos quando, pela simplicidade, representaremos o íon hidrogênio como $H^+(aq)$.

Os experimentos mostram que existem, também, outras formas do íon na água, um dos exemplos é $[H_3O(H_2O)_3]^+$.

Em 1923, Johannes Brønsted (1879-1947) em Copenhagen, Dinamarca, e Thomas Lowry (1874-1936) em Cambridge, Inglaterra, sugeriram independentemente um novo conceito quanto ao comportamento de ácidos e bases. Eles viram ácidos e bases em termos de transferência de um próton ($H^+$) de uma espécie para outra e descreveram todas as reações ácido-base em termos de equilíbrio. A teoria de Brønsted-Lowry ampliou o âmbito da definição de ácidos e bases e ajudou os químicos a fazerem previsões sobre as reações que favorecem a formação do produto ou reagente com base na força do ácido e da base. Vamos descrever essa teoria aqui qualitativamente; uma discussão mais completa será dada no Capítulo 16. Os principais conceitos da teoria de Brønsted-Lowry são os seguintes:

- *Um ácido é um doador de prótons.* Isto é semelhante à definição de Arrhenius.
- *Uma base é um aceptor de prótons.* Essa definição inclui o íon $OH^-$ mas também amplia o número e o tipo de bases incluindo ânions derivados de ácidos bem como compostos neutros, tais como amônia e água.
- *Uma reação ácido-base envolve a transferência de um próton de um ácido para uma base para formar um novo ácido e uma nova base.*

De acordo com a teoria de Brønsted-Lowry, o comportamento de ácidos como HCl ou $CH_3CO_2H$ em água é escrito como uma reação ácido-base. Ambas as espécies (ambos os ácidos de Brønsted) doam um próton para a água (uma base de Brønsted) formando $H_3O^+(aq)$, o íon hidrônio.

O ácido clorídrico HCl(aq), que sabemos ser um eletrólito forte e um ácido forte, ioniza completamente em solução aquosa; ele é classificado como um ácido forte.

*O ácido clorídrico, um ácido forte, 100% ionizado. O equilíbrio favorece fortemente a formação dos produtos.*

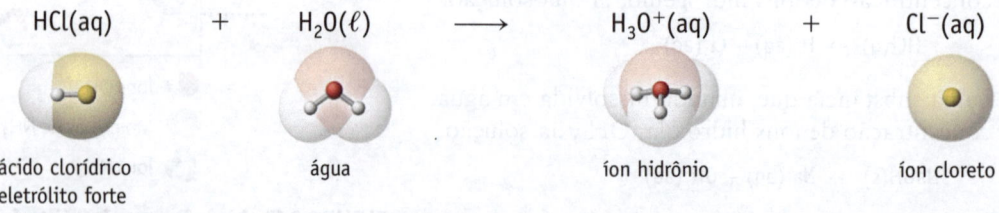

$$HCl(aq) \quad + \quad H_2O(\ell) \quad \longrightarrow \quad H_3O^+(aq) \quad + \quad Cl^-(aq)$$

ácido clorídrico
eletrólito forte
= 100% ionizado

água

íon hidrônio

íon cloreto

Por outro lado, $CH_3CO_2H$, um eletrólito fraco e um ácido fraco, ioniza-se apenas em uma pequena extensão.

*O ácido acético, um ácido fraco, << 100% ionizado. O equilíbrio favorece a formação dos reagentes.*

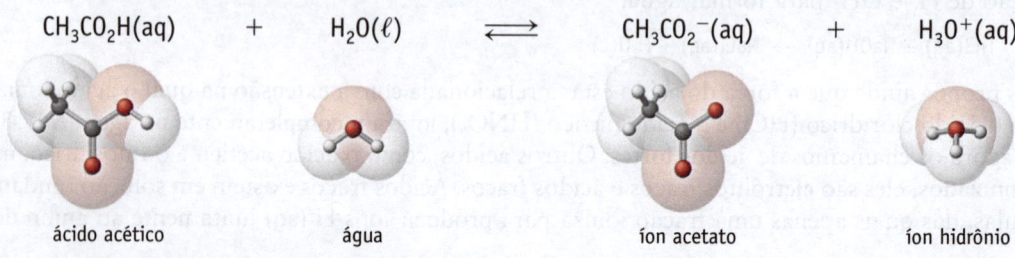

$$CH_3CO_2H(aq) \quad + \quad H_2O(\ell) \quad \rightleftharpoons \quad CH_3CO_2^-(aq) \quad + \quad H_3O^+(aq)$$

ácido acético

água

íon acetato

íon hidrônio

Ácido sulfúrico, um *ácido diprótico* (um ácido capaz de transferir dois íons H$^+$), reage com água em duas etapas. A primeira favorece fortemente os produtos, enquanto a segunda etapa favorece os reagentes.

Ácido forte:    $H_2SO_4(aq) + H_2O(\ell) \longrightarrow H_3O^+(aq) + HSO_4^-(aq)$

ácido sulfúrico            íon hidrônio     íon<br>
100% ionizado                       hidrogenossulfato

Ácido fraco:    $HSO_4^-(aq) + H_2O(\ell) \rightleftharpoons H_3O^+(aq) + SO_4^{2-}(aq)$

íon hidrogenossulfato       íon hidrônio     íon sulfato<br>
<100% ionizado

A amônia, uma base fraca, reage com água para produzir íons OH$^-$(aq). A reação no equilíbrio é favorável à formação dos reagentes.

Amônia, uma base fraca, << 100% ionizada. O equilíbrio favorece a formação dos reagentes.

$$NH_3(aq) \quad + \quad H_2O(\ell) \quad \rightleftharpoons \quad NH_4^+(aq) \quad + \quad OH^-(aq)$$

amônia, base             água               íon            íon hidroxila<br>
eletrólito fraco                              amônio<br>
< 100% ionizada

De acordo com a teoria de Brønsted-Lowry, os ânions podem adicionar um próton e são assim classificados como bases. Em particular, ânions de ácidos fracos comportam-se tipicamente como bases fracas, e soluções básicas resultam da dissolução de um sal contendo o ânion de um ácido fraco na água. Por exemplo, uma solução aquosa de acetato de sódio é básica, devido à seguinte reação:

Íon acetato, base fraca; o equilíbrio favorece a formação dos reagentes.

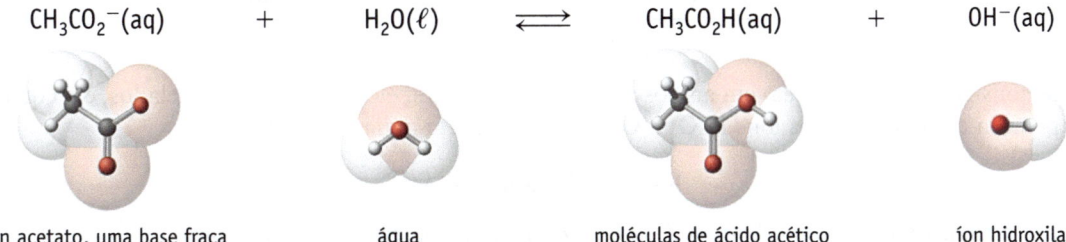

$$CH_3CO_2^-(aq) \quad + \quad H_2O(\ell) \quad \rightleftharpoons \quad CH_3CO_2H(aq) \quad + \quad OH^-(aq)$$

íon acetato, uma base fraca       água           moléculas de ácido acético       íon hidroxila

Algumas espécies são descritas como **anfóteras**, isto é, elas podem atuar como ácidos ou bases, dependendo da reação. Nos exemplos anteriores, a água atua como uma base em reações com ácidos (ela aceita um próton) e como um ácido na sua reação com amônia (na qual ela doa um próton para a amônia, formando o íon amônio).

---

**EXEMPLO 3.5**

## Ácidos e Bases de Brønsted

**Problema** Escreva uma equação iônica líquida balanceada para a reação que ocorre quando o íon cianeto, CN$^-$, aceita um próton (H$^+$) da água para formar HCN. CN$^-$ é um ácido ou base de Brønsted?

**O que você sabe?** Você conhece as fórmulas dos reagentes (CN$^-$ e H$_2$O) e de um dos produtos (HCN). Você também sabe que uma transferência de prótons ocorre da água para CN$^-$.

**Estratégia** Como se trata de uma transferência de prótons, você deve transferir um íon H$^+$ da H$_2$O para CN$^-$ para formar os produtos.

## Reações de Ácidos e Bases

Ácidos e bases em solução aquosa geralmente reagem para produzir sal e água. Por exemplo (Figura 3.14),

$$\underset{\text{ácido clorídrico}}{HCl(aq)} + \underset{\text{hidróxido de sódio}}{NaOH(aq)} \longrightarrow \underset{\text{água}}{H_2O(\ell)} + \underset{\text{cloreto de sódio}}{NaCl(aq)}$$

A palavra "sal" entrou para a linguagem da Química para descrever qualquer composto iônico cujo cátion vem de uma base (aqui, $Na^+$ de NaOH) e cujo ânion vem de um ácido (aqui, $Cl^-$ do HCl). A reação de qualquer um dos ácidos indicados na Tabela 3.1 com qualquer uma das bases listadas contendo hidroxila produz sal e água.

O ácido clorídrico e o hidróxido de sódio são eletrólitos fortes em água (veja a Figura 3.14 e a Tabela 3.1), de modo que a equação iônica completa para a reação de HCl(aq) e NaOH(aq) é escrita como

$$\underset{\text{do HCl (aq)}}{H_3O^+(aq) + Cl^-(aq)} + \underset{\text{do NaOH (aq)}}{Na^+(aq) + OH^-(aq)} \longrightarrow \underset{\text{Água}}{2H_2O(\ell)} + \underset{\text{do sal}}{Na^+(aq) + Cl^-(aq)}$$

Uma vez que íons $Na^+$ e $Cl^-$ aparecem em ambos os lados da equação, eles podem ser cancelados, e a equação iônica líquida é apenas a combinação dos íons $H_3O^+$ e $OH^-$ para formar a água.

$$H_3O^+(aq) + OH^-(aq) \rightarrow 2H_2O(\ell)$$

*Esta é sempre a equação iônica líquida quando um ácido forte reage com uma base forte.*

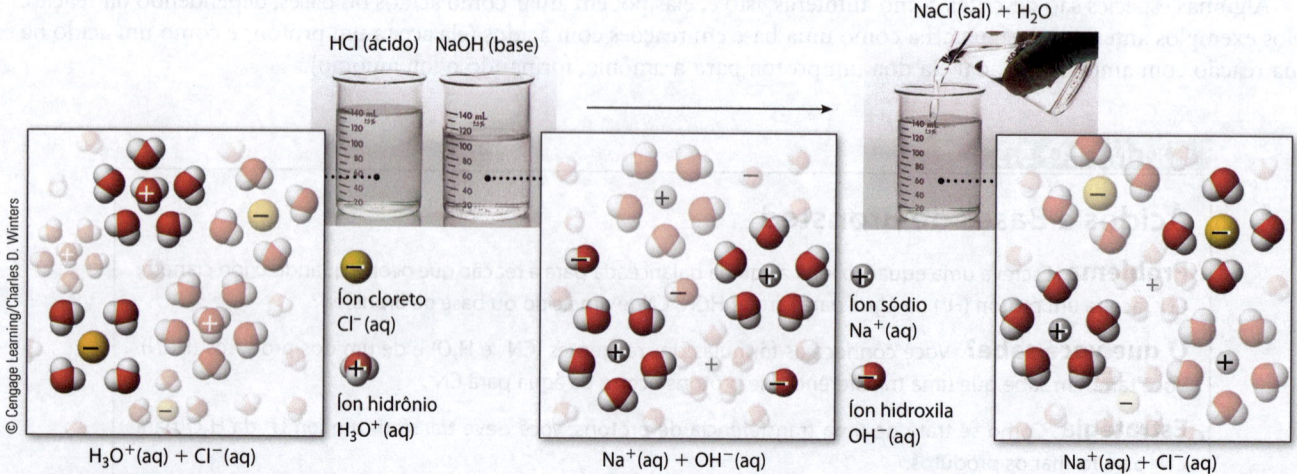

**FIGURA 3.14 Uma reação ácido-base, HCl e NaOH.** Na mistura, os íons $H_3O^+$ e $OH^-$ combinam-se para produzir $H_2O$, enquanto os íons $Na^+$ e $Cl^-$ permanecem na solução.

## UM OLHAR MAIS ATENTO

# Ácido Sulfúrico

Durante muitos anos, o ácido sulfúrico foi o produto químico produzido em maior quantidade nos Estados Unidos (bem como em muitos outros países industrializados). Cerca de 40-50 bilhões de quilogramas (40-50 milhões de toneladas) são produzidos anualmente naquele país. O ácido é tão importante para a economia das nações industrializadas que alguns economistas têm dito que a produção de ácido sulfúrico é uma medida da força industrial de uma nação.

O ácido sulfúrico é um líquido incolor, viscoso, com uma densidade de 1,84 g mL$^{-1}$ e um ponto de ebulição de 337°C. Ele tem várias propriedades desejáveis que o levaram à sua utilização generalizada: é comumente menos dispendioso de produzir do que os outros ácidos, trata-se de um ácido forte e pode ser manuseado em recipientes de aço. Ele reage rapidamente com muitos compostos orgânicos para a fabricação de produtos lucrativos e reage facilmente com cal (CaO), a base mais prontamente disponível e menos cara

para a obtenção do sulfato de cálcio, um composto utilizado para fazer o gesso utilizado na construção civil.

A primeira etapa para a preparação industrial do ácido sulfúrico é a produção do dióxido de enxofre, gerado pela combustão de enxofre no ar

$$S(s) + O_2(g) \rightarrow SO_2(g)$$

ou usando o $SO_2$ produzido na fundição de cobre, níquel ou outros minérios metálicos contendo enxofre. O $SO_2$ é então combinado com mais oxigênio, na presença de um catalisador (uma substância que acelera a reação), para produzir trióxido de enxofre,

$$2SO_2(g) + O_2(g) \rightarrow 2SO_3(g)$$

que em seguida resulta em ácido sulfúrico, quando dissolvido em água.

$$SO_3(g) + H_2O(\ell) \rightarrow H_2SO_4(aq)$$

Atualmente, mais de dois terços da produção são utilizados na indústria de fertilizantes. O restante é empregado na fabricação de pigmentos, explosivos, celulose e papel, detergentes e como um componente em baterias.

**The Acid Touch**. *Chemical and Engineering News*, 14 apr. 2008, p. 27.

SIAATH/Shutterstock.com

**Enxofre**. Muito do enxofre usado nos Estados Unidos era retirado de minas, mas ele é atualmente um subproduto dos processos de refino do gás natural e do petróleo. Necessita-se de aproximadamente 1 tonelada de enxofre para produzir 3 toneladas de ácido sulfúrico.

As reações entre ácidos fortes *e* bases fortes são chamadas **reações de neutralização** porque, depois de concluída a reação, a solução não é ácida nem básica se exatamente as mesmas quantidades de matéria (números de mol) do ácido e da base são misturadas. Os outros íons (o cátion da base e o ânion do ácido) permanecem inalterados.

Se ácido acético e hidróxido de sódio são misturados, a seguinte reação ocorrerá.

$$CH_3CO_2H(aq) + NaOH(aq) \rightarrow NaCH_3CO_2(aq) + H_2O(\ell)$$

Como o ácido acético é um ácido fraco e se ioniza em uma pequena extensão (Figura 3.8c), as espécies moleculares são a forma predominante nas soluções aquosas. Nas equações iônicas, por conseguinte, o ácido acético é mostrado como $CH_3CO_2H(aq)$ molecular. A *equação iônica completa* para essa reação é

$$CH_3CO_2H(aq) + Na^+(aq) + OH^-(aq) \rightarrow Na^+(aq) + CH_3CO_2^-(aq) + H_2O(\ell)$$

Os únicos íons espectadores nessa equação são os íons sódio, de modo que a *equação iônica líquida* é

$$CH_3CO_2H(aq) + OH^-(aq) \rightarrow CH_3CO_2^-(aq) + H_2O(\ell)$$

© Cengage Learning/Charles D. Winters

$NH_4Cl(s)$ ⋯⋯⋯

$NH_3(aq)$          $HCl(aq)$

**Reação de HCl e NH₃ gasosos.** Pratos abertos com amônia aquosa e ácido clorídrico foram colocados lado a lado. Quando as moléculas de $NH_3$ e HCl escapam da solução para a atmosfera e se encontram umas com as outras, uma névoa de cloreto de amônio sólido, $NH_4Cl$, é observada.

### EXEMPLO 3.6

## Equação Iônica Líquida para uma Reação Ácido-Base

**Problema**  A amônia, $NH_3$, é um dos produtos químicos mais importantes nos países industrializados. Não é apenas utilizada como fertilizante, mas também é usada como matéria-prima para a fabricação do ácido nítrico. Como base, ela reage com os ácidos, tal como o ácido clorídrico. Escreva uma equação iônica líquida balanceada para essa reação.

**O que você sabe?**  Os reagentes são $NH_3(aq)$ e HCl(aq). Um próton será transferido do ácido para a base.

CO₂

SO₂

SO₃

NO₂

**Alguns óxidos não metálicos comuns que formam ácidos na água.**

**Estratégia** Siga a estratégia geral para escrever equações iônicas líquidas, conforme descrito em Dica para Resolução de Problemas 3.1.

**RESOLUÇÃO** Um próton é transferido do HCl para NH₃, uma base fraca de Brønsted, para formar o íon amônio, NH₄⁺. Esse íon positivo deve ter um contraíon negativo do ácido, Cl⁻, de modo que o produto da reação é NH₄Cl, e a equação completa balanceada é

$$NH_3(aq) \quad + \quad HCl(aq) \quad \rightarrow \quad NH_4Cl(aq)$$
amônia · · · · · · ácido clorídrico · · · · cloreto de amônio

O ácido clorídrico é um ácido forte que produz íons $H_3O^+$ e $Cl^-$ na água. NH₄Cl é muito solúvel e existe como íons NH₄⁺ e Cl⁻ na solução. Por outro lado, a amônia é uma base fraca e, portanto, está predominantemente presente na solução como espécies moleculares, NH₃. A equação iônica completa para essa reação é

$$NH_3(aq) + H_3O^+(aq) + Cl^-(aq) \quad \rightarrow \quad NH_4^+(aq) + Cl^-(aq) + H_2O(\ell)$$

Eliminando o íon espectador, Cl⁻, temos

$$NH_3(aq) + H_3O^+(aq) \rightarrow NH_4^+(aq) + H_2O(\ell)$$

**Pense bem antes de responder** A equação iônica líquida mostra que o aspecto importante da reação entre a base fraca amônia e o ácido forte HCl é a transferência de um íon H⁺ do ácido para a NH₃. Qualquer ácido forte pode ser usado aqui (HBr, HNO₃, HClO₄, H₂SO₄), e a equação iônica líquida seria a mesma. Observe também que, embora H₂O não esteja na equação global balanceada, ela está presente na equação iônica líquida.

## Verifique seu entendimento

Escreva a equação global balanceada e a equação iônica líquida para a reação do hidróxido de magnésio com o ácido clorídrico. (*Sugestão*: pense sobre as regras de solubilidade.)

## Óxidos de Ametais e de Metais

Cada ácido mostrado na Tabela 3.1 possui um ou mais átomos de H que ionizam na água para formar íons $H_3O^+$. Existem, no entanto, compostos menos óbvios que formam soluções ácidas. O dióxido de carbono e o trióxido de enxofre, óxidos de ametais, não possuem átomos de H, mas ambos reagem com a água para produzir íons $H_3O^+$. O dióxido de carbono, por exemplo, se dissolve na água em pequena extensão, e algumas das moléculas dissolvidas reagem com a água para formar o ácido fraco, ácido carbônico. Esse ácido então ioniza em pequena extensão para formar o íon hidrônio, $H_3O^+$, e o íon hidrogenocarbonato (bicarbonato), $HCO_3^-$.

$$CO_2(g) \quad + \quad H_2O(\ell) \quad \rightleftharpoons \quad H_2CO_3(aq)$$

$$H_2CO_3(aq) \quad + \quad H_2O(\ell) \quad \rightleftharpoons \quad HCO_3^-(aq) \quad + \quad H_3O^+(aq)$$

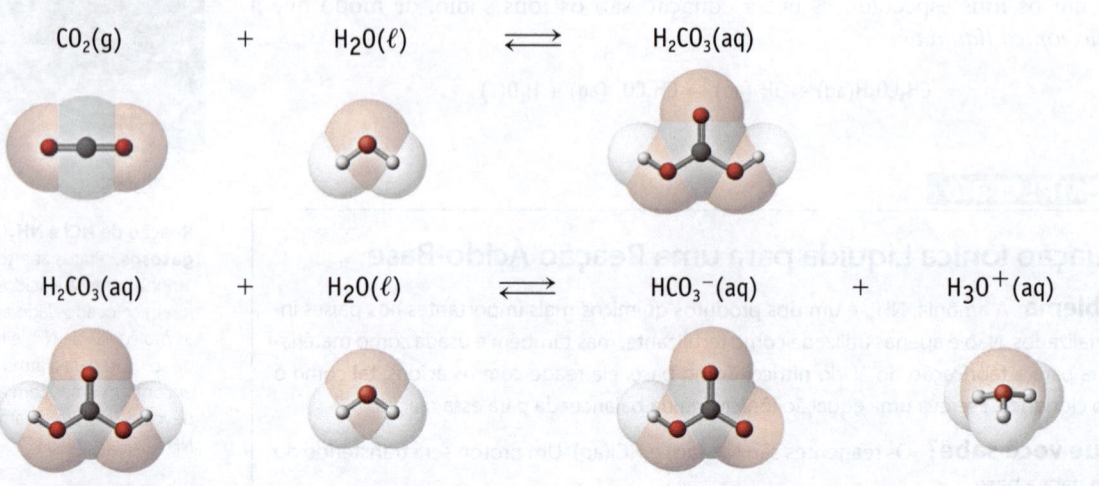

O íon $HCO_3^-$ pode também atuar como um ácido, ionizando-se para produzir $H_3O^+$ e o íon carbonato, $CO_3^{2-}$.

$$HCO_3^-(aq) \quad + \quad H_2O(\ell) \quad \rightleftharpoons \quad CO_3^{2-}(aq) \quad + \quad H_3O^+(aq)$$

Essas reações são importantes em nosso ambiente e no corpo humano. O dióxido de carbono é encontrado em pequenas quantidades na atmosfera, de modo que a água da chuva é sempre ligeiramente ácida. No corpo humano, o dióxido de carbono é dissolvido nos fluidos corporais, nos quais os íons $HCO_3^-$ e $CO_3^{2-}$ desempenham uma importante ação "tamponante" que mantém o nosso corpo estável (Capítulo 17).

Óxidos de ametais, como o $CO_2$, $SO_2$, $SO_3$ e $NO_2$, que reagem com a água para produzir soluções ácidas, são chamados **óxidos ácidos**. Em contraste, os óxidos de metais são chamados **óxidos básicos** porque produzem soluções básicas quando se dissolvem apreciavelmente na água. Talvez o melhor exemplo de um óxido básico seja o óxido de cálcio, CaO, muitas vezes chamado de *cal* ou *cal viva*. Quase 20 bilhões de quilogramas de cal são produzidos anualmente nos Estados Unidos para uso nas indústrias metalúrgicas e na construção civil, no controle de esgotos e poluição, no tratamento de água e na agricultura. O óxido de cálcio reage com água para formar o hidróxido de cálcio, vulgarmente chamado de *cal apagada*. Embora apenas ligeiramente solúvel em água (cerca de 0,2 g/100 g de $H_2O$ a 10°C), $Ca(OH)_2$ é amplamente utilizado na indústria como base porque é barato.

$$\underset{\text{cal}}{CaO(s)} + H_2O(\ell) \rightarrow \underset{\text{cal apagada}}{Ca(OH)_2(s)}$$

## 3.7 Reações de Formação de Gás

### Objetivo da Seção 3.7

- Identificar reações comuns nas quais forma-se um gás e escrever as equações para estas reações.

As reações que produzem um gás representam outro tipo de reação química, e existem vários exemplos comumente vistos em um laboratório químico. O odor de ovos podres será bem perceptível quando você produz sulfeto de hidrogênio, $H_2S(g)$, a partir de um sulfeto metálico e um ácido. Provavelmente, os exemplos mais comumente encontrados de reações de formação de gás são os que envolvem a formação de $CO_2(g)$, quando tanto os carbonatos metálicos quanto os hidrogenocarbonatos metálicos são tratados com ácido (Figura 3.15). Equações para vários tipos de reações de formação de gás são indicadas na Tabela 3.2.

© Cengage Learning/Charles D. Winters

**FIGURA 3.15 Dissolvendo calcário (carbonato de cálcio, $CaCO_3$) em vinagre.** Observe as bolhas de $CO_2$ subindo a partir da superfície do calcário. Esta reação demonstra por que o vinagre pode ser usado como um agente de limpeza doméstica. Ele pode ser utilizado, por exemplo, para limpar o depósito de carbonato de cálcio deixado pela água dura.

**Tabela 3.2  Reações de Formação de Gás**

| **Carbonato metálico ou hidrogenocarbonato + ácido → sal metálico + $CO_2(g)$ + $H_2O(\ell)$** |
|---|
| $Na_2CO_3(aq) + 2HCl(aq) \rightarrow 2NaCl(aq) + CO_2(g) + H_2O(\ell)$ |
| $NaHCO_3(aq) + HCl(aq) \rightarrow NaCl(aq) + CO_2(g) + H_2O(\ell)$ |
| **Sulfeto metálico + ácido → sal metálico + $H_2S(g)$** |
| $Na_2S(aq) + 2HCl(aq) \rightarrow 2NaCl(aq) + H_2S(g)$ |
| **Sulfito metálico + ácido → sal de metal + $SO_2(g)$ + $H_2O(\ell)$** |
| $Na_2SO_3(aq) + 2HCl(aq) \rightarrow 2NaCl(aq) + SO_2(g) + H_2O(\ell)$ |
| **Sal de amônio + base forte → sal metálico + $NH_3(g)$ + $H_2O(\ell)$** |
| $NH_4Cl(aq) + NaOH(aq) \rightarrow NaCl(aq) + NH_3(g) + H_2O(\ell)$ |

## DICA PARA RESOLUÇÃO DE PROBLEMAS 3.2
### Reconhecendo Reações de Formação de Gás

Como você pode reconhecer que uma reação particular irá levar à formação de gás? Depois de prever os produtos da reação de troca, esteja alerta para alguns produtos:

(a) $H_2CO_3$: Este irá se decompor em gás dióxido de carbono e água.

(b) $H_2SO_3$: Este irá se decompor em gás dióxido de enxofre e água.

(c) $H_2S$: Este já é um produto gasoso.

(d) Se íons $NH_4^+$ e $OH^-$ são produzidos, eles formarão $NH_3$ e água.

Embora geralmente escrevamos uma equação simples para a formação de $CO_2(g)$ no caso da reação entre um carbonato metálico (ou hidrogenocarbonato), a formação de $CO_2(g)$, na verdade, ocorre em duas etapas distintas. Consideremos a reação entre $CaCO_3$ e ácido clorídrico. A primeira etapa é uma reação de troca, na qual íons hidrogênio são trocados pelo(s) cátion(s) no carbonato metálico.

$$CaCO_3(s) + 2HCl(aq) \rightarrow CaCl_2(aq) + H_2CO_3(aq)$$

O produto formado nessa reação é o ácido carbônico, $H_2CO_3$. Esse composto, contudo, é instável e se decompõe em $CO_2$ e $H_2O$.

$$H_2CO_3(aq) \rightarrow H_2O(\ell) + CO_2(g)$$

Bolhas de dióxido de carbono escapam da solução, porque o $CO_2$ não é muito solúvel em água. A equação global é obtida através da adição das duas equações.

$$\text{Reação global:} \quad CaCO_3(s) + 2HCl(aq) \rightarrow CaCl_2(aq) + H_2O(\ell) + CO_2(g)$$

O carbonato de cálcio é um resíduo comum de água dura em sistemas de aquecimento doméstico e utensílios de cozinha. Lavar com vinagre é uma boa maneira de limpar estes sistemas ou utensílios porque o carbonato de cálcio insolúvel é transformado em acetato de cálcio solúvel em água, segundo a reação de formação de gás (veja a Figura 3.15).

$$2CH_3CO_2H(aq) + CaCO_3(s) \rightarrow Ca(CH_3CO_2)_2(aq) + H_2O(\ell) + CO_2(g)$$

Qual é a equação iônica líquida para essa reação? O ácido acético é um ácido fraco, e o carbonato de cálcio é insolúvel em água. Portanto, os reagentes são simplesmente $CH_3CO_2H(aq)$ e $CaCO_3(s)$. No lado dos produtos, o acetato de cálcio é solúvel em água e, portanto, está presente na solução como íons cálcio e acetato. Água e dióxido de carbono são compostos moleculares, assim a equação iônica líquida é

$$2CH_3CO_2H(aq) + CaCO_3(s) \rightarrow Ca^{2+}(aq) + 2CH_3CO_2^-(aq) + H_2O(\ell) + CO_2(g)$$

Não há íons espectadores nessa reação.

Você já fez biscoitos ou bolos alguma vez? Conforme você cozinha a massa, ela cresce no forno porque ocorre uma reação de formação de gás entre um ácido e bicarbonato de sódio, ou seja, hidrogenocarbonato de sódio ($NaHCO_3$). Um ácido utilizado para esse fim é o ácido tartárico, um ácido fraco encontrado em muitos alimentos. A equação iônica líquida para essa reação é

$$H_2C_4H_4O_6(aq) + HCO_3^-(aq) \longrightarrow HC_4H_4O_6^-(aq) + H_2O(\ell) + CO_2(g)$$

ácido tartárico     íon hidrogenocarbonato     íon hidrogenotartarato

---

**EXEMPLO 3.7**

### Reações de Formação de Gás

**Problema** Escreva uma equação balanceada para a reação que ocorre quando o carbonato de níquel(II) é tratado com ácido sulfúrico.

**O que você sabe?** Você sabe os nomes dos reagentes e, portanto, suas fórmulas. Você deve reconhecer que a reação entre um carbonato metálico e um ácido é uma reação de formação de gás ($CO_2$ é formado nesse tipo de reação).

### Estratégia

- Escreva as fórmulas dos reagentes.
- Determine os produtos da reação e as suas fórmulas.
- Escreva e balanceie a equação.

**RESOLUÇÃO** Os reagentes são $NiCO_3$ e $H_2SO_4$, e os produtos da reação são $NiSO_4$, $CO_2$ e $H_2O$. A equação completa e balanceada é

$$NiCO_3(s) + H_2SO_4(aq) \rightarrow NiSO_4(aq) + H_2O(\ell) + CO_2(g)$$

**Pense bem antes de responder** Os produtos nessa reação foram determinados primeiro ao trocar os cátions ($Ni^{2+}$ e $2\,H^+$) e os ânions ($CO_3^{2-}$ e $SO_4^{2-}$). Essa reação de troca é então seguida por uma segunda reação, em que um produto ($H_2CO_3$) se decompõe para formar $CO_2$ e $H_2O$.

### Verifique seu entendimento

Carbonato de bário, $BaCO_3$, é utilizado nas indústrias de tijolos, cerâmica, vidro e na fabricação de produtos químicos. Escreva uma equação balanceada que mostre o que acontece quando o carbonato de bário é tratado com ácido nítrico. Dê o nome de cada um dos produtos da reação.

## 3.8 Reações de Oxirredução

### Objetivos da Seção 3.8

- Determinar os números de oxidação dos elementos em um composto e entender que estes números representam a carga que um átomo tem, ou parece ter, quando os elétrons do composto são contados de acordo com um conjunto de normas.
- Reconhecer agentes oxidantes e redutores comuns.
- Identificar as reações de oxidação-redução (reações redox), identificar os agentes oxidantes e redutores e as substâncias oxidadas e reduzidas na reação e escrever e balancear as equações para reações redox.

Os termos *oxidação e redução* vêm de reações que são conhecidas há séculos. As civilizações antigas aprenderam a transformar óxidos e sulfetos metálicos em metal, isto é, a "reduzir" minério a metal. Um exemplo moderno é a redução do óxido de ferro(III) com monóxido de carbono para gerar o ferro metálico.

O minério de ferro, que consiste em grande parte de $Fe_2O_3$, é reduzido a ferro metálico com carbono (C) ou monóxido de carbono (CO) em um alto forno. O CO ou C é oxidado a $CO_2$.

$Fe_2O_3$ perde oxigênio e é reduzido.

$$Fe_2O_3(s) + 3CO(g) \longrightarrow 2Fe(s) + 3CO_2(g)$$

CO é o agente redutor.
Ele ganha oxigênio e é oxidado.

Jan Halaska/Science Source

Nessa reação o monóxido de carbono é o agente que provoca a redução do minério de ferro a ferro metálico, de modo que o monóxido de carbono é denominado **agente redutor**.

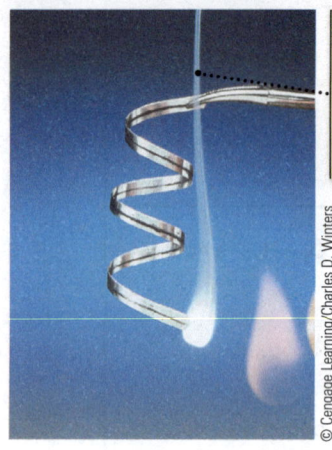

Queimar magnésio metálico no ar produz óxido de magnésio. O magnésio é oxidado pelo agente oxidante $O_2$. O oxigênio é reduzido pelo agente redutor Mg.

Quando $Fe_2O_3$ é reduzido pelo monóxido de carbono, o oxigênio é removido do minério de ferro e adicionado ao monóxido de carbono. Este, por conseguinte, é "oxidado" pela adição de oxigênio para formar dióxido de carbono. *Qualquer processo no qual o oxigênio é adicionado a uma outra substância é uma oxidação.*

Magnésio metálico e oxigênio produzem o óxido de magnésio. Em tais oxidações, o oxigênio é chamado **agente oxidante**, porque ele é responsável pela oxidação do metal.

Mg combina com
o oxigênio e é oxidado.

$$2\ Mg(s)\ +\ O_2(g)\ \longrightarrow\ 2\ MgO(s)$$

$O_2$ é o agente oxidante.

## Reações de Oxirredução e Transferência de Elétrons

O conceito de reações de oxirredução pode ser estendido para um vasto número de outras reações, muitas das quais não envolvem o oxigênio. Em vez de nos concentrarmos no ganho ou na perda de oxigênio, vamos observar o que está acontecendo com os elétrons durante o curso da reação. Todas as reações de oxidação e redução podem ser verificadas ao considerarmos que nelas ocorre uma transferência de elétrons entre as substâncias. Quando uma substância aceita elétrons, diz-se que ela é reduzida porque há uma redução no valor numérico da carga em um átomo da substância. Na equação iônica líquida para a reação entre sal de prata e cobre metálico, íons $Ag^+$ carregados positivamente recebem elétrons do cobre metálico e são reduzidos a átomos de prata (Figura 3.16).

Íons $Ag^+$ recebem elétrons do Cu e são
reduzidos para Ag. $Ag^+$ é o agente oxidante.
$$Ag^+(aq) + e^- \rightarrow Ag(s)$$

$$2Ag^+(aq)\ +\ Cu(s)\ \longrightarrow\ 2Ag(s)\ +\ Cu^{2+}(aq)$$

Cu doa elétrons para $Ag^+$ e é oxidado para $Cu^{2+}$.
Cu é o agente redutor.
$$Cu(s) \rightarrow Cu^{2+}(aq) + 2\ e^-$$

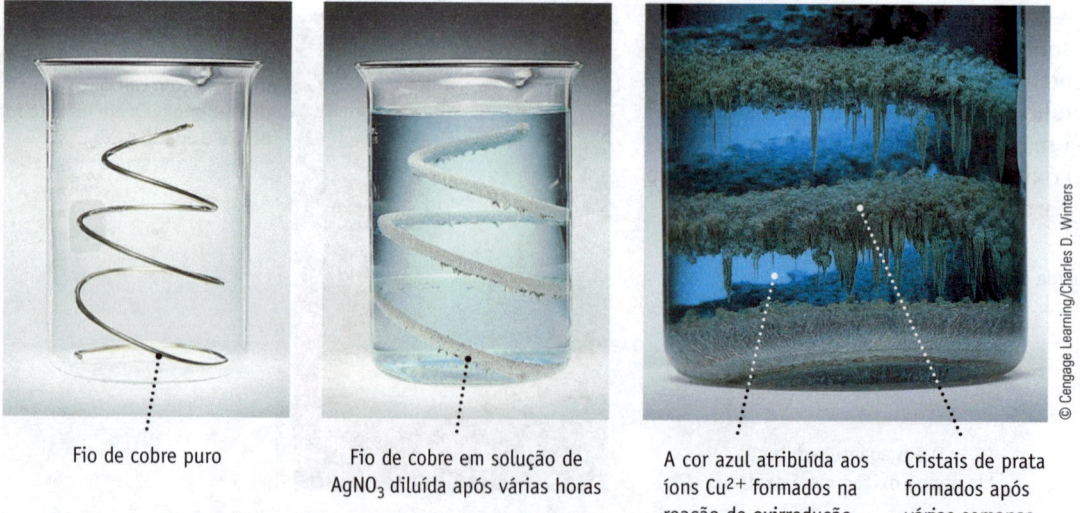

Fio de cobre puro

Fio de cobre em solução de $AgNO_3$ diluída após várias horas

A cor azul atribuída aos íons $Cu^{2+}$ formados na reação de oxirredução

Cristais de prata formados após várias semanas

**FIGURA 3.16  A oxidação do cobre metálico por íons prata.** Um pedaço de fio de cobre limpo é colocado em uma solução de nitrato de prata, $AgNO_3$. Com o tempo, o cobre reduz os íons $Ag^+$ formando cristais de prata e o cobre metálico é oxidado a íons $Cu^{2+}$. A cor azul da solução é atribuída à presença de íons cobre(II).

Uma vez que o cobre metálico fornece os elétrons que fazem com que os íons $Ag^+$ sejam reduzidos, Cu é o *agente redutor*.

Quando uma substância *perde elétrons*, o valor numérico da carga em um átomo da substância aumenta. Dizemos que a substância foi **oxidada**. Em nosso exemplo, o cobre metálico perde elétrons ao passar para $Cu^{2+}$, de modo que o metal é oxidado. Para que isso aconteça, algo deve estar disponível para aceitar os elétrons do cobre. Nesse caso, $Ag^+$ é o receptor de elétrons; a carga é reduzida para zero na prata, assim dizemos que o íon metálico foi **reduzido**. Além disso, já que $Ag^+$ é o "agente" que faz com que o Cu seja oxidado, dizemos que $Ag^+$ é o *agente oxidante*.

Em cada reação de oxirredução, um reagente é reduzido (e, portanto, é o agente oxidante), e outro é oxidado (e, portanto, é o agente redutor). Podemos mostrar isso dividindo a reação redox geral $X + Y \rightarrow X^{n+} + Y^{n-}$ em duas partes ou *semirreações*:

**Balanceamento de Equações para Reações Redox** A noção de que uma reação redox (de oxirredução) pode ser dividida em uma semirreação de redução e uma de oxidação nos levará para um método de balanceamento de equações mais complexas para as reações redox descritas no Capítulo 19.

| SEMIRREAÇÕES | TRANSFERÊNCIA DE ELÉTRONS | RESULTADO |
|---|---|---|
| $X \rightarrow X^{n+} + n\,e^-$ | X transfere elétrons para Y | X é oxidado para $X^{n+}$. X é o agente redutor. |
| $Y + n\,e^- \rightarrow Y^{n-}$ | Y aceita elétrons de X | Y é reduzido para $Y^{n-}$. Y é o agente oxidante. |

Na reação entre magnésio e oxigênio, o agente oxidante, $O_2$, é reduzido porque ele ganha elétrons (quatro elétrons por molécula) ao passar para dois íons óxido.

Mg libera $2e^-$ por átomo. Mg é oxidado para $Mg^{2+}$ e é o agente redutor.

$$2Mg(s) + O_2(g) \longrightarrow 2MgO(s)$$

$O_2$ ganha $4\,e^-$ por molécula para formar $2O^{2-}$. $O_2$ é reduzido e é o agente oxidante.

Na mesma reação, o magnésio é o agente redutor porque libera dois elétrons por átomo ao ser oxidado ao íon $Mg^{2+}$ (e assim dois átomos de Mg são necessários para fornecer os quatro elétrons requeridos pela molécula de $O_2$). Todas as reações de oxidação e redução podem ser analisadas de forma semelhante.

Um princípio importante para se lembrar das reações de oxirredução é que, em uma equação balanceada, as extensões de oxidação e de redução devem ser as mesmas. Isto é fácil de visualizar na equação $Mg/O_2$. Aqui, quatro elétrons são liberados quando dois átomos de magnésio são oxidados, assim quatro elétrons devem ser tomados pelo agente oxidante, neste exemplo, uma molécula de $O_2$.

As observações descritas até agora levam a várias conclusões importantes:

- Se uma substância é oxidada, outra substância na mesma reação deve ser reduzida. Por essa razão, essas reações são chamadas reações de oxirredução ou, para abreviar, **reações redox**.
- O agente redutor é oxidado, e o agente oxidante é reduzido.
- A redução envolve o ganho de elétrons, a oxidação envolve a perda de elétrons.
- As extensões da oxidação e da redução em uma reação devem ser as mesmas. Isso significa que o número de elétrons liberados quando uma substância é oxidada deve ser igual ao número de elétrons ganhos pela outra substância ao ser reduzida.

## Números de Oxidação

Como você pode identificar uma reação de oxirredução? Como você pode dizer qual substância ganhou ou perdeu elétrons e assim decidir qual é o agente oxidante (ou redutor)? Às vezes, é óbvio. Por exemplo, se um elemento não combinado passa a fazer parte de um composto (Mg converte-se em MgO, por exemplo), a reação é definitivamente um processo redox. Caso não seja óbvio, então a resposta é *procurar por uma variação no número de oxidação de um elemento no curso da reação*. O **número de oxidação** de um átomo em uma molécula ou íon é definido como a

**Escrevendo Cargas e Números de Oxidação em Íons** Convencionalmente, as cargas nos íons são escritas como número, sinal, enquanto os números de oxidação são escritos como sinal, número. Por exemplo, o número de oxidação do íon $Cu^{2+}$ é +2 e a carga é 2+.

carga que um átomo tem ou *aparenta ter*, conforme determinado pelas seguintes regras para a atribuição de números de oxidação.

1. **Cada átomo em um elemento puro apresenta número de oxidação igual a zero.** O número de oxidação de Cu no cobre metálico é 0, assim como para cada átomo em $I_2$ e $S_8$.

2. **Para íons monoatômicos, o número de oxidação é igual à carga do íon.** Você sabe que o magnésio forma íons com uma carga de 2+ ($Mg^{2+}$); o número de oxidação do magnésio nesse íon é, portanto, +2.

3. **Quando combinado com outro elemento, o flúor sempre tem um número de oxidação de –1.**

4. **O número de oxidação de O é –2 na maior parte dos compostos.** Exceções a essa regra ocorrem

   (a) quando o oxigênio é combinado com flúor (em que o oxigênio assume um número de oxidação positivo),

   (b) em compostos denominados *peróxidos* (como $Na_2O_2$) e *superóxidos* (como $KO_2$), nos quais o oxigênio tem um número de oxidação de – 1 e –1/2, respectivamente.

**Peróxidos** No peróxido de hidrogênio ($H_2O_2$), cada átomo de hidrogênio tem um número de oxidação de +1. Para balancear isso, cada oxigênio deve ter um número de oxidação −1. Uma solução aquosa a 3% de $H_2O_2$ é por vezes usada como um antisséptico.

5. **Cl, Br e I têm números de oxidação –1 em compostos, exceto quando combinados com o oxigênio e o flúor.** Isso significa que o Cl tem um número de oxidação de –1 no NaCl (em que o número de oxidação do Na é +1, como previsto pelo fato de que se trata de um elemento do Grupo 1). No íon $ClO^-$, no entanto, o átomo de Cl tem um número de oxidação de +1 (e O tem um número de oxidação de –2; veja a Regra 4).

6. **O número de oxidação do H é +1 na maioria dos compostos.** A principal exceção para essa regra ocorre quando H forma um composto binário com um metal. Em tais casos, o metal forma um íon positivo e H torna-se um íon hidreto, $H^-$. Assim, em $CaH_2$ o número de oxidação de Ca é +2 (igual ao número do grupo) e o de H é –1.

7. **A soma algébrica dos números de oxidação para os átomos em um composto neutro deve ser igual a zero; em um íon poliatômico, a soma deve ser igual à carga do íon.** Por exemplo, no $HClO_4$, ao átomo H atribui-se +1 e para cada átomo de O é atribuído –2. Isso significa que o átomo de Cl deve ser +7. No $ClO_4^-$, a soma dos estados de oxidação de O ($-2 \times 4 = -8$) e Cl (+ 7) é a carga no íon, –1.

---

**EXEMPLO 3.8**

## Determinando Números de Oxidação

**Problema** Determine o número de oxidação do elemento indicado em cada um dos seguintes compostos ou íons:

(a) alumínio no óxido de alumínio, $Al_2O_3$

(b) fósforo no ácido fosfórico, $H_3PO_4$

(c) enxofre no íon sulfato, $SO_4^{2-}$

(d) cada átomo de Cr no íon dicromato, $Cr_2O_7^{2-}$

**O que você sabe?** Fórmulas corretas para cada espécie.

**Estratégia** Siga as regras do texto, com especial atenção para as regras 4, 6 e 7.

---

**RESOLUÇÃO**

(a) $Al_2O_3$ é um composto neutro. Assumindo que o oxigênio tem o seu número habitual de oxidação de –2, podemos resolver a seguinte equação algébrica para o número de oxidação do alumínio.

Carga líquida no $Al_2O_3$ = soma dos números de oxidação para dois átomos de Al + três átomos de O

$$0 = 2(x) + 3(-2) \text{ e assim } x = +3$$

O número de oxidação do Al deve ser +3, o que está de acordo com a sua posição na tabela periódica.

(b) O $H_3PO_4$ possui uma carga total 0. Se cada um dos átomos de oxigênio tem um número de oxidação de –2 e cada um dos átomos de H é +1, então o número de oxidação do fósforo é +5.

Carga líquida no $H_3PO_4$ = soma dos números de oxidação para três átomos de H

\+ um átomo de P + quatro átomos de 0

$0 = 3(+1) + (x) + 4(-2)$ e assim $x = +5$

(c) O íon sulfato, $SO_4^{2-}$, tem uma carga total de 2–. Ao oxigênio é atribuído o seu número de oxidação de –2 e por isso o enxofre nesse íon tem um número de oxidação de +6.

Carga líquida no $SO_4^{2-}$ = soma do número de oxidação de um átomo S + quatro átomos O

$-2 = (x) + 4(-2)$ e assim $x = +6$

(d) A carga líquida no íon $Cr_2O_7^{2-}$ é 2–. Ao oxigênio é atribuído o seu número de oxidação usual, –2.

Carga líquida em $Cr_2O_7^{2-}$ = soma dos números de oxidação para dois átomos de Cr + sete átomos de O

$-2 = 2(x) + 7(-2)$ e assim $x = +6$

O número de oxidação de cada cromo nesse íon poliatômico é +6.

**Pense bem antes de responder** Note que, em cada um desses exemplos, os números de oxidação dos elementos Al, S, P e Cr combinaram com os números dos grupos da tabela periódica em que cada um desses elementos é encontrado. Este é muitas vezes (mas nem sempre) o caso. Por exemplo, S, P e Cr podem ter vários números de oxidação, dependendo do composto.

## Verifique seu entendimento

Atribua um número de oxidação para o átomo sublinhado em cada íon ou molécula.

(a) $\underline{Fe}_2O_3$    (b) $H_2\underline{S}O_4$    (c) $\underline{C}O_3^{2-}$    (d) $\underline{N}O_2^+$

Gás $NO_2$

© Cengage Learning/Charles D. Winters

Cobre metálico é oxidado para o $Cu(NO_3)_2$ verde

**FIGURA 3.17 Agentes oxidantes e redutores.** A reação do cobre com ácido nítrico. Cobre (um agente redutor) reage vigorosamente com ácido nítrico concentrado (um agente oxidante) para formar o gás castanho $NO_2$ e uma solução azul esverdeada de nitrato de cobre(II).

## Reconhecendo Reações de Oxirredução

Você pode dizer sempre se uma reação envolve a oxidação e a redução avaliando o número de oxidação de cada elemento e observando se qualquer desses números muda no decorrer da reação. Em muitos casos, no entanto, isto não será necessário. Por exemplo, será óbvio que uma reação redox ocorreu se um elemento não combinado é convertido em um composto ou se um agente oxidante ou redutor conhecido está envolvido.

Os halogênios e o oxigênio (veja as Figuras 3.1 e 3.2) são agentes oxidantes, e outro agente oxidante comum é o ácido nítrico, $HNO_3$. Na Figura 3.17, o cobre metálico é oxidado pelo ácido para formar nitrato de cobre(II), e o íon nitrato é reduzido para formar o gás castanho $NO_2$. A equação iônica líquida para a reação é

---

**UM OLHAR MAIS ATENTO**

## Os Números de Oxidação São "Reais"?

Os números de oxidação refletem a carga elétrica real de um átomo em uma molécula ou íon? Com exceção dos íons monoatômicos, como $Cl^-$ ou $Na^+$, a resposta geralmente é não.

Assume-se que os números de oxidação de todos os átomos em uma molécula são íons positivos ou negativos, o que não é verdade. Por exemplo, na $H_2O$, os átomos de H não são íons $H^+$ e os átomos de O não são íons $O^{2-}$. Isso não quer dizer, no entanto, que os átomos em moléculas não têm uma carga elétrica de nenhum tipo. Cálculos avançados indicam que o átomo de O na água, na verdade, possui uma carga cerca de 0,4– (ou 40% da carga do elétron), e o átomo de H está próximo de 0,2+.

Então, por que usar números de oxidação? Os números de oxidação fornecem uma maneira conveniente de dividir os elétrons entre os átomos em uma molécula ou íon poliatômico. Por causa da distribuição das variações de elétrons em uma reação redox, usamos esse método como forma de determinar se uma reação redox ocorreu e de distinguir os agentes oxidantes e redutores.

O número de oxidação do Cu muda de 0 para +2.
Cu é oxidado para $Cu^{2+}$ e é o agente redutor.

$$Cu(s) + 2NO_3^-(aq) + 4H_3O^+(aq) \longrightarrow Cu^{2+}(aq) + 2NO_2(g) + 6H_2O(\ell)$$

N no $NO_3^-$ muda de +5 para +4 no $NO_2$. $NO_3^-$
é reduzido para $NO_2$ e é o agente oxidante.

O nitrogênio foi reduzido de +5 (no íon $NO_3^-$) para +4 (no $NO_2$); por conseguinte, o íon nitrato em solução ácida é o agente oxidante. O cobre metálico é o agente redutor; cada átomo de metal cedeu dois elétrons para produzir o íon $Cu^{2+}$.

As Tabelas 3.3 e 3.4 podem ajudá-lo a organizar o seu pensamento à medida que observa as reações de oxirredução e usa a sua terminologia.

**Tabela 3.3 — Agentes Oxidantes e Redutores Comuns**

| AGENTE OXIDANTE | PRODUTO DA REAÇÃO | AGENTE REDUTOR | PRODUTO DA REAÇÃO |
|---|---|---|---|
| $O_2$, oxigênio | $O^{2-}$, íon óxido ou O combinado na $H_2O$ ou em outra molécula | $H_2$, hidrogênio | $H^+(aq)$, íon hidrogênio ou H combinado na $H_2O$ ou em outra molécula |
| Halogênio, $F_2$, $Cl_2$, $Br_2$ ou $I_2$ | Íon haleto, $F^-$, $Cl^-$, $Br^-$ ou $I^-$ | M, metais tais como Na, K, Fe e Al | $M^{n+}$, íons metálicos como $Na^+$, $K^+$, $Fe^{2+}$ ou $Fe^{3+}$ e $Al^{3+}$ |
| $HNO_3$, ácido nítrico | Óxidos de nitrogênio* tais como NO e $NO_2$ | C, carbono (usado para reduzir os óxidos metálicos) | CO e $CO_2$ |
| $Cr_2O_7^{2-}$, íon dicromato | $Cr^{3+}$, íon cromo(III) (em solução ácida) | | |
| $MnO_4^-$, íon permanganato | $Mn^{2+}$, íon manganês(II) (em solução ácida) | | |

*NO é produzido com $HNO_3$ diluído, enquanto $NO_2$ é um produto do ácido concentrado.

**Tabela 3.4 — Reconhecendo Reações de Oxirredução**

| | OXIDAÇÃO | REDUÇÃO |
|---|---|---|
| Em termos do número de oxidação | Aumento do número de oxidação de um átomo | Diminuição do número de oxidação de um átomo |
| Em termos de elétrons | Perda de elétrons por um átomo | Ganho de elétrons por um átomo |
| Em termos do oxigênio | Ganho de um ou mais átomos de O | Perda de um ou mais átomos de O |

**EXEMPLO 3.9**

## Reação de Oxirredução

**Problema** Para a reação do íon ferro(II) com o íon permanganato em meio aquoso ácido,

$$5Fe^{2+}(aq) + MnO_4^-(aq) + 8H_3O^+(aq) \rightarrow 5Fe^{3+}(aq) + Mn^{2+}(aq) + 12H_2O(\ell)$$

decida quais átomos estão sujeitos a uma mudança no número de oxidação e identifique os agentes oxidante e redutor.

**O que você sabe?** A equação dada aqui está balanceada (mas, na prática, você pode verificar isso). Com base nos reagentes e produtos, decida rapidamente se esta é uma reação de oxirredução. Conhecendo o $MnO_4^-$ como um agente oxidante comum (veja a Tabela 3.3) note que o ferro muda de $Fe^{2+}$ para $Fe^{3+}$.

**Estratégia** Determine o número de oxidação dos átomos em cada molécula ou íon na equação e identifique quais átomos alteram o número de oxidação.

**RESOLUÇÃO** O número de oxidação do Mn no $MnO_4^-$ é +7, o qual diminui para +2 no produto, o íon $Mn^{2+}$. Assim, o íon $MnO_4^-$ foi reduzido e é o agente oxidante (veja a Tabela 3.3).

$$5Fe^{2+}(aq) + MnO_4^-(aq) + 8H_3O^+(aq) \rightarrow 5Fe^{3+}(aq) + Mn^{2+}(aq) + 12H_2O(\ell)$$
$$\quad +2 \qquad\quad +7, -2 \qquad\quad +1, -2 \qquad\qquad +3 \qquad\quad +2 \qquad\quad +1, -2$$

O número de oxidação do ferro aumentou de +2 para +3, assim, cada íon $Fe^{2+}$ perdeu um elétron ao ser oxidado para $Fe^{3+}$ (veja a Tabela 3.4). Isso significa que o íon $Fe^{2+}$ é o agente redutor.

**Pense bem antes de responder** Se um dos reagentes em uma reação redox é uma substância simples, como um elemento ou um íon monoatômico (aqui, $Fe^{2+}$), normalmente é evidente que o seu número de oxidação tenha aumentado ou diminuído. Tendo estabelecido uma espécie como reduzida (ou oxidada), você sabe que a outra espécie sofreu o processo oposto.

## Verifique seu entendimento

A reação seguinte é usada em um aparelho para testar a respiração de uma pessoa quanto à presença de etanol. Identifique os agentes oxidante e redutor, a substância oxidada e a substância reduzida.

$$3CH_3CH_2OH(aq) + 2Cr_2O_7^{2-}(aq) + 16H_3O^+(aq) \rightarrow 3CH_3CO_2H(aq) + 4Cr^{3+}(aq) + 27H_2O(\ell)$$

etanol     íon dicromato;                ácido acético    íon cromo;
          laranja-avermelhado                               verde

$KMnO_4(aq)$, agente oxidante

$Fe^{2+}(aq)$, agente redutor

**Agentes oxidantes e redutores.** A reação entre o íon ferro(II) e o íon permanganato. A reação do íon permanganato ($MnO_4^-$) de cor púrpura com o íon ferro(II) ($Fe^{2+}$) em uma solução aquosa ácida produz o íon manganês(II) ($Mn^{2+}$) quase incolor e o íon ferro(III) ($Fe^{3+}$).

---

## 3.9 Classificando Reações em Soluções Aquosas

### Objetivos da Seção 3.9

- Reconhecer as características-chave dos quatro tipos de reações em solução aquosa e identificar as reações com base nestas características.

- Prever os produtos para as reações de precipitação, ácido-base e formação de gás e escrever equações químicas balanceadas e equações iônicas líquidas para estas equações.

Um dos objetivos deste capítulo tem sido explorar os tipos mais comuns de reações que podem ocorrer em solução aquosa. Isso ajuda você a decidir, por exemplo, se uma reação de formação de gás ocorre quando um comprimido de Alka-Seltzer (contendo ácido cítrico e $NaHCO_3$) é colocado na água (Figura 3.18).

$$H_3C_6H_5O_7(aq) + HCO_3^-(aq) \longrightarrow$$
ácido cítrico    íon hidrogenocarbonato

$$H_2C_6H_5O_7^-(aq) + H_2O(\ell) + CO_2(g)$$
íon diidrogenocitrato

**FIGURA 3.18 Uma reação de formação de gás.** Um comprimido de Alka-Seltzer contém um ácido (ácido cítrico) e hidrogenocarbonato de sódio ($NaHCO_3$), esses reagem para a formação de gás.

## Organizações Alternativas para Tipos de Reações

**UM OLHAR MAIS ATENTO**

Como dissemos no Capítulo 1, a Química é a transformação de uma ou mais substâncias em outras substâncias. Isso é feito por meio das reações químicas, e milhares e milhares de reações foram realizadas pelos químicos nos últimos cem anos. Embora os estudantes iniciantes em seus estudos de Química possam ficar perplexos com a variedade aparentemente infinita dessas reações, há alguns tipos comuns de reações. Nós as classificamos como reações de oxirredução e reações de troca. Estas últimas incluem as reações de precipitação, ácido-base e de formação de gás. Classificar as reações é útil porque ajuda a observar as suas características comuns e a prever o que pode acontecer se você enxergar um novo conjunto de reagentes.

Há dois outros termos que são comumente utilizados para descrever as reações químicas: síntese e decomposição.

Estes termos são amplamente usados na química porque eles descrevem o possível resultado de uma reação.

A **síntese** descreve a preparação de um composto a partir de outros elementos ou compostos. Você já viu reações de síntese, como a preparação do cloreto de amônio, que é amplamente utilizado em fertilizantes, medicamentos, produtos de consumo, como xampu e explosivos. A síntese do cloreto de amônio pode ser realizada utilizando uma reação ácido-base.

$$NH_3(aq) + HCl(aq) \rightarrow NH_4Cl(aq)$$

A **decomposição** descreve uma reação em que um composto é dividido em componentes menores. Um exemplo dessa reação é a decomposição do peróxido de hidrogênio em água e oxigênio, uma reação de oxirredução vista na Figura.

$$2H_2O_2(aq) \rightarrow 2H_2O(\ell) + O_2(g)$$

**A decomposição do peróxido de hidrogênio, $H_2O_2$.** Esta também pode ser classificada como uma reação de oxirredução.

Examinamos quatro tipos de reações em solução aquosa: precipitação, ácido-base, formação de gás e oxirredução. Três dessas quatro reações (precipitação, ácido-base e formação de gás) enquadram-se na categoria das reações de troca.

**Reações de Precipitação:** Íons combinam-se na solução para formar um produto de reação insolúvel.

*Equação Global*

$$Pb(NO_3)_2(aq) + 2KI(aq) \rightarrow PbI_2(s) + 2KNO_3(aq)$$

*Equação Iônica Líquida*

$$Pb^{2+}(aq) + 2I^-(aq) \rightarrow PbI_2(s)$$

**Reações Ácido-Base** A água é um produto de muitas reações de ácido-base, e o cátion da base e o ânion do ácido formam um sal.

*Equação Global para a Reação de um Ácido Forte e uma Base Forte*

$$HNO_3(aq) + KOH(aq) \rightarrow HOH(\ell) + KNO_3(aq)$$

*Equação Iônica Líquida para a Reação de um Ácido Forte e uma Base Forte*

$$H_3O^+(aq) + OH^-(aq) \rightarrow 2H_2O(\ell)$$

*Equação Global para a Reação de um Ácido Fraco e uma Base Forte*

$$CH_3CO_2H(aq) + NaOH(aq) \rightarrow NaCH_3CO_2(aq) + HOH(\ell)$$

*Equação Iônica Líquida para a Reação de um Ácido Fraco e uma Base Forte*

$$CH_3CO_2H(aq) + OH^-(aq) \rightarrow CH_3CO_2^-(aq) + H_2O(\ell)$$

**Reações de Formação de Gás** Os exemplos mais comuns envolvem carbonatos metálicos e ácidos, mas existem outros. A reação entre um carbonato metálico e um ácido produz o ácido carbônico, $H_2CO_3$, que se decompõe em $H_2O$ e $CO_2$. O dióxido de carbono é o gás nas bolhas que você vê durante essas reações.

*Equação Global:*

$$CuCO_3(s) + 2HNO_3(aq) \rightarrow Cu(NO_3)_2(aq) + CO_2(g) + H_2O(\ell)$$

*Equação Iônica Líquida:*

$$CuCO_3(s) + 2H_3O^+(aq) \rightarrow Cu^{2+}(aq) + CO_2(g) + 3H_2O(\ell)$$

**Reações de Oxirredução** Essas reações *não* são reações de troca iônica. Em vez disso, os elétrons são transferidos de uma substância para outra.

*Equação Global:*

$$Cu(s) + 2AgNO_3(aq) \rightarrow Cu(NO_3)_2(aq) + 2Ag(s)$$

*Equação Iônica Líquida:*

$$Cu(s) + 2Ag^+(aq) \rightarrow Cu^{2+}(aq) + 2Ag(s)$$

Em geral é fácil reconhecer os quatro tipos de reações, mas tenha em mente que a reação pode enquadrar-se em mais de uma categoria. Por exemplo, hidróxido de bário reage prontamente com ácido sulfúrico para formar sulfato de bário e água, uma reação que é tanto uma precipitação quanto uma reação ácido-base.

$$Ba(OH)_2(aq) + H_2SO_4(aq) \rightarrow BaSO_4(s) + 2H_2O(\ell)$$

---

## EXEMPLO 3.10

### Tipos de Reações

**Problema** Complete e balanceie cada uma das seguintes equações e classifique cada uma como reação de precipitação, ácido-base ou de formação de gás.

(a) $Na_2S(aq) + Cu(NO_3)_2(aq) \rightarrow$

(b) $Na_2SO_3(aq) + HCl(aq) \rightarrow$

(c) $HClO_4(aq) + NaOH(aq) \rightarrow$

**O que você sabe?** Você conhece as fórmulas dos reagentes e que todas são reações de troca.

### Estratégia

- Reconheça que essas são reações de troca. Os produtos de cada reação podem ser encontrados através da troca de cátions e ânions entre dois reagentes.
- Escreva e balanceie cada equação.
- Para determinar o tipo de reação, examine os reagentes e os produtos. Procure especificamente os ácidos e as bases comuns, um produto que é insolúvel e ânions que reagem com ácido para formar um gás ($CO_3^{2-}$, $S^{2-}$, $SO_3^{2-}$).

### RESOLUÇÃO

(a) É previsto que os produtos da reação de troca sejam $NaNO_3$ e $CuS$. O primeiro deles é solúvel na água, mas o segundo é um sal insolúvel. Assim, esta é uma reação de precipitação. A equação química balanceada é

$$Na_2S(aq) + Cu(NO_3)_2(aq) \rightarrow 2NaNO_3(aq) + CuS(s)$$

**Mapa Estratégico 3.10a**

**PROBLEMA**
Escreva a equação para a reação de $Na_2S$ e $Cu(NO_3)_2$ e decida qual é o *tipo de reação.*

↓

**DADOS/INFORMAÇÕES**
As **fórmulas** dos **reagentes** são dadas.

**ETAPA 1.** Decida sobre os **produtos** e então escreva a **equação completa e balanceada.**

↓

**Equação completa balanceada** com os *reagentes* e *produtos.*

**ETAPA 2.** Decida se cada reagente e produto é **sólido, líquido, gasoso** ou **dissolvido em água.**

↓

**Equação completa balanceada** com a **indicação do estado** de cada reagente e produto.

**ETAPA 3.** Decida sobre o **tipo de reação.**

↓

Um produto é *insolúvel em água*, portanto, esta é uma **reação de precipitação.**

(b) É previsto que os produtos da reação de troca sejam NaCl e $H_2SO_3$. O $H_2SO_3$ deve nos alertar imediatamente para o fato de que esta é uma reação de formação de gás, porque o mesmo será decomposto em $SO_2(g)$ e $H_2O(\ell)$ (veja a Tabela 3.2). A equação balanceada é

$$Na_2SO_3(aq) + 2HCl(aq) \rightarrow 2NaCl(aq) + SO_2(g) + H_2O(\ell)$$

(c) É previsto que os produtos da reação de troca sejam $NaClO_4$ e $H_2O$, um sal e água; esta é uma reação ácido-base. A equação balanceada é

$$HClO_4(aq) + NaOH(aq) \rightarrow NaClO_4(aq) + H_2O(\ell)$$

**Pense bem antes de responder**   Como treino, tente escrever as equações iônicas líquidas para cada uma das reações anteriores. As respostas são:

(a)   $S^{2-}(aq) + Cu^{2+}(aq) \rightarrow CuS(s)$

(b)   $SO_3^{2-}(aq) + 2H_3O^+(aq) \rightarrow 3H_2O(\ell) + SO_2(g)$

(c)   $H_3O^+(aq) + OH^-(aq) \rightarrow 2H_2O(\ell)$

## Verifique seu entendimento

Classifique cada uma das seguintes equações como reações de precipitação, ácido-base, de formação de gás ou de oxirredução. Procure predizer os produtos da reação e em seguida balanceie completamente a equação. Escreva a equação iônica líquida para cada um.

(a)   $CuCO_3(s) + H_2SO_4(aq) \rightarrow$

(b)   $Ga(s) + O_2(g) \rightarrow$

(c)   $Ba(OH)_2(s) + HNO_3(aq) \rightarrow$

(d)   $CuCl_2(aq) + (NH_4)_2S(aq) \rightarrow$

---

## 3.1 Supercondutores

**APLICANDO OS PRINCÍPIOS QUÍMICOS**

Em 1987, o Prêmio Nobel de Física foi concedido a Georg Benorz e Karl Müller (IBM Labs, Zurique, Suíça) por seus trabalhos pioneiros na área de supercondutividade, que incluem a descoberta de uma nova classe de supercondutores baseados em compostos de lantânio, bário, cobre e oxigênio. O supercondutor foi identificado como $La_{2-x}Ba_xCuO_4$, em que o valor de $x$ variou de 0,10 a 0,20. No mesmo ano, pesquisadores da Universidade do Alabama, em Huntsville, sintetizaram o $YBa_2Cu_3O_{7-x}$ (ou YBCO), em que $x$ varia de 0 a 0,50. YBCO foi o primeiro material descoberto a superconduzir em temperaturas acima do ponto de ebulição do nitrogênio líquido (77 K). Uma investigação adicional determinou que a temperatura crítica para a supercondutividade do YBCO varia com as mudanças nas proporções dos seus componentes. A temperatura mais alta supercondutora, 95 K, foi obtida para o $YBa_2Cu_3O_{6,93}$.

Os supercondutores são importantes porque esses materiais não têm nenhuma resistência ao fluxo de corrente elétrica. Uma vez que a corrente (isto é, um fluxo de elétrons) é induzida em um supercondutor, ela vai continuar indefinidamente sem qualquer perda de energia. Uma aplicação potencial para os supercondutores é o armazenamento de eletricidade. Atualmente, a energia nas usinas deve ser usada à medida que ela é produzida. Se a eletricidade não utilizada pudesse ser alimentada em um anel de armazenamento supercondutor, a corrente poderia ser armazenada por tempo indeterminado. Até hoje, não foi descoberto nenhum supercondutor capaz de transportar correntes elevadas em temperaturas maiores que 77 K.

David Parker/IMI/Science Source

**Supercondutividade.** Quando um material supercondutor é resfriado a uma baixa temperatura, por exemplo, em nitrogênio líquido (ponto de ebulição de 77 K), e é colocado em um campo magnético, o campo não afeta o supercondutor, mas é repelido por ele. É possível observar o efeito aqui, no qual um ímã flutua acima de supercondutores resfriados.

*continua*

Fórmulas de compostos contendo índices inferiores que não são números inteiros são comuns para uma variedade de compostos, incluindo os supercondutores de alta temperatura. Responda às seguintes questões sobre alguns desses supercondutores.

## Questões:

1. Use as seguintes porcentagens em massa para determinar o valor de $x$ em uma amostra de $La_{2-x}Ba_xCuO_4$: %La = 63,43, %Ba = 5,085, %Cu = 15,69 e %O = 15,80.
2. Qual é a porcentagem em massa de cada elemento no YBCO quando $x = 0,07$?

3. Assumindo que as cargas sobre os íons ítrio e bário são 3+ e 2+, respectivamente, quais cargas estão presentes nos íons cobre no $YBa_2Cu_3O_7$? (Observação: embora a maioria dos compostos de cobre seja baseada em $Cu^{2+}$, cargas de 1+ e 3+ também são possíveis. Suponha que pelo menos um íon cobre nessa substância seja $Cu^{2+}$).
4. A reação de $Y_2O_3$, $BaCO_3$ e CuO produz $YBa_2Cu_3O_{7-x}$ com $CO_2(g)$ como o único subproduto. Escreva uma equação química balanceada dessa reação e determine o valor de $x$.
5. A porcentagem de oxigênio no YBCO é ajustada pelo seu aquecimento na presença de oxigênio elementar. Qual massa do oxigênio é necessária para converter 1,00 g de $YBa_2Cu_3O_{6,50}$ em $YBa_2Cu_3O_{6,93}$?

## Referencias:

1. WU, M. K. et al. *Phys. Rev. Lett.,* v. 58, p. 908, 1987.
2. COCHRANE, J. W. Cochrane; RUSSELL, G. J. Russell, *Supercond. Sci. Technol,* v. 11, p. 1105, 1998.

# 3.2 Sequestrando Dióxido de Carbono

## APLICANDO OS PRINCÍPIOS QUÍMICOS

Evidência científica indica fortemente que a crescente concentração de $CO_2$ na atmosfera contribui para o aquecimento do nosso planeta. Essas preocupações têm levado a uma variedade de estudos que tentam limitar a entrada de $CO_2$ na atmosfera. O melhor deles envolve bombear $CO_2$ em poços profundos no subsolo. Entretanto, existem preocupações sobre quão bem o $CO_2$ pode ser armazenado desta maneira, especificamente, existe preocupação de que este gás escapará da contenção e vazará para a superfície.

Há um estudo piloto interessante em andamento na Islândia para tratar o problema de vazamento. Aqui o $CO_2$ foi dissolvido em água. Então um reagente para servir como um indicador foi adicionado e a solução foi bombeada a 2000 metros de profundidade no subsolo para um estrato de rochas basálticas que fica sob grande parte da Islândia. O basalto é uma rocha ígnea de aluminossilicato amplamente distribuída na Terra. Ela consiste de uma matriz de óxidos de alumínio e de silício nos quais estão dispersos íons metálicos, incluindo o $Ca^{2+}$. É um tanto quanto porosa de tal forma que a água sob alta pressão pode ser forçada para dentro e através da própria rocha.

Ao redor do poço de injeção estavam oito buracos de monitoramento com 500 metros de profundidade. A mistura de água, $CO_2$ e indicador difunde-se lentamente através do basalto e depois de aproximadamente 60 dias atinge os poços de monitoramento. Os pesquisadores, então, seguiram as mudanças no carbono dissolvido ($CO_2$) e a acidez na mistura ao longo do tempo, observando um aumento significativo no $CO_2$ e na acidez, ambos diminuindo à medida que o fluxo continuava. Os testes dos materiais dos furos de monitoramento mostraram que a maioria do $CO_2$ não estava sendo liberado para a atmosfera, mas, em vez disso, estava sendo convertido em calcita, $CaCO_3$, na formação rochosa. Os íons hidrogênio, presumivelmente, permaneceram na rede basáltica.

A importância disso é que o $CO_2$ agora estava sendo aprisionado em um material sólido estável e não mais livre para escapar do confinamento. Será que essa ideia vai pegar e ser usada em larga escala? Isto ainda precisa ser determinado.

**Basalto, uma rocha ígnea encontrada em regiões vulcânicas formada pela lava vulcânica.** Um projeto na Islândia descobriu que o mineral é eficaz no sequestro de $CO_2$.

arka38/Shutterstock.com

## Questões:

1. Escreva uma equação iônica líquida balanceada para a reação do íon $Ca^{2+}$ com o $H_2CO_3$.
2. Um dos indicadores usados foi o $CO_2$ marcado com o isótopo radioativo carbono-14. Os pesquisadores detectaram que o $H_2CO_3$ estava se movendo através da matriz rochosa medindo a radioatividade da água no poço de detecção. Dê o número de prótons, elétrons e nêutrons em um átomo de carbono-14.

## 3.3  Fumarolas Negras e Vulcões

### APLICANDO OS PRINCÍPIOS QUÍMICOS

Em 1977, cientistas estavam explorando a junção de duas placas tectônicas que formam o fundo do Oceano Pacífico. Lá eles encontraram fontes termais jorrando uma sopa quente e negra de minerais. A água do mar penetra nas rachaduras no fundo do oceano e, à medida que afunda mais na crosta terrestre, a água é superaquecida entre 300°C e 400°C pelo magma quente logo abaixo da crosta terrestre. Esta água superquente dissolve minerais na crosta e é empurrada de volta para a superfície. Quando essa água quente, agora carregada de cátions metálicos dissolvidos e rica em ânions como sulfeto e sulfato, jorra pela superfície, ela esfria, e sulfatos metálicos – como sulfato de cálcio – e sulfetos metálicos – como os de cobre, manganês, ferro, zinco e níquel – precipitam. Muitos sulfetos metálicos são pretos, e a pluma de material que vem do fundo do mar parece "fumaça" preta; assim, as aberturas foram chamadas de "fumarolas negras".

Os sulfetos sólidos e outros minerais se depositam nas bordas do respiradouro no fundo do mar e, eventualmente, formam uma "chaminé" de minerais precipitados. Você pode ver os mesmos depósitos de sulfetos metálicos ao redor das saídas de vapor de vulcões na superfície da Terra e na água que flui para longe de um vulcão ou saída de vapor. Os cientistas ficaram surpresos ao descobrir que os respiradouros do fundo do mar estavam cercados por animais peculiares que viviam no ambiente quente e rico em sulfetos. Como as fumarolas negras estão sob centenas de metros de água e a luz do Sol não penetra nessas profundezas, os animais desenvolveram uma maneira de viver sem a energia da luz solar. Em um ambiente terrestre, as plantas usam a energia do Sol para sintetizar moléculas orgânicas pelo processo de fotossíntese. No ecossistema sem luz nas profundezas do oceano, a energia é derivada da oxidação de sulfetos. Com esta fonte de energia, os micróbios são capazes de produzir as moléculas orgânicas que são a base da vida.

### Questões:

1. Quando a água superaquecida que jorra de respiradouros no fundo do mar

**Sulfetos metálicos de uma fumarola negra.** Uma "fumarola negra" profunda fotografada no Oceano Pacífico ao longo da elevação do Pacífico Leste. A "fumaça" é uma nuvem de sulfetos metálicos insolúveis onde o material fundido é forçado para fora do interior da Terra.

*B. Murton/Southampton Oceanography Centre/Science Source*

esfria, compostos como $CaSO_4$, $MnS$, $FeS$ e $NiS$ precipitam-se da solução. Quais são as fórmulas e nomes dos íons constituindo estes compostos?

2. A oxidação do íon sulfeto em sulfato pelo oxigênio pode ser realizada no laboratório. Quais são os números de oxidação do enxofre nestes dois íons?

## OBJETIVOS REVISITADOS

Os objetivos para este capítulo são marcados com as Questões para Estudo específicas para ajudá-lo a organizar sua revisão.

### 3.1 INTRODUÇÃO ÀS EQUAÇÕES QUÍMICAS

- Entender a informação transmitida por uma equação química balanceada, incluindo a terminologia usada (reagentes, produtos, estequiometria, coeficientes estequiométricos) **1, 2**.

- Aceitar que a lei da conservação da matéria exige uma equação química balanceada. **3-6**.

### 3.2 BALANCEANDO EQUAÇÕES QUÍMICAS

- Balancear equações químicas. **7-12, 67, 68**.

### 3.3 INTRODUÇÃO AO EQUILÍBRIO QUÍMICO

- Aceitar que as reações químicas são reversíveis e que eventualmente elas atingem um equilíbrio dinâmico. **13, 14, 88**.

- Aceitar as diferenças entre reações que favorecem os reagentes e aquelas que favorecem os produtos no equilíbrio. **15, 16**.

## 3.4 SOLUÇÕES AQUOSAS

- Explicar a diferença entre eletrólitos e não eletrólitos e identificar os exemplos de cada um. **17, 18, 84, 85**.
- Prever a solubilidade de compostos iônicos em água. (Figura 3.10). **19, 20, 23, 24, 69, 70**.

## 3.5 REAÇÕES DE PRECIPITAÇÃO

- Identificar quais íons são formados quando um composto iônico ou ácido ou base se dissolve em água. **21, 22**.
- Identificar reações de troca nas quais existe uma troca de ânions entre os cátions dos reagentes na solução. **27, 28, 59, 60**.
- Prever os produtos de reações de precipitação. **27, 28, 82**.
- Escrever as equações iônicas líquidas para reações em solução aquosa. **43-46**.

## 3.6 ÁCIDOS E BASES

- Saber os nomes e as fórmulas de ácidos e bases comuns e classificá-los como fortes ou fracos. **29, 30**.
- Definir os conceitos de ácidos e bases de Arrhenius e Brønsted-Lowry. **35-38**.
- Identificar o ácido e a base de Brønsted em uma reação e escrever as equações para reações ácido-base de Brønsted–Lowry. **39, 40**.
- Identificar as substâncias que são anfipróticas e óxidos que se dissolvem em água para fornecer soluções ácidas e soluções básicas. **33, 34, 41, 42**.

## 3.7 REAÇÕES DE FORMAÇÃO DE GASES

- Identificar reações comuns nas quais forma-se um gás e escrever as equações para estas reações (Tabela 3.2). **49-52**.

## 3.8 REAÇÕES DE OXIRREDUÇÃO

- Determinar os números de oxidação dos elementos em um composto e entender que estes números representam a carga que um átomo tem, ou parece ter, quando os elétrons do composto são contados de acordo com um conjunto de normas. **53, 54**.
- Reconhecer agentes oxidantes e redutores comuns. **57, 58**.
- Identificar as reações de oxidação-redução (reações redox), identificar os agentes oxidantes e redutores e as substâncias oxidadas e reduzidas na reação e escrever e balancear as equações para reações redox. **55-58, 75, 89**.

## 3.9 CLASSIFICANDO REAÇÕES EM SOLUÇÕES AQUOSAS

- Reconhecer as características-chave dos quatro tipos de reações em solução aquosa e identificar as reações com base nestas características. **59-66**.

| TIPO DE REAÇÃO | CARACTERÍSTICA-CHAVE |
|---|---|
| Precipitação | Formação de um composto insolúvel |
| Ácido-base | Formação de um sal e água |
| Formação de gás | Evolução de um gás insolúvel em água como o $CO_2$ |
| Oxidação-redução | Transferência de elétrons (com variação nos números de oxidação) |

- Prever os produtos para as reações de precipitação, ácido-base e formação de gás e escrever equações químicas balanceadas e equações iônicas líquidas para estas equações. **61-64**.

# QUESTÕES PARA ESTUDO

▲ denota questões desafiadoras.

**Questões numeradas em verde** têm as respostas no Apêndice N.

## Praticando Habilidades

### Introdução às Equações Químicas

(*Veja a Seção 3.1.*)

1. A equação para a oxidação do fósforo no ar é $P_4(s) + 5 O_2(g) \rightarrow P_4O_{10}$ (s). Identifique os reagentes e produtos e os coeficientes estequiométricos. Qual o significado das designações "s" e "g"?

2. Escreva uma equação para a seguinte descrição: os reagentes são $NH_3$ e $O_2$ gasosos e os produtos são $NO_2$ gasoso e $H_2O$ líquida e os coeficientes estequiométricos são 4, 7, 4 e 6, respectivamente.

3. A equação para a reação do fósforo e do cloro é $P_4(s) + 6Cl_2$ (g) $\rightarrow$ 4 $PCl_3(\ell)$. Se você usa 8000 moléculas de $P_4$ nesta reação, quantas moléculas de $Cl_2$ serão necessárias para consumir completamente o $P_4$?

4. A equação para a reação do alumínio e do bromo é $2Al(s) + 3Br_2(\ell) \rightarrow Al_2Br_6(s)$. Se você usa $6.0 \times 10^{23}$ moléculas de $Br_2$ em uma reação, quantos átomos de Al serão consumidos?

5. A oxidação de 1,00 g de monóxido de carbono, CO, produz 1,57 g de dióxido de carbono, $CO_2$. Quantos gramas de oxigênio foram necessários nesta reação?

6. Uma amostra de 0,20 mol de magnésio queima-se no ar para formar 0,20 mol de MgO sólido. Qual a quantidade de matéria de oxigênio ($O_2$) necessária para completar a reação?

### Balanceando Equações

(*Veja o Exemplo 3.1.*)

7. Escreva as equações químicas balanceadas para as seguintes reações.
   (a) A reação entre o alumínio e o óxido de ferro(III) para formar ferro e óxido de alumínio (conhecida como a reação termita).

**Reação termita**

(b) A reação de carbono e água em uma temperatura elevada para formar uma mistura de CO e $H_2$ gasosos (conhecido como gás de água e já usado como combustível).

(c) A reação do tetracloreto de silício líquido e magnésio formando silício e cloreto de magnésio. Esta é uma etapa da preparação do silício ultrapuro utilizado na indústria dos semicondutores.

8. Escreva as equações químicas balanceadas para as seguintes reações:
   (a) produção de amônia, $NH_3(g)$, pela combinação de $N_2(g)$ e $H_2(g)$
   (b) produção de metanol, $CH_3OH(\ell)$, pela combinação de $H_2(g)$ e $CO(g)$
   (c) produção de ácido sulfúrico combinando enxofre, oxigênio e água

9. Balanceie as seguintes equações:
   (a) $Cr(s) + O_2(g) \rightarrow Cr_2O_3(s)$
   (b) $Cu_2S(s) + O_2(g) \rightarrow Cu(s) + SO_2(g)$
   (c) $C_6H_5CH_3(\ell) + O_2(g) \rightarrow H_2O(\ell) + CO_2(g)$

10. Balanceie as seguintes equações:
    (a) $Cr(s) + Cl_2(g) \rightarrow CrCl_3(s)$
    (b) $SiO_2(s) + C(s) \rightarrow Si(s) + CO(g)$
    (c) $Fe(s) + H_2O(g) \rightarrow Fe_3O_4(s) + H_2(g)$

11. Balanceie as seguintes equações e nomeie cada reagente e produto:
    (a) $Fe_2O_3(s) + Mg(s) \rightarrow MgO(s) + Fe(s)$
    (b) $AlCl_3(s) + NaOH(aq) \rightarrow Al(OH)_3(s) + NaCl(aq)$
    (c) $NaNO_3(s) + H_2SO_4(aq) \rightarrow Na_2SO_4(aq) + HNO_3(aq)$
    (d) $NiCO_3(s) + HNO_3(aq) \rightarrow$
    $$Ni(NO_3)_2(aq) + CO_2(g) + H_2O(\ell)$$

12. Balanceie as seguintes equações e nomeie cada reagente e produto:
    (a) $SF_4(g) + H_2O(\ell) \rightarrow SO_2(g) + HF(\ell)$
    (b) $NH_3(aq) + O_2(aq) \rightarrow NO(g) + H_2O(\ell)$
    (c) $BF_3(g) + H_2O(\ell) \rightarrow HF(aq) + H_3BO_3(aq)$

### Equilíbrio Químico

(*Veja a Seção 3.3.*)

13. Identifique cada uma das seguintes afirmativas como verdadeira ou falsa.
    (a) No equilíbrio, as velocidades das reações direta e inversa são iguais.
    (b) Quando uma reação atinge o equilíbrio, as reações direta e inversa param de ocorrer.
    (c) As reações químicas sempre prosseguem no sentido do equilíbrio.

14. Identifique cada uma das seguintes afirmativas como verdadeira ou falsa.
    (a) Todas as reações químicas favorecem o produto no equilíbrio.
    (b) Não há mudança observável em um sistema químico no equilíbrio.
    (c) Um equilíbrio envolvendo um ácido fraco em água é favorece o produto.

15. Quantidades iguais de dois ácidos – HCl e $HCO_2H$ (ácido fórmico) – foram dissolvidas em água. Quando o equilíbrio

foi alcançado, a solução de HCl teve maior condutividade elétrica que a solução HCO₂H. Qual reação em equilíbrio favorece os produtos?

$$HCl(aq) + H_2O(\ell) \rightleftharpoons H_3O^+(aq) + Cl^-(aq)$$

$$HCO_2H(aq) + H_2O(\ell) \rightleftharpoons H_3O^+(aq) + HCO_2^-(aq)$$

**16.** Duas soluções aquosas foram preparadas, uma contendo 0,10 mol de ácido bórico ($H_3BO_3$) em 200 mL e a segunda contendo 0,10 mol de ácido fosfórico ($H_3PO_4$) em 200 mL. Ambas eram fracas condutoras de eletricidade, mas a solução de $H_3PO_4$ era um condutor visivelmente mais forte. Escreva as equações para descrever o equilíbrio em cada solução e explique a diferença observada na condutividade.

### Íons e Moléculas em Soluções Aquosas

*(Veja a Seção 3.4 e o Exemplo 3.2.)*

**17.** O que é um eletrólito? Como você pode diferenciar experimentalmente um eletrólito fraco de um eletrólito forte? Dê um exemplo de cada tipo.

**18.** Nomeie e forneça as fórmulas de dois ácidos que são eletrólitos fortes e um ácido que é um eletrólito fraco. Nomeie e forneça fórmulas de duas bases que são eletrólitos fortes e uma base que é um eletrólito fraco.

**19.** Qual composto ou compostos em cada um dos seguintes grupos é (são) solúvel(is) em água?
(a) $CuO, CuCl_2, FeCO_3$
(b) $AgI, Ag_3PO_4, AgNO_3$
(c) $K_2CO_3, KI, KMnO_4$

**20.** Qual composto ou compostos em cada um dos seguintes grupos é (são) solúvel(is) em água?
(a) $BaSO_4, Ba(NO_3)_2, BaCO_3$
(b) $Na_2SO_4, NaClO_4, NaCH_3CO_2$
(c) $AgBr, KBr, Al_2Br_6$

**21.** Os seguintes compostos são solúveis em água. Quais íons são produzidos por cada composto em solução aquosa?
(a) $KOH$       (c) $LiNO_3$
(b) $K_2SO_4$      (d) $(NH_4)_2SO_4$

**22.** Os seguintes compostos são solúveis em água. Quais íons são produzidos por cada composto em solução aquosa?
(a) $KI$        (c) $K_2HPO_4$
(b) $Mg(CH_3CO_2)_2$    (d) $NaCN$

**23.** Decida se o composto de cada uma das seguintes alternativas é solúvel em água. Caso seja solúvel, dizer que íons são produzidos quando o composto dissolve-se em água.
(a) $Na_2CO_3$     (c) $NiS$
(b) $CuSO_4$      (d) $BaBr_2$

**24.** Decida se o composto de cada uma das seguintes alternativas é solúvel em água. Se solúvel, dizer que íons são produzidos quando o composto dissolve-se em água.
(a) $NiCl_2$      (c) $Pb(NO_3)_2$
(b) $Cr(NO_3)_3$    (d) $BaSO_4$

### Reações de Precipitação e Equações Iônicas

*(Veja a Seção 3.5 e os Exemplos 3.3 e 3.4.)*

**25.** Balanceie a equação para a seguinte reação de precipitação e, em seguida, escreva a equação iônica líquida. Indique o estado de cada uma das espécies (s, ℓ, aq ou g).

$$CdCl_2 + NaOH \rightarrow Cd(OH)_2 + NaCl$$

**26.** Balanceie a equação para a seguinte reação de precipitação e, em seguida, escreva a equação iônica líquida. Indique o estado de cada uma das espécies (s, ℓ, aq ou g)

$$Ni(NO_3)_2 + Na_2CO_3 \rightarrow NiCO_3 + NaNO_3$$

**27.** Preveja os produtos de cada reação de precipitação. Balanceie a equação e, em seguida, escreva a equação iônica líquida.
(a) $NiCl_2(aq) + (NH_4)_2S(aq) \rightarrow$
(b) $Mn(NO_3)_2(aq) + Na_3PO_4(aq) \rightarrow$

**28.** Preveja os produtos de cada reação de precipitação. Balanceie a equação e, em seguida, escreva a equação iônica líquida.
(a) $Pb(NO_3)_2(aq) + KBr(aq) \rightarrow$
(b) $Ca(NO_3)_2(aq) + KF(aq) \rightarrow$
(c) $Ca(NO_3)_2(aq) + Na_2C_2O_4(aq) \rightarrow$

### Ácidos e Bases e Suas Reações

*(Veja a Seção 3.6 e o Exemplo 3.5.)*

**29.** Escreva uma equação balanceada para a ionização de ácido nítrico em água.

**30.** Escreva uma equação balanceada para a ionização de ácido perclórico em água.

**31.** O ácido oxálico, $H_2C_2O_4$, que se encontra em certas plantas, pode fornecer dois íons hidrônio em água. Escreva as equações balanceadas (como as do ácido sulfúrico na página 135) para mostrar como o ácido oxálico pode fornecer um e, em seguida, o segundo íon $H_3O^+$.

**32.** O ácido fosfórico pode fornecer um, dois ou três íons $H_3O^+$ em solução aquosa. Escreva as equações balanceadas (como as do ácido sulfúrico na página 135) para mostrar essa perda sucessiva de íons hidrogênio.

**33.** Escreva uma equação balanceada para a reação do óxido básico, óxido de magnésio, com água.

**34.** Escreva uma equação balanceada para a reação do gás trióxido de enxofre com água.

**35.** Complete e balanceie as equações para as seguintes reações ácido-base. Nomeie os reagentes e os produtos.
(a) $CH_3CO_2H(aq) + Mg(OH)_2(s) \rightarrow$
(b) $HClO_4(aq) + NH_3(aq) \rightarrow$

**36.** Complete e balanceie as equações para as seguintes reações ácido-base. Nomeie os reagentes e os produtos.
(a) $H_3PO_4(aq) + KOH(aq) \rightarrow$
(b) $H_2C_2O_4(aq) + Ca(OH)_2(s) \rightarrow$
($H_2C_2O_4$ é o ácido oxálico, um ácido capaz de doar dois íons $H^+$. Veja a questão 31).

**37.** Escreva uma equação balanceada para a reação de hidróxido de bário com ácido nítrico.

**38.** Escreva uma equação balanceada para a reação de hidróxido de alumínio com ácido sulfúrico.

**39.** Escreva uma equação que descreva o equilíbrio que existe quando o ácido nítrico se dissolve em água. Identifique cada uma das quatro espécies em solução, como ácidos ou bases de Brønsted. O equilíbrio favorece os produtos ou os reagentes?

**40.** Escreva uma equação que descreva o equilíbrio que existe quando o ácido fraco, ácido benzoico ($C_6H_5CO_2H$) dissolve-se em água. Identifique cada uma das quatro espécies na solução, quer como ácidos ou bases de Brønsted. O equilíbrio favorece os produtos ou os reagentes? (Ao agir como um ácido, o grupo –CO₂H fornece H⁺ para formar $H_3O^+$.)

**41.** Escreva duas equações químicas, uma que mostra a $H_2O$ reagindo com HBr como uma base de Brønsted, e outra, que mostra $H_2O$ reagindo com $NH_3$ como um ácido de Brønsted.

**42.** Escreva duas equações químicas, uma na qual $H_2PO_4^-$ é um ácido de Brønsted (na reação com o íon carbonato, $CO_3^{2-}$), e uma segunda, na qual $HPO_4^{2-}$ é uma base de Brønsted (na reação com ácido acético, $CH_3CO_2H$).

## Escrevendo Equações Iônicas Líquidas

*(Veja os Exemplos 3.4 e 3.6.)*

**43.** Balanceie as seguintes equações e, em seguida, escreva a equação iônica líquida.
(a) $(NH_4)_2CO_3(aq) + Cu(NO_3)_2(aq) \rightarrow$
$$CuCO_3(s) + NH_4NO_3(aq)$$
(b) $Pb(OH)_2(s) + HCl(aq) \rightarrow PbCl_2(s) + H_2O(\ell)$
(c) $BaCO_3(s) + HCl(aq) \rightarrow BaCl_2(aq) + H_2O(\ell) + CO_2(g)$
(d) $CH_3CO_2H(aq) + Ni(OH)_2(s) \rightarrow$
$$Ni(CH_3CO_2)_2(aq) + H_2O(\ell)$$

**44.** Balanceie as seguintes equações e, em seguida, escreva a equação iônica líquida:
(a) $Zn(s) + HCl(aq) \rightarrow H_2(g) + ZnCl_2(aq)$
(b) $Mg(OH)_2(s) + HCl(aq) \rightarrow MgCl_2(aq) + H_2O(\ell)$
(c) $HNO_3(aq) + CaCO_3(s) \rightarrow$
$$Ca(NO_3)_2(aq) + H_2O(\ell) + CO_2(g)$$
(d) $(NH_4)_2S(aq) + FeCl_2(aq) \rightarrow NH_4Cl(aq) + FeS(s)$

**45.** Balanceie as seguintes equações e, em seguida, escreva a equação iônica líquida. Mostre os estados para todos os reagentes e produtos (s, ℓ, g, aq).
(a) a reação entre nitrato de prata e iodeto de potássio para formar iodeto de prata e nitrato de potássio
(b) a reação entre hidróxido de bário e ácido nítrico para formar nitrato de bário e água
(c) a reação entre fosfato de sódio e nitrato de níquel(II) para formar fosfato de níquel(II) e nitrato de sódio

**46.** Balanceie cada uma das seguintes equações e, em seguida, escreva a equação iônica líquida. Mostre os estados para todos os reagentes e produtos (s, ℓ, g, aq).
(a) a reação entre hidróxido de sódio e cloreto de ferro(II) para formar hidróxido de ferro(II) e cloreto de sódio
(b) a reação entre cloreto de bário e carbonato de sódio para formar carbonato de bário e cloreto de sódio
(c) a reação entre amônia e ácido fosfórico

**47.** Escreva as equações iônicas líquidas balanceadas para as seguintes reações:
(a) a reação entre ácido nitroso (um ácido fraco) e hidróxido de sódio em solução aquosa
(b) a reação entre hidróxido de cálcio e ácido clorídrico

**48.** Escreva equações iônicas líquidas balanceadas para as seguintes reações:
(a) a reação entre as soluções aquosas de nitrato de prata e iodeto de sódio
(b) a reação entre as soluções aquosas de cloreto de bário e carbonato de potássio

## Reações de Formação de Gás

*(Veja a Seção 3.7 e o Exemplo 3.7.)*

**49.** Siderita é um mineral que consiste em grande parte de carbonato de ferro(II). Escreva uma equação global balanceada para sua reação com o ácido nítrico e nomeie os produtos.

**50.** O mineral rodocrosita é o carbonato de manganês(II). Escreva uma equação global balanceada para a reação do mineral com ácido clorídrico e nomeie os produtos.

**Rodocrosita, um mineral que consiste em grande parte de MnCO₃**

**51.** Escreva uma equação global balanceada para a reação de $(NH_4)_2S$ com HBr e nomeie os reagentes e produtos.

**52.** Escreva uma equação global balanceada para a reação de $Na_2SO_3$ com $CH_3CO_2H$ e nomeie os reagentes e produtos.

## Números de Oxidação

*(Veja a Seção 3.8 e o Exemplo 3.8.)*

**53.** Determine o número de oxidação de cada elemento nos seguintes íons ou compostos.
(a) $BrO_3^-$       (d) $CaH_2$
(b) $C_2O_4^{2-}$       (e) $H_4SiO_4$
(c) $F^-$       (f) $HSO_4^-$

**54.** Determine o número de oxidação de cada elemento nos seguintes íons ou compostos.
(a) $PF_6^-$       (d) $N_2O_5$
(b) $H_2AsO_4^-$       (e) $POCl_3$
(c) $UO^{2+}$       (f) $XeO_4^{2-}$

## Reações de Oxirredução

*(Veja a Seção 3.8 e o Exemplo 3.9.)*

**55.** Duas das seguintes reações são de oxirredução, quais são elas? Justifique a sua resposta em cada caso. Classifique a reação restante.
(a) $Zn(s) + 2NO_3^-(aq) + 4H_3O^+(aq) \rightarrow$
$$Zn^{2+}(aq) + 2NO_2(g) + 6H_2O(\ell)$$
(b) $Zn(OH)_2(s) + H_2SO_4(aq) \rightarrow ZnSO_4(aq) + 2H_2O(\ell)$
(c) $Ca(s) + 2H_2O(\ell) \rightarrow Ca(OH)_2(s) + H_2(g)$

**56.** Duas das seguintes reações são de oxirredução, quais são elas? Explique a sua resposta brevemente. Classifique a reação restante.
(a) $CdCl_2(aq) + Na_2S(aq) \rightarrow CdS(s) + 2NaCl(aq)$
(b) $2Ca(s) + O_2(g) \rightarrow 2CaO(s)$
(c) $4Fe(OH)_2(s) + 2H_2O(\ell) + O_2(g) \rightarrow 4Fe(OH)_3(s)$

**57.** Nas reações a seguir, identifique qual reagente é oxidado e qual é reduzido. Designe o agente oxidante e o agente redutor.

(a) $C_2H_4(g) + 3O_2(g) \rightarrow 2CO_2(g) + 2H_2O(\ell)$

(b) $Si(s) + 2Cl_2(g) \rightarrow SiCl_4(\ell)$

**58.** Nas seguintes reações, decida qual reagente é oxidado e qual é reduzido. Defina o agente oxidante e o agente redutor.

(a) $Cr_2O_7^{2-}(aq) + 3Sn^{2+}(aq) + 14H_3O^+(aq) \rightarrow$
$$2Cr^{3+}(aq) + 3Sn^{4+}(aq) + 21H_2O(\ell)$$

(b) $FeS(s) + 3NO_3^-(aq) + 4H_3O^+(aq) \rightarrow$
$$3NO(g) + SO_4^{2-}(aq) + Fe^{3+}(aq) + 6H_2O(\ell)$$

### Tipos de Reações em Solução Aquosa

*(Veja a Seção 3.9 e o Exemplo 3.10.)*

**59.** Balanceie as seguintes equações e, em seguida, classifique cada uma como uma reação de precipitação, ácido-base ou de formação de gás.

(a) $Ba(OH)_2(aq) + HCl(aq) \rightarrow BaCl_2(aq) + H_2O(\ell)$

(b) $HNO_3(aq) + CoCO_3(s) \rightarrow$
$$Co(NO_3)_2(aq) + H_2O(\ell) + CO_2(g)$$

(c) $Na_3PO_4(aq) + Cu(NO_3)_2(aq) \rightarrow$
$$Cu_3(PO_4)_2(s) + NaNO_3(aq)$$

**60.** Balanceie as seguintes equações e, em seguida, classifique cada uma como uma reação de precipitação, ácido-base ou de formação de gás.

(a) $K_2CO_3(aq) + Cu(NO_3)_2(aq) \rightarrow$
$$CuCO_3(s) + KNO_3(aq)$$

(b) $Pb(NO_3)_2(aq) + HCl(aq) \rightarrow PbCl_2(s) + HNO_3(aq)$

(c) $MgCO_3(s) + HCl(aq) \rightarrow$
$$MgCl_2(aq) + H_2O(\ell) + CO_2(g)$$

**61.** Classifique cada uma das reações como uma reação de precipitação, ácido-base ou de formação de gás. Mostre os estados para os produtos (s, $\ell$, g, aq) e depois balanceie a equação completa. Escreva a equação iônica líquida.

(a) $MnCl_2(aq) + Na_2S(aq) \rightarrow MnS + NaCl$

(b) $K_2CO_3(aq) + ZnCl_2(aq) \rightarrow ZnCO_3 + KCl$

**62.** Classifique cada uma das reações como uma reação de precipitação, ácido-base ou de formação de gás. Mostre os estados para os produtos (s, $\ell$, g, aq) e depois balanceie a equação completa. Escreva a equação iônica líquida.

(a) $Fe(OH)_3(s) + HNO_3(aq) \rightarrow Fe(NO_3)_3 + H_2O$

(b) $FeCO_3(s) + HNO_3(aq) \rightarrow Fe(NO_3)_2 + CO_2 + H_2O$

**63.** Balanceie cada uma das seguintes equações e classifique-as como reações ácido-base, de precipitação, de formação de gás ou de oxirredução. Mostre os estados para os produtos (s, $\ell$, g, aq).

(a) $CuCl_2 + H_2S \rightarrow CuS + HCl$

(b) $H_3PO_4 + KOH \rightarrow H_2O + K_3PO_4$

(c) $Ca + HBr \rightarrow H_2 + CaBr_2$

(d) $MgCl_2 + NaOH \rightarrow Mg(OH)_2 + NaCl$

**64.** ▲ Complete e balanceie as equações a seguir e classifique-as como reações de precipitação, ácido-base, de formação de gás ou de oxirredução. Mostre os estados para os produtos (s, $\ell$, g, aq).

(a) $NiCO_3 + H_2SO_4 \rightarrow$

(b) $Co(OH)_2 + HBr \rightarrow$

(c) $AgCH_3CO_2 + NaCl \rightarrow$

(d) $NiO + CO \rightarrow$

**65.** Os produtos formados em várias reações são fornecidos a seguir. Identifique os reagentes (rotulados $x$ e $y$) e escreva a equação completa e balanceada para cada reação.

(a) $x + y \rightarrow H_2O(\ell) + CaBr_2(aq)$

(b) $x + y \rightarrow Mg(NO_3)_2(aq) + CO_2(g) + H_2O(\ell)$

(c) $x + y \rightarrow BaSO_4(s) + NaCl(aq)$

(d) $x + y \rightarrow NH_4^+(aq) + OH^-(aq)$

**66.** Os produtos formados em várias reações são fornecidos a seguir. Identifique os reagentes (rotulados $x$ e $y$) e escreva a equação completa e balanceada para cada reação.

(a) $x + y \rightarrow (NH_4)_2SO_4(aq)$

(b) $x + y \rightarrow CaCl_2(aq) + CO_2(g) + H_2O(\ell)$

(c) $x + y \rightarrow Ba(NO_3)_2(aq) + AgCl(s)$

(d) $x + y \rightarrow H_3O^+(aq) + ClO_4^-(aq)$

## Questões Gerais

*Estas questões não são definidas quanto ao tipo ou à localização no capítulo. Elas podem combinar vários conceitos.*

**67.** Balanceie as seguintes equações:

(a) para a síntese da ureia, um fertilizante comum

$$CO_2(g) + NH_3(g) \rightarrow NH_2CONH_2(s) + H_2O(\ell)$$

(b) para as reações usadas para fabricar fluoreto de urânio(VI) para o enriquecimento de urânio natural

$$UO_2(s) + HF(aq) \rightarrow UF_4(s) + H_2O(\ell)$$

$$UF_4(s) + F_2(g) \rightarrow UF_6(s)$$

(c) para a reação de formação do cloreto de titânio(IV), que é convertido posteriormente em titânio metálico

$$TiO_2(s) + Cl_2(g) + C(s) \rightarrow TiCl_4(\ell) + CO(g)$$

$$TiCl_4(\ell) + Mg(s) \rightarrow Ti(s) + MgCl_2(s)$$

**68.** Balanceie as seguintes equações:

(a) para a reação de produção do adubo "superfosfato"

$$Ca_3(PO_4)_2(s) + H_2SO_4(aq) \rightarrow Ca(H_2PO_4)_2(aq) + CaSO_4(s)$$

(b) para a reação de produção do diborano, $B_2H_6$

$$NaBH_4(s) + H_2SO_4(aq) \rightarrow B_2H_6(g) + H_2(g) + Na_2SO_4(aq)$$

(c) para a reação de produção de tungstênio metálico a partir do óxido de tungstênio(VI)

$$WO_3(s) + H_2(g) \rightarrow W(s) + H_2O(\ell)$$

(d) para a decomposição do dicromato de amônio

$$(NH_4)_2Cr_2O_7(s) \rightarrow N_2(g) + H_2O(\ell) + Cr_2O_3(s)$$

**69.** Dê a fórmula para cada um dos compostos a seguir:

(a) um composto solúvel que contém o íon brometo

(b) um hidróxido insolúvel

(c) um carbonato insolúvel

(d) um composto solúvel contendo nitrato

(e) um ácido fraco de Brønsted

**70.** Forneça a fórmula para cada um dos compostos a seguir:

(a) um composto solúvel que contém o íon acetato

(b) um sulfeto insolúvel

(c) um hidróxido solúvel

(d) um cloreto insolúvel

(e) uma base forte de Brønsted

**71.** Indique qual dos seguintes sais de cobre(II) são solúveis em água e quais são insolúveis: $Cu(NO_3)_2$, $CuCO_3$, $Cu_3(PO_4)_2$, $CuCl_2$.

**72.** Nomeie dois ânions que se combinam com o íon $Al^{3+}$ para produzir compostos solúveis em água.

**73.** Escreva a equação iônica líquida e identifique o íon ou íons espectadores na reação de ácido nítrico e hidróxido de magnésio. Que tipo de reação é esta?

$$2H_3O^+(aq) + 2NO_3^-(aq) + Mg(OH)_2(s) \rightarrow$$

$$4H_2O(\ell) + Mg^{2+}(aq) + 2NO_3^-(aq)$$

**74.** Identifique e nomeie o produto insolúvel em água em cada reação e escreva a equação iônica líquida:
(a) $CuCl_2(aq) + H_2S(aq) \rightarrow CuS + 2HCl$
(b) $CaCl_2(aq) + K_2CO_3(aq) \rightarrow 2KCl + CaCO_3$
(c) $AgNO_3(aq) + NaI(aq) \rightarrow AgI + NaNO_3$

**75.** O bromo é obtido da água do mar pela seguinte reação redox:

$$Cl_2(g) + 2NaBr(aq) \rightarrow 2NaCl(aq) + Br_2(\ell)$$

(a) Qual foi oxidado? Qual foi reduzido?
(b) Identifique os agentes oxidante e redutor.

**76.** Identifique cada uma das seguintes substâncias como provável agente redutor ou oxidante: $HNO_3$, Na, $Cl_2$, $O_2$, $KMnO_4$.

**77.** O mineral dolomita contém carbonato de magnésio. Este reage com o ácido clorídrico.

$$MgCO_3(s) + 2HCl(aq) \rightarrow CO_2(g) + MgCl_2(aq) + H_2O(\ell)$$

(a) Escreva a equação iônica líquida para essa reação e identifique os íons espectadores.
(b) Que tipo de reação é essa?

**78.** As soluções aquosas de sulfeto de amônio, $(NH_4)_2S$, e $Hg(NO_3)_2$ reagem para produzir HgS e $NH_4NO_3$.
(a) Escreva a equação global balanceada para a reação. Indique o estado (s, aq) para cada composto.
(b) Nomeie cada composto.
(c) Que tipo de reação é esta?

**79.** Identifique as espécies primárias (átomos, moléculas ou íons) presentes em uma solução aquosa de cada um dos seguintes compostos. Decida quais espécies são ácidos ou bases de Brønsted e se elas são fortes ou fracas.
(a) $NH_3$
(b) $CH_3CO_2H$
(c) NaOH
(d) HBr

**80.** (a) Dê as fórmulas e os nomes para dois compostos solúveis em água que contêm o íon $Cu^{2+}$. Nomeie dois compostos insolúveis em água que contêm o íon $Cu^{2+}$.
(b) Dê as fórmulas e os nomes para dois compostos solúveis em água que contêm o íon $Ba^{2+}$. Nomeie dois compostos insolúveis em água que contêm o íon $Ba^{2+}$.

**81.** Balanceie as equações para estas reações que ocorrem na solução aquosa e, em seguida, classifique cada uma como reação de precipitação, ácido-base ou de formação de gás. Mostre os estados para os produtos (s, $\ell$, g, aq), forneça seus nomes e escreva a equação iônica líquida.
(a) $K_2CO_3 + HClO_4 \rightarrow KClO_4 + CO_2 + H_2O$
(b) $FeCl_2 + (NH_4)_2S \rightarrow FeS + NH_4Cl$

(c) $Fe(NO_3)_2 + Na_2CO_3(aq) \rightarrow FeCO_3 + NaNO_3$
(d) $NaOH + FeCl_3 \rightarrow NaCl + Fe(OH)_3$

**82.** Para cada reação, escreva uma equação balanceada global e a equação iônica líquida.
(a) a reação entre nitrato de chumbo(II) aquoso e hidróxido de potássio aquoso
(b) a reação entre nitrato de cobre(II) aquoso e carbonato de sódio aquoso

**83.** Foram fornecidas a você misturas que contêm os compostos a seguir. Qual composto em cada par pode ser separado por meio de agitação da mistura sólida com água?
(a) NaOH e $Ca(OH)_2$
(b) $MgCl_2$ e $MgF_2$
(c) AgI e KI
(d) $NH_4Cl$ e $PbCl_2$

**84.** Identifique em cada lista abaixo o(s) composto(s) que se dissolverá(ão) em água para produzir uma solução que conduz fortemente a eletricidade.
(a) $CuCO_3$, $Cu(OH)_2$, $CuCl_2$, CuO
(b) HCl, HCLO, $HNO_3$, $H_2SO_4$

**85.** Identifique em cada lista abaixo o(s) composto(s) que se dissolverá(ão) em água para produzir uma solução que é apenas um condutor muito fraco de eletricidade.
(a) $NH_3$, NaOH, $Ba(OH)_2$, $Fe(OH)_3$
(b) $CH_3CO_2H$, $Na_3PO_4$, HF, $HNO_3$

**86.** Escreva equações iônicas líquidas para as seguintes reações:
(a) A reação de ácido acético, um ácido fraco, e $Sr(OH)_2(aq)$.
(b) A reação de zinco e ácido clorídrico para formar o cloreto de zinco(II) e hidrogênio gasoso.

**87.** A liberação de gás foi observada quando uma solução de $Na_2S$ foi tratada com ácido. O gás foi borbulhado em uma solução contendo $Pb(NO_3)_2$ e um precipitado preto foi formado. Escreva as equações iônicas líquidas para as duas reações.

**88.** O aquecimento de HI(g) a 425°C faz com que uma parte desse composto se decomponha, formando $H_2(g)$ e $I_2(g)$. Posteriormente, as quantidades das três espécies não se alteram mais, o sistema atingiu o equilíbrio. (Nesse momento, aproximadamente 22% de HI foi decomposto.) Descreva o que está acontecendo nesse sistema, no nível molecular.

## No Laboratório

**89.** A seguinte reação pode ser usada para preparar iodo no laboratório.

$$2NaI(s) + 2H_2SO_4(aq) + MnO_2(s) \rightarrow$$

$$Na_2SO_4(aq) + MnSO_4(aq) + I_2(g) + 2H_2O(\ell)$$

(a) Determine o número de oxidação de cada átomo na equação.
(b) Qual é o agente oxidante e qual substância foi oxidada? Qual é o agente redutor e qual substância foi reduzida?
(c) A reação favorece a formação dos reagentes ou dos produtos?
(d) Nomeie os reagentes e os produtos.

**Preparação de iodo.** Uma mistura de NaI e $MnO_2$ foi colocada em um frasco (*esquerda*). Na adição de $H_2SO_4$ concentrado (direita), $I_2$ gasoso castanho é liberado.

90. ▲ Se você tem "prataria" em sua casa, sabe que ela mancha facilmente. O escurecimento é devido à oxidação da prata na presença de compostos contendo enxofre (na atmosfera ou no seu alimento) que produz $Ag_2S$ preto. Para remover as manchas, aqueça o objeto manchado em água com uma folha de alumínio e uma pequena quantidade de bicarbonato de sódio. O sulfeto de prata reage com o alumínio para produzir prata, óxido de alumínio e sulfeto de hidrogênio.

$$3Ag_2S(s) + 2Al(s) + 3H_2O(\ell) \rightarrow$$
$$6Ag(s) + Al_2O_3(s) + 3H_2S(aq)$$

O sulfeto de hidrogênio tem mau cheiro, mas ele é removido pela reação com o bicarbonato de sódio.

$$NaHCO_3(aq) + H_2S(aq) \rightarrow$$
$$NaHS(aq) + H_2O(\ell) + CO_2(g)$$

Classifique as duas reações e identifique quaisquer ácidos, bases, agentes oxidantes ou agentes redutores.

**(a)**          **(b)**

**Removendo mancha de prata.** **(a)** Uma peça de prata muito manchada é colocada em um béquer com uma folha de alumínio e hidrogenocarbonato de sódio aquoso. **(b)** A parte da prata em contato com a solução está agora livre de manchas.

91. ▲ Suponha que você deseja preparar uma amostra de cloreto de magnésio. Uma maneira de fazer isto é utilizar uma reação ácido-base, a reação de hidróxido de magnésio com ácido clorídrico.

$$Mg(OH)_2(s) + 2HCl(aq) \rightarrow MgCl_2(aq) + 2H_2O(\ell)$$

Quando a reação está completa, a evaporação de água produzirá cloreto de magnésio sólido. Sugira uma outra maneira de preparar $MgCl_2$.

92. ▲ Sugira um método de laboratório para a preparação de fosfato de bário. (Veja a Questão para Estudo 97 como uma maneira de abordar essa questão.)

93. O teste de Tollens para a presença de açúcares redutores (por exemplo, em uma amostra de urina) envolve o tratamento da amostra com íons prata em hidróxido de amônio. O resultado é a formação de um espelho de prata dentro do recipiente de reação se um açúcar redutor estiver presente. Utilizando glicose $C_6H_{12}O_6$, para ilustrar esse ensaio, a reação de oxirredução que ocorre é

$$C_6H_{12}O_6\ (aq) + 2Ag^+(aq) + 2OH^-(aq) \rightarrow$$
$$C_6H_{12}O_7(aq) + 2Ag(s) + H_2O(\ell)$$

Qual espécie foi oxidada e qual foi reduzida?

Qual é o agente oxidante e qual é o agente redutor?

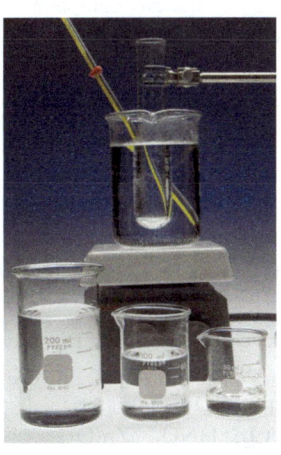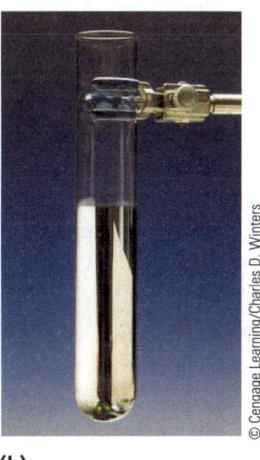

**(a)**          **(b)**

**Teste de Tollens.** A reação de íons prata com um açúcar, como a glicose produz prata metálica. **(a)** O arranjo para a reação. **(b)** O tubo de ensaio prateado.

## Questões Gerais e Conceituais

*As seguintes questões podem usar os conceitos deste capítulo e dos capítulos anteriores.*

94. Existem diversos compostos iônicos que se dissolvem em água em uma extensão muito pequena. Um exemplo é o cloreto de chumbo(II). Quando ele se dissolve, um equilíbrio é estabelecido entre o sal sólido e os seus íons componentes. Suponha que você agite um pouco de $PbCl_2$ sólido em água. Explique como é possível provar que o composto

dissolve-se, mas em pequena escala. O processo de dissolução favorece a formação dos reagentes ou dos produtos?

$$PbCl_2(s) \rightleftharpoons Pb^{2+}(aq) + 2Cl^-(aq)$$

**95.** ▲ A maior parte dos ácidos de ocorrência natural são ácidos fracos. O ácido láctico é um exemplo.

$$CH_3CH(OH)CO_2H(s) + H_2O(\ell) \rightleftharpoons$$

$$H_3O^+(aq) + CH_3CH(OH)CO_2^-(aq)$$

Se você colocar um pouco de ácido láctico em água, ele ionizará em uma pequena extensão, e um equilíbrio será estabelecido. Sugira alguns experimentos para provar que esse é um ácido fraco e que o estabelecimento do equilíbrio é um processo reversível.

Ácido láctico

**96.** ▲ Você quer preparar cloreto de bário, $BaCl_2$, usando uma reação de troca de algum tipo. Para fazer isso, você tem os seguintes reagentes entre os quais irá selecionar os mais adequados: $BaSO_4$, $BaBr_2$, $BaCO_3$, $Ba(OH)_2$, HCl, $HgSO_4$, $AgNO_3$ e $HNO_3$. Escreva uma equação completa balanceada para a reação escolhida. (*Observação*: existem várias possibilidades.)

**97.** ▲ Descreva como preparar sulfato de bário, $BaSO_4$, por meio de (a) uma reação de precipitação e (b) uma reação de formação de gás. Os materiais disponíveis são $BaCl_2$, $BaCO_3$, $Ba(OH)_2$, $H_2SO_4$ e $Na_2SO_4$. Escreva equações completas e balanceadas para as reações escolhidas. (Consulte a página 130 para uma ilustração da preparação do composto.)

**98.** ▲ Descreva como preparar cloreto de zinco por meio de (a) uma reação ácido-base, (b) uma reação de formação de gás e (c) uma reação de oxirredução. Os materiais disponíveis são $ZnCO_3$, HCl, $Cl_2$, $HNO_3$, $Zn(OH)_2$, NaCl, $Zn(NO_3)_2$ e Zn. Escreva equações balanceadas completas para as reações escolhidas.

**99.** Um método comum para a análise do teor de níquel de uma amostra é o de utilizar uma reação de precipitação. A adição do composto orgânico dimetilglioxima a uma solução contendo íons $Ni^{2+}$ provoca a precipitação de um sólido vermelho.

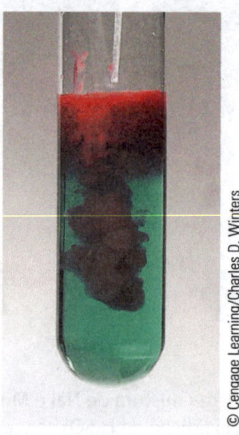

© Cengage Learning/Charles D. Winters

Determine a fórmula empírica para o sólido vermelho com base na seguinte composição: Ni, 20,315%; C, 33,258%; H, 4,884%; O, 22,151%; e N, 19,392%.

**100.** Os elementos lantanídeos reagem com oxigênio para formar, geralmente, compostos do tipo $Ln_2O_3$ (em que Ln representa um elemento lantanídeo). No entanto, há exceções interessantes, como um óxido térbio, comum de $Tb_xO_y$. Dado que o composto é 73,945% Tb, qual é a sua fórmula? Qual é o número de oxidação do térbio nesse composto? Escreva uma equação balanceada para a reação de térbio e oxigênio para obter esse óxido.

**101.** A presença de arsênio em uma amostra que pode também conter um outro elemento do Grupo 15, antimônio, pode ser confirmada primeiro ao precipitar os íons $As^{3+}$ e $Sb^{3+}$ como o sólido amarelo $As_2S_3$ e o sólido laranja $Sb_2S_3$. Se a solução de HCl for então adicionada, apenas $Sb_2S_3$ dissolve, deixando para trás $As_2S_3$ sólido.

O $As_2S_3$ pode então ser dissolvido utilizando $HNO_3$ aquoso.

$$3As_2S_3(s) + 10HNO_3(aq) + 4H_2O(\ell) \rightarrow$$

$$6H_3AsO_4(aq) + 10NO(g) + 9S(s)$$

Finalmente, a presença de arsênio é confirmada pela adição de $AgNO_3$ na solução de $H_3AsO_4$ para precipitar um sólido castanho-avermelhado $Ag_xAsO_y$. A composição desse sólido é: As, 16,199%, e Ag, 69,964%.

Quais são os números de oxidação de As, S e N na reação de $As_2S_3$ com ácido nítrico?

Qual é a fórmula do sólido castanho-avermelhado, $Ag_xAsO_y$?

**102.** Você tem um frasco de hidróxido de bário sólido e um pouco de ácido sulfúrico diluído. Você coloca um pouco de hidróxido de bário na água e adiciona lentamente ácido sulfúrico na mistura. Enquanto adiciona ácido sulfúrico, mede a condutividade da mistura.

(a) Escreva a equação completa balanceada para a reação que ocorre quando o hidróxido de bário e o ácido sulfúrico são misturados.

(b) Escreva a equação iônica líquida para a reação entre o hidróxido de bário e o ácido sulfúrico.

(c) Qual diagrama representa a mudança de condutividade conforme o ácido é adicionado na solução de hidróxido de bário? Explique sucintamente.

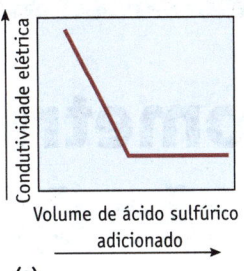

(a)

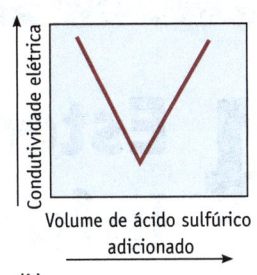

(b)

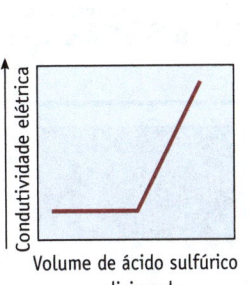

(c)

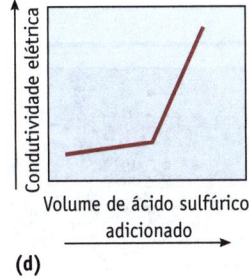

(d)

# 4 Estequiometria: Informação Quantitativa Sobre as Reações Químicas

# Sumário do capítulo

## **4.1** Relações de Massa nas Reações Químicas: Estequiometria

**Objetivos da Seção 4.1**

● Entender os princípios da conservação da matéria, os quais formam a base da estequiometria química.

◀ **Reação de termita.** Quando incendiado, o óxido de ferro(III) é reduzido pelo alumínio para produzir ferro e óxido de alumínio. A reação gera uma enorme quantidade de energia, suficiente para produzir ferro no estado fundido. Embora a reação de termita tenha sido desenvolvida originalmente como uma maneira de produzir metais a partir de seus óxidos (cobre, cromo e outros metais também funcionam bem), percebeu-se rapidamente que ela poderia ser usada para soldagem. Por alguns anos a reação foi usada para soldar trilhos de ferrovias.

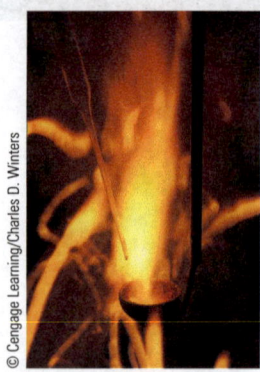

**Reação de P$_4$ e Cl$_2$.** Quando o fósforo branco entra em contato com o cloro, a reação ocorre espontaneamente. Veja a Figura 3.1 para conhecer mais sobre essa reação.

- Calcular a massa de um reagente ou produto em uma reação conhecendo a equação balanceada e a massa de outro reagente ou produto em uma reação.
- Usar as tabelas de quantidades para organizar as informações químicas.

A reação do fósforo elementar e o cloro produz o composto $PCl_3$ (Figura 3.1) e a equação balanceada a seguir mostra a relação quantitativa entre os reagentes e produtos nesta reação.

$$P_4(s) + 6Cl_2(g) \rightarrow 4PCl_3(\ell)$$

| 1 mol | 6 mol | 4 mol |
|-------|-------|-------|
| 124 g | 425 g | 549 g |

Em nível molecular, a equação balanceada nos diz que uma molécula de fósforo reage com seis moléculas de cloro para produzir quatro moléculas de tricloreto de fósforo. Ou em nível macroscópico, como trabalhamos no laboratório, os coeficientes referem-se às quantidades de matéria de cada reagente e produto. Por exemplo, a equação nos diz que 1 mol (124 g) de fósforo sólido ($P_4$) pode reagir com 6 mol (425 g) de cloro gasoso ($Cl_2$), para formar 4 mol (549 g) de tricloreto de fósforo líquido ($PCl_3$).

Agora, suponha que você queira usar menos $P_4$ na reação, apenas 1,45 g. Qual massa de gás $Cl_2$ seria necessária e qual massa de $PCl_3$ poderia ser produzida? Este é um exemplo de uma situação comum em química, por isso, vamos trabalhar com cuidado nas etapas que você deve seguir ao resolver um problema de estequiometria.

**Parte (a):** Calcule a massa de $Cl_2$ necessária para 1,45 g de $P_4$

**ETAPA 1** *Escreva a equação balanceada* (usando as fórmulas corretas para os reagentes e os produtos). Esta é *sempre* a primeira etapa quando se trata de reações químicas.

$$P_4(s) + 6Cl_2(g) \rightarrow 4PCl_3(\ell)$$

**ETAPA 2** *Calcule a quantidade de matéria (mol) a partir da massa (gramas).* Lembre-se de que as equações químicas refletem as quantidades relativas de reagentes e produtos, e não suas massas. Portanto, calcule a quantidade de matéria disponível de $P_4$.

$$1{,}45 \text{ g } P_4 \times \frac{1 \text{ mol } P_4}{123{,}9 \text{ g } P_4} = 0{,}01170 \text{ mol } P_4$$

$\uparrow$

1/massa molar de $P_4$

**ETAPA 3a** *Use um fator estequiométrico.* Use a equação balanceada com o objetivo de relacionar a quantidade de matéria disponível de $P_4$ à de $Cl_2$ necessária para consumir completamente o $P_4$. Essa relação é um **fator estequiométrico,** uma proporção molar com base nos coeficientes estequiométricos na equação balanceada. Aqui, a equação balanceada especifica que 6 mol de $Cl_2$ são necessários para cada mol de $P_4$, portanto o fator estequiométrico é (6 mol $Cl_2$/1 mol $P_4$).

$$0{,}01170 \text{ mol } P_4 \times \frac{6 \text{ mol } Cl_2 \text{ requeridos}}{1 \text{ mol } P_4 \text{ disponível}} = 0{,}07022 \text{ mol } Cl_2 \text{ necessários}$$

$\uparrow$

fator estequiométrico da equação balanceada

**ETAPA 4a** *Calcule a massa a partir da quantidade de matéria.* Converta a quantidade de matéria (mol) de $Cl_2$ calculada na Etapa 3 para a massa de $Cl_2$ necessária.

$$0{,}07022 \text{ mol } Cl_2 \times \frac{70{,}91 \text{ g } Cl_2}{1 \text{ mol } Cl_2} = 4{,}98 \text{ g } Cl_2$$

$\uparrow$

massa molar de $Cl_2$

**Parte (b):** Calcule a massa de $PCl_3$ produzida a partir de 1,45 g de $P_4$ e 4,98 g de $Cl_2$

Da parte (a), sabemos que 1,45 g de $P_4$ e 4,98 g de $Cl_2$ são as quantidades corretas necessárias para a reação completa. Uma vez que a massa é conservada, a resposta pode ser obtida pela adição das massas de $P_4$ e $Cl_2$ utilizadas (o que resulta em 1,45 g + 4,98 g = 6,43 g de $PCl_3$ produzidos). Alternativamente, as Etapas 3 e 4 podem ser repetidas, mas com o fator estequiométrico e a massa molar apropriados.

**ETAPA 3b** *Use um fator estequiométrico.* Converta a quantidade de matéria de $P_4$ disponível para a quantidade de matéria de $PCl_3$ produzida. Aqui, a equação balanceada especifica que 4 mol de $PCl_3$ são produzidos para cada mol de $P_4$ utilizado, de modo que o fator estequiométrico é (4 mol $PCl_3$/1 mol $P_4$).

$$0,01170 \text{ mol } P_4 \times \frac{4 \text{ mol } PCl_3 \text{produzidos}}{1 \text{mol } P_4 \text{ disponível}} = 0,04681 \text{ mol } PCl_3 \text{ produzido}$$

$\uparrow$

fator estequiométrico da equação balanceada

**ETAPA 4b** *Calcule a massa do produto a partir da sua quantidade de matéria.* Converta a quantidade de matéria de $PCl_3$ produzida para sua massa em gramas.

$$0,04681 \text{ mol } PCl_3 \times \frac{137,3 \text{ g } PCl_3}{1 \text{ mol } PCl_3} = 6,43 \text{ g } PCl_3$$

Consideramos útil resumir as relações molares de reagentes e produtos de uma reação em uma **tabela de quantidades**.

| EQUAÇÃO | $P_4(s)$ | + | $6 Cl_2(g)$ | $\rightarrow$ | $4 PCl_3(\ell)$ |
|---|---|---|---|---|---|
| Quantidade de matéria inicial (mol) | 0,01170 mol | | 0,07022 mol | | 0 mol |
| Variação na quantidade de matéria durante a reação (mol) | −0,01170 mol | | −0,07022 mol | | +0,04681 mol |
| Quantidade de matéria após a reação se completar (mol) | 0 mol | | 0 mol | | 0,04681 mol |

**Tabela de Quantidades** As relações de mol (e massa) de reagentes e produtos em uma reação podem ser resumidas em uma *tabela de quantidades*. Essas tabelas serão amplamente utilizadas quando estudarmos os equilíbrios químicos nos Capítulos 15-17.

A equação química balanceada está escrita na parte superior da tabela. As próximas três linhas indicam o seguinte:

- Quantidade de matéria *inicial* (mol) de cada reagente e produto presente.
- *Variação* na quantidade de matéria que ocorre durante a reação.
- Quantidade de matéria *final* de cada reagente e produto presentes após a reação.

# DICA PARA RESOLUÇÃO DE PROBLEMAS 4.1
## Cálculos Estequiométricos

Pede-se que você determine a massa do produto que pode ser formada a partir de certa massa de reagente. Não é possível calcular a massa do produto em uma única etapa. Em vez disso, você deve seguir um roteiro tal como o ilustrado no Mapa Estratégico da reação em que o reagente A forma o produto B, de acordo com uma equação como $x A \rightarrow y B$.

- A massa (g) do reagente A é convertida para a quantidade de matéria (mol) de A usando a massa molar de A.
- Em seguida, usando o fator estequiométrico, você encontra a quantidade de matéria (mol) de B.

- Finalmente, a massa (g) de B é obtida pela multiplicação da quantidade de matéria de B pela sua massa molar.

Ao resolver um problema de estequiometria, lembre-se de que você sempre usará um fator estequiométrico em algum ponto.

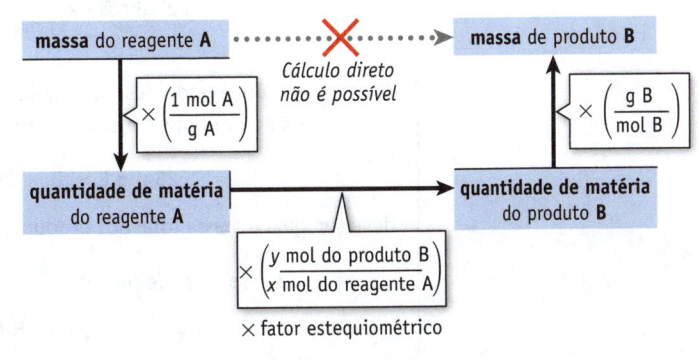

A tabela completa de quantidades para o exemplo desenvolvido indica que os reagentes $P_4$ e $Cl_2$ estavam inicialmente presentes na relação estequiométrica correta, mas não havia $PCl_3$. Durante a reação, todos os reagentes foram consumidos e formaram o produto. A massa total de reagentes consumidos (1,45 g de $P_4$ e 4,98 g de $Cl_2$) é sempre igual à massa total de produtos formados (6,43 g de $PCl_3$).

## EXEMPLO 4.1

### Relações de Massa em Reações Químicas

**Problema** A glicose, $C_6H_{12}O_6$, reage com o oxigênio para formar $CO_2$ e $H_2O$. Qual é a massa de oxigênio (em gramas) necessária para reagir completamente com 25,0 g de glicose? Quais massas de dióxido de carbono e água (em gramas) são formadas?

**O que você sabe?** Este é um problema de estequiometria porque, uma vez fornecida a massa de um dos reagentes (glicose), é preciso determinar as massas das outras substâncias envolvidas na reação química. Além disso, você sabe as fórmulas dos reagentes e produtos e precisa calcular suas massas molares.

**Estratégia** Escreva a equação química balanceada para essa reação. Em seguida, siga o esquema descrito na Dica para Solução de Problemas 4.1 e no Mapa Estratégico 4.1.

### RESOLUÇÃO

**Etapa 1.** *Escreva uma equação balanceada.*

$$C_6H_{12}O_6(s) + 6O_2(g) \rightarrow 6CO_2(g) + 6H_2O(\ell)$$

**Etapa 2.** *Encontre a quantidade de matéria de glicose disponível.*

$$25,0 \text{ g glicose} \times \frac{1 \text{ mol glicose}}{180,2 \text{ g glicose}} = 0,1387 \text{ mol glicose}$$

**Etapa 3.** *Use o fator estequiométrico para calcular a quantidade de matéria de $O_2$ necessária com base na quantidade de matéria de glicose.*

$$0,1387 \text{ mol glicose} \times \frac{6 \text{ mol } O_2}{1 \text{ mol glicose}} = 0,8324 \text{ mol } O_2$$

**Etapa 4.** *Calcule a massa de $O_2$ necessária.*

$$0,8324 \text{ mol } O_2 \times \frac{32,00 \text{ g } O_2}{1 \text{ mol } O_2} = 26,6 \text{ g } O_2$$

Repita as Etapas 3 e 4 para encontrar a massa de $CO_2$ produzida na combustão. Primeiro, relacione a quantidade de matéria de glicose disponível com a quantidade de matéria de $CO_2$ produzida usando o fator estequiométrico. Converta então a quantidade de matéria de $CO_2$ para massa em gramas.

$$0,1387 \text{ mol glicose} \times \frac{6 \text{ mol } CO_2}{1 \text{ mol glicose}} \times \frac{44,01 \text{ g } CO_2}{1 \text{ mol } CO_2} = 36,6 \text{ g } CO_2$$

Agora, como você pode descobrir qual é a massa de $H_2O$ produzida? Você pode aplicar as Etapas 3 e 4 novamente. No entanto, reconheça que a massa total dos reagentes

$$25,0 \text{ g } C_6H_{12}O_6 + 26,6 \text{ g } O_2 = 51,6 \text{ g reagentes}$$

deve ser igual à massa total dos produtos. A massa de água que pode ser produzida é então

$$\text{Massa total de produtos} = 51,6 \text{ g} = 36,6 \text{ g } CO_2 \text{ produzidos} + ? \text{ g } H_2O$$

$$\text{Massa de } H_2O \text{ produzida} = 15,0 \text{ g}$$

---

### Mapa Estratégico 4.1

**PROBLEMA**

Calcule a massa de $O_2$ necessária para a combustão de **25,0 g de glicose**.

↓

**DADOS/INFORMAÇÕES**

**Fórmulas** dos reagentes e produtos e a **massa** de um reagente (glicose).

**ETAPA 1.** Escreva a **equação balanceada**.

**Equação balanceada** para se obter o *fator estequiométrico* necessário.

**ETAPA 2.** Quantidade de matéria de glicose = massa × (1/massa molar).

**Quantidade de matéria de reagente** (glicose).

**ETAPA 3.** Utilize fator estequiométrico = [6 mol $O_2$/1 mol de glicose].

**Quantidade de matéria** de $O_2$.

**ETAPA 4.** Massa de $O_2$ : quantidade de matéria de $O_2$ × massa/1 mol.

**Massa** de $O_2$.

**Pense bem antes de responder** Os resultados desse cálculo podem ser resumidos em uma tabela de quantidades.

| EQUAÇÃO | $C_6H_{12}O_6(s)$ + | $6O_2(g)$ | $\rightarrow$ | $6CO_2(g)$ + | $6H_2O(\ell)$ |
|---|---|---|---|---|---|
| Quantidade de matéria inicial | 0,1387 mol | 6(0,1387 mol) = 0,8324 mol | | 0 | 0 |
| Variação na quantidade de matéria durante a reação | −0,1387 mol | −0,8324 mol | | +0,8324 mol | +0,8324 mol |
| Quantidade de matéria após completar a reação | 0 | 0 | | 0,8324 mol | 0,8324 mol |

Quando você sabe a massa de todos (exceto de um dos produtos químicos) em uma reação, é possível encontrar a massa desconhecida usando o princípio da conservação da massa (a massa total dos reagentes deve ser igual à massa total dos produtos; página 117).

## Verifique seu entendimento

Qual é a massa de oxigênio, $O_2$, necessária para promover a combustão completa de 454 g de propano, $C_3H_8$? Quais são as massas de $CO_2$ e de $H_2O$ produzidas?

**Algarismos Significativos** Como salientado em "Revisão", mostramos um algarismo significativo a mais que o necessário em cada etapa até a etapa final quando a resposta é arredondada para o número correto de algarismos significativos.

## **4.2** Reações em que um Reagente Está Presente em Quantidade Limitada

### Objetivos da Seção 4.2

- Determinar qual reagente está no suprimento limitado em uma reação envolvendo vários reagentes.
- Determinar o rendimento de um produto baseado no reagente limitante.

As reações são geralmente realizadas com um excesso de um dos reagentes em relação ao que é considerado necessário pela estequiometria. Em geral, isso é feito para garantir que um dos reagentes na reação seja completamente consumido, mesmo que parte de outro permaneça sem reagir.

Suponhamos que você queime um "palito faiscador", um fio revestido com uma mistura de alumínio ou ferro pulverizado e clorato de potássio (Figura 4.1). O alumínio ou o ferro queima, consumindo oxigênio do ar ou do sal de potássio, e produz um óxido metálico.

$$4Al(s) + 3O_2(g) \rightarrow 2Al_2O_3(s)$$

O faiscador queima até que o pó do metal seja completamente consumido. E o oxigênio? Quatro mols de alumínio requerem três mols de oxigênio, mas existe muito mais $O_2$ disponível no ar do que o necessário para consumir o metal em um faiscador. Quanto óxido do metal é produzido? Isso dependerá da quantidade de magnésio no faiscador e não da quantidade de $O_2$ na atmosfera. O pó do metal, nesse exemplo, é chamado de **reagente limitante** porque sua quantidade determina, ou limita, a quantidade do produto formado.

Agora vamos ver como esses princípios se aplicam em outro exemplo. A equação balanceada para a reação de oxigênio e do monóxido de carbono para se obter dióxido de carbono. A equação balanceada para a reação é

$$2CO(g) + O_2(g) \rightarrow 2CO_2(g)$$

**FIGURA 4.1 Queima de alumínio e de ferro em pó.** Um "palito faiscador" contém metal pulverizado, como Al ou Fe, além de outros produtos químicos, por exemplo, $KClO_3$. Quando inflamado, o metal queima e emite uma luz branca brilhante.

Suponha que você tenha uma mistura de quatro moléculas de CO e três moléculas de $O_2$. As quatro moléculas de CO exigem apenas duas moléculas de $O_2$ (e produzem quatro moléculas de $CO_2$). Isso significa que uma molécula de $O_2$ permanece sem reagir depois que a reação estiver completa.

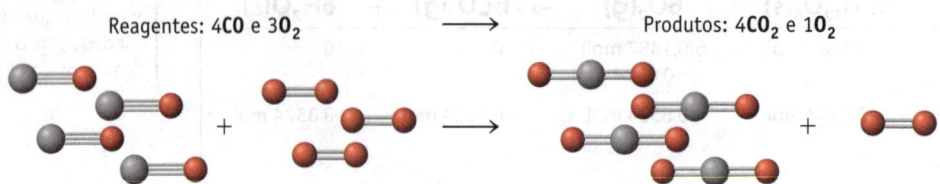

Reagentes: 4**CO** e 3**O₂** $\longrightarrow$ Produtos: 4**CO₂** e 1**O₂**

Como há mais moléculas de $O_2$ disponíveis do que o necessário, o número de moléculas de $CO_2$ produzidas é determinado pelo número de moléculas de CO disponíveis. Portanto, o monóxido de carbono, CO, é o reagente limitante neste caso.

## Um Cálculo Estequiométrico com um Reagente Limitante

A primeira etapa na produção do ácido nítrico é a oxidação da amônia para NO sobre uma tela de platina (Figura 4.2).

$$4NH_3(g) + 5O_2(g) \rightarrow 4NO(g) + 6H_2O(\ell)$$

Suponha que massas iguais de $NH_3$ e $O_2$ sejam misturadas (750 g de cada). Esses reagentes estão misturados na razão estequiométrica correta ou um deles está em falta? Ou seja, um deles limitará a quantidade do NO que pode ser produzida? Quanto NO pode ser formado se a reação que usa essa mistura de reagente for completada? E quanto do reagente em excesso sobra quando for formada a quantidade máxima de NO?

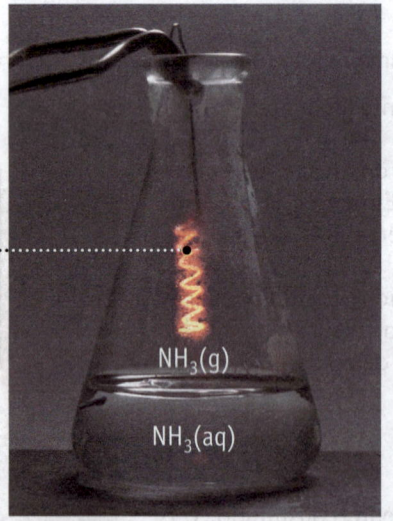

A queima de amônia sobre a superfície de um fio de platina produz tanta energia que o fio torna-se incandescente.

$NH_3(g)$

$NH_3(aq)$

Tela de platina utilizada na oxidação industrial da amônia.

**FIGURA 4.2 Oxidação da amônia.** Bilhões de quilogramas de $HNO_3$ são fabricados anualmente a partir da oxidação da amônia sobre uma tela de platina.

**ETAPA 1** *Calcule a quantidade de cada reagente.*
Isto é, converta a massa de cada reagente em quantidade de matéria.

$$750, \text{ g NH}_3 \times \frac{1 \text{ mol NH}_3}{17,03 \text{ g NH}_3} = 44,04 \text{ mol NH}_3 \text{ disponíveis}$$

$$750, \text{ g O}_2 \times \frac{1 \text{ mol O}_2}{32,00 \text{ g O}_2} = 23,44 \text{ mol O}_2 \text{ disponíveis}$$

**ETAPA 2** *Calcule a massa do produto.* Calcule a massa esperada do produto, NO, com base na quantidade de cada reagente, $NH_3$ e $O_2$.

$$44,04 \; \text{mol NH}_3 \times \frac{4 \; \text{mol NO}}{4 \; \text{mol NH}_3} \times \frac{30,01 \; \text{g NO}}{1 \; \text{mol NO}} = 1320, \; \text{g NO}$$

$$23,44 \; \text{mol O}_2 \times \frac{4 \; \text{mol NO}}{5 \; \text{mol O}_2} \times \frac{30,01 \; \text{g NO}}{1 \; \text{mol NO}} = 563 \; \text{g NO}$$

**ETAPA 3** *Decida qual é o reagente limitante e qual é a massa máxima de produto que pode ser obtida.* Aqui $O_2$ é o reagente limitante porque a quantidade de $O_2$ disponível limita a quantidade de produto (NO) formada a 563 g.

**ETAPA 4** *Calcular a massa do reagente em excesso.* A amônia é o "reagente em excesso" porque tem mais que o suficiente de $NH_3$ para reagir com 23,44 mol de $O_2$. Para calcular a massa de $NH_3$ que sobra depois que todo o $O_2$ tiver sido utilizado, precisamos inicialmente saber a quantidade de $NH_3$ necessária para consumir o reagente limitante, $O_2$.

$$23,44 \; \text{mol O}_2 \text{ disponíveis} \times \frac{4 \; \text{mol NH}_3 \text{necessários}}{5 \; \text{mol O}_2} =$$

$$18,75 \; \text{mol NH}_3 \text{ necessários}$$

Uma vez que 44,04 mol de $NH_3$ estão disponíveis, a quantidade em excesso de $NH_3$ pode ser calculada.

Excesso $NH_3$ = 44,04 mol $NH_3$ disponíveis − 18,75 mol $NH_3$ necessários
= 25,29 mol $NH_3$ remanescentes

Finalmente, a quantidade em excesso de $NH_3$ pode ser convertida para uma massa. Dado que 431 g de $NH_3$ sobram, isso significa que 319 g das 750,0 g iniciais de $NH_3$ foram consumidas.

$$25,29 \; \text{mol NH}_3 \times \frac{17,03 \; \text{g NH}_3}{1 \; \text{mol NH}_3} = 431 \; \text{g NH}_3 \text{em excesso}$$

A informação do esquema acima pode ser organizada em uma tabela de quantidades.

| EQUAÇÃO | 4NH₃(g) | + | 5O₂(g) | → | 4NO(g) | + | 6H₂O(g) |
|---|---|---|---|---|---|---|---|
| Quantidade de matéria inicial (mol) | 44,04 | | 23,44 | | 0 | | 0 |
| Variação na quantidade de matéria durante a reação (mol) | −(4/5)(23,44) = −18,75 | | −23,44 | | +(4/5)(23,44) = +18,75 | | +(6/5)(23,44) = +28,13 |
| Quantidade de matéria após reação completa (mol) | 44,04 − 18,75 = 25,29 | | 0 | | 18,75 | | 28,13 |

Todo o reagente limitante, $O_2$, é consumido. Dos 44,04 mol de $NH_3$ originais, 18,75 mol foram consumidos, restando 25,29 mol. A equação balanceada indica que a quantidade de NO produzida é igual à quantidade de $NH_3$ consumida, assim 18,75 mol de NO são produzidos a partir de 18,75 mol de $NH_3$. Além disso, foram produzidos 28,13 mol de $H_2O$.

---

**EXEMPLO 4.2**

## Uma Reação com um Reagente Limitante

**Problema** O metanol, $CH_3OH$, usado como combustível em carros de corrida e em células de combustível pode ser fabricado pela reação entre o monóxido de carbono e o hidrogênio.

$$CO(g) + 2H_2(g) \longrightarrow CH_3OH(\ell)$$
$$\text{metanol}$$

Suponha que 356 g de CO e 65,0 g de $H_2$ sejam misturados e reajam.

(a) Qual massa de metanol pode ser produzida?

(b) Qual massa de reagente em excesso permanece depois que todo o reagente limitante for consumido?

**Carro de célula de combustível de metanol.** O metanol é amplamente utilizado e um dos usos é como combustível. Ele pode ser queimado diretamente ou usado como o combustível em uma bateria para um carro elétrico.

**Mapa Estratégico 4.2**

**PROBLEMA**

Calcular a **massa** do **produto** a partir de uma reação.

↓

**DADOS/INFORMAÇÕES**

- **Massas** dos reagentes.
- Equação balanceada.

**ETAPA 1.** Calcule a **quantidade** de cada **reagente** – massa × (1 mol/massa molar).

**Quantidade de cada reagente.**

**ETAPA 2.** Calcule a **massa** de cada **produto** com base na quantidade de cada reagente – mol de produto (massa molar/1 mol).

**Massa de produto a partir da quantidade de cada reagente.**

**ETAPA 3.** Decida qual reagente é **limitante**. RL – reagente produzindo a menor massa de produto.

**Massa de produto** agora conhecida.

**O que você sabe?** Você deve suspeitar que esse problema pode envolver um reagente limitante, pois as massas de dois reagentes são fornecidas, e deve determinar a massa do produto. A equação para a reação é dada, e você conhece as massas de CO e $H_2$ que estão disponíveis. Você precisará das massas molares dos dois reagentes e do produto para resolver o problema.

**Estratégia** Veja o Mapa Estratégico 4.2. Após calcular a quantidade de cada reagente, calcule a massa esperada de produto com base na quantidade de cada reagente (Dica para Resolução de Problemas 4.1). A partir disso, decida qual reagente é limitante. Sabendo isso, você agora sabe a massa máxima possível de produto. A massa do reagente em excesso é a diferença entre a massa inicial e aquela exigida pelo reagente.

## RESOLUÇÃO

(a) *Qual é o reagente limitante?* A quantidade de cada reagente é

$$\text{Quantidade de matéria de CO} = 356 \ g\,CO \times \frac{1 \ mol \ CO}{28,01 \ g\,CO} = 12,71 \ mol \ CO$$

$$\text{Quantidade de matéria de CO de } H_2 = 65,0 \ g\,H_2 \times \frac{1 \ mol \ H_2}{2,016 \ g\,H_2} = 32,24 \ mol \ H_2$$

A massa de produto esperada com base em cada reagente é

$$12,71 \ mol \ CO \times \frac{1 \ mol \ CH_3OH \ formado}{1 \ mol \ CO \ disponível} \times \frac{32,4 \ g \ CH_3OH}{1 \ mol \ CH_3OH} = 407 \ g \ CH_3OH$$

$$32,24 \ mol \ H_2 \times \frac{1 \ mol \ CH_3OH \ formado}{2 \ mol \ H_2 \ disponível} \times \frac{32,4 \ g \ CH_3OH}{1 \ mol \ CH_3OH} = 517 \ g \ CH_3OH$$

A quantidade de CO disponível produz menos produto que a quantidade de $H_2$ disponível. O monóxido de carbono, CO, é o reagente limitante e sabemos agora que a massa máxima de $CH_3OH$ que pode ser produzida é 407 g.

(b) *Qual massa de $H_2$ permanece quando todo o CO foi convertido em produto?* Primeiro, você deve encontrar a massa de $H_2$ necessária para reagir com todo o CO.

$$12,71 \ mol \ CO \times \frac{2 \ mol \ H_2}{1 \ mol \ CO} \times \frac{2,016 \ g \ H_2}{1 \ mol \ H_2} = 51,25 \ g \ H_2 \ necessários$$

Começamos com 65,0 g de $H_2$, mas apenas 51,25 g são exigidos pelo reagente limitante; assim, a massa que está presente em excesso é

$$65,0 \ g \ H_2 \ presentes - 51,25 \ g \ H_2 \ requeridos = 13,8 \ g \ H_2 \ remanescentes$$

**Pense bem antes de responder** A tabela de quantidades para essa reação é a seguinte.

| EQUAÇÃO | CO(g) | + 2H₂(g) | → CH₃OH(ℓ) |
|---|---|---|---|
| Quantidade de matéria inicial (mol) | 12,71 | 32,24 | 0 |
| Variação na quantidade de matéria durante a reação (mol) | −12,71 | −2(12,71) | +12,71 |
| Quantidade de matéria após a reação completa (mol) | 0 | 6,82 | 12,71 |

A massa do produto formado, somada à massa de $H_2$ que resta no final da reação (407,02 g de $CH_3OH$ produzidos + 13,8 g de $H_2$ restantes = 421 g) é igual à massa dos reagentes presentes antes da reação (356 g de CO + 65,0 g de $H_2$ = 421 g).

## Verifique seu entendimento

A reação termita produz ferro metálico e óxido de alumínio a partir de uma mistura de alumínio metálico e óxido de ferro(III) pulverizados.

$$Fe_2O_3(s) + 2Al(s) \rightarrow 2Fe(\ell) + Al_2O_3(s)$$

Uma mistura de 50,0 g tanto de $Fe_2O_3$ quanto de Al é usada. Qual é o reagente limitante? Que massa de ferro metálico pode ser produzida?

# 4.3 Rendimento Percentual

### Objetivo da Seção 4.3

- Explicar as diferenças entre rendimento real, teórico e percentual e calcular o rendimento percentual para uma reação.

A massa máxima de produto que pode ser obtida a partir de uma reação química é chamada de **rendimento teórico**. O **rendimento real** do produto – a massa que é efetivamente obtida no laboratório ou em uma fábrica de produtos químicos – quase sempre é menor que o rendimento teórico. A perda de produto normalmente ocorre durante as etapas de isolamento e purificação. Além disso, algumas reações não geram completamente produtos, enquanto outras são, por vezes, complicadas, gerando mais de um conjunto de produtos.

Para proporcionar informação a outros químicos que possam querer executar uma reação, é habitual relatar um rendimento percentual (Figura 4.3). O **rendimento percentual**, que especifica quanto do rendimento teórico foi obtido, é definido como:

$$\text{Rendimento percentual} = \frac{\text{Quantidade real}}{\text{Quantidade teórica}} \times 100\% \qquad (4.1)$$

Suponha que você tenha preparado aspirina no laboratório com a seguinte reação:

$$\underset{\text{anidrido acético}}{C_4H_6O_3(\ell)} + \underset{\text{ácido salicílico}}{C_7H_6O_3(s)} \rightarrow \underset{\text{ácido acético}}{CH_3CO_2H(\ell)} + \underset{\text{aspirina}}{C_9H_8O_4(s)}$$

$C_9H_8O_4(s)$
aspirina

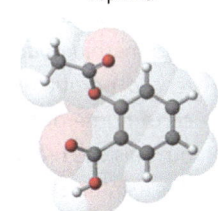

e que você tenha iniciado com 14,4 g de ácido salicílico ($C_7H_6O_3$) e um excesso de anidrido acético. Ou seja, o ácido salicílico é o reagente limitante. Se você obtiver 6,26 g de aspirina, qual é o rendimento percentual desse produto? O primeiro passo é encontrar a quantidade do reagente limitante, o ácido salicílico.

$$14,4 \text{ g } C_7H_6O_3 \times \frac{1 \text{ mol } C_7H_6O_3}{138,1 \text{ g } C_7H_6O_3} = 0,1043 \text{ mol } C_7H_6O_3$$

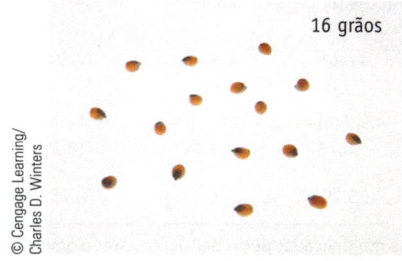

16 grãos

12 grãos estourados
4 não estourados
75% de rendimento

**FIGURA 4.3 Rendimento percentual.** Embora não seja uma reação química, o estouro do milho é uma boa analogia para a diferença entre um rendimento teórico e um rendimento real. Aqui, começamos com 16 grãos de milho e descobrimos que apenas 12 deles estouraram. O rendimento percentual da nossa "reação" foi (12/16) × 100%, ou 75%.

## DICA PARA RESOLUÇÃO DE PROBLEMAS 4.2
### Mol da Reação e Reagentes Limitantes

Há outro método para a resolução de problemas de estequiometria que se aplica especialmente bem para os problemas dos reagentes limitantes. Isso envolve o conceito útil de "mol da reação".

Um "mol da reação" ocorre quando a reação aconteceu de acordo com a quantidade de matéria dada pelos coeficientes estequiométricos da equação. Por exemplo, para a reação de CO e $O_2$,

$$2CO(g) + O_2(g) \rightarrow 2CO_2(g)$$

1 mol de reação ocorre quando 2 mol de CO e 1 mol de $O_2$ produzem 2 mol de $CO_2$.

Agora, suponha que 9,5 g de CO e, $O_2$ em excesso, são combinados. Qual quantidade de matéria de $CO_2$ pode ser produzida?

$$9,5 \text{ g CO} \times \frac{1 \text{ mol CO}}{28,0 \text{ g CO}} \times \frac{1 \text{ mol de reação}}{2 \text{ mol CO}}$$
$$= 0,170 \text{ mol de reação}$$

$$0,17 \text{ mol de reação} \times \frac{2 \text{ mol CO}_2}{1 \text{ mol de reação}}$$
$$= 0,340 \text{ mol CO}_2$$

*Todos os reagentes e produtos envolvidos em uma reação química passam pela mesma quantidade de matéria da reação* porque esta só pode ocorrer certo número de vezes antes que um ou mais dos reagentes sejam consumidos e então ela seja concluída.

Se um dos reagentes está em pequena quantidade, o número real de vezes que uma reação pode ser efetuada – o número de "mol da reação" – será determinado pelo reagente limitante. Usando uma abordagem similar ao Exemplo 4.2, você primeiro deve calcular a quantidade de cada reagente presente inicialmente e depois os mol da reação que podem ocorrer com cada quantidade de reagente. [Isto é equivalente a dividir a quantidade (mol) de cada reagente pelo seu coeficiente estequiométrico.] O reagente que

produz a menor quantidade de matéria da reação é o reagente limitante. Uma vez que o reagente limitante é conhecido, você continua como antes. Como um exemplo, considere novamente a reação de $NH_3/O_2$ na página 167:

$$4NH_3(g) + 5O_2(g) \rightarrow 4NO(g) + 6H_2O(\ell)$$

1. *Calcule a quantidade de matéria da reação prevista para cada reagente e decida sobre o reagente limitante.*

No caso da reação da $NH_3$ com o $O_2$, 1 "mol da reação" usa 4 mol de $NH_3$ e 5 mol de $O_2$ e produz 4 mol de NO e 6 mol de $H_2O$. No exemplo na página 167 em diante, começamos com 44,0 mol de $NH_3$, de modo que 11,01 mol da reação podem ser obtidas

$$44,04 \text{ mol NH}_3 \times \frac{1 \text{ mol de reação}}{4 \text{ mol NH}_3}$$
$$= 11,01 \text{ mol de reação}$$

Com base na quantidade de $O_2$ disponível, 4,688 mol da reação podem ocorrer.

$$23,44 \text{ mol O}_2 \times \frac{1 \text{ mol de reação}}{5 \text{ mol O}_2}$$
$$= 4,688 \text{ mol de reação}$$

Menos mol da reação podem ocorrer com a quantidade de de matéria $O_2$ disponível, de modo que $O_2$ é o reagente limitante.

2. *Calcule a variação na quantidade após a finalização da reação para cada reagente e produto.*

A quantidade de matéria da reação prevista pelo reagente limitante corresponde à quantidade de matéria da reação que pode *efetivamente* ocorrer. Cada reagente e produto irá se submeter a essa quantidade de matéria da reação, 4,688 mol de reação, nesse caso. Para calcular a *variação* na quantidade de um dado reagente ou produto, multiplique essa quantidade de matéria da reação pelo coeficiente estequiométrico do reagente ou do produto. Para ilustrar essa etapa, no caso da $NH_3$, isso corresponde ao seguinte cálculo:

$$4,688 \text{ mol de reação} \times \frac{4 \text{ mol NH}_3}{1 \text{ mol de reação}}$$
$$= 18,75 \text{ mol NH}_3$$

A quantidade de cada reagente e de cada produto após a reação é calculada de forma usual.

*Observação*: O conceito de "mol da reação" será aplicado neste texto na discussão sobre termoquímica nos Capítulos 5 e 18.

### Tabelas de Quantidades

| Equação | $4NH_3(g)$ + | $5O_2(g)$ → | $4NO(g)$ + | $6H_2O(g)$ |
|---|---|---|---|---|
| Quantidade de matéria inicial (mol) | 44,04 | 23,44 | 0 | 0 |
| Quantidade de matéria da reação baseada no reagente limitante (mol) | 4,688 | 4,688 | 4,688 | 4,688 |
| Variação na quantidade (mol)* | −4,688(4) = −18,75 | −4,688(5) = −23,44 | +4,688(4) = +18,75 | +4,688(6) = +28,13 |
| Quantidade após reação completa (mol) | 25,29 | 0 | 18,75 | 28,13 |

*A quantidade de matéria da reação é multiplicadas pelo coeficiente estequiométrico para cada reagente e produto.

Em seguida, utilize o fator estequiométrico da equação balanceada para encontrar a quantidade esperada de aspirina com base no reagente limitante, $C_7H_6O_3$.

$$0{,}1043 \; \text{mol } C_7H_6O_3 \times \frac{1 \text{ mol aspirina}}{1 \; \text{mol } C_7H_6O_3} = 0{,}1043 \text{ mol de aspirina}$$

A quantidade máxima de aspirina que pode ser produzida – o rendimento teórico – é 0,104 ou 18,8 g.

$$0{,}1043 \text{ mol aspirina} \times \frac{180{,}2 \text{ g aspirina}}{1 \text{ mol aspirina}} = 18{,}79 \text{ g de aspirina}$$

Finalmente, com o rendimento real conhecido de apenas 6,26 g, é possível calcular o rendimento percentual da aspirina.

$$\text{Rendimento percentual} = \frac{6{,}26 \text{ g de aspirina obtida (rendimento real)}}{18{,}79 \text{ g de aspirina esperada (rendimento teórico)}} \times 100\% = 33{,}3\% \text{ de rendimento}$$

## 4.4 Equações Químicas e Análise Química

### Objetivos da Seção 4.4

- Usar os princípios estequiométricos para analisar uma mistura de compostos.
- Encontrar a fórmula empírica de um composto desconhecido usando a estequiometria química.

### Análise Quantitativa de uma Mistura

A análise química quantitativa depende geralmente de uma das seguintes ideias básicas:

- Uma substância (A), presente em uma quantidade desconhecida, pode reagir com uma quantidade conhecida de uma outra substância (B). Se a razão estequiométrica dessa reação for conhecida (A/B), a quantidade desconhecida (de A) pode ser determinada.
- Um material de composição desconhecida pode ser convertido em uma ou mais substâncias de composição conhecida. Essas substâncias podem ser identificadas, e suas quantidades determinadas e relacionadas à quantidade da substância original desconhecida (de A) podem ser determinadas.

Um exemplo do primeiro tipo de análise é a de uma amostra de vinagre que contém uma quantidade desconhecida de ácido acético. (Ácido acético é o ingrediente que torna o vinagre ácido.) O ácido reage rápida e completamente com o hidróxido de sódio.

$$\underset{\text{ácido acético}}{CH_3CO_2H(aq)} + NaOH(aq) \longrightarrow CH_3CO_2Na(aq) + H_2O(\ell)$$

Se a quantidade exata de hidróxido de sódio usada na reação pode ser determinada, a quantidade de ácido acético presente também pode ser calculada. Esse tipo de análise será discutido na Seção 4.8.

Um exemplo do segundo tipo de análise é o de uma amostra de um mineral, tenardita, composto em grande parte por sulfato de sódio, que é descrito no exemplo a seguir.

**1** Uma amostra contendo uma quantidade desconhecida do íon sulfato (aqui, $Na_2SO_4$) deve ser analisada por meio da adição de cloreto de bário.

**2** Quando $BaCl_2$ é adicionado à solução contendo o íon sulfato, $BaSO_4$ insolúvel é precipitado. Íons $Ba^{2+}$ suficientes são adicionados para assegurar a precipitação completa.

**3** $BaSO_4$ sólido é coletado em um papel de filtro, previamente pesado. Para uma análise acurada, temos o cuidado de recolher todo o sólido.

**4** Após a secagem do $BaSO_4$ no papel de filtro, o papel e o sólido são pesados, e a massa de $BaSO_4$ é determinada.

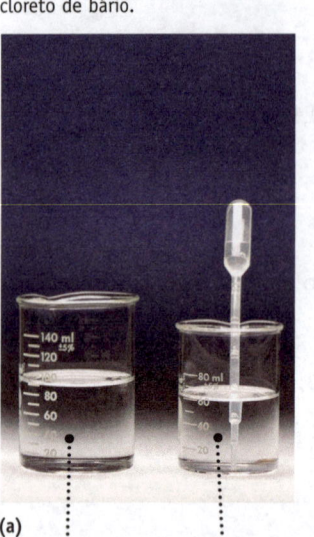

(a)

$Na_2SO_4(aq)$, solução límpida

$BaCl_2(aq)$, solução límpida

(b)

$BaSO_4$, sólido branco

$NaCl(aq)$, solução límpida

(c)

$NaCl(aq)$, solução límpida

$BaSO_4$, sólido branco retido no filtro

(d)

Massa seca de $BaSO_4$ determinada

© Cengage Learning/Charles D. Winters

**FIGURA 4.4 Procedimento para analisar uma solução de íons sulfato por precipitação.** A utilização da massa de um precipitado para determinar a composição de uma amostra desconhecida é muitas vezes chamada de "análise gravimétrica."

---

© Cengage Learning/Charles D. Winters

**Tenardita.** O mineral tenardita consiste em sulfato de sódio, $Na_2SO_4$. Seu nome é uma homenagem ao químico francês Louis Thenard (1777-1857). O sulfato de sódio é usado na fabricação de detergentes, vidro e papel.

### EXEMPLO 4.3

## Análise Mineral

**Problema** O sulfato de sódio, $Na_2SO_4$, ocorre naturalmente como o mineral tenardita. Para analisar a quantidade de $Na_2SO_4$ em uma amostra mineral impura, a amostra é moída e, em seguida, dissolvida em água para formar uma solução de $Na_2SO_4$. Depois, a solução aquosa é tratada com cloreto de bário aquoso, $BaCl_2$, para se obter o sólido $BaSO_4$ (veja a Figura 4.4).

$$Na_2SO_4(aq) + BaCl_2(aq) \longrightarrow BaSO_4(s) + 2NaCl(aq)$$

Suponhamos que uma amostra de 0,498 g contendo tenardita produza 0,541 g de $BaSO_4$ sólido. Qual é a porcentagem em massa de $Na_2SO_4$ na amostra?

**O que você sabe?** Você conhece a massa do mineral tenardita e a massa do $BaSO_4$ produzidas na reação. Também sabe a equação balanceada para a reação que conduz à formação de $BaSO_4$. Você precisará das massas molares de $Na_2SO_4$ e $BaSO_4$.

**Estratégia** Primeiro calcule a quantidade de matéria de $BaSO_4$ a partir da sua massa. Como 1 mol de $Na_2SO_4$ estava presente na amostra para cada mol de $BaSO_4$ isolado, você sabe a quantidade de matéria de $Na_2SO_4$ e pode então calcular a sua massa e a porcentagem em massa na amostra.

**RESOLUÇÃO** A massa molar de $BaSO_4$ é 233,4 g mol⁻¹. A quantidade de matéria desse sólido é

$$0,541 \text{ g BaSO}_4 \times \frac{1 \text{ mol BaSO}_4}{233,4 \text{ g BaSO}_4} = 2,318 \times 10^{-3} \text{ mol BaSO}_4$$

Como 1 mol de $BaSO_4$ é formado a partir de 1 mol de $Na_2SO_4$, a quantidade de matéria de $Na_2SO_4$ na amostra deve também ter sido de $2,318 \times 10^{-3}$ mol.

$$2,318 \times 10^{-3} \text{ mol BaSO}_4 \times \frac{1 \text{ mol Na}_2SO_4}{1 \text{ mol BaSO}_4} = 2,318 \times 10^{-3} \text{ mol Na}_2SO_4$$

Com a quantidade de matéria de $Na_2SO_4$ conhecida, a massa de $Na_2SO_4$ pode ser calculada

$$2,318 \times 10^{-3} \text{ mol } Na_2SO_4 \times \frac{142,0 \text{ g } Na_2SO_4}{1 \text{ mol } Na_2SO_4} = 0,3291 \text{ g } Na_2SO_4$$

Finalmente, a porcentagem em massa de $Na_2SO_4$ na amostra de 0,498 g é

$$\text{Porcentagem em massa } Na_2SO_4 = \frac{0,3291 \text{ g } Na_2SO_4}{0,498 \text{ g amostra}} \times 100\% = 66,1\% \; Na_2SO_4$$

**Pense bem antes de responder** Para que um procedimento analítico seja utilizado, os reagentes devem ser completamente convertidos em produto, e este, uma vez medido, deve ser isolado, sem perdas na manipulação. Isso exige procedimentos experimentais muito cuidadosos.

## Verifique seu entendimento

Um método para determinar a pureza de uma amostra de óxido de titânio(IV), $TiO_2$, um importante produto químico industrial, é combinar a amostra com trifluoreto de bromo.

$$3TiO_2(s) + 4BrF_3(\ell) \longrightarrow 3TiF_4(s) + 2Br_2(\ell) + 3O_2(g)$$

Sabe-se que essa reação ocorre completa e quantitativamente. Isto é, todo o oxigênio do $TiO_2$ é liberado como $O_2$. Suponha que uma amostra de 2,367 g que contém $TiO_2$ libere 0,143 g de $O_2$. Qual é a porcentagem em massa de $TiO_2$ na amostra?

## Determinando a Fórmula de um Composto por Combustão

A fórmula empírica de um composto pode ser determinada se a composição percentual deste for conhecida [veja Seção 2.7]. Mas de onde vêm os dados da composição percentual? Um método químico que funciona bem para compostos que queimam em oxigênio é a análise por combustão. Nessa técnica, cada elemento no composto combina-se com o oxigênio para produzir o óxido correspondente.

Considere o metano, $CH_4$, como um exemplo. Uma equação balanceada para a combustão do metano mostra que cada átomo de carbono no composto original aparece como $CO_2$ e cada átomo de hidrogênio aparece na forma de água. Em outras palavras, para cada mol de $CO_2$ formado, deve haver *um* mol de carbono no composto desconhecido. Da mesma forma, para cada mol de $H_2O$ formado pela combustão, deve haver *dois* mols de átomos de H no composto desconhecido.

$$CH_4(g) \quad + \quad 2O_2(g) \quad \longrightarrow \quad CO_2(g) \quad + \quad 2H_2O(\ell)$$

Na experiência de combustão, o dióxido de carbono gasoso e a água são separados (como ilustrado na Figura 4.5), e suas massas, determinadas. A partir dessas massas, é possível calcular as quantidades de matéria de C e H no $CO_2$ e na

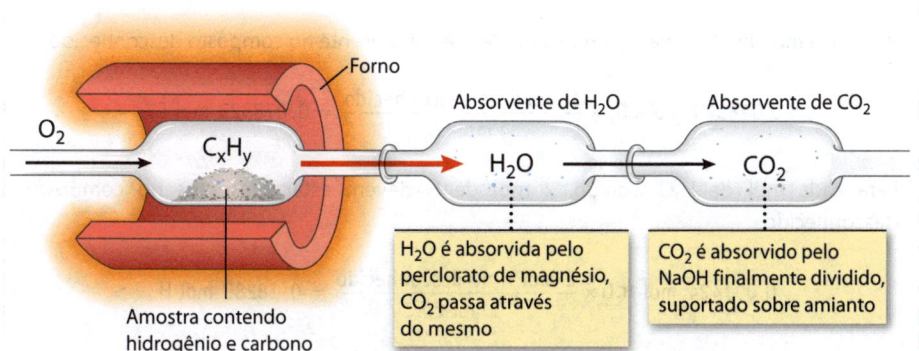

**FIGURA 4.5 Análise de combustão de um hidrocarboneto.** Se um composto contendo C e H é queimado na presença de oxigênio, formam-se $CO_2$ e $H_2O$, e a massa de cada um pode ser determinada. A massa de cada absorvente antes e depois da combustão permite calcular as massas de $CO_2$ e $H_2O$. Apenas alguns miligramas de um composto combustível são necessários para a análise.

H₂O, respectivamente, e a razão entre essas quantidades na amostra do composto original pode então ser encontrada. Essa relação fornece a fórmula empírica. Se a massa molar é conhecida a partir de outra experiência, a fórmula molecular pode também ser determinada.

**Abordagem Geral para Encontrar uma Fórmula Empírica pela Análise Química**

1. O composto puro desconhecido é convertido em produtos conhecidos por meio de uma reação química.

2. Os produtos da reação são separados e a quantidade de cada um é determinada.

3. A quantidade de cada produto está relacionada com a quantidade de cada elemento no composto inicial.

4. A fórmula empírica é determinada a partir das quantidades relativas dos elementos no composto original.

---

### EXEMPLO 4.4

## Utilizando a Análise de Combustão para Determinar a Fórmula de um Hidrocarboneto

**Problema**  Quando 1,125 g de um hidrocarboneto líquido, $C_xH_y$, foi queimado (Figura 4.5), 3,447 g de $CO_2$ e 1,647 g de $H_2O$ foram produzidos. Em um experimento separado, determinou-se que a massa molar do composto é 86,2 g mol⁻¹. Determine as fórmulas empírica e molecular para o hidrocarboneto desconhecido, $C_xH_y$.

**O que você sabe?**  Você sabe a massa do hidrocarboneto, o fato de que ela contém somente C e H e a massa molar desse composto. Você também tem as massas de $H_2O$ e $CO_2$ formadas quando o hidrocarboneto é queimado.

**Estratégia**  A estratégia para resolver este problema está descrita no diagrama seguinte.

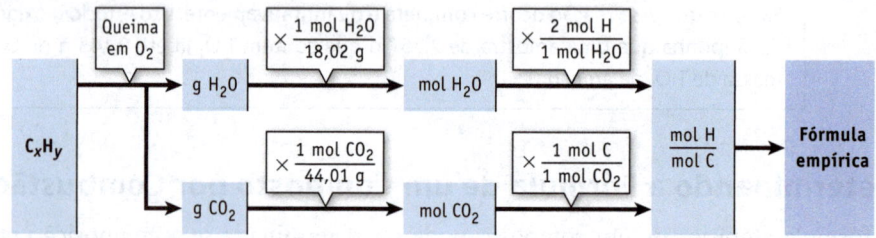

Os passos na sequência são os seguintes:

- Calcule as quantidades de matéria de $CO_2$ e $H_2O$ das massas fornecidas.

- Calcule as quantidades de matéria de C e H a partir das quantidades de matéria de $CO_2$ e $H_2O$, respectivamente.

- Determine a menor relação de número inteiro de quantidades de matéria de C e H. Isso fornece os índices inferiores para C e H na fórmula empírica.

- Compare a massa molar experimental do hidrocarboneto com a da fórmula empírica para determinar a fórmula molecular.

---

**RESOLUÇÃO**  As quantidades de matéria de $CO_2$ e $H_2O$ isoladas a partir da combustão são

$$3,447 \ g \ CO_2 \times \frac{1 \ mol \ CO_2}{44,010 \ g \ CO_2} = 0,078323 \ mol \ CO_2$$

$$1,647 \ g \ H_2O \times \frac{1 \ mol \ H_2O}{18,015 \ g \ H_2O} = 0,091424 \ mol \ H_2O$$

Para cada mol de $CO_2$ isolado, 1 mol de C deve estar presente no composto desconhecido.

$$0,078323 \ mol \ CO_2 \times \frac{1 \ mol \ C \ no \ desconhecido}{1 \ mol \ CO_2} = 0,078323 \ mol \ C$$

Para cada mol de $H_2O$ isolado, 2 mol de H devem estar presentes no composto desconhecido.

$$0,091424 \ mol \ H_2O \times \frac{2 \ mol \ H \ no \ desconhecido}{1 \ mol \ CO_2} = 0,18285 \ mol \ H$$

A amostra original de 1,125 g do composto, portanto, continha 0,07832 mol de C e 0,1828 mol de H. Para determinar a fórmula empírica do desconhecido, encontramos a razão entre a quantidade de matéria de H e a quantidade de matéria de C (Seção 2.7).

$$\frac{0,18285 \text{ mol H}}{0,078323 \text{ mol C}} = \frac{2,3345 \text{ mol H}}{1,0000 \text{ mol C}}$$

A fórmula empírica fornece a relação de *número inteiro* mais simples. A transformação dessa razão (2,335/1) para uma relação de número inteiro pode geralmente ser feita rapidamente por tentativa e erro. A multiplicação do numerador e do denominador por 3 leva a 7/3. Portanto, sabemos que a relação é de 7 mol de H para 3 mol de C, o que significa que a fórmula empírica do hidrocarboneto é $C_3H_7$.

Comparando-se a massa molar experimental com a massa molar calculada para a fórmula empírica,

$$\frac{\text{Massa molar experimental}}{\text{Massa molar de } C_3H_7} = \frac{86,2 \text{ g mol}^{-1}}{43,1 \text{ g mol}^{-1}} = \frac{2}{1}$$

observamos que a fórmula molecular é o dobro da fórmula empírica. Isto é, a fórmula molecular é $(C_3H_7)_2$, ou $C_6H_{14}$.

**Pense bem antes de responder** Como observado na Dica para Solução de Problemas 2.2, para problemas desse tipo não se esqueça de usar os dados com números significativos suficientes para fornecer as proporções precisas de átomos.

## Verifique seu entendimento

Uma amostra de 0,523 g do composto desconhecido $C_xH_y$ foi queimada no ar para formar 1,612 g de $CO_2$ e 0,7425 g de $H_2O$. Um experimento separado forneceu uma massa molar de 114 g mol$^{-1}$ para $C_xH_y$. Determine as fórmulas empírica e molecular para o hidrocarboneto.

É também possível determinar a fórmula empírica de um hidrocarboneto oxigenado, como o etanol ($C_2H_6O$), a partir da análise de combustão. A quantidade de carbono e hidrogênio pode ser determinada a partir das massas do dióxido de carbono e da água coletadas. Ao calcular a massa de carbono e a do hidrogênio a partir das quantidades de CO e $H_2O$ e, em seguida, subtrair essas massas da massa do composto combustível, obtém-se a massa de oxigênio e, assim, a quantidade de matéria de oxigênio (Exemplo 4.5).

### EXEMPLO 4.5

## Utilizando a Análise de Combustão para Determinar a Fórmula Empírica de um Composto que Contém C, H e O

**Problema** Suponha que você isole um ácido das folhas de trevo e sabe que ele contém apenas os elementos C, H e O. Aquecendo 0,513 g do ácido em oxigênio, é possível produzir 0,501 g de $CO_2$ e 0,103 g de $H_2O$. Qual é a fórmula empírica do ácido, $C_xH_yO_z$?

**O que você sabe?** Você conhece a massa do composto e o fato de que ele contém somente C, H e O. Você também possui as massas de $H_2O$ e $CO_2$ formadas quando o composto é queimado.

**Estratégia** Com a finalidade de determinar a fórmula empírica, você precisa determinar as quantidades de matéria de C, H e O no composto desconhecido. Siga as etapas descritas abaixo.

- Determine as quantidades de matéria de C e H seguindo o procedimento no Exemplo 4.4.
- Determine as massas de C e H a partir das quantidades de matéria de C e H.
- A massa de O consiste na massa da amostra menos as massas de C e H.
- A partir da massa de O, determine a quantidade de matéria de O.
- Por fim, determine a relação de menor número inteiro entre as quantidades de matéria dos três elementos. Isso determina os índices para os elementos na fórmula empírica.

**RESOLUÇÃO**   O primeiro passo é determinar as quantidades de C e H na amostra.

$$0,501 \text{ g CO}_2 \times \frac{1 \text{ mol CO}_2}{44,01 \text{ g CO}_2} \times \frac{1 \text{ mol C}}{1 \text{ mol CO}_2} = 0,01138 \text{ mol C}$$

$$0,103 \text{ g H}_2\text{O} \times \frac{1 \text{ mol H}_2\text{O}}{18,02 \text{ g H}_2\text{O}} \times \frac{2 \text{ mol H}}{1 \text{ mol H}_2\text{O}} = 0,01143 \text{ mol H}$$

A partir desses valores, você pode determinar a massa de C e a de H na amostra.

$$0,01138 \text{ mol C} \times \frac{12,01 \text{ g C}}{1 \text{ mol C}} = 0,1367 \text{ g C}$$

$$0,01143 \text{ mol H} \times \frac{1,008 \text{ g H}}{1 \text{ mol H}} = 0,01152 \text{ g H}$$

Usando a massa da amostra original e as massas de C e H na amostra, você pode agora determinar a massa de O na amostra. A partir daí, você pode encontrar a quantidade de matéria de O na amostra.

$$\text{Massa da amostra} = 0,513 \text{ g} = 0,1367 \text{ g C} + 0,01152 \text{ g H} + x \text{ g O}$$

$$\text{Massa de O} = 0,3648 \text{ g}$$

$$0,3648 \text{ g O} \times \frac{1 \text{ mol O}}{16,00 \text{ g O}} = 0,02280 \text{ mol O}$$

Para encontrar as razões molares entre os elementos, divida a quantidade de matéria de cada elemento pela menor quantidade de matéria presente. Uma vez que que tanto C como H estão presentes na mesma quantidade de matéria na amostra, você sabe que sua relação é 1 C:1 H. E quanto ao O?

$$\frac{0,02280 \text{ mol O}}{0,01143 \text{ mol C}} = \frac{2 \text{ mol O}}{1 \text{ mol C}}$$

As proporções de quantidades de matéria mostram que, para cada átomo de C na molécula, há um átomo de H e dois átomos de O. A fórmula empírica do ácido é, por conseguinte, $CHO_2$.

**Pense bem antes de responder**   Se a massa molar do composto desconhecido é conhecida, você, então, será capaz de deduzir a fórmula molecular do composto.

## Verifique seu entendimento

Uma amostra de 0,1342 g de um composto, constituído de C, H e O, foi queimada em oxigênio, e 0,240 g de $CO_2$ e 0,0982 g de $H_2O$ foram isolados. Qual é a fórmula empírica do composto? Se a massa molar determinada experimentalmente é de 74,1 g $mol^{-1}$, qual é a fórmula molecular do composto?

## **4.5**   Medindo Concentrações de Compostos em Solução

### Objetivos da Seção 4.5

- Calcular a concentração de um soluto em uma solução em unidades de mol por litro (concentração em quantidade de matéria) e usar as concentrações de solução nos cálculos.

- Descrever como preparar uma solução de uma determinada concentração a partir do soluto e do solvente ou por diluição de uma solução mais concentrada.

## Concentração da Solução: Concentração em Quantidade de Matéria

A maior parte dos estudos químicos requer medidas quantitativas, incluindo os experimentos que envolvem soluções aquosas. Ao realizarmos tais experimentos, usamos as equações balanceadas e as quantidades de matéria, mas medimos os volumes das soluções em vez da massa de sólidos, líquidos ou gases.

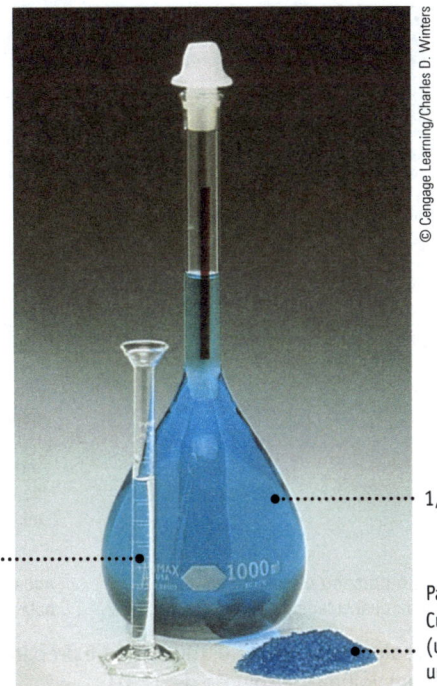

© Cengage Learning/Charles D. Winters

**FIGURA 4.6 Volume da solução *versus* volume do solvente.** Esta figura enfatiza que as concentrações molares são definidas como mol de soluto por litro de solução e não por litro de água ou de outro solvente.

Para esta fotografia, medimos exatamente 1,00 L de água, o qual foi adicionado lentamente ao balão volumétrico contendo 25,0 g de $CuSO_4 \cdot 5\ H_2O$. Quando água suficiente foi adicionada de forma que o *volume da solução* fosse exatamente 1,00 L, aproximadamente 8 mL restaram do litro original de água.

1,00 L de $CuSO_4$ 0,100 mol $L^{-1}$

Para fazer uma solução de 0,100 mol $L^{-1}$ de $CuSO_4$, 25,0 g (0,100 mol) de $CuSO_4 \cdot 5\ H_2O$ (um sólido cristalino azul), foram colocados en um balão volumétrico de 1,00 L.

**Concentração em quantidade de matéria**, $c$, é definida como a quantidade de matéria de soluto por litro de solução.

$$\text{Concentração em quantidade de matéria de } x\,(c_x) = \frac{\text{Quantidade de matéria de soluto} \times \text{(mol)}}{\text{Volume da solução (L)}} \tag{4.2}$$

Por exemplo, se 58,4 g (1,00 mol) de NaCl são dissolvidos em água suficiente para obter um volume total de solução de 1,00 L, a concentração em quantidade de matéria, $c$, é de 1,00 mol $L^{-1}$. Outra notação comum é a de colocar a fórmula do composto entre colchetes (por exemplo, [NaCl]); essa notação indica que a concentração do soluto em mol por litro de solução está sendo especificada.

$$c_{NaCl} = [NaCl] = 1,00 \text{ mol } L^{-1}$$

É importante notar que a concentração em quantidade de matéria refere-se à quantidade de matéria de soluto *por litro de solução* e não por litro de solvente. Se 1 litro de água é adicionado a 1 mol de um composto sólido, o volume final não será exatamente 1 litro, e a concentração final não será exatamente de 1 mol $L^{-1}$ (Figura 4.6). Quando preparamos soluções de uma determinada concentração, trata-se sempre de dissolver o soluto em um volume de solvente menor que o volume desejado de solução, então acrescentamos o solvente até que o volume final da solução seja alcançado.

O permanganato de potássio, $KMnO_4$, que já foi utilizado como germicida no tratamento de queimaduras, é um sólido brilhante roxo escuro que se dissolve rapidamente em água para fornecer uma solução de tom violeta intenso. Suponha que 0,435 g de $KMnO_4$ foi dissolvido em água suficiente para se obter 250 mL de solução (Figura 4.7). Qual é a concentração de $KMnO_4$? A primeira etapa consiste em converter a massa de $KMnO_4$ em uma quantidade de matéria.

$$0,435 \text{ g } KMnO_4 \times \frac{1 \text{ mol } KMnO_4}{158,0 \text{ g } KMnO_4} = 0,002753 \text{ mol } KMnO_4$$

Em seguida, a quantidade de matéria de $KMnO_4$ é combinada com o volume da solução – que deve estar em litros – para fornecer a concentração. Uma vez que 250 mL é equivalente a 0,250 L,

$$\text{Concentração de } KMnO_4 = c_{KMnO_4} - [KMnO_4] = \frac{0,002753 \text{ mol } KMnO_4}{0,250 \text{ L}} = 0,0110 \text{ mol } L^{-1}$$

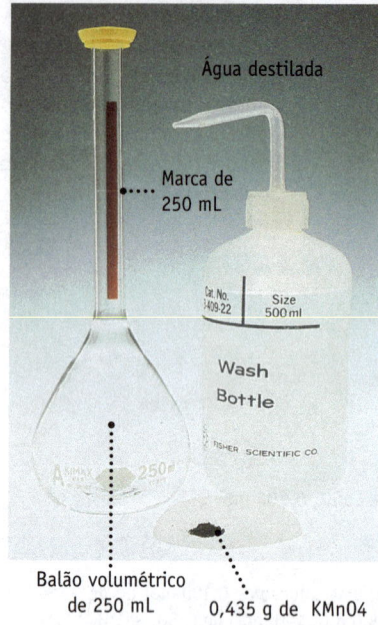

Água destilada

Marca de
250 mL

Wash
Bottle

Balão volumétrico
de 250 mL     0,435 g de KMnO4

KMnO₄ é primeiro dissolvido em uma
pequena quantidade de água.

Uma marca no
gargalo de um
balão volumétrico
indica um volume
de exatamente 250
mL a 20 °C.

Água destilada é adicionada para encher o
balão com a solução até a marca indicada.

**FIGURA 4.7  Preparando uma solução.** Uma solução de KMnO₄ 0,0110 mol L⁻¹ é preparada a partir da adição de água suficiente em 0,435 g de KMnO₄ para produzir um volume de solução de 0,250 L.

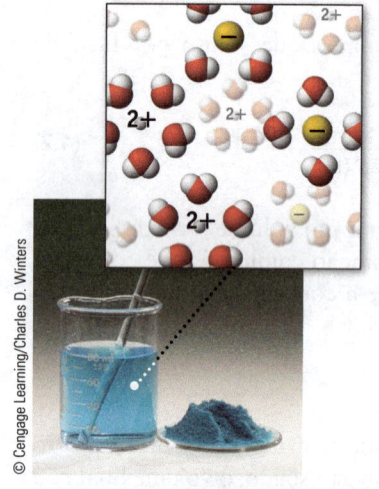

**Concentrações de íons para um composto iônico solúvel.** Aqui, 1 mol de CuCl₂ dissocia-se em 1 mol de íons Cu²⁺ e 2 mol de íons Cl⁻. Portanto, a concentração de Cl⁻ é duas vezes a concentração calculada para CuCl₂.

A concentração de KMnO₄ é de 0,0110 mol L⁻¹. Esta é uma informação útil, também para se conhecer a concentração de cada tipo de íon em uma solução. Como todos os compostos iônicos solúveis, KMnO₄ dissocia-se completamente nos seus íons K⁺ e MnO₄⁻ quando dissolvido em água.

$$KMnO_4(aq) \longrightarrow K^+(aq) + MnO_4^-(aq)$$
100% dissociação

Um mol de KMnO₄ produz 1 mol de íons K⁺ e 1 mol de íons MnO₄⁻. Dessa forma, KMnO₄ 0,0110 mol L⁻¹ fornece uma concentração de K⁺ na solução de 0,0110 mol L⁻¹ de modo semelhante, a concentração de íons MnO₄⁻ também é de 0,0110 mol L⁻¹. Outro exemplo de concentrações de íons é fornecido pela dissociação de CuCl₂.

$$CuCl_2(aq) \longrightarrow Cu^{2+}(aq) + 2Cl^-(aq)$$
100% dissociação

Se 0,10 mol de CuCl₂ é dissolvido em água suficiente para formar 1,0 L de solução, a concentração de íons cobre(II), [Cu²⁺], será de 0,10 mol L⁻¹. Contudo, a concentração de íons cloreto, [Cl⁻], será de 0,20 mol L⁻¹, porque o composto dissocia-se em água para produzir 2 mol de íons Cl⁻ para cada mol de CuCl₂.

**EXEMPLO 4.6**

## Concentração

**Problema**  Se 25,3 g de carbonato de sódio, Na₂CO₃, são dissolvidos em água suficiente para se obter 250 mL de solução, qual é a concentração em quantidade de matéria de Na₂CO₃? Quais são as concentrações em quantidade de matéria dos íons de Na⁺ e CO₃²⁻?

**O que você sabe?**  Você conhece a massa do soluto, Na₂CO₃ e o volume da solução. Você precisa da massa molar de Na₂CO₃ para calcular a quantidade de matéria desse composto.

**Estratégia** A concentração (mol $L^{-1}$) de $Na_2CO_3$ é a quantidade de matéria de $Na_2CO_3$ dividida pelo volume (em litros). Para determinar as concentrações dos íons, reconheça que um mol desse composto iônico contém dois mols de $Na^+$ e um mol de íons $CO_3^{2-}$.

$$Na_2CO_3(s) \rightarrow 2Na^+(aq) + CO_3^{2-}(aq)$$

**RESOLUÇÃO** Primeiro vamos encontrar a quantidade de matéria de $Na_2CO_3$.

$$25,3 \ g \ Na_2CO_3 \times \frac{1 \ mol \ Na_2CO_3}{106,0 \ g \ Na_2CO_3} = 0,2387 \ mol \ Na_2CO_3$$

e, então, a concentração de $Na_2CO_3$,

$$Concentração \ de \ Na_2CO_3 = \frac{0,2387 \ mol \ Na_2CO_3}{0,250 \ L} = 0,9548 \ mol \ L^{-1} = \boxed{0,955 \ mol \ L^{-1}}$$

As concentrações dos íons surgem do conhecimento de que cada mol de $Na_2CO_3$ produz 2 mol de íons $Na^+$ e 1 mol de íons $CO_3^{2-}$.

$$[Na^+] = 2 \times 0,9548 \ mol \ L^{-1} \ Na^+(aq) = \boxed{1,91 \ mol \ L^{-1}}$$

$$[CO_3^{2-}] = \boxed{0,955 \ mol \ L^{-1}}$$

**Pense bem antes de responder** Nós nos referimos a essa solução como $Na_2CO_3$ 0,955 mol $L^{-1}$, quando na verdade não existem partículas reais de $Na_2CO_3$. Esse composto iônico solúvel está presente na solução dissociado como íons sódio e íons carbonato.

## Verifique seu entendimento

O bicarbonato de sódio, $NaHCO_3$, é utilizado nas formulações do fermento químico e na produção de plásticos e cerâmicas, entre outras coisas. Se 26,3 g do composto são dissolvidos em água suficiente para fazer 200 mL de solução, qual é a concentração de $NaHCO_3$? Quais são as concentrações dos íons na solução?

## Preparando Soluções de Concentração Conhecida

Os químicos, muitas vezes, têm que preparar um volume determinado de solução de concentração conhecida. Há duas maneiras comuns para fazer isso.

### Combinando uma Massa de Soluto com o Solvente

Suponha que você precise preparar 2,00 L de uma solução aquosa de $Na_2CO_3$ 1,50 mol $L^{-1}$. Você tem um pouco de $Na_2CO_3$ sólido, água destilada e um balão volumétrico de 2,00 L. Para fazer a solução, você deve pesar a quantidade necessária de $Na_2CO_3$ com a maior precisão possível, considerando o número de algarismos significativos desejado para a concentração, colocar cuidadosamente todo o sólido no balão volumétrico e, então, adicionar um pouco de água para dissolvê-lo. Depois que o sólido dissolveu completamente, mais água é adicionada para levar o volume da solução para 2,00 L. Após a mistura completa, a solução apresentará então a concentração desejada e o volume especificado.

**Balão Volumétrico** Um balão volumétrico é um frasco especial com uma linha marcada em seu gargalo (veja Figuras 4.6-4.8). Se o balão é preenchido com uma solução até esta linha (em uma determinada temperatura), ele contém precisamente o volume de solução especificado.

Mas qual massa de $Na_2CO_3$ é necessária para obter 2,00 L de $Na_2CO_3$ 1,50 mol $L^{-1}$? Primeiro, calcule a quantidade de matéria de $Na_2CO_3$ necessária,

$$2,00 \ L \times \frac{1,50 \ mol \ Na_2CO_3}{1,00 \ L \ de \ solução} = 3,00 \ mol \ de \ Na_2CO_3 \ necessários$$

e então, a massa em gramas.

$$3,000 \ mol \ Na_2CO_3 \times \frac{106,0 \ g \ Na_2CO_3}{1 \ mol \ Na_2CO_3} = 318 \ g \ Na_2CO_3$$

Assim, para preparar a solução desejada, você deve dissolver 318 g de $Na_2CO_3$ em água suficiente para obter 2,00 L de solução.

## Diluindo uma Solução Mais Concentrada

Outro método para preparar uma solução de uma determinada concentração é começar com uma solução concentrada de concentração conhecida e adicionar mais solvente (usualmente água), até atingir a concentração mais baixa desejada (Figura 4.8). Muitas das soluções preparadas no laboratório são provavelmente feitas a partir desse método de diluição. É mais eficiente armazenar um volume pequeno de uma solução concentrada e, então, quando necessário, adicionar água para obter um volume muito maior de uma solução diluída.

Suponha que você precise de 500 mL de dicromato de potássio aquoso 0,00100 mol $L^{-1}$, $K_2Cr_2O_7$, para utilizar em uma análise química. Você tem um pouco da solução de $K_2Cr_2O_7$ 0,100 mol $L^{-1}$ disponível. Para preparar a solução 0,0010 mol $L^{-1}$ exigida, coloque um volume medido da solução mais concentrada $K_2Cr_2O_7$ em um frasco e, então, adicione água até que o $K_2Cr_2O_7$ esteja na concentração e no volume desejados (Figura 4.8).

Qual é o volume de uma solução 0,100 mol $L^{-1}$ de $K_2Cr_2O_7$ que deve ser diluída para preparar 500 mL de uma solução 0,00100 mol $L^{-1}$? A quantidade de matéria de soluto pode ser calculada a partir de seus volumes e sua concentração.

$$\text{Quantidade de matéria de } K_2Cr_2O_7 \text{ em solução diluída} = c_{K_2Cr_2O_7} \times V_{K_2Cr_2O_7} = \left(\frac{0,00100 \text{ mol}}{\cancel{L}}\right) \times (0,500 \cancel{L})$$
$$= 0,0005000 \text{ mol } K_2Cr_2O_7$$

A solução mais concentrada que contém essa quantidade de matéria de $K_2Cr_2O_7$ é transferida para um balão de 500 mL e então diluída para o volume final. O volume de $K_2Cr_2O_7$ 0,100 mol $L^{-1}$ requerido é 5,00 mL.

$$0,0005000 \text{ } \cancel{\text{mol } K_2Cr_2O_7} \times \frac{1,00 \text{ L}}{0,100 \text{ } \cancel{\text{mol } K_2Cr_2O_7}} = 0,00500 \text{ L ou } 5,00 \text{ mL}$$

Assim, para preparar 500 mL de 0,0010 mol $L^{-1}$ de $K_2Cr_2O_7$, coloque 5,00 mL de 0,100 mol $L^{-1}$ de $K_2Cr_2O_7$ em um frasco de 500 mL e adicione água até que o volume de 500 mL seja alcançado (Figura 4.8).

$K_2Cr_2O_7$ 0,100 mol $L^{-1}$.

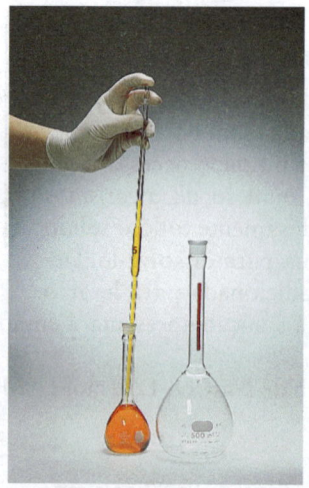

Use uma pipeta de 5,00 mL para retirar 5,00 mL de $K_2Cr_2O_7$ 0,100 mol $L^{-1}$.

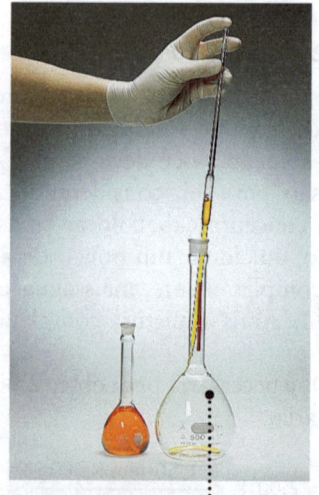

Adicione uma amostra de 5,00 mL de solução de $K_2Cr_2O_7$ 0,100 mol $L^{-1}$ em um balão volumétrico de 500 mL.

Preencha o balão até a marca com água destilada para se obter a solução de $K_2Cr_2O_7$ 0,00100 mol $L^{-1}$.

**FIGURA 4.8  Fazendo uma solução por diluição.** Aqui, 5,00 mL de uma solução de $K_2Cr_2O_7$ 0,100 mol $L^{-1}$ é diluída para 500 mL. Isto significa que a solução é diluída por um fator de 100, de 0,100 mol $L^{-1}$ para 0,00100 mol $L^{-1}$.

## DICA PARA RESOLUÇÃO DE PROBLEMAS 4.3
## Preparando uma Solução por Diluição

Há um método simples para utilizar nos problemas que envolvem diluição. A ideia central é a de que a quantidade de matéria de soluto na solução final diluída tem que ser igual à quantidade de matéria de soluto retirado da solução mais concentrada. Se $c$ é a concentração em quantidade de matéria e $V$ é o volume (e os índices inferiores $d$ e $c$ identificam as soluções diluída e concentrada, respectivamente), então a quantidade de matéria de soluto em uma ou outra solução (no caso do exemplo do $K_2Cr_2O_7$ no texto) pode ser calculada como segue:

(a) A quantidade de matéria de $K_2Cr_2O_7$ na solução final diluída é

$$c_d \times V_d = 0,000500 \text{ mol}$$

(b) A quantidade de matéria de $K_2Cr_2O_7$ retirada da solução mais concentrada é

$$c_c \times V_c = 0,000500 \text{ mol}$$

Ambas as soluções concentrada e diluída contêm a mesma quantidade de matéria de soluto. Portanto, podemos usar a seguinte equação:

Quantidade de matéria na solução concentrada =
Quantidade de matéria na solução diluída

$$c_c \times V_c = c_d \times V_d$$

Um dos parâmetros pode ser calculado se os outros três são conhecidos.

### EXEMPLO 4.7

## Preparando uma Solução por Diluição

**Problema** Qual é a concentração de íons ferro(III) em uma solução preparada pela diluição de 1,00 mL de uma solução de nitrato de ferro(III) 0,236 mol $L^{-1}$ para um volume final de 100,0 mL?

**O que você sabe?** Você sabe a concentração e o volume inicial e final após a diluição.

**Estratégia** Primeiro calcule a quantidade de matéria de íons ferro(III) na amostra de 1,00 mL (quantidade de matéria = concentração × volume). A concentração dos íons ferro(III) na solução final diluída é igual a essa quantidade de matéria de íons ferro(III) dividida pelo novo volume.

**RESOLUÇÃO** A quantidade de matéria de íons ferro(III) na amostra de 1,00 mL é

$$\text{Quantidade de matéria de Fe}^{3+} = c_{Fe^{3+}} \times V_{Fe^{3+}} = \frac{0,236 \text{ mol Fe}^{3+}}{\cancel{L}} \times 1,00 \times 10^{-3} \cancel{L} = 2,360 \times 10^{-4} \text{ mol Fe}^{3+}$$

Essa quantidade de matéria de íons ferro(III) está contida no novo volume de 100,0 mL, de modo que a concentração final da solução diluída é

$$c_{Fe^{3+}} = [Fe^{3+}] = \frac{2,36 \times 10^{-4} \text{ mol Fe}^{3+}}{0,1000 \text{ L}} = 2,36 \times 10^{-3} \text{ mol L}^{-1}$$

**Pense bem antes de responder** A amostra foi diluída cem vezes, então esperamos que a concentração final seja 1/100 do valor inicial. Veja também Dica para Solução de Problemas 4.3, que fornece um método rápido e fácil de usar para esse cálculo.

### Verifique seu entendimento

Uma experiência pede que você utilize 250 mL de NaOH 1,00 mol $L^{-1}$, mas você recebe um frasco grande de NaOH 2,00 mol $L^{-1}$. Descreva como preparar o volume desejado de NaOH 1,00 mol $L^{-1}$.

## UM OLHAR MAIS ATENTO

Muitas vezes descobrimos no laboratório que uma solução é muito concentrada para a técnica analítica que queremos aplicar, por exemplo. Você pode querer analisar uma amostra de água do mar. Para obter uma solução com uma concentração de cloreto adequada para a análise segundo o método de Mohr (Aplicando os Princípios Químicos 4.3), por exemplo, você pode querer diluir a amostra não uma, mas várias vezes.

Suponhamos que você tenha 100,0 mL de uma amostra de água do mar que apresenta uma concentração de NaCl de 0,550 mol L$^{-1}$. Você transfere 10,00 mL dessa amostra para um balão volumétrico de 100,0 mL e completa até a marca com água destilada. Após misturar a amostra diluída, você então transfere 5,00 mL dessa amostra para outro balão de 100,0 mL e completa com água destilada. Qual é a concentração de NaCl na amostra final de 100,0 mL?

A solução original contém 0,550 mol L$^{-1}$ de NaCl. Uma vez retirados 10,00 mL, você removeu

$$0,01000 \text{ L} \times 0,550 \text{ mol L}^{-1}$$
$$= 5,500 \times 10^{-3} \text{ mol NaCl}$$

e a concentração em 100,0 mL da solução diluída é

## Diluições em Série

$$c_{NaCl} = 5,500 \times 10^{-3} \text{ mol}/0,1000 \text{ L}$$
$$= 5,500 \times 10^{-2} \text{ mol L}^{-1}$$

ou 1/10 da concentração da solução original (porque diluímos a amostra por um fator de 10).

Agora pegamos 5,00 mL da solução diluída e diluímos mais uma vez para 100,0 mL. A concentração final é

$$0,00500 \text{ L} \times 5,500 \times 10^{-2} \text{ mol L}^{-1}$$
$$= 2,750 \times 10^{-4} \text{ mol NaCl}$$
$$c_{NaCl} = 2,750 \times 10^{-4} \text{ mol}/0,1000 \text{ L}$$
$$= 2,75 \times 10^{-3} \text{ mol L}^{-1}$$

Isto representa 1/200 da concentração da solução original.

Uma pergunta válida neste momento é por que nós não pegamos apenas 1 mL da solução original e diluímos para 200 mL. A resposta é que há menos erro experimental usando pipetas de capacidades maiores, tais como as de 5,00 ou 10,00 mL, em vez de uma pipeta de 1,00 mL. Também, existe uma limitação nos materiais de vidro disponíveis. Um balão volumétrico de 200,00 mL muitas vezes não está disponível.

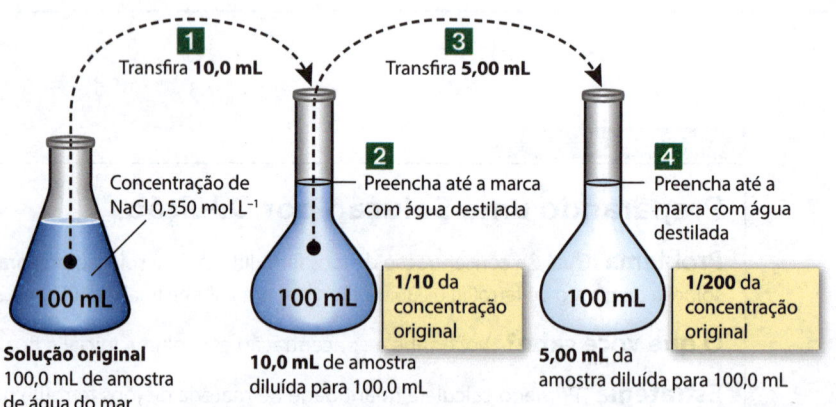

① Transfira **10,0 mL**

Concentração de NaCl 0,550 mol L$^{-1}$

**100 mL**

**Solução original**
100,0 mL de amostra de água do mar

② Preencha até a marca com água destilada

**100 mL**

**1/10** da concentração original

**10,0 mL** de amostra diluída para 100,0 mL

③ Transfira **5,00 mL**

④ Preencha até a marca com água destilada

**100 mL**

**1/200** da concentração original

**5,00 mL** da amostra diluída para 100,0 mL

---

## 4.6  pH, uma Escala de Concentração para Ácidos e Bases

### Objetivos da Seção 4.6

- Entender a escala de pH.

- Calcular o pH de uma solução a partir da concentração de íons hidrônio na solução. Calcular a concentração de íon hidrônio em uma solução a partir de seu pH.

**Logaritmos** Números menores que 1 têm logs negativos. Ao definir o pH como $-\log[H_3O^+]$, obtém-se um número positivo se a concentração de $H_3O^+$ é menor que 1 mol L$^{-1}$. Veja o Apêndice A para uma discussão sobre logs.

Uma amostra de vinagre, que contém o ácido acético (um ácido fraco), possui uma concentração de íons hidrônio de $1,6 \times 10^{-3}$ mol L$^{-1}$, e a água da chuva "pura" contém $[H_3O^+] = 2,5 \times 10^{-6}$ mol L$^{-1}$. Esses valores pequenos podem ser expressos utilizando-se a notação científica, mas uma forma mais conveniente para expressar tais números é a escala logarítmica de pH.

O pH de uma solução é o logaritmo negativo na base 10 da concentração de íons hidrônio.

$$pH = -\log[H_3O^+] \tag{4.3}$$

Ao empregarmos vinagre, água pura, sangue e amônia como exemplos,

| | | | |
|---|---|---|---|
| pH do vinagre | $= -\log (1,6 \times 10^{-3}$ mol L$^{-1})$ | $= -(-2,80)$ | $= 2,80$ ácido |
| pH da água pura (a 25°C) | $= -\log (1,0 \times 10^{-7}$ mol L$^{-1})$ | $= -(-7,00)$ | $= 7,00$ neutro |
| pH do sangue | $= -\log (4,0 \times 10^{-8}$ mol L$^{-1})$ | $= -(-7,40)$ | $= 7,40$ básico |
| pH da amônia de uso doméstico | $= -\log (4,3 \times 10^{-12}$ mol L$^{-1})$ | $= -(-11,37)$ | $= 11,37$ básico |

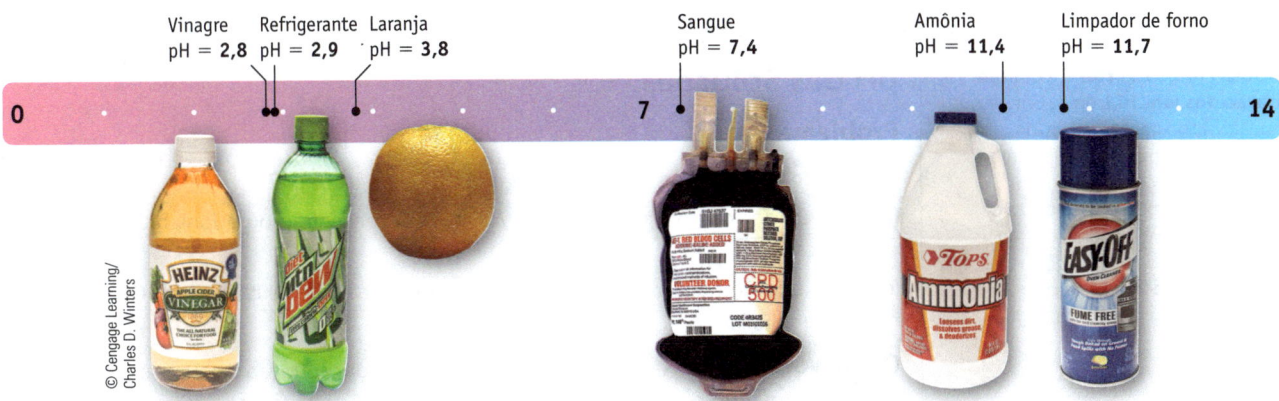

**FIGURA 4.9 Valores de pH de algumas substâncias conhecidas.** Aqui, a "barra" tem a cor vermelha de um lado e azul do outro. Estas são as cores do papel de tornassol, comumente usado no laboratório para determinar se uma solução é ácida (o tornassol fica vermelho) ou básica (ele fica azul).

você observa que o que é reconhecido como ácido possui um pH relativamente baixo, ao passo que a amônia, uma base comum, tem uma concentração muito baixa de íons hidrônio e um pH elevado. *Para as soluções aquosas a 25°C, os ácidos têm valores de pH inferiores a 7, as bases têm valores superiores a 7 e um pH de 7 representa uma solução neutra* (Figura 4.9). O sangue, que o seu bom senso diz que provavelmente não seja nem ácido nem base, possui um pH um pouco superior a 7.

Para encontrar a concentração de íons hidrônio, você calcula o antilogaritmo do pH. Isto é,

$$[H_3O^+] = 10^{-pH} \tag{4.4}$$

Por exemplo, o pH de um refrigerante dietético é 2,92 e a concentração de íons hidrônio da solução é

$$[H_3O^+] = 10^{-2,92} = 1,2 \times 10^{-3} \text{ mol L}^{-1}$$

O pH aproximado de uma solução pode ser determinado usando uma grande variedade de corantes. Papel de tornassol contém um corante extraído de um tipo de líquen, mas muitos outros corantes também estão disponíveis (Figura 4.10a). Uma medida mais precisa do pH é feita com um pHmetro (como o que é mostrado na Figura 4.10b). Aqui, um eletrodo de pH é imerso na solução a ser testada, e o pH é lido no instrumento.

> **Logaritmos e sua Calculadora** Todas as calculadoras científicas possuem uma tecla chamada "log". Para encontrar um antilog, use a tecla marcada "$10^x$" ou o log inverso. Ao determinar $[H_3O^+]$ a partir do pH, quando você digita o valor de $x$ para $10^x$, certifique-se de que tenha um sinal negativo.

**FIGURA 4.10**
**Determinando o pH.**

**(a)** Alguns produtos de uso doméstico. Cada solução contém algumas gotas de um indicador ácido-base. Uma cor amarela ou vermelha indica um valor de pH inferior a 7. Uma cor púrpura para verde indica um pH superior a 7.

**(b)** O pH de um refrigerante é medido com um pHmetro moderno. Os refrigerantes são frequentemente muito ácidos, devido ao $CO_2$ dissolvido e outros ingredientes.

**Ácidos Fracos e Fortes e a Concentração dos Íons Hidrônio** Uma vez que um ácido fraco (p. ex., ácido acético) não ioniza completamente em água, a concentração de íons hidrônio em uma solução aquosa de um ácido fraco é menor que a concentração do ácido. Por outro lado, a concentração dos íons hidrônio de ácidos fortes é a mesma que a do ácido.

---

**EXEMPLO 4.8**

## pH das Soluções

### Problema

(a) O suco de limão tem $[H_3O^+] = 0{,}0032$ mol L$^{-1}$. Qual é o seu pH?

(b) A água do mar tem um pH de 8,07. Qual é a concentração de íons hidrônio dessa solução?

(c) Uma solução de ácido nítrico tem uma concentração de 0,0056 mol L$^{-1}$. Qual é o pH dessa solução?

**O que você sabe?** Na parte (a) foi fornecida uma concentração e pediu-se para calcular o pH, enquanto o oposto foi pedido em (b). Para a parte (c), no entanto, você deve primeiro reconhecer que $HNO_3$ é um ácido forte e é 100% ionizado em água.

**Estratégia** Use a Equação 4.3 para calcular o pH da concentração de $H_3O^+$ e a Equação 4.4 para encontrar $[H_3O^+]$ a partir do pH.

### RESOLUÇÃO

(a) Suco de limão: como a concentração de íons hidrônio é conhecida, calcula-se o pH utilizando a Equação 4.3.

$$pH = -\log [H_3O^+] = -\log (3{,}2 \times 10^{-3}) = -(-2{,}49) = \boxed{2{,}49}$$

(b) Água do mar: aqui o pH = 8,07. Portanto,

$$[H_3O^+] = 10^{-pH} = 10^{-8{,}07} = \boxed{8{,}5 \times 10^{-9}} \text{ mol L}^{-1}$$

(c) Ácido nítrico: ácido nítrico, um ácido forte (Tabela 3.1), está completamente ionizado na solução aquosa. Como a concentração de $HNO_3$ é de 0,0056 mol L$^{-1}$, a concentração dos íons também é de 0,0056 mol L$^{-1}$.

$$[H_3O^+] = [NO_3^-] = 0{,}0056 \text{ mol L}^{-1}$$

$$pH = -\log [H_3O^+] = -\log (0{,}0056 \text{ mol L}^{-1}) = \boxed{2{,}25}$$

**Pense bem antes de responder** É útil um comentário sobre logaritmos e algarismos significativos (Apêndice A). O número à esquerda da casa decimal em um logaritmo é chamado de *característica*, e o número à direita é a *mantissa*. A mantissa tem tantos algarismos significativos quanto o número cujo log foi encontrado. Por exemplo, o logaritmo de $3{,}2 \times 10^{-3}$ (dois números significativos) é $-2{,}49$. (Os números significativos são os dois números à direita da vírgula).

### Verifique seu entendimento

(a) Qual é o pH de uma solução de HCl em que $[HCl] = 2{,}6 \times 10^{-2}$ mol L$^{-1}$?

(b) Qual é a concentração de íon hidrônio no suco de laranja cujo pH é de 3,80?

---

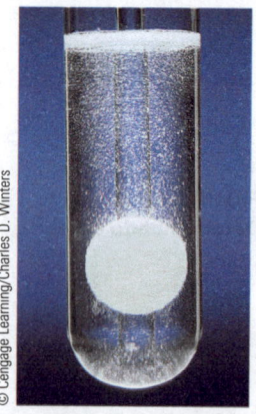

© Cengage Learning/Charles D. Winters

**FIGURA 4.11 Um remédio comercial para o excesso de acidez estomacal.** O comprimido contém carbonato de cálcio, que reage com o ácido clorídrico, o ácido presente no sistema digestivo. O produto mais óbvio é o gás $CO_2$, mas $CaCl_2(aq)$ também é produzido.

**4.7** # Estequiometria de Reações em Solução Aquosa – Fundamentos

### Objetivo da Seção 4.7

• Usar os princípios estequiométricos para reações que ocorrem em solução.

A maioria das reações química é realizada em soluções, normalmente em água. Certamente as reações que ocorrem nos nossos corpos são em solução aquosa. Um exemplo de uma reação que ocorre com no mínimo um reagente em solução é uma reação de troca e formação de gás envolvendo um carbonato metálico e um ácido aquoso (Figura 4.11)

# DICA PARA RESOLUÇÃO DE PROBLEMAS 4.4
## Cálculos Estequiométricos Envolvendo Soluções

Na Dica para Solução de Problemas 4.1, você aprendeu uma abordagem geral para os problemas de estequiometria. Agora podemos modificar esse esquema para uma reação envolvendo soluções tais como $x$ A(aq) + $y$ B(aq) → produtos.

$$CaCO_3(s) + 2HCl(aq) \rightarrow CaCl_2(aq) + H_2O(\ell) + CO_2(g)$$

carbonato metálico + ácido → sal + água + dióxido de carbono

Neste caso, poderíamos perguntar qual é a massa de $C_aCO_3$ necessária para reagir completamente com 25 mL de HCl 0,750 mol $L^{-1}$. Esse problema difere dos problemas anteriores de estequiometria em que a quantidade de um reagente (HCl) é definida como um volume de uma solução de concentração conhecida, em vez de uma massa em gramas. Como a nossa equação balanceada é escrita em termos de quantidades de matéria, nosso primeiro passo será determinar a quantidade de matéria de HCl presente a partir da informação dada para que depois possamos relacionar a quantidade de matéria de HCl disponível para a quantidade de matéria de $CaCO_3$.

$$\text{Quantidade de matéria de HCl} = c_{HCl} \times V_{HCl} = \frac{0,750 \text{ mol HCl}}{1 L \text{ HCl}} \times 0,025 \text{ L HCl} = 0,0188 \text{ mol HCl}$$

Isto é então relacionado à quantidade de matéria de $CaCO_3$ necessária, utilizando o fator estequiométrico da equação balanceada.

$$0,0188 \text{ mol HCl} \times \frac{1 \text{ mol CaCO}_3}{2 \text{ mol HCl}} = 0,00938 \text{ mol CaCO}_3$$

Finalmente, a quantidade de matéria de $CaCO_3$ é convertida em uma massa em gramas, utilizando a massa molar de $CaCO_3$ como o fator de conversão.

$$0,00938 \text{ mol CaCO}_3 \times \frac{100,0 \text{ g CaCO}_3}{1 \text{ mol CaCO}_3} = 0,94 \text{ g CaCO}_3$$

Se você seguir o esquema geral delineado na Dica para Solução de Problemas 4.4 e prestar atenção às unidades dos números, poderá realizar com sucesso qualquer tipo de cálculo estequiométrico envolvendo concentrações.

## EXEMPLO 4.9

### Estequiometria de uma Reação em Solução

**Problema** Zinco metálico reage com HCl aquoso (Figura 3.12).

$$Zn(s) + 2 HCl(aq) \rightarrow ZnCl_2(aq) + H_2(g)$$

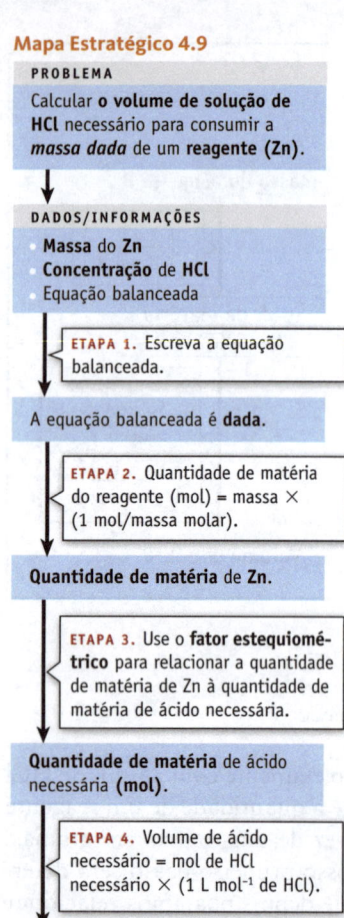

Qual volume de HCl 2,50 mol L⁻¹, em mililitros, é necessário para converter completamente 11,8 g de Zn em produtos?

**O que você sabe?** A equação balanceada para a reação entre Zn e HCl(aq) é fornecida. Você sabe a massa do zinco e a concentração de HCl(aq).

### Estratégia

- Calcule a quantidade de matéria de zinco.
- Use um fator estequiométrico (2 mol de HCl/1 mol de Zn) para relacionar a quantidade de matéria de HCl necessária à quantidade de matéria de Zn disponível.
- Calcule o volume de solução de HCl a partir da quantidade de matéria de HCl e de sua concentração.

**RESOLUÇÃO** Comece calculando a quantidade de matéria de Zn.

$$11,8 \ g \ Zn \times \frac{1 \ mol \ Zn}{65,38 \ g \ Zn} = 0,1805 \ mol \ Zn$$

Use o fator estequiométrico para calcular a quantidade de matéria de HCl necessária.

$$0,1805 \ mol \ Zn \times \frac{2 \ mol \ HCl}{1 \ mol \ Zn} = 0,3610 \ mol \ HCl$$

Use a quantidade de matéria de HCl e a concentração da solução para calcular o volume.

$$0,3610 \ mol \ HCl \times \frac{1,00 \ L \ solução}{1 \ mol \ HCl} = 0,144 \ L \ HCl \ de \ 2,50 \ mol \ L^{-1} \ HCl$$

A resposta é solicitada em unidades de mililitros, portanto, convertemos o volume para mililitros e descobrimos que 144 mL de HCl 2,50 mol L⁻¹ são necessários para converter completamente 11,8 g de Zn em produtos.

**Pense bem antes de responder** Você começou com 0,180 mol de zinco. Como a concentração da solução de HCl é de 2,50 mol L⁻¹, faz sentido que seja necessário muito menos que 1 L de solução de HCl. Note também que esta é uma reação redox, em que o zinco é oxidado (o número de oxidação muda de 0 para +2) e o hidrogênio, em HCl(aq), é reduzido (seu número de oxidação muda de +1 para 0).

### Verifique seu entendimento

Se você combina 75,0 mL de HCl 0,350 mol L⁻¹ com $Na_2CO_3$ em excesso, qual massa de $CO_2$ em gramas é produzida?

$$Na_2CO_3(s) + 2HCl(aq) \longrightarrow 2NaCl(aq) + H_2O(\ell) + CO_2(g)$$

## 4.8 Estequiometria de Reações em Soluções Aquosas – Titulações

### Objetivo da Seção 4.8

- Explicar como é realizada uma titulação, o procedimento para a padronização de uma solução e calcular as concentrações ou quantidades de reagentes a partir dos dados de titulação.

### Titulação: Um Método de Análise Química

Suponha que lhe peçam para determinar a massa de ácido oxálico, $H_2C_2O_4$, naturalmente encontrado em uma amostra impura. Uma vez que o composto é um ácido, ele reage com uma base, tal como o hidróxido de sódio.

$$H_2C_2O_4(aq) + 2NaOH(aq) \longrightarrow Na_2C_2O_4(aq) + 2H_2O(\ell)$$

Você pode usar essa reação para calcular a quantidade de ácido oxálico presente em uma determinada massa da amostra se as seguintes condições forem satisfeitas:

- Você pode determinar quando a quantidade de matéria de hidróxido de sódio adicionada é exatamente suficiente para reagir com todo o ácido oxálico presente na solução.
- Você sabe a concentração da solução de hidróxido de sódio e o volume que foi adicionado exatamente no ponto da reação completa.

Essas condições são cumpridas em uma titulação, um procedimento ilustrado na Figura 4.12.

A solução contendo o ácido oxálico é colocada em um recipiente juntamente com um indicador ácido-base, um corante que muda de cor quando o pH da solução de reação atinge certo valor. O hidróxido de sódio aquoso de concentração exatamente conhecida é colocado em uma bureta. O hidróxido de sódio na bureta é adicionado lentamente na solução de ácido no frasco. Enquanto houver algum ácido presente na solução, toda a base fornecida pela bureta é consumida, a solução permanece ácida e a cor do indicador continua inalterada. Em algum ponto, – o **ponto de equivalência** – a quantidade de matéria de $OH^-$ adicionada iguala-se exatamente à quantidade de matéria de $H_3O^+$ que pode ser fornecida pelo ácido. Assim que o menor excesso de base é adicionado além do ponto de equivalência, a solução torna-se básica, e o indicador muda de cor (veja a Figura 4.12). O Exemplo 4.10 mostra como usar o ponto de equivalência e as outras informações para determinar a porcentagem de ácido oxálico em uma mistura.

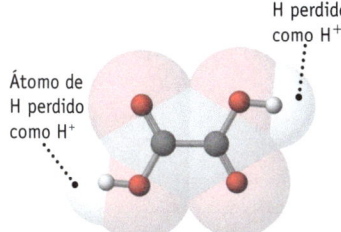

Átomo de H perdido como $H^+$

Átomo de H perdido como $H^+$

ácido oxálico, $H_2C_2O_4$

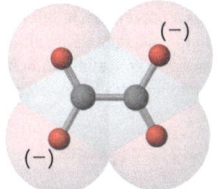

ânion oxalato, $C_2O_4^{2-}$

**Ácido oxálico.** O ácido oxálico possui dois grupos carboxílicos que podem fornecer um íon $H^+$ por grupo para a solução. Assim, 1 mol de ácido requer 2 mol de NaOH para uma reação completa.

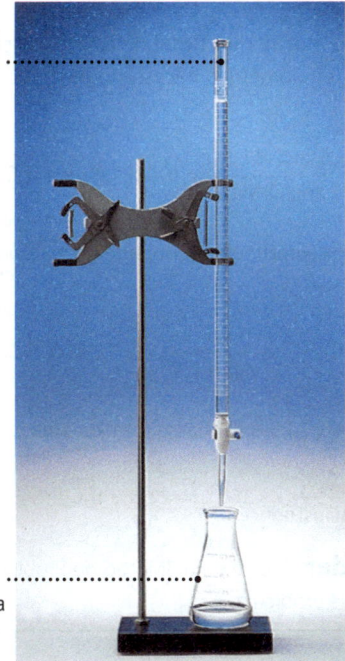

Bureta contendo uma base de concentração conhecida

Frasco contendo solução aquosa da amostra a ser analisada e um indicador

**1** Uma bureta, um dispositivo volumétrico calibrado em divisões de 0,1 mL e subdivisões de 0,01 mL, é preenchida com uma solução aquosa de uma base de concentração conhecida.

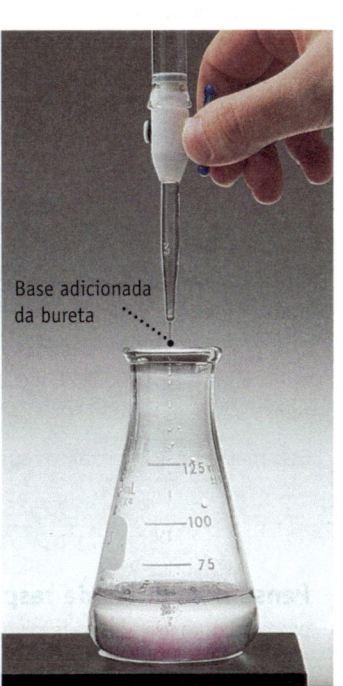

Base adicionada da bureta

**2** A base é adicionada lentamente da bureta para o frasco contendo a solução de ácido sendo analisada e um indicador.

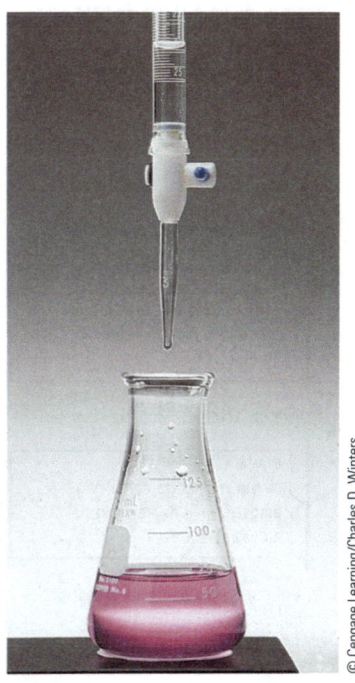

© Cengage Learning/Charles D. Winters

**3** Quando a quantidade de matéria de NaOH adicionada da bureta iguala-se à quantidade de matéria de $H_3O^+$ fornecida pelo ácido (o ponto de equivalência), o corante (o indicador) muda de cor. (O indicador usado aqui é a fenolftaleína.)

**FIGURA 4.12** Titulação de um ácido com uma base em solução aquosa.

**EXEMPLO 4.10**

## Titulação Ácido-base

**Problema** Uma amostra de 1,034 g de ácido oxálico impuro é dissolvida em água e um indicador ácido-base é adicionado. A amostra requer 34,47 mL de NaOH 0,485 mol $L^{-1}$ para alcançar o ponto de equivalência. Qual é a massa de ácido oxálico na amostra e qual é sua porcentagem em massa?

**O que você sabe?** Você conhece a massa do ácido oxálico impuro, o volume e a concentração de uma solução de NaOH utilizada na titulação.

**Estratégia** Veja também o Mapa Estratégico 4.10.

**Etapa 1** *Escreva uma equação química balanceada para essa reação ácido-base.*

**Etapa 2** *Calcule a quantidade de matéria de NaOH usada na titulação a partir de seu volume e concentração.*

**Etapa 3** *Use o fator estequiométrico definido pela equação balanceada para determinar a quantidade de matéria de $H_2C_2O_4$.*

**Etapa 4** *Calcule a massa de $H_2C_2O_4$ a partir da quantidade de matéria e de sua massa molar.*

**Etapa 5** *Determine a porcentagem em massa de $H_2C_2O_4$ na amostra.*

**Mapa Estratégico 4.10**

**PROBLEMA**

Calcular a **porcentagem em massa do ácido** em uma amostra impura. Determinar o **conteúdo do ácido** utilizando uma *titulação ácido-base*.

↓

**DADOS/INFORMAÇÕES**

- **Massa** da amostra impura contendo o *ácido*.
- **Volume** e **concentração** da *base* utilizada na titulação.

↓

ETAPA 1. Escreva a equação balanceada.

**Equação balanceada** para a reação entre o **ácido** (ácido oxálico) e a **base** (NaOH).

↓

ETAPA 2. **Quantidade de matéria** de base (mol) = volume (L) × (mol $L^{-1}$).

**Quantidade de matéria de base** (mol).

↓

ETAPA 3. Use um **fator estequiométrico** para relacionar a quantidade de matéria de base (mol) à quantidade de matéria (mol) de ácido.

**Quantidade de matéria de ácido** (mol) na amostra impura.

↓

ETAPA 4. **Massa** de ácido na amostra = mol de ácido × (g mol $L^{-1}$).

**Massa do ácido** na amostra impura.

↓

ETAPA 5. **% em massa** do ácido na amostra = (g de ácido/g de amostra) 100%.

↓

**% em massa do ácido** na amostra impura.

**RESOLUÇÃO** A equação balanceada para a reação de NaOH e $H_2C_2O_4$ é

$$H_2C_2O_4(aq) + 2NaOH(aq) \rightarrow Na_2C_2O_4(aq) + 2H_2O(\ell)$$

e a quantidade de matéria de NaOH é dada por

$$\text{Quantidade de matéria de NaOH} = c_{NaOH} \times V_{NaOH} = \frac{0,485 \text{ mol NaOH}}{\cancel{L}} \times 0,03447 \ \cancel{L} = 0,01672 \text{ mol NaOH}$$

A equação balanceada para a reação mostra que 1 mol de ácido oxálico requer 2 mol de hidróxido de sódio. Esse é o fator estequiométrico necessário para obter a quantidade de matéria de ácido oxálico presente.

$$0,01672 \text{ mol NaOH} \times \frac{1 \text{ mol } H_2C_2O_4}{2 \text{ mol NaOH}} \times 0,008359 \text{ mol } H_2C_2O_4$$

A massa de ácido oxálico é encontrada a partir da quantidade de matéria do ácido e de sua massa molar.

$$0,008359 \text{ mol } H_2C_2O_4 \times \frac{90,04 \text{ g } H_2C_2O_4}{1 \text{ mol } H_2C_2O_4} = 0,753 \text{ g } H_2C_2O_4$$

Essa massa de ácido oxálico representa 72,8% da massa total da amostra.

$$\frac{0,7526 \text{ g } H_2C_2O_4}{1,034 \text{ g da amostra}} \times 100\% = 72,8\% \ H_2C_2O_4$$

**Pense bem antes de responder** A Dica para Solução de Problemas 4.4 descreve o procedimento usado para resolver esse problema.

## Verifique seu entendimento

Uma amostra de 25,0 mL de vinagre (que contém o ácido acético, $CH_3CO_2H$, um ácido fraco) requer 28,33 mL de uma solução de NaOH 0,953 mol $L^{-1}$ para a titulação até o ponto de equivalência. Qual é massa do ácido acético (massa molar = 60,05 g $mol^{-1}$), em gramas presente na amostra de vinagre e qual é a concentração do ácido acético no vinagre?

$$CH_3CO_2H(aq) + NaOH(aq) \rightarrow NaCH_3CO_2(aq) + H_2O(\ell)$$

## Padronizando um Ácido ou uma Base

No Exemplo 4.10, a concentração da base usada na titulação foi fornecida. Na prática, isto normalmente tem que ser encontrado em uma experiência prévia. O processo pelo qual a concentração de um reagente analítico é determinada com precisão é chamado **padronização**, e existem duas abordagens gerais.

Uma abordagem consiste em pesar exatamente uma amostra de um ácido ou uma base puro(a) sólido(a) (conhecida como *padrão primário*) e então titula-se essa amostra com uma solução do ácido ou da base a ser padronizada (Exemplo 4.11). Uma abordagem alternativa para padronizar uma solução é titular a mesma com outra solução que já foi padronizada (veja "Verifique seu entendimento" no Exemplo 4.11). Isso geralmente é feito utilizando-se soluções padrão adquiridas de empresas que comercializam produtos químicos.

---

### EXEMPLO 4.11

## Padronizando um Ácido por Titulação

**Problema** Carbonato de sódio, $Na_2CO_3$, atua como uma base, e uma amostra pesada com exatidão pode ser utilizada para padronizar um ácido. Uma amostra de carbonato de sódio (0,263 g) requer 28,35 mL de $HCl(aq)$ para a titulação até o ponto de equivalência. Qual é a concentração do HCl?

**O que você sabe?** A concentração da solução de $HCl(aq)$ é desconhecida neste problema. Você sabe a massa de $Na_2CO_3$ e o volume da solução de $HCl(aq)$ necessário para reagir completamente com o $Na_2CO_3$. Você precisa da massa molar do $Na_2CO_3$ e de uma equação balanceada para a reação.

### Estratégia

- Escreva a equação balanceada para essa reação ácido-base e de formação de gás.
- Calcule a quantidade de matéria de $Na_2CO_3$ a partir da sua massa e da massa molar.
- Use o fator estequiométrico (da equação balanceada) para encontrar a quantidade de matéria de $HCl(aq)$.
- A quantidade de matéria de HCl dividida pelo volume da solução (em litros) fornece sua concentração (mol $L^{-1}$).

---

**RESOLUÇÃO** Primeiro escrevemos a equação balanceada para a reação.

$$Na_2CO_3(aq) + 2\ HCl(aq) \longrightarrow 2\ NaCl(aq) + H_2O(\ell) + CO_2(g)$$

Calcule a quantidade de matéria da base, $Na_2CO_3$, a partir da sua massa e da massa molar.

$$0,263\ \text{g } Na_2CO_3 \times \frac{1\ \text{mol } Na_2CO_3}{106,0\ \text{g } Na_2CO_3} = 0,002481\ \text{mol } Na_2CO_3$$

Em seguida, use o fator estequiométrico para calcular a quantidade de matéria de HCl em 28,35 mL.

$$0,002481\ \text{mol } Na_2CO_3 \times \frac{2\ \text{mol HCl necessário}}{1\ \text{mol } NaCO_3\ \text{disponível}} = 0,004962\ \text{mol HCl}$$

Calcule a concentração da solução de HCl dividindo a quantidade de matéria de HCl pelo volume utilizado na titulação.

$$[HCl] = \frac{0,004962\ \text{mol HCl}}{0,02835\ L} = 0,175\ \text{mol } L^{-1}\ HCl \quad 0,175\ \text{mol } L^{-1}\ HCl$$

**Pense bem antes de responder** O carbonato de sódio é normalmente utilizado como um padrão primário. Ele pode ser obtido na forma pura, pode ser pesado com precisão e reage completamente com ácidos fortes.

---

### Verifique seu entendimento

Ácido clorídrico, HCl, com uma concentração de 0,100 mol $L^{-1}$ pode ser adquirido de fornecedores de produtos químicos, e essa solução pode ser utilizada para padronizar a solução de uma base. Se titular 25,00 mL de uma solução de hidróxido de sódio até o ponto de equivalência requer 29,67 mL de HCL 0,100, qual é a concentração da base?

# Determinando a Massa Molar por Titulação

No Capítulo 2 e neste capítulo, utilizamos dados analíticos para determinar a fórmula empírica de um composto. A fórmula molecular pode então ser obtida se a massa molar for conhecida. Se a substância desconhecida é um ácido ou uma base, é possível determinar a massa molar por titulação.

**Mapa Estratégico 4.12**

**PROBLEMA**

Calcular a **massa molar** de um ácido, **HA**, usando uma *titulação ácido-base*.

↓

**DADOS/INFORMAÇÕES**
- **Massa** da amostra de *ácido*.
- **Volume** e **concentração** da *base* utilizada na titulação

**ETAPA 1.** Escreva a equação balanceada.

**Equação balanceada** para a reação entre o **ácido** (HA) e a **base** (NaOH).

**ETAPA 2. Quantidade de matéria** de base (mol) = volume (L) × (mol L⁻¹).

**Quantidade de matéria de base** (mol).

**ETAPA 3.** Use um **fator estequiométrico** para relacionar a quantidade de matéria de base (mol) à quantidade de matéria (mol) de ácido.

**Quantidade de matéria** de ácido **HA** (mol).

**ETAPA 4. Massa molar** = massa de ácido na amostra/quantidade de matéria de ácido na amostra.

**Massa molar** do ácido **HA**.

---

## EXEMPLO 4.12

# Determinando a Massa Molar de um Ácido por Titulação

**Problema** Uma amostra de 1,056 g de um ácido orgânico desconhecido, HA, é titulada com NaOH padronizado (isto é, com uma solução de NaOH cuja concentração é exatamente conhecida). Calcule a massa molar de HA assumindo que o ácido reage com 33,78 mL de NaOH 0,256 mol L⁻¹ de acordo com a equação

$$HA(aq) + NaOH(aq) \longrightarrow NaA(aq) + H_2O(\ell)$$

**O que você sabe?** Você conhece a massa da amostra do ácido desconhecido e o volume e a concentração de NaOH(aq). A partir da equação balanceada dada, você sabe que o ácido e a base reagem com uma relação 1:1.

**Estratégia** A chave para este problema consiste em reconhecer que a massa molar de uma substância é a proporção entre a massa da amostra (g) e sua quantidade de matéria (mol). Você conhece a massa, mas precisa determinar a quantidade de matéria equivalente a ela. A equação balanceada indica que 1 mol de HA reage com 1 mol de NaOH, de modo que a quantidade de matéria de HA é igual à quantidade de matéria de NaOH utilizada na titulação. E a quantidade de matéria de NaOH pode ser calculada a partir de sua concentração e de seu volume.

**RESOLUÇÃO** Vamos primeiro calcular a quantidade de matéria de NaOH usada na titulação.

$$\text{Quantidade de matéria de NaOH} = c_{NaOH} \times V_{NaOH} = \frac{0{,}256 \text{ mol}}{\cancel{L}} \times 0{,}03378 \ \cancel{L} = 8{,}648 \times 10^{-3} \text{ mol NaOH}$$

A quantidade de matéria de NaOH usada na titulação é a mesma que a de ácido titulado. Ou seja,

$$8{,}648 \times 10^{-3} \cancel{\text{ mol NaOH}} \times \frac{1 \text{ mol Ha}}{1 \cancel{\text{ mol NaOH}}} = 8{,}648 \times 10^{-3} \text{ mol HA}$$

A razão entre a massa molar de HA e a sua quantidade de matéria é a massa molar.

$$\text{Massa molar do ácido} = \frac{1{,}056 \text{ g HA}}{8{,}648 \times 10^{-3} \text{mol HA}} = 122 \text{ g mol}^{-1}$$

**Pense bem antes de responder** As massas molares de ácidos solúveis em água variam entre 20 g mol⁻¹ (para HF) a algumas centenas de gramas por mol.

## Verifique seu entendimento

Um ácido monoprótico desconhecido reage com NaOH de acordo com a equação iônica líquida

$$HA(aq) + OH^-(aq) \longrightarrow A^-(aq) + H_2O(\ell)$$

Calcule a massa molar de HA se 0,856 g do ácido necessita de 30,08 mL de NaOH 0,323 mol L⁻¹.

## Titulações Usando Reações de Oxirredução

Muitas reações de oxidação-redução podem ser usadas em análise química porque as reações são rápidas e completas em solução aquosa e existem métodos para determinar seus pontos de equivalência.

### EXEMPLO 4.13

## Usando uma Reação de Oxirredução em uma Titulação

**Problema** O ferro em uma amostra de minério de ferro pode ser convertido quantitativamente em íon ferro(II), $Fe^{2+}$, em uma solução aquosa, e esta solução pode então ser titulada com solução de permanganato de potássio, $KMnO_4$. A equação iônica líquida balanceada para a reação que ocorre no decorrer dessa titulação é:

$$MnO_4^-(aq) + 5Fe^{2+}(aq) + 8H_3O^+(aq) \longrightarrow Mn^{2+}(aq) + 5Fe^{3+}(aq) + 12H_2O(\ell)$$
roxo ... incolor ... incolor ... amarelo-pálido

Uma amostra de 1,026 g do minério que contém ferro requer 24,35 mL de $KMnO_4$ 0,0195 mol $L^{-1}$ para alcançar o ponto de equivalência. Qual é a porcentagem em massa de ferro no minério?

**O que você sabe?** Você conhece a concentração e o volume da solução de $KMnO_4$ utilizados para titular $Fe^{2+}(aq)$ até o ponto de equivalência. O fator estequiométrico relacionando as quantidades de matéria de $KMnO_4$ e de $Fe^{2+}(aq)$ é obtido da equação balanceada.

**Estratégia**

- Utilize o volume e a concentração da solução de $KMnO_4$ para calcular a quantidade de matéria de $KMnO_4$ utilizada na titulação.
- Use o fator estequiométrico para determinar a quantidade de matéria de $Fe^{2+}$ a partir da quantidade de matéria de $KMnO_4$.
- Converta a quantidade de matéria de $Fe^{2+}$ em massa de ferro usando a massa molar do ferro.
- Calcule a porcentagem em massa de ferro na amostra.

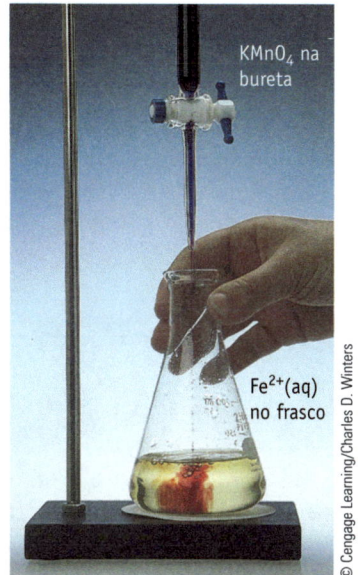

**Usando uma reação de oxirredução para análise por titulação.** Solução aquosa de $KMnO_4$, violeta, é adicionada à solução contendo $Fe^{2+}$. À medida que as gotas de $KMnO_4$ são adicionadas à solução, $Mn^{2+}$ incolor e $Fe^{2+}$ amarelo-pálido são formados.

**RESOLUÇÃO** Primeiro calcule a quantidade de matéria de $KMnO_4$.

$$\text{Quantidade de matéria de } KMnO_4 = c_{KMnO_4} \times V_{KMnO_4} = \frac{0,0195 \text{ mol } KMnO_4}{\not{L}} \times 0,02435 \not{L} = 0,0004748 \text{ mol}$$

Utilize o fator estequiométrico para calcular a quantidade de íons ferro(II):

$$0,0004748 \text{ mol } KMnO_4 \times \frac{5 \text{ mol } Fe^{2+}}{1 \text{ mol } KMnO_4} = 0,002374 \text{ mol } Fe^{2+}$$

Em seguida, calcule a massa do ferro.

$$0,002374 \text{ mol } Fe^{2+} \times \frac{55,85 \text{ g } Fe^{2+}}{1 \text{ mol } Fe^{2+}} = 0,1326 \text{ g } Fe^{2+}$$

Finalmente, determine a porcentagem em massa.

$$\frac{0,1326 \text{ g } Fe^{2+}}{1,026 \text{ g na amostra}} \times 100\% = \boxed{12,9\% \text{ ferro}}$$

**Pense bem antes de responder** A reação dos íons ferro(II) com $KMnO_4$ é bem adequada para uso em uma titulação, porque é fácil detectar quando todos os íons ferro(II) reagiram. O íon $MnO_4^-$ é violeta escuro, mas o produto da reação, $Mn^{2+}$, é incolor. Por conseguinte, a solução de $KMnO_4$ é adicionada de uma bureta até que a solução inicialmente incolor contendo $Fe^{2+}$ torne-se púrpura suave (devido ao excesso de $KMnO_4$), sinal de que o ponto de equivalência foi atingido.

## Verifique seu entendimento

A vitamina C, ácido ascórbico ($C_6H_8O_6$), é um agente redutor. Uma maneira de determinar o conteúdo do ácido ascórbico de uma amostra é misturar o ácido com um excesso de iodo,

$$C_6H_8O_6(aq) + I_2(aq) + 2H_2O(\ell) \longrightarrow C_6H_6O_6(aq) + 2H_3O^+(aq) + 2I^-(aq)$$

e, em seguida, titular o iodo, que não reagiu com o ácido ascórbico, com o tiossulfato de sódio. A equação iônica líquida balanceada para a reação que ocorre nessa titulação é

$$I_2(aq) + 2S_2O_3^{2-}(aq) \longrightarrow 2I^-(aq) + S_4O_6^{2-}(aq)$$

Suponha que 50,00 mL de $I_2$ 0,0520 mol $L^{-1}$ tenha sido adicionado à amostra que contém o ácido ascórbico. Depois que a reação ácido ascórbico/$I_2$ foi completada, o $I_2$ não usado na reação precisou de 20,30 mL de $Na_2S_2O_3$ 0,196 mol $L^{-1}$ na titulação até o ponto de equivalência. Calcule a massa de ácido ascórbico na amostra desconhecida.

# **4.9** Espectrofotometria

**Objetivo da Seção 4.9**

● Entender e usar os princípios de espectrofotometria para determinar a concentração de um composto ou íon colorido em solução.

As soluções de muitos compostos são coloridas, uma consequência da absorção de luz (Figura 4.13). É possível medir, quantitativamente, a extensão de absorção de luz e relacioná-la à concentração do soluto dissolvido. É possível medir quantitativamente o grau de absorção da luz e relacionar isto com a concentração do soluto dissolvido. Este é um exemplo do uso da espectrofotometria, um importante método analítico e um que você pode usar na sua disciplina experimental. A espectrofotometria é um dos métodos de análise quantitativa mais utilizados. Ela é aplicável a muitos problemas industriais, clínicos e forenses que envolvem a determinação quantitativa de compostos que são coloridos ou que reagem para formar um produto colorido.

**FIGURA 4.13 Absorção de luz e cor.**

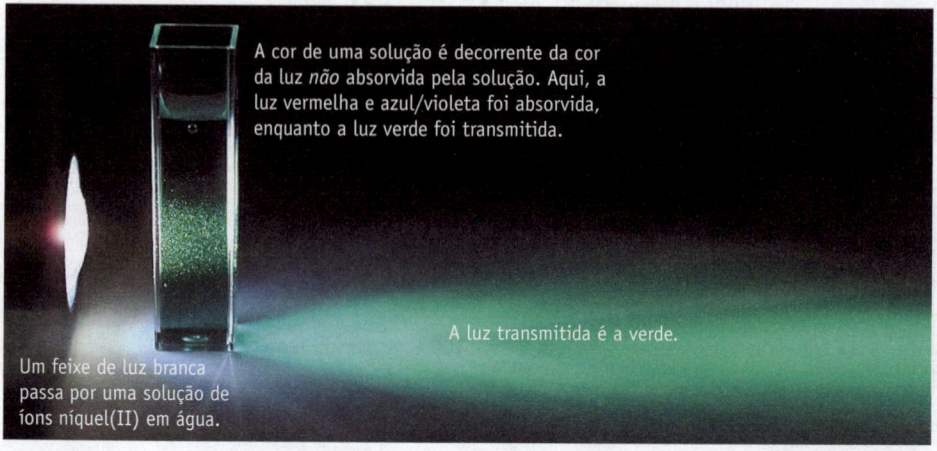

A cor de uma solução é decorrente da cor da luz *não* absorvida pela solução. Aqui, a luz vermelha e azul/violeta foi absorvida, enquanto a luz verde foi transmitida.

A luz transmitida é a verde.

Um feixe de luz branca passa por uma solução de íons níquel(II) em água.

© Cengage Learning/Charles D. Winters

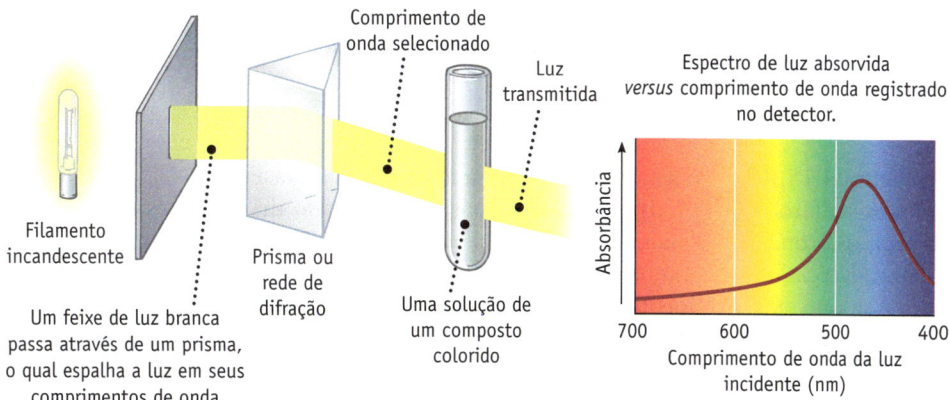

**FIGURA 4.14 Um espectrofotômetro de absorção.** O detector no espectrofotômetro "varre" todos os comprimentos de onda de luz e determina a absorção em cada comprimento de onda. O resultado é um *espectro*, um gráfico de absorbância como uma função do comprimento de onda ou frequência da luz incidente ou recebida. Aqui, a amostra absorve a luz na faixa verde-azul do espectro e transmite-a nos demais comprimentos de onda restantes. A amostra apareceria de vermelho a laranja diante da sua visão.

Toda substância absorve ou transmite certos comprimentos de onda de energia radiante, mas não absorve outros (Figuras 4.13 e 4.14). Por exemplo, os íons níquel(II) (e clorofila) absorvem a luz vermelha e azul/violeta, enquanto transmitem a luz verde. Seus olhos "veem" a luz transmitida ou refletida como a cor verde. Além disso, os comprimentos de onda específicos da luz absorvida e transmitida são característicos de uma substância, de modo que um espectro serve como uma "impressão digital" que pode ajudar a identificar uma substância desconhecida.

Agora suponha que você olhe para duas soluções contendo íons cobre(II), uma de cor mais forte do que a outra. Seu senso comum diz que a solução de cor mais intensa é a mais concentrada (Figura 4.15a). Isso é verdade: a intensidade da cor é uma medida da concentração do soluto na solução.

## Transmitância, Absorbância e a Lei de Beer-Lambert

Para entender a relação exata entre absorção de luz e concentração da solução, precisamos definir diversos termos. **Transmitância** ($T$) é a razão entre a quantidade de luz transmitida ou que passa através da amostra ($P$) em relação à quantidade de luz que incide sobre a amostra (a luz incidente, $P_0$).

$$\text{Transmitância } (T) = \frac{P}{P_o} = \frac{\text{intensidade da luz transmitida}}{\text{intensidade da luz incidente}}$$

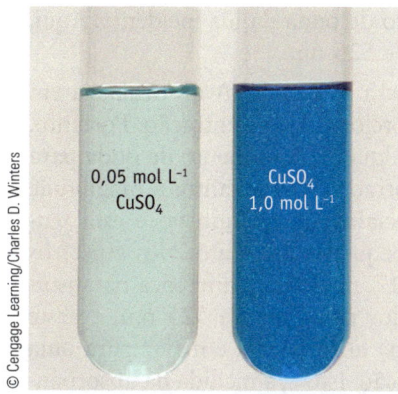

**(a)** Tubos de ensaio de mesmo diâmetro contêm soluções de sulfato de cobre(II) de diferentes concentrações. Mais luz é absorvida pela solução mais concentrada, e ela parecerá mais azul.

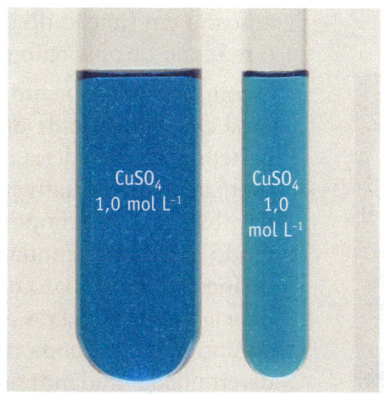

**(b)** Aqui, os tubos de ensaio possuem soluções de sulfato de cobre(II) de mesma concentração. No entanto, a distância que a luz percorre é mais longa em uma do que na outra.

**FIGURA 4.15 Absorção de luz, concentração e caminho óptico.**

A **absorbância** de uma amostra é definida como o logaritmo negativo da sua transmitância. Ou seja, absorbância e transmitância têm uma relação inversa. À medida que a absorbância de uma solução aumenta, diminui a transmitância

$$\text{Absorbância} = -\log T = -\log P/P_0$$

As soluções na Figura 4.15 ilustram a transmitância e a absorbância. Na Figura 4.15a temos soluções com diferentes concentrações de sulfato de cobre(II) em tubos de ensaio de mesmo diâmetro. Aqui você pode deduzir que a solução mais azul tem essa tonalidade mais intensa porque esta solução tem uma maior concentração de sulfato de cobre(II). Isto é, a *absorbância, A, de uma amostra aumenta à medida que a concentração aumenta*.

Em seguida, suponha que existam dois tubos de ensaio, ambos contendo a mesma solução na mesma concentração. A única diferença é que um dos tubos de ensaio possui um diâmetro menor que o outro (Figura 4.15b). Emitimos luz da mesma intensidade ($P_0$) em ambos os tubos de ensaio. No tubo de diâmetro estreito, a luz tem que percorrer apenas uma curta distância através da amostra antes de atingir seus olhos, enquanto no outro tubo ela deve passar através de mais amostra. No tubo de diâmetro maior, mais luz será absorvida porque o comprimento do percurso é mais longo, em outras palavras, *a absorbância aumenta à medida que aumenta o caminho óptico*.

**Lei de Beer-Lambert** A lei de Beer-Lambert aplica-se estritamente a soluções relativamente diluídas. Em concentrações mais elevadas de solutos, a dependência da absorbância com a concentração pode não ser linear.

As duas observações descritas acima constituem a **lei de Beer-Lambert**:

$$\text{Absorbância } (A) \propto \text{caminho óptico}(\ell) \times \text{concentração}(c)$$
$$A = \varepsilon \times \ell \times c$$

(4.5)

onde

- *A*, a absorbância da amostra, é um número adimensional.

- $\varepsilon$, uma constante de proporcionalidade, é chamada de *absortividade molar* (mol L$^{-1}$ cm$^{-1}$). Para uma determinada substância, a absortividade molar varia com o comprimento de onda e a temperatura, portanto, ao realizar experimentos espectrofotométricos, estes parâmetros devem ser mantidos constantes.

- $\ell$ e *c* apresentam as unidades de comprimento (cm) e concentração (mol L$^{-1}$), respectivamente.

O ponto importante é que a lei de Beer-Lambert mostra que *há uma relação linear entre a absorbância de uma amostra e a sua concentração para um determinado caminho óptico*.

## Análise Espectrofotométrica

Normalmente existem quatro etapas na realização de uma análise espectrofotométrica.

1. **Registre o espectro de absorção da substância a ser analisada.** Em laboratórios de química básica, isto é muitas vezes realizado por meio do uso de instrumentos como o que é mostrado na Figura 4.16. O resultado é um espectro como aquele para os íons permanganato ($MnO_4^-$) na Figura 4.17. O espectro é um gráfico da absorbância da amostra em função do comprimento de onda da luz incidente. Aqui, o máximo de absorção é de cerca de 525 nm.

2. **Escolha o comprimento de onda para a medida.** A absorbância em cada comprimento de onda é proporcional à concentração. Portanto, na teoria, você poderia escolher qualquer comprimento de onda para estimativas quantitativas de concentração. No entanto, a magnitude da absorbância é importante, especialmente quando você está tentando detectar quantidades muito pequenas de soluto. Nos espectros de íons permanganato na Figura 4.17, note que a diferença na absorbância entre as curvas 1 e 2 é maior por volta de 525 nm, e neste comprimento de onda a mudança na absorbância é maior para uma determinada mudança na concentração. Isto é, a medida da absorbância como uma função da concentração é mais sensível nesse comprimento de onda. Por essa razão, *o comprimento de onda de absorbância máxima é selecionado para nossas medidas*.

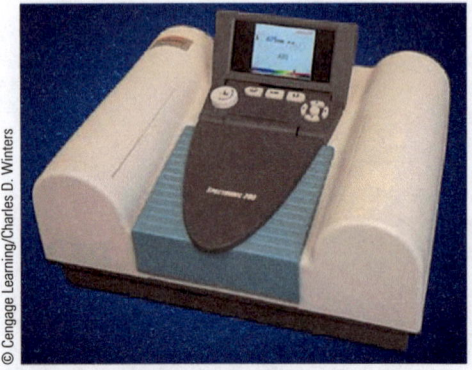

© Cengage Learning/Charles D. Winters

**FIGURA 4.16 Espectrofotômetro.** Este instrumento é frequentemente encontrado em laboratórios de química básica.

3. **Prepare uma curva de calibração.** Depois de ter escolhido o comprimento de onda, a próxima etapa é a construção de uma **curva de calibração** ou **gráfico de calibração** nesse comprimento de onda. Isso consiste em um gráfico de absorbância em função da concentração para uma série de soluções padrão cujas concentrações são conhecidas com exatidão. Por causa da relação linear entre a concentração e a absorbância (em um determinado comprimento de onda e caminho óptico), esse gráfico consiste em uma linha reta com uma inclinação positiva. (Você irá preparar um gráfico de calibração no Exemplo 4.14).

4. **Determine a concentração da espécie de interesse em outras soluções.** Uma vez que o gráfico de calibração foi feito e a equação da curva é conhecida, você pode encontrar a concentração de uma amostra desconhecida por meio de sua absorbância.

**FIGURA 4.17  O espectro de absorbância de soluções de permanganato de potássio (KMnO₄) em diferentes concentrações.** A solução da curva 1 tem concentração maior que a da curva 2.

---

**EXEMPLO 4.14**

## Usando Espectrofotometria na Análise Química

**Problema**  Uma solução de $KMnO_4$ possui uma absorbância de 0,539 quando medida a 540 nm em uma célula de 1,0 cm. Qual é a concentração do $KMnO_4$? Antes de determinar a absorbância para a solução desconhecida, os seguintes dados de calibração foram obtidos para o espectrofotômetro.

| Concentração de $KMnO_4$ (mol $L^{-1}$) | Absorbância |
|---|---|
| 0,0300 | 0,162 |
| 0,0600 | 0,330 |
| 0,0900 | 0,499 |
| 0,120 | 0,670 |
| 0,150 | 0,840 |

**O que você sabe?**  A tabela refere-se à concentração e absorbância para soluções aquosas de $KMnO_4$. A absorbância da amostra desconhecida (a 540 nm em uma célula de 1,0 cm) é fornecida.

**Estratégia**  Prepare uma curva de calibração a partir dos dados apresentados acima e então utilize-a para estimar a concentração do composto desconhecido a partir de sua absorbância. Um valor mais preciso da concentração pode ser obtido se você encontrar a equação para a linha reta no gráfico de calibração e calcular a concentração desconhecida usando essa equação.

**RESOLUÇÃO**  Usando o Microsoft Excel (ou programa equivalente) ou uma calculadora, prepare um gráfico de calibração a partir dos dados experimentais.

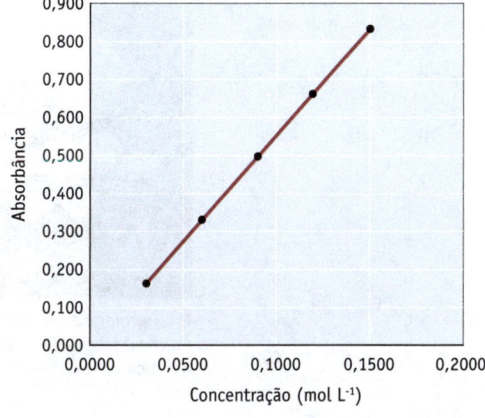

A equação para a linha reta (determinada usando o Excel) é

$$y = 5{,}653x - 0{,}009$$

$$\text{Absorbância} = 5{,}653\ c - 0{,}009$$

Se colocarmos a absorbância para a solução desconhecida,

$$0{,}539 = 5{,}653\ c - 0{,}009$$

$$\text{Concentração desconhecida } (c) = 0{,}0969\ \text{mol L}^{-1}$$

**Pense bem antes de responder** A absorbância do composto desconhecido foi de 0,539. Olhando para trás em nossos dados de calibração, podemos ver que essa absorbância situa-se entre os pontos de dados para absorbâncias de 0,499 e 0,670. Nossa resposta determinada para a concentração de $KMnO_4$ no composto desconhecido (0,0969 mol $L^{-1}$) está entre as concentrações para esses dois pontos de dados de 0,0900 mol $L^{-1}$ e 0,120 mol $L^{-1}$, como deveria. (Veja as páginas 42-43 para informações sobre como construir gráficos.)

## Verifique seu entendimento

Uma solução de íons cobre(II) possui uma absorbância de 0,418 quando medida a 645 nm em uma célula de 1,0 cm. Usando os dados a seguir, calcule a concentração de íons cobre(II) em uma solução desconhecida.

**DADOS DE CALIBRAÇÃO**

| CONCENTRAÇÃO DE $Cu^{2+}$ (mol $L^{-1}$) | ABSORBÂNCIA |
| --- | --- |
| 0,0562 | 0,720 |
| 0,0337 | 0,434 |
| 0,0281 | 0,332 |
| 0,0169 | 0,219 |

# 4.1 Química Verde e Economia Atômica

## APLICANDO OS PRINCÍPIOS QUÍMICOS

Os químicos e as indústrias químicas estão cada vez mais seguindo os princípios da "química verde". Um desses princípios é tentar converter todos os átomos dos reagentes em produtos; nada deve ser desperdiçado.

Uma forma de avaliar a eficiência de uma reação é calcular a "economia atômica".

% da economia atômica =
$$\frac{\text{massa molar dos átomos utilizados}}{\text{massa molar dos reagentes}} \times 100\%$$

Um exemplo simples desse conceito é a reação entre o metanol e o monóxido de carbono para produzir ácido acético. A economia de átomos é de 100%, porque todos os átomos dos reagentes aparecem no produto.

$$CH_3OH + CO \rightarrow CH_3CO_2H$$

O ibuprofeno é um medicamento anti-inflamatório não esteroide amplamente utilizado nos Estados Unidos em produtos com nomes comerciais como Motrin e Advil. Uma síntese recentemente desenvolvida de ibuprofeno utiliza os compostos descritos abaixo (que se combinam em três etapas de reação para obter ibuprofeno e, como um subproduto, ácido acético).

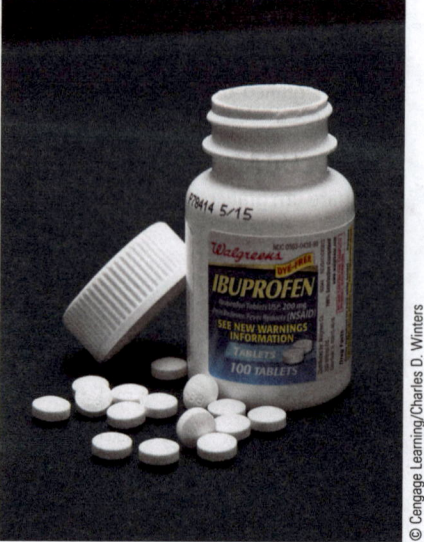

O ibuprofeno é um medicamento vendido sem receita e fabricado segundo os conceitos da química verde.

© Cengage Learning/Charles D. Winters

*continua*

Qual é a economia atômica para essa reação? Os reagentes, coletivamente, têm 15 átomos de C, 22 átomos de H e quatro átomos de O. A "massa molar" desse composto é de 266 mol $L^{-1}$. Por outro lado, o ibuprofeno possui uma massa molar de 206 mol $L^{-1}$. Portanto, a economia de átomos é de 77%. Isto é muito superior a um processo comercial concorrente para a síntese de ibuprofeno que apresenta uma economia de átomos de apenas 40%.

## Questão:

1. Metacrilato de metila é o reagente usado para preparar plásticos que você pode conhecer como Lucite ou algum outro nome comercial. A substância foi introduzida pela primeira vez em 1933, mas os químicos têm buscado maneiras melhores (e menos caras) para fabricar o composto. Em um processo recentemente desenvolvido, etileno ($C_2H_4$), metanol ($CH_3OH$), CO e formaldeído ($CH_2O$) combinam-se em duas etapas para obter o metacrilato de metila e água. Qual é a economia de átomos desse novo processo? (O novo processo não só apresenta uma economia de átomos muito melhor que o processo utilizado anteriormente, como também não envolve HCN, uma substância tóxica empregada em um outro método de produção desse composto.)

$$H_2C = CH_2 \quad CH_3OH \quad CO \quad CH_2O$$

$$\downarrow$$

$$H_3C - \overset{\overset{\displaystyle CH_2}{\|}}{C} - \overset{\overset{\displaystyle O}{\|}}{C} - O - CH_3 + H_2O$$

Metacrilato de metila

## Referência:

CANN M. C.; CONNELLY, M. E. *Real-World Cases in Green Chemistry*. American Chemical Society, 2000.

---

## APLICANDO OS PRINCÍPIOS QUÍMICOS

A Food and Drug Administration (FDA) dos Estados Unidos descobriu casos de adulteração de produtos envolvendo a adição de água sanitária em produtos como sopa, fórmula para lactentes e refrigerantes. A água sanitária é uma solução diluída de hipoclorito de sódio (NaClO), um composto que é um agente oxidante e que se torna perigoso em caso de ingestão.

Um método para detectar a água sanitária utiliza papel de iodeto de potássio e amido. A água sanitária oxida o íon iodeto para iodo em uma solução ácida

$$2I^-(aq) + HClO(aq) + H_3O^+(aq) \rightarrow$$
$$I_2(aq) + 2H_2O(\ell) + Cl^-(aq)$$

e a presença de $I_2$ é detectada por meio de uma cor azul intensa devido à reação com o amido.

Essa reação também é utilizada na análise quantitativa de soluções que contêm água sanitária. Excesso de íons iodeto (sob a forma de KI) é adicionado à amostra. A água sanitária na amostra (que forma HClO em solução ácida) oxida os íons iodeto em iodo, $I_2$. O iodo formado na reação é então titulado com tiossulfato de sódio, $Na_2S_2O_3$, em outra reação de oxirredução (como em "Verifique seu entendimento" no Exemplo 4.13).

$$I_2(aq) + 2S_2O_3{}^{2-}(aq) \rightarrow$$
$$2I^-(aq) + S_4O_6{}^{2-}(aq)$$

A quantidade de matéria de $Na_2S_2O_3$ utilizada na titulação pode então ser usada para determinar a quantidade de matéria de NaClO na amostra original.

## Questão:

1. Excesso de KI é adicionado a uma amostra de 100,0 mL de um refrigerante que tinha sido contaminado com água sanitária, NaClO. O iodo ($I_2$) gerado na solução é então titulado com $Na_2S_2O_3$ 0,0425 mol $L^{-1}$ e requer 25,3 mL para atingir o ponto de equivalência. Qual massa de NaClO estava contida na amostra de 100,0 mL do refrigerante adulterado?

# 4.2 Química Forense: Adulteração de Alimentos

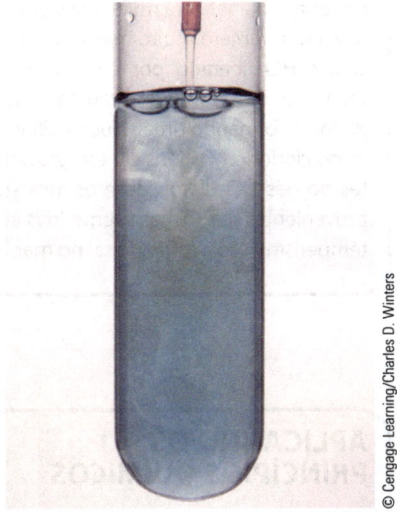

**Amido-Iodo.** Uma cor azul característica é gerada quando o iodo reage com o amido solúvel em água.

© Cengage Learning/Charles D. Winters

---

# 4.3 Quanto Sal Existe na Água do Mar?

## APLICANDO OS PRINCÍPIOS QUÍMICOS

A salinidade é uma das sensações gustativas básicas e, ao provarmos água do mar, rapidamente percebemos que ela é salgada. Como os oceanos se tornaram salgados?

O $CO_2$ dissolvido reage com água para produzir $H_2CO_3$, um ácido fraco que se dissocia parcialmente para formar íons hidrônio e bicarbonato.

$$CO_2(g) + H_2O(\ell) \rightarrow H_2CO_3(aq)$$
$$H_2CO_3(aq) + H_2O(\ell)$$
$$\rightleftharpoons H_3O^+(aq) + HCO_3{}^-(aq)$$

*continua*

Na verdade, isso explica porque a chuva é normalmente ácida, o que pode então fazer com que algumas substâncias, tais como a pedra calcária ou os corais, venham a se dissolver, produzindo íons cálcio e mais íons bicarbonato.

$$CaCO_3(s) + H_3O^+(aq) \rightarrow$$
$$Ca^{2+}(aq) + HCO_3^-(aq) + H_2O(\ell)$$

Os íons sódio chegam aos oceanos graças a uma reação semelhante com os minerais contendo sódio, tais como a albita, $NaAlSi_3O_6$. A chuva ácida que cai sobre a terra extrai os íons sódio, que são então carregados pelos rios para o oceano.

O teor médio de cloreto das rochas na crosta da Terra é de apenas 0,01%, portanto, apenas uma proporção ínfima do íon cloreto nos oceanos pode vir do intemperismo de rochas e minerais. Qual então é a origem dos íons cloreto na água do mar? A resposta está ligada aos vulcões. O gás cloreto de hidrogênio, HCl, é um constituinte dos gases vulcânicos. No início da história da Terra, o planeta era muito mais quente e havia um número muito maior de vulcões. O gás HCl liberado por esses vulcões é muito solúvel em água e rapidamente se dissolve, formando uma solução diluída de ácido clorídrico. Os íons cloreto provenientes do gás HCl dissolvido e os íons sódio provenientes das rochas submetidas ao intemperismo são a fonte do sal no mar.

Suponha que você seja um oceanógrafo e queira determinar a concentração de íons cloreto em uma amostra de água do mar. Como você pode fazer isso? E que resultado você pode encontrar?

Existem várias maneiras de analisar uma solução de íons de cloreto; entre elas está o clássico "método de Mohr", em que uma solução contendo íons cloreto é titulada com nitrato de prata padronizado. A seguinte reação ocorrerá:

$$Ag^+(aq) + Cl^-(aq) \rightarrow AgCl(s)$$

A reação continuará até que os íons cloreto tenham sido precipitados completamente. Para detectar o ponto de equivalência da titulação de $Cl^-$ com $Ag^+$, o método de Mohr envolve a adição de algumas gotas de uma solução de cromato de potássio. Este atua como "indicador" porque o cromato de prata é ligeiramente mais solúvel que AgCl, de modo que o $Ag_2CrO_4$ vermelho só precipita depois que todo o AgCl é precipitado.

$$2Ag^+(aq) + CrO_4^{2-}(aq) \rightarrow Ag_2CrO_4(s)$$

O aparecimento da cor vermelha da $Ag_2CrO_4$ (Figura 3.12) sinaliza o ponto de equivalência.

**Sal na água do mar**. Cada quilograma de água do mar contém aproximadamente 35 g de sais dissolvidos, predominantemente o NaCl.

*Cortesia de John C. Kotz*

### Questão:

Usando a seguinte informação, calcule a concentração de íons cloreto em uma amostra de água do mar:

Volume da amostra de água do mar original = 100,0 mL. Uma amostra de 10,00 mL de água do mar foi diluída até 100,0 mL com água destilada, e 10,00 mL da amostra diluída foram novamente diluídos para 100,0 mL. A titulação de Mohr foi realizada em 50,00 mL da amostra diluída (segunda diluição) e precisou de 26,25 mL de $AgNO_3$ 0,100 mol $L^{-1}$. Qual foi a concentração de íons cloreto na amostra original de água do mar?

# 4.4 *The Martian*

## APLICANDO OS PRINCÍPIOS QUÍMICOS

No livro e no filme, *The Martian** (Andy Weir, Crown Publishers, 2011), o astronauta Mark Watney se depara com o problema de sobrevivência na superfície desértica de Marte. Uma das suas primeiras e maiores necessidades é a água e ele propõe sintetizá-la reagindo o hidrogênio com o oxigênio. Ele tem uma fonte adequada de oxigênio: derivando $CO_2$ atmosférico. A decomposição da hidrazina, $N_2H_4$, o resto do combustível de foguete do Veículo de Incursão a Marte (VIM), produziria $N_2$ e $H_2$.

Nos planos de desenvolvimento, ele supôs que de 50 litros de oxigênio líquido

ele poderia produzir 100 litros de água ("50 litros de $O_2$ produzem 100 litros de moléculas que tem um oxigênio em cada uma."). Ele usa o mesmo raciocínio para estimar que um litro de hidrazina, $N_2H_4$, poderia render 2 litros de água ("Cada molécula de hidrazina tem quatro átomos de hidrogênio. Logo, cada litro de hidrazina teria hidrogênio suficiente para 2 litros de água."). Antes de responder às questões a seguir, faça uma suposição: Quão boa você acha que essas previsões sobre o volume de líquidos com base no número de átomos serão (excelentes, boas, regulares ou ruins)?

Com dados apropriados, podemos calcular o volume de água que poderia ser obtido reagindo-se 1,00 L de oxigênio

***The Martian.*** Este foi recentemente um livro e um filme popular que envolveu a química.

*Photos 12/Alamy Stock Photo*

líquido com o hidrogênio. A seguir é mostrado um resumo dessa abordagem para este cálculo. Os rótulos de 1 até 5 são os fatores usados em cada etapa do cálculo,

*NT: O livro foi publicado no Brasil pela Editora Arqueiro em 2014 com o título de *Perdido em Marte* e o filme recebeu o mesmo nome em português.

*continua*

A é a massa de $O_2$ e B é a quantidade de matéria de $H_2O$.

$$\begin{array}{ccccc} 1 & 2 & 3 & 4 & 5 \\ \text{vol } O_2 \rightarrow & A \rightarrow & \text{mol } O_2 \rightarrow & B \rightarrow & \text{massa } H_2O \rightarrow \\ & & & & \text{vol } H_2O \end{array}$$

## Questões:

1. Identifique o fator rotulado com 4 no mapa estratégico
   (a) Densidade da $H_2O(\ell)$, 1,00 g mL$^{-1}$
   (b) Densidade do $O_2(\ell)$, 1,14 g mL$^{-1}$
   (c) Massa molar do $O_2$, 32,0 g mol$^{-1}$
   (d) Massa molar da $H_2O$, 18,0 g mol$^{-1}$

2. Identifique o fator rotulado como 3 no mapa estratégico.
   (a) 1 mol $O_2$/1 mol $H_2O$
   (b) 1 mol $O_2$/2 mol $H_2O$
   (c) 1 mol $H_2O$/1 mol $O_2$
   (d) 2 mol $H_2O$/1 mol $O_2$

3. Calcule o volume de água obtido a partir de 1,00 litro de oxigênio líquido.
   (a) 2,0 L
   (b) 1,28 L
   (c) 0,64 L
   (d) 1,0 L

4. *Para Reflexão Adicional:* A densidade da hidrazina, $N_2H_4$, é 1,02 g mL$^{-1}$ e sua massa molar é 32,05 g mol$^{-1}$. Se todo o hidrogênio em 1,0 L de hidrazina é convertido em água, qual será o volume de água formado? Volte e olhe algumas previsões anteriores. A analogia entre o volume de líquido e a contagem de átomos é bastante ruim. Especule sobre o motivo de não ser muito boa.

# OBJETIVOS REVISITADOS

Os objetivos deste capítulo são marcados com as Questões para Estudo específicas para ajudá-lo a organizar sua revisão.

## 4.1 RELAÇÕES DE MASSA NAS REAÇÕES QUÍMICAS: ESTEQUIOMETRIA

- Entender os princípios da conservação da matéria, os quais formam a base da estequiometria química. **5.**

- Calcular a massa de um reagente ou produto em uma reação conhecendo a equação balanceada e a massa de outro reagente ou produto em uma reação. **2-6, 79, 81, 83, 97, 99.**

- Usar as tabelas de quantidades para organizar as informações químicas. **7-10.**

## 4.2 REAÇÕES EM QUE UM REAGENTE ESTÁ PRESENTE EM QUANTIDADE LIMITADA

- Determinar qual reagente está no suprimento limitado em uma reação envolvendo vários reagentes. **11-14, 98.**

- Determinar o rendimento de um produto baseado no reagente limitante. **11-18, 85.**

## 4.3 RENDIMENTO PERCENTUAL

- Explicar as diferenças entre rendimento real, teórico e rendimento percentual e calcular o rendimento percentual para uma reação. **21, 23.**

## 4.4 EQUAÇÕES QUÍMICAS E ANÁLISE QUÍMICA

- Usar os princípios estequiométricos para analisar uma mistura de compostos. **25-28, 129, 130.**

- Encontrar a fórmula empírica de um composto desconhecido usando a estequiometria química. **31-36, 90, 91.**

## 4.5 MEDINDO CONCENTRAÇÕES DE COMPOSTOS EM SOLUÇÃO

- Calcular a concentração de um soluto em uma solução em unidades de mol por litro (concentração em quantidade de matéria) e usar as concentrações de solução nos cálculos. **39, 41, 43.**

- Descrever como preparar uma solução de uma determinada concentração a partir do soluto e do solvente ou por diluição de uma solução mais concentrada. **47-52, 53, 121.**

## 4.6 pH, UMA ESCALA DE CONCENTRAÇÃO PARA ÁCIDOS E BASES

- Entender a escala de pH. **55, 56**.

- Calcular o pH de uma solução a partir da concentração de íons hidrônio na solução. Calcular a concentração de íon hidrônio em uma solução a partir de seu pH. **57-60**.

## 4.7 ESTEQUIOMETRIA DE REAÇÕES EM SOLUÇÕES AQUOSAS – FUNDAMENTOS

- Usar os princípios estequiométricos para reações que ocorrem em solução. **61-64, 106, 107**.

## 4.8 ESTEQUIOMETRIA DE REAÇÕES EM SOLUÇÕES AQUOSAS – TITULAÇÕES

- Explicar como é realizada uma titulação, o procedimento para a padronização de uma solução e calcular as concentrações ou quantidades de reagentes a partir dos dados de titulação. **69-72, 125**.

## 4.9 ESPECTROFOTOMETRIA

- Entender e usar os princípios de espectrofotometria para determinar a concentração de um composto ou íon colorido em solução. **77, 133**.

## EQUAÇÕES-CHAVE

**Equação 4.1** Rendimento percentual.

$$\text{Rendimento percentual} = \frac{\text{Quantidade real}}{\text{Quantidade teórica}} \times 100\%$$

**Equação 4.2** Definição de concentração em quantidade de matéria, uma medida da concentração de um soluto em uma solução.

$$\text{Concentração em quantidade de matéria de } x(c_x) = \frac{\text{Quantidade de matéria de soluto} \times \text{(mol)}}{\text{Volume da solução (L)}}$$

Uma forma útil dessa equação é

$$\text{Quantidade de matéria de soluto} \times \text{(mol)} = c_x \text{ (mol L}^{-1}) \times \text{volume da solução (L)}$$

**Equação de Diluição** Este é um atalho para encontrar, por exemplo, a concentração de uma solução $(c_d)$ após a diluição de um volume $(V_c)$ de uma solução mais concentrada $(c_c)$ para um novo volume $(V_d)$.

$$c_c \times V_c = c_d \times V_d$$

**Equação 4.3 pH** O pH de uma solução é o logaritmo negativo da concentração de íons hidrônio.

$$pH = -\log[H_3O^+]$$

**Equação 4.4** Calculando $[H_3O^+]$ pelo pH. A equação para calcular a concentração de íons hidrônio de uma solução a partir do pH da solução.

$$[H_3O^+] = 10^{-pH}$$

**Equação 4.5** Lei de Beer-Lambert. A absorbância da luz ($A$) por uma substância em solução é igual ao produto da absortividade molar da substância ($\varepsilon$), do caminho óptico ($\ell$) e da concentração do soluto ($c$).

$$\text{Absorbância}\,(A) \propto \text{caminho óptico}\,(\ell) \times \text{concentração}\,(c)$$
$$A = \varepsilon \times \ell \times c$$

# QUESTÕES PARA ESTUDO

▲ denota questões desafiadoras.

**Questões numeradas em verde** têm as respostas no Apêndice N.

## Praticando Habilidades

### Relações de Massa em Reações Químicas: Estequiometria Básica

(*Veja o Exemplo 4.1.*)

**1.** A reação do óxido de ferro(III) com o alumínio para formar ferro fundido é conhecida como a reação de termita.

$$Fe_2O_3(s) + 2Al(s) \rightarrow 2Fe(\ell) + Al_2O_3(s)$$

Qual quantidade de matéria de Al é necessária para a reação completa de 3,0 mol de $Fe_2O_3$? Qual massa de Fe, em gramas, pode ser produzida?

**2.** Que massa de HCl, em gramas, é necessária para reagir com 0,750 g de $Al(OH)_3$? Qual massa de água, em gramas, é produzida?

$$Al(OH)_3(s) + 3HCl(aq) \rightarrow AlCl_3(aq) + 3H_2O(\ell)$$

**3.** Como muitos metais, o alumínio reage com um halogênio (aqui o $Br_2$ líquido marrom-alaranjado) para fornecer um haleto metálico, brometo de alumínio. (O sólido branco na borda do béquer ao final da reação é $Al_2Br_6$.)

**Antes da reação**     **Depois da reação**

$$2Al(s) + 3Br_2(\ell) \rightarrow Al_2Br_6(s)$$

Que massa de $Br_2$, em gramas, é necessária para a reação completa de 2,56 g de Al? Qual massa de $Al_2Br_6$, sólido e branco, é esperada?

**4.** A equação balanceada para a redução de minério de ferro para o metal usando CO é

$$Fe_2O_3(s) + 3CO(g) \rightarrow 2Fe(s) + 3CO_2(g)$$

(a) Qual é a massa máxima de ferro, em gramas, que pode ser obtida a partir de 454 g (1,00 lb) de óxido de ferro(III)?

(b) Qual massa de CO é necessária para reagir com 454 g de $Fe_2O_3$?

**5.** O metano, $CH_4$, queima com oxigênio.

(a) Quais são os produtos da reação?

(b) Escreva a equação balanceada para a reação.

(c) Qual massa de $O_2$, em gramas, é necessária para a combustão completa de 25,5 g de metano?

(d) Qual é a massa total de produtos esperada a partir da combustão de 25,5 g de metano?

**6.** A formação de cloreto de prata, insolúvel em água, é útil na análise de substâncias que contêm cloreto. Considere a seguinte equação *não balanceada*:

$$BaCl_2(aq) + AgNO_3(aq) \rightarrow AgCl(s) + Ba(NO_3)_2(aq)$$

(a) Escreva a equação balanceada.

(b) Que massa de $AgNO_3$, em gramas, é necessária para a reação completa com 0,156 g de $BaCl_2$? Que massa de AgCl é produzida?

### Tabelas de Quantidades e Estequiometria Química

*Para cada questão abaixo, construa uma tabela de quantidades que contenha a quantidade inicial de reagentes, bem como as variações nas quantidades dos reagentes e produtos e as quantidades de reagentes e produtos após a reação (veja a página 165 e o Exemplo 4.1).*

**7.** A indústria metalúrgica foi a principal fonte de poluição do ar. Um processo comum envolvia a "queima" de sulfetos metálicos ao ar:

$$2PbS(s) + 3O_2(g) \rightarrow 2PbO(s) + 2SO_2(g)$$

Se 2,5 mol de PbS são aquecidos ao ar, que quantidade de matéria de $O_2$ é necessária para uma reação completa? Quais quantidades de matéria de PbO e $SO_2$ são esperadas?

**8.** O minério de ferro é convertido em ferro metálico em uma reação com carbono.

$$2Fe_2O_3(s) + 3C(s) \rightarrow 4Fe(s) + 3CO_2(g)$$

Se 6,2 mol de $Fe_2O_3(s)$ são utilizados, qual quantidade de matéria de C(s) é necessária e quais quantidades de matéria de Fe e $CO_2$ são produzidas?

**9.** O cromo metálico reage com o oxigênio para formar o óxido de cromo(III), $Cr_2O_3$.
   (a) Escreva uma equação balanceada para a reação.
   (b) Qual massa (em gramas) de $Cr_2O_3$ é produzida se 0,175 g de cromo metálico é completamente convertido em óxido?
   (c) Qual massa de $O_2$ (em gramas) é necessária para a reação?

**10.** O etano, $C_2H_6$, queima com oxigênio.
   (a) Quais são os produtos da reação?
   (b) Escreva a equação balanceada para a reação.
   (c) Qual massa do $O_2$, em gramas, é necessária para a combustão completa de 13,6 g de etano?
   (d) Qual é a massa total de produtos esperada a partir da combustão de 13,6 g de etano?

## Reagentes Limitantes

(*Veja o Exemplo 4.2.*)

**11.** O sulfeto de sódio, $Na_2S$, é utilizado na indústria do couro para remover os pelos do couro. O $Na_2S$ é preparado pela reação:

$$Na_2SO_4(s) + 4C(s) \rightarrow Na_2S(s) + 4CO(g)$$

Suponha que você misture 15 g de $Na_2SO_4$ e 7,5 g de C. Qual é o reagente limitante? Que massa de $Na_2S$ é produzida?

**12.** O gás amônia pode ser preparado pela reação de um óxido metálico, tal como óxido de cálcio, com cloreto de amônio.

$$CaO(s) + 2NH_4Cl(s) \rightarrow 2NH_3(g) + H_2O(g) + CaCl_2(s)$$

Se 112 g de CaO e 224 g de $NH_4Cl$ são misturados, qual é o reagente limitante e qual massa de $NH_3$ pode ser produzida?

**13.** O composto $SF_6$ é fabricado a partir da queima de enxofre em uma atmosfera de flúor. A equação balanceada é

$$S_8(s) + 24F_2(g) \rightarrow 8SF_6(g)$$

Se iniciamos a reação com uma mistura de 1,6 mol de enxofre, $S_8$, e 35 mol de $F_2$,
   (a) Qual é o reagente limitante?
   (b) Que quantidade de matéria de $SF_6$ é produzida?

**14.** O dicloreto de enxofre, $S_2Cl_2$, é usado para vulcanizar borracha. Ele pode ser fabricado tratando enxofre fundido com cloro gasoso:

$$S_8(\ell) + 4Cl_2(g) \rightarrow 4S_2Cl_2(\ell)$$

Começando com uma mistura de 32,0 g de enxofre e 71,0 g de $Cl_2$,
   (a) Qual é o reagente limitante?
   (b) Qual é o rendimento teórico de $S_2Cl_2$?
   (c) Qual massa do reagente em excesso restará quando a reação estiver completa?

**15.** A reação entre metano e água é uma maneira de preparar hidrogênio para uso como combustível:

$$CH_4(g) + H_2O(g) \rightarrow CO(g) + 3H_2(g)$$

Se você começar a reação com 995 g de $CH_4$ e 2510 g de água,
   (a) Qual é o reagente limitante?

   (b) Qual massa máxima de $H_2$ pode ser preparada?
   (c) Qual massa do reagente em excesso restará quando a reação estiver completa?

**16.** O cloreto de alumínio, $AlCl_3$, é fabricado tratando sucata de alumínio com cloro.

$$2Al(s) + 3Cl_2(g) \rightarrow 2AlCl_3(s)$$

Se você começar a reação com 2,70 g de Al e 4,05 g de $Cl_2$,
   (a) Qual é o reagente limitante?
   (b) Qual massa de $AlCl_3$ pode ser produzida?
   (c) Qual massa do reagente em excesso restará quando a reação estiver completa?
   (d) Construa uma tabela de quantidades de matéria para esse problema.

**17.** Na reação termita, óxido de ferro(III) é reduzido pelo alumínio para formar ferro fundido.

$$Fe_2O_3(s) + 2Al(s) \rightarrow 2Fe(\ell) + Al_2O_3(s)$$

Se você começar a reação com 10,0 g de $Fe_2O_3$ e 20,0 g de Al,
   (a) Qual é o reagente limitante?
   (b) Qual massa de Fe pode ser produzida?
   (c) Qual massa do reagente em excesso resta quando todo o reagente limitante é consumido?
   (d) Construa uma tabela de quantidades de matéria para esse problema.

**18.** A aspirina, $C_6H_4(OCOCH_3)CO_2H$, é produzida pela reação do ácido salicílico, $C_6H_4(OH)CO_2H$, com anidrido acético, $(CH_3CO)_2O$.

$$C_6H_4(OH)CO_2H(s) + (CH_3CO)_2O(\ell) \rightarrow$$
$$C_6H_4(OCOCH_3)CO_2H(s) + CH_3CO_2H(\ell)$$

Se você misturar 100 g de cada um dos reagentes, qual é a massa máxima de aspirina que pode ser obtida?

## Rendimento Percentual

(*Veja a Seção 4.3.*)

**19.** No Exemplo 4.2, você descobriu que uma mistura particular de CO e $H_2$ pode produzir 407 g de $CH_3OH$.

$$CO(g) + 2H_2(g) \rightarrow CH_3OH(\ell)$$

Se apenas 332 g de $CH_3OH$ forem produzidos de fato, qual é o rendimento percentual do composto?

**20.** Gás amônia pode ser preparado com a seguinte reação:

$$CaO(s) + 2NH_4Cl(s) \rightarrow 2NH_3(g) + H_2O(g) + CaCl_2(s)$$

Se 112 g de CaO e 224 g de $NH_4Cl$ são misturados, a quantidade teórica de $NH_3$ é 68,0 g (Questão para Estudo 12). Se apenas 16,3 g de $NH_3$ são realmente coletadas, qual é o rendimento percentual?

**21.** O composto azul-intenso $Cu(NH_3)_4SO_4$ é fabricado pela reação do sulfato de cobre(II) com amônia:

$$CuSO_4(aq) + 4NH_3(aq) \rightarrow Cu(NH_3)_4SO_4(aq)$$

   (a) Se você usar 10,0 g de $CuSO_4$ e excesso de $NH_3$, qual é a massa teórica de $Cu(NH_3)_4SO_4$?
   (b) Se você isolar 12,6 g de $Cu(NH_3)_4SO_4$, qual é o rendimento percentual de $Cu(NH_3)_4SO_4$?

**22.** Fumarolas negras são encontradas nas profundezas dos oceanos. Pensando que as condições nessas fumarolas podem ser propícias para a formação de compostos orgânicos, dois químicos da Alemanha descobriram que a seguinte reação pode ocorrer em condições semelhantes.

$$2CH_3SH + CO \rightarrow CH_3COSCH_3 + H_2S$$

Se você começar a reação com 10,0 g de $CH_3SH$ e excesso de CO,
(a) Qual é o rendimento teórico do $CH_3COSCH_3$?
(b) Se 8,65 g de $CH_3COSCH_3$ são isolados, qual é o seu rendimento percentual?

Uma fumarola negra, profunda no Oceano Pacífico.

**23.** A reação entre metano e água é uma maneira de preparar hidrogênio para uso como combustível:

$$CH_4(g) + H_2O(g) \rightarrow CO(g) + 3H_2(g)$$

Se esta reação tem um rendimento de 37% sob determinadas condições, qual a massa de $CH_4$ é necessária para produzir 15 g de $H_2$?

**24.** O metanol, $CH_3OH$, pode ser fabricado pela reação de monóxido de carbono e hidrogênio.

$$CO(g) + 2H_2(g) \rightarrow CH_3OH(\ell)$$

Qual massa do hidrogênio é necessária para produzir 1,0 L de $CH_3OH$ ($d$ = 0,791 g mL$^{-1}$) se essa reação possui um rendimento de 74% sob certas condições?

### Análises de Misturas

(*Veja o Exemplo 4.3.*)

**25.** Uma mistura de $CuSO_4$ e $CuSO_4 \cdot 5H_2O$ possui uma massa de 1,245 g. Após o aquecimento para eliminar toda água de hidratação, a massa é de apenas 0,832 g. Qual é a porcentagem em massa de $CuSO_4 \cdot 5H_2O$ na mistura? (Veja página 94.)

**26.** Uma amostra de 2,634 g contendo $CuCl_2 \cdot 2H_2O$ impuro foi aquecida. A massa da amostra após o aquecimento para eliminar a água de hidratação foi de 2,125 g. Qual era a porcentagem em massa de $CuCl_2 \cdot 2H_2O$ na amostra original?

**27.** Uma amostra de calcário e de outros materiais do solo é aquecida, e o calcário decompõe-se em óxido de cálcio e dióxido de carbono.

$$CaCO_3(s) \rightarrow CaO(s) + CO_2(g)$$

Uma amostra de 1,506 g de material contendo calcário produziu 0,558 g de $CO_2$, além do CaO, após ser aquecida em alta temperatura. Qual era a porcentagem em massa de $CaCO_3$ na amostra original?

**28.** Sob temperaturas elevadas, $NaHCO_3$ é convertido quantitativamente para $Na_2CO_3$.

$$2NaHCO_3(s) \rightarrow Na_2CO_3(s) + CO_2(g) + H_2O(g)$$

Aquecendo uma amostra de 1,7184 g de $NaHCO_3$ impuro obtém-se 0,196 g de $CO_2$. Qual era a porcentagem em massa de $NaHCO_3$ na amostra original?

**29.** O sulfeto de níquel(II), NiS, ocorre naturalmente como o mineral milerita, relativamente raro. Uma de suas origens são os meteoritos. Para analisar uma amostra de mineral em relação à quantidade de NiS, a amostra é dissolvida em ácido nítrico para formar uma solução de $Ni(NO_3)_2$.

$$NiS(s) + 4HNO_3(aq) \rightarrow$$
$$Ni(NO_3)_2(aq) + 2NO_2(g) + 2H_2O(\ell) + S(s)$$

A solução aquosa $Ni(NO_3)_2$ reage, em seguida, com o composto orgânico dimetilglioxima ($C_4H_8N_2O_2$) para se obter o sólido vermelho $Ni(C_4H_7N_2O_2)_2$.

$$Ni(NO_3)_2(aq) + 2C_4H_8N_2O_2(aq) \rightarrow$$
$$Ni(C_4H_7N_2O_2)_2(s) + 2HNO_3(aq)$$

Suponha que uma amostra de 0,468 g contendo milerita forme 0,206 g de sólido vermelho $Ni(C_4H_7N_2O_2)_2$. Qual é a porcentagem em massa de NiS na amostra?

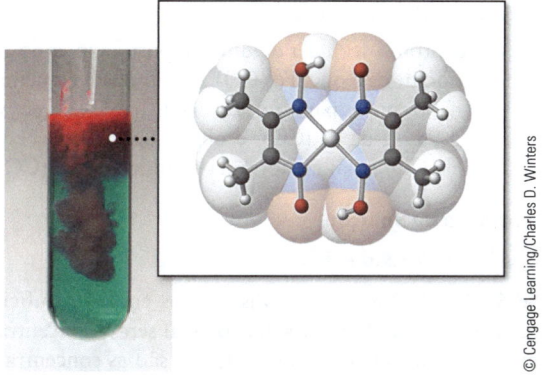

**Um precipitado de níquel com dimetilglioxima, Ni ($C_4H_7N_2O_2$)$_2$**

**30.** ▲ O alumínio em uma amostra de 0,764 g de um material desconhecido foi precipitado como hidróxido de alumínio, $Al(OH)_3$, o qual foi convertido por aquecimento em $Al_2O_3$. Se 0,127 g de $Al_2O_3$ é obtido a partir da amostra de 0,764 g, qual é a porcentagem em massa de alumínio na amostra?

### Usando a Estequiometria para Determinar as Fórmulas Empíricas e Moleculares

(*Veja os Exemplos 4.4 e 4.5.*)

**31.** O estireno, a unidade estrutural do poliestireno, consiste apenas em C e H. Se 0,438 g de estireno é queimado em oxigênio e produz 1,481 g de $CO_2$ e 0,303 g de $H_2O$, qual é a fórmula empírica do estireno?

**32.** Mesitileno é um hidrocarboneto líquido. A queima de 0,115 g do composto com oxigênio resulta na formação de

0,379 g de $CO_2$ e 0,1035 g de $H_2O$. Qual é a fórmula empírica do mesitileno?

33. O naftaleno é um hidrocarboneto que já foi usado em naftalina. Se 0,3093 g do composto é queimado em oxigênio, 1,0620 g de $CO_2$ e 0,1739 g de $H_2O$ são isolados.
    (a) Qual é a fórmula empírica do naftaleno?
    (b) Se outra experiência gerou 128,2 g mol$^{-1}$ como a massa molar do composto, qual é a sua fórmula molecular?

34. Azuleno é um lindo hidrocarboneto azul. Se 0,106 g do composto é queimado em oxigênio, são isolados 0,364 g de $CO_2$ e 0,0596 g de $H_2O$.
    (a) Qual é a fórmula empírica do azuleno?
    (b) Se em outra experiência determinou-se 128,2 g mol$^{-1}$ como a massa molar do composto, qual é a sua fórmula molecular?

35. Um composto desconhecido possui a fórmula $C_xH_yO_z$. Você queima 0,0956 g do composto e isola 0,1356 g de $CO_2$ e 0,0833 g de $H_2O$. Qual é a fórmula empírica do composto? Se a massa molar é 62,1 g mol$^{-1}$, qual é a fórmula molecular?

36. Um composto desconhecido possui a fórmula $C_xH_yO_z$. Você queima 0,1523 g do composto e isola 0,3718 g de $CO_2$ e 0,1522 g de $H_2O$. Qual é a fórmula empírica do composto? Se a massa molar é 72,1 g mol$^{-1}$, qual é a fórmula molecular?

37. O níquel forma um composto com o monóxido de carbono, $Ni_x(CO)_y$. Para determinar sua fórmula, você aquece com cuidado uma amostra de 0,0973 g no ar para converter o níquel em 0,0426 g de NiO e o CO para 0,100 g de $CO_2$. Qual é a fórmula empírica do $Ni_x(CO)_y$?

38. Para encontrar a fórmula de um composto contendo ferro e monóxido de carbono, $Fe_x(CO)_y$, o composto é queimado em oxigênio puro para formar $Fe_2O_3$ e $CO_2$. Se você queima 1,959 g de $Fe_x(CO)_y$ e obtém 0,799 g de $Fe_2O_3$ e 2,200 g de $CO_2$, qual é a fórmula empírica do $Fe_x(CO)_y$?

## Concentração da Solução

(*Veja os Exemplos 4.6 e 4.7.*)

39. Se 6,73 g de $Na_2CO_3$ são dissolvidos em água suficiente para se obter 250 mL de solução, qual será a concentração molar do carbonato do sódio? Quais são as concentrações molares dos íons $Na^+$ e $CO_3^{2-}$?

40. Um pouco de dicromato de potássio ($K_2Cr_2O_7$), 2,335 g, é dissolvido em água suficiente para fazer exatamente 500 mL de solução. Qual é a concentração molar do dicromato de potássio? Quais são as concentrações molares dos íons $K^+$ e $Cr_2O_7^{2-}$?

41. Qual é a massa de soluto, em gramas, em 250 mL de uma solução de $KMnO_4$ 0,0125 mol L$^{-1}$?

42. Qual é a massa de soluto, em gramas, em 125 mL de uma solução de $Na_3PO_4$ 1,023 × 10$^{-3}$ mol L$^{-1}$? Qual é a concentração molar dos íons $Na^+$ e $PO_4^{-3}$?

43. Qual volume de NaOH 0,123 mol L$^{-1}$, em mililitros, contém 25,0 g de NaOH?

44. Qual volume de $KMnO_4$ 2,06 mol L$^{-1}$, em litros, contém 322 g de soluto?

45. Identifique os íons que existem em cada solução aquosa e especifique a concentração de cada íon.

    (a) $(NH_4)_2SO_4$ 0,25 mol L$^{-1}$
    (b) $Na_2CO_3$ 0,123 mol L$^{-1}$
    (c) $HNO_3$ 0,056 mol L$^{-1}$

46. Identifique os íons que existem em cada solução aquosa e especifique a concentração de cada íon.
    (a) $BaCl_2$ 0,12 mol L$^{-1}$
    (b) $CuSO_4$ 0,0125 mol L$^{-1}$
    (c) $K_2Cr_2O_7$ 0,500 mol L$^{-1}$

## Preparando Soluções

(*Veja os Exemplos 4.6 e 4.7.*)

47. Um experimento em seu laboratório requer 500 mL de uma solução de $Na_2CO_3$ 0,0200 mol L$^{-1}$. Você recebe $Na_2CO_3$ sólido, água destilada e um balão volumétrico de 500 mL. Descreva como preparar a solução solicitada.

48. Qual massa de ácido oxálico, $H_2C_2O_4$, é necessária para preparar 250 mL de uma solução que tenha uma concentração de $H_2C_2O_4$ 0,15 mol L$^{-1}$?

49. Se você dilui 25,0 mL de ácido clorídrico 1,50 mol L$^{-1}$ para 500 mL, qual é a concentração molar do ácido diluído?

50. Se 4,00 mL de $CuSO_4$ 0,0250 mol L$^{-1}$ são diluídos para 10,0 mL com água pura, qual é a concentração molar de sulfato de cobre(II) na solução diluída?

51. Qual dos seguintes métodos você usaria para preparar 1,00 L de $H_2SO_4$ 0,125 mol L$^{-1}$?
    (a) Diluir 20,8 mL de $H_2SO_4$ 6,00 mol L$^{-1}$ para um volume de 1,00 L.
    (b) Adicionar 950 mL de água em 50,0 mL de $H_2SO_4$ 3,00 mol L$^{-1}$.

52. Qual dos seguintes métodos você usaria para preparar 300, mL de $K_2Cr_2O_7$ 0,500 mol L$^{-1}$?
    (a) Adicionar 30,0 mL de $K_2Cr_2O_7$ 1,50 mol L$^{-1}$ em 270 mL de água.
    (b) Diluir 250 mL de $K_2Cr_2O_7$ 0,600 mol L$^{-1}$ em um volume de 300 mL.

## Diluições em Série

(*Veja "Um olhar mais atento: Diluições em Série", página 184*)

53. Você tem 250 mL de HCl 0,136 mol L$^{-1}$. Usando uma pipeta volumétrica, coleta 25,00 mL da solução e dilui para 100,00 mL em um balão volumétrico. Agora você coleta 10,00 mL dessa solução, utilizando uma pipeta volumétrica, e dilui para 100,00 mL em um balão volumétrico. Qual é a concentração de ácido clorídico na solução final?

54. ▲ Suponha que você tenha 100,00 mL de uma solução de um corante e transfira 2,00 mL da solução para um balão volumétrico de 100,00 mL. Após a adição de água até a marca de 100,00 mL, você pega 5,00 mL dessa solução e dilui de novo para 100,00 mL. Se você determinar que a concentração do corante na amostra diluída final é de 0,000158 mol L$^{-1}$, qual era a concentração do corante na solução original?

## Cálculo e Uso do pH

(*Veja o Exemplo 4.8.*)

55. Um vinho de mesa possui um pH de 3,40. Qual é a concentração de íons hidrônio no vinho? Ele é ácido ou básico?

**56.** Uma solução saturada de leite de magnésia, $Mg(OH)_2$, apresenta um pH de 10,5. Qual é a concentração de íons hidrônio dessa solução? Essa solução é ácida ou básica?

**57.** Qual é a concentração de íons hidrônio de uma solução de $HNO_3$ 0,0013 mol $L^{-1}$? Qual é seu pH?

**58.** Qual é a concentração de íons hidrônio de uma solução de $HClO_4$ $1,2 \times 10^{-4}$ mol $L^{-1}$? Qual é seu pH?

**59.** Faça as seguintes conversões. Em cada caso, diga se a solução é ácida ou básica.

|  | pH | $[H_3O^+]$ |
|---|---|---|
| (a) | 1,00 | _____ |
| (b) | 10,50 | _____ |
| (c) | _____ | $1,3 \times 10^{-5}$ mol $L^{-1}$ |
| (c) | _____ | $2,3 \times 10^{-8}$ mol $L^{-1}$ |

**60.** Faça as seguintes conversões. Em cada caso, diga se a solução é ácida ou básica.

|  | pH | $[H_3O^+]$ |
|---|---|---|
| (a) | _____ | $6,7 \times 10^{-10}$ mol $L^{-1}$ |
| (b) | _____ | $2,2 \times 10^{-6}$ mol $L^{-1}$ |
| (c) | 5,25 | _____ |
| (c) | _____ | $2,5 \times 10^{-2}$ mol $L^{-1}$ |

## Estequiometria das Reações em Solução

(*Veja o Exemplo 4.9.*)

**61.** Qual volume, em mililitros, de $HNO_3$ 0,109 mol $L^{-1}$, é necessário para reagir completamente com 2,50 g de $Ba(OH)_2$?

$$2HNO_3(aq) + Ba(OH)_2(s) \rightarrow 2H_2O(\ell) + Ba(NO_3)_2(aq)$$

**62.** Qual massa do $Na_2CO_3$, em gramas, é necessária para a reação completa com 50,0 mL de $HNO_3$ 0,125mol $L^{-1}$?

$$Na_2CO_3(aq) + 2HNO_3(aq) \rightarrow 2NaNO_3(aq) + CO_2(g) + H_2O(\ell)$$

**63.** Quando uma corrente elétrica passa através de uma solução aquosa de NaCl são formados os produtos químicos industriais valiosos $H_2(g)$, $Cl_2(g)$ e NaOH(aq).

$$2NaCl(aq) + 2H_2O(\ell) \rightarrow H_2(g) + Cl_2(g) + 2NaOH(aq)$$

Que massa de NaOH pode ser obtida a partir de 15,0 L de NaCl 0,35 mol $L^{-1}$? Que massa de cloro pode ser obtida?

**64.** A hidrazina, $N_2H_4$, uma base como a amônia, pode reagir com o ácido sulfúrico.

$$2N_2H_4(aq) + H_2SO_4(aq) \rightarrow 2N_2H_5^+(aq) + SO_4^{2-}(aq)$$

Qual massa de hidrazina reage com 250 mL de $H_2SO_4$ 0,146 mol $L^{-1}$?

**65.** No processo de revelação fotográfica, o brometo de prata é dissolvido pela adição de tiossulfato do sódio:

$$AgBr(s) + 2Na_2S_2O_3(aq) \rightarrow Na_3Ag(S_2O_3)_2(aq) + NaBr(aq)$$

Se você quiser dissolver 0,225 g de AgBr, qual volume de $Na_2S_2O_3$ 0,0138 mol $L^{-1}$, em mililitros, deve ser utilizado?

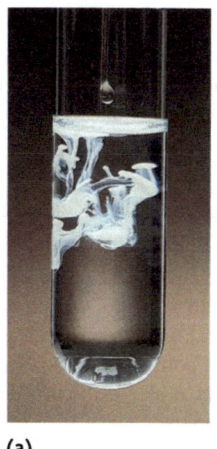
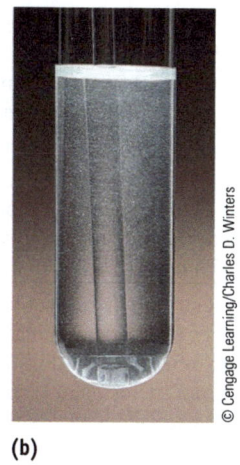

(a)               (b)

**Química da prata.** (a) Um precipitado de AgBr é formado adicionando-se $AgNO_3(aq)$ ao KBr(aq). (b) Ao acrescentar $Na_2S_2O_3(aq)$, tiossulfato de sódio, o sólido AgBr dissolve-se.

**66.** Você pode dissolver uma lata de alumínio de refrigerante em uma base aquosa tal como hidróxido de potássio.

$$2Al(s) + 2KOH(aq) + 6H_2O(\ell) \rightarrow 2KAl(OH)_4(aq) + 3H_2(g)$$

Se você colocar 2,05 g de alumínio em um béquer contendo 185 mL de KOH 1,35 mol $L^{-1}$, restará alumínio? Qual massa de $KAl(OH)_4$ é produzida?

**67.** Qual volume de $Pb(NO_3)_2$ 0,750 mol $L^{-1}$, em mililitros, é necessário para reagir completamente com 1,00 L de solução de NaCl 2,25 mol $L^{-1}$? A equação balanceada é

$$Pb(NO_3)_2(aq) + 2NaCl(aq) \rightarrow PbCl_2(s) + 2NaNO_3(aq)$$

**68.** Qual volume de ácido oxálico 0,125 mol $L^{-1}$, $H_2C_2O_4$, é necessário para reagir com 35,2 mL de NaOH 0,546 mol $L^{-1}$?

$$H_2C_2O_4(aq) + 2NaOH(aq) \rightarrow Na_2C_2O_4(aq) + 2H_2O(\ell)$$

## Titulações

(*Veja os Exemplos 4.10-4.13.*)

**69.** Qual volume de HCl 0,812 mol $L^{-1}$, em mL, é necessário para titular 1,45 g de NaOH até o ponto de equivalência?

$$NaOH(aq) + HCl(aq) \rightarrow H_2O(\ell) + NaCl(aq)$$

**70.** Qual volume de HCl 0,955 mol $L^{-1}$, em mL, é necessário para titular 2,152 g de $Na_2CO_3$ até o ponto de equivalência?

$$Na_2CO_3(aq) + 2HCl(aq) \rightarrow H_2O(\ell) + CO_2(g) + 2NaCl(aq)$$

**71.** Se 38,55 mL de HCl são necessários para titular 2,150 g de $Na_2CO_3$ de acordo com a equação a seguir, qual é a concentração (mol $L^{-1}$) da solução de HCl?

$$Na_2CO_3(aq) + 2HCl(aq) \rightarrow 2NaCl(aq) + CO_2(g) + H_2O(\ell)$$

**72.** Hidrogenoftalato de potássio, $KHC_8H_4O_4$, é usado para padronizar soluções de bases. O ânion do ácido reage com bases fortes, de acordo com a seguinte equação iônica líquida:

$$HC_8H_4O_4^-(aq) + OH^-(aq) \rightarrow C_8H_4O_4^{2-}(aq) + H_2O(\ell)$$

Se uma amostra de 0,902 g de hidrogenoftalato de potássio é dissolvida em água e titulada até o ponto de equivalência com 26,45 mL de NaOH(aq), qual é a concentração molar de NaOH?

73. Você possui 0,954 g de um ácido desconhecido, $H_2A$, que reage com NaOH de acordo com a equação balanceada

$$H_2A(aq) + 2NaOH(aq) \rightarrow Na_2A(aq) + 2H_2O(\ell)$$

Se 36,04 mL de 0,509 mol $L^{-1}$ de NaOH são necessários para titular o ácido até o segundo ponto de equivalência, qual é a massa molar do ácido?

74. Um ácido sólido desconhecido é ácido cítrico ou ácido tartárico. Para determinar qual ácido você tem, é preciso titular uma amostra do sólido com solução de NaOH e, a partir daí, determinar a massa molar do ácido desconhecido. As equações são as seguintes:

*Ácido cítrico*

$$H_3C_6H_5O_7(aq) + 3NaOH(aq) \rightarrow 3H_2O(\ell) + Na_3C_6H_5O_7(aq)$$

*Ácido tartárico:*

$$H_2C_4H_4O_6(aq) + 2NaOH(aq) \rightarrow 2H_2O(\ell) + Na_2C_4H_4O_6(aq)$$

Uma amostra de 0,956 g requer 29,1 mL de NaOH 0,513 mol $L^{-1}$ para consumir o ácido totalmente. Qual é o ácido desconhecido?

75. Para analisar um composto que contém ferro, você converte todo o ferro para $Fe^{2+}$ em solução aquosa e, então, titula com solução de $KMnO_4$ padronizada. A equação iônica líquida balanceada é:

$$MnO_4^-(aq) + 5Fe^{2+}(aq) + 8H_3O^+(aq) \rightarrow$$
$$Mn^{2+}(aq) + 5Fe^{3+}(aq) + 12H_2O(\ell)$$

Uma amostra de 0,598 g do composto que contém ferro requer 22,25 mL de $KMnO_4$ 0,0123 mol $L^{-1}$ para a titulação até o ponto de equivalência. Qual é a porcentagem em massa de ferro na amostra?

76. A vitamina C tem a fórmula $C_6H_8O_6$. Além de ser um ácido, ela é um agente redutor. Um método para determinar a quantidade de vitamina C em uma amostra é titulá-la com uma solução de bromo, $Br_2$, um agente oxidante.

$$C_6H_8O_6(aq) + Br_2(aq) \rightarrow 2HBr(aq) + C_6H_6O_6(aq)$$

Um comprimido mastigável de 1,00 g de vitamina C requer 27,85 mL de $Br_2$ 0,102 mol $L^{-1}$ para titulação até o ponto de equivalência. Qual é a massa da vitamina C no comprimido?

### Espectrofotometria

(*Veja a Seção 4-9 e o Exemplo 4.14. Os problemas a seguir foram adaptados do livro* Fundamentals of Analytical Chemistry, *8. ed., por D. A. Skoog, D. M. West, F. J. Holler e S. R. Crouch, Belmont: Thomson/Brooks-Cole, 2004.*)

77. Uma solução de um corante foi analisada por espectrofotometria, e os seguintes dados de calibração foram registrados.

| Concentração do Corante | Absorbância (A) a 475 nm |
|---|---|
| $0,50 \times 10^{-6}$ mol $L^{-1}$ | 0,24 |
| $1,5 \times 10^{-6}$ mol $L^{-1}$ | 0,36 |
| $2,5 \times 10^{-6}$ mol $L^{-1}$ | 0,44 |
| $3,5 \times 10^{-6}$ mol $L^{-1}$ | 0,59 |
| $4,5 \times 10^{-6}$ mol $L^{-1}$ | 0,70 |

(a) Construa um gráfico de calibração e determine a inclinação e a interseção.

(b) Qual é a concentração do corante em solução com $A = 0,52$?

78. O íon nitrito está envolvido no ciclo bioquímico do nitrogênio. Você pode determinar o teor de íon nitrito de uma amostra usando a espectrofotometria, primeiramente utilizando vários compostos orgânicos para formar um composto colorido do íon. Os seguintes dados foram coletados:

| Concentração de Íons $NO_2^-$ | Absorbância da Solução a 550 nm |
|---|---|
| $2,00 \times 10^{-6}$ mol $L^{-1}$ | 0,065 |
| $6,00 \times 10^{-6}$ mol $L^{-1}$ | 0,205 |
| $10,00 \times 10^{-6}$ mol $L^{-1}$ | 0,338 |
| $14,00 \times 10^{-6}$ mol $L^{-1}$ | 0,474 |
| $18,00 \times 10^{-6}$ mol $L^{-1}$ | 0,598 |
| concentração desconhecida | 0,402 |

(a) Construa um gráfico de calibração e determine a inclinação e a interseção.

(b) Qual é a concentração de íons nitrito na solução desconhecida?

## Questões Gerais

*Estas questões não estão definidas quanto ao tipo ou à localização no capítulo. Elas podem combinar vários conceitos.*

79. Suponha que 16,04 g de benzeno, $C_6H_6$, sejam queimados em oxigênio.
   (a) Quais são os produtos da reação?
   (b) Escreva uma equação balanceada para essa reação.
   (c) Qual massa de $O_2$, em gramas, é necessária para a combustão completa do benzeno?
   (d) Qual é a massa total de produtos esperada a partir da combustão de 16,04 g de benzeno?

80. A desordem metabólica do diabetes provoca um acúmulo de acetona, $CH_3COCH_3$, no sangue. A acetona, um composto volátil, é exalada, dando ao hálito dos diabéticos não tratados um odor característico. A acetona é produzida por uma quebra de gorduras em uma série de reações. A equação para a última etapa, a decomposição do ácido acetoacético para resultar em acetona e $CO_2$, é

$$CH_3COCH_2CO_2H \rightarrow CH_3COCH_3 + CO_2$$

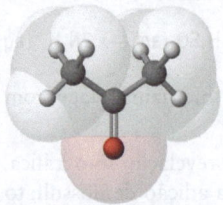

Acetona, $CH_3COCH_3$

Qual é a massa de acetona que pode ser produzida a partir de 125 mg de ácido acetoacético?

**81.** Seu corpo lida com o excesso de nitrogênio excretando-o na forma de ureia, $NH_2CONH_2$. A reação de produção dela é a combinação de arginina ($C_6H_{14}N_4O_2$) com água para gerar a ureia e a ornitina ($C_5H_{12}N_2O_2$).

$$C_6H_{14}N_4O_2 + H_2O \rightarrow NH_2CONH_2 + C_5H_{12}N_2O_2$$
arginina          ureia          ornitina

Se você excretar 95 mg de ureia, qual massa de arginina deve ter sido usada? Qual massa de ornitina deve ter sido produzida?

**82.** A reação entre o ferro metálico e o cloro gasoso para se obter o cloreto de ferro(III) é ilustrada seguir.

**A reação entre o ferro e o gás cloro**

(a) Escreva a equação química balanceada para a reação.
(b) Partindo de 10,0 g de ferro, que massa de $Cl_2$, em gramas, é necessária para que a reação seja completa? Que massa de $FeCl_3$ pode ser produzida?
(c) Se somente 18,5 g de $FeCl_3$ são obtidos a partir de 10,0 g de ferro e excesso de $Cl_2$, qual é o rendimento percentual?
(d) Se 10,0 g de cada um, ferro e cloro, são combinados, qual é a massa teórica do cloreto de ferro(III) formada?

**83.** Alguns haletos metálicos reagem com água para produzir o óxido metálico e o haleto de hidrogênio correspondente (veja a foto). Por exemplo,

$$TiCl_4(\ell) + 2H_2O(\ell) \rightarrow TiO_2(s) + 4HCl(g)$$

**A reação de $TiCl_4$ com a umidade do ar**

(a) Dê o nome dos quatro compostos envolvidos nessa reação.
(b) Se você partir de 14,0 mL de $TiCl_4$ ($d = 1,73$ g mL$^{-1}$), que massa de água em gramas é necessária para a reação completa?
(c) Qual massa de cada um dos produtos é esperada?

**84.** A reação de 750,0 g de $NH_3$ e $O_2$ produz 562 g de NO. (Veja a Seção 4.2).

$$4NH_3(g) + 5O_2(g) \rightarrow 4NO(g) + 6H_2O(\ell)$$

(a) Qual massa de água é produzida por esta reação?
(b) Qual massa de $O_2$ é necessária para consumir 750,0 g de $NH_3$?

**85.** A azida de sódio, um explosivo químico usado nos airbags de automóveis, é fabricada a partir da seguinte reação:

$$NaNO_3 + 3NaNH_2 \rightarrow NaN_3 + 3NaOH + NH_3$$

Se você combina 15,0 g de $NaNO_3$ com 15,0 g de $NaNH_2$, qual massa de $NaN_3$ é produzida?

**86.** O iodo é produzido segundo a reação

$$2NaIO_3(aq) + 5NaHSO_3(aq) \rightarrow$$
$$3NaHSO_4(aq) + 2Na_2SO_4(aq) + H_2O(\ell) + I_2(aq)$$

(a) Nomeie os dois reagentes.
(b) Se você quiser preparar 1,00 kg de $I_2$, quais massas de $NaIO_3$ e $NaHSO_3$ são necessárias?
(c) Qual é a massa teórica de $I_2$ se você misturou 15,0 g de $NaIO_3$ com 125 mL de $NaHSO_3$ 0,853 mol L$^{-1}$?

**87.** A sacarina, um adoçante artificial, possui a fórmula $C_7H_5NO_3S$. Suponha que você tenha uma amostra de 0,2140 g de um adoçante contendo sacarina. Depois da decomposição para liberar o enxofre e convertê-lo no íon $SO_4^{2-}$, o íon sulfato é separado como $BaSO_4$ insolúvel em água (Figura 4.4). A quantidade de $BaSO_4$ obtida é de 0,2070 g. Qual é a porcentagem em massa de sacarina na amostra de adoçante?

**88.** ▲ O boro forma uma série de compostos com o hidrogênio, todos com a fórmula geral $B_xH_y$.

$$B_xH_y(s) + \text{excesso } O_2(g) \rightarrow \frac{x}{2}B_2O_3(s) + \frac{y}{2}H_2O(g)$$

Se 0,148 g de um desses compostos forma 0,422 g de $B_2O_3$ quando queimado em excesso de $O_2$, qual é a sua fórmula empírica?

**89.** ▲ Silício e hidrogênio formam uma série de compostos com a fórmula geral $Si_xH_y$. Para encontrar a fórmula de um deles, uma amostra de 6,22 g do composto é queimada em oxigênio. Todo o Si é convertido em 11,64 g de $SiO_2$, e todo o H é convertido em 6,980 g de $H_2O$. Qual é a fórmula empírica do composto de silício?

**90.** ▲ O mentol, do óleo de menta, possui um odor característico. O composto contém apenas C, H e O. Se 95,6 mg de mentol queimam completamente em $O_2$ e são obtidos 269 mg de $CO_2$ e 111 mg de $H_2O$, qual é a fórmula empírica do mentol?

**91.** ▲ Benzoquinona, um produto químico usado na indústria de corantes e na fotografia, é um composto orgânico contendo apenas C, H e O. Qual é a fórmula empírica do composto se 0,105 g dele produz 0,257 g de $CO_2$ e 0,0350 g de $H_2O$ quando queimados completamente em oxigênio?

**92.** ▲ As soluções aquosas de cloreto de ferro(II) e sulfeto de sódio reagem para formar sulfeto de ferro(II) e cloreto de sódio.

(a) Escreva a equação balanceada para a reação.

(b) Se você combinar 40 g de cada, $Na_2S$ e $FeCl_2$, qual é o reagente limitante?

(c) Qual massa de FeS é produzida?

(d) Qual massa de $Na_2S$ ou de $FeCl_2$ restará após a reação?

(e) Qual massa de $FeCl_2$ é necessária para reagir completamente com 40 g de $Na_2S$?

**93.** O ácido sulfúrico pode ser preparado a partir de um minério contendo sulfeto, cuprita ($Cu_2S$). Se cada átomo de S no $Cu_2S$ conduz à formação de uma molécula de $H_2SO_4$, qual é a massa teórica de $H_2SO_4$ a partir de 3,00 kg de $Cu_2S$?

**94.** ▲ Em um experimento, 1,056 g de um carbonato metálico, contendo um metal desconhecido M, é aquecido para formar o óxido metálico e 0,375 g de $CO_2$.

$$MCO_3(s) + calor \rightarrow MO(s) + CO_2(g)$$

Qual é a identidade do metal M?

(a) M = Ni    (c) M = Zn

(b) M = Cu    (d) M = Ba

**95.** ▲ Um metal desconhecido reage com o oxigênio para produzir o óxido metálico, $MO_2$. Identifique o metal se uma amostra de 0,356 g deste produz 0,452 g do óxido metálico.

**96.** ▲ O óxido de titânio(IV), $TiO_2$, é aquecido em gás hidrogênio para formar água e um novo óxido de titânio, $Ti_xO_y$. Se 1,598 g de $TiO_2$ produz 1,438 g de $Ti_xO_y$, qual é a fórmula empírica desse novo óxido?

**97.** ▲ O perclorato de potássio é preparado por meio da seguinte sequência de reações:

$$Cl_2(g) + 2KOH(aq) \rightarrow KCl(aq) + KClO(aq) + H_2O(\ell)$$

$$3KClO(aq) \rightarrow 2KCl(aq) + KClO_3(aq)$$

$$4KClO_3(aq) \rightarrow 3KClO_4(aq) + KCl(aq)$$

Qual massa de $Cl_2(g)$ é necessária para produzir 234 kg de $KClO_4$?

**98.** ▲ "Hidrosssulfito" de sódio comercial possui 90,1% de $Na_2S_2O_4$. A sequência de reações usadas para preparar o composto é:

$$Zn(s) + 2SO_2(g) \rightarrow ZnS_2O_4(s)$$

$$ZnS_2O_4(s) + Na_2CO_3(aq) \rightarrow ZnCO_3(s) + Na_2S_2O_4(aq)$$

(a) Qual massa de $Na_2S_2O_4$ puro pode ser preparada a partir de 125 kg de Zn, 500 g de $SO_2$ e um excesso de $Na_2CO_3$?

(b) Qual massa do produto comercial conteria o $Na_2S_2O_4$ produzido usando as quantidades de reagentes na parte (a)?

**99.** Qual massa de cal, CaO, pode ser obtida pelo aquecimento de 125 kg de calcário, o qual contém 95,0% em massa de $CaCO_3$?

$$CaCO_3(s) \rightarrow CaO(s) + CO_2(g)$$

**100.** ▲ Os elementos prata, molibdênio e enxofre combinam-se para formar $Ag_2MoS_4$. Qual é a massa máxima de $Ag_2MoS_4$ que pode ser obtida se 8,63 g de prata, 3,36 g de molibdênio e 4,81 g de enxofre são misturados? (*Dica*: Qual é o reagente limitante?)

**101.** ▲ Uma mistura de buteno, $C_4H_8$, e butano, $C_4H_{10}$, é queimada no ar para se obter $CO_2$ e água. Suponha que você queime 2,86 g da mistura e obtenha 8,80 g de $CO_2$ e 4,14 g de $H_2O$. Quais são as porcentagens em massa de buteno e butano na mistura?

**102.** ▲ Um tecido pode ser impermeabilizado revestindo-o com uma camada de silicone. Isso é feito por meio da exposição do tecido ao vapor de $(CH_3)_2SiCl_2$. O composto de silício reage com os grupos OH no tecido para formar uma película à prova de água (densidade = 1,0 g/cm³) de $[(CH_3)_2SiO]_n$, em que $n$ é um número inteiro e elevado.

$$n\ (CH_3)_2SiCl_2 + 2nOH^- \rightarrow 2nCl^- + nH_2O + [(CH_3)_2SiO]_n$$

O revestimento é adicionado camada por camada, e cada camada de $[(CH_3)_2SiO]_n$ possui 0,60 nm de espessura. Suponha que você queira impermeabilizar um pedaço de pano de 3,00 metros quadrados e que também deseja obter 250 camadas de composto impermeabilizante sobre o tecido. De que massa do $(CH_3)_2SiCl_2$ você precisa?

**103.** ▲ Cobre metálico pode ser preparado por ustulação do minério de cobre, o qual pode conter cuprita ($Cu_2S$) e sulfeto de cobre(II).

$$Cu_2S(s) + O_2(g) \rightarrow 2Cu(s) + SO_2(g)$$

$$CuS(s) + O_2(g) \rightarrow Cu(s) + SO_2(g)$$

Suponhamos que uma amostra de minério contenha CuS, $Cu_2S$ e 11,0% de impurezas. Ao aquecer 100,0 g da mistura são produzidos 75,4 g de cobre metálico com uma pureza de 89,5%. Qual é a porcentagem em massa de CuS no minério? E a porcentagem em massa de $Cu_2S$?

**104.** Um comprimido de Alka-Seltzer contém exatamente 100 mg de ácido cítrico, $H_3C_6H_5O_7$, e mais um pouco de bicarbonato de sódio. Qual massa de bicarbonato de sódio é necessária para consumir 100 mg de ácido cítrico segundo a reação?

$$H_3C_6H_5O_7(aq) + 3NaHCO_3(aq) \rightarrow$$
$$3H_2O(\ell) + 3CO_2(g) + Na_3C_6H_5O_7(aq)$$

**105.** O bicarbonato de sódio e o ácido acético reagem de acordo com a equação

$$NaHCO_3(aq) + CH_3CO_2H(aq) \rightarrow$$
$$NaCH_3CO_2(aq) + CO_2(g) + H_2O(\ell)$$

Qual massa de acetato de sódio pode ser obtida a partir da mistura de 15,0 g de $NaHCO_3$ com 125 mL de ácido acético 0,15 mol $L^{-1}$?

**106.** Um refrigerante não gaseificado contém uma quantidade desconhecida de ácido cítrico, $H_3C_6H_5O_7$. Se 100,0 mL de refrigerante requerem 33,51 mL de NaOH 0,0102 mol $L^{-1}$ para neutralizar o ácido cítrico completamente, que massa deste ácido está contida em 100,0 mL de refrigerante? A reação entre o ácido cítrico e o NaOH é

$$H_3C_6H_5O_7(aq) + 3NaOH(aq) \rightarrow Na_3C_6H_5O_7(aq) + 3H_2O(\ell)$$

**107.** Tiossulfato de sódio, $Na_2S_2O_3$, é usado como um "fixador" na fotografia em preto e branco. Suponha que você tenha um frasco com tiossulfato de sódio e queira determinar sua pureza. O íon tiossulfato pode ser oxidado com $I_2$, de acordo com a equação iônica balanceada:

$$I_2(aq) + 2S_2O_3^{2-}(aq) \rightarrow 2I^-(aq) + S_4O_6^{2-}(aq)$$

Se você utilizar 40,21 mL de $I_2$ 0,246 mol $L^{-1}$ na titulação de uma amostra de 3,232 g de material impuro, qual é a porcentagem em massa de $Na_2S_2O_3$ do frasco?

**108.** Você tem uma mistura de ácido oxálico, $H_2C_2O_4$, e outro sólido que não reage com o hidróxido de sódio. Se 29,58 mL de NaOH 0,550 mol $L^{-1}$ são necessários para titular o ácido oxálico em uma amostra de 4,554 g até o segundo ponto de equivalência, qual é a porcentagem em massa de ácido oxálico na mistura? Ácido oxálico e NaOH reagem de acordo com a equação

$$H_2C_2O_4(aq) + 2NaOH(aq) \rightarrow Na_2C_2O_4(aq) + 2H_2O(\ell)$$

**109.** (a) Qual é o pH de uma solução de HCl 0,105 mol $L^{-1}$?
(b) Qual é a concentração de íons hidrônio em uma solução com um pH de 2,56? Essa solução é ácida ou básica?
(c) Uma solução possui um pH de 9,67. Qual é a concentração de íons hidrônio na solução? Essa solução é ácida ou básica?
(d) Uma amostra de 10,0 mL de HCl 2,56 mol $L^{-1}$ é diluída com água para 250 mL. Qual é o pH da solução diluída?

**110.** Um volume de 125 mL de uma solução de ácido clorídrico tem um pH de 2,56. Qual massa de $NaHCO_3$ deve ser adicionada para consumir completamente o HCl?

**111.** ▲ Meio litro (500 mL) de HCl 2,50 mol $L^{-1}$ é misturado com 250 mL de HCl 3,75 mol $L^{-1}$. Assumindo que o volume total da solução após a mistura é de 750 mL, qual é a concentração do ácido clorídrico na solução resultante? Qual é seu pH?

**112.** Um volume de 250 mL de uma solução de ácido clorídrico tem um pH de 1,92. Exatamente 250 mL de NaOH 0,0105 mol $L^{-1}$ são adicionados. Qual é o pH da solução resultante?

**113.** ▲ Você coloca 2,56 g de $CaCO_3$ em um béquer contendo 250 mL de HCl 0,125 mol $L^{-1}$. Quando a reação cessa, resta algum carbonato de cálcio? Que massa de $CaCl_2$ pode ser produzida?

$$CaCO_3(s) + 2HCl(aq) \rightarrow CaCl_2(aq) + CO_2(g) + H_2O(\ell)$$

**114.** O medicamento para câncer, cisplatina, $Pt(NH_3)_2Cl_2$, pode ser preparado por meio da reação de $(NH_4)_2PtCl_4$ com amônia em solução aquosa. Além da cisplatina, o outro produto é $NH_4Cl$.
(a) Escreva uma equação balanceada para essa reação.
(b) Para se obter 12,50 g de cisplatina, qual massa de $(NH_4)_2PtCl_4$ é necessária? Qual volume de $NH_3$ 0,125 mol $L^{-1}$ é necessário?
(c) ▲ A cisplatina pode reagir com o composto orgânico piridina, $C_5H_5N$, para formar um novo composto.

$$Pt(NH_3)_2Cl_2(aq) + x\ C_5H_5N(aq) \rightarrow Pt(NH_3)_2Cl_2(C_5H_5N)_x(s)$$

Suponha que você trate 0,150 g de cisplatina com o que você acredita ser um excesso de piridina líquida (1,50 mL; $d = 0,979$ g $mL^{-1}$). Quando a reação está completa, você pode determinar o quanto de piridina não foi utilizado pela titulação da solução com HCl padronizado. Se 37,0 mL de HCl 0,475 mol $L^{-1}$ são necessários para titular o excesso de piridina,

$$C_5H_5N(aq) + HCl(aq) \rightarrow C_5H_5NH^+(aq) + Cl^-(aq)$$

qual é a fórmula do composto desconhecido $Pt(NH_3)_2Cl_2(C_5H_5N)_x$?

**115.** ▲ Você precisa saber o volume de água em uma pequena piscina, mas devido à sua forma irregular, não é uma questão simples determinar suas dimensões e calcular o volume. Para resolver o problema, você mistura uma solução de um corante (1,0 g de azul de metileno $C_{16}H_{18}ClN_3S$, em 50,0 mL de água). Após o corante se misturar com a água da piscina, você pega uma amostra da água. Usando um espectrofotômetro, determina que a concentração do corante na piscina é de $4,1 \times 10^{-8}$ mol $L^{-1}$. Qual é o volume de água da piscina?

**116.** ▲ Carbonatos de cálcio e magnésio ocorrem juntos no mineral dolomita. Suponhamos que você aqueça uma amostra do mineral para obter os óxidos, CaO e MgO e, então, trate a amostra dos óxidos com ácido clorídrico. Se 7,695 g dessa amostra requerem 125 mL de HCl 2,55 mol $L^{-1}$,

$$CaO(s) + 2HCl(aq) \rightarrow CaCl_2(aq) + H_2O(\ell)$$
$$MgO(s) + 2HCl(aq) \rightarrow MgCl_2(aq) + H_2O(\ell)$$

qual é a porcentagem em massa de cada óxido (CaO e MgO) na amostra?

**117.** O ouro pode ser dissolvido a partir de rocha aurífera por tratamento com cianeto de sódio na presença de oxigênio.

$$4Au(s) + 8NaCN(aq) + O_2(g) + 2H_2O(\ell) \rightarrow$$
$$4NaAu(CN)_2(aq) + 4NaOH(aq)$$

(a) Forneça os nomes dos agentes oxidante e redutor nessa reação. O que foi oxidado e o que foi reduzido?
(b) Se você possui exatamente 1 tonelada (1 tonelada = 1000 kg) de rocha aurífera, qual volume de NaCN 0,075 mol $L^{-1}$, em litros, você precisa para extrair o ouro se a rocha contém 0,019% de ouro?

**118.** ▲ Você mistura 25,0 mL de $FeCl_3$ 0,234 mol $L^{-1}$ com 42,5 mL de NaOH 0,453 mol $L^{-1}$ .
(a) Qual massa de $Fe(OH)_3$ (em gramas) precipitará dessa mistura após a reação?
(b) Um dos reagentes ($FeCl_3$ ou NaOH) está presente em excesso de acordo com a relação estequiométrica. Qual é a concentração molar do reagente em excesso que permanece na solução após o $Fe(OH)_3$ ter sido precipitado?

**119.** **ECONOMIA ATÔMICA:** Um tipo de reação utilizada na indústria química é a substituição, na qual um átomo ou grupo de átomos é substituído por outro. Nesta reação, um álcool, 1-butanol, é transformado em 1-bromobutano pela substituição do grupo –OH por Br na presença de $H_2SO_4$.

$$CH_3CH_2CH_2CH_2OH + NaBr + H_2SO_4 \rightarrow$$
$$CH_3CH_2CH_2CH_2Br + NaHSO_4 + H_2O$$

Calcule a % de economia atômica na formação do produto desejado, $CH_3CH_2CH_2CH_2Br$.

**120. ECONOMIA ATÔMICA:** O óxido de etileno, $C_2H_4O$, é um importante produto químico industrial [pois ele é o ponto de partida para fabricar outros produtos químicos tais como o etilenoglicol (anticongelante) e vários polímeros]. Uma maneira de fabricar o composto é chamada de "via cloridrina".

$$C_2H_4 + Cl_2 + Ca(OH)_2 \rightarrow C_2H_4O + CaCl_2 + H_2O$$

Outra via é a reação catalítica moderna.

$$C_2H_4 + 1/2O_2 \rightarrow C_2H_4O$$

(a) Calcule a % de economia atômica na produção de $C_2H_4O$ em cada uma dessas reações. Qual é o método mais eficiente?

(b) Qual é o rendimento percentual de $C_2H_4O$ se 867 g de $C_2H_4$ são utilizados para sintetizar 762 g do produto por meio da reação catalítica?

## No Laboratório

**121.** Suponha que você dilua 25,0 mL de uma solução de $Na_2CO_3$ 0,110 mol $L^{-1}$ para exatamente 100,0 mL. Você então coleta exatamente 10,0 mL dessa solução diluída e a transfere para um balão volumétrico de 250 mL. Depois de encher o balão volumétrico até a marca com água destilada (que indica que o volume da solução nova é 250 mL), qual é a concentração da solução diluída de $Na_2CO_3$?

**122.** ▲ Em algumas análises laboratoriais, a técnica preferida consiste em dissolver uma amostra em um excesso de ácido ou de base e, em seguida, "voltar a titular" o excesso com uma base ou ácido padronizado. Essa técnica é utilizada para avaliar a pureza de uma amostra de $(NH_4)_2SO_4$. Suponha que você dissolva uma amostra de 0,475 g de $(NH_4)_2SO_4$ impuro em solução de KOH.

$$(NH_4)_2SO_4(aq) + 2KOH(aq) \rightarrow$$
$$2NH_3(aq) + K_2SO_4(aq) + 2H_2O(\ell)$$

A $NH_3$ produzida na reação é destilada da solução e coletada em um frasco contendo 50,0 mL de HCl 0,100 mol $L^{-1}$. A amônia reage com o ácido para produzir $NH_4Cl$, mas nem todo HCl é usado nessa reação. A quantidade de excesso de ácido é determinada pela titulação da solução com NaOH padronizado. Essa titulação consome 11,1 mL de NaOH 0,121 mol $L^{-1}$. Qual é a porcentagem em massa de $(NH_4)_2SO_4$ na amostra de 0,475 g?

**123.** Bancos de ostras nos oceanos necessitam dos íons cloreto para o crescimento. A concentração mínima é de 8 mg $L^{-1}$ (8 partes por milhão). Para analisar a quantidade de íons cloreto em uma amostra de 50,0 mL de água, você adicionou algumas gotas de solução de cromato de potássio aquoso e então titulou a amostra com 25,60 mL de nitrato de prata 0,001036 mol $L^{-1}$. O nitrato de prata reage com o íon cloreto e, quando os íons são completamente removidos, o nitrato de prata reage com o cromato de potássio para gerar um precipitado vermelho.

(a) Escreva uma equação iônica líquida balanceada para a reação entre o nitrato de prata e os íons cloreto.

(b) Escreva uma equação completa e balanceada e uma equação iônica líquida para a reação entre o nitrato de prata e o cromato de potássio, indicando se cada composto é ou não solúvel em água.

(c) Qual é a concentração de íons cloreto na amostra? Ela é suficiente para promover o crescimento das ostras?

**124.** ▲ Um composto formado pelos íons ítrio(III), bário(II), cobre(II) e cobre(III) e íons óxido é um material supercondutor a baixas temperaturas (páginas 150-151). Ele tem a fórmula $YBa_2Cu_3O_{7-x}$, em que $x$ é uma variável entre 1 e 0. Para encontrar o valor de $x$, você dissolve 34,02 mg do composto em 5 mL de HCl 1,0 mol $L^{-1}$. Em seguida, bolhas de gás de oxigênio ($O_2$) são observadas à medida que a seguinte reação ocorre:

$$YBa_2Cu_3O_{7-x}(s) + 13H^+(aq) \rightarrow$$
$$Y^{3+}(aq) + 2Ba^{2+}(aq) + 3Cu^{2+}(aq)$$
$$+ 1/4(1 - 2x)\, O_2(g) + 13/2H_2O(\ell)$$

Você então ferve a solução, resfria-a e adiciona 10 mL de KI 0,70 mol $L^{-1}$ em atmosfera de argônio. A seguinte reação ocorre:

$$2Cu^{2+}(aq) + 5I^-(aq) \rightarrow 2CuI(s) + I_3^-(aq)$$

Quando esta reação estiver completa, uma titulação da solução resultante com tiossulfato de sódio requer $1,542 \times 10^{-4}$ mol $S_2O_3^{2-}(aq)$.

$$I_3^-(aq) + 2S_2O_3^{2-}(aq) \rightarrow 3I^-(aq) + S_4O_6^{2-}(aq)$$

Qual é o valor de $x$ em $YBa_2Cu_3O_{7-x}$?

**125.** Você deseja determinar a porcentagem em massa do cobre em uma liga contendo essa substância simples. Depois de dissolver uma amostra de 0,251 g da liga em ácido, um excesso de KI é adicionado, e os íons $Cu^{2+}$ e $I^-$ são submetidos à reação

$$2Cu^{2+}(aq) + 5I^-(aq) \rightarrow 2CuI(s) + I_3^-(aq)$$

O $I_3^-$ liberado é titulado com tiossulfato de sódio de acordo com a equação

$$I_3^-(aq) + 2S_2O_3^{2-}(aq) \rightarrow S_4O_6^{2-}(aq) + 3I^-(aq)$$

(a) Determine os agentes oxidante e redutor nas duas reações anteriores.

(b) Se 26,32 mL de $Na_2S_2O_3$ 0,101 mol $L^{-1}$ são necessários para a titulação até o ponto de equivalência, qual é a porcentagem em massa de Cu na liga?

**126.** ▲ Um composto foi isolado, o qual pode apresentar qualquer uma de duas possíveis fórmulas: (a) $K[Fe(C_2O_4)_2(H_2O)_2]$ ou (b) $K_3[Fe(C_2O_4)_3]$. Para saber qual é a correta, você dissolve uma amostra pesada do composto em ácido para formar o ácido oxálico, $H_2C_2O_4$. Em seguida, titula esse ácido com permanganato de potássio, $KMnO_4$ (fonte do íon $MnO_4^-$). A equação balanceada líquida da titulação é

$$5H_2C_2O_4(aq) + 2MnO_4^-(aq) + 6H_3O^+(aq) \rightarrow$$
$$2Mn^{2+}(aq) + 10CO_2(g) + 14H_2O(\ell)$$

A titulação de 1,356 g do composto requer 34,50 mL de $KMnO_4$ 0,108 mol $L^{-1}$. Qual é a fórmula correta do composto contendo ferro: (a) ou (b)?

**127.** ▲ O cloreto de cromo(III) forma muitos compostos com amônia. Para encontrar a fórmula de um desses compostos, você titula a $NH_3$ do composto com ácido padronizado.

$$Cr(NH_3)_xCl_3(aq) + xHCl(aq) \rightarrow$$
$$xNH_4^+(aq) + Cr^{3+}(aq) + (x + 3)Cl^-(aq)$$

Suponha que 24,26 mL de HCl 1,500 mol $L^{-1}$ sejam utilizados para titular 1,580 g de $Cr(NH_3)_xCl_3$. Qual é o valor de $x$?

**128.** ▲ Tioridazina, $C_{21}H_{26}N_2S_2$, é um agente farmacêutico usado para regular a dopamina. (Dopamina, um neurotransmissor, afeta os processos cerebrais que controlam o movimento, a resposta emocional e a capacidade de sentir prazer e dor.) Um químico pode analisar uma amostra do produto farmacêutico para determinar o teor de tioridazina, decompondo-a para converter o enxofre do composto em íon sulfato. Este é então "precipitado" como sulfato de bário insolúvel em água (veja a Figura 4.4).

$$SO_4^{2-}(aq, \text{ da tioridazina}) + BaCl_2(aq) \rightarrow$$
$$BaSO_4(s) + 2Cl^-(aq)$$

Suponhamos que uma amostra de 12 comprimidos do medicamento tenha produzido 0,301 g de $BaSO_4$. Qual é o conteúdo de tioridazina, em miligramas, de cada comprimido?

**129.** ▲ Um herbicida contém 2,4-D (ácido 2,4-diclorofenóxiacético), $C_8H_6Cl_2O_3$. Uma amostra de 1,236 g do herbicida foi decomposta para separar o cloro como íon $Cl^-$. Este foi precipitado como AgCl, pesando 0,1840 g. Qual é a porcentagem em massa de 2,4-D na amostra?

**ácido 2,4-diclorofenoxiácetico**

**130.** ▲ O ácido sulfúrico é listado em um catálogo com uma concentração de 95-98%. Um frasco do ácido no depósito indica que 1,00 L possui uma massa de 1,84 kg. Para determinar a concentração do ácido sulfúrico na garrafa, uma estudante dilui 5,00 mL para 500 mL. Ela então pega quatro alíquotas de 10,00 mL e titula cada uma com hidróxido de sódio padronizado ($c = 0,1760$ mol $L^{-1}$).

| Alíquota | 1 | 2 | 3 | 4 |
|---|---|---|---|---|
| Volume de NaOH (mL) | 20,15 | 21,30 | 20,40 | 20,35 |

(a) Qual é a concentração média da amostra do ácido sulfúrico diluída?
(b) Qual é a porcentagem em massa de $H_2SO_4$ no frasco original?

**131.** ▲ Cloreto de cálcio anidro é um bom agente de secagem porque ele absorve rapidamente a água. Suponha que você tenha guardado cuidadosamente um pouco de $CaCl_2$ seco em um dessecador. Infelizmente, alguém usou o dessecador e não fechou a tampa, e o $CaCl_2$ tornou-se parcialmente hidratado. Uma amostra de 150 g desse material parcialmente hidratado foi dissolvida em 80 g de água quente. Quando a solução foi resfriada a 20°C, 74,9 g de $CaCl_2 \cdot 6 H_2O$ precipitaram. Sabendo que a solubilidade do cloreto de cálcio em água, a 20°C, é de 74,5 g de $CaCl_2$/100 g de água, determine o teor de água da amostra de 150 g de cloreto de cálcio parcialmente hidratado (em mol de água por mol de $CaCl_2$).

**132.** ▲ Uma amostra de 0,5510 g que consiste em uma mistura de ferro e óxido de ferro(III) foi dissolvida completamente em ácido para se obter uma solução contendo íons ferro(II) e ferro(III). Um agente redutor foi adicionado para converter todos os íons ferro(III) para íons ferro(II), então a solução foi titulada com $KMnO_4$ padronizado (0,04240 mol $L^{-1}$); 37,50 mL de solução de $KMnO_4$ foram necessários. Calcule a porcentagem em massa de Fe e $Fe_2O_3$ na amostra de 0,5510 g. (O Exemplo 4.13 fornece a equação da reação de íons ferro(II) e $KMnO_4$.)

**133.** ▲ O fosfato na urina pode ser determinado por espectrofotometria. Após a remoção da proteína da amostra, ela é tratada com um composto de molibdênio para se obter, em última análise, um polimolibdato azul-intenso. A absorbância do polimolibdato azul pode ser medida em 650 nm e está diretamente relacionada à concentração de fosfato na urina. Uma amostra de urina de 24 horas foi coletada de um paciente; o volume de urina foi de 1122 mL. O fosfato contido em uma alíquota de 1,00 mL da amostra de urina foi convertido em polimolibdato azul e diluído a 50,00 mL. Uma curva de calibração foi elaborada utilizando soluções contendo fosfato. (As concentrações são reportadas em gramas de fósforo (P) por litro de solução.)

| Solução (massa de fósforo (P) $L^{-1}$ | Absorbância a 650 nm em uma célula de 1,0 cm |
|---|---|
| $1,00 \times 10^{-6}$ g | 0,230 |
| $2,00 \times 10^{-6}$ g | 0,436 |
| $3,00 \times 10^{-6}$ g | 0,638 |
| $4,00 \times 10^{-6}$ g | 0,848 |
| Amostra de urina | 0,518 |

(a) Quais são a inclinação e a interseção da curva de calibração?
(b) Qual é a massa de fósforo por litro de urina?
(c) Qual massa de fosfato o paciente excretou no período de um dia?

**134.** ▲ Uma amostra de 4,000 g contendo KCl e $KClO_4$ foi dissolvida em água suficiente para se obter 250,00 mL de solução. Uma alíquota de 50,00 mL de solução necessitou de 41,00 mL de $AgNO_3$ 0,0750 mol $L^{-1}$ em uma titulação de Mohr. Em seguida, uma porção de 25,00 mL da solução original foi tratada com $V_2(SO_4)_3$ para reduzir o íon perclorato para cloreto,

$$8V^{3+}(aq) + ClO_4^-(aq) + 12H_2O(\ell) \rightarrow$$
$$Cl^-(aq) + 8VO^{2+}(aq) + 8H_3O^+(aq)$$

e a solução resultante foi titulada com $AgNO_3$. Nesta titulação foram gastos 38,12 mL de $AgNO_3$ 0,0750 mol L⁻¹. Qual é a porcentagem em massa de KCl e $KClO_4$ na mistura?

## Questões Gerais e Conceituais

*As seguintes questões podem usar os conceitos deste capítulo e dos capítulos anteriores.*

**135.** Dois béqueres estão apoiados em uma balança; a massa total é de 167,170 g. Um béquer contém uma solução de KI e o outro, uma solução de $Pb(NO_3)_2$. Quando a solução de um béquer é transferida totalmente para o outro, ocorre a seguinte reação:

$$2KI(aq) + Pb(NO_3)_2(aq) \rightarrow 2KNO_3(aq) + PbI_2(s)$$

 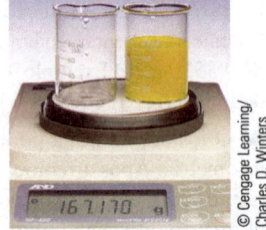

**Soluções de KI e Pb(NO₃)₂ antes da reação**    **Soluções após reação**

Qual é a massa total das soluções e dos béqueres depois da reação? Explique detalhadamente.

**136.** ▲ Quando uma determinada massa de amostra de ferro (Fe) é adicionada ao bromo líquido ($Br_2$), a reação é completa. A reação produz um único produto, que pode ser isolado e pesado. A experiência foi repetida um número de vezes com diferentes massas de ferro, mas com a mesma massa de bromo (veja o gráfico abaixo).

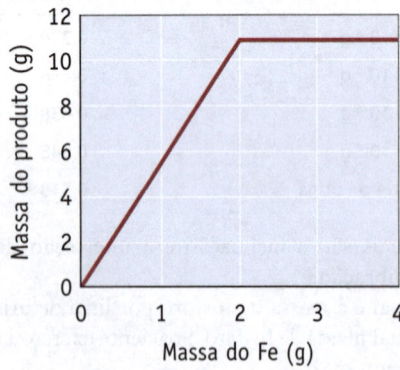

(a) Que massa de $Br_2$ é utilizada quando a reação consome 2,0 g de Fe?

(b) Qual é a relação molar entre $Br_2$ e Fe na reação?

(c) Qual é a fórmula empírica do produto?

(d) Escreva a equação química balanceada para a reação entre bromo e ferro.

(e) Qual é o nome do produto da reação?

(f) Qual afirmação ou afirmações descreve(m) melhor as experiências resumidas no gráfico?

  (i) Quando 1,00 g de Fe é adicionado ao $Br_2$, Fe é o reagente limitante.

  (ii) Quando 3,50 g de Fe são adicionados ao $Br_2$, há um excesso de $Br_2$.

  (iii) Quando 2,50 g de Fe são adicionados ao $Br_2$, ambos os reagentes são completamente consumidos.

  (iv) Quando 2,00 g de Fe são adicionados ao $Br_2$, 10,8 g de produto são formados. O rendimento percentual deve ser portanto de 20,0%.

**137.** Vamos explorar a reação com um reagente limitante. Aqui, o zinco metálico é adicionado a um frasco contendo solução de HCl, e o gás $H_2$ é um dos produtos.

$$Zn(s) + 2HCl(aq) \rightarrow ZnCl_2(aq) + H_2(g)$$

Cada um dos três frascos contém 0,100 mol de HCl. O zinco é adicionado a cada frasco, nas seguintes quantidades.

**Frasco 1:** 7,00 g Zn    **Frasco 2:** 3,27 g Zn    **Frasco 3:** 1,31 g Zn

Quando os reagentes são misturados, o $H_2$ infla o balão preso ao frasco. Os resultados são os seguintes:

Frasco 1: O balão infla completamente, mas resta algo de Zn sem reagir quando a inflação cessa.

Frasco 2: O balão infla completamente. Não resta nenhum Zn.

Frasco 3: O balão não infla completamente. Não resta nenhum Zn.

Explique esses resultados. Realize cálculos que justifiquem sua explicação.

**138.** Os antiácidos são compostos químicos que podem fornecer alívio imediato para a indigestão ou azia porque eles contêm íons carbonato ou hidróxido que neutralizam os ácidos estomacais. Alguns princípios ativos comuns incluem $NaHCO_3$, $KHCO_3$, $CaCO_3$, $Mg(OH)_2$ e $Al(OH)_3$. Embora estes compostos forneçam alívio rápido, eles não são recomendados para consumo prolongado. O carbonato de cálcio pode contribuir para o crescimento de cálculos renais e o carbonato de cálcio e o hidróxido de alumínio podem provocar constipação. O hidróxido de magnésio, por outro lado, é um laxante moderado e pode provocar diarreia. Os antiácidos contêm magnésio, consequentemente, são frequentemente combinados com o hidróxido de alumínio uma vez que o alumínio contra ataca as propriedades laxativas do magnésio.

(a) Quais dos compostos listados anteriormente levam a reações de formação de gás quando combinados com o HCl?

(b) Um comprimido de Tums Antiácido Extra Forte® contém 500,0 mg de $CaCO_3$.
 (i) Escreva uma equação química balanceada para a reação do $CaCO_3$ com o ácido estomacal (HCl).
 (ii) Qual o volume (em mL) de HCl(aq) 0,500 mol $L^{-1}$ reagirá completamente com um comprimido de Tums®?

(c) Os princípios ativos no Rolaids® são $CaCO_3$ e $Mg(OH)_2$.
 (i) Escreva uma equação química balanceada para a reação do $Mg(OH)_2$ com HCl.
 (ii) Se são necessários 29,52 mL de HCl 0,500 mol $L^{-1}$ para titular um comprimido de Rolaids® e o comprimido contém 550 mg de $CaCO_3$, qual é a massa de $Mg(OH)_2$ presente no comprimido?

(d) O Maalox® pode ser comprado nas formas líquida ou sólida. Uma colher de chá da forma líquida do Maalox® contém uma mistura de 200,0 mg de $Al(OH)_3$ e 200,0 mg de $Mg(OH)_2$. Qual o volume de HCl(aq) 0,500 mol $L^{-1}$ reagirá completamente com uma colher de chá de Maalox®?

(e) Qual produto neutraliza a maior quantidade de ácido quando ingerido nas quantidades apresentadas anteriormente: um comprimido de Tums® ou de Rolaids® ou uma colher de chá de Maalox®?

**139.** ▲ Dois estudantes titularam diferentes amostras da mesma solução de HCl utilizando solução de NaOH 0,100 mol $L^{-1}$ e indicador de fenolftaleína (Figura 4.12). O primeiro estudante pipeta 20,0 mL da solução de HCl para um frasco, adiciona 20 mL de água destilada e algumas gotas de solução de fenolftaleína, e titula até o aparecimento de uma cor rosa permanente. O segundo estudante pipeta 20,0 mL da solução de HCl para um frasco, adiciona 60 mL de água destilada e algumas gotas de solução de fenolftaleína e titula até aparecer a primeira coloração rosa permanente. Cada estudante calcula corretamente a concentração em quantidade de matéria da solução de HCl. Qual será o resultado do segundo estudante?

(a) quatro vezes menor que o resultado do primeiro estudante

(b) quatro vezes maior que o resultado do primeiro estudante

(c) duas vezes menor que o resultado do primeiro estudante

(d) duas vezes maior que o resultado do primeiro estudante

(e) o mesmo resultado do primeiro estudante

**140.** Na maioria dos estados norte-americanos, uma pessoa receberá uma notificação "dirigindo embriagado" se o nível de álcool no sangue for de 80 ou mais mg de álcool por decilitro (dl) de sangue. Suponhamos que uma pessoa tenha 0,033 mol de etanol ($C_2H_5OH$) por litro de sangue. A pessoa receberá essa notificação?

**141. ECONOMIA ATÔMICA:** Benzeno, $C_6H_6$, é um composto comum e pode ser oxidado para se obter o anidrido maleico, $C_4H_2O_3$, que, por sua vez, é utilizado para fabricar outros compostos importantes.

(a) Qual é a % de economia atômica na síntese de anidrido maleico a partir do benzeno segundo essa reação?

(b) Se 972 g de anidrido maleico são produzidos a partir de exatamente 1,00 kg de benzeno, qual é o rendimento percentual do anidrido? Qual massa do subproduto $CO_2$ é produzida também?

**142. ECONOMIA ATÔMICA:** O anidrido maleico, $C_4H_2O_3$, pode ser produzido pela oxidação de benzeno (Questão para Estudo 141). Ele também pode ser obtido a partir da oxidação do buteno.

(a) Qual é a % de economia atômica na síntese de anidrido maleico a partir do buteno segundo essa reação?

(b) Se 1,02 kg de anidrido maleico é produzido a partir de exatamente 1,00 kg de buteno, qual é o rendimento percentual do anidrido? Qual massa do subproduto $H_2O$ é produzida também?

# 5 Princípios da Reatividade Química: Energia e Reações Químicas

# Sumário do capítulo

## 5.1 Energia: Alguns Princípios Básicos

**Objetivos da Seção 5.1**

- Reconhecer e usar a linguagem termodinâmica: o sistema e suas vizinhanças; reações exotérmicas e endotérmicas.

- Descrever a natureza de transferências de energia como calor.

- Entender as convenções de sinal da termodinâmica.

A importância da energia é evidente em nossa vida diária – no aquecimento e resfriamento de nossas casas, no uso de nossos eletrodomésticos e veículos, entre outras coisas. A maior parte da energia que usamos para esses fins é obtida por meio de reações químicas, principalmente a partir da queima de combustíveis fósseis.

◀ A reação entre potássio e água. Esta reação envolve a transferência de energia entre o sistema e as vizinhanças na forma de calor (energia térmica), trabalho e luz.

**Consumo Mundial de Energia** Em 2014, a queima de combustíveis fósseis fornecia mais de 86% da energia total usada pela população no nosso planeta. A energia nuclear contribuía com 4,4% e a hidrelétrica com 6,8%. Menos de 2,5% era fornecida por fontes renováveis como solar, eólica e geotérmica.

Para aquecimento usamos gás natural, o qual, além do carvão, é responsável por gerar grande parte da energia elétrica; os combustíveis derivados do petróleo são destinados aos automóveis e ao aquecimento. Além disso, é necessária energia para a vida: reações químicas em nossos corpos fornecem a energia para as funções vitais e para o movimento corporal.

No Capítulo 1, definimos a energia como a capacidade de realizar trabalho e afirmamos que é possível dividi-la em duas categorias básicas: energia cinética (aquela associada ao movimento) e energia potencial (aquela que resulta da posição, da composição ou do estado de um objeto). Os químicos geralmente usam a **energia térmica** quando se referem à energia cinética das moléculas. Como você verá em breve, a energia térmica está associada à transferência de calor entre um objeto mais quente e outro mais frio.

**Unidades de Energia** A unidade SI para a energia (o joule) é discutida na página 31.

Um tipo de energia potencial é a energia química, a energia associada às forças que mantêm os átomos ou moléculas juntos como sólidos ou líquidos. Em uma reação química, a energia química (energia potencial) é convertida em outras formas de energia como calor ou luz (energia cinética).

Também no Capítulo 1 você aprendeu que, embora a energia possa ser convertida de um tipo em outro, a quantidade total de energia é conservada. Isso é formalmente estabelecido pela **lei de conservação de energia**: *A energia não pode ser criada nem destruída.* Ou, dito de outra forma, *a energia total do universo é constante.* Para entender a importância dessa lei, temos que introduzir uma nova terminologia e considerar cuidadosamente as implicações de uma série de experimentos.

## Sistemas e Vizinhanças

Em termodinâmica, os termos *sistema* e *vizinhança* têm um significado científico preciso e importante. Um **sistema** é definido como um objeto ou conjunto de objetos que está(ão) sendo estudado(s) (Figura 5.1). A **vizinhança** inclui tudo que esteja fora do sistema, com o qual possa trocar energia e ou matéria. Na discussão que se segue, precisaremos definir os sistemas com precisão. Se estivermos estudando o calor liberado em uma reação química, por exemplo, o sistema poderá ser definido como os reagentes, os produtos e o solvente. A vizinhança será o frasco da reação, o ar no recinto, o ambiente ou qualquer outra coisa em contato com o frasco com o qual ele poderá trocar energia ou matéria. No nível atômico, o sistema poderia ser um único átomo ou molécula, e a vizinhança seria os átomos ou moléculas próximas. Esse conceito de sistema e sua vizinhança também se aplica a situações fora da Química. Para estudarmos o balanço de energia em nosso planeta, poderíamos optar por definir a Terra como sistema e o espaço sideral como vizinhança. Em um nível cósmico, o Sistema Solar pode ser definido como o sistema a ser estudado e o restante da galáxia, como a vizinhança. Como o sistema e sua vizinhança são definidos para cada situação, estes dependem da informação que estamos tentando obter ou transmitir.

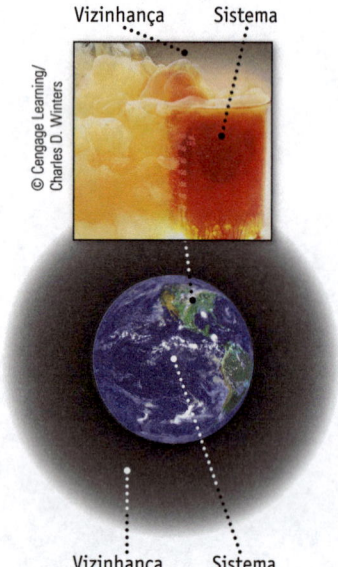

© Cengage Learning/ Charles D. Winters

Vizinhança    Sistema

Vizinhança    Sistema

**FIGURA 5.1 Sistema e sua vizinhança.** A Terra pode ser considerada um sistema termodinâmico, e o restante do universo, sua vizinhança. Uma reação química que ocorre num laboratório é também um sistema, e o laboratório, a vizinhança.

## Direcionalidade e Extensão da Transferência de Calor: Equilíbrio Térmico

**Equilíbrio Térmico** Uma característica geral dos sistemas em equilíbrio é que não existe qualquer alteração no nível macroscópico, embora ainda ocorram processos no nível particulado (Seção 3.3).

A energia pode ser transferida entre um sistema e sua vizinhança ou entre diferentes partes do sistema. Um meio possível de transferir energia é na forma de calor. Isso ocorre se dois objetos em diferentes temperaturas são colocados em contato. Na Figura 5.2, por exemplo, o béquer com água e o pedaço de metal que está sendo aquecido na chama do bico de Bunsen possuem temperaturas diferentes. Quando o metal quente é mergulhado em água fria, a energia é transferida como calor do metal para a água. A energia térmica (movimento molecular) das moléculas de água aumenta e a energia térmica dos átomos do metal diminui. Por fim, os dois objetos atingem a mesma temperatura e o sistema chega ao **equilíbrio térmico**. A característica peculiar do equilíbrio térmico é a de que, na escala macroscópica, nenhuma outra alteração de temperatura acontece; tanto o metal quanto a água estão na mesma temperatura.

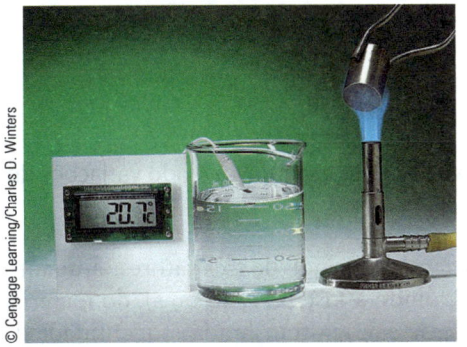 

A transferência de energia na forma de calor ocorre do cilindro de metal mais quente para a água fria. Por fim, a água e o metal atingem a mesma temperatura e estão em equilíbrio térmico.

**FIGURA 5.2 Transferência de energia.**

Mergulhar uma barra de metal quente em água e acompanhar a mudança de temperatura pode parecer uma experiência bastante simples, com um resultado óbvio. No entanto, a experiência ilustra dois princípios importantes em nossa discussão:

- A transferência de energia na forma de calor ocorre espontaneamente de um objeto com temperatura maior a outro com temperatura menor; o objeto cuja temperatura aumenta, ganha energia térmica e aquele cuja temperatura diminui, perde energia térmica.
- A transferência de energia na forma de calor continua até que ambos os objetos se encontrem sob a mesma temperatura e o equilíbrio térmico seja alcançado.

Para o caso específico em que a energia é transferida apenas como calor dentro de um sistema isolado (isto é, um sistema que não pode transferir energia nem matéria para sua vizinhança), também podemos dizer que a quantidade de energia perdida na forma de calor pelo objeto mais quente e a quantidade de energia na forma de calor recebida pelo objeto mais frio são numericamente iguais. Isso é requerido pela lei de conservação da energia.

Quando a energia é transferida na forma de calor entre um sistema e sua vizinhança, descrevemos o direcionamento dessa transferência como **exotérmico** ou **endotérmico** (Figura 5.3).

- Em um **processo exotérmico,** a energia de um sistema é transferida na forma de calor para sua vizinhança. A energia do sistema diminui, e a energia da vizinhança aumenta. A energia na forma de calor é designada pelo símbolo $q$. No caso de um processo exotérmico, $q_{sis} < 0$.
- Um **processo endotérmico** é o oposto de um processo exotérmico. A energia é transferida como calor da vizinhança para o sistema, aumentando a energia do sistema e diminuindo a energia da vizinhança. Para um processo endotérmico, $q_{sis} > 0$.

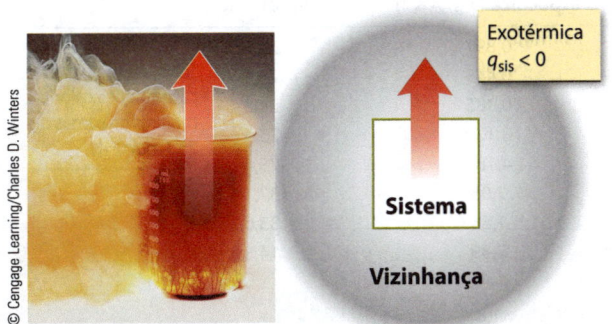

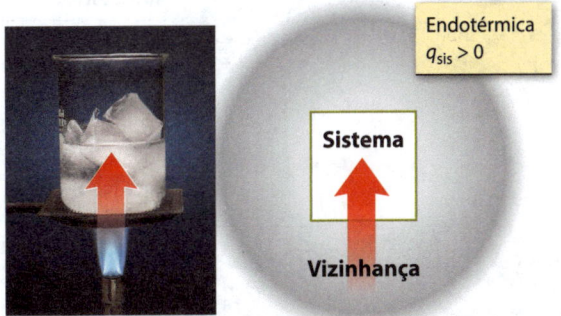

Exotérmica
$q_{sis} < 0$

Sistema

Vizinhança

Endotérmica
$q_{sis} > 0$

Sistema

Vizinhança

**Exotérmico:** energia transferida do sistema para a vizinhança

**Endotérmico:** energia transferida da vizinhança para o sistema

**FIGURA 5.3 Processos exotérmico e endotérmico.** O símbolo $q$ representa a energia transferida na forma de calor e o índice inferior sis refere-se ao sistema.

## 5.2 Capacidade Calorífica Específica: Aquecimento e Resfriamento

### Objetivo da Seção 5.2

- Usar a capacidade calorífica específica nos cálculos de transferência de energia como calor envolvendo variações de temperatura.

Quando um objeto é aquecido ou resfriado, a quantidade de energia transferida depende de três fatores: a quantidade de material, a magnitude da variação de temperatura, a identidade, incluindo a fase (g, $\ell$, aq ou s), do material que ganha ou perde energia. Para relacionar matematicamente a quantidade de energia transferida à quantidade de material e à variação de temperatura, para uma determinada substância, usamos a **capacidade calorífica específica** (C). Esta é definida como *a energia transferida na forma de calor necessária para elevar a temperatura de 1 grama de uma substância em 1 kelvin*. Ela tem unidades de joule por grama por kelvin ($J g^{-1} \cdot K^{-1}$). Algumas capacidades térmicas específicas estão listadas na Figura 5.4 e uma lista mais longa é fornecida no Apêndice D (Tabela 11).

A capacidade calorífica também pode ser expressa por mol. A quantidade de energia que é transferida na forma de calor para elevar a temperatura de 1 mol de uma substância em 1 kelvin é a **capacidade calorífica molar**. Para a água, a capacidade calorífica molar é de $75,4 \ J mol^{-1} \cdot K^{-1}$. A capacidade calorífica molar de metais à temperatura ambiente está sempre perto de $25 \ J mol^{-1} \cdot K^{-1}$.

A energia recebida ou perdida na forma de calor quando uma determinada massa de uma substância é aquecida ou resfriada pode ser calculada utilizando-se a Equação 5.1.

$$q = C \times m \times \Delta T \tag{5.1}$$

Aqui, $q$ é a energia recebida ou perdida na forma de calor por determinada massa de uma dada substância ($m$), $C$ é a capacidade calorífica específica e $\Delta T$ é a variação de temperatura. A variação de temperatura, $\Delta T$, é calculada como a temperatura final menos a temperatura inicial.

$$\Delta T = T_{final} - T_{inicial} \tag{5.2}$$

O cálculo da variação de temperatura utilizando a Equação 5.2 fornecerá um resultado com um sinal algébrico que indica o sentido da transferência de energia. Por exemplo, podemos usar a capacidade calorífica específica do cobre, $0,385 \ J g^{-1} \cdot K^{-1}$, para calcular a energia que deve ser transferida da vizinhança para uma amostra de 10,0 g de cobre se a temperatura do metal for aumentada de 298 K (25°C) a 598 K (325°C).

$$q = \left(0,385 \ \frac{J}{gK}\right)(10,0 \text{ g})(598 \text{ K} - 298 \text{ K}) = \ +1160 \text{ J}$$

$$\uparrow \qquad \qquad \uparrow$$
$$T_{final} \qquad \quad T_{inicial}$$
Temp. final   Temp. inicial

**Capacidades caloríficas específicas de alguns elementos, compostos e materiais**

| Substâncias | Capacidade calorífica específica ($J g^{-1} \cdot K^{-1}$) | Capacidade calorífica molar ($J/mol^{-1} \cdot K^{-1}$) |
|---|---|---|
| Al, alumínio | 0,897 | 24,2 |
| Fe, ferro | 0,449 | 25,1 |
| Cu, cobre | 0,385 | 24,5 |
| Au, ouro | 0,129 | 25,4 |
| Água (líquida) | 4,184 | 75,4 |
| Água (gelo) | 2,06 | 37,1 |
| Água (vapor) | 1,86 | 33,6 |
| $HOCH_2CH_2OH(\ell)$, etilenoglicol (anticongelante) | 2,39 | 14,8 |
| Madeira | 1,8 | — |
| Vidro | 0,8 | — |

> Todos os metais têm capacidades caloríficas molares próximas de $25 \ J mol^{-1} \cdot K^{-1}$

**FIGURA 5.4 Capacidade calorífica específica.** Metais têm diferentes valores de capacidade calorífica específica. No entanto, as suas capacidades caloríficas molares estão todas próximas de $25 \ J mol^{-1} \cdot K^{-1}$.

# O que É Calor?

## UM OLHAR MAIS ATENTO

Duzentos anos atrás, cientistas caracterizaram o calor como uma substância real chamada fluido calórico. A hipótese calórica supunha que, quando um combustível queimasse e uma panela de água fosse aquecida, por exemplo, o fluido calórico era transferido do combustível para a água. A queima do combustível liberaria fluido calórico e a temperatura da água aumentaria à medida que o fluido calórico fosse absorvido.

Sabemos agora que a ideia do fluido calórico é incorreta. Experimentos feitos por James Joule (1818-1889) e Benjamin Thompson (1753-1814), que mostraram a relação entre calor e outras formas de energia, como a energia mecânica, forneceram o caminho para dissipar essa ideia. Mesmo assim, nossa linguagem cotidiana conservou a influência dessa teoria inicial. Por exemplo, muitas vezes falamos de calor "que flui" como se este fosse um fluido.

De nossa discussão até agora, sabemos o que o "calor" não consiste nisso,

**Benjamin Thompson (1753-1814).** Thompson, também conhecido como Conde Rumford, estabeleceu sua reputação científica graças à investigação sobre a força explosiva da pólvora. Sua experiência com explosivos despertou o interesse pelo calor. Rumford projetou um experimento clássico que mostrou a relação entre trabalho e calor.

Musee de la Ville de Paris, Musee Carnavalet, Paris, França/Archives Charmet/ The Bridgeman Art Library

mas o que ele é? Diz-se que o calor é uma "quantidade do processo". É o processo pelo qual a energia é transferida através do limite de um sistema devido a uma diferença de temperatura entre os dois lados da fronteira. Nesse processo, a energia do objeto com menor temperatura aumenta, e a energia do objeto com maior temperatura diminui.

O calor não é o único processo pelo qual a energia pode ser transferida. Especificamente, trabalho consiste em um outro processo capaz de transferir energia entre objetos (veja a Seção 5.4).

A ideia de transferência de energia por processos de calor e trabalho é incorporada na definição da termodinâmica: a ciência do calor e do trabalho.

---

Observe que a resposta tem um sinal positivo. Isso indica que a energia da amostra de cobre *aumentou* em 1160 J, o que está de acordo com a energia que foi transferida da vizinhança ao cobre (sistema) na forma de calor.

A relação entre energia, massa e capacidade calorífica específica tem diversas implicações. A alta capacidade calorífica específica da água líquida, $4,184 \ J \ g^{-1} \cdot K^{-1}$ é uma das principais razões que explicam a influência significativa de grandes massas de água sobre o clima. Na primavera, os lagos tendem a se aquecer mais lentamente do que o ar. No outono, a energia transferida por um grande lago à medida que ele resfria modera a queda na temperatura do ar. A relevância da capacidade calorífica específica é também ilustrada quando o alimento está envolvido em folha de alumínio (capacidade calorífica específica de $0,897 \ J \ g^{-1} \cdot K^{-1}$) e aquecido em um forno. Você pode remover a folha com os dedos depois de tirar a comida do forno. A comida e a folha de alumínio estão muito quentes, mas a pequena massa da folha de alumínio utilizada e sua baixa capacidade calorífica específica resultam na transferência de apenas uma pequena quantidade de energia para os dedos (que têm uma massa maior e uma capacidade calorífica específica mais elevada) quando você toca a folha quente.

stockcreations/Shutterstock.com

**Um exemplo prático para saber mais sobre a capacidade calorífica específica.** Se você for cuidadoso, é possível remover o salmão pegando as bordas do papel de alumínio sem estar com as mãos protegidas. Devido à pequena quantidade de alumínio e à sua baixa capacidade calorífica específica, apenas uma pequena quantidade de energia é transferida.

## EXEMPLO 5.1

### Capacidade calorífica específica

**Problema** Quanta energia deve ser transferida para elevar a temperatura de uma xícara com café (250 mL) de 20,5°C (293,7 K) a 95,6°C (368,8 K)? Suponha que a água e o café tenham a mesma densidade (1,00 g mL$^{-1}$) e a mesma capacidade calorífica específica (4,184 J g$^{-1} \cdot$ K$^{-1}$).

**O que você sabe?** A energia necessária para aquecer uma substância está relacionada à sua capacidade calorífica específica (*C*), à massa da substância e à variação de temperatura (Equação 5.1). A massa do café, as temperaturas inicial e final e o valor de *C* são fornecidos no problema.

**Estratégia** Você pode calcular a massa do café a partir do volume e da densidade (massa = volume × densidade) e a mudança de temperatura a partir das temperaturas inicial e final ($\Delta T = T_{final} - T_{inicial}$). Utilize a Equação 5.1 para resolver e obter *q*.

**RESOLUÇÃO** Massa de café = (250 mL)(1,00 g mL$^{-1}$) = 250 g

$$\Delta T = T_{final} - T_{inicial} = 368,8\ K - 293,7\ K = 75,1\ K$$

$$q = C \times m \times \Delta T$$

$$q = (4,184\ J\ g^{-1} \cdot K^{-1})(250\ g)(75,1\ K)$$

$$q = 79000\ J\ (ou\ 79\ kJ)$$

**Pense bem antes de responder** O sinal positivo na resposta indica que a energia foi transferida para o café. A energia térmica do café é agora maior.

## Verifique seu entendimento

Em uma experiência, determinou-se que 59,8 J foram necessários para elevar a temperatura de 25,0 g de etilenoglicol (um composto utilizado como anticongelante em motores de automóveis) em 1,00 K. Calcule a capacidade calorífica específica do etilenoglicol a partir desses dados.

## Aspectos Quantitativos da Energia Transferida como Calor

A capacidade calorífica específica é uma propriedade intensiva característica de uma substância pura. A capacidade calorífica específica de uma substância pode ser determinada experimentalmente medindo-se variações de temperatura que ocorrem quando a energia é transferida na forma de calor da substância para uma quantidade conhecida de água (cuja capacidade calorífica específica é conhecida).

Suponha que um pedaço de metal de 55,0 g seja aquecido em água em ebulição a 99,8°C e, em seguida, colocado em água fria em um béquer isolado (Figura 5.5). Suponha que o béquer contenha 225 g de água, e a sua temperatura inicial (antes de o metal ser colocado dentro do béquer) fosse de 21,0°C. A temperatura final do metal e da água foi de 23,1°C. Qual é o calor específico do metal? Aqui estão os aspectos mais importantes desta experiência.

- Vamos definir o metal e a água como o sistema, e o béquer e o ambiente como a vizinhança; devemos supor que a energia na forma de calor é transferida apenas dentro do sistema. (Isso significa que a energia não é transferida entre o sistema e a vizinhança. Essa suposição é boa, mas não perfeita; para um resultado mais preciso, também precisaremos contar com qualquer transferência de energia para a vizinhança.)

- A água e o pedaço de metal ficam com a mesma temperatura. ($T_{final}$ é a mesma para ambos.)

**FIGURA 5.5 Transferência de energia na forma de calor.** Quando a energia na forma de calor é transferida a partir de um metal quente para a água fria, a energia térmica do metal diminui e a da água aumenta. O valor de $q_{metal}$ é negativo e, assim, o valor de $q_{água}$ é positivo.

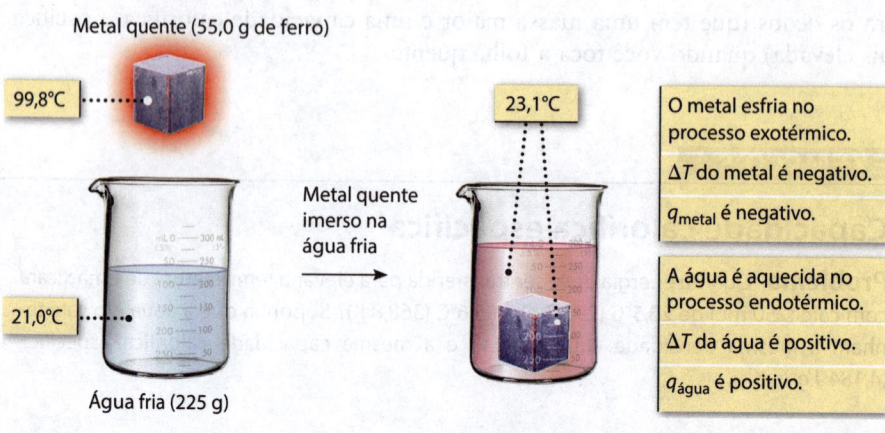

Metal quente (55,0 g de ferro)

99,8°C

21,0°C

Água fria (225 g)

Metal quente imerso na água fria

23,1°C

O metal esfria no processo exotérmico.

$\Delta T$ do metal é negativo.

$q_{metal}$ é negativo.

A água é aquecida no processo endotérmico.

$\Delta T$ da água é positivo.

$q_{água}$ é positivo.

## DICA PARA RESOLUÇÃO DE PROBLEMAS 5.1

### Calculando $\Delta T$

Virtualmente todos os cálculos em Química que envolvem temperatura são expressos em kelvin. No cálculo $\Delta T$, no entanto, podemos usar temperaturas em graus Celsius, porque tanto kelvin quanto graus Celsius representam o mesmo incremento de temperaturas. Ou seja, a diferença entre as duas temperaturas é a mesma em ambas as escalas. Por exemplo, a diferença entre os pontos de ebulição e fusão da água é:

$\Delta T$, Celsius = 100°C – 0°C = 100°C

$\Delta T$, kelvin = 373 K – 273 K = 100 K

---

- Também supomos que a energia seja transferida *apenas na forma de calor* dentro do sistema.
- A energia transferida na forma de calor do metal para a água, $q_{metal}$, tem um valor negativo, porque a temperatura do metal diminui. Por outro lado, $q_{água}$ tem um valor positivo, porque sua temperatura aumenta.
- Os valores de $q_{água}$ e $q_{metal}$ são numericamente iguais, mas de sinais opostos.

Por causa da lei da conservação de energia, *em um sistema isolado, a soma das mudanças de energia dentro do sistema deve ser igual a zero.* Se a energia é transferida apenas na forma de calor, então,

$$q_1 + q_2 + q_3 + \cdots = 0 \tag{5.3}$$

em que as quantidades $q_1$, $q_2$, e assim por diante, representam as energias transferidas na forma de calor para as partes individuais do sistema. Para esse problema específico, há trocas de energia térmicas associadas a dois componentes do sistema, água e metal, $q_{água}$ e $q_{metal}$; assim,

$$q_{água} + q_{metal} = 0$$

Cada uma dessas quantidades está relacionada individualmente às capacidades caloríficas específicas, massas e variações de temperatura, conforme definidas pela Equação 5.1. Assim,

$$[C_{água} \times m_{água} \times (T_{final} - T_{inicial, água})] + [C_{metal} \times m_{metal} \times (T_{final} - T_{inicial, metal})] = 0$$

A capacidade calorífica específica do metal, $C_{metal}$, é desconhecida neste problema. Usando a capacidade calorífica específica da água (4,184 J g$^{-1}$ · K$^{-1}$) e convertendo-se Celsius para kelvin, temos

$$[(4{,}184 \text{ J g}^{-1} \cdot \text{K}^{-1})(225 \text{ g})(296{,}3 \text{ K} - 294{,}2 \text{ K})] + [(C_{metal})(55{,}0 \text{ g})(296{,}3 \text{ K} - 373{,}0 \text{ K})] = 0$$

$$C_{metal} = 0{,}47 \text{ J g}^{-1} \cdot \text{K}^{-1}$$

---

### EXEMPLO 5.2

### Usando a Capacidade Calorífica Específica

**Problema** Em uma experiência como a da Figura 5.5, uma peça de 88,5 g de ferro, cuja temperatura é de 78,8°C (352,0 K), é colocada em um béquer contendo 244 g de água a 18,8°C (292,0 K). Quando o equilíbrio térmico é alcançado, qual é a temperatura final? (Suponha que a energia não seja perdida para aquecer o béquer e sua vizinhança.)

**O que você sabe?** O ferro esfria e a água aquece até que o equilíbrio térmico seja atingido. As energias associadas com as duas variações são determinadas pelas capacidades caloríficas específicas, pelas massas e pelas variações de temperatura para cada substância. Se definirmos o sistema como o ferro e a água, a soma dessas duas quantidades de energia será igual a zero. A temperatura final é desconhecida neste problema. As massas e temperaturas iniciais são dadas; as capacidades caloríficas específicas do ferro e da água podem ser encontradas no Apêndice D ou na Figura 5.4.

**Estratégia** A soma das duas quantidades de energia, $q_{Fe}$ e $q_{água}$, é zero ($q_{Fe} + q_{água} = 0$). Cada quantidade de energia é definida através da Equação 5.1; o valor de $\Delta T$ em cada uma é $T_{final} - T_{inicial}$. Podemos usar temperaturas em kelvin ou Celsius (Dica para Solução de Problemas 5.1). Substitua a informação dada na Equação 5.3 e resolva.

### RESOLUÇÃO

$$[C_{água} \times m_{água} \times (T_{final} - T_{inicial, água})] + [C_{Fe} \times m_{Fe} \times (T_{final} - T_{inicial, Fe})] = 0$$

$$[(4,184 \text{ J g}^{-1} \cdot \text{K})(244 \text{ g})(T_{final} - 292,0 \text{ K})] + [(0,449 \text{ J g}^{-1} \cdot \text{K})(88,5 \text{ g})(T_{final} - 352,0 \text{ K})] = 0$$

$$T_{final} = 294 \text{ K } (21°C)$$

**Pense bem antes de responder** Perceba que $T_{inicial}$ do metal e $T_{inicial}$ da água neste problema têm valores diferentes. Além disso, a baixa capacidade calorífica específica do ferro e sua pequena quantidade resultam na redução da sua temperatura em aproximadamente 60 graus, ao passo que a temperatura da água aumenta apenas alguns graus. Finalmente, conforme esperado, $T_{final}$ (294 K) está entre $T_{inicial, Fe}$ e $T_{inicial, água}$.

## Verifique seu entendimento

Um pedaço de 15,5 g de cromo, aquecido a 100,0°C, é colocado em 55,5 g de água a 16,5°C. A temperatura final do metal e da água é de 18,9°C. Qual é a capacidade calorífica específica do cromo? (Suponha que nenhuma energia seja perdida para o recipiente ou para o ar ambiente.)

## 5.3 Energia e Mudanças de Estado

### Objetivo da Seção 5.3

- Usar o calor de fusão e o calor de vaporização para calcular a energia transferida como calor nas mudanças de estado.

Uma *mudança de estado* consiste em uma alteração, por exemplo, entre sólido e líquido ou entre líquido e gás. Quando um sólido funde, seus átomos, moléculas ou íons movem-se vigorosamente o suficiente para se livrarem das forças atrativas que os mantêm em posições rígidas na estrutura sólida. Quando um líquido entra em ebulição, as partículas movem-se muito mais distantes umas das outras e as forças atrativas tornam-se mínimas. Em ambos os casos, a energia deve ser fornecida para superar as forças atrativas entre as partículas.

A energia transferida na forma de calor que é requerida para converter uma substância sólida em seu ponto de fusão em líquido é chamada de **calor de fusão**. A energia transferida como calor para converter um líquido em seu ponto de ebulição em vapor é chamada **calor de vaporização**. Os calores de fusão e de vaporização para muitas substâncias são fornecidos com outras propriedades físicas em diversos manuais. Os valores para algumas substâncias comuns são apresentados no Apêndice D (Tabela 12).

**Dependência do Calor de Vaporização com a Temperatura** O calor de vaporização de uma substância é dependente da temperatura. Por exemplo, o calor de vaporização da água a 25°C é 2442 J g$^{-1}$. Esse valor é ligeiramente maior do que o valor a 100°C (2256 J g$^{-1}$).

É importante observar que a *temperatura é constante durante uma mudança de estado* (Figura 5.6). Ao longo de uma mudança de estado, a energia adicionada é usada para superar as forças que prendem uma molécula a outra, não para aumentar a temperatura.

Para a água, o calor de fusão a 0°C é de 333 J g$^{-1}$ e o calor de vaporização a 100°C é de 2256 J g$^{-1}$. Esses valores podem ser usados para calcular a energia requerida para fundir ou evaporar uma determinada massa de água. Por exemplo, a energia necessária para converter 500 g de água do estado líquido para o gasoso a 100°C é

$$(2256 \text{ J g}^{-1})(500,0 \text{ g}) = 1,13 \times 10^6 \text{ J } (= 1130 \text{ kJ})$$

Por outro lado, para fundir a mesma massa de gelo e formar água líquida a 0°C são necessários apenas 167 kJ.

$$(333 \text{ J g}^{-1})(500,0 \text{ g}) = 1,67 \times 10^5 \text{ J } (= 167 \text{ kJ})$$

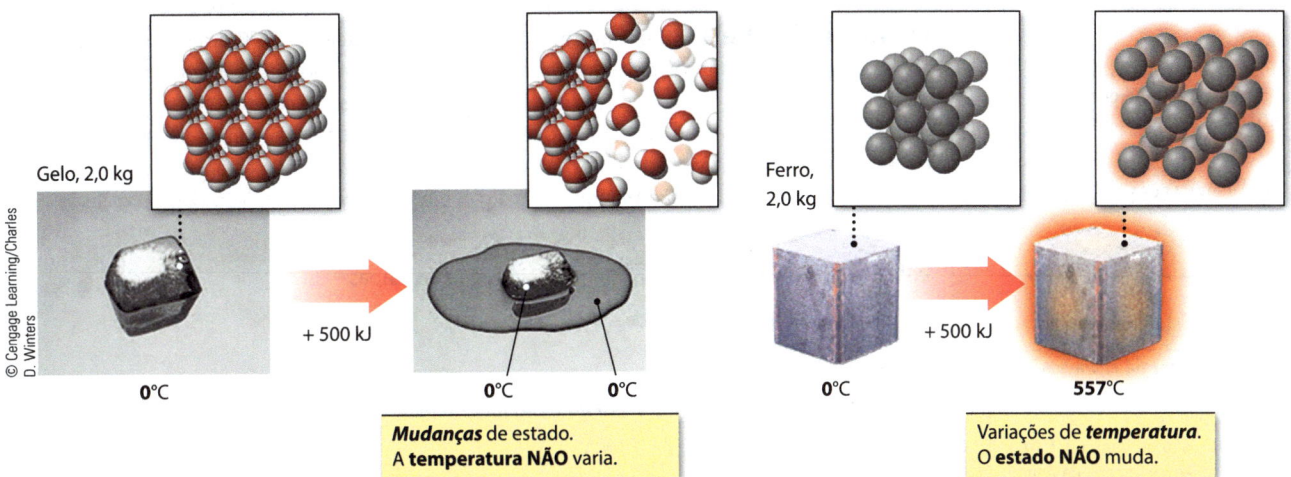

Gelo, 2,0 kg

+ 500 kJ

0°C        0°C        0°C

**Mudanças** de estado.
A **temperatura NÃO** varia.

Ferro,
2,0 kg

+ 500 kJ

0°C        557°C

Variações de **temperatura**.
O **estado NÃO** muda.

A transferência de 500 kJ de energia na forma de calor a 2,0 kg de gelo a 0°C ocasionará a fusão de 1,5 kg de gelo em água a essa temperatura (e 0,5 kg de gelo permanecerá). Portanto, nenhuma mudança de temperatura ocorre.

Em contraste, a transferência de 500 kJ de energia na forma de calor para 2,0 kg de ferro, a 0°C, fará com que a temperatura aumente para 557°C (e o metal se dilata ligeiramente, mas não funde).

**FIGURA 5.6** **Diferença entre uma mudança de estado e aumento na temperatura como resultado da adição de energia.**

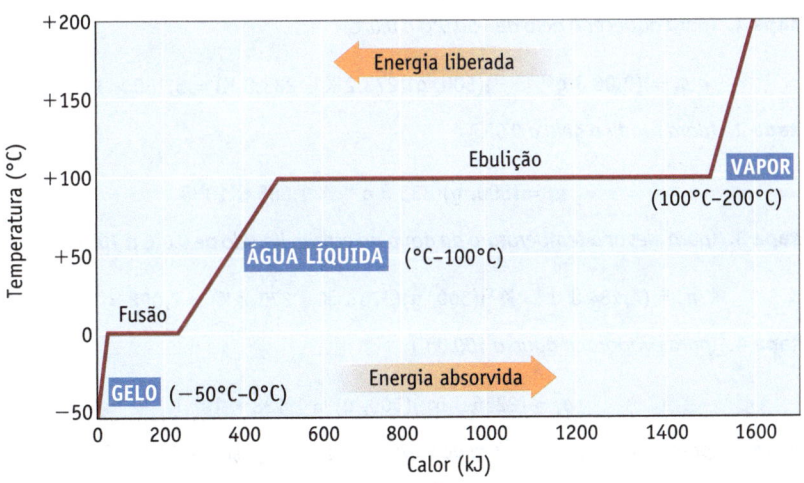

**FIGURA 5.7** **Transferência de energia na forma de calor e mudança de temperatura quando 500 g de água são aquecidos de −50°C a 200°C (a 1 atm).**

A Figura 5.7 apresenta um perfil das mudanças de energia que ocorrem quando 500 g de gelo à temperatura de −50°C são convertidos em vapor de água a 200°C. Isso envolve uma série de etapas: (1) aquecimento do gelo até 0°C, (2) conversão para água no estado líquido a 0°C, (3) aquecimento de água líquida até 100°C, (4) evaporação a 100°C, e (5) aquecimento do vapor de água até 200°C. Cada etapa requer o fornecimento de energia adicional. A energia transferida na forma de calor para elevar a temperatura do sólido, líquido e vapor pode ser calculada com a Equação 5.1, utilizando-se as capacidades caloríficas específicas do gelo, da água líquida e do vapor de água (que são diferentes), e as energias para as mudanças de estado podem ser calculadas utilizando-se calores de fusão e vaporização. Esses cálculos estão ilustrados no Exemplo 5.3.

**EXEMPLO 5.3**

## Energia e Mudanças de Estado

**Problema** Calcule a energia necessária para converter 500, g de gelo a −50,0°C em vapor a 200,0°C (Figura 5.7). O calor de fusão da água é de 333 J g$^{-1}$ e o calor de vaporização é de 2256 J g$^{-1}$. As capacidades caloríficas específicas do gelo, da água líquida e do vapor de água são apresentadas no Apêndice D.

## Mapa Estratégico 5.3

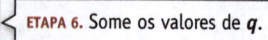
**O que você sabe?** O processo total de conversão do gelo a –50°C em vapor a 200°C envolve tanto as mudanças de temperatura quanto as de estado; todas requerem fornecimento de energia na forma de calor. Lembre-se de que a fusão ocorre a 0°C e o ponto de ebulição a 100°C (à pressão de 1 atm). Você conhece a massa da água e precisará das capacidades caloríficas específicas do gelo, da água líquida e do vapor que estão disponíveis no Apêndice D. O calor de fusão da água (333 J g$^{-1}$) e o calor de vaporização (2256 J g$^{-1}$) são dados.

**Estratégia**  O problema é dividido em uma série de etapas:

**Etapa 1:** *Aquecimento do gelo de –50°C a 0°C.*

**Etapa 2:** *Fusão do gelo a 0°C.*

**Etapa 3:** *Aumento da temperatura da água líquida de 0°C a 100°C.*

**Etapa 4:** *Evaporação da água a 100°C.*

**Etapa 5:** *Aumento da temperatura do vapor de 100°C para 200°C.*

Utilize a Equação 5.1 e as capacidades caloríficas específicas da água nos estados sólido, líquido e gasoso para calcular a energia transferida na forma de calor associada com as mudanças de temperatura. Use os calores de fusão e de vaporização para calcular a energia transferida na forma de calor associada às mudanças de estado. A energia total transferida na forma de calor é a soma das energias das etapas individuais.

### RESOLUÇÃO

**Etapa 1.** (*para aquecer o gelo de –50,0°C a 0,0°C*)

$$q_1 = (2,06 \text{ J g}^{-1} \cdot \text{K}^{-1})(500, \text{g})(273,2 \text{ K} - 223,2 \text{ K}) = 5,150 \times 10^4 \text{ J}$$

**Etapa 2.** (*para fundir o gelo a 0,0°C*)

$$q_2 = (500, \text{g})(333 \text{ J g}^{-1}) = 1,665 \times 10^5 \text{ J}$$

**Etapa 3.** (*para elevar a temperatura da água no estado líquido de 0,0°C a 100,0°C*)

$$q_3 = (4,184 \text{ J g}^{-1} \cdot \text{K}^{-1})(500, \text{g})(373,2 \text{ K} - 273,2 \text{ K}) = 2,092 \times 10^5 \text{ J}$$

**Etapa 4.** (*para evaporar a água a 100,0°C*)

$$q_4 = (2256 \text{ J g}^{-1})(500, \text{g}) = 1,128 \times 10^6 \text{ J}$$

**Etapa 5.** (*para elevar a temperatura do vapor de água de 100,0°C a 200,0°C*)

$$q_5 = (1,86 \text{ J g}^{-1} \cdot \text{K}^{-1})(500, \text{g}) (473,2 \text{ K} - 373,2 \text{ K}) = 9,300 \times 10^4 \text{ J}$$

A energia total transferida na forma de calor é a soma das energias das etapas individuais.

$$q_{total} = q_1 + q_2 + q_3 + q_4 + q_5$$

$$q_{total} = 1,65 \times 10^6 \text{ J (ou 1650 kJ)}$$

**Pense bem antes de responder**  A conversão da água líquida em vapor requer maior quantidade de energia. (Você deve ter notado que se leva menos tempo para aquecer a água em um fogão, a uma taxa de aquecimento constante, até a ebulição, do que para fazê-la evaporar.)

### Verifique seu entendimento

Calcule a quantidade de energia necessária para elevar a temperatura de 1,00 L de etanol ($d = 0,7849$ g cm$^{-3}$) de 25,0°C ao seu ponto de ebulição (78,3°C) e, em seguida, para vaporizar totalmente o líquido. ($C_{etanol} = 2,44$ J g$^{-1} \cdot$ K$^{-1}$; calor molar da vaporização a 78,3°C = 38,56 kJ mol$^{-1}$.)

### EXEMPLO 5.4

## Mudança de Estado

**Problema** Qual é a massa mínima de gelo a 0°C que deve ser adicionada ao conteúdo de uma lata de refrigerante dietético (340 mL) para resfriá-lo de 20,5°C a 0,0°C? Suponha que a capacidade calorífica específica e a densidade do refrigerante sejam as mesmas que as da água.

**O que você sabe?** A temperatura final é 0°C. A fusão do gelo requer energia na forma de calor e o resfriamento do refrigerante libera energia na forma de calor. A soma das variações de energia para os dois componentes no sistema é zero, ou seja, as duas variações de energia (o derretimento do gelo e o resfriamento do refrigerante) terão as mesmas magnitudes, mas sinais contrários. (Você também precisa assumir que não há transferência de energia entre a vizinhança e o sistema.) Você precisará da densidade e da capacidade calorífica específica da água (Apêndice D).

**Estratégia** Supondo apenas variações de energia dentro do sistema, $q_{refrig} + q_{gelo} = 0$. A energia que é liberada enquanto o refrigerante resfria, $q_{refrig}$, é calculada usando a Equação 5.1. A temperatura inicial é de 20,5°C e a temperatura final é de 0°C. A massa do refrigerante é calculada a partir do volume e da densidade. A energia requerida na forma de calor para fundir o gelo, $q_{gelo}$, é determinada a partir do calor de fusão (333 J g$^{-1}$). A massa do gelo é desconhecida.

**RESOLUÇÃO** A massa do refrigerante é 340, g [(340, mL) (1,00 g mL$^{-1}$) = 340, g] e a sua temperatura varia de 293,7 K a 273,2 K. O calor de fusão da água é de 333 J g$^{-1}$ e a massa do gelo é desconhecida.

$$q_{refrig} + q_{gelo} = 0$$

$$C_{refrig} \times m_{refrig} \times (T_{final} - T_{inicial}) + (\text{calor de fusão da água}) (m_{gelo}) = 0$$

$$[(4,184 \text{ J g}^{-1} \cdot \text{K})(340, \text{g})(273,2 \text{ K} - 293,7 \text{ K})] + [(333 \text{ J g}^{-1}) (m_{gelo})] = 0$$

$$m_{gelo} = 87,6 \text{ g}$$

**Pense bem antes de responder** Se mais de 87,6 g de gelo forem adicionados, a temperatura final ainda será 0°C quando o equilíbrio térmico for alcançado, mas um pouco de gelo permanecerá (veja problema a seguir). Se a massa adicionada for menor que 87,6 g de gelo, a temperatura final será maior que 0°C. Neste caso, todo o gelo derreterá, e a água líquida formada pelo derretimento do gelo absorverá a energia adicional para se aquecer até a temperatura final (um exemplo é fornecido na Questão para Estudo 79).

## Verifique seu entendimento

Para preparar um copo de chá gelado, você coloca 250 mL de chá, cuja temperatura é 18,2°C, em um copo que contém cinco cubos de gelo. Cada cubo tem uma massa de 15 g. Qual quantidade de gelo fundirá e quanto gelo permanecerá flutuando no chá? Suponha que o chá gelado tenha uma densidade de 1,0 g mL$^{-1}$ e uma capacidade calorífica específica de 4,2 J g$^{-1}$ · K$^{-1}$, que a energia na forma de calor seja transferida apenas dentro do sistema, que o gelo esteja a 0,0°C e que nenhuma energia seja transferida entre o sistema e a vizinhança.

## 5.4 Primeira Lei da Termodinâmica

### Objetivos da Seção 5.4

- Reconhecer como a energia transferida como calor e trabalho realizado no sistema ou pelo sistema contribui para variações na energia interna de um sistema.

- Calcular o trabalho realizado por um sistema pela expansão de um gás a uma pressão constante.

- Calcular as variações na entalpia e na energia interna.

- Reconhecer as funções de estado cujos valores são determinados apenas pelo estado do sistema e não através do caminho pelo qual o estado foi atingindo.

Lembre-se de que *a termodinâmica é a ciência do calor e do trabalho*. Até este ponto, consideramos apenas a energia que está sendo transferida na forma de calor, mas agora precisamos ampliar a discussão para incluir o trabalho.

O trabalho realizado por um sistema ou em um sistema também afetará a energia no sistema. Se um sistema realiza trabalho em sua vizinhança, certa quantidade de energia deve ser consumida por ele e sua energia diminuirá. Inversamente, se o trabalho for realizado pela vizinhança sobre o sistema, seu conteúdo de energia aumentará.

Um sistema que realiza trabalho sobre sua vizinhança está ilustrado na Figura 5.8. Uma pequena quantidade de gelo-seco, $CO_2$ sólido, é selada dentro de um saco plástico e um peso (um livro) é colocado sobre o saco. Quando a energia é transferida na forma de calor da vizinhança para o gelo-seco, este muda diretamente do estado sólido para gasoso a −78°C em um processo chamado **sublimação**:

$$CO_2(s, -78°C) \rightarrow CO_2(g, -78°C)$$

À medida que a sublimação prossegue, o $CO_2$ gasoso expande-se dentro do saco plástico, levantando o livro contra a força da gravidade. O sistema (o $CO_2$ dentro do saco) está consumindo energia para realizar esse trabalho.

Mesmo que não houvesse um livro sobre o saco plástico, o trabalho teria sido feito pela expansão do gás, porque ele deve empurrar para cima o ar atmosférico. Em vez de levantar um livro, o gás em expansão move uma parte da atmosfera.

Vamos agora reexaminar esse problema em termos termodinâmicos. Primeiro, devemos identificar o sistema e a vizinhança. O sistema é o $CO_2$, inicialmente um sólido e mais tarde um gás. A vizinhança consiste em objetos que trocam energia com o sistema. Isso inclui o saco plástico, o livro, o tampo da mesa e o ar ao redor. A sublimação requer energia, que é transferida na forma de calor para o sistema (o $CO_2$) a partir da vizinhança. Ao mesmo tempo, o sistema realiza trabalho na vizinhança ao levantar o livro. Um balanço da energia do sistema incluirá ambas as quantidades, a energia transferida na forma de calor e a energia transferida na forma de trabalho.

Esse exemplo pode ser generalizado. Para qualquer sistema, podemos identificar as transferências de energia, tanto na forma de calor como na de trabalho entre o sistema e a vizinhança. A variação da energia de um sistema é dada explicitamente pela Equação 5.4,

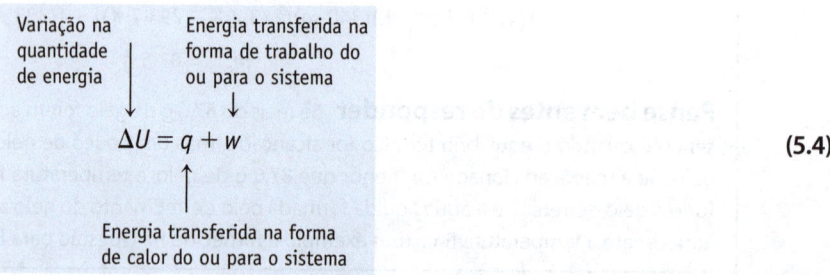

(5.4)

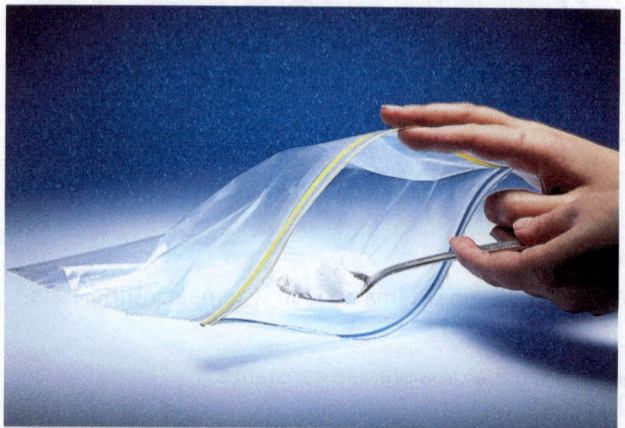

**(a)** Pedaços de gelo-seco [$CO_2(s)$, −78°C] são colocados em um saco plástico. O gelo-seco sublima (muda diretamente de um sólido para um gás) com a absorção de calor.

**(b)** A energia é absorvida pelo $CO_2(s)$ quando ele sublima e o sistema (o conteúdo do saco plástico) realiza trabalho sobre a vizinhança levantando o livro contra a força da gravidade.

© Cengage Learning/Charles D. Winters

**FIGURA 5.8** Variações de energia em um processo físico (uma mudança de fase em que $CO_2$ sólido muda para $CO_2$ gasoso).

que é uma expressão matemática da **primeira lei da termodinâmica**: a variação de energia de um sistema($\Delta U$) é a soma da energia transferida na forma de calor entre o sistema e sua vizinhança ($q$) e da energia transferida na forma de trabalho entre o sistema e sua vizinhança ($w$).

A equação que define a primeira lei da termodinâmica é apenas uma representação do princípio geral da conservação de energia. Uma vez que a energia é conservada, devemos ser capazes de explicar qualquer variação na energia do sistema. Toda energia transferida entre um sistema e sua vizinhança ocorre por processos que envolvem calor e trabalho. A Equação 5.4 estabelece, portanto, que a variação na energia do sistema é exatamente igual à soma de todas as transferências de energia (na forma de calor e ou de trabalho) da ou para a vizinhança.

A quantidade $U$ na Equação 5.4 tem um nome formal, **energia interna**, e um significado preciso na termodinâmica. A energia interna em um sistema químico é a soma das energias potencial e cinética no interior do sistema, isto é, as energias dos átomos, moléculas ou íons no sistema. A energia potencial aqui é a energia associada com as forças atrativas e repulsivas entre todos os núcleos e os elétrons no sistema. Ela também inclui a energia associada com as ligações nas moléculas, com as forças entre os íons e com as forças entre as moléculas. A energia cinética é a energia do movimento dos átomos, íons e moléculas no sistema. Os valores reais de energia interna raramente são determinados. Em vez disso, na maioria dos casos, estamos interessados na *variação* da energia interna, uma quantidade que pode ser medida. Na verdade, a Equação 5.4 nos diz como determinar $\Delta U$: *Medir a energia transferida nas formas de calor e trabalho do ou para o sistema.*

As convenções de sinal para a Equação 5.4 são importantes e estão resumidas na tabela a seguir.

### CONVENÇÕES DE SINAIS PARA Q E W DO SISTEMA

| ENERGIA TRANSFERIDA COMO... | CONVENÇÃO DE SINAL | EFEITO SOBRE $U_{SISTEMA}$ |
|---|---|---|
| Calor para o sistema (endotérmico) | $q > 0$ (+) | $U$ aumenta |
| Calor do sistema (exotérmico) | $q < 0$ (−) | $U$ diminui |
| Trabalho feito no sistema | $w > 0$ (+) | $U$ aumenta |
| Trabalho feito pelo sistema | $w < 0$ (−) | $U$ diminui |

O trabalho no exemplo que envolve a sublimação do $CO_2$ (Figura 5.8) é de um tipo específico, chamado trabalho *P-V* (pressão-volume). Trata-se do trabalho ($w$) associado a uma variação no volume ($\Delta V$) que ocorre contra uma pressão externa resistente ($P$).

## UM OLHAR MAIS ATENTO | Trabalho *P-V*

O exemplo de um gás contido em um cilindro com um êmbolo móvel pode ser utilizado para compreender o trabalho realizado por um sistema sobre sua vizinhança (ou vice-versa), quando o volume de um sistema varia. Se o gás no cilindro for aquecido, ele se expande, empurrando o êmbolo para cima até que a pressão interna do gás se iguale à pressão externa (constante) aplicada pelo pistão para baixo e pela atmosfera (veja a figura). Idealmente, o pistão move-se sem atrito, de modo que nenhum trabalho realizado pelo gás em expansão seja perdido para o aquecimento das paredes do cilindro.

O trabalho necessário para empurrar o pistão é calculado a partir de uma lei da Física, $w = F \times d$, igualando-se ao produto da força ($F$) aplicada pela distância ($d$) ao longo da qual a força é aplicada. A pressão é definida como uma força dividida pela área sobre a qual a força é exercida: $P = F/A$, em que

a força depende da massa do êmbolo, da gravidade da Terra e da pressão de ar externa. Neste exemplo, a força é aplicada a um êmbolo com uma área $A$. Substituindo $P \times A$ por $F$ na equação para o trabalho, temos $w = (P \times A) \times d$. O produto de $A \times d$ é igual à variação do volume do gás no cilindro e, uma vez que $\Delta V = V_{final} - V_{inicial}$, essa mudança de volume é um número positivo. Finalmente, visto que o trabalho realizado por um sistema sobre a vizinhança é definido como negativo, isso significa que $w = -P\Delta V$. Expandindo o gás e movimentando o pistão para cima, significa que realizamos trabalho na vizinhança.

Essa equação aplica-se especificamente à expansão de um gás à pressão constante. Para processos nos quais a pressão não é constante (por exemplo, a compressão do gás em um cilindro) o cálculo do trabalho P-V é mais complicado, embora possível.

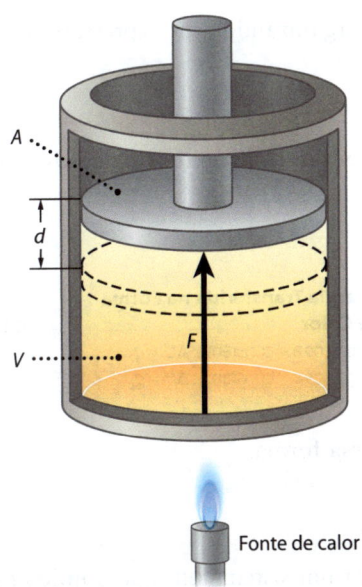

A

d

V

F

Fonte de calor

Para um sistema em que a pressão externa é constante, o valor do trabalho $P$-$V$ pode ser calculado pela Equação 5.5:

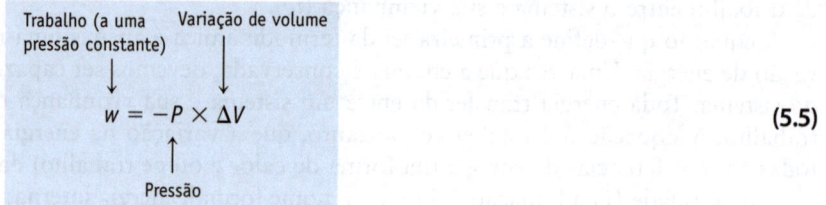

$$w = -P \times \Delta V \qquad (5.5)$$

**Calculando Trabalho** A unidade SI de pressão é o pascal (1 Pa = 1 kg m$^{-1}$ · s$^{-2}$), que, quando multiplicado pela variação de volume em m$^3$, fornece a energia em joule (1 J = 1 kg m$^{-2}$ · s$^{-2}$).

Para calcular esse trabalho em joule, a pressão deve ser medida em pascal (1 Pa = 1 kg m$^{-1}$ · s$^{-2}$), e a variação de volume, em metros cúbicos (m$^3$).

Em um processo de volume constante, $\Delta V = 0$. Isso significa que a energia transferida na forma de trabalho também será igual a zero. Assim, a variação da energia interna do sistema em condições de volume constante é igual à energia transferida na forma de calor ($q_v$).

$$\Delta U = q_v + w_v$$
$$\Delta U = q_v + 0 \text{ quando } w_v = 0 \text{ porque } \Delta V = 0$$
$$\text{e então } \Delta U = q_v$$

## Entalpia

A maioria das experiências em um laboratório de Química é realizada em béqueres ou frascos abertos à atmosfera, na qual a pressão externa é constante. De modo semelhante, os processos químicos que ocorrem nos sistemas vivos são abertos à atmosfera. Uma vez que muitos processos químicos e biológicos são realizados sob condições de pressão constante, é útil ter uma medida específica da energia transferida como calor nessas condições.

Assim, à pressão constante,

$$\Delta U = q_p + w_p$$

em que os índices inferiores $p$ indicam condições de pressão constante. Se o único tipo de trabalho que ocorre é o trabalho $P$-$V$, então

$$\Delta U = q_p - P\Delta V$$

Reorganizando esta expressão obtém-se

$$q_p = \Delta U + P\Delta V$$

Agora introduziremos uma nova função termodinâmica chamada **entalpia**, $H$, que é definida como

$$H = U + PV$$

**Energia Transferida na Forma de Calor**
Processos a $V$ constante: $\Delta U = q_v$
Processos a $P$ constante: $\Delta H = q_p$

A *variação* de entalpia para um sistema à pressão constante pode ser calculada a partir da seguinte equação:

$$\Delta H = \Delta U + P\Delta V$$

Dessa forma,

$$\Delta H = q_p$$

Para um sistema em que o único tipo de trabalho possível é o trabalho $P$-$V$, a variação na entalpia, $\Delta H$, é igual à energia transferida na forma de calor sob uma pressão constante, $q_p$. A direcionalidade da transferência de energia (sob condições de pressão constante) é representada pelo sinal de $\Delta H$.

- Valores negativos de $\Delta H$: a energia é transferida do sistema para a vizinhança (processo exotérmico).
- Valores positivos de $\Delta H$: a energia é transferida na forma de calor da vizinhança para o sistema (processo endotérmico).

Sob condições de pressão constante em que o único tipo de trabalho possível é o trabalho $P$-$V$, $\Delta U$ (= $q_p - P\Delta V$) e $\Delta H$ (= $q_p$) diferem por $P\Delta V$ (a energia transferida do ou para o sistema na forma de trabalho). Observamos que, em muitos processos – como a fusão do gelo –, a mudança de volume, $\Delta V$, é pequena e, consequentemente, a quantidade de energia transferida na forma de trabalho é pequena. Sob essas circunstâncias, $\Delta U$ e $\Delta H$ têm quase o mesmo valor. A quantidade de energia transferida na forma de trabalho será significativa, desde que a variação no volume seja grande, conforme gases sejam formados ou consumidos. Consequentemente, $\Delta U$ e $\Delta H$ têm valores significativamente diferentes para processos como a evaporação ou condensação da água, a sublimação do $CO_2$ e reações químicas nas quais a quantidade de matéria de gás varia.

> **Diferenças Entre Entalpia e Energia Interna** A diferença entre $\Delta H$ e $\Delta U$ será muito pequena, a menos que ocorra uma mudança grande de volume. Por exemplo, a diferença entre o $\Delta H$ e $\Delta U$ para a conversão de gelo em água líquida é de 0,142 J mol⁻¹ à pressão de 1 atm. Para a conversão de água líquida em vapor de água a 373 K, a diferença é de 3100 J mol⁻¹.

## EXEMPLO 5.5

### Energia e Trabalho

**Problema** O gás nitrogênio (1,50 L) está confinado em um cilindro sob pressão atmosférica constante ($1,01 \times 10^5$ Pa). O gás se expande até um volume de 2,18 L quando 882 J de energia são transferidos na forma de calor da vizinhança para o gás. Qual é a variação na energia interna do gás?

**O que você sabe?** A energia na forma de calor (882 J) é transferida à pressão constante dentro do sistema; assim, $q_p$ = +882 J. O sistema realiza trabalho sobre a vizinhança quando o gás se expande de 1,50 L para 2,18 L sob pressão constante de $1,01 \times 10^5$ Pa, transferindo, deste modo, um pouco de energia para a vizinhança.

**Estratégia** Calcule o trabalho realizado pelo sistema utilizando $w_p = -P(\Delta V)$. A unidade de trabalho é o joule, contanto que as unidades SI sejam utilizadas para pressão e volume. A pressão é dada em unidades SI (pascal, Pa, em que 1 Pa = 1 kg m⁻¹ · s⁻²). Para calcular o trabalho, o volume tem que ser convertido para m³ (1 m³ = 1000 L). A variação da energia interna do gás é a soma da variação de entalpia do gás e do trabalho realizado pelo gás na vizinhança ($\Delta U = q_p + w_p$).

**RESOLUÇÃO** A variação no volume do gás é

$$(2,18 \text{ L} - 1,50 \text{ L N}_2 \text{ gás})(1 \text{ m}^3/1000 \text{ L}) = 6,8 \times 10^{-4} \text{ m}^3$$

O trabalho realizado pelo sistema é

$$w_p = -P(\Delta V) = -(1,01 \times 10^5 \text{ kg m}^{-1} \cdot \text{s}^{-2})(6,8 \times 10^{-4} \text{ m}^3) = -68,7 \text{ kg m}^{-2} \cdot \text{s}^{-2} = -68,7 \text{ J}$$

Finalmente, a variação na energia interna é calculada.

$$\Delta U = q_p + w_p = 882 \text{ J} + (-68,7 \text{ J}) = 813 \text{ J}$$

**Pense bem antes de responder** A energia interna de um gás aumenta quando o gás é aquecido. No entanto, o gás realiza trabalho na vizinhança à medida que ele se expande à pressão constante, fornecendo parte de sua energia para a vizinhança.

### Verifique seu entendimento

O nitrogênio gasoso (2,75 L) é confinado em um cilindro sob pressão atmosférica constante ($1,01 \times 10^5$ Pa). O volume do gás diminui para 2,10 L quando 485 J de energia são transferidos na forma de calor para a vizinhança. Qual é a variação na energia interna do gás?

## Funções de Estado

A energia interna e a entalpia compartilham uma característica importante, isto é, mudanças nessas quantidades dependem somente dos estados inicial e final. Elas não dependem do caminho percorrido entre os estados inicial e

**FIGURA 5.9 Funções de estado**
Há muitas maneiras de se escalar uma montanha, mas a diferença de altitude entre a base e o topo da montanha é sempre a mesma. A variação de altitude é uma função de estado. A distância percorrida para alcançar o topo não é.

final. Não importa como reagentes convertem-se em produtos em uma reação, os valores de $\Delta H$ e $\Delta U$ são sempre os mesmos. Uma quantidade que tenha essa propriedade característica é chamada **função de estado**.

Muitas quantidades geralmente medidas, como a pressão de um gás, o volume de um gás ou de um líquido e a temperatura de uma substância, são funções de estado. Por exemplo, se a temperatura final de uma substância é 75°C e sua temperatura inicial é 25°C, a variação de temperatura, $\Delta T$, é calculada como $T_{final} - T_{inicial} = 75°C - 25°C = 50°C$. Não importa se a substância foi aquecida diretamente de 25°C para 75°C ou se foi aquecida de 25°C a 95°C e então resfriada até 75°C; a variação total na temperatura continuou a mesma, 50°C.

Nem todas as grandezas são funções de estado; algumas dependem do caminho que elas levaram da condição inicial à final. Por exemplo, a distância percorrida não é uma função de estado (Figura 5.9). A distância da viagem entre Nova York e Denver depende da rota adotada. O tempo gasto para viajar entre essas duas cidades também não é uma função de estado. Em contraste, a mudança na altitude é uma função de estado; ao ir de Nova York (nível do mar) a Denver (1600 m acima do nível do mar), há uma variação de altitude de 1600 m, independente da rota escolhida.

Especificamente, na expansão de um gás, nem a energia transferida na forma de calor e nem a energia transferida na forma de trabalho realizado são funções de estado. No entanto, a soma delas, a variação da energia interna, $\Delta U$, é uma função de estado. O valor de $\Delta U$ é fixado por $U_{inicial}$ e $U_{final}$. Uma transição entre os estados inicial e final pode ser realizada por vias diferentes que têm diferentes valores de $q$ e $w$, mas a soma de $q$ e $w$ para cada caminho deverá sempre gerar o mesmo $\Delta U$.

## 5.5 Variações de Entalpia nas Reações Químicas

### Objetivo da Seção 5.5

- Entender e usar a variação de entalpia para a conversão de reagentes em produtos em seus estados padrão, $\Delta_r H°$.

Variações de entalpia acompanham todas as reações químicas. Por exemplo, a **entalpia padrão da reação**, $\Delta_r H°$, para a decomposição de vapor de água em hidrogênio e oxigênio a 25°C é de +241,8 kJ (mol de reação)$^{-1}$.

$$H_2O(g) \rightarrow H_2(g) + \frac{1}{2}O_2(g) \qquad \Delta_r H° = +241,8 \text{ kJ (mol de reação)}^{-1}$$

O sinal positivo de $\Delta_r H°$ indica que a decomposição é um processo endotérmico.

Há várias coisas importantes para saber sobre $\Delta_r H°$.

**Notação para Parâmetros Termodinâmicos** Tanto o NIST (Instituto Nacional de Padrões e Tecnologia dos Estados Unidos) como a IUPAC (União Internacional de Química Pura e Aplicada) especificam que os descritores de funções, como $\Delta H$, devem ser escritos como um índice inferior, entre $\Delta$ e a função termodinâmica. Entre os índices inferiores que você verá, há um r minúsculo para "reação", f para "formação", c para "combustão", fus para "fusão" e vap para "vaporização".

- A designação de $\Delta_r H°$ como uma "variação de entalpia padrão" (em que o sobrescrito ° indica as condições padrão) significa que os reagentes puros, não misturados, formam produtos puros, não misturados, em seus estados padrão. O **estado padrão** de um elemento ou de um composto é definido como a forma mais estável da substância no estado físico que existe a uma pressão de 1 bar e a uma temperatura especificada. [A maioria das fontes relata entalpias padrão de reação a 25°C (298 K).]

- A designação "por mol de reação" nas unidades de $\Delta_r H°$ significa que esta é a variação de entalpia para um "mol de reação". Diz-se que um mol de reação ocorreu quando uma reação química ocorre exatamente nos valores especificados pelos coeficientes da equação química balanceada. Por exemplo, para a reação de $H_2O(g) \rightarrow H_2(g) + 1/2 \ O_2(g)$, um mol de reação ocorreu quando 1 mol de vapor de água foi completamente convertido em 1 mol de gás $H_2$ e 1/2 mol de gás $O_2$.

Considere agora a reação oposta, a combinação do hidrogênio e do oxigênio para formar 1 mol de água. A magnitude da variação de entalpia para essa reação é a mesma que a descrita para a reação de decomposição, mas com o sinal contrário de $\Delta_r H°$. A formação exotérmica de 1 mol de vapor de água a partir de 1 mol de $H_2$ e 1/2 mol de $O_2$ transfere 241,8 kJ para a vizinhança (Figura 5.10).

$$H_2(g) + \frac{1}{2}O_2(g) \rightarrow H_2O(g) \quad \Delta_r H° = -241,8 \text{ kJ (mol de reação)}^{-1}$$

O valor de $\Delta_r H°$ depende da equação química utilizada. Vamos escrever a equação para a formação de água novamente, mas sem um coeficiente fracionário para $O_2$.

$$2\,H_2(g) + O_2(g) \rightarrow 2\,H_2O(g) \quad \Delta_r H° = -483,6 \text{ kJ (mol de reação)}^{-1}$$

O valor de $\Delta_r H°$ para 1 mol dessa reação, a formação de 2 mol de água, é o *dobro* do valor para a formação de 1 mol de água.

É importante identificar os estados dos reagentes e dos produtos em uma reação porque a magnitude de $\Delta_r H°$ depende do estado físico (sólido, líquido ou gás). Para a formação de 1 mol de *água líquida* a partir dos elementos, a variação de entalpia é de –285,8 kJ.

$$H_2(g) + \frac{1}{2}\,O_2(g) \rightarrow H_2O(\ell) \quad \Delta_r H° = -285,8 \text{ kJ (mol de reação)}^{-1}$$

Observe que este valor não é o mesmo que $\Delta_r H°$ para a formação de 1 mol de *vapor de água* a partir do hidrogênio e do oxigênio. A diferença entre os dois valores é igual à variação de entalpia para a condensação de 1 mol de vapor de água em água líquida.

Esses exemplos ilustram várias características gerais da variação de entalpia para as reações químicas.

- Variações de entalpia são específicas para a reação que está acontecendo. As identidades dos reagentes e dos produtos e seus estados (s, ℓ, g) são importantes, assim como suas quantidades.

- A variação de entalpia depende da quantidade de matéria da reação, isto é, o número de vezes que a reação *como está escrita* é executada.

- $\Delta_r H°$ tem um valor negativo para uma reação exotérmica, e um valor positivo para uma reação endotérmica.

---

**Quantidade de Matéria, Mol de Reação** Este conceito também foi descrito em um dos métodos apresentados para a solução de problemas com reagentes limitantes na página 172.

**Coeficientes Estequiométricos Fracionários** Ao escrever equações balanceadas para definir quantidades termodinâmicas, os químicos frequentemente usam coeficientes estequiométricos fracionários. Por exemplo, para definir $\Delta H$ para a decomposição ou a formação de 1 mol de $H_2O$, o coeficiente para o $O_2$ deve ser 1/2.

**Variações na Energia Química de uma Reação Química**
- Se uma reação é exotérmica, a energia potencial dos reagentes é *maior* do que a dos produtos.
  $$(EP_{\text{reagentes}} > EP_{\text{produtos}}).$$
- Se a reação é endotérmica, a energia potencial dos reagentes é *menor* do que a dos produtos.
  $$(EP_{\text{reagentes}} < EP_{\text{produtos}}).$$

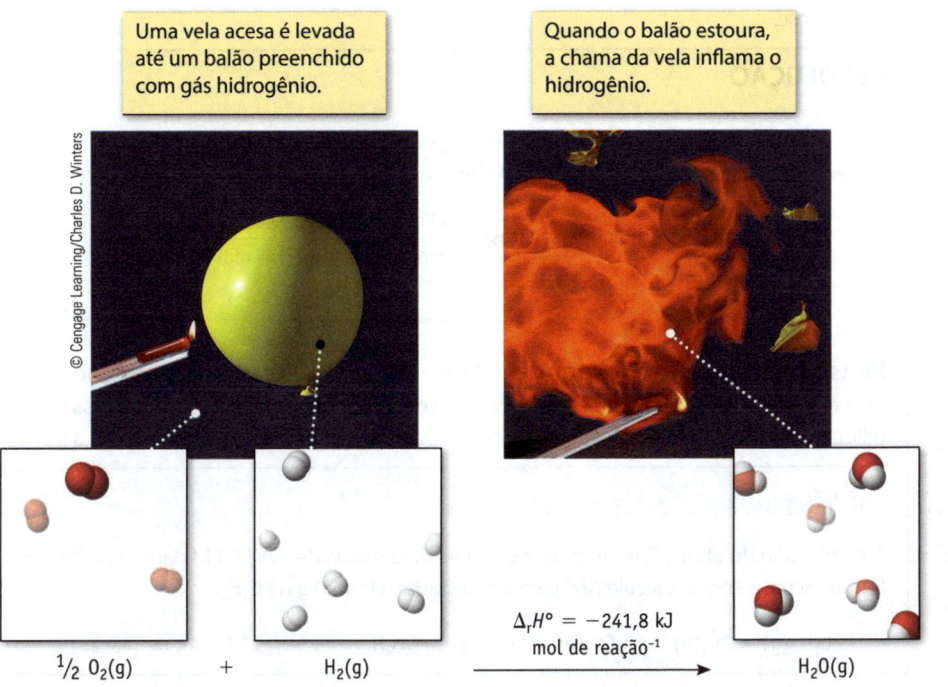

**FIGURA 5.10 A combustão exotérmica de hidrogênio no ar.** A reação envolve a transferência de energia entre o sistema e a vizinhança sob a forma de calor, trabalho e luz.

Uma vela acesa é levada até um balão preenchido com gás hidrogênio.

Quando o balão estoura, a chama da vela inflama o hidrogênio.

© Cengage Learning/Charles D. Winters

$$\Delta_r H° = -241,8 \text{ kJ}$$
mol de reação$^{-1}$

$\frac{1}{2}\,O_2(g)$ + $H_2(g)$ → $H_2O(g)$

- Os valores $\Delta_r H°$ são numericamente iguais, mas de sinais opostos, para reações químicas que sejam o inverso uma da outra.

As entalpias padrão de reação podem ser usadas para calcular a energia transferida na forma de calor sob condições de pressão constante para uma dada massa de reagente ou produto. Suponha que 454 g de propano, $C_3H_8$, foram queimados (sob pressão constante), dada a equação para a combustão exotérmica e a variação de entalpia para a reação.

$$C_3H_8(g) + 5\ O_2(g) \rightarrow 3CO_2\ (g) + 4H_2O(\ell) \qquad \Delta_r H° = -2220kJ\ (mol\ de\ reação)^{-1}$$

Duas etapas são necessárias. Primeiro, encontre a quantidade de propano presente na amostra:

$$454\ g\ C_3H_8 \left( \frac{1\ mol\ C_3H_8}{44,10\ g\ C_3H_8} \right) = 10,29\ mol\ C_3H_8$$

Segundo, utilize $\Delta_r H°$ para determinar $\Delta H°$ para esta quantidade de propano:

$$\Delta H° = 10,29\ mol\ C_3H_8 \left( \frac{1\ mol\ de\ reação}{1\ mol\ C_3H_8} \right)\left( \frac{-2220\ kJ}{1\ mol\ de\ reação} \right) = -22.900\ kJ$$

**A Queima de Açúcar e de Balas de Gelatina** Uma pessoa em dieta pode notar que uma colher de chá cheia de açúcar (aproximadamente 3,5 g) fornece cerca de 15 Calorias (calorias nutricionais, a conversão é 4,184 kJ = 1 Cal). No que diz respeito às dietas, uma colher de chá cheia de açúcar não tem valor calórico muito alto. Mas será que você vai usar só uma colher? Ou comer só uma bala de gelatina?

© Cengage Learning/Charles D. Winters

---

### EXEMPLO 5.6

## Calculando a Variação de Entalpia para uma Reação

**Problema** Sacarose (açúcar refinado, $C_{12}H_{22}O_{11}$) pode ser oxidada a $CO_2$ e $H_2O$ e a variação de entalpia para a reação pode ser medida.

$$C_{12}H_{22}O_{11}(s) + 12O_2(g) \rightarrow 12CO_2(g) + 11H_2O(\ell) \qquad \Delta_r H° = -5645\ kJ\ (mol\ de\ reação)^{-1}$$

Qual é a variação de entalpia quando 5,00 g de açúcar são queimados sob condições de pressão constante?

**O que você sabe?** A equação balanceada para a combustão, o valor de $\Delta_r H°$ e a massa do açúcar.

**Estratégia** Primeiro vamos determinar a quantidade de matéria de sacarose em 5,00 g e depois usaremos esse valor com o valor dado para variação de entalpia na oxidação de 1 mol de sacarose.

### RESOLUÇÃO

$$5,00\ g\ de\ sacarose \times \frac{1\ mol\ de\ sacarose}{342,3\ g\ de\ sacarose} = 1,461 \times 10^{-2}\ mol\ de\ sacarose$$

$$\Delta H° = 1,461 \times 10^{-2}\ mol\ de\ sacarose \left( \frac{1\ mol\ de\ reação}{1\ mol\ de\ sacarose} \right)\left( \frac{-5645\ kJ}{1\ mol\ de\ reação} \right)$$

$$\Delta H° = -82,5\ kJ$$

**Pense bem antes de responder** O valor calculado é negativo, como esperado para uma reação de combustão. Este valor de $\Delta H°$ está de acordo com o fato de a massa de sacarose utilizada, 5,00 g, ser significativamente menor que a massa de um mol de sacarose (342,3 g).

## Verifique seu entendimento

A combustão do etano, $C_2H_6$, tem uma variação de entalpia de $-2857,3$ kJ para a reação conforme escrita a seguir. Calcule $\Delta H°$ para a combustão de 15,0 g de $C_2H_6$.

$$2C_2H_6\ (g) + 7O_2(g) \rightarrow 4CO_2(g) + 6H_2O(g) \qquad \Delta_r H° = -2857,3\ kJ\ (mol\ de\ reação)^{-1}$$

## 5.6 Calorimetria

### Objetivo da Seção 5.6

● Descrever como medir e calcular a quantidade de energia transferida como calor em uma reação através da calorimetria.

A energia transferida na forma de calor em um processo químico ou físico pode ser medida por **calorimetria**. O aparelho utilizado nesse tipo de experiência é o *calorímetro*.

### Calorimetria à Pressão Constante, Medindo $\Delta H$

Um calorímetro pode ser usado para medir a quantidade de energia transferida na forma de calor sob condições de pressão constante, que é a variação de entalpia de uma reação química.

O calorímetro de pressão constante utilizado em laboratórios de química geral é muitas vezes um "copo de café." Esse dispositivo de baixo custo consiste em dois copos encaixados um dentro do outro, com uma tampa ajustável e um dispositivo para medir temperatura, como um termômetro (Figura 5.11) ou termopar. O isopor, um isolante muito bom, minimiza a transferência de energia na forma de calor entre o sistema e a vizinhança. A reação é realizada na solução dentro do copo. Se a reação é exotérmica, ela libera energia na forma de calor para a solução, e a temperatura da solução aumenta. Se a reação é endotérmica, a energia é absorvida na forma de calor a partir da solução, ocasionando uma diminuição na temperatura da solução. A variação na temperatura da solução é medida. Sabendo a massa, a capacidade calorífica específica e a variação de temperatura da solução, a variação de entalpia para a reação pode ser calculada.

Nesse tipo de medida calorimétrica, é conveniente definir os reagentes e os produtos e a solução como o sistema. A vizinhança inclui o copo e tudo o que estiver fora dele. Como observado previamente, admitimos que não há transferência de energia para o copo e que a energia é transferida apenas na forma de calor dentro do sistema. Duas variações de energia ocorrem dentro do sistema à medida que a reação prossegue. Uma é a liberação da energia potencial armazenada nos reagentes, ou absorção de energia e conversão desta em energia potencial armazenada nos produtos. Nós a chamamos de $q_r$. A outra mudança de energia é aquela ganhada ou perdida na forma de calor pela solução ($q_{dissolução}$). Com base na lei da conservação da energia,

$$q_r + q_{dissolução} = 0$$

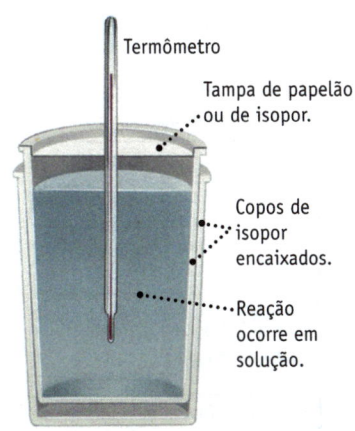

**FIGURA 5.11  Calorímetro de copo.**
Uma reação química produz uma variação na temperatura da solução dentro do calorímetro. O copo de isopor é razoavelmente eficaz na prevenção da transferência de energia na forma de calor entre a solução e sua vizinhança. Uma vez que o copo é aberto à atmosfera, esta é uma medida sob pressão constante.

O valor de $q_{dissolução}$ pode ser calculado a partir da capacidade calorífica específica, da massa e da variação na temperatura da solução. A quantidade de energia liberada ou absorvida na reação ($q_r$) é a incógnita na equação.

A precisão de uma medida calorimétrica depende da precisão das quantidades medidas (temperatura, massa e capacidade calorífica específica). Além disso, supõe-se que não haja transferência de energia além da solução. Um calorímetro de copo é um dispositivo simples, por isso, os resultados não são muito precisos, considerando que esta suposição não é devidamente atingida. Nos laboratórios de pesquisa, os calorímetros mais utilizados são aqueles que efetivamente limitam a transferência de energia entre o sistema e a vizinhança. Além disso, também é possível corrigir a mínima transferência de energia que ocorre entre o sistema e a vizinhança.

### EXEMPLO 5.7

### Usando um Calorímetro de Copo do Café

**Problema**  Suponha que você coloque 0,0500 g de raspas de magnésio em um calorímetro de copo do café e adicione então 100,0 mL de HCl 1,00 mol L⁻¹. A reação que ocorre é:

$$Mg(s) + 2\ HCl(aq) \rightarrow H_2(g) + MgCl_2(aq)$$

**Mapa Estratégico 5.7**

**PROBLEMA**

Calcule $\Delta_r H$ por mol para a reação de **Mg** com **HCl**.

**DADOS/INFORMAÇÕES**

* Massa de Mg e solução de HCl
* $\Delta T$
* Capacidade calorífica específica

**ETAPA 1.** Calcule a quantidade de matéria em mol .de **Mg**.

Quantidade de **Mg**

**ETAPA 2.** Use a Equação 5.1 para calcular $q_{dissolução}$.

$q_{solução}$

**ETAPA 3.** Use $q_r + q_{dissolução} = 0$ para calcular $q_r$.

$q_r$, a energia liberada por determinada massa de Mg em HCl(aq).

**ETAPA 4.** Divida $q_r$ pela quantidade de matéria de **Mg**.

$\Delta_r H$ por mol de Mg.

A temperatura da solução aumenta de 22,21°C (295,36 K) para 24,46°C (297,61 K). Qual é a variação de entalpia para a reação por mol de Mg? Suponha que a capacidade calorífica específica da solução seja 4,20 J $g^{-1}$ $K^{-1}$, a densidade da solução de HCl seja 1,00 g $mL^{-1}$, e que não há perda de energia na forma de calor para a vizinhança.

**O que você sabe?** Você sabe que há transferência de energia na forma de calor nesta reação, porque a temperatura da solução aumenta. Supondo que não houve nenhuma perda de energia para a vizinhança, a soma da energia liberada na forma de calor na reação, $q_r$, e a energia absorvida como calor pela solução, $q_{dissolução}$, será igual a zero, isto é, $q_r + q_{dissolução} = 0$. O valor de $q_{dissolução}$ pode ser calculado a partir dos dados fornecidos; $q_r$ é a incógnita.

**Estratégia** A solução do problema apresenta quatro etapas.

**Etapa 1:** *Calcule a quantidade de matéria em mol de magnésio.*

**Etapa 2:** *Calcule $q_{dissolução}$ a partir dos valores da massa, da capacidade calorífica específica e de $\Delta T$ usando a Equação 5.1.*

**Etapa 3:** *Calcule $q_r$, assumindo que não há transferência de energia na forma de calor que se propaga além da solução, isto é, $q_r + q_{dissolução} = 0$.*

**Etapa 4:** *Use o valor $q_r$ e a quantidade de magnésio para calcular a variação de entalpia por mol de Mg.*

## RESOLUÇÃO

**Etapa 1.** *Calcule a quantidade de Mg.*

$$0,0500 \text{ g de Mg} \times \frac{1 \text{ mol Mg}}{24,31 \text{ g Mg}} = 0,002057 \text{ mol Mg}$$

**Etapa 2.** *Calcule $q_{dissolução}$. A massa da solução é a massa de 100,0 mL de HCl mais a massa do magnésio.*

$$q_{dissolução} = (100,0 \text{ g HCl solução} + 0,0500 \text{ g Mg})(4,20 \text{ J } g^{-1} \cdot K^{-1})(297,61 \text{ K} - 295,36 \text{ K})$$

$$= 945,5 \text{ J}$$

**Etapa 3.** *Calcule $q_r$.*

$$q_r + q_{dissolução} = 0$$

$$q_r + 945,5 \text{ J} = 0$$

$$q_r = -945,5 \text{ J}$$

**Etapa 4.** *Calcule o valor de $\Delta_r H$ por mol de Mg. O valor de $q_r$ encontrado na Etapa 2 resultou da reação de 0,002057 mol de Mg. A variação de entalpia por mol de Mg é, por conseguinte,*

$$\Delta_r H = (-945,5 \text{ J}/0,002057 \text{ mol Mg})$$

$$= -4,60 \times 10^5 \text{ J mol}^{-1} \text{ Mg } (= -4,60 \times 10^2 \text{ kJ mol}^{-1} \text{ Mg})$$

**Pense bem antes de responder** O cálculo fornece o sinal correto de $q_r$ e $\Delta_r H$. O sinal negativo indica que essa é uma reação exotérmica. A equação balanceada estabelece que um mol de magnésio está envolvido em um mol de reação. A variação de entalpia calculada por mol de reação é $\Delta_r H$, é $-460$ kJ (mol de reação)$^{-1}$.

## Verifique seu entendimento

Suponha que 200 mL de HCl 0,400 mol $L^{-1}$ foram misturados com 200 mL de NaOH 0,400 mol $L^{-1}$ em um calorímetro de copo de café. A temperatura das soluções antes da mistura foi de 25,10°C. Após a mistura e aoCorrência da reação, a temperatura foi de 27,78°C. Qual foi a variação de entalpia quando um mol de ácido foi neutralizado? (Suponha que as densidades de todas as soluções sejam 1,00 g $mL^{-1}$, e suas capacidades caloríficas específicas, 4,20 J $g^{-1} \cdot K^{-1}$.)

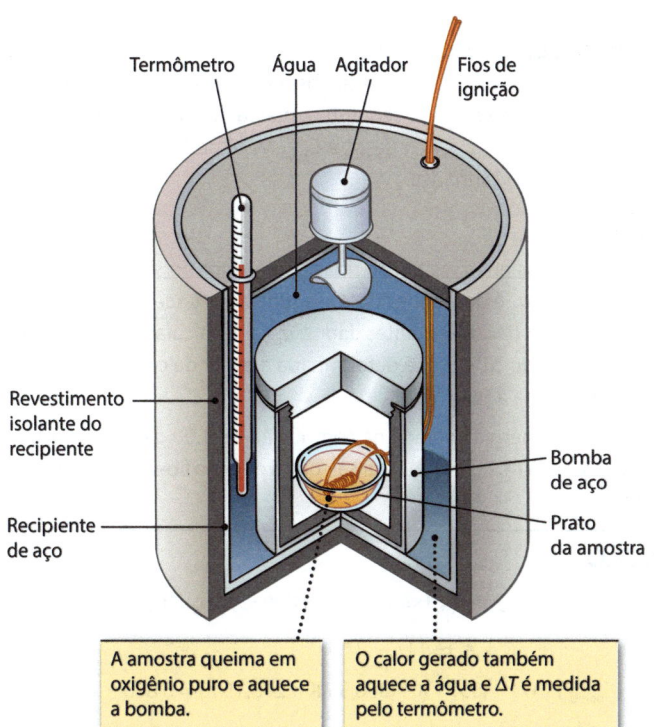

Termômetro • Água • Agitador • Fios de ignição

Revestimento isolante do recipiente

Recipiente de aço

Bomba de aço

Prato da amostra

A amostra queima em oxigênio puro e aquece a bomba.

O calor gerado também aquece a água e $\Delta T$ é medida pelo termômetro.

**FIGURA 5.12 Calorímetro a volume constante.** Uma amostra de combustível é queimada com oxigênio puro em um recipiente de metal selado ou "bomba," que está dentro de um recipiente cheio de água. A energia transferida na forma de calor pela reação aquece a bomba e a água que a contém. Ao medir o aumento da temperatura, é possível determinar a energia transferida da reação na forma de calor.

## Calorimetria a Volume Constante, Medindo $\Delta U$

A calorimetria a volume constante é geralmente usada para calcular a energia liberada pela combustão de combustíveis e para determinar o valor calórico dos alimentos. Uma amostra de massa conhecida de um combustível sólido ou de um líquido é colocada no interior de uma "bomba", geralmente um cilindro do tamanho de uma lata grande de tinta, com paredes espessas e tampa de aço (Figura 5.12). A bomba é colocada em um recipiente preenchido com água, com paredes bem isoladas. Após preencher a bomba com oxigênio puro, a amostra inicia sua ignição, geralmente por uma faísca elétrica. O calor gerado pela reação de combustão aquece a bomba e a água em torno dela. A bomba, seu conteúdo e a água são definidos como o sistema. A avaliação da transferência de energia na forma de calor dentro do sistema conduz a

> **Calorimetria, $\Delta U$ e $\Delta H$** Os dois tipos de calorímetro (pressão e volume constantes) destacam as diferenças entre entalpia e energia interna. A energia transferida na forma de calor sob uma pressão constante, $q_p$, é, por definição, $\Delta H$, ao passo que a energia transferida na forma de calor sob volume constante, $q_v$, é $\Delta U$.

$$q_r + q_{bomba} + q_{água} = 0$$

em que $q_r$ é a energia liberada na forma de calor pela reação, $q_{bomba}$ é a energia envolvida no aquecimento da bomba do calorímetro, e $q_{água}$ é a energia absorvida no aquecimento da água no calorímetro. Como o volume não se altera em um calorímetro de volume constante, a transferência de energia na forma de trabalho não acontece. Por conseguinte, a energia transferida na forma de calor a volume constante ($q_v$) é igual à variação da energia interna, $\Delta U$.

---

**EXEMPLO 5.8**

### Calorimetria a Volume Constante

**Problema** Octano, $C_8H_{18}$, o constituinte principal da gasolina, queima ao ar:

$$C_8H_{18}(\ell) + 25/2\ O_2(g) \rightarrow 8\ CO_2(g) + 9\ H_2O(\ell)$$

Uma amostra de 1,00 g de octano é queimada em um calorímetro a volume constante (similar ao mostrado na Figura 5.12). O calorímetro é um recipiente isolado contendo 1,20 kg de água. A temperatura da água e da bomba aumenta de 25,00°C (298,15 K) para 33,20°C (306,35 K). O calor necessário para elevar a temperatura da bomba (a sua capacidade calorífica), $C_{bomba}$, é 837 J K$^{-1}$. (a) Qual é o calor de combustão por grama do octano? (b) Qual é o calor de combustão por mol de octano?

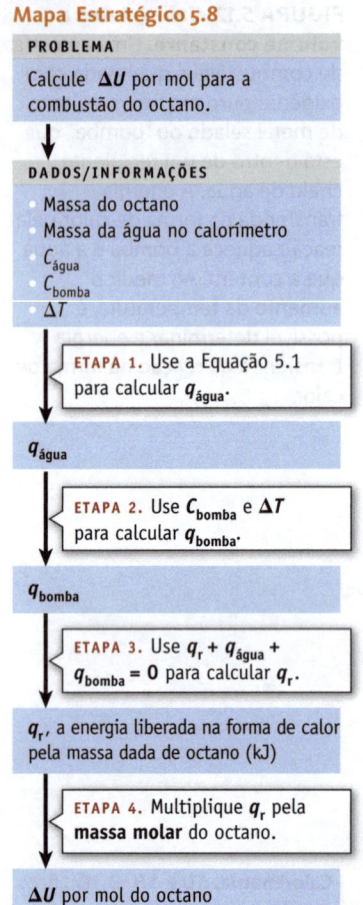

**Mapa Estratégico 5.8**

**PROBLEMA**

Calcule $\Delta U$ por mol para a combustão do octano.

**DADOS/INFORMAÇÕES**

- Massa do octano
- Massa da água no calorímetro
- $C_{água}$
- $C_{bomba}$
- $\Delta T$

**ETAPA 1.** Use a Equação 5.1 para calcular $q_{água}$.

$q_{água}$

**ETAPA 2.** Use $C_{bomba}$ e $\Delta T$ para calcular $q_{bomba}$.

$q_{bomba}$

**ETAPA 3.** Use $q_r + q_{água} + q_{bomba} = 0$ para calcular $q_r$.

$q_r$, a energia liberada na forma de calor pela massa dada de octano (kJ)

**ETAPA 4.** Multiplique $q_r$ pela **massa molar** do octano.

$\Delta U$ por mol do octano

---

**O que você sabe?** Há variações de energia para os três componentes desse sistema: a energia liberada pela reação, $q_r$; a energia absorvida pela água, $q_{água}$ e a energia absorvida pelo calorímetro, $q_{bomba}$. Você sabe o seguinte: a massa molar do octano, as massas da amostra e da água do calorímetro, $T_{inicial}$, $T_{final}$, $C_{bomba}$ e $C_{água}$. Você pode supor que não houve nenhuma perda de energia para a vizinhança.

**Estratégia**

- A soma de todas as energias transferidas como calor no sistema = $q_r + q_{bomba} + q_{água} = 0$. O primeiro termo, $q_r$ é desconhecido. O segundo e o terceiro termos da equação podem ser calculados a partir dos seguintes dados: $q_{bomba}$ é calculada a partir da capacidade calorífica da bomba e de $\Delta T$, e $q_{água}$ é determinada a partir da capacidade calorífica específica, da massa e da $\Delta T$ da água.

- O valor de $q_r$ é a energia liberada na combustão de 1,00 g de octano. Use isso e a massa molar do octano (114,2 g mol⁻¹) para calcular a energia liberada na forma de calor por mol de octano.

**RESOLUÇÃO**

(a)  $q_{água} = C_{água} \times m_{água} \times \Delta T = (4,184 \text{ J g}^{-1} \cdot \text{K}^{-1})(1,20 \times 10^3 \text{ g})(306,35 \text{ K} - 298,15 \text{ K})$

$$= +4,117 \times 10^4 \text{ J}$$

$q_{bomba} = (C_{bomba})(\Delta T) = (837 \text{ J K}^{-1})(306,35 \text{ K} - 298,15 \text{ K}) = 6,863 \times 10^3 \text{ J}$

$q_r + q_{água} + q_{bomba} = 0$

$q_r + 4,117 \times 10^4 \text{ J} + 6,863 \times 10^3 \text{ J} = 0$

$q_r = -4,803 \times 10^4 \text{ J (ou } -48,03 \text{ kJ)}$

Calor de combustão por grama = $-48,0$ kJ

(b)  Calor de combustão por mol de octano = $(-48,03 \text{ kJ g}^{-1})(114,2 \text{ g mol}^{-1}) =$

$$= -5,49 \times 10^3 \text{ kJ mol}^{-1}$$

**Pense bem antes de responder** Uma vez que o volume não varia, nenhuma transferência de energia ocorre na forma de trabalho. A variação de energia interna, $\Delta_r U$, para a combustão do $C_8H_{18}(\ell)$ é $-5,49 \times 10^3$ kJ mol⁻¹. Note também que $C_{bomba}$ não possui unidades de massa e representa a energia na forma de calor necessária para aumentar a temperatura da bomba utilizada nesse experimento em 1 kelvin.

## Verifique seu entendimento

Uma amostra de 1,00 g de açúcar (sacarose, $C_{12}H_{22}O_{11}$) é queimada em um colorímetro de bomba (bomba calorimétrica). A temperatura de $1,50 \times 10^3$ g de água no calorímetro aumenta de 25,00°C para 27,32°C. A capacidade calorífica da bomba é de 837 J K⁻¹, e a capacidade calorífica específica da água é de 4,20 J g⁻¹ · K⁻¹. Calcule (a) o calor liberado por grama de sacarose e (b) o calor liberado por mol de sacarose.

---

## 5.7 Cálculos de Entalpia

### Objetivos da Seção 5.7

- Aplicar a lei de Hess para encontrar a variação de entalpia, $\Delta_r H°$, para uma reação.
- Saber como desenhar e interpretar diagramas de níveis de energia.
- Usar as entalpias molares padrão de formação, $\Delta_f H°$, para calcular a variação de entalpia para uma reação, $\Delta_r H°$.

Variações de entalpia para um grande número de processos químicos e físicos estão disponíveis na internet e em diversos manuais. Esta seção descreve como usá-los.

## Lei de Hess

A variação de entalpia de uma reação pode ser medida por calorimetria para muitos, mas não todos, processos químicos. Considere, por exemplo, a oxidação do carbono para formar o monóxido de carbono.

$$C(s) + \tfrac{1}{2}O_2(g) \rightarrow CO(g)$$

O principal produto da reação, no entanto, será $CO_2$, mesmo se uma quantidade limitada de oxigênio for utilizada. Assim que o CO é formado, ele reagirá com $O_2$ para formar $CO_2$. Não é possível medir a variação de entalpia para essa reação por calorimetria porque esta não pode ser efetuada de forma que o CO seja o único produto.

A variação de entalpia da reação que forma $CO(g)$ a partir de $C(s)$ e $O_2(g)$ pode ser determinada indiretamente a partir das variações de entalpia para outras reações cujos valores de $\Delta_r H°$ podem ser medidos. O cálculo é baseado na **lei de Hess**, a qual expressa que, *se uma reação é a soma de duas ou mais outras reações, $\Delta_r H°$ para o processo global é a soma dos valores de $\Delta_r H°$ dessas reações.*

A oxidação de $C(s)$ para $CO(g)$ pode ser determinada indiretamente a partir de dados termoquímicos obtidos de duas reações que podem ser estudadas por calorimetria. Essas reações são a oxidação de $CO(g)$ e a oxidação de $C(s)$; ambas formam $CO_2(g)$ como o único produto.

| | | | |
|---|---|---|---|
| Equação 1: | $CO(g) + \tfrac{1}{2}O_2(g) \rightarrow CO_2(g)$ | $\Delta_r H°_1 = -283,0$ kJ (mol de reação)$^{-1}$ |
| Equação 2: | $C(s) + O_2(g) \rightarrow CO_2(g)$ | $\Delta_r H°_2 = -393,5$ kJ (mol de reação)$^{-1}$ |

As equações anteriores podem ser manipuladas de modo que, quando somadas, resultem na equação líquida desejada. Para que o $CO(g)$ apareça como um único produto de reação, a Equação 1 é invertida. O sinal da variação de entalpia padrão também é invertido quando a reação é invertida (Seção 5.5). A Equação 2 contém $C(s)$ no lado correto da equação e na quantidade estequiométrica correta permanecendo, portanto, inalterada. A soma dessas duas reações dá a equação para a oxidação de $C(s)$ a $CO_2(g)$.

| | | |
|---|---|---|
| Equação 1': | $CO_2(g) \rightarrow CO(g) + \tfrac{1}{2}O_2(g)$ | $\Delta_r H°_{1'} = +283,0$ kJ (mol de reação)$^{-1}$ |
| Equação 2: | $C(s) + O_2(g) \rightarrow CO_2(g)$ | $\Delta_r H°_2 = -393,5$ kJ (mol de reação)$^{-1}$ |
| Equação 3: | $C(s) + \tfrac{1}{2}O_2(g) \rightarrow CO(g)$ | $\Delta_r H°_3 = -110,5$ kJ (mol de reação)$^{-1}$ |

Aplicando a lei de Hess, a variação de entalpia para a reação global ($\Delta_r H°_3$) será igual à soma das variações de entalpia das reações de 1 e 2 ($\Delta_r H°_{1'} + \Delta_r H°_2$).

$$\Delta_r H°_3 = \Delta_r H°_{1'} + \Delta_r H°_2$$

$$\Delta_r H°_3 = +283,0 \text{ kJ (mol de reação)}^{-1} + (-393,5 \text{ kJ (mol de reação)}^{-1})$$

$$\Delta_r H°_3 = -110,5 \text{ kJ (mol de reação)}^{-1}$$

A lei de Hess também se aplica aos processos físicos. A variação de entalpia para a reação de $H_2(g)$ e $O_2(g)$ para formar 1 mol de vapor de $H_2O$ é diferente da variação de entalpia para formar 1 mol de $H_2O$ líquida. A diferença está relacionada com a variação de entalpia de vaporização da água, $\Delta_r H°_2$ ($= -\Delta_{vap}H°$), como mostra a análise seguinte:

| | | |
|---|---|---|
| Equação 1: | $H_2(g) + \tfrac{1}{2}O_2(g) \rightarrow H_2O(g)$ | $\Delta_r H°_1 = -241,8$ kJ (mol de reação)$^{-1}$ |
| Equação 2: | $H_2O(g) \rightarrow H_2O(\ell)$ | $\Delta_r H°_2 = -44,0$ kJ (mol de reação)$^{-1}$ |
| Equação 3: | $H_2(g) + \tfrac{1}{2}O_2(g) \rightarrow H_2O(\ell)$ | $\Delta_r H°_3 = -285,8$ kJ (mol de reação)$^{-1}$ |

## Diagramas de Níveis de Energia

Ao usar a lei de Hess, é útil representar de maneira esquemática os dados de entalpia em um diagrama de níveis de energia. Nestes diagramas, as diversas substâncias estudadas – os reagentes e os produtos em uma reação química, por exemplo – são colocadas em uma escala arbitrária de energia. A entalpia relativa de cada uma das substâncias

**FIGURA 5.13 Diagramas de níveis de energia.**
**(a)** Relacionando as variações de entalpia na formação de $CO_2(g)$.
**(b)** Relacionando as variações de entalpia na formação de $H_2O(\ell)$. As variações de entalpia associadas com as mudanças entre os níveis de energia são fornecidas ao lado das setas verticais.

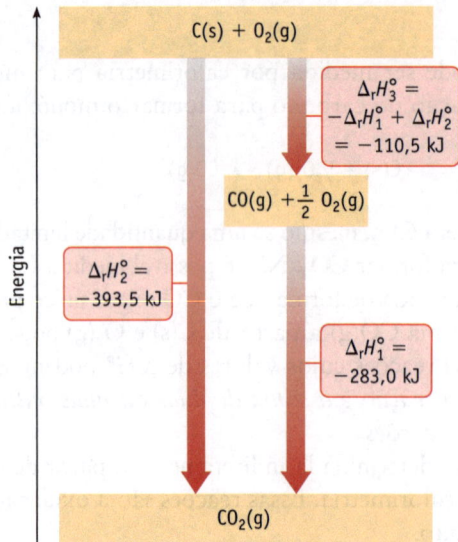
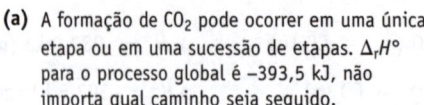

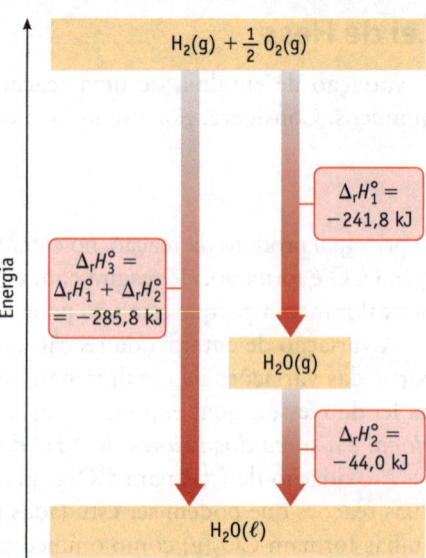

**(a)** A formação de $CO_2$ pode ocorrer em uma única etapa ou em uma sucessão de etapas. $\Delta_r H°$ para o processo global é −393,5 kJ, não importa qual caminho seja seguido.

**(b)** A formação de $H_2O(\ell)$ pode ocorrer em uma única etapa ou numa sucessão de etapas. $\Delta_r H°$ para o processo global é −285,8 kJ, não importa qual caminho seja seguido.

é dada pela sua posição no eixo vertical, e as diferenças numéricas na entalpia entre elas são mostradas pelas setas verticais. Esses diagramas fornecem uma perspectiva visual da magnitude e direção das variações de entalpia e mostram como as entalpias das substâncias estão relacionadas.

Diagramas de níveis de energia que resumem os dois exemplos da lei de Hess discutidos anteriormente são mostrados na Figura 5.13. Na Figura 5.13a, os elementos C(s) e $O_2(g)$ estão na entalpia de maior nível. A reação do carbono com o oxigênio para formar $CO_2(g)$ diminui a entalpia para 393,5 kJ. Isso pode ocorrer em uma única etapa, mostrada à esquerda na Figura 5.13a, ou em duas etapas, via formação inicial de CO(g), como mostradas à direita. Do mesmo modo, na Figura 5.13b, o $H_2(g)$ e o $O_2(g)$ estão no maior nível de entalpia. Tanto a água líquida quanto a gasosa estão nos menores níveis de entalpias com a diferença entre os dois níveis sendo a variação de entalpia de vaporização.

A *variação de entalpia de uma reação é uma função de estado*, isto é, a variação de entalpia que ocorre quando os reagentes transformam-se em produtos não depende do caminho percorrido. Os diagramas de energia ilustram esse ponto. Os químicos muitas vezes querem saber a variação de entalpia para uma etapa de uma reação. Se soubermos a variação da entalpia total e as variações de entalpia para todas as etapas, exceto uma, então a variação desconhecida pode ser calculada.

---

# DICA PARA RESOLUÇÃO DE PROBLEMAS 5.2
## Usando a Lei de Hess

Como sabíamos de que modo as três equações deveriam ser ajustadas no Exemplo 5.9? Está aqui uma estratégia geral a ser seguida nesse tipo de problema.
**Etapa 1. Organize as equações dadas para obter os reagentes e os produtos no lado correto da equação cujo $\Delta_r H°$ você deseja calcular.** Talvez você tenha que inverter algumas das equações dadas para fazer isso. No

Exemplo 5.9, os reagentes, C(s) e $H_2(g)$, são reagentes nas Equações 1 e 2, e o produto, $CH_4$, é um reagente na Equação 3. A Equação 3 foi invertida para obter $CH_4$ no lado do produto.
**Etapa 2. Determine as quantidades corretas de substâncias em cada lado.** No Exemplo 5.9, somente um ajuste foi necessário. Há 1 mol de $H_2$ à esquerda (o lado dos reagentes) na Equação 2. Precisávamos de 2 mol de $H_2$ na equação

global; isto exigiu que dobrássemos as quantidades na Equação 2.
**Etapa 3. Certifique-se de que outras substâncias nas equações se cancelam quando as mesmas forem somadas.** No Exemplo 5.9, quantidades iguais de $O_2$, $H_2O$ e de $CO_2$ apareceram à esquerda e à direita nas três equações, de modo que se cancelaram quando as equações foram somadas.

## EXEMPLO 5.9

# Usando a Lei de Hess

**Problema** Suponha que você queira saber a variação de entalpia para a formação do metano, $CH_4$, a partir de carbono sólido (como grafite) e gás hidrogênio:

$$C(s) + 2H_2(g) \rightarrow CH_4(g) \qquad \Delta_rH° = ?$$

A variação de entalpia dessa reação não pode ser medida no laboratório porque a reação é muito lenta. Podemos, contudo, medir a variação de entalpia para a combustão do carbono, hidrogênio e metano.

Equação 1:   $C(s) + O_2(g) \rightarrow CO_2(g)$        $\Delta_rH°_1 = -393,5$ kJ (mol de reação)$^{-1}$

Equação 2:   $H_2(g) + \frac{1}{2}O_2(g) \rightarrow H_2O(\ell)$        $\Delta_rH°_2 = -285,8$ kJ (mol de reação)$^{-1}$

Equação 3:   $CH_4(g) + 2O_2(g) \rightarrow CO_2(g) + 2H_2O(\ell)$   $\Delta_rH°_3 = -890,3$ kJ (mol de reação)$^{-1}$

Use essa informação para calcular $\Delta_rH°$ para a formação do metano a partir de seus elementos.

**O que você sabe?** Este é um problema para aplicar a lei de Hess. Você precisa ajustar as três equações para que elas possam ser somadas para obter a equação desejada, $C(s) + 2 H_2(g) \rightarrow CH_4(g)$. Quando uma mudança é feita em uma equação, também se torna necessário mudar a variação de entalpia.

**Estratégia** As três equações (1, 2 e 3), da forma como estão escritas, não podem ser somadas para se obter a equação para a formação de $CH_4$ a partir de seus elementos. O metano, $CH_4$, é um produto na reação para a qual desejamos calcular $\Delta_rH°$, mas é um reagente na Equação 3. A água aparece em duas dessas equações, embora ela não seja um componente da reação que forma o $CH_4$ a partir de carbono e hidrogênio. Para usar a lei de Hess a fim de resolver esse problema, primeiro você tem que manipular as equações e ajustar adequadamente os valores $\Delta_rH°$, antes de somá-las. Lembre-se, da Seção 5.5, que, ao escrever uma reação no sentido inverso, o sinal de $\Delta_rH°$ deve ser invertido e que, ao dobrarmos as quantidades de reagentes e produtos, devemos também dobrar o valor de $\Delta_rH°$. Os ajustes nas Equações 2 e 3 produzirão novas equações que, junto com a Equação 1, podem ser combinadas para fornecer a reação global desejada.

**Mapa Estratégico 5.9**

**PROBLEMA**

**Lei de Hess:** Calcule $\Delta_rH°$ para a **reação de interesse** a partir dos valores de $\Delta_rH°$ de outras reações.

↓

**DADOS/INFORMAÇÕES**

Três reações com valores conhecidos de $\Delta_rH°$.

**ETAPA 1.** Manipule as equações com **valores de $\Delta_rH°$** conhecidos de modo que elas sejam somadas para dar a **equação de interesse.**

**Equação de interesse.**

**ETAPA 2.** Some os **valores de $\Delta_rH°$** para as equações que foram somadas para dar a equação de interesse.

$\Delta_rH°$ para reação de interesse.

**RESOLUÇÃO** Para que $CH_4$ apareça como um produto da reação global, inverta a Equação 3, alterando também o sinal de seu $\Delta_rH°$.

Equação 3′:   $CO_2(g) + 2H_2O(\ell) \rightarrow CH_4(g) + 2O_2(g)$

$$\Delta_rH°_{3'} = -\Delta_rH°_3 = +890,3 \text{ kJ (mol de reação)}^{-1}$$

Em seguida, vemos que 2 mol de $H_2(g)$ estão do lado dos reagentes em nossa equação desejada. A Equação 2 é escrita para somente 1 mol de $H_2(g)$ como reagente. Consequentemente, multiplicamos os coeficientes estequiométricos na Equação 2 por 2 e multiplicamos o valor de $\Delta_rH°$ por 2.

Equação 2′:   $2H_2(g) + O_2(g) \rightarrow 2H_2O(\ell)$

$$\Delta_rH°_{2'} = 2\,\Delta_rH°_2 = 2\,(-285,8 \text{ kJ mol de reação})^{-1} = -571,6 \text{ kJ (mol de reação)}^{-1}$$

Agora você tem três equações que, quando somadas, darão a equação para a formação do metano a partir do carbono e do hidrogênio. Nessa soma, $O_2(g)$, $H_2O(\ell)$ e $CO_2$ (g) são cancelados.

Equação 1:   $C(s) + O_2(g) \rightarrow CO_2(g)$        $\Delta_rH°_1 = -393,5$ kJ (mol de reação)$^{-1}$

Equação 2′:  $2H_2(g) + O_2(g) \rightarrow 2H_2O(\ell)$     $\Delta_rH°_{2'} = 2\Delta_rH°_2 = -571,6$ kJ (mol de reação)$^{-1}$

Equação 3′:  $CO_2(g) + 2H_2O(\ell) \rightarrow CH_4(g) + 2O_2$ (g)

$$\Delta_rH°_{3'} = -\Delta_rH°_3 = +890,3 \text{ kJ (mol de reação)}^{-1}$$

Equação líquida:  $C(s) + 2 H_2(g) \rightarrow CH_4(g)$   $\Delta_r H^{\circ}_{liq} = \Delta_r H^{\circ}_1 + \Delta_r H^{\circ}_{2'} + \Delta_r H^{\circ}_{3'}$

$\Delta_r H^{\circ}_{liq} = (-393,5 \text{ kJ (mol de reação)}^{-1}) + (-571,6 \text{ kJ (mol de reação)}^{-1})$

$+ (+890,3 \text{ kJ (mol de reação)}^{-1})$

$= -74,8 \text{ kJ (mol de reação)}^{-1}$

Assim, para a formação de 1 mol de $CH_4(g)$ a partir dos elementos, $\Delta_r H^{\circ} = -74,8$ kJ (mol de reação)$^{-1}$.

**Pense bem antes de responder**  Note que a variação de entalpia para a formação do composto a partir de seus elementos é exotérmica, assim como para a grande maioria dos compostos.

## Verifique seu entendimento

Aplique a lei de Hess para calcular a variação de entalpia para a formação de $CS_2(\ell)$ a partir de C(s) e S(s) [C(s) + 2S(s) → $CS_2(\ell)$], utilizando os seguintes valores de entalpia:

| | |
|---|---|
| $C(s) + O_2(g) \rightarrow CO_2(g)$ | $\Delta_r H^{\circ}_1 = -393,5$ kJ (mol de reação)$^{-1}$ |
| $S(s) + O_2(g) \rightarrow SO_2(g)$ | $\Delta_r H^{\circ}_2 = -296,8$ kJ (mol de reação)$^{-1}$ |
| $CS_2(\ell) + 3O_2(g) \rightarrow CO_2(g) + 2SO_2(g)$ | $\Delta_r H^{\circ}_3 = -1103,9$ kJ (mol de reação)$^{-1}$ |

## Entalpias Padrão de Formação

A calorimetria e a aplicação da lei de Hess disponibilizaram um grande número de valores de $\Delta_r H^{\circ}$ para reações químicas. A tabela no Apêndice L, por exemplo, lista as **entalpias padrão molares de formação, $\Delta_f H^{\circ}$**. *A entalpia padrão molar de formação é a variação da entalpia na formação de 1 mol de um composto diretamente a partir dos seus elementos componentes, em seus estados naturais a $25^{\circ C}$ e 1 bar (padrão).*

Vários exemplos de entalpias padrão molares de formação serão úteis para ilustrar essa definição.

**$\Delta_f H^{\circ}$ para NaCl(s):** A 25°C e a uma pressão de 1 bar, Na é um sólido e $Cl_2$ é um gás. A entalpia padrão de formação do NaCl(s) é definida como sendo a variação de entalpia quando 1 mol de NaCl(s) é formado a partir de 1 mol de Na(s) e ½ mol de $Cl_2(g)$.

**Valores $\Delta_f H^{\circ}$**  Consulte o website do National Institute for Standards and Technology (webbook.nist.gov/chemistry) para uma compilação de entalpias de formação.

$Na(s) + \frac{1}{2}Cl_2(g) \rightarrow NaCl(s)$     $\Delta_f H^{\circ} = -411,12$ kJ mol$^{-1}$

Observe que nesta equação é necessário um coeficiente estequiométrico fracionário para o gás cloro porque a definição de $\Delta_f H^{\circ}$ especifica a formação de *um* mol de NaCl(s).

**$\Delta_f H^{\circ}$ para NaCl(aq):** A entalpia de formação de uma solução aquosa de um composto refere-se à variação de entalpia para a formação de uma solução de 1 mol/L do composto, iniciando com os elementos que o compõem. Esta é, portanto, a entalpia de formação do composto mais a variação de entalpia que ocorre quando a substância dissolve-se na água.

**Unidades de Entalpia de Formação**  As unidades para valores de $\Delta_f H^{\circ}$ são geralmente fornecidas como kJ mol$^{-1}$, em vez de kJ (mol de reação)$^{-1}$. No entanto, uma vez que uma entalpia de formação é definida como a variação de entalpia para a formação de 1 mol de composto, entende-se que "por mol" também significa "por mol de reação".

$Na(s) + \frac{1}{2}Cl_2(g) \rightarrow NaCl(aq)$     $\Delta_f H^{\circ} = -407,27$ kJ mol$^{-1}$

**$\Delta_f H^{\circ}$ para $C_2H_5OH(\ell)$:** A 25°C e 1 bar, os estados padrão dos elementos são C(s, grafite), $H_2(g)$ e $O_2(g)$. A entalpia padrão de formação de $C_2H_5OH(\ell)$ é definida como a variação de entalpia, que ocorre quando um mol de $C_2H_5OH(\ell)$ é formado a partir de 2 mol de C(s), 3 mol de $H_2(g)$ e 1/2 mol de $O_2(g)$.

$2C(s) + 3H_2(g) + \frac{1}{2}O_2(g) \rightarrow C_2H_5OH(\ell)$     $\Delta_f H^{\circ} = -277,0$ kJ mol$^{-1}$

Observe que a reação que define a entalpia de formação do etanol líquido não é uma reação que um químico pode executar no laboratório. Isso ilustra um ponto importante: *A entalpia de formação de um composto não corresponde necessariamente a uma reação que possa ser executada.*

O Apêndice L lista os valores de $\Delta_f H^{\circ}$ para algumas substâncias comuns e uma revisão desses valores leva a algumas observações importantes.

- *A entalpia padrão de formação de um elemento em seu estado padrão é zero.*

- A maioria dos valores de $\Delta_f H°$ é negativa, indicando que a formação dos compostos a partir das substâncias simples é geralmente exotérmica. Poucos valores são positivos, estes representam compostos que são instáveis e tendem a se decompor em seus elementos. (Um exemplo é o NO(g) com $\Delta_f H° = +90,29$ kJ mol$^{-1}$.)

- Valores de $\Delta_f H°$ podem ser usados para comparar as estabilidades de compostos relacionados. Considere os valores de $\Delta_f H°$ para os haletos de hidrogênio. O fluoreto de hidrogênio é o mais estável desses compostos no que diz respeito à decomposição em seus elementos, enquanto o HI é o menos estável (como indicado pelo $\Delta_f H°$ do HF sendo o valor mais negativo e aquele do HI sendo positivo).

**Valores de $\Delta_f H°$ para Haletos de Hidrogênio**

| Composto | $\Delta_f H°$ (kJ mol$^{-1}$) |
|---|---|
| HF(g) | −273,3 |
| HCl(g) | −92,31 |
| HBr(g) | −35,29 |
| HI(g) | +25,36 |

## Variação da Entalpia para uma Reação

Ao utilizar entalpias padrão molares de formação e a Equação 5.6, é possível calcular a variação de entalpia para uma reação sob condições padrão.

**Coeficientes Estequiométricos**
Na Equação 5.6, um coeficiente estequiométrico, *n*, é representado como a quantidade de matéria da substância por mol de reação.

$$\Delta_r H° = \Sigma n \Delta_f H°(\text{produtos}) - \Sigma n \Delta_f H°(\text{reagentes}) \qquad (5.6)$$

Nessa equação, o símbolo $\Sigma$ (a letra grega sigma maiúscula) significa "soma". Para encontrar a $\Delta_r H°$, é preciso adicionar as entalpias molares de formação dos produtos, cada uma multiplicada pelo seu coeficiente estequiométrico *n*, e subtrair desses valores a soma das entalpias molares de formação dos reagentes, cada um multiplicado por seu coeficiente estequiométrico. Essa equação é uma consequência lógica da definição de $\Delta_r H°$ e da lei de Hess (veja "Um Olhar Mais Atento: Lei de Hess e Equação 5.6").

**$\Delta$ = Final − Inicial** A Equação 5.6 é outro exemplo de convenção de que uma alteração ($\Delta$) é sempre calculada subtraindo-se o valor do estado inicial (os reagentes) do valor do estado final (os produtos).

Suponha que se queira saber quanta energia é necessária para decompor 1 mol de carbonato de cálcio (pedra calcária) para formar óxido de cálcio (cal) e dióxido de carbono sob condições padrão:

$$CaCO_3(s) \rightarrow CaO(s) + CO_2(g) \qquad \Delta_r H° = ?$$

Para fazer isso, você usaria as seguintes entalpias de formação (do Apêndice L):

| COMPOSTO | $\Delta_f H°$ (kJ MOL$^{-1}$) |
|---|---|
| CaCO$_3$(s) | −1207,6 |
| CaO(s) | −635,1 |
| CO$_2$(g) | −393,5 |

e depois a Equação 5.6 para encontrar a variação da entalpia padrão para a reação, $\Delta_r H°$.

$$\Delta_r H° = \left[ \left( \frac{1 \text{ mol CaO}}{1 \text{ mol de reação}} \right) \left( \frac{-635,1 \text{ kJ}}{\text{mol CaO}} \right) + \left( \frac{1 \text{ mol CO}_2}{1 \text{ mol de reação}} \right) \left( \frac{-393,5 \text{ kJ}}{1 \text{ mol CO}_2} \right) \right]$$

$$- \left[ \left( \frac{1 \text{ mol CaCO}_3}{1 \text{ mol de reação}} \right) \left( \frac{-1207,6 \text{ kJ}}{1 \text{ mol CaCO}_3} \right) \right]$$

$$= +179,0 \text{ kJ/mol de reação}$$

A decomposição do calcário em cal e $CO_2$ é endotérmica. Isto é, uma quantidade de energia (179,0 kJ) deve ser fornecida ao sistema para decompor 1 mol de CaCO$_3$(s) em CaO(s) e CO$_2$(g).

**Mapa Estratégico 5.10**

PROBLEMA
Calcule $\Delta_r H°$ para a reação de uma **dada massa** de um composto.

↓

DADOS/INFORMAÇÕES
• Massa e $\Delta_f H°$ do composto
• Valores $\Delta_f H°$ para os produtos
• Equação balanceada

ETAPA 1. Calcule $\Delta_r H°$ para a reação do composto usando os valores $\Delta_f H°$ para reagentes e produtos.

$\Delta_r H°$ para a reação do composto.

ETAPA 2. Determine a **quantidade de matéria em mol** do composto.

**Quantidade** de matéria em mol do composto.

ETAPA 3. Converta **mol** do composto para (**mol de reação**)$^{-1}$ e então multiplique por $\Delta_r H°$.

$\Delta_r H°$ para a reação de uma **dada massa** do composto.

**EXEMPLO 5.10**

## Usando Entalpias de Formação

**Problema** A nitroglicerina, $C_3H_5(NO_3)_3$, é um explosivo poderoso que forma quatro gases diferentes quando detonada:

$$2\ C_3H_5(NO_3)_3(\ell) \rightarrow 3\ N_2(g) + \tfrac{1}{2}O_2(g) + 6\ CO_2(g) + 5\ H_2O(g)$$

Calcule a variação da entalpia que ocorre quando 10,0 g de nitroglicerina é detonada. A entalpia padrão de formação da nitroglicerina, $\Delta_f H°$, é −364 kJ mol$^{-1}$. Use o Apêndice L para encontrar outros valores $\Delta_f H°$ que são necessários.

**O que você sabe?** A partir do Apêndice L, $\Delta_f H°[CO_2(g)] = -393{,}5$ kJ mol$^{-1}$, $\Delta_f H°[H_2O(g)] = -241{,}8$ kJ mol$^{-1}$ e $\Delta_f H° = 0$ para $N_2(g)$ e $O_2(g)$. Também são fornecidas a massa e $\Delta_f H°$ para a nitroglicerina.

**Estratégia** Substitua pelos valores da entalpia de formação dos produtos e reagentes na Equação 5.6 para determinar a variação de entalpia para 1 mol de reação. Isso representa a variação da entalpia para a detonação de 2 mol de nitroglicerina. Determine a quantidade (mol) representada por 10,0 g de nitroglicerina e, em seguida, use esse valor com $\Delta_r H°$ e a relação entre mol de nitroglicerina e mol da reação para obter a resposta.

**RESOLUÇÃO** Usando a Equação 5.6, descobrimos que a variação de entalpia para a explosão de 2 mol de nitroglicerina é:

$$\Delta_r H° = \left(\frac{6\ mol\ CO_2}{1\ mol\ de\ reação}\right)\Delta_f H°[CO_2(g)] + \left(\frac{5\ mol\ H_2O}{1\ mol\ de\ reação}\right)\Delta_f H°[H_2O(g)]$$

$$- \left(\frac{2\ mol\ C_3H_5(NO_3)_3}{1\ mol\ de\ reação}\right)\Delta_f H°[C_3H_5(NO_3)_3(\ell)]$$

$$\Delta_r H° = \left(\frac{6\ mol\ CO_2}{1\ mol\ de\ reação}\right)\left(\frac{-393{,}5\ kJ}{1\ mol\ CO_2}\right) + \left(\frac{5\ mol\ H_2O}{1\ mol\ de\ reação}\right)\left(\frac{-241{,}8\ kJ}{1\ mol\ H_2O}\right)$$

$$- \left(\frac{2\ mol\ C_3H_5(NO_3)_3}{1\ mol\ de\ reação}\right)\left(\frac{-364\ kJ}{1\ mol\ C_3H_5(NO_3)_3}\right) = -2842{,}0\ kJ\ mol^{-1}\ de\ reação$$

O problema pede a variação de entalpia utilizando-se 10,0 g de nitroglicerina. É preciso agora determinar a quantidade de matéria de nitroglicerina em 10,0 g:

$$10{,}0\ g\ nitroglicerina\left(\frac{1\ mol\ nitroglicerina}{227{,}1\ g\ nitroglicerina}\right) = 0{,}4403\ mol\ nitroglicerina$$

A variação de entalpia para a detonação de 0,04403 mol de nitroglicerina é:

$$\Delta_r H° = 0{,}04403\ mol\ nitroglicerina\left(\frac{1\ mol\ de\ reação}{2\ mol\ nitroglicerina}\right)\left(\frac{-2842{,}0\ kJ}{1\ mol\ de\ reação}\right)$$

$$= -62{,}6\ kJ$$

**Pense bem antes de responder** Um valor negativo de $\Delta_r H°$ está de acordo com o fato de que essa reação é altamente exotérmica.

## Verifique seu entendimento

Calcule a entalpia padrão de combustão do benzeno, $C_6H_6$.

$$C_6H_6(\ell) + 15/2\ O_2(g) \rightarrow 6\ CO_2(g) + 3\ H_2O(\ell) \qquad \Delta_r H° = ?$$

A entalpia de formação do benzeno é conhecida, $[\Delta_f H°[C_6H_6(\ell)] = +49{,}0$ kJ mol$^{-1}]$, e outros valores necessários podem ser encontrados no Apêndice L.

## UM OLHAR MAIS ATENTO | Lei de Hess e Equação 5.6

A Equação 5.6 é uma aplicação da lei de Hess. Para ilustrá-la, examinemos novamente a decomposição do carbonato de cálcio.

$$CaCO_3(s) \rightarrow CaO(s) + CO_2(g) \qquad \Delta_r H° = ?$$

Uma vez que a entalpia é uma função de estado, a variação da entalpia para essa reação é independente do percurso que leva à transformação dos reagentes em produtos. Podemos imaginar uma rota alternativa nessa transformação, que envolva primeiro a conversão do reagente ($CaCO_3$) nos elementos em seus estados padrão e, então, a recombinação desses elementos para formar os produtos da reação. Note que as variações de entalpia desses processos são as entalpias de formação dos reagentes e dos produtos na equação anterior:

$$CaCO_3(s) \rightarrow Ca(s) + C(s) + 3/2 O_2(g)$$
$$-\Delta_f H°[CaCO_3(s)] = \Delta_r H_1°$$

$$C(s) + O_2(g) \rightarrow CO_2(g)$$
$$\Delta_f H°[CO_2(g)] = \Delta_r H_2°$$

$$Ca(s) + \frac{1}{2}O_2(g) \rightarrow CaO(s)$$
$$\Delta_f H°[CaO(s)] = \Delta_r H_3°$$

$$\overline{CaCO_3(s) \rightarrow CaO(s) + CO_2(g) \qquad \Delta_r H_{liq}°}$$

$$\Delta_r H_{liq}° = \Delta_r H_1° + \Delta_r H_2° + \Delta_r H_3°$$

$$\Delta_r H° = \Delta_f H°[CaO(s)] + \Delta_f H°[CO_2(g)] - \Delta_f H°[CaCO_3(s)]$$

Isto é, a variação na entalpia da reação é igual às entalpias de formação dos produtos ($CO_2$ e $CaO$) menos a entalpia de formação do reagente ($CaCO_3$), que é, obviamente, o que se faz quando se utiliza a Equação 5.6 para esse cálculo. A relação entre essas variações de entalpia é ilustrada no diagrama de níveis de energia.

Diagrama de níveis de energia para a decomposição do $CaCO_3(s)$

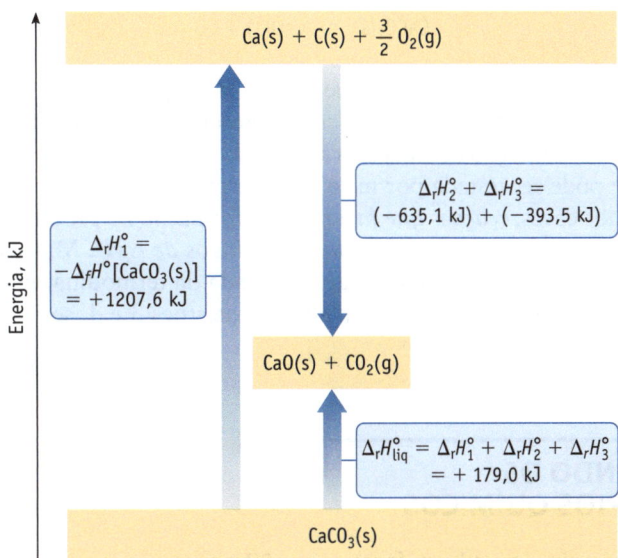

$$Ca(s) + C(s) + \frac{3}{2} O_2(g)$$

$$\Delta_r H_1° = -\Delta_f H°[CaCO_3(s)] = +1207,6 \text{ kJ}$$

$$\Delta_r H_2° + \Delta_r H_3° = (-635,1 \text{ kJ}) + (-393,5 \text{ kJ})$$

$$CaO(s) + CO_2(g)$$

$$\Delta_r H_{liq}° = \Delta_r H_1° + \Delta_r H_2° + \Delta_r H_3° = +179,0 \text{ kJ}$$

$$CaCO_3(s)$$

Energia, kJ

## 5.8 Reações que Favorecem a Formação de Reagentes ou de Produtos e Termodinâmica

Um estudo extensivo de termodinâmica no final das contas lhe dará as respostas para quatro perguntas.

- Como podemos medir e calcular as variações de energia associadas às transformações físicas e às reações químicas?
- Qual é a relação entre as variações de energia, calor e trabalho?
- Como podemos determinar se uma reação química em equilíbrio favorece a formação de reagente ou de produto?
- Como podemos determinar se uma reação química ou processo físico ocorrerá espontaneamente, isto é, sem intervenção externa?

As duas primeiras questões foram abordadas neste capítulo, mas as outras duas ainda permanecem sem respostas. Elas serão consideradas mais detalhadamente no Capítulo 18.

Podemos, no entanto, definir o cenário para a reflexão dessas questões. No Capítulo 3, aprendemos que as reações químicas tendem ao equilíbrio e, para que isso ocorra, mudanças espontâneas permitem que o sistema aproxime-se desse equilíbrio. Reações em que os reagentes são convertidos em sua maior parte em produtos são chamadas de *reações que favorecem a formação de produtos no*

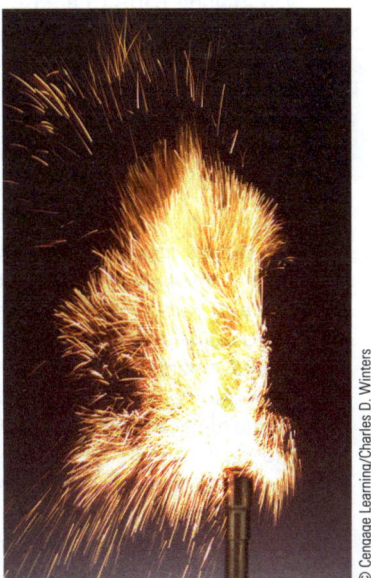

© Cengage Learning/Charles D. Winters

**FIGURA 5.14 A oxidação do ferro favorece a formação do produto.** O ferro pulverizado na chama de um bico de Bunsen é rapidamente oxidado. A reação é exotérmica e favorece a formação do produto.

*equilíbrio*. Reações em que apenas pequenas quantidades de produtos estão presentes no equilíbrio são chamadas *reações que favorecem a formação de reagentes no equilíbrio*.

Lembre-se das muitas reações químicas que vimos. Por exemplo, todas as reações de combustão são exotérmicas e a oxidação do ferro (Figura 5.14) é claramente exotérmica.

$$4Fe(s) + 3O_2(g) \rightarrow 2Fe_2O_3(s)$$

$$\Delta_r H° = 2\Delta_f H°[Fe_2O_3(s)] = \left(\frac{2\ mol\ Fe_2O_3}{1\ mol\ de\ reação}\right)\left(\frac{-825,5\ kJ}{1\ mol\ Fe_2O_3}\right) = -1651,0\ kJ\ mol^{-1}\ de\ reação$$

A reação tem um valor negativo de $\Delta_r H°$ e favorece a formação do produto no equilíbrio.

Por outro lado, a decomposição do carbonato de cálcio é endotérmica.

$$CaCO_3(s) \rightarrow CaO(s) + CO_2(g) \qquad \Delta_r H° = +179,0\ kJ\ (mol\ de\ reação)^{-1}$$

A decomposição de $CaCO_3$ prossegue para o lado que favorece a formação dos reagentes no equilíbrio.

Será que todas as reações exotérmicas favorecem a formação de produtos no equilíbrio e todas as reações endotérmicas favorecem a formação de reagentes no equilíbrio? A partir desses exemplos, poderíamos formular essa ideia como uma hipótese que pode ser testada por meio de experimentos e pesquisada junto com outros exemplos. Você encontrará que, na maioria dos casos, *reações que favorecem a formação de produtos têm valores negativos de $\Delta_r H°$, e reações que favorecem a formação de reagentes têm valores positivos de $\Delta_r H°$*. Mas isso nem *sempre* é verdade; há exceções.

Claramente, uma discussão mais aprofundada da termodinâmica deve ser associada ao conceito de equilíbrio. Essa relação, bem como a discussão completa das questões 3 e 4, serão apresentadas no Capítulo 18.

---

## APLICANDO OS PRINCÍPIOS QUÍMICOS

## 5.1 Pólvora

A pólvora tem sido utilizada em fogos de artifício, explosivos e armas de fogo por mais de mil anos. Até o final de 1800, a pólvora era uma mistura de salitre ($KNO_3$), carvão (grande parte C) e enxofre. Hoje em dia, essa mistura é conhecida como *pólvora negra*. Uma versão simplificada da reação que ocorre quando ela explode é a seguinte:

$$2KNO_3(s) + 3C(s) + S(s) \rightarrow K_2S(s) + N_2(g) + 3CO_2(g)$$

A reação real é mais complicada porque o carvão não é carbono puro; ele também contém átomos de oxigênio e hidrogênio. Embora a pólvora negra tenha sido usada por centenas de anos, ela apresenta algumas desvantagens como um propulsor: produz uma grande quantidade de fumaça branca e os resíduos da reação são corrosivos.

Armas de fogo modernas usam pólvora sem fumaça. Esses pós são compostos de nitrocelulose (também conhecido como algodão-pólvora) ou uma mistura de nitrocelulose e nitroglicerina. A nitrocelulose é o produto da reação do algodão (celulose, com uma fórmula empírica de $C_6H_{10}O_5$) com ácido nítrico. O produto totalmente nitrado tem a fórmula empírica

**Pólvora negra.**
A pólvora negra é conhecida há mais de mil anos. Esta foto mostra uma das desvantagens da pólvora negra: a grande quantidade de fumaça produzida

$C_6H_7(NO_3)_3O_2$, embora o algodão-pólvora, em geral, não seja totalmente nitrado. A decomposição de nitrocelulose e nitroglicerina libera mais energia do que a mesma massa de pólvora negra. Tão importante quanto isso é o fato de ela ser um melhor propulsor, porque todos os produtos são gasosos.

### Questões:

1. As entalpias padrão de formação de $KNO_3(s)$ e $K_2S$ (s) são $-494,6$ kJ $mol^{-1}$ e $-376,6$ kg $mol^{-1}$, respectivamente.

a. Determine a variação de entalpia padrão para a reação da pólvora negra de acordo com a equação balanceada acima, nesta página.

b. Determine a variação de entalpia que ocorre quando 1,00 g de pólvora negra decompõe-se de acordo com a estequiometria da equação balanceada acima. (Apesar de a pólvora negra ser uma mistura, suponha que 1 mol de pólvora negra consista exatamente em 2 mol de $KNO_3$, 3 mol de C e 1 mol de S.)

*continua*

2. A entalpia de reação do algodão-pólvora depende do grau de nitração da celulose. Para uma amostra particular, quando 0,725 g de algodão-pólvora é decomposto em uma bomba calorimétrica, a temperatura do sistema aumenta em 1,32 K. Assumindo que a bomba tem capacidade calorífica de 691 $J K^{-1}$ e o calorímetro contém 1200 kg de água, qual é a energia da reação por grama de algodão-pólvora?

3. A decomposição de nitroglicerina ($C_3H_5N_3O_9$) produz dióxido de carbono, nitrogênio, água e oxigênio gasosos.
   a. Escreva uma equação química balanceada para a decomposição da nitroglicerina.
   b. Se a decomposição de 1,00 g de nitroglicerina libera 6,23 kJ $g^{-1}$ de energia na forma de calor, qual é a entalpia padrão molar de formação da nitroglicerina?

## Referência:

KELLY, J. *Gunpowder, Alchemy, Bombards, and Pyrotechnics: The History of the Explosive That Changed the World.* Nova York: Basic Books, 2004.

## APLICANDO OS PRINCÍPIOS QUÍMICOS

# 5.2 A Controvérsia do Combustível – Álcool e Gasolina

Está claro que os estoques de combustíveis fósseis estão caindo e seus preços estão aumentando, à medida que os países da Terra têm cada vez mais necessidades de energia. Uma maneira de aliviar a iminente falta e sair da dependência de combustíveis fósseis é usar combustíveis renováveis a partir de fontes biológicas. Consequentemente, tem havido um movimento para substituir parte da gasolina vendida com etanol ($C_2H_5OH$).

Em 2007, o Congresso dos Estados Unidos aprovou um projeto de lei sobre energia afirmando que a produção de etanol deve ser de 20,5 bilhões de galões por ano até 2015, contra cerca de 4,7 bilhões de galões em 2007. A produção de etanol em 2016 foi de aproximadamente 56 bilhões de litros.*

A maioria dos combustíveis que contém etanol utilizados atualmente nos EUA consiste em uma mistura de 10% de etanol e 90% de gasolina (E10). Uma pequena parte do combustível é vendida como E85 – uma mistura de gasolina com 51%–85% de etanol. Entretanto, esta mistura só pode ser usada em veículos com motores projetados para combustíveis com alto teor de etanol (os chamados motores flex). Em 2016 havia aproximadamente 2.700 pontos de venda de E85 nos Estados Unidos e aproximadamente 17 milhões de veículos estavam equipados para usá-lo.

O objetivo de substituir a gasolina completamente pelo etanol é razoável? Esse é um objetivo difícil, uma vez que o presente consumo de gasolina nos Estados Unidos é de cerca de 140 bilhões de galões por ano. Até agora, o etanol foi

**Etanol disponível em um posto de gasolina nos Estados Unidos.** O combustível E85 é uma mistura de gasolina com 51%–85% de etanol. Esteja ciente de que você só pode utilizar E85 nos veículos projetados para funcionar com este combustível. Em um veículo comum, o etanol leva à deterioração nas juntas do motor e do sistema de combustível.

obtido da fermentação do milho.** O problema é que mesmo que o milho cultivado nos Estados Unidos seja convertido em etanol, o abastecimento ainda será inadequado. Está claro que deve haver mais ênfase em maneiras de se obter o etanol de outras fontes, como a celulose das espigas e milho e de várias gramíneas.

Além disso, há outros problemas associados ao etanol. Um deles reside no fato de que ele não pode ser distribuído através de um sistema de dutos, como ocorre no caso da gasolina. Qualquer quantidade de água no encanamento seria miscível

com o etanol, o que faria com que o valor deste combustível diminuísse.

## Questões:

Para os fins desta análise, usaremos o octano ($C_8H_{18}$) como um substituto para a mistura complexa de hidrocarbonetos na gasolina. Os dados de que você precisará para esta questão (além daqueles no Apêndice L) são:

$$\Delta_f H° [C_8H_{18}(\ell)] = -250,1 \text{ kJ mol}^{-1}$$

Densidade do etanol = 0,785 g $mL^{-1}$

Densidade do octano = 0,699 g $mL^{-1}$

*N.T.: Essa produção se refere aos Estados Unidos. O Brasil produziu, em 2016, 33 bilhões de litros.

**N.T.: No Brasil o etanol é produzido a partir da fermentação da cana-de-açúcar.

*continua*

1. Calcule $\Delta_r H°$ para a combustão de etanol e octano e compare os valores por mol e por grama. Qual fornece mais energia por mol? Qual fornece mais energia por grama?

2. Compare a energia produzida por litro dos dois combustíveis. Qual produz mais energia para um dado volume (algo útil de se saber quando enchemos o tanque de gasolina)?

3. Que massa de $CO_2$, um gás do efeito estufa, é produzida por litro de combustível (assumindo combustão completa)?

4. Agora compare os combustíveis em uma base equivalente de energia. Que volume de etanol teria que ser queimado para obter a mesma energia que 1,00 L de octano? Quando você queima etanol suficiente para ter a mesma energia que um litro de octano, que combustível produz mais $CO_2$?

5. Com base nessa análise, e assumindo o mesmo preço por litro, com qual combustível você percorrerá maior distância? Qual produzirá menos gases do efeito estufa?

# OBJETIVOS REVISITADOS

Os objetivos deste capítulo são marcados com as Questões para Estudo específicas para ajudá-lo a organizar sua revisão.

## 5.1 ENERGIA: ALGUNS PRINCÍPIOS BÁSICOS

- Reconhecer e usar a linguagem termodinâmica: o sistema e suas vizinhanças; reações exotérmicas e endotérmicas. **1, 3, 4, 67**.

- Descrever a natureza de transferências de energia como calor. **2**.

- Entender as convenções de sinal da termodinâmica. **3, 4**.

## 5.2 CAPACIDADE CALORÍFICA ESPECÍFICA: AQUECIMENTO E RESFRIAMENTO

- Usar a capacidade calorífica específica nos cálculos de transferência de energia como calor envolvendo variações de temperatura. **7-16, 75, 93, 94**.

## 5.3 ENERGIA E MUDANÇAS DE ESTADO

- Usar o calor de fusão e o calor de vaporização para calcular a energia transferida como calor nas mudanças de estado. **17-24, 76-80**.

## 5.4 PRIMEIRA LEI DA TERMODINÂMICA

- Reconhecer como a energia transferida como calor ou trabalho em um sistema ou por um sistema, contribui para as variações na energia interna de um sistema. **70**.

- Calcular o trabalho realizado por um sistema pela expansão de um gás à uma pressão constante. **25-28, 119**.

- Calcular as variações na entalpia e na energia interna. **29-32, 120**.

- Reconhecer as funções de estado cujos valores são determinados apenas pelo estado do sistema e não através do caminho pelo qual o estado foi atingido. **102**.

## 5.5 VARIAÇÕES DE ENTALPIA NAS REAÇÕES QUÍMICAS

- Entender e usar a variação de entalpia para a conversão de reagentes em produtos em seus estados padrão, $\Delta_r H°$. **33-36**.

## 5.6 CALORIMETRIA

- Descrever como medir e calcular a quantidade de energia transferida como calor em uma reação através da calorimetria. **37-48, 97, 98**.

## 5.7 CÁLCULOS DE ENTALPIA

- Aplicar a lei de Hess para encontrar a variação de entalpia, $\Delta_r H°$, para uma reação. **49-52, 81, 87, 116**.

- Saber como desenhar e interpretar diagramas de níveis de energia. **61, 62, 81, 82, 87, 111, 115**.

- Usar as entalpias molares padrão de formação, $\Delta_f H°$, para calcular a variação de entalpia para uma reação, $\Delta_r H°$. **55-59, 62, 83-86**.

## EQUAÇÕES-CHAVE

**Equação 5.1** Energia transferida na forma de calor quando a temperatura de uma substância varia. Esta é calculada a partir da capacidade calorífica específica ($C$), da massa ($m$) e da variação de temperatura ($\Delta T$).

$$q(J) = C(J/g \cdot K) \times m(g) \times \Delta T(K)$$

**Equação 5.2** As variações de temperatura são calculadas sempre da seguinte forma: temperatura final menos temperatura inicial.

$$\Delta T = T_{final} - T_{inicial}$$

**Equação 5.3** Se nenhuma energia é transferida entre um sistema e sua vizinhança e, se a energia é transferida dentro do sistema apenas na forma de calor, a soma das variações de energia térmica dentro do sistema é igual a zero.

$$q_1 + q_2 + q_3 + \cdots = 0$$

**Equação 5.4** Primeira lei da termodinâmica: a variação da energia interna ($\Delta U$) em um sistema é a soma da energia transferida na forma de calor ($q$) e da energia transferida na forma de trabalho ($w$).

$$\Delta U = q + w$$

**Equação 5.5** O trabalho $P-V$ ($w$) sob pressão constante é o produto da pressão ($P$) pela variação de volume ($\Delta V$)

$$w = -P \times \Delta V$$

**Equação 5.6** Esta equação é usada para calcular a variação de entalpia padrão de uma reação ($\Delta_r H°$), quando as entalpias de formação ($\Delta_f H°$) de todos os reagentes e produtos são conhecidas. O parâmetro $n$ é o coeficiente estequiométrico de cada produto ou reagente na equação química balanceada.

$$\Delta_r H° = \Sigma n \Delta_f H°(produtos) - \Sigma n \Delta_f H°(reagentes)$$

# QUESTÕES PARA ESTUDO

▲ denota questões desafiadoras.

**Questões numeradas em verde** têm as respostas no Apêndice N.

## Praticando Habilidades

### Energia: Alguns Princípios Básicos

(*Veja a Seção 5.1.*)

**1.** Defina os termos *sistema* e *vizinhança*. O que significa dizer que um sistema e sua vizinhança estão em equilíbrio térmico?

**2.** O que determina a direção de transferência de energia na forma de calor?

**3.** Identifique se os seguintes processos são exotérmicos ou endotérmicos. O sinal de $q_{sis}$ é positivo ou negativo?
(a) combustão do metano
(b) fusão do gelo
(c) elevação da temperatura da água de 25°C para 100°C
(d) aquecimento de $CaCO_3(s)$ para formar $CaO(s)$ e $CO_2(g)$

**4.** Identifique se os processos seguintes são exotérmicos ou endotérmicos. O sinal de $q_{sis}$ é positivo ou negativo?
(a) a reação entre $Na(s)$ e $Cl_2(g)$
(b) resfriamento e condensação de $N_2$ gasoso para formar $N_2$ líquido.
(c) resfriamento de um refrigerante de 25°C para 0°C
(d) aquecimento de $HgO(s)$ para formar $Hg(\ell)$ e $O_2(g)$

### Capacidade Calorífica Específica

(*Veja a Seção 5.2 e os Exemplos 5.1 e 5.2.*)

**5.** A capacidade calorífica molar do mercúrio é 28,1 J mol$^{-1}$ · K$^{-1}$. Qual é a capacidade calorífica específica desse metal em J g$^{-1}$ · K?

**6.** A capacidade calorífica específica do benzeno ($C_6H_6$) é 1,74 J g$^{-1}$ · K$^{-1}$. Qual é a capacidade calorífica molar (em J mol$^{-1}$ · K$^{-1}$)?

**7.** A capacidade calorífica específica do cobre metálico é 0,385 J g$^{-1}$ · K. Quanta energia é necessária para aquecer 168 g de cobre de −12,2°C a 25,6°C?

**8.** Quanta energia na forma de calor é necessária para elevar a temperatura de 50,00 mL de água de 25,52°C a 28,75°C? (Densidade da água a essa temperatura = 0,997 g mL$^{-1}$.)

**9.** A temperatura inicial de uma amostra de 344 g de ferro é 18,2°C. Se a amostra absorve 2,25 kJ de energia na forma de calor, qual é sua temperatura final?

**10.** Após absorver 1,850 kJ de energia na forma de calor, a temperatura de um bloco de 0,500 kg de cobre é de 37°C. Qual era sua temperatura inicial?

**11.** Uma amostra de 45,5 g de cobre a 99,8°C é colocada em um béquer contendo 152 g de água a 18,5°C. Qual é a temperatura final quando o equilíbrio térmico é atingido?

**12.** Um béquer contém 156 g de água a 22°C e um segundo béquer contém 85,2 g de água a 95°C. A água nos dois béqueres é misturada. Qual é a temperatura final da água?

**13.** Uma amostra de 182 g de ouro a certa temperatura foi adicionada a 22,1 g de água. A temperatura inicial da água era de 25,0°C e a temperatura final de 27,5°C. Se a capacidade calorífica específica do ouro é de 0,128 J g$^{-1}$ · K$^{-1}$, qual era a temperatura inicial da amostra de ouro?

**14.** Quando 108 g de água a uma temperatura de 22,5°C são misturadas a 65,1 g de água a uma temperatura desconhecida, a temperatura final da mistura resultante é de 47,9°C. Qual era a temperatura inicial da segunda amostra de água?

**15.** Um pedaço de 13,8 g de zinco é aquecido a 98,8°C em água e depois colocado em um béquer contendo 45,0 g de água a 25,0°C. Quando a água e o metal atingem o equilíbrio térmico, a temperatura é de 27,1°C. Qual é a capacidade calorífica específica do zinco?

**16.** Um pedaço de 237 g de molibdênio, inicialmente a 100,0°C, é colocado em 244 g de água a 10,0°C. Quando o sistema alcança o equilíbrio térmico, a temperatura é de 15,3°C. Qual é a capacidade calorífica específica do molibdênio?

### Mudanças de Estado

(*Veja a Seção 5.3 e os Exemplos 5.3 e 5.4.*)

**17.** Qual é a energia liberada na forma de calor quando 1,0 L de água a 0°C se solidifica? (O calor de fusão da água é de 333 J g$^{-1}$.)

**18.** A energia necessária para fundir 1,00 g de gelo a 0°C é 333 J. Se um cubo de gelo tem uma massa de 62,0 g e uma bandeja contém 16 cubos de gelo, qual quantidade de energia é requerida para fundir os cubos de gelo da bandeja e formar água líquida a 0°C?

**19.** Qual é a energia necessária para vaporizar 125 g de benzeno, $C_6H_6$, no seu ponto de ebulição, 80,1°C? (O calor de vaporização do benzeno é de 30,8 kJ mol$^{-1}$.)

**20.** O cloreto de metila, $CH_3Cl$, é obtido a partir da fermentação microbiana e é encontrado em todo o ambiente. Ele também é produzido industrialmente, usado na fabricação de vários produtos químicos, e tem sido utilizado como um anestésico. Qual é a energia necessária para converter 92,5 g do seu estado líquido para o de vapor em seu ponto de ebulição, −24,09°C? (O calor de vaporização de $CH_3Cl$ é de 21,40 kJ mol$^{-1}$.)

**21.** O ponto de congelamento do mercúrio é de −38,8°C. Qual quantidade de energia (em joules) é liberada para a vizinhança se 1,00 mL de mercúrio for resfriado de 23,0°C a

–38,8°C e, então, solidificado? (A densidade do mercúrio líquido é de 13,6 g cm⁻³. Sua capacidade calorífica específica é de 0,140 J g⁻¹ · K⁻¹ e seu calor de fusão é de 11,4 J g⁻¹.)

**22.** Que quantidade de energia, em joules, é necessária para elevar a temperatura de 454 g de estanho a partir da temperatura ambiente, 25,0°C, até seu ponto de fusão, 231,9°C, e então fundi-lo? (A capacidade calorífica específica do estanho é de 0,227 J g⁻¹ · K⁻¹, e o calor de fusão do metal é de 59,2 J g⁻¹.)

**23.** O etanol, $C_2H_5OH$, entra em ebulição a 78,29°C. Qual quantidade de energia (em joules) é necessária para elevar a temperatura de 1,00 kg de etanol de 20,0°C até seu ponto de ebulição? (A capacidade calorífica específica do etanol líquido é de 2,44 J g⁻¹ · K⁻¹, e sua entalpia de vaporização é de 855 J g⁻¹.)

**24.** Uma amostra de 25,0 mL de benzeno a 19,9°C foi resfriada para o seu ponto de fusão, 5,5°C, e, em seguida, solidificada. Qual foi a energia liberada na forma de calor nesse processo? (A densidade do benzeno é de 0,80 g mL⁻¹, sua capacidade calorífica específica é de 1,74 J g⁻¹ · K e o seu calor de fusão é de 127 J g⁻¹.)

### Calor, Trabalho e Energia Interna

(*Veja a Seção 5.4 e os Exemplo 5.5.*)

**25.** Quando um gás é resfriado, ele é comprimido de 2,50 L a 1,25 L sob uma pressão constante de 1,01 × 10⁵ Pa. Calcule o trabalho (em J) necessário para comprimir o gás.

**26.** Um balão expande-se de 0,75 L a 1,20 L quando é aquecido sob uma pressão constante de 1,01 × 10⁵ Pa. Calcule o trabalho (em J) feito pelo balão sobre o meio ambiente.

**27.** Um balão realiza 324 J de trabalho sobre a vizinhança, uma vez que se expande sob pressão constante de 7,33 × 10⁴ Pa. Qual é a variação do volume (em L) do balão?

**28.** À medida que o gás confinado em um cilindro com um êmbolo móvel resfria, 1,34 kJ de trabalho é realizado sobre o gás pela vizinhança. Se o gás estiver a uma pressão constante de 1,33 × 10⁵ Pa, qual é a variação do volume do gás em L?

**29.** Quando 745 J de energia na forma de calor são transferidos da vizinhança para um gás, a expansão do gás realiza 312 J de trabalho na vizinhança. Qual é a variação na energia interna do gás?

**30.** A energia interna de um gás diminui 1,65 kJ quando ele transfere 1,87 kJ de energia na forma de calor para a vizinhança.
  (a) Calcule o trabalho realizado pelo gás sobre a vizinhança.
  (b) O volume desse gás aumenta ou diminui?

**31.** Um volume de 1,50 L de gás argônio é confinado em um cilindro com um êmbolo móvel sob uma pressão constante de 1,22 × 10⁵ Pa. Quando 1,25 kJ de energia na forma de calor é transferida da vizinhança para o gás, a energia interna do gás aumenta 1,11 kJ. Qual é o volume final do gás argônio no cilindro?

**32.** Gás nitrogênio está confinado em um cilindro com um êmbolo móvel sob uma pressão constante de 9,95 × 10⁴ Pa. Quando 695 J de energia na forma de calor são transferidos do gás para a vizinhança, o seu volume diminui 1,88 L. Qual é a variação na energia interna do gás?

### Variações de Entalpia

(*Veja a Seção 5.5 e os Exemplo 5.6.*)

**33.** O monóxido de nitrogênio, um gás que recentemente foi descoberto em muitos processos biológicos, reage com o oxigênio para dar o gás castanho $NO_2$.

$$2NO(g) + O_2(g) \rightarrow 2NO_2(g)$$
$$\Delta_r H° = -114,1 \text{ kJ (mol de reação)}^{-1}$$

Essa reação é endotérmica ou exotérmica? Qual é a variação de entalpia se 1,25 g de NO for completamente convertido em $NO_2$?

**34.** O carbeto de cálcio, $CaC_2$, é produzido por meio da reação de CaO com o carbono a uma temperatura elevada. (Carbeto de cálcio é usado para fazer o acetileno.)

$$CaO(s) + 3C(s) \rightarrow CaC_2(s) + CO(g)$$
$$\Delta_r H° = +464,8 \text{ kJ (mol de reação)}^{-1}$$

Essa reação é endotérmica ou exotérmica? Qual é a variação de entalpia se 10,0 g de CaO reagem com um excesso de carbono?

**35.** Isoctano (2,2,4-trimetilpentano), um dos diversos hidrocarbonetos que compõem a gasolina, queima no ar para originar água e dióxido de carbono.

$$2C_8H_{18}(\ell) + 25O_2(g) \rightarrow 16CO_2(g) + 18H_2O(\ell)$$
$$\Delta_r H° = -10.922 \text{ kJ (mol de reação)}^{-1}$$

Qual é a variação de entalpia se você queimar 1,00 L de isoctano (d = 0,69 g mL⁻¹)?

**36.** O ácido acético, $CH_3CO_2H$, é produzido industrialmente pela reação de monóxido de carbono e metanol.

$$CH_3OH(\ell) + CO(g) \rightarrow CH_3CO_2H(\ell)$$
$$\Delta_r H° = -134,6 \text{ kJ (mol de reação)}^{-1}$$

Qual é a variação de entalpia para a produção de 1,00 L de ácido acético (d = 1,044 g mL⁻¹) por meio dessa reação?

### Calorimetria

(*Veja a Seção 5.6 e os Exemplos 5.7 e 5.8.*)

**37.** Suponha que você misture 100,0 mL de CsOH 0,200 mol L⁻¹ com 50,0 mL de HCl 0,400 mol L⁻¹ em um calorímetro de copo de café. A seguinte reação ocorre:

$$CsOH(aq) + HCl(aq) \rightarrow CsCl(aq) + H_2O(\ell)$$

A temperatura das duas soluções antes da mistura era de 22,50°C e eleva-se a 24,28°C após a reação de ácido-base. Qual é a variação de entalpia da reação por mol de CsOH? Assuma que as densidades das soluções são todas de

1,00 g mL$^{-1}$ e as capacidades caloríficas específicas das soluções são de 4,2 J g$^{-1}$ · K$^{-1}$.

**38.** Você mistura 125 mL de CsOH 0,250 mol L$^{-1}$ com 50,0 mL de HF 0,625 mol L$^{-1}$ em um calorímetro de copo do café, e a temperatura de ambas as soluções sobe de 21,50°C, antes de se misturar, para 24,40°C após a reação.

$$CsOH(aq) + HF(aq) \rightarrow CsF(aq) + H_2O(\ell)$$

Qual é a entalpia da reação por mol de CsOH? Suponha que as densidades das soluções sejam iguais a 1,00 g mL$^{-1}$ e suas capacidades caloríficas específicas sejam 4,2 J g$^{-1}$ · K$^{-1}$.

**39.** Um pedaço de titânio metálico com uma massa de 20,8 g é aquecido com água em ebulição a 99,5°C e então despejado em um calorímetro de copo de café contendo 75,0 g de água a 21,7°C. Quando o equilíbrio térmico é atingido, a temperatura final é de 24,3°C. Calcule a capacidade calorífica específica do titânio.

**40.** Um pedaço de cromo metálico com uma massa de 24,26 g é aquecido em água em ebulição a 98,3°C e, em seguida, despejado em um calorímetro de copo de café contendo 82,3 g de água a 23,3°C. Quando é atingido o equilíbrio térmico, a temperatura final é de 25,6°C. Calcule a capacidade calorífica específica do cromo.

**41.** A adição de 5,44 g de NH$_4$NO$_3$(s) a 150,0 g de água contida em um calorímetro de copo de café (com agitador para dissolver o sal) resultou em uma diminuição de temperatura de 18,6°C para 16,2°C. Calcule a variação de entalpia para a dissolução de NH$_4$NO$_3$(s) em água, em kJ mol$^{-1}$. Assuma que a solução (cuja massa é de 155,4 g) tem uma capacidade calorífica específica de 4,2 J g$^{-1}$ · K$^{-1}$. (Bolsas térmicas aproveitam o fato de a dissolução do nitrato de amônio em água ser um processo endotérmico.)

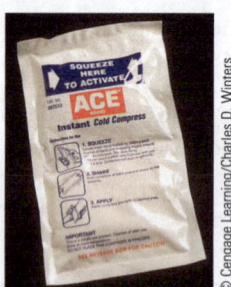

**Uma bolsa térmica usa a reação de dissolução endotérmica do nitrato de amônio.**

**42.** Você deve tomar cuidado ao dissolver H$_2$SO$_4$ em água, pois o processo é altamente exotérmico. Para medir a variação de entalpia, foram adicionados 5,2 g de H$_2$SO$_4$(ℓ) concentrado (com agitação) a 135 g de água em um calorímetro de copo. Isso resultou em um aumento na temperatura de 20,2°C para 28,8°C. Calcule a variação de entalpia para o processo de H$_2$SO$_4$(ℓ) → H$_2$SO$_4$(aq), em kJ mol$^{-1}$.

**43.** Enxofre (2,56 g) foi queimado em um calorímetro a volume constante com excesso de O$_2$(g). A temperatura aumentou de 21,25°C para 26,72°C. A bomba tem uma capacidade calorífica de 923 J K$^{-1}$ e o calorímetro contém

815 g de água. Calcule $\Delta U$ por mol do SO$_2$ formado na reação:

$$S_8(s) + 8\,O_2(g) \rightarrow 8\,SO_2(g)$$

**O enxofre queima em oxigênio com uma chama azul intensa para formar SO$_2$(g).**

**44.** Suponha que você tenha queimado 0,300 g de C(s) com um excesso de O$_2$(g) em um calorímetro a volume constante para produzir CO$_2$(g).

$$C(s) + O_2(g) \rightarrow CO_2(g)$$

A temperatura do calorímetro, que tinha 775 g de água, aumentou de 25,00°C para 27,38°C. A capacidade calorífica da bomba é de 893 J K$^{-1}$. Calcule $\Delta U$ por mol de carbono.

**45.** Suponha que você tenha queimado 1,500 g de ácido benzoico, C$_6$H$_5$CO$_2$H, em um calorímetro a volume constante e verificou que a temperatura aumentou de 22,50°C para 31,69°C. O calorímetro continha 775 g de água, e a bomba tinha uma capacidade calorífica de 893 J K$^{-1}$. Calcule $\Delta U$ por mol de ácido benzoico.

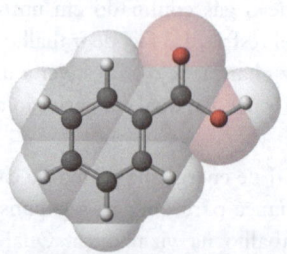

**O ácido benzoico, C$_6$H$_5$CO$_2$H, existe naturalmente em muitas frutas.** Seu calor de combustão é bem conhecido, por isso, é usado como um padrão para calibrar calorímetros.

**46.** Uma amostra de 0,692 g de glicose, C$_6$H$_{12}$O$_6$, foi queimada em um calorímetro a volume constante. A temperatura subiu de 21,70°C para 25,22°C. O calorímetro continha 575 g de água, e a bomba tinha uma capacidade calorífica de 650 J K$^{-1}$. Calcule $\Delta U$ por mol de glicose?

**47.** Um "calorímetro de gelo" pode ser utilizado para determinar a capacidade calorífica específica de um metal. Um pedaço de metal quente é jogado sobre uma quantidade de gelo previamente pesada. A energia transferida do metal para o gelo pode ser determinada a partir da quantidade de gelo fundida. Suponha que você aqueceu um pedaço de 50,0 g de prata a 99,8°C e depois deixou-a cair no gelo. Quando a temperatura do metal caiu para 0,0°C verificou-se que 3,54 g de gelo havia fundido. Qual é a capacidade calorífica específica da prata?

**48.** Um pedaço de 9,36 g de platina foi aquecido a 98,6°C em um banho de água em ebulição e depois colocado no gelo. (Veja a Questão para Estudo 47.) Quando a temperatura do metal diminuiu até para 0,0°C verificou-se que 0,37 g de gelo havia fundido. Qual é a capacidade calorífica específica da platina?

### Lei de Hess

*(Veja a Seção 5.7 e os Exemplo 5.9).*

**49.** As variações de entalpia das seguintes reações podem ser medidas:

$$CH_4(g) + 2O_2(g) \rightarrow CO_2(g) + 2H_2O(g)$$
$$\Delta_rH° = -802,4 \text{ kJ (mol de reação)}^{-1}$$

$$CH_3OH(g) + \tfrac{3}{2}O_2(g) \rightarrow CO_2(g) + 2H_2O(g)$$
$$\Delta_rH° = -676 \text{ kJ (mol de reação)}^{-1}$$

(a) Use esses valores e a lei de Hess para determinar a variação de entalpia da reação:

$$CH_4(g) + \tfrac{1}{2}O_2(g) \rightarrow CH_3OH(g)$$

(b) Desenhe um diagrama de níveis de energia e mostre as relações entre as quantidades de energia envolvidas neste problema.

**50.** As variações de entalpia das seguintes reações podem ser medidas.

$$C_2H_4(g) + 3O_2(g) \rightarrow 2CO_2(g) + 2H_2O(\ell)$$
$$\Delta_rH° = -1411,1 \text{ kJ (mol de reação)}^{-1}$$

$$C_2H_5OH(\ell) + 3O_2(g) \rightarrow 2CO_2(g) + 3H_2O(\ell)$$
$$\Delta_rH° = -1367,5 \text{ kJ (mol de reação)}^{-1}$$

(a) Use esses valores e a lei de Hess para determinar a variação de entalpia da reação:

$$C_2H_4(g) + H_2O(\ell) \rightarrow C_2H_5OH(\ell)$$

(b) Desenhe um diagrama de níveis de energia e mostre as relações entre as quantidades de energia envolvidas neste problema.

**51.** As variações de entalpia para as seguintes reações podem ser determinadas experimentalmente:

$$N_2(g) + 3H_2(g) \rightarrow 2NH_3(g)$$
$$\Delta_rH° = -91,8 \text{ kJ (mol de reação)}^{-1}$$

$$4NH_3(g) + 5O_2(g) \rightarrow 4NO(g) + 6H_2O(g)$$
$$\Delta_rH° = -906,2 \text{ kJ (mol de reação)}^{-1}$$

$$H_2(g) + \tfrac{1}{2}O_2(g) \rightarrow H_2O(g)$$
$$\Delta_rH° = -241,8 \text{ kJ (mol de reação)}^{-1}$$

Use esses valores para determinar a variação de entalpia para a formação de NO(g) a partir dos elementos (uma variação de entalpia que não pode ser medida diretamente, porque a reação favorece a formação dos reagentes).

$$\tfrac{1}{2}N_2(g) + \tfrac{1}{2}O_2(g) \rightarrow NO(g) \qquad \Delta_rH° = ?$$

**52.** Você deseja saber a variação de entalpia para a formação de $PCl_3$ líquido a partir dos elementos.

$$P_4(s) + 6Cl_2(g) \rightarrow 4PCl_3(\ell) \qquad \Delta_rH° = ?$$

A variação de entalpia para a formação de $PCl_5$ a partir dos elementos pode ser determinada experimentalmente, assim como a variação de entalpia para a reação de $PCl_3(\ell)$ com mais cloro para produzir $PCl_5(s)$:

$$P_4(s) + 10Cl_2(g) \rightarrow 4PCl_5(s)$$
$$\Delta_rH° = -1774,0 \text{ kJ (mol de reação)}^{-1}$$

$$PCl_3(\ell) + Cl_2(g) \rightarrow PCl_5(s)$$
$$\Delta_rH° = -123,8 \text{ kJ (mol de reação)}^{-1}$$

Utilize esses dados para calcular a variação de entalpia para a formação de 1,00 mol de $PCl_3(\ell)$ a partir do fósforo e do gás cloro.

### Entalpias Padrão de Formação

*(Veja a Seção 5.7 e os Exemplo 5.10.)*

**53.** Escreva uma equação química balanceada para a formação de $CH_3OH(\ell)$ a partir dos elementos em seus estados padrão. Encontre o valor de $\Delta_fH°$ para $CH_3OH(\ell)$ no Apêndice L.

**54.** Escreva uma equação química balanceada para a formação de $CaCO_3(s)$ a partir dos elementos em seus estados padrão. Encontre o valor de $\Delta_fH°$ para $CaCO_3(s)$ no Apêndice L.

**55.** (a) Escreva uma equação química balanceada para a formação de 1 mol de $Cr_2O_3(s)$ a partir de Cr e $O_2$ em seus estados padrão. (Encontre o valor de $\Delta_fH°$ para $Cr_2O_3(s)$ no Apêndice L.)

(b) Qual é a variação de entalpia padrão se 2,4 g de cromo são oxidados a $Cr_2O_3(s)$?

**56.** (a) Escreva uma equação química balanceada para a formação de 1 mol de MgO(s) a partir dos elementos em seus estados padrão. (Encontre o valor de $\Delta_fH°$ para o MgO(s) no Apêndice L.)

(b) Qual é a variação de entalpia padrão para a reação de 2,5 mol de Mg com o oxigênio?

**57.** Use entalpias padrão de formação no Apêndice L para calcular variações de entalpia para os seguintes casos:

(a) Queima de 1,0 g de fósforo branco para formar $P_4O_{10}(s)$

(b) 0,20 mol de NO(g) se decompõe em $N_2(g)$ e $O_2(g)$

(c) 2,40 g de NaCl(s) são formados a partir de Na(s) e de excesso de $Cl_2(g)$

(d) 250 g de ferro são oxidados com oxigênio para formar $Fe_2O_3(s)$

**58.** Use as entalpias padrão de formação no Apêndice L para calcular variações de entalpia para os seguintes casos:
(a) 0,054 g da queima de enxofre para formar $SO_2(g)$
(b) 0,20 mol de $HgO(s)$ se decompõe em $Hg(\ell)$ e $O_2(g)$
(c) 2,40 g de $NH_3(g)$ são formados a partir de $N_2(g)$ e de excesso de $H_2(g)$
(d) $1,05 \times 10^{-2}$ mol de carbono é oxidado a $CO_2(g)$

**59.** A primeira etapa na produção de ácido nítrico a partir da amônia envolve a oxidação de $NH_3$.

$$4NH_3(g) + 5O_2(g) \rightarrow 4NO(g) + 6H_2O(g)$$

(a) Use as entalpias padrão de formação para determinar a variação da entalpia padrão para essa reação.
(b) Qual é a energia liberada ou absorvida na forma de calor na oxidação de 10,0 g de $NH_3$?

**60.** Os romanos utilizavam o óxido de cálcio, CaO, para produzir uma forte argamassa para construir estruturas de pedra. O óxido de cálcio era misturado à água para produzir $Ca(OH)_2$ que, por sua vez, reagia lentamente com o $CO_2$ do ar para formar $CaCO_3$.

$$Ca(OH)_2(s) + CO_2(g) \rightarrow CaCO_3(s) + H_2O(g)$$

(a) Calcule a variação de entalpia padrão para essa reação.
(b) Qual é a energia liberada ou absorvida na forma de calor se 1,00 kg de $Ca(OH)_2$ reage com uma quantidade estequiométrica de $CO_2$?

**61.** A entalpia padrão de formação de óxido de bário sólido, BaO, é $-553,5$ kg mol$^{-1}$, e a entalpia padrão de formação do peróxido de bário, $BaO_2$, é $-634,3$ kJ mol$^{-1}$.
(a) Calcule a variação de entalpia padrão para a reação. A reação é exotérmica ou endotérmica?

$$2BaO_2(s) \rightarrow 2BaO(s) + O_2(g)$$

(b) Desenhe um diagrama de níveis de energia que mostre a relação entre a variação de entalpia para a decomposição de $BaO_2$ em BaO e $O_2$ e as entalpias de formação de BaO(s) e $BaO_2$(s).

**62.** Uma importante etapa na produção do ácido sulfúrico é a oxidação do $SO_2$ a $SO_3$.

$$SO_2(g) + \frac{1}{2}O_2(g) \rightarrow SO_3(g)$$

A formação de $SO_3$ a partir do poluente do ar $SO_2$ constitui também uma etapa-chave na formação da chuva ácida.
(a) Use as entalpias padrão de formação para determinar a variação da entalpia para a reação. A reação é exotérmica ou endotérmica?
(b) Desenhe um diagrama de níveis de energia que mostre a relação entre a variação de entalpia para a oxidação de $SO_2$ em $SO_3$ e entalpias de formação de $SO_2(g)$ e $SO_3(g)$.

**63.** A variação de entalpia para a oxidação do naftaleno, $C_{10}H_8$, é medida por calorimetria.

$$C_{10}H_8(s) + 12O_2(g) \rightarrow 10CO_2(g) + 4H_2O(\ell)$$

$$\Delta_r H° = -5156,1 \text{ kJ (mol de reação)}^{-1}$$

Use esse valor, junto com as entalpias padrão de formação do $CO_2(g)$ e da $H_2O(\ell)$, para calcular a entalpia de formação do naftaleno, em kJ mol$^{-1}$.

**64.** A variação de entalpia para a oxidação do estireno, $C_8H_8$, é medida por calorimetria.

$$C_8H_8(\ell) + 10O_2(g) \rightarrow 8CO_2(g) + 4H_2O(\ell)$$

$$\Delta_r H° = -4395,0 \text{ kJ (mol de reação)}^{-1}$$

Use esse valor, junto com as entalpias padrão de formação do $CO_2(g)$ e da $H_2O(\ell)$, para calcular a entalpia de formação do estireno em kJ mol$^{-1}$.

## Questões Gerais

*Estas questões não estão definidas quanto ao tipo ou à localização no capítulo. Elas podem combinar vários conceitos.*

**65.** Os termos a seguir são muito utilizados na termodinâmica. Dê a definição e um exemplo de cada um.
(a) exotérmico e endotérmico
(b) sistema e vizinhança
(c) capacidade calorífica específica
(d) função de estado
(e) estado padrão
(f) variação de entalpia, $\Delta H$
(g) entalpia padrão de formação

**66.** Para cada uma das seguintes alternativas, diga se o processo é exotérmico ou endotérmico. (Não são necessários cálculos.)
(a) $H_2O(\ell) \rightarrow H_2O(s)$
(b) $2H_2(g) + O_2(g) \rightarrow 2H_2O(g)$
(c) $H_2O(\ell, 25°C) \rightarrow H_2O(\ell, 15°C)$
(d) $H_2O(\ell) \rightarrow H_2O(g)$

**67.** Para cada uma das alternativas, defina um sistema e sua vizinhança, e dê a direção da transferência de energia entre o sistema e a vizinhança.
(a) Queima de metano em um forno a gás em sua casa.
(b) Gotas de água que evaporam da sua pele após um mergulho na piscina.
(c) Água, a 25°C, é colocada no congelador de uma geladeira, onde ela é resfriada e acaba congelada.
(d) Alumínio e $Fe_2O_3(s)$ são misturados em um frasco sobre a bancada do laboratório. A reação ocorre, e uma grande quantidade de energia é liberada na forma de calor.

**68.** O que o termo *estado padrão* significa? Quais são os estados padrão das seguintes substâncias a 298 K: $H_2O$, NaCl, Hg, $CH_4$?

**69.** Utilize o Apêndice L para encontrar as entalpias padrão de formação do átomos de oxigênio, das moléculas de oxigênio ($O_2$) e do ozônio ($O_3$). Qual é o estado padrão do oxigênio? A formação de átomos de oxigênio do $O_2$ é exotérmica? Qual é a variação de entalpia para a formação de 1 mol de $O_3$ a partir de $O_2$?

**70.** Você tem um grande balão contendo 1,0 mol de vapor de água a 80°C. Como cada etapa afeta a energia interna do sistema?

(a) A temperatura do sistema aumenta para 90°C.

(b) O vapor é condensado a um líquido, a 40°C.

**71.** Determine se a energia é liberada ou absorvida na forma de calor, e se o trabalho é realizado no sistema ou se o sistema realiza trabalho na vizinhança, nos seguintes processos sob pressão constante:

A água líquida a 100°C é convertida em vapor a 100°C. O gelo-seco, $CO_2(s)$, sublima para gerar $CO_2(g)$.

**72.** Determine se a energia é liberada ou absorvida na forma de calor, e se o trabalho é realizado no sistema ou se o sistema realiza trabalho na vizinhança, nos seguintes processos sob pressão constante:

(a) Ozônio, $O_3$, decompõe-se para formar $O_2$.

(b) Queima do metano:

$$CH_4(g) + 2O_2(g) \rightarrow CO_2(g) + 2H_2O(\ell)$$

**73.** Use entalpias padrão de formação para calcular a variação de entalpia que ocorre quando 1,00 g de $SnCl_4(\ell)$ reage com um excesso de $H_2O(\ell)$ para formar $SnO_2(s)$ e HCl(aq).

**74.** Qual das substâncias libera maior quantidade de energia no resfriamento de 50°C a 10°C: 50,0 g de água ou 100 g de etanol ($C_{etanol} = 2,46$ J g$^{-1}$ · K$^{-1}$)?

**75.** Você determina que 187 J de energia na forma de calor são necessários para elevar a temperatura de 93,45 g da prata de 18,5°C a 27,0°C. Qual é a capacidade calorífica específica da prata?

**76.** Calcule a quantidade de energia necessária para converter 60,1 g de $H_2O(s)$ a 0,0°C em $H_2O(g)$ a 100,0°C. A entalpia de fusão do gelo a 0°C é 333 J g$^{-1}$; a entalpia de vaporização da água no estado líquido a 100°C é de 2256 J g$^{-1}$.

**77.** Você adiciona 100,0 g de água a 60,0°C a 100,0 g de gelo a 0,00°C. Parte do gelo funde e esfria a água a 0,00°C. Quando a mistura de gelo e de água atinge o equilíbrio térmico a 0°C, quanto do gelo fundiu?

**78.** ▲ Três cubos de gelo de 45 g a 0°C são jogados dentro de uma xícara de chá de $5,00 \times 10^2$ mL para fazer chá gelado. O chá estava inicialmente a 20,0°C; quando o equilíbrio térmico foi atingido, sua temperatura final era de 0°C. Quanto do gelo fundiu, e quanto permaneceu flutuando na bebida? Suponha que a capacidade calorífica específica do chá seja a mesma que a da água pura.

**79.** ▲ Suponha que apenas dois cubos de gelo de 45 g foram adicionados ao seu copo contendo $5,00 \times 10^2$ mL de chá (veja a Questão para Estudo 78). Quando o equilíbrio térmico for atingido, todo o gelo terá fundido, e a temperatura da mistura estará entre 20,0°C e 0°C. Calcule a temperatura final da bebida. (*Observação*: os 90 g de água formados quando o gelo funde devem ser aquecidos de 0°C até a temperatura final.)

**80.** Você pega um refrigerante dietético da geladeira e despeja 240 mL dele em um copo. A temperatura da bebida é de 10,5°C. Em seguida, adiciona um cubo de gelo (45 g) a 0°C. Qual dos seguintes itens descreve o sistema quando o equilíbrio térmico é atingido?

(a) A temperatura é de 0°C e permanece um pouco de gelo.

(b) A temperatura é de 0°C e não sobra gelo.

(c) A temperatura é superior a 0°C e não sobra gelo.

Determine a temperatura final e a quantidade de gelo remanescente, se houver.

**81.** ▲ A entalpia padrão molar de formação do diborano, $B_2H_6(g)$, não pode ser determinada diretamente porque o composto não pode ser preparado pela reação do boro com o hidrogênio. Porém, ela pode ser calculada a partir de outras variações de entalpia. As seguintes variações de entalpia podem ser determinadas:

$$4B(s) + 3O_2(g) \rightarrow 2B_2O_3(s)$$
$$\Delta_rH° = -2543,8 \text{ kJ (mol de reação)}^{-1}$$

$$H_2(g) + \frac{1}{2}O_2(g) \rightarrow H_2O(g)$$
$$\Delta_rH° = -241,8 \text{ kJ (mol de reação)}^{-1}$$

$$B_2H_6(g) + 3O_2(g) \rightarrow B_2O_3(s) + 3H_2O(g)$$
$$\Delta_rH° = -2032,9 \text{ kJ (mol de reação)}^{-1}$$

(a) Mostre como essas equações podem ser somadas para dar a equação para a formação de $B_2H_6(g)$ a partir de B(s) e $H_2(g)$ em seus estados padrão. Atribua variações de entalpia para cada reação.

(b) Calcule $\Delta_fH°$ para $B_2H_6(g)$.

(c) Desenhe um diagrama de níveis de energia que mostre como as várias entalpias deste problema estão relacionadas.

(d) A formação de $B_2H_6(g)$ a partir de seus elementos é exotérmica ou endotérmica?

**82.** O cloreto de metila, $CH_3Cl$, um composto encontrado no meio ambiente, é formado a partir da reação de átomos de cloro com o metano.

$$CH_4(g) + 2Cl(g) \rightarrow CH_3Cl(g) + HCl(g)$$

(a) Calcule a variação de entalpia da reação entre $CH_4(g)$ e átomos Cl para dar $CH_3Cl(g)$ e HCl(g). A reação é exotérmica ou endotérmica?

(b) Desenhe um diagrama de níveis de energia que mostre como as várias entalpias deste problema estão relacionadas.

**83.** Quando aquecido a uma temperatura elevada, o coque (em sua maior parte carbono, obtido aquecendo-se o carvão na ausência do ar) e o vapor de água produzem uma mistura chamada *gás de água*, que pode ser usada como combustível ou como reagente de partida para outras reações. A equação para a produção do gás de água é:

$$C(s) + H_2O(g) \rightarrow CO(g) + H_2(g)$$

(a) Use as entalpias padrão de formação para determinar a variação de entalpia para essa reação.

(b) A reação é exotérmica ou endotérmica?

(c) Qual é a variação de entalpia se 1 tonelada métrica (1000,0 kg) de carbono é convertida em gás de água?

**84.** Fogões de acampamento são abastecidos com gás propano ($C_3H_8$), butano [$C_4H_{10}(g)$, $\Delta_f H° = -127,1$ kJ mol$^{-1}$], gasolina ou etanol ($C_2H_5OH$). Calcule a entalpia de combustão por grama de cada um desses combustíveis. [Suponha que a gasolina seja representada pelo isoctano, $C_8H_{18}(\ell)$, com $\Delta_f H° = -259,3$ kJ mol$^{-1}$.] Você percebe alguma grande diferença entre esses combustíveis? Como essas diferenças estão relacionadas com suas composições?

**Um fogão de acampamento que usa butano como combustível.**

**85.** O metanol, $CH_3OH$, um composto que pode ser obtido a partir do carvão de forma relativamente barata, é um substituto promissor da gasolina. O álcool tem menor poder calorífico do que a gasolina, mas devido à sua maior octanagem, ele queima mais eficientemente do que a gasolina nos motores a combustão. (Ele tem a vantagem adicional de contribuir em menor grau na emissão de certos poluentes atmosféricos.) Compare a entalpia por grama de $CH_3OH$ e de $C_8H_{18}$ (isoctano), sendo o último representativo dos compostos da gasolina. ($\Delta_f H° = -259,3$ kJ mol$^{-1}$ isoctano.)

**86.** A hidrazina e a 1,1-dimetil-hidrazina reagem espontaneamente com $O_2$ e podem ser utilizados como combustível de foguete.

$$N_2H_4(\ell) + O_2(g) \rightarrow N_2(g) + 2H_2O(g)$$
hidrazina

$$N_2H_2(CH_3)_2(\ell) + 4O_2(g) \rightarrow$$
1,1-dimetil-hidrazina $\qquad\qquad 2CO_2(g) + 4H_2O(g) + N_2(g)$

A entalpia molar de formação de $N_2H_4(\ell)$ é $+50,6$ kJ mol$^{-1}$ e a de $N_2H_2(CH_3)_2(\ell)$ é $+48,9$ kJ mol$^{-1}$. Use esses valores, com outros de $\Delta_f H°$, para decidir qual reação, se é a da hidrazina ou a da 1,1-dimetil-hidrazina com oxigênio, que proporciona mais energia por grama.

**Veículos espaciais, como o Space Shuttle quando ainda voava, usava hidrazina como combustível em foguetes de controle.**

**87.** (a) Calcule a variação de entalpia, $\Delta_r H°$, para a formação de 1,00 mol de carbonato de estrôncio (o material responsável pela cor vermelha em fogos de artifício) a partir de seus elementos.

$$Sr(s) + C(s) + \tfrac{3}{2}O_2(g) \rightarrow SrCO_3(s)$$

A informação experimental disponível é:

$$Sr(s) + \tfrac{1}{2}O_2(g) \rightarrow SrO(s)$$
$$\Delta_f H° = -592 \text{ kJ (mol de reação)}^{-1}$$

$$SrO(s) + CO_2(g) \rightarrow SrCO_3(s)$$
$$\Delta_r H° = -234 \text{ kJ (mol de reação)}^{-1}$$

$$C(grafite) + O_2(g) \rightarrow CO_2(g)$$
$$\Delta_f H° = -394 \text{ kJ (mol de reação)}^{-1}$$

(b) Desenhe um diagrama de níveis de energia que mostre as quantidades de energia envolvidas neste problema.

**88.** Você bebe 350 mL de um refrigerante dietético que está a uma temperatura de 5°C.

(a) Qual a quantidade de energia que seu corpo gastará para elevar a temperatura do líquido à temperatura corporal (37°C)? Assuma que a densidade e a capacidade calorífica específica do refrigerante são as mesmas que as da água.

(b) Compare o valor do item (a) com o conteúdo calórico da bebida. (O rótulo informa um teor calórico de 1 Caloria.) Qual é a variação líquida de energia em seu corpo resultante desta bebida? (1 Caloria = 1000 kcal = 4184 J).

(c) Faça uma comparação semelhante àquela da parte (b) para uma bebida não dietética cujo rótulo indica um conteúdo calórico de 240 Calorias.

**89.** ▲ O clorofórmio, $CHCl_3$, é formado a partir de metano e cloro na seguinte reação.

$$CH_4(g) + 3Cl_2(g) \rightarrow 3HCl(g) + CHCl_3(g)$$

Calcule $\Delta_r H°$, a variação de entalpia dessa reação, usando as entalpias de formação de $CO_2(g)$, $H_2O(\ell)$ e $CHCl_3(g)$ ($\Delta_f H° = -103,1$ kJ mol$^{-1}$) e as mudanças de entalpia para as seguintes reações:

$$CH_4(g) + 2O_2(g) \rightarrow 2H_2O(\ell) + CO_2(g)$$
$$\Delta_rH° = -890,4 \text{ kJ (mol de reação)}^{-1}$$

$$2HCl(g) \rightarrow H_2(g) + Cl_2(g)$$
$$\Delta_rH° = +184,6 \text{ kJ (mol de reação)}^{-1}$$

**90.** Gás d'água, uma mistura de monóxido de carbono e hidrogênio, é produzido pelo tratamento de carbono (sob a forma de coque ou hulha) com vapor a altas temperaturas. (Veja a Questão para Estudo 83.)

$$C(s) + H_2O(g) \rightarrow CO(g) + H_2(g)$$

Nem todo o carbono disponível é convertido em gás d'água, uma vez que é queimado para fornecer o calor necessário para a reação endotérmica entre carbono e água. Que massa de carbono deve ser queimada (transformada em gás $CO_2$) a fim de fornecer a energia para converter 1,00 kg de carbono em gás d'água?

**91.** Usando entalpias padrão de formação, verifique que 2680 kJ de energia são liberadas na combustão de 100,0 g de etanol.

$$C_2H_5OH(\ell) + 3O_2(g) \rightarrow 2CO_2(g) + 3H_2O(g)$$

**92.** De acordo com o website da Nutrient Data Laboratory (www.ars.usda.gov/ba/bhnrc/ndl), o óleo de milho contém 3766 kJ de energia por 100 g de porção.
   (a) Qual é o teor energético de 100 g de óleo de milho em unidades de Calorias nutricionais (Cal)?
   (b) Quantas colheres de sopa de óleo de milho têm um conteúdo energético equivalente a 1500 Calorias nutricionais? (1 colher de sopa = 14 g de óleo de milho)
   (c) Que massa de água pode ser aquecida de 25,0°C até seu ponto de ebulição de 100,0°C usando a energia liberada na combustão de 1 colher de sopa de óleo de milho?

## No Laboratório

**93.** Um pedaço de chumbo com uma massa de 27,3 g foi aquecido a 98,90°C e, em seguida, colocado em 15,0 g de água a 22,50°C. A temperatura final foi de 26,32°C. Calcule a capacidade calorífica específica do chumbo a partir desses dados.

**94.** Um pedaço de 192 g de cobre é aquecido a 100,0°C em um banho de água em ebulição e depois colocado em um béquer contendo 751 g de água (densidade = 1,00 g cm$^{-3}$) a 4,0°C. Qual foi a temperatura final do cobre e da água após o equilíbrio térmico ter sido atingido? ($C_{Cu}$ = 0,385 J g$^{-1}$ · K$^{-1}$.)

**95.** O AgCl(s) insolúvel precipita quando soluções de $AgNO_3$(aq) e NaCl(aq) são misturadas.

$$AgNO_3(aq) + NaCl(aq) \rightarrow AgCl(s) + NaNO_3(aq) \quad \Delta_rH° = ?$$

Para determinar a energia liberada nessa reação, 250,0 mL de $AgNO_3$(aq) 0,16 mol L$^{-1}$ e 125 mL de NaCl(aq)

0,32 mol L$^{-1}$ são misturados em um calorímetro de copo. A temperatura da mistura sobe de 21,15°C para 22,90°C. Calcule a variação de entalpia para a precipitação de AgCl(s), em kJ mol$^{-1}$. (Suponha que a densidade da solução seja 1,00 g mL$^{-1}$ e sua capacidade calorífica específica seja 4,2 J g$^{-1}$ · K$^{-1}$.)

**96.** O PbBr$_2$(s) insolúvel precipita-se quando soluções de $Pb(NO_3)_2$(aq) e NaBr(aq) são misturadas.

$$Pb(NO_3)_2(aq) + 2NaBr(aq) \rightarrow PbBr_2(s) + 2NaNO_3(aq)$$
$$\Delta_rH° = ?$$

Para determinar a variação de entalpia, 200 mL de $Pb(NO_3)_2$(aq) 0,75 mol L$^{-1}$ e 200 mL de NaBr(aq) 1,5 mol L$^{-1}$ são misturados em um calorímetro de copo. A temperatura da mistura sobe 2,44°C. Calcule a variação de entalpia para a precipitação de PbBr$_2$(s) em kJ mol$^{-1}$. (Suponha que a densidade da solução seja 1,00 g mL$^{-1}$ e sua capacidade calorífica específica seja 4,2 J g$^{-1}$ · K.)

**97.** O valor de $\Delta U$ para a decomposição de 7,647 g de nitrato de amônio pode ser determinado em uma bomba calorimétrica. A reação que ocorre é:

$$NH_4NO_3(s) \rightarrow N_2O(g) + 2H_2O(g)$$

A temperatura do calorímetro, que contém 415 g de água, aumenta de 18,90°C a 20,72°C. A capacidade calorífica da bomba é de 155 J K$^{-1}$. Qual é o valor de $\Delta U$ para essa reação, em kJ mol$^{-1}$?

**A decomposição de nitrato de amônio é claramente exotérmica.**

**98.** Um experimento em um calorímetro de bomba foi realizado para determinar a entalpia de combustão do etanol. A reação é

$$C_2H_5OH(\ell) + 3O_2(g) \rightarrow 2CO_2(g) + 3H_2O(\ell)$$

A bomba tinha uma capacidade calorífica de 550 J K$^{-1}$, e o calorímetro continha 650 g de água. A queima de 4,20 g de etanol, $C_2H_5OH(\ell)$, resultou em um aumento na temperatura de 18,5°C para 22,3°C. Calcule $\Delta U$ para a combustão do etanol, em kJ mol$^{-1}$.

**99.** As refeições prontas no serviço militar podem ser aquecidas em um aquecedor sem chama. Você pode comprar um produto similar chamado "aquecedor de refeições". Basta colocar água no aquecedor, aguardar alguns minutos, e terá uma refeição quente. A fonte de energia do aquecedor provém da reação:

$$Mg(s) + 2H_2O(\ell) \rightarrow Mg(OH)_2(s) + H_2(g)$$

Calcule a variação de entalpia, sob condições padrão, em joules, para essa reação. Que quantidade de matéria em mol de magnésio é necessária para fornecer o calor requerido para aquecer 25 mL de água ($d = 1,00$ g mL$^{-1}$) de 25°C até 85°C? (Veja W. Jensen. *Journal of Chemical Education*, v. 77, p. 713-717, 2000.)

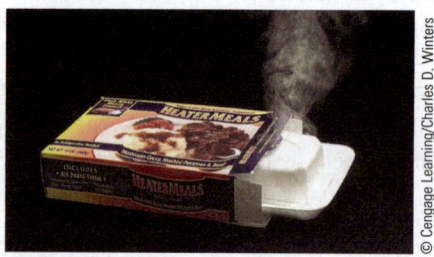

**O "aquecedor de refeições" utiliza a reação de magnésio com água como uma fonte de energia na forma de calor.**

**100.** Em um dia frio, você pode aquecer as mãos com uma "almofada térmica", um dispositivo que utiliza a oxidação de ferro para produzir energia na forma de calor.

$$4Fe(s) + 3O_2(g) \rightarrow 2Fe_2O_3(s)$$

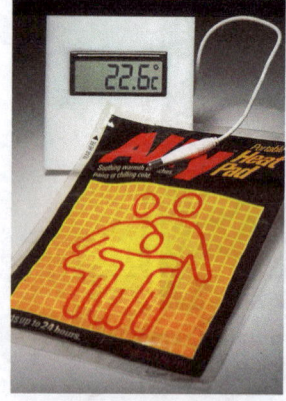

**Um aquecedor de mão utiliza a oxidação do ferro como fonte de energia térmica.**

Que massa de ferro é necessária para fornecer o calor requerido para aquecer 15 mL de água ($d = 1,00$ g mL$^{-1}$) de 23°C até 37°C?

## Resumo e Questões Conceituais

*As seguintes questões podem usar os conceitos deste capítulo e dos capítulos anteriores.*

**101.** Sem fazer cálculos, determine se cada um dos seguintes itens é exo ou endotérmico.
(a) a combustão do gás natural
(b) a decomposição da glicose, $C_6H_{12}O_6$, em carbono e água

**102.** Qual das seguintes alternativas é função de estado?
(a) o volume do balão
(b) o tempo gasto para dirigir da sua casa para a faculdade ou universidade
(c) a temperatura da água em uma xícara de café
(d) a energia potencial de uma bola na sua mão

**103.** ▲ Você quer determinar o valor da entalpia de formação do $CaSO_4(s)$, mas a reação não pode ser feita diretamente.

$$Ca(s) + S(s) + 2O_2(g) \rightarrow CaSO_4(s)$$

Você sabe, no entanto, que (a) tanto o cálcio quanto o enxofre reagem com o oxigênio para produzir óxidos em reações que podem ser estudadas por calorimetria, e (b) o óxido básico CaO reage com o óxido ácido $SO_3(g)$ para produzir $CaSO_4(s)$ com $\Delta_r H° = -402,7$ kJ. Descreva um método para determinar $\Delta_f H°$ para o $CaSO_4(s)$ e identifique as informações que devem ser coletadas pelo experimento. Usando a informação no Apêndice L, confirme que $\Delta_f H°$ para $CaSO_4(s) = -1433,5$ kJ mol$^{-1}$.

**104.** Prepare um gráfico de capacidades caloríficas específicas para metais em função de seus pesos atômicos. Combine os dados da Figura 5.4 e os valores na tabela a seguir. Qual é a relação entre a capacidade calorífica específica e a massa atômica? Use essa relação para prever a capacidade calorífica específica da platina. A capacidade calorífica específica da platina é dada na literatura como 0,133 J g$^{-1}$ · K$^{-1}$. Qual é o grau de concordância entre o valor previsto e o real?

| Metal | Capacidade calorífica específica (J g$^{-1}$ · K$^{-1}$) |
|---|---|
| Cromo | 0,450 |
| Chumbo | 0,127 |
| Prata | 0,236 |
| Estanho | 0,227 |
| Titânio | 0,522 |

**105.** Observe os valores da capacidade calorífica molar dos metais na Figura 5.4. Que observação você pode fazer sobre esses valores – especificamente, eles são muito diferentes ou bastante semelhantes? Usando essa informação, faça uma estimativa da capacidade calorífica específica da prata. Compare essa estimativa com o valor correto para a prata, 0,236 J g$^{-1}$ · K$^{-1}$.

**106.** ▲ Você está frequentando a escola de verão e vive em um dormitório muito antigo. O dia está opressivamente quente, não há ar-condicionado e você não pode abrir as janelas do seu quarto. No entanto, há um refrigerador no quarto. Em um momento de genialidade, você abre a porta da geladeira e cascatas de ar fresco saem dela. Entretanto, o alívio não dura muito tempo. Logo, o motor da geladeira e o condensador começam a funcionar e, não muito tempo depois, o quarto está mais quente do que antes. Por que o quarto aqueceu?

**107.** Você deseja aquecer o ar em sua casa com gás natural ($CH_4$). Considere que sua casa tenha 275 m² de área e que o teto esteja 2,50 m acima do chão. O ar na casa tem capacidade calorífica molar de 29,1 J mol⁻¹ · K⁻¹. (A quantidade de matéria do ar na casa pode ser determinada considerando-se que a massa molar média do ar é 28,9 g mol⁻¹ e que a densidade do ar a essas temperaturas é de 1,22 g L⁻¹.) Qual massa de metano você tem que queimar para aquecer o ar de 15,0°C a 22,0°C?

**108.** A água pode ser decomposta em seus elementos, $H_2$ e $O_2$, usando energia elétrica ou através de uma série de reações químicas. A seguinte sequência de reações é uma possibilidade:

$$CaBr_2(s) + H_2O(g) \rightarrow CaO(s) + 2HBr(g)$$
$$Hg(\ell) + 2HBr(g) \rightarrow HgBr_2(s) + H_2(g)$$
$$HgBr_2(s) + CaO(s) \rightarrow HgO(s) + CaBr_2(s)$$
$$HgO(s) \rightarrow Hg(\ell) + \tfrac{1}{2}O_2(g)$$

(a) Mostre que o resultado líquido dessa série de reações é a decomposição da água em seus elementos.

(b) Se você usar 1000, kg de água, que massa de $H_2$ pode ser produzida?

(c) Calcule o valor de $\Delta_r H°$ para cada etapa na série. As reações são previstas como sendo exo ou endotérmicas?

$$\Delta_f H° \text{ [CaBr}_2\text{(s)]} = -683,2 \text{ kJ mol}^{-1}$$
$$\Delta_f H° \text{ [HgBr}_2\text{(s)]} = -169,5 \text{ kJ mol}^{-1}$$

(d) Comente sobre a viabilidade comercial do uso dessa série de reações para produzir $H_2(g)$ a partir da água.

**109.** Suponha que uma polegada (2,54 cm) de chuva caia sobre uma milha quadrada de solo ($2,59 \times 10^6$ m²). (A densidade da água é de 1,0 g cm⁻³). A entalpia de vaporização da água a 25°C é 44,0 kJ mol⁻¹. Qual é a energia transferida na forma de calor para a vizinhança a partir da condensação do vapor de água para a formação dessa quantidade de água líquida? (O número imenso mostra a quantidade de energia "armazenada" no vapor de água e por que consideramos as tempestades grandes forças energéticas da natureza. É interessante comparar esse resultado com a energia liberada, $4,2 \times 10^6$ kJ, quando uma tonelada de dinamite explode.)

**110.** ▲ Os amendoins e o óleo de amendoim são materiais orgânicos e queimam no ar. Quantos amendoins devem ser queimados para fornecer a energia para ebulir um copo com água (250 mL de água)? Para resolver este problema, assumimos que cada amendoim, com um peso médio de 0,73 g, é composto por 49% de óleo de amendoim e 21% de amido, o restante não é combustível. Assumimos ainda que o óleo de amendoim é o ácido palmítico, $C_{16}H_{32}O_2$, com uma entalpia de formação de −848,4 kJ mol⁻¹. O amido é uma cadeia longa de unidades de $C_6H_{10}O_5$, cada uma tendo entalpia de formação de −960 kJ.

© Cengage Learning/Charles D. Winters

**Quantos amendoins devem ser queimados para fornecer a energia para ebulir 250 mL de água?**

**111.** ▲ Os isômeros são moléculas com a mesma composição elementar, mas com estrutura atômica diferente. Três isômeros com a fórmula $C_4H_8$ são mostrados nos modelos abaixo. A entalpia de combustão ($\Delta_c H°$) de cada isômero, determinada utilizando um calorímetro, é dada a seguir:

| Composto | $\Delta_c H°$ (kJ mol⁻¹ buteno) |
| --- | --- |
| *cis*-2-buteno | −2709,8 |
| *trans*-2-buteno | −2706,6 |
| 1-buteno | −2716,8 |

(a) Desenhe um diagrama de níveis de energia relacionando o teor de energia dos três isômeros ao teor energético dos produtos da combustão, $CO_2(g)$ e $H_2O(\ell)$.

(b) Utilize os dados de $\Delta_c H°$ na parte (a), juntamente com as entalpias de formação de $CO_2(g)$ e $H_2O(\ell)$ do Apêndice L, para calcular a entalpia de formação de cada um dos isômeros.

(c) Desenhe um diagrama de níveis de energia que relaciona as entalpias de formação dos três isômeros à energia dos elementos nos seus estados padrão.

(d) Qual é a variação de entalpia para a conversão de *cis*-2-buteno para *trans*-2-buteno?

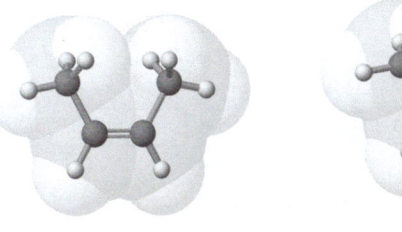

**Cis-2-buteno**

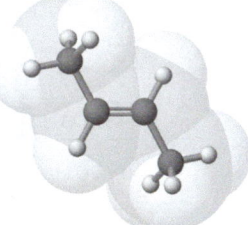

**Trans-2-buteno**

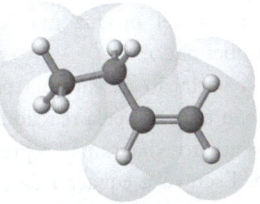

**1-buteno**

**112.** Várias entalpias padrão de formação (do Apêndice L) são dadas a seguir. Use estes dados para calcular:
(a) a entalpia padrão de vaporização do bromo.
(b) a energia necessária para a reação de $Br_2(g) \rightarrow$ 2 Br(g). (Esta é a entalpia de dissociação da ligação Br–Br.)

| Espécie | $\Delta_f H°$ (kJ mol$^{-1}$) |
| --- | --- |
| Br(g) | 111,9 |
| Br$_2(\ell)$ | 0 |
| Br$_2$(g) | 30,9 |

**113.** Quando 0,850 g de Mg foi queimado em oxigênio em um calorímetro a volume constante, 25,4 kJ de energia foram liberados na forma de calor. O calorímetro era um recipiente isolado com 750 g de água a uma temperatura inicial de 18,6°C. A capacidade calorífica da bomba no calorímetro era de 820 J K$^{-1}$.
(a) Calcule $\Delta U$ para a oxidação do Mg (em kJ mol$^{-1}$ de Mg).
(b) Qual seria a temperatura final da água do calorímetro de bomba nesta experiência?

**114.** ▲ Um pedaço de ouro (10,0 g, $C_{Au}$ = 0,129 J g$^{-1}$ · K$^{-1}$) é aquecido a 100,0°C. Um pedaço de cobre (10,0 g $C_{Cu}$ = 0,385 J g$^{-1}$ · K$^{-1}$) é resfriado em um banho de gelo a 0°C. Ambos os pedaços são colocados em um béquer contendo 150 g de H$_2$O a 20°C. Podemos dizer que a temperatura da água é maior ou menor que 20°C quando é atingido o equilíbrio térmico? Calcule a temperatura final.

**115.** O metano, CH$_4$, pode ser convertido em metanol, o qual, como o etanol, pode ser utilizado como combustível. O diagrama de níveis de energia mostrado a seguir apresenta relações entre energias dos combustíveis e seus produtos de oxidação. Use a informação no diagrama para responder às perguntas a seguir. (Os termos de energia são expressos por mol de reação.)

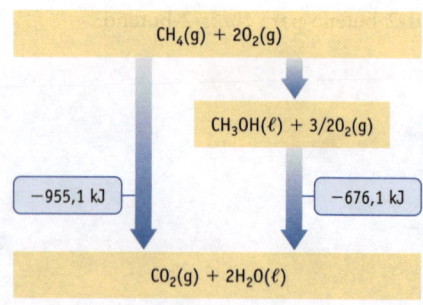

(a) Que combustível, metanol ou metano, produz mais energia por mol quando queimado?
(b) Que combustível produz mais energia por grama quando queimado?
(c) Qual é a variação de entalpia para a conversão de metano em metanol pela reação com O$_2$(g)?
(d) Cada seta no diagrama representa uma reação química. Escreva a equação da reação que converte metano em metanol.

**116.** Calcule $\Delta_r H°$ da reação

$$2C(s) + 3H_2(g) + \tfrac{1}{2}O_2(g) \rightarrow C_2H_5OH(\ell)$$

dadas as informações abaixo.

$C(s) + O_2(g) \rightarrow CO_2(g)$ $\Delta_r H° = -393,5$ kJ (mol de reação)$^{-1}$

$2H_2(g) + O_2(g) \rightarrow 2H_2O(\ell)$
$$\Delta_r H° = -571,6 \text{ kJ (mol de reação)}^{-1}$$

$C_2H_5OH(\ell) + 3O_2(g) \rightarrow 2CO_2(g) + 3H_2O(\ell)$
$$\Delta_r H° = -1367,5 \text{ kJ (mol de reação)}^{-1}$$

**117.** ▲ Você tem os seis pedaços de metais listados abaixo, além de um béquer contendo $3,00 \times 10^2$ g de água. A temperatura da água é de 21,00°C.

| Metais | Calor específico (J g$^{-1}$ · K$^{-1}$) | Massa (g) |
| --- | --- | --- |
| 1. Al | 0,9002 | 100,0 |
| 2. Al | 0,9002 | 50,0 |
| 3. Au | 0,1289 | 100,0 |
| 4. Au | 0,1289 | 50,0 |
| 5. Zn | 0,3860 | 100,0 |
| 6. Zn | 0,3860 | 50,0 |

(a) Em sua primeira experiência, você seleciona um pedaço de metal e o aquece a 100°C e, em seguida, seleciona um segundo pedaço de metal e o resfria a −10°C. Ambos os pedaços são então colocados no béquer com água e as temperaturas se equilibram. Você deseja selecionar dois pedaços de metal para usar, de tal modo que a temperatura final da água seja a mais alta possível. Qual pedaço de metal você aquecerá? Qual pedaço de metal você resfriará? Qual é a temperatura final da água?
(b) O segundo experimento é feito da mesma maneira que o primeiro. No entanto, seu objetivo agora é fazer com que a temperatura varie o mínimo possível, isto é, a temperatura final deve ser a mais próxima de 21,00°C. Qual pedaço de metal você aquecerá? Qual pedaço de metal você resfriará? Qual é a temperatura final da água?

**118.** No laboratório, você planeja realizar um experimento de calorimetria para determinar $\Delta_r H$ da reação exotérmica entre Ca(OH)$_2$(s) e HCl(aq). Preveja como cada um dos seguintes tópicos afetará o valor calculado de $\Delta_r H$. (O valor calculado para $\Delta_r H$ desta reação é negativo, então escolha a sua resposta a partir do seguinte: $\Delta_r H$ será muito baixo [isto é, um valor negativo maior], $\Delta_r H$ não será afetado, $\Delta_r H$ será muito alto [isto é, um valor negativo menor]).
(a) Você deixa cair um pouco de Ca(OH)$_2$ sobre a bancada antes de adicioná-lo ao calorímetro.
(b) Por causa de um erro de cálculo, é adicionado no calorímetro um excesso de HCl para a quantidade medida de Ca(OH)$_2$.

(c) $Ca(OH)_2$ absorve água prontamente do ar. A amostra $Ca(OH)_2$ que você pesou havia sido exposta ao ar antes da pesagem e tinha absorvido um pouco de água.

(d) Depois de pesar o $Ca(OH)_2$, a amostra foi colocada em um béquer aberto e absorveu água.

(e) Você demora muito tempo para registrar a temperatura final.

(f) O isolamento no seu calorímetro de copo era deficiente, então um pouco de energia na forma de calor foi perdida para a vizinhança durante o experimento.

(g) Você ignorou o fato de que a energia na forma de calor também elevou a temperatura do agitador e do termômetro em seu sistema.

**119.** A sublimação de 1,0 g de gelo-seco, $CO_2(s)$, forma 0,36 L de $CO_2(g)$ (a −78°C e $1,01 \times 10^5$ Pa). O gás em expansão pode realizar trabalho na vizinhança (Figura 5.8). Calcule a quantidade de trabalho realizado sobre a vizinhança.

**120.** Na reação de dois mol de hidrogênio gasoso e um mol de oxigênio gasoso para formar dois mols de vapor de água (gás), dois mols de produtos são formados a partir de 3 mol de reagentes. Se essa reação é feita a $1,01 \times 10^5$ Pa e a 0°C, o volume é reduzido em 22,4 L.

(a) Nesta reação, quanto trabalho é realizado sobre o sistema ($H_2$, $O_2$, $H_2O$) pela vizinhança?

(b) A variação de entalpia dessa reação é de −483,6 kJ. Use esse valor, juntamente com a resposta (a), para calcular $\Delta_r U$, a variação da energia interna do sistema.

# 6 A Estrutura dos Átomos

John C. Kotz

# Sumário do capítulo

## **6.1** Radiação Eletromagnética

**Objetivos da Seção 6.1**

- Relacionar matematicamente o comprimento de onda ($\lambda$) e a frequência ($\nu$) da radiação eletromagnética e a velocidade da luz ($c$).

- Identificar o comprimento de onda (ou frequência) aos vários tipos de radiação eletromagnética.

No Capítulo 2, descrevemos os átomos como consistindo de prótons, nêutrons e elétrons. Os prótons e nêutrons estão localizados em um núcleo pequeno e muito denso e os elétrons ocupam o espaço ao redor do núcleo. Neste capítulo, exploramos, mais detalhadamente, o arranjo dos elétrons nos átomos

Os experimentos sobre a interação entre átomos e a radiação eletromagnética foram essenciais para desenvolver teorias dessa estrutura eletrônica dos átomos. Para entender esses experimentos, inicialmente precisamos descrever as características da radiação eletromagnética.

Em 1864, James Clerk Maxwell (1831-1879) desenvolveu uma teoria matemática para descrever a luz e outras formas de radiação em termos de oscilação ou tipo de onda, campos elétricos e magnéticos (Figura 6.1). Assim, luz visível, micro-ondas, sinais de televisão e rádio, raios X e outras formas de radiação são agora chamados de **radiação eletromagnética.**

◀ Fogos de artifício. Os fogos de artifício envolvem muita química! As cores maravilhosas são resultantes da transição de elétrons de um nível de energia para outro. Para mais detalhes sobre este tópico, veja Aplicando os Princípios Químicos 6.2: O que Produz as Cores nos Fogos de Artifício?.

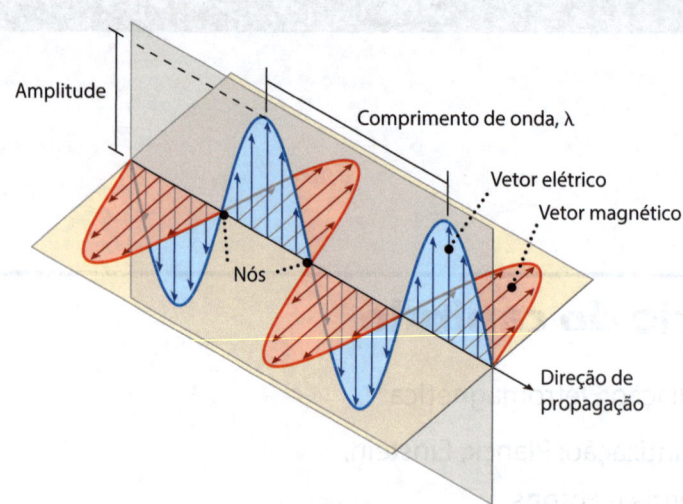

**FIGURA 6.1 A radiação eletromagnética é caracterizada por seu comprimento de onda e frequência.** Todas as formas de radiação eletromagnética são propagadas através do espaço como campos elétricos e magnéticos oscilantes, em ângulos retos uns com os outros. Cada campo é descrito matematicamente por uma onda senoidal. Tais campos oscilantes surgem de cargas vibratórias de fontes como lâmpadas ou do seu celular.

A radiação eletromagnética é caracterizada pelo seu comprimento de onda e frequência.

- **Comprimento de onda**, simbolizado pela letra grega *lambda* ($\lambda$), é definido como a distância entre um determinado ponto sobre uma onda e o ponto correspondente ao próximo ciclo da onda; muitas vezes é medido como a distância entre cristas sucessivas ou pontos mais altos de uma onda (ou entre sucessivas depressões ou pontos mais baixos).

- **Frequência**, simbolizada pela letra grega *nu* ($\nu$), refere-se ao número de ondas que passam por um determinado ponto em alguma unidade de tempo, geralmente por segundo. A unidade de frequência é escrita como $s^{-1}$ ou $1/s$ e 1 ciclo ou oscilação por segundo é chamado de **hertz** (Hz).

O comprimento de onda e a frequência estão relacionados com a velocidade ($c$) na qual a onda se propaga (Equação 6.1).

$$c \ (\text{m s}^{-1}) = \lambda \ (\text{m}) \times \nu$$
$$(1/s)$$

(6.1)

A velocidade da luz visível e todas as outras formas de radiação eletromagnética no vácuo é uma constante: $c = 2{,}99792458 \times 10^8$ m $s^{-1}$ (aproximadamente 186000 milhas/s ou $1{,}079 \times 10^9$ km $h^{-1}$).

Tal como ilustrado na Figura 6.2, a luz visível é apenas uma pequena porção do espectro total da radiação eletromagnética. A radiação no ultravioleta (UV), que pode resultar em queimaduras solares, apresenta comprimentos de onda mais curtos que os da luz visível. Raios X e raios $\gamma$, este último emitido no processo da desintegração radioativa de alguns átomos, têm comprimentos de onda ainda mais curtos. Em comprimentos de onda mais longos que aqueles da luz visível,

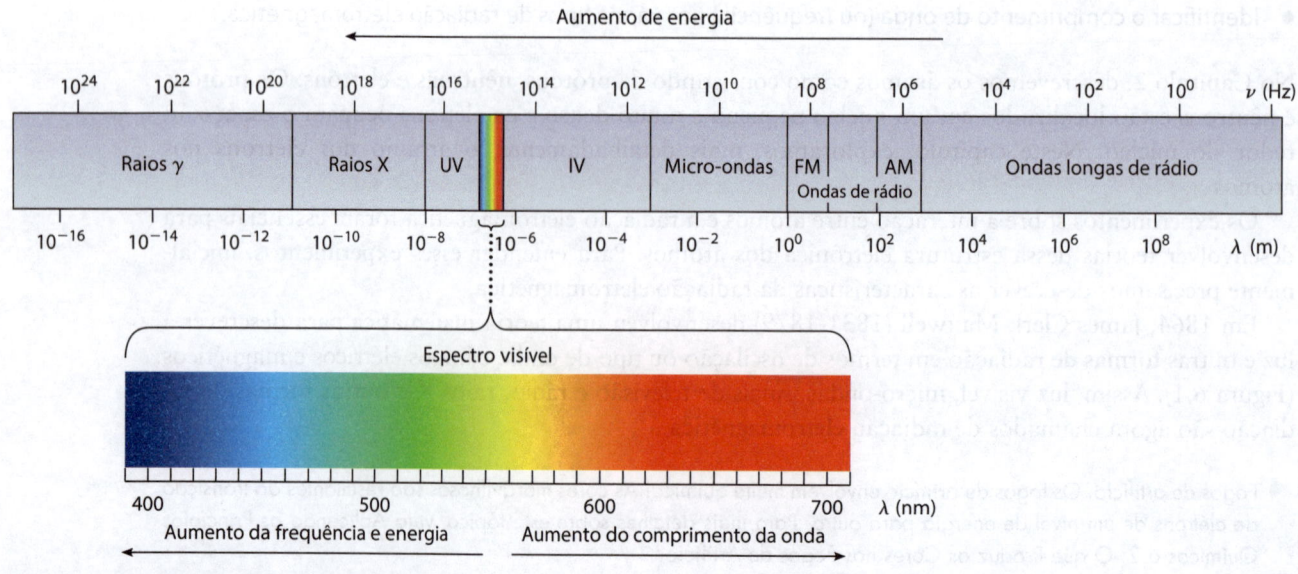

**FIGURA 6.2 O espectro eletromagnético.**

encontramos primeiro a radiação no infravermelho (IV). Os comprimentos de onda da radiação utilizados em fornos de micro-ondas, nas transmissões de rádio e televisão, em instrumentos de ressonância magnética e nos telefones celulares são mais longos ainda.

---

**EXEMPLO 6.1**

### Conversões entre Comprimento de Onda e Frequência

**Problema** A frequência da radiação utilizada em telefones celulares cobre uma faixa de de 800 MHz a 2 GHz aproximadamente. (MHz significa "megahertz", onde 1 MHz = $10^6$ 1/s; GHz significa "gigahertz", onde 1 GHz = $10^9$ 1/s). Qual é o comprimento de onda (em metros) de um sinal de telefone celular operando em 1,12 GHz?

**O que você sabe?** Foi fornecida a frequência de radiação em GHz e um fator para converter frequência de GHz para Hz (1/s). Para calcular o comprimento de onda desta radiação usando a Equação 6.1, você precisará do valor da velocidade da luz, $c = 2,998 \times 10^8$ m s$^{-1}$.

**Estratégia** Primeiro converta $\nu$ para as unidades de 1/s). Rearranje a Equação 6.1 para obter $\lambda$. Substitua os valores para a velocidade da luz e a frequência na equação e resolva.

---

**RESOLUÇÃO**

$$\lambda = \frac{c}{\nu} = \frac{2,988 \times 10^8 \text{ m s}^{-1}}{1,12 \times 10^9 \text{ 1/s}} = \boxed{0,268 \text{ m}}$$

**Pense bem antes de responder** Um comprimento de onda de 0,268 m localiza-se na região de micro-ondas do espectro eletromagnético (Figura 6.2). Certifique-se de prestar atenção nas unidades quando resolver este problema. Note que, escolhendo a frequência em 1/s e a velocidade da luz em m s$^{-1}$, o comprimento de onda calculado será em metros (m).

---

### Verifique seu entendimento

(a) Qual cor do espectro visível tem a frequência mais alta? Qual tem a frequência mais baixa?

(b) O comprimento de onda da radiação utilizada no forno de micro-ondas (2,45 GHz) é mais longo ou mais curto que o da sua estação de rádio FM preferida (por exemplo, 91,7 MHz)?

(c) Os comprimentos de onda dos raios X são mais longos ou mais curtos que os da luz ultravioleta?

(d) Calcule a frequência da luz verde com um comprimento de onda de 510 nm.

---

## 6.2 Quantização: Planck, Einstein, Energia e Fótons

### Objetivos da Seção 6.2

- Entender o efeito fotoeletrônico.
- Entender que a energia de um fóton, uma partícula de radiação sem massa, é proporcional à sua frequência.

### Equação de Planck

Se uma peça de metal é aquecida a uma temperatura elevada, a radiação eletromagnética é emitida com comprimentos de onda que dependem da temperatura (Figura 6.3). Em temperaturas mais baixas, a cor é um vermelho escuro. À medida que a temperatura aumenta, a cor vermelha começa a brilhar e, em temperaturas ainda mais elevadas, uma luz branca brilhante é emitida. Seus olhos detectam a radiação emitida na região visível do espectro eletromagnético. Apesar de não serem vistas, ambas as radiações, ultravioleta e infravermelho, também são emitidas pelo metal quente (Figura 6.3). O comprimento de onda da radiação mais intensa está relacionado à temperatura de modo que à medida que a temperatura do metal aumenta, a intensidade máxima desloca-se para comprimentos de onda mais curtos, ou seja, em direção ao ultravioleta. Isso corresponde à mudança na cor observada quando a temperatura é elevada.

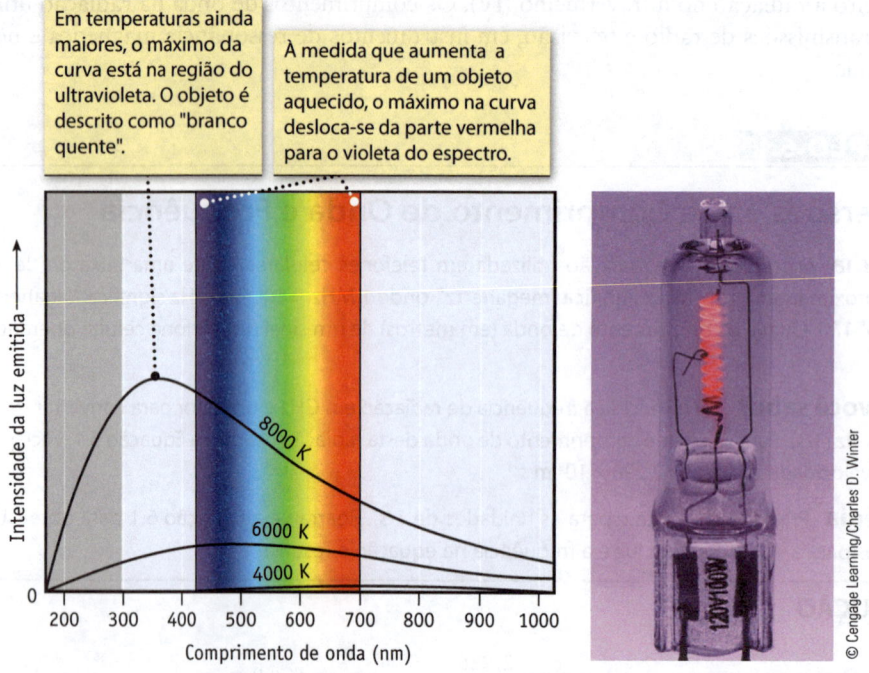

Em temperaturas ainda maiores, o máximo da curva está na região do ultravioleta. O objeto é descrito como "branco quente".

À medida que aumenta a temperatura de um objeto aquecido, o máximo na curva desloca-se da parte vermelha para o violeta do espectro.

**FIGURA 6.3 A radiação emitida por um corpo aquecido.** Quando um objeto é aquecido, ele emite radiação cobrindo um espectro de comprimentos de onda.

A luz que emana dos espaços entre as pedras incandescentes aproxima-se da radiação do corpo negro.

**Radiação do corpo negro.** Na física, um corpo negro é algo que absorve toda a radiação que incide sobre ele. No entanto, ele emitirá energia com um comprimento de onda que depende da temperatura. A cor da luz emitida depende da temperatura.

**Óculos de Visão Noturna** Mesmo à temperatura ambiente, os objetos emitem radiação. Alguns óculos de visão noturna funcionam detectando as diferenças nas quantidades de radiação no infravermelho emitida por diferentes objetos. Corpos humanos mais quentes, por exemplo, emitem mais radiação no infravermelho que os objetos mais frios.

Até o final do século XIX, os cientistas não eram capazes de explicar a relação entre a intensidade e o comprimento de onda da radiação emitida por um objeto aquecido (muitas vezes chamada de *radiação de corpo negro*). Teorias vigentes na época previam que a intensidade deveria aumentar continuamente com a diminuição do comprimento de onda, em vez de chegar a um máximo e depois decrescer, como é observado atualmente. Essa situação desconcertante ficou conhecida como a *catástrofe ultravioleta*, porque as previsões falharam na região do ultravioleta.

Em 1900, um físico alemão, Max Planck (1858-1947), ofereceu uma explicação para a catástrofe ultravioleta: a radiação eletromagnética emitida era originada por átomos vibrando (chamados *osciladores*) no objeto aquecido. Ele propôs que cada oscilador tinha uma frequência fundamental ($\nu$) de oscilação e que esses osciladores só poderiam vibrar ou nessa frequência ou naquelas cujo valor seria múltiplo de número inteiro da primeira ($n\nu$). Devido a isso, a radiação emitida poderia ter somente certas energias, dadas pela equação

$$E = nh\nu$$

onde $n$ deve ser um número inteiro positivo. Ou seja, Planck propôs que a energia é *quantizada*. **Quantização** significa que apenas certas energias são permitidas. A constante de proporcionalidade $h$ na equação é conhecida como **constante de Planck**, e seu valor experimental é $6,6260700 \times 10^{-34}$ J · s. A unidade de frequência é 1/s, de modo que a energia calculada usando essa equação é em joule (J). Se um oscilador varia de uma energia maior para uma menor, a energia é emitida como radiação eletromagnética, e a diferença de energia entre os estados de maior e menor energia é dada por

$$\Delta E = E_{\text{maior } n} - E_{\text{menor } n} = \Delta nh\nu$$

Se o valor de $\Delta n$ é 1, o que corresponde à mudança de um nível de energia para o próximo inferior para esse oscilador, então a variação de energia para o oscilador e a radiação eletromagnética emitida teria uma energia igual a

$$E = h\nu \tag{6.2}$$

Esta equação é chamada **equação de Planck.**

Agora, suponha que, como Planck fez, deve haver uma *distribuição* de osciladores em um objeto – alguns estão vibrando em uma frequência alta, outros, em uma frequência baixa, mas a maioria tem alguma frequência intermediária. Os poucos osciladores com vibrações de alta frequência são responsáveis por uma parte da luz, digamos, na região do ultravioleta, e aqueles poucos com vibrações de baixa frequência, pelas energias na região do infravermelho. No entanto, a maior parte da luz deve vir da maioria dos osciladores que têm frequências de vibração intermediárias. Isto é, um espectro de luz é emitido com uma intensidade máxima em alguns comprimentos de onda intermediários, de acordo com o experimento. A intensidade não deve tornar-se cada vez maior ao se aproximar da região do ultravioleta. Com essa percepção, a catástrofe ultravioleta foi resolvida.

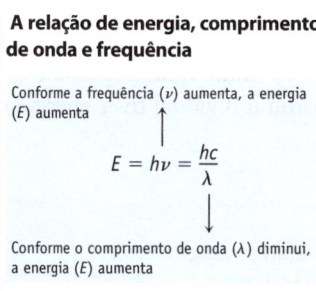

**A relação de energia, comprimento de onda e frequência**

Conforme a frequência ($\nu$) aumenta, a energia ($E$) aumenta

$$E = h\nu = \frac{hc}{\lambda}$$

Conforme o comprimento de onda ($\lambda$) diminui, a energia ($E$) aumenta

Os aspectos principais da teoria de Planck para a química geral são o fato de que Planck introduziu a ideia de energias quantizadas e a equação $E = h\nu$, que teria um impacto importante no trabalho de Albert Einstein para explicar um outro fenômeno intrigante.

## Einstein e o Efeito Fotoelétrico

Alguns anos após o trabalho de Planck, Albert Einstein (1879-1955) incorporou as ideias de Planck para uma explicação do *efeito fotoelétrico* e, ao fazê-lo, mudou a descrição da radiação eletromagnética.

No efeito fotoelétrico, os elétrons são emitidos quando a luz incide sobre a superfície de um metal (Figura 6.4), desde que a frequência da luz seja suficientemente alta para isso. Se a luz com uma frequência mais baixa for usada, nenhum

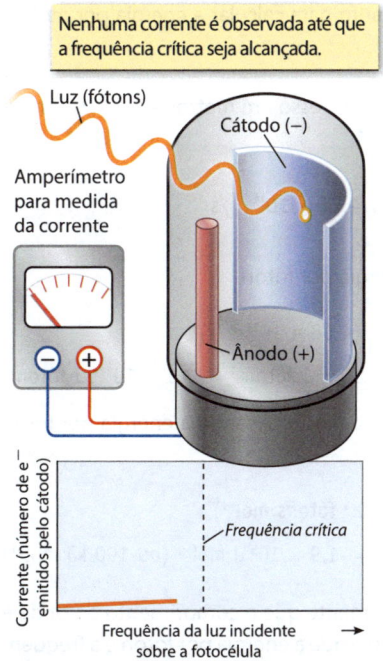

(a) Uma célula fotoelétrica funciona devido ao efeito fotoelétrico. A principal parte da célula é um cátodo sensível à luz. Este material geralmente é um metal que emite elétrons quando atingido por fótons de luz de alta energia.

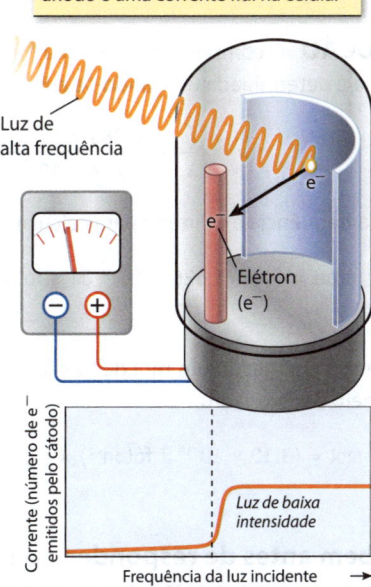

(b) Quando a luz utilizada é de maior frequência que a mínima necessária, o excesso de energia do fóton faz que o elétron escape do átomo com maior velocidade. Tal dispositivo pode ser empregado como um interruptor em circuitos elétricos.

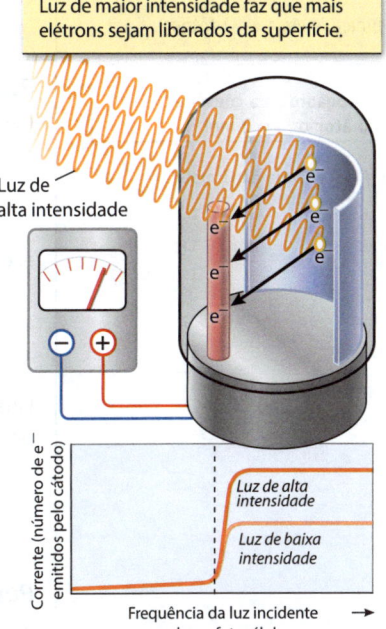

(c) Se maior intensidade de luz for utilizada, mais elétrons devem ser liberados da superfície. Um valor maior da corrente é observado na mesma frequência que aquela com menor intensidade de luz.

**FIGURA 6.4** Uma célula fotoelétrica.

elétron é emitido, independentemente do brilho da luz. Se a frequência está acima de um mínimo, chamada frequência crítica, aumentando a intensidade da luz, mais elétrons são emitidos.

Einstein concluiu que as observações experimentais poderiam ser explicadas pela combinação da equação de Planck ($E = h\nu$) com uma nova ideia, a de que a luz apresenta propriedades semelhantes às das partículas. Einstein caracterizou essas partículas sem massa, agora chamadas **fótons**, como pacotes de energia e afirmou que a energia de cada fóton é proporcional à frequência da radiação, tal como definido pela equação de Planck. No efeito fotoelétrico, os fótons que atingem os átomos de uma superfície metálica farão com que os elétrons sejam emitidos somente se os fótons tiverem energia suficientemente alta. Quanto maior o número de fótons que atingem a superfície, com energia igual ou maior que certo limite mínimo, maior o número de elétrons emitidos. Os átomos do metal não perderão seus elétrons, se nenhum fóton individual tiver energia suficiente para desalojar um elétron de um átomo.

## Mapa Estratégico 6.1

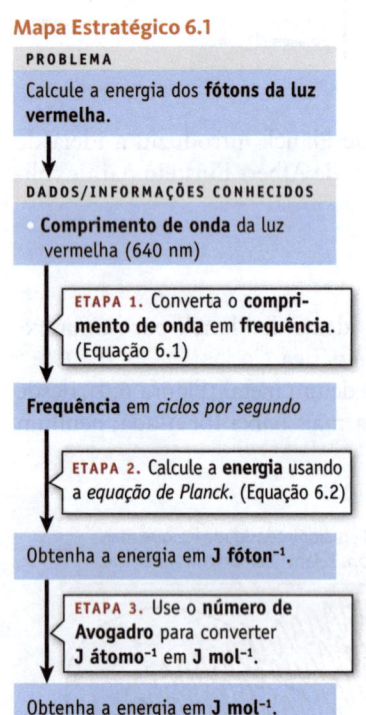

**PROBLEMA**

Calcule a energia dos **fótons da luz vermelha**.

**DADOS/INFORMAÇÕES CONHECIDOS**

- **Comprimento de onda** da luz vermelha (640 nm)

**ETAPA 1.** Converta o **comprimento de onda** em **frequência**. (Equação 6.1)

**Frequência** em *ciclos por segundo*

**ETAPA 2.** Calcule a **energia** usando a *equação de Planck*. (Equação 6.2)

Obtenha a energia em **J fóton⁻¹**.

**ETAPA 3.** Use o **número de Avogadro** para converter **J átomo⁻¹** em **J mol⁻¹**.

Obtenha a energia em **J mol⁻¹**.

---

## EXEMPLO 6.2

## Energia e Química: Usando a Equação de Planck

**Problema** Aparelhos de DVD utilizam lasers que emitem luz vermelha com comprimento de onda de 640 nm. Qual é a energia de um fóton dessa luz? Qual é a energia de 1,0 mol de fótons da luz vermelha?

**O que você sabe?** Foi fornecido um comprimento de onda de radiação eletromagnética, em nm. Você sabe a relação entre o comprimento de onda e a frequência (Equação 6.1) e também entre a energia por fóton e a frequência (Equação 6.2). Por fim, você sabe que um mol de fótons corresponde a $6,022 \times 10^{23}$ fótons.

### Estratégia

- Converta o comprimento de onda de unidades de nanômetros para unidades de metros.
- Use a Equação 6.1 para determinar a frequência da luz.
- Use a Equação 6.2 para determinar a energia por fóton.
- Utilize a energia por fóton e o número de Avogadro para calcular a energia por mol de fótons.

**RESOLUÇÃO** O comprimento de onda (640 nm) expresso em metros é $6,4 \times 10^{-7}$ m. A frequência é determinada utilizando-se a Equação 6.1

$$\nu = \frac{c}{\lambda} = \frac{2,988 \times 10^8 \text{ m s}^{-1}}{6,4 \times 10^{-7} \text{ m}} = 4,68 \times 10^{14} \text{ 1/s}$$

e, então, a frequência é utilizada para calcular a energia por fóton.

$$E \text{ por fóton} = h\nu = (6,626 \times 10^{-34} \text{ J} \cdot \text{s fóton}^{-1}) \times (4,68 \times 10^{14} \text{ 1/s})$$

$$= 3,10 \times 10^{-19} \text{ J fóton}^{-1} = \boxed{3,1 \times 10^{-19} \text{ J fóton}^{-1}}$$

Finalmente, a energia de um mol de fótons é calculada multiplicando a energia por fóton pelo número de Avogadro:

$$E \text{ por mol} = (3,10 \times 10^{-19} \text{ J fóton}^{-1}) \times (6,022 \times 10^{23} \text{ fótons mol}^{-1})$$

$$= \boxed{1,9 \times 10^5 \text{ J mol}^{-1} \text{ (ou 190 kJ mol}^{-1})}$$

**Pense bem antes de responder** Tenha em mente que o comprimento de onda e a frequência são inversamente proporcionais, ao passo que a energia por fóton e a frequência são diretamente proporcionais. A luz vermelha compreende a faixa de maior comprimento de onda do espectro visível, de modo que a frequência e a energia por fóton são menores que aquelas das outras cores.

## Verifique seu entendimento

Calcule a energia por mol de fótons para o laser usado em aparelhos de Blu-ray ($\lambda = 405$ nm).

Sabemos que a radiação eletromagnética tem propriedades de onda, mas também vimos que existem experiências, como a do efeito fotoelétrico, para as quais é melhor modelá-la como partículas chamadas fótons. Mas como é possível a radiação eletromagnética ser ambas, uma partícula e uma onda? Em parte, estamos diante de limitações na linguagem; as palavras *partícula* e *onda* descrevem com precisão as coisas encontradas em uma escala macroscópica, mas estamos usando-as para modelar algo – radiação eletromagnética – que transcende qualquer um desses termos. Além disso, nenhuma experiência ainda foi feita para mostrar que a radiação eletromagnética comporta-se *simultaneamente* como onda e partícula. Os cientistas aceitam essa **dualidade partícula-onda** – isto é, a ideia de que a radiação eletromagnética tem as propriedades de ambas, onda e partícula (veja a Seção 6.4).

## 6.3 Espectros de Linhas Atômicas e Niels Bohr

### Objetivos da Seção 6.3

- Descrever o modelo de Bohr para o átomo, sua habilidade de explicar os espectros de linhas dos átomos excitados de hidrogênio e as limitações do modelo.

- Calcular a energia absorvida ou emitida quando um elétron em um átomo de hidrogênio passa de um nível de energia para outro.

Se uma alta voltagem é aplicada aos átomos de um elemento em fase gasosa a baixa pressão, os átomos absorvem energia e são ditos "excitados". Os átomos excitados podem então emitir luz. Um exemplo conhecido é o da luz colorida de anúncios luminosos de "néon".

A luz emitida pelos átomos excitados é composta por apenas alguns valores discretos de comprimento de onda. Podemos demonstrar isso ao passar um feixe de luz, proveniente de átomos excitados de neônio ou de hidrogênio, através de um prisma (Figura 6.5); apenas algumas linhas coloridas são vistas. O espectro obtido dessa maneira é chamado **espectro de emissão de linhas**. Ao contrário, a luz do Sol incidente sobre a Terra ou a luz emitida por um objeto muito quente quando passa por um prisma resulta em um espectro contínuo de comprimentos de onda (Figuras 6.2 e 6.3).

Cada elemento apresenta um espectro de emissão único, tal como exemplificado pelos espectros do hidrogênio, mercúrio e neônio na Figura 6.6. De fato, as linhas características no espectro de emissão de um elemento podem ser usadas na análise química, tanto para identificar o elemento quanto para determinar o quanto dele está presente em uma mistura.

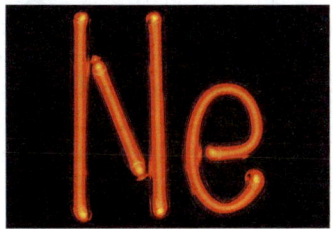
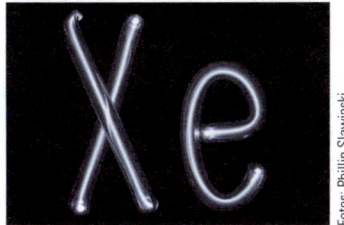

Fotos: Phillip Slawinski

**Luminosos "néon".** Nem todos os luminosos contêm neônio. Outros gases podem emitir luz no espectro visível quando excitados. Alternativamente, tubos de vidro contendo gases são revestidos no interior com fósforos emissores de luz (como na luz fluorescente).

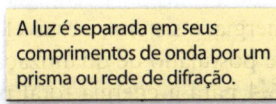

A luz é separada em seus comprimentos de onda por um prisma ou rede de difração.

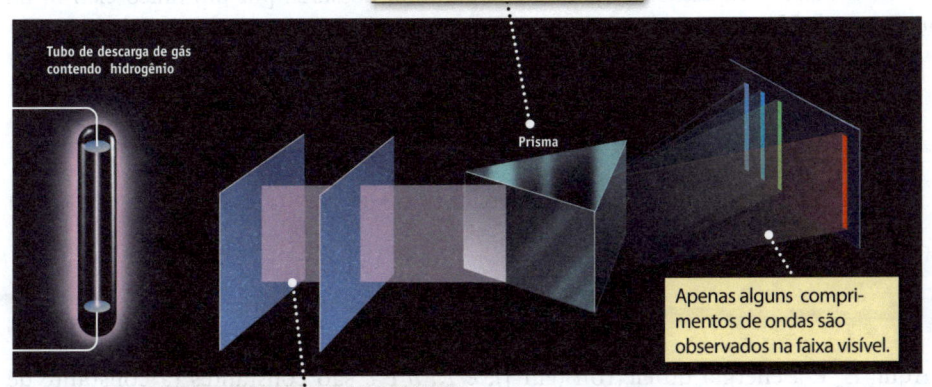

Tubo de descarga de gás contendo hidrogênio

Prisma

Apenas alguns comprimentos de ondas são observados na faixa visível.

A luz emitida pelo hidrogênio excitado passa através de fendas para produzir um feixe estreito.

**FIGURA 6.5 O espectro de emissão visível do hidrogênio.** Com base na aparência, o nome *espectro de linhas* é utilizado para a luz emitida por um gás incandescente.

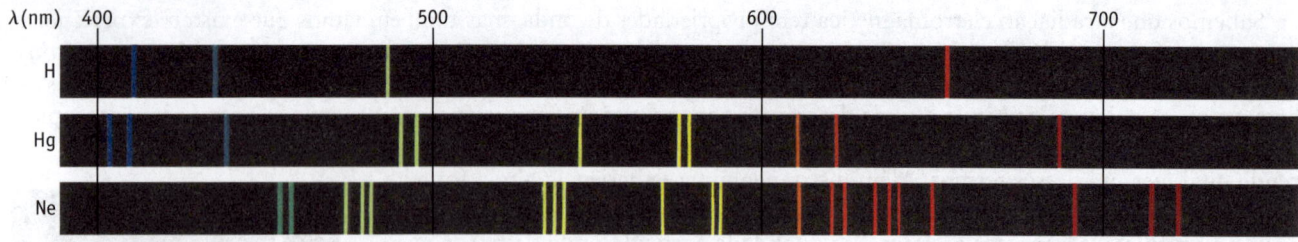

**FIGURA 6.6  Espectro de linhas de emissão do hidrogênio, mercúrio e neônio.** Elementos gasosos excitados produzem espectros característicos que podem ser usados para identificar os elementos e determinar quanto de cada um deles está presente em uma amostra.

Um dos objetivos dos cientistas no final do século XIX foi o de explicar por que os átomos gasosos excitados emitem luz de apenas determinadas frequências. Uma alternativa foi procurar uma relação matemática entre os comprimentos de onda observados, considerando que um padrão regular de informação implica em uma explicação lógica. Os primeiros passos nesse sentido foram dados por Johann Balmer (1825-1898) e mais tarde por Johannes Rydberg (1854-1919). De seus estudos, uma equação – agora chamada **equação de Balmer** (Equação 6.3) – foi obtida para calcular os respectivos valores de comprimento de onda das linhas vermelha, verde e azuis, no espectro de emissão visível do hidrogênio (Figura 6.6).

$$\frac{1}{\lambda} = R\left(\frac{1}{2^2} - \frac{1}{n^2}\right) \text{ onde } n > 2 \tag{6.3}$$

Nesta equação, $n$ é um inteiro e $R$ é chamada **constante de Rydberg**, que tem o valor de $1,0974 \times 10^7$ m$^{-1}$. Se $n = 3$, por exemplo, o comprimento de onda da linha vermelha no espectro do hidrogênio é $6,563 \times 10^{-7}$ m ou 656,3 nm. Se $n = 4$, o comprimento de onda para a linha verde também pode ser calculado. Usando $n = 5$ e $n = 6$ na equação, obtemos os comprimentos de onda das linhas azuis. As quatro linhas visíveis no espectro dos átomos de hidrogênio são conhecidas como **série de Balmer**.

## O Modelo de Bohr do Átomo de Hidrogênio

No início do século XX, o físico dinamarquês Niels Bohr (1885-1962) idealizou um modelo para a estrutura eletrônica dos átomos e com ele uma explicação para o espectro de emissão dos átomos excitados. Bohr propôs um modelo planetário para o átomo de hidrogênio, no qual o elétron move-se em uma órbita circular em torno do núcleo, semelhante a um planeta girando em torno do Sol. Ao propor esse modelo, no entanto, ele teve que contradizer as leis da Física Clássica. De acordo com as teorias clássicas, o elétron carregado em movimento no campo elétrico positivo do núcleo deveria perder energia; uma consequência da perda de energia é a de que o elétron acabaria eventualmente colidindo com o núcleo. Este não é claramente o caso; se fosse, a matéria eventualmente acabaria por se autodestruir. Para resolver essa contradição, Bohr postulou que há certas órbitas correspondentes a níveis de energia específicos, onde isso não viria a ocorrer. Desde que um elétron esteja em um desses níveis de energia, o sistema é estável. Ou seja, Bohr introduziu a *quantização* na descrição da estrutura eletrônica. Ao combinar esse postulado de quantização com a lei de Coulomb e as leis do movimento da Física Clássica, Bohr deduziu a Equação 6.4 para a energia total possuída por um único elétron na enésima órbita (nível de energia) do átomo de H.

**Equação 6.4 e a Lei de Coulomb**  A dedução da Equação 6.4 de Bohr começou com o postulado de que a estabilidade do elétron em uma órbita requer que a força coulombiana de atração entre o elétron e o núcleo deve ser equilibrada pela força centrífuga devida ao movimento circular do elétron: $e^2/r^2 = mv^2/r$ (onde $e$ é a carga do elétron, $r$ é a distância elétron--núcleo, $m$ é a massa do elétron e $v$ é a velocidade do elétron).

Constante de Rydberg   Constante de Planck   Velocidade da luz

$$\text{Energia total do elétron no enésimo nível} = E_n = -\frac{Rhc}{n^2} \tag{6.4}$$

Número quântico principal

Aqui, $E_n$ é a energia do elétron (em J); e $R$, $h$ e $c$ são constantes (a constante de Rydberg, a constante de Planck e a velocidade da luz, respectivamente). O símbolo $n$ é um número inteiro positivo sem unidade, chamado **número quântico principal**. Ele pode ter valores inteiros de 1, 2, 3, e assim por diante.

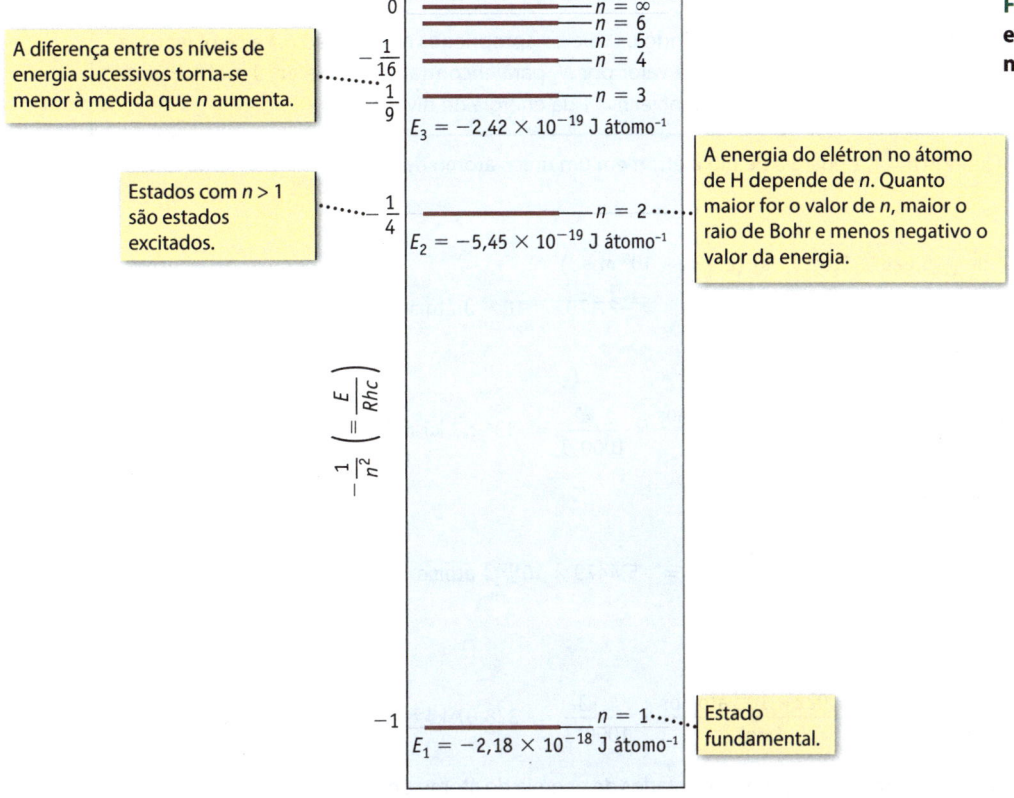

**FIGURA 6.7** Os níveis de energia para o átomo de H no modelo de Bohr.

A diferença entre os níveis de energia sucessivos torna-se menor à medida que $n$ aumenta.

Estados com $n > 1$ são estados excitados.

A energia do elétron no átomo de H depende de $n$. Quanto maior for o valor de $n$, maior o raio de Bohr e menos negativo o valor da energia.

Estado fundamental.

$E_3 = -2,42 \times 10^{-19}$ J átomo$^{-1}$

$E_2 = -5,45 \times 10^{-19}$ J átomo$^{-1}$

$E_1 = -2,18 \times 10^{-18}$ J átomo$^{-1}$

A Figura 6.7 ilustra como se aplica a Equação 6.4 para o elétron no átomo de hidrogênio.

- O número quântico $n$ define as energias das órbitas permitidas no átomo de H.
- A energia de um sistema tem um valor negativo quando o elétron está em uma órbita porque o átomo tem energia mais baixa do que quando o elétron está infinitamente separado do núcleo. O zero de energia ocorre quando $n = \infty$, isto é, quando o elétron está definitivamente separado do núcleo.
- Um átomo com seus elétrons nos níveis mais baixos de energia possíveis é dito estar em seu **estado fundamental**; para o átomo de hidrogênio, este é o nível definido pelo número quântico $n = 1$. A energia desse estado é $-Rhc/1^2$, significando que ele tem uma quantidade de energia igual a $Rhc$ *abaixo* da energia do elétron que está definitivamente separado do núcleo.
- Estados para o átomo de H com maiores energias ($n > 1$) são chamados de **estados excitados**.
- Uma vez que a energia é dependente de $1/n^2$, os níveis de energia são progressivamente mais próximos entre si, com o aumento de $n$.
- Um elétron na órbita $n = 1$ está mais próximo do núcleo e tem a menor energia (mais negativa). À medida que o valor de $n$ aumenta, a distância entre o elétron e o núcleo aumenta e a energia do elétron torna-se maior (menos negativa).

### EXEMPLO 6.3

## Energias dos Estados Fundamental e Excitado do Átomo de H

**Problema** Calcule as energias dos estados $n = 1$ e $n = 2$ do átomo de hidrogênio em joules por átomo e em quilojoules por mol. Qual é a diferença de energia desses dois estados em kJ mol$^{-1}$?

**O que você sabe?** Os níveis $n = 1$ e $n = 2$ são o primeiro e o segundo estados (o menor e o mais próximo ao estado de menor energia) na descrição de Bohr do átomo de hidrogênio. Utilize a Equação 6.4 para calcular a energia de cada estado. Para os cálculos, você precisará das seguintes constantes: $R$ (constante de Rydberg) $= 1,097 \times 10^7$ m$^{-1}$; $h$ (constante de Planck) $= 6,626 \times 10^{-34}$ J · s; $c$ (velocidade da luz) $= 2,998 \times 10^8$ m s$^{-1}$ e $N_A$ (número de Avogadro) $= 6,022 \times 10^{23}$ átomos mol$^{-1}$.

**Estratégia** Para cada nível de energia, substituindo os valores apropriados na Equação 6.4 e resolvendo-a, obtém-se a energia em J átomo$^{-1}$. Multiplique esse valor por $N_A$ para encontrar a energia em J mol$^{-1}$. Para se obter a diferença de energia subtraia a energia do nível $n = 1$ da energia do nível $n = 2$.

**RESOLUÇÃO** Quando $n = 1$, a energia de um elétron em um único átomo de H é

$$E_1 = -Rhc$$

$$E_1 = -(1,097 \times 10^7 \text{ m}^{-1})(6,626 \times 10^{-34} \text{ J} \cdot \text{s})(2,998 \times 10^8 \text{ m s}^{-1})$$

$$= -2,1792 \times 10^{-18} \text{ J átomo}^{-1} = -2,179 \times 10^{-18} \text{ J átomo}^{-1}$$

Em unidades de kJ mol$^{-1}$,

$$E_1 = \frac{-2,1792 \times 10^{-18} \text{ J}}{\text{átomo}} \times \frac{6,022 \times 10^{23} \text{ átomos}}{\text{mol}} \times \frac{1 \text{ kJ}}{1000 \text{ J}} = -1312,3 \text{ kJ mol}^{-1} = -1312 \text{ kJ mol}^{-1}$$

Quando $n = 2$, a energia é

$$E_2 = -\frac{Rhc}{2^2} = -\frac{E_1}{4} = -\frac{2,1792 \times 10^{-18} \text{ J átomo}^{-1}}{4} = -5,4479 \times 10^{-19} \text{ J átomo}^{-1} = -5,448 \times 10^{-19} \text{ J átomo}^{-1}$$

Em unidades de kJ mol$^{-1}$,

$$E_2 = \frac{-5,4479 \times 10^{-19} \text{ J}}{\text{átomo}} \times \frac{6,022 \times 10^{23} \text{ átomos}}{\text{mol}} \times \frac{1 \text{ kJ}}{1000 \text{ J}} = -328,07 \text{ kJ mol}^{-1} = -328,1 \text{ kJ mol}^{-1}$$

A diferença de energia, $\Delta E$, entre os dois primeiros estados de energia do átomo de H é

$$\Delta E = E_2 - E_1 = (-328,07 \text{ kJ mol}^{-1}) - (-1312,3 \text{ kJ mol}^{-1}) = 984 \text{ kJ mol}^{-1}$$

**Pense bem antes de responder** As energias calculadas são negativas, com $E_1$ mais negativo que $E_2$. O estado $n = 2$ é maior em energia que o estado $n = 1$ por 984 kJ mol$^{-1}$. Além disso, certifique-se de que 1312 kJ mol$^{-1}$ é o valor de $Rhc$ multiplicado pelo número de Avogadro $N_A$ (isto é, $N_ARhc$). *Esse valor, 1312 kJ mol$^{-1}$, será útil em cálculos futuros.*

## Verifique seu entendimento

Calcule a energia do estado $n = 3$ do átomo de H em (a) J átomo$^{-1}$ e (b) kJ mol$^{-1}$.

## A Teoria de Bohr e os Espectros dos Átomos Excitados

A teoria de Bohr descreve os elétrons como tendo somente órbitas e energias específicas. Se um elétron move-se de um nível de energia para outro, então a energia deve ser absorvida ou liberada. Essa ideia permitiu a Bohr relacionar as energias dos elétrons e o espectro de emissão dos átomos de hidrogênio.

Para mover um elétron do estado $n = 1$ para um estado excitado, a energia deve ser transferida para o átomo (a partir da vizinhança). Quando $E_{final}$ tem $n = 2$ e $E_{inicial}$ tem $n = 1$, então $0,75Rhc = 1,63 \times 10^{-18}$ J átomo$^{-1}$ (ou 984 kJ mol$^{-1}$) de energia deve ser transferida (Figura 6.8 e Exemplo 6.3), nem mais nem menos. Se $0,7Rhc$ ou $0,8Rhc$ for fornecida, nenhuma transição entre estados é possível. Exigir uma quantidade específica de energia é uma consequência da quantização.

O processo oposto, no qual um elétron "cai" de um nível $n$ de maior energia para um $n$ de menor energia, leva à emissão de energia, uma transferência de energia, normalmente na forma de radiação, do átomo para a vizinhança. Por exemplo, para uma transição do nível $n = 2$ para o nível $n = 1$,

$$\Delta E = E_{final} - E_{inicial} = -1,63 \times 10^{-18} \text{ J átomo}^{-1} (= -984 \text{ kJ mol}^{-1})$$

O sinal negativo indica que $1,63 \times 10^{-18}$ J átomo$^{-1}$ (ou 984 kJ mol$^{-1}$) é *emitido*.

Agora, podemos visualizar o mecanismo pelo qual foi originado o espectro de emissão de linhas característico do hidrogênio, de acordo com o modelo de Bohr. A energia é fornecida aos átomos por uma descarga elétrica ou por

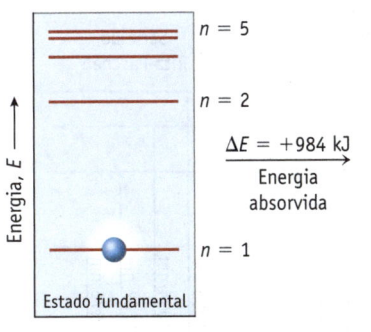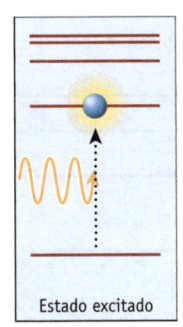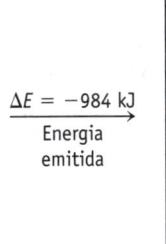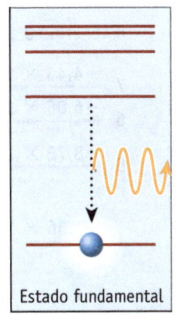

aquecimento. Dependendo da quantidade de energia que é adicionada, alguns átomos têm seus elétrons excitados do estado $n = 1$ para o estado $n = 2$, 3 ou outros ainda mais elevados. Depois de absorver energia, esses elétrons podem retornar para um nível de menor energia (seja diretamente ou em uma série de etapas) liberando energia (Figura 6.9). Observamos essa energia liberada como fótons de radiação eletromagnética e, como somente certos níveis de energia são possíveis, apenas fótons com determinadas energias e comprimentos de onda são emitidos.

A energia de qualquer linha de emissão (em J átomo⁻¹) para átomos de hidrogênio excitados pode ser calculada utilizando-se a Equação 6.5.

$$\Delta E = E_{final} - E_{inicial} = -Rhc \left( \frac{1}{n_{final}^2} - \frac{1}{n_{inicial}^2} \right) \qquad (6.5)$$

**Equação 6.5 e a Equação de Balmer** A Equação 6.5 tem a mesma forma que a equação de Balmer (Equação 6.3), onde $n_{final}^2 = 2$.

O valor de $\Delta E$ em J átomo⁻¹ pode ser relacionado ao comprimento de onda ou à frequência da radiação usando a equação de Planck ($\Delta E = h\nu$).

Para o hidrogênio, uma série de linhas de emissão com energias na região do ultravioleta (chamada **série de Lyman**; Figura 6.10) surge do movimento dos elétrons dos estados com $n > 1$ para o estado $n = 1$. A série de linhas que têm energias na região visível – a **série de Balmer** – surge de elétrons movendo-se de estados com $n > 2$ para o estado $n = 2$. Há também séries de linhas na região espectral do infravermelho, provenientes de transições de níveis de maior energia para os níveis $n = 3$, 4 ou 5.

O modelo de Bohr, introduzindo a quantização na descrição do átomo, ligou o invisível (a estrutura do átomo) ao visível (as linhas observáveis no espectro do hidrogênio). Isso é importante porque a concordância entre a teoria e a prática é tomada como evidência para que o modelo teórico seja válido. No entanto, essa teoria tem limitações. Esse modelo do átomo explicou apenas o espectro do hidrogênio e de outros sistemas que têm um elétron (tal como He⁺), mas falhou para todos os outros sistemas. Um modelo melhor da estrutura eletrônica era necessário.

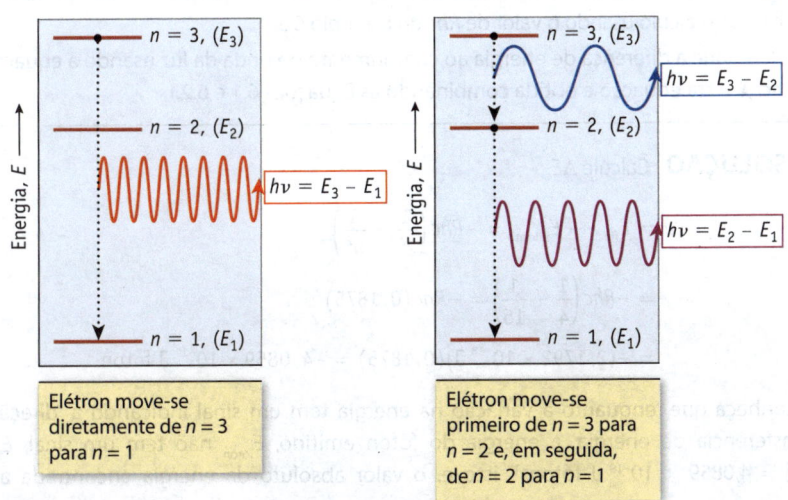

**FIGURA 6.9 Radiações emitidas devidas às mudanças nos níveis de energia.** Um elétron excitado até $n = 3$ pode retornar diretamente para $n = 1$, ou retornar para $n = 2$ primeiro e depois para $n = 1$. Essas três transições possíveis são observadas como três comprimentos de onda diferentes na radiação emitida. As energias e as frequências estão na ordem $(E_3 - E_1) > (E_2 - E_1) > (E_3 - E_2)$.

**FIGURA 6.10 Algumas das transições eletrônicas que podem ocorrer em um átomo de H excitado.**

- Série de **Lyman**: região do ultravioleta, transições para o nível $n = 1$.
- Série de **Balmer**: região visível, transições dos níveis com valores de $n > 2$ para $n = 2$.
- Série de **Ritz-Paschen**: região do infravermelho, transições de níveis com $n > 3$ para o nível $n = 3$.
- Transições de $n = 8$ e níveis maiores para os níveis menores também ocorrem, mas não são mostradas nesta figura.

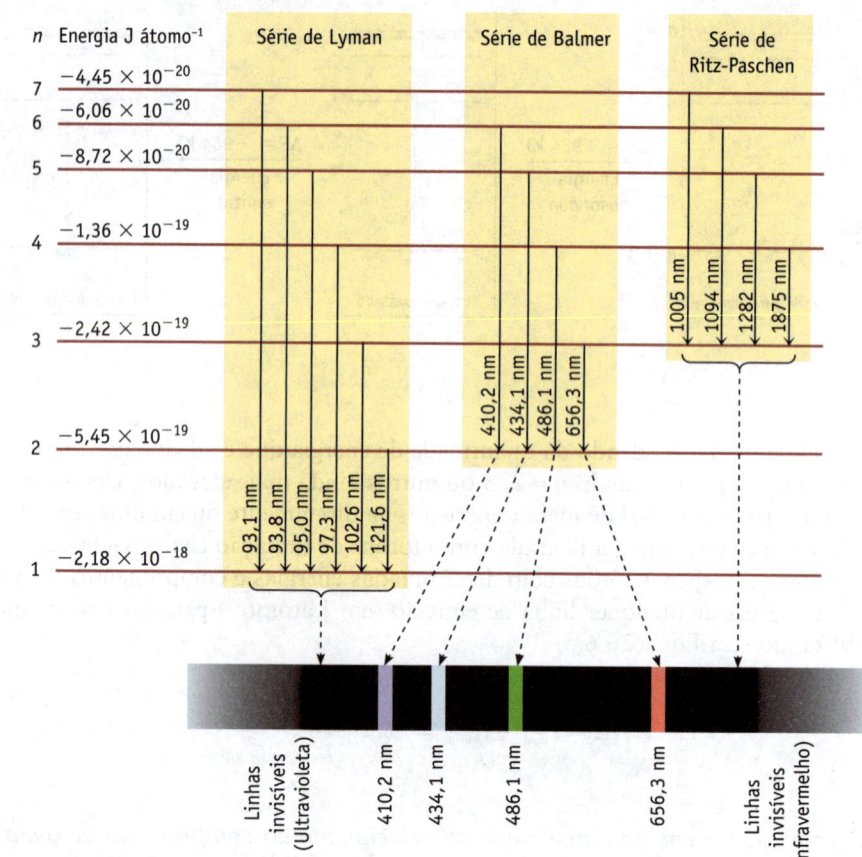

**Mapa Estratégico 6.2**

**PROBLEMA**

Calcule a energia da *linha verde* no **espectro do H.**

**DADOS/INFORMAÇÕES CONHECIDOS**

- A linha verde corresponde à transição de $n = 4$ para $n = 2$

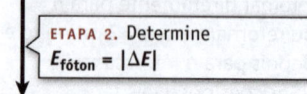

**ETAPA 1.** Use a Equação 6.5 para calcular $\Delta E$ para $n_{inicial} = 4$ e $n_{final} = 2$.

Obter $\Delta E = E_{final} - E_{inicial}$

**ETAPA 2.** Determine $E_{fóton} = |\Delta E|$

Obter $E_{fóton}$

**ETAPA 3.** Use a equação de Planck e o valor de $E_{fóton}$ para calcular o comprimento de onda.

Obter o **comprimento de onda** do fóton

---

## EXEMPLO 6.4

### Energias Associadas às Linhas de Emissão dos Átomos Excitados

**Problema** Calcule o comprimento de onda da linha verde no espectro visível dos átomos de H excitados (Figura 6.10).

**O que você sabe?** A linha verde no espectro do hidrogênio surge da transição do elétron no estado $n = 4$ ($n_{inicial}$) para o estado $n = 2$ ($n_{final}$).

### Estratégia

- Calcule a diferença de energia entre os estados usando a Equação 6.5. Você pode simplificar esse cálculo usando o valor de $Rhc$ do Exemplo 6.3.
- Relacione a diferença de energia ao comprimento de onda da luz usando a equação $E = hc/\lambda$. (Esta equação é obtida combinando as Equações 6.1 e 6.2.)

**RESOLUÇÃO** Calcule $\Delta E$.

$$\Delta E = E_{final} - E_{inicial} = -Rhc\left(\frac{1}{2^2} - \frac{1}{4^2}\right)$$

$$= -Rhc\left(\frac{1}{4} - \frac{1}{16}\right) = -Rhc(0,1875)$$

$$= -(2,1792 \times 10^{-18} \text{ J})(0,1875) = -4,0859 \times 10^{-19} \text{ J fóton}^{-1}$$

Reconheça que, enquanto a variação na energia tem um sinal indicando a "direção" da transferência de energia, a energia do fóton emitido, $E_{fóton}$ não tem um sinal, $E_{fóton} = |\Delta E| = 4,0859 \times 10^{-19}$ J fóton$^{-1}$, isto é, o valor absoluto da energia encontrada acima.

Agora aplique a equação de Planck para calcular o comprimento de onda ($E_{fóton} = h\nu = hc/\lambda$, e assim $\lambda = hc/E_{fóton}$).

$$\lambda = \frac{hc}{E_{fóton}} = \frac{\left(6,626 \times 10^{-34} \frac{J \cdot s}{fóton}\right)(2,998 \times 10^{8} \, m \cdot s^{-1})}{4,0859 \times 10^{-19} \, J \, fóton^{-1}}$$

$$= 4,8617 \times 10^{-7} \, m$$

$$= (4,8617 \times 10^{-7} \, m)(1 \times 10^{9} \, nm/m)$$

$$= 486,2 \, nm$$

**Pense bem antes de responder** Você deve lembrar-se de que a luz visível tem comprimentos de onda de 400 a 700 nm. O valor calculado encontra-se nessa região e sua resposta tem um valor apropriado para a linha verde. O valor determinado experimentalmente, de 486,1 nm, está em excelente concordância com essa resposta.

## Verifique seu entendimento

A série de Lyman de linhas espectrais para o átomo de H na região do ultravioleta surge das transições de níveis mais elevados para $n = 1$. Calcule a frequência e o comprimento de onda da linha com menos energia nessa série.

# 6.4 Dualidade Partícula-Onda: Prelúdio para Mecânica Quântica

## Objetivos da Seção 6.4

- Entender que na visão moderna do átomo, os elétrons podem ser descritos como partículas ou como ondas.

- Calcular o comprimento de onda de uma partícula usando a equação de De Broglie.

O efeito fotoelétrico demonstrou que a luz, geralmente considerada como uma onda, pode também ter as propriedades das partículas, ainda que sem massa. Isto é, existe uma dualidade partícula-onda associada à luz. Há mais coisas que exibem essa dualidade partícula-onda? As propriedades das partículas da matéria, por exemplo, as dos elétrons, são bem conhecidas. Tubos de raios catódicos, como os que foram usados por J. J. Thomson em seu experimento para determinar a relação carga-massa do elétron, e aqueles usados nos aparelhos de televisão antes do advento das TVs de LCD e plasma, geravam um feixe de elétrons. Quando os elétrons impactam na tela, o feixe dá origem a pequenos clarões de luz colorida. Tais fenômenos são mais bem explicados se imaginarmos os elétrons como partículas.

Mas a matéria também exibe propriedades de onda? Esta questão foi ponderada por Louis Victor De Broglie (1892-1987) que, em 1925, propôs que um elétron livre de massa $m$ movendo-se com uma velocidade $v$ deve ter um comprimento de onda $\lambda$ associado, que pode ser calculado pela Equação 6.6.

$$\lambda = \frac{h}{mv} \tag{6.6}$$

De Broglie chamou a onda correspondente ao comprimento de onda calculado a partir dessa equação de uma "onda de matéria".

A ideia revolucionária de De Broglie ligou as propriedades do elétron como partícula (massa e velocidade) a uma propriedade de onda (comprimento de onda). Comprovações experimentais foram rapidamente obtidas. Em 1927, C. J. Davisson (1881-1958) e L. H. Germer (1896-1971) descobriram que a difração, uma propriedade das ondas, foi observada quando um feixe de elétrons foi direcionado para uma folha metálica fina. Além disso, ao assumir que o feixe de

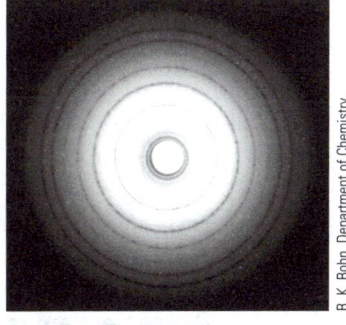

**Difração e a natureza ondulatória dos elétrons.** Um feixe de elétrons atravessou uma fina película de MgO. Os átomos na estrutura cristalina do MgO difrataram o feixe de elétrons produzindo este padrão. A difração é mais bem explicada assumindo que os elétrons têm propriedades ondulatórias.

elétrons seria uma onda de matéria, a relação de De Broglie foi corroborada quantitativamente. Isto foi tomado como evidência de que, em certas experiências, os elétrons podem ser descritos como tendo propriedades ondulatórias.

Para que o comprimento de onda de uma onda de matéria seja mensurável, o produto de $m$ e $v$ deve ser muito pequeno, porque $h$ é muito pequeno. Por exemplo, uma bola de golfe de 46 g, percorrendo uma distância a 240 quilômetros por hora, tem um produto $mv$ elevado (3,1 kg · m s$^{-1}$) e, portanto, um comprimento de onda incrivelmente pequeno, $2,1 \times 10^{-34}$ m. Este valor tão pequeno não pode ser medido com qualquer instrumento disponível. Como consequência, as propriedades ondulatórias nunca são atribuídas a uma bola de golfe ou a qualquer outro objeto maciço. É possível observar propriedades de onda apenas para partículas de massa extremamente pequena, como prótons, elétrons e nêutrons.

Como a radiação eletromagnética, a matéria apresenta, portanto, uma dualidade partícula-onda. Em algumas experiências, os elétrons comportam-se como se fossem partículas; em outras, eles comportam-se como se fossem ondas. Essa dualidade partícula-onda é fundamental para um entendimento do modelo moderno de átomo.

---

### EXEMPLO 6.5

## Usando a Equação de De Broglie

**Problema**  Calcule o comprimento de onda associado a um elétron de massa $m = 9,109 \times 10^{-28}$ g que percorre uma distância a 40,0% da velocidade da luz.

**O que você sabe?**  A equação proposta por De Broglie, $\lambda = h/mv$, relaciona o comprimento de onda com a massa e a velocidade de uma partícula em movimento. Aqui você tem a massa do elétron e sua velocidade; você precisará da constante de Planck, $h = 6,626 \times 10^{-34}$ J · s. Note também que 1 J = 1 kg · m$^2$ s$^{-2}$.

### Estratégia

- Para que as unidades do problema sejam consistentes, em primeiro lugar expresse a massa do elétron em kg e a velocidade do elétron em m s$^{-1}$.

- Substitua os valores de $m$ (em kg), $v$ (em m s$^{-1}$) e $h$ na equação de De Broglie e calcule $\lambda$.

### RESOLUÇÃO

Massa do elétron = $9,109 \times 10^{-31}$ kg

Velocidade do elétron (40,0% da velocidade da luz) = $(0,400)(2,998 \times 10^8$ m s$^{-1}) = 1,199 \times 10^8$ m s$^{-1}$

Substituindo esses valores na equação de De Broglie, temos

$$\lambda = \frac{h}{mv} = \frac{6,626 \times 10^{-34}\,(\text{kg} \cdot \text{m}^2/\text{s}^2\,)(\text{s})}{(9,109 \times 10^{-31}\,\text{kg})(1,199 \times 10^8\,\text{m s}^{-1})} = 6,07 \times 10^{-12}\,\text{m}$$

Em nanômetros, o comprimento de onda é

$$\lambda = (6,07 \times 10^{-12}\,\text{m})(1 \times 10^9\,\text{nm/m}) = 6,07 \times 10^{-3}\,\text{nm}$$

**Pense bem antes de responder**  Esse comprimento de onda é mensurável e corresponde a aproximadamente 1/12 do diâmetro do átomo de H. Além disso, observe atentamente as unidades usadas neste problema.

## Verifique seu entendimento

Calcule o comprimento de onda associado a um nêutron que tem uma massa de $1,675 \times 10^{-24}$ g e uma energia cinética de $6,21 \times 10^{-21}$ J. (A energia cinética de uma partícula em movimento é $E = \frac{1}{2}mv^2$.)

---

## 6.5  A Visão Moderna da Estrutura Eletrônica: Onda ou Mecânica Quântica

### Objetivos da Seção 6.5

- Entender que não se sabe com certeza a posição de um elétron em um átomo; apenas a probabilidade de o elétron ser encontrado em um determinado ponto do espaço pode ser calculada. Isto é uma consequência do princípio da incerteza de Heisenberg.

- Entender que a visão moderna dos átomos descreve os elétrons como ondas e identifica os orbitais como energias quantizadas permitidas. Descrever os estados de energia permitidos dos orbitais em um átomo usando três números quânticos: $n$, $\ell$ e $m_\ell$.

Como a dualidade partícula-onda afeta o nosso modelo de arranjo dos elétrons nos átomos? Após a Primeira Guerra Mundial, os cientistas alemães Erwin Schrödinger (1887-1961), Max Born (1882-1970) e Werner Heisenberg (1901-1976) forneceram a resposta.

Erwin Schrödinger recebeu o Prêmio Nobel de Física em 1933 por uma teoria abrangente sobre o comportamento dos elétrons nos átomos. Começando com a hipótese de De Broglie de que *um elétron pode ser descrito como uma onda de matéria*, Schrödinger desenvolveu um modelo para os elétrons nos átomos, que veio a ser chamado de **mecânica quântica** ou **mecânica ondulatória**. Ao contrário do modelo de Bohr, o modelo de Schrödinger pode ser difícil de ser visualizado e as equações matemáticas são mais complexas. No entanto, compreender suas implicações é essencial para entender a visão moderna do átomo.

Vamos começar por descrever o comportamento de um elétron no átomo como uma **onda estacionária**. Se você amarrar uma corda em ambas as extremidades, como se fosse a corda de um violão, e depois tocá-la, ela vibrará como uma onda estacionária (Figura 6.11), e você pode mostrar que existem apenas certas vibrações permitidas para essas ondas estacionárias. Isto é, as vibrações são quantizadas. Da mesma forma, como Schrödinger mostrou, apenas certas ondas de matéria são possíveis para um elétron em um átomo.

Para descrever essas ondas de matéria, os físicos definiram uma série de equações matemáticas chamadas **funções de onda**, designadas pela letra grega $\psi$ (psi). Quando essas equações são resolvidas para a energia, encontramos os seguintes resultados importantes:

- Somente certas funções de onda são consideradas aceitáveis e cada uma está associada a um valor de energia permitido. Isto é, *a energia do elétron no átomo é quantizada*.

- As soluções para a equação de Schrödinger, no caso de um elétron em um espaço tridimensional, dependem de três números inteiros, $n$, $\ell$ e $m_\ell$, que são chamados **números quânticos**. Somente certas combinações de seus valores são possíveis, como veremos a seguir.

**Funções de Onda e Energia.**
Na teoria de Bohr, a energia do elétron para o átomo de H é dada por $E_n = -Rhc/n^2$. O modelo de onda de elétron de Schrödinger dá o mesmo resultado.

O próximo passo para entender o ponto de vista da mecânica quântica é explorar o significado físico da função de onda, $\psi$ (psi). Aqui devemos muito à interpretação de Max Born. Ele disse que

- o valor da função de onda $\psi$ em um dado ponto do espaço $(x, y, z)$ é a amplitude (altura) da onda de matéria do elétron. Esse valor tem uma magnitude e um sinal que pode ser positivo ou negativo. (Visualize uma corda

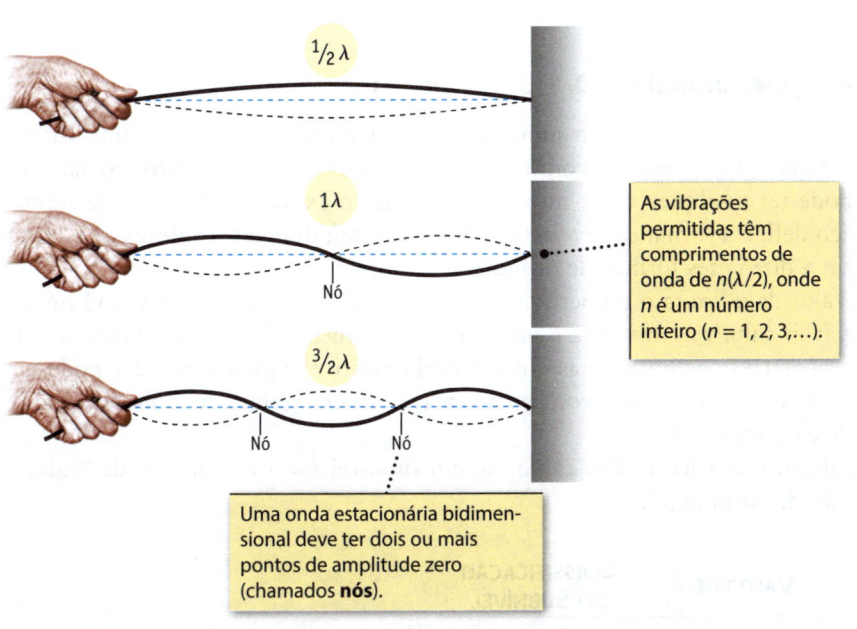

**FIGURA 6.11 Ondas estacionárias.** Somente certas vibrações são possíveis.

$^{1}/_{2}\,\lambda$

$1\lambda$

Nó

$^{3}/_{2}\,\lambda$

Nó    Nó

As vibrações permitidas têm comprimentos de onda de $n(\lambda/2)$, onde $n$ é um número inteiro ($n = 1, 2, 3, \ldots$).

Uma onda estacionária bidimensional deve ter dois ou mais pontos de amplitude zero (chamados **nós**).

vibrando; Figura 6.11). Pontos de amplitude positiva estão acima do eixo da onda e pontos de amplitude negativa estão abaixo do mesmo.)

- o quadrado do valor da função de onda ($\psi^2$) está relacionado com a *probabilidade* de encontrar um elétron ao redor daquele ponto. Os cientistas referem-se a $\psi^2$ como uma **densidade de probabilidade**. Assim como podemos calcular a massa de um objeto a partir do produto de sua densidade e volume, podemos calcular a *probabilidade* de encontrar um elétron em um volume pequeno a partir do produto de $\psi^2$ e o volume.

Há um conceito mais importante que devemos mencionar para tentar entender o modelo da mecânica quântica moderna. No modelo atômico de Bohr, tanto a energia quanto a localização (a órbita) para o elétron no átomo de hidrogênio podem ser descritas com precisão. No entanto, Werner Heisenberg postulou que, para um pequeno objeto, como um elétron em um átomo, é impossível determinar com precisão *ambas*, a sua posição e a sua energia. Ou seja, qualquer tentativa de determinar com precisão quer o local, quer a energia, deixará a outra incerta. Isto é conhecido como o **princípio da incerteza de Heisenberg**: *Se escolhermos conhecer a energia de um elétron em um átomo com apenas uma pequena incerteza, então devemos aceitar uma incerteza correspondentemente grande em sua posição.* A importância dessa ideia é que podemos avaliar apenas a expectativa ou a probabilidade de encontrar um elétron com uma dada energia dentro de uma determinada região do espaço. Devido ao fato da energia do elétron ser a chave para entender a química de um átomo, os químicos aceitam a ideia de saber apenas a localização aproximada do elétron.

## Números Quânticos e Orbitais

**Órbitas e Orbitais** No modelo de Bohr do átomo de H, o elétron está confinado em um caminho prescrito em torno do núcleo, sua *órbita*, assim devemos ser capazes de definir a sua posição e sua energia em um determinado momento no tempo. Na visão moderna, o termo usado é *orbital*. Conhecemos a energia do elétron, mas apenas a região do espaço dentro da qual ele provavelmente esteja localizado, isto é, seu orbital.

A função da onda para um elétron em um átomo descreve um **orbital atômico**. Conhecemos a energia desse elétron, mas apenas a região do espaço na qual provavelmente esteja localizado. Quando um elétron tem uma função de onda particular, diz-se que ele "ocupa" um determinado orbital com uma dada energia.

Cada orbital é descrito por três números quânticos: $n$, $\ell$ e $m_\ell$. Comecemos por descrever os números quânticos e as informações que eles fornecem para depois discutir a relação entre os números quânticos, as energias e as formas dos orbitais atômicos.

### $n$, o Número Quântico Principal ($n = 1, 2, 3, \ldots$)

O número quântico principal $n$ pode ter qualquer valor inteiro de 1 ao infinito. O valor de $n$ é o fator fundamental na determinação da *energia* de um orbital. Ele também define o tamanho de um orbital: para um determinado átomo, quanto maior for o valor de $n$, maior será o tamanho do orbital.

Em átomos que têm mais de um elétron, dois ou mais elétrons podem ter o mesmo valor de $n$. Diz-se que esses elétrons estão no mesmo **nível eletrônico**.

### $\ell$, o Número Quântico de Momento Angular Orbital ($\ell = 0, 1, 2, 3, \ldots, n - 1$)

Orbitais de um dado nível eletrônico podem ser agrupados em **subníveis**, cada qual caracterizado por um valor diferente do número quântico $\ell$. O número quântico $\ell$, referido como o número quântico de "momento angular orbital", pode ter qualquer valor inteiro de 0 a um máximo de $n - 1$. Esse número quântico define a *forma característica de um orbital*; diferentes valores de $\ell$ correspondem a diferentes formas de orbitais.

**Energia do Elétron e Números Quânticos** A energia do elétron no átomo de H depende apenas do valor de $n$. Em átomos com mais elétrons, a energia depende de ambos, $n$ e $\ell$.

O valor de $n$ limita o número de subníveis possíveis para cada nível. O número de possíveis subníveis aumenta à medida que $n$ aumenta. Para o nível com $n = 1$, $\ell$ deve ser igual a 0; assim, apenas um subnível é possível. Quando $n = 2$, $\ell$ pode ser 0 ou 1. Dois valores de $\ell$ são agora possíveis e, por conseguinte, há dois subníveis no nível de elétrons $n = 2$.

Os subníveis são normalmente identificados por letras. Por exemplo, um subnível $\ell = 1$ é chamado de "subnível $p$", e um orbital nesse subnível é chamado de "orbital $p$".

| VALOR DE $\ell$ | CLASSIFICAÇÃO DO SUBNÍVEL |
| --- | --- |

| | |
|---|---|
| 0 | s |
| 1 | p |
| 2 | d |
| 3 | f |

## $m_\ell$, o Número Quântico Magnético ($m_\ell = 0, \pm1, \pm2, \pm3, ..., \pm\ell$)

O número quântico magnético, $m_\ell$, está relacionado com a *orientação no espaço dos orbitais dentro de um subnível*. Orbitais em um determinado subnível diferem na sua orientação no espaço, não na sua energia.

O valor de $m_\ell$ pode variar de $+\ell$ para $-\ell$, com 0 incluído. Por exemplo, quando $\ell = 2$, $m_\ell$ pode ter cinco valores: $-2$, $-1$, $0$, $+1$ e $+2$. O número de valores de $m_\ell$ para um dado subnível ($= 2\ell + 1$) especifica o número de orbitais no subnível.

## Níveis e subníveis

Os valores permitidos dos três números quânticos estão resumidos na Tabela 6.1. Ao analisar os conjuntos dos números quânticos nesta tabela, você descobrirá o seguinte:

- $n$ = número de subníveis em um nível
- $2\ell + 1$ = número de orbitais em um subnível = número de valores de $m_\ell$
- $n^2$ = número de orbitais em um nível

### O Primeiro Nível Eletrônico, $n = 1$

Quando $n = 1$, o valor de $\ell$ só pode ser 0, assim $m_\ell$ também deve ter um valor de 0. Isto significa que, no nível mais próximo do núcleo, existe apenas um subnível, o qual consiste em apenas um único orbital, o orbital 1s.

**Níveis, Subníveis e Orbitais – Um Resumo** Os elétrons nos átomos estão dispostos em níveis. Em cada nível pode haver um ou mais subníveis de elétrons, cada um composto de um ou mais orbitais.

| | Número Quântico |
|---|---|
| Nível | $n$ |
| Subnível | $\ell$ |
| Orbital | $m_\ell$ |

## Tabela 6.1 Resumo dos Números Quânticos, Suas Inter-relações e a Informação Fornecida Sobre os Orbitais

| NÚMERO QUÂNTICO PRINCIPAL | NÚMERO QUÂNTICO DO MOMENTO ANGULAR | NÚMERO QUÂNTICO MAGNÉTICO | NÚMERO E TIPO DE ORBITAIS NO SUBNÍVEL |
|---|---|---|---|
| SÍMBOLO = $N$<br>VALORES = 1, 2, 3, ... | SÍMBOLO = $\ell$<br>VALORES = 0 ... $N-1$ | SÍMBOLO = $M_\ell$<br>VALORES = $-\ell$ ... 0 ... $+\ell$ | $N$ = NÚMERO DE SUBNÍVEIS<br>NÚMERO DE ORBITAIS NO NÍVEL = $N^2$ E<br>NÚMERO DE ORBITAIS NO SUBNÍVEL = $2\ell + 1$ |
| 1 | 0 | 0 | um orbital 1s<br>(um orbital de um tipo no nível $n = 1$) |
| 2 | 0<br>1 | 0<br>$-1, 0, +1$ | um orbital 2s<br>três orbitais 2p<br>(quatro orbitais de dois tipos no nível $n = 2$) |
| 3 | 0<br>1<br>2 | 0<br>$-1, 0, +1$<br>$-2, -1, 0, +1, +2$ | um orbital 3s<br>três orbitais 3p<br>cinco orbitais 3d<br>(nove orbitais de três tipos no nível $n = 3$) |
| 4 | 0<br>1<br>2<br>3 | 0<br>$-1, 0, +1$<br>$-2, -1, 0, +1, +2$<br>$-3, -2, -1, 0, +1, +2, +3$ | um orbital 4s<br>três orbitais 4p<br>cinco orbitais 4d<br>sete orbitais 4f<br>(16 orbitais de quatro tipos no nível $n = 4$) |

### O Segundo Nível Eletrônico, *n* = 2

Quando *n* = 2, $\ell$ pode ter dois valores (0 e 1), assim, há dois subníveis no segundo nível. Um deles é o *subnível 2s* (*n* = 2 e $\ell$ = 0) e o outro é o subnível 2*p* (*n* = 2 e $\ell$ = 1). Quando $\ell$ = 1, os valores de $m_\ell$ podem ser –1, 0 e +1; há três orbitais 2*p*. Todos os três orbitais têm a mesma forma. No entanto, cada um tem um valor diferente de $m_\ell$, isto é, os três orbitais diferem quanto à sua orientação no espaço.

### O Terceiro Nível Eletrônico, *n* = 3

Quando *n* = 3, três subníveis são possíveis para um elétron; existem três valores de $\ell$: 0, 1 e 2. Os dois primeiros subníveis dentro do nível *n* = 3 são os subníveis 3*s* ($\ell$ = 0, um orbital) e subníveis 3*p* ($\ell$ = 1, três orbitais). O terceiro subnível é rotulado 3*d* (*n* = 3, $\ell$ = 2). Uma vez que $m_\ell$ pode ter cinco valores (–2, –1, 0, +1 e +2) para $\ell$ = 2, há cinco orbitais *d* nesse subnível *d*.

### O Quarto Nível Eletrônico, *n* = 4

Há quatro subníveis no nível *n* = 4. Além dos subníveis 4*s*, 4*p* e 4*d*, existe o subnível 4*f* para o qual $\ell$ = 3. Existem sete orbitais porque existem sete valores de $m_\ell$ quando $\ell$ = 3 (–3, –2, –1, 0, +1, +2 e +3).

## 6.6   As Formas dos Orbitais Atômicos

### Objetivo da Seção 6.6

● Descrever as formas dos orbitais atômicos.

Frequentemente dizemos que o elétron está designado para "ocupar" um orbital. Mas o que isso significa? O que é um orbital? Qual é seu aspecto? Para responder a estas perguntas, temos que olhar as funções de onda para os orbitais. (Para responder à pergunta: *por que* os números quânticos – números inteiros, pequenos – estão relacionados com a energia e a forma do orbital, consulte "Um Olhar Mais Atento: Mais Sobre as Formas dos Orbitais e as Funções de Onda do Átomo de H".)

### Orbitais *s*

Um orbital 1*s* está associado aos números quânticos *n* = 1 e $\ell$ = 0. Se pudéssemos fotografar um elétron 1*s* a intervalos de um segundo por alguns milhares de segundos, a imagem composta seria parecida com o desenho na Figura 6.12a. Isso assemelha-se a uma nuvem de pontos e os químicos geralmente referem-se a tais representações como *imagens de nuvens de elétrons*. Na Figura 6.12a, a densidade dos pontos é maior perto do núcleo, isto é, a nuvem de elétrons é mais densa perto do núcleo. Isso indica que é mais provável encontrar o elétron 1*s* perto do núcleo. A densidade dos pontos diminui ao nos afastarmos do núcleo e assim, por conseguinte, ocorre também com a probabilidade de encontrar o elétron.

A variação da densidade da nuvem de elétrons com o aumento da distância está representada de uma maneira diferente na Figura 6.12b. No gráfico temos o quadrado da função de onda para o elétron em um orbital 1*s* ($\psi^2$), vezes $4\pi$ e o quadrado da distância ($r^2$), como uma função da distância do elétron a partir do núcleo. Esse gráfico representa a probabilidade de encontrar o elétron em um nível esférico muito fino a uma distância *r* do núcleo. Os químicos referem-se ao gráfico de $4\pi r^2 \psi^2$ *vs*. *r* como um **gráfico de densidade de superfície** ou **gráfico de distribuição radial**. Para o orbital 1*s*, $4\pi r^2 \psi^2$ é zero no núcleo – não há nenhuma probabilidade do elétron estar exatamente no núcleo (onde *r* = 0) –, mas a probabilidade aumenta rapidamente ao se afastar do núcleo, alcança um máximo a uma curta distância do núcleo (para um átomo de hidrogênio, esta está em 52,9 pm) e então diminui rapidamente conforme tal distância aumenta. Note que a probabilidade de encontrar o elétron se aproxima, mas nunca chega a zero, mesmo no caso de distâncias muito grandes.

Para o orbital 1*s*, a probabilidade de encontrar um elétron é a mesma a uma determinada distância do núcleo, não importa que direção você escolhe a partir do núcleo. Consequentemente, o *orbital 1s tem forma esférica*.

Uma vez que a probabilidade de encontrar o elétron se aproxima, mas nunca chega a zero, não existe qualquer limite nítido além do qual o elétron nunca é encontrado (embora a probabilidade seja muito pequena a grandes distâncias). No entanto, o orbital *s* (e outros tipos de orbitais também) é muitas vezes descrito como tendo uma **superfície limite** (Figura 6.12c), em grande parte porque é mais fácil desenhar tais imagens. Para criar a Figura 6.12c, traçamos uma esfera com centro no núcleo de tal forma que existe uma probabilidade de 90% de encontrar o elétron em algum lugar no interior da esfera. A escolha de 90% é arbitrária – poderíamos ter escolhido um valor diferente e, se assim o fizéssemos, a forma seria a mesma, mas o tamanho da esfera seria diferente.

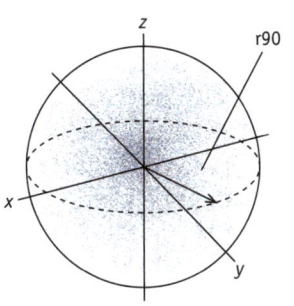

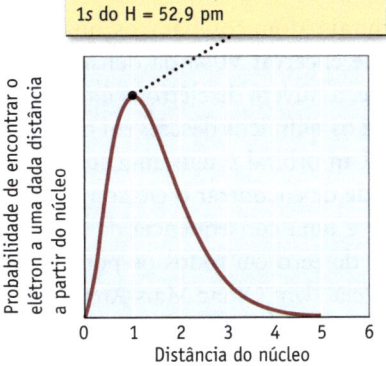

A distância mais provável do elétron 1s do H = 52,9 pm

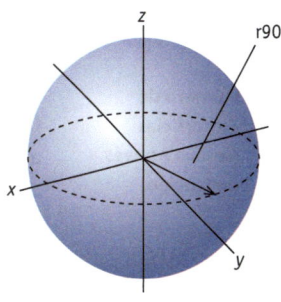

**(a)** Representação, na forma de pontos, de um elétron em um orbital 1s. Cada ponto representa a posição do elétron em um instante diferente. Note que os pontos se aglomeram nas proximidades do núcleo. $r_{90}$ é o raio de uma esfera dentro da qual o elétron é encontrado 90% do tempo.

**(b)** Um gráfico da densidade de superfície $(4\pi r^2\psi^2)$ como uma função da distância para um orbital 1s do átomo de hidrogênio. Isso dá a probabilidade de encontrar o elétron a uma determinada distância do núcleo.

**(c)** A superfície da esfera dentro da qual o elétron é encontrado 90% do tempo em um orbital 1s. Essa superfície é muitas vezes chamada de "superfície de fronteira". (Uma superfície de 90% foi escolhida arbitrariamente. Se a escolha fosse a superfície dentro da qual o elétron é encontrado 50% do tempo, a esfera seria consideravelmente menor.)

**FIGURA 6.12 Diferentes pontos de vista de um orbital 1s ($n = 1$, $\ell = 0$).** No gráfico **(b)** o eixo horizontal é dividido em unidades chamadas "raios de Bohr", onde 1 raio de Bohr = 52,9 pm. Isto é de uso comum em gráficos de funções de onda.

Todos os orbitais s (1s, 2s, 3s...) são de forma esférica. No entanto, para qualquer átomo, o tamanho dos orbitais s aumenta conforme $n$ aumenta (Figura 6.13). Para um dado átomo, o orbital 1s é mais denso que o orbital 2s, que por sua vez é mais denso que o orbital 3s.

É importante reconhecer várias características dessa descrição.

- Não há uma superfície impenetrável na qual o elétron esteja "contido".
- A probabilidade de encontrar o elétron não é a mesma em todo o volume delimitado pela superfície na Figura 6.12c. (Um elétron no orbital 1s de um átomo de H tem maior probabilidade de estar a 52,9 pm do núcleo do que estar mais perto ou mais longe.)
- Os termos "nuvem de elétrons" e "distribuição de elétrons" implicam que o elétron é uma partícula, mas a premissa básica em mecânica quântica é a de que o elétron é tratado como uma onda, não como uma partícula.

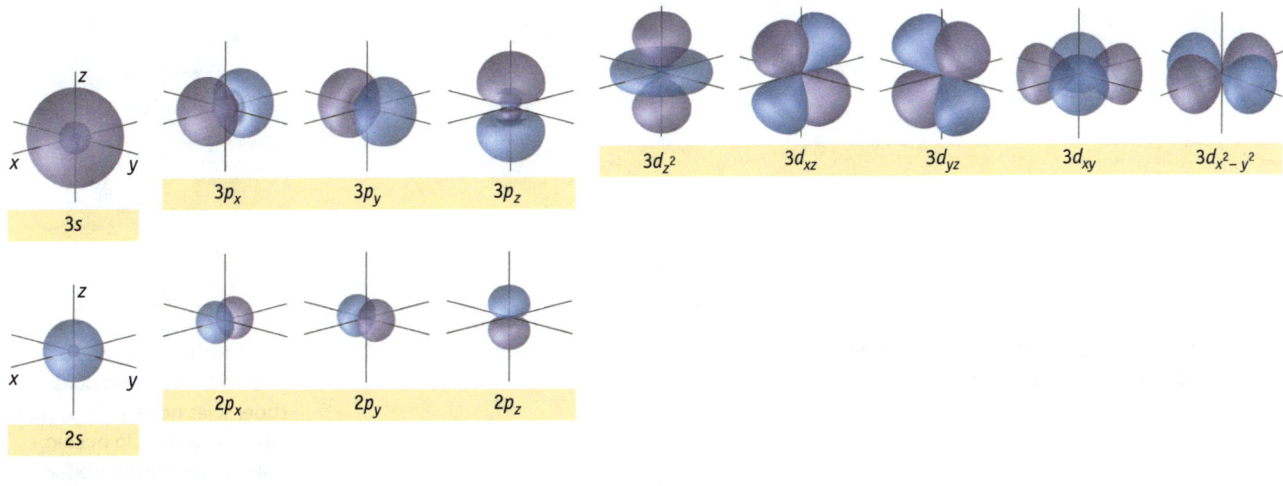

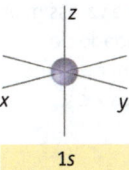

**FIGURA 6.13 Orbitais atômicos.** Superfícies limite para orbitais 1s, 2s, 2p, 3s, 3p e 3d para o átomo de hidrogênio. Para os orbitais p, a letra do índice inferior indica o eixo cartesiano ao longo do qual o orbital se estende. (Para saber mais sobre orbitais, consulte "Um Olhar Mais Atento: Mais Sobre as Formas dos Orbitais e as Funções de Onda do Átomo de H".)

# Orbitais *p*

**ℓ e as Superfícies Nodais**  O número de superfícies nodais que passam através do núcleo para um orbital = ℓ.

| Orbital | ℓ | Número de Superfícies Nodais Através do Núcleo |
|---------|---|------------------------------------------------|
| s | 0 | 0 |
| p | 1 | 1 |
| d | 2 | 2 |
| f | 3 | 3 |

Todos os orbitais atômicos para os quais $\ell = 1$ (orbitais *p*) têm a mesma forma básica. Se você encerrar 90% da densidade do elétron em um orbital *p* dentro de uma superfície, a nuvem de elétrons é muitas vezes descrita como tendo a forma de um "halter", e os químicos descrevem os orbitais *p* como tendo tais formas (Figuras 6.13 e 6.14). Um orbital *p* tem uma **superfície nodal** – uma superfície sobre a qual a probabilidade de encontrar o elétron é nula – que passa através do núcleo. (A superfície nodal é uma consequência da função de onda para os orbitais *p*, os quais têm um valor de zero em todos os pontos sobre esta superfície, incluindo no próprio núcleo. Veja "Um Olhar Mais Atento: Mais Sobre as Formas dos Orbitais e as Funções de Onda do Átomo de H".)

Existem três orbitais *p* em um subnível e todos têm a mesma forma básica com um plano nodal através do núcleo. Geralmente, os orbitais *p* são desenhados ao longo dos eixos *x*, *y* e *z* e rotulados de acordo com o eixo ao longo do qual eles se encontram ($p_x$, $p_y$ ou $p_z$).

# Orbitais *d*

**Superfícies Nodais**  Superfícies nodais que "cortam" o núcleo estão definidas para todos os orbitais *p*, *d* e *f*. Essas superfícies são geralmente planas, por isso, elas são muitas vezes referidas como planos nodais. Em alguns casos (por exemplo, $d_{z^2}$), esta superfície não é plana e, por isso, é mais bem referida como uma superfície nodal.

Orbitais com $\ell = 0$, são os orbitais *s* que não têm superfícies nodais através do núcleo. Orbitais *p*, para os quais $\ell = 1$, têm uma superfície nodal através do núcleo. *O valor de ℓ é igual ao número de superfícies nodais que cortam o núcleo.* Consequentemente, os cinco orbitais *d*, para os quais $\ell = 2$, têm duas superfícies nodais através do núcleo, resultando em quatro regiões de densidade de elétrons. O orbital $d_{xy}$, por exemplo, situa-se no plano *xy*, e as duas superfícies nodais são os planos *xz* e *yz* (Figura 6.14). Dois outros orbitais, $d_{xz}$ e $d_{yz}$, situam-se em planos definidos pelos eixos *xz* e *yz* respectivamente; eles também têm duas superfícies nodais perpendiculares entre si (Figura 6.13).

Dos dois orbitais *d* restantes, o orbital $d_{x^2-y^2}$ é mais fácil de visualizar. No orbital $d_{x^2-y^2}$, os planos nodais seccionam em dois os eixos *x* e *y*, assim as regiões de densidade de elétrons localizam-se ao longo dos eixos *x* e *y*. O orbital $d_{z^2}$ tem duas regiões principais de densidade de elétrons ao longo do eixo *z* e uma outra região de densidade em forma de "rosquinha", que também ocorre no plano *xy*. Esse orbital tem duas superfícies nodais em forma de cone.

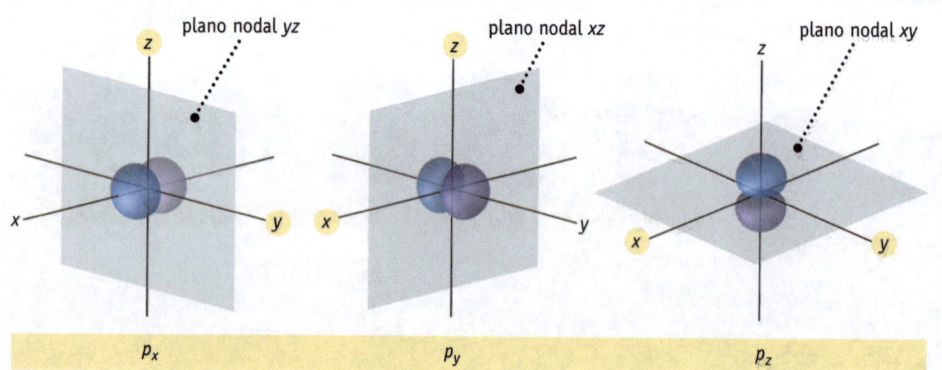

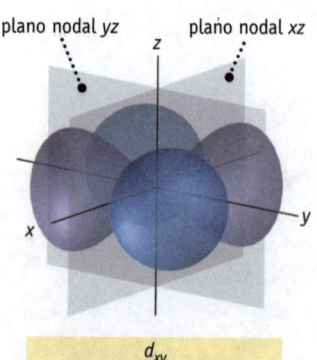

**(a)** Cada um dos três orbitais *p* tem um plano nodal ($\ell = 1$) que é perpendicular ao eixo ao longo do qual os orbitais se encontram.

**(b)** O orbital $d_{xy}$. Todos os cinco orbitais *d* têm duas superfícies nodais ($\ell = 2$) que passam através do núcleo. Aqui, as superfícies nodais são os planos *xz* e *yz*, assim as regiões de densidade de elétrons se situam no plano *xy* e entre os eixos *x* e *y*.

**FIGURA 6.14  Superfícies nodais dos orbitais *p* e *d*.** Uma superfície nodal é uma superfície sobre a qual a probabilidade de encontrar o elétron é nula.

# Mais Sobre as Formas dos Orbitais e as Funções de Onda do Átomo de H

Como os números quânticos, que são pequenos números inteiros, referem-se às formas dos orbitais atômicos? A resposta encontra-se nas funções de onda dos orbitais ($\psi$), que são equações matemáticas. Estas equações são o produto de duas funções: a *função radial* e a *função angular*. Você precisa olhar para cada tipo para obter uma imagem de um orbital.

Vamos primeiro considerar a *função radial*, que depende de $n$ e $\ell$. Isso nos diz que o valor de $\psi$ depende da distância do núcleo. As funções radiais para os orbitais do átomo de hidrogênio 1s ($n = 1$ e $\ell = 0$), 2s ($n = 2$ e $\ell = 0$) e os orbitais 2p ($n = 2$ e $\ell = 1$) estão representadas graficamente na Figura A. (O eixo horizontal tem unidades de $a_0$, onde $a_0$ é uma constante igual a 52,9 pm.)

Ondas têm cristas, vales e nós e os gráficos de funções de onda mostram isso. Para o orbital 1s do átomo de H, a função de onda radial $\psi_{1s}$ aproxima-se de um máximo no núcleo (Figura A), mas a amplitude da onda diminui rapidamente em pontos mais distantes do núcleo. O sinal de $\psi_{1s}$ é positivo em todos os pontos no espaço.

Para um orbital 2s, há um perfil diferente: o sinal de $\psi_{2s}$ é positivo perto do núcleo, cai para zero (existe um nó em $r = 2a_0 = 2 \times 52,9$ pm) e então se torna negativo com o aumento de $r$ antes de se aproximar de zero a distâncias maiores.

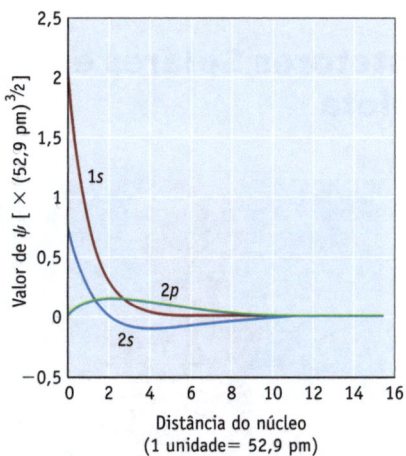

**FIGURA A  Gráfico de funções de onda para orbitais 1s, 2s e 2p para um átomo de H em função da distância a partir do núcleo.** Como em outros gráficos de funções de onda, o eixo horizontal é marcado em unidades chamadas "raios de Bohr", onde 1 raio de Bohr = 52,9 pm.

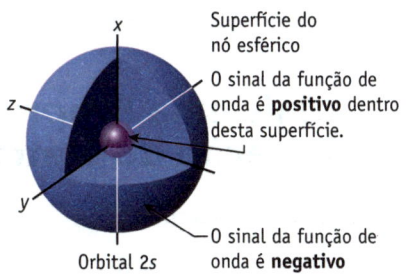

**FIGURA B  Função de onda para um orbital 2s.** Um orbital 2s para o átomo de H mostrando o nó esférico (em $2a_0 = 105,8$ pm) ao redor do núcleo.

Com relação à *porção angular* da função de onda: esta reflete as mudanças que ocorrem quando o elétron afasta-se do núcleo, em diferentes direções. É uma função dos números quânticos $\ell$ e $m_\ell$.

Como ilustrado na Figura 6.12, o valor de $\psi_{1s}$ é o mesmo em todas as direções. Esse é um reflexo do fato de que, enquanto a porção radial da função de onda para orbitais s muda com $r$, a porção angular para todos os orbitais s é uma constante. Como consequência, todos os orbitais s são esféricos.

Para o orbital 2s, você vê um nó na Figura A em 105,8 pm ($2a_0$) ao fazer um gráfico da parte radial da função de onda. No entanto, uma vez que a parte angular de $\psi_{2s}$ tem o mesmo valor em todas as direções, isto significa que existe um nó – *uma superfície esférica nodal* – na mesma distância do núcleo em cada direção (como ilustrado na Figura B). Para qualquer orbital, o número de nós esféricos é $n - \ell - 1$.

Agora vamos olhar para um orbital $p$, primeiro a parte radial e, em seguida, a parte angular. Para um orbital $p$, a parte radial da função de onda é 0 quando $r = 0$. Assim, o valor de $\psi_{2p}$ é zero no núcleo e uma superfície nodal passa através do núcleo (Figuras A e C). Isso é verdadeiro para todos os orbitais $p$.

O que acontece quando o elétron se afasta do núcleo em uma direção, digamos, ao longo do eixo $x$, no caso do orbital $2p_x$? O valor de $\psi_{2p}$ cresce até um máximo em 105,9 pm ($= 2a_0$) antes de diminuir a distâncias maiores (Figuras A e C).

Em seguida, veja a Figura C para o orbital $2p_x$. Afastando-se ao longo da direção $-x$, o valor de $\psi_{2p}$ é o mesmo, mas de sinal oposto ao valor na direção $+x$. O elétron no

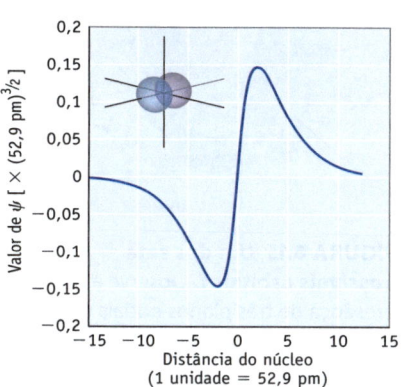

**FIGURA C  As funções de onda para um orbital $2p$ para um átomo de H.** O sinal de $\psi$ para um orbital $2p$ é positivo de um lado do núcleo e negativo do outro (mas ele tem um valor de 0 no núcleo). Um plano nodal separa os dois lóbulos desse orbital em "forma de halteres". Nesta figura, o eixo vertical é o valor de $\psi$, e o eixo horizontal é a distância do núcleo, onde 1 unidade = 52,9 pm.

orbital $2p$ é uma onda com um nó no núcleo. (Nos desenhos de orbitais, indicamos isto com sinais de $+$ ou $-$ ou com duas cores diferentes, como na Figura 6.13.)

E quanto à *parte angular* da função de onda para $2p_x$? A porção angular para os três orbitais $p$ têm a mesma forma geral: $c$ ($x/r$) para o orbital $p_x$, $c$ ($y/r$) para o orbital $p_y$ e $c$ ($z/r$) para o orbital $p_z$ (onde $c$ é uma constante). Considere um orbital $2p_x$ na Figura D. Enquanto $x$ tem um valor diferente de zero, a função de onda tem um valor diferente de zero. Mas quando $x = 0$ (no plano $yz$), então $\psi$ é zero. Este é o plano nodal para o orbital $x$. Da mesma forma, a porção angular da função de onda para o orbital $2p_y$ significa que seu plano nodal é o plano $xz$.

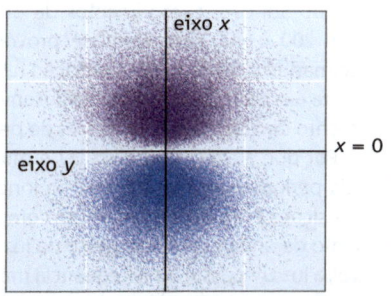

**FIGURA D  O orbital $2p_x$ para um átomo de H.** A função de onda é igual a zero quando $x = 0$ ou seja, o plano $yz$ é um plano nodal.

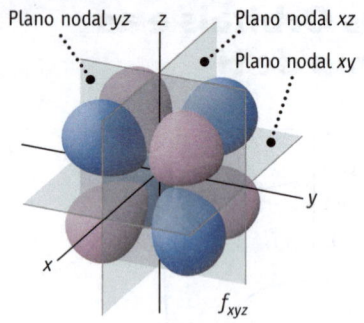

**FIGURA 6.15  Um dos sete possíveis orbitais f.** Observe a presença de três planos nodais como exigido por um orbital com $\ell = 3$.

## Orbitais f

Sete orbitais $f$ surgem com $\ell = 3$. Três superfícies nodais que atravessam o núcleo fazem a densidade de elétrons em até oito regiões do espaço. Um dos orbitais $f$ é ilustrado na Figura 6.15.

## 6.7  Mais uma Propriedade do Elétron: Rotação do Elétron (Spin)

### Objetivo da Seção 6.7

- Reconhecer que os elétrons têm também um número quântico de spin, $m_s$, o qual tem valores de $\pm 1/2$.

Existe mais uma propriedade do elétron que desempenha um papel importante na distribuição destes nos átomos: a rotação do elétron (spin). Em 1921, Otto Stern e Walther Gerlach realizaram uma experiência para estudar o comportamento magnético dos átomos. Para isto, um feixe de átomos de prata, em fase gasosa, foi forçado a atravessar um campo magnético. Embora os resultados fossem complexos, eles foram interpretados *imaginando-se* que o elétron tem uma rotação e se comporta como um pequeno ímã, que pode ser atraído ou repelido por outro. Se átomos com um único elétron desemparelhado são colocados em um campo magnético, o experimento de Stern-Gerlach mostrou que existem duas orientações para os átomos: com o spin eletrônico alinhado com o campo ou oposto ao campo. Isto é, o spin eletrônico é quantizado. Esse fato foi considerado com a introdução de um quarto número quântico, o **número quântico de spin do elétron**, $m_s$. Uma orientação está associada a um valor de $m_s$ de $+\frac{1}{2}$ e a outra a um valor de $m_s$ de $-\frac{1}{2}$.

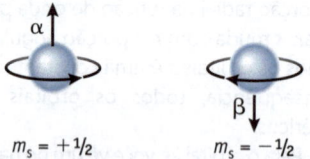

$$m_s = +\tfrac{1}{2} \qquad m_s = -\tfrac{1}{2}$$

Quando foi reconhecido que a rotação do elétron é quantizada, os cientistas perceberam que uma descrição completa de um elétron em qualquer átomo requer quatro números quânticos, $n$, $\ell$, $m_\ell$ e $m_s$. As consequências importantes desse fato são exploradas no Capítulo 7.

---

## APLICANDO OS PRINCÍPIOS QUÍMICOS

## 6.1 Queimaduras, Protetores Solares e Radiação Ultravioleta

Você já teve uma queimadura de Sol? A principal causa é a radiação ultravioleta (UV) do Sol com comprimentos de onda entre 200 e 400 nm. Além de provocar queimaduras, a exposição à radiação ultravioleta é um fator de risco para o desenvolvimento de vários tipos de câncer de pele.

Por que a exposição à luz UV é muito mais perigosa do que até mesmo longas exposições à luz visível? Tendo um comprimento de onda mais curto que o da luz visível, a luz UV possui uma frequência maior e, portanto, a energia liberada por fóton é maior. A elevada energia dos fótons ultravioleta é suficiente para causar a quebra das ligações químicas em moléculas dos nossos corpos, tais como as proteínas e o

DNA. Esta é a causa fundamental das queimaduras solares e também do dano às células que podem conduzir ao câncer de pele.

A radiação UV pode ser classificada em três categorias principais com base no comprimento de onda: UV-A (315-400 nm), UV-B (280-315 nm) e UV-C (200-280 nm). Com base nas respectivas energias, você poderia pensar que precisa preocupar-se mais com a exposição à UV-C e este seria o caso de fato, se não fosse a atmosfera da Terra. O oxigênio e o ozônio na atmosfera absorvem toda a radiação UV-C que chega à Terra proveniente do Sol, de modo que essa radiação ultravioleta mais perigosa não é uma preocupação para nós. O ozônio na atmosfera

**Os protetores solares e os danos da radiação.** Os protetores solares contêm compostos orgânicos que absorvem a radiação UV, impedindo-a de atingir a sua pele.

*continua*

também absorve a maior parte da radiação UV-B que chega à Terra. Na verdade, a queimadura solar é causada principalmente por UV-B, embora tanto a exposição à UV-A quanto à UV-B sejam fatores de risco para o câncer de pele.

O que você pode fazer para evitar os perigos da radiação UV? Claramente, a melhor solução é evitar a exposição, permanecendo dentro de casa ou vestindo roupas de proteção quando a luz solar é mais intensa. Se isso não for possível, então você pode usar um protetor solar. Os filtros solares contêm moléculas que absorvem a radiação UV. A classificação do fator de proteção solar (FPS) de um protetor indica a quantidade de UV requerida para evitar uma queimadura solar quando o protetor

foi aplicado, em comparação com a quantidade de UV requerida sem filtro solar. Devido ao fato de a queimadura solar ser causada principalmente pela radiação UV-B, quanto maior o fator FPS, melhor a proteção contra a radiação UV-B. Mesmo com um FPS elevado é possível que um filtro solar não proteja contra os raios UV-A, que também podem provocar o câncer de pele. Em 2011, novas orientações do U.S. Food and Drug Administration (FDA) foram aprovadas exigindo que os fabricantes de filtros solares inserissem nos rótulos se seus produtos protegem contra ambos, UV-B e UV-A. Se eles fizessem isso, o produto poderia ser rotulado como de "amplo espectro". Ao escolher um protetor solar, a FDA recomenda que você escolha uma

opção com FPS 15 ou superior e que seja rotulado como "amplo espectro".

### Questões:

1. Qual é o comprimento mais longo, luz no visível ou luz no ultravioleta? Qual é a frequência mais alta? E a energia por fóton mais alta?
2. Calcule a energia por mol de fótons (em kJ mol⁻¹) para a luz no vermelho com um comprimento de onda de 700 nm. Calcule a energia por mol de fótons (em kJ mol⁻¹) para a luz no UV-B com um comprimento de onda de 300 nm. Quantas vezes mais energética é a luz no UV-B em relação à luz no vermelho?

---

## APLICANDO OS PRINCÍPIOS QUÍMICOS

# 6.2 O que Produz as Cores nos Fogos de Artifício?

Fogos de artifício envolvem muita química! Por exemplo, deve haver um oxidante e algo para oxidar. Hoje em dia, o oxidante é geralmente um perclorato, clorato ou sal de nitrato, e eles são quase sempre sais de potássio. A razão para o uso de sais de potássio e não de sódio é que os sais de sódio apresentam dois inconvenientes importantes. Eles são higroscópicos – absorvem umidade do ar – portanto, não permanecem secos quando armazenados. Além disso, quando aquecidos, os sais de sódio emitem uma intensa luz amarela, que é tão brilhante que pode mascarar as outras cores.

As partes de qualquer exibição de fogos de artifício, das quais mais nos lembramos, são as cores vivas e os clarões brilhantes. A luz branca pode ser produzida pela oxidação do magnésio ou alumínio metálico em altas temperaturas. Os clarões que você vê em concertos de rock, por exemplo, são geralmente misturas de Mg/KClO₄.

A luz amarela é a mais fácil de ser produzida porque os sais de sódio emitem uma luz intensa com um comprimento de onda de 589 nm. As misturas nos fogos de artifício geralmente contêm sódio na forma de compostos não higroscópicos, como a criolita, Na₃AlF₆. Sais de estrôncio são mais frequentemente utilizados para produzir uma luz vermelha, e a verde é produzida por sais de bário, como o Ba(NO₃)₂.

A próxima vez que você assistir a uma exibição de fogos de artifício, observe aqueles que são azuis. O azul sempre foi a

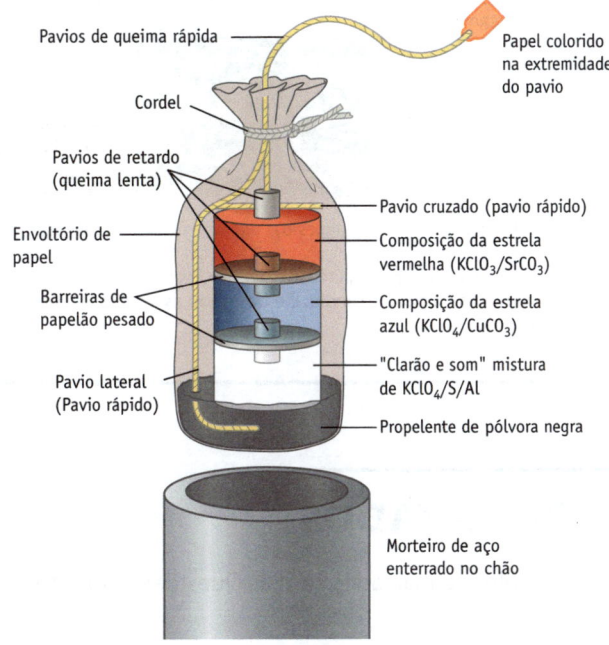

O **projeto de um foguete aéreo para a queima de fogos de artifício.** Quando o pavio é aceso, ele queima rapidamente até o pavio de retardo, na parte superior da mistura da estrela vermelha, propagando-se logo até o propulsor de pólvora negra na parte inferior. O propulsor inflama, enviando o cartucho para o ar. Enquanto isso, os pavios de retardo queimam. Se o tempo estiver correto, o cartucho estoura alto no céu com a forma de uma estrela vermelha. Em seguida ocorre uma explosão azul e depois um clarão e o som.

cor mais difícil de se conseguir. Recentemente, os projetistas de fogos de artifício descobriram que um azul apropriado é obtido utilizando-se cloreto de cobre(I) (CuCl) misturado com pó de cobre, KClO₄, e hexacloroetano, composto orgânico contendo cloro, C₂Cl₆.

### Questões:

1. As linhas principais do espectro de emissão do sódio têm comprimentos de onda (nm) de 313,5, 589, 590, 818 e

819. Qual ou quais são os maiores responsáveis pela cor amarela característica dos átomos de sódio excitados?
2. A principal linha de emissão no SrCl₂ tem um comprimento de onda mais longo ou mais curto que o da linha amarela de NaCl?
3. Mg é oxidado pelo KClO₄ para produzir clarões brancos. Um produto dessa reação é o KCl. Escreva uma equação balanceada para a reação.

# 6.3 Química do Sol

## APLICANDO OS PRINCÍPIOS QUÍMICOS

Um espectro óptico do nosso Sol revela uma emissão contínua de radiação na região visível, com linhas nítidas e escuras em centenas de diferentes comprimentos de onda. Essas linhas são denominadas linhas de Fraunhofer, em homenagem ao físico alemão Joseph von Fraunhofer, que as registrou em 1814. Fraunhofer observou mais de 570 dessas linhas, porém mais de mil linhas escuras podem ser observadas com a instrumentação moderna. Em 1859, Gustav Robert Kirchhoff e Robert Bunsen deduziram que as linhas escuras são o resultado da absorção da luz solar por elementos nas níveis externas do Sol.

O fato de que os átomos de um elemento particular absorvem e emitem luz de apenas alguns comprimentos de onda pode ser utilizado para identificar os elementos (p. 270). A maioria das estrelas é rica em hidrogênio, então a série de Balmer (p. 274) é comumente observada em seus espectros. A descoberta e a nomeação do hélio é creditada a *Sir* Norman Lockyer Joseph (1836-1920), que observou sua linha espectral amarela durante um eclipse solar total em 1868. O hélio é comum nas estrelas, mas pouco abundante na Terra.

### Questões:

1. O hélio absorve luz em 587,6 nm. Qual é a frequência dessa luz?
2. Os átomos de ferro absorvem luz em uma frequência de $5,688 \times 10^{14}$ $s^{-1}$. Qual é o comprimento de onda dessa luz (em nm)?
3. Os átomos de sódio são responsáveis por um par de linhas pouco espaçadas na região amarela do espectro visível do Sol, uma em 589,00 nm e outra em 589,59 nm. Determine a energia (em J) de um fóton em cada um desses comprimentos de onda. Determine a diferença de energia entre os dois fótons.
4. O hidrogênio tem uma linha de absorção a 434,1 nm. Qual é a energia (em kJ $mol^{-1}$) de fótons com esse comprimento de onda?
5. Quais são os estados eletrônicos inicial e final ($n$) para a linha de hidrogênio (na série de Balmer) marcada com F na figura?

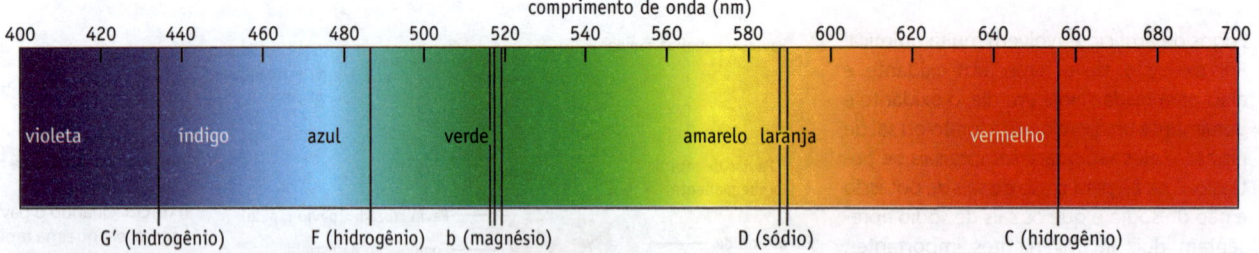

**O espectro da luz solar com as linhas de Fraunhofer.** O físico alemão Joseph von Fraunhofer (1787-1826) descobriu as linhas escuras no espectro da luz solar e cuidadosamente as mapeou e mediu. Ele designou as principais linhas com letras de A a K, e as linhas menos proeminentes com letras minúsculas.

# OBJETIVOS REVISITADOS

Os objetivos para este capítulo são marcados com as Questões para Estudo específicas para ajudá-lo a organizar sua revisão.

## 6.1 RADIAÇÃO ELETROMAGNÉTICA

- Relacionar matematicamente o comprimento de onda ($\lambda$) e a frequência ($\nu$) da radiação eletromagnética e a velocidade da luz (c). **3, 4.**
- Identificar o comprimento de onda (ou frequência) aos vários tipos de radiação eletromagnética. **1, 2, 55, 66.**

## 6.2 QUANTIZAÇÃO: PLANCK, EINSTEIN, ENERGIA E FÓTONS

- Entender o efeito fotoeletrônico. **11, 12, 47.**
- Entender que a energia de um fóton, uma partícula de radiação sem massa, é proporcional à sua frequência. **5-8, 56-58, 63, 64, 70, 72.**

## 6.3 ESPECTROS DE LINHAS ATÔMICAS E NIELS BOHR

- Descrever o modelo de Bohr para o átomo, sua habilidade de explicar os espectros de linhas dos átomos excitados de hidrogênio e as limitações do modelo. **15-20, 48, 60, 75, 81**.

- Calcular a energia absorvida ou emitida quando um elétron em um átomo de hidrogênio passa de um nível de energia para outro. **21, 22, 54, 59, 69**.

## 6.4 DUALIDADE PARTÍCULA-ONDA: PRELÚDIO PARA MECÂNICA QUÂNTICA

- Entender que na visão moderna do átomo, os elétrons podem ser descritos como partículas ou como ondas. **77**.

- Calcular o comprimento de onda de uma partícula usando a equação de De Broglie. **23-26, 82**.

## 6.5 A VISÃO MODERNA DA ESTRUTURA ELETRÔNICA: ONDA OU MECÂNICA QUÂNTICA

- Entender que não se sabe com certeza a posição de um elétron em um átomo; apenas a probabilidade de o elétron ser encontrado em um determinado ponto do espaço pode ser calculada. Isto é uma consequência do princípio da incerteza de Heisenberg. **74, 76, 79, 84**.

- Entender que a visão moderna dos átomos descreve os elétrons como ondas e identifica os orbitais como energias quantizadas permitidas. Descrever os estados de energia permitidos dos orbitais em um átomo usando três números quânticos: $n$, $\ell$ e $m_\ell$. **27-36, 39-44, 49-51, 61, 62, 80**.

## 6.6 AS FORMAS DOS ORBITAIS ATÔMICOS

- Descrever as formas dos orbitais atômicos. **45, 46, 52, 53**.

## 6.7 MAIS UMA PROPRIEDADE DO ELÉTRON: ELÉTRON (SPIN)

- Reconhecer que os elétrons têm também um número quântico de spin, $m_s$, o qual tem valores de $\pm 1/2$. **37, 38**.

## EQUAÇÕES-CHAVE

**Equação 6.1** O produto do comprimento de onda ($\lambda$) e da frequência ($\nu$) da radiação eletromagnética é igual à velocidade da luz ($c$).

$$c = \lambda \times \nu$$

**Equação 6.2** A equação de Planck: a energia de um fóton, uma partícula de radiação sem massa é proporcional à sua frequência ($\nu$). A constante de proporcionalidade $h$ é chamada constante de Planck ($6,626 \times 10^{-34}$ J · s).

$$E = h\nu$$

**Equação 6.3** A equação de Balmer pode ser utilizada para calcular os comprimentos de onda nas linhas da série de Balmer do espectro do hidrogênio. A constante de Rydberg, $R$, é $1,0974 \times 10^7$ m$^{-1}$ e $n$ é igual ou maior que 3.

$$\frac{1}{\lambda} = R\left(\frac{1}{2^2} - \frac{1}{n^2}\right) \text{ onde } n > 2$$

**Equação 6.4** Na teoria de Bohr, a energia do elétron $E_n$ no enésimo nível quântico do átomo de H é proporcional a $1/n^2$, onde $n$ é um número inteiro positivo (o número quântico principal) e $Rhc = 2,179 \times 10^{-18}$ J átomo$^{-1}$ ou $N_A Rhc = 1312$ kJ mol$^{-1}$.

$$E_n = -\frac{Rhc}{n^2}$$

**Equação 6.5** A variação de energia para um elétron que se move entre dois níveis quânticos ($n_{final}$ e $n_{inicial}$) no átomo de H.

$$\Delta E = E_{final} - E_{inicial} = -Rhc \left( \frac{1}{n_{final}^2} - \frac{1}{n_{inicial}^2} \right)$$

**Equação 6.6** A equação de De Broglie: o comprimento de onda de uma partícula ($\lambda$) está relacionado com a sua massa ($m$), velocidade ($v$) e a constante ($h$) de Planck.

$$\lambda = \frac{h}{mv}$$

# QUESTÕES PARA ESTUDO

▲ denota questões desafiadoras.

**Questões numeradas em verde** têm as respostas no Apêndice N.

## Praticando Habilidades

### Radiação Eletromagnética

(*Veja o Exemplo 6.1 e a Figura 6.2.*)

1. Responda às seguintes perguntas, baseando-se na Figura 6.2:
   (a) Que tipo de radiação envolve menos energia: raios X ou micro-ondas?
   (b) Que radiação tem a maior frequência: radar ou luz vermelha?
   (c) Que radiação tem o comprimento de onda mais longo: no ultravioleta ou no infravermelho?

2. Considere as cores do espectro visível.
   (a) Quais são as cores de luz que envolvem menos energia que a luz verde?
   (b) Qual cor da luz tem fótons de maior energia, amarelo ou azul?
   (c) Qual cor da luz tem a maior frequência, azul ou verde?

3. Os sinais de trânsito são atualmente fabricados de LEDs (diodos emissores de luz). Os sinais amarelo e verde são mostrados aqui.
   (a) A luz de um sinal amarelo tem um comprimento de onda de 595 nm e a de um sinal verde, de 500 nm. Qual tem a maior frequência?
   (b) Calcule a frequência da luz amarela.

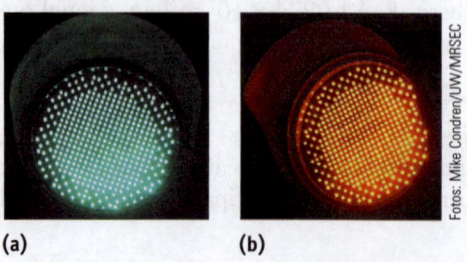

(a)          (b)

Fotos: Mike Condren/UW/MRSEC

4. Suponha que você esteja a 225 m de um transmissor de rádio. Qual é a sua distância a partir do transmissor em número de comprimentos de onda se

(a) a estação está transmitindo em 1150 kHz (na faixa de rádio AM)? (1 kHz = 1 × 10³ Hz)
(b) a estação está transmitindo em 98,1 MHz (na faixa de rádio FM)? (1 MHz × 10⁶ Hz)

### Radiação Eletromagnética e Equação de Planck

(*Veja o Exemplo 6.2.*)

5. A luz verde tem um comprimento de onda de $5,0 \times 10^2$ nm. Qual é a energia, em J, de um fóton de luz verde? Qual é a energia, em J, de 1,0 mol de fótons de luz verde?

6. A luz violeta tem um comprimento de onda de cerca de 410 nm. Qual é a sua frequência? Calcule a energia de um fóton. Qual é a energia de 1,0 mol de fótons de luz violeta? Compare a energia dos fótons de luz violeta com os de luz vermelha. Qual tem mais energia?

7. A linha mais proeminente no espectro de emissão do mercúrio está em 396,15 nm. Qual é a frequência dessa linha? Qual é a energia de um fóton com esse comprimento de onda? E de 1,00 mol desses fótons?

8. A linha mais proeminente no espectro de emissão do magnésio é de 285,2 nm. Outras linhas são encontradas em 383,8 e 518,4 nm. Em que região do espectro eletromagnético são encontradas essas linhas? Qual é a linha com maior energia? Qual é a energia de 1,00 mol de fótons com comprimento de onda da linha com maior energia?

9. Coloque os seguintes tipos de radiação em ordem crescente de energia por fóton:
   (a) luz amarela de uma lâmpada de sódio
   (b) raios X de um instrumento no consultório de um dentista
   (c) micro-ondas em um forno de micro-ondas
   (d) sua estação FM favorita, em 91,7 MHz

10. Coloque os seguintes tipos de radiação em ordem de energia crescente por fóton:
    (a) radiação dentro de um forno de micro-ondas
    (b) sua estação de rádio favorita
    (c) raios gama de uma reação nuclear
    (d) luz vermelha de um sinal de néon
    (e) radiação no ultravioleta de uma lâmpada de raios ultravioleta

### Efeito Fotoelétrico

*(Veja o Exemplo 6.2 e a Figura 6.4.)*

**11.** Uma energia de $3,3 \times 10^{-19}$ J átomo$^{-1}$ é necessária para fazer com que um átomo de césio de uma superfície metálica perca um elétron. Calcule o comprimento de onda mais longo possível da luz que possa ionizar um átomo de césio. Em que região do espectro eletromagnético essa radiação é localizada?

**12.** Você é um engenheiro projetando um interruptor que funciona baseado no efeito fotoelétrico. O metal que você deseja usar em seu dispositivo requer $6,7 \times 10^{-19}$ J átomo$^{-1}$ para remover um elétron. O interruptor funcionará se a luz que incide sobre o metal tem um comprimento de onda de 540 nm ou superior? Sim ou não? Por quê?

### Espectros Atômicos e o Átomo de Bohr

*(Veja os Exemplos 6.3 e 6.4 e as Figuras 6.5-6.10.)*

**13.** A linha mais proeminente no espectro do mercúrio é encontrada em 253,652 nm. Outras linhas são situadas em 365,015 nm, 404,656 nm, 435,833 nm e 1013,975 nm.
   (a) Qual dessas linhas representa a luz mais energética?
   (b) Qual é a frequência da linha mais proeminente? Qual é a energia de um fóton com esse comprimento de onda?
   (c) Quais dessas linhas são encontradas no espectro do mercúrio mostrado na Figura 6.6? Quais são as cores (ou cor) dessas linhas?

**14.** A linha mais proeminente no espectro do neônio é encontrada em 865,438 nm. Outras linhas estão situadas em 837,761 nm, 878,062 nm, 878,375 nm e 885,387 nm.
   (a) Em que região do espectro eletromagnético essas linhas estão localizadas?
   (b) Quaisquer dessas linhas estão presentes no espectro do neônio mostrado na Figura 6.6?
   (c) Qual dessas linhas representa a radiação com maior energia?
   (d) Qual é a frequência da linha mais proeminente? Qual é a energia de um fóton com esse comprimento de onda?

**15.** Uma linha de emissão na série de Balmer para átomos de H excitados tem um comprimento de onda de 410,2 nm (Figura 6.10). De que cor é a luz emitida nessa transição? Quais níveis quânticos estão envolvidos nessa linha de emissão? Isto é, quais são os valores de $n_{inicial}$ e $n_{final}$?

**16.** Quais são o comprimento de onda e a frequência da radiação envolvidos na linha de emissão com menor energia na série de Lyman? Quais são os valores de $n_{inicial}$ e $n_{final}$?

**17.** Considere apenas as transições que envolvem os níveis de energia $n = 1$ até $n = 5$ para o átomo de H (veja as Figuras 6.7 e 6.10).
   (a) Quantas linhas de emissão são possíveis, considerando-se apenas os cinco níveis quânticos?
   (b) Fótons de alta frequência são emitidos em uma transição do nível com $n = $ _____ para o nível com $n = $ _____.
   (c) A linha de emissão que tem o maior comprimento de onda corresponde a uma transição do nível com $n = $ _____ ao nível com $n = $ _____.

**18.** Considere apenas as transições que envolvem os níveis de energia com $n = 1$ até $n = 4$ para o átomo de hidrogênio (veja as Figuras 6.7 e 6.10).
   (a) Quantas linhas de emissão são possíveis, considerando-se apenas os quatro níveis quânticos?
   (b) Fótons de menor energia são emitidos em uma transição do nível com $n = $ _____ para um nível com $n = $ _____.
   (c) A linha de emissão que tem o menor comprimento de onda corresponde a uma transição do nível com $n = $ _____ ao nível com $n = $ _____.

**19.** A energia emitida quando um elétron move-se de um estado de maior energia para um estado de menor energia em qualquer átomo pode ser observada como radiação eletromagnética.
   (a) O que envolve a emissão de menor energia no átomo de H, um elétron que se move de $n = 4$ para $n = 2$ ou um elétron que se move de $n = 3$ para $n = 2$?
   (b) O que envolve a emissão de maior energia no átomo de H, um elétron que se move de $n = 4$ para $n = 1$ ou um elétron que se move de $n = 5$ para $n = 2$? Dê uma explicação completa.

**20.** Se energia é absorvida por um átomo de hidrogênio no seu estado fundamental, o átomo é excitado para um estado de maior energia. Por exemplo, a excitação de um elétron de $n = 1$ para $n = 3$ requer radiação com um comprimento de onda de 102,6 nm. Qual das seguintes transições exigiria radiação de *comprimento de onda* maior do que isso?
   (a) $n = 2$ para $n = 4$   (c) $n = 1$ para $n = 5$
   (b) $n = 1$ para $n = 4$   (d) $n = 3$ para $n = 5$

**21.** Calcule o comprimento de onda e a frequência da luz emitida quando um elétron muda de $n = 3$ para $n = 1$ no átomo de H. Em que região do espectro essa radiação é localizada?

**22.** Calcule o comprimento de onda e a frequência da luz emitida quando um elétron muda de $n = 4$ para $n = 3$ no átomo de H. Em que região do espectro essa radiação é localizada?

### De Broglie e Ondas de Matéria

*(Veja o Exemplo 6.5.)*

**23.** Um elétron move-se com uma velocidade de $2,5 \times 10^8$ cm s$^{-1}$. Qual é seu comprimento de onda?

**24.** Um feixe de elétrons ($m = 9,11 \times 10^{-31}$ kg/elétron) tem uma velocidade média de $1,3 \times 10^8$ m s$^{-1}$. Qual é o comprimento de onda dos elétrons considerando essa velocidade média?

**25.** Calcule o comprimento de onda, em nm, associado com uma bola de golfe de 46 g se movendo a 30 m s$^{-1}$. A que velocidade deve viajar a bola para que o comprimento de onda seja $5,6 \times 10^{-3}$ nm?

**26.** Uma bala de fuzil (massa = 1,50 g) tem uma velocidade de $1,12.10^3$ km h$^{-1}$. Qual é o comprimento de onda associado a essa bala?

### Mecânica Quântica

*(Veja as Seções 6.5–6.7.)*

**27.** (a) Quando $n = 4$, quais são os valores possíveis de $\ell$?
   (b) Quando $\ell$ é 2, quais são os valores possíveis de $m_\ell$?
   (c) Para um orbital 4s, quais são os valores possíveis de $n$, $\ell$ e $m_\ell$?
   (d) Para um orbital 4f, quais são os valores possíveis de $n$, $\ell$ e $m_\ell$?

**28.** (a) Quantos $n = 4$, $\ell = 2$ e $m_\ell = -1$, a qual tipo de orbital isto se refere? (Rotule o orbital, tal como $1s$.)

(b) Quantos orbitais ocorrem no nível de elétrons $n = 5$? Quantos subníveis? Quais são as letras atribuídas a esses subníveis?

(c) Quantos orbitais ocorrem em um subnível $f$? Quais são os valores de $m_\ell$?

**29.** Um possível estado excitado do átomo de H tem um elétron em um orbital $4p$. Relacione todos os conjuntos possíveis de números quânticos $n$, $\ell$ e $m_\ell$ para esse elétron.

**30.** Um possível estado excitado para o átomo de H tem um elétron em um orbital $5d$. Relacione todos os conjuntos possíveis de números quânticos $n$, $\ell$ e $m_\ell$ para esse elétron.

**31.** Quantos subníveis ocorrem no nível do elétron de número quântico principal $n = 4$?

**32.** Quantos subníveis ocorrem no nível do elétron de número quântico principal $n = 5$?

**33.** Explique brevemente por que cada um dos seguintes itens *não* é um conjunto possível de números quânticos para um elétron em um átomo.

(a) $n = 2$, $\ell = 2$, $m_\ell = 0$

(b) $n = 3$, $\ell = 0$, $m_\ell = -2$

(c) $n = 6$, $\ell = 0$, $m_\ell = 1$

**34.** Qual dos seguintes itens representa conjuntos válidos de números quânticos? No caso de um conjunto inválido, explique brevemente por que ele não é correto.

(a) $n = 3$, $\ell = 3$, $m_\ell = 0$

(b) $n = 2$, $\ell = 1$, $m_\ell = 0$

(c) $n = 6$, $\ell = 5$, $m_\ell = -1$

(d) $n = 4$, $\ell = 3$, $m_\ell = -4$

**35.** Qual é o número máximo de orbitais que podem ser identificados por cada um dos seguintes conjuntos de números quânticos? Quando "nenhum" for a resposta correta, explique o seu raciocínio.

(a) $n = 3$, $\ell = 0$, $m_\ell = +1$  (c) $n = 7$, $\ell = 5$

(b) $n = 5$, $\ell = 1$  (d) $n = 4$, $\ell = 2$, $m_\ell = -2$

**36.** Qual é o número máximo de orbitais que podem ser identificados por cada um dos seguintes conjuntos de números quânticos? Quando "nenhum" for a resposta correta, explique o seu raciocínio.

(a) $n = 4$, $\ell = 3$  (c) $n = 2$, $\ell = 2$

(b) $n = 5$  (d) $n = 3$, $\ell = 1$, $m_\ell = -1$

**37.** Explique brevemente por que cada um dos seguintes conjuntos de números quânticos não é possível para um elétron em um átomo. Em cada caso, altere o valor incorreto (ou valores) para obter um conjunto válido.

(a) $n = 4$, $\ell = 2$, $m_\ell = 0$, $m_s = 0$

(b) $n = 3$, $\ell = 1$, $m_\ell = -3$, $m_s = -\frac{1}{2}$

(c) $n = 3$, $\ell = 3$, $m_\ell = -1$, $m_s = +\frac{1}{2}$

**38.** Explique brevemente por que cada um dos seguintes conjuntos de números quânticos não é possível para um elétron em um átomo. Em cada caso, altere o valor incorreto (ou valores) para tornar um conjunto válido.

(a) $n = 2$, $\ell = 2$, $m_\ell = 0$, $m_s = +\frac{1}{2}$

(b) $n = 2$, $\ell = 1$, $m_\ell = -1$, $m_s = 0$

(c) $n = 3$, $\ell = 1$, $m_\ell = -2$, $m_s = +\frac{1}{2}$

**39.** Decida qual dos seguintes orbitais não pode existir de acordo com a teoria quântica: $2s$, $2d$, $3p$, $3f$, $4f$ e $5s$. Explique de maneira simples sua resposta.

**40.** Decida qual dos seguintes orbitais não pode existir de acordo com a teoria quântica: $3p$, $4s$, $2f$ e $1p$. Explique de maneira simples sua resposta.

**41.** Escreva um conjunto completo de números quânticos ($n$, $\ell$ e $m_\ell$) que a teoria quântica permite para cada um dos seguintes orbitais: (a) $2p$, (b) $3d$ e (c) $4f$.

**42.** Escreva um conjunto completo de números quânticos ($n$, $\ell$ e $m_\ell$) para cada um dos seguintes orbitais: (a) $5f$, (b) $4d$ e (c) $2s$.

**43.** Um determinado orbital tem $n = 4$ e $\ell = 2$. Qual deve ser esse orbital: (a) $3p$, (b) $4p$, (c) $5d$ ou (d) $4d$?

**44.** Um dado orbital tem um número quântico magnético $m_\ell = -1$. Este *não* pode ser um

(a) orbital $f$  (c) orbital $p$

(b) orbital $d$  (d) orbital $s$

**45.** Quantas superfícies nodais que atravessam o núcleo (nós planares) estão associadas a cada um dos seguintes orbitais?

(a) $2s$  (b) $5d$  (c) $5f$

**46.** Quantas superfícies nodais que atravessam o núcleo (nós planares) estão associadas a cada um dos seguintes orbitais atômicos?

(a) $4f$  (b) $2p$  (c) $6s$

## Questões Gerais

*Estas questões não estão definidas quanto ao tipo ou localização no capítulo. Elas podem combinar vários conceitos.*

**47.** Quais das seguintes alternativas são aplicáveis ao explicar o efeito fotoelétrico? Corrija quaisquer afirmações que estejam erradas.

(a) Luz é radiação eletromagnética.

(b) A intensidade de um feixe de luz está relacionada à sua frequência.

(c) Pode-se imaginar a luz como sendo constituída por partículas sem massa cuja energia é dada pela equação de Planck, $E = h\nu$.

**48.** Em que região do espectro eletromagnético do hidrogênio a série de Lyman de linhas é encontrada? E a série de Balmer?

**49.** Dê o número de superfícies nodais que atravessam o núcleo (nós planares) para cada tipo de orbital: $s$, $p$, $d$ e $f$.

**50.** Qual é o número máximo de orbitais $s$ encontrados em um dado nível de elétrons? E o número máximo de orbitais $p$? De orbitais $d$? E de orbitais $f$?

**51.** Combine os valores de $\ell$ mostrados na tabela com o tipo de orbital ($s$, $p$, $d$ ou $f$).

| Valor de $\ell$ | Tipo de Orbital |
| --- | --- |
| 3 | _____ |
| 0 | _____ |
| 1 | _____ |
| 2 | _____ |

**52.** Esboce uma imagem da superfície limite de 90% em um orbital $s$ e em um orbital $p_x$. Certifique-se de que esse desenho mostre por que o orbital $p$ é rotulado $p_x$ e não $p_y$, por exemplo.

**53.** Complete a tabela a seguir.

| Tipo de Orbital | Número de Orbitais em um Determinado Subnível | Número de Superfícies Nodais que Atravessam o Núcleo |
|---|---|---|
| s | _____ | _____ |
| p | _____ | _____ |
| d | _____ | _____ |
| f | _____ | _____ |

**54.** Átomos de H excitados fornecem muitas linhas de emissão. Uma série de linhas, chamada *série de Pfund,* ocorre na região do infravermelho. Ela acontece quando um elétron muda de níveis de maior energia para um nível com $n = 5$. Calcule o comprimento de onda e a frequência da linha de menor energia dessa série.

**55.** Um sinal de propaganda emite luz vermelha e luz verde.
(a) Qual luz apresenta fótons de maior energia?
(b) Uma das cores tem um comprimento de onda de 680 nm e a outra de 500 nm. A qual cor corresponde o maior comprimento de onda?
(c) Qual luz tem maior frequência?

**56.** A radiação na região ultravioleta do espectro eletromagnético é bastante energética. É essa radiação que faz corantes desbotarem e sua pele desenvolver uma queimadura solar. Se você é bombardeado com 1,00 mol de fótons com comprimento de onda de 375 nm, a qual quantidade de energia em kJ mol$^{-1}$ de fótons você está sendo submetido?

**57.** Um telefone celular envia sinais próximos de 850 MHz (onde 1 MHz = $1 \times 10^6$ Hz ou ciclos por segundo).
(a) Qual é o comprimento de onda dessa radiação?
(b) Qual é a energia de 1,0 mol de fótons com uma frequência de 850 MHz?
(c) Compare a energia da parte (b) com a energia de um mol de fótons de luz violeta (420 nm).
(d) Comente a diferença de energia entre radiação a 850 MHz e a luz violeta.

**58.** Assuma que seus olhos recebem um sinal consistindo em luz azul, $\lambda = 470$ nm. A energia do sinal é de $2,50 \times 10^{-14}$ J. Quantos fótons atingem seus olhos?

**59.** Se energia suficiente é absorvida por um átomo, um elétron pode ser perdido e um íon positivo ser formado. A quantidade de energia necessária é chamada energia de ionização. No átomo de H, a energia de ionização é a necessária para mudar o elétron de $n = 1$ para $n =$ infinito. Calcule a energia de ionização para o íon He$^+$. A energia de ionização do He$^+$ é maior ou menor que a do H? (A teoria de Bohr pode ser aplicada ao He$^+$ porque ele, assim como o átomo de H, apresenta um único elétron. A energia do elétron, no entanto, é agora dada por $E = -Z^2 Rhc/n^2$, onde $Z$ é o número atômico do hélio.)

**60.** Suponha que os átomos de hidrogênio absorvem energia de modo que os elétrons são excitados para o nível de energia $n = 7$. Os elétrons então passam por essas transições, entre outras:
(a) $n = 7 \rightarrow n = 1$; (b) $n = 7 \rightarrow n = 6$;
(c) $n = 2 \rightarrow n = 1$. Qual dessas transições produz um fóton com (i) a menor energia, (ii) a maior frequência e (iii) o menor comprimento de onda?

**61.** Coloque os seguintes orbitais do átomo de H em ordem crescente de energia: $3s$, $2s$, $2p$, $4s$, $3p$, $1s$ e $3d$.

**62.** Quantos orbitais correspondem a cada uma das seguintes designações?
(a) $3p$      (d) $6d$      (g) $n = 5$
(b) $4p$      (e) $5d$      (h) $7s$
(c) $4p_x$      (f) $5f$

**63.** O cobalto-60 é um isótopo radioativo utilizado em medicina para o tratamento de certos tipos de câncer. Ele produz partículas $\beta$ e raios $\gamma$, o último com energias de 1,173 e 1,332 MeV. (1 MeV = $10^6$ elétron-volts e 1 eV = $1,6022 \times 10^{-19}$ J.) Quais são o comprimento de onda e a frequência de um fóton de raio $\gamma$ com energia de 1,173 MeV?

**64.** ▲ A exposição a doses elevadas de micro-ondas pode causar danos nos tecidos. Estime quantos fótons, com $\lambda = 12$ cm, devem ser absorvidos para aumentar a temperatura do seu olho em 3,0°C. Assuma que a massa de um olho é de 11 g, e sua capacidade calorífica específica é de 4,0 J g$^{-1} \cdot$ K$^{-1}$.

**65.** Quando a sonda Sojourner pousou em Marte em 1997, o planeta estava aproximadamente a $7,8 \times 10^7$ km da Terra. Quanto tempo demorou para o sinal de imagem de televisão chegar à Terra?

**66.** A linha mais proeminente no espectro de emissão do cromo está localizada em 425,4 nm. Outras linhas do espectro de cromo são encontradas em 357,9 nm, 359,3 nm, 360,5 nm, 427,5 nm, 429,0 nm e 520,8 nm.
(a) Qual dessas linhas representa a luz mais energética?
(b) Qual é a cor da luz de comprimento de onda 425,4 nm?

**67.** Responda às seguintes questões como se fosse um questionário resumido sobre este capítulo.
(a) O número quântico $n$ descreve o _____ de um orbital atômico.
(b) A forma de um orbital atômico é dada pelo número quântico _____.
(c) Um fóton de luz verde tem _____ (mais ou menos) energia que um fóton de luz laranja.
(d) O número máximo de orbitais que pode ser associado ao conjunto de números quânticos $n = 4$ e $\ell = 3$ é _____.
(e) O número máximo de orbitais que pode ser associado ao conjunto de números quânticos $n = 3$, $\ell = 2$ e $m_\ell = -2$ é _____.
(f) Atribua a cada uma das seguintes figuras um orbital com a letra apropriada.

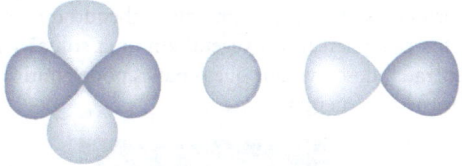

(g) Quando $n = 5$, os possíveis valores de $\ell$ são _____.
(h) O número de orbitais no nível $n = 4$ é _____.

**68.** Responda às seguintes questões como se fosse um questionário resumido sobre este capítulo.
(a) O número quântico $n$ descreve a _____ de um orbital atômico e o número quântico $\ell$ descreve a sua _____.
(b) Quando $n = 3$, os possíveis valores de $\ell$ são _____.
(c) Que tipo de orbital corresponde a $\ell = 3$? _____.
(d) Para um orbital 4d, o valor de $n$ é _____, o valor de $\ell$ é _____, e um possível valor de $m_\ell$ é _____.

(e) Cada um dos seguintes desenhos representa um tipo de orbital atômico. Dê a designação do orbital com uma letra, forneça o seu valor de $\ell$ e especifique o número de nós planares.

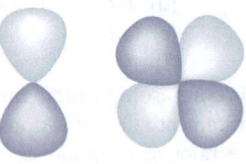

Letra = _____ _____

Valor de $\ell$ = _____ _____

Nós planares = _____ _____

(f) Um orbital atômico com três nós planares que atravessam o núcleo é um orbital _____.

(g) Qual dos seguintes orbitais não pode existir de acordo com a teoria quântica moderna: $2s$, $3p$, $2d$, $3f$, $5p$, $6p$?

(h) Qual dos seguintes itens não corresponde a um conjunto válido de números quânticos?

| n | $\ell$ | $m_\ell$ | $m_s$ |
|---|---|---|---|
| 3 | 2 | 1 | $-\frac{1}{2}$ |
| 2 | 1 | 2 | $+\frac{1}{2}$ |
| 4 | 3 | 0 | 0 |

(i) Qual é o número máximo de orbitais que podem ser associados com cada um dos seguintes conjuntos de números quânticos? (Uma resposta possível é "nenhum".)

(i) $n = 2$ e $\ell = 1$  (iii) $n = 3$ e $\ell = 3$

(ii) $n = 3$  (iv) $n = 2$, $\ell = 1$, e $m_\ell = 0$

**69.** Para um elétron em um átomo de hidrogênio, calcule a energia do fóton emitida quando um elétron diminui sua energia durante a transição do nível $n = 5$ para o estado $n = 2$. Quais são a frequência e o comprimento de onda dessa radiação eletromagnética?

## No Laboratório

**70.** Uma solução de $KMnO_4$ absorve luz a 540 nm. Qual é a frequência da luz absorvida? Qual é a energia de um mol de fótons com $\lambda = 540$ nm?

**71.** Um grande picles está ligado a dois eletrodos, que são então ligados a uma fonte de alimentação de 110 V. Conforme a tensão é aumentada através do picles, ele começa a brilhar com uma cor amarela. Sabendo que os picles são feitos por imersão do vegetal em uma solução salina concentrada, descreva por que o picles pode emitir luz quando é fornecida energia elétrica.

© Cengage Learning/Charles D. Winter

O "picles elétrico"

**72.** O espectro mostrado aqui refere-se à aspirina. O eixo vertical representa a quantidade de luz absorvida e o eixo horizontal é o comprimento de onda da luz incidente (em nm). (Para mais informações sobre espectrofotometria, veja a Seção 4.9.)

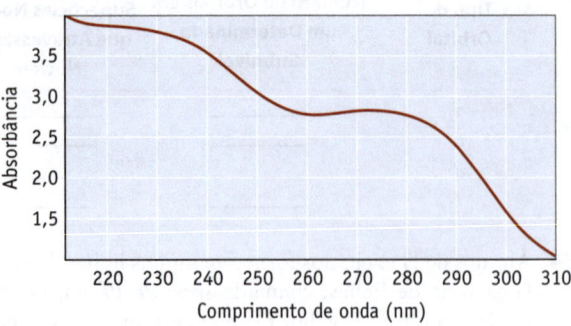

Qual é a frequência da luz com comprimento de onda 278 nm? Qual é a energia de um mol de fótons com $\lambda = 278$ nm? Qual região do espectro eletromagnético é coberta pelo espectro acima? Sabendo que a aspirina só absorve a luz na região representada por esse espectro, qual é a cor da aspirina?

**73.** O espectro infravermelho para o metanol, $CH_3OH$, é ilustrado abaixo. Ele mostra a quantidade de luz na região do infravermelho que o metanol transmite como uma função do comprimento de onda. O eixo vertical é a quantidade de luz transmitida. Em pontos próximos do topo do gráfico, a maior parte da luz incidente está sendo transmitida pela amostra (ou inversamente, pouca luz é absorvida). Portanto, os "picos" ou "bandas" que descendem do topo indicam a luz absorvida; quanto maior a banda, mais luz está sendo absorvida. A escala horizontal está em unidades de "números de onda", abreviadas como $cm^{-1}$. A energia da luz é dada pela lei de Planck como $E = hc/\lambda$; isto é, $E$ é proporcional a $1/\lambda$. Portanto, a escala horizontal é em unidades de $1/\lambda$ e reflete a energia da luz incidente sobre a amostra.

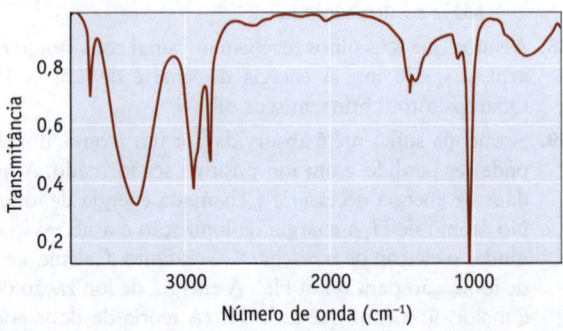

(a) Um ponto no eixo horizontal está marcado como 2000 $cm^{-1}$. Qual é o comprimento de onda da luz neste ponto?

(b) Qual é a extremidade de menor energia deste espectro (esquerda ou direita) e qual é a extremidade de maior energia?

(c) A ampla absorção em torno de 3300-3400 $cm^{-1}$ indica que a radiação no infravermelho está interagindo com o grupo OH da molécula de metanol. As absorções mais estreitas em torno de 2800-3000 $cm^{-1}$ são para interações com ligações de C—H. Qual interação requer mais energia, com O—H ou com C—H?

# Resumo e Questões Conceituais

*As seguintes questões podem usar os conceitos deste capítulo e de capítulos anteriores.*

**74.** Bohr imaginou os elétrons do átomo como sendo localizados em órbitas definidas em torno do núcleo, assim como os planetas orbitam o Sol. Critique esse modelo.

**75.** A luz é emitida pela lâmpada de um poste, contendo mercúrio ou sódio, quando os átomos desses elementos são excitados. A luz que você enxerga resulta de quais das seguintes razões?
   (a) Os elétrons estão se movendo de um determinado nível de energia para um de maior energia.
   (b) Os elétrons estão sendo removidos do átomo, criando assim um cátion do metal.
   (c) Os elétrons estão se movendo de um determinado nível de energia para um de menor energia.

**76.** Como interpretamos o significado físico do quadrado da função de onda? O que são as unidades de $4\pi r^2 \psi^2$?

**77.** O que significa "dualidade partícula-onda"? Quais são suas implicações na nossa visão moderna da estrutura atômica?

**78.** Qual dessas alternativas são observáveis?
   (a) posição de um elétron em um átomo de H
   (b) frequência da radiação emitida por átomos de H
   (c) trajetória de um elétron em um átomo de H
   (d) movimento das ondas de elétrons
   (e) padrões de difração produzidos pelos elétrons
   (f) padrões de difração produzidos pela luz
   (g) energia necessária para remover elétrons dos átomos de H
   (h) um átomo
   (i) uma molécula
   (j) uma onda de água

**79.** Em princípio, qual dos seguintes itens pode ser determinado?
   (a) a energia de um elétron no átomo de H com grande precisão e exatidão
   (b) a posição de um elétron em alta velocidade com grande precisão e exatidão
   (c) simultaneamente, tanto a posição quanto a energia de um elétron em alta velocidade com grande precisão e exatidão

**80.** ▲ Suponha que você viva em um universo diferente, no qual um conjunto diferente de números quânticos é necessário para descrever os átomos daquele universo. Estes números quânticos têm as seguintes regras:

   N, principal     1, 2, 3, . . . , ∞
   L, orbital       = N
   M, magnético     −1, 0, +1

   Quantos orbitais estão ali por completo nos três primeiros níveis eletrônicos?

**81.** Um fóton com comprimento de onda de 93,8 nm colide com um átomo e há emissão de luz pelo átomo. Quantas linhas de emissão seriam observadas? Em quais comprimentos de onda? Explique brevemente (veja a Figura 6.10).

**82.** Explique por que você poderia ou não medir o comprimento de onda de uma bola de golfe em voo.

**83.** O elemento radioativo tecnécio não é encontrado naturalmente na Terra; ele deve ser sintetizado em laboratório. No entanto, trata-se de um elemento valioso por suas aplicações médicas. Por exemplo, o elemento na forma de pertecnetato de sódio ($NaTcO_4$) é usado em estudos de imagens do cérebro, da tireoide, das glândulas salivares e em estudos do fluxo sanguíneo dos rins, entre outras coisas.
   (a) Em que grupo e período da tabela periódica encontra-se o elemento?
   (b) Os elétrons de valência do tecnécio são encontrados nos subníveis $5s$ e $4d$. Qual é o conjunto de números quânticos ($n$, $\ell$ e $m_\ell$) para um dos elétrons do subnível $5s$?
   (c) O tecnécio emite um raio $\gamma$ com energia de 0,141 MeV. (1 MeV = $10^6$ elétrons-volt, onde 1 eV = 1,6022 × $10^{-19}$ J.) Quais são o comprimento de onda e a frequência de um fóton de raio $\gamma$ com uma energia de 0,141 MeV?
   (d) Para preparar $NaTcO_4$, o metal é dissolvido em ácido nítrico.

   $$7HNO_3(aq) + Tc(s) \rightarrow HTcO_4(aq) + 7NO_2(g) + 3H_2O(\ell)$$

   e o produto $HTcO_4$ é tratado com NaOH para produzir $NaTcO_4$.
   (i) Escreva a equação balanceada para a reação de $HTcO_4$ com NaOH.
   (ii) Se você começar com 4,5 mg de Tc metálico, qual massa de $NaTcO_4$ pode ser preparada? Qual massa de NaOH, em gramas, é necessária para converter todo o $HTcO_4$ em $NaTcO_4$?
   (e) Se você sintetizar 1,5 micromol de $NaTcO_4$, que massa de composto você tem? Se o composto é dissolvido em 10,0 mL de água, qual é a concentração da solução?

**84.** ▲ A Figura 6.12b mostra a probabilidade de encontrar um elétron $1s$ no átomo de hidrogênio a várias distâncias do núcleo. Para criar o gráfico nesta figura, a nuvem de elétrons é primeiro dividida em uma série de finas camadas concêntricas ao redor do núcleo e, em seguida, a probabilidade de encontrar o elétron em cada camada é avaliada. O volume de cada camada é dado pela equação $V = 4\pi r^2(d)$, onde $d$ é a espessura da camada e $r$ é a distância da camada ao núcleo. A probabilidade de encontrar o elétron em cada camada é

   $$\text{Probabilidade} = 4\pi r^2 \psi^2(d)$$

   onde $\psi$ é a função de onda $1s$ para o hidrogênio (a₀ nesta equação é de 52,9 pm).

   $$\psi = \frac{1}{(\pi a_0^3)^{1/2}} e^{-r/a_0}$$

   (a) A distância mais provável para um elétron $1s$ no átomo de hidrogênio é de 52,9 pm. Avalie a probabilidade de encontrar o elétron em uma camada concêntrica de espessura 1,0 pm a essa distância do núcleo.
   (b) Calcule a probabilidade de encontrar o elétron em uma camada de 1,0 pm de espessura em distâncias a partir do núcleo de 0,50 a₀ e 4 a₀. Compare os resultados com as probabilidades em a₀. Essas probabilidades estão de acordo com o gráfico de densidade de superfície mostrado na Figura 6.12b?

# 7 A Estrutura dos Átomos e as Tendências Periódicas

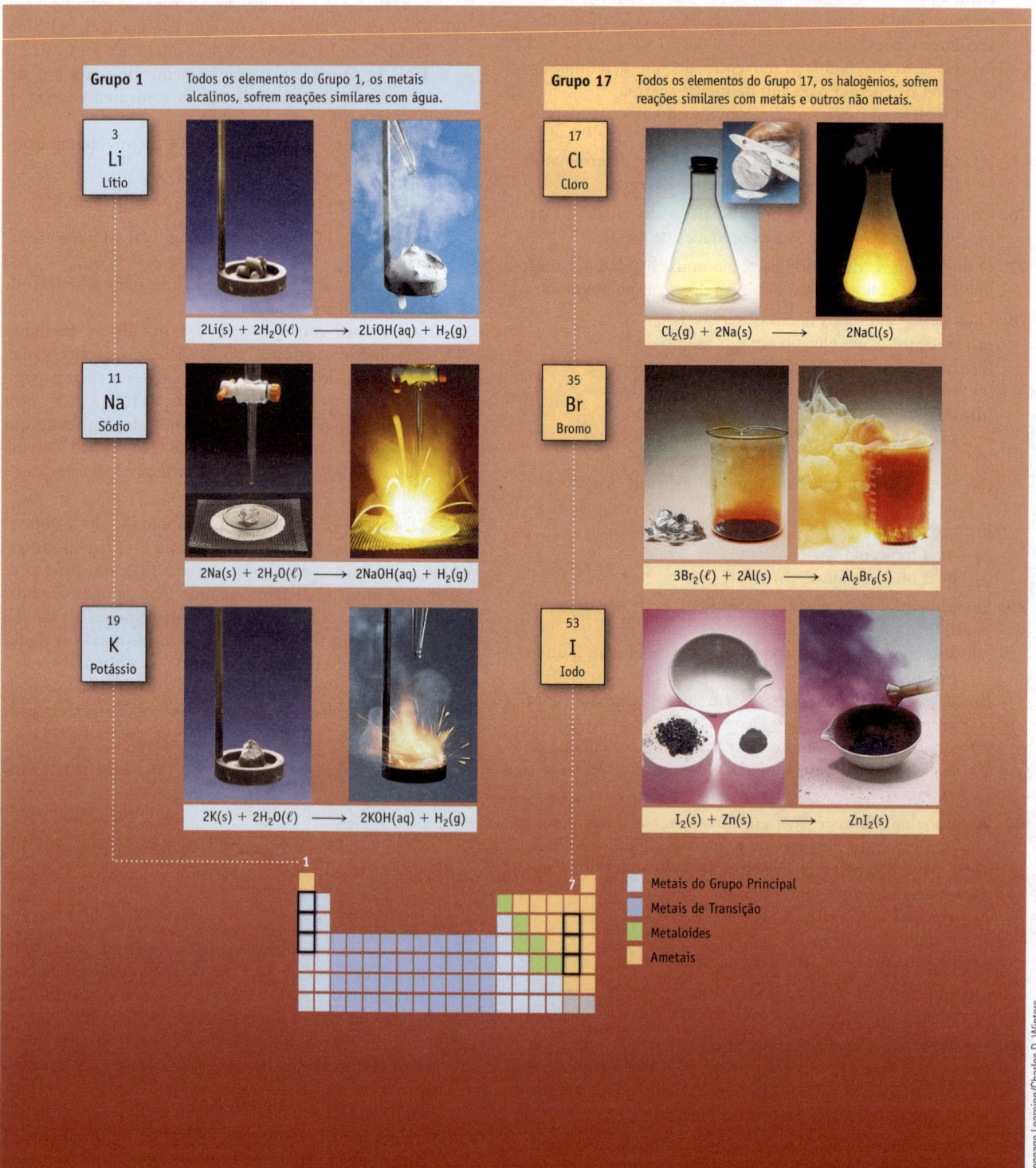

**Grupo 1** Todos os elementos do Grupo 1, os metais alcalinos, sofrem reações similares com água.

**3 Li** Lítio

$2Li(s) + 2H_2O(\ell) \longrightarrow 2LiOH(aq) + H_2(g)$

**11 Na** Sódio

$2Na(s) + 2H_2O(\ell) \longrightarrow 2NaOH(aq) + H_2(g)$

**19 K** Potássio

$2K(s) + 2H_2O(\ell) \longrightarrow 2KOH(aq) + H_2(g)$

**Grupo 17** Todos os elementos do Grupo 17, os halogênios, sofrem reações similares com metais e outros não metais.

**17 Cl** Cloro

$Cl_2(g) + 2Na(s) \longrightarrow 2NaCl(s)$

**35 Br** Bromo

$3Br_2(\ell) + 2Al(s) \longrightarrow Al_2Br_6(s)$

**53 I** Iodo

$I_2(s) + Zn(s) \longrightarrow ZnI_2(s)$

- Metais do Grupo Principal
- Metais de Transição
- Metaloides
- Ametais

# Sumário do capítulo

## 7.1 O Princípio de Exclusão de Pauli

**Objetivos da Seção 7.1**

- Reconhecer que cada elétron em um átomo tem um conjunto diferente dos quatro números quânticos, $n$, $\ell$, $m_\ell$ e $m_s$.

- Entender o princípio de exclusão de Pauli: a nenhum orbital atômico pode ser atribuído mais que dois elétrons e os dois elétrons em um orbital deve ter spins contrários (diferentes valores de $m_s$).

Para tornar a teoria quântica condizente com a experiência, o físico austríaco Wolfgang Pauli (1900-1958) definiu, em 1925, seu **princípio de exclusão**: *Não mais que dois elétrons podem ser atribuídos ao mesmo orbital e, se houver dois elétrons no mesmo orbital, eles devem ter spins contrários*. Isso leva à afirmação geral de que *dois elétrons em um átomo não podem ter o mesmo conjunto de quatro números quânticos* ($n$, $\ell$, $m_\ell$ e $m_s$).

Um elétron atribuído ao orbital 1s do átomo de H pode ter o conjunto de números quânticos $n = 1$, $\ell = 0$, $m_\ell = 0$ e $m_s = +\frac{1}{2}$. Se representarmos um orbital como uma caixa e o spin do elétron como uma seta ($\uparrow$ ou $\downarrow$), uma representação do átomo de hidrogênio será então:

Elétrons no orbital 1s: $\boxed{\uparrow}$   Conjunto de números quânticos

1s   $n = 1$, $\ell = 0$, $m_\ell = 0$, $m_s = +\frac{1}{2}$

A escolha de $m_s$ (ou $+\frac{1}{2}$ ou $-\frac{1}{2}$) e a direção da seta spin do elétron são arbitrárias; ou seja, podemos escolher qualquer valor e a flecha pode apontar em qualquer direção. Diagramas como esses são chamados de **diagramas de orbitais em caixas.**

◀ Exemplos da periodicidade dos elementos do Grupo 1 e do Grupo 17. Dmitri Mendeleev desenvolveu a primeira tabela periódica listando os elementos em ordem crescente de massa atômica. De quando em quando, um elemento tinha propriedades similares às daqueles de um elemento mais leve e estes eram colocados em colunas verticais ou grupos. Atualmente, reconhecemos que os elementos devem ser listados em ordem crescente de número atômico e que a ocorrência periódica de propriedades similares está relacionada com as configurações eletrônicas dos elementos.

**Orbitais Não São Caixas** Os orbitais não são caixas nas quais os elétrons são colocados. Desse modo, não é conceitualmente correto falar sobre os elétrons estando em orbitais ou ocupando orbitais, embora isso normalmente seja feito por uma questão de simplicidade.

Um átomo de hélio tem dois elétrons. Na configuração eletrônica de menor energia (estado fundamental), ambos os elétrons são atribuídos ao orbital $1s$, de modo que o diagrama dos orbitais em caixas é:

Dois elétrons no orbital $1s$: 
$1s$ — Esse elétron tem $n = 1$, $\ell = 0$, $m_\ell = 0$, $m_s = -\frac{1}{2}$
— Esse elétron tem $n = 1$, $\ell = 0$, $m_\ell = 0$, $m_s = +\frac{1}{2}$

Tendo spins contrários ou "emparelhados", os dois elétrons no orbital $1s$ de um átomo de He têm conjuntos diferentes dos quatro números quânticos, de acordo com o princípio de exclusão de Pauli.

Nossa compreensão dos orbitais e o conhecimento de que um orbital não pode acomodar mais do que dois elétrons informam o número máximo dos elétrons que podem ocupar cada subnível ou subnível eletrônico. Por exemplo, como dois elétrons podem ser atribuídos a cada um dos três orbitais em um subnível $p$, esses subníveis podem acomodar um máximo de seis elétrons. Segundo o mesmo raciocínio, os cinco orbitais de um subnível $d$ podem acomodar um total de dez elétrons, e os sete orbitais $f$, 14 elétrons. Lembre-se de que há sempre $n$ subníveis no enésimo nível e que há $n^2$ orbitais nesse nível (Tabela 6.1). Assim, *o número máximo de elétrons em qualquer subnível é $2n^2$*. A relação entre os números quânticos e os números de elétrons é mostrada na Tabela 7.1.

**Tabela 7.1  Números de Elétrons Acomodados em Níveis e Subníveis Eletrônicos com $n = 1$ a 6**

| NÍVEL ELETRÔNICO ($n$) | SUBNÍVEIS DISPONÍVEIS | ORBITAIS DISPONÍVEIS ($2\ell + 1$) | NÚMERO DE ELÉTRONS POSSÍVEIS NO SUBNÍVEL [$2(2\ell + 1)$] | NÚMERO MÁXIMO DE ELÉTRONS DO ENÉSIMO NÍVEL ($2n^2$) |
|---|---|---|---|---|
| 1 | s | 1 | 2 | 2 |
| 2 | s | 1 | 2 | 8 |
|   | p | 3 | 6 | |
| 3 | s | 1 | 2 | 18 |
|   | p | 3 | 6 | |
|   | d | 5 | 10 | |
| 4 | s | 1 | 2 | 32 |
|   | p | 3 | 6 | |
|   | d | 5 | 10 | |
|   | f | 7 | 14 | |
| 5 | s | 1 | 2 | 50 |
|   | p | 3 | 6 | |
|   | d | 5 | 10 | |
|   | f | 7 | 14 | |
|   | g* | 9 | 18 | |
| 6 | s | 1 | 2 | 72 |
|   | p | 3 | 6 | |
|   | d | 5 | 10 | |
|   | f* | 7 | 14 | |
|   | g* | 9 | 18 | |
|   | h* | 11 | 22 | |

*Esses orbitais não estão ocupados no estado fundamental de nenhum elemento conhecido.

# 7.2 Energias dos Subníveis Atômicos e Atribuição dos Elétrons

## Objetivos da Seção 7.2

- Escrever a configuração eletrônica para os átomos.
- Reconhecer que os elétrons são atribuídos aos níveis de um átomo em ordem crescente de energia (princípio da edificação). No átomo de H, as energias crescem com o aumento de $n$, mas, em um átomo com muitos elétrons, dependem tanto de $n$ quanto de $\ell$.
- Entender o conceito de carga nuclear efetiva, $Z_{ef}$ e aplicar $Z_{ef}$ na determinação dos níveis de energia do orbital nos átomos.

Nosso objetivo nesta seção é compreender e prever a distribuição dos elétrons em átomos polieletrônicos. O procedimento pelo qual os elétrons são atribuídos aos orbitais é conhecido como *princípio da edificação*. Os elétrons de um átomo são atribuídos a subníveis (definidos pelo número quântico $n$) e subníveis (definidos pelos números quânticos $n$ e $\ell$), em ordem crescente de energia. Desse modo, a energia total do átomo torna-se a menor possível.

## Ordem de Energias dos Subníveis e Atribuições

O modelo de Bohr indica que a energia do átomo de H, com um único elétron, depende somente do valor de $n$ (Equação 6.4, $E_n = -Rhc/n^2$). Para átomos com mais de um elétron, entretanto, a situação é mais complexa: os subníveis de energia em átomos multieletrônicos dependem tanto de $n$ quanto de $\ell$ (Figura 7.1a).

Com base em estudos teóricos e experimentais sobre a distribuição dos elétrons nos átomos, os químicos descobriram que há duas regras gerais que ajudam a prever esses arranjos:

1. Os elétrons são atribuídos aos subníveis em ordem crescente do valor de "$n + \ell$".
2. Para dois subníveis com o mesmo valor de "$n + \ell$", os elétrons são atribuídos primeiro ao subnível com menor $n$.

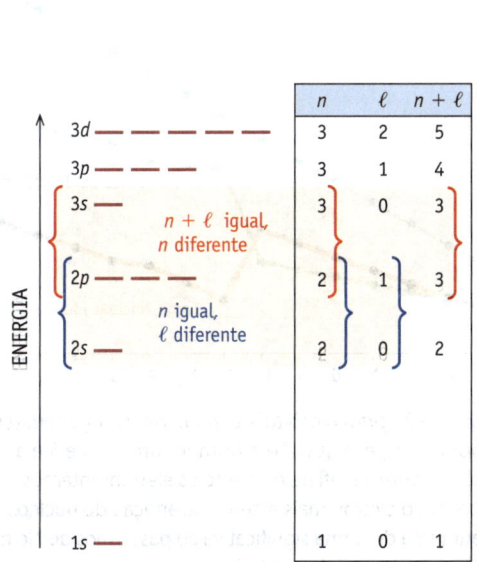

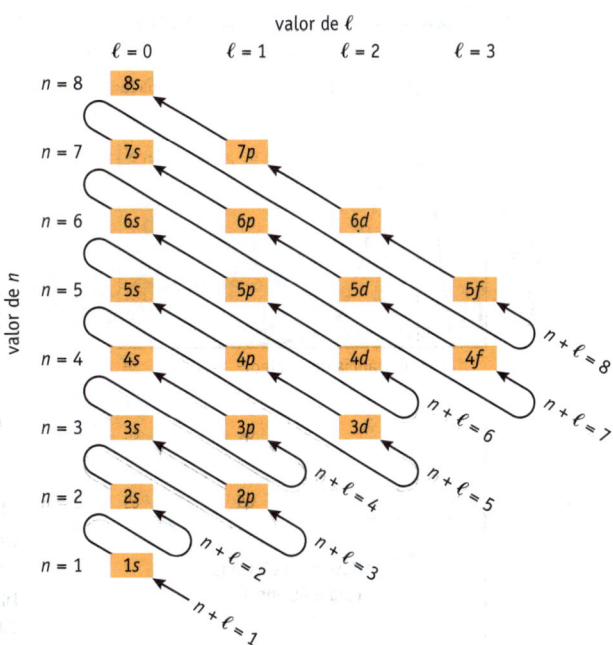

**(a) Ordem de energias dos subníveis em um átomo polieletrônico.** As energias dos níveis eletrônicos aumentam com o aumento de $n$ e, dentro de um nível, as energias dos subníveis aumentam com o aumento de $\ell$. (O eixo de energia não tem escala. Os intervalos de energia entre os subníveis de um determinado subnível tornam-se menores à medida que $n$ aumenta.)

**(b) Ordem de preenchimento dos subníveis.** Os subníveis nos átomos são preenchidos em ordem crescente de $n + \ell$. Quando dois subníveis têm o mesmo valor de $n + \ell$, o subnível de menor $n$ é preenchido em primeiro lugar. Para usar o diagrama, comece em 1s e siga as setas de aumento de $n + \ell$. Desse modo, a ordem de preenchimento é 1s $\Rightarrow$ 2s $\Rightarrow$ 2p $\Rightarrow$ 3s $\Rightarrow$ 3p $\Rightarrow$ 4s $\Rightarrow$ 3d, e assim por diante.

**FIGURA 7.1 Energias dos subníveis e a ordem de preenchimento em um átomo polieletrônico.**

A seguir, temos alguns exemplos dessas regras:

- Os elétrons são atribuídos ao subnível $2s$ ($n + \ell = 2 + 0 = 2$) antes do subnível $2p$ ($n + \ell = 2 + 1 = 3$).
- Os elétrons são atribuídos aos orbitais $2p$ ($n + \ell = 2 + 1 = 3$) antes do subnível $3s$ ($n + \ell = 3 + 0 = 3$) porque $n$ para os elétrons $2p$ é menor que $n$ para os elétrons $3s$.
- Os elétrons são atribuídos ao subnível $4s$ ($n + \ell = 4 + 0 = 4$) antes do subnível $3d$ ($n + \ell = 3 + 2 = 5$), porque $n + \ell$ é menor para $4s$ do que para $3d$.

A Figura 7.1b resume a atribuição de elétrons de acordo com o aumento dos valores de $n + \ell$. A discussão a seguir explora a base para essa atribuição de configurações eletrônicas.

## A Carga Nuclear Efetiva, $Z_{ef}$

A ordem em que os elétrons são atribuídos aos subníveis em um átomo, assim como muitas propriedades atômicas, pode ser racionalizada por meio do conceito de **carga nuclear efetiva** ($Z_{ef}$). Trata-se da *carga líquida experimentada por um elétron específico em um átomo polieletrônico resultante de um balanço entre a força de atração do núcleo e as forças repulsivas de outros elétrons.*

O diagrama de densidade de superfície ($4\pi r^2 \psi^2$) de um elétron $2s$ para um átomo de lítio é fornecido na Figura 7.2. (O lítio tem três prótons no núcleo, dois elétrons $1s$ no primeiro nível e um elétron $2s$ no segundo subnível.) A probabilidade de encontrar o elétron $2s$ (registrada no eixo vertical) varia dependendo da distância do núcleo (eixo horizontal). A região na qual os dois elétrons $1s$ têm maior probabilidade de serem encontrados corresponde à área sombreada na Figura 7.2. Observe que a região de maior probabilidade de encontrar o elétron $2s$ está parcialmente localizada dentro da região ocupada pelos elétrons $1s$. Químicos dizem que o orbital $2s$ *penetra* na região que define o orbital $1s$.

A uma grande distância do núcleo, a carga nuclear efetiva sofrida pelo terceiro elétron no lítio será +1, ou seja, o efeito líquido dos dois elétrons $1s$ (carga total = −2) e do núcleo (carga +3). Os elétrons $1s$ blindam os elétrons $2s$ de

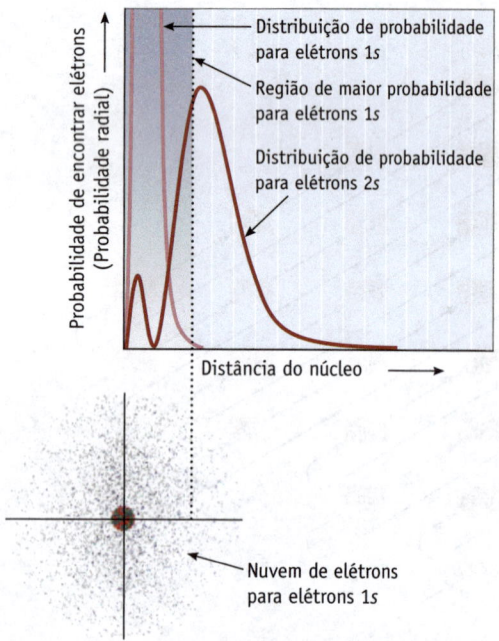

(*À esquerda*) Os dois elétrons 1s do lítio têm a sua maior probabilidade na região sombreada, mas essa região é penetrada pelo elétron 2s (cujo diagrama de densidade de superfície aproximada é também mostrado aqui). No entanto, à medida que o elétron 2s penetra na região 1s, o elétron 2s sofre maior atração pela carga positiva, até um máximo de +3. Em média, o elétron 2s sofre atração por uma carga positiva, denominada de carga nuclear efetiva ($Z_{ef}$), que é menor que +3, porém maior que +1.

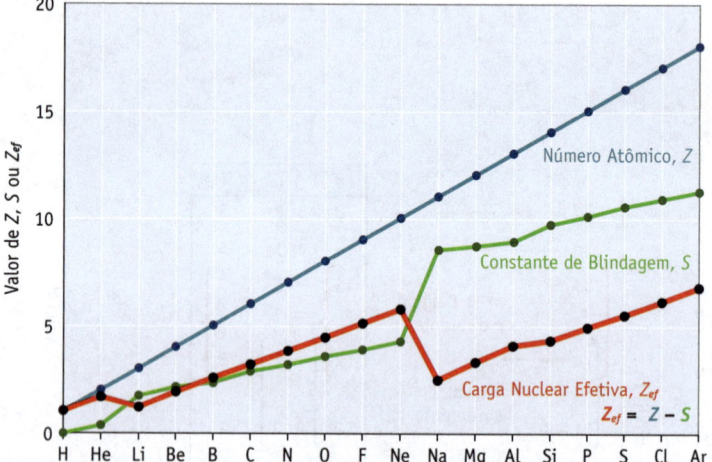

(*À direita*) O valor de $Z_{ef}$ para o orbital ocupado de maior energia **é** determinado por ($Z - S$), em que $Z$ é o número atômico e $S$ é a constante de blindagem. ($S$ reflete o quanto os elétrons internos blindam ou protegem o elétron mais externo da atração do núcleo.) Observe que $S$ aumenta de forma significativa ao passarmos do Ne no segundo período ao Na no terceiro período.

**FIGURA 7.2  Carga nuclear efetiva, $Z_{ef}$.**

sofrer a carga nuclear total. No entanto, como a curva de probabilidade do elétron 2s passa pela região do elétron 1s, ele sofre a atração de uma carga positiva líquida cada vez maior. Quando o elétron 2s está perto do núcleo, ele é fracamente blindado pelos elétrons 1s, e o elétron 2s experimenta uma carga próxima a +3. Assim, em média, um elétron 2s experimenta uma carga positiva maior que +1, porém menor que +3. A carga *média* ou *efetiva*, $Z_{ef}$, experimentada pelo elétron 2s no Li, é de 1,28 (Tabela 7.2).

No átomo de hidrogênio, que tem somente um elétron, os subníveis 2s e 2p têm a mesma energia. Entretanto, nos átomos com dois ou mais elétrons, as energias dos subníveis 2s e 2p são diferentes. Por que isso é verdade? A extensão relativa pela qual um elétron externo penetra nos orbitais mais internos ocorre na ordem $s > p > d > f$. Desse modo, a carga nuclear efetiva experimentada por elétrons em um átomo polieletrônico ocorre na ordem $ns > np > nd > nf$. Isso se reflete nos valores de $Z_{ef}$ para elétrons s e p nos elementos do segundo período (Tabela 7.2). Em cada caso, $Z_{ef}$ é maior para os elétrons s do que para os elétrons p. Em um determinado subnível, os elétrons s sempre têm menor energia que os elétrons p; os elétrons p têm menor energia do que os elétrons d, e os elétrons d têm menor energia do que os elétrons f. Uma consequência é que subníveis dentro de um nível eletrônico são preenchidos na ordem ns antes de np antes de nd antes de nf. (Veja "Um Olhar Mais Atento: Energias dos Orbitais, $Z_{ef}$ e Configurações Eletrônicas".)

Outro fato importante a se notar na Figura 7.2 é a tendência ao longo de um período. Da esquerda à direita ao longo de um período, a carga nuclear efetiva *aumenta*. Os elétrons externos no flúor, por exemplo, sentem maior atração pelo núcleo do que os elétrons externos no oxigênio. Essa maior carga nuclear efetiva desempenha um papel importante na determinação de várias propriedades dos elementos, tais como os tamanhos relativos dos átomos (Seção 7.6).

| Tabela 7.2 Cargas Nucleares Efetivas, $Z_{ef}$, para Elementos do Segundo Período | | |
|---|---|---|
| ÁTOMO | $Z_{ef}(2s)$ | $Z_{ef}(2p)$ |
| Li | 1,28 | |
| B | 2,58 | 2,42 |
| C | 3,22 | 3,14 |
| N | 3,85 | 3,83 |
| O | 4,49 | 4,45 |
| F | 5,13 | 5,10 |

# 7.3 Configurações Eletrônicas dos Átomos

### Objetivos da Seção 7.3

- Usar a tabela periódica como um guia, descrever as configurações eletrônicas de átomos neutros usando orbital como caixa, *spdf*, e as notações de gás nobre.

- Aplicar o princípio de exclusão de Pauli e a regra Hund ao assinalar elétrons aos orbitais atômicos.

A distribuição dos elétrons nos átomos dos elementos de 1 até 109, ou seja, suas **configurações eletrônicas**, é fornecida na Tabela 7.3. Especificamente, essas são as *configurações eletrônicas no estado fundamental*, no qual os elétrons são encontrados nos níveis, nos subníveis e nos orbitais que resultem em menor energia para um átomo isolado do elemento. Em geral, os elétrons são atribuídos aos orbitais em ordem crescente de $n + \ell$. No entanto, será enfatizada aqui a relação das configurações eletrônicas dos elementos com suas posições na tabela periódica (Figura 7.3).

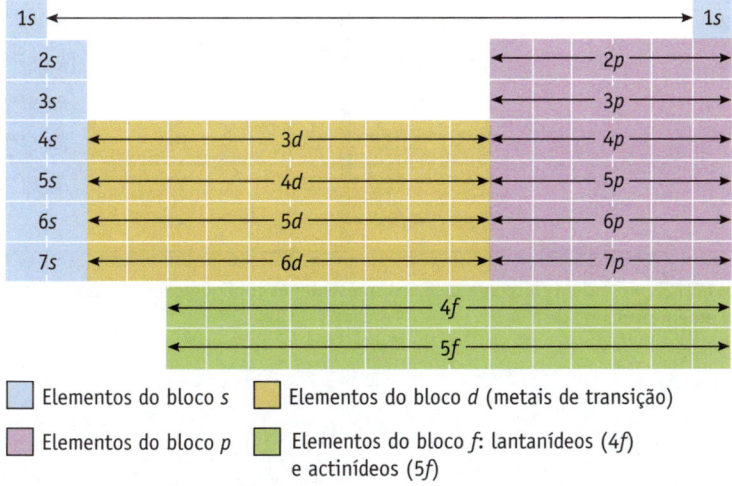

**FIGURA 7.3 Configurações eletrônicas e a tabela periódica.** A tabela periódica pode servir como guia na determinação da ordem de preenchimento dos orbitais atômicos (veja a tabela 7.3).

Elementos do bloco s
Elementos do bloco p
Elementos do bloco d (metais de transição)
Elementos do bloco f: lantanídeos (4f) e actinídeos (5f)

## Tabela 7.3 Configurações Eletrônicas no Estado Fundamental

| Z | Elemento | Configuração | Z | Elemento | Configuração | Z | Elemento | Configuração |
|---|---|---|---|---|---|---|---|---|
| 1 | H | $1s^1$ | 37 | Rb | $[Kr]5s^1$ | 74 | W | $[Xe]4f^{14}5d^46s^2$ |
| 2 | He | $1s^2$ | 38 | Sr | $[Kr]5s^2$ | 75 | Re | $[Xe]4f^{14}5d^56s^2$ |
| 3 | Li | $[He]2s^1$ | 39 | Y | $[Kr]4d^15s^2$ | 76 | Os | $[Xe]4f^{14}5d^66s^2$ |
| 4 | Be | $[He]2s^2$ | 40 | Zr | $[Kr]4d^25s^2$ | 77 | Ir | $[Xe]4f^{14}5d^76s^2$ |
| 5 | B | $[He]2s^22p^1$ | 41 | Nb | $[Kr]4d^45s^1$ | 78 | Pt | $[Xe]4f^{14}5d^96s^1$ |
| 6 | C | $[He]2s^22p^2$ | 42 | Mo | $[Kr]4d^55s^1$ | 79 | Au | $[Xe]4f^{14}5d^{10}6s^1$ |
| 7 | N | $[He]2s^22p^3$ | 43 | Tc | $[Kr]4d^55s^2$ | 80 | Hg | $[Xe]4f^{14}5d^{10}6s^2$ |
| 8 | O | $[He]2s^22p^4$ | 44 | Ru | $[Kr]4d^75s^1$ | 81 | Tl | $[Xe]4f^{14}5d^{10}6s^26p^1$ |
| 9 | F | $[He]2s^22p^5$ | 45 | Rh | $[Kr]4d^85s^1$ | 82 | Pb | $[Xe]4f^{14}5d^{10}6s^26p^2$ |
| 10 | Ne | $[He]2s^22p^6$ | 46 | Pd | $[Kr]4d^{10}$ | 83 | Bi | $[Xe]4f^{14}5d^{10}6s^26p^3$ |
| 11 | Na | $[Ne]3s^1$ | 47 | Ag | $[Kr]4d^{10}5s^1$ | 84 | Po | $[Xe]4f^{14}5d^{10}6s^26p^4$ |
| 12 | Mg | $[Ne]3s^2$ | 48 | Cd | $[Kr]4d^{10}5s^2$ | 85 | At | $[Xe]4f^{14}5d^{10}6s^26p^5$ |
| 13 | Al | $[Ne]3s^23p^1$ | 49 | In | $[Kr]4d^{10}5s^25p^1$ | 86 | Rn | $[Xe]4f^{14}5d^{10}6s^26p^6$ |
| 14 | Si | $[Ne]3s^23p^2$ | 50 | Sn | $[Kr]4d^{10}5s^25p^2$ | 87 | Fr | $[Rn]7s^1$ |
| 15 | P | $[Ne]3s^23p^3$ | 51 | Sb | $[Kr]4d^{10}5s^25p^3$ | 88 | Ra | $[Rn]7s^2$ |
| 16 | S | $[Ne]3s^23p^4$ | 52 | Te | $[Kr]4d^{10}5s^25p^4$ | 89 | Ac | $[Rn]6d^17s^2$ |
| 17 | Cl | $[Ne]3s^23p^5$ | 53 | I | $[Kr]4d^{10}5s^25p^5$ | 90 | Th | $[Rn]6d^27s^2$ |
| 18 | Ar | $[Ne]3s^23p^6$ | 54 | Xe | $[Kr]4d^{10}5s^25p^6$ | 91 | Pa | $[Rn]5f^26d^17s^2$ |
| 19 | K | $[Ar]4s^1$ | 55 | Cs | $[Xe]6s^1$ | 92 | U | $[Rn]5f^36d^17s^2$ |
| 20 | Ca | $[Ar]4s^2$ | 56 | Ba | $[Xe]6s^2$ | 93 | Np | $[Rn]5f^46d^17s^2$ |
| 21 | Sc | $[Ar]3d^14s^2$ | 57 | La | $[Xe]5d^16s^2$ | 94 | Pu | $[Rn]5f^67s^2$ |
| 22 | Ti | $[Ar]3d^24s^2$ | 58 | Ce | $[Xe]4f^15d^16s^2$ | 95 | Am | $[Rn]5f^77s^2$ |
| 23 | V | $[Ar]3d^34s^2$ | 59 | Pr | $[Xe]4f^36s^2$ | 96 | Cm | $[Rn]5f^76d^17s^2$ |
| 24 | Cr | $[Ar]3d^54s^1$ | 60 | Nd | $[Xe]4f^46s^2$ | 97 | Bk | $[Rn]5f^97s^2$ |
| 25 | Mn | $[Ar]3d^54s^2$ | 61 | Pm | $[Xe]4f^56s^2$ | 98 | Cf | $[Rn]5f^{10}7s^2$ |
| 26 | Fe | $[Ar]3d^64s^2$ | 62 | Sm | $[Xe]4f^66s^2$ | 99 | Es | $[Rn]5f^{11}7s^2$ |
| 27 | Co | $[Ar]3d^74s^2$ | 63 | Eu | $[Xe]4f^76s^2$ | 100 | Fm | $[Rn]5f^{12}7s^2$ |
| 28 | Ni | $[Ar]3d^84s^2$ | 64 | Gd | $[Xe]4f^75d^16s^2$ | 101 | Md | $[Rn]5f^{13}7s^2$ |
| 29 | Cu | $[Ar]3d^{10}4s^1$ | 65 | Tb | $[Xe]4f^96s^2$ | 102 | No | $[Rn]5f^{14}7s^2$ |
| 30 | Zn | $[Ar]3d^{10}4s^2$ | 66 | Dy | $[Xe]4f^{10}6s^2$ | 103 | Lr | $[Rn]5f^{14}6d^17s^2$ |
| 31 | Ga | $[Ar]3d^{10}4s^24p^1$ | 67 | Ho | $[Xe]4f^{11}6s^2$ | 104 | Rf | $[Rn]5f^{14}6d^27s^2$ |
| 32 | Ge | $[Ar]3d^{10}4s^24p^2$ | 68 | Er | $[Xe]4f^{12}6s^2$ | 105 | Db | $[Rn]5f^{14}6d^37s^2$ |
| 33 | As | $[Ar]3d^{10}4s^24p^3$ | 69 | Tm | $[Xe]4f^{13}6s^2$ | 106 | Sg | $[Rn]5f^{14}6d^47s^2$ |
| 34 | Se | $[Ar]3d^{10}4s^24p^4$ | 70 | Yb | $[Xe]4f^{14}6s^2$ | 107 | Bh | $[Rn]5f^{14}6d^57s^2$ |
| 35 | Br | $[Ar]3d^{10}4s^24p^5$ | 71 | Lu | $[Xe]4f^{14}5d^16s^2$ | 108 | Hs | $[Rn]5f^{14}6d^67s^2$ |
| 36 | Kr | $[Ar]3d^{10}4s^24p^6$ | 72 | Hf | $[Xe]4f^{14}5d^26s^2$ | 109 | Mt | $[Rn]5f^{14}6d^77s^2$ |
| | | | 73 | Ta | $[Xe]4f^{14}5d^36s^2$ | | | |

*Esta tabela segue a convenção geral de notação dos orbitais em ordem crescente de $n$ ao representar as configurações eletrônicas. Para um determinado valor de $n$, os subníveis são listados em ordem crescente de $\ell$.

## Configurações Eletrônicas dos Elementos do Grupo Principal

O hidrogênio, o primeiro elemento na tabela periódica, possui um elétron em um orbital 1s. Uma maneira de descrever sua configuração eletrônica é por meio do diagrama de orbitais em caixas utilizado anteriormente, mas uma alternativa e um método usado com mais frequência é a notação *spdf*. Usando essa notação, a configuração eletrônica do H é $1s^1$, ou "um *s* um". Isso indica que há um elétron (indicado pelo índice superior) no orbital 1s.

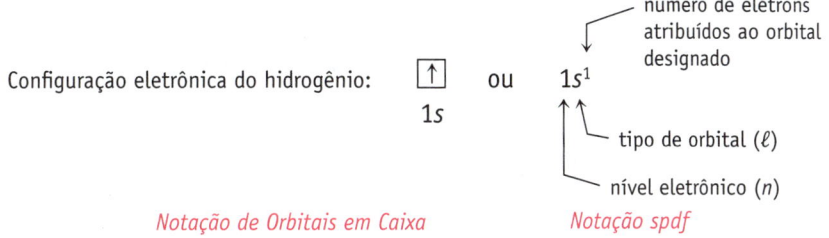

O hélio, o segundo elemento na tabela periódica, possui dois elétrons. A configuração eletrônica é $1s^2$, com ambos os elétrons no orbital 1s, porém, tendo spins contrários, como definido pelo princípio de exclusão de Pauli. Com o hélio, o primeiro nível de energia está completo.

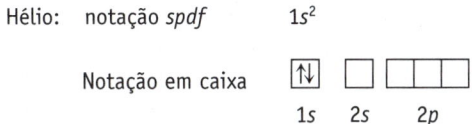

### Lítio (Li) e Outros Elementos do Grupo 1

O lítio, com três elétrons, é o primeiro elemento no segundo período da tabela periódica. Em um átomo de lítio, os primeiros dois elétrons estão no subnível 1s, e o terceiro elétron está no subnível *s* do subnível $n = 2$. A notação *spdf* é $1s^2 2s^1$, e dizemos "um *s* dois, dois *s* um".

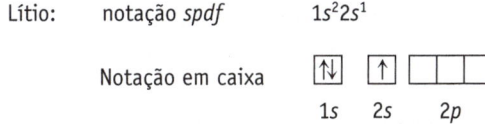

As configurações eletrônicas são geralmente representadas na forma condensada com o símbolo do gás nobre que precede o elemento em questão entre colchetes (chamada **notação do gás nobre**) seguida da notação *spdf* ou de diagramas de orbitais em caixas para os elétrons adicionais aos do gás nobre. No lítio, o arranjo que precede o elétron 2s é a configuração eletrônica do gás nobre hélio. Em vez de escrever $1s^2 2s^1$ para a configuração do lítio, pode ser utilizada a notação condensada, $[He]2s^1$.

Os elétrons incluídos na notação do gás nobre são frequentemente chamados de **elétrons dos níveis internos** do átomo. Os elétrons dos níveis internos podem geralmente ser ignorados quando se considera a química de um elemento. Os elétrons que estão além dos elétrons dos níveis internos – o elétron $2s^1$ no caso do lítio – são os **elétrons de valência**, que determinam as propriedades químicas de um elemento.

Todos os elementos do Grupo 1 têm um elétron atribuído a um orbital *s* do enésimo nível, para o qual *n* é o número do período em que o elemento é encontrado (Figura 7.3). Por exemplo, o potássio é o primeiro elemento na fileira com $n = 4$ (o quarto período), de forma que ele possui a configuração eletrônica do elemento que o precede na tabela (Ar) mais um elétron atribuído ao orbital 4s: $[Ar]4s^1$.

### Berílio (Be) e Outros Elementos do Grupo 2

Todos os elementos do Grupo 2 têm configurações eletrônicas de [elétrons do gás nobre precedente]$ns^2$, em que *n* é o período em que o elemento está localizado na tabela periódica. Um átomo de berílio, por exemplo, possui dois elétrons no orbital 1s e dois elétrons no orbital 2s.

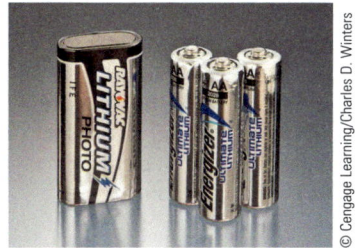

**Lítio.** As baterias de íon–lítio são cada vez mais utilizadas como produtos de consumo. Todos os elementos do Grupo 1, como o lítio, têm uma configuração eletrônica externa de $ns^1$.

**Berílio.** O berílio é um dos componentes da liga de cobre-berílio, utilizados na indústria de gás e petróleo e em eletrônicos. Todos os elementos do Grupo 2, como o berílio, têm uma configuração eletrônica externa $ns^2$.

Berílio:  notação *spdf*    $1s^2 2s^2$    ou    $[He]2s^2$

Notação em caixa    ⇅ | ⇅ | ☐☐☐
                    1s   2s    2p

Como todos os elementos do Grupo 1 têm configuração eletrônica de valência $ns^1$, e aqueles no Grupo 2 têm $ns^2$, esses elementos são chamados de **elementos do bloco *s***.

## Boro (B) e Outros Elementos do Grupo 13

O boro (Grupo 13) é o primeiro elemento no bloco dos elementos do lado direito da tabela periódica. Como os orbitais 1s e 2s são preenchidos em um átomo de boro, o quinto elétron deve ser atribuído a um orbital 2p.

Boro:  notação *spdf*    $1s^2 2s^2 2p^1$    ou    $[He]2s^2 2p^1$

Notação em caixa    ⇅ | ⇅ | ↑ ☐ ☐
                    1s   2s     2p

Os elementos do Grupo 13 ao Grupo 18 são frequentemente chamados de **elementos do bloco *p***. Todos têm a configuração do nível de valência $ns^2 np^x$, em que $x$ varia de 1 a 6. Os elementos do Grupo 13, por exemplo, estão na primeira coluna do bloco *p* e têm dois elétrons *s* e um elétron *p* ($ns^2 np^1$) em seus níveis externos.

## Carbono (C) e Outros Elementos do Grupo 14

O carbono (Grupo 14) encontra-se na segunda coluna do bloco *p* e, desse modo, um átomo de carbono tem dois elétrons atribuídos aos orbitais 2p. Você pode escrever a configuração eletrônica do carbono consultando a tabela periódica: partindo do H e movendo-se da esquerda para a direita ao longo dos períodos sucessivos, você escreve $1s^2$ para chegar ao final do período 1, em seguida, $2s^2$ e, finalmente, $2p^2$ para conseguir acomodar seis elétrons. Para que o carbono esteja em seu nível de menor energia ou estado fundamental, esses elétrons devem ser atribuídos a orbitais *p* diferentes, e ambos devem ter o mesmo spin.

Carbono:  notação *spdf*    $1s^2 2s^2 2p^2$    ou    $[He]2s^2 2p^2$

Notação em caixa    ⇅ | ⇅ | ↑ ↑ ☐
                    1s   2s     2p

Quando os elétrons são distribuídos nos orbitais *p*, *d* ou *f*, cada elétron é atribuído sucessivamente a um orbital diferente do subnível, com o mesmo spin que o anterior, e esse padrão continua até que o subnível esteja semipreenchido. Os elétrons adicionais devem então ser atribuídos aos orbitais semipreenchidos. Esse procedimento segue a **regra de Hund**, a qual afirma que *o arranjo mais estável dos elétrons em um subnível é aquele com o número máximo de elétrons desemparelhados, todos com o mesmo spin*.

Todos os elementos do Grupo 14 têm configurações dos níveis externos semelhantes, $ns^2 np^2$, em que $n$ é o período no qual o elemento está localizado na tabela periódica.

## Nitrogênio (N), Oxigênio (O) e Elementos dos Grupos 15 e 16

Um átomo de nitrogênio (Grupo 15) possui cinco elétrons de valência. Além dos dois elétrons 2s, ele tem três elétrons, todos com o mesmo spin, em três orbitais 2p.

Nitrogênio:  notação *spdf*    $1s^2 2s^2 2p^3$    ou    $[He]2s^2 2p^3$

Notação em caixa    ⇅ | ⇅ | ↑ ↑ ↑
                    1s   2s     2p

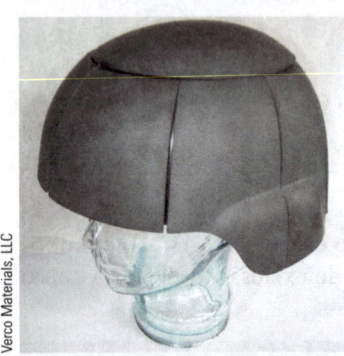

**Boro.** O carbeto de boro, $B_4C$, é usado na confecção de armaduras. Todos os elementos do Grupo 13, como o boro, têm uma configuração eletrônica externa do tipo $ns^2 np^1$.

**Regra de Hund e Energia de Troca** A razão pela qual uma configuração com o número máximo de elétrons desemparelhados é mais estável deve-se à *energia de troca*, um conceito originário da mecânica quântica e que vai além do nível da Química Geral. Devido à interação de troca, os elétrons com spins paralelos resultam em uma energia total menor. A primeira das configurações a seguir é mais estável do que a segunda, por ter uma quantidade de energia igual à da *energia de troca*.

Um átomo de oxigênio (Grupo 16) possui seis elétrons de valência. Dois dos seis elétrons são atribuídos ao orbital $2s$, e os outros quatro elétrons são atribuídos aos orbitais $2p$.

| Oxigênio: | notação $spdf$ | $1s^2 2s^2 2p^4$ | ou | $[He]2s^2 2p^4$ |

Notação em caixa  $\boxed{\uparrow\downarrow}$  $\boxed{\uparrow\downarrow}$  $\boxed{\uparrow\downarrow \mid \uparrow \mid \uparrow}$
                             $1s$     $2s$    $2p$

O quarto elétron $2p$ deve emparelhar-se com um que já está presente. Não faz nenhuma diferença para qual orbital esse elétron é atribuído (todos os orbitais $2p$ têm a mesma energia), mas ele deve ter um spin oposto ao outro elétron já atribuído àquele orbital, de modo que cada elétron tenha um conjunto diferente de números quânticos (o princípio de exclusão de Pauli).

Todos os elementos do Grupo 15 possuem uma configuração do subnível de valência $ns^2 np^3$, e todos os elementos do Grupo 16 têm uma configuração do subnível de valência $ns^2 np^4$, em que $n$ é o período em que o elemento está localizado na tabela periódica.

### Flúor (F), Neônio (Ne) e os Elementos dos Grupos 17 e 18

Um átomo de flúor (Grupo 17) possui sete elétrons no subnível $n = 2$. Dois desses elétrons ocupam o subnível $2s$, e os cinco elétrons restantes ocupam o subnível $2p$.

| Flúor: | notação $spdf$ | $1s^2 2s^2 2p^5$ | ou | $[He]2s^2 2p^5$ |

Notação em caixa  $\boxed{\uparrow\downarrow}$  $\boxed{\uparrow\downarrow}$  $\boxed{\uparrow\downarrow \mid \uparrow\downarrow \mid \uparrow}$
                             $1s$     $2s$    $2p$

**Flúor.** O flúor é encontrado como íon fluoreto no mineral fluorita ($CaF_2$), às vezes chamado de *espatoflúor*. O mineral, característico do estado de Illinois, Estados Unidos, aparece em várias cores. Todos os elementos do Grupo 17 têm uma configuração eletrônica externa de $ns^2 np^5$.

Os átomos de todos os halogênios têm uma configuração semelhante do subnível de valência, $ns^2 np^5$, em que $n$ é o período em que o elemento está localizado.

O neônio é um gás nobre, assim como todos os elementos do Grupo 18. Os átomos dos elementos do Grupo 18 (exceto o hélio) têm oito elétrons no subnível de maior valor de $n$, de modo que todos têm a configuração do subnível de valência $ns^2 np^6$, em que $n$ é o período no qual o elemento é encontrado. Isto é, todos os gases nobres possuem os subníveis $ns$ e $np$ completamente preenchidos. O fato de os gases nobres serem inertes está relacionado a essa configuração eletrônica.

| Neônio: | notação $spdf$ | $1s^2 2s^2 2p^6$ | ou | $[He]2s^2 2p^6$ |

Notação em caixa  $\boxed{\uparrow\downarrow}$  $\boxed{\uparrow\downarrow}$  $\boxed{\uparrow\downarrow \mid \uparrow\downarrow \mid \uparrow\downarrow}$
                             $1s$     $2s$    $2p$

## Elementos do Terceiro Período

Os elementos do terceiro período têm configurações eletrônicas de valência semelhantes às do segundo período, exceto que o gás nobre precedente é o neônio e o subnível de valência é o terceiro nível de energia. Por exemplo, o silício tem quatro elétrons de valência e a configuração do neônio para os elétrons mais internos. Como é o segundo elemento no bloco $p$, ele tem dois elétrons em orbitais $3p$. Assim, sua configuração eletrônica é:

**Silício.** Si é o quarto elemento no terceiro período. A crosta terrestre é em grande parte composta de minerais contendo silício. Esta foto mostra um pouco de silício elementar e uma fina pastilha de silício em que os circuitos eletrônicos são impressos.

| Silício: | notação $spdf$ | $1s^2 2s^2 2p^6 3s^2 3p^2$ | ou | $[Ne]3s^2 3p^2$ |

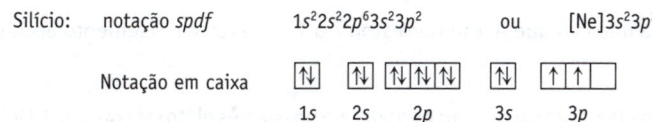

Notação em caixa  $\boxed{\uparrow\downarrow}$  $\boxed{\uparrow\downarrow}$  $\boxed{\uparrow\downarrow \mid \uparrow\downarrow \mid \uparrow\downarrow}$  $\boxed{\uparrow\downarrow}$  $\boxed{\uparrow \mid \uparrow}$
                             $1s$     $2s$    $2p$    $3s$    $3p$

**Enxofre**  O enxofre encontra-se amplamente distribuído na Terra. Como todos os elementos do Grupo 16, ele tem a configuração eletrônica externa de $ns^2np^4$.

---

**EXEMPLO 7.1**

## Configurações Eletrônicas

**Problema**  Dê a configuração eletrônica do enxofre usando as notações *spdf* com gás nobre e de orbitais em caixa.

**O que você sabe?**  De acordo com a tabela periódica: enxofre, número atômico 16, é o sexto elemento no terceiro período ($n = 3$) e está na quarta coluna do bloco *p*. Você precisa saber a ordem de preenchimento (Figura 7.1b).

**Estratégia**

- Para as notações *spdf* e de orbitais em caixa: atribua os 16 elétrons do enxofre aos orbitais com base na ordem de preenchimento.

- Para a notação do gás nobre: os primeiros dez elétrons são identificados pelo símbolo do gás nobre precedente, Ne. Os seis elétrons restantes são atribuídos aos subníveis 3*s* e 3*p*. Certifique-se de que a regra de Hund é seguida na notação em caixa.

**RESOLUÇÃO**  O enxofre, número atômico 16, é o sexto elemento no terceiro período ($n = 3$) e está no bloco *p*. Os últimos seis elétrons atribuídos ao átomo, portanto, têm a configuração $3s^23p^4$. Estes são precedidos pelos subníveis completos $n = 1$ e $n = 2$, que correspondem ao arranjo eletrônico do Ne.

| | |
|---|---|
| Notação *spdf* completa: | $1s^22s^22p^63s^23p^4$ |
| Notação *spdf* com gás nobre: | $[Ne]3s^23p^4$ |
| Notação dos orbitais em caixas: | [Ne] ⇅  ⇅ ↑ ↑ |
| | 3*s*    3*p* |

**Pense bem antes de responder**  A notação de orbitais em caixas fornece informações não encontradas na notação *spdf*, ou seja, o número de elétrons desemparelhados.

---

## Verifique seu entendimento

(a)  Qual elemento tem a configuração $1s^22s^22p^63s^23p^5$?

(b)  Usando a notação *spdf* e um diagrama de orbitais em caixa, apresente a configuração eletrônica do fósforo.

---

**EXEMPLO 7.2**

## Configurações Eletrônicas e Números Quânticos

**Problema**  Escreva a configuração eletrônica do Al usando as notações *spdf* e dos orbitais em caixa com a notação do gás nobre e dê um conjunto de números quânticos para cada um dos elétrons com $n = 3$ (os elétrons de valência).

**O que você sabe?**  A tabela periódica informa que Al (número atômico 13) é o terceiro elemento após o gás nobre neônio.

**Estratégia**  Como o alumínio é o terceiro elemento no terceiro período, ele possui três elétrons com $n = 3$. Dois dos elétrons são atribuídos a 3*s* e o elétron restante é atribuído a 3*p*.

**RESOLUÇÃO** O elemento é precedido pelo gás nobre neônio, de modo que a configuração eletrônica é [Ne]$3s^2 3p^1$. Utilizando a notação em caixa, a configuração é:

Configuração do alumínio:  [Ne] [↑↓] [↑ | | ]
                                    $3s$    $3p$

Os conjuntos dos números quânticos possíveis para os dois elétrons $3s$ são

|      | $n$ | $\ell$ | $m_\ell$ | $m_s$ |
|------|-----|--------|----------|-------|
| Para | 3   | 0      | 0        | $+\frac{1}{2}$ |
| Para | 3   | 0      | 0        | $-\frac{1}{2}$ |

Para o único elétron $3p$, um dos seis conjuntos possíveis seria $n = 3$, $\ell = 1$, $m_\ell = +1$ e $m_s = +\frac{1}{2}$.

**Pense bem antes de responder** Cada conjunto de quatro números quânticos identifica um único elétron na configuração eletrônica de um átomo. Os dois conjuntos dos quatro números quânticos não podem ser iguais.

## Verifique seu entendimento

Escreva um conjunto possível de números quânticos para os elétrons de valência do cálcio.

## Configurações Eletrônicas dos Elementos de Transição

Os elementos do quarto ao sétimo períodos utilizam subníveis $d$ e $f$ em adição aos subníveis $s$ e $p$, a fim de acomodar os elétrons (veja a Figura 7.3 e as Tabelas 7.3 e 7.4). Os elementos cujos átomos possuem subníveis $d$ parcial ou totalmente preenchidos são chamados **elementos de transição**. Os elementos com subníveis $f$ parcial ou totalmente preenchidos são chamados, algumas vezes, **elementos de transição interna** ou, mais frequentemente, **lantanídeos** (quando o preenchimento ocorre nos orbitais $4f$, do Ce ao Lu) e **actinídeos** (quando o preenchimento ocorre nos orbitais $5f$, do Th ao Lr).

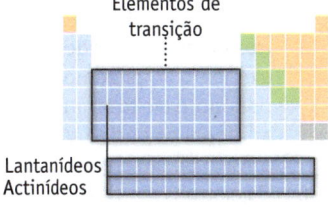

Elementos de transição

Lantanídeos
Actinídeos

Em um determinado período da tabela periódica, os elementos de transição são sempre precedidos por dois elementos do bloco $s$. Após o preenchimento do orbital $ns$ no período, começamos a preencher os orbitais $(n-1)d$. O escândio, o primeiro elemento de transição, tem a configuração [Ar]$3d^1 4s^2$, e o titânio segue com [Ar]$3d^2 4s^2$ (Tabela 7.4).

O procedimento geral para a atribuição dos elétrons sugere que a configuração eletrônica do átomo de cromo seja [Ar]$3d^4 4s^2$. A configuração real, entretanto, tem um elétron atribuído a cada um dos seis orbitais $3d$ e $4s$ disponíveis: [Ar]$3d^5 4s^1$. Essa configuração possui uma energia total menor (devido ao maior número de elétrons desemparelhados) do que a configuração anterior.

Depois do cromo, os átomos de manganês, ferro, cobalto e níquel apresentam as configurações que seriam esperadas a partir da ordem de preenchimento dos orbitais na Figura 7.1. O cobre ([Ar]$3d^{10} 4s^1$) é a segunda "exceção" nessa série; ele possui um único elétron no orbital $4s$, e os dez elétrons restantes além do cerne de argônio são atribuídos aos orbitais $3d$. O zinco, com a configuração [Ar]$3d^{10} 4s^2$, termina a primeira série de transição.

Os elementos de transição do quinto período seguem o padrão do quarto período, porém, têm mais exceções às regras gerais de preenchimento de orbitais.

**Escrevendo Configurações para Metais de Transição** Seguimos a convenção da escrita das configurações com os níveis listados em ordem crescente de $n$ e, dentro de um determinado subnível, escrevendo os subníveis em ordem crescente de $\ell$. No entanto, alguns químicos invertem a ordem dos orbitais $ns$ e $(n-1)d$ para enfatizar a ordem de preenchimento do orbital.

## Lantanídeos e Actinídeos

O sexto período inclui a série dos lantanídeos. Como primeiro elemento no bloco $d$, o lantânio tem a configuração [Xe]$5d^1 6s^2$. O elemento seguinte, cério (Ce), é colocado em uma fileira separada na parte inferior da tabela periódica, e é com os elementos dessa fileira (do Ce ao Lu) que os elétrons começam a preencher os orbitais $4f$. Assim, a configuração do cério é [Xe]$4f^1 5d^1 6s^2$. Ao se mover ao longo da série

**Lantanídeos.** Esses elementos têm muitos usos. Na foto são mostrados óxidos de lantanídeos.

dos lantanídeos, o padrão continua (embora com variações ocasionais na ocupação de orbitais 5*d* e orbitais 4*f*). A série dos lantanídeos termina com 14 elétrons sendo atribuídos aos sete orbitais 4*f* no lutécio (Lu), cuja configuração eletrônica é [Xe]4$f^{14}$5$d^1$6$s^2$).

O sétimo período também inclui uma série extensa de elementos utilizando orbitais 5*f*, os actinídeos. O actínio (Ac) tem a configuração [Rn]6$d^1$7$s^2$. O elemento seguinte é o tório (Th), que é seguido pelo protactínio (Pa) e pelo urânio (U). A configuração eletrônica do urânio é [Rn]5$f^3$6$d^1$7$s^2$.

## Energias dos Orbitais, $Z_{ef}$ e Configurações Eletrônicas

### UM OLHAR MAIS ATENTO

O gráfico abaixo mostra como as energias dos diferentes orbitais atômicos variam ao passarmos de um elemento a outro na tabela periódica. Aqui estão algumas observações significativas extraídas do gráfico.

(1) De um modo geral, à medida que se move da esquerda para a direita, em qualquer período, as energias dos orbitais atômicos diminuem. Essa tendência está relacionada com as variações na carga nuclear efetiva, $Z_{ef}$, a carga efetiva experimentada por um elétron em um dado orbital (Figura 7.2). Como notado, $Z_{ef}$ é um parâmetro relacionado com a carga nuclear e com o efeito de blindagem de todos os outros elétrons. Quando se move de um elemento ao próximo através de cada período, o efeito atrativo de um próton adicional no núcleo supera o efeito repulsivo de um elétron adicional.

(2) Os elétrons são classificados como elétrons de valência ou elétrons dos níveis internos. Agora podemos ver, a partir desse gráfico, a distinção óbvia entre essas duas classes. Os elétrons de valência encontram-se em orbitais com maiores energias (menos negativas). Por outro lado, os elétrons dos níveis internos estão em orbitais com menores energias, porque eles experimentam um valor de $Z_{ef}$ muito mais elevado. Além disso, à medida que se desloca de um período ao outro (por exemplo, do Ar no terceiro período ao K no quarto período), as energias dos orbitais internos diminuem significativamente. A menor energia dos elétrons nesses orbitais exclui a possibilidade de esses elétrons serem envolvidos em reações químicas.

(3) Observe também as energias dos orbitais da primeira série de transição. Cada elemento ao longo da série de transição envolve a adição de um próton no núcleo e de um elétron 3*d* em um nível interno. O nível de energia 4*s* diminui apenas ligeiramente nessa série de elementos, indicando que os elétrons 3*d* adicionais efetivamente protegem um elétron 4*s* da carga positiva resultante da adição de um próton. A carga nuclear adicional tem maior efeito nos orbitais 3*d*, e as suas energias diminuem a uma extensão cada vez maior ao longo da série de transição. Quando o final dessa série é alcançado, os elétrons 3*d* tornam-se parte do cerne de elétrons mais internos, e suas energias diminuem significativamente.

(4) Por fim, observe o comportamento excepcional de Cr e Cu nessa sequência. Estes elementos têm configurações eletrônicas inesperadas (página 300) decorrentes de um outro fator, a energia de troca (página 302-303), que contribui para a energia total do átomo.

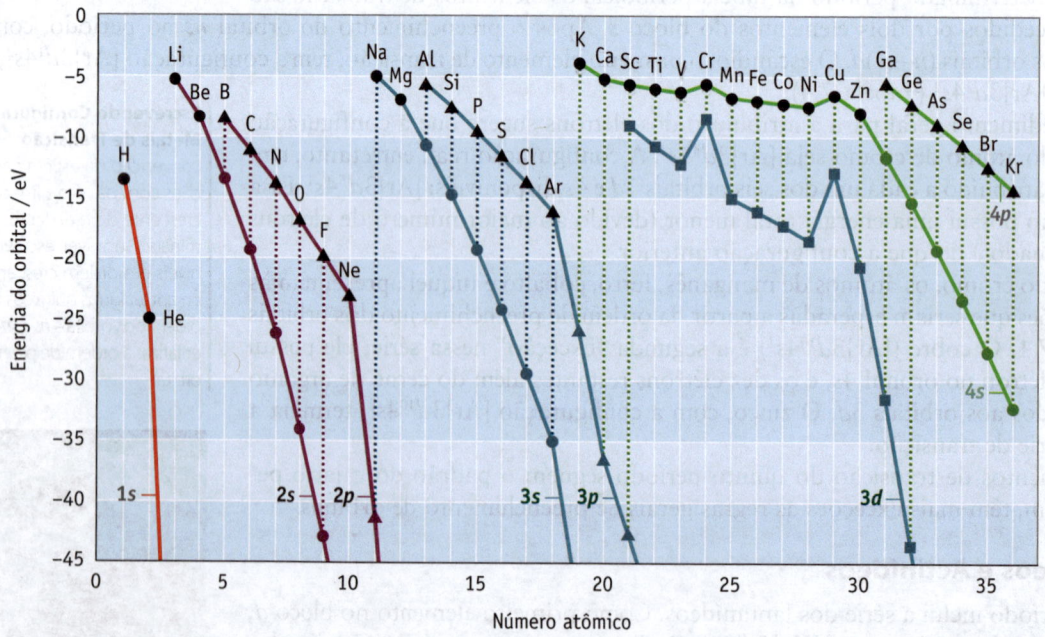

**Variações nas energias dos orbitais (provenientes dos dados de espectroscopia fotoeletrônica, página 317) em função do número atômico.** As energias estão em elétron-volts (eV), em que 1 eV = 1,602 × 10⁻¹⁹ J. (Figura redesenhada de KEELER, J. ; WOTHERS, P. *Chemical Structure and Reactivity*. Oxford, 2008; usada com permissão.)

**Tabela 7.4  Diagramas de Orbitais em Caixas para os Elementos do Ca ao Zn**

| | | 3d | 4s |
|---|---|---|---|
| Ca | [Ar]$4s^2$ | ☐☐☐☐☐ | ↑↓ |
| Sc | [Ar]$3d^14s^2$ | ↑ ☐☐☐☐ | ↑↓ |
| Ti | [Ar]$3d^24s^2$ | ↑ ↑ ☐☐☐ | ↑↓ |
| V | [Ar]$3d^34s^2$ | ↑ ↑ ↑ ☐☐ | ↑↓ |
| Cr* | [Ar]$3d^54s^1$ | ↑ ↑ ↑ ↑ ↑ | ↑ |
| Mn | [Ar]$3d^54s^2$ | ↑ ↑ ↑ ↑ ↑ | ↑↓ |
| Fe | [Ar]$3d^64s^2$ | ↑↓ ↑ ↑ ↑ ↑ | ↑↓ |
| Co | [Ar]$3d^74s^2$ | ↑↓ ↑↓ ↑ ↑ ↑ | ↑↓ |
| Ni | [Ar]$3d^84s^2$ | ↑↓ ↑↓ ↑↓ ↑ ↑ | ↑↓ |
| Cu* | [Ar]$3d^{10}4s^1$ | ↑↓ ↑↓ ↑↓ ↑↓ ↑↓ | ↑ |
| Zn | [Ar]$3d^{10}4s^2$ | ↑↓ ↑↓ ↑↓ ↑↓ ↑↓ | ↑↓ |

\* Veja "Um Olhar Mais Atento: Questões Sobre as Configurações Eletrônicas dos Elementos de Transição".

---

**EXEMPLO 7.3**

## Configurações Eletrônicas dos Elementos de Transição

**Problema**  Usando a notação *spdf* com a do gás nobre, dê as configurações eletrônicas para (a) o tecnécio, Tc, e (b) o ósmio, Os.

**O que você sabe?**  Fundamente sua resposta nas posições dos elementos na tabela periódica. O tecnécio é o sétimo elemento no quinto período e o ósmio é o 22º elemento no sexto período.

**Estratégia**  Para cada elemento encontre o gás nobre precedente e, então, observe o número de elétrons *s*, *p*, *d* e *f* adicionais ao do gás nobre para cada elemento.

### RESOLUÇÃO

(a)  Tecnécio, Tc: o gás nobre que precede o Tc é o criptônio, Kr, no final do quarto período, com $n = 4$. Após 36 elétrons correspondentes à configuração do criptônio (como [Kr]), sobram sete elétrons. Dois desses elétrons estão no orbital 5s, e os cinco restantes, nos orbitais 4d. Consequentemente, a configuração do tecnécio é [Kr]$4d^55s^2$.

(b)  Ósmio, Os: o ósmio é um elemento do sexto período. Dos 22 elétrons a serem adicionados além da configuração eletrônica comum à do xenônio, dois são atribuídos ao orbital 6s e 14 aos orbitais 4f. Os seis restantes são atribuídos aos orbitais 5d. Assim, a configuração do ósmio é [Xe]$4f^{14}5d^66s^2$.

**Pense bem antes de responder**  A tabela periódica é um guia útil para determinar configurações eletrônicas. Tenha em mente, porém, que existem algumas exceções, particularmente nos elementos de transição mais pesados e nos lantanídeos e actinídeos.

---

## Verifique seu entendimento

Usando a tabela periódica e sem olhar a Tabela 7.3, escreva as configurações eletrônicas para os seguintes elementos:

(a)  P     (c)     Zr     (e)     Pb

(b)  Zn    (d)     In     (f)     U

Use a notação *spdf* e a do gás nobre. Ao terminar, verifique suas respostas na Tabela 7.3.

---

## **7.4** Configurações Eletrônicas dos Íons

### Objetivos da Seção 7.4

- Escrever as configurações eletrônicas para os íons dos elementos do grupo principal e dos metais de transição.

- Entender o papel que o magnetismo tem em revelar a estrutura eletrônica.

A Química frequentemente envolve íons, por isso precisamos entender as configurações eletrônicas dos íons e suas relações com as propriedades das substâncias e suas reações.

### Ânions e Cátions

Para formar um ânion monatômico, um ou mais elétrons é(são) adicionado(s) a nível de valência do átomo de um ametal, de modo que a configuração eletrônica do íon seja a mesma que a do gás nobre que o sucede na tabela periódica. Sendo assim, um átomo de flúor ganha um elétron e torna-se um íon fluoreto com a mesma configuração eletrônica que a do gás nobre neônio.

$$F\ [1s^2 2s^2 2p^5]\ +\ e^-\ \rightarrow\ F^-\ [1s^2 2s^2 2p^6]$$

---

## UM OLHAR MAIS ATENTO

Por que nem todos os subníveis de $n = 3$ são preenchidos antes dos subníveis de $n = 4$ começarem a ser preenchidos? Por que a configuração do escândio é [Ar]$3d^1 4s^2$ e não [Ar]$3d^3$? Por que a configuração do cromo é [Ar]$3d^5 4s^1$ e não [Ar]$3d^4 4s^2$? À medida que procurarmos explicações, tenha em mente que a configuração mais estável será aquela com a menor energia *total*.

Do escândio ao zinco, as energias dos orbitais $3d$ são sempre menores que a energia do orbital $4s$, portanto, a configuração [Ar]$3d^3$ seria a esperada para o escândio. Uma maneira de entender por que isso não se verifica é considerar o efeito de repulsão elétron–elétron nos orbitais $3d$ e $4s$. A configuração mais estável será aquela que minimizar de forma mais efetiva as repulsões elétron–elétron.

Os gráficos dos orbitais $3d$ e $4s$ (como foi feito para $1s$ e $2s$ na Figura 7.2) indicam que a distância mais provável entre um elétron $3d$ e o núcleo é menor que aquela de um elétron $4s$.

Estando mais próximos do núcleo, os orbitais $3d$ são mais compactos que o orbital $4s$. Isso significa que os elétrons $3d$ ficam mais próximos uns dos outros e, sendo assim, dois elétrons $3d$ repelem-se mais fortemente do que dois elétrons $4s$, por exemplo. A consequência é que, colocando os elétrons no orbital $4s$ de maior energia, diminui o efeito de repulsão elétron-elétron e reduz a energia total do átomo.

Para o cromo, as energias dos orbitais $4s$ e $3d$ são mais próximas do que as dos demais elementos de transição do quarto período. Mais uma vez, pensando em termos de energia total, é o efeito da energia de troca (página 301-302) que faz a diferença e como consequência, a configuração [Ar]$3d^5 4s^1$, na qual todos os spins eletrônicos são os mesmos, é a mais estável.

## Questões sobre as Configurações Eletrônicas dos Elementos de Transição

Para saber mais detalhes dessas questões, consulte os seguintes artigos no *Journal of Chemical Education* e no Capítulo 9 do livro *The Periodic Table* por E. Scerri.

- SCERRI, E. *The Periodic Table*. Oxford, 2007.
- PILAR, F. L. *4s is Always Above 3d*. *Journal of Chemical Education*, v. 55, p. 1-6, 1978.
- SCERRI, E. R. Transition Metal Configurations and Limitations of the Orbital Approximation. *Journal of Chemical Education*, v. 66, p. 481-483, 1989.
- VANQUICKENBORNE, L. G.; PIERLOOT, K.; DEVOGHEL, D. Transition Metals and the Aufbau Principle. *Journal of Chemical Education*, v. 71, p. 469-471, 1994.
- MELROSE, M. P.; SCERRI, E. R. Why the 4s Orbital is Occupied before the 3d. *Journal of Chemical Education*, v. 73, p. 498-503, 1996.
- SCHWARZ, W. H. E. The Full Story of the Electron Configurations of the Transition Elements. *Journal of Chemical Education*, v. 87, p. 444-448, 2010.

De modo semelhante, um átomo de enxofre ganha dois elétrons para tornar-se um íon sulfeto com a mesma configuração eletrônica que a do gás nobre argônio.

$$S\ [1s^2 2s^2 2p^6 3s^2 3p^4]\ + 2\ e^- \rightarrow S^{2-}\ [1s^2 2s^2 2p^6 3s^2 3p^6]$$

Para formar um cátion a partir de um átomo neutro, um ou mais dos elétrons de valência é(são) removido(s). *Os elétrons são sempre removidos primeiro do subnível eletrônico de maior valor de n. Se vários subníveis estiverem presentes dentro do enésimo subnível, o elétron ou elétrons de ℓ máximo será(serão) removido(s).* Portanto, um íon sódio é formado pela remoção do elétron $3s^1$ do átomo de Na,

$$Na\ [1s^2 2s^2 2p^6 3s^1] \rightarrow Na^+\ [1s^2 2s^2 2p^6] + e^-$$

e o $Ge^{2+}$ é formado removendo-se dois elétrons $4p$ de um átomo de germânio,

$$Ge\ [Ar]3d^{10}4s^2 4p^2 \rightarrow Ge^{2+}\ [Ar]3d^{10}4s^2 + 2\ e^-$$

A mesma regra geral aplica-se aos átomos dos metais de transição. Isso significa, por exemplo, que o cátion titânio(II) possui a configuração $[Ar]3d^2$

$$Ti\ [Ar]3d^2 4s^2 \rightarrow Ti^{2+}\ [Ar]3d^2 + 2\ e^-$$

Os cátions ferro(II) e ferro(III) têm as configurações $[Ar]3d^6$ e $[Ar]3d^5$, respectivamente:

$$Fe\ [Ar]3d^6 4s^2 \rightarrow Fe^{2+}\ [Ar]3d^6 + 2\ e^-$$
$$Fe^{2+}\ [Ar]3d^6 \rightarrow Fe^{3+}\ [Ar]3d^5 + e^-$$

Observe que, na ionização dos metais de transição, os elétrons $ns$ são sempre perdidos antes dos elétrons $(n-1)d$. Os cátions formados têm configurações eletrônicas do tipo geral [cerne do gás nobre] $(n-1)d^x$. Como sabemos se isso é verdadeiro? Uma evidência é o estudo das propriedades magnéticas da matéria.

## Diamagnetismo e Paramagnetismo

Se um átomo de hidrogênio é colocado em um campo magnético, o único elétron irá interagir com o campo externo, como a agulha de uma bússola alinha-se com as linhas de força do campo magnético terrestre. Como resultado, o átomo de hidrogênio é atraído pelo ímã.

Por outro lado, os átomos de hélio, cada qual com dois elétrons, não são atraídos pelo ímã. Na verdade, eles são ligeiramente repelidos pelo ímã. Para explicar essa observação, assumimos, em consonância com o princípio de exclusão de Pauli, que os dois elétrons do hélio têm diferentes valores de $m_s$, ou seja, eles têm orientações *opostas* de spin. Dizemos que seus spins estão *emparelhados*, e o resultado é que o campo magnético de um elétron é anulado pelo campo magnético do segundo elétron com spin oposto.

*Os elementos e compostos que têm elétrons desemparelhados são atraídos por um ímã.* Tais espécies são chamadas de **paramagnéticas**. As substâncias nas quais todos os elétrons estão emparelhados (com os dois elétrons de cada par tendo spins contrários) experimentam uma ligeira repulsão quando submetidas a um campo magnético e são chamadas de **diamagnéticas**. O magnetismo de uma substância pode ser determinado colocando-a em um campo magnético e observando o grau de atração ou repulsão (Figura 7.4).

Determinando o comportamento magnético de uma substância, podemos obter informação sobre a estrutura eletrônica. Por exemplo, o íon $Fe^{3+}$ é paramagnético (Figura 7.4) com cinco elétrons desemparelhados. Isso é condizente depois da remoção de dois elétrons $4s$ e um elétron $3d$ de um átomo de ferro para formar um íon $Fe^{3+}$, deixando cinco elétrons $3d$ desemparelhados. Se, em vez disso, três elétrons $3d$ fossem removidos para formar o $Fe^{3+}$, o íon ainda seria paramagnético, mas com apenas três elétrons desemparelhados.

**Medida experimental do paramagnetismo**

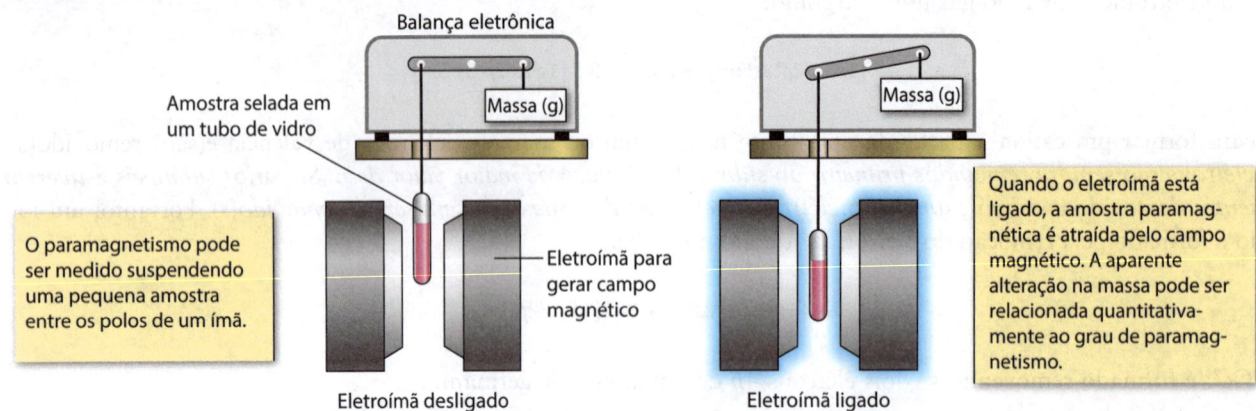

O paramagnetismo pode ser medido suspendendo uma pequena amostra entre os polos de um ímã.

Quando o eletroímã está ligado, a amostra paramagnética é atraída pelo campo magnético. A aparente alteração na massa pode ser relacionada quantitativamente ao grau de paramagnetismo.

**Observando o paramagnetismo do óxido de ferro(III).**

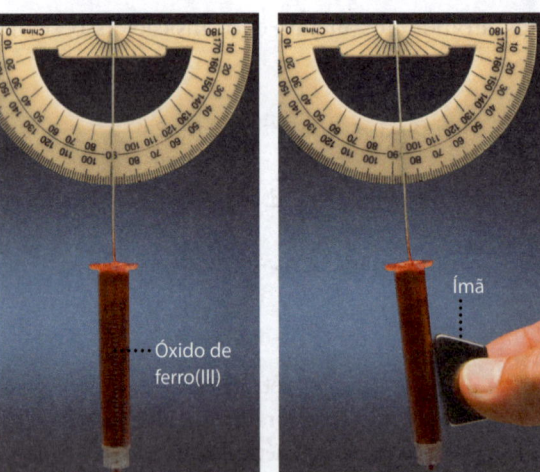

Para demonstrar o paramagnetismo, uma amostra de óxido de ferro(III) é embalada dentro de um tubo plástico e suspensa por um filamento de náilon.

Quando um poderoso ímã é trazido para perto da amostra, os íons paramagnéticos ferro(III) no $Fe_2O_3$ fazem com que a amostra seja atraída pelo ímã.

O ímã é feito de neodímio, ferro e boro $[Nd_2Fe_{14}B]$. Estes poderosos ímãs são utilizados em alto-falantes acústicos.

**FIGURA 7.4 Observando e medindo o paramagnetismo dos compostos.**

**EXEMPLO 7.4**

## Configurações dos Íons de Metais de Transição

**Problema** Dê as configurações eletrônicas para Cu, $Cu^+$ e $Cu^{2+}$. Alguns dos íons são paramagnéticos? Quantos elétrons desemparelhados há em cada íon?

**O que você sabe?** Você sabe a configuração eletrônica do cobre, que possui um elétron 4s e dez elétrons 3d. Quando se forma um íon de metal de transição, os elétrons ns mais externos são preferencialmente perdidos, seguidos pelos elétrons (n – 1)d.

**Estratégia** Inicie com a configuração eletrônica do cobre (Tabela 7.4). Observa-se sempre que o(s) elétron(s) ns é(são) perdido(s) primeiramente, seguido(s) por um ou mais elétrons (n – 1)d.

**RESOLUÇÃO** O cobre tem somente um elétron no orbital 4s e dez elétrons nos orbitais 3d:

Cu  $[Ar]3d^{10}4s^1$

3d    4s

Quando o cobre é oxidado a $Cu^+$, o elétron 4s é perdido.

$Cu^+$  $[Ar]3d^{10}$

3d    4s

O íon cobre(II) é formado a partir do cobre(I) pela remoção de um dos elétrons 3$d$.

$$Cu^{2+} \quad [Ar]3d^9 \quad \boxed{\uparrow\downarrow}\,\boxed{\uparrow\downarrow}\,\boxed{\uparrow\downarrow}\,\boxed{\uparrow\downarrow}\,\boxed{\uparrow} \quad \boxed{\phantom{x}}$$

$$\qquad\qquad\qquad\qquad 3d \qquad\qquad 4s$$

Um átomo de cobre e um íon cobre(II) têm um elétron desemparelhado, por isso são paramagnéticos. Por outro lado, o $Cu^+$ é diamagnético.

**Pense bem antes de responder** Certifique-se de lembrar que a configuração eletrônica do Cu é [Ar] $3d^{10}4s^1$ e não [Ar]$3d^94s^2$. O cobre é uma das duas exceções da ordem de preenchimento na primeira série de transição (Cr é a outra).

### Verifique seu entendimento

Represente as configurações eletrônicas para $V^{2+}$, $V^{3+}$ e $Co^{3+}$. Utilize os diagramas de orbitais em caixa e a notação do gás nobre. Algum íon é paramagnético? Em caso afirmativo, dê o número de elétrons desemparelhados.

---

### UM OLHAR MAIS ATENTO

## Paramagnetismo e Ferromagnetismo

Os materiais magnéticos são relativamente comuns e muitos são importantes em nossa economia. Por exemplo, no interior de um equipamento de imagem por ressonância magnética (IRM), usado em medicina, há um grande ímã, e encontramos minúsculos ímãs em alto-falantes e telefones. Óxidos magnéticos são empregados em fitas de gravação e em discos de computador.

Os materiais magnéticos que usamos são **ferromagnéticos**. O efeito magnético dos materiais ferromagnéticos é muito maior do que o dos paramagnéticos. O ferromagnetismo ocorre quando os spins dos elétrons desemparelhados de um conjunto de átomos no sólido (chamado *domínio*) alinham-se (na mesma direção). Somente os metais dos grupos do ferro, cobalto e níquel, bem como alguns outros metais, como o neodímio, exibem essa propriedade. São também únicos, pois, uma vez que os domínios são alinhados por um campo magnético, o metal fica permanentemente magnetizado.

Muitos materiais exibem ferromagnetismo maior que os dos próprios metais puros. Um exemplo de tal material é o Alnico, que é composto de alumínio, níquel e cobalto, bem como de cobre e ferro. O ímã permanente mais forte é uma liga de neodímio, ferro e boro ($Nd_2Fe_{14}B$).

Ímãs. Muitos produtos do cotidiano, como os alto-falantes, contêm ímãs permanentes.

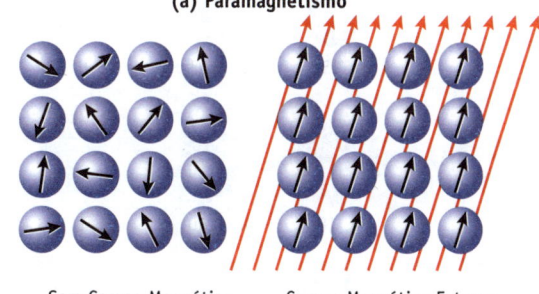

**(a) Paramagnetismo**

Sem Campo Magnético    Campo Magnético Externo

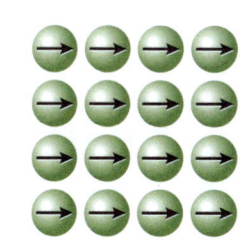

**(b) Ferromagnetismo**

Os spins dos elétrons desemparelhados alinham-se na mesma direção

**Magnetismo. (a)** Paramagnetismo: na ausência de um campo magnético externo, os elétrons desemparelhados nos átomos ou íons da substância são orientados aleatoriamente. Se um campo magnético é imposto, no entanto, esses spins tenderão a ficar alinhados com o campo. **(b)** Ferromagnetismo: os spins dos elétrons desemparelhados em um agrupamento de átomos ou íons alinham-se na mesma direção, mesmo na ausência de um campo magnético.

---

## 7.5 Propriedades Atômicas e Tendências Periódicas

### Objetivo da Seção 7.5

- Prever como as propriedades dos átomos – tamanho, energia de ionização (*EI*) e a entalpia de afinidade eletrônica ($\Delta_{AE}H$) – variam em um grupo e ao longo do período da tabela periódica.

Uma vez que as configurações eletrônicas foram compreendidas, os químicos perceberam que as *semelhanças nas propriedades dos elementos são o resultado de similaridades nas configurações eletrônicas do subnível de valência*. Um dos objetivos desta seção é descrever como as configurações eletrônicas dos átomos estão relacionadas a algumas das propriedades físicas e químicas dos elementos e por que essas propriedades variam de maneira previsível ao nos movermos ao longo de um grupo ou período.

## Tamanho Atômico

Os tamanhos dos átomos (Figura 7.5) influenciam muitos aspectos de suas propriedades e reatividades. O tamanho pode determinar o número de átomos que deve circundar e ligar-se a um átomo central, sendo um fator determinante na forma da molécula. Como será visto no próximo capítulo, as formas das moléculas são importantes na determinação de suas propriedades.

O tamanho do átomo também é geoquímica e tecnologicamente importante. Por exemplo, um átomo pode ocupar o lugar de outro átomo de tamanho similar em uma *liga*, uma solução sólida de vários elementos em uma matriz metálica (Seção 12-5). Nossa sociedade industrial de base tecnológica depende desses materiais. Substituir um elemento por outro de tamanho semelhante pode muitas vezes levar a ligas com propriedades diferentes. Mas isso não é novidade: os seres humanos fizeram ferramentas a partir de meteoritos de ferro (Figura 7.6) há mais de 5 mil anos. Os meteoritos de ferro são uma liga composta de cerca de 90% de ferro e 10% de níquel, dois elementos de tamanhos quase iguais.

Sabemos que um orbital não possui fronteira nítida (Figura 6.12a), então como podemos definir o tamanho de um átomo? Na verdade, existem diversas maneiras, e cada uma delas pode levar a resultados diferentes.

Uma das maneiras mais simples e úteis para definir o tamanho atômico é relacioná-lo com a distância entre os átomos em uma amostra do elemento. (Os raios determinados dessa maneira são normalmente chamados de *raios covalentes*.) Consideremos uma molécula diatômica como o $Cl_2$ (Figura 7.7a). Assume-se que o raio do átomo de cloro seja metade da distância determinada experimentalmente entre os centros dos dois átomos (198 pm), portanto, o raio de um átomo de Cl é 99 pm. De forma semelhante, a distância C—C no diamante é de 154 pm; portanto, podemos atribuir um raio de 77 pm para o carbono. Para testar essas estimativas, podemos adicioná-las para estimar a distância

**FIGURA 7.5 Os raios atômicos em picômetros para elementos do grupo principal.** $1 \text{ pm} = 1 \times 10^{-12} \text{ m} = 1 \times 10^{-3} \text{ nm}$. (Dados extraídos de EMSLEY, J. *The Elements*. 3. ed. Oxford: Claren-don Press, 1998.)

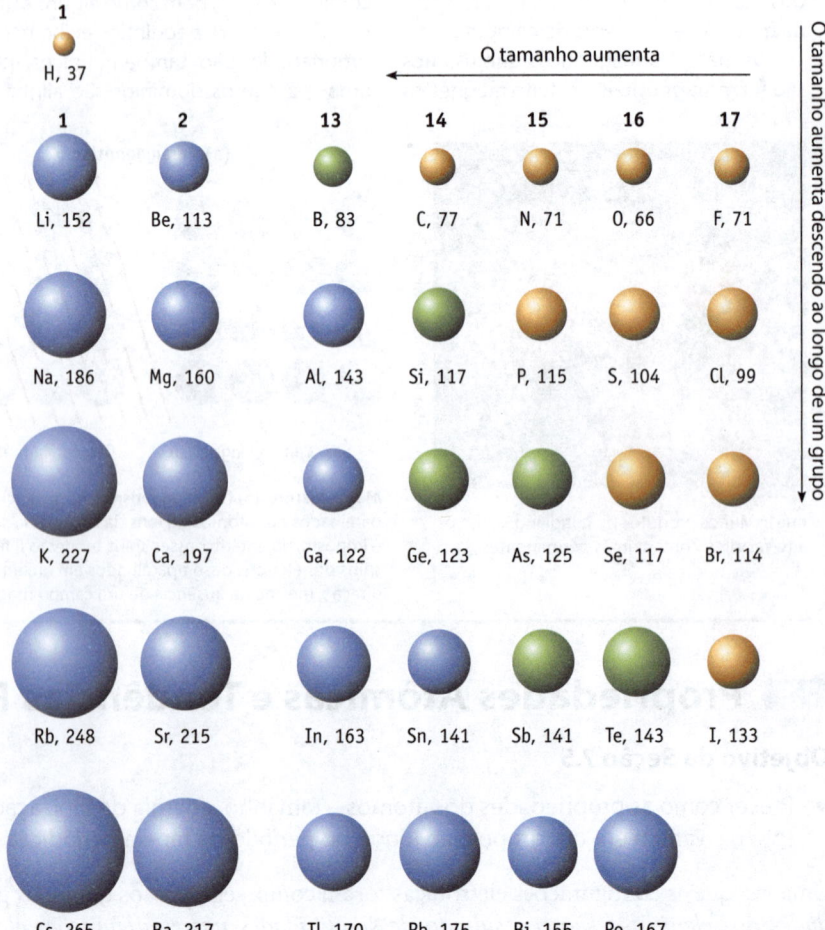

C—Cl no CCl$_4$. A distância prevista de 176 pm está de acordo com a distância medida experimentalmente, C—Cl, que é de 176 pm.

Essa abordagem para determinar raios atômicos só se aplica se existirem compostos moleculares do elemento (e, por isso, é em grande parte limitada a não metais e metaloides). Para os metais, os raios atômicos podem ser estimados a partir de medidas da distância átomo a átomo em um cristal do elemento (Figura 7.7b).

Algumas tendências periódicas interessantes são vistas imediatamente ao olhar os raios atômicos na Figura 7.5. *Para os elementos do grupo principal, os raios atômicos geralmente aumentam descendo um grupo na tabela periódica e diminuem ao longo de um período.* Essas tendências refletem dois efeitos importantes:

- O tamanho de um átomo é determinado pelos elétrons externos. Movendo-se de cima para baixo em um grupo na tabela periódica, os elétrons externos são atribuídos aos orbitais com valores cada vez maiores do número quântico principal, *n*. Como os elétrons subjacentes requerem algum espaço, esses elétrons externos estão necessariamente mais distantes do núcleo.

- Para elementos do grupo principal de um dado período, o número quântico principal, *n*, dos orbitais dos elétrons de valência é o mesmo. Movendo-se de um elemento para o outro ao longo de um período, a carga nuclear efetiva ($Z_{ef}$) aumenta (veja Figura 7.2). Isso resulta em um aumento da força de atração coulombiana entre o núcleo e os elétrons de valência, e o raio atômico diminui.

A tendência periódica nos raios atômicos dos átomos de metais de transição (Figura 7.8) ao longo de um período é um pouco diferente da observada para os elementos do grupo principal. Percorrendo um dado período da esquerda para a direita, os raios inicialmente diminuem. Entretanto, os tamanhos dos elementos no meio da série de transição mudam muito pouco, até que um pequeno aumento no tamanho ocorre no final da série. O tamanho dos átomos de metais de transição é determinado principalmente pelos elétrons do subnível externo – isto é, pelos elétrons do subnível *ns*, porém, os elétrons são adicionados aos

**FIGURA 7.6  O meteorito de Willamette.** Esse meteorito de 14150 kg é composto de 92,38% de Fe e 7,62% de Ni (com traços de Ga, Ge e Ir). Os átomos de ferro e de níquel têm raios quase iguais (124 pm e 125 pm, respectivamente), de modo que um pode substituir o outro no sólido. (O meteorito foi descoberto em Oregon, em 1902, e agora está em exibição no Museu Americano de História Natural.)

**Raios Atômicos – Cuidado** Existem numerosas tabelas de raios atômicos e covalentes, e os valores citados nelas frequentemente diferem um pouco. A variação ocorre porque diversos métodos são utilizados para determinar os raios dos átomos.

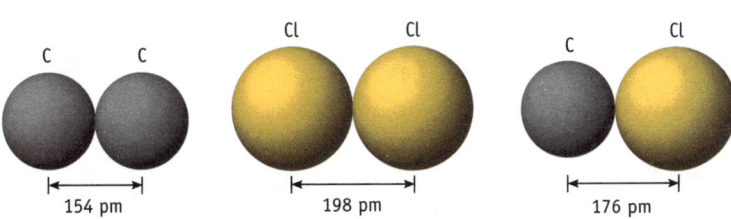

**(a)** A soma dos raios atômicos de C e Cl fornece uma boa estimativa da distância C—Cl em uma molécula que tem essa ligação.

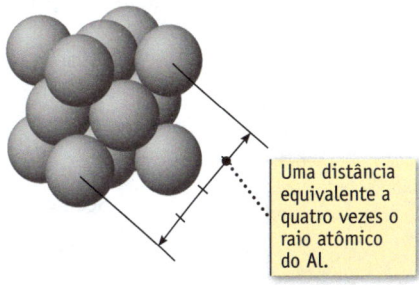

Uma distância equivalente a quatro vezes o raio atômico do Al.

**(b)** Aqui está representada uma pequena porção de um cristal de alumínio. Cada esfera representa um átomo de alumínio. Medir a distância indicada permite que um cientista estime o raio de um átomo de alumínio.

**FIGURA 7.7  Determinando raios atômicos.**

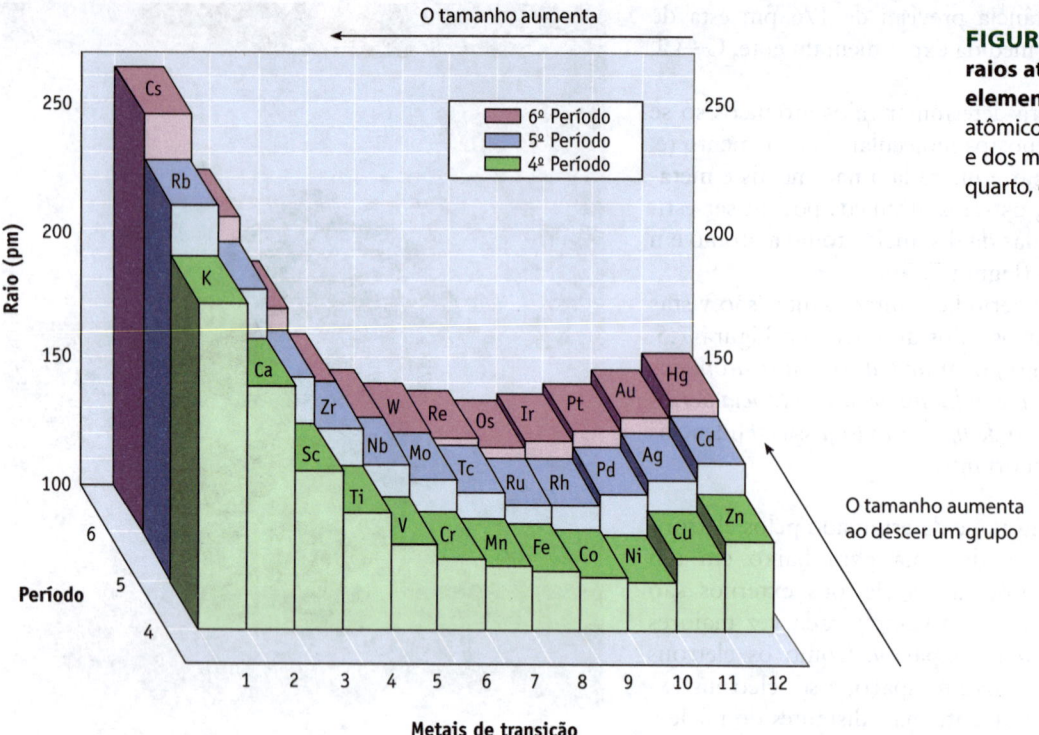

**FIGURA 7.8 Tendências nos raios atômicos para os elementos de transição.** Raios atômicos dos metais do Grupo 1, 2 e dos metais de transição dos quarto, quinto e sexto períodos.

orbitais $(n - 1)d$ ao longo da série. O aumento na carga nuclear dos átomos da esquerda para a direita no período leva a uma diminuição do raio. Esse efeito, entretanto, é contrabalanceado em grande parte pelo aumento da repulsão elétron-elétron. Ao atingirmos os elementos dos Grupos 11 e 12 no final da série, o tamanho aumenta ligeiramente porque o subnível $d$ está completamente preenchido, e a repulsão elétron-elétron predomina.

## Energia de Ionização

A energia de ionização ($EI$) é a energia necessária para remover um elétron de um átomo na fase gasosa.

$$\text{Átomo no estado fundamental (g)} \rightarrow \text{Átomo}^+\text{(g)} + \text{e}^-$$

$$\Delta U \equiv \text{energia de ionização, } EI$$

Como previsto pela lei de Coulomb, uma quantidade de energia deve ser fornecida para superar a atração entre um elétron e o núcleo e para separar o elétron do átomo. Desse modo, as energias de ionização têm sempre valores positivos. Um elétron externo tem geralmente uma energia de ionização menor que a de um elétron interno ou mais próximo do núcleo.

Os átomos, exceto os de hidrogênio, têm uma série de energias de ionização à medida que elétrons são removidos sequencialmente. Por exemplo, as três primeiras energias de ionização do magnésio são:

Primeira energia de ionização, $EI_1 = 738$ kJ mol$^{-1}$

| | | |
|---|---|---|
| Mg(g) | $\rightarrow$ | Mg$^+$(g) + e$^-$ |
| $1s^22s^22p^63s^2$ | | $1s^22s^22p^63s^1$ |

**Medindo a Energia de Ionização** Os valores da energia de ionização podem ser medidos com exatidão. Por outro lado, os raios atômicos são valores aproximados.

Segunda energia de ionização, $EI_2 = 1451$ kJ mol$^{-1}$

| | | |
|---|---|---|
| Mg$^+$(g) | $\rightarrow$ | Mg$^{2+}$(g) + e$^-$ |
| $1s^22s^22p^63s^1$ | | $1s^22s^22p^6$ |

Terceira energia de ionização, $EI_3 = 7732$ kJ mol$^{-1}$

| | | |
|---|---|---|
| Mg$^{2+}$(g) | $\rightarrow$ | Mg$^{3+}$(g) + e$^-$ |
| $1s^22s^22p^6$ | | $1s^22s^22p^5$ |

**Tabela 7.5**  Primeira, Segunda e Terceira Energias de Ionização para os Elementos do Grupo Principal nos Períodos de 2-4 (kJ mol⁻¹)

| 2º PERÍODO | Li | Be | B | C | N | O | F | Ne |
|---|---|---|---|---|---|---|---|---|
| Primeira | 513 | 899 | 801 | 1086 | 1402 | 1314 | 1681 | 2080 |
| Segunda | 7298 | 1757 | 2427 | 2352 | 2856 | 3388 | 3374 | 3952 |
| Terceira | 11815 | 14848 | 3660 | 4620 | 4578 | 5300 | 6050 | 6122 |
| **3º PERÍODO** | **Na** | **Mg** | **Al** | **Si** | **P** | **S** | **Cl** | **Ar** |
| Primeira | 496 | 738 | 577 | 787 | 1012 | 1000 | 1251 | 1520 |
| Segunda | 4562 | 1451 | 1817 | 1577 | 1903 | 2251 | 2297 | 2665 |
| Terceira | 6912 | 7732 | 2745 | 3231 | 2912 | 3361 | 3826 | 3928 |
| **4º PERÍODO** | **K** | **Ca** | **Ga** | **Ge** | **As** | **Se** | **Br** | **Kr** |
| Primeira | 419 | 590 | 579 | 762 | 947 | 941 | 1140 | 1351 |
| Segunda | 3051 | 1145 | 1979 | 1537 | 1798 | 2044 | 2104 | 2350 |
| Terceira | 4411 | 4910 | 2963 | 3302 | 2735 | 2974 | 3500 | 3565 |

A remoção de cada elétron subsequente requer mais energia porque o elétron é removido de um íon cada vez mais positivo (Tabela 7.5), mas há um aumento particularmente grande na energia de ionização pela remoção do terceiro elétron para a formação de $Mg^{3+}$. As duas primeiras etapas de ionização são para a remoção dos elétrons do subnível externo ou de valência. O terceiro elétron, no entanto, deve ser removido do subnível $2p$, o qual tem uma energia muito menor (mais negativa) que o subnível $3s$ (veja a Figura 7.1). Esse grande aumento é uma das evidências experimentais da estrutura de subníveis eletrônicos dos átomos.

**Elétrons de Valência e dos Níveis Internos**  A remoção de elétrons dos níveis internos requer muito mais energia do que a remoção de um elétron de valência. Os elétrons dos níveis internos não são perdidos em reações químicas.

Para elementos do grupo principal (blocos s e p), *as primeiras energias de ionização geralmente aumentam ao longo de um período e diminuem descendo um grupo* (Figura 7.9, Tabela 7.5 e Apêndice F). A tendência ao longo de um período corresponde ao aumento na carga nuclear efetiva, $Z_{ef}$, com o aumento do número atômico (Figura 7.2). Como previsto pela lei de Coulomb, como $Z_{ef}$ aumenta ao longo de um período, a energia necessária para remover um elétron aumenta. Descendo um grupo, a energia de ionização diminui. O elétron a ser removido fica cada vez mais distante do núcleo e, portanto, é mantido com menos força.

Observe que as tendências no raio atômico e na energia de ionização para um determinado período estão ambas ligadas a $Z_{ef}$, embora elas estejam inversamente relacionadas. *Devido a um aumento na carga nuclear efetiva ao longo de um período, o raio atômico geralmente diminui e a energia de ionização aumenta.*

Um olhar mais atento nas energias de ionização revela exceções à tendência geral em um período. Uma exceção ocorre movendo-se na tabela periódica ao longo dos elementos dos blocos s e p do berílio ao boro, por exemplo. Os elétrons $2p$ são de maior energia que os elétrons $2s$, de modo que a energia de ionização para o boro é ligeiramente menor que para o berílio. Outra diminuição da energia de ionização ocorre partindo-se do nitrogênio ao oxigênio. Nenhuma mudança ocorre em $n$ ou $\ell$, mas as repulsões elétron-elétron aumentam porque nos Grupos 13-15 os elétrons são atribuídos a cada um dos três orbitais $p$ ($p_x$, $p_y$ e $p_z$). Começando com o Grupo 16, dois elétrons são atribuídos ao mesmo orbital $p$. O quarto elétron $p$ compartilha um orbital com outro elétron e sofre, assim, uma repulsão maior do que se estivesse sozinho em um orbital.

$$\text{O (átomo de oxigênio)} \xrightarrow{+1314 \text{ kJ mol}^{-1}} \text{O}^+ \text{ (cátion oxigênio)} + e^-$$

[Ne] ↑↓  ↑↓ ↑ ↑
2s    2p

[Ne] ↑↓  ↑ ↑ ↑
2s    2p

**FIGURA 7.9 Primeiras energias de ionização dos elementos do grupo principal nos primeiros quatro períodos.** (Para valores específicos das energias de ionização para esses elementos, consulte a Tabela 7.5 e o Apêndice F.)

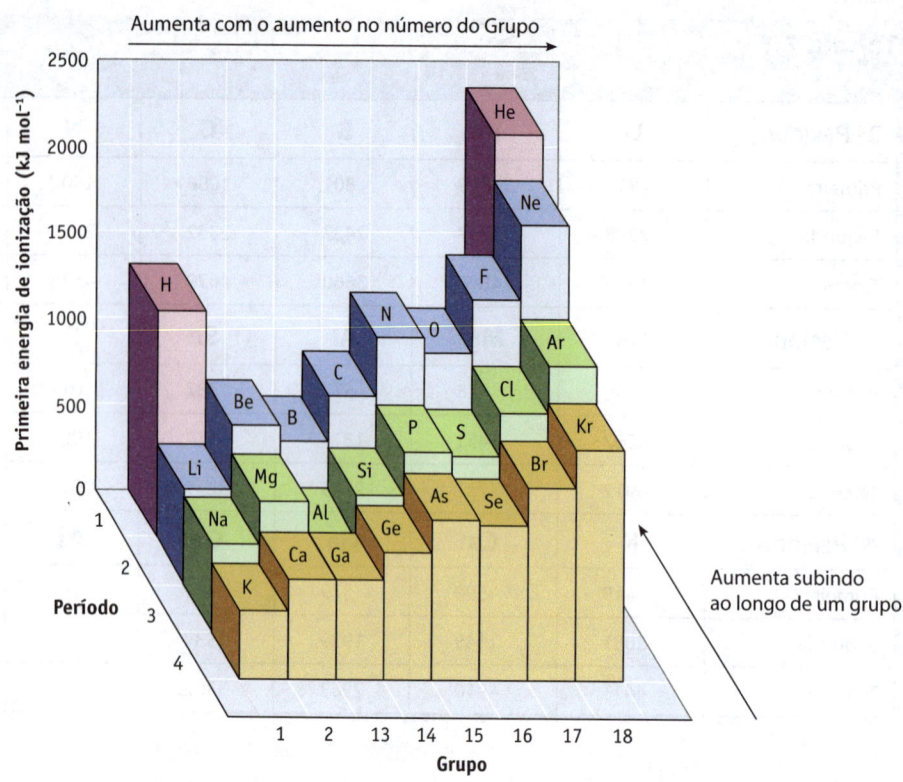

A maior repulsão sofrida pelo quarto elétron $2p$ torna ainda mais fácil a sua remoção. A tendência usual continua ao passarmos do oxigênio ao flúor e ao neônio, refletindo o aumento em $Z_{ef}$.

## Entalpia de Ligação Eletrônica e Afinidade Eletrônica

A **entalpia de afinidade eletrônica**, $\Delta_{AE}H$, é definida como a variação de entalpia que ocorre quando um átomo na fase gasosa recebe um elétron para formar um ânion.

$$A(g) + e^- \rightarrow A^-(g) \qquad \text{Entalpia de afinidade eletrônica} = \Delta_{AE}H$$

Como ilustrado na Figura 7.10, o valor de $\Delta_{AE}H$ para muitos elementos é negativo, indicando que esse processo é exotérmico e que a energia é liberada. Por exemplo, $\Delta_{AE}H$ para o flúor é bastante exotérmica (–328 kJ mol⁻¹), enquanto o boro tem um valor bem menos negativo de –26,7 kJ mol⁻¹. Os valores de $\Delta_{AE}H$ para uma série de elementos são apresentados no Apêndice F.

A **afinidade eletrônica**, AE, de um átomo está intimamente relacionada à $\Delta_{AE}H$. A afinidade eletrônica é igual em magnitude, mas de sinal oposto à variação de energia interna associada à adição de um elétron a um átomo na fase gasosa.

$$A(g) + e^- \rightarrow A^-(g) \qquad \text{Afinidade eletrônica,} \ AE = -\Delta U$$

Esperamos que AE e $\Delta_{AE}H$ tenham valores numéricos quase idênticos; contudo, a convenção atual fornece os dois valores de sinais opostos.

Como a entalpia de afinidade eletrônica e a energia de ionização representam a energia envolvida no ganho ou na perda de um elétron por um átomo, respectivamente, faz sentido que as tendências periódicas nessas propriedades também estejam relacionadas. O aumento na carga nuclear efetiva dos átomos ao longo de um período (Figura 7.2) torna ainda mais difícil ionizá-los, aumentando também a atração do átomo por um elétron adicional. Assim, um elemento com elevada energia de ionização geralmente possui um valor mais negativo para sua entalpia de afinidade eletrônica.

# Espectroscopia Fotoeletrônica

A espectroscopia fotoeletrônica (em inglês, *photoelectron spectroscopy*, PES) é uma técnica experimental que fornece informações sobre as energias dos elétrons nos átomos e nas moléculas e produz evidências do modelo atual dos orbitais. Nessa técnica, os átomos da amostra são bombardeados com radiação eletromagnética de alta frequência. Se um fóton possui energia suficiente, pode fazer com que um elétron na amostra seja removido. Para remover elétrons de valência, a energia necessária corresponde muitas vezes à radiação na região ultravioleta; no entanto, para remover elétrons dos períodos internos, a radiação de alta frequência corresponde à região de raios X.

A chave para entender a PES é que todos os elétrons removidos resultam do bombardeio do átomo com fótons da mesma energia ($h\nu$). Parte dessa energia provoca a remoção do elétron do átomo,

que corresponde à *energia de ionização* (*EI*), e o restante é transferido como energia cinética a esse elétron [*EC*(elétron)].

$$h\nu = EI + EC(\text{elétron})$$

Ao analisar as energias cinéticas dos elétrons emitidos e conhecer a energia dos fótons incidentes, é possível determinar a energia de ionização de cada elétron removido.

Cada pico no espectro de PES corresponde à energia de um subperíodo que contém elétrons. Além disso, a intensidade de um pico no espectro corresponde ao número de elétrons naquele nível de energia. O espectro do neônio (Figura), por exemplo, possui três picos principais, correspondendo à remoção de elétrons a partir de três diferentes subperíodos com intensidades correspondentes a dois, dois e seis elétrons, respectivamente, em conformidade com a configuração no estado

fundamental prevista de $1s^2 2s^2 2p^6$. Por outro lado, o espectro do hélio ($1s^2$) tem um único pico, correspondente a dois elétrons no subperíodo $1s$, enquanto o criptônio ($1s^2 2s^2 2p^6 3s^2 3p^6 3d^{10} 4s^2 4p^6$) possui oito picos correspondentes à remoção de elétrons de oito subperíodos com diferentes energias.

Os espectros fotoeletrônicos mostram claramente que os elétrons nos subperíodos mais próximos do núcleo e, portanto, aqueles que experimentam maiores valores de $Z_{ef}$, requerem maior energia para serem removidos (como previsto pela lei de Coulomb).

Assim como a PES fornece evidências para as energias (e, portanto, orbitais) dos elétrons nos átomos, pode também ser utilizada para examinar as energias dos elétrons nas moléculas. (*Aplicando os Princípios Químicos, Pesquisando Moléculas com Espectroscopia Fotoeletrônica, p. 417.*)

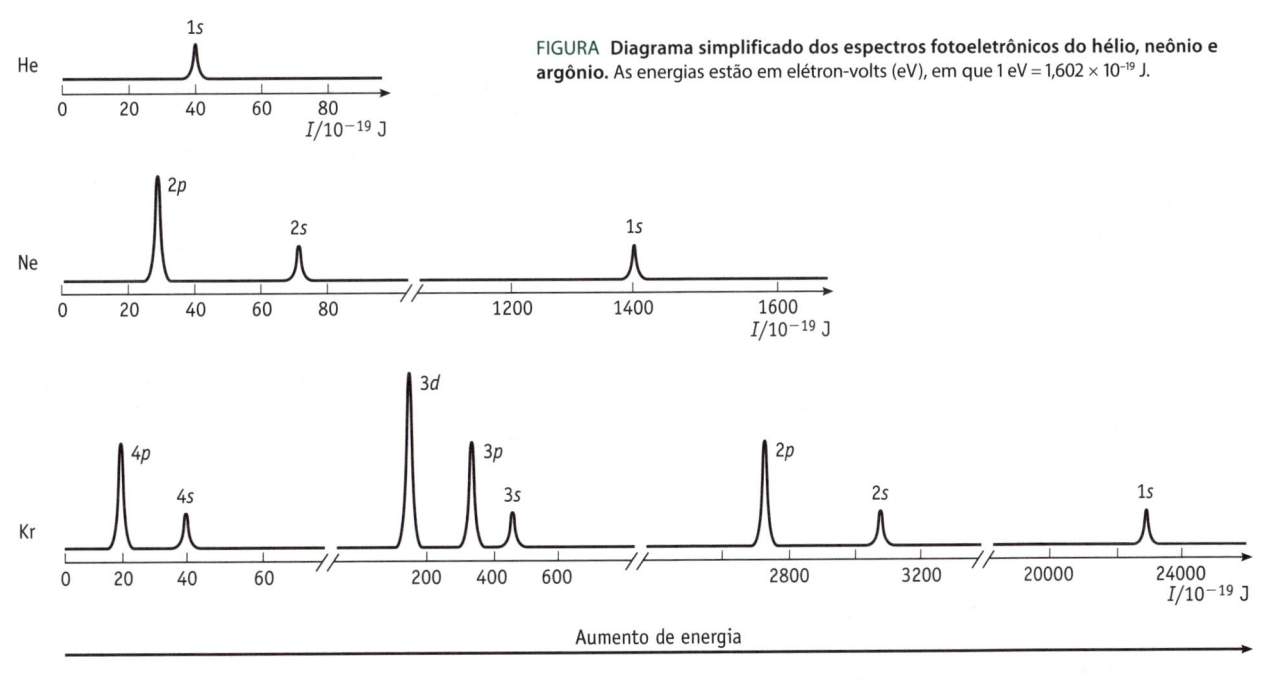

FIGURA **Diagrama simplificado dos espectros fotoeletrônicos do hélio, neônio e argônio.** As energias estão em elétron-volts (eV), em que 1 eV = 1,602 × 10⁻¹⁹ J.

Conforme vimos na Figura 7.10, os valores de $\Delta_{AE}H$ geralmente tornam-se mais negativos movendo-se ao longo de um período, mas a tendência não é monótona. Os elementos dos Grupos 2 e 15 aparecem como exceções na tendência geral, correspondentes aos casos em que o elétron adicionado começaria um subnível $p$ ou seria emparelhado com outro elétron no subnível $p$, respectivamente.

O valor de entalpia de afinidade eletrônica geralmente torna-se menos negativo ao descer um grupo da tabela periódica. Elétrons são adicionados cada vez mais distantes do núcleo, portanto, a força atrativa entre o núcleo e os elétrons diminui. No entanto, essa tendência geral não se aplica aos elementos do segundo período. Por exemplo, o valor da entalpia de afinidade eletrônica do flúor é menos negativo do que o valor para o cloro. O mesmo fenômeno é observado nos Grupos 13 a 16. Uma explicação é que repulsões significativas elétron–elétron ocorrem nos pequenos

**FIGURA 7.10 Entalpia de afinidade eletrônica.** Quanto maior a afinidade de um átomo por um elétron, mais negativo é o valor de $\Delta_{AE}H$. Para valores numéricos, consulte o Apêndice F. (Os dados foram extraídos de HOTOP, H.; LINEBERGER, W. C. Binding energies of atomic negative ions. *Journal of Physical Chemistry*, Reference Data, v. 14, p. 731, 1985.)

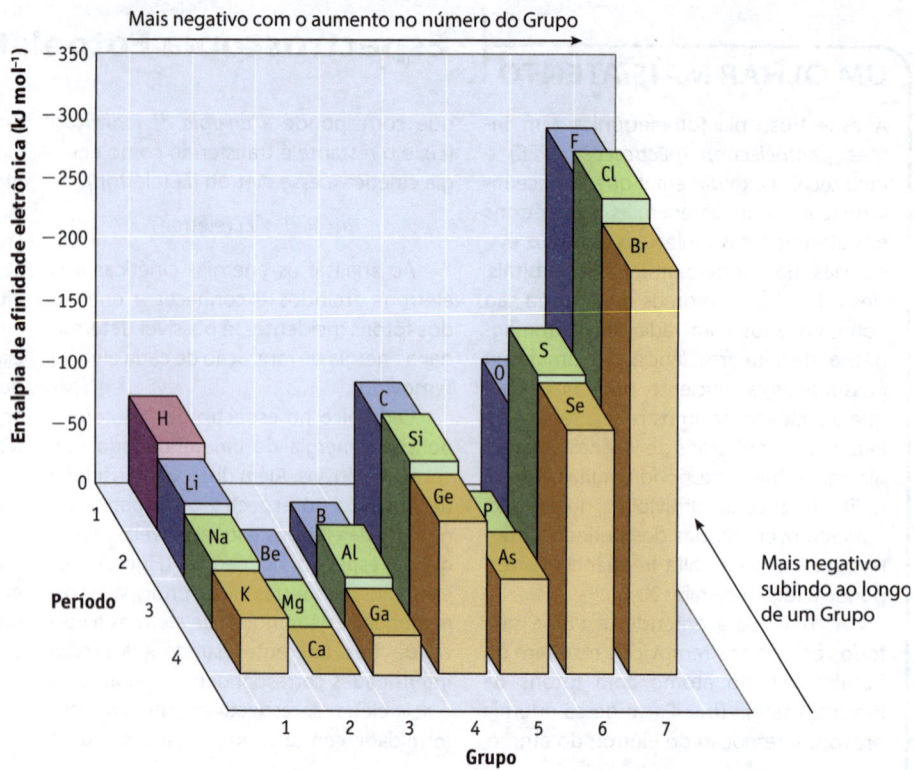

ânions como o $F^-$. Isto é, a adição de um elétron aos sete elétrons já presentes no subnível $n = 2$ do pequeno átomo de F leva à repulsão considerável entre elétrons. O cloro possui um volume atômico maior que o do flúor; desse modo, a adição de um elétron leva a um menor grau de repulsões elétron-elétron.

Poucos elementos, como o nitrogênio e os elementos do Grupo 2, não têm afinidade por elétrons e são listados como tendo um valor de $\Delta_{AE}H$ igual a zero. Os gases nobres geralmente não estão listados nas tabelas de valores $\Delta_{AE}H$. Eles não possuem nenhuma afinidade por elétrons porque qualquer elétron adicional deve ser posicionado em um nível eletrônico de energia consideravelmente maior.

Nenhum átomo apresenta um valor de $\Delta_{AE}H$ negativo para um segundo elétron. Então, o que explica a existência de íons como $O^{2-}$ que ocorrem em muitos compostos? A resposta é que ânions duplamente carregados podem ser estabilizados em meios cristalinos por atração eletrostática dos íons positivos vizinhos.

**Entalpia de Afinidade Eletrônica para os Halogênios**

| Elemento | $\Delta_{AE}H$ | Raio Atômico (pm) |
|----------|------------|-------------|
| F | −328,0 | 71 |
| Cl | −349,0 | 99 |
| Br | −324,7 | 114 |
| I | −295,2 | 133 |

## EXEMPLO 7.5

### Tendências Periódicas

**Problema** Compare os três elementos C, O e Si.

(a) Coloque-os em ordem crescente de raio atômico.

(b) Qual deles tem a maior energia de ionização?

(c) Qual deles tem a entalpia de afinidade eletrônica mais negativa: O ou C?

**O que você sabe?** O carbono e o silício são o primeiro e o segundo elementos do Grupo 14 e o oxigênio é o primeiro elemento do Grupo 16. Você também conhece as tendências nas propriedades periódicas ao longo dos períodos e descendo nos grupos.

**Estratégia** Utilize as tendências nas propriedades atômicas na Figura 7.5, Figuras 7.8-7.10, Tabela 7.5 e o Apêndice F.

**RESOLUÇÃO**

**(a)** *Tamanho atômico*: Os raios atômicos diminuem quando se movem ao longo de um período; portanto, o oxigênio deve possuir um raio atômico menor que o carbono. Entretanto, o raio aumenta descendo ao longo de um grupo. Como o C e o Si estão no mesmo grupo (Grupo 14), o silício deve ser maior que o carbono. A tendência é O < C < Si.

**(b)** *Energia de ionização*: As energias de ionização geralmente aumentam ao longo de um período e diminuem descendo ao longo de um grupo. Desse modo, a tendência nas energias de ionização é Si (787 kJ mol$^{-1}$) < C (1086 kJ mol$^{-1}$) < S (1314 kJ mol$^{-1}$).

**(c)** *Entalpia de afinidade eletrônica*: Os valores geralmente tornam-se menos negativos descendo ao longo de um grupo (exceto para os elementos do segundo período) e mais negativos ao longo de um período. Portanto, O (= −141,0 kJ mol$^{-1}$) possui a $\Delta_{AE}H$ mais negativa do que C (= −121,9 kJ mol$^{-1}$).

**Pense bem antes de responder** Observe que as tendências nos tamanhos dos átomos e nas energias de ionização estão em uma ordem inversa como previsto com base nos valores de $Z_{ef}$.

## Verifique seu entendimento

Sem olhar as figuras das propriedades periódicas, compare os três elementos B, Al e C.

(a) Coloque-os em ordem crescente de raio atômico.

(b) Coloque os elementos em ordem crescente de energia de ionização.

(c) Qual elemento, B ou C, espera-se que apresente o valor mais negativo da entalpia de afinidade eletrônica?

## Tendências nos Tamanhos dos Íons

A tendência nos tamanhos dos íons descendo um grupo da tabela periódica é a mesma que aquela para átomos neutros: íons positivos e negativos aumentam de tamanho descendo ao longo de um grupo (Figura 7.11). Faça uma pausa, entretanto, e compare os raios iônicos com os raios atômicos, como ilustrado na Figura 7.11. Quando um elétron é removido de um átomo para formar um cátion, o tamanho diminui consideravelmente. O raio de um cátion é *sempre* menor que o do átomo que lhe deu origem. Por exemplo, o raio do Li é 152 pm, enquanto o do Li$^+$ é apenas 78 pm. Isso ocorre porque, quando um elétron é removido de um átomo de Li, a força atrativa de três prótons é agora exercida somente sobre dois elétrons, portanto, os elétrons restantes são levados para mais perto do núcleo. A diminuição no tamanho do íon é mais acentuada quando o último elétron de determinado nível é removido, como é o caso do Li. A perda do elétron 2s do Li deixa o Li$^+$ sem elétrons no nível $n = 2$.

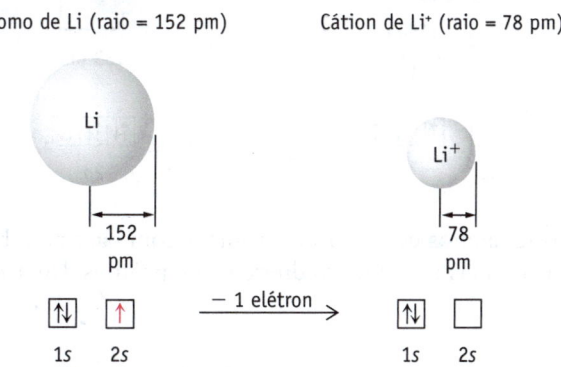

Uma grande diminuição no tamanho também é esperada se dois ou mais elétrons forem removidos de um átomo. Por exemplo, um íon alumínio, Al$^{3+}$, tem um raio de 57 pm, enquanto o raio de um átomo de alumínio é de 143 pm.

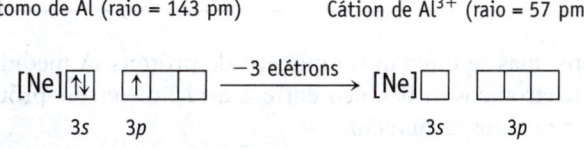

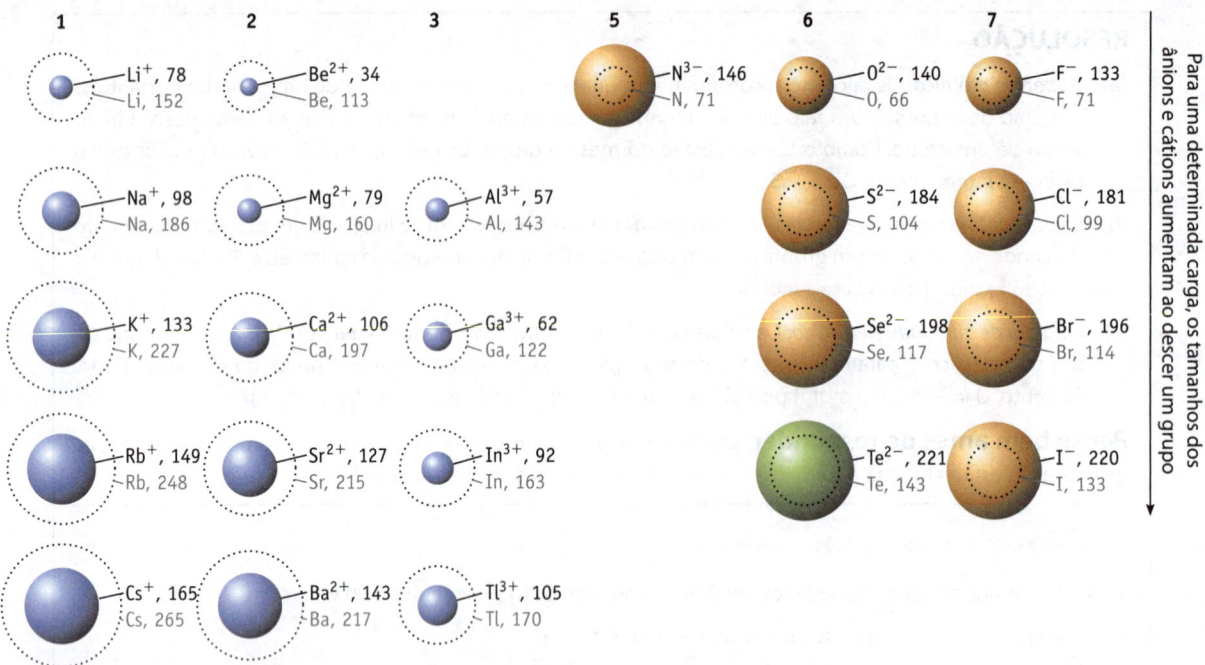

**FIGURA 7.11 Tamanhos relativos de alguns íons comuns.** Os raios são dados em picômetros (1 pm = 1 × 10⁻¹² m). (Dados extraídos de EMSLEY, J. *The Elements*. 3. ed. Oxford: Clarendon Press, 1998.)

Você também pode perceber, na Figura 7.11, que os ânions são *sempre* maiores que os átomos que lhes deram origem. Aqui o argumento é o oposto daquele usado para explicar raios dos íons positivos. O átomo de F, por exemplo, tem nove prótons e nove elétrons. Ao formar o ânion, a carga nuclear ainda é +9, mas agora há dez elétrons no ânion. O íon F⁻ é muito maior que o átomo de F por causa do aumento das repulsões elétron-elétron.

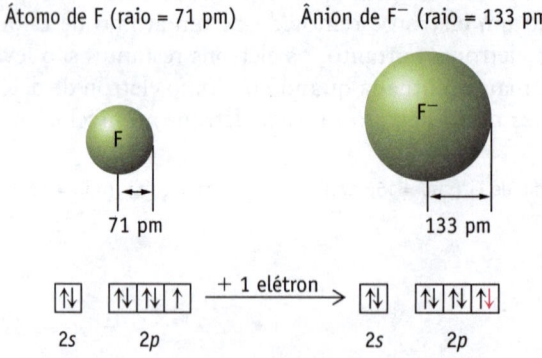

Finalmente, é útil comparar os tamanhos de íons isoeletrônicos com base na tabela periódica. Os íons **isoeletrônicos** têm o mesmo número de elétrons, mas um número diferente de prótons. Uma série desses íons é $N^{3-}$, $O^{2-}$, $F^-$, $Na^+$ e $Mg^{2+}$:

| Íon | $N^{3-}$ | $O^{2-}$ | $F^-$ | $Na^+$ | $Mg^{2+}$ |
|---|---|---|---|---|---|
| Número de elétrons | 10 | 10 | 10 | 10 | 10 |
| Número de prótons no núcleo | 7 | 8 | 9 | 11 | 12 |
| Raio iônico (pm) | 146 | 140 | 133 | 98 | 79 |

Todos esses íons têm dez elétrons, mas se diferem no número de prótons. À medida que o número de prótons aumenta em uma série de íons isoeletrônicos, o balanço entre a atração elétron–próton e a repulsão elétron–elétron desloca-se em favor da atração, e os raios diminuem.

## 7.6 Tendências Periódicas e Propriedades Químicas

### Objetivo da Seção 7.6

● Reconhecer o papel da energia de ionização e da entalpia de afinidade eletrônica na formação de compostos iônicos.

Os raios atômicos e iônicos, as energias de ionização e as entalpias de adição eletrônica são propriedades associadas aos átomos e seus íons. O conhecimento dessas propriedades será útil quando explorarmos a química que envolve a formação de compostos iônicos.

A tabela periódica foi organizada agrupando-se os elementos com propriedades químicas semelhantes. Os metais alcalinos, por exemplo, têm a característica de formar compostos contendo um íon 1+, como $Li^+$, $Na^+$ ou $K^+$. Assim, a reação entre o sódio e o cloro forma o composto iônico NaCl (composto de íons $Na^+$ e $Cl^-$) (Figura 1.2), e o potássio e a água reagem para formar uma solução aquosa de KOH, a qual contém os íons hidratados $K^+(aq)$ e $OH^-(aq)$.

$$2Na(s) + Cl_2(g) \rightarrow 2NaCl(s)$$

$$2K(s) + 2H_2O(\ell) \rightarrow 2K^+(aq) + 2OH^-(aq) + H_2(g)$$

As menores energias de ionização dos metais alcalinos são a principal razão pela qual $Na^+$ e $K^+$ são facilmente formados nas reações químicas.

Essas energias de ionização também explicam o fato de que essas reações com sódio e potássio não produzem compostos como $NaCl_2$ ou $K(OH)_2$. A formação de um íon $Na^{2+}$ ou $K^{2+}$ seria um processo muito desfavorável. A remoção de um segundo elétron a partir desses metais requer uma grande quantidade de energia porque um elétron dos subperíodos internos teria que ser removido. A barreira energética desse processo é a razão fundamental pela qual os *metais do grupo principal formam cátions com uma configuração eletrônica equivalente à do gás nobre precedente*.

Por que o $Na_2Cl$ não é o outro produto possível da reação entre o sódio e o cloro? Essa fórmula implicaria que o composto contivesse íons $Na^+$ e $Cl^{2-}$. Adicionar dois elétrons ao Cl significa que o segundo elétron deve entrar no subperíodo seguinte de maior energia, mas os ânions $Cl^{2-}$ não são conhecidos. Esse exemplo também leva a uma afirmação geral: *os não metais geralmente adquirem elétrons suficientes para formar um ânion com a configuração eletrônica do gás nobre mais próximo*.

Podemos usar uma lógica semelhante para racionalizar outras observações. As energias de ionização aumentam quando vamos da esquerda para direita ao longo de um período. Temos visto que os elementos dos Grupos 1 e 2 formam compostos iônicos, um fato diretamente relacionado às menores energias de ionização obtidas para esses elementos. As energias de ionização para elementos voltados para o lado direito de um período, no entanto, são suficientemente elevadas e a formação de cátions é desfavorável. No lado direito do segundo período, o oxigênio e o flúor preferem ganhar elétrons ao invés de perdê-los; esses elementos apresentam maiores energias de ionização e entalpias de afinidades eletrônicas negativas relativamente grandes. Assim, o oxigênio e o flúor formam ânions e não cátions quando reagem.

Finalmente, vamos pensar por um momento sobre o carbono, a base de milhares de compostos químicos. Sua energia de ionização não é favorável para a formação de cátions, e também não costuma formar ânions. Sendo assim, não esperamos encontrar muitos compostos iônicos binários contendo carbono; em vez disso, encontramos o carbono compartilhando elétrons com outros elementos em compostos como o $CO_2$ e o $CCl_4$. Estudaremos esses tipos de compostos nos próximos dois capítulos.

# APLICANDO OS PRINCÍPIOS QUÍMICOS

## 7.1 As Terras Não Tão Raras

O lantânio, assim como o bloco de 14 elementos que se estende do cério (elemento 58) ao lutécio (71) são referidos como os lantanídeos ou, muitas vezes, como terras raras. O nome "terra rara" talvez seja um equívoco, porque os elementos não são de fato tão raros. Com exceção do promécio, que não é encontrado naturalmente, esses elementos são mais abundantes que o ouro. O cério, por exemplo, é o 26º elemento mais abundante na crosta da Terra. Infelizmente, altas concentrações desses elementos são raramente encontradas em depósitos de minério. Além disso, esses elementos estão muitas vezes misturados nos mesmos depósitos, e sua separação torna-se difícil devido às suas propriedades químicas semelhantes.

Os elementos terras raras possuem propriedades eletrônicas e ópticas que os tornam valiosos na produção de aparelhos eletrônicos, lasers, ímãs, supercondutores, dispositivos de iluminação e até joias. O ferromagnetismo é comum entre os elementos terras raras, como neodímio e samário, usados extensivamente em ímãs fortes e permanentes (página 309). Esses ímãs são frequentemente usados em discos rígidos de computadores e motores elétricos. O neodímio é também utilizado em lasers científicos e industriais de grande potência, e o ítrio, em supercondutores de alta temperatura. O európio e o térbio são empregados na produção de fósforos fluorescentes para monitores de televisão e lâmpadas de vapor de mercúrio.

## Questões:

1. O estado de oxidação mais comum de um elemento terra rara é +3.
   a. Qual é a configuração eletrônica no estado fundamental de $Sm^{3+}$?
   b. Escreva a equação química balanceada para a reação do $Sm(s)$ com $O_2(g)$ para formar o óxido de samário(III).

2. Este livro coloca o lantânio diretamente abaixo do ítrio na tabela periódica. No entanto, como existe uma pequena controvérsia sobre o assunto na comunidade científica, outras tabelas periódicas colocam o lantânio na frente da série dos lantanídeos e o lutécio diretamente abaixo do ítrio. A configuração eletrônica defende a inserção de La ou de Lu abaixo do Y? Explique.

3. O gadolínio tem oito elétrons desemparelhados, o maior número de qualquer um dos elementos dos lantanídeos.
   a. Desenhe um diagrama de orbitais em caixa representando a configuração eletrônica no estado fundamental do Gd com base em seu número de elétrons desemparelhados.
   b. Preveja o estado de oxidação mais comum para Gd. Qual é a configuração eletrônica do estado de oxidação mais comum?

4. Use o raio atômico do escândio, ítrio, lantânio e lutécio para responder às perguntas a seguir.

| Elemento | Raio (pm) |
|----------|-----------|
| Sc | 160 |
| Y | 180 |
| La | 195 |
| Lu | 175 |

   a. Explique por que o lutécio possui um raio atômico menor que o do lantânio, mesmo tendo maior número de elétrons.
   b. Os raios atômicos defendem a colocação de La ou de Lu abaixo do Y na tabela periódica? Explique.

5. O óxido de európio ($Eu_2O_3$) é utilizado na produção de fósforos vermelhos para monitores de televisão. Se o composto de európio emite luz com um comprimento de onda de 612 nm, qual é a frequência ($s^{-1}$) e qual é a energia (J/fóton) da luz?

6. O neodímio é comumente usado em ímãs, geralmente como $Nd_2Fe_{14}B$ (o neodímio é combinado com outros elementos para protegê-lo da oxidação ao ar). Determine a porcentagem em massa do neodímio em $Nd_2Fe_{14}B$.

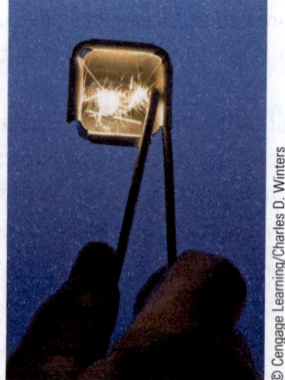

(a) Misturas de lantanídeos disparam faíscas ao serem atingidas pelo ferro.

**Usos dos lantanídeos.**

(b) A maioria das lâmpadas fluorescentes compactas usa compostos de fósforo e európio para produzir um espectro de luz amena.

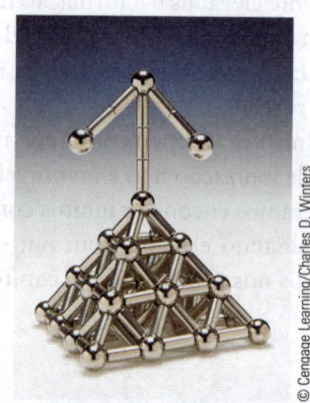

(c) Ímãs de neodímio-ferro-boro.

# 7.2 Metais em Bioquímica e Medicina

## APLICANDO OS PRINCÍPIOS QUÍMICOS

Muitos metais do grupo principal e de transição desempenham um papel importante na bioquímica e na medicina. Nosso corpo apresenta baixos níveis dos seguintes metais sob a forma de diferentes compostos: Ca, 1,5%; Na, 0,1%; Mg, 0,05%, assim como ferro, cobalto, zinco e cobre, todos com menos de 0,05% aproximadamente. (Os níveis são dados em porcentagens em massa.)

Boa parte dos 3 a 4 g de ferro do corpo humano é encontrada na hemoglobina, a substância responsável pelo transporte de oxigênio para as células do corpo. A deficiência de ferro é marcada pela fadiga, por infecções e pela inflamação da boca.

O ferro em nossa dieta pode ser proveniente dos ovos e da levedura de cerveja, que possuem um teor elevado desse componente. Além disso, certos alimentos, como alguns cereais matinais, são "enriquecidos" com ferro metálico. (Em um experimento interessante que pode ser feito em casa, você pode remover o ferro agitando o cereal com um ímã forte.) As cápsulas de vitaminas quase sempre contêm compostos de ferro(II) com ânions, tais como sulfato e succinato ($C_4H_4O_4^{2-}$).

Uma pessoa tem em média 75 mg de cobre, dos quais cerca de um terço é encontrado nos músculos. O cobre está envolvido em várias funções biológicas, e uma deficiência apresenta-se de muitas maneiras: anemia, degeneração do sistema nervoso e comprometimento do sistema imunológico. A doença de Wilson, uma doença genética, leva ao acúmulo excessivo de cobre no corpo e resulta em danos hepáticos e neurológicos.

Assim como os íons prata, os íons formados a partir do cobre também podem

**Levando água potável em jarros de latão na Índia.** Os íons cúpricos liberados em pequenas quantidades pelo latão matam as bactérias na água contaminada.

©Kailash K Soni/Shutterstock.com

atuar como bactericidas. Recentemente, cientistas da Grã-Bretanha e da Índia investigaram uma crença de longa data entre o povo indiano de que armazenar água em jarros de latão pode afastar doenças. (O latão é uma liga de cobre e zinco.) Eles encheram os jarros de latão com água previamente esterilizada, na qual adicionaram *E. coli* (uma bactéria que vive no intestino de muitos animais de sangue quente e, consequentemente, é encontrada nas fezes). Outros jarros de latão foram preenchidos com água contaminada de um rio da Índia. Em ambos os casos, eles descobriram que a contagem de bactérias fecais diminuiu de um milhão de bactérias por mililitro para zero em dois dias. Por outro lado, os níveis de bactérias permaneceram elevados nos

potes de plástico ou de barro. Aparentemente, apenas uma quantidade suficiente de íons cúpricos é liberada pelo latão para matar as bactérias, não sendo suficiente para afetar os seres humanos.

### Questões:

1. Dê as configurações eletrônicas para os íons ferro(II) e ferro(III).
2. Na hemoglobina, o ferro pode estar na forma de íons ferro(II) ou ferro(III). Algum desses íons é paramagnético?
3. Por que os átomos de cobre (raio = 128 pm) são ligeiramente maiores que os átomos de ferro (raio = 124 pm)?
4. Na hemoglobina, o ferro é cercado pelo grupo porfirina (como mostrado na figura), um agrupamento plano de átomos de carbono, hidrogênio e nitrogênio. (Isto é, por sua vez, incorporado em uma proteína.) Quando o ferro se encontra na forma de íon $Fe^{3+}$, ele se encaixa perfeitamente dentro do espaço entre os quatro átomos de N, arranjados em um plano. Especule sobre o que ocorre na estrutura quando o ferro é reduzido a $Fe^{2+}$.

# OBJETIVOS REVISITADOS

Os objetivos para este capítulo são marcados com as Questões para Estudo específicas para ajudá-lo a organizar sua revisão.

## 7.1 O PRINCÍPIO DE EXCLUSÃO DE PAULI

- Reconhecer que cada elétron em um átomo tem um conjunto diferente dos quatro números quânticos, $n$, $\ell$, $m_\ell$ e $m_s$. **11, 12, 47.**

- Entender o princípio de exclusão de Pauli: a nenhum orbital atômico pode ser atribuído mais que dois elétrons e os dois elétrons em um orbital deve ter spins contrários (diferentes valores de $m_s$). **13-16.**

## 7.2 ENERGIAS DOS SUBNÍVEIS ATÔMICOS E ATRIBUIÇÃO DOS ELÉTRONS

- Escrever a configuração eletrônica para os átomos. **5-10.**

- Reconhecer que os elétrons são atribuídos aos níveis de um átomo em ordem crescente de energia (princípio da edificação). No átomo de H, as energias crescem com o aumento de $n$, mas, em um átomo com muitos elétrons, dependem tanto de $n$ quanto de $\ell$. **19, 20.**

- Entender o conceito de carga nuclear efetiva, $Z_{ef}$ e aplicar $Z_{ef}$ na determinação dos níveis de energia do orbital nos átomos. **17, 18.**

## 7.3 CONFIGURAÇÕES ELETRÔNICAS DOS ÁTOMOS

- Usar a tabela periódica como um guia, descrever as configurações eletrônicas de átomos neutros usando orbital como caixa, *spdf*, e as notações de gás nobre. **5-10.**

- Aplicar o princípio de exclusão de Pauli e a regra Hund ao assinalar elétrons aos orbitais atômicos. **13-16, 71.**

## 7.4 CONFIGURAÇÕES ELETRÔNICAS DOS ÍONS

- Escrever as configurações eletrônicas para os íons dos elementos do grupo principal e dos metais de transição. **21, 22.**

- Entender o papel que o magnetismo tem em revelar a estrutura eletrônica. **23-26, 62, 66.**

## 7.5 PROPRIEDADES ATÔMICAS E TENDÊNCIAS PERIÓDICAS

- Prever como as propriedades dos átomos – tamanho, energia de ionização (EI) e a entalpia de afinidade eletrônica ($\Delta_{AE}H$) – variam em um grupo e ao longo do período da tabela periódica. **29-34.**

## 7.6 TENDÊNCIAS PERIÓDICAS E PROPRIEDADES QUÍMICAS

- Reconhecer o papel da energia de ionização e da entalpia de afinidade eletrônica na formação de compostos iônicos. **55, 68, 55, 84.**

---

# QUESTÕES PARA ESTUDO

▲ denota questões desafiadoras.

**Questões numeradas em verde** têm as respostas no Apêndice N.

## Praticando Habilidades

### Escrevendo as Configurações Eletrônicas dos Átomos

(*Veja a Seção 7.3, os Exemplos 7.1-7.3 e a Tabela 7.3.*)

**1.** Escreva as configurações eletrônicas para P e Cl usando a notação *spdf* e os diagramas de orbitais em caixas. Descreva a relação entre a configuração eletrônica do átomo e a sua posição na tabela periódica.

**2.** Escreva as configurações eletrônicas para Mg e Ar usando a notação *spdf* e os diagramas de orbitais em caixas. Descreva a relação entre a configuração eletrônica do átomo e a sua posição na tabela periódica.

**3.** Usando a notação *spdf*, escreva as configurações eletrônicas para os átomos de cromo e ferro, dois dos principais componentes do aço inoxidável.

**4.** Usando a notação *spdf*, dê a configuração eletrônica do vanádio, V, um elemento encontrado em algumas algas marrons e vermelhas e em alguns cogumelos.

**5.** Represente a configuração eletrônica para cada um dos seguintes átomos utilizando as notações *spdf* e do gás nobre.
(a) Arsênio, As. A deficiência de As pode prejudicar o crescimento dos animais e, em grandes quantidades, é venenoso.
(b) Criptônio, Kr. Ele ocupa o sétimo lugar em abundância dos gases na atmosfera da Terra.

**6.** Usando as notações *spdf* e do gás nobre, escreva as configurações eletrônicas dos átomos dos seguintes elementos. (Tente fazer isso olhando para a tabela periódica, mas não para a Tabela 7.3.)
(a) Estrôncio, Sr. Este elemento tem esse nome devido a uma cidade na Escócia.
(b) Zircônio, Zr. O metal é excepcionalmente resistente à corrosão e por isso tem aplicações industriais importantes. As rochas lunares mostram um conteúdo surpreendentemente elevado de zircônio em comparação com as rochas da Terra.
(c) Ródio, Rh. Este metal é utilizado em joias e catalisadores na indústria.
(d) Estanho, Sn. O metal foi usado no mundo antigo. As ligas de estanho (solda, bronze e peltre) são importantes.

**7.** Use as notações *spdf* e do gás nobre para descrever configurações eletrônicas para os seguintes metais da terceira série de transição.
(a) Tântalo, Ta. O metal e suas ligas resistem à corrosão e são frequentemente usados em instrumentos cirúrgicos e odontológicos.
(b) Platina, Pt. Este metal foi usado em joias pelos índios pré-colombianos. Agora continua sendo empregado em joias, formulações de fármacos anticancerígenos e catalisadores (como aqueles em sistemas de exaustão automotiva).

**8.** Os lantanídeos, uma vez chamados de elementos terras raras, são apenas "meio raros", na realidade. Usando as notações *spdf* e do gás nobre, represente as configurações eletrônicas condizentes para os seguintes elementos.
(a) Samário, Sm. Este lantanídeo é usado em materiais magnéticos.
(b) Itérbio, Yb. Este elemento foi nomeado por causa da vila de Ytterby na Suécia, onde uma jazida do elemento foi encontrada.

**9.** Américio, Am, é um elemento radioativo isolado do combustível de reatores nucleares e usado em detectores de fumaça caseiros. Descreva sua configuração eletrônica usando as notações *spdf* e do gás nobre.

**10.** Preveja as configurações eletrônicas para os seguintes elementos da série dos actinídeos. Use as notações *spdf* e do gás nobre.
(a) Plutônio, Pu. O elemento é mais conhecido como um subproduto das usinas nucleares.
(b) Cúrio, Cm. Este actinídeo foi nomeado em homenagem a Marie Curie.

**Números Quânticos e Configurações Eletrônicas**

(*Veja a Seção 7.3 e o Exemplo 7.2.*)

**11.** Qual é o número máximo de elétrons que pode ser identificado com cada um dos seguintes conjuntos de números quânticos? Em algumas alternativas, a resposta pode ser "nenhum". Nesses casos, explique por que "nenhum" é a resposta correta.

(a) $n = 4, \ell = 3, m_\ell = 1$
(b) $n = 6, \ell = 1, m_\ell = -1, m_s = -\frac{1}{2}$
(c) $n = 3, \ell = 3, m_\ell = -3$

**12.** Qual é o número máximo de elétrons que pode ser identificado com cada um dos seguintes conjuntos de números quânticos? Em algumas alternativas, a resposta pode ser "nenhum". Nesses casos, explique por que "nenhum" é a resposta correta.
(a) $n = 3$
(b) $n = 3$ e $\ell = 2$
(c) $n = 4, \ell = 1, m_\ell = -1$, e $m_s = +\frac{1}{2}$
(d) $n = 5, \ell = 0, m_\ell = -1, m_s = +\frac{1}{2}$

**13.** Escreva a configuração eletrônica para o magnésio usando diagramas de orbitais em caixas, bem como a notação do gás nobre. Dê o conjunto completo dos quatro números quânticos para cada um dos elétrons adicionais aos do gás nobre precedente.

**14.** Escreva a configuração eletrônica para o fósforo usando diagramas de orbitais em caixas, bem como a notação do gás nobre. Dê o conjunto completo dos quatro números quânticos para cada um dos elétrons adicionais aos do gás nobre precedente.

**15.** Usando diagramas de orbitais em caixas e a notação do gás nobre, mostre a configuração eletrônica do gálio, Ga. Dê o conjunto dos números quânticos para o elétron de maior energia.

**16.** Usando diagramas de orbitais em caixas e a notação do gás nobre, apresente a configuração eletrônica do titânio. Dê o conjunto completo dos quatro números quânticos para cada um dos elétrons adicionais aos do gás nobre precedente.

**Energias de Subníveis e Atribuições de Elétrons**

(*Veja Seção 7.2.*)

**17.** A carga nuclear efetiva, $Z_{ef}$, é a força de atração sofrida pelo elétron mais externo em um átomo. Qual das seguintes afirmativas melhor descreve como $Z_{ef}$ varia ao longo dos elementos do segundo período (Li até o F)?
(a) aumenta regularmente do Li até o F
(b) diminui regularmente do Li até o F
(c) aumenta geralmente do Li até o F, mas com exceções

**18.** Qual das seguintes afirmativas descreve corretamente o valor da carga nuclear efetiva, $Z_{ef}$, sofrida pelos
(a) elétron 2s em uma distância grande de um átomo de Li?
(i) $Z_{ef}$ é igual a 1.
(ii) $Z_{ef}$ está entre 1 e 3.
(iii) $Z_{ef}$ é igual a 3.
(b) elétron 2s na sua distância mais provável do núcleo do átomo de Li?
(i) $Z_{ef}$ é igual a 1.
(ii) $Z_{ef}$ está entre 1 e 3.
(iii) $Z_{ef}$ é igual a 3.

**19.** Liste os primeiros cinco orbitais (os cinco orbitais de mais baixa energia em um átomo) na ordem de preenchimento de acordo com o princípio da edificação.

**20.** Os valores de $n$ e $\ell$ são usados para determinar a ordem de preenchimento (princípio da edificação). Use $n$ e $\ell$ para determinar qual dos orbitais, *4f*, *5d*, ou *6s*, será preenchido primeiro.

## Configurações Eletrônicas dos Átomos e Íons e o Comportamento Magnético

(*Veja a Seção 7.4 e o Exemplo 7.4.*)

**21.** Usando diagramas de orbitais em caixas, descreva a configuração eletrônica para cada um dos seguintes íons:
(a) $Mg^{2+}$, (b) $K^+$, (c) $Cl^-$ e (d) $O^{2-}$.

**22.** Usando diagramas de orbitais em caixas, descreva a configuração eletrônica para cada um dos seguintes íons: (a) $Na^+$, (b) $Al^{3+}$, (c) $Ge^{2+}$ e (d) $F^-$.

**23.** Usando diagramas de orbitais em caixas e a notação de gás nobre, descreva as configurações eletrônicas de (a) V, (b) $V^{2+}$ e (c) $V^{5+}$. O elemento ou qualquer um dos íons é paramagnético?

**24.** Usando diagramas de orbitais em caixas e a notação de gás nobre, descreva as configurações eletrônicas de (a) Ti, (b) $Ti^{2+}$ e (c) $Ti^{4+}$. O elemento ou qualquer um dos íons é paramagnético?

**25.** O manganês é encontrado como $MnO_2$ em depósitos no fundo do oceano.
(a) Descreva a configuração eletrônica desse elemento usando a notação do gás nobre e dos diagramas de orbitais em caixas.
(b) Usando os diagramas de orbitais em caixas, apresente para $Mn^{4+}$ os elétrons adicionais aos do gás nobre precedente.
(c) O $Mn^{4+}$ é paramagnético?
(d) Quantos elétrons desemparelhados há no íon $Mn^{4+}$?

**26.** Um composto encontrado em pilhas alcalinas é o NiOOH, o qual contém íons $Ni^{3+}$. Quando a bateria é descarregada, o $Ni^{3+}$ é reduzido a íons $Ni^{2+}$ [como em $Ni(OH)_2$]. Usando diagramas de orbitais em caixas e a notação do gás nobre, apresente as configurações eletrônicas desses íons. Algum desses íons são paramagnético?

## Propriedades Periódicas

(*Veja a Seção 7.5 e o Exemplo 7.5.*)

**27.** Organize os seguintes elementos em ordem crescente de tamanho: Al, B, C, K e Na. (Tente fazê-lo sem olhar a Figura 7.5 e depois confira seu resultado consultando os raios atômicos necessários.)

**28.** Organize os seguintes elementos em ordem crescente de tamanho: Ca, Rb, P, Ge e Sr. (Tente fazê-lo sem olhar a Figura 7.5 e depois confira seu resultado consultando os raios atômicos necessários.)

**29.** Selecione o íon ou o átomo que possui o maior raio nos seguintes pares:
(a) Cl ou $Cl^-$    (b) Al ou O    (c) In ou I

**30.** Selecione o íon ou o átomo que possui o maior raio nos seguintes pares:
Cs ou Rb    (b) $O^{2-}$ ou O    (c) Br ou As

**31.** Qual dos grupos de elementos a seguir está organizado de maneira correta em ordem crescente de energia de ionização?
(a) C < Si < Li < Ne    (c) Li < Si < C < Ne
(b) Ne < Si < C < Li    (d) Ne < C < Si < Li

**32.** Organize os seguintes átomos em ordem crescente de energia de ionização: Li, K, C e N.

**33.** Compare os elementos Na, Mg, O e P.
(a) Qual tem o maior raio atômico?
(b) Qual tem a entalpia de afinidade eletrônica mais negativa?

(c) Coloque os elementos na ordem crescente de energia de ionização.

**34.** Compare os elementos B, Al, C e Si.
(a) Qual tem o maior caráter metálico?
(b) Qual tem o maior raio atômico?
(c) Qual tem a entalpia de afinidade eletrônica mais negativa?
(d) Coloque os três elementos B, Al e C na ordem crescente da primeira energia de ionização.

**35.** Explique cada resposta de forma simplificada.
(a) Coloque os seguintes elementos em ordem crescente de energia de ionização: F, O e S.
(b) Qual deles tem a maior energia de ionização: O, S ou Se?
(c) Qual tem a entalpia de afinidade eletrônica mais negativa: Se, Cl ou Br?
(d) Qual tem o maior raio: $O^{2-}$, $F^-$ ou F?

**36.** Explique cada resposta de forma simplificada.
(a) Coloque-os em ordem crescente de raio atômico: O, S e F.
(b) Qual deles tem a maior energia de ionização: P, Si, S ou Se?
(c) Coloque os elementos na ordem crescente de raio iônico: $O^{2-}$, $N^{3-}$ e $F^-$.
(d) Coloque os elementos na ordem crescente de energia de ionização: Cs, Sr e Ba.

**37.** Identifique o elemento que corresponde a cada um dos dados do espectro fotoeletrônico fornecido (dados extraídos de Shirley, D. A.; Martin, S. P.; Kowalczik, F. R.; McFeely e Ley, L. Core-electron binding energies of the first thirty elements. *Physical Review B*, v. 15, p. 544-552, 1977.)
(a) Há picos de energia de 64,8 e 5,4 eV, correspondendo a 2 e 1 elétrons, respectivamente.
(b) Há picos de energia de 3614, 384, 301, 40,9, 24,7 e 4,34 eV, correspondendo a 2, 2, 6, 2, 6 e 1 elétrons, respectivamente.
(ca) Há picos de energia de 4494, 503, 404, 56,4, 33,6, 8,01 e 6,65 eV, correspondendo a 2, 2, 6, 2, 6, 1 e 2 elétrons, respectivamente.

**38.** Identifique o elemento que corresponde a cada um dos dados do espectro fotoeletrônico fornecido abaixo (dados extraídos de Shirley, D. A.; Martin, S. P.; Kowalczik, F. R.; McFeely e Ley, L. Core-electron binding energies of the first thirty elements. *Physical Review B*, v. 15, p. 544-552, 1977).
(a) Há picos de energia correspondentes a 1079, 70,8, 38,0, 5,14 eV, correspondendo a 2, 2, 6 e 1 elétrons, respectivamente.
(b) Há picos de energia correspondentes a 4043, 443, 351, 48,4, 30,1 e 6,11 eV, correspondendo a 2, 2, 6, 2, 6 e 2 elétrons, respectivamente.
(c) Há picos de energia correspondentes a 5475, 638, 524, 77, 47, 12 e 7,3 eV, correspondendo a 2, 2, 6, 2, 6, 3 e 2 elétrons, respectivamente.

**39.** Explique por que os espectros fotoeletrônicos do hidrogênio e do hélio têm um pico, enquanto o do lítio tem dois picos. O que seria a intensidade relativa de cada um dos picos nesses espectros?

**40.** Descreva as principais características (número de picos e intensidades relativas dos picos) do espectro fotoeletrônico esperado para átomos de nitrogênio.

# Questões Gerais

*Estas questões não estão definidas quanto ao tipo ou à localização no capítulo. Elas podem combinar vários conceitos.*

**41.** A cor vermelha dos rubis é o resultado da substituição de alguns íons $Al^{3+}$ por íons $Cr^{3+}$ no $Al_2O_3$ sólido.
 (a) Usando a notação *spdf* com a notação de gás nobre, escreva a configuração eletrônica para o átomo de Cr e para o íon $Cr^{3+}$.
 (b) O $Cr^{2+}$ é paramagnético? E o $Cr^{3+}$?
 (c) O raio do íon $Cr^{3+}$ é 64 pm. Como este é comparado ao raio do íon $Al^{3+}$?

**42.** A cor azul-intenso das safiras vem da presença de $Fe^{2+}$ e de $Ti^{4+}$ no $Al_2O_3$ sólido. Usando a notação *spdf* com a notação do gás nobre, escreva a configuração eletrônica para cada um desses íons.

**43.** Usando diagramas de orbitais em caixas e a notação do gás nobre, apresente as configurações eletrônicas do urânio e do íon urânio(IV). Ambos são paramagnéticos?

**44.** Os elementos terras raras, ou lantanídeos, comumente existem como íons 3+. Usando diagramas de orbitais em caixas e a notação do gás nobre, apresente as configurações eletrônicas dos seguintes elementos e íons.
 (a) Ce e $Ce^{3+}$ (cério)    (b) Ho e $Ho^{3+}$ (hólmio)

**45.** Um átomo neutro possui dois elétrons com $n = 1$, oito elétrons com $n = 2$, oito elétrons com $n = 3$ e dois elétrons com $n = 4$. Supondo que esse átomo esteja em seu estado fundamental, dê as seguintes informações:
 (a) número atômico
 (b) número total de elétrons *s*
 (c) número total de elétrons *p*
 (d) número total de elétrons *d*
 (e) o elemento é um metal, um não metal ou um metaloide?

**46.** O elemento 109, agora chamado meitnério (em homenagem à física austro-sueca Lise Meitner [1878-1968]), foi produzido em agosto de 1982 por uma equipe do Instituto de Pesquisa de Íons Pesados da Alemanha. Descreva sua configuração eletrônica usando notações *spdf* e do gás nobre. Nomeie outro elemento encontrado na mesma série que o meitnério.

**Lise Meitner (1878-1968) e Otto Hahn (1879-1968).** O elemento 109 (Mt) foi nomeado em homenagem a Meitner. Ela recebeu seu Ph.D. em Física, orientada por Ludwig Boltzmann, na Universidade de Viena, e foi a primeira mulher a obter um Ph.D. naquela universidade.

**47.** Qual das seguintes alternativas *não* é um conjunto permitido de números quânticos? Explique a sua resposta brevemente. Para aqueles conjuntos que são válidos, identifique um elemento em que um elétron de valência poderia ter esse conjunto de números quânticos.

|      | $n$ | $\ell$ | $m_\ell$ | $m_s$ |
|------|-----|--------|----------|-------|
| (a)  | 2   | 0      | 0        | $-\frac{1}{2}$ |
| (b)  | 1   | 1      | 0        | $+\frac{1}{2}$ |
| (c)  | 2   | 1      | $-1$     | $-\frac{1}{2}$ |
| (d)  | 4   | 2      | $+2$     | $-\frac{1}{2}$ |

**48.** Um possível estado excitado para o átomo de H tem um elétron em um orbital $4p$. Relacione todos os conjuntos possíveis de número quânticos $(n, \ell, m_\ell, m_s)$ para esse elétron.

**49.** O ímã da foto é feito de neodímio, ferro e boro.

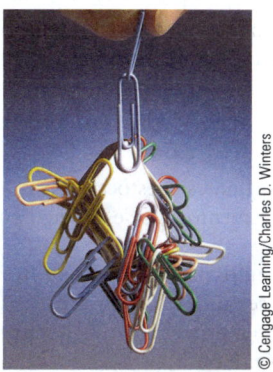

**Um ímã feito de uma liga que contém os elementos Nd, Fe e B.**

 (a) Escreva a configuração eletrônica de cada um desses elementos usando diagramas de orbitais em caixas, bem como a notação do gás nobre.
 (b) Esses elementos são paramagnéticos ou diamagnéticos?
 (c) Escreva as configurações eletrônicas de $Nd^{3+}$ e $Fe^{3+}$ usando diagramas de orbitais em caixas, bem como a notação do gás nobre. Esses íons são paramagnéticos ou diamagnéticos?

**50.** Nomeie o elemento correspondente a cada uma das seguintes características.
 (a) o elemento com a configuração eletrônica $1s^2 2s^2 2p^6 3s^2 3p^3$
 (b) o elemento alcalinoterroso com o menor raio atômico
 (c) o elemento com a maior energia de ionização no Grupo 15
 (d) o elemento cujo íon 2+ tem a configuração $[Kr]4d^5$
 (e) o elemento com a entalpia de afinidade eletrônica mais negativa no Grupo 17
 (f) o elemento cuja configuração eletrônica é $[Ar]3d^{10}4s^2$

**51.** Organize os seguintes átomos em ordem crescente de energia de ionização: Si, K, P e Ca.

**52.** Coloque os elementos e íons em ordem crescente de energia de ionização: Cl, $Ca^{2+}$ e $Cl^-$. Explique sua resposta resumidamente.

**53.** Responda às perguntas a seguir sobre os elementos A e B, cujas configurações eletrônicas são apresentadas.

$$A = [Kr]5s^1 \qquad B = [Ar]3d^{10}4s^24p^4$$

(a) O elemento A é um metal, metaloide ou um não metal?
(b) Qual elemento tem a maior energia de ionização?
(c) Qual dos elementos possui a entalpia de afinidade eletrônica menos negativa?
(d) Qual tem o maior raio atômico?
(e) Qual deve ser a fórmula para um composto formado entre A e B?

**54.** Responda às seguintes questões sobre os elementos com as configurações eletrônicas apresentadas aqui:

$$A = [Ar]4s^2 \qquad B = [Ar]3d^{10}4s^24p^5$$

(a) O elemento A é um metal, metaloide ou um não metal?
(b) O elemento B é um metal, um não metal ou um metaloide?
(c) Qual elemento espera-se ter a maior energia de ionização?
(d) Qual elemento tem o menor raio atômico?

**55.** Quais dos seguintes íons são menos prováveis de serem encontrados em compostos químicos: $Cs^+$, $In^{4+}$, $Fe^{6+}$, $Te^{2-}$, $Sn^{5+}$ e $I^-$? Explique sucintamente.

**56.** Coloque os seguintes íons em ordem decrescente de tamanho: $K^+$, $Cl^-$, $S^{2-}$ e $Ca^{2+}$.

**57.** Responda às seguintes questões:
(a) Entre os elementos S, Se e Cl, qual possui o maior raio atômico?
(b) Qual possui o maior raio, Br ou $Br^-$?
(c) Qual dos seguintes elementos deveria ter a maior diferença entre a primeira e a segunda energias de ionização: Si, Na, P ou Mg?
(d) Qual deles tem a maior energia de ionização: N, P ou As?
(e) Qual deles possui o maior raio iônico: $O^{2-}$, $N^{3-}$ ou $F^-$?

**58.** ▲ Os seguintes íons são isoeletrônicos: $Cl^-$, $K^+$ e $Ca^{2+}$. Coloque-os em ordem crescente de (a) tamanho, (b) energia de ionização e (c) entalpia de afinidade eletrônica.

**59.** Compare os elementos Na, B, Al e C com relação às seguintes propriedades:
(a) Qual tem o maior raio atômico?
(b) Qual tem a entalpia de afinidade eletrônica mais negativa?
(c) Coloque os elementos na ordem crescente de energia de ionização.

**60.** ▲ Dois elementos da segunda série de transição (do Y ao Cd) têm quatro elétrons desemparelhados em seus íons 3+. Quais elementos se encaixam nessa descrição?

**61.** A configuração para um elemento é fornecida aqui.

[Ar] ⇅|⇅|↑|↑|↑  ⇅
        3d        4s

(a) Qual é a identidade do elemento com essa configuração?
(b) A amostra do elemento é paramagnética ou diamagnética?
(c) Quantos elétrons desemparelhados tem um íon 3+ desse elemento?

**62.** A configuração de um elemento é fornecida aqui.

[Ar] ↑|↑|↑| |  ⇅
        3d        4s

(a) Qual é a identidade do elemento?
(b) Em que grupo e período esse elemento encontra-se?
(c) O elemento é um não metal, um elemento do grupo principal, um metal de transição, um lantanídeo ou um actinídeo?
(d) O elemento é diamagnético ou paramagnético? Se for paramagnético, quantos pares de elétrons desemparelhados ele possui?
(e) Escreva um conjunto completo de números quânticos $(n, \ell, m_\ell, m_s)$ para cada um dos elétrons de valência.
(f) Qual é a configuração do íon 2+ formado a partir desse elemento? O íon é diamagnético ou paramagnético?

**63.** Responda às questões a seguir sobre os elementos A e B, cujas configurações eletrônicas no estado fundamental são mostradas.

$$A = [Kr]5s^2 \qquad B = [Kr]4d^{10}5s^25p^5$$

(a) O elemento A é um metal, metaloide ou um não metal?
(b) Qual elemento tem a maior energia de ionização?
(c) Qual elemento tem o maior raio atômico?
(d) Qual dos elementos possui a entalpia de afinidade eletrônica mais negativa?
(e) Qual deles tem maior probabilidade de formar um cátion?
(f) Qual é a fórmula provável para um composto formado entre A e B?

**64.** Respondas às perguntas a seguir considerando as configurações eletrônicas no estado fundamental.
(a) Qual elemento tem a configuração eletrônica $[Ar]3d^64s^2$?
(b) Qual elemento tem um íon 2+ com a configuração $[Ar]3d^5$? O íon é diamagnético ou paramagnético?
(c) Quantos elétrons desemparelhados existem em um íon $Ni^{2+}$?
(d) A configuração de um elemento é fornecida aqui.

[Ar] ⇅|⇅|⇅|⇅|⇅  ⇅  ↑|↑|↑
    orbitais 3d    orbitais 4s  orbitais 4p

Qual é a identidade do elemento? Uma amostra do elemento é paramagnética ou diamagnética? Quantos elétrons desemparelhados têm um íon 3– desse elemento?
(e) Qual elemento tem a seguinte configuração eletrônica? Escreva conjuntos completos de números quânticos para os elétrons 1-3.

        1    2    3
[Kr] ↑|↑|↑|↑| |  ⇅
    orbitais d    orbitais s

| Elétrons | $n$ | $\ell$ | $m_\ell$ | $m_s$ |
|---|---|---|---|---|
| 1 | | | | |
| 2 | | | | |
| 3 | | | | |

## No Laboratório

**65.** O formiato de níquel(II) $[Ni(HCO_2)_2]$ é amplamente usado como um precursor catalítico e na produção de níquel metálico. Pode ser preparado no laboratório pelo

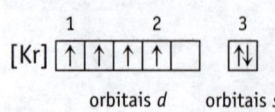

tratamento de acetato de níquel(II) com ácido fórmico ($HCO_2H$).

$$Ni(CH_3CO_2)_2(aq) + 2HCO_2H(aq) \rightarrow$$
$$Ni(HCO_2)_2(aq) + 2CH_3CO_2H(aq)$$

O precipitado de $Ni(HCO_2)_2$ verde-cristalino é formado após a adição de etanol à solução.

(a) Qual é o rendimento teórico do formiato de níquel(II) a partir de 0,500 g de acetato de níquel(II) e de ácido fórmico em excesso?

(b) O formiato de níquel(II) é paramagnético ou diamagnético? Se for paramagnético, quantos elétrons desemparelhados você esperaria?

(c) Se o formiato de níquel(II) for aquecido a 300°C na ausência de ar durante 30 minutos, o sal decompõe-se para formar níquel puro em pó. Que massa de níquel deverá ser produzida aquecendo-se 253 mg de formiato de níquel(II)? Os átomos de níquel são paramagnéticos?

**66.** ▲ Espinelas são sólidos com a fórmula geral $M^{2+}(M'^{3+})_2O_4$ (em que $M^{2+}$ e $M'^{3+}$ podem ser cátions do mesmo metal ou de diferentes metais). O exemplo mais conhecido é a magnetita comum, $Fe_3O_4$ [que você pode formular como $(Fe^{2+})(Fe^{3+})_2O_4$].

**Um cristal de espinela**

(a) Dado o seu nome, é evidente que a magnetita é ferromagnética. Quantos elétrons desemparelhados existem nos íons ferro(II) e ferro(III)?

(b) Duas outras espinelas são $CoAl_2O_4$ e $SnCo_2O_4$. Quais íons metálicos estão envolvidos em cada uma delas? Quais são as suas configurações eletrônicas? Os íons metálicos são paramagnéticos? Em caso afirmativo, quantos elétrons desemparelhados estão envolvidos?

## Resumo e Questões Conceituais

*As seguintes questões podem usar os conceitos deste capítulo e dos capítulos anteriores.*

**67.** Por que o raio do $Li^+$ é muito menor que o do Li? Por que o raio do $F^-$ é muito maior que o do F?

**68.** Quais íons na seguinte lista provavelmente não são encontrados nos compostos químicos: $K^{2+}$, $Cs^+$, $Al^{4+}$, $F^{2-}$ e $Se^{2-}$? Explique sucintamente.

**69.** Responda às seguintes questões sobre as primeiras energias de ionização.

(a) Geralmente as energias de ionização aumentam deslocando-se ao longo de um período, mas isso não é verdadeiro no caso do magnésio (738 kJ $mol^{-1}$) e do alumínio (578 kJ $mol^{-1}$). Explique essa observação.

(b) Explique por que a energia de ionização do fósforo (1012 kJ $mol^{-1}$) é maior do que a do enxofre (1000 kJ $mol^{-1}$), quando a tendência geral nas energias de ionização de um período seria o oposto.

**70.** ▲ A ionização do átomo de hidrogênio pode ser calculada a partir da equação de Bohr para a energia do elétron.

$$E = -(N_A Rhc)(Z^2/n^2)$$

em que $N_A Rhc = 1312$ kJ $mol^{-1}$ e $Z$ representa o número atômico. Vamos usar essa aproximação para calcular a possível energia de ionização do hélio. Em primeiro lugar, assumimos que os elétrons do He experimentem a carga nuclear completa de 2+. Isso nos dá o limite máximo da energia de ionização. Em seguida, supomos que um elétron do He proteja completamente o outro elétron da carga nuclear, então $Z = 1$. Isso nos dá um limite mínimo para a energia de ionização. Compare esses valores calculados (limites máximo e mínimo) com o valor experimental de 2372,3 kJ $mol^{-1}$. O que isso nos diz sobre a capacidade de um elétron de atenuar a carga nuclear?

**71.** Compare as configurações a seguir com dois elétrons localizados nos orbitais $p$. Qual seria a mais estável (que tem a menor energia)? Qual seria a menos estável? Explique suas respostas.

(a) $\boxed{\uparrow\uparrow}\ \boxed{\ }\ \boxed{\ }$

(b) $\boxed{\uparrow\downarrow}\ \boxed{\ }\ \boxed{\ }$

(c) $\boxed{\uparrow}\ \boxed{\downarrow}\ \boxed{\ }$

(d) $\boxed{\uparrow}\ \boxed{\uparrow}\ \boxed{\ }$

**72.** Os comprimentos de ligação em $Cl_2$, $Br_2$ e $I_2$ são 200, 228 e 266 pm, respectivamente. Sabendo que o raio do estanho é de 141 pm, estime as distâncias de ligação entre Sn—Cl, Sn—Br e Sn—I. Compare os valores estimados com os valores experimentais de 233, 250 e 270 pm, respectivamente.

**73.** Escreva as configurações eletrônicas após os dois primeiros processos de ionização para o potássio. Explique por que a segunda energia de ionização é muito maior que a primeira.

**74.** Qual é a tendência na energia de ionização quando se move ao longo de um grupo na tabela periódica? Racionalize essa tendência.

**75.** (a) Explique por que os tamanhos dos átomos mudam quando se move ao longo de um período da tabela periódica.

(b) Explique por que os tamanhos dos átomos dos metais de transição mudam muito pouco ao longo de um período.

**76.** Qual dos seguintes elementos tem a maior diferença entre sua primeira e segunda energias de ionização: C, Li, N, Be? Explique sua resposta.

**77.** ▲ Quais argumentos você usaria para convencer outro estudante de Química Geral de que o MgO consiste em íons $Mg^{2+}$ e $O^{2-}$ e não em íons $Mg^+$ e $O^-$? Que experimentos poderiam ser realizados para fornecer alguma evidência de que a formulação correta do óxido de magnésio é $Mg^{2+}O^{2-}$?

**78.** Explique por que a primeira energia de ionização do Ca é maior que a do K, ao passo que a segunda energia de ionização do Ca é menor que a segunda energia de ionização do K.

**79.** As energias dos orbitais de muitos elementos foram determinadas. Para os dois primeiros períodos, os valores são os seguintes:

| Elemento | 1s (kJ mol⁻¹) | 2s (kJ mol⁻¹) | 2p (kJ mol⁻¹) |
|---|---|---|---|
| H | −1313 | | |
| He | −2373 | | |
| Li | | −520,0 | |
| Be | | −899,3 | |
| B | | −1356 | −800,8 |
| C | | −1875 | −1029 |
| N | | −2466 | −1272 |
| O | | −3124 | −1526 |
| F | | −3876 | −1799 |
| Ne | | −4677 | −2083 |

(a) ▲ Por que as energias dos orbitais geralmente tornam-se mais negativas ao percorrermos o segundo período?

(b) Como esses valores relacionam-se com a energia de ionização e a entalpia de afinidade eletrônica dos elementos?

(c) Use esses valores de energia para explicar por que as energias de ionização dos quatro primeiros elementos do segundo período estão na ordem Li < Be > B < C

(Dados de MANN, J. B.; MEEK, T. L.; ALLEN, L. C. *Journal of the American Chemical Society*, v. 122, p. 2780, 2000.)

**80.** ▲ As energias de ionização para a remoção do primeiro elétron nos elementos Si, P, S e Cl são listadas na tabela abaixo. Racionalize sucintamente essa tendência.

| Elemento | Primeira energia de ionização (kJ mol⁻¹) |
|---|---|
| Si | 787 |
| P | 1012 |
| S | 1000 |
| Cl | 1251 |

**81.** Usando seu conhecimento sobre as tendências dos tamanhos dos elementos ao longo da tabela periódica, explique sucintamente por que a densidade dos elementos aumenta do K ao V.

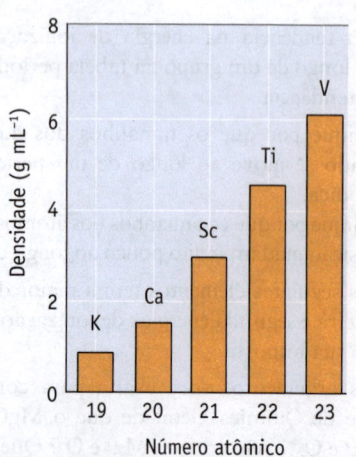

**82.** As densidades (em g/cm³) dos elementos dos Grupos 6, 8, 9, 10 e 11 são fornecidas na tabela seguinte.

| Período 4 | Cr, 7,19 | Co, 8,90 | Cu, 8,96 |
|---|---|---|---|
| Período 5 | Mo, 10,22 | Rh, 12,41 | Ag, 10,50 |
| Período 6 | W, 19,30 | Ir, 22,56 | Au, 19,32 |

Todos os metais de transição no sexto período têm densidades muito maiores que as dos elementos dos mesmos grupos nos quarto e quinto períodos. Consulte a Figura 7.8 e explique essa observação.

**83.** A descoberta de dois novos elementos (números atômicos 113 e 115) foi anunciada em fevereiro de 2004.

(a) Use as notações *spdf* e do gás nobre para apresentar as configurações eletrônicas desses dois elementos.

(b) Para cada um desses elementos, nomeie outro na mesma série periódica.

(c) O elemento 113 foi preparado bombardeando-se um átomo pesado de amerício com um núcleo de um átomo leve. Os dois núcleos combinam-se para formar um núcleo com 113 prótons. Qual átomo leve foi usado como projétil?

**84.** Explique por que a reação entre cálcio e flúor não forma o $CaF_3$.

**85.** ▲ O cloreto de tionila, $SOCl_2$, é um importante agente oxidante e de cloração na Química Orgânica. Ele é preparado industrialmente pela transferência de átomos de oxigênio do $SO_3$ para o $SCl_2$.

$$SO_3(g) + SCl_2(g) \rightarrow SO_2(g) + SOCl_2(g)$$

(a) Dê a configuração eletrônica de um átomo de enxofre usando o diagrama de orbitais em caixas. Não utilize a notação do gás nobre.

(b) Usando a configuração obtida na parte (a), escreva o conjunto dos números quânticos para o elétron de maior energia em um átomo de enxofre.

(c) Qual dos elementos envolvidos nesta reação (O, S, Cl) deveria ter a menor energia de ionização? E o menor raio?

(d) Qual deveria ser menor: o íon sulfeto, $S^{2-}$, ou um átomo de enxofre, S?

(e) Se você deseja produzir 675 g de $SOCl_2$, que massa de $SCl_2$ será necessária?

(f) Se você utilizar 10,0 g de $SO_3$ e 10,0 g de $SCl_2$, qual será o rendimento teórico do $SOCl_2$?

(g) $\Delta_rH°$ para a reação de $SO_3$ e $SCl_2$ é −96,0 kJ mol⁻¹ de $SOCl_2$. Usando dados do Apêndice L, calcule a entalpia padrão molar de formação do $SCl_2$.

**86.** O sódio metálico reage prontamente com cloro gasoso para formar o cloreto de sódio.

$$Na(s) + \frac{1}{2}Cl_2(g) \rightarrow NaCl(s)$$

(a) Qual é o agente redutor nessa reação? Qual propriedade do elemento contribui para a sua capacidade de atuar como um agente redutor?

(b) Qual é o agente oxidante nessa reação? Qual propriedade do elemento contribui para a sua capacidade de atuar como um agente oxidante?

(c) Por que a reação produz NaCl e não um composto como $Na_2Cl$ ou $NaCl_2$?

**87.** ▲ As regras de Slater são uma maneira simples para estimar a carga nuclear efetiva sobre um elétron. Nessa abordagem, a "constante de blindagem", $S$, é calculada. A carga nuclear efetiva é, então, a diferença entre o número atômico, $Z$, e $S$. Observe que os resultados da Tabela 7.2 e da Figura 7.2 foram calculados de forma ligeiramente diferente.

$$Z_{ef} = Z - S$$

A constante de blindagem, $S$, é calculada usando as seguintes regras:

1. Os elétrons de um átomo são agrupados conforme: $(1s)$ $(2s, 2p)$ $(3s, 3p)$ $(3d)$ $(4s, 4p)$ $(4d)$, e assim por diante.
2. Os elétrons em grupos maiores (à direita) não protegem aqueles dos grupos menores.
3. Para elétrons de valência $ns$ e $np$
   a) Os elétrons do mesmo grupo $(ns, np)$ contribuem com 0,35 (para 1s, 0,30 funciona melhor).
   b) Os elétrons em grupos $n - 1$ contribuem com 0,85.
   c) Os elétrons nos grupos $n - 2$ (e menores) contribuem com 1,00.
4. Para elétrons $nd$ e $nf$, os elétrons do mesmo grupo $nd$ ou $nf$ contribuem com 0,35 e aqueles nos grupos à esquerda contribuem com 1,00.

Como exemplo, vamos calcular $Z_{ef}$ para o elétron mais externo do oxigênio:

$$S = (2 \times 0,85) + (5 \times 0,35) = 3,45$$
$$Z_{ef} = 8 - 3,45 = 4,55$$

Aqui temos um cálculo para um elétron $d$ no Ni:

$$Z_{ef} = 28 - [18 \times 1,00] - [7 \times 0,35] = 7,55$$

e para um elétron $s$ no Ni:

$$Z_{ef} = 28 - [10 \times 1,00] - [16 \times 0,85]$$
$$- [1 \times 0,35] = 4,05$$

(Nesse caso, os elétrons $3s$, $3p$ e $3d$ estão nos grupos $(n - 1)$.)

(a) Calcule $Z_{ef}$ para F e Ne. Relacione os valores de $Z_{ef}$ para O, F e Ne aos seus raios atômicos e energias de ionização.

(b) Calcule $Z_{ef}$ para um dos elétrons $3d$ do Mn, e compare este resultado com $Z_{ef}$ para um dos elétrons $4s$ do mesmo elemento. Os valores de $Z_{ef}$ nos fornecerão alguma informação sobre a ionização de Mn para formar um cátion?

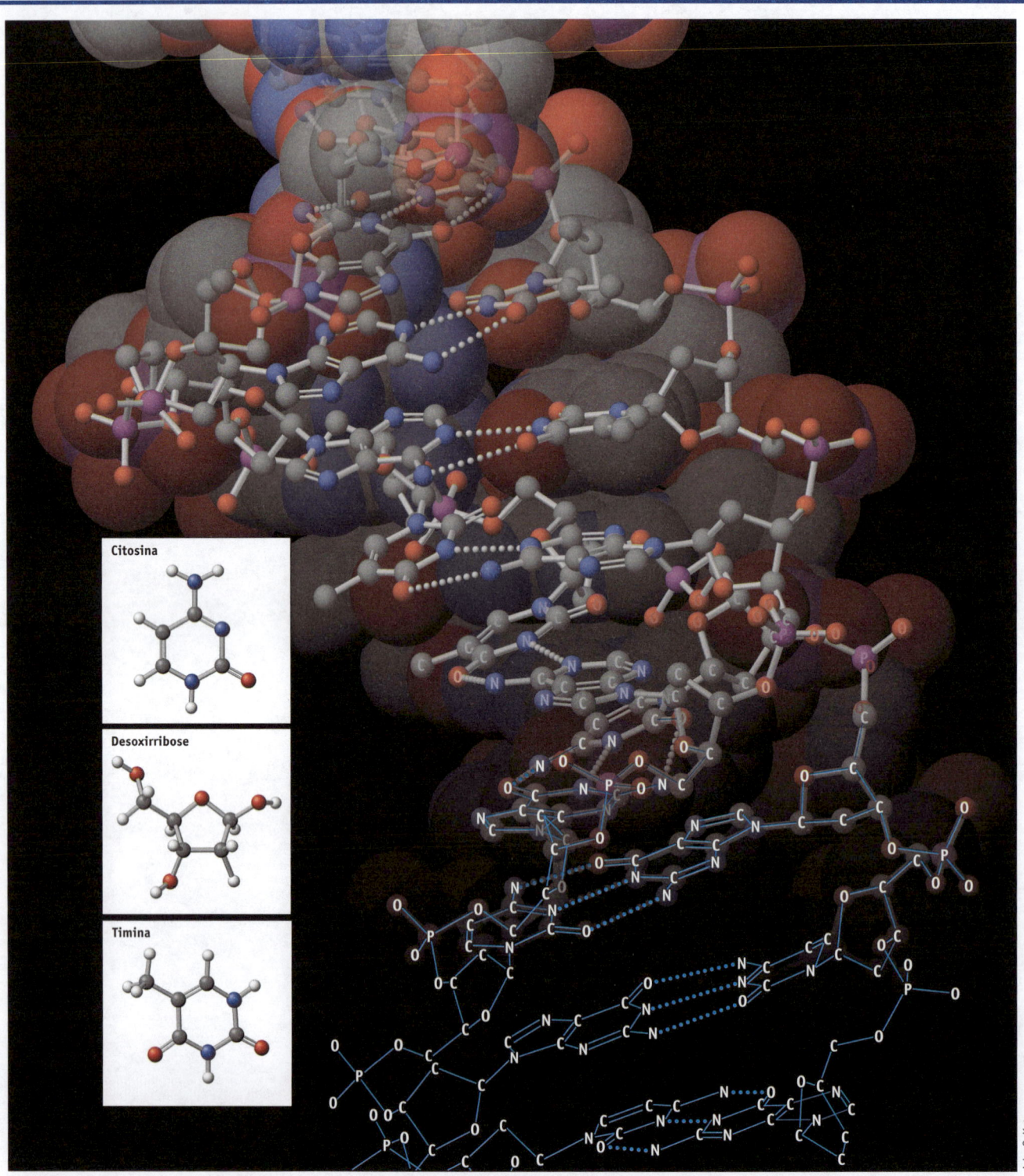

Citosina

Desoxirribose

Timina

# Sumário do capítulo

## 8.1 Formação das Ligações Químicas e Estruturas Eletrônicas de Pontos de Lewis

**Objetivo da Seção 8.1**

- Desenhar estruturas eletrônicas de pontos de Lewis para átomos e íons.

Nossa discussão sobre estrutura e ligações inicia-se com pequenas moléculas e íons poliatômicos, progredindo então para moléculas maiores. Você verá que, de composto a composto, os átomos do mesmo elemento participam da estrutura e da ligação de maneira previsível. Essa consistência permite desenvolver um conjunto de princípios que se aplicam a muitos compostos químicos, incluindo aqueles com estruturas complexas, como o DNA.

◀ Estrutura e Ligação no DNA. A estrutura refere-se à maneira como os átomos estão arranjados no espaço, e a ligação descreve as forças que mantêm unidos os átomos adjacentes. Esses tópicos são ilustrados por parte de uma molécula de DNA, uma grande molécula composta de átomos de C, H, N, O e P. Cada linha entre dois átomos representa uma ligação química e cada ligação está associada com um par de elétrons compartilhado entre os dois átomos. A estrutura global do DNA é uma hélice espiralada de duas cadeias construídas a partir do fosfato

(PO₄) e grupos desoxirribose. As bases orgânicas (tais como timina e citosina) ligadas à desoxirribose em uma cadeia interagem com as bases complementares na segunda cadeia para unir as duas cadeias.

Quando uma reação química ocorre entre dois átomos, alguns de seus elétrons de valência reorganizam-se, o que resulta em uma força atrativa líquida – uma **ligação química** – entre os átomos. Os químicos geralmente pensam nas ligações como pertencentes a três amplas categorias: metálicas, covalentes e iônicas, mas a fronteira entre elas pode não ser evidente. Este capítulo é, em sua maior parte, voltado às ligações covalentes, considerando que as ligações iônicas e metálicas estão descritas no Capítulo 12.

**Ligações covalentes** *envolvem um compartilhamento de elétrons do nível eletrônico externo* (elétrons de valência) *de cada átomo*. Dois átomos de cloro, por exemplo, compartilham um par de elétrons, um elétron de cada átomo, para formar uma ligação covalente.

$$:\overset{..}{\underset{..}{Cl}}\cdot + \cdot\overset{..}{\underset{..}{Cl}}: \longrightarrow :\overset{..}{\underset{..}{Cl}}:\overset{..}{\underset{..}{Cl}}:$$

Par de elétrons da ligação

Uma ligação iônica é formada quando *um ou mais elétrons é(são) transferido(s) do nível externo de um átomo para outro*, criando íons positivos e negativos. Quando o sódio e o gás cloro ($Cl_2$) reagem, podemos imaginar que a reação ocorre pela transferência de um elétron de um átomo de sódio para um átomo de cloro para formar íons $Na^+$ e $Cl^-$.

$$\left[ Na\cdot \quad \cdot\overset{..}{\underset{..}{Cl}}: \right] \longrightarrow \left[ Na^+ \quad :\overset{..}{\underset{..}{Cl}}:^- \right]$$

Transferência de elétron de um agente redutor para um agente oxidante

Compostos iônicos. Íons têm configurações eletrônicas de gases nobres.

**Formação de um composto iônico.** A reação entre Na e $Cl_2$ é muito exotérmica.
$\Delta_f H°$ [NaCl(s)] = −411,12 kJ/mol.

O sódio [$1s^2 2s^2 2p^6 3s^1$] possui uma baixa energia de ionização, portanto, rapidamente perde um elétron para formar $Na^+$ [$1s^2 2s^2 2p^6$]. O cloro [$1s^2 2s^2 2p^6 3s^2 3p^5$], por sua vez, possui uma elevada afinidade eletrônica e rapidamente ganha elétrons para formar o $Cl^-$ [$1s^2 2s^2 2p^6 3s^2 3p^6$]. Os íons resultantes $Na^+$ e $Cl^-$ são atraídos entre si por forças eletrostáticas, e é essa atração eletrostática entre íons de cargas opostas que constitui a **ligação iônica**. O resultado é que os íons arranjam-se entre si em uma estrutura cristalina (Figura 2.23), na qual as atrações entre os íons de cargas opostas são maximizadas e a repulsão entre os íons da mesma carga é minimizada.

O ponto de fusão da maioria dos metais é bem alto, logo sabemos que deve haver forças de ligação substanciais mantendo-os unidos. A descrição clássica de **forças de ligações metálicas** é que os átomos em uma rede estendida estão imersos em um mar de elétrons deslocalizados (Capítulo 12). A ligação é o resultado de forças de atração coulombianas. Esse modelo explica facilmente a condutividade elétrica de metais, que resulta do fato de os elétrons estarem livres para se moverem com pouca resistência por toda a rede sob a influência de um potencial elétrico entre os elétrons e os núcleos carregados.

À medida que descrevermos as ligações mais detalhadamente, você descobrirá que o compartilhamento igual de elétrons (ligação covalente), a transferência completa de elétrons (ligações iônicas) e a deslocalização de elétrons ao redor de núcleos positivos (ligações metálicas) são casos extremos.

A existência de uma série contínua de descrições de ligações a parte de puramente iônica para puramente covalente e para metálica é ilustrada pelo triângulo de ligação de van Arkel-Ketelaar (Figura 8.1). As formas limitantes de ligação estão nos vértices do triângulo. Dependendo dos átomos envolvidos, a ligação pode ser descrita como iônica (CsF), covalente ($F_2$) ou metálica (Cs). Outras combinações de átomos são uma mistura dessas formas e, portanto, são encontradas dentro dos limites do triângulo. Por exemplo, a ligação no $CO_2$ é mais covalente que iônica, enquanto no NaCl é predominantemente iônica. Um semicondutor como o AlAs tende a ir em direção à ligação metálica com algumas propriedades das ligações iônicas e covalentes. E o $AlCl_3$ está no limite entre iônico e covalente, enquanto a ligação no Si sólido é parcialmente metálica e parcialmente covalente.

Embora tratemos, neste capítulo, a ligação molecular como puramente covalente, *não perca de vista o fato de que a ligação em virtualmente todos os materiais é uma mistura das três formas limitantes.*

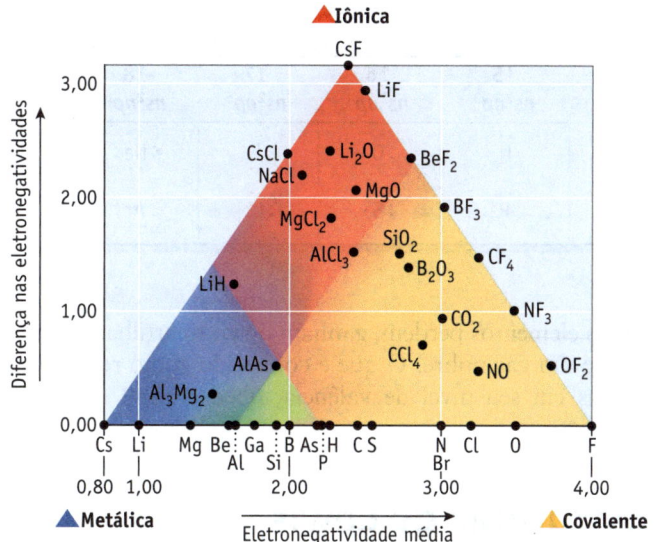

**FIGURA 8.1 Um diagrama de van Arkel-Ketelaar.** As quatro regiões deste triângulo representam as localizações dos compostos metálicos (azul), semicondutores (verde), iônicos (vermelho) e covalentes (laranja). A eletronegatividade, que é uma medida da habilidade de um átomo em uma molécula atrair elétrons, é usada nesta figura e é abordada em mais detalhes na Seção 8.7. Os triângulos de van Arkel são discutidos mais adiante em *Aplicando os Princípios Químicos*, 8.2, Triângulos de van Arkel e Ligações.

## Elétrons de Valência e os Símbolos de Lewis para os Átomos

Os elétrons em um átomo podem ser divididos em dois grupos: **elétrons de valência** e **elétrons dos níveis internos**. Reações químicas resultam na perda, no ganho ou no compartilhamento dos elétrons do nível de valência. Os elétrons mais próximos do núcleo não estão envolvidos nas ligações nem nas reações químicas.

Para os elementos do grupo principal (elementos dos grupos A na tabela periódica), os elétrons de valência são os elétrons *s* e *p* do nível externo (Tabela 8.1). Os elétrons nos níveis internos são elétrons do cerne. Por exemplo,

Na, Grupo 1    Elétrons internos = $1s^2 2s^2 2p^6$ = [Ne]      Elétrons de valência = $3s^1$

As, Grupo 5    Elétrons internos = $1s^2 2s^2 2p^6 3s^2 3p^6 3d^{10}$ = [Ar]$3d^{10}$      Elétrons de valência = $4s^2 4p^3$

Para os *elementos do grupo principal, o número de elétrons de valência é igual ao número do grupo*. O fato de todos os elementos em um grupo periódico terem o mesmo número de elétrons de valência explica a semelhança das propriedades químicas entre membros do grupo.

Os elétrons de valência para elementos de transição incluem os elétrons nos orbitais *ns* e (*n* – 1)*d*. Os elétrons remanescentes são elétrons do cerne. Assim como acontece com os elementos do grupo principal, os elétrons de valência para metais de transição determinam as propriedades químicas desses elementos.

Ti, Grupo 4      Elétrons internos = $1s^2 2s^2 2p^6 3s^2 3p^6$ = [Ar]      Elétrons de valência = $3d^2 4s^2$

Uma maneira útil de representar os elétrons nos níveis de valência de um átomo foi introduzida por Gilbert Newton Lewis (1875-1946). O símbolo do elemento representa o núcleo atômico com os elétrons do cerne. Até quatro elétrons de valência, representados por pontos, são colocados um de cada vez ao redor do símbolo; então, se houver mais elétrons de valência, eles são emparelhados com os que já estão lá. Os químicos atualmente referem-se a essas figuras como **símbolos de Lewis**. Os símbolos de Lewis para os elementos do grupo principal do segundo e do terceiro períodos são mostrados na Tabela 8.1.

O arranjo de quatro elétrons de valência de um elemento do grupo principal em torno de um átomo sugere a ideia de que o nível de valência pode acomodar quatro pares de elétrons. Por representar oito elétrons no total, isso é referido como um **octeto** de elétrons. Os gases nobres, com exceção do hélio, já possuem um octeto de elétrons de valência e demonstram uma notável falta de reatividade. (O hélio e o neônio não sofrem nenhum tipo de reação química, e os outros gases nobres têm reatividade química limitada.) Uma vez que as reações químicas envolvem mudanças no nível de elétrons de valência, a reatividade limitada dos gases nobres é tomada como evidência da estabilidade de sua

**Gilbert Newton Lewis (1875-1946)** Lewis introduziu a teoria das ligações químicas, através de pares de elétrons compartilhados, em um artigo publicado no *Journal of the American Chemical Society* em 1916. Lewis também fez importantes contribuições à química de ácido-base, à termodinâmica e à interação da luz com substâncias.

Lewis nasceu em Massachusetts mas foi criado no estado norte-americano de Nebraska. Depois de obter os graus de bacharel e doutor em Harvard, iniciou a carreira profissional como professor na Universidade da Califórnia, em Berkeley. Não foi apenas um pesquisador muito produtivo, mas também um influente professor. Entre suas ideias estava o uso de conjuntos de problemas no ensino, uma ideia ainda em uso nos dias de hoje.

**Tabela 8.1 Símbolos de Lewis para os Átomos do Grupo Principal**

| 1<br>$ns^1$ | 2<br>$ns^2$ | 13<br>$ns^2np^1$ | 14<br>$ns^2np^2$ | 15<br>$ns^2np^3$ | 16<br>$ns^2np^4$ | 17<br>$ns^2np^5$ | 18<br>$ns^2np^6$ |
|---|---|---|---|---|---|---|---|
| Li· | ·Be· | ·B· | ·C· | ·N· | :O· | :F· | :Ne: |
| Na· | ·Mg· | ·Al· | ·Si· | ·P· | :S· | :Cl· | :Ar: |

configuração eletrônica de gás nobre ($ns^2np^6$). Muitos elementos perdem, ganham ou compartilham elétrons para atingir um octeto no nível de valência, a configuração de um gás nobre. O que é conhecido como **regra do octeto**. O hidrogênio, que em seus compostos tem dois elétrons em seu nível de valência, obedece essa regra igualando-se à configuração eletrônica do hélio.

# 8.2 Ligações Covalentes e Estruturas de Lewis

## Objetivo da Seção 8.2

- Aplicar a regra do octeto ao desenhar as estruturas eletrônicas de pontos de Lewis para moléculas e íons poliatômicos simples.

Há muitos exemplos de compostos que têm ligações covalentes, incluindo os gases na nossa atmosfera ($O_2$, $N_2$, $H_2O$ e $CO_2$), os combustíveis comuns ($CH_4$) e a maior parte dos compostos do nosso corpo. As ligações covalentes também são responsáveis pelas conexões em íons poliatômicos, como $CO_3^{2-}$, $CN^-$, $NH_4^+$, $NO_3^-$ e $PO_4^{3-}$. Vamos desenvolver os princípios básicos da ligação e da estrutura usando esses exemplos e outras pequenas moléculas e íons, mas os mesmos princípios aplicam-se a moléculas maiores, desde a aspirina até proteínas e DNA, com muitos milhares de átomos.

**Importância dos Pares Isolados**
Pares isolados podem ser importantes em uma estrutura. Como estão no mesmo nível de valência que os elétrons de ligação, podem influenciar a forma espacial da molécula (veja a Seção 8.6).

As moléculas e os íons que acabamos de mencionar são constituídos inteiramente por *ametais*. Um ponto que necessita de especial ênfase é que, *em moléculas e íons constituídos apenas de átomos de ametais, estes últimos estão unidos por ligações covalentes*. Caso contrário, a presença de um metal em uma fórmula é um sinal de que o composto é provavelmente iônico.

Em uma descrição simples da ligação covalente, uma ligação resulta quando um ou mais pares de elétrons são compartilhados entre dois átomos.

A ligação do par de elétrons entre os dois átomos de uma molécula de $H_2$ é representada por um par de pontos ou, alternativamente, uma linha.

A representação de uma molécula nesse modelo é chamada de **estrutura de pontos de Lewis** ou apenas **estrutura de Lewis**.

Ligação do par de elétrons

$H_2$   H:H    H—H
Estrutura de Lewis

As estruturas simples de Lewis, como aquela para $F_2$, podem ser desenhadas começando com símbolos de Lewis para os átomos e continuando com o arranjo dos elétrons de valência para formar ligações. O flúor, um elemento do Grupo 17, possui sete elétrons de valência. O símbolo de Lewis mostra que um átomo de F apresenta um único elétron desemparelhado ao lado de três pares de elétrons. No $F_2$, os elétrons individuais, um de cada átomo de F, emparelham-se na ligação covalente.

Na estrutura de Lewis do $F_2$, o par de elétrons da ligação F—F é o **par de ligação**. Os outros seis pares residem em átomos individuais e são chamados de **pares isolados**. Como não estão envolvidos na ligação, também são chamados de **elétrons não ligantes**.

Estrutura de Lewis

$F_2$   :F· + ·F:  ⟶  :F:F:   ou   :F—F: ← Pares isolados de elétrons

O flúor tem sete elétrons de valência

Pares de elétrons ligantes ou compartilhados

O dióxido de carbono, $CO_2$, e o nitrogênio, $N_2$, são exemplos de moléculas nas quais dois átomos compartilham mais de um par de elétrons. No dióxido de carbono, o átomo de carbono compartilha dois pares de elétrons com cada oxigênio e, portanto, está ligado a cada átomo de O por uma **ligação dupla**. O nível de valência de cada átomo de oxigênio no $CO_2$ tem dois pares na ligação e dois pares isolados.

Na molécula diatômica de nitrogênio, os dois átomos de nitrogênio compartilham três pares de elétrons, portanto, estão ligados por uma **ligação tripla**. Além disso, cada átomo de N tem um único par isolado.

$CO_2$

Octeto de elétrons ao redor de cada átomo de O (quatro em ligações duplas e quatro em pares isolados) → $\ddot{O}=C=\ddot{O}$

Octeto de elétrons ao redor do átomo de C (quatro em cada uma das ligações duplas)

$N_2$

$:N\equiv N:$

Octeto de elétrons ao redor de cada átomo de N (seis em ligações triplas e dois em um par isolado)

Pode-se fazer uma importante observação sobre as moléculas vistas até aqui: cada átomo nas estruturas de Lewis é rodeado por quatro pares de elétrons, isto é, um octeto de elétrons. *Cada átomo é cercado por um octeto de elétrons.* (A exceção é o hidrogênio, que tipicamente forma uma ligação com apenas um outro átomo, tendo como resultado dois elétrons em seu nível de valência.) *A tendência das moléculas e íons poliatômicos de possuir estruturas em que oito elétrons cercam cada átomo é conhecida como a regra do octeto.* Como exemplo, dado o número dos elétrons de valência disponíveis no nitrogênio, uma ligação tripla é necessária no $N_2$, de modo a ter um octeto em volta de cada átomo de nitrogênio. O átomo de carbono e ambos os átomos de oxigênio no $CO_2$ atingem a configuração do octeto por meio da formação de ligações duplas.

A regra do octeto é extremamente útil, mas tenha em mente que se trata mais de uma *orientação* do que uma *regra*. Para os elementos do segundo período, C, N, O e F, uma estrutura de Lewis em que cada átomo atinge um octeto é provavelmente uma boa representação da ligação.

**Exceções à Regra do Octeto**

Se encontrar uma estrutura que não segue a regra do octeto, deve-se inicialmente questionar a validade da estrutura. É possível que tenha sido atribuída uma fórmula incorreta para o composto ou os átomos tenham sido colocados de maneira incorreta. Entretanto, como descrito na Seção 8.5, existem exceções válidas. Felizmente, muitas serão óbvias, como quando existem mais de quatro ligações para um elemento ou quando o composto contém um número ímpar de elétrons.

## Desenhando as Estruturas de Lewis

Uma abordagem para construir a estrutura de Lewis é ilustrada no clorofórmio, $CHCl_3$, um composto utilizado antigamente como anestésico.

**ETAPA 1** *Determine o arranjo dos átomos dentro de uma molécula.* O átomo central é *geralmente* aquele que tem menor afinidade por elétrons (a entalpia de afinidade eletrônica menos negativa, Seção 7.5). (Na Seção 8.7 introduzimos o conceito de eletronegatividade, que também pode ser usado para determinar o átomo central em uma molécula: o átomo central é normalmente aquele com a menor eletronegatividade.)

$CHCl_3$
↑
Átomo central

**ETAPA 2** *Determine o número total de elétrons de valência na molécula (ou íon).* Em uma molécula neutra, esse número será a soma dos elétrons de valência para cada átomo. O número de *pares* de elétrons de valência será metade do número total dos elétrons de valência.

$CHCl_3$ elétrons de valência
C = 4
H = 1
Cl = 3 × 7 = 21
Total = 26 elétrons ou 13 pares

**ETAPA 3** *Coloque um par de elétrons entre cada par dos átomos ligados para formar uma única ligação.* Aqui quatro pares de elétrons são usados para fazer quatro ligações simples (que são representadas por quatro linhas). Nove pares de elétrons, dos treze originais, permanecem sem serem utilizados.

Ligação simples

$$Cl-\underset{\underset{Cl}{|}}{\overset{\overset{Cl}{|}}{C}}-H$$

**ETAPA 4** *Use os pares remanescentes como pares isolados em torno de cada átomo terminal (exceto H), de modo que cada átomo terminal esteja rodeado por oito elétrons.* Se, depois de fazer isso, houver ainda átomos restantes, ligue-os ao átomo central. Os treze pares estão agora atribuídos ao $CHCl_3$. O átomo de H possui dois elétrons compartilhados, como ocorre normalmente, e os outros átomos têm um compartilhamento que permite um octeto de elétrons. A estrutura de Lewis para o $CHCl_3$ está completa.

Ligação simples —⟶ :$\ddot{Cl}$:
Par solitário —⟶ :$\ddot{Cl}$—C—H
           :$\ddot{Cl}$:

**ETAPA 5** Se nenhum par de elétrons de valência permanecer após formar ligações simples e completar os octetos dos átomos terminais, e se o átomo central não tiver um octeto de elétrons, então ligações múltiplas podem ser criadas através do compartilhamento de um ou mais pares de elétrons entre os átomos terminais e o átomo central. (Veja o caso do $CH_2O$ no Exemplo 8.1.)

Esse passo não é necessário para o $CHCl_3$.

---

**EXEMPLO 8.1**

## Desenhando as Estruturas de Pontos de Lewis

**Problema** Desenhe as estruturas de pontos de Lewis para o cloreto de tionila, $SOCl_2$, um reagente amplamente utilizado na Química Orgânica.

**O que você sabe?** A fórmula do composto é dada, de modo que se possa determinar o número de elétrons de valência. Além disso, pode-se supor que cada átomo alcançará a configuração de octeto.

**Estratégia** Siga as etapas descritas anteriormente para o $CHCl_3$.

### RESOLUÇÃO PARA O $SOCl_2$

1. O enxofre é o átomo central. A afinidade eletrônica do enxofre é menor que a do oxigênio e a do cloro. (A entalpia de afinidade eletrônica do S é menos negativa que a do O e do Cl.)

2. Elétrons de valência = 26 (13 pares) = 6 (para S) + 6 (para O) + 2 × 7 (para cada Cl)

3. Três pares de elétrons formam ligações simples entre o enxofre e o oxigênio e entre o enxofre e o cloro.

           Cl
           |
      O—S—Cl

4. Distribua nove pares de elétrons ao redor dos átomos terminais O e Cl.

          :$\ddot{Cl}$:
           |
    :$\ddot{O}$—S—$\ddot{Cl}$:

5. Resta um par de elétrons. Como o átomo central S ainda tem três pares de elétrons ao seu redor, o último par de elétrons é ali colocado. Cada átomo agora tem a participação de quatro pares de elétrons.

          :$\ddot{Cl}$:
           |
    :$\ddot{O}$—$\ddot{S}$—$\ddot{Cl}$:

**Pense bem antes de responder** Aqui ainda restou um par de elétrons após a formação das ligações e de completar o octeto ao redor dos átomos terminais. Esse par de elétrons foi então colocado no átomo central.

## Verifique seu entendimento

Desenhe as estruturas de Lewis para o $CH_3Cl$ (cloreto de metila, um anestésico tópico), $H_2O_2$ (peróxido de hidrogênio, com uma ligação O—O) e $NH_2OH$ (com uma ligação N—O).

Há muitas moléculas que possuem duas ou até três ligações entre um par de átomos, e um exemplo simples disso é a molécula de formaldeído, $CH_2O$. Aqui o carbono é o átomo central, e há um total de 12 elétrons de valência.

Elétrons de valência $CH_2O$ = 12 elétrons (ou 6 pares de elétrons) = 4 (para o C) + 2 × 1 (para dois átomos de H) + 6 (para O)

Para montar a estrutura de Lewis, começamos colocando um par de elétrons entre cada par de átomos ligados para formar uma ligação simples,

e então colocamos os três pares remanescentes como pares isolados ao redor do átomo terminal O.

Agora os seis pares foram atribuídos, mas note que o átomo de C tem a participação de apenas três pares. *Se o átomo central tiver menos de oito elétrons nessa etapa, desloque um ou mais pares isolados de um átomo terminal para um par de ligação (entre o átomo central e o terminal) para formar ligações múltiplas.*

Como regra geral, ligações duplas ou triplas são mais frequentemente encontradas quando *ambos* os átomos são C, N ou O. Ou seja, ligações do tipo C=C, C=N e C=O serão observadas com frequência.

### EXEMPLO 8.2

## Desenhando Estruturas de Pontos de Lewis com uma Ligação Múltipla

**Problema**  Desenhe a estrutura de pontos de Lewis para o $CO_2$, dióxido de carbono.

**O que você sabe?**  A fórmula é dada de modo que seja possível determinar o número de elétrons no nível de valência. Além disso, pode-se supor que cada átomo vai atingir a configuração do octeto.

**Estratégia**  Siga as etapas anteriormente descritas para o $CH_2O$.

### RESOLUÇÃO

1.  Designe o C como o átomo central.

2.  Elétrons de valência = 16 (8 pares) = 4 (para C) + 2 × 6 (para O)

3.  Dois pares de elétrons formam ligações simples entre C e O.

O—C—O

Distribua três pares isolados nos átomos terminais de O para completar seus octetos.

$$: \ddot{O} - C - \ddot{O} :$$

4. Nenhum dos oito pares de elétrons originais restaram sem ser utilizados, mas o átomo C não tem ainda um octeto de elétrons. Portanto, utilizamos os pares isolados de elétrons nos átomos de O para formar ligações CO adicionais, uma em cada lado da molécula.

$$\ddot{O} = C = \ddot{O}$$

**Pense bem antes de responder**  Por que não pegamos dois pares solitários de um lado e nenhum do outro (para dar ao CO uma ligação tripla e uma ligação simples CO, respectivamente)? Discutiremos essa possibilidade depois de descrever a distribuição de cargas em moléculas e íons (Seção 8.7).

## Verifique seu entendimento

Desenhe a estrutura eletrônica de Lewis para o CO.

Para completar nossos exemplos iniciais da construção das estruturas de pontos de Lewis, vamos dar uma olhada em como ficam essas estruturas em íons poliatômicos. Você encontrará muitos desses íons na Química, como cátions e ânions.

---

**EXEMPLO 8.3**

## Desenhando Estruturas de Pontos de Lewis para Íons Poliatômicos

**Problema**  Desenhe as estruturas de Lewis para o íon clorato ($ClO_3^-$) e o íon nitrônio ($NO_2^+$).

**O que você sabe?**  A fórmula de cada íon é dada, de modo que se possa determinar o número dos elétrons de valência. Além disso, pode -se supor que cada átomo alcançará a configuração do octeto.

**Estratégia**  Siga as etapas descritas nos exemplos anteriores com a etapa adicional de considerar a carga do íon.

- Para um ânion, adicione o número de elétrons igual à carga negativa.
- Para um cátion, subtraia o número de elétrons igual à carga do íon.

---

### RESOLUÇÃO PARA O ÍON CLORATO, $ClO_3^-$

1. Cl é o átomo central, e os átomos de O são os átomos terminais.

2. Elétrons de valência = 26 (13 pares = 7 (para Cl) + 18 (6 para cada O) + 1 (para a carga negativa)

3. Três pares de elétrons formam ligações simples entre o Cl e os átomos terminais de O.

$$\begin{array}{c} O \\ | \\ O - Cl - O \end{array}$$

4. Distribua os três pares isolados em cada um dos átomos terminais de O para completar o octeto de elétrons em volta de cada um desses átomos.

$$\left[ \begin{array}{c} :\ddot{O}: \\ | \\ :\ddot{O} - Cl - \ddot{O}: \end{array} \right]^-$$

5. Sobra um par de elétrons, que é colocado no átomo central Cl para completar o octeto

$$\left[ \begin{array}{c} :\ddot{O}: \\ | \\ :\ddot{O} - \overset{..}{Cl} - \ddot{O}: \end{array} \right]^-$$

## RESOLUÇÃO PARA O ÍON NITRÔNIO, $NO_2^+$

1. Nitrogênio é o átomo central.

2. Elétrons de valência = 16 (8 pares) = 5 (para N) + 12 (6 para cada O) − 1 (para a carga positiva)

3. Dois pares de elétrons formam ligações simples entre o nitrogênio e cada oxigênio:

$$O—N—O$$

4. Distribua os seis pares de elétrons restantes nos átomos terminais O:

$$\left[ \ddot{\underset{\cdot\cdot}{O}}—N—\ddot{\underset{\cdot\cdot}{O}} \right]^+$$

5. O átomo central nitrogênio tem dois pares de elétrons a menos que o necessário para o octeto. Como no caso do $CO_2$, um par isolado de elétrons de cada átomo de oxigênio é convertido em um par de elétrons de ligação para formar duas ligações duplas N═O. Cada átomo no íon possui agora quatro pares de elétrons. O nitrogênio tem quatro pares ligantes, e cada átomo de oxigênio tem dois pares isolados e dois pares ligantes.

Desloque os pares isolados para criar ligações duplas e satisfazer a regra do octeto para o N.

$$\left[ \ddot{O}—N—\ddot{O} \right]^+ \longrightarrow \left[ \ddot{O}═N═\ddot{O} \right]^+$$

### Pense bem antes de responder

Perceba que as estruturas de pontos do $ClO_3^-$ e do $NO_2^+$ assemelham-se às do $SOCl_2$ (Exemplo 8.1) e do $CO_2$ (Exemplo 8.2), respectivamente. Tanto o $ClO_3^-$ como o $SOCl_2$ possuem o mesmo número de pares de elétrons de valência e o mesmo número de ligações e de pares isolados, e ambos possuem um par isolado no átomo central. De modo semelhante, o $CO_2$ e o $NO_2^+$ têm o mesmo número de elétrons de valência e ambos possuem duas ligações duplas. Será muito útil observar as características comuns das estruturas eletrônicas de pontos.

## Verifique seu entendimento

Desenhe as estruturas de Lewis para $NH_4^+$, $NO^+$ e $SO_4^{2-}$.

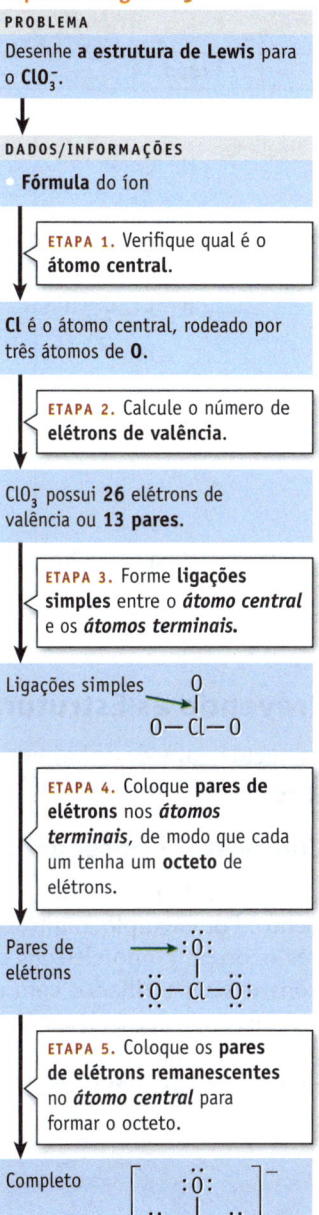

**Mapa Estratégico 8.3**

**PROBLEMA**
Desenhe a estrutura de Lewis para o $ClO_3^-$.

**DADOS/INFORMAÇÕES**
• Fórmula do íon

ETAPA 1. Verifique qual é o átomo central.

Cl é o átomo central, rodeado por três átomos de O.

ETAPA 2. Calcule o número de elétrons de valência.

$ClO_3^-$ possui 26 elétrons de valência ou 13 pares.

ETAPA 3. Forme ligações simples entre o átomo central e os átomos terminais.

Ligações simples

ETAPA 4. Coloque pares de elétrons nos átomos terminais, de modo que cada um tenha um octeto de elétrons.

Pares de elétrons

ETAPA 5. Coloque os pares de elétrons remanescentes no átomo central para formar o octeto.

Completo

---

## DICA PARA RESOLUÇÃO DE PROBLEMAS 8.1
## Escolhendo o Átomo Central para a Estrutura de Pontos de Lewis

O primeiro passo para construir uma estrutura de pontos de Lewis é escolher o átomo central.

1. O átomo central é geralmente o átomo de menor eletronegatividade. A eletronegatividade é discutida na Seção 8.7.

2. Para moléculas simples e íons, o primeiro átomo na fórmula é frequentemente o átomo central (por exemplo, $SO_2$, $NH_4^+$, $NO_3^-$). Entretanto, essa não é sempre uma previsão confiável. Exceções dignas de nota incluem a água ($H_2O$) e a maioria dos ácidos comuns ($HNO_3$, $H_2SO_4$), nos quais o hidrogênio do ácido é geralmente escrito primeiro, mas outro átomo (como o N ou o S) é o átomo central.

3. Você reconhecerá que certos átomos aparecem frequentemente como o átomo central, entre eles C, N, P e S.

4. Halogênios são frequentemente átomos terminais que formam uma única ligação com outro átomo, mas podem ser o átomo central quando combinados com O nos oxiácidos (como $HClO_4$).

5. O oxigênio é o átomo central na água, mas, quando combinado com carbono, nitrogênio, fósforo ou halogênios, é, em geral, um átomo terminal.

6. Com raras exceções, o hidrogênio é um átomo terminal, porque tipicamente se liga somente a um outro átomo.

**Tabela 8.2** Estruturas de Lewis para Moléculas e Íons Comuns Contendo Hidrogênio Ligado a Elementos do Segundo Período

| Grupo 14 | Grupo 15 | Grupo 16 | Grupo 17 |
|---|---|---|---|
| $CH_4$ metano | 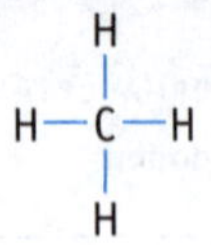 $NH_3$ amônia | 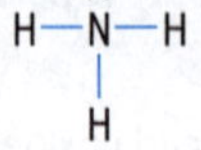 $H_2O$ água | 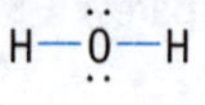 HF fluoreto de hidrogênio 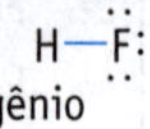 |
| $C_2H_6$ etano | 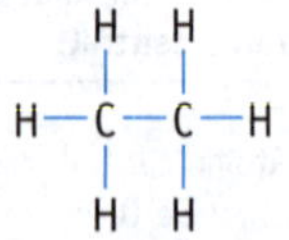 $N_2H_4$ hidrazina | 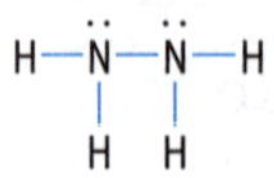 $H_2O_2$ peróxido de hidrogênio |  |
| $C_2H_4$ etileno | 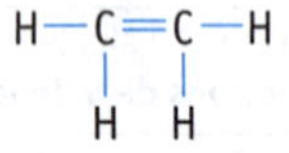 $NH_4^+$ íon amônio | 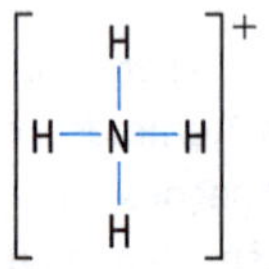 $H_3O^+$ íon hidrônio | 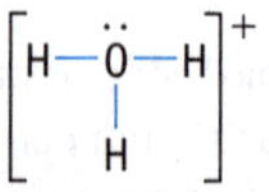 |
| $C_2H_2$ acetileno |  $NH_2^-$ íon amida | 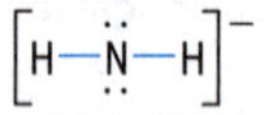 $OH^-$ íon hidroxila | 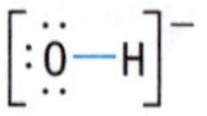 |

## Prevendo as Estruturas de Lewis

As regras para desenhar estruturas de Lewis são úteis, mas os químicos podem também basear-se em padrões de ligação em moléculas relacionadas.

### Compostos Contendo Hidrogênio

O símbolo de Lewis para um elemento é um guia útil na determinação do número de ligações formadas pelo elemento. Por exemplo, o nitrogênio possui cinco elétrons de valência. Dois elétrons ocorrem como par isolado; outros três ocorrem como elétrons desemparelhados. Para alcançar um octeto, é necessário emparelhar cada um dos elétrons desemparelhados com um elétron de outro átomo. Assim, espera-se que N forme três ligações em moléculas neutras, *sem cargas*. De maneira semelhante, para compostos *sem carga*, espera-se que o carbono forme quatro ligações, o oxigênio, duas, e o flúor, uma. Veja na Tabela 8.2 os exemplos de moléculas comuns que contêm hidrogênio e íons com base em C, N, O e F.

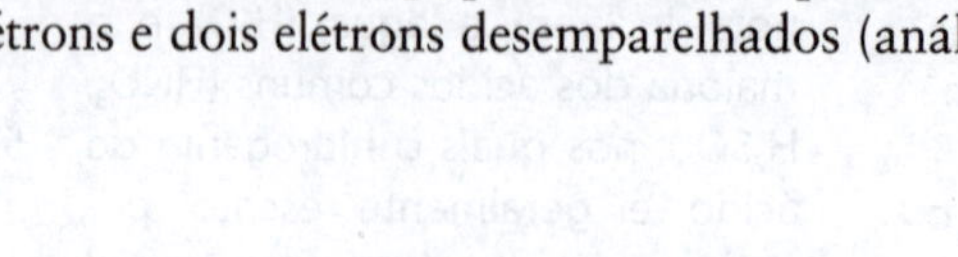

Os elementos C, N e O são a base para íons poliatômicos comuns, como, por exemplo, os íons amônio e hidrônio. Aqui podemos pensar no $NH_4^+$ como sendo baseado no $N^+$, um cátion formado pela perda de um elétron do N. O íon $N^+$ possui quatro elétrons de valência desemparelhados (análogo ao C) e, portanto, é capaz de formar quatro ligações simples com átomos de hidrogênio. O ânion amida, $NH_2^-$, pode ser decomposto de forma semelhante. Nesse ânion, $N^-$ possui seis elétrons, dois pares de elétrons e dois elétrons desemparelhados (análogo ao O) e é capaz de formar duas ligações simples.

---

**EXEMPLO 8.4**

### Prevendo as Estruturas Eletrônicas de Pontos de Lewis

**Problema** Desenhe as estruturas de Lewis para o $CCl_4$ e para o $NF_3$.

**O que você sabe?** O tetracloreto de carbono ($CCl_4$) e o $NF_3$ possuem estequiometrias similares ao $CH_4$ e à $NH_3$ (Tabela 8.2), de modo que você pode razoavelmente esperar que tenham estruturas de Lewis semelhantes.

**Estratégia** Lembre-se de que esperamos que o carbono forme quatro ligações e o nitrogênio, três ligações, para completarem um octeto de elétrons. Além disso, os halogênios possuem sete elétrons de valência; assim, tanto o Cl como o F podem obter seu octeto formando uma ligação covalente, da mesma forma que o hidrogênio.

## RESOLUÇÃO

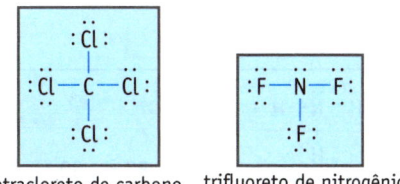

tetracloreto de carbono        trifluoreto de nitrogênio

**Pense bem antes de responder** Para verificar, conte o número de elétrons de valência para cada molécula e certifique-se de que todos estejam presentes na estrutura de Lewis.

$CCl_4$: elétrons de valência = 4 (para C) + 4 × 7 (para Cl) = 32 elétrons (16 pares)

A estrutura de Lewis para $CCl_4$ mostra 8 elétrons em ligações simples e 24 elétrons em pares de elétrons isolados, perfazendo um total de 32 elétrons. A estrutura está correta.

$NF_3$: elétrons de valência = 5 (para N) + 3 × 7 (para F) = 26 elétrons (13 pares)

A estrutura de Lewis para o $NF_3$ mostra 6 elétrons em ligações simples e 20 elétrons em pares de elétrons isolados, perfazendo um total de 26 elétrons. A estrutura está correta.

## Verifique seu entendimento

Preveja estruturas de Lewis para o metanol, $CH_3OH$, e a hidroxilamina, $NH_2OH$. (Em cada molécula, o átomo central C ou N está ligado aos átomos H e a um átomo de O.)

## Oxiácidos e Seus Ânions

Oxiácidos, como $HNO_3$, $H_2SO_4$, $H_3PO_4$ e $HClO_4$, são compostos moleculares covalentemente ligados. Em cada um deles, um ou mais átomos de H está ligado ao átomo de O (e não ao átomo central N, S, P ou Cl) e são os átomos de H que se dissociam para fornecer o íon hidrônio e o ânion apropriado. Uma estrutura de Lewis para o íon nitrato pode ser criada usando-se as regras dos exemplos anteriores, e o resultado é uma estrutura com duas ligações simples N—O e uma ligação dupla N=O. Para formar o ácido nítrico a partir do íon nitrato, um íon hidrogênio é ligado utilizando-se um único par em um dos átomos de O.

íon nitrato        ácido nítrico

## Espécies Isoeletrônicas

As espécies químicas $NO^+$, $N_2$, CO e $CN^-$ são similares quanto ao fato de que cada uma delas possui dois átomos e o mesmo número total de elétrons de valência, 10, o que as leva a ter estruturas de Lewis similares para cada molécula ou íon. Os dois átomos em cada espécie são ligados por uma ligação tripla. Com três pares de ligação e um par isolado, cada átomo tem assim um octeto de elétrons.

## Tabela 8.3 Algumas Moléculas e Íons Isoeletrônicos Comuns

| Fórmulas | Estruturas de Lewis Representativas | Fórmulas | Estruturas de Lewis Representativas |
|---|---|---|---|
| $BH_4^-$, $CH_4$, $NH_4^+$ | $\begin{bmatrix} H \\ \| \\ H-N-H \\ \| \\ H \end{bmatrix}^+$ | $CO_3^{2-}$, $NO_3^-$ | $\begin{bmatrix} \ddot{O}-N=\ddot{O} \\ \| \\ \ddot{O} \end{bmatrix}^-$ |
| $NH_3$, $H_3O^+$ | $H-\ddot{N}-H$ $\|$ $H$ | $PO_4^{3-}$, $SO_4^{2-}$, $ClO_4^-$ | $\begin{bmatrix} \ddot{O} \\ \| \\ \ddot{O}-P-\ddot{O} \\ \| \\ \ddot{O} \end{bmatrix}^{3-}$ |
| $CO_2$, $OCN^-$, $SCN^-$, $N_2O$ $NO_2^+$, $OCS$, $CS_2$ | $\ddot{O}=C=\ddot{O}$ | | |

**Estruturas Isoeletrônicas** Existem tanto similaridades quanto diferenças importantes nas propriedades químicas de espécies isoeletrônicas. Por exemplo, tanto o monóxido de carbono, CO, como o íon cianeto, $CN^-$, são muito tóxicos porque podem ligar-se ao ferro da hemoglobina no sangue e obstruir a absorção do oxigênio. Contudo, são diferentes, em sua química ácido-base. Em solução aquosa, o íon cianeto prontamente adiciona-se a um íon $H^+$ para formar cianeto de hidrogênio, enquanto o CO não é protonado.

Moléculas e íons que têm o *mesmo número de elétrons de valência e as mesmas estruturas de Lewis* são chamados **isoeletrônicos** (Tabela 8.3).

## Compostos Orgânicos Baseados em Carbono

A vasta maioria das moléculas do nosso mundo e em nosso corpo são orgânicas baseadas em carbono, consistindo em C e H com O, N e, ocasionalmente, outros elementos, como S e P. Você pode desenhar rapidamente as estruturas de Lewis de moléculas orgânicas, seguindo alguns passos:

- As moléculas orgânicas seguem a regra do octeto.
- O carbono forma quatro ligações. (Os arranjos possíveis incluem quatro ligações simples; duas ligações simples e uma dupla; duas ligações duplas; ou uma ligação simples e uma tripla.)
- Em espécies sem carga, o nitrogênio forma três ligações e o oxigênio forma duas ligações.

- O hidrogênio forma apenas uma ligação com outro átomo.
- Quando ligações múltiplas são formadas, ambos os átomos envolvidos são geralmente um dos seguintes: C, N e O. O oxigênio tem a habilidade de formar ligações múltiplas com uma variedade de elementos. O carbono forma muitos compostos tendo ligações múltiplas com outro carbono ou com N ou O.
- Ao desenhar uma estrutura de Lewis, sempre estabeleça as ligações simples e os pares isolados antes de determinar se há ligações múltiplas.

Como exemplo, vamos utilizar o hidrocarboneto, $C_3H_6$ (com 18 elétrons de valência). Há apenas duas formas de fazer um arranjo com três átomos de C: em um triângulo ou em linha. Se desenharmos uma ligação entre os átomos de C com essas estruturas, teremos:

Em seguida, ligue o átomo de H aos átomos de C. No arranjo triangular do $C_3$, cada átomo de C pode acomodar dois átomos de H. Cada átomo de C possui um octeto de elétrons, e a estrutura está completa.

| Tabela 8.4 | Estruturas de Lewis para Moléculas Orgânicas Simples Baseadas em C, H, O e N | | |
|---|---|---|---|
| $CH_4O$ | 14 elétrons de valência | H—C—O—H (com H acima e abaixo do C) | álcool metílico |
| $CH_5N$ | 14 elétrons de valência | H—C—N—H (com H acima do C, H abaixo do C e N) | metilamina |
| $CH_2O_2$ | 18 elétrons de valência | H—C—O—H (com O duplamente ligado acima do C) | ácido fórmico (ácido metanoico) |
| $C_2H_5NO_2$ | 30 elétrons de valência | H—N—C—C—O—H (com H, H acima e O duplamente ligado, H abaixo do N) | glicina |

A situação é diferente para a estrutura "linear". Cada átomo de C deve possuir quatro ligações. Se os átomos de C estão unidos por ligações simples e cada átomo de C possui ligações com átomos de H, precisaríamos de oito átomos de H. Como a molécula possui apenas seis átomos de H, a estrutura só poderá ser a apresentada abaixo, com uma ligação dupla C=C.

$$H—C—C=C$$

Você já viu um outro exemplo da estrutura de Lewis de uma molécula orgânica simples ($CH_2O$). Veja na Tabela 8.4 vários outros exemplos de estruturas de Lewis de outras moléculas orgânicas comuns.

## 8.3 Cargas Formais dos Átomos em Moléculas e Íons

### Objetivo da Seção 8.3

- Entender o significado de carga formal do átomo e calcular a carga formal em cada átomo em uma molécula ou íon poliatômico.

Você viu que as estruturas de Lewis mostram como pares de elétrons são colocados em espécies ligadas covalentemente, sejam moléculas neutras ou íons poliatômicos. Agora, consideramos uma das consequências dessa forma de distribuição de pares de elétrons: átomos individuais podem ser carregados negativa ou positivamente ou não terem nenhuma carga. As posições das cargas positivas ou negativas em uma molécula ou íon influenciarão, entre outras coisas, o átomo no qual uma reação ocorre. Por exemplo, um íon positivo $H^+$ se ligará ao Cl ou ao O do íon $ClO^-$ para formar o ácido hipocloroso? É razoável esperar que o $H^+$ ligue-se ao átomo mais negativamente carregado, e podemos prever que isso aconteça avaliando as cargas formais dos átomos nas moléculas e íons.

A **carga formal** é a carga eletrostática que residiria em um átomo de uma molécula ou íon poliatômico se todos os elétrons ligantes fossem igualmente compartilhados entre os pares de átomos. A carga formal para um átomo em uma molécula ou em um íon é calculada com base na estrutura de Lewis da molécula ou íon, usando a Equação 8.1,

Carga formal de um átomo em uma molécula ou íon = EV − [EPI + ½(EL)]  **(8.1)**

## UM OLHAR MAIS ATENTO

# Comparando o Número de Oxidação e a Carga Formal

Na Seção 3.8, você aprendeu a calcular o número de oxidação de um átomo como forma de descobrir se uma reação envolve uma oxidação ou redução. O número de oxidação de um átomo e sua carga formal estão relacionados? Para responder a essa pergunta, vamos analisar o íon hidroxila. As cargas formais são –1 no átomo de O e 0 no átomo de H. Lembre-se de que essas cargas formais são calculadas assumindo-se que os elétrons da ligação O—H são igualmente compartilhados na ligação covalente O—H.

$$\text{Carga formal} = -1 = 6 - [6 + \tfrac{1}{2}(2)]$$

$$\left[ :\overset{..}{\underset{..}{O}}—H \right]^{-} \quad \text{Soma das cargas formais} = -1$$

$$\text{Carga formal} = 0 = 1 - [0 + \tfrac{1}{2}(2)]$$

Em contraste, no Capítulo 3 você aprendeu que o O tem um número de oxidação de –2 e o H, de +1. *Os números de oxidação são determinados ao assumir-mos que a ligação entre um par de átomos seja iônica, não covalente.* Para o OH⁻, isso significa que o par de elétrons entre O e H está *totalmente* localizado no O. Assim, o átomo de O possui agora oito elétrons de valência, em vez de seis, e uma carga de –2. O átomo de H não tem agora nenhum elétron de valência e possui uma carga de +1.

$$\text{Número de oxidação} = -2$$

$$\left[ :\overset{..}{\underset{..}{O}}: \quad H \right]^{-} \quad \text{Soma dos números de oxidação} = -1$$

Considere uma ligação iônica / Número de oxidação = +1

As cargas formais e os números de oxidação são calculados para propósitos diferentes. Os números de oxidação permitem acompanhar as mudanças em reações redox. As cargas formais oferecem uma visão da distribuição de cargas em moléculas e íons poliatômicos.

---

onde EV = número de elétrons de valência no átomo ainda não combinado (para elementos do grupo principal é igual ao número do grupo na tabela periódica), EPI = número de elétrons em pares isolados no átomo e EL = número de elétrons de ligação ao redor do átomo. O termo entre colchetes é o número de elétrons atribuídos pela estrutura de Lewis a um átomo em uma molécula ou em um íon. A diferença entre esse termo e o número de elétrons de valência no átomo não combinado é a carga formal. Uma carga formal positiva significa que um átomo em uma molécula ou íon "contribuiu" com mais elétrons na ligação do que "recebeu de volta". A carga formal do átomo será negativa se o inverso for verdadeiro.

Há duas premissas importantes na Equação 8.1. Primeiro, atribuem-se os pares isolados ao átomo no qual eles residem na estrutura de Lewis. Segundo, considera-se que os pares de ligação são divididos *igualmente* entre os átomos ligados (e é essa a razão pela qual o EL é multiplicado por ½).

*A soma das cargas formais dos átomos em uma molécula deve ser* zero, *enquanto a soma para os átomos em um íon é igual à carga do íon.* Vamos considerar o íon hipoclorito, ClO⁻. O oxigênio está no Grupo 16 e, portanto, tem seis elétrons de valência. Entretanto, no OCl⁻ sete elétrons podem ser atribuídos ao oxigênio (seis elétrons em pares isolados e um elétron da ligação) e, assim, o átomo tem uma carga formal de –1. O átomo de O "formalmente" ganhou um elétron ao se ligar com o cloro.

$$\text{Carga formal} = -1 = 6 - [6 + \tfrac{1}{2}(2)]$$

$$\left[ :\overset{..}{\underset{..}{Cl}}—\overset{..}{\underset{..}{O}}: \right]^{-} \quad \text{Soma das cargas formais} = -1$$

$$\text{Carga formal} = 0 = 7 - [6 + \tfrac{1}{2}(2)]$$

Considere uma ligação covalente, de modo que os elétrons de ligação sejam divididos igualmente entre o Cl e o O.

A carga formal no átomo de Cl no ClO⁻ é zero. Temos –1 para o oxigênio e 0 para o cloro, e a soma deles é igual à carga líquida de –1 para o íon. Uma importante conclusão que podemos tirar a partir da distribuição das cargas no ClO⁻ é que, se um íon H⁺ aproximar-se do íon, deveria unir-se ao átomo de O negativamente carregado para produzir o ácido hipocloroso, HOCl.

## EXEMPLO 8.5

### Calculando as Cargas Formais

**Problema** Calcule as cargas formais para os átomos do íon $ClO_3^-$.

**O que você sabe?** Conhece-se a estrutura de Lewis do $ClO_3^-$, que foi desenvolvida no Exemplo 8.3.

**Estratégia** O primeiro passo é sempre escrever a estrutura de Lewis para a molécula ou o íon. Então, a Equação 8.1 pode ser utilizada para calcular as cargas formais.

### RESOLUÇÃO

$$\text{Carga formal} = -1 = 6 - [6 + \tfrac{1}{2}(2)]$$

$$\left[ \begin{array}{c} :\ddot{O}: \\ | \\ :\ddot{O}-Cl-\ddot{O}: \end{array} \right]^-$$

$$\text{Carga formal} = +2 = 7 - [2 + \tfrac{1}{2}(6)]$$

A carga formal em cada átomo de O é −1, enquanto para o átomo de Cl é +2.

**Pense bem antes de responder** Note que a soma das cargas formais em todos os átomos é igual à carga do íon.

### Verifique seu entendimento

Calcule as cargas formais em cada átomo em (a) $CN^-$ e (b) $SO_3^{2-}$.

## 8.4 Ressonância

### Objetivo da Seção 8.4

- Desenhar estruturas de ressonância para moléculas e íons poliatômicos simples, entender o que significa ressonância e como e quando usá-la para representar ligações.

O ozônio, $O_3$, um gás azul instável, diamagnético com odor pungente, que protege a Terra e seus habitantes da radiação ultravioleta intensa do Sol. Para entender a ligação na molécula, é importante observar que as duas ligações oxigênio-oxigênio têm o mesmo comprimento. Os comprimentos de ligação O—O iguais implicam um número igual de pares de ligação em cada ligação O—O. Entretanto, usando as regras para desenhar as estruturas de Lewis, você poderia chegar a uma conclusão diferente. Há duas maneiras possíveis de escrever a estrutura de Lewis para a molécula:

Ligação dupla à esquerda: $\overset{..}{O}=\overset{..}{O}-\overset{..}{\underset{..}{O}}:$

Ligação dupla à direita: $:\overset{..}{\underset{..}{O}}-\overset{..}{O}=\overset{..}{O}$

Essas estruturas parecem iguais em que cada uma delas apresenta uma ligação dupla de um lado do átomo central de oxigênio e uma ligação simples do outro lado. Se qualquer uma fosse a estrutura verdadeira do ozônio, uma das ligações (O=O) deveria ser mais curta do que a outra (O—O). A estrutura real do ozônio mostra que esse não é o caso. A conclusão indiscutível é que nenhuma dessas estruturas de Lewis representa corretamente as ligações no ozônio.

Linus Pauling (1901-1994) propôs o conceito de **ressonância** para resolver o problema. *As estruturas de ressonância são usadas para representar a ligação em uma*

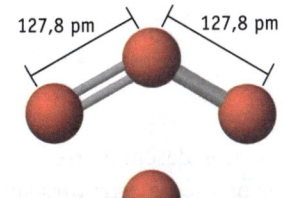
127,8 pm    127,8 pm

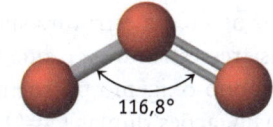
116,8°

**O ozônio, $O_3$, é uma molécula angular com ligações oxigênio-oxigênio do mesmo comprimento.**

J. R. Eyerman/The LIFE Picture Collection/Getty Images

**Linus Pauling (1901-1994)**
Linus nasceu na cidade de Portland, Oregon, Estados Unidos. Ele tornou-se bacharel em Engenharia Química no Oregon State College em 1922 e fez o doutorado em Química no California Institute of Technology em 1925. É bem conhecido por seu livro *The Nature of the Chemical Bond*, um trabalho seminal em Química. Nas palavras de Francis Crick, Pauling foi também um dos fundadores da Biologia Molecular, o que, somado ao seu estudo das ligações químicas, foi citado no anúncio do Prêmio Nobel em Química, em 1954. Por fim, também recebeu o Prêmio Nobel da Paz em 1962, pelo papel que ele e a esposa desempenharam no tratado que baniu os testes nucleares.

*molécula ou em um íon quando uma única estrutura de Lewis não descreve precisamente a configuração eletrônica verdadeira.* As estruturas alternativas mostradas para o ozônio são chamadas **estruturas de ressonância**. Elas possuem padrões de ligação idênticos e energias iguais. A verdadeira configuração dessa molécula é um *compósito*, ou **híbrido**, de estruturas de ressonância equivalentes (e o termo híbrido de ressonância é frequentemente usado). No híbrido de ressonância do $O_3$, as ligações entre os oxigênios estão entre uma ligação simples e uma ligação dupla em termos de comprimento, nesse caso correspondendo a uma ligação e meia entre cada par de átomos de O. Essa conclusão é razoável porque vemos que as ligações O—O no ozônio têm comprimento de 127,8 pm, valor intermediário entre o comprimento médio de uma ligação dupla O=O (121 pm) e uma ligação simples O—O (132 pm). Como uma única estrutura de Lewis não pode representar frações de uma ligação, os químicos desenham as estruturas de ressonância conectando-as por setas de duas pontas (←→) para indicar que a verdadeira estrutura é um compósito dessas estruturas extremas.

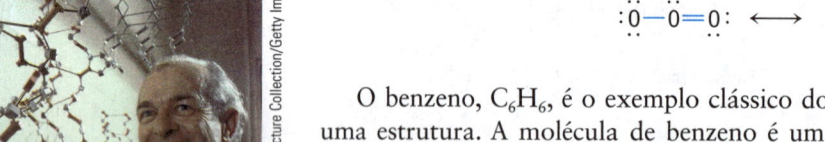

O benzeno, $C_6H_6$, é o exemplo clássico do uso da ressonância para representar uma estrutura. A molécula de benzeno é um anel de seis membros de átomos de carbono com seis ligações carbono-carbono equivalentes (e um átomo de hidrogênio ligado a cada átomo de carbono). As ligações do carbono-carbono têm 139 pm de comprimento, valor intermediário entre o comprimento médio de uma ligação dupla C=C (134 pm) e uma ligação simples C—C (154 pm). Podem ser escritas para a molécula duas estruturas de ressonância que se diferem apenas nas posições das ligações duplas. Um híbrido dessas duas estruturas, entretanto, produzirá uma molécula com seis ligações carbono-carbono equivalentes.

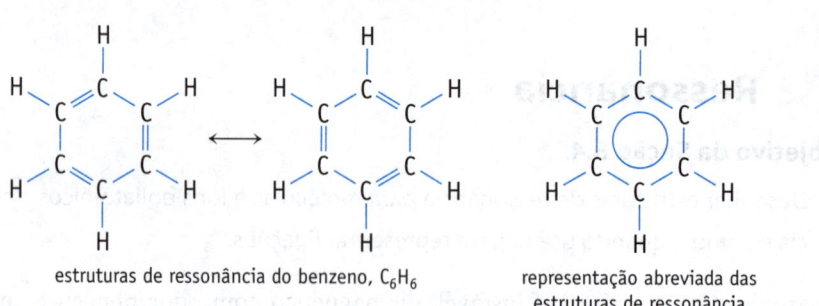

estruturas de ressonância do benzeno, $C_6H_6$    representação abreviada das estruturas de ressonância

Vamos aplicar os conceitos de ressonância para descrever as ligações no íon carbonato, $CO_3^{2-}$, um ânion com 24 elétrons de valência (12 pares).

Podemos desenhar três estruturas equivalentes para esse íon, diferindo apenas na posição da ligação dupla C=O, mas nenhuma estrutura simples descreve corretamente esse íon. Em vez disso, a verdadeira estrutura é um compósito das três estruturas, o que está de acordo com os resultados experimentais. No caso do íon $CO_3^{2-}$, as três ligações carbono-oxigênio possuem 129 pm de comprimento, valor intermediário entre as ligações simples C—O (143 pm) e as ligações duplas C=O (122 pm).

Cargas formais podem ser calculadas para cada átomo na estrutura de ressonância para uma molécula ou íon. Por exemplo, ao usar uma das estruturas de ressonância para o íon nitrato, descobrimos que o átomo central de N possui uma carga formal de +1, e os átomos de O ligados ao N, por meio de ligações simples, têm ambos uma carga formal de –1. O átomo de O com ligação dupla não possui carga. A carga líquida para o íon é, portanto, –1.

# Ressonância

- A ressonância é uma forma de representação das ligações em uma molécula ou íon poliatômico quando uma única estrutura de Lewis não é capaz de ilustrar precisamente a configuração eletrônica.
- Os átomos devem apresentar o mesmo arranjo espacial em cada estrutura de ressonância. Ligar os átomos de maneira diferente resulta em um composto diferente.
- As estruturas de ressonância diferem entre si apenas na atribuição das posições dos pares de elétrons, nunca das posições de seus átomos.
- Estruturas de ressonância diferem entre si no número de pares de ligação entre um determinado par de átomos.
- A ressonância não pretende indicar o movimento dos elétrons.
- A estrutura verdadeira de uma molécula é um compósito ou híbrido das estruturas de ressonância.
- Sempre haverá no mínimo uma ligação múltipla (dupla ou tripla) em cada estrutura de ressonância.

$$\text{Carga formal} = 0 = 6 - [4 + \tfrac{1}{2}(4)]$$

$$\left[\begin{array}{c} :\ddot{O}: \\ \| \\ :\ddot{O}-N-\ddot{O}: \end{array}\right]^{-} \left.\right\} \quad \textit{Soma das cargas formais} = -1$$

$$\text{Carga formal} = +1 = 5 - [0 + \tfrac{1}{2}(8)]$$

$$\text{Carga formal} = -1 = 6 - [6 + \tfrac{1}{2}(2)]$$

Seria essa uma razoável distribuição das cargas para o íon nitrato? A resposta é não. A verdadeira estrutura do íon nitrato é um híbrido de ressonância de três estruturas de ressonância equivalentes. Devido ao fato de os três átomos de oxigênio no $NO_3^-$ serem equivalentes, a carga em um átomo de oxigênio não deve ser diferente em comparação aos outros dois, o que pode ser resolvido se as cargas formais forem tratadas pela média, para dar uma carga formal de $-\tfrac{2}{3}$ em cada um dos três átomos de oxigênio. Somando-se as cargas dos três átomos de oxigênio e a carga +1 do átomo de nitrogênio, a carga do íon resulta em $-1$.

Nas estruturas de ressonância do $O_3$, $CO_3^{2-}$ e $NO_3^-$, as possíveis estruturas de ressonância são igualmente prováveis; são estruturas "equivalentes". Portanto, a molécula ou íon possui uma distribuição simétrica de elétrons sobre os átomos envolvidos – ou seja, sua estrutura eletrônica consiste em uma mistura ou um híbrido das estruturas de ressonância. Entretanto, há também muitos exemplos nos quais estruturas de ressonância razoáveis podem ser desenhadas e não serem equivalentes. Por exemplo, há três possíveis estruturas de ressonância para o íon tiocianato, $SCN^-$.

$$\left[:\ddot{S}=C=\ddot{N}:\right]^{-} \longleftrightarrow \left[:\ddot{S}-C\equiv N:\right]^{-} \longleftrightarrow \left[:S\equiv C-\ddot{N}:\right]^{-}$$

Todas obedecem à regra do octeto e a estrutura química desse íon pode ser descrita como um híbrido dessas estruturas. No entanto, como as estruturas não são equivalentes, haverá uma mistura desigual no híbrido de ressonância, e a verdadeira estrutura eletrônica se assemelhará a uma das estruturas mais do que às outras duas. Discutiremos esse aspecto mais adiante neste capítulo, na Seção 8.7, e descreveremos o uso de cargas formais para decidir qual estrutura de ressonância é mais importante que a outra.

**EXEMPLO 8.6**

## Desenhando Estruturas de Ressonância

**Problema** Desenhe as estruturas de ressonância para o íon nitrito, $NO_2^-$. As duas ligações N—O são simples, duplas ou apresentam um valor intermediário? Quais são as cargas formais nos átomos N e O?

**O que você sabe?** O átomo de N é o átomo central, ligado aos dois átomos terminais de oxigênio.

**Estratégia**

- Usando as regras para desenhar as estruturas de Lewis, determine se há mais de uma forma de conseguir um octeto de elétrons ao redor de cada átomo.

- Utilize uma das estruturas de Lewis para determinar as cargas formais dos átomos.
- Se as cargas nos dois átomos de oxigênio forem diferentes, então as cargas formais no oxigênio serão uma média dos dois valores.

**RESOLUÇÃO** O nitrogênio é o átomo central no íon nitrito, que possui um total de 18 elétrons de valência.

Elétrons de valência = 5 (para o átomo de N) + 12 (6 para cada átomo de O) + 1 (para a carga negativa)

Depois de formar as ligações simples N—O e distribuir os pares isolados nos átomos terminais O, ainda resta um par de elétrons que será colocado no átomo central N.

$$\left[ :\ddot{O}—\ddot{N}—\ddot{O}: \right]^-$$

Para completar o octeto de elétrons no átomo de N, forme uma ligação dupla N=O. Como existem duas maneiras de fazer isso, pode-se desenhar duas estruturas equivalentes, e a estrutura verdadeira deverá ser um híbrido de ressonância dessas duas estruturas. As ligações nitrogênio-oxigênio não são ligações simples ou duplas; têm valor intermediário.

$$\left[ :\ddot{O}=\ddot{N}—\ddot{O}: \right]^- \longleftrightarrow \left[ :\ddot{O}—\ddot{N}=\ddot{O}: \right]^-$$

Ao considerar uma das estruturas de ressonância, você encontrará que a carga formal para o átomo de N é 0. A carga em um átomo de O é 0 e −1 para o outro átomo de O. No entanto, pelo fato de as duas estruturas de ressonância terem igual importância, a carga líquida formal em cada átomo de O é −1/2.

Carga formal =
$$0 = 6 - [4 + \tfrac{1}{2}(4)]$$
Carga formal =
$$-1 = 6 - [6 + \tfrac{1}{2}(2)]$$

$$\left[ \ddot{O}=\ddot{N}—\ddot{O}: \right]^-$$

Carga formal $= 0 = 5 - [2 + \tfrac{1}{2}(6)]$

**Pense bem antes de responder** As ligações NO no $NO_2^-$ são equivalentes, e cada uma tem comprimento intermediário entre uma ligação simples N—O e uma ligação dupla N=O.

## Verifique seu entendimento

Desenhe estruturas de ressonância para o íon bicarbonato, $HCO_3^-$.

(a) Teria o $HCO_3^-$ o mesmo número de estruturas de ressonância que o íon $CO_3^{2-}$? Alguma é menos provável que as outras?

(b) Quais são as cargas formais dos átomos de O e C no $HCO_3^-$? Qual é a carga formal média nos átomos de O? Compare com os átomos de O no $CO_3^{2-}$.

(c) A protonação do $HCO_3^-$ produz $H_2CO_3$. Como as cargas formais podem prever onde o íon $H^+$ vai se ligar?

## 8.5 Exceções à Regra do Octeto

### Objetivo da Seção 8.5

- Identificar íons e moléculas poliatômicas que não obedecem à regra do octeto e desenhar estruturas eletrônicas de pontos de Lewis razoáveis a eles.

Embora a grande maioria dos compostos moleculares obedeça à regra do octeto, há exceções. Estas incluem as moléculas e os íons que possuem menos que quatro pares de elétrons em um átomo central, os que têm mais que quatro pares e aqueles que têm um número ímpar de elétrons.

## Compostos nos Quais um Átomo Possui Menos de Oito Elétrons de Valência

O boro, um metaloide do Grupo 13, tem três elétrons de valência e, assim, espera-se que forme três ligações covalentes com outros elementos não metálicos. Esse comportamento resulta em um nível de valência com somente seis elétrons para o boro em seus compostos, dois a menos do que um octeto. Muitos compostos de boro desse tipo são conhecidos, incluindo compostos comuns do tipo ácido bórico ($B(OH)_3$), bórax ($Na_2B_4O_5(OH)_4 \cdot 8 H_2O$) (Figura 8.2) e os trialetos de boro ($BF_3$, $BCl_3$, $BBr_3$ e $BI_3$).

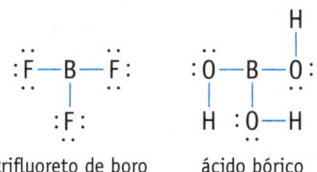

trifluoreto de boro     ácido bórico

átomo de B rodeado por 4 pares de elétrons

átomo de B rodeado por 3 pares de elétrons

**FIGURA 8.2  O ânion no bórax.**
O bórax é um mineral comum, utilizado em sabões e que contém um interessante ânion, $B_4O_5(OH)_4^{2-}$. O ânion possui dois átomos de B rodeados por quatro pares de elétrons, e dois átomos de B rodeados por apenas três pares.

Os compostos de boro, como o $BF_3$, nos quais faltam dois elétrons para completar um octeto, podem ser bastante reativos. O átomo de boro pode acomodar um quarto par de elétrons quando esse par é fornecido por outro átomo, e moléculas ou íons com pares isolados podem desempenhar esse papel. A amônia, por exemplo, reage com $BF_3$ para formar $H_3N \rightarrow BF_3$.

ligação covalente coordenada

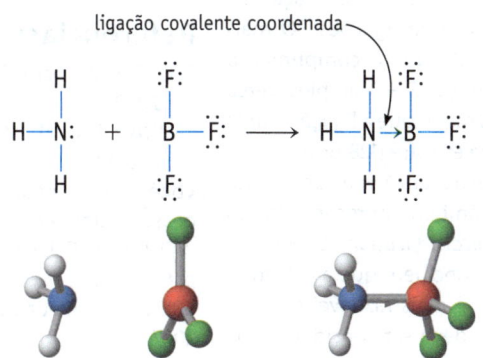

Se o par de elétrons de ligação provém de um dos átomos ligados, a ligação é chamada de **ligação covalente coordenada**. Em estruturas de Lewis, uma ligação covalente coordenada é geralmente designada por uma seta apontada para fora do átomo que doa o par de elétrons.

## Compostos nos Quais um Átomo Possui Mais de Oito Elétrons de Valência

Os elementos no terceiro período ou em outros superiores frequentemente formam compostos e íons em que o elemento central é cercado por mais de quatro pares de elétrons (como aqueles mostrados na Tabela 8.5.) Esses compostos são referidos com frequência como **hipervalentes** e, na maioria dos casos, o átomo central é ligado ao flúor, cloro ou oxigênio.

## UM OLHAR MAIS ATENTO

## Uma Controvérsia Científica – Ressonância, Cargas Formais e a Questão das Ligações Duplas nos Íons Sulfato e Fosfato

Agora que apresentamos as estruturas de Lewis, a ressonância e a carga formal, discutiremos uma controvérsia científica: o desacordo entre os químicos sobre como desenhar as estruturas de Lewis para espécies químicas simples, como os íons sulfato e fosfato. Por exemplo, duas diferentes estruturas de Lewis têm sido propostas para o íon sulfato:

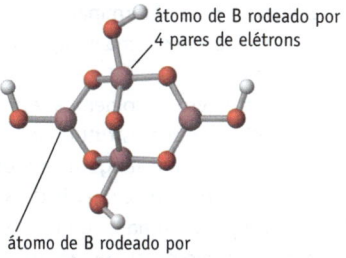

Ao desenhar as estruturas de Lewis, *o passo mais importante é primeiro satisfazer a regra do octeto para cada átomo em uma molécula ou íon.* Se uma única estrutura de Lewis não representa fielmente a espécie, a ressonância pode ser introduzida. Se duas estruturas de ressonância são diferentes (como acontece com íons como o SCN⁻ ou com um composto como o $N_2O$), a decisão pode ser feita entre as possíveis escolhas, dando preferência às estruturas que minimizam cargas formais e colocam cargas negativas nos átomos mais eletronegativos (página 363). Na grande maioria dos casos, as estruturas de Lewis criadas com base nessa abordagem podem ser utilizadas para determinar a estrutura molecular e fornecer uma imagem qualitativa da ligação.

Neste livro, escolhemos representar o íon sulfato com a estrutura de Lewis 1, na qual os átomos atingem um octeto de elétrons. A ordem de ligação do S—O é 1, o enxofre possui uma carga formal de +2, e cada oxigênio possui uma carga formal de –1. (Como você verá no Capítulo 9, essas ligações utilizam os orbitais 3s e 3p do S.) Alguns químicos, no entanto, escolhem representar o sulfato por uma estrutura de Lewis diferente (a estrutura 2, uma das seis estruturas equivalentes de ressonância). A estrutura 2 é formalmente uma estrutura de ressonância de 1, e a ordem média da ligação enxofre-oxigênio é de 1,5. Essa estrutura é atraente porque minimiza as cargas formais: o enxofre tem uma carga formal de 0, dois dos átomos de oxigênio têm uma carga formal de zero, e os outros dois têm carga formal de –1. Entretanto, como descrito em maiores detalhes no Capítulo 9, para o enxofre formar seis ligações, esse S precisa ter seis orbitais de valência à disposição, o que implica que, além dos orbitais 3s e 3p, no enxofre deve estar envolvido o orbital 3d ao descrever a ligação.

Situação semelhante é encontrada no íon fosfato e em outras espécies químicas. Várias estruturas de ressonância podem ser desenhadas com ligações duplas.

A questão é qual é a melhor representação das ligações no $SO_4^{2-}$, 1 ou 2? Encontramos aqui uma controvérsia. Um artigo no *Journal of Chemical Education*[1] apresenta argumentos apoiando a estrutura 2 do íon sulfato. Entre os dados oferecidos para apoiar múltiplas ligações entre o enxofre e o oxigênio, está a observação de que o íon sulfato tem ligações SO mais curtas (149 pm) do que o comprimento conhecido da ligação S—O simples (cerca de 170 pm), mas maior que a ligação dupla do monóxido de enxofre (128 pm).

O apoio à estrutura 1 vem de um estudo teórico também apresentado no *Journal of Chemical Education*.[2] Os autores desse trabalho concluem que a estrutura 1 para o sulfato é mais razoável e que a estrutura 2 "não deve ser considerada". O argumento principal é que a energia dos orbitais 3d é muito alta para permitir qualquer envolvimento significativo desses orbitais na ligação. Mantendo essa visão, os autores determinaram que "... as ocupações calculadas do orbital d... são bem pequenas... e inconsistentes com qualquer expansão significativa no nível de valência".

Damos mais créditos ao estudo teórico referente à estrutura 2 e acreditamos que a estrutura 1 representa melhor o íon sulfato (e outras espécies químicas relacionadas) do que a 2.

Há duas conclusões importantes:

- Neste livro devemos *sempre mostrar as estruturas de Lewis que se aderem à teoria do octeto, mesmo se, ocasionalmente, levar a cargas formais maiores.*
- Finalmente, devemos reconhecer que *as estruturas de Lewis representam apenas uma aproximação quando representam estrutura e ligação químicas.*

## Referências:

SEE, R. F. *J. Chem. Ed.*, v. 86, p. 1241-1247, 2009.

[2]SUIDAN, L. et al. *J. Chem. Ed.*, v. 72, p. 583-586, 1995.

Você pode encontrar mais a respeito desse assunto em:

WEINHOLD, F.; LANDIS, C. R. *Science*, v. 316, p. 61, 2007.

FRENKING, G. et al. *Science*, v. 318, p. 746a, 2007.

Muitas vezes é óbvio que, a partir da fórmula de um composto, o octeto em torno de um átomo tenha sido excedido. O hexafluoreto de enxofre, $SF_6$, um gás relativamente inerte usado para encher transformadores de alta voltagem, é um exemplo. O enxofre é o átomo central nesse composto, e o flúor liga-se de forma típica a apenas outro átomo com uma ligação simples de um par de elétrons (como no HF e $CF_4$). Uma estrutura de Lewis para o $SF_6$ com seis ligações S—F vai precisar de seis pares de elétrons ao redor do átomo de enxofre.

Mais que quatro átomos ligados a um átomo central é um sinal confiável de que há mais de quatro pares de elétrons em torno do átomo central. Mas cuidado – o octeto do átomo central também pode ser excedido com quatro átomos ou menos, ligados ao átomo central. Considere os três exemplos da Tabela 8.5: o átomo central em $SF_4$, $ClF_3$ e $XeF_2$ possui cinco pares de elétrons ao redor do átomo central.

Uma observação útil é que *somente elementos do terceiro período (ou maiores) da tabela periódica formam compostos e íons em que um octeto é excedido pelo átomo central.* Os elementos do segundo período (B, C, N, O e F) são restritos a um máximo de oito elétrons em seus compostos. Por exemplo, o nitrogênio forma compostos e íons como o $NH_3$, o $NH_4^+$ e o $NF_3$, mas o $NF_5$ não é conhecido. O fósforo é o elemento do terceiro período imediatamente abaixo do nitrogênio na tabela periódica que forma muitos compostos similares a ele ($PH_3$, $PH_4^+$, $PF_3$), mas também forma prontamente compostos como $PF_5$ ou íons como o $PF_6^-$. O arsênio, o antimônio e o bismuto, elementos abaixo do fósforo no Grupo 15, são semelhantes ao fósforo em seu comportamento.

**Tabela 8.5** **Estruturas de Lewis para Compostos Hipervalentes nos Quais o Átomo Central Excede o Octeto**

| Grupo 14 | Grupo 15 | Grupo 16 | Grupo 17 | Grupo 18 |
|---|---|---|---|---|
| $SiF_5^-$ | $PF_5$ | $SF_4$ | $ClF_3$ | $XeF_2$ |
| $SiF_6^{2-}$ | $PF_6^-$ | $SF_6$ | $BrF_5$ | $XeF_4$ |

---

**EXEMPLO 8.7**

## Estruturas de Lewis em Que o Átomo Central Possui Mais de Oito Elétrons

**Problema** Esboce a estrutura de Lewis do íon $ClF_4^-$.

**O que você sabe?** O cloro é o átomo central, ligado aos quatro átomos de flúor. Esse íon possui 36 elétrons de valência (18 pares) [7 (para Cl) + 4 × 7 (para F) + 1 (para a carga do íon) = 36].

**Estratégia** Use as orientações do Exemplo 8.3 para completar a estrutura.

**RESOLUÇÃO** Desenhe o íon com as quatro ligações covalentes simples Cl—F.

Coloque pares isolados nos átomos terminais. Como dois pares de elétrons sobram após a colocação dos pares isolados nos quatro átomos de F e como sabemos que o Cl pode acomodar mais de quatro pares, esses dois pares são colocados no átomo central do Cl.

Os últimos dois pares de elétrons são adicionados ao átomo central de Cl.

**Pense bem antes de responder** O átomo central, Cl, possui mais de 8 elétrons (4 pares de ligação e 2 pares isolados). Uma vez que o cloro está no terceiro período da tabela periódica, não ocorre sem uma razão.

---

### Verifique seu entendimento

Esboce a estrutura de Lewis para $[ClF_2]^+$ e $[ClF_2]^-$. Quantos pares isolados e pares de ligação cercam o átomo de Cl em cada íon?

## UM OLHAR MAIS ATENTO

# Estrutura e Ligação para Moléculas Hipervalentes

A explicação frequente para o comportamento contrastante entre os elementos do segundo e terceiro períodos está no número de orbitais no nível de valência de um átomo. Os elementos do segundo período apresentam quatro orbitais de valência (um orbital 2s e três orbitais 2p). Dois elétrons por orbital resultam em um total de oito elétrons acomodados ao redor de um átomo. Para elementos do terceiro período e superiores, os orbitais d no

nível externo são tradicionalmente incluídos entre os orbitais de valência. Assim, para o fósforo, os orbitais 3d são incluídos com os orbitais 3s e 3p como orbitais de valência. Os orbitais extras fornecem ao elemento a oportunidade de acomodar até 12 elétrons e assim formar 6 ligações. Pesquisas recentes, no entanto, têm mostrado que envolver o orbital d não é necessário. As ligações em espécies químicas, como o $SF_4$, $XeF_2$ e $SiF_6^{2-}$, podem ser expli-

cadas satisfatoriamente utilizando-se apenas os orbitais s e p. Veja a página 416.

Neste capítulo, nosso foco é na previsão e entendimento da estrutura de moléculas e íons. Saber o número de elétrons ao redor de um átomo permite-nos prever sua estrutura e ter noção de suas propriedades. Um conhecimento detalhado da ligação na molécula não é necessário para esse propósito.

## Moléculas com um Número Ímpar de Elétrons

Dois óxidos de nitrogênio – NO, com 11 elétrons de valência e $NO_2$, com 17 elétrons de valência – fazem parte de um grupo muito pequeno de moléculas estáveis com número ímpar de elétrons. Um número ímpar de elétrons torna impossível desenhar estruturas que obedeçam à regra do octeto para essas moléculas; pelo menos um átomo deve ter um número ímpar de elétrons.

Mesmo que o $NO_2$ não obedeça à regra do octeto, uma estrutura de Lewis pode ser escrita de modo que se aproxime das ligações na molécula. Essa estrutura de Lewis coloca o elétron desemparelhado no nitrogênio, e duas estruturas de ressonância mostram que se espera que as ligações nitrogênio-oxigênio sejam equivalentes, como é observado.

A evidência experimental para o NO indica que o comprimento da ligação entre N e O é intermediária entre uma ligação dupla e uma ligação tripla. Não é possível escrever uma estrutura de Lewis para o NO que reflita essa propriedade, de modo que uma teoria diferente é necessária para compreender a ligação nessa molécula. (Devemos retornar aos compostos desse tipo quando for apresentada a teoria do orbital molecular na Seção 9.2.)

**A Ligação no $NO_2$ – Um Comentário**
Evidências para a estrutura do $NO_2$ no texto incluem o fato de o comprimento da ligação N—O ser intermediário entre uma ligação simples e uma ligação dupla, assim como a observação de que duas moléculas de $NO_2$ combinam-se para produzir $N_2O_4$ com uma ligação N—N.

Os dois óxidos do nitrogênio, NO e $NO_2$, são membros de uma classe de substâncias químicas chamadas radicais livres. Um **radical livre** é uma espécie química com um elétron desemparelhado, o que o torna, geralmente, bastante reativo. Os átomos livres como H e Cl, por exemplo, são radicais livres muito reativos, combinando-se prontamente com outros átomos para formar moléculas como $H_2$, $Cl_2$ e HCl.

Os radicais livres estão envolvidos em muitas reações no meio ambiente. Por exemplo, pequenas quantidades de NO são liberadas pelos escapamentos de veículos. O NO rapidamente forma o $NO_2$, que é até mais nocivo para a saúde humana e para as plantas. A exposição ao $NO_2$ em concentrações de 50–100 partes por milhão pode levar a uma significativa inflamação do tecido pulmonar. O dióxido de nitrogênio é também gerado por processos naturais. Por exemplo, quando o feno, o milho ou a silagem, que têm um alto nível de nitratos, é armazenado em silos nas fazendas, o $NO_2$ pode ser gerado na fermentação do material orgânico e há relatos de trabalhadores rurais que morreram devido à exposição a esse gás no interior do silo (o $NO_2$ reage com água nos pulmões para produzir ácido nítrico).

Os dois óxidos de nitrogênio, NO e $NO_2$, são únicos no fato de que ambos podem ser isolados e nenhum deles apresenta a reatividade extrema da maioria dos radicais livres. Quando resfriados, no entanto, duas moléculas de $NO_2$ se juntam ou se "dimerizam" para formar o incolor $N_2O_4$; os elétrons desemparelhados se combinam para formar uma ligação N—N no $N_2O_4$ (Figura 8.3).

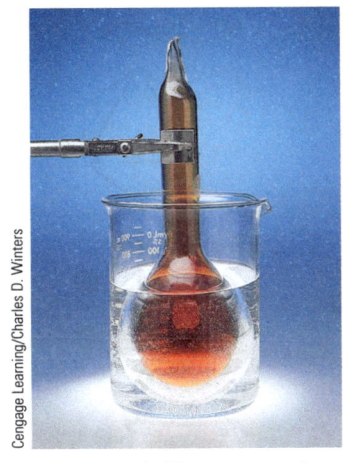

Frasco com gás NO₂ marrom em água morna

Quando resfriados, os radicais livres do NO₂ juntam-se para formar moléculas de N₂O₄.

O gás N₂O₄ é incolor.

Frasco com gás NO₂ em água gelada

**FIGURA 8.3 Química do radical livre.** Quando resfriado, a concentração do gás marrom $NO_2$ cai dramaticamente. O dióxido de nitrogênio é um radical livre, e duas moléculas de $NO_2$ juntam-se para formar o gás $N_2O_4$ incolor, uma molécula com ligações simples N—N. ($N_2O_4$ possui um ponto de ebulição de aproximadamente 21°C, de modo que é líquido a 0°C. Esta foto mostra que um pouco de $NO_2$ resta a essa temperatura.)

## 8.6 Formas Espaciais das Moléculas

### Objetivo da Seção 8.6

● Usar a repulsão do par de elétrons no nível de valência (RPENV) para prever a forma espacial de íons e moléculas poliatômicos e entender as estruturas de moléculas mais complexas.

As estruturas de Lewis mostram como os átomos estão unidos nas moléculas e nos íons poliatômicos. Entretanto, não mostram a geometria tridimensional, o que, com frequência, é crucial para a função da molécula. Por esse motivo, queremos dar mais um passo: usar as estruturas de Lewis para prever estruturas tridimensionais.

O método de **repulsão dos pares de elétrons no nível de valência, RPENV** fornece um procedimento confiável para prever as formas espaciais das moléculas e dos íons poliatômicos. Ele baseia-se na ideia de que *pares de elétrons isolados e de ligação no nível de valência de um elemento repelem-se mutuamente e buscam ficar o mais longe possível uns dos outros.* As posições assumidas pelos elétrons de valência de um átomo definem assim os ângulos das ligações com os átomos vizinhos. O método RPENV é bem aplicado na previsão de geometrias moleculares e de íons poliatômicos dos elementos do grupo principal, embora seja menos eficiente (e raramente utilizado) para prever estruturas de compostos contendo metais de transição.

Para ter uma ideia de como os pares de elétrons do nível de valência determinam a estrutura, encha diversos balões até que atinjam mais ou menos o mesmo tamanho. Imagine que cada balão representa uma nuvem eletrônica. Quando dois, três, quatro, cinco ou seis balões forem amarrados a um ponto central (representando o núcleo e os elétrons dos níveis internos – *o cerne*), os balões adotam naturalmente as formas mostradas na Figura 8.4. Esses arranjos geométricos minimizam as interações entre os balões e representam o mesmo arranjo observado nos pares de elétrons das moléculas.

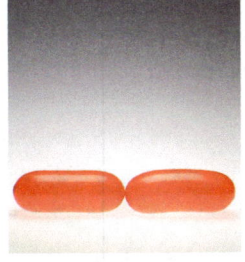

Linear

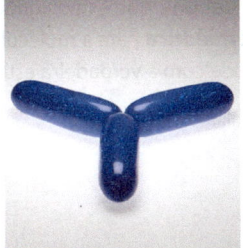

Trigonal plana

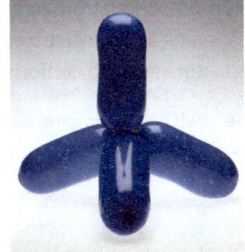

Tetraédrica

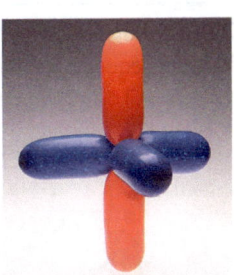

Bipirâmide trigonal

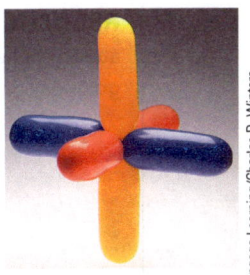

Octaédrica

**FIGURA 8.4 Modelos de balão de geometrias devidas aos pares de elétrons, de dois a seis pares.** Se dois a seis balões de tamanho e forma semelhantes forem amarrados juntos, eles assumirão naturalmente alguns dos arranjos mostrados. Essas fotos ilustram as previsões do modelo RPENV.

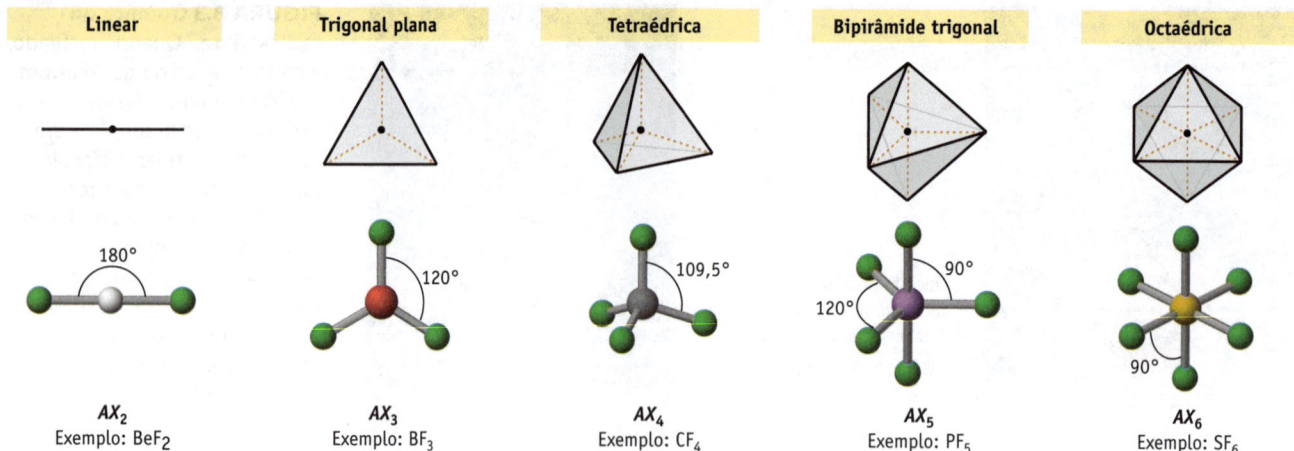

| Linear | Trigonal plana | Tetraédrica | Bipirâmide trigonal | Octaédrica |

180°

120°

109,5°

90°
120°

90°
90°

$AX_2$
Exemplo: $BeF_2$

$AX_3$
Exemplo: $BF_3$

$AX_4$
Exemplo: $CF_4$

$AX_5$
Exemplo: $PF_5$

$AX_6$
Exemplo: $SF_6$

**FIGURA 8.5  Geometrias previstas pelo RPENV.** As geometrias previstas pelo modelo RPENV para moléculas do tipo $AX_n$, em que A é o átomo central e n é o número dos grupos X covalentemente ligados a ela.

## Átomos Centrais Rodeados por Pares Ligados Apenas por Ligações Simples

A Figura 8.5 ilustra as geometrias previstas para estas moléculas ou íons poliatômicos baseados em um átomo central com dois a seis átomos ligados. Para moléculas com dois pares de elétrons ao redor do átomo central, espera-se uma geometria linear, com o ângulo da ligação de 180°. Três pares de elétrons ao redor de um átomo central leva a uma geometria trigonal plana, com os ângulos da ligação de 120°. Moléculas com quatro pares de elétrons assumem uma geometria tetraédrica e ângulos de ligação de 109,5°. (Preste atenção particularmente à tridimensionalidade do arranjo tetraédrico; a importância dessa geometria se tornará evidente quando observarmos a grande variedade de compostos orgânicos.) Moléculas com cinco pares de elétrons ao redor do átomo central assumem arranjo de bipirâmide trigonal, com ângulos de 120° e 90°. Adota-se uma geometria octaédrica com ângulos de ligação de 90° se houver seis pares de elétrons ao redor do átomo central.

### EXEMPLO 8.8

## Prevendo as Formas Espaciais das Moléculas

**Problema**  Faça uma previsão da forma do tetracloreto de silício, $SiCl_4$.

**O que você sabe?**  Conhecem-se a fórmula do composto e o número de elétrons de valência. No $SiCl_4$ há 32 elétrons de valência em 16 pares, e o Si é o átomo central.

**Estratégia**  O primeiro passo é desenhar a estrutura de Lewis. Não se preocupe em desenhá-la de alguma maneira em particular, porque a finalidade é a de apenas descrever o número de ligações em torno de um átomo e determinar se existem pares isolados, particularmente no átomo central. A forma espacial da molécula é ditada pelas posições das ligações e dos pares de elétrons isolados no átomo central.

**RESOLUÇÃO**  A estrutura de Lewis do $SiCl_4$ possui quatro pares de elétrons, que estão ligados em torno do átomo central de Si. Consequentemente, é esperada a uma **estrutura tetraédrica** para a molécula $SiCl_4$, com ângulos da ligação Cl—Si—Cl de 109,5°. Essa estrutura está em conformidade com a verdadeira estrutura do $SiCl_4$.

Estrutura de Lewis          Geometria molecular

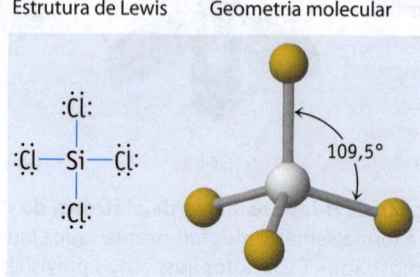

109,5°

**Pense bem antes de responder** Certifique-se de reconhecer que as quatro posições na geometria tetraédrica são equivalentes.

## Verifique seu entendimento

Qual é a geometria da molécula de diclorometano ($CH_2Cl_2$)? Estime o ângulo da ligação Cl—C—Cl.

## Átomos Centrais com Pares de Ligação Simples e Pares Isolados

Para ver como os pares isolados afetam a geometria de uma molécula ou íon poliatômico, veja o "modelo" de balões na Figura 8.4. Se assumirmos que os balões representam *todos* os pares de elétrons no nível de valência do átomo central, o modelo prevê a "geometria devida aos pares de elétrons" da molécula ou íon. O arranjo é definido pelos pares de elétrons de valência ao redor de um átomo central (tanto ligados como isolados). Isso é diferente da **geometria molecular**, a qual descreve apenas a geometria do átomo central e dos átomos diretamente unidos a ele. É importante reconhecer que *os pares de elétrons isolados no átomo central ocupam posições no espaço mesmo que sua localização não seja incluída na descrição verbal da forma espacial da molécula ou do íon.*

Vamos usar o método RPENV para prever a geometria molecular e os ângulos de ligação da molécula $NH_3$. Ao desenhar a estrutura de Lewis, vemos que há quatro pares de elétrons ao redor do átomo central de nitrogênio: três pares de ligação e um par isolado. Assim, prevê-se que *o arranjo é tetraédrico*. A *geometria molecular*, entretanto, é *de pirâmide trigonal* porque descreve a localização dos átomos. O átomo de nitrogênio fica no ápice da pirâmide, e os três átomos de hidrogênio formam a base trigonal.

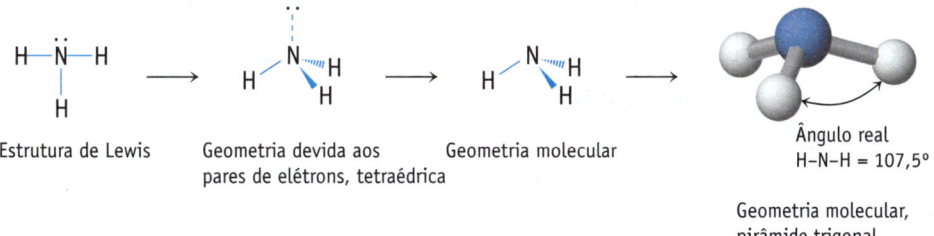

Estrutura de Lewis — Geometria devida aos pares de elétrons, tetraédrica — Geometria molecular — Ângulo real H–N–H = 107,5° — Geometria molecular, pirâmide trigonal

## Efeito dos Pares Isolados nos Ângulos de Ligação

Como o arranjo no $NH_3$ é tetraédrico, esperaríamos que o ângulo da ligação H—N—H fosse 109,5°. Os ângulos de ligação experimentalmente determinados para a $NH_3$, entretanto, são de 107,5°, e o ângulo H—O—H na água é ainda menor (104,5°) (Figura 8.6). Os valores são próximos aos do ângulo tetraédrico, mas não são exatamente iguais, o que torna evidente o fato de que o método RPENV apenas prevê a geometria aproximada. Pequenas variações na geometria são bastante comuns e ocorrem porque há uma diferença entre as necessidades espaciais dos pares isolados e dos pares

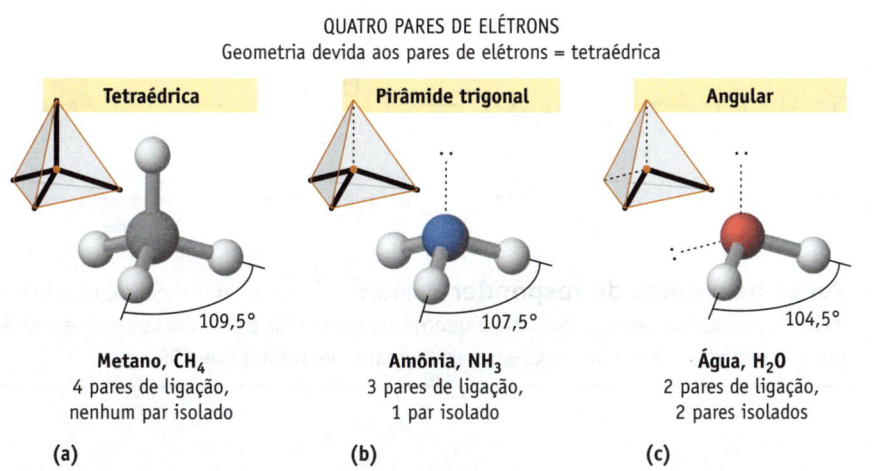

QUATRO PARES DE ELÉTRONS
Geometria devida aos pares de elétrons = tetraédrica

Tetraédrica | Pirâmide trigonal | Angular

109,5° | 107,5° | 104,5°

Metano, $CH_4$ — 4 pares de ligação, nenhum par isolado

Amônia, $NH_3$ — 3 pares de ligação, 1 par isolado

Água, $H_2O$ — 2 pares de ligação, 2 pares isolados

(a) (b) (c)

**FIGURA 8.6 As geometrias moleculares do metano, amônia e água.** Todas têm quatro pares de elétrons ao redor do átomo central e possuem uma geometria tetraédrica devida aos pares de elétrons. O decréscimo nos ângulos de ligação na série pode ser explicado pelo fato de que pares isolados têm uma necessidade espacial maior do que os pares de ligação.

de ligação. Os pares de elétrons isolados parecem ocupar um volume maior do que os pares de ligação, e o volume aumentado dos pares isolados faz com que os pares de ligação fiquem mais próximos, tornando os ângulos de ligação menos obtusos. Em geral, as forças de repulsão relativas que determinam a estrutura como um todo e os ângulos de ligação estão na ordem:

Par isolado–par isolado > par isolado–par de ligação > par de ligação–par de ligação

Isso é visto claramente na diminuição dos ângulos de ligação na série $CH_4$, $NH_3$ e $H_2O$, pois o número de pares isolados no átomo central aumenta (Figura 8.6).

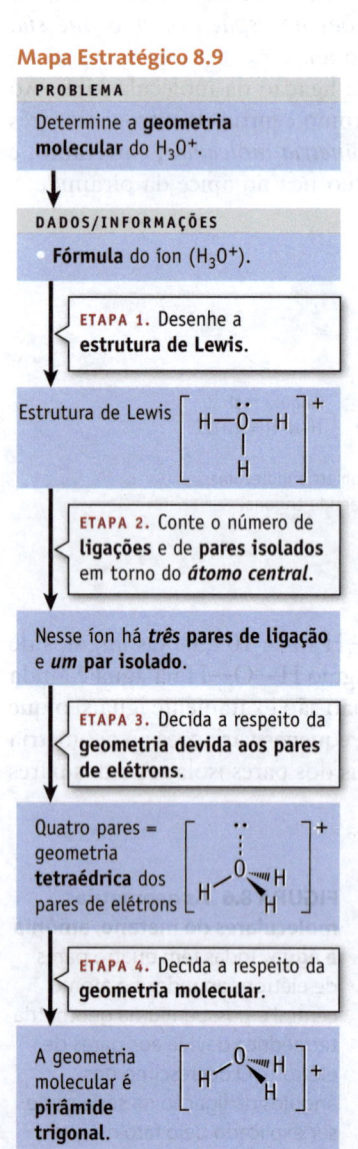

**Mapa Estratégico 8.9**

PROBLEMA

Determine a **geometria molecular** do $H_3O^+$.

DADOS/INFORMAÇÕES

• **Fórmula** do íon ($H_3O^+$).

ETAPA 1. Desenhe a **estrutura de Lewis**.

Estrutura de Lewis

ETAPA 2. Conte o número de **ligações** e de **pares isolados** em torno do *átomo central*.

Nesse íon há **três** pares de ligação e *um* par isolado.

ETAPA 3. Decida a respeito da **geometria devida aos pares de elétrons**.

Quatro pares = geometria **tetraédrica** dos pares de elétrons

ETAPA 4. Decida a respeito da **geometria molecular**.

A geometria molecular é **pirâmide trigonal**.

---

## EXEMPLO 8.9

### Prevendo as Formas Espaciais das Moléculas e dos Íons Poliatômicos

**Problema** Quais são as formas espaciais dos íons $H_3O^+$ e $ClF_2^+$?

**O que você sabe?** Conhecer as fórmulas dos íons permite que sejam desenhadas as estruturas de Lewis.

### Estratégia

• Desenhe a estrutura de Lewis para cada íon.

• Conte o número de pares isolados em torno do átomo central.

• Use a Figura 8.5 para decidir sobre o arranjo. A posição dos átomos terminais no íon fornece a geometria molecular dele.

### RESOLUÇÃO

(a) A estrutura de Lewis do $H_3O^+$ mostra que o átomo de oxigênio está rodeado por quatro pares de elétrons, de modo que o arranjo é tetraédrico. Como três dos quatro pares são usados para ligar átomos terminais, o átomo central de O e os três átomos de H adotam uma geometria de pirâmide trigonal como a do $NH_3$.

| | | | |
|---|---|---|---|
| Estrutura de Lewis | Arranjo, tetraédrico | Geometria molecular | Geometria molecular, pirâmide trigonal |

(b) Cloro, o átomo central no $ClF_2^+$, está rodeado por quatro pares de elétrons, de modo que o arranjo em torno do cloro é tetraédrico. Como somente dois dos quatro pares são pares de ligação, o íon possui uma geometria angular.

| | | | |
|---|---|---|---|
| Estrutura de Lewis | Arranjo, tetraédrico | Geometria molecular | Geometria molecular angular |

**Pense bem antes de responder** Em cada um desses íons a ocorrência de pares isolados no átomo central influencia a geometria molecular. Em ambos os íons é provável que o ângulo (H—O—H ou F—Cl—F) seja ligeiramente menor que 109,5°.

## Verifique seu entendimento

Dê o arranjo e a forma espacial da molécula para $BF_3$ e $BF_4^-$. Qual é o efeito na geometria molecular adicionando-se um íon $F^-$ ao $BF_3$ para produzir $BF_4^-$?

### Átomos Centrais com Mais de Quatro Pares de Elétrons de Valência

Quais estruturas são observadas se o átomo central tem cinco ou seis pares de elétrons, alguns dos quais sendo pares isolados? Uma estrutura bipirâmide trigonal (Figuras 8.5 e 8.7) tem dois conjuntos de posições que não são equivalentes. As posições no plano trigonal encontram-se no equador de uma esfera imaginária em torno do átomo central e são chamadas posições *equatoriais*. Os polos norte e sul nessa representação são chamados posições *axiais*. Cada átomo equatorial possui dois grupos vizinhos (os átomos axiais) a 90°, e cada átomo axial possui três grupos vizinhos (os átomos equatoriais) a 90°. Se pares isolados estão presentes no nível de valência, eles requerem mais espaço do que os pares de ligação, de modo que estes preferem ocupar mais posições equatoriais do que axiais.

As legendas na linha superior da Figura 8.8 indicam as espécies químicas que têm um total de cinco pares de elétrons de valência, com zero, um, dois e três pares isolados. No $SF_4$, com um par isolado, a molécula adota uma forma de "*gangorra*", com o par isolado em uma das posições equatoriais. A molécula de $ClF_3$ tem três pares de ligação e dois pares isolados. Os dois pares isolados no $ClF_3$ ocupam posições equatoriais, dois pares de ligação são axiais e o terceiro está no plano equatorial, de modo que a geometria molecular é em "*forma de T*". A terceira molécula mostrada é o $XeF_2$. Aqui, as três posições equatoriais são ocupadas por pares isolados, e a geometria molecular é *linear*.

Na linha inferior, a geometria adotada por seis pares de elétrons é *octaédrica* (Figura 8.8), e os ângulos em posições adjacentes são de 90°. Ao contrário da bipirâmide trigonal, as posições no octaedro são equivalentes. Consequentemente, se a molécula possuir um par isolado, como no $BrF_5$, não faz nenhuma diferença qual posição ele ocupa. O par

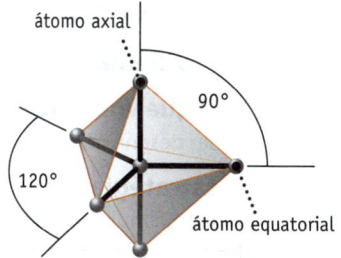

**FIGURA 8.7  A bipirâmide trigonal mostrando os átomos axiais e equatoriais.** Os ângulos entre os átomos no equador são de 120°. Os ângulos entre os átomos equatoriais e axiais são de 90°. Se houver pares isolados, eles são geralmente encontrados nas posições equatoriais.

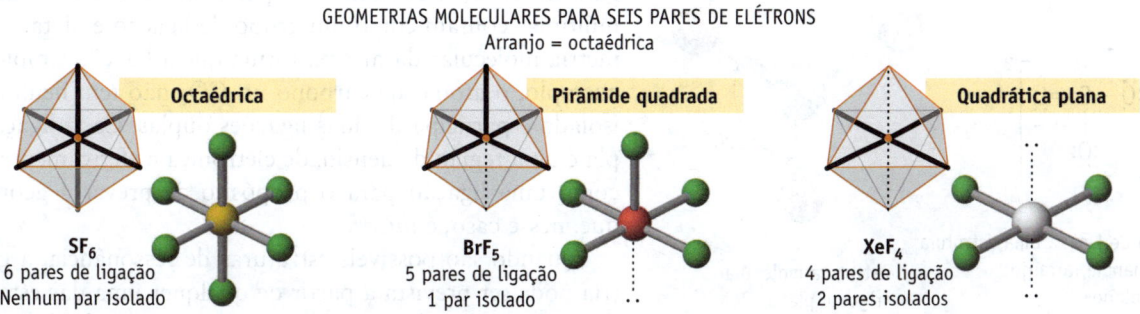

GEOMETRIAS MOLECULARES PARA CINCO PARES DE ELÉTRONS
Arranjo = bipirâmide trigonal

| Bipirâmide trigonal | Gangorra | Forma de T | Linear |

$PF_5$
5 pares de ligação
Nenhum par isolado

$SF_4$
4 pares de ligação
1 par isolado

$ClF_3$
3 pares de ligação
2 pares isolados

$XeF_2$
2 pares de ligação
3 pares isolados

GEOMETRIAS MOLECULARES PARA SEIS PARES DE ELÉTRONS
Arranjo = octaédrica

| Octaédrica | Pirâmide quadrada | Quadrática plana |

$SF_6$
6 pares de ligação
Nenhum par isolado

$BrF_5$
5 pares de ligação
1 par isolado

$XeF_4$
4 pares de ligação
2 pares isolados

**FIGURA 8.8  Geometrias devidas aos pares de elétrons e moleculares para moléculas e íons com cinco ou seis pares de elétrons ao redor do átomo central.**

isolado é desenhado frequentemente na posição superior ou inferior para que a visualização da geometria molecular seja facilitada; nesse caso, ela é *pirâmide de base quadrada*. Se dois pares de elétrons em um arranjo octaédrico são pares isolados, eles procuram permanecer o mais distante possível. O resultado é uma molécula *quadrática plana*, como ilustrado no $XeF_4$.

---

### EXEMPLO 8.10

## Prevendo as Formas Espaciais das Moléculas

**Problema** Qual é a geometria do íon $ICl_4^-$?

**O que você sabe?** Conhece-se o número de elétrons de valência, de modo que a estrutura de Lewis pode ser desenhada.

**Estratégia** Desenhe a estrutura de Lewis e decida então qual é o arranjo. A posição dos átomos dá a geometria molecular do íon (veja o Exemplo 8.7 e a Figura 8.8).

**RESOLUÇÃO** Uma estrutura de Lewis para o íon $ICl_4^-$ mostra que o átomo de iodo central possui seis pares de elétrons no nível de valência. Dois desses são pares isolados. A colocação dos pares isolados em lados opostos deixa os quatro átomos do cloro em uma geometria quadrática plana.

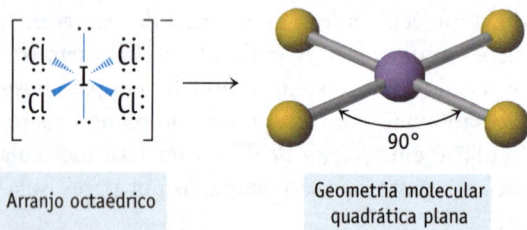

Arranjo octaédrico

Geometria molecular quadrática plana

**Pense bem antes de responder** Geometria quadrática plana permite que os dois pares de elétrons do átomo central estejam o mais afastado possível.

## Verifique seu entendimento

Desenhe a estrutura de Lewis para o $ICl_2^-$ e então determine a geometria do íon.

---

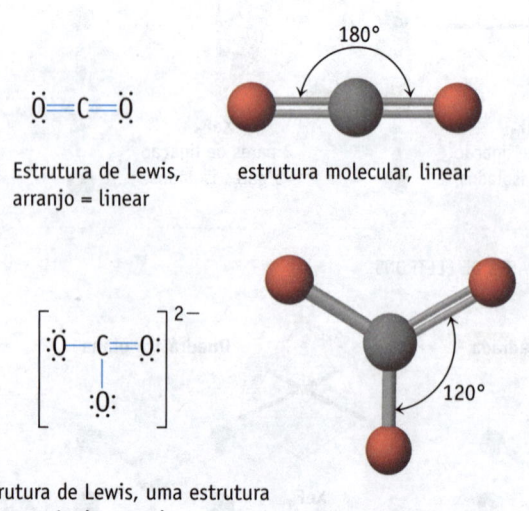

Estrutura de Lewis, arranjo = linear

estrutura molecular, linear

Estrutura de Lewis, uma estrutura de ressonância, arranjo trigonal plano

estrutura molecular, trigonal plana

## Ligações Múltiplas e Geometria Molecular

As ligações duplas e triplas envolvem mais pares de elétrons do que ligações simples, mas essa característica pouco afeta a forma molecular global. *Os pares de elétrons envolvidos em qualquer ligação múltipla são compartilhados entre os mesmos dois núcleos e ocupam, consequentemente, a mesma região do espaço.* Portanto, os pares de elétrons em ligações múltiplas contam como um grupo de ligação e afetam a geometria molecular da mesma forma que a ligação simples. Por exemplo, o átomo de carbono no $CO_2$ não tem nenhum par isolado e participa de duas ligações duplas. Cada ligação dupla é uma região de densidade eletrônica e efetivamente conta como uma ligação para o propósito de prever a geometria, que, nesse caso, é *linear*.

Quando são possíveis estruturas de ressonância, a geometria pode ser prevista a partir de qualquer uma das estruturas de ressonância de Lewis ou da estrutura do híbrido de ressonância. Por exemplo, espera-se que a geometria do íon $CO_3^{2-}$ seja *trigonal* plana porque o átomo de carbono possui três ligações e nenhum par isolado.

O íon $NO_2^-$ também tem uma geometria de pares de elétrons trigonal plana. Como há um par isolado no átomo de nitrogênio central e duas ligações nas outras duas posições, a geometria do íon é *angular* ou *dobrada*.

Os métodos anteriormente apresentados podem ser utilizados para encontrar as geometrias ao redor dos átomos em moléculas muito mais complexas. Considere, por exemplo, a cisteína, um dos aminoácidos naturais. Quatro pares de elétrons ocorrem em torno dos átomos S, N, $C_2$ e $C_3$, de modo que o arranjo em torno de cada um deles é tetraédrico. Assim, é previsto que todos os ângulos na molécula sejam de aproximadamente 109°, exceto os ângulos em volta do $C_1$, que são de 120° porque o arranjo ao redor do $C_1$ é trigonal plano.

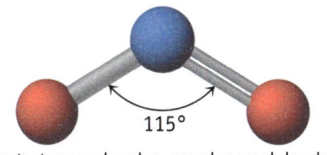

Estrutura de Lewis, uma estrutura de ressonância, arranjo trigonal plano

estrutura molecular, angular ou dobrada

Cisteína, $HSCH_2CH(NH_2)CO_2H$

## 8.7 Eletronegatividade e Polaridade da Ligação

### Objetivos da Seção 8.7

- Entender a eletronegatividade e usá-la para determinar a polaridade de ligações.

- Usar a eletronegatividade e a carga formal para prever a distribuição de cargas nas moléculas e íons poliatômicos.

Uma ligação covalente "pura", em que os átomos dividem *igualmente* um par de elétrons, ocorre *somente* quando dois átomos idênticos se unem para formar uma molécula. Quando dois átomos diferentes formam uma ligação covalente, o par de elétrons será compartilhado de forma desigual. O resultado é uma **ligação covalente polar**, na qual os dois átomos possuem cargas eletrostáticas parciais (Figura 8.9).

As ligações são polares porque nem todos os átomos seguram seus elétrons de valência com a mesma força, e átomos diferentes não aceitam elétrons adicionais com a mesma facilidade. Lembre-se de que na discussão das propriedades atômicas vimos que elementos diferentes apresentam valores diferentes de energia de ionização e de afinidade eletrônica (Seção 7.5). Essas diferenças no comportamento dos átomos livres estendem-se aos átomos nas moléculas.

Se um par ligante não for compartilhado igualmente entre dois átomos, os elétrons de ligação estarão em média mais próximos de um dos átomos. O átomo para o qual o par é deslocado tem uma parcela maior do par de elétrons e adquire assim uma carga parcial negativa. Ao mesmo tempo, o átomo do outro lado da ligação tem uma parcela menor do par de elétrons e assim adquire uma carga parcial positiva. A ligação entre os dois átomos é **polar**, ou seja, tem uma extremidade negativa e outra positiva.

Em compostos iônicos, o deslocamento do par ligante para um dos dois átomos é completo, e os símbolos + e − são escritos ao lado do símbolo do átomo nas representações de Lewis. Para uma ligação covalente polar, a polaridade é indicada escrevendo-se os símbolos $\delta^+$ e $\delta^-$ ao lado dos símbolos do átomo, onde $\delta$ (a letra grega delta minúscula) significa uma carga parcial. Com tantos átomos para serem utilizados na formação de ligações covalentes, não é de surpreender que as ligações entre os átomos possam se encontrar em qualquer lugar em um contínuo que vai de completamente covalente a completamente iônica (Figuras 8.1 e 8.10).

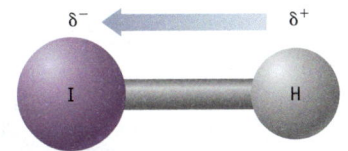

**FIGURA 8.9 Uma ligação covalente polar.** O iodo tem uma parcela maior dos elétrons de ligação, e o hidrogênio, uma parcela menor. O resultado é que o I tem uma carga parcial negativa ($\delta^-$) e o H tem uma carga parcial positiva igual ($\delta^+$). Às vezes, a polaridade é representada por uma seta apontando do + para o −.

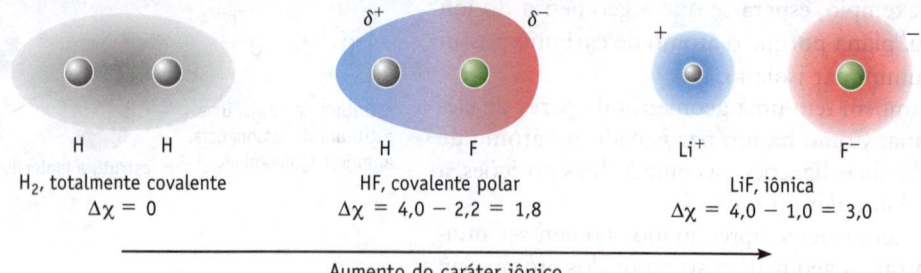

**FIGURA 8.10 Ligações de covalente a iônica.** Como as diferenças de eletronegatividade aumentam entre os átomos de uma ligação, a ligação torna-se predominantemente iônica.

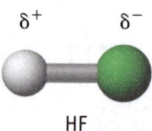

**HF, Uma Molécula Polar.**
A diferença na eletronegatividade entre o H e o F é 1,8, tornando o H-F muito polar.

Na década de 1930, Linus Pauling propôs um parâmetro chamado *eletronegatividade do átomo*, o qual permite decidir se uma ligação é polar, qual átomo de ligação é parcialmente negativo e qual é parcialmente positivo, e se uma ligação é mais polar do que outra. A **eletronegatividade**, $\chi$, é definida como uma medida da *habilidade de um átomo em uma molécula de atrair elétrons para si*.

Vendo os valores de eletronegatividade na Figura 8.11, você pode notar várias características importantes:

- O flúor possui o maior valor de eletronegatividade; a ele é atribuído um valor de $\chi = 4{,}0$. O elemento com o menor valor é o metal alcalino césio.

- As eletronegatividades geralmente aumentam da esquerda para a direita nos grupos e decrescem de cima para baixo, o que é o oposto da tendência observada para o caráter metálico.

- Os metais têm tipicamente baixos valores de eletronegatividade, variando de pouco menos de 1 para cerca de 2.

- Os valores da eletronegatividade para os semimetais são de mais ou menos 2, enquanto os ametais possuem valores acima de 2.

Perceba que há uma grande *diferença* na eletronegatividade para os átomos do lado esquerdo e os do lado direito da tabela periódica. Para o fluoreto de césio, por exemplo, a diferença nos valores de eletronegatividade, $\Delta\chi$, é de

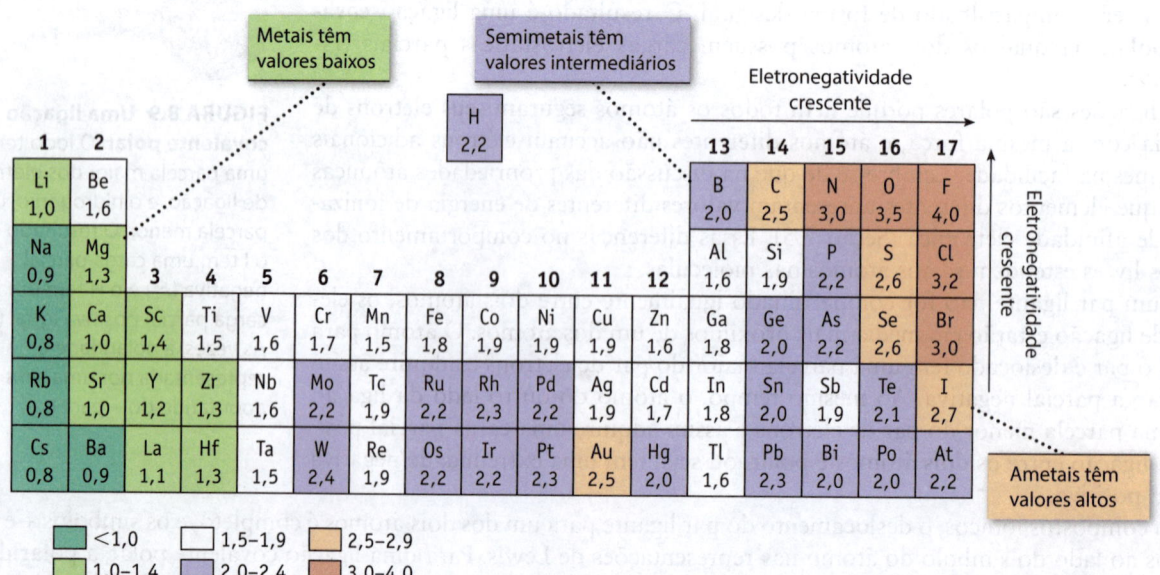

**FIGURA 8.11 Valores de eletronegatividade de Pauling para os elementos.** Os valores também são atribuídos aos lantanídeos e actinídeos e aos gases nobres, mas não são mostrados aqui. Os valores nessa tabela foram extraídos de EMSLEY, J. *The Elements*. 3. ed. Oxford: Clarendon Press, 1998.

3,2 [= 4,0 (para o F) – 0,8 (para o Cs)]. (Veja o triângulo de ligações na Figura 8.1.) A ligação no CsF é decididamente iônica com o Cs o cátion (Cs⁺) e F o ânion (F⁻). Em contraste, a diferença de eletronegatividade entre o H e o F no HF é de apenas 1,8 [= 4,0 (para o F) – 2,2 (para o H) e a ligação no HF é mais covalente. Além disso, devido ao fato de as eletronegatividades do hidrogênio e do flúor serem diferentes, a ligação H—F é bastante polar. Em uma ligação polar, o átomo de maior eletronegatividade atrai a carga parcial negativa e o átomo menos eletronegativo fica com a carga parcial positiva. Assim, o hidrogênio é a extremidade positiva dessa molécula, e o flúor, a extremidade negativa ($H^{\delta+}$—$F^{\delta-}$).

---

**EXEMPLO 8.11**

## Estimando as Polaridades da Ligação

**Problema** Para cada um dos seguintes pares ligados, decida qual é o mais polar e indique os pólos negativos e positivos.

(a)  B—F e B—Cl          (b)  Si—O e P—P

**O que você sabe?** Conhecem-se as tendências da eletronegatividade e pode-se ver os valores na Figura 8.11.

**Estratégia** Localize os elementos na tabela periódica e tente responder às perguntas baseadas nas tendências gerais da eletronegatividade. Lembre-se de que a eletronegatividade geralmente aumenta ao longo de um período e para cima em um grupo.

### RESOLUÇÃO

(a)  O B e o F ficam relativamente distantes na tabela periódica. O B é um metaloide e o F é um não metal. Aqui, $\chi$ para o B = 2,0, e $\chi$ para o F = 4,0. De maneira semelhante, B e Cl estão relativamente distantes na tabela periódica, mas o Cl fica abaixo do F ($\chi$ para o Cl = 3,2) e, portanto, ele é menos eletronegativo que o F. A diferença na eletronegatividade para o B–F é de 2,0 e para o B–Cl é de 1,2. Espera-se que as ligações B—F e B—Cl sejam polares, com o B positivo e o halogênio negativo, mas a ligação B—F será mais polar que a ligação B—Cl.

(b)  A ligação P—P é apolar, porque a ligação se dá entre átomos do mesmo tipo. No caso do Si—O, o átomo de O tem maior eletronegatividade (3,5) do que o Si (1,9), e a ligação é altamente polar ($\Delta\chi$ = 1,6), com o O sendo o átomo mais negativo.

**Pense bem antes de responder** Quando o F é um dos átomos ligados, normalmente, o resultado é uma ligação polar. As ligações envolvendo elementos idênticos, como no caso da ligação P—P, serão apolares.

## Verifique seu entendimento

Para cada um dos seguintes pares de ligações, decida qual é a mais polar. Para cada ligação polar, indique os polos positivo e negativo. Após fazer sua análise a partir das posições relativas dos átomos na tabela periódica, verifique suas previsões calculando o $\Delta\chi$ a partir dos valores das eletronegatividades na Figura 8.11.

(a)  H—F e H—I          (b)  B—C e B—F          (c)  C—Si e C—S

---

# Distribuição de Cargas: Combinando Cargas Formais e Eletronegatividade

A maneira pela qual os elétrons são distribuídos na molécula é chamada de **distribuição de carga**. A distribuição de carga afeta as propriedades de uma molécula. Exemplos incluem propriedades físicas, como os pontos de fusão e ebulição, e propriedades químicas, como a susceptibilidade ao ataque de um ânion ou cátion, ou se a molécula é um ácido ou uma base.

A localização de uma carga em uma molécula ou íon pode muitas vezes ser obtida a partir do cálculo da carga formal (Seção 8.3). Entretanto, é possível obter um resultado sem sentido a partir dessa determinação, porque os cálculos da carga formal assumem que há compartilhamento igual de elétrons nas ligações. O íon $BF_4^-$ ilustra bem esse ponto. O boro tem uma carga formal de –1

Carga formal =
$0 = 7 - [6 + \frac{1}{2}(2)]$

Carga formal =
$-1 = 3 - [0 + \frac{1}{2}(8)]$

nesse íon, enquanto a carga formal calculada para os átomos do flúor é 0. Baseado na diferença de eletronegatividade entre o flúor e o boro ($\Delta\chi = 2,0$), espera-se que as ligações B—F sejam polares, com o átomo de flúor na extremidade negativa da ligação ($B^{\delta+}$—$F^{\delta-}$). Assim, as previsões baseadas na eletronegatividade e na carga formal seguem em sentidos opostos.

Segundo Linus Pauling, há duas regras básicas para serem usadas quando descrevemos as distribuições de cargas em moléculas e íons. A primeira é o **princípio da eletroneutralidade**: os elétrons em uma molécula estão distribuídos de tal forma que as cargas nos átomos fiquem o mais próximo possível de zero. Segundo, quando uma carga negativa está presente, deve residir no átomo mais eletronegativo. De modo semelhante, espera-se que as cargas positivas estejam nos átomos menos eletronegativos. O efeito desses princípios é claramente visto no caso do $BF_4^-$, no qual se verifica que a carga negativa está efetivamente distribuída ao longo dos quatro átomos de flúor, como previsto pelas eletronegatividades dos átomos, em vez de residir no boro, como seria previsto pelos cálculos da carga formal.

Considerar conjuntamente os conceitos de eletronegatividade e da carga formal também pode ajudar a decidir qual das diversas estruturas de ressonância é a mais importante. Por exemplo, ao desenhar a estrutura de Lewis para o $CO_2$, a estrutura A é a escolha lógica. Mas o que há de errado com a estrutura B, em que cada átomo também tem um octeto de elétrons?

No caso da estrutura A, cada átomo tem uma carga formal igual a 0, uma situação favorável. Na estrutura B, entretanto, um átomo de oxigênio tem uma carga formal de +1 e o outro, −1. Isso contraria o princípio da eletroneutralidade. Além disso, a estrutura B coloca uma carga positiva em um átomo de O, o que não é satisfatório. Devido ao fato de o carbono ser menos eletronegativo que o oxigênio, qualquer mudança positiva na carga dessa molécula deve ocorrer no carbono. A melhor descrição para o $CO_2$ é a estrutura A. Ao mesmo tempo, porque a eletronegatividade do O é maior que no C, a ligação é polar ($C^{\delta+}$—$O^{\delta-}$).

Agora, utilize a mesma lógica e decida qual das três possíveis estruturas de ressonância para o íon $OCN^-$ é a mais razoável. As cargas formais para cada átomo são dadas acima do símbolo do elemento.

A estrutura C não contribuirá significativamente para a estrutura eletrônica total do íon. Ela apresenta uma carga formal de −2 no átomo de N e uma carga formal de +1 no átomo de O. Não só a carga sobre o átomo de N é elevada, mas o O é mais eletronegativo que o N, e seria ainda de esperar que adquirisse uma carga mais negativa que o N. A estrutura A é mais significativa do que a estrutura B, porque a carga negativa em A é colocada sobre o átomo mais eletronegativo (O). Consequentemente, prevemos que o híbrido de ressonância refletirá com mais fidelidade a estrutura A e que a ligação carbono-nitrogênio se assemelhará a uma ligação tripla. O resultado para $OCN^-$ permite também supormos que a protonação do íon levará à forma HOCN e não HNCO. Isto é, um íon $H^+$ se adicionará ao átomo de oxigênio mais negativo.

Quando começamos a discutir a estrutura de Lewis, dissemos que o átomo central, em geral, é o átomo com a menor eletronegatividade. Vamos ver um caso em que atribuímos um átomo errado como átomo central. Por exemplo, vamos supor que a estrutura de Lewis para o $CH_2O$ tenha o átomo de O mais eletronegativo como átomo central.

Calculando a carga formal, você descobrirá que o átomo de O, muito eletronegativo, tem uma carga de +2 e que o átomo de C tem uma carga de −2. Então, não só o átomo mais eletronegativo possui uma carga formal positiva, mas cargas formais maiores (±2) resultam de uma necessidade de ter um octeto em volta do carbono e do oxigênio.

### EXEMPLO 8.12

## Calculando e Utilizando Cargas Formais

**Problema** Compostos que contêm boro frequentemente apresentam um átomo de boro com apenas três ligações (e nenhum par isolado). Por que não formar uma ligação dupla com um átomo terminal para completar o octeto do boro? Para responder, considere as possíveis estruturas de ressonância do $BF_3$ e calcule as cargas formais dos átomos de B e F. As ligações no $BF_3$ são polares? Caso sejam, qual é o átomo mais negativo?

**O que você sabe?** Os trialetos de boro são bons exemplos de compostos que não obedecem à regra do octeto. A estrutura de Lewis mais simples para o $BF_3$, por exemplo, mostra o átomo de boro com apenas três pares de elétrons de ligação.

### Estratégia

- Desenhe a estrutura de Lewis comumente usada para o $BF_3$. Então, desenhe uma estrutura de ressonância (uma das três possíveis) na qual o boro atinge a estrutura do octeto, utilizando um dos pares de elétrons do flúor para criar uma ligação dupla entre o boro e o flúor.

- Calcule as cargas formais em cada átomo nas duas estruturas.

- Decida sobre a importância das diferentes estruturas de ressonância com base nas posições das cargas na molécula.

**RESOLUÇÃO** As duas estruturas possíveis para o $BF_3$ são ilustradas aqui com as cargas formais calculadas nos átomos de B e F.

Carga formal $= 0$
$$= 7 - [6 + \tfrac{1}{2}(2)]$$

Carga formal $= +1$
$$= 7 - [4 + \tfrac{1}{2}(4)]$$

Carga formal $= 0$
$$= 3 - [0 + \tfrac{1}{2}(6)]$$

Carga formal $= -1$
$$= 3 - [0 + \tfrac{1}{2}(8)]$$

A estrutura à esquerda é a mais favorável porque os átomos possuem uma carga formal igual a zero, e o átomo muito eletronegativo de F não tem uma carga de $+1$. F ($\chi = 4,0$) é mais eletronegativo que B ($\chi = 2,0$), de modo que a ligação B—F é polar, com o átomo de F sendo parcialmente negativo e o átomo de B, parcialmente positivo.

**Pense bem antes de responder** Podemos dizer claramente que a estrutura do $BF_3$ com três ligações simples é a preferida. No entanto, há provas experimentais de que as ligações B—F no $BF_3$ possuem certo caráter de ligação dupla, apesar da distribuição desfavorável das cargas.

## Verifique seu entendimento

Desenhe as estruturas de ressonância para $SCN^-$. Qual é a carga formal de cada átomo em cada estrutura de ressonância? Quais são as polaridades das ligações? Elas concordam com as cargas formais?

## 8.8 Polaridade Molecular

### Objetivo da Seção 8.8

- Prever a polaridade de moléculas e entender o motivo de algumas moléculas serem polares e outras apolares.

O termo "polar" descreve uma ligação em que um átomo tem uma carga parcial positiva e o outro, uma carga parcial negativa. Como a maioria das moléculas apresenta ligações polares, as moléculas como um todo também podem ser polares. Em uma molécula polar, a densidade de elétrons acumula-se de um lado da molécula, dando a esse lado uma carga negativa ($\delta^-$) e deixando o outro lado com uma carga positiva de igual valor ($\delta^+$).

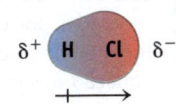

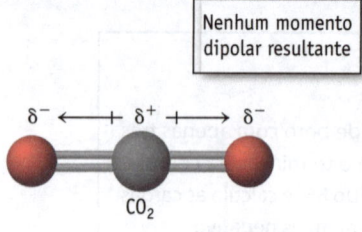

Nenhum momento dipolar resultante

$CO_2$

Para o $CO_2$, as ligações CO são polares, mas a densidade eletrônica é distribuída simetricamente ao longo da molécula, e as cargas $\delta^-$ encontram-se separadas a 180°. A molécula não possui dipolo resultante.

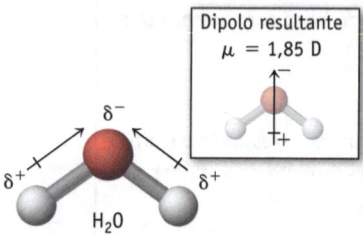

Dipolo resultante $\mu = 1,85$ D

$H_2O$

Em uma molécula de água, o átomo de O é negativo e os átomos de H são positivos. No entanto, os átomos de H positivamente carregados ficam em um lado da molécula, e o átomo de O negativamente carregado fica no outro lado. A molécula é polar.

Para prever se uma molécula é polar precisamos considerar como os átomos estão posicionados uns em relação aos outros. A polaridade das ligações é uma consideração secundária.

As moléculas diatômicas compostas de dois átomos com eletronegatividades diferentes são sempre polares (Tabela 8.6); há somente uma ligação, e a molécula tem uma extremidade positiva e outra negativa.

Mas o que acontece com uma molécula composta de três ou mais átomos? Considere primeiro uma molécula triatômica linear como o dióxido de carbono, $CO_2$. Aqui, cada ligação C=O é polar, com o átomo de oxigênio na extremidade negativa do dipolo da ligação. Os átomos terminais O estão à mesma distância do átomo C; ambos possuem a mesma carga $\delta^-$ e estão dispostos simetricamente ao redor do átomo central C. Portanto, o $CO_2$ não possui dipolo molecular, mesmo que cada ligação seja polar. Isso é análogo a um cabo de guerra no qual pessoas em extremidades opostas de uma corda estão puxando com igual força.

Em contraste, a água é uma molécula triatômica angular. Devido ao O ter uma maior eletronegatividade ($\chi = 3,5$) do que o H ($\chi = 2,2$), cada uma das ligações O—H é polar, com os átomos de H tendo a mesma carga $\delta^+$ e o oxigênio tendo uma carga negativa $\delta^-$. A densidade eletrônica acumula-se no lado do O da molécula, tornando a molécula eletricamente "desigual" e, consequentemente, polar ($\mu = 1,85$ D).

No $BF_3$ trigonal plano, as ligações B—F são altamente polares porque F é muito mais eletronegativo que B ($\chi$ de B = 2,0 e $\chi$ de F = 4,0) (Figura 8.12). Entretanto, a molécula é apolar, porque os três átomos terminais de F têm a mesma carga $\delta^-$, estão localizados à mesma distância do átomo de boro e são arranjados simetricamente ao redor do átomo central de boro. Em contraste, o fosgênio, uma molécula trigonal plana, é polar ($Cl_2CO$, $\mu = 1,17$ D) (Figura 8.12). Aqui os ângulos são de aproximadamente 120°, de modo que os átomos de O e de Cl são arranjados

---

## UM OLHAR MAIS ATENTO | Medindo a Polaridade Molecular

Vamos dar uma olhada em medidas experimentais de polaridade de uma molécula. Quando colocadas em um campo elétrico criado por um par de placas de cargas opostas, as moléculas polares experimentam uma força que tende a alinhá-las com a direção do campo. A extremidade positiva de cada molécula é atraída à placa negativa, e a extremidade negativa, à placa positiva. A orientação da molécula polar afeta a capacitância elétrica das placas (sua capacidade de manter uma carga), e esse efeito propicia uma forma de medir experimentalmente a magnitude do momento dipolar.

A extensão em que as moléculas alinham-se com o campo depende de seus **momentos dipolares**, $\mu$. Em uma molécula com cargas parciais iguais a $+q$ e $-q$, separadas por uma distância, $d$, a magnitude do momento dipolar é dada pela equação $\mu = q \times d$. A unidade do SI para momento dipolar é o coulomb-metro, mas

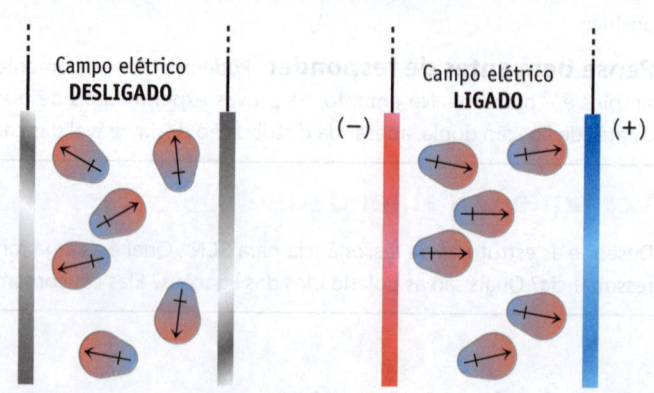

Campo elétrico **DESLIGADO**

Campo elétrico **LIGADO**

$(-)$   $(+)$

**Moléculas polares em um campo elétrico**

os momentos dipolares têm sido tradicionalmente expressos usando-se uma unidade derivada chamada *debye* (D; 1 D = $3,34 \times 10^{-30}$ C · m). Os valores experimentais de alguns momentos dipolares são listados na Tabela 8.6.

A unidade de momento dipolar comumente usada tem o nome em homenagem a Peter Debye (1884-1966). Debye nasceu na Holanda e foi educado na Alemanha. Recebeu o Prêmio Nobel de Química em 1936 e mais tarde foi professor na Universidade de Cornell em Ithaca, Nova York.

### Tabela 8.6 Momentos Dipolares ($\mu$) de Moléculas Selecionadas (em Unidades Debye)

| Molécula ($AX$) | Momento ($\mu$, D) | Geometria | Molécula ($AX_2$) | Momento ($\mu$, D) | Geometria |
|---|---|---|---|---|---|
| HF | 1,78 | Linear | $H_2O$ | 1,85 | Angular |
| HCl | 1,07 | Linear | $H_2S$ | 0,95 | Angular |
| HBr | 0,79 | Linear | $SO_2$ | 1,62 | Angular |
| HI | 0,38 | Linear | $CO_2$ | 0 | Linear |
| $H_2$ | 0 | Linear | | | |
| **Molécula ($AX_3$)** | **Momento ($\mu$, D)** | **Geometria** | **Molécula ($AX_4$)** | **Momento ($\mu$, D)** | **Geometria** |
| $NH_3$ | 1,47 | Pirâmide trigonal | $CH_4$ | 0 | Tetraédrica |
| $NF_3$ | 0,23 | Pirâmide trigonal | $CH_3Cl$ | 1,92 | Tetraédrica |
| $BF_3$ | 0 | Trigonal plana | $CH_2Cl_2$ | 1,60 | Tetraédrica |
| | | | $CHCl_3$ | 1,04 | Tetraédrica |
| | | | $CCl_4$ | 0 | Tetraédrica |

simetricamente em torno do átomo de C. Porém, as eletronegatividades dos três átomos na molécula diferem: $\chi(O) > \chi(Cl) > \chi(C)$. Como consequência, há um deslocamento líquido da densidade eletrônica para longe do centro da molécula, mais em direção ao átomo de O do que para os átomos de Cl.

A amônia, como o $BF_3$, tem uma estequiometria $AX_3$ e ligações polares. No entanto, ao contrário do $BF_3$, o $NH_3$ é uma molécula piramidal trigonal. Os átomos ligeiramente positivos de H situam-se na base da pirâmide, e o átomo

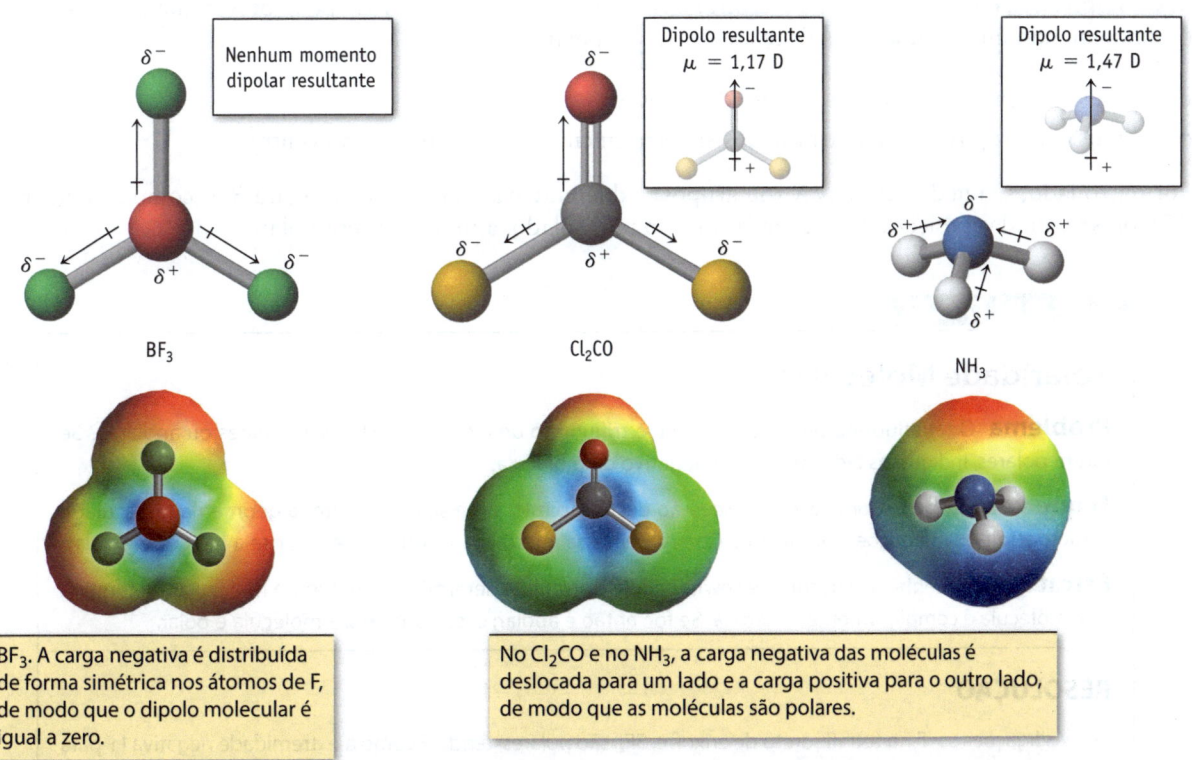

BF₃. A carga negativa é distribuída de forma simétrica nos átomos de F, de modo que o dipolo molecular é igual a zero.

No $Cl_2CO$ e no $NH_3$, a carga negativa das moléculas é deslocada para um lado e a carga positiva para o outro lado, de modo que as moléculas são polares.

**FIGURA 8.12 Moléculas polares e apolares do tipo AX₃.** As distribuições de cargas são refletidas nas superfícies de potencial eletrostático. (Veja "Um Olhar Mais Atento: Visualizando Distribuições de Carga e a Polaridade Molecular – Superfícies de Potencial Eletrostático e Carga Parcial".)

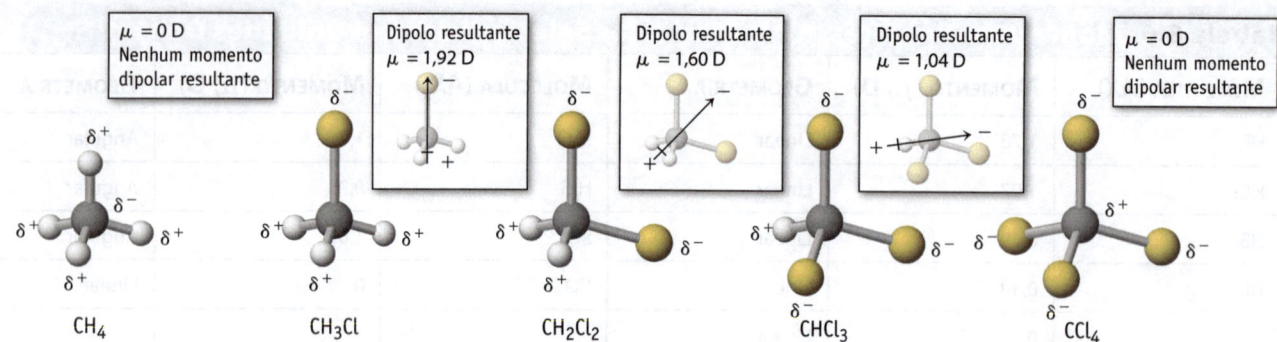

**FIGURA 8.13 Polaridades de moléculas tetraédricas.** As eletronegatividades dos átomos envolvidos estão na ordem Cl (3,2) > C (2,5) > H (2,2). Isso significa que as ligações C—H e C—Cl são polares com um deslocamento líquido da densidade eletrônica para longe dos átomos de H e em direção aos átomos de Cl [$H^{\delta+}$—$C^{\delta-}$ e $C^{\delta+}$—$Cl^{\delta-}$]. Embora o arranjo ao redor do átomo de C em cada molécula seja tetraédrico, apenas no $CH_4$ e no $CCl_4$ as ligações polares têm arranjo totalmente simétrico. Portanto, $CH_3Cl$, $CH_2Cl_2$ e $CHCl_3$ são moléculas polares, com a extremidade negativa voltada para o átomo de Cl e a extremidade positiva voltada para os átomos de H.

ligeiramente negativo de N fica no ápice da pirâmide. Consequentemente, o $NH_3$ é polar (Figura 8.12). De fato, as moléculas piramidais trigonais são geralmente polares.

Moléculas como tetracloreto de carbono, $CCl_4$, e o metano, $CH_4$, são apolares em virtude de suas estruturas tetraédricas simétricas. Os quatro átomos ligados ao C têm a mesma carga parcial e estão a uma mesma distância do átomo de C. Entretanto, moléculas tetraédricas com átomos tanto de Cl como de H ($CHCl_3$, $CH_2Cl_2$ e $CH_3Cl$) são polares (Figura 8.13). A eletronegatividade dos átomos de H (2,2) é menor que a dos átomos de Cl (3,2) e a distância carbono-hidrogênio é diferente da distância carbono-cloro. Como o Cl é mais eletronegativo que H, os átomos do Cl estão no lado mais negativo da molécula. Isso significa que a extremidade positiva do dipolo molecular está na direção do átomo de H.

Para resumir essa discussão da polaridade molecular, observe outra vez a Figura 8.5. Esses esboços mostram moléculas do tipo $AX_n$, em que $A$ é o átomo central e $X$ é um átomo terminal. Você pode prever que uma molécula $AX_n$ não será polar, não importando se as ligações $A$—$X$ são polares, se:

- os átomos (ou grupos) terminais, $X$, são idênticos, e
- os átomos (ou grupos) $X$ estão arranjados simetricamente ao redor do átomo central, $A$.

Por outro lado, se um dos átomos $X$ (ou grupos) é diferente nas estruturas da Figura 8.5 (como nas Figuras 8.12 e 8.13), ou se uma das posições $X$ é ocupada por um par isolado, a molécula será polar.

---

**EXEMPLO 8.13**

## Polaridade Molecular

**Problema** O tetrafluoreto de enxofre ($SF_4$) e o trifluoreto de nitrogênio ($NF_3$) são polares ou apolares? Se forem polares, indique os lados positivo e negativo da molécula.

**O que você sabe?** Com base na discussão deste capítulo, sabe-se como obter a geometria molecular e como decidir quais ligações são polares. Com base nessa informação, pode-se verificar se a molécula é polar.

**Estratégia** Desenhe a estrutura de Lewis, decida o arranjo e determine a geometria molecular. Determine se a molécula é completamente simétrica. Se for, então é apolar; caso contrário, a molécula é polar.

### RESOLUÇÃO

(a) As ligações S—F no tetrafluoreto de enxofre, $SF_4$, são polares, tendo F como a extremidade negativa ($\chi$ para S é 2,6 e $\chi$ para F é 4,0). A molécula possui uma geometria bipirâmide trigonal devida aos pares de elétrons (Figura 8.7). Como o par isolado ocupa uma das posições, as ligações S—F não são arranjadas simetricamente. Os dipolos das ligações S—F axiais anulam-se porque apontam para sentidos opostos. Entretanto, ambas as ligações S—F equatoriais apontam para um lado da molécula, de forma que o $SF_4$ é polar.

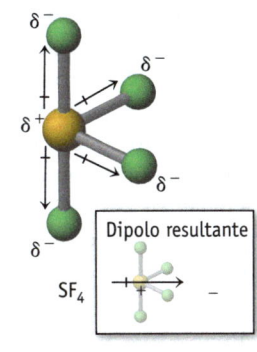

(b) O $NF_3$ tem a mesma estrutura de pirâmide trigonal do $NH_3$. Como o F é mais eletronegativo do que o N, cada ligação é polar, sendo o átomo de F o extremo negativo. Como essa molécula contém ligações polares e como sua geometria não é simétrica (três posições do tetraedro ocupadas por átomos e uma por um par isolado), espera-se que a molécula de $NF_3$, como um todo, seja polar.

Dipolo resultante

$SF_4$

**Pense bem antes de responder** É interessante comparar o $NF_3$ e o $NH_3$. Os átomos de F tornam o átomo de N ligeiramente positivo no $NF_3$, enquanto ele é ligeiramente negativo no $NH_3$ onde estão ligados átomos menos eletronegativos de H.

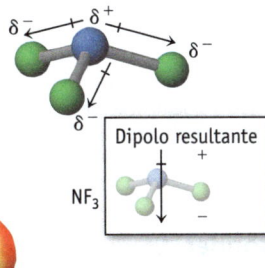

Dipolo resultante

$NF_3$

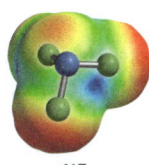

NH₃        NF₃

Amônia, $\mu = 1,47$ D     Trifluoreto de nitrogênio, $\mu = 0,23$ D

## Verifique seu entendimento

Para cada uma das seguintes moléculas, decida se a molécula é polar e qual extremo é positivo e qual é negativo: $BFCl_2$, $NH_2Cl$ e $SCl_2$.

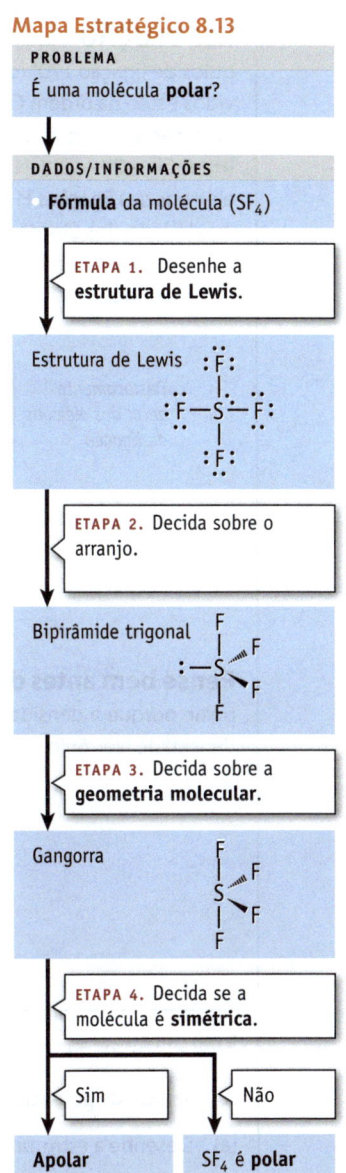

**Mapa Estratégico 8.13**

PROBLEMA
É uma molécula **polar**?

DADOS/INFORMAÇÕES
- **Fórmula** da molécula ($SF_4$)

ETAPA 1. Desenhe a **estrutura de Lewis**.

Estrutura de Lewis

ETAPA 2. Decida sobre o arranjo.

Bipirâmide trigonal

ETAPA 3. Decida sobre a **geometria molecular**.

Gangorra

ETAPA 4. Decida se a molécula é **simétrica**.

Sim     Não

**Apolar**     $SF_4$ é **polar**

---

**EXEMPLO 8.14**

## Polaridade Molecular

**Problema** O 1,2-dicloroetileno pode existir de duas formas. Alguma dessas moléculas planares é polar?

$$\underset{A}{\overset{H}{\underset{Cl}{}}C = \overset{H}{\underset{Cl}{}}C} \qquad \underset{B}{\overset{Cl}{\underset{H}{}}C = \overset{H}{\underset{Cl}{}}C}$$

**O que você sabe?** As estruturas das duas moléculas são fornecidas. Note que essas moléculas são planares.

**Estratégia**

- Utilize os valores de eletronegatividade para decidir sobre a polaridade das ligações.
- Decida se a densidade eletrônica nas ligações está distribuída simetricamente ou se está deslocada para um dos lados da molécula.

**RESOLUÇÃO** Aqui, os átomos de H e Cl estão arranjados ao redor de ligações duplas C═C, sendo os ângulos de ligação 120° (os átomos ocupam espaço em um só plano). As eletronegatividades dos átomos envolvidos estão na ordem Cl (3,2) > C (2,5) > H (2,2). Isso significa que as ligações C—H e C—Cl são polares com um deslocamento líquido da densidade eletrônica para longe dos átomos de H e em direção aos átomos de Cl [$H^{\delta+}$—$C^{\delta-}$ e $C^{\delta+}$—$Cl^{\delta-}$]. Na estrutura A, os átomos de Cl estão localizados em um lado da molécula, portanto, os elétrons das ligações H—C e C—Cl deslocam-se em direção ao lado da molécula com átomos de Cl afastando-se do lado dos átomos de H. A molécula A é polar. Na molécula B, o deslocamento da densidade eletrônica na direção do átomo de Cl em uma extremidade é contrabalanceado por um deslocamento oposto na outra extremidade. A molécula B não é polar.

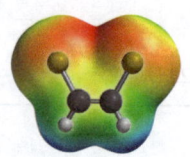

Deslocamento geral dos elétrons de ligação

A, polar, deslocamento dos elétrons de ligação para um lado da molécula

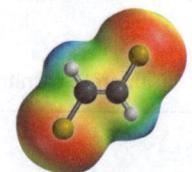

Deslocamento dos elétrons de ligação

Deslocamento dos elétrons de ligação

B, apolar, nenhum deslocamento líquido dos elétrons de ligação para algum lado da molécula

**Pense bem antes de responder** A superfície de potencial eletrostático reflete o fato de a molécula A ser polar, porque a densidade eletrônica é deslocada para um lado da molécula. A molécula B é apolar porque a densidade eletrônica é distribuída simetricamente.

A = *cis*-1,2-dicloretileno          B = *trans*-1,2-dicloretileno

## Verifique seu entendimento

A superfície de potencial eletrostático para o $OSCl_2$ é ilustrada aqui.

(a)   Desenhe a estrutura de Lewis para a molécula e dê a carga formal de cada átomo.

(b)   Qual é a geometria molecular de $OSCl_2$? Ela é polar?

## 8.9 Propriedades das Ligações: Ordem, Comprimento e Entalpia de Dissociação

### Objetivo da Seção 8.9

- Entender as propriedades das ligações covalentes (ordem de ligação, comprimento de ligação e entalpia de dissociação de ligação) e suas influências na estrutura e propriedades moleculares.

### Ordem de Ligação

A **ordem de uma ligação** é o número de pares de elétrons de ligação compartilhados por dois átomos em uma molécula. Você encontrará ordens de ligação de 1, 2 e 3, bem como ordens de ligação fracionárias.

Quando a ordem de ligação é 1, existe apenas uma ligação covalente simples entre um par de átomos. Os exemplos são as ligações em moléculas como $H_2$, $NH_3$ e $CH_4$. A ordem de ligação é 2 quando dois pares de elétrons são compartilhados entre átomos, como as ligações C═O no $CO_2$ e a ligação C═C no etileno, $H_2C$═$CH_2$. A ordem de ligação é de 3 quando dois átomos são conectados por três ligações. Os exemplos incluem a ligação carbono-oxigênio no monóxido de carbono, CO, e a ligação nitrogênio-nitrogênio no $N_2$.

## UM OLHAR MAIS ATENTO

# Visualizando Distribuições de Carga e a Polaridade Molecular – Superfícies de Potencial Eletrostático e Carga Parcial

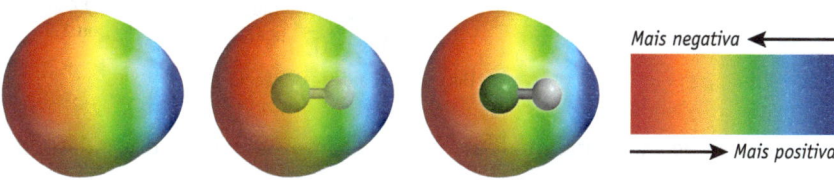

**FIGURA A** **Três visões da superfície de potencial eletrostático para o HF.** (*esquerda*) A densidade eletrônica da superfície ao redor do HF. O átomo de F está à esquerda. A superfície é feita de pontos do espaço ao redor da molécula de HF, onde a densidade eletrônica é de 0,002 $e^-/Å^3$ (onde 1 Å = 0,1 nm). (*meio*) A superfície torna-se mais transparente, de modo que se possa ver os núcleos dos átomos de H e F dentro dela. (*direita*) A frente da superfície da densidade eletrônica foi retirada para a visualização da molécula de HF no interior. **Esquema de cores:** As cores da superfície de densidade eletrônica refletem a carga nas diferentes regiões da molécula. As cores que tendem para a extremidade azul do espectro indicam uma carga positiva, enquanto as cores voltadas para a extremidade vermelha do espectro indicam carga negativa.

No Capítulo 6, você aprendeu a respeito dos orbitais atômicos. A superfície limite desses orbitais foi criada de modo que a amplitude da onda eletrônica em todos os pontos da superfície tenha o mesmo valor. Quando utilizamos um software de modelagem molecular avançado, podemos gerar o mesmo tipo de imagem de moléculas e, na Figura A, você pode ver uma superfície definindo a densidade eletrônica na molécula de HF. A superfície de densidade eletrônica, calculada usando o software Spartan da Wavefunction Inc., a partir da função de onda, é feita por todos os pontos do espaço em torno da molécula de HF, onde a densidade eletrônica é de 0,002 $e^-$ $Å^{-3}$ (em que 1 Å = 0,1 nm). Você pode ver que a superfície se expande em direção à extremidade da molécula onde está o F, uma indicação do maior tamanho do átomo de F. Esse maior tamanho do F é aqui relacionado, principalmente, ao fato de que possui mais elétrons na camada de valência do que o H e, em menor proporção, ao fato de que a ligação H—F é polar e, portanto, a densidade eletrônica nessa ligação é deslocada em direção ao átomo de F.

Podemos adicionar mais informações em nossa figura. A superfície de densidade eletrônica pode ser colorida de acordo com o *potencial eletrostático*. (Por esse motivo, essa figura é chamada de *superfície de potencial eletrostático*.) O programa de computador calcula o potencial eletrostático que seria observado por um próton ($H^+$) em cada ponto da superfície. Essa é soma das forças de atração e repulsão naquele próton devido aos núcleos e elétrons na molécula. As regiões da molécula nas quais há potencial de atração são coloridas em vermelho. Ou seja, essa é uma região de cargas negativas na molécula. Os potenciais de repulsão ocorrem nas regiões onde a molécula é positivamente carregada; essas regiões são coloridas em azul. Como era de se esperar, o potencial eletrostático líquido mudará continuamente à medida que houver o movimento de uma porção negativa da molécula para uma porção positiva, e é indicado pela progressão das cores, de vermelho para azul (do negativo para o positivo).

A superfície de potencial eletrostático para o HF mostra que o átomo de H é positivo (a extremidade do átomo de H na molécula é azul) e o átomo de F é negativo (a extremidade do átomo de F é vermelha), fato que poderíamos prever com base na eletronegatividade.

O programa também calculou que o átomo de F tem uma carga de −0,3, e o H, de +0,3. Finalmente, o momento dipolar calculado para a molécula é de aproximadamente 1,7 D, em boa conformidade com o valor experimental apresentado na Tabela 8.6.

Outros exemplos de superfícies de potencial eletrostático ilustram a polaridade da água e da metilamina, $CH_3NH_2$.

A superfície para a água mostra que o átomo de O da molécula carrega uma carga negativa parcial e que os átomos de H são positivos. A superfície para a amina mostra que a molécula é polar e que a região ao redor do átomo de N é negativa. Sem dúvida, sabemos experimentalmente que um íon $H^+$ atacará o átomo de N para produzir o cátion $CH_3NH_3^+$.

água          metilamina, $CH_3NH_2$

Você verá muitos exemplos neste livro, nos quais diagramas de potencial eletrostático são utilizados para ilustrar importantes características de outras moléculas.

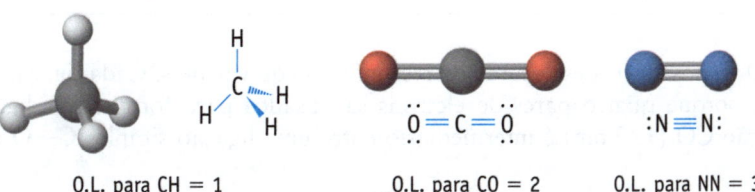

O.L. para CH = 1          O.L. para CO = 2          O.L. para NN = 3

As ordens de ligação fracionárias ocorrem nas moléculas e nos íons que possuem estruturas de ressonância. Por exemplo, qual é a ordem de ligação para cada ligação oxigênio–oxigênio no $O_3$? Cada estrutura de ressonância do

$O_3$ tem uma ligação simples O—O e uma ligação dupla O=O, dando um total de três pares de elétrons de ligação compartilhados para duas ligações oxigênio-oxigênio.

Ordem de ligação = 1

Ordem de ligação = 2

Uma estrutura de ressonância

Ordem de ligação para cada ligação oxigênio–oxigênio = $\frac{3}{2}$, ou 1,5

A ordem de ligação entre qualquer par de átomos X e Y ligados é definida como

$$\text{Ordem de ligação} = \frac{\text{Número de pares compartilhados em ligações X—Y}}{\text{Número de ligações X—Y na molécula ou íon}} \qquad (8.2)$$

Para o ozônio, há três pares de ligações envolvidos em duas ligações oxigênio–oxigênio, então a ordem de ligação é $\frac{3}{2}$ ou 1,5.

## Comprimento de Ligação

O **comprimento de ligação**, a distância entre os núcleos de dois átomos ligados, está claramente relacionado aos tamanhos dos átomos (Seção 7.5). Além disso, para determinado par de átomos, a ordem de ligação também tem seu papel.

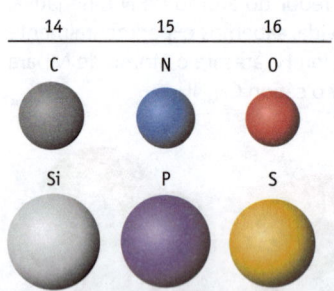

**Tamanhos relativos de alguns átomos dos Grupos 14, 15 e 16.**

**O comprimento das ligações está relacionado ao tamanho dos átomos.**

| C—H | N—H | O—H |
|-----|-----|-----|
| 110 | 98 | 94 pm |
| Si—H | P—H | S—H |
| 145 | 138 | 132 pm |

A Tabela 8.7 lista comprimentos de ligação médios para diversas ligações químicas comuns. É importante reconhecer que esses são valores *médios*. Partes vizinhas de uma molécula podem afetar o comprimento de uma ligação específica, de modo que pode haver um intervalo de valores para determinado tipo de ligação. Por exemplo, a Tabela 8.7 fornece a média do comprimento da ligação C—H como sendo de 110 pm. Entretanto, no metano, $CH_4$, o comprimento médio é de 109,4 pm, enquanto a ligação C—H é de apenas 105,9 pm no acetileno, H—C≡C—H. Variações da ordem de 10% dos valores médios apresentados na Tabela 8.7 são possíveis.

Uma vez que os tamanhos dos átomos variam de forma regular com a posição do elemento na tabela periódica (Figura 7.5), é possível prever as tendências nos comprimentos de ligação. Por exemplo, a distância H—X nos haletos de hidrogênio aumenta na ordem prevista pelos tamanhos relativos dos halogênios: H—F < H—Cl < H—Br < H—I. Da mesma forma, ligações entre o carbono e outro elemento em um dado período decrescem da esquerda para a direita de uma maneira previsível; por exemplo, C—C > C—N > C—O. As tendências para as ligações múltiplas são semelhantes. A ligação C=O é mais curta que a ligação C=S, e a ligação C=N é mais curta que uma ligação C=C.

A relação entre o comprimento de ligação e a ordem de ligação é evidente quando ligações entre os mesmos dois átomos são comparadas. Por exemplo, as ligações tornam-se mais curtas à medida que a ordem das ligações aumenta nas séries COO, CПO e C≡O:

| Ligação | C—O | C=O | C≡O |
|---------|-----|-----|-----|
| Ordem de ligação | 1 | 2 | 3 |
| Comprimento médio da ligação (pm) | 143 | 122 | 113 |

O íon carbonato, $CO_3^{2-}$, possui três estruturas de ressonância equivalentes. Cada ligação CO tem uma ordem de ligação de 1,33 (ou $\frac{4}{3}$), porque quatro pares de elétrons são usados para formar três ligações carbono-oxigênio. O comprimento da ligação CO (129 pm) é intermediário entre uma ligação simples C—O (143 pm) e uma ligação dupla C=O (122 pm).

## Tabela 8.7  Alguns Comprimentos Médios de Ligações Simples e Múltiplas em Picômetros (pm)*

### COMPRIMENTOS DE LIGAÇÕES SIMPLES

| Grupo | 1 | 14 | 15 | 16 | 17 | 14 | 15 | 16 | 17 | 17 | 17 |
|---|---|---|---|---|---|---|---|---|---|---|---|
| | H | C | N | O | F | Si | P | S | Cl | Br | I |
| H | 74 | 110 | 98 | 94 | 92 | 145 | 138 | 132 | 127 | 142 | 161 |
| C | | 154 | 147 | 143 | 141 | 194 | 187 | 181 | 176 | 191 | 210 |
| N | | | 140 | 136 | 134 | 187 | 180 | 174 | 169 | 184 | 203 |
| O | | | | 132 | 130 | 183 | 176 | 170 | 165 | 180 | 199 |
| F | | | | | 128 | 181 | 174 | 168 | 163 | 178 | 197 |
| Si | | | | | | 234 | 227 | 221 | 216 | 231 | 250 |
| P | | | | | | | 220 | 214 | 209 | 224 | 243 |
| S | | | | | | | | 208 | 203 | 218 | 237 |
| Cl | | | | | | | | | 200 | 213 | 232 |
| Br | | | | | | | | | | 228 | 247 |
| I | | | | | | | | | | | 266 |

### COMPRIMENTOS DE LIGAÇÕES MÚLTIPLAS

| | | | | |
|---|---|---|---|
| C=C | 134 | C≡C | 121 |
| C=N | 127 | C≡N | 115 |
| C=O | 122 | C≡O | 113 |
| N=O | 115 | N≡O | 108 |

*1 pm = $10^{-12}$ m.

Ordem da ligação = 2
Ordem da ligação = 1
Ordem da ligação = 1
Ordem da ligação média = $\frac{4}{3}$, ou 1,33
Comprimento da ligação = 129 pm

## Entalpia de Dissociação de Ligação

A energia de ligação, ou mais corretamente a **entalpia de dissociação de ligação,** é a variação de entalpia quando uma ligação em uma molécula é quebrada com os reagentes e produtos e *na fase gasosa. O processo de rompimento de ligações em uma molécula é sempre endotérmico,* de modo que $\Delta_r H$ para rompimento da ligação é sempre positivo.

Energia fornecida, $\Delta H > 0$
Molécula (g) ⇌ Fragmentos moleculares (g)
Energia liberada, $\Delta H < 0$

Suponha que se pretenda romper as ligações carbono-carbono no etano ($H_3C—CH_3$), etileno ($H_2C=CH_2$) e acetileno (HC≡CH). As ordens de ligação carbono-carbono nessas moléculas são de 1, 2 e 3, respectivamente, e estão refletidas nas entalpias de dissociação dessas ligações. Romper uma ligação simples C—C no etano requer a menor quantidade de energia nesse grupo, enquanto romper a ligação tripla do C—C no acetileno requer a maior quantidade de energia.

$$H_3C—CH_3(g) \rightarrow H_3C \cdot (g) + \cdot CH_3(g) \qquad \Delta_r H = +368 \text{ kJ (mol de reação)}^{-1}$$

$$H_2C\!=\!CH_2(g) \rightarrow H_2C \cdot (g) + \cdot CH_2(g) \qquad \Delta_r H = +682 \text{ kJ (mol de reação)}^{-1}$$

$$HC\!\equiv\!CH(g) \rightarrow HC \cdot (g) + \cdot CH(g) \qquad \Delta_r H = +962 \text{ kJ (mol de reação)}^{-1}$$

A energia fornecida para romper as ligações carbono-carbono deve ser igual à energia liberada quando as mesmas ligações são formadas. *A formação das ligações a partir de átomos ou radicais na fase gasosa é sempre exotérmica.* Isso significa, por exemplo, que $\Delta_r H$ para a formação do $H_3C—CH_3$ a partir de dois radicais $\cdot CH_3(g)$, é de $-368$ kJ (mol de reação)$^{-1}$.

$$H_3C \cdot (g) + \cdot CH_3(g) \rightarrow H_3C–CH_3(g) \qquad \Delta_r H = -368 \text{ kJ (mol de reação)}^{-1}$$

Em geral, a entalpia de dissociação de ligação para determinado tipo de ligação (uma ligação C—C, por exemplo) varia dependendo do composto, da mesma forma que os comprimentos de ligação variam de uma molécula para outra. Assim, os dados fornecidos nas tabelas são as *entalpias médias de dissociação de ligação* (Tabela 8.8). Os valores nessas tabelas podem ser utilizados para estimar as entalpias das reações, conforme descrito a seguir.

**Tabela 8.8 Algumas Entalpias Médias de Dissociação de Ligação (kJ/mol)\***

**LIGAÇÕES SIMPLES**

|   | H | C | N | O | F | Si | P | S | Cl | Br | I |
|---|---|---|---|---|---|----|---|---|----|----|---|
| H | 436 | 413 | 391 | 463 | 565 | 328 | 322 | 347 | 432 | 366 | 299 |
| C |  | 346 | 305 | 358 | 485 | — | — | 272 | 339 | 285 | 213 |
| N |  |  | 163 | 201 | 283 | — | — | — | 192 | — | — |
| O |  |  |  | 146 | — | 452 | 335 | — | 218 | 201 | 201 |
| F |  |  |  |  | 155 | 565 | 490 | 284 | 253 | 249 | 278 |
| Si |  |  |  |  |  | 222 | — | 293 | 381 | 310 | 234 |
| P |  |  |  |  |  |  | 201 | — | 326 | — | 184 |
| S |  |  |  |  |  |  |  | 226 | 255 | — | — |
| Cl |  |  |  |  |  |  |  |  | 242 | 216 | 208 |
| Br |  |  |  |  |  |  |  |  |  | 193 | 175 |
| I |  |  |  |  |  |  |  |  |  |  | 151 |

**LIGAÇÕES MÚLTIPLAS**

| | | | | |
|---|---|---|---|---|
| N=N | 418 | C=C | 610 |
| N≡N | 945 | C≡C | 835 |
| C=N | 615 | C=O | 745 |
| C≡N | 887 | C=O (no $CO_2$) | 803 |
| O=O (no $O_2$) | 498 | C≡O | 1.046 |

\*Fontes das entalpias de dissociação: KLOTZ, I.; ROSENBERG, R. M. *Chemical Thermodynamics*. 4. ed. Nova York: John Wiley, 1994, p. 55; e HUHEEY, J. E.; KEITER, E. A.; KEITER, R. L. *Inorganic Chemistry*. 4. ed. Nova York: HarperCollins, 1993. Tabela E. 1. Veja também *Lange's*, *Handbook of Chemistry*, J. A. Dean (ed.) Nova York: McGraw-Hill Inc.

Nas reações entre as moléculas, as ligações nos reagentes são rompidas, e novas ligações são formadas à medida que os produtos se formam. Se a energia total liberada quando novas ligações são formadas exceder a energia requerida para romper as ligações originais, a reação global é exotérmica. Se ocorrer o oposto, então a reação global é endotérmica.

Vamos utilizar as entalpias de dissociação da ligação para estimar a mudança de entalpia para a hidrogenação do propeno para propano:

O primeiro passo é identificar quais ligações são rompidas e quais são formadas. Nesse caso, a ligação C=C no propeno e a ligação H—H no hidrogênio são rompidas. Uma ligação C—C e duas ligações C—H são formadas.

*Ligações rompidas:* 1 mol de ligações C=C e 1 mol de ligações H—H

Energia requerida = 610 kJ para ligações C=C + 436 kJ para ligações H—H = 1046 kJ (mol de reação)$^{-1}$

*Ligações formadas:* 1 mol de ligações C—C e 2 mol de ligações C—H

Energia liberada = 346 kJ para ligações C—C + 2 mol × 413 kJ mol$^{-1}$ para ligações C—H = 1172 kJ (mol de reação)$^{-1}$

Ao combinar as mudanças de entalpia para quebrar e formar ligações, podemos estimar $\Delta_r H$ para a hidrogenação do propeno e prever que a reação é exotérmica.

$\Delta_r H$ = 1046 kJ (mol de reação)$^{-1}$ − 1172 kJ (mol de reação)$^{-1}$ = −126 kJ (mol de reação)$^{-1}$

De modo geral, a mudança de entalpia para qualquer reação pode ser estimada usando-se a equação:

$$\Delta_r H = \Sigma \Delta H(\text{ligações quebradas}) - \Sigma \Delta H(\text{ligações formadas}) \qquad (8.3)$$

Cálculos de energia de ligação fornecem resultados aceitáveis em muitos casos.

**$\Delta_r H$ a partir das Entalpias de Formação** Usando valores de $\Delta_f H^o$ para o propano e o propeno, calculamos $\Delta_r H^o$ = −125,1 kJ (mol de reação)$^{-1}$. O cálculo da entalpia de dissociação de uma ligação está em conformidade com o cálculo a partir das entalpias de formação, nesse caso.

### EXEMPLO 8.15

## Utilizando Entalpias de Dissociação de Ligação

**Problema** A acetona, um solvente industrial bastante comum, pode ser convertido em 2-propanol através de hidrogenação. Calcule a mudança de entalpia para essa reação usando as entalpias de ligação.

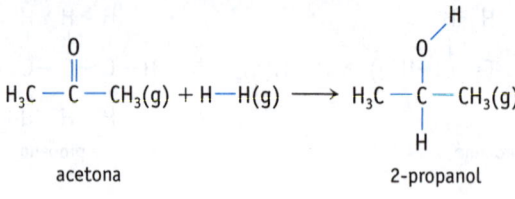

acetona             2-propanol

**O que você sabe?** Conhecem-se as estruturas moleculares dos reagentes e dos produtos, bem como as entalpias de dissociação das ligações de interesse.

**Estratégia** Determine quais ligações são rompidas e quais são formadas. Some as variações de entalpia necessárias para romper as ligações dos reagentes e para formar ligações no produto. A diferença nas somas das entalpias de dissociação das ligações pode ser utilizada como uma estimativa da variação de entalpia da reação (Equação 8.3).

### RESOLUÇÃO

Ligações rompidas: 1 mol de ligações C=O e 1 mol de ligações H—H

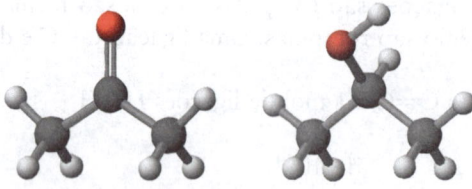

$\Sigma \Delta H$(ligações quebradas) = 745 kJ para ligações C=O + 436 kJ para ligações H—H = 1181 kJ (mol de reação)$^{-1}$

Ligações formadas: 1 mol de ligações C—H, 1 mol de ligações C—O e 1 mol de ligações O—H

$$
\begin{array}{c}
\quad\quad\quad\; H \\
\quad\quad\quad\; | \\
\quad\quad\quad O \\
\quad\quad\quad\; | \\
H_3C - C - CH_3(g) \\
\quad\quad\quad\; | \\
\quad\quad\quad H
\end{array}
$$

$\Sigma \Delta H$(ligações formadas) = 413 kJ para C—H + 358 kJ para C—O + 463 kJ para O—H =

1234 kJ (mol de reação)$^{-1}$

$\Delta_r H = \Sigma \Delta H$(ligações quebradas) − $\Sigma \Delta H$(formadas)

$\Delta_r H = 1181$ kJ − 1234 kJ = −53 kJ (mol de reação)$^{-1}$

**Pense bem antes de responder** A previsão é de que a reação global seja exotérmica em 53 kJ por mol de produto formado. Isso está de acordo com o valor calculado a partir dos valores de $\Delta_f H°$ (= −55,8 kJ (mol de reação)$^{-1}$ ).

### Verifique seu entendimento

Utilizando as entalpias de dissociação de ligação da Tabela 8.8, estime a entalpia de combustão do metano gasoso, $CH_4$, para produzir vapor de água e dióxido de carbono gasoso.

## 8.10 DNA, Revisitado

### Objetivo da Seção 8.10

● Entender melhor a estrutura do DNA.

Cada uma das cadeias da dupla hélice da molécula de DNA consiste na repetição de três componentes (Figura 8.14): um fosfato, uma molécula de desoxirribose (uma molécula de açúcar composta de um anel de cinco membros) e uma base contendo nitrogênio. (A base no DNA pode ser uma de quatro moléculas: adenina, guanina, citosina e timina; na Figura 8.14, a base é a adenina.) Duas unidades do esqueleto (sem a adenina no anel da desoxirribose) são também ilustradas na Figura 8.14a.

O ponto importante aqui é que a unidade que se repete no esqueleto do DNA consiste nos átomos O—P—O—C—C—C. Cada átomo possui uma geometria tetraédrica dos pares de elétrons. Consequentemente, a cadeia não pode ser linear. Na verdade, a cadeia se torce à medida que cada base se junta ao longo do esqueleto da molécula, e é isso que dá ao DNA sua forma helicoidal.

Por que há duas fitas no DNA com o esqueleto O—P—O—C—C—C na parte exterior da hélice e as bases nitrogenadas no interior? Essa estrutura deriva da polaridade das ligações nas moléculas das bases ligadas ao esqueleto. Por exemplo, as ligações N—H na molécula de adenina são muito polares, o que leva a um tipo especial de força intermolecular – a ligação de hidrogênio – ligando a adenina à timina nas cadeias vizinhas (Figura 8.14b). Veremos mais a respeito no Capítulo 11, quando exploraremos as forças intermoleculares, e ainda no Capítulo 24, "Bioquímica".

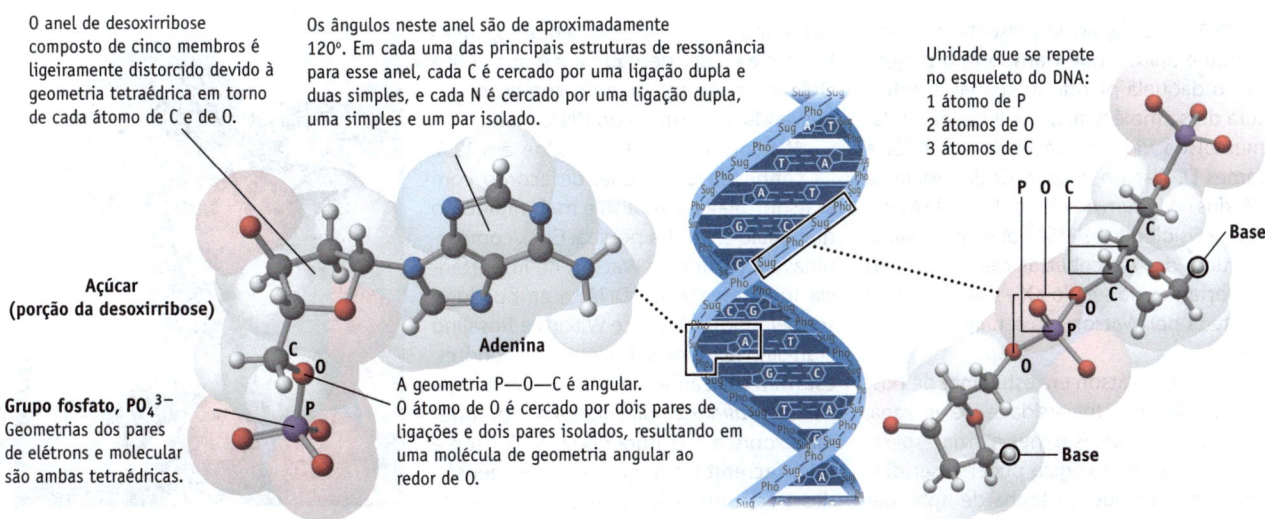

O anel de desoxirribose composto de cinco membros é ligeiramente distorcido devido à geometria tetraédrica em torno de cada átomo de C e de O.

Os ângulos neste anel são de aproximadamente 120°. Em cada uma das principais estruturas de ressonância para esse anel, cada C é cercado por uma ligação dupla e duas simples, e cada N é cercado por uma ligação dupla, uma simples e um par isolado.

Unidade que se repete no esqueleto do DNA:
1 átomo de P
2 átomos de O
3 átomos de C

Açúcar (porção da desoxirribose)

Adenina

Grupo fosfato, $PO_4^{3-}$ Geometrias dos pares de elétrons e molecular são ambas tetraédricas.

A geometria P—O—C é angular. O átomo de O é cercado por dois pares de ligações e dois pares isolados, resultando em uma molécula de geometria angular ao redor de O.

Base

Base

(**a**) Uma unidade que se repete consiste em uma porção de fosfato, uma porção de desoxirribose (um açúcar cuja molécula é constituída por um anel com cinco membros) e uma base nitrogenada (aqui, a adenina) ligada ao anel da desoxirribose.

(**b**) Duas das quatro bases do DNA, adenina e timina. As superfícies de potencial eletrostático ajudam a visualizar onde os átomos parcialmente carregados estão nessas moléculas e como podem interagir.

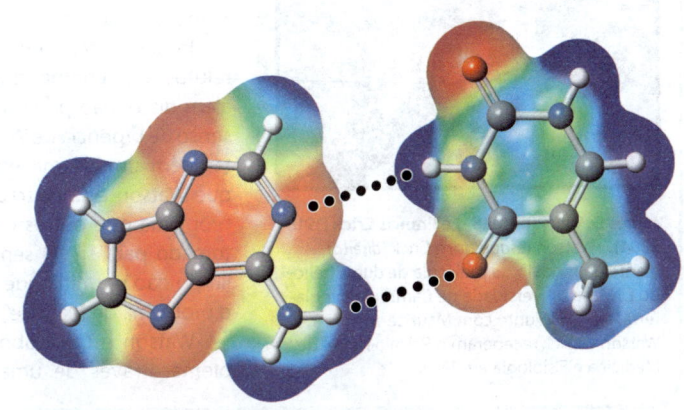

**FIGURA 8.14 Ligações na molécula do DNA.**

No DNA, este átomo de N está ligado a um açúcar.

**Adenina.** Os átomos de C e N dos anéis de cinco e seis membros possuem uma geometria trigonal plana dos pares de elétrons. O átomo de N indicado no anel de cinco membros está ligado a um açúcar no DNA.

Os anéis das bases nitrogenadas são planos, com geometria trigonal plana dos pares de elétrons ao redor de cada átomo nos anéis. Por exemplo, veja as geometrias dos pares de elétrons em uma das bases, a adenina. Há duas principais estruturas de ressonância nesse sistema de anéis. Nelas, cada átomo de carbono é rodeado por uma ligação dupla e duas ligações simples, levando a uma geometria trigonal plana dos pares de elétrons. Cada átomo de nitrogênio nos anéis, exceto o que está ligado ao açúcar, é rodeado por uma ligação dupla, uma ligação simples e um par isolado, do mesmo modo levando a uma geometria trigonal plana dos pares de elétrons em torno desses átomos. O nitrogênio ligado ao açúcar, no entanto, é diferente do que seria normalmente previsto. Ele é rodeado por três ligações simples e um par isolado. Esperaríamos, normalmente, que ele tivesse um arranjo tetraédrico (e uma geometria molecular de pirâmide de base triangular), mas não. Em vez disso, os grupos de ligação assumem uma geometria trigonal plana, e o par isolado está em um plano perpendicular às ligações. Após estudar o Capítulo 9, você entenderá como isso permite aos elétrons desse par isolado interagir com os elétrons nas ligações duplas dos anéis de forma mais favorável.

## UM OLHAR MAIS ATENTO

# DNA – Watson, Crick , Wilkins e Franklin

O DNA é a substância presente em cada planta e animal que transporta o projeto exato daquela planta ou animal. A estrutura dessa molécula, que é a pedra fundamental da vida, foi revelada em 1953, e James D. Watson, Francis Crick e Maurice Wilkins dividiram o Prêmio Nobel de Medicina e Fisiologia de 1962 por esse trabalho. Foi uma das descobertas científicas mais importantes do século XX e sua história foi contada por Watson em seu livro *A dupla hélice*.

Quando Watson era estudante de pós-graduação na Universidade de Indiana, interessava-se pelos genes e dizia esperar que seu papel biológico pudesse ser descoberto "sem que eu tenha de aprender nenhuma Química". No entanto, mais tarde, ele e Crick descobriram o quão útil a Química pode ser quando começaram a desvendar a estrutura do DNA.

Watson foi para Cambridge em 1951. Lá conheceu Crick, que, de acordo com Watson, falava mais alto e mais rápido do que qualquer outra pessoa. Crick compartilhava a crença de Watson na importância fundamental do DNA, e ambos logo souberam que Maurice Wilkins e Rosalind Franklin, no King's College de Londres, estavam utilizando uma técnica chamada *cristalografia de raios X* para aprender mais sobre a estrutura do DNA. Watson e Crick acreditavam que a compreensão dessa estrutura era crucial para o entendimento da genética. Porém, para resolver o problema estrutural, precisavam de dados experimentais como os que poderiam ser obtidos por meio dos experimentos que estavam sendo realizados no King's College.

Inicialmente, o grupo do King's College relutou em compartilhar seus dados e, além disso, não parecia concordar com o senso de urgência de Watson e Crick. Havia também um dilema ético: seria possível que Watson e Crick trabalhassem em um problema que outros cientistas já tinham tomado para si? "O senso inglês de jogo limpo não permitia que Francis abordasse o problema de Maurice", disse Watson.

Watson e Crick abordaram esse problema através de uma técnica química

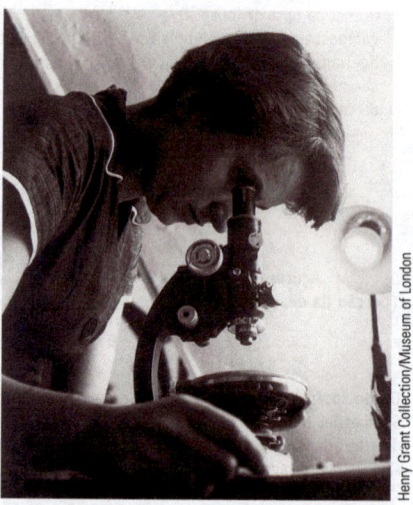

**Rosalind Franklin (1920-1958). King's College, Londres.** Morreu aos 37 anos de idade. Como o Prêmio Nobel não é dado postumamente, não compartilhou essa honra com Watson, Crick e Wilkins. Veja *Rosalind Franklin: The Dark Lady of DNA*, de Brenda Maddox.

agora utilizada com frequência – a construção por modelagem. Eles construíam modelos de peças da cadeia do DNA e tentavam várias formas quimicamente razoáveis de juntá-las. Finalmente, descobriram que um dos arranjos era "lindo demais para não ser verdade". Por fim, as evidências experimentais de Wilkins e Franklin confirmaram que a "linda estrutura" era a verdadeira forma do DNA.

**James D. Watson (1928 -) e Francis Crick (1918-2004).** Watson (*esquerda*) e Crick (*direita*) diante do modelo da molécula de dupla hélice do DNA na Universidade de Cambridge, Inglaterra, em 1953. Junto com Maurice Wilkins, Watson e Crick receberam o Prêmio Nobel de Medicina e Fisiologia em 1962.

## APLICANDO OS PRINCÍPIOS QUÍMICOS

# 8.1 Ibuprofeno, um Estudo de Caso em Química Verde

O ibuprofeno, $C_{13}H_{18}O_2$, é hoje uma das drogas mais vendidas sem prescrição médica do mundo. É um anti-inflamatório eficiente, sendo utilizado para tratar artrite e doenças semelhantes. Ao contrário da aspirina, ele não se decompõe em solução, de modo que o ibuprofeno pode ser aplicado na pele como um gel tópico, evitando assim problemas gastrointestinais, por vezes associado com a aspirina. Essa questão explora sua estrutura e síntese.

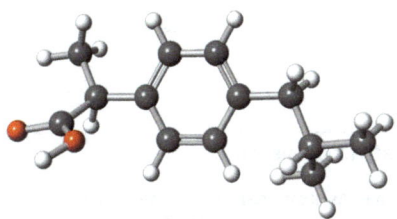

**FIGURA A**  Ibuprofeno, $C_{13}H_{18}O_2$

O ibuprofeno foi sintetizado pela primeira vez na década de 1960 pela Boots Company, na Inglaterra, e milhões de quilos são agora vendidos no mundo todo.

Infelizmente, o método de fabricação original do ibuprofeno necessitava de seis etapas, desperdiçava produtos químicos

e gerava subprodutos que precisavam ser descartados. Muitos dos átomos dos reagentes utilizados para fabricar a droga não terminavam nela mesma, ou seja, o método tinha uma economia atômica muito baixa (página 198). Reconhecendo essa característica, os químicos tentaram novas abordagens para a síntese do ibuprofeno. Um método que necessita de apenas três etapas foi logo desenvolvido, reduzindo significativamente os resíduos e ainda utilizando reagentes que podem ser recuperados e reutilizados. Uma fábrica no Texas fabrica mais de 3 milhões de quilogramas de ibuprofeno anualmente pelo novo método, o suficiente para produzir mais de 6 bilhões de comprimidos.

## Questões:

1. A terceira e última etapa na síntese envolve a transformação de um grupo OH com CO para formar um grupo carboxílico ($-CO_2H$) (Figura B). Utilizando dados das entalpias de ligação, esta é uma etapa endotérmica ou exotérmica?

2. Algum dos átomos em uma molécula de ibuprofeno tem uma carga formal diferente de zero?

**FIGURA B**  A etapa final na síntese do ibuprofeno.

3. Qual é a ligação mais polar na molécula?

4. A molécula é polar?

5. Qual é a ligação mais curta na molécula?

6. Qual ligação ou ligações possui(em) a maior ordem de ligação?

7. Existe algum ângulo de ligação de 120° no ibuprofeno? Algum ângulo de 180°?

8. Se você fosse titular 200 mg de ibuprofeno até o ponto de equivalência com NaOH 0,0259 mol $L^{-1}$, que volume de NaOH seria necessário?

---

## APLICANDO OS PRINCÍPIOS QUÍMICOS

# 8.2 Triângulos van Arkel e Ligações

Dois tipos de ligação, covalente e iônica, envolvem elétrons localizados. Em um extremo estão as ligações covalentes apolares, onde os elétrons estão igualmente compartilhados entre dois átomos. No outro extremo estão as ligações iônicas, onde não ocorre o compartilhamento de elétrons. Entretanto, existem muitas ligações que se encaixam entre esses dois extremos e as previsões da extensão da polaridade de uma ligação pode ser feita usando a eletronegatividade dos átomos individuais. E, finalmente, existe um terceiro tipo de ligação: a ligação metálica. Isso levanta a questão de se é possível desenvolver uma figura integrada dentro da qual os tipos de ligação, e suas variações, podem ser representados. A resposta é que é possível no mínimo para compostos binários.

Os primeiros esforços nesse sentido foram feitos por A. E. van Arkel em 1941 e modificados mais tarde por J. A. A. Ketelaar. Eles resumiram suas descobertas em diagramas como aquele mostrado na Figura. Chamados atualmente de triângulos van Arkel-Ketelaar, a versão mais recente desse diagrama retrata uma larga variedade de compostos constituídos de dois átomos diferentes dentro dos limites de um triângulo equilátero. Os vértices representam os três tipos de ligações: ligação metálica no vértice inferior esquerdo, ligação covalente no vértice inferior direito e ligação iônica no topo. O elemento menos eletronegativo (Cs), o elemento mais eletronegativo (F) e o composto iônico formado por eles estão localizados nos vértices do triângulo. Os outros compostos binários podem ser posicionados dentro do triângulo.

Têm sido desenvolvidas diferentes versões do triângulo de van Arkel, cada uma delas usando diferentes escalas nos eixos. A que escolhemos para a Figura usa valores de eletronegatividade. Aqui o eixo $x$ é definido como a média das eletronegatividades dos dois átomos; como tal, o eixo $x$ é a medida da localização dos elétrons da ligação. Os elétrons da ligação estão completamente deslocalizados no césio, enquanto os elétrons da ligação estão completamente localizados no flúor. O eixo $y$ é definido como a diferença nas eletronegatividades. Quanto maior o valor no eixo $y$, maior o caráter iônico do composto. Com esses parâmetros, a posição de cada composto binário pode ser atribuída, associando a ligação entre os elementos com o grau de caráter iônico, covalente ou metálico.

*continua*

## Questões:

1. Use os valores de eletronegatividade (Figura 8.11) para colocar os compostos GaAs, SBr₂, Mg₃N₂, BP, C₃N₄, CuZn e SrBr₂ no diagrama de van Arkel e use os resultados para responder às seguintes questões:

   a. Quais dos compostos são metálicos?

   b. Quais dos compostos são semicondutores? Algum(ns) do(s) elemento(s) nestes compostos é(são) metaloide(s)?

   c. Quais dos compostos são iônicos? Os compostos são constituídos de um metal e um não metal?

   d. Prevê-se que o nitreto de carbono ($C_3N_4$) seja mais duro que o diamante (o qual é conhecido atualmente como a substância mais dura), mas pouco já foi sintetizado para possibilitar uma comparação. Qual é o tipo de ligação previsto para o $C_3N_4$?

   e. Quais dos compostos são covalentes? Ambos os elementos nesses compostos são não metálicos?

2. Os altos pontos de ebulição são uma característica dos compostos iônicos. Por exemplo, o cloreto de magnésio entra em ebulição em 1412°C. O cloreto de berílio vaporiza em 520°C. O ponto de ebulição do $BeCl_2$ é bem abaixo do esperado para um composto iônico, mas mesmo assim alto para um composto covalente. Determine onde o $BeCl_2$ localiza-se no diagrama de van Arkel.

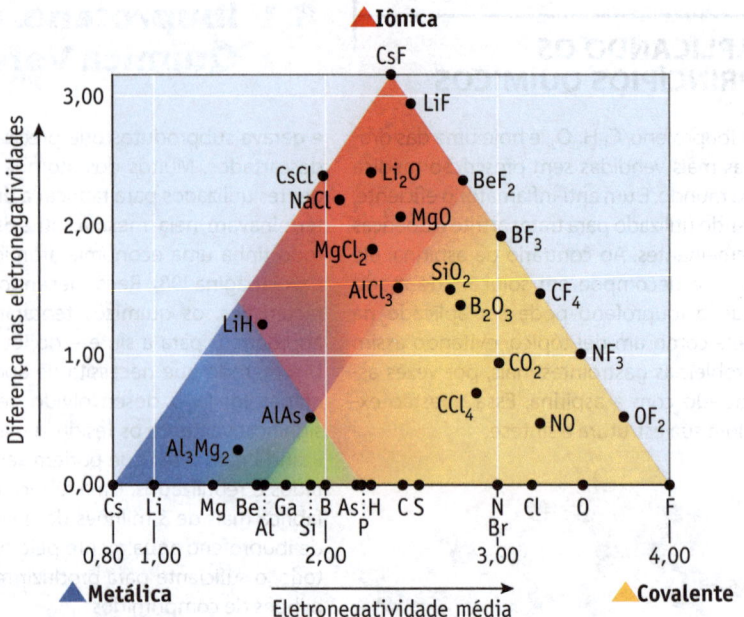

**FIGURA** Um diagrama de van Arkel-Ketelaar. As quatro regiões deste triângulo representam as localizações dos compostos metálicos (azul), semicondutores (verde), iônicos (vermelho) e covalente (laranja).

## Referência:

JENSEN, W. B. , *Journal of Chemical Education*, v. 72, p. 395-398, 1995.

---

## APLICANDO OS PRINCÍPIOS QUÍMICOS

## 8.3 Linus Pauling e a Origem do Conceito de Eletronegatividade

Linus Pauling percebeu que, ao comparar as entalpias de dissociação de ligação ($\Delta_{dissociação}H$) entre átomos idênticos, digamos, entre A—A ou B—B, com as entalpias de dissociação de ligação entre átomos diferentes, como A—B, a energia para o tipo de ligação A—B era sempre maior que a média das energias de A—A e B—B .

$\Delta_{dissociação}H(A—B) > 1/2$

$[\Delta_{dissociação}H(A—A) + \Delta_{dissociação}H(B—B)]$

Por que isso deve ser verdade e que conhecimento útil podemos extrair disso?

Quando uma ligação se forma entre dois átomos idênticos, os elétrons de ligação são igualmente compartilhados entre os dois átomos. Em uma ligação entre átomos diferentes, os átomos não compartilham os elétrons igualmente. Quando esse for o caso, um átomo atrai para si uma carga levemente negativa, e o outro fica com uma carga ligeiramente positiva. Uma atração eletrostática entre átomos com cargas opostas aumenta a força da ligação. Pauling afirmou que essa diferença de energia está relacionada às eletronegatividades dos átomos envolvidos e definiu eletronegatividade ($\chi$) como "a capacidade do átomo em uma molécula de atrair elétrons para si". Mais especificamente, ele disse que a diferença observada está matematicamente relacionada à diferença nas eletronegatividades por:

Linus Pauling (1901-1994)

$$\chi_A - \chi_B = 0,102\sqrt{\Delta_{dissociação}H(AB) - \frac{\Delta_{dissociação}H(AA) + \Delta_{dissociação}H(BB)}{2}}$$

*continua*

Utilizando as entalpias de dissociação de ligação, Pauling criou valores absolutos de eletronegatividades, atribuindo ao flúor um valor de 4,0. Por serem muito úteis, os valores de Pauling têm sido continuamente refinados desde a sua publicação em 1932, mas os valores das eletronegatividades calculados por ele são próximos daqueles computados hoje.

Uma grande variedade de métodos para quantificar valores de eletronegatividade tem sido desenvolvida desde o trabalho inicial de Pauling. Um método notável, desenvolvido por Robert Mulliken (1896-1986) em 1934, calcula valores de eletronegatividade para elementos individuais utilizando a energia de ionização (EI) e a entalpia de adição

eletrônica ($\Delta_{AE}H$). Assim, a eletronegatividade de um elemento pode ser calculada a partir da seguinte equação,

$$\chi_A = 1{,}97 \times 10^{-3} \, (EI - \Delta_{AE}H) + 0{,}19$$

em que a energia de ionização e $\Delta_{AE}H$ estão em unidades de kJ/mol.

## Questões:

1. Calcule a diferença de eletronegatividade entre o hidrogênio e o cloro ($\chi_{Cl} - \chi_H$) no cloreto de hidrogênio utilizando as entalpias médias de dissociação de ligação (Tabela 8.8). Compare seus resultados com aqueles calculados utilizando os valores de eletronegatividade da Figura 8.11.

2. Preveja a entalpia de dissociação de ligação para uma ligação entre nitrogênio e iodo no $NI_3$ usando os valores de entalpia de dissociação (Tabela 8.8) e os valores de eletronegatividade (Figura 8.11).

3. Calcule a eletronegatividade dos átomos de enxofre usando os valores de energia de ionização e de entalpia de adição eletrônica (Apêndice F). Compare o valor com o da Figura 8.11.

### Referências:
PAULING, L. *Journal of the American Chemical Society*, v. 54, p. 3570, 1932.
MULLIKEN, R. S. *Journal of Chemical Physics*, v. 2, p. 782, 1934.

# OBJETIVOS REVISITADOS

Os objetivos para este capítulo são marcados com as Questões para Estudo específicas para ajudá-lo a organizar sua revisão.

## 8.1 FORMAÇÃO DAS LIGAÇÕES QUÍMICAS E ESTRUTURAS ELETRÔNICAS DE PONTOS DE LEWIS

- Desenhar estruturas eletrônicas de pontos de Lewis para átomos e íons. **1.**

## 8.2 LIGAÇÕES COVALENTES E ESTRUTURAS DE LEWIS

- Aplicar a regra do octeto ao desenhar as estruturas eletrônicas de pontos de Lewis para moléculas e íons poliatômicos simples. **5-8, 59, 60.**

## 8.3 CARGAS FORMAIS DOS ÁTOMOS EM MOLÉCULAS E ÍONS

- Entender o significado de carga formal do átomo e calcular a carga formal em cada átomo em uma molécula ou íon poliatômico. **1, 13-16, 38.**

## 8.4 RESSONÂNCIA

- Desenhar estruturas de ressonância para moléculas e íons poliatômicos simples, entender o que significa ressonância e como e quando usá-la para representar ligações. **9, 10, 33, 37, 64, 66.**

## 8.5 EXCEÇÕES À REGRA DO OCTETO

- Identificar íons e moléculas poliatômicas que não obedecem à regra do octeto e desenhar estruturas eletrônicas de pontos de Lewis razoáveis para eles. **59, 60.**

## 8.6 FORMAS ESPACIAIS MOLECULARES

- Usar a repulsão do par de elétrons no nível de valência (RPENV) para prever a forma espacial de íons e moléculas poliatômicos e entender as estruturas de moléculas mais complexas. (A Tabela 8.9 é um resumo da relação entre os pares de elétrons de valência, geometrias do par de elétron e molecular e polaridade molecular.) **17-24.**

## Tabela 8.9    Resumos das Formas Moleculares e da Polaridade Molecular

| Pares de Elétrons de Valência | Arranjo | Número de Pares de Elétrons de Ligação | Número de Pares de Elétrons Isolados | Geometria Molecular | Dipolo Molecular?* | Exemplos |
|---|---|---|---|---|---|---|
| 2 | Linear | 2 | 0 | Linear | Não | $BeCl_2$ |
| 3 | Trigonal plano | 3 | 0 | Trigonal plana | Não | $BF_3$, $BCl_3$ |
|  |  | 2 | 1 | Angular | Sim | $SnCl_2(g)$ |
| 4 | Tetraédrico | 4 | 0 | Tetraédrica | Não | $CH_4$, $BF_4^-$ |
|  |  | 3 | 1 | Bipirâmide trigonal | Sim | $NH_3$, $PF_3$ |
|  |  | 2 | 2 | Angular | Sim | $H_2O$, $SCl_2$ |
| 5 | Bipirâmide trigonal | 5 | 0 | Bipirâmide trigonal | Não | $PF_5$ |
|  |  | 4 | 1 | Gangorra | Sim | $SF_4$ |
|  |  | 3 | 2 | Forma de T | Sim | $ClF_3$ |
|  |  | 2 | 3 | Linear | Não | $XeF_2$, $I_3^-$ |
| 6 | Octaédrico | 6 | 0 | Octaédrica | Não | $SF_6$, $PF_6^-$ |
|  |  | 5 | 1 | Pirâmide de base quadrada | Sim | $ClF_5$ |
|  |  |  |  |  | Não | $XeF_4$ |
|  |  | 4 | 2 | Quadrática plana |  |  |

*Para moléculas de $AX_n$, em que os átomos X são idênticos.

## 8.7   ELETRONEGATIVIDADE E POLARIDADE DA LIGAÇÃO

- Entender a eletronegatividade e usá-la para determinar a polaridade de ligações. **27, 29**.

- Usar a eletronegatividade e a carga formal para prever a distribuição de cargas nas moléculas e íons poliatômicos. **31-38, 79, 80**.

## 8.8   POLARIDADE MOLECULAR

- Prever a polaridade de moléculas e entender o motivo de algumas moléculas serem polares e outras apolares. **39-42, 82, 83b, 86**.

## 8.9   PROPRIEDADES DAS LIGAÇÕES: ORDEM, COMPRIMENTO E ENTALPIA DE DISSOCIAÇÃO

- Entender as propriedades das ligações covalentes (ordem de ligação, comprimento de ligação e entalpia de dissociação de ligação) e suas influências na estrutura e propriedades moleculares. **43-46, 49-52, 62, 73, 85**.

## 8.10   DNA, REVISITADO

- Entender melhor a estrutura do DNA. **92-94**.

# EQUAÇÕES-CHAVE

**Equação 8.1** Utilizada para calcular a carga formal sobre um átomo em uma molécula.

$$\text{Carga formal de um átomo em uma molécula ou íon} = EV - [EPI + \tfrac{1}{2}(EL)]$$

**Equação 8.2** Utilizada para calcular a ordem de ligação.

$$\text{Ordem de ligação} = \frac{\text{Número de pares compartilhados em todas as ligações X—Y}}{\text{Número de ligações X—Y na molécula ou íon}}$$

**Equação 8.3** Utilizada para estimar a variação de entalpia para uma reação usando entalpias de dissociação de ligação.

$$\Delta_r H = \Sigma \Delta H (\text{ligações rompidas}) - \Sigma \Delta H (\text{ligações formadas})$$

# QUESTÕES PARA ESTUDO

▲ denota questões desafiadoras.

**Questões numeradas em verde** têm as respostas no Apêndice N.

## Praticando Habilidades

### Elétrons do Nível de Valência e Regra do Octeto

(*Veja a Seção 8.1.*)

**1.** Dê o número do grupo periódico e o número de elétrons de valência para cada um dos seguintes átomos.
(a) O  (d) Mg
(b) B  (e) F
(c) Na  (f) S

**2.** Dê o número do grupo periódico e o número de elétrons de valência para cada um dos seguintes átomos.
(a) C  (d) Si
(b) Cl  (e) Se
(c) Ne  (f) Al

**3.** Para os elementos dos Grupos 14–17 da tabela periódica, dê o número de ligações que se espera que cada elemento forme, de modo a obedecer à regra do octeto.

**4.** Quais dos seguintes elementos são capazes de formar compostos hipervalentes?
(a) C  (d) F  (g) Se
(b) P  (e) Cl  (h) Sn
(c) O  (f) B

### Estruturas de Lewis

(*Veja as Seções 8.2, 8.4, e 8.5; e os Exemplos 8.1-8.4, 8.6 e 8.7.*)

**5.** Desenhe as estruturas de Lewis para cada uma das seguintes moléculas ou íons.
(a) $NF_3$  (c) HOBr
(b) $ClO_3^-$  (d) $SO_3^{2-}$

**6.** Desenhe as estruturas de Lewis para as seguintes moléculas ou íons:
(a) $CS_2$
(b) $BF_4^-$
(c) $HNO_2$ (em que o arranjo de átomos é HONO)
(d) $OSCl_2$ (em que S é o átomo central)

**7.** Desenhe a estrutura de Lewis para cada uma das moléculas a seguir:
(a) clorodifluorometano, $CHClF_2$
(b) ácido propanoico, $C_2H_5CO_2H$ (estrutura ilustrada abaixo)

(c) acetonitrila, $CH_3CN$ (o arranjo é $H_3C$—C—N)
(d) aleno, $H_2CCCH_2$

**8.** Desenhe a estrutura de Lewis para cada uma das moléculas a seguir:
(a) metanol, $CH_3OH$
(b) cloreto de vinila, $H_2C$=$CHCl$, a molécula a partir da qual é fabricado o plástico PVC
(c) acrilonitrila, $H_2C$=$HCN$, a molécula a partir da qual são fabricados materiais como o Orlon

**9.** Mostre todas as estruturas de ressonância possíveis para cada uma das moléculas a seguir:
(a) dióxido de enxofre, $SO_2$
(b) ácido nitroso, $HNO_2$
(c) ácido tiociânico, HSCN

**10.** Mostre todas as estruturas de ressonância possíveis para cada uma das moléculas a seguir:

(a) íon nitrato, $NO_3^-$

(b) ácido nítrico, $HNO_3$

(c) monóxido de dinitrogênio (óxido nitroso, gás hilariante), $N_2O$ (em que a ligação está na ordem N—N—O)

**11.** Desenhe as estruturas de Lewis para as seguintes moléculas ou íons:

(a) $BrF_3$      (c) $XeO_2F_2$

(b) $I_3^-$      (d) $XeF_3^+$

**12.** Desenhe as estruturas de Lewis para as seguintes moléculas ou íons:

(a) $BrF_5$      (c) $IBr_2^-$

(b) $IF_3$      (d) $BrF_2^+$

### Cargas Formais

*(Veja a Seção 8.3 e o Exemplo 8.5).*

**13.** Determine a carga formal de cada átomo nas seguintes moléculas ou íons:

(a) $N_2H_4$      (c) $BH_4^-$

(b) $PO_4^{3-}$      (d) $NH_2OH$

**14.** Determine a carga formal de cada átomo nas seguintes moléculas ou íons:

(a) SCO

(b) $HCO_2^-$ (íon formiato)

(c) $CO_3^{2-}$

(d) $HCO_2H$ (ácido fórmico)

**15.** Determine a carga formal de cada átomo nas seguintes moléculas e íons:

(a) $NO_2^+$      (c) $NF_3$

(b) $NO_2^-$      (d) $HNO_3$

**16.** Determine a carga formal de cada átomo em cada uma das seguintes moléculas ou íons:

(a) $SO_2$      (c) $O_2SCl_2$

(b) $OSCl_2$      (d) $FSO_3^-$

### Geometria Molecular

*(Veja a Seção 8.6 e os Exemplos 8.8-8.10.)*

**17.** Desenhe a estrutura de Lewis para cada uma das seguintes moléculas ou íons. Descreva o arranjo e a geometria molecular ao redor do átomo central.

(a) $NH_2Cl$

(b) $Cl_2O$ (O é o átomo central)

(c) $SCN^-$

(d) HOF

**18.** Desenhe a estrutura de Lewis para as seguintes moléculas ou íons. Descreva o arranjo e a geometria molecular ao redor de cada átomo central.

(a) $ClF_2^+$      (c) $PO_4^{3-}$

(b) $SnCl_3^-$      (d) $CS_2$

**19.** As seguintes moléculas ou íons possuem dois átomos de oxigênio ligados a um átomo central. Desenhe uma estrutura de Lewis para cada um e descreva o arranjo e a geometria molecular ao redor do átomo central. Comente as similaridades e as diferenças na série.

(a) $CO_2$      (c) $O_3$

(b) $NO_2^-$      (d) $ClO_2^-$

**20.** As seguintes moléculas ou íons possuem os três átomos de oxigênio ligados a um átomo central. Desenhe uma estrutura de Lewis para cada um e descreva o arranjo e a geometria molecular ao redor do átomo central. Comente as similaridades e as diferenças na série.

(a) $CO_3^{2-}$      (c) $SO_3^{2-}$

(b) $NO_3^-$      (d) $ClO_3^-$

**21.** Desenhe as estruturas de Lewis para as seguintes moléculas ou íons. Descreva o arranjo e a geometria molecular ao redor do átomo central.

(a) $ClF_2^-$      (c) $ClF_4^-$

(b) $ClF_3$      (d) $ClF_5$

**22.** Desenhe as estruturas de Lewis para cada uma das seguintes moléculas ou íons. Descreva o arranjo e a geometria molecular ao redor do átomo central.

(a) $SiF_6^{2-}$      (c) $SF_4$

(b) $PF_5$      (d) $XeF_4$

**23.** Dê os valores aproximados para os ângulos de ligação indicados.

(a) O—S—O no $SO_2$

(b) Ângulo F—B—F no $BF_3$

(c) Ângulo Cl—C—Cl no $Cl_2CO$

(d) H—C—H (ângulo 1) e C–C—N (ângulo 2) na acetonitrila

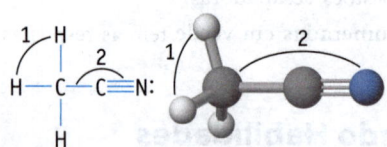

**Acetonitrila**

**24.** Dê os valores aproximados para os ângulos de ligação indicados.

(a) Cl—S—Cl no $SCl_2$

(b) N—N—O no $N_2O$

(c) Ângulos de ligação 1, 2 e 3 no álcool vinílico (um componente de polímeros e uma molécula encontrada no espaço)

**25.** A fenilalanina é um dos aminoácidos naturais e é um produto da "quebra" do aspartame, um adoçante artificial. Estime os valores dos ângulos indicados no aminoácido. Explique por que a cadeia —$CH_2$—$CH(NH_2)$—$CO_2H$ não é linear.

**26.** A acetilacetona possui a estrutura mostrada a seguir. Estime os valores dos ângulos indicados.

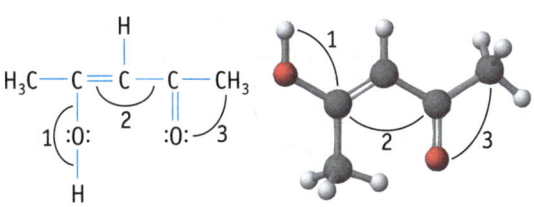

**Acetilacetona**

### Polaridade da Ligação, Eletronegatividade e Carga Formal

*(Veja a Seção 8.7 e os Exemplos 8.11 e 8.12.)*

**27.** Para cada par de ligações, indique a ligação mais polar e use uma seta para mostrar a direção da polaridade de cada ligação.
(a) C—O e C—N
(c) B—O e B—S
(b) P—Br e P—Cl
(d) B—F e B—I

**28.** Para cada uma das ligações abaixo, diga qual átomo é mais carregado negativamente.
(a) C—N
(c) C—Br
(b) C—H
(d) S—O

**29.** A acroleína, $C_3H_4O$, é a matéria-prima inicial para a fabricação de certos plásticos.

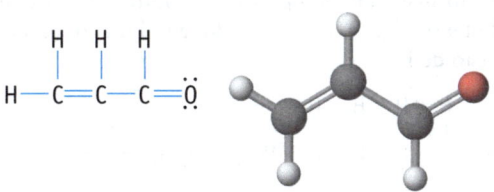

**Acroleína**

(a) Quais ligações na molécula são polares e quais são apolar?
(b) Qual é a ligação mais polar na molécula? Qual é o átomo mais negativo dessa ligação?

**30.** A ureia, $(NH_2)_2CO$, é utilizada em plásticos e em fertilizantes. É também a principal substância que contém nitrogênio, excretada pelos humanos.
(a) Quais ligações na molécula são polares e quais são apolar?
(b) Qual é a ligação mais polar na molécula? Qual é o átomo da extremidade negativa do dipolo da ligação?

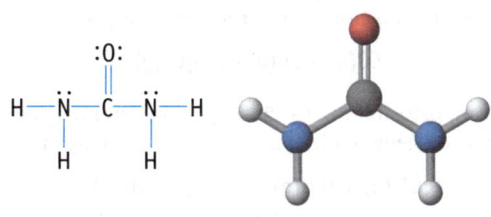

**Ureia**

**31.** Considerando tanto cargas formais como polaridades das ligações, preveja em que átomo ou átomos reside a carga negativa nos seguintes ânions:
(a) $OH^-$
(b) $BH_4^-$
(c) $CH_3CO_2^-$

**32.** Considerando tanto cargas formais como polaridades das ligações, preveja em que átomo ou átomos reside a carga negativa nos seguintes cátions:
(a) $H_3O^+$
(c) $NO_2^+$
(b) $NH_4^+$
(d) $NF_4^+$

**33.** Três estruturas de ressonância são possíveis para o monóxido de dinitrogênio, $N_2O$.
(a) Desenhe as estruturas de ressonância.
(b) Calcule as cargas formais em cada átomo nas estruturas de ressonância.
(c) Com base nas cargas formais e na eletronegatividade, preveja qual estrutura de ressonância é a mais razoável.

**34.** Três estruturas de ressonância são possíveis para o íon tiocianato, $SCN^-$.
(a) Desenhe as três estruturas de ressonância.
(b) Calcule a carga formal em cada átomo em cada estrutura de ressonância.
(c) Com base nas cargas formais e na eletronegatividade, preveja quais estruturas de ressonância mais se aproximam da ligação nesse íon.
(d) Quais são as semelhanças e as diferenças na ligação no $SCN^-$, quando comparada à ligação no $OCN^-$ (página 364)?

**35.** Compare a estrutura eletrônica de pontos do íon hidrogenocarbonato e do ácido nítrico.
(a) Essas espécies são isoeletrônicas?
(b) Quantas estruturas de ressonância cada espécie possui?
(c) Quais são as cargas formais de cada átomo dessas espécies?
(d) Compare as duas espécies com relação ao seu comportamento ácido-base. Pode alguma delas, ou ambas, comportar-se como uma base e formar uma ligação com o $H^+$?

**36.** Compare as estruturas eletrônicas de pontos dos íons carbonato ($CO_3^{2-}$) e borato ($BO_3^{3-}$).
(a) Esses íons são isoeletrônicos?
(b) Quantas estruturas de ressonância cada íon possui?
(c) Quais são as cargas formais de cada átomo nesses íons?
(d) Se um íon $H^+$ liga-se ao $CO_3^{2-}$ para formar o íon bicarbonato, $HCO_3^-$, ele se ligaria ao átomo de O ou de C?

**37.** A química do íon nitrito e do $HNO_2$:
(a) Duas estruturas de ressonância são possíveis para o $NO_2^-$. Desenhe essas estruturas e depois encontre a carga formal em cada átomo em cada estrutura de ressonância.
(b) Na formação do ácido $HNO_2$ um íon $H^+$ liga-se ao átomo de O e não ao átomo de N do $NO_2^-$. Explique como você preveria esse resultado.
(c) Duas estruturas de ressonância são possíveis para o $HNO_2$. Desenhe essas estruturas e depois encontre a carga formal em cada átomo em cada estrutura de ressonância. Alguma das muitas possibilidades é mais preferível que as outras?

**38.** Desenhe as estruturas de ressonância para o íon formiato, $HCO_2^-$, e encontre a carga formal em cada átomo. Se o íon $H^+$ está ligado ao $HCO_2^-$ (para formar o ácido fórmico), ele liga-se ao C ou ao O?

### Polaridade Molecular

*(Veja a Seção 8.8 e os Exemplos 8.13 e 8.14.)*

**39.** Considere as seguintes moléculas:
(a) $H_2O$
(c) $CO_2$
(e) $CCl_4$
(b) $NH_3$
(d) $ClF$

(i) Em que composto as ligações são mais polares?

(ii) Quais compostos da lista *não* são polares?

(iii) Qual átomo no ClF é mais carregado negativamente?

**40.** Considere as seguintes moléculas:

(a) $CH_4$      (c) $BF_3$

(b) $NH_2Cl$     (d) $CS_2$

(i) Em qual composto as ligações são mais polares?

(ii) Quais compostos *não* são polares?

(iii) Os átomos de H no $NH_2Cl$ são negativos ou positivos?

**41.** Qual(is) da(s) seguinte(s) molécula(s) é(são) polar(es)? Para cada molécula polar, indique o sentido da polaridade, isto é, qual é a extremidade positiva e qual é a extremidade negativa da molécula.

(a) $BeCl_2$     (c) $CH_3Cl$

(b) $HBF_2$     (d) $SO_3$

**42.** Qual(is) da(s) seguinte(s) molécula(s) é(são) apolar(es)? Para cada molécula polar, indique o sentido da polaridade, isto é, qual é a extremidade positiva e qual é a extremidade negativa da molécula.

(a) $CO$      (d) $PCl_3$

(b) $BCl_3$     (e) $GeH_4$

(c) $CF_4$

## Ordem da Ligação e Comprimento da Ligação

*(Veja a Seção 8.9.)*

**43.** Dê a ordem de ligação para cada ligação nas seguintes moléculas ou íons:

(a) $CH_2O$     (c) $NO_2^+$

(b) $SO_3^{2-}$     (d) $NOCl$

**44.** Dê a ordem de ligação para cada ligação nas seguintes moléculas ou íons:

(a) $CN^-$     (c) $SO_3$

(b) $CH_3CN$    (d) $CH_3CH{=}CH_2$

**45.** Em cada par de ligações, preveja qual é a mais curta.

(a) B—Cl ou Ga—Cl    (c) P—S ou P—O

(b) Sn—O ou C—O    (d) C≡O ou C≡N

**46.** Em cada par de ligações, preveja qual é a mais curta.

(a) Si—N ou Si—O

(b) Si—O ou C—O

(c) C—F ou C—Br

(d) A ligação C—N ou a ligação C≡N em $H_2NCH_2C{\equiv}N$

**47.** Considere os comprimentos das ligações nitrogênio–oxigênio no $NO_2^+$, $NO_2^-$ e $NO_3^-$. Em qual íon é prevista a ligação mais comprida? Em qual íon ela será mais curta? Explique sucintamente.

**48.** Compare os comprimentos das ligações carbono–oxigênio no íon formiato ($HCO_2^-$), no metanol ($CH_3OH$) e no íon carbonato ($CO_3^{2-}$). Em qual das espécies se prevê que a ligação carbono–oxigênio seja a mais longa? Em qual íon ela será mais curta? Explique sucintamente.

## Força de Ligação e Entalpia de Dissociação de Ligação

*(Veja a Seção 8.9, a Tabela 8.8 e o Exemplo 8.15.)*

**49.** Considere a ligação carbono–oxigênio no formaldeído ($CH_2O$) e no monóxido de carbono ($CO$). Em que molécula a ligação CO é mais curta? Em que molécula a ligação CO é mais forte?

**50.** Compare a ligação nitrogênio–nitrogênio na hidrazina, $H_2NNH_2$, com a do "gás hilariante", $N_2O$. Em que molécula a ligação nitrogênio–nitrogênio é mais curta? Em que molécula a ligação é mais forte?

**51.** O etanol pode ser produzido pela reação do etileno com a água:

$$H_2C{=}CH_2(g) + H_2O(g) \rightarrow CH_3CH_2OH(g)$$

Use as entalpias de dissociação de ligação para estimar a variação de entalpia dessa reação. Compare o valor obtido com o valor calculado a partir das entalpias padrão de formação.

**52.** O metanol pode ser produzido pela oxidação parcial do metano usando $O_2$ na presença de um catalisador:

$$2CH_4(g) + O_2(g) \rightarrow 2CH_3OH(\ell)$$

Use entalpias de dissociação de ligação para estimar a variação de entalpia para essa reação. Compare o valor obtido com o valor calculado usando as entalpias padrão de formação.

**53.** As reações de hidrogenação, que envolvem a adição de $H_2$ à molécula, são amplamente utilizadas na indústria para transformar um composto em outro. Por exemplo, o 1-buteno ($C_4H_8$) é convertido em butano ($C_4H_{10}$) pela adição de $H_2$.

Use as entalpias de dissociação de ligação da Tabela 8.8 para estimar a variação de entalpia para essa reação de hidrogenação.

**54.** O fosgênio, $Cl_2CO$, é um gás altamente tóxico que foi utilizado como arma na Primeira Guerra Mundial. Utilizando as entalpias de dissociação de ligação da Tabela 8.8, estime a variação de entalpia para a reação do monóxido de carbono com o cloro para produzir o fosgênio.

$$CO(g) + Cl_2(g) \rightarrow Cl_2CO(g)$$

**55.** O composto difluoreto de oxigênio é muito reativo, formando oxigênio e HF quando tratado com água:

$$OF_2(g) + H_2O(g) \rightarrow O_2(g) + 2HF(g)$$

$$\Delta_r H° = -318 \text{ kJ (mol de reação)}^{-1}$$

Utilizando as entalpias de dissociação de ligação, calcule a entalpia de dissociação de ligação O—F no $OF_2$.

**56.** Átomos de oxigênio podem combinar com o ozônio para formar oxigênio:

$$O_3(g) + O(g) \rightarrow 2O_2(g)$$

$$\Delta_r H° = -392 \text{ kJ (mol de reação)}^{-1}$$

Utilizando $\Delta_r H°$ e os dados de entalpia de dissociação de ligação da Tabela 8.8, estime a entalpia de dissociação de ligação oxigênio–oxigênio no ozônio, $O_3$. Como a sua estimativa se compara às energias de uma ligação simples O—O e uma ligação dupla O=O? A entalpia de dissociação de ligação oxigênio–oxigênio no ozônio tem correlação com sua ordem de ligação?

## Questões Gerais

*Estas questões não estão definidas quanto ao tipo ou à localização no capítulo. Elas podem combinar vários conceitos.*

**57.** Especifique o número de elétrons de valência para o Li, Ti, Zn, Si e Cl.

**58.** Nos compostos de boro, o átomo B, com frequência, não é circundado por quatro pares de elétrons de valência. Ilustre com o $BCl_3$. Mostre como a molécula pode alcançar uma configuração de octeto ao formar uma ligação covalente coordenada com a amônia ($NH_3$).

**59.** Qual das seguintes espécies ou íons *não* apresenta um octeto de elétrons rodeando o átomo central: $BF_4^-$, $SiF_4$, $SeF_4$, $BrF_4^-$, $XeF_4$?

**60.** Em quais das seguintes espécies o átomo central obedece à regra do octeto? $NO_2$, $SF_4$, $NH_3$, $SO_3$, $ClO_2$ e $ClO_2^-$? Algumas dessas espécies são moléculas ou íons com número ímpar de elétrons?

**61.** Desenhe as estruturas de ressonância para o íon formiato, $HCO_2^-$, e determine a ordem da ligação C—O no íon.

**62.** Considere uma série de moléculas nas quais o carbono está ligado por uma ligação covalente simples a átomos de elementos do segundo período: C—O, C—F, C—N, C—C e C—B. Coloque essas ligações em ordem crescente de comprimento da ligação.

**63.** Para estimar a variação de entalpia para a reação

$$O_2(g) + 2H_2(g) \rightarrow 2H_2O(g)$$

de quais entalpias de dissociação de ligação você necessita? Esquematize o cálculo, tendo o cuidado de mostrar os sinais algébricos corretos.

**64.** Qual é o princípio da eletroneutralidade? Use essa regra para excluir uma possível estrutura de ressonância do $CO_2$.

**65.** Desenhe as estruturas de Lewis (e estruturas de ressonância quando apropriado) para as seguintes moléculas e íons. Que semelhanças e diferenças há nesta série?
(a) $CO_2$    (b) $N_3^-$    (c) $OCN^-$

**66.** Desenhe as estruturas de ressonância para a molécula de $SO_2$ e determine a carga formal nos átomos de S e O. As ligações S—O são polares, e a molécula como um todo é polar? Se sim, qual a direção do dipolo resultante no $SO_2$? A sua previsão foi confirmada pela superfície de potencial eletrostático? Explique sucintamente.

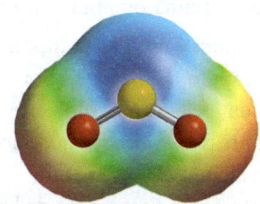

**Superfície de potencial eletrostático para o dióxido de enxofre**

**67.** Quais são as ordens das ligações N—O no $NO_2^-$ e no $NO_2^+$? O comprimento da ligação nitrogênio–oxigênio em um desses íons é de 110 pm e de 124 pm no outro. Qual comprimento de ligação corresponde a qual íon? Explique sucintamente.

**68.** Qual possui o maior ângulo da ligação O—N—O, $NO_2^-$ ou $NO_2^+$? Explique sucintamente.

**69.** Compare os ângulos F—Cl—F em $ClF_2^+$ e $ClF_2^-$. Usando as estruturas de Lewis, determine o ângulo de ligação aproximado em cada íon. Qual íon tem o maior ângulo de ligação?

**70.** Desenhe a estrutura eletrônica de pontos para o íon cianeto, $CN^-$. Em soluções aquosas, este íon interage com $H^+$ para formar o ácido. A fórmula deveria ser escrita como HCN ou CNH?

**71.** Desenhe a estrutura eletrônica de pontos para o íon sulfito, $SO_3^{2-}$. Em solução aquosa, esse íon interage com o $H^+$. Preveja se um íon $H^+$ se ligará ao átomo de S ou ao átomo de O no $SO_3^{2-}$.

**72.** O monóxido de dinitrogênio, $N_2O$, pode decompor-se nos gases nitrogênio e oxigênio:

$$2N_2O(g) \rightarrow 2N_2(g) + O_2(g)$$

Use entalpias de dissociação de ligação para estimar a variação de entalpia para essa reação.

**73.** ▲ A equação para a combustão do metanol gasoso é

$$2CH_3OH(g) + 3O_2(g) \rightarrow 2CO_2(g) + 4H_2O(g)$$

(a) Usando as entalpias de dissociação de ligação da Tabela 8.8, faça uma estimativa da variação de entalpia para essa reação. Qual é a entalpia de combustão de um mol de metanol gasoso?

(b) Compare sua resposta na parte (a) com o valor de $\Delta_r H°$ calculado usando os dados das entalpias de formação.

**74.** ▲ A acrilonitrila, $C_3H_3N$, é o bloco de construção da fibra sintética Orlon.

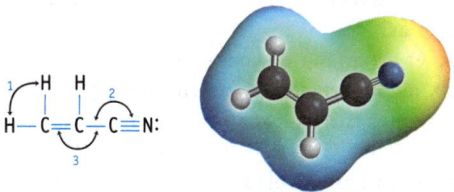

**Superfície de potencial eletrostático para a acrilonitrila**

(a) Dê os valores aproximados dos ângulos 1, 2 e 3.
(b) Qual é a ligação carbono–carbono mais curta?
(c) Qual é a ligação carbono–carbono mais forte?
(d) Com base na superfície de potencial eletrostático, onde as cargas positivas e negativas estão localizadas na molécula?
(e) Qual é a ligação mais polar?
(f) A molécula é polar?

**75.** ▲ O íon cianato, $OCN^-$, possui o átomo menos eletronegativo, C, no centro. O íon fulminato muito instável, $CNO^-$, tem a mesma fórmula molecular, mas o átomo de N está no centro.
(a) Desenhe três estruturas de ressonância possíveis para o $CNO^-$.

(b) Com base nas cargas formais, decida qual estrutura de ressonância tem a distribuição de cargas mais razoável.

(c) O fulminato de mercúrio é tão instável que é usado em cápsulas detonadoras para dinamite. Você pode oferecer uma explicação para essa instabilidade? *Sugestão*: as cargas formais em alguma das estruturas de ressonância são razoáveis em termos das eletrone-gatividades relativas dos átomos?

**76.** A vanilina é o agente aromatizante do extrato de baunilha e do sorvete de baunilha. Sua estrutura é aqui mostrada:

(a) Dê os valores para os três ângulos de ligação indicados.

(b) Indique a ligação carbono-oxigênio mais curta da molécula.

(c) Indique a ligação mais polar na molécula.

**77.** ▲ Explique por que
(a) O $XeF_2$ tem uma estrutura molecular linear e não angular.
(b) O $ClF_3$ tem uma estrutura em T e não trigonal plana.

**78.** A fórmula do cloreto de nitrila é $ClNO_2$ (na qual o N é o átomo central).
(a) Desenhe a estrutura de Lewis para a molécula, incluindo todas as estruturas de ressonância.
(b) Qual é a ordem da ligação N—O?
(c) Descreva as geometrias dos pares de elétrons e molecular e dê valores para todos os ângulos da ligação.
(d) Qual é a ligação mais polar na molécula? A molécula é polar?
(e) ▲ O programa de computador utilizado para calcular as superfícies de potencial eletrostático deu as seguintes cargas nos átomos da molécula: A = –0,03, B = –0,26 e C = +0,56. Identifique os átomos A, B e C. Essas cargas calculadas estão de acordo com as suas previsões?

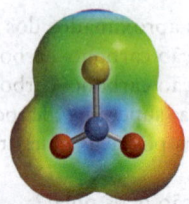

**Superfície de potencial eletrostático para o $ClNO_2$**

**79.** A hidroxiprolina é um aminoácido pouco comum.
(a) Dê os valores aproximados para os ângulos de ligação indicados.
(b) Quais são as ligações mais polares na molécula?

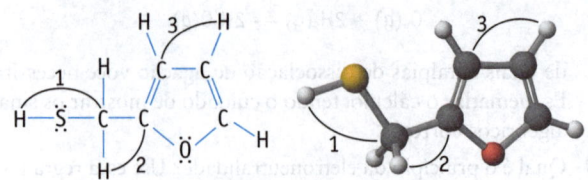

**80.** As amidas são uma importante família de moléculas orgânicas. Elas são geralmente desenhadas como a seguir, mas outras estruturas de ressonância são possíveis.

(a) Desenhe uma segunda estrutura de ressonância da estrutura acima. Você acha que essa seria uma contribuição significativa para a ligação? Explique sua resposta.
(b) O ângulo H—N—H está próximo de 120° nessa molécula. Esse fato influencia suas ideias a respeito da importância dessa estrutura?

**81.** Utilize as entalpias de dissociação de ligação na Tabela 8.8 para estimar a mudança de entalpia na decomposição da ureia (consulte a Questão para Estudo 30) para formar hidrazina $H_2N—NH_2$ e monóxido de carbono. Considere que todos os compostos estejam na fase gasosa.

**82.** A molécula mostrada aqui, 2-furilmetanotiol, é a responsável pelo aroma do café:

**2-furilmetanotiol**

(a) Quais são as cargas formais nos átomos de S e de O?
(b) Dê os valores aproximados dos ângulos 1, 2 e 3.
(c) Quais são as ligações carbono-carbono mais curtas na molécula?
(d) Qual ligação da molécula é a mais polar?
(e) A molécula é polar ou apolar?
(f) Os quatro átomos de C do anel estão todos no mesmo plano. O átomo de O está no mesmo plano (tornando o anel de cinco membros planar) ou o átomo de O está em um ângulo acima ou abaixo do plano?

**83.** ▲ A diidroxiacetona é um dos componentes das loções de bronzeamento rápido. Ela reage com os aminoácidos no nível superior da pele e os colore de marrom em uma reação semelhante à que ocorre quando os alimentos tornam-se escuros devido ao cozimento.
(a) Use as entalpias de dissociação de ligação para estimar a variação de entalpia na seguinte reação. A reação é exotérmica ou endotérmica?

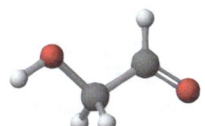

Acetona → Diidroxiacetona

(b) A diidroxiacetona e a acetona são moléculas polares?
(c) Um próton (H⁺) pode ser removido de uma molécula de diidroxiacetona com bases fortes (que é o que acontece em parte na reação do bronzeamento). Quais átomos de H são os mais positivos na diidroxiacetona?

**84.** É possível desenhar três estruturas de ressonância para o $HNO_3$, uma das quais contribui muito menos para o híbrido de ressonância que as outras duas. Esboce as três estruturas de ressonância e designe uma carga formal para cada átomo. Qual de suas estruturas é a menos importante?

**85.** ▲ A acroleína é usada para fabricar plásticos. Suponha que esse composto possa ser preparado pela introdução de uma molécula de monóxido de carbono na ligação C—H do etileno.

Etileno → Acroleína

(a) Qual é a ligação carbono–carbono mais forte na acroleína?
(b) Qual é a ligação carbono–carbono mais comprida na acroleína?
(c) O etileno ou a acroleína é polar?
(d) Utilize as entalpias de dissociação de ligação para prever se a reação do CO com $C_2H_4$ para produzir acroleína é endotérmica ou exotérmica.

**86.** Moléculas no espaço
(a) Além de moléculas como o CO, HCl, $H_2O$ e $NH_3$, o glicolaldeído foi detectado no espaço. Essa molécula é polar?

$HOCH_2CHO$, glicolaldeído

(b) Onde ficam as cargas positivas e negativas na molécula?
(c) Uma das moléculas encontradas em 1995 no cometa Hale-Bopp era o $HC_3N$. Sugira uma estrutura para essa molécula.

**87.** O 1,2-dicloroetileno pode ser sintetizado através da adição de $Cl_2$ à ligação tripla do acetileno.

Usando as entalpias de dissociação de ligação, estime a variação de entalpia para essa reação na fase gasosa.

**88.** A molécula mostrada é a epinefrina, um composto usado como broncodilatador e como agente antiglaucoma.

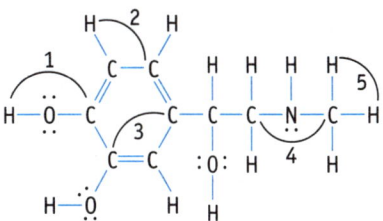

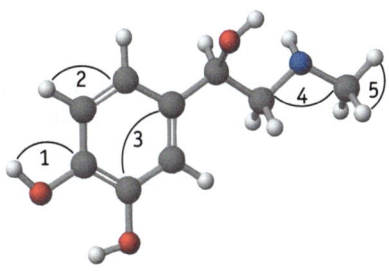

**Epinefrina**

(a) Dê o valor dos ângulos de ligação indicados na figura.
(b) Quais são as ligações mais polares da molécula?

## No Laboratório

**89.** Você está fazendo uma experiência no laboratório e quer preparar uma solução com um solvente polar. Que solvente você escolheria, metanol ($CH_3OH$) ou tolueno ($C_6H_5CH_3$)? Explique sua escolha.

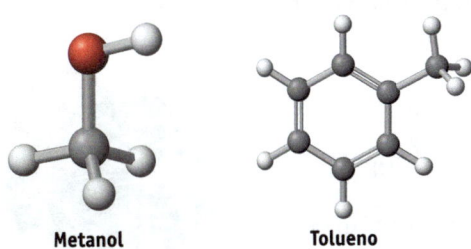

**Metanol**          **Tolueno**

**90.** A metilacetamida, $CH_3CONHCH_3$, é uma molécula pequena com uma ligação amida (CO—NH), o grupo que liga um aminoácido a outro nas proteínas.
(a) Essa molécula é polar?
(b) Onde você esperaria que as cargas negativas e positivas ficassem nessa molécula? A superfície de potencial eletrostático confirma sua previsão?

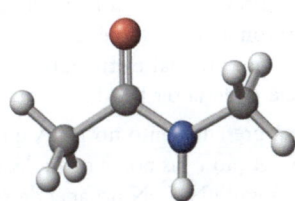

**Exemplo com modelo de bolas e varetas**

**Superfície de potencial eletrostático**

**91.** ▲ Um artigo publicado no periódico de pesquisas científicas *Science* em 2007 (VALLINA, S.; SIMO, R. *Science*, v. 315, p. 506, 26 jan. 2007) relatou o estudo do dimetilsulfeto (DMS), um importante gás estufa liberado por fitoplânctons marinhos. Esse gás "representa a maior fonte natural de enxofre atmosférico e um importante precursor das partículas higroscópicas que agem na formação de nuvens e pairam no ar sobre os oceanos mais remotos, reduzindo, assim, a quantidade de radiação solar que atravessa a atmosfera e que é absorvida pelo oceano".

(a) Faça um esboço da estrutura de Lewis do dimetilsulfeto, $CH_3SCH_3$, e relacione os ângulos das ligações da molécula.

(b) Use as eletronegatividades para decidir onde ficam as cargas positivas e negativas na molécula. Essa molécula é polar?

(c) A concentração média de DMS na água do mar (na região entre os 15° de latitude norte e 15° de latitude sul) é de 2,7 nM (nanomolar). Quantas moléculas de DMS estão presentes em 1,0 $m^3$ de água do mar?

**92.** A uracila é uma das bases do DNA.

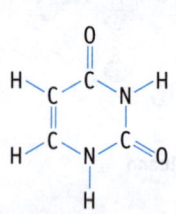

**Uracila, $C_4H_4N_2O_2$**

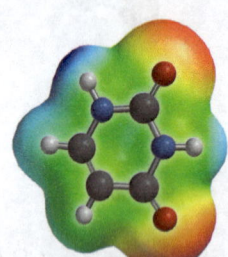

**Superfície de potencial eletrostático para a uracila**

(a) Quais são os valores dos ângulos O—C—N e C—N—H?

(b) Há duas ligações carbono–carbono na molécula. Qual delas você prevê que seja a mais curta?

(c) Se um próton atacar a molécula, decida, com base na superfície de potencial eletrostático, a que átomo ou átomos ele poderia ser ligado.

**93.** A guanina está presente tanto no DNA quanto no RNA.

(a) Qual é a ligação mais polar na molécula?

(b) Qual é o ângulo N–C=N no anel de seis membros?

(c) Qual é o ângulo N–C=N no anel de cinco membros?

(d) Qual é o ângulo de ligação em torno, do átomo de N do grupo $NH_2$?

**Guanina**

**94.** A espinha dorsal do DNA e do RNA consiste de grupos desoxirribose e fosfato alternados (Figura 8.14).

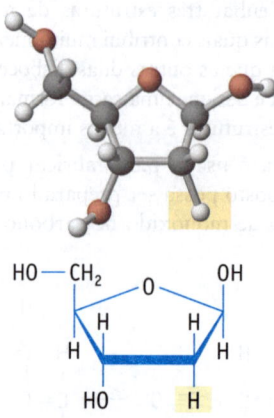

**2-Desoxirribose**

(a) Classifique os tipos de ligações (tais como C—C, C—O) na 2-desoxirribose em termos de ordem crescente de polaridade.

(b) Quais são os ângulos de ligação C—O—C, O—C—C e C—C—C no anel $C_4O$?

## Resumo e Questões Conceituais

*As seguintes questões podem usar os conceitos deste capítulo e dos capítulos anteriores.*

**95.** O fósforo branco existe como moléculas de $P_4$ com os átomos de fósforo nos vértices de um tetraedro.

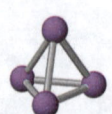

**Fósforo branco, $P_4$**

(a) O fósforo elementar reage com $Cl_2$ para formar $PCl_3$. Escreva uma equação química balanceada para essa reação.

(b) A entalpia padrão de formação ($\Delta_f H°$) do $P_4(g)$ é +58,9 kJ/mol; para $PCl_3(g)$ é −287,0 kJ/mol. Use esses números para calcular a variação de entalpia para a reação do $P_4(g)$ e do $Cl_2(g)$ para produzir $PCl_3(g)$.

(c) Baseado na equação em (a), determine quais ligações são rompidas e quais são formadas. Então utilize essa informação, junto com o valor de $\Delta_r H°$ calculado em (b) e a entalpia de dissociação de ligação para o P—P e Cl—Cl a partir da Tabela 8.8, para estimar a entalpia de dissociação de ligação para as ligações P—Cl. Como a sua estimativa é comparável ao valor da Tabela 8.8?

**96.** A resposta na Questão para Estudo 93 não coincide exatamente com o valor para a entalpia de dissociação da ligação P—Cl da Tabela 8.8. O motivo é que os números na tabela são médias obtidas de dados de diferentes compostos. Os valores calculados a partir de diferentes compostos variam, às vezes amplamente. Para ilustrar isso, vamos fazer outro cálculo. Em seguida, veja a seguinte reação.

$$PCl_3(g) + Cl_2(g) \rightarrow PCl_5(g)$$

A entalpia de formação do $PCl_5(g)$ é $-374,9$ kJ/mol. Use esse dado e $\Delta_r H°$ do $PCl_3(g)$ para determinar a variação de entalpia para essa reação. Então use aquele valor de $\Delta_r H°$, junto com a entalpia de dissociação de ligação do $Cl_2$, para calcular a variação de entalpia para a formação da ligação P—Cl nessa reação.

**97.** Espécies contendo bromo desempenham um papel especial na química ambiental. Por exemplo, elas estão envolvidas em erupções vulcânicas.

(a) As seguintes moléculas são importantes na química ambiental do bromo: HBr, BrO e HOBr. Qual delas é uma molécula com um número ímpar de elétrons?

(b) Use as entalpias de dissociação de ligação para estimar $\Delta_r H$ para três reações do bromo:

$$Br_2(g) \rightarrow 2Br(g)$$
$$2Br(g) + O_2(g) \rightarrow 2BrO(g)$$
$$BrO(g) + H_2O(g) \rightarrow HOBr(g) + OH(g)$$

(c) Usando as entalpias de dissociação de ligação, faça uma estimativa da entalpia padrão de formação do HOBr(g) a partir de $H_2(g)$, $O_2(g)$ e $Br_2(g)$.

(d) As reações das partes (b) e (c) são exotérmicas ou endotérmicas?

**98.** A acrilamida, $H_2C=CHCONH_2$, é uma neurotoxina conhecida e possivelmente carcinogênica. O que foi um choque para todos os consumidores de batata frita, quando há alguns anos foi descoberta a sua presença nesse produto.

(a) Faça um esboço da estrutura molecular da acrilamida e identifique todos os ângulos das ligações.

(b) Indique qual das duas ligações carbono–carbono é a mais forte.

(c) A molécula é polar ou apolar?

(d) A quantidade de acrilamida encontrada nas batatas fritas foi de 1,7 mg/kg. Se uma porção de batatas fritas tem 28 g, quantos mol de acrilamida você está consumindo?

# 9 Estrutura Molecular e Ligações: Hibridização de Orbitais e Orbitais Moleculares

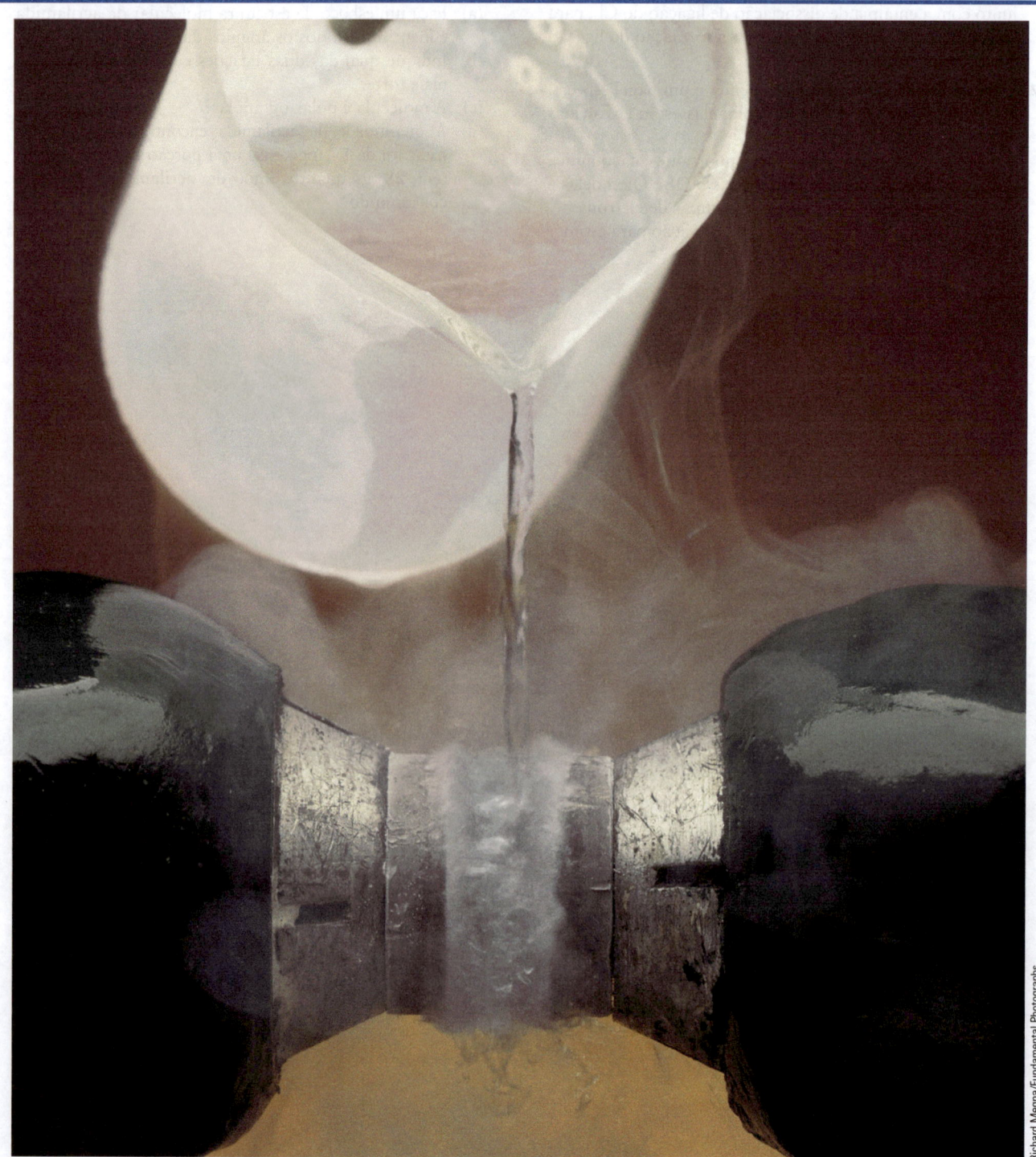

# Sumário do capítulo

## 9.1 Teoria de Ligação de Valência

**Objetivos da Seção 9.1**

- Entender, através da superposição de orbitais, como surgem as ligações sigma ($\sigma$) e pi ($\pi$).

- Identificar os orbitais híbridos usados para corresponder com o arranjo em torno do átomo central.

No Capítulo 6, a estrutura eletrônica de um átomo é descrita por um modelo de orbitais. Portanto, parece razoável que um modelo de orbitais semelhante possa ser adotado para descrever elétrons nas moléculas, e existem duas teorias de ligação amplamente utilizadas: **teoria de ligação de valência (TLV)** e **teoria do orbital molecular (TOM)**. A primeira foi, em grande parte, desenvolvida por Linus Pauling e a última por outro cientista estadunidense, Robert S. Mulliken (1896-1986). A abordagem da ligação de valência, descrita nesta seção, está intimamente ligada às ideias de Lewis de que há pares de elétrons entre os átomos ligados e pares solitários de elétrons localizados em um átomo específico. Em contraste, a abordagem de Mulliken, descrita na Seção 9.2, foi derivada de orbitais moleculares que "se espalham", ou se deslocalizam, sobre a molécula. Os orbitais dos átomos são combinados para formar um novo conjunto de orbitais, orbitais moleculares, e os elétrons de valência ocupam esses orbitais da mesma maneira que os elétrons preenchem os orbitais atômicos.

**Ligações são uma "ficção da nossa própria imaginação"** C. A. Coulson, um proeminente químico teórico da Universidade de Oxford, Inglaterra, disse que "às vezes parece que uma ligação entre dois átomos torna-se tão real, tão tangível, tão favorável, que quase posso vê-la. E então eu entro em choque, pois uma ligação química não é uma coisa real. Ela não existe. Ninguém jamais a viu. Nem jamais verá. É uma ficção da minha própria imaginação" (*Chemical and Engineering News*, p. 37, 29 jan. 2007). No entanto, as ligações são uma ficção muito útil, e este capítulo apresenta algumas dessas ideias.

## O Modelo de Ligação da Superposição dos Orbitais

O que acontece se dois átomos a uma distância infinita forem aproximados para formar uma ligação? Completamente separados, os dois átomos não interagem. Se os átomos se aproximam, o elétron em um átomo é atraído pela carga positiva do núcleo do outro átomo. Como ilustrado na Figura 9.1,

◀ O oxigênio líquido é atraído por um magneto. Isto ocorre porque o oxigênio é paramagnético, uma propriedade que pode ser melhor harmonizada usando a teoria do orbital molecular, um dos tópicos deste capítulo.

**FIGURA 9.1 A energia potencial varia durante a formação da ligação H—H entre os átomos de hidrogênio isolados.** A cor vermelha nas representações dos orbitais reflete o aumento na densidade eletrônica entre os átomos de H conforme a distância diminui.

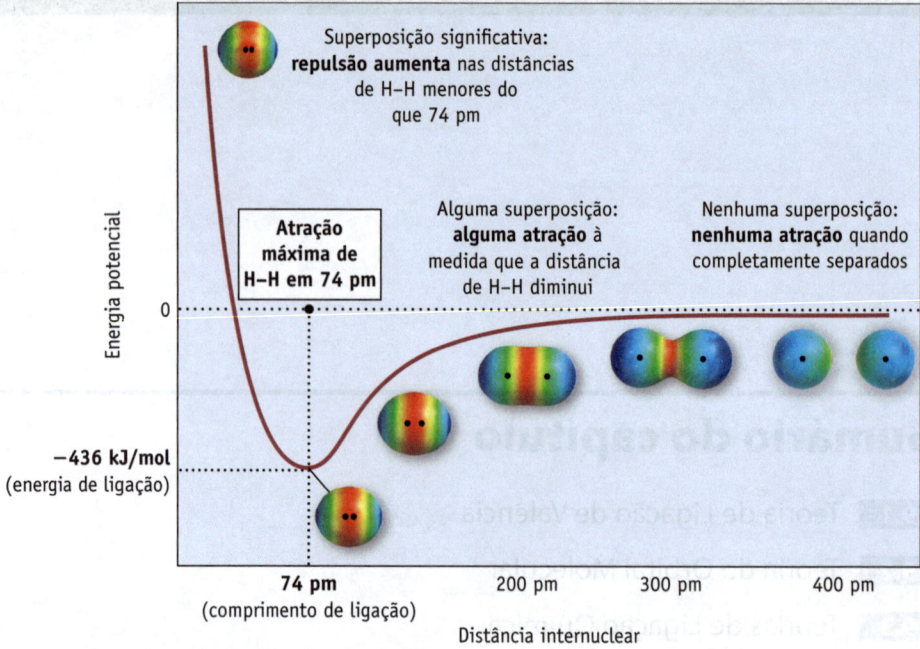

Superposição significativa: **repulsão aumenta** nas distâncias de H–H menores do que 74 pm

Alguma superposição: **alguma atração** à medida que a distância de H–H diminui

Nenhuma superposição: **nenhuma atração** quando completamente separados

Energia potencial

0

Atração máxima de H–H em 74 pm

−436 kJ/mol (energia de ligação)

**74 pm** (comprimento de ligação)

200 pm   300 pm   400 pm

Distância internuclear

isso distorce as nuvens de elétrons dos dois átomos, projetando os elétrons em direção à região do espaço entre os átomos, onde acontece a superposição dos dois orbitais. Devido às forças de atração entre núcleos e elétrons, a energia potencial do sistema diminui. Cálculos preveem que, a uma distância de 74 pm entre os átomos de H, a energia potencial atinge um mínimo. Diminuir ainda mais a distância entre os átomos de H, entretanto, resulta em um rápido aumento da energia potencial devido às repulsões entre os núcleos dos dois átomos e entre os elétrons dos átomos.

Um sistema é mais estável quando a energia potencial é mínima. Para a molécula $H_2$, prevê-se que isso ocorra quando os dois átomos de hidrogênio são separados por 74 pm, o que significa que 74 pm corresponde à distância de ligação experimentalmente comprovada para a molécula de $H_2$.

Na molécula de $H_2$, os dois elétrons, um de cada átomo e com *spins* opostos, são emparelhados para formar a ligação. Há uma estabilização líquida, representando a extensão em que as energias dos dois elétrons diminuem com relação a seu valor nos átomos livres. A estabilização líquida calculada corresponde à energia de ligação determinada experimentalmente, e esse acordo entre teoria e experimento, tanto na distância da ligação quanto na energia, evidencia que a referida abordagem teórica possui mérito.

*A ideia de que as ligações são formadas pela superposição dos orbitais atômicos é a base para a teoria de ligação de valência.* Geralmente, a superposição é ilustrada como nas Figuras 9.1 e 9.2, em que as nuvens de elétrons nos dois átomos são vistas interpenetradas ou superpostas. Essa superposição dos orbitais aumenta a probabilidade de encontrar os elétrons de ligação no espaço entre os dois núcleos.

A ligação covalente em $H_2$ que se origina da superposição dos dois orbitais *s*, um de cada um dos dois átomos de H, é chamada **ligação sigma** ($\sigma$) (Figura 9.2a). *A ligação sigma é uma ligação na qual a densidade eletrônica é maior ao longo do eixo da ligação.*

Em resumo, os pontos principais da teoria de ligação de valência são os seguintes:

- Os orbitais superpõem-se para formar uma ligação entre dois átomos.

- Dois elétrons, *de spins opostos*, podem ser acomodados nos orbitais superpostos. Em geral, um elétron é fornecido por cada um dos átomos ligados.

- Os elétrons da ligação têm maior probabilidade de serem encontrados em uma região do espaço influenciada por ambos os núcleos. Ambos os elétrons de ligação são atraídos simultaneamente para ambos os núcleos.

Como isso se aplica aos elementos além do hidrogênio? Na estrutura de Lewis do HF, por exemplo, um par de elétrons de ligação é colocado entre H e F, e três pares de elétrons isolados são representados como localizados no

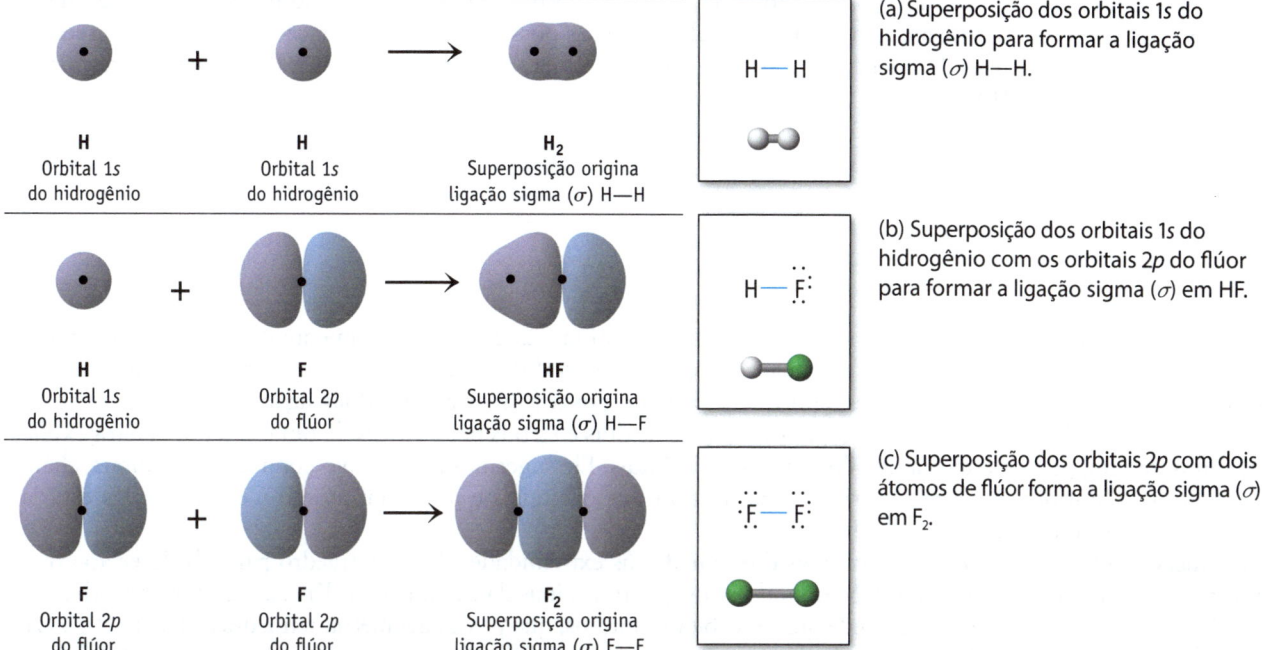

(a) Superposição dos orbitais 1s do hidrogênio para formar a ligação sigma ($\sigma$) H—H.

H
Orbital 1s
do hidrogênio

H
Orbital 1s
do hidrogênio

$H_2$
Superposição origina
ligação sigma ($\sigma$) H—H

(b) Superposição dos orbitais 1s do hidrogênio com os orbitais 2p do flúor para formar a ligação sigma ($\sigma$) em HF.

H
Orbital 1s
do hidrogênio

F
Orbital 2p
do flúor

HF
Superposição origina
ligação sigma ($\sigma$) H—F

(c) Superposição dos orbitais 2p com dois átomos de flúor forma a ligação sigma ($\sigma$) em $F_2$.

F
Orbital 2p
do flúor

F
Orbital 2p
do flúor

$F_2$
Superposição origina
ligação sigma ($\sigma$) F—F

**FIGURA 9.2 Formação da ligação covalente (sigma) em $H_2$, HF e $F_2$.**

átomo de F (Figura 9.2b). Para utilizar uma abordagem fundamentada nos orbitais, observe os elétrons e os orbitais na camada de valência de cada átomo que podem se superpor. O átomo de hidrogênio usará seu orbital 1s na formação da ligação. A configuração eletrônica do flúor é $1s^2 2s^2 2p^5$, e o elétron desemparelhado desse átomo é atribuído a um dos orbitais 2p. Uma ligação sigma resulta da superposição dos orbitais 1s do hidrogênio e 2p do flúor. Existe uma distância determinada (92 pm) na qual a energia é mínima, e isso corresponde à distância de ligação no HF. A estabilização líquida atingida nesse processo é a energia da ligação H—F.

Os elétrons de valência restantes no átomo de flúor no HF (um par de elétrons no orbital 2s e dois pares de elétrons nos outros dois orbitais 2p) não se envolvem na ligação. Eles são elétrons não ligantes, pares de elétrons isolados associados a esse elemento na estrutura de Lewis.

Esse modelo pode ser expandido para uma descrição da ligação no $F_2$. Os orbitais 2p nos dois átomos superpõem-se, e o elétron isolado de cada átomo é emparelhado na ligação $\sigma$ resultante (Figura 9.2c). Os elétrons 2s e 2p não envolvidos na ligação são os pares isolados de cada átomo.

## Hibridização Usando Orbitais Atômicos *s* e *p*

A representação simples, que usa a superposição dos orbitais para descrever a ligação em $H_2$, HF e $F_2$, funciona bem, mas encontramos dificuldades quando consideramos as moléculas com mais de dois átomos. Por exemplo, uma estrutura de Lewis do metano, $CH_4$, mostra quatro ligações covalentes C—H. O modelo RPENV prevê, e experiências confirmam, que a geometria fornecida pelos pares de elétrons do átomo de C no $CH_4$ é tetraédrica, com um ângulo de 109,5° entre os pares ligados. Os átomos de hidrogênio são idênticos nessa estrutura, o que significa que quatro pares equivalentes de elétrons de ligação estão posicionados em torno do átomo de C. Uma representação dos orbitais da ligação deve racionalizar tanto a geometria das ligações quanto o fato de que as ligações C—H são iguais.

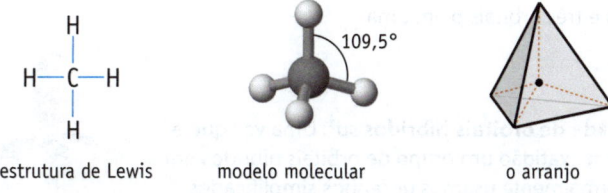

estrutura de Lewis          modelo molecular          o arranjo

Se aplicarmos o modelo de superposição dos orbitais utilizado para $H_2$ e $F_2$, sem modificações, para descrever a ligação no $CH_4$, surge um problema. Embora o orbital esférico $2s$ possa formar uma ligação em qualquer direção, os três orbitais $p$ para os elétrons de valência do carbono ($2p_x, 2p_y, 2p_z$) estão em ângulos retos (90°) e não correspondem ao ângulo tetraédrico de 109,5°.

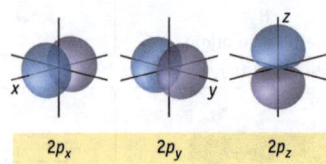

Além disso, um átomo de carbono em seu estado fundamental ($1s^2 2s^2 2p^2$) possui somente dois elétrons desemparelhados (nos orbitais $2p$). Uma vez que a ligação envolve um orbital do carbono com um elétron e um orbital $1s$ do hidrogênio com um elétron, podemos esperar que o carbono possa formar apenas duas ligações.

O carbono no $CH_4$ claramente forma quatro ligações de dois elétrons nos vértices de um tetraedro e, para explicar isso, Linus Pauling propôs a teoria de **hibridização de orbitais**. Ele sugeriu que um novo conjunto de orbitais, chamados de orbitais híbridos, poderia ser criado pela mistura dos orbitais $s$ e $p$ em um átomo e esses orbitais estariam dirigidos para os vértices de um tetraedro.

No metano, são necessários quatro orbitais direcionados às extremidades de um tetraedro para obedecer ao arranjo em torno do átomo de carbono central. Mesclando-se os quatro orbitais da camada de valência, o $2s$ e os três orbitais $2p$ do carbono, é criado um novo conjunto de quatro orbitais híbridos, que possui geometria tetraédrica (Figura 9.3). Cada um dos quatro orbitais híbridos é chamado de $sp^3$ para indicar a combinação dos orbitais atômicos (um orbital $s$ e três orbitais $p$) que foram utilizados. Os quatro orbitais $sp^3$ têm uma forma idêntica, e o ângulo entre eles é de 109,5° – o ângulo de um tetraedro. Um elétron pode ser atribuído a cada orbital híbrido. Então, cada ligação C—H é formada pela superposição de um dos orbitais híbridos $sp^3$ do carbono com o orbital $1s$ de um átomo de hidrogênio; um elétron do átomo de C é emparelhado com um elétron de um átomo de H.

O metano é um exemplo comum de uma molécula com hibridização $sp^3$, mas a amônia e a água também têm arranjo tetraédrico e são exemplos de moléculas para as quais a teoria de ligação de valência atribui uma hibridização $sp^3$ ao átomo central (Figuras 9.3 e 9.4).

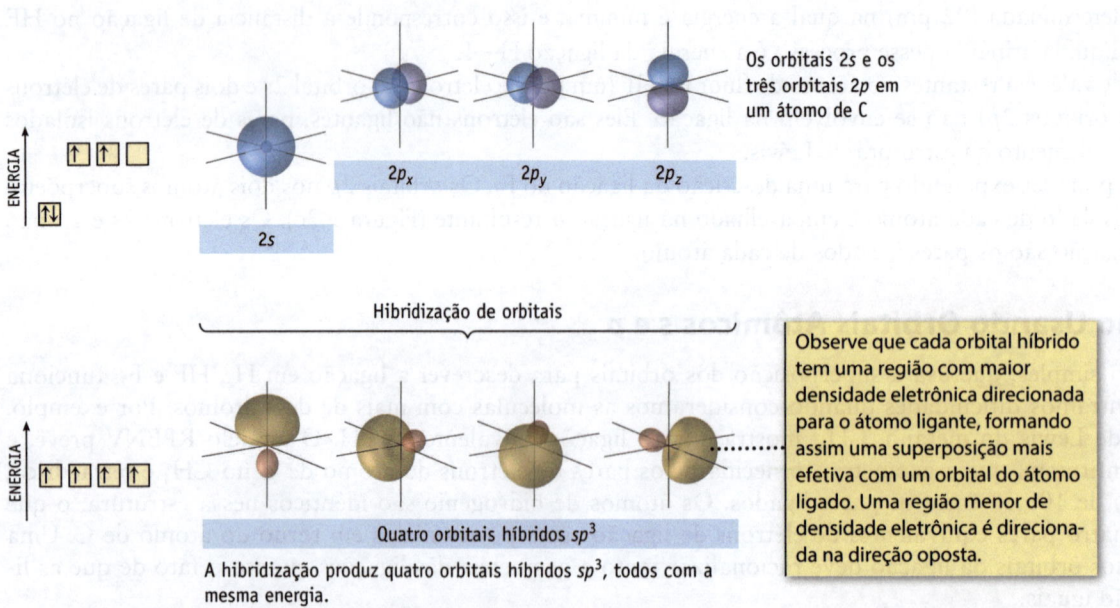

Os orbitais $2s$ e os três orbitais $2p$ em um átomo de C

Hibridização de orbitais

Quatro orbitais híbridos $sp^3$

A hibridização produz quatro orbitais híbridos $sp^3$, todos com a mesma energia.

Observe que cada orbital híbrido tem uma região com maior densidade eletrônica direcionada para o átomo ligante, formando assim uma superposição mais efetiva com um orbital do átomo ligado. Uma região menor de densidade eletrônica é direcionada na direção oposta.

**FIGURA 9.3** **(a) Orbitais híbridos $sp^3$ para o metano.** A formação de orbitais híbridos $sp^3$ a partir de um orbital $s$ e três orbitais $p$ em uma molécula com arranjo tetraédrico.

**(b) Versão simplificada de orbitais híbridos $sp^3$.** Uma vez que é difícil representar com exatidão um grupo de orbitais híbridos em um único átomo, normalmente usamos desenhos simplificados como estes mostrados aqui e em outras figuras.

4 orbitais híbridos $sp^3$ em um único átomo central

| Estrutura de Lewis | Geometria devida à repulsão dos pares de elétrons | Modelo molecular | Superfície de potencial eletrostática |
|---|---|---|---|

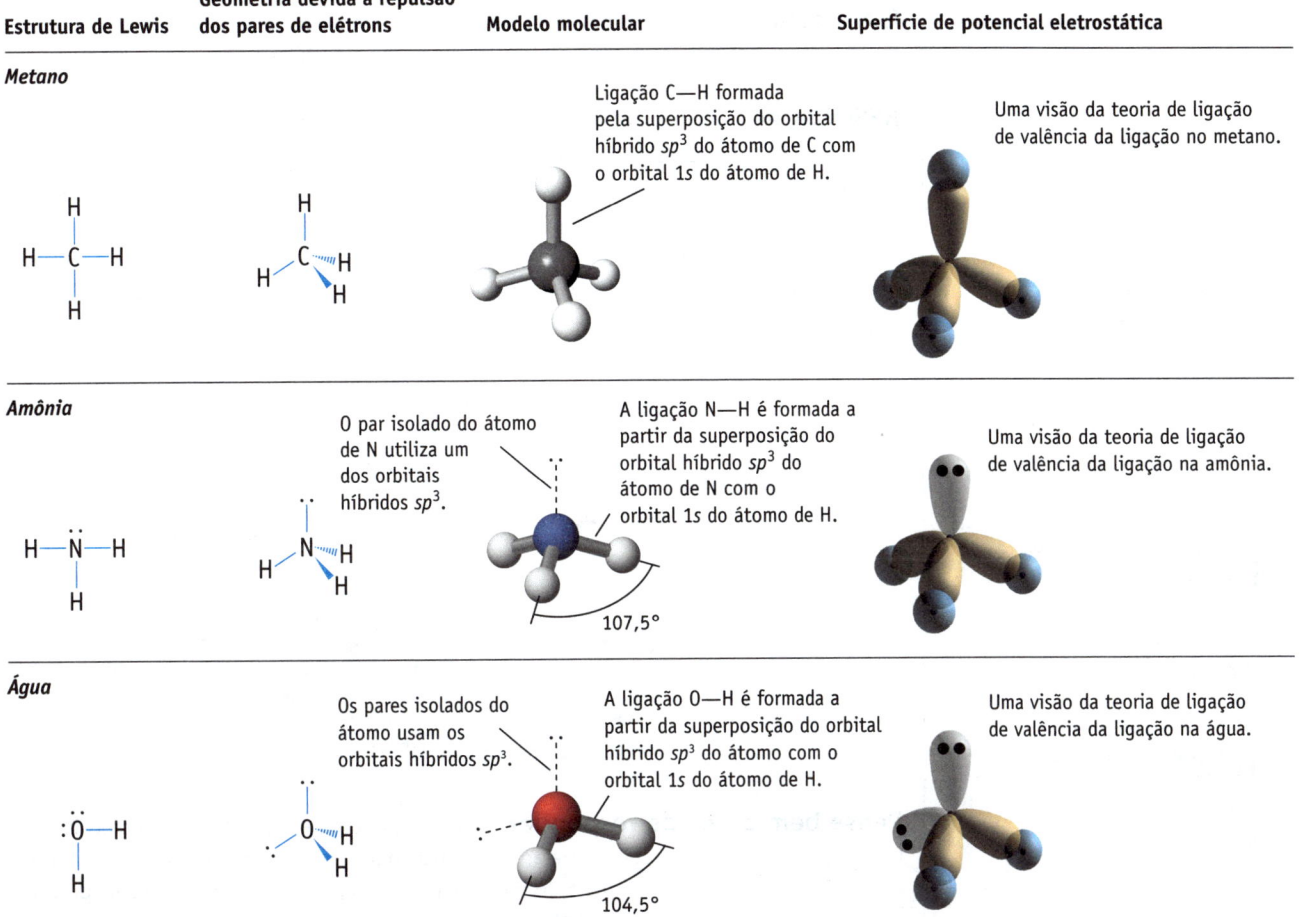

**Metano**

Ligação C—H formada pela superposição do orbital híbrido $sp^3$ do átomo de C com o orbital 1s do átomo de H.

Uma visão da teoria de ligação de valência da ligação no metano.

**Amônia**

O par isolado do átomo de N utiliza um dos orbitais híbridos $sp^3$.

A ligação N—H é formada a partir da superposição do orbital híbrido $sp^3$ do átomo de N com o orbital 1s do átomo de H.

Uma visão da teoria de ligação de valência da ligação na amônia.

107,5°

**Água**

Os pares isolados do átomo usam os orbitais híbridos $sp^3$.

A ligação O—H é formada a partir da superposição do orbital híbrido $sp^3$ do átomo com o orbital 1s do átomo de H.

Uma visão da teoria de ligação de valência da ligação na água.

104,5°

**FIGURA 9.4  Ligações em moléculas com arranjo tetraédrico.**

A estrutura de Lewis para a amônia mostra quatro pares de elétrons na camada de valência do nitrogênio: três pares ligantes e um par isolado. O modelo RPENV prevê uma geometria tetraédrica dos pares de elétrons e uma geometria molecular de pirâmide trigonal. A estrutura real é próxima da prevista: os ângulos de ligação H—N—H são de 107,5° nessa molécula.

Com base no arranjo da $NH_3$, prevemos a hibridização $sp^3$ para acomodar os quatro pares de elétrons no átomo de N. O par isolado é atribuído a um dos orbitais híbridos, e cada um dos outros três orbitais híbridos é ocupado por um único elétron. A superposição de cada um desses três orbitais híbridos, $sp^3$ com um orbital 1s de um átomo de hidrogênio, e o emparelhamento dos elétrons nesses orbitais geram as ligações N—H.

O átomo de oxigênio na água possui dois pares de elétrons na ligação e dois pares isolados em sua camada de valência, e o ângulo H—O—H é de 104,5°. Os quatro orbitais híbridos $sp^3$ são criados a partir dos orbitais atômicos 2s e 2p do oxigênio. Dois desses orbitais $sp^3$ são ocupados por elétrons desemparelhados e são utilizados para formar a ligação O—H. Pares isolados ocupam os outros dois orbitais híbridos.

No Exemplo 9.1 vamos examinar o uso de orbitais híbridos em moléculas mais complexas.

## EXEMPLO 9.1

### Descrição da Ligação de Valência para Ligação no Metanol

**Problema**  Descreva a ligação na molécula de metanol, $CH_3OH$, utilizando a teoria de ligação de valência.

**O que você sabe?**  A fórmula, $CH_3OH$, ajuda a definir como os átomos estão vinculados. Três átomos de hidrogênio são ligados ao carbono. A quarta ligação do carbono é ao oxigênio, e o oxigênio é unido ao hidrogênio restante.

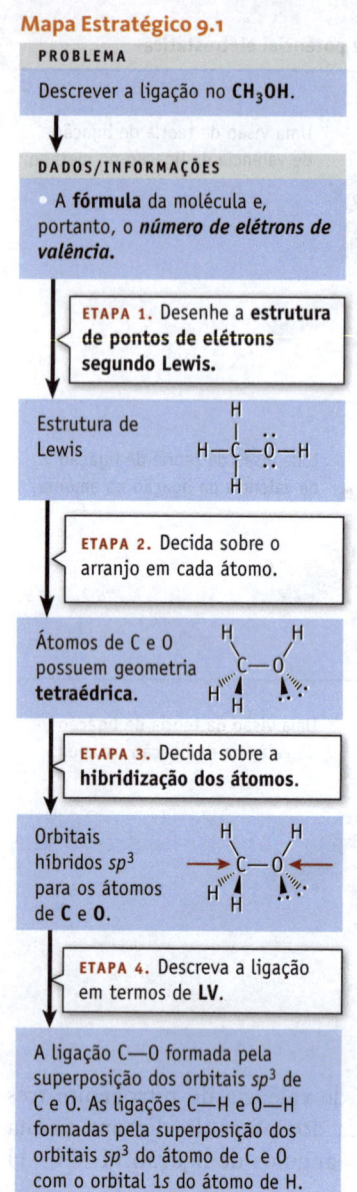

**PROBLEMA**

Descrever a ligação no **CH₃OH**.

**DADOS/INFORMAÇÕES**

• A **fórmula** da molécula e, portanto, o *número de elétrons de valência*.

**ETAPA 1.** Desenhe a **estrutura de pontos de elétrons segundo Lewis.**

Estrutura de Lewis

**ETAPA 2.** Decida sobre o arranjo em cada átomo.

Átomos de C e O possuem geometria **tetraédrica.**

**ETAPA 3.** Decida sobre a **hibridização dos átomos.**

Orbitais híbridos *sp³* para os átomos de **C e O.**

**ETAPA 4.** Descreva a ligação em termos de **LV.**

A ligação C—O formada pela superposição dos orbitais *sp³* de C e O. As ligações C—H e O—H formadas pela superposição dos orbitais *sp³* do átomo de C e O com o orbital 1*s* do átomo de H.

**Estratégia**  Primeiro, construa a estrutura de Lewis para a molécula. O arranjo em torno de cada átomo determina o conjunto dos orbitais híbridos utilizado por esse átomo.

**RESOLUÇÃO**  O arranjo ao redor tanto do átomo de C como do átomo de O no CH₃OH é tetraédrica. Assim, podemos atribuir a hibridização *sp³* a cada átomo, e a ligação C—O será formada pela superposição dos orbitais *sp³* desses átomos. Cada ligação C—H será formada pela superposição de um orbital *sp³* do carbono com o orbital 1*s* do hidrogênio, e a ligação O—H será formada pela superposição de um orbital *sp³* do oxigênio com o orbital 1*s* do hidrogênio. Dois pares isolados no oxigênio ocupam os orbitais *sp³* restantes no oxigênio.

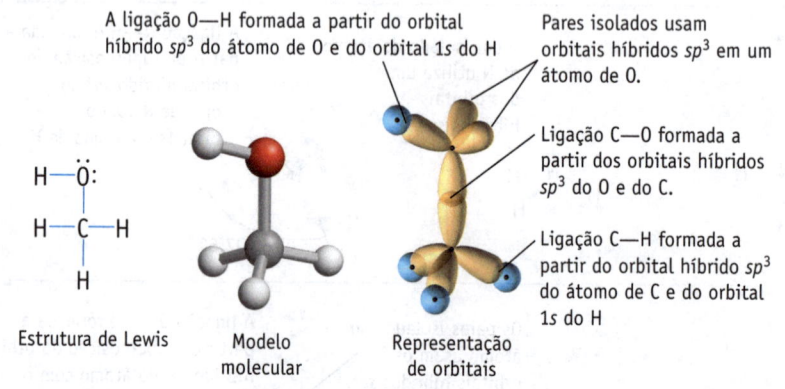

A ligação O—H formada a partir do orbital híbrido *sp³* do átomo de O e do orbital 1*s* do H

Pares isolados usam orbitais híbridos *sp³* em um átomo de O.

Ligação C—O formada a partir dos orbitais híbridos *sp³* do O e do C.

Ligação C—H formada a partir do orbital híbrido *sp³* do átomo de C e do orbital 1*s* do H

Estrutura de Lewis        Modelo molecular        Representação de orbitais

**Pense bem antes de responder**  Observe que uma extremidade da molécula de CH₃OH (o CH₃ ou grupo metila) é exatamente igual ao grupo CH₃ na molécula de metano, e o grupo OH assemelha-se ao grupo OH da água. Esse exemplo mostra também como prever a estrutura e a ligação em uma molécula complexa observando cada átomo ou grupo de átomos.

## Verifique seu entendimento

Use a teoria de ligação de valência para descrever a ligação na metilamina, CH₃NH₂.

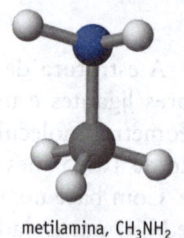

metilamina, CH₃NH₂

# Orbitais Híbridos para Moléculas e Íons com Arranjos Linear e Trigonal Plana devidas

Os átomos centrais em espécies como BF₃, O₃, NO₃⁻ e CO₃²⁻ possuem um arranjo trigonal plano, o que requer um átomo central com três orbitais híbridos em um plano, separados por 120°. A ocorrência de três orbitais híbridos significa que três orbitais atômicos devem ser combinados. Supondo que os orbitais *s*, *pₓ* e *pᵧ* sejam utilizados na formação do orbital híbrido, os três orbitais híbridos *sp²* se encontrarão no plano *xy*. O orbital *pᵤ*, não usado para formar esses orbitais híbridos, é perpendicular ao plano que contém os três orbitais *sp²*.

O trifluoreto de boro apresenta a geometria molecular com os pares de elétrons posicionados de forma trigonal plana (Figura 9.5). Cada ligação boro–flúor nesse composto resulta da superposição de um orbital *sp²* do boro com um orbital *p* do flúor. Observe que o orbital *p* do boro, que não é usado para formar os orbitais híbridos *sp²*, não está ocupado pelos elétrons.

Para as moléculas cujo átomo central possui um arranjo linear, são necessários dois orbitais híbridos, separados por 180°. Um orbital *s* e um orbital *p* podem ser hibridizados para formar dois orbitais híbridos *sp* (Figura 9.6). Se

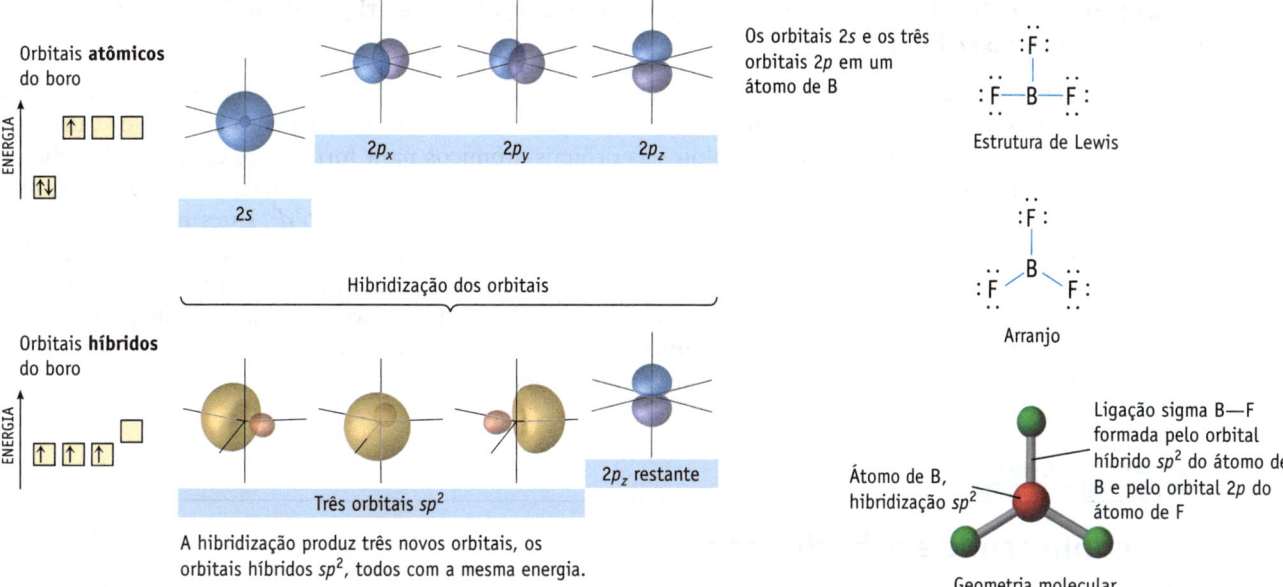

**FIGURA 9.5** Ligações do BF₃, uma molécula trigonal plana.

o orbital $p_z$ for usado na formação do orbital híbrido, então os orbitais $sp$ serão orientados ao longo do eixo $z$. Os orbitais $p_x$ e $p_y$ são perpendiculares a esse eixo.

O cloreto de berílio, BeCl₂, é um sólido sob condições normais. No entanto, quando aquecido acima de 520°C, se vaporiza e forma o vapor BeCl₂. Em fase gasosa, o BeCl₂ é uma molécula linear de modo que a hibridização $sp$ é a mais apropriada para o átomo de berílio. Combinando os orbitais $2s$ e $2p_z$ do berílio, obtêm-se os dois orbitais híbridos $sp$ que se encontram ao longo do eixo $z$. Cada ligação de Be—Cl surge da superposição de um orbital híbrido $sp$ do berílio com um orbital $3p$ do cloro. Nessa molécula, há apenas dois pares de elétrons em torno do átomo de berílio, de modo que os orbitais $p_x$ e $p_z$ (perpendiculares ao eixo Cl—Be—Cl) não são ocupados (Figura 9.6).

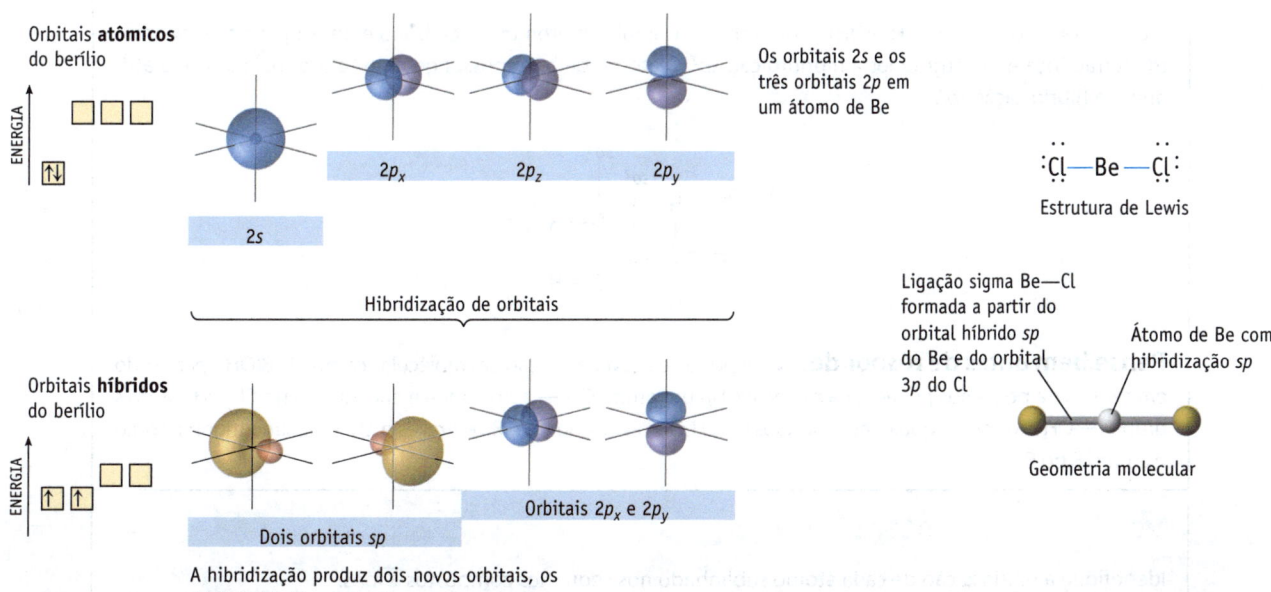

**FIGURA 9.6** **Ligações em uma molécula linear.** Como apenas um orbital $p$ é incorporado ao orbital híbrido, dois orbitais $p$ permanecem não hibridizados. Esses orbitais são perpendiculares um ao outro e ao eixo ao longo do qual se encontram os dois orbitais híbridos $sp$.

**Orbitais Híbridos para Moléculas e Íons com Geometrias de Bipirâmide Trigonal ou Octaédrica: Possível Participação do Orbital *d***

No Capítulo 8, aprendemos que elementos além do segundo período poderiam formar moléculas *hipervalentes*, como $PF_5$ e $SF_6$. Como isso implica que existam cinco ou seis ligações em torno do elemento central, os químicos devem presumir que o elemento deva utilizar cinco ou seis orbitais atômicos para formar um conjunto de orbitais híbridos. Na teoria original de Pauling sobre a hibridização, um ou dois orbitais *d* foram misturados com orbitais *s* e *p* na mesma camada de valência para criar os conjuntos de orbitais híbridos $sp^3d$ e $sp^3d^2$. Estes poderiam ser utilizados pelo átomo central de uma molécula ou íon com uma geometria de bipirâmide trigonal ou octaédrica dos pares de elétrons, respectivamente. Essa visão, contudo, já não é mais apropriada. Embora seja uma representação conveniente da ligação nessas espécies, pesquisas recentes indicam que há uma pequena evidência de participação do orbital *d* na ligação de moléculas hipervalentes. Outras maneiras de representar a ligação nesses compostos que não envolvem os orbitais *d* têm sido desenvolvidas e agora são preferíveis.

---

### EXEMPLO 9.2

## Reconhecendo a Hibridização

**Problema**  Identifique a hibridização de cada átomo sublinhado nos seguintes compostos e íons:

(a)  $\underline{S}F_3^+$          (b)  $\underline{S}O_4^{2-}$          (c)  $CH_3\underline{C}B(O\underline{H})_2$

**O que você sabe?**  Para determinar a hibridização, você precisa saber o arranjo.

**Estratégia**  O mapa estratégico nesse caso é o mesmo do Exemplo 9.1: Fórmula → estrutura de Lewis → arranjo → hibridização.

**RESOLUÇÃO**  As estruturas para $SF_3^+$ e $SO_4^{2-}$ são escritas a seguir:

Quatro pares de elétrons rodeiam o átomo central em cada uma dessas estruturas, e o arranjo desses átomos é tetraédrico. Portanto, a hibridização $sp^3$ para o átomo central é utilizada para descrever as ligações.

A estrutura de Lewis para $CH_3B(OH)_2$ é desenhada a seguir. Os átomos de carbono e de oxigênio têm geometria tetraédrica e são atribuídos à hibridização $sp^3$. O átomo de boro possui geometria trigonal plana e é atribuído à hibridização $sp^2$.

**Pense bem antes de responder**  Você pode descrever a ligação em moléculas como $CH_3B(OH)_2$ pensando em termos de pequenos pedaços da molécula. Há um grupo $CH_3$— como aquele encontrado no $CH_3OH$. Os dois grupos —OH são como aqueles encontrados no $CH_3OH$ ou na água, e o B central está em um plano trigonal como o átomo B no $BF_3$.

### Verifique seu entendimento

Identifique a hibridização de cada átomo sublinhado nos seguintes compostos e íons:

(a)  $\underline{B}H_4^-$          (b)  $H_2\underline{C}=C\underline{H}-\underline{C}H_3$          (c)  $\underline{B}Cl_3$

# Teoria de Ligação de Valência e Ligações Múltiplas

Muitas moléculas apresentam ligações duplas ou triplas, isto é, existem duas ou três ligações, respectivamente, entre os pares de átomos. De acordo com a teoria de ligação de valência, a formação da ligação requer que dois orbitais em átomos adjacentes se superponham, desse modo, uma ligação dupla requer *dois* conjuntos de orbitais superpostos e *dois* pares de elétrons. Para uma ligação tripla, *três* conjuntos de orbitais atômicos são necessários, cada conjunto acomodando um par de elétrons.

## Ligações Duplas

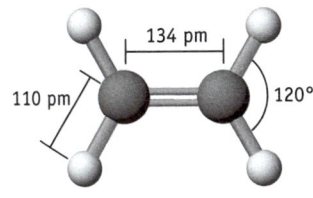

etileno, $C_2H_4$

Considere o etileno, $H_2C{=}CH_2$, uma molécula comum com uma ligação dupla. A estrutura molecular do etileno dispõe os seis átomos em um plano, com ângulos HC—H e H—C—C de aproximadamente 120°. Cada átomo de carbono possui a geometria trigonal plana, de modo que a hibridização $sp^2$ é adotada por esses átomos.

A descrição da ligação de valência no caso do etileno começa com cada átomo de carbono apresentando três orbitais híbridos $sp^2$ em um plano da molécula e um orbital $p$ não hibridizado perpendicular a esse plano. Como cada átomo de carbono está envolvido em quatro ligações, um único elétron desemparelhado é colocado em cada um desses orbitais.

> ⬆ Orbital $p$ não hibridizado perpendicular ao plano da molécula.
> Usado para a ligação $\pi$ no $C_2H_4$.

> ⬆⬆⬆ Três orbitais híbridos $sp^2$ no plano da molécula.
> Usado para a ligação $\sigma$ C—H e C—C no $C_2H_4$.

As ligações C—H do $C_2H_4$ surgem da superposição de orbitais $sp^2$ do carbono com orbitais $1s$ do hidrogênio. Após contabilizar essas ligações, resta um orbital $sp^2$ em cada átomo de carbono. Esses orbitais híbridos apontam um para o outro e se superpõem para formar uma das ligações que unem os átomos de carbono (Figura 9.7). Isso faz com que reste apenas mais um orbital não contabilizado em cada carbono, um orbital $p$ não hibridizado, e esses orbitais são usados para formar a segunda ligação entre os átomos de carbono no $C_2H_4$. Se eles estiverem alinhados corretamente, os orbitais $p$ não hibridizados nos dois carbonos podem se superpor, permitindo que os elétrons contidos nesses orbitais sejam emparelhados. Entretanto, a superposição não ocorre diretamente ao longo do eixo C—C. Em vez disso, o arranjo obriga esses orbitais a uma superposição lateral, e o par de elétrons forma uma ligação com densidade eletrônica situada acima e abaixo do plano da molécula que contém os seis átomos.

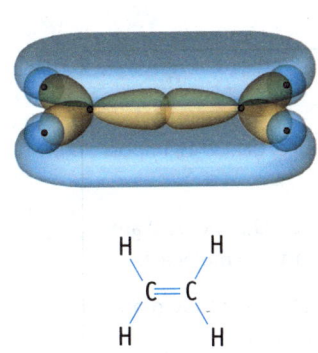

(a) Estrutura de Lewis e ligação no etileno, $C_2H_4$.

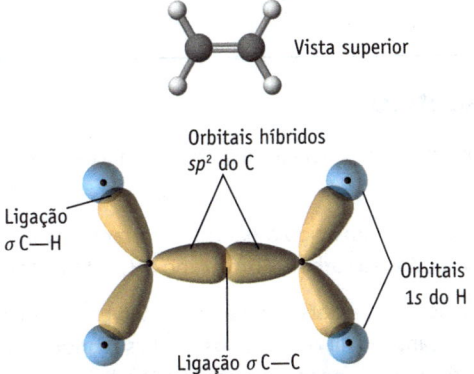

(b) As ligações $\sigma$ C—H são formadas pela superposição dos orbitais híbridos $sp^2$ do átomo de C com os orbitais $1s$ do átomo de H. A ligação $\sigma$ entre os átomos de C surge da superposição de orbitais $sp^2$.

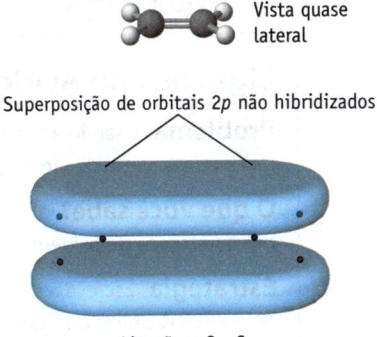

(c) A ligação $\pi$ carbono–carbono é formada pela superposição de um orbital $2p$ não hibridizado em cada átomo. Observe a falta de densidade eletrônica ao longo do eixo da ligação C—C.

**FIGURA 9.7 Modelo de ligação de valência nas ligações do etileno, $C_2H_4$. Assume-se que cada átomo de C tem hibridização $sp^2$.**

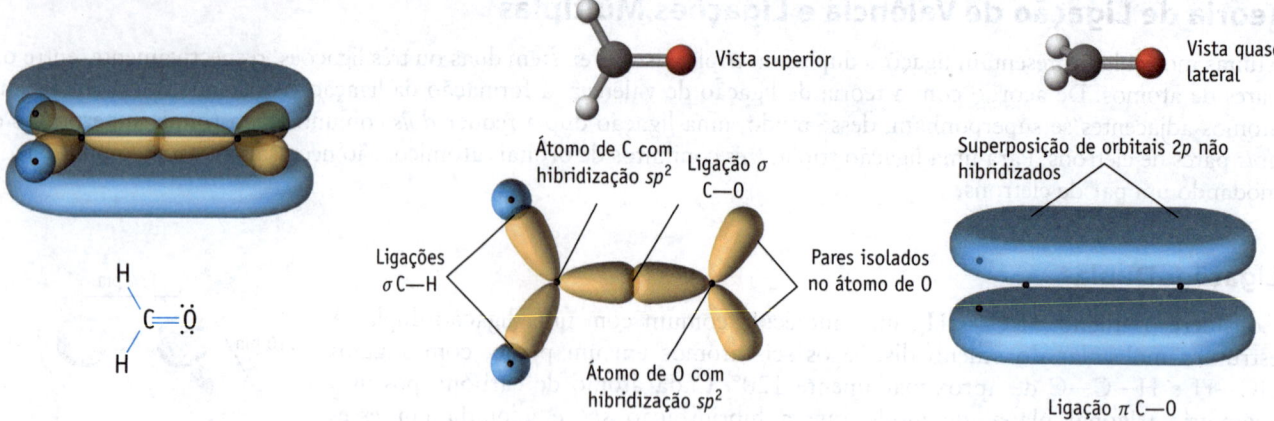

(a) Estrutura de Lewis e ligação no formaldeído, $CH_2O$.

(b) As ligações $\sigma$ C—H são formadas pela superposição de orbitais híbridos $sp^2$ do átomo de C com os orbitais 1s do átomo de H. A ligação $\sigma$ entre os átomos de C e O surge da superposição de orbitais $sp^2$.

(c) A ligação $\pi$ C—O vem da superposição lateral de orbitais $p$ dos dois átomos.

**FIGURA 9.8** **Descrições da ligação de valência nas ligações do formaldeído, $CH_2O$.**

Essa descrição resulta em dois tipos de ligações no $C_2H_4$. As ligações $\sigma$ C—H e C—C surgem da superposição dos orbitais atômicos que se encontram ao longo dos eixos de ligação. A outra é a ligação formada pela superposição lateral de orbitais atômicos $p$, chamada de **ligação pi ($\pi$)**. Em uma ligação $\pi$, a região de superposição fica acima e abaixo do eixo internuclear, e a densidade eletrônica da ligação $\pi$ fica acima e abaixo do eixo da ligação.

Observe que uma ligação $\pi$ pode ser formada *somente* se (a) houver orbitais $p$ não hibridizados em átomos adjacentes e (b) os orbitais $p$ forem perpendiculares ao plano da molécula e paralelos entre si como no $C_2H_4$, o que ocorre somente se os orbitais $sp^2$ de ambos os átomos de carbono estiverem no mesmo plano.

As ligações duplas entre o carbono e o oxigênio, o enxofre ou o nitrogênio são bastante comuns. Considere o formaldeído, $CH_2O$, no qual acontece uma ligação carbono-oxigênio $\pi$ (Figura 9.8). Uma geometria trigonal plana dos pares de elétrons indica hibridização $sp^2$ para o átomo de C. As ligações $\sigma$ entre o C e o O e o C e os dois H formam-se pela superposição dos orbitais híbridos $sp^2$ com os orbitais semipreenchidos do oxigênio e os dois hidrogênios. O orbital $p$ não hibridizado no carbono é orientado perpendicularmente ao plano da molécula (assim como nos átomos de carbono do $C_2H_4$). Esse orbital $p$ está disponível para a ligação $\pi$, dessa vez com um orbital do oxigênio.

Que orbitais do oxigênio são usados nesse modelo? A abordagem na Figura 9.8 adota a hibridização $sp^2$ para o oxigênio. Utiliza-se um orbital $sp^2$ do átomo de O na formação da ligação $\sigma$, restando dois orbitais $sp^2$ para acomodar pares isolados. O orbital $p$ restante no átomo de O participa da ligação $\pi$.

## EXEMPLO 9.3

### Ligações no Ácido Acético

**Problema** Usando a teoria de ligação de valência, descreva as ligações no ácido acético, $CH_3CO_2H$, importante constituinte do vinagre.

**O que você sabe?** O ácido acético é um ácido orgânico e, portanto, contém o grupo $CO_2H$, no qual ambos os átomos de oxigênio estão ligados ao carbono. Um grupo $CH_3$— também forma parte da molécula.

**Estratégia** Escreva a estrutura de Lewis e determine a geometria em torno de cada átomo usando o modelo RPENV. Utilize essa geometria para decidir quais são os orbitais híbridos usados em uma ligação $\sigma$. Se os orbitais $p$ não hibridizados estão disponíveis nos átomos de C e O adjacentes ou nos átomos de C e C, então pode ocorrer a ligação $\pi$.

### RESOLUÇÃO

O carbono do grupo $CH_3$ tem arranjo tetraédrico e, desse modo, presume-se que seja com hibridização $sp^3$. Três orbitais $sp^3$ são usados para formar as ligações C—H. O quarto orbital $sp^3$ é usado para a ligação do átomo de carbono do grupo $CO_2H$.

O carbono do grupo $CO_2H$ apresenta uma geometria trigonal plana dos pares de elétrons; deve ter hibridização $sp^2$. A ligação ao grupo —$CH_3$ é formada usando um desses orbitais híbridos, e outros dois orbitais $sp^2$ são utilizados para formar as ligações $\sigma$ com dois átomos de oxigênio.

O oxigênio do grupo O—H tem quatro pares de elétrons de valência, deve ser tetraédrico e com hibridização $sp^3$. Assim, esse átomo de O usa dois orbitais $sp^3$ para se ligar ao carbono e ao hidrogênio adjacentes, e dois orbitais $sp^3$ para acomodar os dois pares isolados.

A ligação dupla carbono–oxigênio pode ser descrita presumindo-se que os átomos de C e O têm hibridização $sp^2$ (como a ligação $\pi$ C—O no formaldeído, Figura 9.8). O orbital $p$ não hibridizado restante em cada átomo é usado para formar a ligação $\pi$ carbono-oxigênio, e os pares isolados do átomo de O são alocados nos orbitais híbridos $sp^2$.

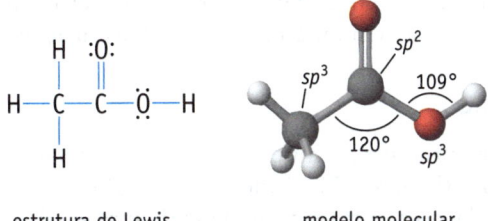

estrutura de Lewis        modelo molecular

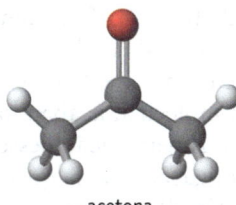

acetona

**Pense bem antes de responder** Observe que a hibridização para cada átomo é determinada considerando o arranjo.

## Verifique seu entendimento

Use a teoria de ligação de valência para descrever as ligações na acetona, $CH_3COCH_3$.

## Ligações Triplas

O acetileno, H—C≡C—H, tem uma ligação tripla carbono-carbono. O modelo RPENV prevê que os quatro átomos encontram-se em linha reta com os ângulos H—C—C de 180°, o que implica que o átomo de carbono apresenta hibridização $sp$ (Figura 9.9). Para cada átomo de carbono, há dois orbitais $sp$: um direcionado para o hidrogênio e usado para criar a ligação $\sigma$ C—H, e o segundo direcionado para o outro átomo de carbono e usado para criar a ligação $\sigma$ entre os dois átomos de carbono. Restam dois orbitais $p$ não hibridizados em cada carbono, e são orientados de modo que seja possível formar duas ligações $\pi$ no HC≡CH.

☐☐ Dois orbitais $p$ não hibridizados. Usados para a ligação $\pi$ no $C_2H_2$.

☐☐ Dois orbitais híbridos $sp$. Usados para a ligação $\sigma$ C—H e C—C no $C_2H_2$.

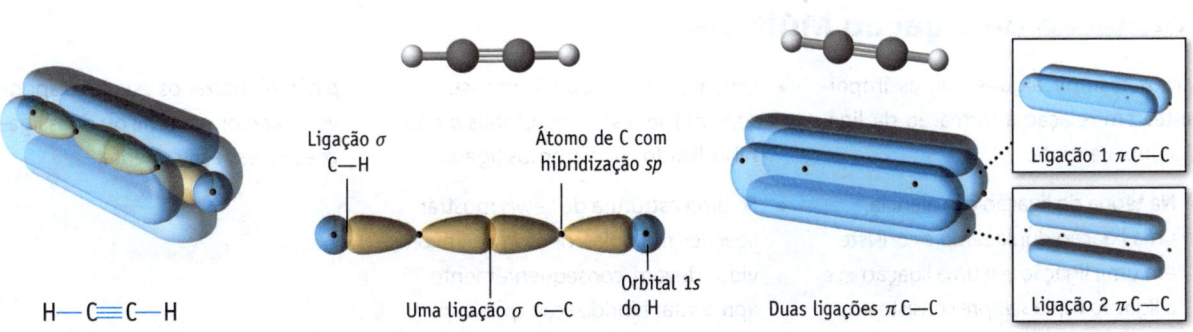

**FIGURA 9.9 Uma descrição da ligação de valência no acetileno.**

**FIGURA 9.10** Rotações em torno das ligações.

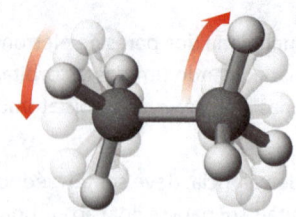

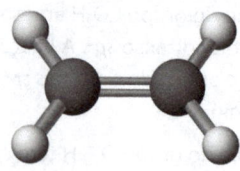

**(a)** No etano pode ocorrer praticamente a livre rotação em torno do eixo de uma ligação ($\sigma$) simples.

**(b)** A rotação é drasticamente restrita em torno da ligação dupla no etileno, pois quebraria a ligação $\pi$, um processo que requer uma grande quantidade de energia.

Essas ligações $\pi$ são perpendiculares ao eixo molecular e perpendiculares entre si. Três elétrons em cada átomo de carbono são usados para formar a ligação tripla que consiste em uma ligação $\sigma$ e duas ligações $\pi$ (Figura 9.10).

### Isomeria *cis-trans*: Uma Consequência da Ligação $\pi$

O etileno, $C_2H_4$, é uma molécula plana, com uma geometria que permite que os orbitais $p$ não hibridizados nos dois átomos de carbono alinhem-se para formar a ligação $\pi$ (Figura 9.7). Vamos refletir sobre o que aconteceria se uma extremidade da molécula do etileno fosse virada em relação à outra extremidade (Figura 9.10). Essa ação distorceria a molécula, acabando com a planaridade, e os orbitais $p$ sairiam do alinhamento. A rotação diminuiria a extensão da superposição desses orbitais, e, se uma torção de 90° fosse possível, os dois orbitais $p$ não se superporiam mais e a ligação $\pi$ seria quebrada. No entanto, é necessária muita energia para quebrar essa ligação (aproximadamente 260 kJ/mol) e a rotação em torno da ligação C=C não é esperada à temperatura ambiente.

Uma consequência da rotação restrita é a ocorrência de isômeros para muitos compostos que contêm a ligação C=C. **Isômeros** são compostos que têm a mesma fórmula, mas estruturas diferentes. Nesse caso, os dois compostos isoméricos diferem quanto à orientação dos grupos ligados aos carbonos de ligação dupla. Dois isômeros de $C_2H_2Cl_2$ são *cis*- e *trans*-1,2-dicloroeteno. Suas estruturas assemelham-se à do etileno, exceto por dois átomos de hidrogênio que são substituídos por átomos de cloro. Como uma grande quantidade de energia é requerida para quebrar a ligação $\pi$, o composto *cis* não pode se converter no composto *trans* sob circunstâncias comuns. Cada composto pode ser obtido separadamente, e cada um possui suas propriedades físicas. [*Cis*-1,2-dicloroeteno entra em ebulição a 60,3°C, enquanto o *trans*-1,2-dicloroeteno a 47,5°C.]

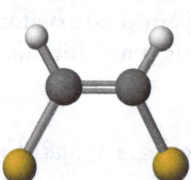

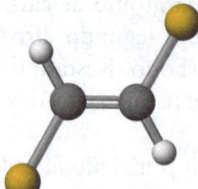

*cis*-1,2-dicloroeteno

*trans*-1,2-dicloroeteno

## DICA PARA RESOLUÇÃO DE PROBLEMAS 9.1
### Formação de Ligação Múltipla

Vamos resumir alguns pontos importantes em relação à formação da ligação dupla e tripla:

- Na teoria de ligação de valência, uma ligação dupla *sempre* consiste em uma ligação $\sigma$ e uma ligação $\pi$, e a ligação tripla *sempre* consiste em uma ligação $\sigma$ e duas ligações $\pi$.

- Uma ligação $\pi$ pode formar-se *somente* se restarem orbitais $p$ não hibridizados nos átomos ligados.

- Se uma estrutura de Lewis mostrar ligações múltiplas, os átomos envolvidos devem, consequentemente, apresentar hibridização $sp^2$ ou $sp$. Com essas hibridizações, os orbitais $p$ não hibridizados estarão disponíveis para formar uma ou duas ligações $\pi$, respectivamente.

Embora isômeros *cis* e *trans* não sofram interconversão sob temperaturas comuns, podem fazê-lo sob temperaturas mais altas. Se a temperatura for elevada o bastante, os movimentos moleculares podem se tornar suficientemente energéticos para que ocorra a rotação em torno da ligação C=C. A interconversão de isômeros também pode ocorrer sob outras circunstâncias especiais, por exemplo, quando a molécula absorve energia luminosa.

## Benzeno: Um Caso Especial de Ligação $\pi$

O benzeno, $C_6H_6$, é o membro mais simples de um grupo grande de substâncias conhecidas como compostos *aromáticos*, uma referência histórica a seu odor. O composto ocupa um lugar central na história e na prática da Química.

Para os químicos do século XIX, o benzeno era uma substância intrigante com uma estrutura desconhecida. Com base nas suas reações químicas, entretanto, August Kekulé (1829-1896) sugeriu que a molécula possuía uma estrutura plana e simétrica em forma de anel. Sabemos agora que ele estava certo. O anel é chato, e as ligações carbono-carbono possuem o mesmo comprimento, 139 pm, uma distância intermediária entre os comprimentos médios das ligações simples (154 pm) e das ligações duplas (134 pm). Presumindo-se que a molécula tem duas estruturas de ressonância com alternância de ligações duplas, a estrutura observada é razoável. A ordem da ligação C—C no $C_6H_6$ (1,5) é a média entre uma ligação simples e uma ligação dupla

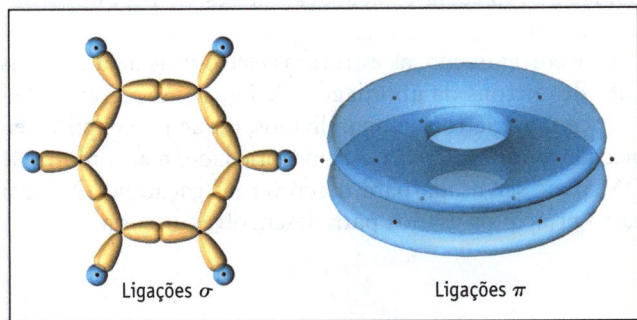

estruturas de ressonância    ou    híbrido de ressonância    benzeno, $C_6H_6$

Compreender as ligações no benzeno (Figura 9.11) é importante, pois é a base de um número enorme de compostos químicos. Começamos pelo pressuposto de que os átomos de carbono com geometria trigonal plana apresentam hibridização $sp^2$. Cada ligação C—H é formada pela superposição de um orbital $sp^2$ de um átomo de carbono com um orbital $1s$ do hidrogênio, e as ligações $\sigma$ C—C resultam da superposição dos orbitais $sp^2$ em átomos de carbono adjacentes. Após contabilizar as ligações $\sigma$, resta um orbital $p$ não hibridizado em cada átomo de C, e cada um é ocupado por um elétron desemparelhado. Esses seis orbitais e seis elétrons formam três ligações $\pi$. Como os

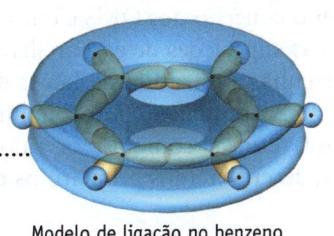

**FIGURA 9.11 Ligações no benzeno, $C_6H_6$.**

Ligações $\sigma$    Ligações $\pi$    Modelo de ligação no benzeno

Os átomos de C do anel são ligados um ao outro através de ligações $\sigma$ usando os orbitais híbridos $sp^2$ do átomo de C. As ligações C—H também utilizam orbitais híbridos $sp^2$ do átomo de C.

A estrutura $\pi$ da molécula surge da superposição de orbitais $p$ do átomo de C não usados na formação de orbitais híbridos. Como esses orbitais são perpendiculares ao anel, a densidade eletrônica $\pi$ está acima e abaixo do plano do anel.

Uma combinação de ligação $\sigma$ e $\pi$ no benzeno

comprimentos de ligação carbono-carbono em média são iguais, cada orbital $p$ superpõe-se de modo equivalente com os orbitais $p$ de ambos os carbonos adjacentes, e a interação $\pi$ é inquebrantável ao longo do anel de seis membros.

## Hibridização: um Resumo

**Hibridização e Geometria**
A hibridização reconcilia o arranjo com o conceito de superposição dos orbitais da ligação. Uma afirmação tal como "o átomo é tetraédrico porque apresenta hibridização $sp^3$" está ultra-passada. Dizer que a geometria pelos pares de elétrons em torno do átomo central é tetraédrica é fato. A hibridiza-ção é uma maneira de descrever a ligação que pode ocorrer nessa geometria.

- O número de orbitais híbridos em um átomo é sempre igual ao de orbitais atô-micos, que são mesclados para originar o novo conjunto de orbitais híbridos.

- Os orbitais híbridos são sempre originados da combinação de um orbital $s$ com o maior número possível de orbitais $p$ conforme necessário para obter orbitais híbridos suficientes, a fim de acomodar a ligação sigma e pares de elétrons iso-lados no átomo central.

- Os orbitais híbridos são direcionados aos átomos terminais, levando assim a uma melhora na superposição dos orbitais e a uma ligação mais forte entre o átomo central e os terminais.

- Os orbitais híbridos necessários para um átomo em uma molécula ou íon são escolhidos para combinar com o arranjo do átomo porque necessita-se de um orbital híbrido para cada par de elétron de ligação sigma e cada par isolado.

- Os seguintes tipos de hibridização são importantes:

  $sp$: Se o orbital $s$ da camada de valência no átomo central em uma molécula ou em um íon for mesclado com um orbital $p$ da camada de valência nesse mesmo átomo, dois orbitais híbridos $sp$ serão criados. Eles estão separados por 180°.

  $sp^2$: Se um orbital $s$ for misturado com os dois orbitais $p$, todos da mesma camada de valência, três orbitais híbridos $sp^2$ serão criados. Eles estão no mesmo plano e são separados por 120°.

  $sp^3$: Quando o orbital $s$ for misturado com três orbitais $p$ na mesma camada de valência, o resultado será quatro orbitais híbridos, chamados de $sp^3$. Os orbitais híbridos estão separados por 109,5°, o ângulo de um tetraedro.

## 9.2 Teoria do Orbital Molecular

### Objetivo da Seção 9.2

- Escrever as configurações de orbital molecular para moléculas ou íons diatômicos simples, determinar a ordem de ligação de cada espécie e prever o comportamento magnético.

A teoria do orbital molecular (TOM) é uma forma alternativa de visualizar orbitais em moléculas. Segundo essa teoria, os orbitais atômicos puros dos átomos na molécula são combinados para produzir **orbitais moleculares**, que são espalhados, ou deslocados, sobre alguns ou todos os átomos da molécula. A ocupação desses OMs por elétrons de valência leva à ligação química.

Um motivo para aprender o conceito dos OMs é que ele prevê corretamente as estruturas eletrônicas de moléculas como o $O_2$, que não seguem as suposições de emparelhamento de elétrons da abordagem de Lewis. As regras da Se-ção 8.2 mostraram como desenhar a estrutura de Lewis do $O_2$ com os elétrons emparelhados, o que não explica seu paramagnetismo (página 309). A abordagem do orbital molecular pode esclarecer essa propriedade, mas a teoria de ligação de valência, não. Para verificar como a teoria do OM pode ser usada para descrever a ligação no $O_2$ e em outras moléculas diatômicas, descreveremos primeiro os quatro princípios usados para desenvolver a teoria.

## Princípios da Teoria do Orbital Molecular

Na teoria do OM, começamos com um arranjo dos átomos na molécula com comprimentos de ligações conhecidos e, em seguida, determinamos orbitais atômicos que se combinam para produzir os *conjuntos* dos orbitais molecula-res. Uma maneira de fazer isso é combinar os orbitais disponíveis de todos os átomos constituintes. O resultado desses orbitais moleculares abrange mais ou menos todos os átomos da molécula, e os elétrons de valência dos átomos na molécula são distribuídos nesses orbitais. Assim como nos orbitais atômicos, os elétrons são designados segundo a ordem crescente de energia dos orbitais e de acordo com o princípio de Pauli e com a regra de Hund (Seções 7.1 e 7.3).

## Orbitais Moleculares para $H_2$

O primeiro princípio da teoria do orbital molecular é o de que *o número total de orbitais moleculares é sempre igual ao número total de orbitais atômicos com os quais os átomos que estão se combinando contribui*. Para ilustrar esse princípio de conservação de orbital, vamos considerar a molécula $H_2$.

A teoria do orbital molecular especifica que, quando os orbitais 1s de dois átomos de hidrogênio se superpõem, resultam *dois* orbitais moleculares. Um orbital molecular é produto da *adição* das funções de onda dos orbitais atômicos 1s, levando a um aumento da probabilidade de os elétrons serem encontrados na região da ligação situada entre os dois núcleos (Figuras 9.12 e 9.13). Esse orbital é chamado de **orbital molecular ligante**. Trata-se também de um orbital $\sigma$, pois a região de probabilidade eletrônica encontra-se diretamente ao longo do eixo de ligação. Esse orbital molecular é denominado $\sigma_{1s}$, e o índice inferior 1s indica que orbitais atômicos 1s foram usados para originar o orbital molecular.

Outro orbital molecular é construído *subtraindo-se* a função de onda de um orbital atômico do outro (Figuras 9.12 e 9.13). Quando isso acontece, a probabilidade de encontrar um elétron entre os núcleos no orbital molecular é reduzida, e a probabilidade de encontrar o elétron em outras regiões é bem mais elevada. Sem uma densidade eletrônica significativa entre os núcleos, os dois átomos se repelem. Esse é um **orbital molecular antiligante**. Como se trata também de um orbital $\sigma$, derivado de orbitais atômicos 1s, é classificado como $\sigma^*_{1s}$ (o * indica que é um antiligante) e referido como um orbital "sigma-asterisco". *Os orbitais antiligantes não têm nenhuma correspondência na teoria de ligação de valência.*

O **segundo princípio da teoria do orbital molecular** é que *o orbital molecular ligante possui menor energia do que os orbitais atômicos originais, e o orbital antiligante possui maior energia* (Figura 9.13). Isso significa que a energia de um grupo de átomos ligados é menor que a dos átomos separados quando os elétrons ocupam os orbitais moleculares ligantes. Os químicos dizem que o sistema está "estabilizado" pela formação da ligação química. Inversamente, o sistema está "desestabilizado" quando elétrons ocupam os orbitais antiligantes, porque a energia do sistema é maior que a dos próprios átomos.

O **terceiro princípio da teoria do orbital molecular** é que os *elétrons da molécula são atribuídos aos orbitais de energia cada vez mais elevada* de acordo com o princípio de exclusão de Pauli e com a regra de Hund. Assim, os elétrons ocupam

**Combinação dos Orbitais Atômicos** Os OMs são originados pela combinação de orbitais atômicos. Se os orbitais têm o mesmo sinal de função de onda, o efeito é aditivo. Se possuem sinais opostos, o efeito é subtrativo. Veja a Figura 9.12 e lembre-se da discussão na página 283, na qual apresentamos o fato de que as funções de onda possuem um sinal algébrico.

**Fases de Orbitais Atômicos e Moleculares.** Lembre-se de que as funções de onda eletrônicas têm sinais positivos e negativos (página 283), aqui representados em violeta e azul. Obtemos um OM ligante se os orbitais atômicos estão em fase (Figura 9.12a), ou um OM antiligante se eles estão em fases contrárias (Figura 9.12b). Outras figuras neste capítulo seguem o mesmo esquema.

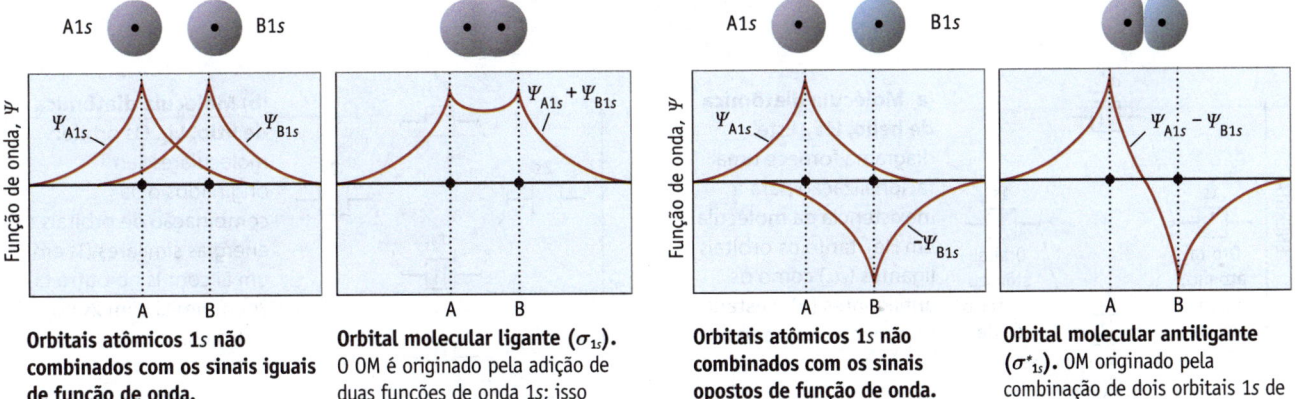

**Orbitais atômicos 1s não combinados com os sinais iguais de função de onda.**

**Orbital molecular ligante ($\sigma_{1s}$).** O OM é originado pela adição de duas funções de onda 1s; isso resulta em um aumento da probabilidade de encontrar os elétrons entre os núcleos

**Orbitais atômicos 1s não combinados com os sinais opostos de função de onda.**

**Orbital molecular antiligante ($\sigma^*_{1s}$).** OM originado pela combinação de dois orbitais 1s de sinais opostos. Há, nesse caso, um nó entre os núcleos.

**FIGURA 9.12 Orbitais moleculares no $H_2$.** As funções de onda para os elétrons 1s superpõem-se ao longo do eixo de ligação para originar os orbitais moleculares ligantes e antiligantes. A interferência pode ser construtiva, gerando um OM ligante, ou destrutiva, gerando um OM antiligante.

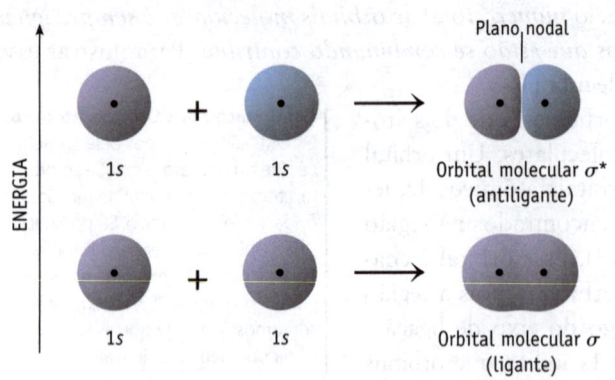

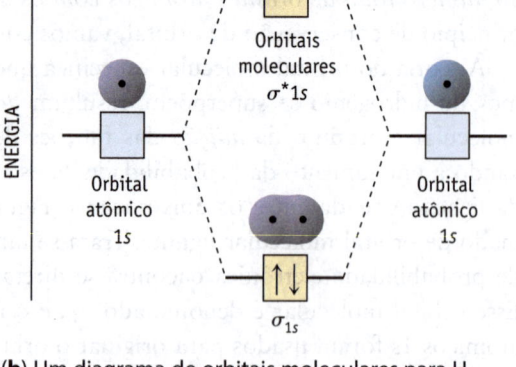

**(a)** Orbitais moleculares ligante e antiligante $\sigma$ são formados por dois orbitais atômicos 1s dos átomos adjacentes. Observe a presença de um nó entre os núcleos no orbital antiligante. (O nó é um plano em que a probabilidade de encontrar um elétron é nula.)

**(b)** Um diagrama de orbitais moleculares para $H_2$. Os dois elétrons são encontrados no orbital $\sigma_{1s}$. Esse orbital molecular ligante apresenta menor energia do que os orbitais originais 1s.

**FIGURA 9.13  Orbitais moleculares para $H_2$.**

primeiro os orbitais disponíveis de menor energia, e, quando dois elétrons são atribuídos a um orbital, seus *spins* são emparelhados.

Os diagramas de níveis de energia são comumente utilizados na descrição da ligação que usa a teoria do OM. Esses diagramas mostram as energias relativas dos orbitais atômicos para os átomos individuais e os orbitais moleculares derivados. No diagrama de níveis de energia para $H_2$ (Figura 9.13), podemos ver que a energia dos elétrons no orbital ligante é menor que a energia de qualquer um dos elétrons originais 1s. O orbital antiligante possui uma energia maior. Na molécula de $H_2$, os dois elétrons são atribuídos ao orbital ligante. Escrevemos a configuração eletrônica molecular de $H_2$ como $(\sigma_{1s})^2$.

O que aconteceria se tentássemos combinar dois átomos de hélio para formar a molécula diatômica de hélio, $He_2$? Ambos os átomos de He têm um orbital de valência 1s que pode produzir o mesmo tipo de orbitais moleculares que no $H_2$. Entretanto, quatro elétrons necessitam ser atribuídos a esses orbitais (Figura 9.14a). O par de elétrons no orbital $\sigma_{1s}$ estabiliza $He_2$, enquanto os dois elétrons em $\sigma^*_{1s}$ desestabilizam a molécula. A diminuição da energia dos elétrons no orbital molecular ligante $\sigma_{1s}$ é anulada pelo aumento da energia devido aos elétrons no orbital molecular antiligante $\sigma^*_{1s}$. Assim, a teoria do orbital molecular prevê que o $He_2$ não tem nenhuma estabilidade líquida, isto é, dois átomos de He não possuem nenhuma tendência de se combinarem. Isso confirma o que já sabemos:: que o hélio elementar existe como átomos isolados e não como molécula diatômica.

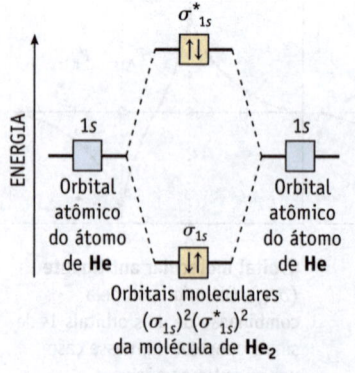

**(a) Molécula diatômica de hélio, $He_2$.** Este diagrama fornece uma racionalização para a inexistência da molécula. Em $He_2$, tanto os orbitais ligantes ($\sigma_{1s}$) como os antiligantes ($\sigma^*_{1s}$) estariam totalmente ocupados.

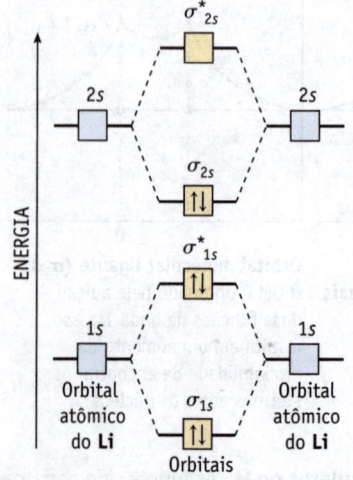

**(b) Molécula diatômica de lítio, $Li_2$.** Os orbitais moleculares são originados pela combinação de orbitais de energias similares (1s em um Li com 1s no outro Li e 2s em um Li com 2s no outro Li).

**FIGURA 9.14  Diagramas dos orbitais moleculares para moléculas com orbitais 1s e 2s, $He_2$ e $Li_2$.**

## Ordem de Ligação

A ordem de ligação foi definida na Seção 8.9 como o número líquido de pares de elétrons de ligação unindo um par de átomos. Esse mesmo conceito pode ser diretamente aplicado à teoria do orbital molecular, mas a ordem de ligação é agora definida como:

Ordem de ligação = 1/2 (número de elétrons nos OMs ligantes – número de elétrons nos OMs antiligantes)  **(9.1)**

Na molécula de $H_2$, há dois elétrons em um orbital ligante e nenhum em um orbital antiligante, de modo que o $H_2$ possui uma ordem de ligação de 1 [½(2 – 0) = 1]. Em contraste, na molécula hipotética de $He_2$, o efeito estabilizador do par $\sigma_{1s}$ seria anulado pelo efeito desestabilizador do par $\sigma^*_{1s}$, e, desse modo, a ordem de ligação seria 0.

Ordens de ligação fracionárias são possíveis. O íon $He_2^+$ poderia existir? Sua configuração eletrônica molecular é $(\sigma_{1s})^2(\sigma^*_{1s})^1$. Nesse íon, dois elétrons estão em um orbital molecular ligante, mas somente um está em um orbital antiligante. A teoria do OM prevê que o $He_2^+$ deve ter uma ordem de ligação de 0,5, isto é, deve existir uma ligação fraca entre átomos de hélio em tal espécie. É interessante notar que esse íon foi identificado em fase gasosa usando técnicas experimentais especiais.

### EXEMPLO 9.4

## Orbitais Moleculares e Ordem de Ligação

**Problema** Escreva a configuração eletrônica do íon $H_2^-$ em termos de orbitais moleculares. Qual é a ordem de ligação do íon?

**O que você sabe?** A combinação dos orbitais 1s nos dois átomos de hidrogênio apresenta dois orbitais moleculares (Figura 9.13). Um é o orbital ligante ($\sigma_{1s}$) e o outro é o orbital antiligante ($\sigma^*_{1s}$).

**Estratégia** Conte o número de elétrons de valência no íon e disponha esses elétrons no diagrama do OM para a molécula de $H_2$. Encontre a ordem de ligação usando a Equação 9.1.

**RESOLUÇÃO** Esse íon possui três elétrons (um para cada átomo de H, mais um para a carga negativa). Portanto, sua configuração eletrônica é $(\sigma_{1s})^2(\sigma^*_{1s})^1$, idêntica à configuração para $He_2^+$. Isso significa que o $H_2^-$ também tem uma ordem de ligação líquida de 0,5.

**Pense bem antes de responder** Há uma ligação fraca nesse íon, desse modo, prevê-se que exista apenas em circunstâncias especiais.

## Verifique seu entendimento

Qual é a configuração eletrônica do íon $H_2^+$? Compare a ordem de ligação desse íon com o $He_2^+$ e $H_2^-$. Você espera que o $H_2^+$ exista?

## Orbitais Moleculares de $Li_2$ e $Be_2$

O **quarto princípio da teoria do orbital molecular** é que *orbitais atômicos combinam-se para formar orbitais moleculares de forma mais eficaz quando os orbitais atômicos possuem energias semelhantes.* Esse princípio torna-se importante quando passamos do $He_2$ ao $Li_2$ e a moléculas mais pesadas, como $O_2$ e $N_2$.

Um átomo de lítio tem elétrons em dois orbitais s (1s e 2s), de modo que uma combinação 1s ± 2s é teoricamente possível. Porém, como os orbitais 1s e 2s possuem energias bastante diferentes, essa interação pode ser desprezada. Assim, os orbitais moleculares vêm somente de combinações 1s ± 1s e 2s ± 2s (Figura 9.14b), o que significa que a configuração eletrônica dos orbitais moleculares do $Li_2$ é:

*Configuração OM do $Li_2$:*    $(\sigma_{1s})^2(\sigma^*_{1s})^2(\sigma_{2s})^2$

O efeito ligante dos elétrons $\sigma_{1s}$ é cancelado pelo efeito antiligante dos elétrons $\sigma^*_{1s}$, de modo que esses pares não têm nenhuma contribuição líquida para a ligação em $Li_2$. A ligação em $Li_2$ deve-se ao par de elétrons atribuído ao orbital $\sigma_{2s}$, e a ordem de ligação é 1.

**Moléculas Diatômicas** Moléculas como $H_2$, $Li_2$ e $N_2$, nas quais dois átomos idênticos são ligados, são exemplos de moléculas diatômicas *homonucleares*.

O fato de que os pares de elétrons $\sigma^*_{1s}$ e $\sigma^*_{1s}$ do $Li_2$ não têm nenhuma contribuição líquida para a ligação faz sentido. Na descrição da ligação de valência nessa molécula, esses elétrons são internos, mais próximos do núcleo. Na teoria do orbital molecular, assim como na teoria de ligação de valência, a ligação entre os átomos de lítio surge pela superposição de orbitais de valência e compartilhamento de elétrons de valência; outros elétrons podem ser ignorados.

---

**EXEMPLO 9.5**

## Orbitais Moleculares em Moléculas Diatômicas Homonucleares

**Problema**  A molécula $Be_2$ ou o íon $Be_2^+$ deveriam existir? Descreva suas configurações eletrônicas em relação a orbitais moleculares e dê a ordem de ligação líquida de cada uma.

**O que você sabe?**  O diagrama OM na Figura 9.14b aplica-se a essa questão, pois estamos lidando somente com orbitais $1s$ e $2s$ dos átomos originais.

**Estratégia**  Conte o número de elétrons na molécula ou íon e disponha-os no diagrama OM da Figura 9.14b. Escreva a configuração eletrônica e calcule a ordem de ligação a partir da Equação 9.1.

---

**RESOLUÇÃO**  A molécula $Be_2$ tem oito elétrons, dos quais quatro são internos. (Os quatro elétrons internos são atribuídos aos orbitais moleculares $\sigma_{1s}$ e $\sigma^*_{1s}$.) Os quatro elétrons restantes são atribuídos aos orbitais moleculares $\sigma_{2s}$ e $\sigma^*_{2s}$; desse modo, a configuração eletrônica do OM para $Be_2$ é [elétrons internos] $(\sigma_{2s})^2(\sigma^*_{2s})^2$. Isso leva a uma ordem de ligação líquida de 0, de modo que a molécula $Be_2$ não existe.

O íon $Be_2^+$ tem somente sete elétrons, dos quais quatro são internos. Os três elétrons restantes são atribuídos aos orbitais moleculares $\sigma_{2s}$ e $\sigma^*_{2s}$, de modo que a configuração eletrônica do OM de $Be_2^+$ é [elétrons internos] $(\sigma_{2s})^2(\sigma^*_{2s})$. Isso significa que a ordem de ligação líquida é 0,5.

**Pense bem antes de responder**  É previsto que o $Be_2^+$ exista em circunstâncias especiais. Os cientistas podem procurar por tais espécies em experimentos de descarga em gases (gases sujeitos a um campo elétrico elevado) e usar a espectroscopia para confirmar a existência deles.

---

## Verifique seu entendimento

O ânion $Li_2^-$ existe? Qual é a ordem de ligação do íon?

---

### Orbitais Moleculares a partir de Orbitais Atômicos *p*

Com os princípios da teoria do orbital molecular estabelecidos, estamos prontos para esclarecer a ligação em moléculas diatômicas homonucleares importantes, como $N_2$, $O_2$ e $F_2$. Para descrever as ligações nessas moléculas, usaremos tanto os orbitais de valência *s* como os orbitais de valência *p* na formação dos orbitais moleculares.

Para os elementos do bloco *p*, os orbitais moleculares sigma ligantes e antiligantes são formados pela interação de seus orbitais *s*, como na Figura 9.14b. Da mesma forma, é possível para um orbital *p* em um átomo interagir com um orbital *p* de outro átomo para formar um par de orbitais moleculares $\sigma$-ligante e $\sigma^*$-antiligante (Figura 9.15a).

Além disso, cada átomo do bloco *p* possui dois orbitais *p* nos planos perpendiculares à ligação $\sigma$ que conecta os dois átomos. Esses orbitais *p* podem interagir lateralmente para formar dois orbitais moleculares $\pi$-ligante ($\pi_{2p}$) e dois orbitais moleculares $\pi$-antiligantes ($\pi^*_{2p}$) (Figura 9.15b).

### Configurações Eletrônicas para Moléculas Homonucleares do Boro ao Flúor

Interações entre os orbitais atômicos em moléculas diatômicas homonucleares do segundo período levam ao diagrama de níveis de energia mostrado na Figura 9.16. As distribuições dos elétrons podem ser feitas usando esse diagrama, e os resultados para as moléculas diatômicas de $B_2$ a $F_2$ estão listados na Tabela 9.1, que possui duas características dignas de nota.

Primeiro, observe a correlação entre as configurações eletrônicas e as ordens de ligação, os comprimentos de ligação e as energias de ligação na parte de baixo da Tabela 9.1. À medida que a ordem de ligação entre um par de átomos aumenta, a energia necessária para quebrar a ligação também aumenta e a distância da ligação diminui. A molécula diatômica de nitrogênio, $N_2$, com uma ordem de ligação 3, apresenta a maior energia e o comprimento de ligação mais curto nesse grupo de cinco moléculas diatômicas homonucleares.

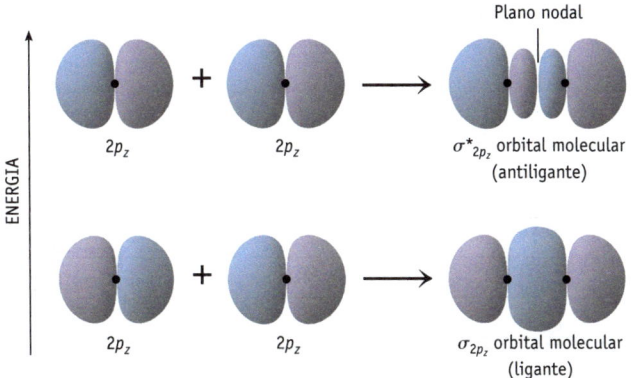

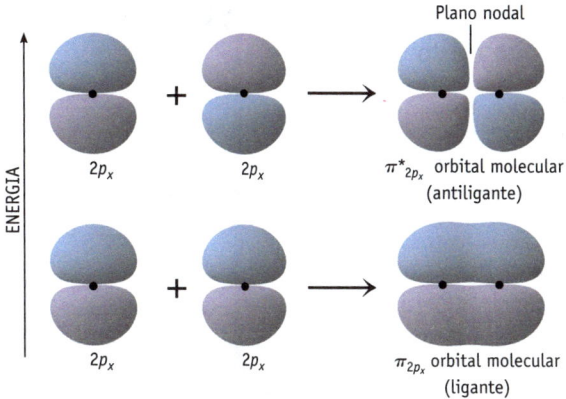

**(a) Orbitais moleculares sigma ($\sigma$) a partir de orbitais atômicos $p$.** Os orbitais moleculares sigma ligantes ($\sigma_{2p}$) e antiligantes ($\sigma^*_{2p}$) surgem da superposição de orbitais $2p$. Cada orbital pode acomodar dois elétrons.

**(b) Orbitais moleculares pi ($\pi$).** A superposição lateral dos orbitais atômicos $2p$ que se encontram na mesma direção no espaço gera os orbitais moleculares pi ligantes ($\pi_{2p}$) e pi antiligantes ($\pi^*_{2p}$).

**FIGURA 9.15  Combinações de orbitais atômicos $p$ para produzir orbitais moleculares $\sigma$ e $\pi$.** Os orbitais $p$ das camadas de elétrons de maior $n$ fornecem orbitais moleculares $\sigma$ e $\pi$ com a mesma forma básica.

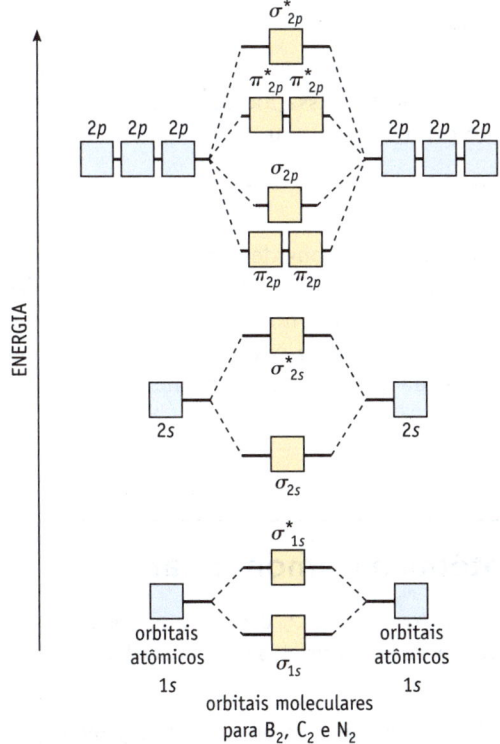

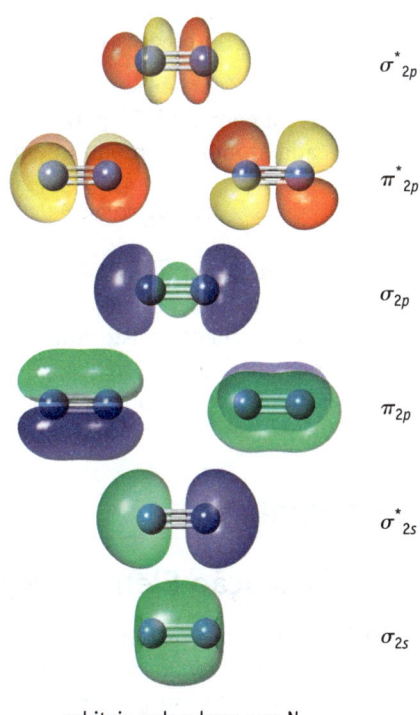

orbitais moleculares para $N_2$

**(a) Diagrama de níveis de energia para $B_2$, $C_2$ e $N_2$.** Para o $O_2$ e $F_2$, o OM $\sigma_{2p}$ tem energia mais baixa que os OMs $\sigma_{2p^*}$.

**(b) Orbitais moleculares para $N_2$ gerados por computador.** Esquema de cores: OMs ocupados possuem coloração azul/verde. OMs vazios apresentam coloração vermelha/amarela. As cores diferentes em determinado orbital refletem as diferentes fases [sinais positivos ou negativos] das funções de onda.

**FIGURA 9.16  Orbitais moleculares para moléculas diatômicas homonucleares de elementos do segundo período.** O diagrama em (a) conduz a conclusões corretas com relação à ordem de ligação e ao comportamento magnético para todas as moléculas diatômicas do segundo período, porém a ordem dos níveis de energia dos OMs nesta figura está correta somente para $B_2$, $C_2$ e $N_2$. (*Um Olhar mais Atento: Orbitais Moleculares para Moléculas Formadas a partir de Elementos do Bloco p*). Uma outra característica dos orbitais moleculares para observar é que, *para determinado conjunto de orbitais, as energias aumentam à medida que o número de nós aumenta*. Assim, o orbital $\sigma^*_{2s}$ (um nó) tem energia mais alta que o $\sigma_{2s}$ (nenhum nó).

**HOMO e LUMO** Os químicos, muitas vezes, referem-se ao OM de maior energia que contém elétrons como HOMO (para "orbital molecular de maior energia ocupado", na sigla em inglês). Para $O_2$, esse é o orbital $\pi^*_{2p}$. Também usamos o termo LUMO para o "orbital molecular de mais baixa energia não ocupado". Para $O_2$, esse é o $\sigma^*_{2p}$.

**Tabela 9.1  Ocupações dos Orbitais Moleculares e Dados Físicos para as Moléculas Diatômicas Homonucleares de Elementos do Segundo Período***

| | B₂ | C₂ | N₂ | | O₂ | F₂ |
|---|---|---|---|---|---|---|
| $\sigma^*_{2p}$ | ☐ | ☐ | ☐ | $\sigma^*_{2p}$ | ☐ | ☐ |
| $\pi^*_{2p}$ | ☐ ☐ | ☐ ☐ | ☐ ☐ | $\pi^*_{2p}$ | ↑ ↑ | ↑↓ ↑↓ |
| $\sigma_{2p}$ | ☐ | ☐ | ↑↓ | $\pi_{2p}$ | ↑↓ ↑↓ | ↑↓ ↑↓ |
| $\pi_{2p}$ | ↑ ↑ | ↑↓ ↑↓ | ↑↓ ↑↓ | $\sigma_{2p}$ | ↑↓ | ↑↓ |
| $\sigma^*_{2s}$ | ↑↓ | ↑↓ | ↑↓ | $\sigma^*_{2s}$ | ↑↓ | ↑↓ |
| $\sigma_{2s}$ | ↑↓ | ↑↓ | ↑↓ | $\sigma_{2s}$ | ↑↓ | ↑↓ |
| Ordem de ligação | Um | Dois | Três | | Dois | Um |
| Energia de dissociação da ligação (kJ/mol) | 290 | 620 | 945 | | 498 | 155 |
| Comprimento da ligação (pm) | 159 | 131 | 110 | | 121 | 143 |
| Comportamento magnético observado (paramagnético ou diamagnético) | Para | Di | Di | | Para | Di |

*Os níveis de energia dos orbitais $\pi_{2p}$ e $\sigma_{2p}$ são invertidos para os elementos situados depois do segundo período da tabela periódica. Consultar *"Um olhar mais Atento"* na página 413.

Segundo, observe a configuração para a molécula diatômica de oxigênio, $O_2$. Essa molécula tem doze elétrons de valência (seis de cada átomo), de modo que possui a configuração do orbital molecular:

*Configuração OM $O_2$:*   [elétrons internos]$(\sigma_{2s})^2(\sigma^*_{2s})^2(\sigma_{2p})^2(\pi_{2p})^4(\pi^*_{2p})^2$

Essa configuração leva a uma ordem de ligação 2 e também especifica dois elétrons desemparelhados (em orbitais moleculares $\pi^*_{2p}$), prevendo-se, assim, que essa molécula deve ser paramagnética, de acordo com o observado experimentalmente. Isso está em contraste com o modelo de Lewis (ligação de valência), no qual se prevê incorretamente que a molécula deveria ser diamagnética. A teoria do orbital molecular tem sucesso onde a teoria de ligação de valência falha. A teoria do OM explica tanto a ordem de ligação observada como o comportamento paramagnético do $O_2$ (página 396).

---

**EXEMPLO 9.6**

## Configuração Eletrônica para um Íon Diatômico Homonuclear

**Problema**  O superóxido de potássio, $KO_2$, um dos produtos da reação entre K e $O_2$, contém o íon superóxido, $O_2^-$. Escreva a configuração eletrônica dos orbitais moleculares para o íon e preveja sua ordem de ligação e seu comportamento magnético.

**O que você sabe?**  Os orbitais 2s e 2p nos dois átomos de oxigênio podem ser combinados para gerar a série de orbitais moleculares mostrada na Tabela 9.1. O íon $O_2^-$ tem 13 elétrons de valência.

**Estratégia**  Utilize o diagrama de níveis de energia para $O_2$ na Tabela 9.1 para formar a configuração eletrônica do íon e a Equação 9.1 para determinar a ordem de ligação. O magnetismo é determinado pela existência de elétrons desemparelhados.

**RESOLUÇÃO**  A configuração do OM para $O_2^-$, um íon com 13 elétrons de valência, é

*Configuração OM do $O_2^-$:*   [elétrons internos]$(\sigma_{2s})^2(\sigma^*_{2s})^2(\sigma_{2p})^2(\pi_{2p})^4(\pi^*_{2p})^3$

Espera-se que o íon seja paramagnético, com um elétron desemparelhado, previsão confirmada experimentalmente. A ordem de ligação é 1,5, porque há oito elétrons ligantes e cinco elétrons antiligantes. A ordem de ligação para $O_2^-$ é mais baixa que para $O_2$. Desse modo, prevemos que a ligação O—O em $O_2^-$ deverá ser mais comprida que a ligação oxigênio-oxigênio em $O_2$. O íon superóxido tem, de fato, um comprimento de ligação O—O de 134 pm, enquanto no $O_2$ o comprimento é de 121 pm.

**Pense bem antes de responder** O íon superóxido contém um número ímpar de elétrons. Trata-se de outra espécie diatômica (além do NO e do $O_2$), para a qual não é possível escrever uma estrutura de Lewis que represente exatamente as ligações.

## Verifique seu entendimento

Os cátions $O_2^+$ e $N_2^+$ são formados quando as moléculas de $O_2$ e $N_2$ são sujeitas à radiação solar de alta energia, na atmosfera superior da Terra. Escreva a configuração eletrônica para $O_2^+$. Preveja a ordem de ligação e o comportamento magnético.

## Orbitais Moleculares para Moléculas Formadas a partir de Elementos do Bloco *p*

### UM OLHAR MAIS ATENTO

Diversas características do diagrama de níveis de energia dos orbitais moleculares na Figura 9.16 e na Tabela 9.1 podem ser descritas mais detalhadamente.

Os orbitais $\sigma$ ligantes e antiligantes das interações $2s$ possuem energias mais baixas que os OMs $\sigma$ e $\pi$ das interações $2p$. O motivo é que os orbitais $2s$ possuem uma energia mais baixa que os orbitais $2p$ nos átomos separados.

A separação das energias entre os orbitais ligantes e antiligantes é maior para $\sigma_{2p}$ do que para $\pi_{2p}$. Isso ocorre porque os orbitais $p$ se superpõem em maior extensão quando estão orientados axialmente (para formar OMs $\sigma_{2p}$) do que quando estão lateralmente (para formar OMs $\pi_{2p}$). Quanto maior for a superposição dos orbitais, maior será a estabilização do OM ligante e maior será a desestabilização do OM antiligante.

Você deve estar surpreso que a Figura 9.16 mostra que os orbitais $\pi_{2p}$ possuem energias mais baixas que o orbital $\sigma_{2p}$. Por que os orbitais $\pi_{2p}$ possuem energia mais baixa? Uma abordagem mais sofisticada para a construção de OMs leva em conta a "mescla" dos orbitais atômicos $s$ e $p$, que possuem energias semelhantes. Isso faz com que os orbitais moleculares $\sigma_{2s}$ e $\sigma^*_{2s}$ possuam energia mais baixa e os orbitais $\sigma_{2p}$ e $\sigma^*_{2p}$ tenham energia mais alta que o esperado.

A mescla de orbitais $s$ e $p$ é importante para $B_2$, $C_2$ e $N_2$, portanto, a Figura 9.16 aplica-se somente para essas moléculas. Para a mescla em $O_2$ e $F_2$ é menos importante, assim, $\sigma_{2p}$ possui energia mais baixa que $\pi_{2p}$ (como mostrado na Tabela 9.1).

## Configurações Eletrônicas para Moléculas Diatômicas Heteronucleares

Moléculas como CO, NO e ClF, que contêm dois elementos diferentes, são exemplos de moléculas diatômicas *heteronucleares*. As descrições de orbitais moleculares para moléculas diatômicas heteronucleares assemelham-se àquelas para moléculas diatômicas homonucleares, mas podem existir diferenças significativas.

O monóxido de carbono é uma molécula importante, por isso vale a pena dar uma olhada em sua ligação. Os orbitais $2s$ e $2p$ do O possuem uma energia relativamente menor que os orbitais $2s$ e $2p$ do C (página 306). Apesar disso, esses átomos e seus orbitais podem ser combinados como nas moléculas diatômicas homonucleares para formar um diagrama de orbitais moleculares semelhante ao do $N_2$. Os 10 elétrons de valência do CO são adicionados aos orbitais moleculares disponíveis, começando com aqueles de menor energia. Desse modo, a configuração eletrônica de orbitais moleculares para CO será

*Configuração OM do CO:* [elétrons internos]$(\sigma_{2s})^2(\sigma^*_{2s})^2(\pi_{2p})^4(\sigma_{2p})^2$

Isso mostra que o CO possui uma ordem de ligação de 3 (duas ligações $\pi$ e uma ligação $\sigma$), como esperado a partir da estrutura de Lewis.

## Ressonância e Teoria do OM

O ozônio, $O_3$, é uma molécula triatômica simples em que os comprimentos das ligações oxigênio-oxigênio são iguais. Comprimentos iguais das ligações X—O também são observados em outras moléculas e íons, como $SO_2$, $NO_2^-$ e $HCO_2^-$. A teoria de ligação de valência introduziu a ressonância para representar as ligações equivalentes dos átomos de oxigênio nessas estruturas, mas a teoria do OM também fornece uma visão útil da ligação nessas moléculas e íons.

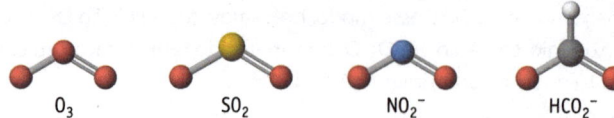

Para entender a ligação no ozônio, começaremos olhando a ligação de valência. Primeiro, presume-se que os três átomos de O possuem hibridização $sp^2$. O átomo central usa seus orbitais híbridos $sp^2$ para formar duas ligações $\sigma$ e acomodar um par isolado. Os átomos terminais usam seus orbitais híbridos $sp^2$ para formar uma ligação $\sigma$ e acomodar dois pares isolados. Desse modo, sete dos nove pares de elétrons de valência são pares isolados e pares da ligação $\sigma$ do $O_3$ (Figura 9.17a). A ligação $\pi$ no ozônio resulta dos dois pares restantes (Figura 9.17b). Como supomos que cada átomo de oxigênio no $O_3$ tenha hibridização $sp^2$, resta um orbital $p$ não hibridizado, perpendicular ao plano que formam os três átomos de oxigênio. Assim, esses orbitais ficam na orientação correta para formar uma ligação $\pi$.

Para simplificar, vamos agora aplicar a teoria do OM somente para esses três orbitais $p$ que estão envolvidos na ligação $\pi$ do ozônio. Começaremos recordando um princípio dessa teoria: o número de orbitais moleculares deve ser igual ao número de orbitais atômicos. Assim, os três orbitais atômicos $2p$ devem ser combinados de modo a formar três orbitais moleculares.

Um OM $\pi_p$ do ozônio é um orbital ligante, porque os três orbitais $p$ estão "em fase" ao longo da molécula (Figura 9.17b). Outro OM $\pi_p$ é antiligante, porque o orbital atômico no átomo central está "fora de fase" com os orbitais $p$ dos átomos terminais. O terceiro OM $\pi_p$ é *não ligante*, porque o orbital $p$ central não participa do OM. (Os elétrons nesse orbital molecular residiriam somente nos dois átomos terminais; eles não se superpõem e, desse modo, também não ajudam nem atrapalham a ligação na molécula.)

Um dos dois pares de elétrons $\pi_p$ do $O_3$ ocupa o nível de menor energia ou o OM ligante $\pi_p$, que é deslocalizado na molécula (assim como indica a teoria de ligação de valência sobre o híbrido de ressonância). O orbital não ligante $\pi_p$ é ocupado também, mas os elétrons nesse orbital estão concentrados perto dos dois oxigênios terminais. Sendo assim, existe uma cadeia de apenas um par de elétrons ligantes $\pi_p$ para duas ligações O—O, formando uma ordem de ligação $\pi$ para $O_3$ de 0,5 para cada ligação O—O. Como a ordem da ligação $\sigma$ é de 1,0, e a ordem da ligação $\pi$ é de 0,5, a ordem líquida da ligação oxigênio-oxigênio é 1,5, o mesmo valor dado pela teoria de ligação de valência.

A observação de que os orbitais moleculares $\pi$ para o ozônio estendem-se sobre três átomos ilustra um ponto importante a respeito da teoria do orbital molecular: *os orbitais podem se estender além de dois átomos*. Na teoria de ligação de valência, por outro lado, as representações para a ligação são baseadas na capacidade de localizar pares de elétrons das ligações entre dois átomos. Para ilustrar melhor a abordagem do OM, observe uma vez mais o benzeno (Figura 9.18). Anteriormente afirmamos que os elétrons $\pi$ nessa molécula estão espalhados por todos os seis átomos de carbono. Podemos agora ver como a mesma observação pode ser feita com a teoria do OM. Seis orbitais $p$ contribuem para o sistema $\pi$. Como o número de orbitais moleculares deve se igualar ao número de orbitais atômicos, deverá haver seis orbitais moleculares $\pi$ no benzeno. Um diagrama de níveis de energia para o benzeno mostra que os seis elétrons $\pi$ residem nos três orbitais moleculares de menor energia (ligantes).

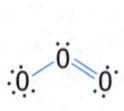

Estrutura de Lewis do $O_3$. Os átomos de O possuem hibridização $sp^2$.

Modelo molecular

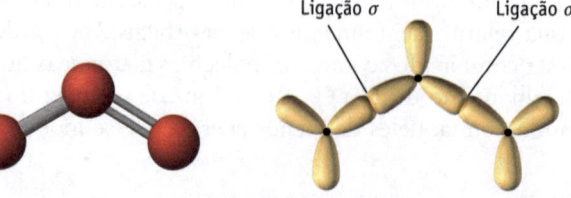

Representação da ligação $\sigma$ do $O_3$ usando orbitais híbridos $sp^2$.

**(a)** O ozônio, $O_3$, possui ligações oxigênio-oxigênio com comprimentos iguais o que na teoria de ligação de valência seria deduzido a partir das estruturas de ressonância.

A ligação $\sigma$ no $O_3$ é formada pela utilização dos orbitais híbridos $sp^2$ de cada átomo de O. Assim, esses átomos formam duas ligações $\sigma$ e acomodam cinco pares isolados.

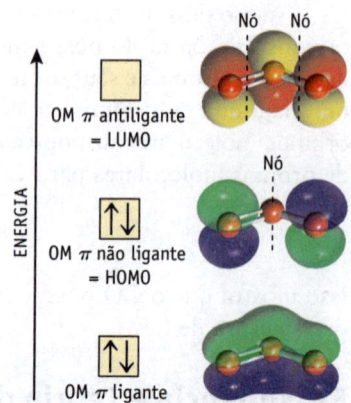

ENERGIA

OM $\pi$ antiligante = LUMO

OM $\pi$ não ligante = HOMO

OM $\pi$ ligante

**(b)** Diagrama de orbitais moleculares $\pi$ para o ozônio. Novamente, observe que as energias dos OMs aumentam à medida que o número de nós aumenta.

**FIGURA 9.17.** **Um modelo de ligação para o ozônio, $O_3$.**

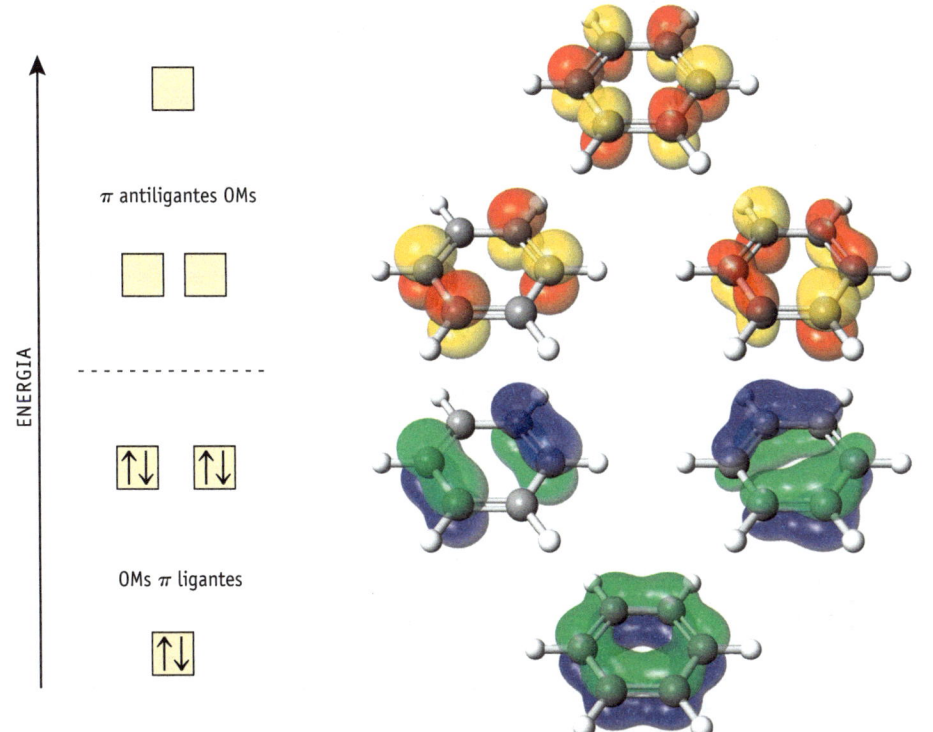

**FIGURA 9.18 Diagramas de níveis de energia dos orbitais moleculares para o benzeno.** Como há seis orbitais $p$ não hibridizados (um em cada átomo de C), seis orbitais moleculares $\pi$ podem ser formados – três ligantes e três antiligantes. Os três orbitais moleculares ligantes acomodam seis elétrons $\pi$. Finalmente, observe que as energias dos OMs aumentam à medida que o número de nós aumenta.

ENERGIA

$\pi$ antiligantes OMs

OMs $\pi$ ligantes

# 9.3 Teorias de Ligação Química: Um Resumo

## Objetivo da Seção 9.3

● Entender e usar a teoria de ligação de valência e a teoria do orbital molecular, as duas teorias mais comumente usadas na ligação covalente, para descrever a ligação em moléculas e íons pequenos.

Neste capítulo, introduzimos dois modelos diferentes de ligação química: teoria de ligação de valência e teoria do orbital molecular. Ambas as teorias fornecem boas descrições da ligação nas moléculas e íons poliatômicos, mas elas são úteis em diferentes situações. A teoria de ligação de valência é normalmente o método de escolha para fornecer uma ideia visual qualitativa da estrutura e ligação molecular. Essa teoria é especialmente útil para moléculas constituídas de muitos átomos e fornece uma descrição da ligação para moléculas em seus estados fundamentais ou de mais baixa energia.

A ideia-chave em ambas as teorias é a de que os orbitais em dois ou mais átomos se superpõem tão eficazmente quanto possível, de tal forma que os elétrons ligantes são trazidos sob a influência dos núcleos dos átomos. Na teoria de ligação de valência, visualizamos as ligações como resultantes da superposição de orbitais atômicos nos níveis de valência de dois átomos. Para combinar com o arranjo em torno do átomo central, a teoria de ligação de valência adiciona a ideia de que os orbitais de valência do átomo central sofrem hibridização para combinar com seu arranjo. Considerando apenas orbitais de valência $s$ e $p$, os conjuntos de orbitais híbridos encontrados nos compostos dos elementos do grupo principal são:

| ORBITAIS HÍBRIDOS | ORBITAIS ATÔMICOS USADOS | NÚMERO DE ORBITAIS HÍBRIDOS | ARRANJO |
|---|---|---|---|
| $sp$ | $s + p$ | 2 | Linear |
| $sp^2$ | $s + p + p$ | 3 | Trigonal plana |
| $sp^3$ | $s + p + p + p$ | 4 | Tetraédrica |

Certifique-se de que o número de orbitais híbridos seja igual ao número de orbitais combinados. Os orbitais resultantes então se combinam com outros orbitais atômicos ou híbridos para acomodar pares ligantes ou pares

## UM OLHAR MAIS ATENTO | Ligações de Três Centros em $HF_2^-$, $B_2H_6$ e $SF_6$

Embora a maioria dos compostos conhecidos possa ser descrita pela teoria de Lewis, a natureza (e a Química) tem uma surpresa aqui e agora. Você já viu uma série de exemplos (principalmente em $O_2$ e NO) em que é possível desenhar estruturas simples de pontos. Nesses casos, voltamos à teoria do OM para entender a ligação.

Vamos dar uma olhada no íon $HF_2^-$, formado a partir de $F^-$ e HF. Esse íon tem uma estrutura linear (F—H—F) com um átomo de hidrogênio entre dois átomos de flúor. Dos 16 elétrons de valência no íon, existem 4 que podem ser utilizados na ligação (os outros 12 são pares isolados no F).

Mas como podemos explicar a ligação no íon? A melhor maneira é usar a teoria do OM. Começamos com três orbitais atômicos, os orbitais $2p_z$ em cada átomo de flúor e o orbital $1s$ no hidrogênio.

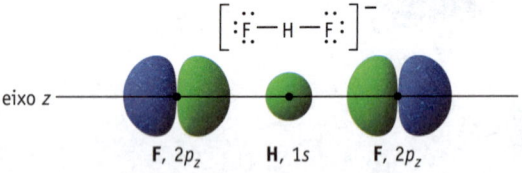

orbitais de valência disponíveis no F—H—F$^-$

**Três orbitais atômicos do H e F se combinam para produzir três orbitais moleculares, um orbital molecular α ligante ocupado por um par de elétrons.**

Como no modelo usado para a ligação $\pi$ no ozônio (Figura 9.17), três orbitais (nesse caso, os orbitais $1s$ para H e os orbitais $2p_z$ para cada F) combinam-se para formar três orbitais moleculares, um ligante, um não ligante e um antiligante. Um par de elétrons de valência é disposto no OM ligante e outro no OM não ligante para formar uma cadeia de uma ligação. Esse resultado, que explica a ligação, é referido, muitas vezes, como modelo de *ligação de três centros/quatro elétrons*.

O diborano, $B_2H_6$, é outra molécula para a qual uma estrutura de pontos de Lewis aceitável não pode ser desenhada. Como mostra a estrutura abaixo, cada átomo de boro possui geometria tetraédrica distorcida.

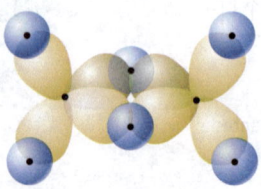

**(a)**     **(b)**

A estrutura do diborano, $B_2H_6$, uma molécula que envolve ligações B—H—B de três centros, dois elétrons

A molécula apresenta dois átomos terminais de hidrogênio ligados a cada átomo de boro, e dois átomos de hidrogênio unem os dois átomos de boro. Químicos referem-se ao diborano como "deficiente de elétrons" porque dois átomos de B e seis átomos de H não contribuem o suficiente com os elétrons (apenas seis pares) para oito ligações de dois elétrons.

Podemos novamente explicar a ligação nessa molécula usando a teoria do OM com ligações de três centros, cada uma envolvendo os dois átomos de boro e um átomo de H. Começamos presumindo que cada átomo de B possui hibridização $sp^3$. Os quatro átomos terminais de H ligam-se aos átomos de B com

ligações de dois elétrons usando 8 dos 12 elétrons e dois dos orbitais híbridos $sp^3$ em cada átomo de B. Os 4 elétrons restantes explicam as duas pontes B—H—B. Três orbitais moleculares que englobam os átomos B—H—B em cada ponte podem ser construídos a partir dos dois orbitais híbridos $sp^3$ restantes em cada átomo de B e um orbital $1s$ do átomo de H. Novamente, um OM é ligante, um é não ligante e um é antiligante. Dois elétrons são atribuídos ao orbital ligante, resultando em uma ligação de *três centros/dois elétrons*. Não é de surpreender que esse tipo de ligação seja mais fraca que uma ligação típica de dois centros/dois elétrons, e o diborano dissocia-se em duas moléculas de $BH_3$ sob temperaturas relativamente baixas.

**Uma superposição de orbitais $sp^3$ de cada átomo de B com um orbital $1s$ do átomo de H criando ligações de três centros/dois elétrons.**

E, finalmente, retornamos a uma questão apresentada anteriormente: *se os orbitais d estão envolvidos na ligação em alguns dos compostos de elementos do grupo principal*. A teoria sugere que os orbitais *d* não estão significativamente envolvidos na ligação de íons como $SO_4^{2-}$ e $PO_4^{3-}$. Se aceitarmos a ideia de que orbitais *d* têm energia elevada para ser usada na ligação dos compostos de elementos do grupo principal, como podemos usar orbitais híbridos que envolvam orbitais *d* para descrever a ligação em $PF_5$ e $SF_6$, por exemplo? Outro modelo de ligação é necessário, e a teoria do orbital molecular fornece a alternativa sem o uso de orbitais *d*.

Considere $SF_6$ com uma geometria octaédrica nos pares de elétrons. A molécula tem um total de 24 pares de elétrons de valência. Desses, 18 estão envolvidos como pares isolados nos átomos de F, portanto 6 pares de elétrons estão comprometidos nas 6 ligações S—F. Vamos analisar especificamente a ligação entre o átomo de enxofre e os dois de flúor ao longo de cada um dos três eixos.

**Três orbitais atômicos do S e F se combinam para produzir três orbitais moleculares, um orbital σ ligante ligante ocupado por um par de elétrons.**

Ao longo do eixo z, por exemplo, os orbitais ligantes, não ligantes e antiligantes podem ser construídos a partir de combinações do orbital $3p_z$ do enxofre com os dois orbitais $2p_z$ do flúor. Quatro elétrons são dispostos nos orbitais ligantes e não ligantes. Essa descrição é repetida nos eixos x e y, significando que dois pares de elétrons estão envolvidos no grupo F—S—F ao longo de cada eixo. Isto é, cada um dos três "grupos" F—S—F está unido a uma ligação de três centros/quatro elétrons, o que, portanto, explica a ligação em $SF_6$ sem o uso de orbitais *d*.

solitários. Se os orbitais não são usados na formação dos orbitais híbridos, eles podem estar vazios (e levam a uma molécula particularmente reativa) ou podem ser usados para formar ligações π.

Na teoria do orbital molecular, visualizamos que os orbitais atômicos nos átomos se combinam para formar novos orbitais pertencentes à molécula como um todo. Como na formação dos orbitais híbridos, o número de orbitais moleculares é sempre igual ao número de orbitais combinados. Os orbitais moleculares ligantes têm energia mais baixa que os orbitais que lhes deram origem e os orbitais antiligantes têm maior energia; em alguns casos, também estão presentes os orbitais moleculares não ligantes. Como você pode ver em muitas figuras na Seção 9.2 (veja a Figura 9.17 em particular), a energia dos orbitais moleculares aumenta com o número de planos nodais.

Em contraste à teoria de ligação de valência, a teoria do orbital molecular é usada quando é necessária uma visão quantitativa da ligação e é essencial se desejamos descrever moléculas em estados excitados de energia mais alta. Entre outras coisas, isso é importante para explicar as cores de compostos. Finalmente, para algumas poucas moléculas, como NO e $O_2$, a teoria do orbital molecular é a única das duas teorias que pode descrever suas ligações com exatidão.

## 9.1 Pesquisando Moléculas com Espectroscopia de Fotoelétrons

### APLICANDO OS PRINCÍPIOS QUÍMICOS

A espectroscopia de fotoelétrons é uma técnica instrumental que possibilita a medida de energias dos elétrons nos átomos e moléculas. Nessa técnica, átomos ou moléculas na fase gasosa são ionizados por radiação de alta energia. Para a molécula (M), o processo ocorre da seguinte forma:

$$M + h\nu \rightarrow M^+ + e^-$$

Um fóton com energia suficiente ($h\nu$) pode fazer com que um elétron seja removido do átomo ou da molécula. Se o fóton possui energia suficiente, acima do limite requerido para ionização, a energia em excesso é transmitida como energia cinética ao elétron removido. A energia de ionização, a energia do fóton absorvido e a energia cinética do elétron removido estão relacionadas pela equação.

$$EI = h\nu - EC(elétron)$$

A espectroscopia de fotoelétrons pode ser usada para estudar a distribuição de energias dos elétrons mais internos e dos elétrons de valência. A ionização de um elétron interno requer uma radiação de raios X, enquanto a ionização dos elétrons de valência (que são responsáveis pelas ligações nas moléculas) requer radiação (UV) de menor energia.

O gás hélio é a fonte mais comum de radiação UV utilizada para a espectroscopia de fotoelétrons de moléculas. Quando são excitados, os átomos de He emitem radiação quase monocromática (comprimento de onda único) de 58,4 nm. A energia desses fótons está acima do limite requerido para remover elétrons de muitos orbitais moleculares da camada de valência.

A figura mostra o espectro de fotoelétrons da camada de valência para moléculas de $N_2$. O diagrama dos orbitais moleculares (Figura 9.16 e Tabela 9.1) indica que $N_2$ possui quatro tipos de orbitais preenchidos: $\sigma_{2s}$, $\sigma^*_{2s}$, $\pi_{2p}$ e $\sigma_{2p}$. O espectro de fotoelétrons detecta três agrupamentos de elétrons removidos com energias médias de ionização de 15,6 eV, 16,7 eV e 18,6 eV (em que 1 elétron-volt = 1,60218 × $10^{-19}$ J). Esses elétrons são removidos dos orbitais $\sigma^*_{2s}$, $\pi_{2p}$ e $\pi_{2p}$, respectivamente. Um quarto pico não é visto porque a energia requerida para remover um elétron do orbital $\sigma_{2s}$ é maior que aquela dos fótons emitidos pelos átomos de hélio excitados.

Os picos extras, mais evidentes em torno de 17–18 eV, são associados com a ionização do orbital π. Eles resultam do acoplamento da energia de ionização e da energia resultante das vibrações moleculares.

### Questões:

1. A espectroscopia de fotoelétrons é semelhante ao efeito fotoelétrico (Seção 6.2). Entretanto, no efeito fotoelétrico, os elétrons são removidos quando a luz atinge a superfície de um _____.
2. Qual é a energia em kJ/mol do fóton com um comprimento de onda de 58,4 nm?
3. Usando a figura que acompanha o texto, afirme qual orbital molecular ($\sigma^*_{2s}$, $\pi_{2p}$, ou $\sigma_{2p}$) tem uma energia de ionização de 15,6 eV.
4. A energia cinética de um elétron removido do orbital molecular $\sigma^*_{2s}$ de $N_2$ usando radiação de 58,4 nm é 4,23 × $10^{-19}$ J. Qual é a energia de ionização, em kJ/mol e eV, de um elétron desse orbital?
5. Os íons $N_2^+$, que são formados quando os elétrons com energias de ionização de 15,6 eV e 16,7 eV são removidos, estão associados com comprimentos de ligação maiores que o do íon quando um elétron com uma energia de ionização de 18,6 eV é criado. Por quê?

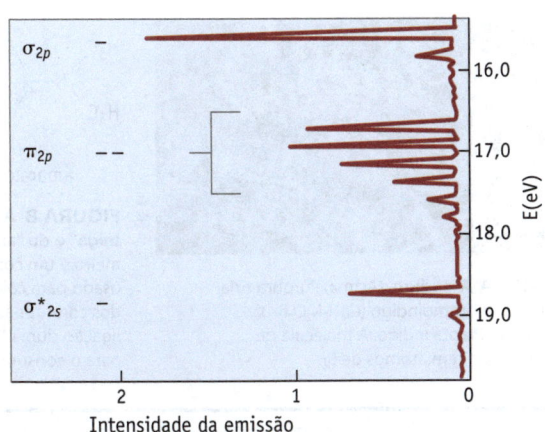

**O espectro fotoeletrônico do gás $N_2$.** (Adaptado de MIESSLER, G. L.; TARR, D. A. *Inorganic Chemistry*. 3. ed. [S.l.]: Pearson, 2004. p. 131).

# 9.2 Química Verde, Corantes Seguros e Orbitais Moleculares

Os químicos têm como obrigação não apenas pesquisar novos materiais úteis como também garantir que sejam seguros quanto ao uso e produzidos com toda segurança possível. Essa é a essência da "química verde", e um recente sucesso tem ocorrido na indústria de corantes.

Corantes e pigmentos têm sido usados por séculos porque os humanos desejam roupas e objetos coloridos. Os corantes sempre foram extraídos de plantas, como cascas de cebola, repolho-roxo e frutos. Alguns, entretanto, também vêm de animais, e um deles, a púrpura tíria, foi especialmente valorizado. Esse corante, conhecido pelos gregos antigos, pode ser extraído de um gastrópode marinho, *Murex brandaris*. O problema é que são necessários 12 mil gastrópodes minúsculos para produzir corante suficiente para colorir uma pequena porção de uma peça de vestuário. Felizmente, descobriu-se mais tarde que um belo corante azul escuro poderia ser obtido da planta índigo, e plantações dela foram estabelecidas em partes da América colonial. (O índigo e a púrpura tíria têm o mesmo esqueleto estrutural, mas no índigo faltam dois átomos de Br.)

O primeiro corante sintético foi produzido por acidente em 1856. William Perkin, aos 18 anos, estava à procura de um medicamento contra a malária, mas o caminho que ele escolheu para fazê-lo levou-o, em vez disso, ao corante mauveína. Como os corantes estavam altamente valorizados, sua descoberta conduziu à síntese de muitos outros corantes. Alguns dizem que a descoberta de Perkin levou à indústria química moderna.

Químicos têm desenvolvido um grande número de corantes, entre eles corantes azo, assim chamados porque contêm uma ligação dupla N=N (um grupo azo). Um exemplo é o "amarelo manteiga" (Figura B). Esse nome foi dado porque originalmente foi usado para dar à manteiga uma cor amarela mais atraente. O problema surgiu quando se descobriu que o composto era cancerígeno.

O fato de alguns corantes não serem seguros levou os químicos a procurar por alguns que produzissem a cor desejada, mas que não fossem tóxicos. No caso do amarelo manteiga, a solução foi adicionar um grupo —NO$_2$ à molécula para produzir um novo corante amarelo que fosse fácil de sintetizar e de uso seguro.

A estrutura do índigo é típica de muitos corantes: possui ligações duplas alternadas (C=C e C=O) que se estendem através da molécula. Os corantes azo apresentam estruturas semelhantes que

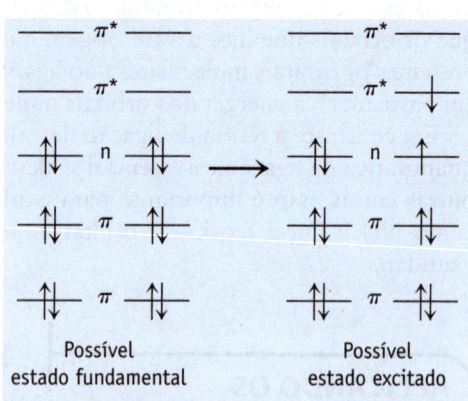

**FIGURA C** A luz é absorvida por uma molécula de corante pela promoção de um elétron de um orbital molecular não ligante a um orbital molecular $\pi$ antiligante. (A absorção de luz pelas moléculas ocorre pela promoção de um elétron de cada uma delas de um orbital molecular de menor energia para outro de maior energia.)

Possível estado fundamental → Possível estado excitado

alternam duplas ligações. De fato, todos possuem cadeias de ligações $\pi$ estendidas por quase toda a molécula, e é isso que conduz à sua cor. Essas ligações $\pi$ estendidas produzem orbitais moleculares antiligantes $\pi$ de baixa energia. Quando a luz visível atinge a referida molécula, um elétron pode ser excitado de um orbital molecular ligante ou não ligante a um orbital molecular antiligante, e a luz é absorvida (Figura C). Os olhos enxergam os comprimentos de onda da luz não absorvida pela molécula, assim possui a cor dos comprimentos de onda restantes da luz. Por exemplo, na página 195 você viu um caso em que uma substância absorve comprimentos de onda da luz na região azul do espectro, de modo que se enxerga a luz vermelha.

**FIGURA A  Índigo.** (Acima) Púrpura tíria ou 6,6'-dibromoíndigo ($C_{16}H_8N_2O_2Br_2$). (Abaixo) Planta índigo. A molécula de índigo não tem átomos de Br.

amarelo manteiga

amarelo manteiga nitrado

**FIGURA B  A estrutura do "amarelo manteiga" e do "amarelo manteiga nitrado."** O primeiro é um corante sintético originalmente usado para colorir a manteiga. Pertence à classe dos corantes azo, todos caracterizados por uma ligação dupla N=N. A versão nitrada é segura para o consumo humano.

John C. Katz

## Questões:

1. Qual é a fórmula empírica da púrpura tíria?
2. O amarelo manteiga absorve luz com um comprimento de onda de 408 nm, enquanto a forma nitrada absorve a 478 nm. Qual absorve maior energia?
3. Quantas ligações duplas alternadas existem na púrpura tíria? E no amarelo manteiga nitrado?

# OBJETIVOS REVISITADOS

Os objetivos para este capítulo são marcados com as Questões para Estudo específicas para ajudá-lo a organizar sua revisão.

## 9.1 TEORIA DE LIGAÇÃO DE VALÊNCIA

- Entender, através da superposição de orbitais, como surgem as ligações sigma (σ) e pi (π). **1, 3, 5, 32-33, 48, 55, 56, 68.**

- Identificar os orbitais híbridos usados para casar com o arranjo em torno do átomo central. **1-6, 15, 16, 55, 56, 58.**

## 9.2 TEORIA DO ORBITAL MOLECULAR

- Escrever as configurações de orbital molecular para moléculas ou íons diatômicos simples, determinar a ordem de ligação de cada espécie e prever o comportamento magnético. **21-28, 42, 45-47.**

## 9.3 TEORIAS DE LIGAÇÃO QUÍMICA: UM RESUMO

- Entender e usar a teoria de ligação de valência e a teoria do orbital molecular, as duas teorias mais comumente usadas para ligação covalente, para descrever a ligação em moléculas e íons pequenos. **21, 23, 43, 64.**

## EQUAÇÃO-CHAVE

**Equação 9.1** Usada para calcular a ordem de uma ligação da configuração eletrônica dos orbitais moleculares.

$$\text{Ordem de ligação} = 1/2 \ (\text{número de elétrons nos OMs ligantes} - \text{número de elétrons nos OMs antiligantes})$$

# QUESTÕES PARA ESTUDO

▲ denota questões desafiadoras.

Questões numeradas em verde têm as respostas no Apêndice N.

## Praticando Habilidades

### Teoria de Ligação de Valência

(*Veja os Exemplos 9.1-9.3.*)

1. Desenhe a estrutura de Lewis para o clorofórmio, $CHCl_3$. Qual é o arranjo e qual é a geometria molecular? Que orbitais em C, H e Cl se superpõem para formar ligações entre esses elementos?

2. Desenhe a estrutura de Lewis para $NF_3$. Qual é o arranjo e qual é a geometria molecular? Qual é a hibridização do átomo de nitrogênio? Que orbitais de N e F se superpõem para formar ligações entre esses elementos?

3. Desenhe a estrutura de Lewis para a hidroxilamina, $H_2NOH$. Qual é a hibridização do nitrogênio e do oxigênio nessa molécula? Quais orbitais se superpõem para formar a ligação entre nitrogênio e oxigênio?

4. Desenhe a estrutura de Lewis para 1,1-dimetilhidrazina [$(CH_3)_2NNH_2$, um composto usado como combustível de foguete]. Qual é a hibridização dos dois átomos de nitrogênio nessa molécula? Quais orbitais se superpõem para formar a ligação entre os átomos de nitrogênio?

5. Desenhe a estrutura de Lewis para o fluoreto de carbonila, $COF_2$. Qual é o arranjo e qual é a geometria molecular em torno do átomo central? Qual é a hibridização do átomo de carbono? Quais orbitais se superpõem para formar as ligações $\sigma$ e $\pi$ entre carbono e oxigênio?

6. Desenhe a estrutura de Lewis para a acetamida, $CH_3CONH_2$. Qual é o arranjo em torno dos dois átomos de C? Qual é a hibridização de cada um desses átomos de C? Que orbitais

se superpõem para formar as ligações $\sigma$ e $\pi$ entre carbono e oxigênio?

**7.** Especifique o arranjo e a geometria molecular para cada átomo sublinhado na seguinte lista. Descreva o conjunto dos orbitais híbridos utilizados pelo átomo sublinhado em cada molécula ou íon.

(a) $\underline{B}Br_3$    (b) $\underline{C}O_2$    (c) $\underline{C}H_2Cl_2$    (d) $\underline{C}O_3^{2-}$

**8.** Especifique o arranjo e a geometria molecular para cada átomo sublinhado na seguinte lista. Descreva o conjunto dos orbitais híbridos utilizados pelo átomo sublinhado em cada molécula ou íon.

(a) $\underline{C}Se_2$    (b) $\underline{S}O_2$    (c) $\underline{C}H_2O$    (d) $\underline{N}H_4^+$

**9.** Descreva o conjunto dos orbitais híbridos utilizados em cada um dos átomos indicados nas seguintes moléculas:

(a) os átomos de carbono e o átomo de oxigênio no éter dimetílico, $CH_3OCH_3$

(b) cada átomo de carbono no propeno

$$H_3C-\underset{\underset{H}{|}}{C}=CH_2$$

(c) Os dois átomos de carbono e o átomo de nitrogênio no aminoácido glicina

$$H-\underset{\cdot\cdot}{\overset{H}{N}}-\underset{\underset{H}{|}}{\overset{H}{C}}-\overset{:O:}{C}-\overset{\cdot\cdot}{O}-H$$

**10.** Qual é o conjunto dos orbitais híbridos utilizados em cada um dos átomos indicados nas seguintes moléculas:

(a)
$$H-\underset{\cdot\cdot}{\overset{H}{N}}-\overset{:O:\ H}{\underset{\cdot\cdot}{C}}-\underset{\cdot\cdot}{\overset{H}{N}}-H$$

(b)
$$H_3\underline{C}-\underset{\underset{H}{|}}{\overset{H}{\underline{C}}}=\underline{C}-\underset{\underset{H}{|}}{\overset{H}{\underline{C}}}=\overset{\cdot\cdot}{O}$$

(c)
$$H-\underset{\underset{H}{|}}{\overset{H}{\underline{C}}}=\underset{\underset{H}{|}}{\overset{H}{C}}-\underline{C}\equiv N:$$

**11.** Desenhe as estruturas de Lewis do ácido $HPO_2F_2$ e de seu ânion $PO_2F_2^-$. Qual é a geometria molecular e a hibridização do átomo de fósforo em cada espécie? (H liga-se ao átomo de O no ácido).

**12.** Desenhe as estruturas de Lewis do ácido $HSO_3F$ e de seu ânion $SO_3F^-$. Qual é a geometria molecular e a hibridização do átomo de enxofre em cada espécie? (H liga-se ao átomo de O no ácido.)

**13.** Qual é a hibridização do átomo de carbono no fosgênio, $Cl_2CO$? Dê uma descrição completa das ligações $\sigma$ e $\pi$ nessa molécula.

**14.** Qual é a hibridização dos átomos de carbono no benzeno, $C_6H_6$? Descreva as ligações $\sigma$ e $\pi$ nesse composto.

**15.** Qual é o arranjo e qual é a geometria molecular em torno do átomo central S no cloreto de tionila, $SOCl_2$? Qual é a hibridização do enxofre nesse composto?

**16.** Qual é o arranjo e qual é a geometria molecular em torno do átomo central S no cloreto de sulfurila, $SO_2Cl_2$? Qual é a hibridização do enxofre nesse composto?

**17.** O arranjo dos grupos ligados aos átomos de carbono envolvidos em uma ligação dupla C=C conduz aos isômeros *cis* e *trans*. Para cada composto a seguir, desenhe o outro isômero.

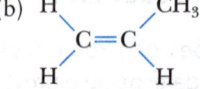

**18.** Para cada composto abaixo, decida se os isômeros *cis* e *trans* são possíveis. Se o isomerismo for possível, desenhe o outro isômero.

(a)
(b)
(c)

### Teoria do Orbital Molecular
(*Veja os Exemplos 9.4-9.6.*)

**19.** O íon molecular hidrogênio, $H_2^+$, pode ser detectado espectroscopicamente. Escreva a configuração eletrônica do íon em termos de orbitais moleculares. Qual é a ordem de ligação do íon? A ligação hidrogênio-hidrogênio é mais forte ou mais fraca no $H_2^+$, em comparação com o $H_2$?

**20.** Apresente as configurações eletrônicas para os íons $Li_2^+$ e $Li_2^-$ em termos de orbitais moleculares. Compare a ordem de ligação Li—Li nesses íons com a ordem de ligação no $Li_2$.

**21.** O carbeto de cálcio, $CaC_2$, contém o íon acetileto, $C_2^{2-}$. Desenhe o diagrama de níveis de energia dos orbitais moleculares para esse íon e a estrutura eletrônica de pontos.

(a) Quantas ligações $\sigma$ e $\pi$ o íon possui?

(b) Qual é a ordem da ligação carbono-carbono?

(c) Compare as figuras de ligação de valência e de OM em relação ao número de ligações $\sigma$ e $\pi$ e à ordem de ligação.

(d) Como a ordem de ligação foi alterada ao adicionar elétrons ao $C_2$ para formar o $C_2^{2-}$? (e) O íon $C_2^{2-}$ é paramagnético?

**22.** O hexafluoreto de platina é um agente oxidante muito forte. Pode até oxidar o oxigênio formando $O_2^+PtF_6^-$. Desenhe o diagrama de níveis de energia dos orbitais moleculares para o íon $O_2^+$. Quantas ligações $\sigma$ e $\pi$ o íon possui? Qual é a ordem da ligação oxigênio-oxigênio? Como a ordem de ligação foi alterada ao retirar um elétron do $O_2$ para formar $O_2^+$? O íon $O_2^+$ é paramagnético?

**23.** Quando o sódio e o oxigênio reagem, um dos produtos obtidos é o peróxido de sódio, $Na_2O_2$. O ânion nesse composto é o íon peróxido, $O_2^{2-}$. Escreva a configuração eletrônica para esse íon em termos de orbitais moleculares e desenhe a estrutura eletrônica de pontos.

(a) Compare o íon com a molécula $O_2$ em relação ao seguinte: caráter magnético, número líquido de ligações $\sigma$ e $\pi$, ordem de ligação e comprimento de ligação oxigênio–oxigênio.

(b) Compare as figuras de ligação de valência e de OM em relação ao número de ligações $\sigma$ e $\pi$ e à ordem de ligação.

**24.** Quando o potássio e o oxigênio reagem, um dos produtos obtidos é o superóxido de potássio, $KO_2$. O ânion nesse composto é o íon superóxido, $O_2^-$. Escreva a configuração eletrônica para esse íon em termos de orbitais moleculares, e, então, compare-a com a configuração eletrônica da molécula de $O_2$ com relação aos seguintes critérios:

(a) caráter magnético
(b) número de ligações $\sigma$ e $\pi$
(c) ordem de ligação
(d) comprimento de ligação oxigênio-oxigênio

Cortesia da Mine Safety Appliances Company

**Um aparelho de respiração de circuito fechado que gera o seu próprio oxigênio.** Uma fonte de oxigênio é o superóxido de potássio ($KO_2$). Tanto o dióxido de carbono como a umidade, exalados pelo usuário para o interior do tubo de respiração, reagem com $KO_2$ para gerar oxigênio.

**25.** Entre as seguintes alternativas, qual possui a ligação mais curta e qual possui a mais longa: $Li_2$, $B_2$, $C_2$, $N_2$, $O_2$?

**26.** Considere a seguinte lista de pequenas moléculas e íons: $C_2$, $O_2^-$, $CN^-$, $O_2$, $CO$, $NO$, $NO^+$, $C_2^{2-}$, $OF^-$. Identifique todas as espécies que têm uma ordem de ligação igual a 3, todas as espécies que são paramagnéticas e espécies que têm uma ordem de ligação fracionada.

**27.** Presumindo-se que o diagrama de níveis de energia mostrado na Figura 9.16 possa ser aplicado à molécula heteronuclear ClO.

(a) Escreva a configuração eletrônica para o monóxido de cloro, ClO.
(b) Qual é o orbital molecular ocupado de maior energia (o HOMO)?
(c) A molécula é diamagnética ou paramagnética?
(d) Qual é o número de ligações $\sigma$ e $\pi$? Qual é a ordem de ligação no ClO?

**28.** O íon nitrosilo, $NO^+$, possui uma química interessante. Suponha que o diagrama de orbitais moleculares mostrado na Figura 9.16 aplica-se ao NO+. Responda:

(a) O $NO^+$ é diamagnético ou paramagnético? Se for paramagnético, quantos elétrons desemparelhados ele possui?
(b) Qual é o orbital molecular de maior energia (HOMO) ocupado por elétrons?
(c) Qual é a ordem da ligação nitrogênio-oxigênio?
(d) A ligação N—O no $NO^+$ é mais forte ou mais fraca que a ligação no NO?

## Questões Gerais

*Estas questões não estão definidas quanto ao tipo ou à localização no capítulo. Elas podem combinar vários conceitos.*

**29.** Escreva a estrutura de Lewis para $AlF_4^-$. Qual é o arranjo e qual é a geometria molecular? Quais orbitais de Al e F se superpõem para formar ligações entre esses elementos? Quais são as cargas formais nos átomos? É uma distribuição razoável de carga?

**30.** Qual é o ângulo da ligação O—S—O e o conjunto de orbitais híbridos utilizado pelo enxofre em cada uma das seguintes moléculas ou íons:

(a) $SO_2$   (b) $SO_3$   (c) $SO_3^{2-}$   (d) $SO_4^{2-}$

Todos têm o mesmo valor para o ângulo O—S—O? O átomo de S usa os mesmos orbitais híbridos nessas espécies?

**31.** Desenhe as estruturas de ressonância do íon nitrito, $NO_2^-$. Descreva as geometrias dos pares de elétrons e molecular do íon. A partir delas, decida qual é o ângulo da ligação O—N—O, a ordem da ligação NO e a hibridização do átomo de N.

**32.** Desenhe as estruturas de ressonância do íon nitrato, $NO_3^-$. A hibridização do átomo de N é a mesma ou é diferente em cada estrutura? Descreva os orbitais envolvidos na formação das ligações pelo átomo central de N.

**33.** Desenhe as estruturas de ressonância da molécula $N_2O$. A hibridização do átomo de N é a mesma ou é diferente em cada estrutura? Descreva os orbitais do átomo central N envolvidos nas ligações.

**34.** Compare a estrutura e a ligação em $CO_2$ e $CO_3^{2-}$ com relação aos ângulos da ligação O—C—O, à ordem da ligação de CO e à hibridização do átomo de C.

**35.** Várias moléculas são detectadas no espaço interestelar. Três delas são ilustradas aqui.

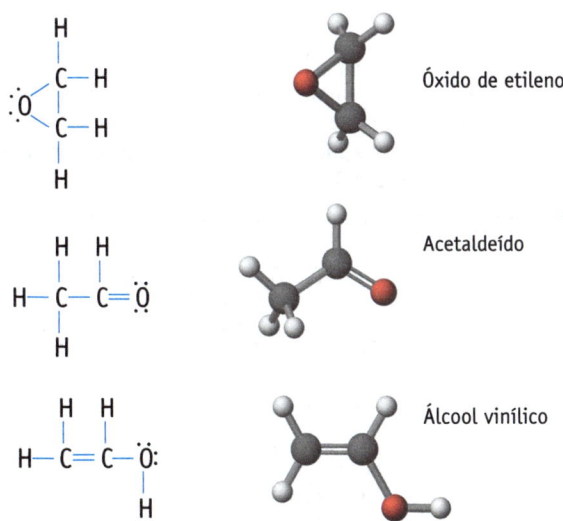

Óxido de etileno

Acetaldeído

Álcool vinílico

(a) Esses compostos são isômeros?
(b) Indique a hibridização de cada átomo de C em cada molécula.
(c) Qual é o valor do ângulo H—C—H em cada uma das três moléculas?
(d) Qual(is) dessas moléculas é(são) polar(es)?

(e) Qual das moléculas deve ter a ligação carbono-carbono mais forte? E a ligação carbono-oxigênio mais forte?

**36.** A acroleína, um componente da névoa fotoquímica, tem um odor pungente e irrita olhos e mucosas.

$$
\begin{array}{c}
H \quad H \quad :O: \\
A \quad | \quad | \quad B \, || \, C \\
H-C=C-C-H \\
\quad 1 \qquad 2
\end{array}
$$

(a) Quais são as hibridizações dos átomos de carbono 1 e 2?
(b) Quais são os valores aproximados dos ângulos A, B e C?
(c) O isomerismo *cis-trans* é possível nesse caso?

**37.** O composto orgânico mostrado a seguir faz parte de uma classe de compostos conhecidos como oximas.

$$
\begin{array}{c}
H \qquad :O-H \\
| \qquad \quad | \\
H-C-C=N: \\
| \quad | \\
H \quad H
\end{array}
$$

(a) Quais são as hibridizações dos dois átomos de C e do átomo de N?
(b) Qual é o ângulo de ligação aproximado para C—N—O?

**38.** O composto descrito abaixo é o ácido acetilsalicílico, comumente conhecido como aspirina.

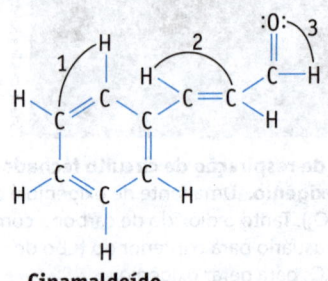

**Aspirina**

(a) Quais são os valores aproximados dos ângulos marcados A, B, C e D?
(b) Quais orbitais híbridos são usados pelos átomos de carbono 1, 2 e 3?

**39.** A fosfoserina é um aminoácido pouco comum.

**Fosfoserina**

(a) Identifique as hibridizações dos átomos 1 a 5.

(b) Quais são os valores aproximados dos ângulos de ligação A, B, C e D?
(c) Quais são as ligações mais polares na molécula?

**40.** O ácido lático é um composto natural encontrado no leite coalhado.

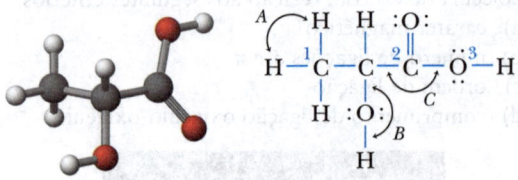

**Ácido lático**

(a) Quantas ligações $\pi$ tem o ácido lático? Quantas ligações $\sigma$?
(b) Qual é a hibridização dos átomos 1, 2 e 3?
(c) Qual ligação de CO é a mais curta na molécula? Qual ligação de CO é a mais forte?
(d) Quais são os valores aproximados dos ângulos de ligação A, B e C?

**41.** O cinamaldeído ocorre naturalmente no óleo de canela.

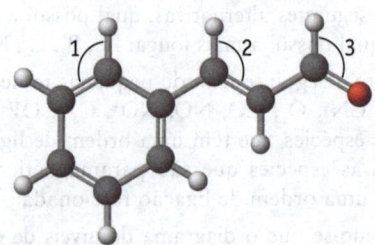

**Cinamaldeído**

(a) Qual é a ligação mais polar na molécula?
(b) Quantas ligações $\sigma$ e quantas ligações $\pi$ há na molécula?
(c) É possível a isomeria *cis-trans*? Em caso afirmativo, desenhe os isômeros da molécula.
(d) Forneça a hibridização dos átomos de C na molécula.
(e) Quais são os valores dos ângulos de ligação 1, 2 e 3?

**42.** A existência do íon $Si_2^-$ foi relatada em um experimento de laboratório em 1996.
(a) Usando a teoria de orbitais moleculares, preveja a ordem de ligação para o íon.
(b) O íon é diamagnético ou paramagnético?
(c) Qual é o orbital molecular de maior energia que contém um ou mais elétrons?

**43.** A descrição simples da ligação de valência do $O_2$ não está de acordo com a visão dos orbitais moleculares. Compare essas duas teorias com relação ao íon peróxido, $O_2^{2-}$.
(a) Desenhe uma estrutura de pontos de elétrons para $O_2^{2-}$. Qual é a ordem de ligação do íon?

(b) Escreva a configuração eletrônica dos orbitais moleculares do $O_2^{2-}$. Qual é a ordem de ligação baseada nessa abordagem?

(c) As duas teorias levam ao mesmo caráter magnético e ordem de ligação para o $O_2^{2-}$?

**44.** O nitrogênio, $N_2$, pode ionizar para a forma $N_2^+$ ou adicionar um elétron para formar $N_2^-$. Usando a teoria dos orbitais moleculares, compare essas espécies com relação ao (a) seu caráter magnético, (b) número líquido de ligações $\pi$, (c) ordem de ligação, (d) comprimento de ligação e (e) força de ligação.

**45.** Quais das moléculas diatômicas homonucleares dos elementos do segundo período (do $Li_2$ ao $Ne_2$) são paramagnéticas? Quais têm uma ordem de ligação igual a 1? Quais têm uma ordem de ligação igual a 2? Qual molécula diatômica apresenta a maior ordem de ligação?

**46.** Qual das moléculas ou íons a seguir são paramagnético(a)s? Qual é o orbital molecular ocupado de maior energia (HOMO) em cada um deles? Suponha que o diagrama dos orbitais moleculares na Figura 9.16 aplique-se a todos eles.

(a) NO       (c) $O_2^{2-}$
(b) $OF^-$       (d) $Ne_2^+$

**47.** A molécula de CN foi detectada no espaço interestelar. Considerando-se que a estrutura eletrônica da molécula pode ser descrita usando o diagrama de níveis de energia dos orbitais moleculares da Figura 9.16, responda às seguintes questões:

(a) Qual é o orbital molecular ocupado de maior energia (HOMO) ao qual um ou mais elétrons são atribuídos?

(b) Qual é a ordem da ligação da molécula?

(c) Quantas ligações $\sigma$ há na molécula? Quantas ligações $\pi$?

(d) A molécula é diamagnética ou paramagnética?

**48.** A estrutura da anfetamina, um estimulante, é mostrada a seguir. (Substituindo um átomo de H no $NH_2$, ou amino, pelo grupo $CH_3$ forma-se a metanfetamina, uma droga particularmente perigosa comumente conhecida como "speed".)

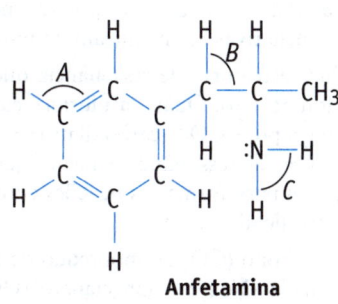

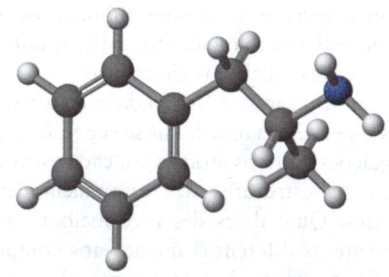

**Anfetamina**

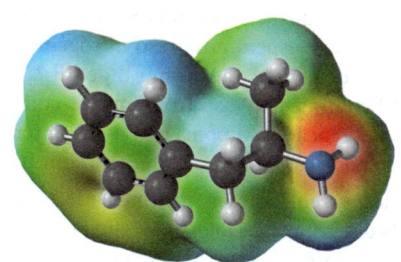

(a) Quais são os orbitais híbridos utilizados pelos átomos de C do anel $C_6$, pelos átomos de C da cadeia lateral e pelo átomo de N?

(b) Dê os valores aproximados para os ângulos de ligação *A*, *B* e *C*.

(c) Quantas ligações $\sigma$ e $\pi$ há na molécula?

(d) A molécula é polar ou apolar?

(e) A anfetamina reage prontamente com um próton ($H^+$) em solução aquosa. Onde esse próton se une à molécula? Explique como o mapa de potencial eletrostático prevê esse local da protonação.

**49.** O mentol é utilizado em sabonetes, perfumes e alimentos. Está presente na hortelã comum e pode ser preparado a partir da terebintina.

(a) Quais são as hibridizações usadas pelos átomos de C na molécula?

(b) Qual é o ângulo aproximado da ligação C—O—H?

(c) A molécula é polar ou não polar?

(d) O anel de carbono de seis membros é planar ou não planar? Justifique sua resposta.

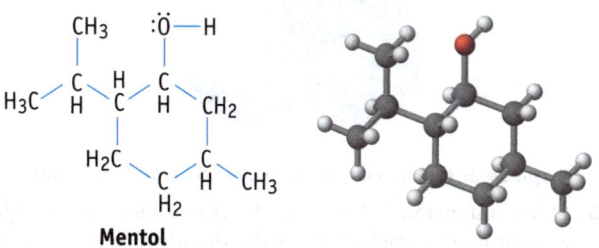

**Mentol**

**50.** Os elementos do segundo período do boro ao oxigênio formam compostos do tipo $X_nE-EX_n$, em que X pode ser H ou um halogênio. Descreva as possíveis estruturas de Lewis para $B_2F_4$, $C_2H_4$, $N_2H_4$ e $O_2H_2$. Determine as hibridizações de E em cada molécula e especifique os ângulos aproximados da ligação X—E—E.

## No Laboratório

**51.** Suponha que realize a seguinte reação de amônia com trifluoreto de boro no laboratório.

$$H-\underset{H}{\overset{H}{N}}: + \underset{F}{\overset{F}{B}}-F \longrightarrow H-\underset{H}{\overset{H}{N}}\rightarrow\underset{F}{\overset{F}{B}}-F$$

(a) Qual é a geometria ao redor do átomo de boro no $BF_3$? E no $H_3N\rightarrow BF_3$?

(b) Qual é a hibridização do átomo de boro nos dois compostos?

(c) Considerando as estruturas e as ligações de $NH_3$ e $BF_3$, por que esperamos que o nitrogênio em $NH_3$ doe um par de elétrons ao átomo B de $BF_3$?

(d) O $BF_3$ também reage prontamente com água. Com base na reação de amônia na página anterior, especule sobre como a água pode interagir com $BF_3$.

**52.** ▲ O óxido de etileno é um intermediário na fabricação de etilenoglicol (anticongelante) e de polímeros de poliéster. Mais de 4 milhões de toneladas são produzidas anualmente nos Estados Unidos. A molécula possui um anel de três membros com dois átomos de C e um átomo de O.

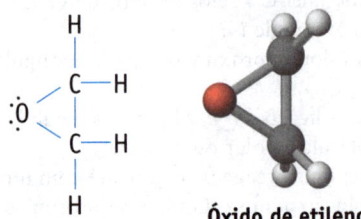

**Óxido de etileno**

(a) Quais são os ângulos de ligação no anel? Comente a relação entre os ângulos de ligação esperados com base na hibridização e os ângulos de ligação esperados para um anel de três membros.

(b) A molécula é polar? Com base no mapa de potencial eletrostático mostrado a seguir, indique onde as cargas negativas e positivas estão situadas na molécula.

**Mapa de potencial eletrostático para o óxido de etileno**

**53.** O íon sulfamato, $H_2NSO_3^-$, pode ser considerado formado a partir do íon amida, $NH_2^-$, e do trióxido de enxofre, $SO_3$.

(a) Qual é o arranjo e qual é a geometria molecular do íon amida e do $SO_3$? Quais são as hibridizações dos átomos de N e S, respectivamente?

(b) Desenhe uma estrutura para o íon sulfamato e estime os ângulos de ligação.

(c) Quais alterações na hibridização você espera para N e S no curso da reação

$$NH_2^- + SO_3 \rightarrow H_2N{-}SO_3^-?$$

(d) O $SO_3$ é o doador ou o receptor de um par de elétrons na reação com o íon amida? O mapa de potencial eletrostático mostrado a seguir confirma sua previsão?

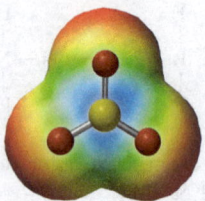

**Mapa de potencial eletrostático para o trióxido de enxofre**

**54.** ▲ O composto cuja estrutura é mostrada a seguir é a acetilacetona. Ela existe em duas formas: a *enol* e a *ceto*.

forma *enol*                      forma *ceto*

**Acetilacetona**

A molécula reage com $OH^-$ para formar um ânion, $[CH_3COCHCOCH_3]^-$, íon acetilacetonato (geralmente abreviado como acac$^-$). Um dos aspectos mais interessantes desse ânion é que um ou mais de seus átomos é capaz de reagir com cátions de metais de transição, formando compostos muito estáveis, intensamente coloridos.

**Complexos do acetilacetonato $(CH_3COCHCOCH_3)_3M$ em que M = Co, Cr e Fe**

(a) As formas *ceto* e *enol* da acetilacetona são formas de ressonância? Explique sua resposta.

(b) Qual é a hibridização de cada átomo (exceto H) na forma *enol*? Quais mudanças ocorrem na hibridização quando é transformada na forma *ceto*?

(c) Qual é o arranjo e a geometria molecular ao redor de cada átomo de C nas formas *ceto* e *enol*? Quais mudanças de geometria ocorrem quando a forma *ceto* muda para a forma *enol*?

(d) Desenhe duas possíveis estruturas de ressonância para o íon acac$^-$.

(e) A isomeria *cis-trans* é possível em alguma das duas formas, *ceto* e *enol*?

(f) A forma *enol* da acetilacetona é polar? Onde as cargas positivas e negativas se encontram na molécula?

**55.** Desenhe as duas estruturas de ressonância que descrevem a ligação no íon acetato. Qual é a hibridização do átomo de carbono do grupo $-CO_2^-$ (carboxilato)? Selecione uma das duas estruturas de ressonância e identifique os orbitais que se superpõem para formar as ligações entre carbono e os três elementos ligados a ele.

**56.** O dióxido de carbono $(CO_2)$, o monóxido de dinitrogênio $(N_2O)$, o íon azida $(N_3^-)$ e o íon cianato $(OCN^-)$ têm a mesma geometria e o mesmo número de elétrons na camada de valência. No entanto, existem diferenças significativas em suas estruturas eletrônicas.

(a) Qual hibridização é atribuída ao átomo central em cada espécie? Quais orbitais se superpõem para formar as ligações entre os átomos em cada estrutura?

(b) Avalie as estruturas de ressonância dessas quatro espécies. Qual delas descreve melhor suas ligações? Comente as diferenças quanto aos comprimentos de ligação e ordens de ligação que são esperadas com base nas estruturas de ressonância.

**57.** Desenhe as duas estruturas de ressonância que descrevem a ligação no $SO_2$. Em seguida, descreva a ligação nesse composto usando a teoria do OM. Como essa teoria explica a ordem de ligação de 1,5 para as duas ligações S—O nesse composto?

**58.** Desenhe uma estrutura de Lewis para a diimida, $H—N{=}N—H$. Em seguida, usando a teoria de ligação de valência, descreva a ligação nesse composto. Quais orbitais se superpõem para formar a ligação entre os átomos de nitrogênio nesse composto?

## Resumo e Questões Conceituais

*As seguintes questões podem usar conceitos deste capítulo e dos anteriores.*

**59.** Qual é o número máximo de orbitais híbridos que um átomo de carbono é capaz de formar? Qual é o número mínimo? Explique brevemente.

**60.** Considere os três fluoretos $BF_4^-$, $SiF_4$ e $SF_4$.
  (a) Identifique uma molécula que seja isoeletrônica com $BF_4^-$.
  (b) $SiF_4$ e $SF_4$ são isoeletrônicos?
  (c) Qual é a hibridização do átomo central no $BF_4^-$ e $SiF_4$?

**61.** ▲ Quando dois aminoácidos reagem entre si, formam uma ligação chamada de *grupo amida*, ou ligação peptídica. (Se mais ligações são adicionadas, forma-se uma proteína ou polipeptídio.)
  (a) Quais são as hibridizações dos átomos de C e N na ligação peptídica?
  (b) A estrutura ilustrada é a única estrutura de ressonância possível para a ligação peptídica? Se alguma outra estrutura de ressonância for possível, compare-a com a estrutura mostrada. Decida qual delas é a mais importante.
  (c) A estrutura gerada por computador apresentada a seguir, que contém a ligação peptídica, mostra que a ligação está em um plano. Essa é uma característica importante das proteínas. Especule sobre o porquê de as ligações CO—NH estarem em um mesmo plano. Quais são os locais de carga positiva e negativa nesse dipeptídeo?

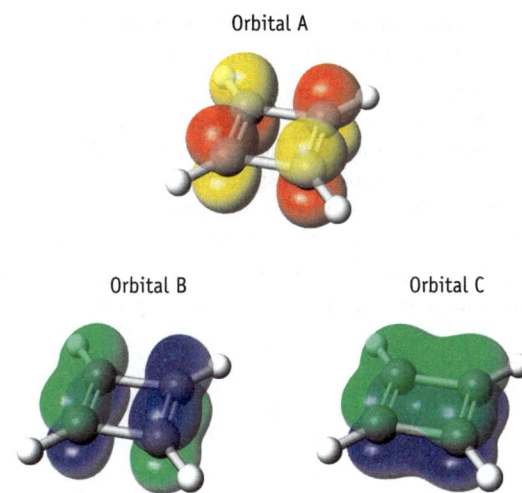

**62.** Qual é a relação entre a ordem de ligação, o comprimento de ligação e a energia de ligação? Use o etano ($C_2H_6$), o etileno ($C_2H_4$) e o acetileno ($C_2H_2$) como exemplos.

**63.** Quando é desejável usar a teoria do OM em vez da teoria de ligação de valência?

**64.** Mostre como a teoria de ligação de valência e a teoria do orbital molecular explicam a ordem da ligação O—O de 1,5 no ozônio.

**65.** Três dos quatro orbitais moleculares $\pi$ para ciclobutadieno são ilustrados aqui. Coloque-os em ordem crescente de energia. (Veja as Figuras 9.13, 9.15, 9.16 e 9.18 os orbitais aumentam em energia na ordem de um número crescente de nós. Se um par de orbitais tem o mesmo número de nós, possui a mesma energia.)

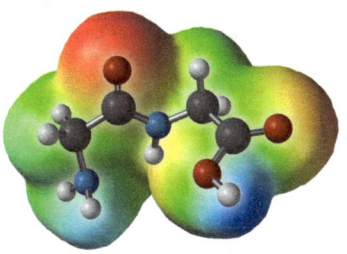

Orbital A

Orbital B          Orbital C

**66.** Vamos olhar mais de perto o processo de hibridização.
  (a) Qual é a relação entre o número de orbitais híbridos produzidos e o número de orbitais atômicos usados para originá-los?
  (b) Os orbitais atômicos híbridos formam-se com diferentes orbitais $p$ sem envolver orbitais $s$?
  (c) Qual é a relação entre a energia de orbitais atômicos híbridos e os orbitais atômicos que os formaram?

**67.** O bórax possui a fórmula molecular $Na_2B_4O_5(OH)_4$. A estrutura do ânion nesse composto é mostrada a seguir. Qual é o arranjo e a geometria molecular em torno de cada um dos átomos de boro nesse ânion? Que hibridização pode ser atribuída a cada um dos átomos de boro? Qual é a carga formal de cada átomo de boro?

Mapa de potencial eletrostático para um peptídeo

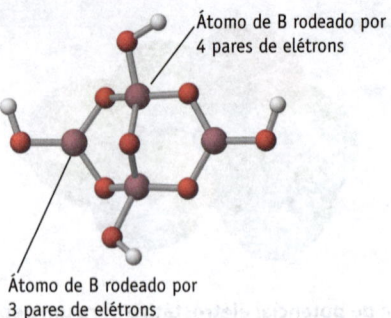

Átomo de B rodeado por 4 pares de elétrons

Átomo de B rodeado por 3 pares de elétrons

**Estrutura do ânion bórax**

**68.** Um modelo do composto orgânico aleno é mostrado a seguir.

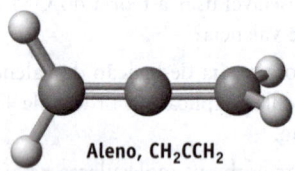

**Aleno, $CH_2CCH_2$**

(a) Explique por que a molécula do aleno não é plana. Isto é, explique por que os grupos $CH_2$ em extremidades opostas não se encontram no mesmo plano.

(b) Qual é a hibridização de cada um dos átomos de carbono do aleno?

(c) Quais orbitais se superpõem para formar as ligações entre os átomos de carbono no aleno?

**69.** A energia necessária para romper uma das ligações H—F em $HF_2^-$ ($HF_2^- \rightarrow HF + F^-$) deve ser maior, menor ou igual à energia para romper a ligação em HF (HF $\rightarrow$ H + F)? Justifique sua resposta, considerando o modelo de ligação 3 centros/4 elétrons para $HF_2^-$ descrito em *Um Olhar mais Atento: Ligações de Três Centros em $HF_2^-$, $B_2H_6$, e $SF_6$.*

**70.** A melamina é um importante produto químico industrial utilizado na produção de fertilizantes e plásticos.

**Melamina**

(a) Os comprimentos da ligação carbono-nitrogênio no anel são, em média, iguais (cerca de 140 pm). Explique.

(b) A melamina é feita pela decomposição da ureia, $(H_2N)_2CO$.

$$6(H_2N)_2CO(s) \rightarrow C_3H_6N_6(s) + 6NH_3(g) + 3CO_2(g)$$

Calcule a variação de entalpia para essa reação. Ela é endo ou exotérmica? [$\Delta_f H°$ para melamina(s) = –66,1 kJ/mol e para ureia(s) = –333,1 kJ/mol]

**71.** O bromo forma um número de óxidos de estabilidade variável.

(a) Um óxido possui 90,90% de Br e 9,10% de O. Presumindo-se que suas fórmulas empíricas e moleculares são iguais, desenhe uma estrutura de Lewis da molécula e especifique a hibridização do átomo central (O).

(b) Outro óxido é o instável BrO. Considerando que o diagrama dos orbitais moleculares na Figura 9.16 aplica-se ao BrO, escreva sua configuração eletrônica (em que Br usa orbitais 4*s* e 4*p*). Qual é o orbital molecular ocupado de maior energia (HOMO)?

**72.** O seguinte problema foi extraído do Exame Teórico da 44ª Olimpíada Anual Internacional de Química em 2012, uma competição que teve a participação de grupos de quatro alunos do ensino médio, de cada um dos 70 países participantes. (Utilizado com permissão.)

O grafeno é como uma folha de átomos de carbono arranjados regularmente seguindo um padrão tipo favo de mel bidimensional. Pode ser considerado um caso extremo de um hidrocarboneto poliaromático com comprimento essencialmente infinito em duas dimensões. O grafeno tem uma resistência, flexibilidade e propriedades elétricas notáveis. O Prêmio Nobel de Física foi concedido em 2010 a Andre Geim e Konstantin Novoselov pelos experimentos inovadores com o grafeno. Uma parte da folha de grafeno é apresentada a seguir.

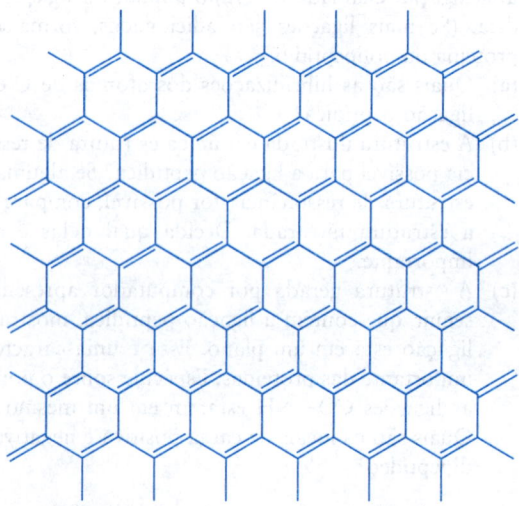

A área de uma unidade hexagonal de 6 carbonos é ~52400 $pm^2$. Calcule o número de elétrons $\pi$ em uma minúscula folha de grafeno de 25 nm × 25 nm. Para esse problema, você pode ignorar os elétrons da borda (ou seja, aqueles que na imagem estão fora dos hexágonos completos).

**73.** A ureia reage com o ácido malônico para produzir o ácido barbitúrico, um membro da classe de compostos chamados fenobarbitais, que são amplamente prescritos como sedativos.

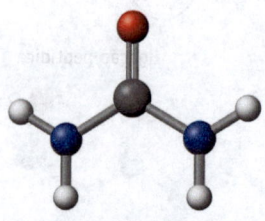

**Ureia**

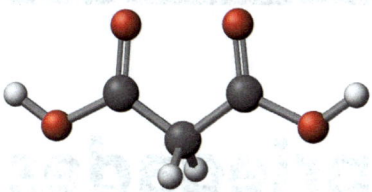

**Ácido malônico**

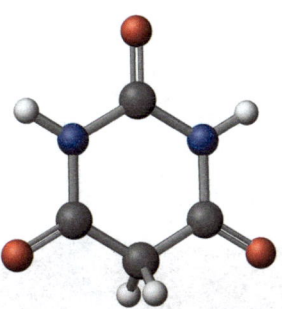

**Ácido barbitúrico**

(a) Quais ligações são rompidas e quais são formadas quando o ácido malônico e a ureia se combinam para formar o ácido barbitúrico? A reação é prevista para ser exo ou endotérmica?

(b) Escreva a equação balanceada para essa reação.

(c) Especifique os ângulos de ligação no ácido barbitúrico.

(d) Determine a hibridização dos átomos de C no ácido barbitúrico.

(e) Qual(is) é(são) a(s) ligação(ões) mais polar(es) no ácido barbitúrico?

(f) A molécula é polar?

# 10 Gases e Suas Propriedades

John C. Kotz

# Sumário do capítulo

## 10.1 Modelando um Estado da Matéria: Gases e Pressão dos Gases

### Objetivo da Seção 10.1

- Descrever como as medidas de pressão são feitas e as unidades de pressão, especialmente atmosferas (atm) e milímetros de mercúrio (mm Hg).

Dos três estados da matéria, o comportamento dos gases é razoavelmente simples quando visualizado no nível molecular e, como resultado, é bem entendido. É possível descrever as propriedades dos gases qualitativamente em termos do comportamento das moléculas que os constituem. Como veremos, uma descrição extremamente exata da maioria dos gases exige conhecer apenas quatro grandezas: a pressão ($P$), o volume ($V$), a temperatura ($T$, kelvins) e a quantidade de matéria ($n$) do gás. Volume, temperatura e quantidade de matéria são grandezas diretas; um gás ocupa o volume de seu recipiente (uma das propriedades de um gás), a temperatura reflete a energia térmica de partículas individuais e a quantidade de matéria lida com o número de moléculas. A pressão, por sua vez, é um tópico que queremos olhar mais detalhadamente e vamos começar com a descrição de como ela é medida.

**Pressão** é a força exercida sobre um objeto dividida pela área na qual é exercida. A pressão atmosférica pode ser medida com um barômetro. Um barômetro pode ser facilmente construído preenchendo um tubo com um líquido, geralmente mercúrio, e invertendo o tubo em um prato contendo o mesmo líquido (Figura 10.1). Se o ar tiver

◀ Os balões de ar quente dependem do fato de que a densidade dos gases (ar) a volume e pressão constantes diminui com o aumento da temperatura.
John C. Kotz

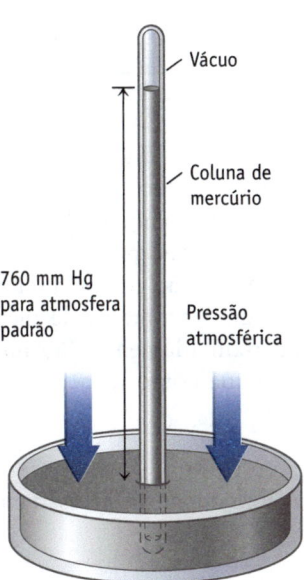

**FIGURA 10.1 Um barômetro.**
A pressão atmosférica na superfície do mercúrio no prato é equilibrada pela pressão exercida pela coluna de mercúrio. O barômetro foi inventado em 1643 por Evangelista Torricelli (1608-1647). Uma unidade de pressão chamada *torr* em sua homenagem é equivalente a 1 mm Hg.

## Medindo a Pressão do Gás

### UM OLHAR MAIS ATENTO

Pressão é a força exercida sobre um objeto dividida pela área na qual a força é exercida:

*Pressão = força/área*

Este livro, por exemplo, pesa mais de 4 lb e possui uma área de 96 pol², portanto, exerce uma pressão de aproximadamente 0,04 lb pol⁻² quando deitado sobre uma superfície. (Em unidades métricas, a pressão é de aproximadamente 300 Pa.)

Agora considere a pressão que a coluna de mercúrio exerce sobre o mercúrio no prato do barômetro mostrado na Figura 10.1. Essa pressão equilibra exatamente a pressão da atmosfera. Assim, a pressão da atmosfera (ou de qualquer outro gás) é igual à altura da coluna de mercúrio (ou de qualquer outro líquido) que o gás pode suportar.

O mercúrio é o líquido escolhido para barômetros devido à sua alta densidade. Um barômetro preenchido com água teria mais de 10 m de altura. A coluna de água é, aproximadamente, 13,6 vezes a altura da coluna de mercúrio, porque a densidade do mercúrio (13,53 g cm⁻³) é 13,6 vezes a densidade da água (0,997 g cm⁻³, a 25°C).

No laboratório, geralmente usamos um manômetro de tubo em U, que é um tubo de vidro em forma de U preenchido com mercúrio. O lado fechado do tubo é evacuado, de forma que nenhum gás permaneça para exercer pressão sobre o mercúrio nesse lado. O outro lado é aberto para o gás cuja pressão desejamos medir. Quando o gás pressiona o mercúrio na lateral aberta, a pressão do gás é lida diretamente (em mm Hg) como a diferença no nível de mercúrio entre as laterais fechada e aberta.

Você pode já ter usado um calibrador para verificar a pressão no pneu de seu carro ou bicicleta. Nos Estados Unidos, esses medidores geralmente indicam a pressão em libras por polegada quadrada (*pounds per square inch* – psi), em que 1 atm = 14,7 psi. Alguns medidores mais novos também fornecem a pressão em kilopascal. Certifique-se de entender que a leitura na escala refere-se à pressão *em excesso com relação à pressão atmosférica*. (Um pneu furado não é um vácuo; ele contém ar em pressão atmosférica.) Por exemplo, se o medidor indicar 35 psi (2,4 atm), a pressão no pneu é, na realidade, em torno de 50 psi ou 3,4 atm.

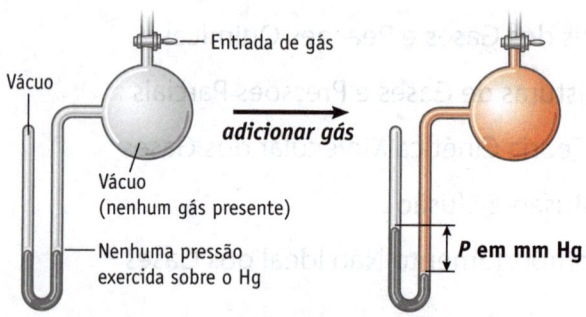

**Usando um manômetro para medir pressão.**

sido removido completamente do tubo vertical, o líquido no tubo assume um nível tal que a pressão exercida pela massa da coluna do líquido no tubo é equilibrada pela pressão da atmosfera que pressiona para baixo, na superfície do líquido no prato.

A pressão costuma ser reportada em unidades de **milímetros de mercúrio** (**mm Hg**), a altura (em mm) da coluna em um barômetro de mercúrio acima da superfície do mercúrio no prato. No nível do mar, essa altura é de aproximadamente 760 mm. As pressões também são reportadas como **atmosferas padrão** (**atm**), uma unidade definida como segue:

$$1 \text{ atmosfera padrão (1 atm)} = 760 \text{ mm Hg (exatamente)}$$

A unidade SI de pressão é o **pascal** (Pa).

$$1 \text{ pascal (Pa)} = 1 \text{ newton metro}^{-2}$$

(O newton é a unidade SI de força.) Como o pascal é uma unidade muito pequena comparada às pressões ordinárias, a unidade kilopascal (kPa) é usada mais frequentemente. Outra unidade utilizada para pressões dos gases é o **bar**, em que 1 bar = 100000 Pa = 100 kPa.

Para resumir, as unidades usadas na ciência para pressão são:

$$1 \text{ atm} = 760 \text{ mm Hg (exatamente)} = 101,325 \text{ kilopascals (kPa)} = 1,01325 \text{ bar}$$

ou

$$1 \text{ bar} = 1 \times 10^5 \text{ Pa (exatamente)} = 1 \times 10^2 \text{ kPa} = 0,98692 \text{ atm}$$

**EXEMPLO 10.1**

## Conversões de Unidades de Pressão

**Problema** Converta uma pressão de 635 mm Hg para seu valor correspondente nas unidades de atmosfera (atm), bar e kilopascal (kPa).

**O que você sabe?** Serão necessários os seguintes fatores de conversão:

$$1 \text{ atm} = 760 \text{ mm Hg} = 1,013 \text{ bar} \qquad 760 \text{ mm Hg} = 101,3 \text{ kPa}$$

**Estratégia** Use as relações entre milímetros de Hg, atmosferas, bars e pascals descritas no texto. (O uso da análise dimensional, página 41, é altamente recomendado.)

### RESOLUÇÃO

(a) Converta pressão em unidades de mm Hg para unidades de atm.

$$635 \text{ mm Hg} \times \frac{1 \text{ atm}}{760 \text{ mm Hg}} = \boxed{0,836 \text{ atm}}$$

(b) Converta pressão em unidades de mm Hg para unidades de bar.

$$635 \text{ mm Hg} \times \frac{1,013 \text{ bar}}{760 \text{ mm Hg}} = \boxed{0,846 \text{ bar}}$$

(c) Converta pressão em unidades de mm Hg para unidades de kilopascal.

$$635 \text{ mm Hg} \times \frac{101,3 \text{ kPa}}{760 \text{ mm Hg}} = \boxed{84,6 \text{ kPa}}$$

**Pense bem antes de responder** A pressão original, 635 mm Hg, é menor que 1 atm, portanto a pressão também é menor que 1 bar e menor que 100 kPa.

### Verifique seu entendimento

No pico do Monte Everest (altitude = 8848 m), a pressão atmosférica é de 0,29 atm (ou 29% da pressão no nível do mar). Converta a pressão em seu valor correspondente nas unidades de mm Hg, bars e kilopascals.

---

## 10.2 Leis dos Gases: A Base Experimental

### Objetivo da Seção 10.2

● Entender a base das leis dos gases (lei de Boyle, lei de Charles, hipótese de Avogadro) e saber como usar essas leis.

### Lei de Boyle: A Compressibilidade dos Gases

O inglês Robert Boyle (1627-1691) foi o primeiro a estudar a compressibilidade de gases e a observar que o volume de uma quantidade fixa de gás em determinada temperatura é inversamente proporcional à pressão exercida pelo gás. Os gases comportam-se dessa maneira e, hoje, nos referimos a essa relação como **lei de Boyle**.

A lei de Boyle pode ser demonstrada de diversas maneiras. Na Figura 10.2, uma seringa hipodérmica foi preenchida com ar (*n* mol) e vedada. Quando uma pressão foi aplicada ao êmbolo móvel da seringa, o ar interno foi comprimido. À medida que a pressão (*P*) aumentou na seringa, o volume de gás na seringa (*V*) diminuiu. Quando $1/V$ de gás na seringa é registrado em um gráfico como uma função de *P* (conforme medido pela massa de chumbo no êmbolo), resulta em uma linha reta. Esse tipo de gráfico demonstra que a pressão e o volume de gás são inversamente proporcionais, ou seja, mudam em direções opostas.

Matematicamente, podemos escrever a lei de Boyle como:

$$P \propto \frac{1}{V} \text{ em que } n \text{ (quantidade de gás) e } T \text{ (temperatura) são constantes}$$

em que o símbolo $\propto$ significa "proporcional a".

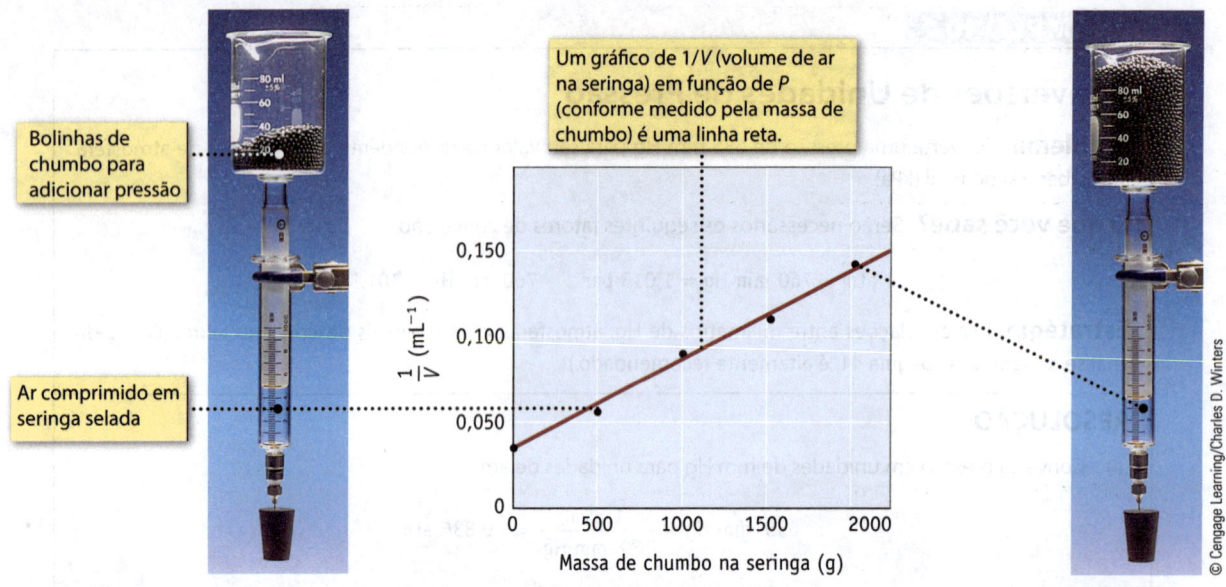

**FIGURA 10.2  Um experimento para demonstrar a lei de Boyle.** Uma seringa preenchida com ar foi selada. A pressão foi aplicada pela adição de bolinhas de chumbo ao béquer na parte superior da seringa. Conforme a massa de chumbo aumenta, a pressão no ar preso na seringa também aumenta e o gás é comprimido.

Quando duas quantidades são proporcionais entre si, podem ser equacionadas se for introduzida uma *constante de proporcionalidade*, aqui chamada $C_B$.

$$P = C_B \times \frac{1}{V} \quad \text{ou} \quad PV = C_B \text{ com } n \text{ e } T \text{ constantes}$$

Essa forma da lei de Boyle expressa o fato de que o *produto da pressão pelo volume de uma amostra de gás é uma constante a determinada temperatura*, sendo que a constante $C_B$ é determinada pela quantidade de matéria de gás e sua temperatura (em kelvin). Como o produto $PV$ é sempre igual a $C_B$ [presumindo que não haja nenhuma mudança na quantidade de matéria do gás ($n$) e na temperatura ($T$)], conclui-se que, se $PV$ for conhecido em uma amostra de gás sob determinadas condições ($P_1$ e $V_1$), então, será conhecido para outro conjunto de condições ($P_2$ e $V_2$).

$$P_1V_1 = P_2V_2 \text{ com } n \text{ e } T \text{ constantes} \tag{10.1}$$

Essa forma da **lei de Boyle** é útil quando desejamos saber, por exemplo, o que acontece com o volume de determinada quantidade de gás quando a pressão muda a uma temperatura constante.

### EXEMPLO 10.2

### Lei de Boyle

**Problema**  Uma bomba de bicicleta possui um volume de 1400 cm³. Se uma amostra de ar na bomba tiver uma pressão de 730 mm Hg, qual será a pressão quando o volume for reduzido a 460 cm³?

**O que você sabe?**  Esse é um problema da lei de Boyle porque você está lidando com mudanças na pressão ou no volume de determinada quantidade de gás a uma temperatura constante. Aqui a pressão original, o volume de gás ($P_1$ e $V_1$) e o novo volume ($V_2$) são conhecidos, mas a pressão final ($P_2$) não é conhecida. Os dois volumes estão na mesma unidade, portanto nenhuma mudança de unidade é necessária.

| Condições Iniciais | Condições Finais |
|---|---|
| $P_1$ = 730 mm Hg | $P_2$ = ? |
| $V_1$ = 1400 cm³ | $V_2$ = 460 cm³ |

**Estratégia** Usar a lei de Boyle, Equação 10.1.

**RESOLUÇÃO** Você pode resolver esse problema ao substituir os dados em uma versão rearranjada da lei de Boyle.

$$P_2 = P_1 \ (V_1/V_2)$$

$$P_2 = (730 \ \text{mm Hg}) \times \frac{1400 \ \text{cm}^3}{460 \ \text{cm}^3} = 2,2 \times 10^3 \ \text{mm Hg}$$

**Pense bem antes de responder** Você sabe que $P$ e $V$ variam em direções opostas. Nesse caso, o volume diminuiu, então a nova pressão ($P_2$) deve ser maior que a pressão original ($P_1$). A resposta de aproximadamente 2200 mm Hg é razoável. Como o volume é reduzido por um fator maior que 3, a pressão deve aumentar seguindo esse mesmo fator.

## Verifique seu entendimento

Um balão grande contém 65,0 L de gás hélio a 25°C e uma pressão de 745 mm Hg. O balão ascende a 3000 m, onde a pressão externa diminui em 30%. Qual será o volume do balão, presumindo que ele expanda de forma que as pressões interna e externa fiquem iguais? (Considere que a temperatura seja ainda de 25°C.)

**Mapa Estratégico 10.2**

**PROBLEMA**

Calcular a **pressão** quando o *volume de um gás* é **reduzido**.

**DADOS/INFORMAÇÕES**

- Pressão *inicial*.
- Volume *inicial*.
- Volume *final*.

Utilize a **lei de Boyle** (Equação 10.1) para calcular a **pressão final** ($P_2$).

**Pressão** ($P_2$) após reduzir o volume.

## O Efeito da Temperatura sobre o Volume de um Gás: Lei de Charles

Em 1787, o cientista francês Jacques Charles (1746-1823) descobriu que o volume de uma quantidade fixa de gás sob pressão constante diminui com a redução da temperatura. A demonstração na Figura 10.3 mostra uma diminuição drástica no volume com as temperaturas, e o gráfico mostrado na Figura 10.4 ilustra de forma quantitativa como os volumes de duas amostras de gás mudam com a temperatura (sob uma pressão constante). Quando os gráficos de volume em função da temperatura são extrapolados para temperaturas muito baixas, todos eles atingem volume zero na mesma temperatura, −273,15°C. (Logicamente, os gases não atingem volume zero; eles se liquefazem ou se solidificam acima dessa temperatura.) Entretanto, essa temperatura é significativa. William Thomson (1824-1907), também conhecido como Lorde Kelvin, propôs uma escala de temperatura – agora conhecida como escala kelvin

**(a)** Balões preenchidos de ar são colocados em nitrogênio líquido (77 K). O volume do gás nos balões é drasticamente reduzido nessa temperatura.

**(b)** Aqui todos os balões foram colocados no frasco de nitrogênio líquido.

**(c)** Quando os balões são removidos, eles aquecem à temperatura ambiente e inflam novamente até seu volume original.

**FIGURA 10.3 Um exemplo drástico da lei de Charles.**

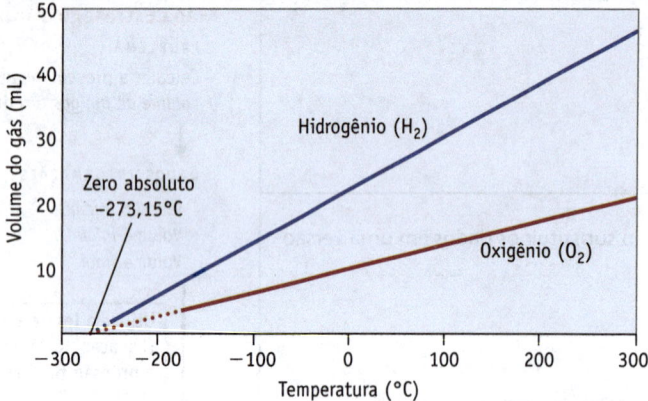

| T (°C) | T (K) | Vol. H₂ (mL) | Vol. O₂ (mL) |
|---|---|---|---|
| 300 | 573 | 47,0 | 21,1 |
| 200 | 473 | 38,8 | 17,5 |
| 100 | 373 | 30,6 | 13,8 |
| 0 | 273 | 22,4 | 10,1 |
| −100 | 173 | 14,2 | 6,39 |
| −200 | 73 | 6,00 | — |

**FIGURA 10.4 Lei de Charles.** As linhas sólidas representam os volumes de amostras de hidrogênio (0,00100 mol) e oxigênio (0,000450 mol) a uma pressão de 1,00 atm, mas em temperaturas diferentes. Os volumes diminuem à medida que a temperatura diminui (sob pressão constante). Essas linhas, se extrapoladas, interceptam o eixo da temperatura em aproximadamente −273°C.

– na qual o ponto zero é –273,15°C (páginas 29-31). É importante reconhecer que a escala kelvin coloca um limite absoluto (0 K) como a menor temperatura que pode ser obtida.

Quando temperaturas kelvin são usadas com medidas de volume, a relação volume-temperatura é

$$V = C_c \times T \text{ com } n \text{ e } P \text{ constantes}$$

em que $C_c$ é uma constante de proporcionalidade (com $n$ e $P$ constantes). Essa é a **lei de Charles**, a qual afirma que, *se determinada quantidade de gás for mantida a uma pressão constante, seu volume é diretamente proporcional à temperatura kelvin.*

Se a quantidade de matéria de gás e a pressão são mantidas constantes e se conhecemos o volume e a temperatura de determinada quantidade de gás ($V_1$ e $T_1$), podemos encontrar o volume, $V_2$, em alguma outra temperatura, $T_2$, usando a equação:

$$\frac{V_1}{T_1} = \frac{V_2}{T_2} \text{ com } n \text{ e } P \text{ constantes} \tag{10.2}$$

Um cálculo usando a lei de Charles é ilustrado no exemplo a seguir. Observe que a temperatura T *sempre deve ser expressa em kelvin.*

---

**EXEMPLO 10.3**

## Lei de Charles

**Problema** Uma amostra de $CO_2$ contida em uma seringa (como na Figura 10.2) tem um volume de 25,0 mL sob temperatura ambiente (20,0°C). Qual é o volume final do gás se você mantiver a seringa nas mãos para elevar a temperatura a 37°C (mantendo a pressão constante)?

**O que você sabe?** Este é um problema da lei de Charles: há uma alteração no volume de uma amostra de gás com a temperatura à pressão constante. Você conhece o volume original e a temperatura, e deseja conhecer o volume em uma nova temperatura. Lembre-se de que, para utilizarmos a lei de Charles, a temperatura deve ser expressa em kelvin.

| Condições Iniciais | Condições Finais |
|---|---|
| $V_1 = 25,0$ mL | $V_2 = ?$ |
| $T_1 = 20,0 + 273,2 = 293,2$ K | $T_2 = 37 + 273 = 310,0$ K |

**Estratégia** Use a lei de Charles, Equação 10.2.

**RESOLUÇÃO** Rearranje a Equação 10.2 para obter $V_2$:

$$V_2 = V_1 \times \frac{T_2}{T_1} = 25,0 \text{ mL} \times \frac{310, \text{ K}}{293,2 \text{ K}} = 26,4 \text{ mL}$$

**Pense bem antes de responder** Enquanto o aumento de temperatura pode parecer grande, o aumento do volume é pequeno. Matematicamente, isso acontece porque a mudança depende da *relação* entre temperaturas kelvin, que é ligeiramente maior que 1.

## Verifique seu entendimento

Um balão é inflado com hélio até um volume de 45 L à temperatura ambiente (25°C). Se for refrigerado a −10°C, qual será o novo volume do balão? Considere que a pressão não varia.

## Combinando as Leis de Boyle e de Charles: A Lei Geral dos Gases

Você agora sabe que o volume de determinada quantidade de gás é inversamente proporcional à sua pressão sob temperatura constante (lei de Boyle) e diretamente proporcional à temperatura em kelvin sob pressão constante (lei de Charles). Mas, e se você precisar saber o que acontece com o gás quando dois dos três parâmetros (*P*, *V* e *T*) variam? Por exemplo, o que aconteceria com a pressão de uma amostra de nitrogênio em um airbag automotivo se a mesma quantidade de gás fosse colocada em uma bolsa menor e aquecida até uma alta temperatura? Você pode lidar com essa situação combinando as duas equações que expressam as leis de Boyle e de Charles.

$$\frac{P_1 V_1}{T_1} = \frac{P_2 V_2}{T_2} \quad \text{para determinada quantidade de matéria de gás, } n \qquad (10.3)$$

Essa equação é chamada às vezes de **lei geral dos gases** ou **lei combinada dos gases**. Ela se aplica especificamente a situações em que a *quantidade de gás não varia*.

**Um balão meteorológico é preenchido com hélio.** Conforme ele ascende à troposfera, o volume aumenta ou diminui?

### EXEMPLO 10.4

## Lei Geral dos Gases

**Problema** Balões preenchidos com hélio são usados para transportar instrumentos científicos para a alta atmosfera. Suponha que um balão seja lançado quando a temperatura for de 22,5°C, e a pressão barométrica, 754 mm Hg. Se o volume do balão for de $4,19 \times 10^3$ L, e nenhuma quantidade de gás escapa do balão, qual será o volume em uma altura de 20 milhas (32 km), onde a pressão é de 76,0 mm Hg e a temperatura é de −33,0°C?

**O que você sabe?** Aqui você conhece o volume, a temperatura e a pressão iniciais do gás e deseja saber o volume da mesma quantidade de gás em uma nova pressão e temperatura.

| Condições Iniciais | Condições Finais |
|---|---|
| $V_1 = 4,19 \times 10^3$ L | $V_2 = ?$ L |
| $P_1 = 754$ mm Hg | $P_2 = 76,0$ mm Hg |
| $T_1 = 22,5°C$ (295,7 K) | $T_2 = −33,0°C$ (240,2 K) |

**Estratégia** É mais conveniente usar a Equação 10.3, a lei geral dos gases.

**RESOLUÇÃO** Você pode rearranjar a equação da lei geral dos gases para calcular o novo volume $V_2$:

**Mapa Estratégico 10.4**

**PROBLEMA**

Calcule o **volume** de uma amostra de gás após uma alteração em *T* e *P*.

↓

**DADOS/INFORMAÇÕES**

- Pressão, volume e temperatura *iniciais*.
- Pressão e temperatura *finais*.

↓

Rearranje a equação da **lei geral dos gases** (Equação 10.3) para calcular o **volume final** ($V_2$).

↓

**Volume** ($V_2$) após alteração em *T* e *P*.

$$V_2 = \left(\frac{T_2}{P_2}\right) \times \left(\frac{P_1 V_1}{T_1}\right) = V_1 \times \frac{P_1}{P_2} \times \frac{T_2}{T_1}$$

$$= 4,19 \times 10^3 \text{ L} \times \left(\frac{754 \text{ mm Hg}}{76,0 \text{ mm Hg}}\right) \times \left(\frac{240,2 \text{ K}}{295,7 \text{ K}}\right) = 3,38 \times 10^4 \text{ L}$$

**Pense bem antes de responder** A pressão diminuiu em quase um fator de 10, o que deve levar a um aumento no volume de aproximadamente dez vezes. Esse aumento é parcialmente compensado por uma queda na temperatura, que leva a uma redução no volume. No geral, o volume aumenta porque a pressão caiu substancialmente.

## Verifique seu entendimento

Você tem um cilindro de 22 L de hélio a uma pressão de 150 atm (acima da pressão atmosférica) e a 31°C. Quantos balões você pode preencher, cada um contendo um volume de 5,0 L, em um dia quando a pressão atmosférica é de 755 mm Hg e a temperatura é de 22° C?

A lei geral dos gases leva a outras previsões úteis sobre o comportamento dos gases. Por exemplo, se determinada quantidade de gás é mantida em um compartimento fechado, ou seja, $n$ e $V$ constantes, a pressão do gás aumentará com o aumento de temperatura.

**Pressão do pneu *versus* temperatura** Os fabricantes de pneu recomendam verificar as pressões dos pneus quando estão frios. Após dirigir por alguma distância, a fricção esquenta um pneu e aumenta a pressão interna. Encher um pneu aquecido na pressão recomendada pode levá-lo a permanecer com a pressão baixa.

$$\frac{P_1}{T_1} = \frac{P_2}{T_2} \text{ com } n \text{ e } V \text{ constantes, logo } P_2 = P_1 \times \frac{T_2}{T_1}$$

Ou seja, quando $T_2$ for maior que $T_1$, $P_2$ será maior que $P_1$.

## Hipótese de Avogadro

A relação entre o volume e a quantidade de gás foi registrada primeiramente por Amedeo Avogadro (1776-1856). Em 1811, ele usou trabalhos com gases (e experimentos anteriores com balões de ar aquecidos) do químico Joseph Gay--Lussac (1778-1850) para propor que *volumes iguais de gases sob as mesmas condições de temperatura e pressão apresentam número igual de partículas* (tanto moléculas quanto átomos, dependendo da composição do gás). Essa ideia agora é chamada de **hipótese de Avogadro**. Visto por outro lado, o volume de um gás sob determinada temperatura e pressão é diretamente proporcional à quantidade de matéria de gás:

$$V \propto n \quad \text{a } T \text{ e } P \text{ constantes}$$

**EXEMPLO 10.5**

## Hipótese de Avogadro

**Problema** O monóxido de dinitrogênio, geralmente conhecido como gás hilariante, é usado em procedimentos dentários como anestésico. Sob temperaturas elevadas e com o catalisador apropriado, o monóxido de dinitrogênio pode ser formado a partir da reação entre amônia e oxigênio:

$$2NH_3(g) + 2O_2(g) \rightarrow N_2O(g) + 3H_2O(g)$$

Se você começar com 15,0 L de $NH_3(g)$, qual volume de $O_2(g)$ é necessário para completar a reação (ambos os gases nas mesmas $T$ e $P$)? Qual é o volume teórico do $N_2O$ obtido, em litros, sob as mesmas condições?

**O que você sabe?** A partir da hipótese de Avogadro, você sabe que o volume do gás é proporcional à quantidade de matéria do gás. Você conhece o volume de amônia e, da equação balanceada, conhece os coeficientes estequiométricos que relacionam a quantidade conhecida de $NH_3$ com as quantidades desconhecidas de $O_2$ e $N_2O$.

**Estratégia** Esse é um problema de estequiometria em que você pode substituir os volumes dos gases por mol. Ou seja, pode calcular o volume de $O_2$ requerido e de $N_2O$ formado (aqui em litros), multiplicando o volume de $NH_3$ disponível por um coeficiente estequiométrico obtido pela equação química balanceada.

## RESOLUÇÃO

$$V(O_2 \text{ necessário}) = (15{,}0 \text{ L } NH_3 \text{ disponível})\left(\frac{2 \text{ L } O_2 \text{ necessário}}{2 \text{ L } NH_3 \text{ disponível}}\right) = 15{,}0 \text{ L } O_2 \text{ necessário}$$

$$V(N_2O \text{ produzido}) = (15{,}0 \text{ L } NH_3 \text{ disponível})\left(\frac{1 \text{ L } N_2O \text{ produzido}}{2 \text{ L } NH_3 \text{ disponível}}\right) = 7{,}50 \text{ L } N_2O \text{ produzido}$$

**Pense bem antes de responder** A equação balanceada informa que a quantidade de $O_2$ necessária é igual à quantidade de $NH_3$ presente e a quantidade de $N_2O$ produzida é 1/2 da quantidade de $NH_3$.

## Verifique seu entendimento

O metano queima em oxigênio para formar $CO_2$ e $H_2O$, de acordo com a equação balanceada

$$CH_4(g) + 2O_2(g) \rightarrow CO_2(g) + 2H_2O(g)$$

Se 22,4 L de gás $CH_4$ forem queimados, que volume de $O_2$ é necessário para a combustão completa? Quais volumes de $CO_2$ e $H_2O$ são produzidos? Considere que todos os gases tenham a mesma temperatura e pressão.

## Estudos Sobre Gases – Robert Boyle e Jacques Charles

### UM OLHAR MAIS ATENTO

Robert Boyle (1627-1691) nasceu na Irlanda. Foi o 14º e último filho do primeiro Conde de Cork. Em seu livro *Tio Tungstênio*, Oliver Sacks conta que "A Química como verdadeira ciência teve seu primeiro reconhecimento com o trabalho de Robert Boyle em meados do século XVII. Quase 20 anos mais velho que Isaac Newton, Boyle nasceu em uma época em que a prática da alquimia ainda predominava, e ele mantinha uma variedade de crenças e práticas da alquimia, lado a lado com suas práticas científicas. Ele acreditava que o ouro podia ser criado e que havia sido bem-sucedido ao fazê-lo (Newton, também um alquimista, aconselhou-o a manter sigilo sobre isso)".

Boyle examinava cristais, explorava cores, idealizava um indicador ácido-base a partir de xarope de violetas e forneceu a primeira definição moderna de um elemento. Também era fisiologista e foi o primeiro a mostrar que o corpo humano saudável apresenta uma temperatura constante. Hoje, Boyle é mais conhecido por seus estudos sobre os gases, os quais foram descritos em seu livro *The Sceptical Chymist* (em português, *O Químico Cético*), publicado em 1680.

O químico francês e inventor Jacques Alexandre César Charles iniciou a carreira como escrevente no Ministério das Finanças francês, mas seu verdadeiro interesse era a ciência. Desenvolveu diversas invenções e ficou mais conhecido pela invenção do balão de hidrogênio. Em agosto de 1783, Charles explorou os estudos sobre gás hidrogênio inflando um balão com esse gás. Como o hidrogênio poderia escapar facilmente de um saco de papel, ele fez um balão de seda revestido com borracha. Para inflar o balão, ele levou vários dias e precisou de aproximadamente 225 kg de ácido sulfúrico e 450 kg de ferro para produzir o gás $H_2$. O balão permaneceu no alto por quase 45 minutos e viajou aproximadamente 15 milhas (24 km). Ao pousar em uma vila, entretanto, as pessoas ficaram tão apavoradas que o dilaceraram. Vários meses depois, Charles e um passageiro voaram em um novo balão de hidrogênio ao longo de certa distância nos campos da França e subiram a uma altitude até então inacreditável de 2 milhas (3 km).

Consulte WILLIAMS, K. R. Robert Boyle: Founder of Modern Chemistry. *Journal of Chemical Education*, v. 86, p. 148, 2009.

Robert Boyle (1627-1691).

Jacques Alexandre César Charles (1746-1823).

Jacques Charles e Nicolas-Louis Robert voaram sobre Paris em 1º de dezembro de 1783, em um balão cheio de hidrogênio.

## 10.3 A Lei do Gás Ideal

### Objetivos da Seção 10.3

- Entender a origem da lei do gás ideal e como usar a equação.
- Calcular a massa molar de um composto a partir da pressão de uma quantidade de matéria de gás em determinado volume em uma temperatura conhecida.
- Relacionar a densidade à massa molar, pressão e temperatura.

Quatro quantidades inter-relacionadas podem ser usadas para descrever um gás: pressão, volume, temperatura e quantidade de matéria. Sabemos, a partir de experimentos, que as seguintes leis dos gases podem ser usadas para descrever a relação entre essas propriedades.

| LEI DE BOYLE | LEI DE CHARLES | HIPÓTESE DE AVOGADRO |
|---|---|---|
| $V \propto (1/P)$ | $V \propto T$ | $V \propto n$ |
| ($T, n$ constantes) | ($P, n$ constantes) | ($T, P$ constantes) |

Se as três leis forem combinadas, o resultado é

$$V \propto \frac{nT}{P}$$

Isso pode ser feito em uma equação matemática introduzindo uma constante de proporcionalidade, $R$. Essa constante, chamada de **constante dos gases**, é uma *constante universal*, um número usado para correlacionar as propriedades de qualquer gás:

$$V = R\left(\frac{nT}{P}\right)$$

ou

$$PV = nRT$$

(10.4)

**Propriedades de um Gás Ideal** No caso de gases ideais, consideramos que não existem forças de atração entre as moléculas e que as próprias moléculas não ocupam nenhum volume.

A equação $PV = nRT$ é chamada de **lei do gás ideal** (ou **dos gases ideais**). Ela descreve o comportamento de um gás então chamado ideal. Infelizmente, não existe esse tal gás ideal, mas gases reais sob pressões em torno de uma atmosfera e temperatura ambiente geralmente comportam-se de forma bem parecida com a ideal, assim, $PV = nRT$ descreve adequadamente seu comportamento.

**CNTP – O que É Isso?** A sigla significa "condições normais de temperatura e pressão", definidas como 0°C (ou 273,15 K) e 1 atm. Sob essas condições, 1 mol de um gás ideal ocupa exatamente 22,414 L.

Para usar a equação $PV = nRT$, precisamos de um valor para $R$. Isso pode ser determinado experimentalmente. Ao medir cuidadosamente $P$, $V$, $n$ e $T$ para uma amostra de gás, podemos calcular o valor de $R$ a partir desses valores usando a equação da lei do gás ideal. Por exemplo, sob **condições normais de temperatura e pressão (CNTP)** (a temperatura de um gás de 0°C ou 273,15 K e pressão de 1 atm), 1 mol de um gás ideal ocupa 22,414 L, uma quantidade denominada **volume molar normal**. Substituindo esses valores na lei do gás ideal, obtém-se um valor para $R$:

$$R = \frac{PV}{nT} = \frac{(1,0000 \text{ atm})(22,414 \text{ L})}{(1,0000 \text{ mol})(273,15 \text{ K})} = 0,082057 \frac{\text{L} \cdot \text{atm}}{\text{K} \cdot \text{mol}}$$

Com um valor para $R$, podemos agora usar a lei do gás ideal nos cálculos.

### EXEMPLO 10.6

### Lei dos Gases Ideais

**Problema** O gás nitrogênio em um airbag automotivo, com um volume de 65 L, exerce uma pressão de 829 mm Hg a 25°C. Qual é a quantidade de matéria de gás $N_2$ no airbag?

**O que você sabe?** Você tem o valor de $P$, $V$ e $T$ para uma amostra de gás e deseja calcular a quantidade de matéria de gás ($n$). $P = 829$ mm Hg, $V = 65$ L, $T = 25°C$, $n = ?$ Também sabe o valor de $R = 0,082057$ L atm $K^{-1}$ $mol^{-1}$.

**Estratégia** Use a lei do gás ideal, Equação 10.4.

**RESOLUÇÃO** Para usar a lei do gás ideal com R tendo as unidades de L atm $K^{-1}$ $mol^{-1}$, a pressão deve ser expressa em atmosferas e a temperatura em kelvin. Portanto, deve-se primeiro converter a pressão e a temperatura para valores com essas unidades.

$$P = 829 \ \text{mm Hg} \left( \frac{1 \ \text{atm}}{760 \ \text{mm Hg}} \right) = 1,09 \ \text{atm}$$

$$T = 25 + 273 = 298 \ K$$

Agora substitua os valores de $P$, $V$, $T$ e $R$ na lei do gás ideal e resolva a equação para encontrar a quantidade do gás, $n$:

$$n = \frac{PV}{RT} = \frac{(1,091 \ \text{atm})(65 \ \text{L})}{(0,082057 \ \text{L atm K}^{-1} \ \text{mol}^{-1})(298 \ \text{K})} = 2,9 \ \text{mol}$$

Observe que as unidades de atmosferas, litros e kelvins são canceladas para deixar a resposta em mol.

**Pense bem antes de responder** Você sabe que 1 mol de um gás ideal nas CNTP ocupa aproximadamente 22,4 L, portanto é razoável supor que 65 L de gás (sob condições ligeiramente diferentes) correspondam a aproximadamente três vezes essa quantidade, ou 3 mol.

---

## Verifique seu entendimento

O balão usado por Jacques Charles em seu histórico voo em 1783 foi preenchido com aproximadamente 1300 mol de $H_2$. Se a temperatura do gás era de 23°C e a pressão de 750 mm Hg, qual era o volume do balão?

---

# A Densidade dos Gases

A densidade de um gás sob determinada temperatura e pressão é uma quantidade útil (Figura 10.5). Como a quantidade de matéria ($n$) de qualquer composto é dada pela sua massa ($m$) dividida pela sua massa molar ($M$), podemos substituir $m/M$ por $n$ na equação do gás ideal.

$$PV = \left( \frac{m}{M} \right) RT$$

A densidade ($d$) é definida como a massa dividida pelo volume ($m/V$). Podemos rearranjar a expressão da lei do gás acima para fornecer a seguinte equação, que possui o termo ($m/V$) à esquerda. Essa é a densidade do gás expressa em unidades de g $L^{-1}$.

$$d = \frac{m}{V} = \frac{PM}{RT} \tag{10.5}$$

A densidade do gás é diretamente proporcional à pressão e à massa molar e inversamente proporcional à temperatura. A Equação 10.5 é útil porque a densidade do gás pode ser calculada a partir da massa molar, ou a massa molar pode ser obtida a partir de uma medida de densidade do gás sob uma dada pressão e temperatura.

**FIGURA 10.5**
**Densidade do gás.**

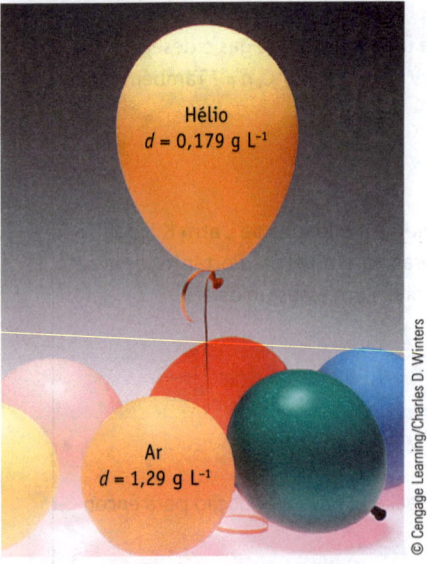

Hélio
$d = 0{,}179$ g L$^{-1}$

Ar
$d = 1{,}29$ g L$^{-1}$

Os balões são preenchidos com quantidades quase iguais de gás à mesma temperatura e pressão. Um dos balões contém hélio, um gás de baixa densidade. Os outros balões contêm ar.

O ar aquecido em um "balão de ar quente" apresenta uma densidade menor que a do ar circundante e isso permite que o balão se eleve.

## EXEMPLO 10.7

### Densidade e Massa Molar

**Problema** Calcule a densidade do $CO_2$ nas CNTP.

**O que você sabe?** As quantidades conhecidas são a massa molar do $CO_2$ ($M = 44{,}0$ g mol$^{-1}$), a pressão do gás ($P$) = 1,00 atm, a temperatura ($T$) = 273,15 K e a constante do gás ($R$). A densidade do gás $CO_2$ ($d$) é desconhecida.

**Estratégia** Use a Equação 10.5.

**RESOLUÇÃO** Os valores conhecidos são substituídos na Equação 10.5 de densidade ($d$):

$$d = \frac{PM}{RT} = \frac{(1{,}00 \text{ atm})(44{,}0 \text{ g mol}^{-1})}{(0{,}082057 \text{ L atm K}^{-1} \text{ mol}^{-1})(273{,}15 \text{ K})} = 1{,}96 \text{ g L}^{-1}$$

**Pense bem antes de responder** A densidade do $CO_2$ é consideravelmente maior que a do ar seco nas CNTP (1,29 g L$^{-1}$).

### Verifique seu entendimento

A 1,00 atm e a 25°C, a densidade do ar seco é 1,18 g L$^{-1}$. Se o ar for aquecido a 55°C sob pressão constante, qual será sua densidade?

**FIGURA 10.6 Densidade do gás.** Como o dióxido de carbono dos extintores de incêndio é mais denso que o ar, ele se acumula sobre o fogo e o abafa. (Quando o gás $CO_2$ sai do tanque, ele se expande e resfria bastante. A nuvem branca é a condensação da umidade do ar.)

A densidade do gás tem implicações práticas. Da equação $d = PM/RT$, você reconhece que a densidade de um gás é diretamente proporcional à sua massa molar. O ar seco, que tem uma massa molar média de aproximadamente 29 g mol$^{-1}$, apresenta uma densidade de aproximadamente 1,18 g L$^{-1}$ sob 1 atm e 25°C. Gases ou vapores com massas molares maiores que 29 g mol$^{-1}$ possuem densidades maiores que 1,2 g L$^{-1}$ sob essas mesmas condições. Portanto, gases como $CO_2$, $SO_2$ e vapor de gasolina acumulam no solo se liberados na atmosfera (Figura 10.6). Inversamente, gases como $H_2$, He, CO, $CH_4$ (metano) e $NH_3$ sobem e se dissipam se forem liberados na atmosfera.

## Calculando a Massa Molar de um Gás a partir de Dados de *P*, *V* e *T*

Quando um novo composto é isolado no laboratório, uma das primeiras coisas que costumamos fazer é determinar sua massa molar. Se o composto volatiliza facilmente, um método clássico de determinar a massa molar é medir a pressão e o volume exercidos por determinada massa de gás a uma dada temperatura.

---

### EXEMPLO 10.8

## Calculando a Massa Molar de um Gás a partir dos Dados *P*, *V* e *T*

**Problema** Você está tentando determinar experimentalmente a fórmula de um composto gasoso que preparou para substituir clorofluorocarbonos em aparelhos de ar-condicionado. Você determinou que a fórmula empírica é $CHF_2$, mas para determinar a fórmula molecular será necessário conhecer a massa molar. Você descobre que uma amostra de 0,100 g do composto exerce uma pressão de 70,5 mm Hg em um recipiente de 256 mL a 22,3°C. Qual é a massa molar do composto? Qual é sua fórmula molecular?

**O que você sabe?** Você conhece a massa de um gás, em determinado volume, sob pressão e temperatura conhecidas. A massa molar do gás, *M*, é desconhecida.

$m$ = massa do gás = 0,100 g   $P$ = 70,5 mm Hg ou 0,0928 atm

$V$ = 256 mL ou 0,256 L   $T$ = 22,3°C ou 295,5 K

**Estratégia** Dividindo a massa do gás pelo seu volume, obtém-se sua densidade, que está relacionada à massa molar através da Equação 10.5. Alternativamente, os dados de *P*, *V* e *T* podem ser usados para calcular a quantidade de matéria de gás. A massa molar é então o quociente da massa do gás e de sua quantidade de matéria.

**RESOLUÇÃO** A densidade do gás é a massa do gás dividida pelo volume.

$$d = \frac{0,100 \text{ g}}{0,256 \text{ L}} = 0,3906 \text{ g L}^{-1}$$

Use esse valor de densidade com os valores de pressão e temperatura na Equação 10.5 ($d = PM/RT$) e resolva para obter a massa molar (*M*).

$$M = \frac{dRT}{P} = \frac{(0,3906 \text{ g L}^{-1})(0,082057 \text{ L atm K}^{-1} \text{ mol}^{-1})(295,5 \text{ K})}{0,09276 \text{ atm}} = 102,1 \text{ g mol}^{-1}$$

$$= 102 \text{ g mol}^{-1}$$

Com esse resultado, você pode comparar a massa molar determinada experimentalmente com a massa de um mol de gás que possui a fórmula empírica $CHF_2$.

$$\frac{\text{Massa molar experimental}}{\text{Massa de 1 mol de CHF}_2} = \frac{102,01 \text{ g mol}^{-1}}{51,0 \text{ g por fórmula unitária}} = 2 \text{ fórmulas unitárias de CHF}_2 \text{ por mol}$$

Portanto, a fórmula do composto é $C_2H_2F_4$.

Em uma abordagem alternativa, você usa a lei do gás ideal para calcular a quantidade de matéria de gás, *n*.

$$n = \frac{PV}{RT} = \frac{(0,09276 \text{ atm})(0,256 \text{ L})}{(0,082057 \text{ L atm K}^{-1} \text{ mol}^{-1})(295,5 \text{ K})} = 9,794 \times 10^{-4} \text{ mol}$$

Agora você sabe que 0,100 g de gás é equivalente a $9,80 \times 10^{-4}$ mol. Portanto,

$$\text{Massa molar} = \frac{0,100 \text{ g}}{9,794 \times 10^{-4} \text{ mol}} = 102 \text{ g mol}^{-1}$$

**Mapa Estratégico 10.8**

**PROBLEMA**

Calcule a massa molar de um gás usando a **lei do gás ideal**.

**DADOS/INFORMAÇÕES**

- **Pressão** do gás.
- **Volume** do gás.
- **Temperatura** do gás.

**ETAPA 1.** Rearranje a Equação 10.4 (**lei do gás ideal**) para calcular **a quantidade de matéria** (*n*).

**Quantidade de matéria** de gás, *n*.

**ETAPA 2.** Divida a **massa** do gás pela sua **quantidade de matéria** (*n*).

**Massa molar** do gás.

**Pense bem antes de responder** Se a massa molar calculada não for a mesma que aquela para a fórmula empírica ou um múltiplo inteiro daquele valor, então você pode presumir que há um erro em alguma etapa.

## Verifique seu entendimento

Uma amostra de 0,105 g de um composto gasoso em um recipiente de 125 mL apresenta uma pressão de 561 mm Hg a 23,0°C. Qual é sua massa molar?

## 10.4 Leis dos Gases e Reações Químicas

**Objetivo da Seção 10.4**

- Aplicar as leis dos gases para estudar a estequiometria de reações.

Muitas reações industrialmente importantes envolvem gases. Dois exemplos são a combinação de nitrogênio e hidrogênio para produzir amônia,

$$N_2(g) + 3H_2(g) \rightarrow 2NH_3(g)$$

e a eletrólise de NaCl aquoso para produzir hidrogênio e cloro,

$$2NaCl(aq) + 2H_2O(\ell) \rightarrow 2NaOH(aq) + H_2(g) + Cl_2(g)$$

Se pretendemos entender os aspectos quantitativos de tais reações, precisamos realizar cálculos estequiométricos. O esquema na Figura 10.7 conecta esses cálculos para reações gasosas com os cálculos estequiométricos do Capítulo 4.

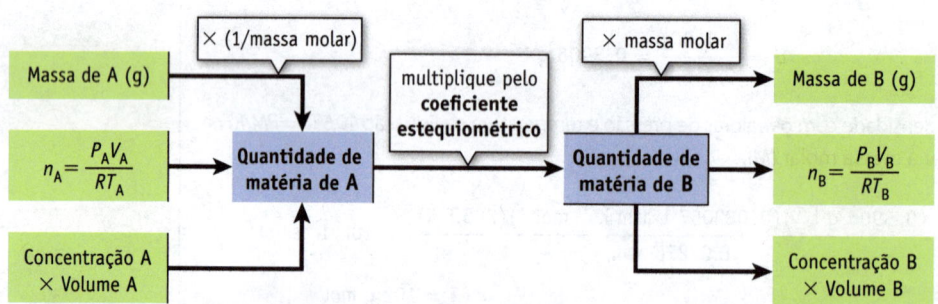

**FIGURA 10.7 Um esquema para cálculos estequiométricos.** Aqui, A e B podem ser reagentes ou produtos. A quantidade de matéria de A (mol) pode ser calculada a partir de sua massa em gramas e de sua massa molar, da concentração e do volume de uma solução, ou dos dados de P, V e T usando a lei do gás ideal. Depois que o valor de B é determinado, esse valor pode ser convertido em uma massa ou concentração de solução ou volume, ou em uma propriedade do gás.

### EXEMPLO 10.9

## Leis dos Gases e Estequiometria

**Problema** O gás hidrogênio é produzido a partir da reação de lítio e água. Que massa de lítio é necessária para produzir 23,5 L de $H_2(g)$ a 17,0°C e uma pressão de 743 mm Hg? A reação de produção do gás é

$$2Li(s) + 2H_2O(aq) \rightarrow 2LiOH(aq) + H_2(g)$$

**O que você sabe?** Você conhece a pressão, o volume e a temperatura do gás $H_2$ a ser produzido e conhece a equação balanceada que relaciona as quantidades do reagente, Li, com as do produto, $H_2$.

$$P = 743 \text{ mm Hg } (1 \text{ atm}/760 \text{ mm Hg}) = 0{,}9776 \text{ atm}$$

$$V = 23{,}5 \text{ L}$$

$$T = 17{,}0°C, \text{ ou } 290{,}2 \text{ K}$$

Você deseja saber a massa de Li necessária para produzir determinada quantidade de matéria de $H_2$. Isso exigirá conhecer a massa molar do Li.

**Estratégia** A lógica geral para ser usada aqui segue uma orientação na Figura 10.7 e no Mapa Estratégico 10.9. Primeiro, use $PV = nRT$ com os dados do gás para calcular a quantidade de matéria de $H_2$ produzida. Então, relacione essa quantidade com um coeficiente estequiométrico e com a massa molar de Li para calcular a massa de Li necessária.

**RESOLUÇÃO**

**Etapa 1:** Encontre a quantidade de matéria de gás produzida.

$$n = H_2 \text{ produzido (mol)} = \frac{PV}{RT}$$

$$n = \frac{(0{,}9776 \text{ atm})(23{,}5 \text{ L})}{(0{,}082057 \text{ L atm K}^{-1} \text{ mol}^{-1})(290{,}2 \text{ K})} = 0{,}9648 \text{ mol } H_2$$

**Etapa 2:** Calcule a quantidade de lítio que produzirá 0,965 mol de gás $H_2$.

$$\text{Massa de Li} = 0{,}9648 \text{ mol } H_2 \left(\frac{2 \text{ mol Li}}{1 \text{ mol } H_2}\right)\left(\frac{6{,}941 \text{ g}}{1 \text{ mol Li}}\right) = \boxed{13{,}4 \text{ g de Li}}$$

**Pense bem antes de responder** Você sabe que, nas CNTP, 1 mol de um gás ideal ocupa um volume de 22,4 L. Embora não sejam CNTP exatamente, as condições aqui são próximas a isso, portanto um volume de 23,5 L deve corresponder a aproximadamente 1 mol de $H_2$. De acordo com a estequiometria da reação, serão necessárias duas vezes essa quantidade de Li ou cerca de 2 mol. De acordo com a massa molar de Li (6,941 g mol$^{-1}$), representa em torno de 14 g.

## Verifique seu entendimento

Se 15,0 g de sódio reagem com água, que volume de gás hidrogênio é produzido a 25,0°C e uma pressão de 1,10 atm?

O calor da reação converte água em vapor.

**Lítio e água produzem gás $H_2$ e LiOH.**

**Mapa Estratégico 10.9**

**PROBLEMA**

Calcule a **massa do reagente** necessária para produzir um gás a *P*, *V* e *T* conhecidos.

**DADOS/INFORMAÇÕES**

- **Pressão** do gás.
- **Volume** do gás.
- **Temperatura** do gás.
- Equação balanceada.

**ETAPA 1.** Calcule a quantidade de matéria de um gás (*n*) usando a **lei do gás ideal.**

**Quantidade** de gás, *n*.

**ETAPA 2.** Use **o coeficiente estequiométrico** para relacionar a *quantidade de gás* (*n*) à *quantidade de reagente* necessário.

**Quantidade** de reagente.

**ETAPA 3.** Calcule a **massa do reagente** a partir de sua quantidade de matéria.

**Massa** do reagente.

# 10.5 Misturas de Gases e Pressões Parciais

### Objetivo da Seção 10.5

- Usar a lei de Dalton das pressões parciais.

O ar que respiramos é uma mistura de nitrogênio, oxigênio, argônio, dióxido de carbono, vapor de água e pequenas quantidades de outros gases (Tabela 10.1). Cada um desses gases exerce a própria pressão, e a pressão atmosférica é a soma das pressões exercidas pelos gases. A pressão de cada gás na mistura é chamada de **pressão parcial**.

John Dalton (1766-1844) foi o primeiro a observar que a pressão de uma mistura de gases ideais é a soma das pressões parciais dos diferentes gases na mistura. Essa observação agora é conhecida como **lei de Dalton das pressões parciais** (Figura 10.8). Matematicamente, podemos escrever a lei de Dalton das pressões parciais como:

| Tabela 10.1 | Principais Componentes do Ar Atmosférico Seco | | |
|:---:|:---:|:---:|:---:|
| **Constituinte** | **Massa Molar\*** | **Porcentagem em Mol** | **Pressão Parcial nas CNTP (atm)** |
| $N_2$ | 28,01 | 78,08 | 0,7808 |
| $O_2$ | 32,00 | 20,95 | 0,2095 |
| Ar | 39,95 | 0,934 | 0,00934 |
| $CO_2$ | 44,01 | 0,0393 | 0,000393 |

\*A massa molar média do ar seco é de 28,960 g $mol^{-1}$.

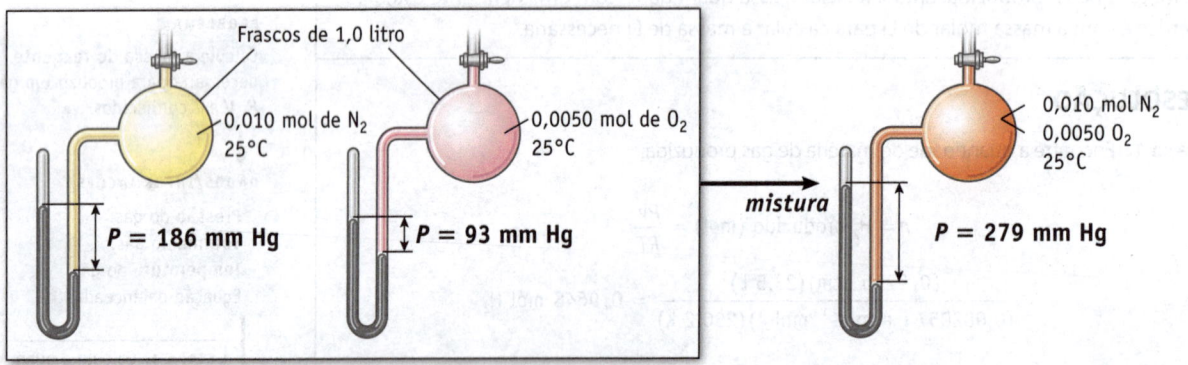

Em um frasco de 1,0 L, 0,010 mol de $N_2$ exerce uma pressão de 186 mm Hg a 25°C, e 0,0050 mol de $O_2$ em outro frasco de 1,0 L exerce uma pressão de 93 mm Hg à mesma temperatura.

As amostras de $N_2$ e $O_2$ são colocadas em um frasco de 1,0 L a 25°C. A pressão total, 279 mm Hg, é a soma das pressões que cada gás isoladamente exerce no frasco.

**FIGURA 10.8 Lei de Dalton.**

$$P_{total} = P_A + P_B + P_C \ldots \tag{10.6}$$

em que $P_A$, $P_B$ e $P_C$ são as pressões de diferentes gases em uma mistura, e $P_{total}$ é a pressão total. Adicionalmente, para uma mistura de três gases ideais em determinado volume ($V$) e a determinada ($T$), podemos calcular a pressão total se conhecemos a quantidade total de matéria de gás no sistema:

$$P_{total} = P_A + P_B + P_C = n_A\left(\frac{RT}{V}\right) + n_B\left(\frac{RT}{V}\right) + n_C\left(\frac{RT}{V}\right)$$

$$P_{total} = (n_A + n_B + n_C)$$

$$P_{total} = (n_{total})\frac{RT}{V} \tag{10.7}$$

Para a mistura de gases, é conveniente introduzir uma quantidade chamada **fração molar, X,** que é definida como a quantidade de matéria de certa substância em uma mistura dividida pela quantidade de matéria total das substâncias presentes. Matematicamente, a fração molar de uma substância A em uma mistura com B e C é expressa como

$$X_A = \frac{n_A}{n_A + n_B + n_C} = \frac{n_A}{n_{total}}$$

Agora podemos combinar essa equação, escrita como $n_{total} = n_A/X_A$, com as equações de $P_A$ e $P_{total}$

$$P_A = X_A P_{total} \tag{10.8}$$

Essa equação estabelece que a *pressão de um gás em uma mistura de gases é o produto da fração molar e a pressão total da mistura*. Em outras palavras, a pressão parcial de um gás está diretamente relacionada à fração de partículas desse gás na mistura. Por exemplo, a fração molar de $N_2$ no ar é 0,78, portanto, nas CNTP, sua pressão parcial é de 0,78 atm ou 590 mm Hg.

### EXEMPLO 10.10

## Pressões Parciais dos Gases

**Problema** O halotano, $C_2HBrClF_3$, é um gás não inflamável, não explosivo e não irritante que foi amplamente usado como um anestésico de inalação. A pressão total de uma mistura de 15,0 g de vapor de halotano e 23,5 g de gás oxigênio é de 855 mm Hg. Qual é a pressão parcial de cada gás?

**O que você sabe?** Você sabe a identidade e a massa de cada gás, portanto pode calcular a quantidade de cada um. Você também conhece a pressão total da mistura de gás.

**Estratégia** Como você pode calcular a quantidade de cada gás, pode determinar a quantidade de matéria total da mistura gasosa e, assim, a fração molar de cada um. A pressão parcial de um gás é determinada pela pressão total da mistura multiplicada pela fração molar do gás (Equação 10.8).

### RESOLUÇÃO

**Etapa 1.** Calcule as frações molares.

$$\text{Quantidade de matéria de } C_2HBrClF_3 = 15,0\ g\left(\frac{1\ mol}{197,4\ g}\right) = 0,0760\ mol$$

$$\text{Quantidade de matéria de } O_2 = 23,5\ g\left(\frac{1\ mol}{32,00\ g}\right) = 0,7344\ mol$$

$$\text{Quantidade total do gás} = 0,07599\ mol\ de\ C_2HBrClF_3 + 0,7344\ mol\ de\ O_2 = 0,8104\ mol$$

$$\text{Fração molar de } C_2HBrClF_3 = \frac{0,07599\ mol\ C_2HBrClF_3}{0,8104\ total\ de\ mol} = 0,0938$$

Como a soma da fração molar de halotano e do $O_2$ deve ser igual a 1,0000, isso significa que a fração molar do oxigênio é 0,9062.

$$X_{halotano} + X_{oxigênio} = 1,0000$$

$$0,09377 + X_{oxigênio} = 1,0000$$

$$X_{oxigênio} = 0,9062$$

**Etapa 2.** Calcule as pressões parciais.

$$\text{Pressão parcial do halotano} = P_{halotano} = X_{halotano} \times P_{total}$$

$$P_{halotano} = 0,09377 \times P_{total} = 0,09377\ (855\ mm\ Hg)$$

$$P_{halotano} = \boxed{80,17\ mm\ Hg = 80,2\ mm\ Hg}$$

A pressão total da mistura é a soma das pressões parciais dos gases na mistura.

$$P_{halotano} + P_{oxigênio} = 855\ mm\ Hg$$

e, portanto,

$$P_{oxigênio} = 855\ mm\ Hg - P_{halotano}$$

$$P_{oxigênio} = 855\ mm\ Hg - 80,17\ mm\ Hg = \boxed{775\ mm\ Hg}$$

**Mapa Estratégico 10.10**

**PROBLEMA**
Calcule a **pressão parcial** de dois gases em uma mistura.

↓

**DADOS/INFORMAÇÕES**
- **Massa** de cada gás.
- **Pressão total**.

**ETAPA 1.** Calcule *a quantidade de matéria (n)* de cada gás a partir de sua **massa**.

↓

**Quantidade de matéria** de cada gás, *n*.

**ETAPA 2.** Calcule **a fração molar** de cada gás, *X*.

↓

**Fração molar** de cada gás, *X*.

**ETAPA 3.** Calcule as **pressões parciais** dos gases usando a Equação 10.8.

↓

**Pressão parcial** de cada gás.

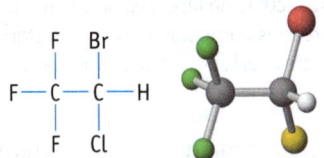

1,1,1-trifluorobromocloroetano, halotano

> **Pense bem antes de responder**   A quantidade de halotano é aproximadamente 1/10 da quantidade de oxigênio. Assim, podemos esperar que a relação de pressões parciais dos dois gases seja semelhante.

### Verifique seu entendimento

A mistura de halotano e oxigênio descrita neste exemplo é colocada em um tanque de 5,00 L a 25,0°C. Qual é a pressão total (em mm Hg) da mistura de gases no tanque? Quais são as pressões parciais (em mm Hg) dos gases?

## 10.6   A Teoria Cinética Molecular dos Gases

### Objetivo da Seção 10.6

- Entender a teoria cinética molecular como ela é aplicada aos gases, especialmente a distribuição de velocidades moleculares (energias).

**FIGURA 10.9 Uma visão molecular de gases e líquidos.** O fato de que um grande volume de gás $N_2$ poder ser condensado a um pequeno volume de líquido indica que as distâncias entre moléculas na fase gasosa são muito grandes comparadas com as distâncias entre moléculas na fase líquida.

© Cengage Learning/Charles D. Winters

Até aqui discutimos as propriedades macroscópicas dos gases. Agora podemos passar para uma descrição do comportamento da matéria no nível molecular ou atômico, usando a teoria cinética molecular (página 6). Centenas de observações experimentais levaram aos seguintes postulados a respeito do comportamento dos gases.

- Gases consistem em partículas (moléculas ou átomos) cuja separação é muito maior que o tamanho das próprias partículas (Figura 10.9).
- As partículas de um gás estão em movimento contínuo, rápido e aleatório. À medida que se movem, colidem umas com as outras e com as paredes do recipiente que as contém, de modo que a energia total permanece inalterada.
- A energia cinética média das partículas de um gás é proporcional à temperatura do gás. *Os gases, independentemente de sua massa molecular, possuem a mesma energia cinética a uma mesma temperatura.*

Vamos discutir o comportamento dos gases usando esse ponto de vista.

### Velocidade Molecular e Energia Cinética

Suponha que seu amigo entre na sala carregando uma grande caixa achatada. Como você pode saber que há uma pizza dentro dela? Seria possível descobrir pelos odores vindos da caixa, pois sabemos que as moléculas responsáveis pelo aroma da comida entram na fase gasosa e se espalham pelo espaço até alcançarem as células em seu nariz que reagem aos odores. A mesma coisa acontece no laboratório, quando os pratos com amônia aquosa ($NH_3$) e ácido clorídrico (HCl) ficam lado a lado (Figura 10.10). Moléculas dos dois componentes entram na fase gasosa e se espalham até que se combinam; nesse momento, elas reagem e formam uma nuvem de partículas minúsculas de cloreto de amônio sólido ($NH_4Cl$).

Se você baixar a temperatura dos recipientes na Figura 10.10 e medir o tempo necessário para a formação da nuvem de cloreto de amônio, perceberá que a formação será mais demorada. O motivo disso é que a velocidade com que as moléculas se movimentam depende da temperatura.

Vamos expandir nossas observações experimentais. Primeiro, é importante entender que as moléculas em uma amostra de gás não se movimentam todas a uma mesma velocidade. Em vez disso, conforme ilustrado na Figura 10.11 para as moléculas de $O_2$, há uma distribuição de velocidades, a qual depende da temperatura. Há diversas observações importantes que podemos fazer.

- Em determinada temperatura, algumas moléculas em uma amostra possuem velocidades altas, e outras, velocidades baixas.

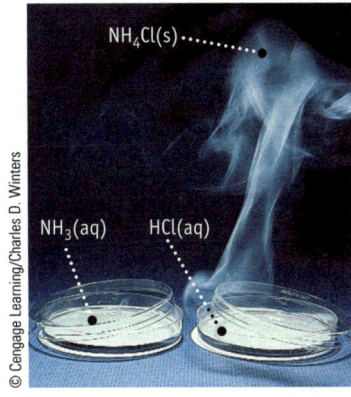

**FIGURA 10.10 O movimento das moléculas dos gases.** Pratos abertos de amônia aquosa e ácido clorídrico são colocados lado a lado. Quando as moléculas de NH₃ e HCl escapam da solução para a atmosfera e encontram umas às outras, uma nuvem de cloreto de amônio sólido, NH₄Cl, é observada.

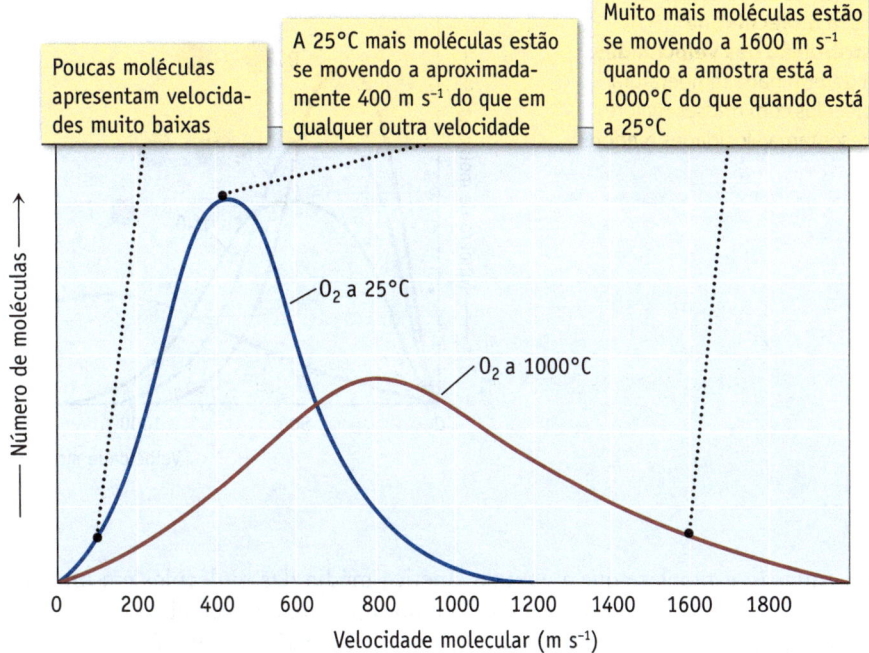

**FIGURA 10.11 A distribuição das velocidades moleculares.** A figura ilustra como a distribuição das velocidades moleculares em uma amostra de gás muda com a temperatura. As áreas sob as curvas são as mesmas porque o número de moléculas na amostra é fixo.

- A maioria das moléculas na amostra apresenta velocidade intermediária, e sua velocidade mais provável corresponde ao máximo da curva. Para o gás oxigênio a 25°C, por exemplo, a maioria das moléculas possui velocidades entre 200 m s⁻¹ e 700 m s⁻¹, e a velocidade mais provável é de aproximadamente 400 m s⁻¹. De fato, essas são velocidades muito altas. Uma velocidade de 400 m s⁻¹ corresponde a aproximadamente 1440 km por hora!

- Ao comparar as curvas de distribuição para moléculas de $O_2$ a 25°C e 1000°C, é possível observar que, à medida que a temperatura aumenta, a velocidade mais provável torna-se maior e o número de moléculas que se movimentam sob alta velocidade aumenta consideravelmente.

> **Curvas de Maxwell-Boltzmann** Gráficos como aqueles nas Figuras 10.11 e 10.12 geralmente são referidos como curvas de Maxwell-Boltzmann. Eles levam esse nome devido a dois cientistas que estudaram as propriedades físicas dos gases: James Clerk Maxwell (1831-1879) e Ludwig Boltzmann (1844-1906).

A energia cinética de uma única molécula de massa $m$ (em kg) em uma amostra de gás é dada pela equação

$$EC = \frac{1}{2}(massa)(velocidade)^2 = \frac{1}{2}mu^2$$

em que $u$ é a velocidade dessa molécula (em m s⁻¹). Podemos calcular a energia cinética de uma única molécula de gás a partir dessa equação, mas não a de um conjunto de moléculas porque, como é possível observar na Figura 10.11, nem todas as moléculas em uma amostra de gás estão se movimentando a uma mesma velocidade. Entretanto, podemos calcular a energia cinética *média* de um conjunto de moléculas relacionando-a a outras quantidades médias do sistema. Especificamente, a energia cinética média de um mol de moléculas em uma amostra de gás está relacionada à velocidade média:

$$\overline{EC} = \frac{1}{2}N_A m\overline{u^2}$$

em que $N_A$ é o número de Avogadro. A barra horizontal sobre os símbolos $\overline{EC}$ e $\bar{u}$ indica um valor médio. O produto entre a massa molecular e a constante de Avogadro é a massa molar (em unidades de kg mol⁻¹), portanto podemos escrever

$$\overline{EC} = \frac{1}{2}M\overline{u^2}$$

**FIGURA 10.12 O efeito da massa molecular na distribuição das velocidades.** Em determinada temperatura, moléculas com massas maiores apresentam velocidades menores.

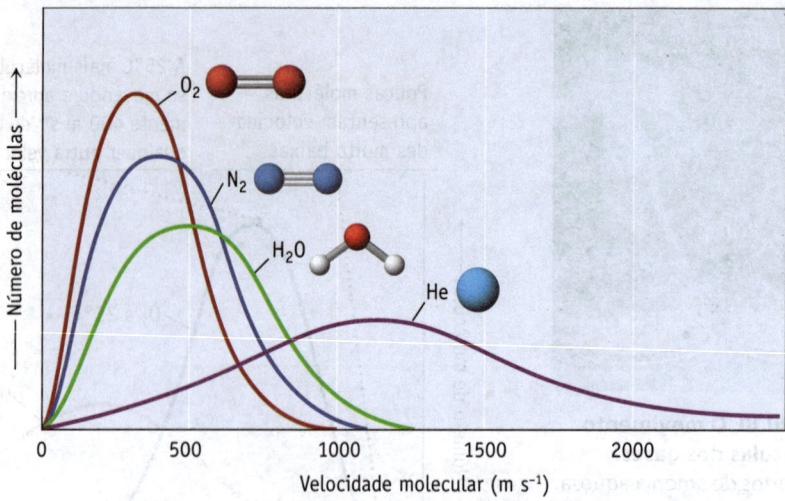

Essa equação estabelece que a energia cinética média das moléculas em uma amostra de gás, $\overline{EC}$, está relacionada a $\overline{u^2}$, a média dos quadrados de suas velocidades (chamada "velocidade quadrática média").

Experimentos também mostram que a energia cinética média, $\overline{EC}$, de um mol de moléculas de gás é diretamente proporcional à temperatura com uma constante de proporcionalidade de $\frac{3}{2}R$,

$$\overline{EC} = \frac{3}{2}RT$$

em que $R$ é a constante do gás ideal expressa em unidades SI (8,314598 J K$^{-1}$ mol$^{-1}$).

As duas equações de energia cinética podem ser combinadas para resultar em uma equação que relaciona massa, velocidade média e temperatura (Equação 10.9).

$$\sqrt{\overline{u^2}} = \sqrt{\frac{3RT}{M}} \qquad (10.9)$$

Aqui, a raiz quadrada da velocidade quadrática média ($\sqrt{\overline{u^2}}$, chamada de **raiz da velocidade média quadrática**, ou **velocidade rmq** [em inglês rms, *root-mean-square*]), a temperatura ($T$, em kelvin) e a massa molar ($M$) estão relacionadas. Essa equação mostra que as velocidades das moléculas de gás estão de fato relacionadas com a temperatura (Figura 10.12). A velocidade rmq é uma quantidade útil devido à sua relação com a energia cinética média e por estar muito próxima da velocidade média verdadeira de uma amostra. (A velocidade média corresponde a 92% da velocidade rmq.)

*Todos os gases possuem a mesma energia cinética média na mesma temperatura.* Entretanto, se você comparar uma amostra de um gás com outra, digamos, comparar $O_2$ e $N_2$, isso não significa que as moléculas apresentem a mesma velocidade rmq (Figura 10.12). Em vez disso, a Equação 10.9 mostra que, quanto menor a massa molar do gás, maior a velocidade rmq.

---

**EXEMPLO 10.11**

## Velocidade Molecular

**Problema** Calcule a velocidade rmq das moléculas de oxigênio a 298 K (25°C).

**O que você sabe?** Você sabe a massa molar de $O_2$ e a temperatura, os principais determinantes da velocidade.

**Estratégia** Use a Equação 10.9 com $M$ em unidades de kg mol$^{-1}$. O motivo disso é que $R$ está em unidades de J K$^{-1}$ mol$^{-1}$ e 1 J = 1 kg m$^2$ s$^{-2}$.

**RESOLUÇÃO** A massa molar de $O_2$ é $32,0 \times 10^{-3}$ kg $mol^{-1}$.

$$\sqrt{\overline{u^2}} = \sqrt{\frac{3(8,3145 \text{ J/K} \cdot \text{mol})(298 \text{ K})}{32,0 \times 10^{-3} \text{ kg mol}^{-1}}} = \sqrt{2,323 \times 10^5 \text{ J kg}^{-1}}$$

Para obter a resposta em metros por segundo use a relação 1 J = 1 kg $m^2$ $s^{-2}$, o que significa que você tem

$$\sqrt{\overline{u^2}} = \sqrt{2,323 \times 10^5 \text{ kg} \cdot \text{m}^2/(\text{kg} \cdot \text{s}^2)} = \sqrt{2,323 \times 10^5 \text{ m}^2/\text{s}^2} = 482 \text{ m s}^{-1}$$

**Pense bem antes de responder** A velocidade rmq calculada equivale a aproximadamente 1100 milhas por hora (1700 km $h^{-1}$). Essa velocidade é maior que a velocidade do som no ar, 343 m $s^{-1}$.

### Verifique seu entendimento

Calcule as velocidades rmq dos átomos de hélio e das moléculas de $N_2$ a 298K.

## Teoria Cinética Molecular e as Leis dos Gases

As leis dos gases, que surgiram a partir de experimentos, podem ser explicadas pela teoria cinética molecular. O ponto de partida é descrever como a pressão aumenta a partir de colisões das moléculas de gás com as paredes do recipiente que contém o gás (Figura 10.13). A pressão está relacionada à força das colisões.

$$\text{Pressão do gás} = \frac{\text{força de colisões}}{\text{área}}$$

A força exercida pelas colisões depende do número de colisões e da força média por colisão. Quando a temperatura de um gás aumenta, sabemos que a energia cinética média das moléculas aumenta. Isso faz com que a força média das colisões com as paredes também aumente. Além disso, uma vez que a velocidade do gás aumenta com a temperatura, mais colisões ocorrem por segundo. Assim, a força coletiva por centímetro quadrado é maior e a pressão aumenta. Matematicamente, isso está relacionado à proporcionalidade direta entre $P$ e $T$ quando $n$ e $V$ são constantes, ou seja, $P = (nR/V)T$.

Aumentar o número de moléculas de um gás sob temperatura e volume fixos não altera a força média de colisão, mas eleva o número de colisões que ocorrem por segundo. Assim, a pressão aumenta, e dizemos que $P$ é proporcional a $n$ quando $V$ e $T$ são constantes, ou seja, $P = n(RT/V)$.

Se a pressão for mantida constante quando o número de moléculas de gás ou a temperatura aumenta, então o volume do recipiente (bem como a área na qual as colisões ocorrem) deve aumentar. Isso é estabelecido quando se afirma que $V$ é proporcional a $nT$ quando $P$ é constante [$V = nT(R/P)$], uma relação que é uma *combinação da hipótese de Avogadro com a lei de Charles*.

Finalmente, se a temperatura for constante, a força média de impacto das moléculas de determinada massa com as paredes do recipiente deve ser constante. Se $n$ for mantido constante enquanto o volume do recipiente torna-se menor, o número de colisões com as paredes por segundo deve aumentar. Isso significa que a pressão aumenta e, assim, $P$ é proporcional a $1/V$ quando $n$ e $T$ são constantes, conforme afirmado pela *lei de Boyle*, ou seja, $P = (1/V)(nRT)$.

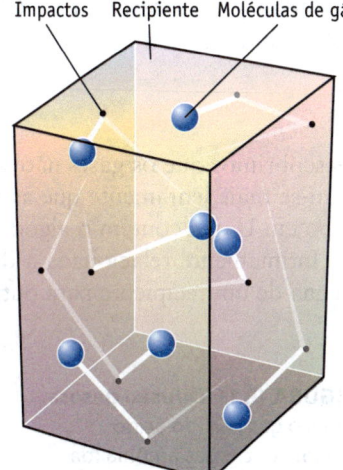

**FIGURA 10.13 Pressão do gás.** De acordo com a teoria cinética molecular, a pressão do gás é causada pelas moléculas de gás que bombardeiam as paredes do recipiente.

## 10.7 Difusão e Efusão

### Objetivo da Seção 10.7

● Entender o fenômeno de difusão e efusão e aplicar a lei de Graham.

Quando uma pizza quente é trazida para uma sala, as moléculas voláteis, responsáveis pelo aroma, passam para a atmosfera, onde se misturam com **outros gases**. Mesmo se não houvesse movimento do ar na sala, causado por

(a)    (b)

**FIGURA 10.14  Difusão gasosa.** Aqui o bromo difunde-se do frasco e mistura-se ao ar na garrafa com o tempo.

ventiladores ou por pessoas em circulação, o odor eventualmente atingiria todo o ambiente. Essa mistura de moléculas de dois ou mais gases devido a seus movimentos moleculares aleatórios é o resultado da **difusão**. Em determinado tempo, as moléculas de um componente em uma mistura gasosa vão se misturar completamente com todos os outros componentes da mistura (Figura 10.14).

A difusão também é ilustrada pelo experimento na Figura 10.15. Aqui, colocamos algodão umedecido com ácido clorídrico na extremidade de um tubo em forma de U e outro algodão umedecido com amônia aquosa na outra extremidade. As moléculas de HCl e $NH_3$ difundem-se no interior do tubo e, quando se encontram, produzem $NH_4Cl$ sólido, branco.

$$HCl(g) + NH_3(g) \rightarrow NH_4Cl(s)$$

Descobrimos que os gases não se encontram no meio. Em vez disso, como as moléculas mais pesadas de HCl difundem-se mais lentamente que as moléculas mais leves de $NH_3$, elas encontram-se mais próximas da extremidade do tubo em U que contém o algodão com HCl.

Intimamente relacionada à difusão está a **efusão**, que é o movimento do gás através de uma abertura muito pequena de um recipiente para outro, onde a pressão é muito menor (Figura 10.16). Thomas Graham (1805-1869), um

**FIGURA 10.15  Difusão gasosa.**
Aqui, o gás HCl (do ácido clorídrico) e o gás amônia (da amônia aquosa) difundem-se das extremidades opostas de um tubo de vidro em forma de U.

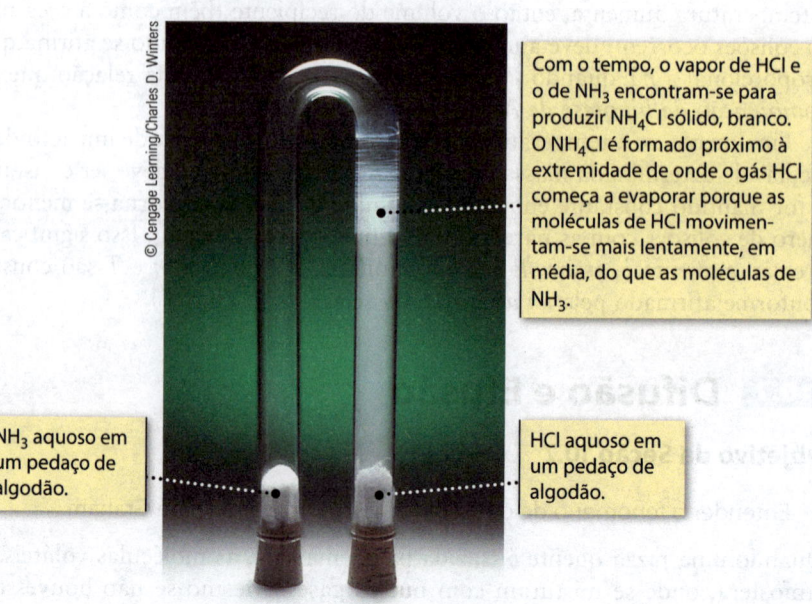

Com o tempo, o vapor de HCl e o de $NH_3$ encontram-se para produzir $NH_4Cl$ sólido, branco. O $NH_4Cl$ é formado próximo à extremidade de onde o gás HCl começa a evaporar porque as moléculas de HCl movimentam-se mais lentamente, em média, do que as moléculas de $NH_3$.

$NH_3$ aquoso em um pedaço de algodão.

HCl aquoso em um pedaço de algodão.

**Antes da efusão**     **Durante a efusão**

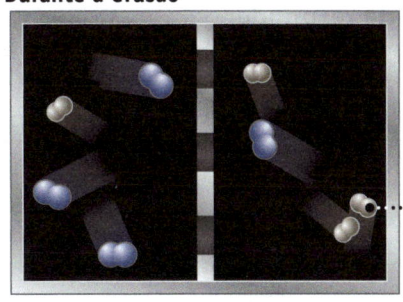

N₂

H₂

Vácuo

Moléculas mais leves (H₂) com velocidades médias mais altas atravessam a barreira mais frequentemente do que moléculas mais pesadas, mais lentas (N₂), sob a mesma temperatura.

Barreira porosa

**FIGURA 10.16 Efusões gasosas.** Moléculas de gás $H_2$ e $N_2$ efundem pelos poros de uma barreira porosa. De acordo com a lei de Graham, as moléculas de $H_2$ efundem 3,72 vezes mais rapidamente do que as moléculas de $N_2$ sob a mesma temperatura.

químico escocês, estudou a efusão dos gases e descobriu que a velocidade de efusão de um gás – a quantidade de gás que se move de um lugar para outro em determinada fração de tempo – é inversamente proporcional à raiz quadrada de sua massa molar. De acordo com esses resultados experimentais, as velocidades de efusão de dois gases podem ser comparadas:

$$\frac{\text{Velocidade de efusão do gás 1}}{\text{Velocidade de efusão do gás 2}} = \sqrt{\frac{\text{massa molar do gás 2}}{\text{massa molar do gás 1}}} \qquad (10.10)$$

A relação na Equação 10.10 – agora conhecida como **lei de Graham** – é deduzida da Equação 10.9, reconhecendo que a velocidade de efusão depende da velocidade das moléculas. A razão entre as velocidades rmq é a mesma que a razão das taxas de efusão:

$$\frac{\text{Velocidade de efusão do gás 1}}{\text{Velocidade de efusão do gás 2}} = \sqrt{\frac{u^2 \text{ do gás 1}}{u^2 \text{ do gás 2}}} = \sqrt{\frac{3RT/(M \text{ do gás 1})}{3RT/(M \text{ do gás 2})}}$$

Anulando os termos comuns, temos a expressão na Equação 10.10.

**EXEMPLO 10.12**

## Usando a Lei de Graham da Efusão para Calcular uma Massa Molar

**Problema** O tetrafluoroetileno, $C_2F_4$, efunde-se através de uma barreira a uma taxa de $4,6 \times 10^{-6}$ mol h⁻¹. Um gás desconhecido, que consiste somente em boro e hidrogênio, efunde-se com uma taxa de $5,8 \times 10^{-6}$ mol h⁻¹ sob as mesmas condições. Qual é a massa molar do gás desconhecido?

**O que você sabe?** Você possui dois gases, um com uma massa molar conhecida ($C_2F_4$, 100,0 g mol⁻¹) e outro desconhecido. A taxa de efusão para os dois gases é conhecida.

**Estratégia** Substitua os dados experimentais na equação da lei de Graham (Equação 10.10).

### RESOLUÇÃO

$$\frac{5,8 \times 10^{-6} \text{ mol h}^{-1}}{4,6 \times 10^{-6} \text{ mol h}^{-1}} = 1,26 = \sqrt{\frac{100,0 \text{ g mol}^{-1}}{M \text{ do gás desconhecido}}}$$

Para resolver a massa molar desconhecida, eleve ao quadrado os dois lados da equação e rearranje-a para obter $M$ do gás desconhecido.

$$1,59 = \frac{100,0 \text{ g mol}^{-1}}{M \text{ do gás desconhecido}}$$

$$M = 63 \text{ g mol}^{-1}$$

---

**Pense bem antes de responder**  Da lei de Graham, sabemos que uma molécula leve efundirá mais rapidamente do que uma pesada. Como o gás desconhecido efunde mais rapidamente que $C_2F_4$ ($M = 100,0$ g mol$^{-1}$), o gás desconhecido deve ter uma massa molar menor que 100 g mol$^{-1}$. Um composto de boro–hidrogênio que corresponde a essa massa molar é $B_5H_9$, chamado *pentaborano*.

### Verifique seu entendimento

Uma amostra de metano, $CH_4$, efunde-se por uma barreira porosa em 1,50 minutos. Sob as mesmas condições, um número igual de moléculas de um gás desconhecido efunde-se por meio da barreira em 4,73 minutos. Qual é a massa molar do gás desconhecido?

---

## UM OLHAR MAIS ATENTO

# Ciência de Superfície e a Necessidade de Sistemas de Vácuo Ultra-Altos

Ciência de superfície é o estudo dos processos que ocorrem nas interfaces entre as fases. A interface entre um sólido e um gás é particularmente importante em áreas como catálise e microeletrônica. Um conversor catalítico facilita a decomposição de moléculas perigosas no escapamento do automóvel. Na indústria de eletrônicos, como o tamanho dos dispositivos semicondutores vem diminuindo, átomos na superfície exercem uma função cada vez mais importante nessa área. É importante entender e controlar os processos químicos e físicos que ocorrem nessas superfícies.

Para estudar o fenômeno de superfície, os cientistas, muitas vezes, precisam de uma superfície limpa, mas consegui-la é um grande desafio. Quando gases reais colidem com uma superfície limpa, eles geralmente aderem a ela, formando rapidamente uma monocamada – aproximadamente $10^{15}$ moléculas/cm$^2$ – de moléculas adsorvidas na superfície. Para evitar essa contaminação, cientistas de superfícies conduzem estudos em câmaras de vácuo, onde pode ser minimizado o contato entre as moléculas da fase gasosa e a superfície. Mas que vácuo é necessário para manter a superfície limpa de moléculas adsorvidas?

Uma câmara de alto vácuo é feita de aço ou alumínio polidos. A câmara geralmente possui muitas entradas pelas quais é possível conectar bombas de vácuo, instrumentos ou janelas.

© Cultura Creative/Alamy

O termo "alto vácuo" descreve um sistema fechado em que a pressão do gás é inferior a $10^{-6}$ mm Hg. A lei do gás ideal pode ser usada para mostrar que sob $10^{-6}$ mm Hg e temperatura ambiente, acima de $3 \times 10^{13}$ partículas de gás ocupam cada litro de espaço. Mesmo nessa pressão, mais de $10^{14}$ colisões/cm$^2$ por segundo ocorrem entre as moléculas de gás e uma superfície. Em apenas alguns segundos, uma superfície limpa será completamente coberta com moléculas adsorvidas.

Para manter uma superfície limpa, são necessárias condições de vácuo ultra-alto ($10^{-9}$ mm Hg ou menos). A diminuição do número de moléculas na fase gasosa por um fator de um milhar também reduz a taxa de colisões do gás pelo mesmo fator. Sob condições de vácuo ultra-alto, uma superfície permanecerá limpa por mais de uma hora, o que costuma ser tempo suficiente para análise dela.

É possível remover todas as partículas de gás em uma câmara de vácuo? Não, pois uma variedade de fatores limita a obtenção do vácuo. Esses fatores incluem a eficiência das bombas de vácuo, a capacidade de evitar qualquer vazamento no sistema e, talvez o mais importante, a taxa de "desgaseificação" do sistema. A desgaseificação é um processo em que as moléculas são dessorvidas das superfícies dentro do sistema. Antes do bombeamento de uma câmara de vácuo, as superfícies internas estão saturadas com moléculas adsorvidas. À medida que essas moléculas são dessorvidas, elas aumentam a pressão no sistema de vácuo. Sob condições ideais, as pressões podem ser reduzidas abaixo de $10^{-10}$ mm Hg; nesse ponto, a taxa em que o gás é bombeado para fora do sistema iguala-se à taxa de desgaseificação.

---

## 10.8  Comportamento Não Ideal dos Gases

**Objetivo da Seção 10.8**

- Reconhecer o motivo de os gases não se comportarem como gases ideais sob algumas condições. Os desvios do comportamento ideal são maiores a altas pressões e baixas temperaturas.

Se você estiver trabalhando com um gás à temperatura ambiente e pressão de uma atmosfera ou menor, a lei do gás ideal é extraordinariamente bem-sucedida em relacionar a quantidade de gás, sua pressão, volume e temperatura. Sob pressões mais altas ou temperaturas mais baixas, entretanto, ocorrem desvios da lei do gás ideal.

Para começar a pensar sobre o assunto, considere a lei do gás ideal, $PV = nRT$. Se dividirmos ambos os lados dessa equação por $nRT$, obtemos a equação $PV/nRT = 1$. Para $n = 1$ mol de gás, essa se transforma em $PV/RT = 1$. A lei do gás ideal, portanto, prevê que a razão $PV/RT$ deve ser exatamente 1 para 1 mol de um gás ideal, independentemente da pressão.

Agora considere a Figura 10.17, que mostra os valores reais de $PV/RT$ para 1 mol de vários gases colocados em um gráfico como o eixo *y versus* a pressão no eixo *x*. Para a referência, a previsão da lei do gás ideal é colocada no gráfico como a linha preta em $PV/nRT = 1$. Está claro que existem desvios do que a lei do gás ideal prevê.

As curvas traçadas para os gases reais na Figura 10.17 mostram que há dois efeitos. Para todos, com exceção do He, não existe uma diminuição inicial no valor de $PV/RT$. As duas curvas mostradas para o $CO_2$ sugerem que esse efeito está relacionado com a temperatura; o efeito é maior em temperatura mais baixa. (Presumivelmente, o hélio mostraria uma diminuição inicial no valor de $PV/RT$ em uma temperatura baixa o suficiente.) O segundo efeito é o rápido aumento do valor de $PV/RT$ em pressões mais altas. Para todos os gases, o produto $PV/RT$ é eventualmente maior que 1,00 se a pressão for alta o suficiente.

A partir dessas observações, podemos concluir que o produto da pressão e do volume medidos ($P \times V$) para gases reais pode ser menor que o previsto (relacionado às forças atrativas entre as moléculas) ou maior que o previsto (relacionado ao volume molecular). Os valores de pressão e temperatura são os fatores-chave, influenciando o desvio dessa grandeza da idealidade.

O conceito de idealidade para o comportamento dos gases foi baseado em duas suposições: de que as moléculas do gás não ocupam espaço e de que não há forças atrativas entre as moléculas. Claramente nenhuma dessas suposições é rigorosamente verdadeira. As moléculas têm um volume. Por exemplo, um átomo de hélio tem um raio de 31 pm e um volume de $1,2 \times 10^{-31}$ m$^3$. Mas o volume ocupado por moléculas de gás é ordinariamente uma pequena parte do volume total de um gás. Em 1 atm e 25°C, ele ocuparia aproximadamente o mesmo espaço para se movimentar ao redor como uma ervilha no interior de uma bola de basquete. Como resultado, o erro cometido em supor que a molécula não tem volume será pequeno. Suponha, entretanto, que a pressão seja muito maior, digamos 1.000 atm. Agora, o volume disponível para cada molécula é uma esfera com um raio de aproximadamente 200 pm, o que significa que a situação se assemelha àquela de uma ervilha dentro de uma esfera um pouco maior que uma bola de pingue-pongue. O volume ocupado pelas moléculas de gás não pode ser ignorado em tais casos.

A suposição de que não há forças atrativas entre as moléculas não é exata. Sabemos que há forças atrativas; os gases irão se condensar para formar um líquido quando as forças atrativas entre as moléculas forem suficientes para superar a energia cinética associada com o movimento molecular. Sabemos também que o efeito dessas forças atrativas é dependente da temperatura, quanto mais baixa a temperatura, maior o efeito dessas forças.

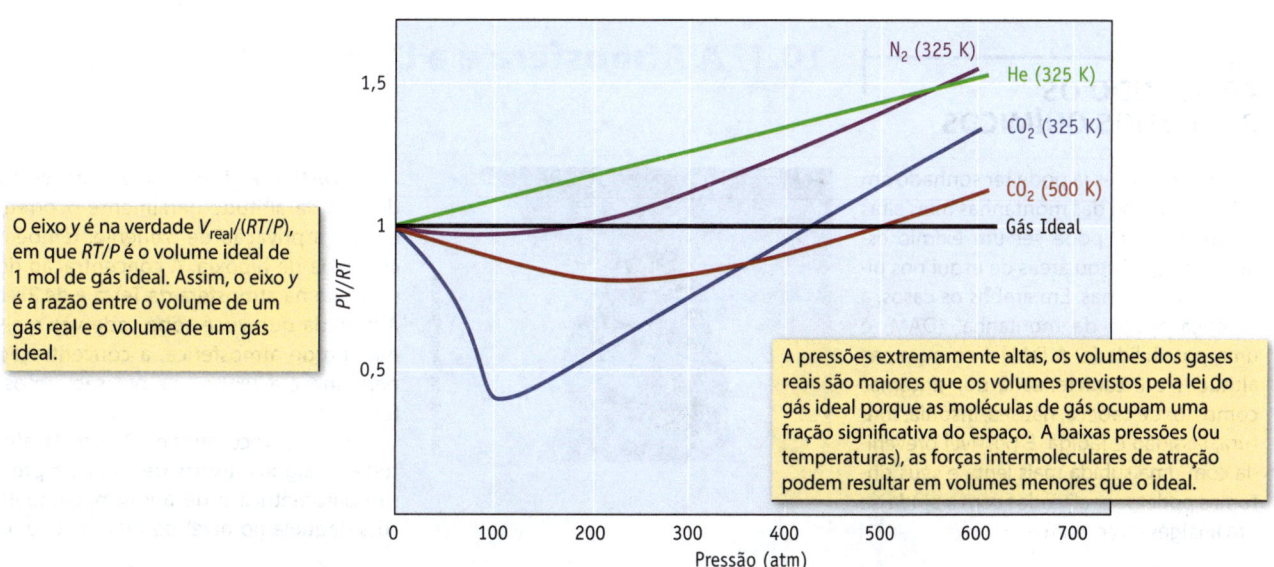

O eixo *y* é na verdade $V_{real}/(RT/P)$, em que $RT/P$ é o volume ideal de 1 mol de gás ideal. Assim, o eixo *y* é a razão entre o volume de um gás real e o volume de um gás ideal.

A pressões extremamente altas, os volumes dos gases reais são maiores que os volumes previstos pela lei do gás ideal porque as moléculas de gás ocupam uma fração significativa do espaço. A baixas pressões (ou temperaturas), as forças intermoleculares de atração podem resultar em volumes menores que o ideal.

**FIGURA 10.17 Desvios do gás real do comportamento ideal.** Aqui, $PV/RT$ para 1 mol dos gases $N_2$, He e $CO_2$ são representados em função de *P*. Para 1 mol de um gás ideal $PV/RT = 1$ para todas as pressões.

O físico alemão Johannes van der Waals (1837-1923) estudou a limitação da equação da lei do gás ideal e desenvolveu uma equação para corrigir alguns dos erros que surgem do desvio da idealidade. Essa equação é conhecida como a **equação de van der Waals**:

Pressão observada    V recipiente

$$\left(P + a\left[\frac{n}{V}\right]^2\right)(V - bn) = nRT \qquad (10.11)$$

Correção para as forças intermoleculares

Correção para o volume molecular

**Tabela 10.2**
**Constantes de van der Waals**

| GÁS | VALORES DE $a$ (ATM L² MOL⁻²) | VALORES DE $b$ (L MOL⁻¹) |
|---|---|---|
| He | 0,034 | 0,0237 |
| Ar | 1,34 | 0,0322 |
| $H_2$ | 0,244 | 0,0266 |
| $N_2$ | 1,39 | 0,0391 |
| $O_2$ | 1,36 | 0,0318 |
| $CO_2$ | 3,59 | 0,0427 |
| $Cl_2$ | 6,49 | 0,0562 |
| $H_2O$ | 5,46 | 0,0305 |

em que $a$ e $b$ são constantes determinadas experimentalmente (Tabela 10.2). Embora a Equação 10.11 possa parecer complicada a princípio, os termos entre parênteses são aqueles da lei do gás ideal, cada um deles corrigido de acordo com os efeitos discutidos anteriormente. O termo de correção da pressão, $a(n/V)^2$, refere-se a forças intermoleculares. Devido às forças intermoleculares, a pressão do gás observada é inferior à pressão ideal ($P_{observado} < P_{ideal}$, em que $P_{ideal}$ é calculada usando-se a equação $PV = nRT$). Portanto, o termo $a(n/V)^2$ é *acrescentado* à pressão observada. A constante $a$ tipicamente tem valores que variam de 0,01 a 10 atm · L² mol⁻².

O volume real disponível para as moléculas é menor que o volume do recipiente, porque as próprias moléculas ocupam espaço. Portanto, um valor (= $bn$) é *subtraído* do volume do recipiente. Aqui, $n$ é a quantidade de matéria de gás e $b$ é uma quantidade experimental que corrige o volume molecular. Valores típicos de $b$ variam de 0,01 a 0,1 L mol⁻¹ e aumentam mais ou menos de acordo com o aumento do tamanho molecular.

Como um exemplo da importância dessas correções, considere uma amostra de 4,00 mol de gás de cloro, $Cl_2$, em um frasco de 4,00 L a 100,0°C. A lei do gás ideal o levaria a esperar uma pressão de 30,6 atm. Uma melhor estimativa da pressão, obtida da equação de van der Waals, é de 26,0 atm.

## 10.1  A Atmosfera e a Doença da Altitude

**APLICANDO OS PRINCÍPIOS QUÍMICOS**

Alguém de vocês já pode ter sonhado em subir até o topo das montanhas mais altas do mundo, ou pode ser um exímio esquiador e já visitou áreas de esqui nos picos de montanhas. Em ambos os casos, a "doença aguda da montanha" (DAM) é uma possibilidade. A DAM é comum nas altitudes e é caracterizada por sintomas como dor de cabeça, náusea, insônia, tontura, lassidão e fadiga. É possível preveni-la com uma subida mais lenta e seus sintomas podem ser aliviados com a ajuda de um analgésico comum.

Karl R. Martin/Shutterstock.com

A DAM e as formas mais graves da doença da altitude geralmente ocorrem devido à privação de oxigênio, também chamada de hipoxia. A concentração de oxigênio na atmosfera da Terra é de 21%. À medida que você sobe cada vez mais na altitude atmosférica, a concentração permanece a 21%, mas a pressão atmosférica cai.

Quando você atinge 3000 m (a altitude de alguns resorts de esqui), a pressão barométrica é de aproximadamente 70% daquela no nível do mar. A 5000 m,

*continua*

essa porcentagem é de somente 50%, da pressão do nível do mar e no topo do Monte Everest (altitude = 8848 m), chega a ser de apenas 29% da pressão do nível do mar. No nível do mar, onde a pressão parcial do oxigênio é de 160 mm Hg, seu sangue está praticamente saturado de oxigênio, mas conforme a pressão parcial de oxigênio [$P(O_2)$] cai, o percentual de saturação também cai. Em uma $P(O_2)$ de 50 mm Hg, a hemoglobina nos glóbulos vermelhos encontra-se saturada em aproximadamente 80%. Outros níveis de saturação (medidos a um pH de 7,4) são fornecidos na tabela.

| $P(O_2)$ (mm Hg) | Percentual de Saturação Aproximado |
|---|---|
| 90 | 95% |
| 80 | 92% |
| 70 | 90% |
| 60 | 85% |
| 50 | 80% |
| 40 | 72% |

### Questões:

1. Como a pressão atmosférica varia com a altitude? Usando dados dessa discussão, prepare um gráfico de altitude *versus* pressão atmosférica e comente sobre essa relação.
2. Com base no gráfico da questão 1, preveja a altitude onde a pressão parcial de oxigênio é 90 mm Hg.

## 10.2 O Dirigível da Goodyear

### APLICANDO OS PRINCÍPIOS QUÍMICOS

Os dirigíveis da Goodyear são um espetáculo familiar em eventos esportivos. Eles passam em altitudes entre 1000-3000 pés, proporcionando uma plataforma estável para as câmeras de televisão. A superfície externa, ou envoltório, de um dirigível da Goodyear é constituída de tecido poliéster revestido com borracha neoprene. O envoltório contém gás hélio, mais leve que o ar. Dentro das seções frontal e traseira do envoltório estão duas estruturas preenchidas com ar, chamadas balonetes, que servem para dois propósitos. Conforme o dirigível muda de altitude, os balonetes são inflados ou esvaziados com ar para manter a pressão do hélio dentro do envoltório, que é similar à pressão externa do ar. Os balonetes também são usados para manter o nível da aeronave. O piloto e os passageiros ficam na gôndola, que está fixada à base do envoltório.

Um dos dirigíveis da Goodyear tem o peso bruto de 12840 lbs (5820 kg) e o volume do envoltório interno é de 202700 pés³ (5740 m³). Os balonetes, quando ficam inflados com ar, ocupam um total de 18000 pés³ (510 m³) do envoltório. O hélio não é acrescentado nem retirado do envoltório durante a operação. A perda de hélio através do tecido de poliéster impregnado de borracha é mínima, aproximadamente 10000 pés³ (280 m³) por mês.

### Questões:

1. No nível do mar, a pressão atmosférica é de 1,00 atm. Calcule a densidade (em g L⁻¹) do hélio a essa pressão e a 25°C.
2. Use os dados fornecidos na Tabela 10.1 para calcular a densidade do ar seco a 1,00 atm e 25°C.
3. Para permanecer no alto, um dirigível deve obter flutuabilidade neutra, ou seja, sua densidade deve ser igual a do ar circundante. A densidade do dirigível é seu peso total (dirigível, hélio e ar, passageiros e lastro) dividido pelo volume. Suponha que o peso bruto do dirigível inclua a estrutura do dirigível e o hélio, mas não o ar nos balonetes ou os pesos dos passageiros e do lastro. Se os balonetes forem preenchidos com 12000 pés³ (340 m³) de ar a 1,00 atm e 25°C, que peso adicional (de passageiros e lastro) será necessário para obter uma flutuabilidade neutra?

**Dirigível da Goodyear.**

Cortesia de Ciprian Popoviciu

## 10.3 A Química dos Airbags

### APLICANDO OS PRINCÍPIOS QUÍMICOS

Os airbags frontais e laterais são atualmente obrigatórios em automóveis* porque muitos motoristas e passageiros têm sido salvos de ferimentos sérios ou morte quando esses airbags são abertos em um acidente.

---

* No Brasil, apenas os airbags frontais são obrigatórios.

No evento de um acidente, um saco de náilon ou poliamida se infla rapidamente com gás nitrogênio gerado por uma reação química. A unidade de airbag tem um sensor que é sensível à repentina desaceleração do veículo e envia um sinal elétrico que dispara a reação. O processo desde o impacto até o enchimento total deve levar aproximadamente 40 milissegundos e então o airbag começa a esvaziar antes que o motorista ou o passageiro seja jogado contra o saco. A velocidade de enchimento é importante porque bater contra um saco totalmente cheio seria como bater em uma parede sólida.

*continua*

Os airbags do lado do motorista enchem até um volume de 35-70 L, e os airbags dos passageiros enchem até 60-160 L. O volume final do saco dependerá da quantidade de gás nitrogênio gerado. Em muitos tipos de airbags, a explosão de azida de sódio gera gás nitrogênio.

$$2NaN_3(s) \rightarrow 2Na(s) + 3N_2(g)$$

O sódio produzido na reação é convertido em sais inofensivos adicionando-se $KNO_3$ e sílica na mistura.

$$10Na(s) + 2KNO_3(s) \rightarrow K_2O(s) + 5Na_2O(s) + N_2(g)$$

$$K_2O(s) + Na_2O(s) + SiO_2(s) \rightarrow \text{silicato de}$$
sódio em pó e silicato de potássio

Os airbags são comuns em carros de passageiros desde o final dos anos 1900. Uma vez que muitos desses carros agora são carros de ferro velho, surge um outro problema: como se desfazer do $NaN_3$ nos airbags. Os carros de ferro velho em geral são amassados para reciclar as partes metálicas e a unidade do airbag deve ser inicialmente removida. Caso não se faça isso, o $NaN_3$ pode ser exposto na atmosfera e, caso fique úmido, pode se decompor ao gás tóxico e explosivo $HN_3$.

$$NaN_3(s) + H_2O(\ell) \rightarrow NaOH(aq) + HN_3(g)$$

Por volta do ano 2000, um produtor líder de unidades de airbag decidiu usar um propelente mais barato, $NH_4NO_3$. Como ilustrado na Questão de Estudo 5.97, o nitrato de amônio pode se decompor explosivamente em dois gases. Sabe-se também que ele se torna instável quando úmido.

Quando um carro desacelera em uma colisão, um contato elétrico é feito na unidade do sensor. O propulsor (sólido verde) é detonado, liberando gás nitrogênio, e o saco de náilon dobrado se expande para fora do compartimento plástico.

Os airbags do lado do motorista inflam com 35-70 L de gás de $N_2$, enquanto os do passageiro, com 60-160 L.

$$NH_4NO_3(s) \rightarrow N_2O(g) + 2H_2O(g)$$

Infelizmente, após alguns anos, as pessoas começaram a relatar que os airbags explodiam aleatoriamente. A velocidade de explosão algumas vezes era muito maior para o saco, e os airbags explodiam. Além disso, a tubulação de enchimento algumas vezes se queimava e enviava metais para dentro do carro. Milhões de carros eventualmente receberam recall. Na época que este texto foi escrito, ainda não estava claro porque isso ocorria, mas a química do nitrato de amônio é complexa e sabe-se que o problema ocorria particularmente em climas úmidos.

Atualmente ocorre uma busca por novos propelentes e duas promessas são o tetrazol ($CH_2N_4$) e o nitrato de guanidina ($C(NH_2)_3NO_3$).

## Questões:

1. O gás nitrogênio é produzido não apenas pela decomposição do $NaN_3$, mas também na reação que captura o produto lateral sódio. Você precisa encher um airbag de 75 L a uma pressão de 3,0 atm.
   a. Qual é a massa necessária de $NaN_3$?
   b. Qual é a massa de $KNO_3$ necessária no saco para capturar o produto lateral sódio?

2. Você deseja encher um airbag de 75 L a 25°C a 3,0 atm usando nitrato de amônio.
   a. Qual seria a massa de $NH_4NO_3$ necessária?
   b. Quais são as pressões parciais de $N_2O$ e $H_2O$ no airbag?

# OBJETIVOS REVISITADOS

Os objetivos para este capítulo são marcados com as Questões para Estudo específicas para ajudá-lo a organizar sua revisão.

## 10.1 MODELANDO UM ESTADO DA MATÉRIA: GASES E PRESSÃO DOS GASES

- Descrever como as medidas de pressão são feitas e unidades de pressão, especialmente atmosferas (atm) e milímetros de mercúrio (mm Hg). **1-4**.

## 10.2 LEIS DOS GASES: A BASE EXPERIMENTAL

- Entender a base das leis dos gases (lei de Boyle, lei de Charles, hipótese de Avogadro) e saber como usar essas leis. **6, 8, 12, 14-16**.

## 10.3 A LEI DO GÁS IDEAL

- Entender a origem da lei do gás ideal e como usar a equação. **17-20, 63, 85**.

- Calcular a massa molar de um composto a partir da pressão de uma quantidade de matéria de gás em determinado volume em uma temperatura conhecida. **26-29**.

- Relacionar a densidade à massa molar, pressão e temperatura. **23, 24**.

## 10.4 LEIS DOS GASES E REAÇÕES QUÍMICAS

- Aplicar as leis dos gases para estudar a estequiometria de reações. **31, 32, 65**.

## 10.5 MISTURAS DE GASES E PRESSÕES PARCIAIS

- Usar a lei de Dalton das pressões parciais. **37-40, 76, 80**.

## 10.6 A TEORIA CINÉTICA MOLECULAR DOS GASES

- Entender a teoria cinética molecular como ela é aplicada aos gases, especialmente a distribuição de velocidades moleculares (energias). **41-46**.

## 10.7 DIFUSÃO E EFUSÃO

- Entender o fenômeno de difusão e efusão e aplicar a lei de Graham. **47-50, 81, 83**.

## 10.8 COMPORTAMENTO NÃO IDEAL DOS GASES

- Reconhecer o motivo de os gases não se comportarem como gases ideais sob algumas condições. Os desvios do comportamento ideal são maiores a altas pressões e baixas temperaturas. **51, 53, 55, 82**.

## EQUAÇÕES-CHAVE

**Equação 10.1** Lei de Boyle (em que $P$ é a pressão e $V$ é o volume).

$$P_1V_1 = P_2V_2 \text{ a } n \text{ e } T \text{ constantes}$$

**Equação 10.2** Lei de Charles (em que $T$ é a temperatura em kelvin).

$$\frac{V_1}{T_1} = \frac{V_2}{T_2} \text{ com } n \text{ e } P \text{ constantes}$$

**Equação 10.3** Lei geral dos gases (lei dos gases combinada).

$$\frac{P_1V_1}{T_1} = \frac{P_2V_2}{T_2} \text{ para determinada quantidade de matéria de gás, } n$$

**Equação 10.4** Lei dos gases ideais (onde $n$ é a quantidade de matéria de gás em mol e $R$ é a constante universal dos gases, 0,082057 L atm $K^{-1}$ $mol^{-1}$).

$$PV = nRT$$

**Equação 10.5** Densidade dos gases (em que $d$ é a densidade do gás em g L$^{-1}$ e $M$ é a massa molar do gás).

$$d = \frac{m}{V} = \frac{PM}{RT}$$

**Equação 10.6** Lei de Dalton das pressões parciais. A pressão total da mistura dos gases é a soma das pressões parciais dos gases componentes ($P_n$).

$$P_{total} = P_1 + P_2 + P_3 + \ldots$$

**Equação 10.7** A pressão total de uma mistura gasosa é igual à quantidade de matéria total de gases multiplicado por ($RT/V$).

$$P_{total} = (n_{total})\frac{RT}{V}$$

**Equação 10.8** A pressão de um gás (A) em uma mistura é o produto de sua fração molar ($X_A$) pela pressão total da mistura.

$$P_A = X_A P_{total}$$

**Equação 10.9** A velocidade rmq ($\sqrt{\overline{u^2}}$) depende da massa molar de um gás ($M$) e da temperatura ($T$).

$$\sqrt{\overline{u^2}} = \sqrt{\frac{3RT}{M}}$$

**Equação 10.10** Lei de Graham. A velocidade de efusão de um gás é inversamente proporcional à raiz quadrada de sua massa molar.

$$\frac{\text{Velocidade de efusão do gás 1}}{\text{Velocidade de efusão do gás 2}} = \sqrt{\frac{\text{massa molar do gás 2}}{\text{massa molar do gás 1}}}$$

**Equação 10.11** A equação de van der Waals, que relaciona pressão, volume, temperatura e quantidade de gás para um gás não ideal.

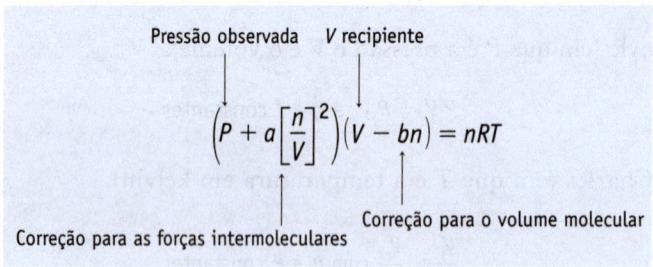

$$\left(P + a\left[\frac{n}{V}\right]^2\right)(V - bn) = nRT$$

Pressão observada    $V$ recipiente

Correção para as forças intermoleculares    Correção para o volume molecular

# QUESTÕES PARA ESTUDO

▲ denota questões desafiadoras.

Questões numeradas em verde têm as respostas no Apêndice N.

## Praticando Habilidades

### Pressão

(*Veja a Seção 10.1 e o Exemplo 10.1.*)

1. A pressão de um gás é 440 mm Hg. Expresse essa pressão em unidades de (a) atmosferas, (b) bars e (c) quilopascals.

2. A pressão barométrica média a uma altitude de 10 km é 210 mm Hg. Expresse essa pressão em atmosferas, bars e quilopascals.

3. Indique qual representa a pressão mais alta em cada um dos seguintes pares:
   (a) 534 mm Hg ou 0,754 bar
   (b) 534 mm Hg ou 650 kPa
   (c) 1,34 bar ou 934 kPa

4. Coloque a sequência abaixo em ordem crescente de pressão: 363 mm Hg, 363 kPa, 0,256 atm e 0,523 bar.

### Lei de Boyle e Lei de Charles

(*Veja a Seção 10.2 e os Exemplos 10.2 e 10.3.*)

5. Uma amostra de gás nitrogênio tem uma pressão de 67,5 mm Hg em um frasco de 500, mL. Qual é a pressão dessa amostra de gás quando ela é transferida para um frasco de 125 mL sob a mesma temperatura?

6. Uma amostra de gás $CO_2$ tem uma pressão de 56,5 mm Hg em um frasco de 125 mL. A amostra é transferida para um novo frasco, no qual ela terá uma pressão de 62,3 mm Hg sob a mesma temperatura. Qual é o volume do novo frasco?

7. Você tem 3,5 L de NO a uma temperatura de 22,0°C. Qual volume o NO ocuparia a 37°C? (Suponha que a pressão seja constante.)

8. Uma amostra de 5,0 mL de gás $CO_2$ é colocada em uma seringa de gás (Figura 10.2) a 22°C. Se a seringa for imersa em um banho de gelo (0°C), qual é o novo volume do gás, presumindo que a pressão seja mantida constante?

### Lei Geral dos Gases

(*Veja a Seção 10.2 e o Exemplo 10.4.*)

9. Você tem 3,6 L de gás $H_2$ a 380 mm Hg e 25°C. Qual é a pressão desse gás se ele for transferido para um frasco de 5,0 L a 0,0°C?

10. Você tem uma amostra de $CO_2$ em um frasco A com um volume de 25,0 mL. A 20,5°C, a pressão do gás é de 436,5 mm Hg. Para encontrar o volume de outro frasco, B, você transfere o $CO_2$ para esse frasco e descobre que sua pressão é agora de 94,3 mm Hg a 24,5°C. Qual é o volume do frasco B?

11. Você tem uma amostra de gás em um frasco A com um volume de 250 mL. A 25,5°C, a pressão do gás é de 360 mm Hg. Se você diminuir a temperatura para –5,0°C, qual é a pressão do gás a esta última temperatura?

12. Uma amostra de gás ocupa 135 mL a 22,5°C e uma pressão de 165 mm Hg. Qual é a pressão do gás quando ele é transferido para um frasco de 252 mL a uma temperatura de 0,0°C?

13. Um dos cilindros de um motor de automóvel tem um volume de 400 $cm^3$. O motor recebe o ar a uma pressão de 1,00 atm e uma temperatura de 15°C e o comprime até um volume de 50,0 $cm^3$ a 77°C. Qual é a pressão final do gás no cilindro? (A razão dos volumes antes e depois – nesse caso, 400:50 ou 8:1 – é chamada de *taxa de compressão.*)

14. Um balão cheio de hélio do tipo utilizado em voos de longa distância contém 420000 $pés^3$ ($1,2 \times 10^7$ L) de hélio. Suponha que você encha o balão com hélio no chão, onde a pressão é de 737 mm Hg e a temperatura é de 16,0°C. Quando o balão sobe a uma altura de 2 milhas, em que a pressão é de apenas 600 mm Hg e a temperatura é de –33°C, que volume é ocupado pelo gás hélio? Suponha que a pressão dentro do balão corresponda à pressão externa.

### Hipótese de Avogadro

(*Veja a Seção 10.2 e o Exemplo 10.5.*)

15. O monóxido de nitrogênio reage com oxigênio para formar o dióxido de nitrogênio.

$$2NO(g) + O_2(g) \rightarrow 2NO_2(g)$$

   (a) Você deseja obter a reação de NO e $O_2$ na razão estequiométrica correta. A amostra de NO tem um volume de 150 mL. Qual volume de $O_2$ é necessário (sob a mesma pressão e temperatura)?
   (b) Qual volume de $NO_2$ (sob a mesma pressão e temperatura) é formado nessa reação?

16. O etano queima no ar para formar $H_2O$ e $CO_2$.

$$2C_2H_6(g) + 7O_2(g) \rightarrow 4CO_2(g) + 6H_2O(g)$$

   Qual volume de $O_2$ (L) é necessário para completar a reação com 5,2 L de $C_2H_6$? Qual volume de vapor $H_2O$ (L) é produzido? Presuma que todos os gases tenham a mesma temperatura e pressão.

### Lei do Gás Ideal

(*Veja a Seção 10.3 e o Exemplo 10.6.*)

17. Uma amostra de 1,25 g de $CO_2$ está contida em um frasco de 750, mL a 22,5°C. Qual é a pressão do gás?

18. Um balão contém 30,0 kg de hélio. Qual é o volume do balão se sua pressão for de 1,20 atm e a temperatura for de 22°C?

**19.** Um frasco é previamente evacuado, portanto não contém nenhum gás. Em seguida, 2,2 g de $CO_2$ são introduzidos no frasco. Mediante aquecimento a 22°C, o gás exerce uma pressão de 318 mm Hg. Qual é o volume do frasco?

**20.** Um cilindro de aço contém 1,50 g de etanol, $C_2H_5OH$. Qual é a pressão do vapor de etanol se o cilindro tiver um volume de 251 cm³ e a temperatura for de 250°C? (Considere que todo o etanol esteja na fase de vapor nessa temperatura.)

**21.** Um balão para voos de longa distância contém $1,2 \times 10^7$ L de hélio. Se a pressão do hélio for de 737 mm Hg a 25°C, qual massa de hélio (em gramas) o balão conterá?

**22.** Qual massa de hélio, em gramas, é necessária para encher um balão de 5,0 L a uma pressão de 1,1 atm a 25°C?

### Densidade dos Gases e Massa Molar

*(Veja a Seção 10.3 e os Exemplos 10.7 e 10.8.)*

**23.** A 40 milhas acima da superfície da Terra, a temperatura é de 250 K e a pressão é somente de 0,20 mm Hg. Qual é a densidade do ar (em gramas por litro) nessa altitude? (Suponha que a massa molar do ar seja de 28,96 g mol⁻¹.)

**24.** O éter etílico, $(C_2H_5)_2O$, vaporiza facilmente em temperatura ambiente. Se o vapor exerce uma pressão de 233 mm Hg em um frasco a 25°C, qual é a densidade do vapor?

**25.** Um composto organofluorado gasoso apresenta uma densidade de 0,355 g L⁻¹ a 17°C e 189 mm Hg. Qual é a massa molar do composto?

**26.** Clorofórmio é um líquido comum usado em laboratório. Ele vaporiza rapidamente. Se a pressão do vapor de clorofórmio em um frasco é de 195 mm Hg a 25,0°C e a densidade do vapor é de 1,25 g L⁻¹, qual é a massa molar do clorofórmio?

**27.** Uma amostra de 1,007 g de um gás desconhecido exerce uma pressão de 715 mm Hg em um recipiente de 452 mL a 23°C. Qual é a massa molar do gás?

**28.** Uma amostra de 0,0130 g de um gás com fórmula empírica de $C_4H_5$ é colocada em um frasco de 165 mL. Ela exerce uma pressão de 13,7 mm Hg a 22,5°C. Qual é a fórmula molecular do composto?

**29.** Um novo hidreto de boro, $B_xH_y$, foi isolado. Para encontrar sua massa molar, você mede a pressão do gás em um volume conhecido a uma temperatura conhecida. Os seguintes dados experimentais foram coletados:

Massa do gás = 12,5 mg   Pressão do gás = 24,8 mm Hg
Temperatura = 25°C        Volume do frasco = 125 mL

Qual fórmula corresponde à massa molar calculada?
(a) $B_2H_6$         (d) $B_6H_{10}$
(b) $B_4H_{10}$      (e) $B_{10}H_{14}$
(c) $B_5H_9$

**30.** Acetaldeído é um composto líquido comum que evapora facilmente. Determine a massa molar do acetaldeído a partir dos seguintes dados:

Massa da amostra = 0,107 g   Volume do gás = 125 mL

Temperatura = 0,0°C        Pressão = 331 mm Hg

### Leis dos Gases e Reações Químicas

*(Veja a Seção 10.4 e o Exemplo 10.9.)*

**31.** O ferro reage com ácido clorídrico para produzir cloreto de ferro(II) e gás hidrogênio:

$$Fe(s) + 2HCl(aq) \rightarrow FeCl_2(aq) + H_2(g)$$

O gás $H_2$ proveniente da reação de 2,2 g de ferro com ácido em excesso é coletado em um frasco de 10,0 L a 25°C. Qual é a pressão do gás $H_2$ nesse frasco?

**32.** Silano, $SiH_4$, reage com $O_2$ para produzir dióxido de silício e água:

$$SiH_4(g) + 2O_2(g) \rightarrow SiO_2(s) + 2H_2O(\ell)$$

Uma amostra de 5,20 L de gás $SiH_4$ a 356 mm Hg e a 25°C pode reagir com gás $O_2$. Qual volume de gás $O_2$, em litros, é necessário para completar a reação se o oxigênio tiver uma pressão de 425 mm Hg a 25°C?

**33.** Azida de sódio, o composto explosivo nos airbags automotivos, decompõe-se de acordo com a seguinte equação:

$$2NaN_3(s) \rightarrow 2Na(s) + 3N_2(g)$$

Qual massa de azida de sódio é necessária para fornecer o nitrogênio suficiente para inflar um airbag de 75,0 L a uma pressão de 1,3 atm a 25°C?

**34.** O hidrocarboneto octano ($C_8H_{18}$) queima para formar $CO_2$ e vapor de água:

$$2C_8H_{18}(g) + 25O_2(g) \rightarrow 16CO_2(g) + 18H_2O(g)$$

Se uma amostra de 0,048 g de octano queima completamente em $O_2$, qual será a pressão do vapor de água em um frasco de 4,75 L a 30,0°C? Se o gás $O_2$ necessário para completar a combustão estiver contido em um frasco de 4,75 L a 22°C, qual será sua pressão?

**35.** Hidrazina reage com $O_2$ de acordo com a seguinte equação:

$$N_2H_4(g) + O_2(g) \rightarrow N_2(g) + 2H_2O(\ell)$$

Suponha que o $O_2$ necessário para a reação esteja em um tanque de 450 L a 23°C. Qual deve ser a pressão do oxigênio no tanque de modo que haja oxigênio suficiente para consumir completamente 1,00 kg de hidrazina?

**36.** Um aparelho de respiração subaquática (em inglês, SCUBA) usa recipientes contendo superóxido de potássio. O superóxido consome o $CO_2$ exalado pela pessoa e o substitui por oxigênio.

$$4KO_2(s) + 2CO_2(g) \rightarrow 2K_2CO_3(s) + 3O_2(g)$$

Que massa de $KO_2$, em gramas, é necessária para reagir com 8,90 L de $CO_2$ a 22,0°C e a 767 mm Hg?

### Misturas de Gases e Lei de Dalton

*(Veja a Seção 10.5 e o Exemplo 10.10.)*

**37.** Qual é a pressão total em atmosferas de uma mistura de gases que contém 1,0 g de $H_2$ e 8,0 g de Ar em um recipiente de 3,0 L a 27°C? Quais são as pressões parciais dos dois gases?

**38.** Um cilindro de gás comprimido tem no rótulo "Composição (% em mol): 4,5% $H_2S$, 3,0% $CO_2$, balanço $N_2$". O medidor de pressão conectado ao cilindro lê 46 atm. Calcule a pressão parcial de cada gás, em atmosferas, no cilindro.

**39.** Uma mistura de halotano e oxigênio ($C_2HBrClF_3 + O_2$) pode ser usada como anestésico. Um tanque contendo essa mistura tem as seguintes pressões parciais:
$P$ (halotano) = 170 mm Hg e $P$ ($O_2$) = 570 mm Hg.
   (a) Qual é a proporção da quantidade de matéria de halotano para a quantidade de matéria de $O_2$?
   (b) Se o tanque contém 160 g de $O_2$, qual é a massa de $C_2HBrClF_3$ presente?

**40.** Um balão murcho é preenchido com He até alcançar um volume de 12,5 L a uma pressão de 1,00 atm. Oxigênio, $O_2$, é então acrescentado de forma que o volume final do balão seja de 26 L com uma pressão total de 1,00 atm. A temperatura, que permanece constante, é de 21,5°C.
   (a) Qual é a massa do He contida no balão?
   (b) Qual é a pressão parcial final do He no balão?
   (c) Qual é a pressão parcial de $O_2$ no balão?
   (d) Qual é a fração molar de cada gás?

## Teoria Cinética Molecular

(*Veja a Seção 10.6 e o Exemplo 10.11.*)

**41.** Você possui dois frascos de volumes iguais. O frasco A contém $H_2$ a 0°C e 1 atm de pressão. O frasco B contém $CO_2$ a 25°C e 2 atm. Compare esses dois gases com relação a cada um dos seguintes itens:
   (a) Energia cinética média por molécula
   (b) Velocidade rmq
   (c) Número de moléculas
   (d) Massa do gás

**42.** Massas iguais de $N_2$ e Ar gasosos são colocadas em frascos separados de volumes iguais em uma mesma temperatura. Classifique cada uma das afirmações a seguir como verdadeira ou falsa. Explique brevemente sua resposta em cada caso.
   (a) Há mais moléculas de $N_2$ presentes do que átomos de Ar.
   (b) A pressão é maior no frasco de Ar.
   (c) Os átomos de Ar apresentam uma velocidade rmq maior que as moléculas de $N_2$.
   (d) As moléculas de $N_2$ colidem mais frequentemente com as paredes do frasco do que os átomos de Ar.

**43.** Se a velocidade rmq de uma molécula de oxigênio for 4,28 × 10⁴ cm s⁻¹ a determinada temperatura, qual será a velocidade rmq de uma molécula de $CO_2$ na mesma temperatura?

**44.** Calcule a velocidade rmq para moléculas de CO a 25°C. Qual é a proporção dessa velocidade para que átomos de Ar tenham a mesma temperatura?

**45.** Coloque os seguintes gases na ordem crescente de velocidade rmq a 25°C: Ar, $CH_4$, $N_2$, $CH_2F_2$.

**46.** A reação de $SO_2$ com $Cl_2$ resulta em óxido de dicloro, que é usado para branqueamento da polpa da madeira e para tratamento de águas residuais:

$$SO_2(g) + 2Cl_2(g) \rightarrow SOCl_2(g) + Cl_2O(g)$$

Suponha que todos os compostos envolvidos na reação sejam gases. Liste-os na ordem de velocidade rmq crescente.

## Difusão e Efusão

(*Veja a Seção 10.7 e o Exemplo 10.12.*)

**47.** Em cada par de gases abaixo, informe qual apresenta efusão mais rápida:
   (a) $CO_2$ ou $F_2$
   (b) $O_2$ ou $N_2$
   (c) $C_2H_4$ ou $C_2H_6$
   (d) dois clorofluorocarbonos: $CFCl_3$ ou $C_2Cl_2F_4$

**48.** O gás argônio é 10 vezes mais denso que o gás hélio à mesma temperatura e pressão. Que gás efunde mais rapidamente? Quão mais rápido?

**49.** Um gás, cuja massa molar você deseja saber, efunde por uma abertura a uma velocidade de um terço da velocidade do gás hélio. Qual é o volume molar do gás desconhecido?

**50.** ▲ Uma amostra de fluoreto de urânio possui uma velocidade de efusão de 17,7 mg/h. Sob condições comparáveis, $I_2$ gasoso efunde a uma velocidade de 15,0 mg/h. Qual é a massa molar do fluoreto de urânio? (*Dica:* As velocidades devem ser convertidas para mol por hora.)

## Gases Não Ideais

(*Veja a Seção 10.8.*)

**51.** Sob qual conjunto de condições o $CO_2$ desvia-se mais do comportamento do gás ideal?
   (a) 1 atm, 0°C          (c) 10 atm, 0°C
   (b) 0,1 atm, 100°C     (d) 1 atm, 100°C

**52.** Sob qual conjunto de condições o $Cl_2$ desvia-se menos do comportamento do gás ideal?
   (a) 1 atm, 0°C          (c) 10 atm, 0°C
   (b) 0,1 atm, 100°C     (d) 1 atm, 100°C

**53.** Neste capítulo, afirmou-se que a pressão de 4,00 mol de $Cl_2$ em um tanque de 4,00 L a 100,0°C deve ser de 26,0 atm se o cálculo for feito usando a equação de van der Waals. Verifique esse resultado e compare-o com a pressão prevista pela lei do gás ideal.

**54.** Você deseja armazenar 165 g de gás $CO_2$ em um tanque de 12,5 L a temperatura ambiente (25°C). Calcule a pressão do gás se você usasse (a) a lei do gás ideal e (b) a equação de van der Waals. (Para $CO_2$, $a$ = 3,59 atm L² mol⁻² e $b$ = 0,0427 L mol⁻¹.)

**55.** Considere um tanque de 5,00 L contendo 325 g de $H_2O$ a uma temperatura de 275°C.
   (a) Calcule a pressão no tanque usando a lei do gás ideal e a equação de van der Waals.

(b) Que termo de correção, $a(n/V)^2$ ou $bn$, tem maior influência sobre a pressão desse sistema?

**56.** Considere um frasco de 5,00 L contendo 375 g de Ar a uma temperatura de 25°C.

(a) Calcule a pressão no tanque usando a lei do gás ideal e a equação de van der Waals.

(b) Que termo de correção, $a(n/V)^2$ ou $bn$, apresenta maior influência sobre a pressão desse sistema?

## Questões Gerais

*Estas questões não estão definidas quanto ao tipo ou à localização no capítulo. Elas podem combinar vários conceitos.*

**57.** Complete a tabela a seguir:

|  | atm | mm Hg | kPa | bar |
|---|---|---|---|---|
| Atmosfera padrão | ___ | ___ | ___ | ___ |
| Pressão parcial de $N_2$ na atmosfera | ___ | 593 | ___ | ___ |
| Tanque de $H_2$ comprimido | ___ | ___ | ___ | 133 |
| Pressão atmosférica no topo do Monte Everest | ___ | ___ | 33,7 | ___ |

**58.** A combustão de 1,0 L de um composto gasoso de hidrogênio, carbono e nitrogênio resulta em 2,0 L de $CO_2$, 3,5 L de vapor de $H_2O$ e 0,50 L de $N_2$ nas CNTP. Qual é a fórmula empírica do composto?

**59.** ▲ Você tem uma amostra de gás hélio a –33°C e deseja aumentar a velocidade rmq dos átomos de hélio em 10,0%. A que temperatura o gás deve ser aquecido para obter isso?

**60.** Se 12,0 g de $O_2$ são necessários para inflar um balão de determinado tamanho a 27°C, que massa de $O_2$ é necessária para inflá-lo no mesmo tamanho (e pressão) a 5,0°C?

**61.** Butilmercaptana, $C_4H_9SH$, apresenta um odor muito desagradável e está entre os compostos acrescentados ao gás natural para ajudar a detectar vazamentos, pois o gás natural é inodoro. Em um experimento, você queima 95,0 mg de $C_4H_9SH$ e coleta os gases do produto ($SO_2$, $CO_2$ e $H_2O$) em um frasco de 5,25 L a 25°C. Qual é a pressão total do gás no frasco e qual é a pressão parcial de cada um dos gases do produto?

**62.** Um pneu de bicicleta apresenta um volume interno de 1,52 L e contém 0,406 mol de ar. O pneu vai estourar se sua pressão interna atingir 7,25 atm. A que temperatura, em graus Celsius, o ar no pneu precisa ser aquecido para causar uma explosão?

**63.** A temperatura da atmosfera em Marte pode chegar a 27°C no equador ao meio-dia, e a pressão atmosférica é de aproximadamente 8 mm Hg. Se uma espaçonave coletasse 10 m³ dessa atmosfera, a comprimisse a um volume menor e a enviasse de volta à Terra, qual seria a quantidade de matéria dessa amostra?

**64.** Se você colocar 2,25 g de silício sólido em um frasco de 6,56 L que contém $CH_3Cl$ a uma pressão de 585 mm Hg e a 25°C, que massa de dimetildiclorossilano, $(CH_3)_2SiCl_2$, pode ser formada?

$$Si(s) + 2CH_3Cl(g) \rightarrow (CH_3)_2SiCl_2(g)$$

Que pressão de $(CH_3)_2SiCl_2(g)$ seria esperada nesse mesmo frasco a 95°C uma vez concluída a reação? (Dimetildiclorossilano é um material de partida para produzir silicones, substâncias poliméricas usadas como lubrificantes, agentes antiaderentes e impermeabilizantes.)

**65.** Que volume (em litros) de $O_2$, medido nas CNTP, é necessário para oxidar 0,400 mol de fósforo ($P_4$)?

$$P_4(s) + 5O_2(g) \rightarrow P_4O_{10}(s)$$

**66.** Nitroglicerina decompõe-se em quatro gases diferentes quando detonada:

$$4C_3H_5(NO_3)_3(\ell) \rightarrow 6N_2(g) + O_2(g) + 12CO_2(g) + 10H_2O(g)$$

A detonação de uma pequena quantidade de nitroglicerina produz uma pressão total de 4,2 atm a uma temperatura de 450°C.

(a) Qual é a pressão parcial do $N_2$?

(b) Se os gases ocupam um volume de 1,5 L, que massa de nitroglicerina foi detonada?

**67.** $Ni(CO)_4$ pode ser produzido pela reação de níquel finamente dividido com CO gasoso. Se você tiver CO em um frasco de 1,50 L a uma pressão de 418 mm Hg a 25,0°C, juntamente com 0,450 g de Ni em pó, qual será a massa teórica de $Ni(CO)_4$ obtida?

**68.** O etano queima no ar para formar $H_2O$ e $CO_2$.

$$2C_2H_6(g) + 7O_2(g) \rightarrow 4CO_2(g) + 6H_2O(g)$$

(a) Quatro gases estão envolvidos nessa reação. Liste-os na ordem de velocidade rmq crescente. (Suponha que todos os gases estejam na mesma temperatura.)

(b) Um frasco de 3,26 L contém $C_2H_6$ a uma pressão de 256 mm Hg e uma temperatura de 25°C. Suponha que gás $O_2$ seja acrescentado ao frasco até $C_2H_6$ e $O_2$ estarem na relação estequiométrica correta para a reação de combustão. Nesse ponto, qual é a pressão parcial de $O_2$ e qual é a pressão total no frasco?

**69.** Você tem quatro amostras de gás:

1. 1,0 L de $H_2$ nas CNTP
2. 1,0 L de Ar nas CNTP
3. 1,0 L de $H_2$ a 27°C e 760 mm Hg
4. 1,0 L de He a 0°C e 900 mm Hg

(a) Qual amostra possui o maior número de partículas de gás (átomos ou moléculas)?

(b) Qual amostra contém o menor número de partículas?

(c) Qual amostra apresenta a maior massa?

**70.** O propano reage com oxigênio para produzir dióxido de carbono e vapor de água.

$$C_3H_8(g) + 5O_2(g) \rightarrow 3CO_2(g) + 4H_2O(g)$$

Se você misturar $C_3H_8$ e $O_2$ na razão estequiométrica e se a pressão total da mistura for de 288 mm Hg, quais são as pressões parciais dos gases $C_3H_8$ e $O_2$? Se a temperatura e o volume não mudarem, qual será a pressão do vapor de água após a reação?

**71.** Ferrocarbonila pode ser produzido por reação direta entre metal e monóxido de carbono.

$$Fe(s) + 5CO(g) \rightarrow Fe(CO)_5(\ell)$$

Qual é a massa teórica de $Fe(CO)_5$ obtida se 3,52 g de ferro forem tratados com gás CO tendo uma pressão de 732 mm Hg em um frasco de 5,50 L a 23°C?

**72.** A análise de um clorofluorocarbono gasoso, $CCl_xF_y$, mostra que ele contém 11,79% de C e 69,57% de Cl. Em outro experimento, você descobre que 0,107 g do composto preenche um frasco de 458 mL a 25°C com uma pressão de 21,3 mm Hg. Qual é a fórmula molecular do composto?

**73.** Há cinco membros na família dos compostos de enxofre e flúor com a fórmula geral $S_xF_y$. Um desses compostos tem 25,23% de S. Se você colocar 0,0955 g do composto em um frasco de 89 mL a 45°C, a pressão do gás será de 83,8 mm Hg. Qual é a fórmula molecular do $S_xF_y$?

**74.** Um vulcão em miniatura pode ser produzido no laboratório com dicromato de amônio. Quando em ignição, ele decompõe-se de forma ardente.

$$(NH_4)_2Cr_2O_7(s) \rightarrow N_2(g) + 4H_2O(g) + Cr_2O_3(s)$$

Se 0,95 g de dicromato de amônio for usado e os gases dessa reação forem obtidos em um frasco de 15,0 L a 23°C, qual será a pressão total do gás no frasco? Quais são as pressões parciais de $N_2$ e $H_2O$?

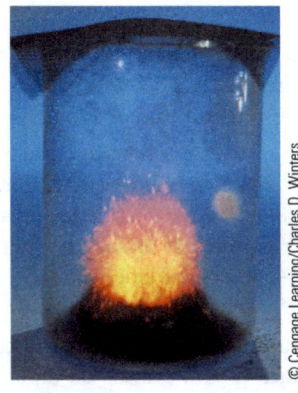

**Decomposição térmica do $(NH_4)_2Cr_2O_7$**

**75.** A densidade do ar a 20 km acima da superfície da Terra é de 92 g/m³. A pressão da atmosfera é de 42 mm Hg e a temperatura é de −63°C.
  (a) Qual é a massa molar média da atmosfera nessa altitude?
  (b) Se a atmosfera nessa altitude consiste somente de $O_2$ e $N_2$, qual é a fração molar de cada gás?

**76.** Um bulbo de 3,0 L contendo He a 145 mm Hg é conectado por meio de uma válvula a outro bulbo de 2,0 L contendo Ar a 355 mm Hg (veja a figura a seguir.). Calcule a pressão parcial de cada gás e a pressão total após a válvula entre os frascos ser aberta.

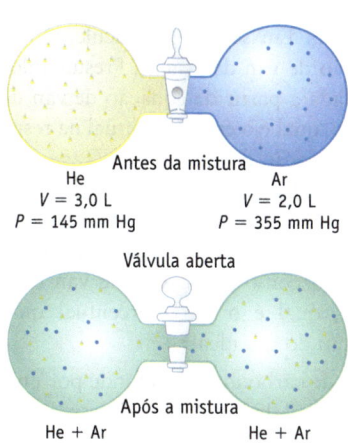

Antes da mistura
He
V = 3,0 L
P = 145 mm Hg

Ar
V = 2,0 L
P = 355 mm Hg

Válvula aberta

Após a mistura
He + Ar          He + Ar

**77.** O dióxido de cloro, $ClO_2$, reage com flúor para formar um novo gás que contém Cl, O e F. Em um experimento, você descobre que 0,150 g desse gás recém-formado apresenta uma pressão de 17,2 mm Hg em um frasco de 1850 mL a 21°C. Qual é a identidade do gás desconhecido?

**78.** Um fluoreto de xenônio pode ser preparado aquecendo uma mistura dos gases Xe e $F_2$ a alta temperatura em um recipiente capaz de suportar altas pressões. Presuma que o gás xenônio foi adicionado a um recipiente de 0,25 L até que sua pressão atinja 0,12 atm a 0,0°C. O gás flúor foi então acrescentado até atingir uma pressão total de 0,72 atm a 0,0°C. Após concluir a reação, o xenônio foi consumido completamente, e a pressão do $F_2$ contido no recipiente ficou em 0,36 atm a 0,0°C. Qual é a fórmula empírica do fluoreto de xenônio?

**79.** Diversas moléculas pequenas (além da água) são importantes nos sistemas bioquímicos: $O_2$, CO, $CO_2$ e NO. Você pode isolar uma delas mas, para identificá-la, é preciso determinar sua massa molar. Se liberar 0,37 g de um desses gases em um frasco com um volume de 732 mL a 21°C, a pressão do gás no frasco será de 209 mm Hg. Qual é o gás desconhecido?

**80.** Considere os seguintes gases: He, $SO_2$, $CO_2$ e $Cl_2$.
  (a) Qual possui a maior densidade (presumindo que todos os gases estejam nas mesmas T e P)?
  (b) Que gás efundirá mais rapidamente através de uma placa porosa?

**81.** Qual(is) da(s) seguinte(s) afirmação(ões) *não* está(ão) correta(s)?
  (a) A difusão de gases ocorre mais rapidamente em temperaturas mais elevadas.
  (b) A efusão de $H_2$ é mais rápida que a efusão de He (supondo condições similares e uma velocidade expressa em unidades de mol h⁻¹).
  (c) A difusão ocorrerá mais rapidamente em baixa pressão do que em alta pressão.
  (d) A velocidade de efusão de um gás (mol h⁻¹) é diretamente proporcional à massa molar.

**82.** A lei do gás ideal é menos precisa sob condições de pressão alta e temperatura baixa. Nessas situações, o uso da equação de van der Waals é aconselhável.
  (a) Calcule a pressão exercida por 12,0 g de $CO_2$ em um recipiente de 500 mL a 298 K, usando a equação do

gás ideal. Em seguida, recalcule a pressão usando a equação de van der Waals. Presumindo que a pressão calculada a partir da equação de van der Waals esteja correta, qual é o erro percentual na resposta quando se usa a equação do gás ideal?

(b) Em seguida, resfrie essa amostra a –70°C. Realize, então, o mesmo cálculo para a pressão exercida pelo $CO_2$ nessa nova temperatura, usando tanto a lei do gás ideal como a equação de van der Waals. Novamente, qual é o erro percentual quando se usa a equação do gás ideal?

**83.** O dióxido de carbono, $CO_2$, efunde por uma placa porosa a uma taxa de 0,033 mol/min. A mesma quantidade de um gás desconhecido, 0,033 mol, efunde pela mesma barreira porosa em 104 segundos. Calcule a massa molar do gás desconhecido.

**84.** Em um experimento, você determinou que 0,66 mol de $CF_4$ efunde através de uma barreira porosa em um período de 4,8 minutos. Quanto tempo levará para 0,66 mol de $CH_4$ efundir pela mesma barreira?

**85.** Um balão é preenchido com gás hélio a uma sobrepressão de 22 mm Hg a 25°C. O volume do gás é de 305 mL e a pressão barométrica é de 755 mm Hg. Qual é a quantidade de hélio no balão? (Lembre-se de que sobrepressão = pressão total – pressão barométrica. Veja a página 430.)

**86.** Se você tiver uma amostra de água em um recipiente fechado, um pouco de água evaporará até a pressão do vapor de água, a 25°C, ser de 23,8 mm Hg. Quantas moléculas de água por centímetro cúbico existem na fase de vapor?

**87.** Você tem 1,56 g de uma mistura de $KClO_3$ e KCl. Quando aquecido, o $KClO_3$ decompõe-se em KCl e $O_2$,

$$2KClO_3(s) \rightarrow 2KCl(s) + 3O_2(g)$$

e 327 mL de $O_2$ com uma pressão de 735 mm Hg são coletados a 19°C. Qual é a porcentagem em massa do $KClO_3$ na amostra?

**88.** Um estudo com alpinistas que atingiram o pico do Monte Everest, sem oxigênio suplementar, demonstrou que as pressões parciais de $O_2$ e $CO_2$ em seus pulmões eram de 35 mm Hg e 7,5 mm Hg, respectivamente. A pressão barométrica no pico era de 253 mm Hg. Presuma que os gases do pulmão sejam saturados com umidade a uma temperatura corpórea de 37°C [o que significa que a pressão parcial do vapor de água nos pulmões é de $P$ ($H_2O$) = 47,1 mm Hg]. Se você supor que os gases no pulmão consistem apenas em $O_2$, $N_2$, $CO_2$ e $H_2O$, qual será a pressão parcial do $N_2$?

**89.** O monóxido de nitrogênio reage com oxigênio para formar dióxido de nitrogênio:

$$2NO(g) + O_2(g) \rightarrow 2NO_2(g)$$

(a) Coloque os três gases na ordem crescente de velocidade rmq a 298 K.

(b) Se você misturar NO e $O_2$ na relação estequiométrica correta e NO tiver uma pressão parcial de 150 mm Hg, qual será a pressão parcial de $O_2$?

(c) Após completar a reação entre NO e $O_2$, qual será a pressão de $NO_2$ se o NO originalmente tivesse uma

pressão de 150 mm Hg e o $O_2$ fosse acrescentado na relação estequiométrica correta?

**90.** ▲ O gás amônia é sintetizado pela combinação de hidrogênio e nitrogênio:

$$3H_2(g) + N_2(g) \rightarrow 2NH_3(g)$$

(a) Se você deseja produzir 562 g de $NH_3$, que volume de gás $H_2$, a 56°C e 745 mm Hg, será necessário?

(b) O nitrogênio para essa reação será obtido do ar. Qual volume de ar, medido a 29°C e pressão de 745 mm Hg, será preciso para fornecer o nitrogênio necessário para produzir 562 g de $NH_3$? Suponha que a amostra de ar contenha 78,1% mol de $N_2$.

**91.** Trifluoreto de nitrogênio é preparado pela reação de amônia e flúor.

$$4NH_3(g) + 3F_2(g) \rightarrow 3NH_4F(s) + NF_3(g)$$

Se você misturar $NH_3$ e $F_2$ na relação estequiométrica correta e se a pressão total da mistura for de 120 mm Hg, quais são as pressões parciais de $NH_3$ e $F_2$? Quando os reagentes são completamente consumidos, qual é a pressão total no recipiente? (Suponha que $T$ seja constante.)

**92.** Trifluoreto de cloro, $ClF_3$, é um reagente importante porque pode ser usado para converter óxidos metálicos em fluoretos metálicos:

$$6NiO(s) + 4ClF_3(g) \rightarrow 6NiF_2(s) + 2Cl_2(g) + 3O_2(g)$$

(a) Qual massa de NiO reagirá com gás $ClF_3$ se este gás tiver uma pressão de 250 mm Hg a 20°C em um frasco de 2,5 L?

(b) Se o $ClF_3$ descrito na parte (a) fosse completamente consumido, quais seriam as pressões parciais de $Cl_2$ e de $O_2$ no frasco de 2,5 L a 20°C (em mm Hg)? Qual é a pressão total no frasco?

**93.** ▲ A umidade relativa é a relação entre a pressão parcial da água no ar em determinada temperatura com relação à pressão do vapor de água nessa temperatura. Calcule a massa de água por litro de ar sob as seguintes condições:
(a) a 20°C e 45% de umidade relativa
(b) a 0°C e 95% de umidade relativa

Sob quais circunstâncias a massa de $H_2O$ por litro é maior? (Veja o Apêndice G para pressão de vapor de água.)

**94.** Qual massa de vapor de água está presente em um quarto quando a umidade relativa é de 55% e a temperatura é de 23°C? As dimensões do quarto são 4,5 m² de área de piso e 3,5 m de altura do teto. (Veja a Questão para Estudo 93 para uma definição de umidade relativa e o Apêndice G para pressão de vapor de água.)

## No Laboratório

**95.** ▲ Você tem um tanque de 550 mL de gás com uma pressão de 1,56 atm a 24°C. Você achava que o gás era monóxido de carbono puro, CO, mas depois descobriu que ele estava contaminado com pequenas quantidades de $CO_2$ e $O_2$ gasosos. A análise mostra que a pressão do tanque é de 1,34 atm (a 24°C) se o $CO_2$ for removido. Outro experimento mostra que 0,0870 g de $O_2$ pode ser removido quimicamente. Quais são as massas de CO e $CO_2$ no tanque e qual é a pressão parcial de cada um dos três gases a 25°C?

**96.** ▲ O metano é queimado em laboratório em um bico de Bunsen para produzir $CO_2$ e vapor de água. O gás metano é queimado a uma velocidade de 5,0 L/min (a uma temperatura de 28°C e uma pressão de 773 mm Hg). A que taxa o oxigênio deve alimentar o bico de Bunsen (a uma pressão de 742 mm Hg e uma temperatura de 26°C)?

**97.** ▲ O ferro forma uma série de compostos do tipo $Fe_x(CO)_y$. No ar, esses compostos são oxidados para $Fe_2O_3$ e gás $CO_2$. Após aquecer uma amostra de 0,142 g de $Fe_x(CO)_y$ no ar, você isola o $CO_2$ em um frasco de 1,50 L a 25°C. A pressão desse gás é de 44,9 mm Hg. Qual é a fórmula empírica do $Fe_x(CO)_y$?

**98.** ▲ Carbonatos metálicos do Grupo 2 são decompostos em óxido metálico e $CO_2$ mediante aquecimento:

$$MCO_3(s) \rightarrow MO(s) + CO_2(g)$$

Você aquece 0,158 g de um carbonato metálico sólido e branco do Grupo 2 (M) e descobre que o $CO_2$ resultante tem uma pressão de 69,8 mm Hg em um frasco de 285 mL a 25°C. Identifique M.

**99.** Uma maneira de sintetizar diborano, $B_2H_6$, é a reação

$$2NaBH_4(s) + 2H_3PO_4(\ell) \rightarrow B_2H_6(g) + 2NaH_2PO_4(s) + 2H_2(g)$$

(a) Se você tiver 0,136 g de $NaBH_4$ e excesso de $H_3PO_4$ e coletar o produto $B_2H_6$ resultante em um frasco de 2,75 L a 25°C, qual será a pressão do $B_2H_6$ no frasco?

(b) Um subproduto dessa reação é o gás $H_2$. Se ambos os gases, $B_2H_6$ e $H_2$, resultarem dessa reação, qual será a pressão *total* no frasco de 2,75 L (após a reação de 0,136 g de $NaBH_4$ com excesso de $H_3PO_4$) a 25°C?

**100.** Você tem uma mistura sólida de $NaNO_2$ e NaCl e deve analisá-la quanto à quantidade de $NaNO_2$ presente. Para isso, deve permitir que a mistura reaja com solução aquosa de ácido sulfâmico, $HSO_3NH_2$, em água, de acordo com a equação

$$NaNO_2(aq) + HSO_3NH_2(aq) \rightarrow NaHSO_4(aq) + H_2O(\ell) + N_2(g)$$

Qual será a porcentagem em massa de $NaNO_2$ em 1,232 g da mistura sólida se a reação com ácido sulfâmico produzir 295 mL de gás $N_2$ seco a uma pressão de 713 mm Hg a 21,0°C?

**101.** ▲ Você tem 1,249 g de uma mistura de $NaHCO_3$ e $Na_2CO_3$. Você descobre que 12,0 mL de HCl 1,50 M são necessários para converter a amostra completamente em NaCl, $H_2O$ e $CO_2$.

$$NaHCO_3(aq) + HCl(aq) \rightarrow NaCl(aq) + H_2O(\ell) + CO_2(g)$$

$$Na_2CO_3(aq) + 2HCl(aq) \rightarrow 2NaCl(aq) + H_2O(\ell) + CO_2(g)$$

Que volume de $CO_2$ é liberado a 745 mm Hg e a 25°C?

**102.** ▲ Uma mistura de $NaHCO_3$ e $Na_2CO_3$ possui uma massa de 2,50 g. Quando tratada com HCl(aq), 665 mL de gás $CO_2$ são liberados a uma pressão de 735 mm Hg a 25°C. Qual é a porcentagem em massa de $NaHCO_3$ e $Na_2CO_3$ na mistura? (Veja a Questão para Estudo 101 para obter as reações que ocorrem.)

**103.** ▲ Muitos nitratos podem ser decompostos por aquecimento. Por exemplo, o nitrato de cobre(II) anidro, azul, produz os gases dióxido de nitrogênio e oxigênio quando aquecido. No laboratório, você descobre que uma amostra desse sal produziu uma mistura de 0,195 g de $NO_2$ e $O_2$ gasosos com uma pressão total de 725 mm Hg a 35°C em um frasco de 125 mL (e CuO sólido, preto, foi deixado como resíduo). Qual é a massa molar média da mistura dos gases? Quais são as frações molares de $NO_2$ e $O_2$ na mistura? Qual é a quantidade de cada gás nessa mistura? Essas quantidades refletem os valores relativos de $NO_2$ e $O_2$ esperados de acordo com a equação balanceada? É possível que o fato de que algumas moléculas de $NO_2$ se combinam para formar $N_2O_4$ exerça alguma função?

O aquecimento de nitrato de cobre(II) produz dióxido de nitrogênio e oxigênio gasosos e deixa um resíduo de óxido de cobre(II).

**104.** ▲ Um composto contendo C, H, N e O é queimado em excesso de oxigênio. Os gases produzidos pela queima de 0,1152 g são primeiramente tratados para converter o produto gasoso contendo nitrogênio em $N_2$, depois a mistura resultante de $CO_2$, $H_2O$, $N_2$ com um excesso de $O_2$ é passada por uma camada de $CaCl_2$ para absorver a água. O $CaCl_2$ aumenta em massa em 0,09912 g. Os gases restantes são borbulhados na água para formar $H_2CO_3$, e essa solução é titulada com NaOH 0,3283 M; 28,81 mL são necessários para obter o segundo ponto de equivalência. O excesso do gás $O_2$ é removido pela reação com cobre metálico (para formar CuO). Finalmente, o gás $N_2$ é coletado em um frasco de 225,0 mL, onde ele apresenta uma pressão de 65,12 mm Hg a 25°C. Em um experimento separado, descobre-se que o composto desconhecido possui uma massa molar de 150 g mol⁻¹. Quais são as fórmulas empírica e molecular do composto desconhecido?

**105.** Você tem um gás, um dos três compostos conhecidos de flúor e fósforo ($PF_3$, $PF_5$ e $P_2F_4$). Para descobrir qual, você decidiu medir a massa molar.

(a) Primeiro você determina que a densidade do gás é de 5,60 g $L^{-1}$ a uma pressão de 0,971 atm e uma temperatura de 18,2°C. Calcule a massa molar e identifique o composto.

(b) Para verificar os resultados da parte (a), você decide medir a massa molar com base nas velocidades relativas de efusão do gás desconhecido e do $CO_2$. Então descobre que o $CO_2$ efunde-se a uma velocidade de 0,050 mol/min, enquanto a efusão do fluoreto de fósforo desconhecido ocorre a 0,028 mol/min. Calcule a massa molar do gás desconhecido com base nesses resultados.

**106.** Um calorímetro de volume constante de 1,50 L (Figura 5.12) contém $C_3H_8(g)$ e $O_2(g)$. A pressão parcial de $C_3H_8$ é 0,10 atm e a pressão parcial de $O_2$ é 5,0 atm. A temperatura é de 20,0°C. Ocorre uma reação entre os dois compostos, formando $CO_2(g)$ e $H_2O(\ell)$. O calor da reação faz a temperatura subir para 23,2°C.

(a) Escreva a equação química balanceada para a reação.

(b) Qual quantidade de matéria de $C_3H_8(g)$ estava inicialmente presente na bomba?

(c) Qual é a fração molar do $C_3H_8(g)$ na bomba antes da reação?

(d) Após a reação, a bomba contém excesso de oxigênio e os produtos da reação, $CO_2(g)$ e $H_2O(\ell)$. Qual é a quantidade de $O_2(g)$ que permanece sem reagir?

(e) Depois da reação, qual é a pressão parcial exercida pelo $CO_2(g)$ nesse sistema?

(f) Qual é a pressão parcial exercida pelo excesso de oxigênio que permanece após a reação?

## Resumo e Questões Conceituais

*As seguintes questões podem usar os conceitos deste capítulo e dos capítulos anteriores.*

**107.** Um frasco de 1,0 L contém 10,0 g de cada gás, $O_2$ e $CO_2$ a 25°C.

(a) Qual gás apresenta a pressão parcial maior, $O_2$ ou $CO_2$, ou ambos têm a mesma pressão parcial?

(b) Quais moléculas possuem a velocidade rmq maior, ou ambas têm a mesma velocidade rmq?

(c) Quais moléculas possuem a energia cinética média maior, ou ambas têm a mesma energia cinética média?

**108.** Se massas iguais de $O_2$ e $N_2$ forem colocadas em recipientes separados de volumes iguais, sob a mesma temperatura, qual das seguintes afirmações é verdadeira? Se forem falsas, explique o porquê.

(a) A pressão no frasco contendo $N_2$ é maior que naquele que contém $O_2$.

(b) Há mais moléculas no frasco que contém $O_2$ que naquele que contém $N_2$.

**109.** Você possui dois cilindros de aço com volumes iguais, resistentes a altas pressões, um contendo 1,0 kg de CO e o outro contendo 1,0 kg de acetileno, $C_2H_2$.

(a) Em qual cilindro a pressão é maior a 25°C?

(b) Qual cilindro contém o maior número de moléculas?

**110.** Dois frascos, cada um com um volume de 1,00 L, contêm gás $O_2$ com uma pressão de 380 mm Hg. O frasco A está a 25°C e o frasco B está a 0°C. Qual frasco possui o número maior de moléculas de $O_2$?

**111.** ▲ Estabeleça se cada uma das seguintes amostras de matéria é um gás. Se não houver informações suficientes para você decidir, escreva "informações insuficientes".

(a) Um material está em um tanque de aço a uma pressão de 100 atm. Quando o tanque é exposto à atmosfera, o material se expande repentinamente, aumentando o volume em 1%.

(b) Uma amostra de 1,0 mL de material pesa 8,2 g.

(c) O material é verde-claro e transparente.

(d) Um metro cúbico do material contém tantas moléculas quanto 1,0 $m^3$ de moléculas de ar sob a mesma temperatura e pressão.

**112.** Quatro frascos são preenchidos, cada um com um gás diferente. Cada frasco possui o mesmo volume e cada um deles é preenchido sob a mesma pressão, 3,0 atm, a 25°C. O frasco A contém 116 g de ar, o frasco B, 80,7 g de neônio, o frasco C, 16,0 g de hélio, e o frasco D, 160 g de um gás desconhecido.

(a) Os quatro frascos contêm o mesmo número de moléculas? Em caso negativo, qual deles possui o maior número de moléculas?

(b) Quantas vezes mais pesada é a molécula do gás desconhecido em comparação com o átomo de hélio?

(c) Em que frasco estão as moléculas que possuem a maior energia cinética? E a maior velocidade rmq?

**113.** Você tem dois balões preenchidos com gás, um contendo He e o outro, $H_2$. O volume do balão de $H_2$ é duas vezes maior que o de He. A pressão do gás no balão de $H_2$ é de 1 atm e no balão de He, 2 atm. O balão de $H_2$ está a −5°C, e o balão de He está a 23°C.

(a) Qual balão contém o maior número de moléculas?

(b) Qual balão contém a maior massa de gás?

**114.** A azida de sódio necessária para airbags automotivos é produzida a partir da reação entre o sódio metálico e o monóxido de dinitrogênio em amônia líquida:

$$3N_2O(g) + 4Na(s) + NH_3(\ell) \rightarrow NaN_3(s) + 3NaOH(s) + 2N_2(g)$$

(a) Você tem 65,0 g de sódio, um frasco de 35,0 L contendo gás $N_2O$ a uma pressão de 2,12 atm a 23°C e excesso de amônia. Qual é a quantidade teórica (em gramas) de $NaN_3$?

(b) Desenhe a estrutura de Lewis para o íon azida. Inclua todas as estruturas de ressonância possíveis. Qual estrutura de ressonância é a mais provável?

(c) Qual é a forma do íon azida?

**115.** Se a temperatura absoluta de um gás dobra, em quanto aumenta a velocidade rmq das moléculas do gás?

**116.** ▲ O gás cloro ($Cl_2$) é usado como desinfetante no sistema de abastecimento de água municipal, embora o dióxido de cloro ($ClO_2$) e o ozônio sejam utilizados com maior frequência. $ClO_2$ consiste em uma melhor opção do que $Cl_2$ nessa aplicação porque resulta em subprodutos com menos cloro, os quais são, eles próprios, poluentes.

(a) Quantos elétrons de valência estão no $ClO_2$?

(b) O íon clorito, $ClO_2^-$, é obtido pela redução de $ClO_2$. Desenhe uma estrutura de pontos de elétrons possível para $ClO_2^-$ (Cl é o átomo central).

(c) Qual é a hibridização do átomo de Cl central no $ClO_2^-$? Qual é a forma do íon?

(d) Qual espécie possui o maior ângulo, $O_3$ ou $ClO_2^-$? Explique sucintamente.

(e) O dióxido de cloro, $ClO_2$, um gás verde-amarelado, pode ser obtido pela reação de cloro com clorito de sódio:

$$2NaClO_2(s) + Cl_2(g) \rightarrow 2NaCl(s) + 2ClO_2(g)$$

Suponha que você reaja 15,6 g de $NaClO_2$ com gás cloro, que apresenta uma pressão de 1050 mm Hg em um frasco de 1,45 L a 22°C. Que massa de $ClO_2$ pode ser produzida?

# 11 Forças Intermoleculares e Líquidos

# Sumário do capítulo

## 11.1 Estados da Matéria e Forças Intermoleculares

### Objetivo da Seção 11.1

- Saber quais tipos de forças intermoleculares existem e quais as propriedades moleculares que elas influenciam.

Sob muitas condições, é possível descrever o comportamento do gás com a equação da lei do gás ideal, $PV = nRT$. Uma razão pela qual essa relação é tão simples é que o comportamento ideal pressupõe a ausência de quaisquer forças de atração entre as moléculas. Entretanto, é óbvio que as forças de atração entre as moléculas de gás existem; todos os gases condensam em líquidos se a temperatura for baixa o suficiente.

Não podemos fazer tal suposição sobre a ausência de forças intermoleculares de atração com líquidos e sólidos, os estados condensados da matéria. As forças de atração devem estar presentes para manter as partículas bem próximas. Essas forças podem ser pequenas, como em uma amostra de nitrogênio, que não se torna líquido até que a temperatura diminua até −196°C (Figura 11.1, *esquerda*), ou podem ser grandes, o que resulta nas substâncias sendo líquidos ou sólidos em temperaturas mais altas (Figura 11.1, *direita*).

As forças de atrações entre as partículas em líquidos e sólidos são importantes se desejamos discutir ou explicar as suas propriedades. Logo, à medida que passamos para uma discussão sobre esses estados da matéria, as forças intermoleculares de atração se tornarão nosso foco principal.

◀ Orvalho em uma flor. As ligações de hidrogênio intermoleculares unem as moléculas de água em uma gota e a tensão superficial faz com que as gotas tenham a menor área superficial possível em relação a suas massas. O resultado é uma esfera.

Nitrogênio gasoso

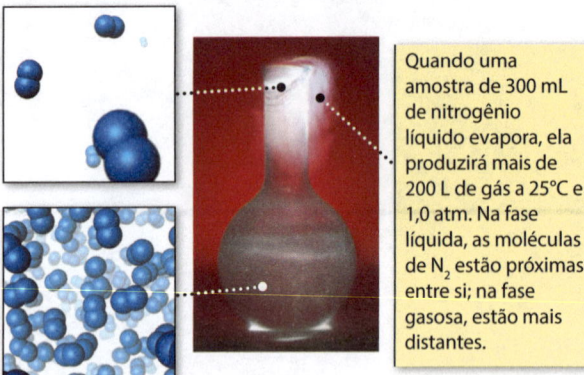

Quando uma amostra de 300 mL de nitrogênio líquido evapora, ela produzirá mais de 200 L de gás a 25°C e 1,0 atm. Na fase líquida, as moléculas de $N_2$ estão próximas entre si; na fase gasosa, estão mais distantes.

Nitrogênio líquido

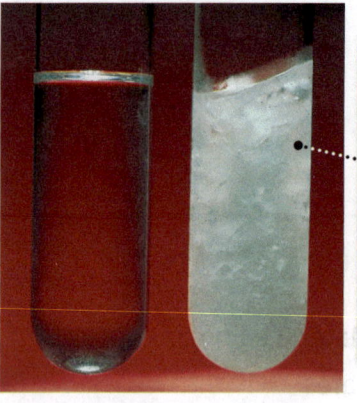

O mesmo volume de benzeno líquido, $C_6H_6$, é colocado em dois tubos de ensaio, e um tubo (*à direita*) é resfriado, congelando o líquido. A substância em estado sólido ou líquido ocupa quase o mesmo volume, indicando que as moléculas estão quase tão comprimidas no estado líquido quanto no sólido.

© Cengage Learning/Charles D. Winters

Benzeno líquido    Benzeno sólido

**FIGURA 11.1  Forças intermoleculares.** Tanto o $N_2$ quanto o benzeno ($C_6H_6$) são moléculas apolares. Entretanto, em temperatura baixa o suficiente, as forças entre as moléculas permitem que elas condensem para um líquido ou sólido, respectivamente.

Em conjunto, forças intermoleculares são chamadas de **forças de van der Waals**, e incluem as forças de atração e repulsão entre

- moléculas com dipolos permanentes (*forças dipolo-dipolo*, Seção 11.3);
- moléculas polares e apolares (*forças dipolo-dipolo induzido*, às vezes chamadas de forças de *Debye*, Seção 11.4);
- moléculas apolares (*forças dipolo induzido-dipolo induzido*, também chamadas de *forças de dispersão de London*, Seção 11.4).

Nosso segundo tópico mais importante é a influência das forças intermoleculares nas propriedades das substâncias. Mesmo que, em geral, essas forças representem menos de 15%, aproximadamente, das energias de ligação covalentes, as forças intermoleculares podem ter grande efeito sobre as propriedades das moléculas. Entre outras coisas, forças intermoleculares

- estão diretamente relacionadas ao ponto de fusão, ao ponto de ebulição e à energia necessária para converter um sólido em um líquido ou um líquido em um vapor;
- são importantes para determinar a solubilidade de gases, líquidos e sólidos em vários solventes;
- são cruciais para determinar as estruturas de moléculas biologicamente importantes, como o DNA e as proteínas.

Isso nos leva a algumas questões sobre as forças intermoleculares que queremos explorar: Qual é a natureza dessas forças e como elas surgem? Como e por que elas diferem de um tipo de molécula para outro? Qual efeito elas têm nas propriedades de um composto, particularmente no estado líquido?

## 11.2  Interações entre Íons e Moléculas com um Dipolo Permanente

### Objetivo da Seção 11.2

- Saber o que determina a força da interação entre íons e moléculas com dipolos permanentes e o efeito dessa interação.

Muitas moléculas são polares como resultado da polaridade de suas ligações individuais e suas geometrias (veja a Seção 8.8). Conceitualmente, podemos visualizar moléculas polares com extremidades positivas e negativas. Quando uma molécula polar, como a água, encontra um composto iônico, a extremidade negativa do dipolo é atraída para o cátion, e a extremidade positiva do dipolo é atraída para o ânion. As forças de atração entre um íon positivo ou negativo e moléculas polares – forças íon-dipolo – são menos intensas que as relacionadas às atrações íon–íon (mas são mais intensas que outros tipos de forças entre moléculas).

Podemos avaliar as atrações íon-dipolo com base na lei de Coulomb, a qual estabelece que a força de atração entre dois objetos carregados depende do produto de suas cargas dividido pelo quadrado da distância entre elas (veja a Seção 2.5). Portanto, quando uma molécula polar encontra um íon, as forças de atração dependem de três fatores:

água em torno de um cátion

água em torno de um ânion

- A distância entre o íon e o dipolo. Quanto mais próximos eles estiverem, mais forte será a atração.

- A carga do íon. Quanto maior a carga do íon, mais forte será a atração.

**Lei de Coulomb** A força de atração entre partículas com cargas opostas depende diretamente do produto de suas cargas e, inversamente, do quadrado da distância ($d$) entre os íons ($1/d^2$) (Equação 2.3, página 81). A energia da atração também é proporcional ao produto da carga, mas é inversamente proporcional à distância entre elas ($1/d$).

- A grandeza do dipolo. Quanto maior a grandeza do dipolo, mais forte será a atração.

A entalpia de solvatação de íons – geralmente chamada de entalpia de hidratação para íons em água – é importante. Por exemplo, a hidratação de íons sódio é descrita pela seguinte reação:

$$Na^+(g) + \text{água} \rightarrow Na^+(aq) \qquad \Delta_{\text{hidratação}}H° = -405 \text{ kJ mol}^{-1}$$

O valor da entalpia de hidratação depende de dois fatores: a carga do íon e a distância ($d$) entre o centro do íon e o "polo" com carga oposta do dipolo da água.

**Entalpia de Solvatação.** Devemos observar que a entalpia de solvatação para um íon individual como o $Na^+$ não pode ser medida diretamente, mas os valores podem ser estimados.

- À medida que o tamanho do íon aumenta, o valor de $d$ aumenta, e a grandeza da entalpia de hidratação diminui, como visto para os cátions de metais alcalinos (Tabela 11.1).

- A grandeza do $\Delta_{\text{hidratação}}H°$ aumenta à medida que a carga do íon aumenta, como visto pela comparação dos valores para o $Li^+$ e o $Mg^{2+}$.

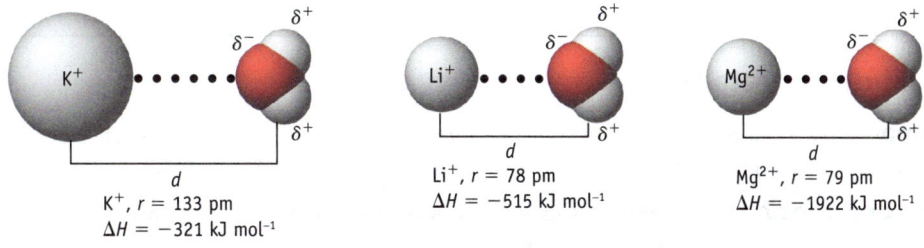

K$^+$, r = 133 pm
$\Delta H = -321$ kJ mol$^{-1}$

Li$^+$, r = 78 pm
$\Delta H = -515$ kJ mol$^{-1}$

Mg$^{2+}$, r = 79 pm
$\Delta H = -1922$ kJ mol$^{-1}$

Aumento da força de atração; entalpia de hidratação mais exotérmica (mais negativa)

**Tabela 11.1 Raios e Entalpias de Hidratação de Íons de Metais Alcalinos**

| CÁTION | RAIO DO ÍON (pm) | ENTALPIA DE HIDRATAÇÃO (kJ mol⁻¹) |
|---|---|---|
| Li$^+$ | 78 | −515 |
| Na$^+$ | 98 | −405 |
| K$^+$ | 133 | −321 |
| Rb$^+$ | 149 | −296 |
| Cs$^+$ | 165 | −263 |

## UM OLHAR MAIS ATENTO

# Sais Hidratados: Um Resultado de Ligações Íon–Dipolo

Sais sólidos com águas de hidratação são comuns. As fórmulas desses compostos são obtidas quando se acrescenta um número específico de moléculas de água ao final da fórmula, como no $BaCl_2 \cdot 2H_2O$. Às vezes, as moléculas de água simplesmente ocupam os espaços vazios em um retículo cristalino, mas frequentemente o cátion nesses sais está diretamente ligado às moléculas de água. Por exemplo, a melhor maneira de descrever o composto $CrCl_3 \cdot 6H_2O$ é $[Cr(H_2O)_4Cl_2]Cl \cdot 2H_2O$. Quatro das seis moléculas de água estão ligadas ao íon $Cr^{3+}$ por forças de atração íon-dipolo; as duas outras moléculas de água estão no retículo. A tabela relaciona alguns exemplos comuns de sais hidratados.

| COMPOSTO | NOME COMUM | USOS |
|---|---|---|
| $Na_2CO_3 \cdot 10H_2O$ | Soda para lavagem | Amaciante |
| $Na_2S_2O_3 \cdot 5H_2O$ | Hipo | Fotografia |
| $MgSO_4 \cdot 7H_2O$ | Sal de Epsom | Laxante, tingimento e curtimento |
| $CaSO_4 \cdot 2H_2O$ | Gipsita | Gesso |
| $CuSO_4 \cdot 5H_2O$ | Vitríolo azul | Biocida |

© Cengage Learning/Charles D. Winters

**Cloreto de cobalto(II) hidratado, $CoCl_2 \cdot 6H_2O$.** No estado sólido, o composto é mais bem descrito pela fórmula $[Co(H_2O)_4Cl_2] \cdot 2H_2O$. O íon cobalto(II) é cercado por quatro moléculas de água e dois íons cloreto em um arranjo octaédrico. Na água, o íon é completamente hidratado, agora cercado por seis moléculas de água. Os íons cobalto(II) e as moléculas de água interagem pelas forças de atração íon-dipolo. Esse é um exemplo de um composto de coordenação, uma classe de compostos que será discutida em detalhes no Capítulo 22.

É interessante comparar esses valores com a entalpia de hidratação do íon $H^+$, estimada em $-1090$ kJ $mol^{-1}$. Esse valor extraordinariamente elevado para um íon 1+ deve-se ao tamanho ínfimo do íon $H^+$ e à formação de uma ligação covalente forte entre $H^+$ e $H_2O$.

### EXEMPLO 11.1

## Energia de Hidratação

**Problema** Explique por que a entalpia de hidratação do $Na^+$ ($-405$ kJ $mol^{-1}$) é mais negativa que a do $Cs^+$ ($-263$ kJ $mol^{-1}$), e a do $Mg^{2+}$ é muito mais negativa ($-1922$ kJ $mol^{-1}$) que a do $Na^+$ ou do $Cs^+$.

**O que você sabe?** Você conhece as cargas dos íons e a ordem dos seus tamanhos. (Da Figura 7.11, temos: $Na^+ = 98$ pm, $Cs^+ = 165$ pm e $Mg^{2+} = 79$ pm.)

**Estratégia** A energia associada às atrações íon-dipolo depende diretamente da carga do íon e da grandeza do dipolo e, inversamente, da distância entre eles. Aqui o dipolo da água é um fator constante, portanto a resposta é determinada comparando o tamanho do íon e a carga.

**RESOLUÇÃO** A partir dos tamanhos dos íons, podemos prever que as distâncias entre o centro da carga positiva no íon e o dipolo da água irão variar na seguinte ordem: $Mg^{2+} < Na^+ < Cs^+$. A energia de hidratação varia na ordem inversa (sendo a energia de hidratação do $Mg^{2+}$ o valor mais negativo). Observe também que $Mg^{2+}$ tem uma carga 2+, enquanto os outros íons têm carga 1+. A carga maior no $Mg^{2+}$ conduz a uma força de atração íon-dipolo muito maior do que para os outros dois íons, que têm apenas uma carga 1+. Como resultado, a energia de hidratação para $Mg^{2+}$ é muito mais negativa do que para os outros dois íons.

**Pense bem antes de responder** A diferença de carga entre $Mg^{2+}$ e os outros íons tem um efeito muito maior do que a diferença de tamanho.

## Verifique seu entendimento

Qual dos dois tem a energia de hidratação mais negativa, $F^-$ ou $Cl^-$? Explique sucintamente.

## **11.3** Interações entre Moléculas com um Dipolo Permanente

### Objetivos da Seção 11.3

- Reconhecer que duas moléculas podem interagir através de forças dipolo-dipolo.

- Entender como pode ocorrer a ligação de hidrogênio e como ela pode afetar as propriedades da água.

### Forças Dipolo-Dipolo

Quando uma molécula polar encontra outra molécula polar do mesmo tipo ou diferente, a extremidade positiva de uma molécula é atraída pela extremidade negativa da outra molécula polar. Isso é chamado de **interação dipolo-dipolo**.

Forças intermoleculares, como as atrações dipolo-dipolo, influenciam a evaporação de um líquido e a condensação de um gás, entre outras coisas (Figura 11.2). Nos dois processos há uma mudança de energia. A evaporação exige o acréscimo de energia, especificamente a entalpia de vaporização ($\Delta_{vap}H°$) (veja as Seções 5.3 e 11.6). O valor para a entalpia de vaporização tem um sinal positivo, indicando que a evaporação é um processo endotérmico. A variação de entalpia no processo de condensação – o inverso da evaporação – tem um valor negativo.

Quanto maiores as forças de atração entre as moléculas de um líquido, maior será a energia que deve ser fornecida para separá-las. Assim, esperamos que compostos polares apresentem valores de entalpia de vaporização maiores que compostos apolares com massas molares semelhantes. Por exemplo, observe na Tabela 11.2 que $\Delta_{vap}H°$ para moléculas polares é maior que para moléculas apolares com aproximadamente o mesmo tamanho e massa (Tabela 11.2).

O ponto de ebulição de um líquido também depende das forças de atração intermoleculares. À medida que a temperatura de uma substância aumenta, suas moléculas aumentam a energia cinética. Finalmente, quando o ponto de ebulição é atingido, as moléculas têm energia cinética suficiente para escapar das forças de atração com as moléculas vizinhas. Para moléculas com massas molares semelhantes, quanto maior a polaridade, mais alta será a temperatura necessária para levar o líquido à ebulição. Na Tabela 11.2 você vê, por exemplo, que o ponto de ebulição para ICl (polar) é mais alto que para $Br_2$ (apolar), uma molécula com massa quase idêntica.

As forças intermoleculares também influenciam a solubilidade. Uma observação qualitativa que você talvez já tenha feito é que *semelhante dissolve semelhante*, ou seja, é provável que moléculas polares dissolvam-se em um solvente polar, assim como é provável que moléculas apolares dissolvam-se em um solvente apolar (Figura 11.3). O inverso

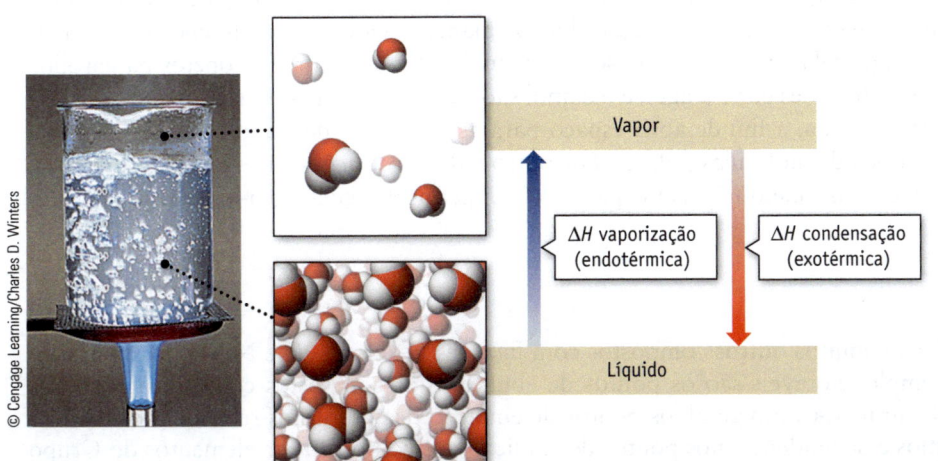

Vapor

$\Delta H$ vaporização (endotérmica)

$\Delta H$ condensação (exotérmica)

Líquido

**FIGURA 11.2 Evaporação no nível molecular.** Energia deve ser fornecida para separar moléculas no estado líquido, vencendo as forças de atração intermoleculares.

**Tabela 11.2** Massas Molares, Pontos de Ebulição e $\Delta_{vap}H°$ de Substâncias Polares e Apolares

| | APOLAR | | | | POLAR | | |
|---|---|---|---|---|---|---|---|
| | $M$ (g mol$^{-1}$) | PE (°C) | $\Delta_{vap}H°$ (kJ mol$^{-1}$) | | $M$ (g mol$^{-1}$) | PE (°C) | $\Delta_{vap}H°$ (kJ mol$^{-1}$) |
| $N_2$ | 28 | −196 | 5,57 | CO | 28 | −192 | 6,04 |
| $SiH_4$ | 32 | −112 | 12,10 | $PH_3$ | 34 | −88 | 14,06 |
| $GeH_4$ | 77 | −90 | 14,06 | $AsH_3$ | 78 | −62 | 16,69 |
| $Br_2$ | 160 | 59 | 29,96 | ICl | 162 | 97 | — |

Etilenoglicol

**(a)** O etilenoglicol ($HOCH_2CH_2OH$), um composto polar usado como anticongelante em automóveis, dissolve-se na água.

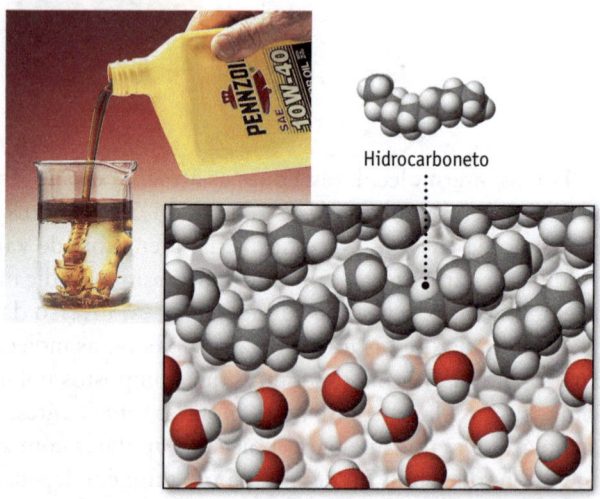

Hidrocarboneto

**(b)** Óleo para motor apolar (um hidrocarboneto) dissolve-se em solventes apolares, como gasolina ou $CCl_4$. No entanto, ele não se dissolverá em um solvente polar, como a água. Tira-manchas comerciais usam solventes apolares para dissolver óleo e graxa de tecidos.

**FIGURA 11.3** "Semelhante dissolve semelhante."

também é verdadeiro, ou seja, é improvável que moléculas polares dissolvam-se em solventes apolares ou que moléculas apolares dissolvam-se em solventes polares.

Por exemplo, a água e o etanol polar ($C_2H_5OH$) podem ser misturados em qualquer proporção para produzir uma mistura homogênea. Por outro lado, a água não se dissolve na gasolina de maneira relevante. A diferença nessas duas situações é que o etanol e a água são moléculas polares, ao passo que as moléculas dos hidrocarbonetos na gasolina (como octano, $C_8H_{18}$) são apolares. As interações entre a água e o etanol são suficientemente fortes para que a energia empregada para separar as moléculas de água, a fim de abrir espaço para as moléculas de etanol, seja compensada pela energia de atração entre os dois tipos de moléculas polares. Por outro lado, as atrações entre água e o hidrocarboneto são fracas. As moléculas de hidrocarboneto não são capazes de romper as atrações água-água, que são mais fortes.

## Ligação de Hidrogênio

Fluoreto de hidrogênio, água, amônia e muitos outros compostos com ligações F—H, O—H e N—H possuem propriedades excepcionais. Alguns exemplos notáveis são os pontos de ebulição dos compostos com hidrogênio dos elementos dos Grupos 14 até 17 (Figura 11.4). Em geral, os pontos de ebulição de compostos relacionados aumentam com a massa molar e observamos essa tendência nos pontos de ebulição dos compostos de elementos do Grupo 14 com hidrogênio. O mesmo efeito também é observado nas moléculas mais pesadas dos compostos de elementos

© Cengage Learning/Charles D. Winters

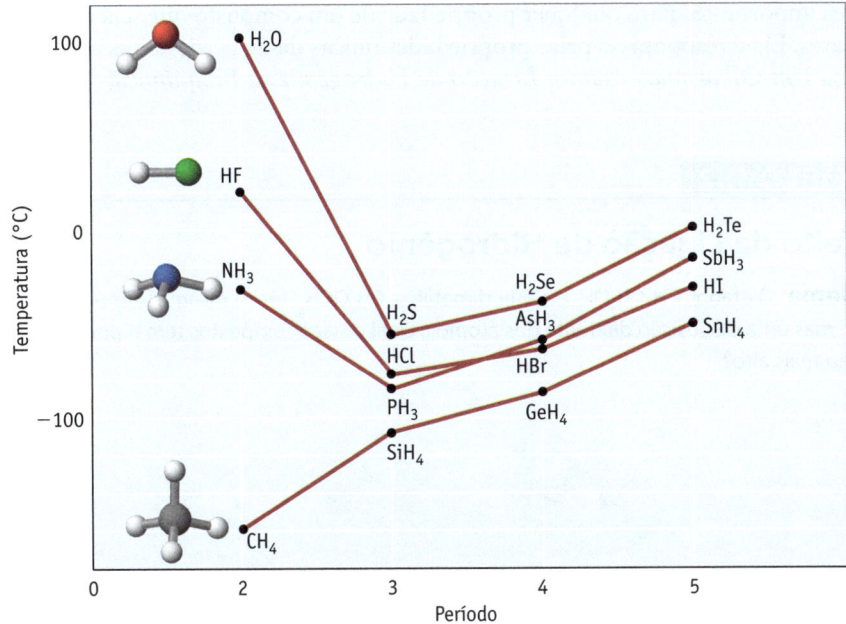

**FIGURA 11.4 Pontos de ebulição de alguns compostos simples de hidrogênio.** O efeito da ligação de hidrogênio é evidente nos pontos de ebulição extremamente elevados de $H_2O$, HF e $NH_3$. Observe também que o ponto de ebulição do HCl é um pouco mais alto do que o esperado com base nos dados para HBr e HI. É evidente que algum grau de ligação de hidrogênio também ocorre em HCl líquido.

dos grupos 15, 16 e 17 com hidrogênio. Por outro lado, os pontos de ebulição de $NH_3$, $H_2O$ e HF, diferem daquilo que poderíamos esperar somente com base na massa molar. Se extrapolarmos a curva para os pontos de ebulição de $H_2Te$, $H_2Se$ e $H_2S$, a estimativa será um ponto de ebulição da água em torno de –90°C. No entanto, o ponto de ebulição da água é quase 200°C mais alto do que esse valor! De modo semelhante, os pontos de ebulição de $NH_3$ e HF são muito mais altos do que se esperaria com base na massa molar. Como a temperatura na qual uma substância entra em ebulição depende das forças de atração entre as moléculas, os pontos de ebulição de $H_2O$, HF e $NH_3$ indicam fortes atrações intermoleculares.

Por que $H_2O$, $NH_3$ e HF têm forças intermoleculares tão grandes? A explicação clássica baseia-se nas interações dipolo-dipolo. As eletronegatividades de N (3,0), O (3,5) e F (4,0) estão entre as mais elevadas de todos os elementos, enquanto a eletronegatividade do hidrogênio é muito mais baixa (2,2). Essa grande diferença de eletronegatividade significa que as ligações N—H, O—H e F—H são muito polares. Em ligações entre H e N, O ou F, o elemento mais eletronegativo assume uma carga negativa significativa (Figura 8.11) e o átomo de hidrogênio adquire uma carga positiva equivalente. Como o átomo de H ligado a N, O ou F (designado como X) está tão positivamente carregado, existe uma interação eletrostática excepcionalmente forte com um átomo eletronegativo (Y) de outra molécula igual ou diferente para formar uma **ligação de hidrogênio**, X—H - - - Y—. O átomo de hidrogênio torna-se uma ponte entre os dois átomos eletronegativos X e Y, e a linha tracejada na figura representa a ligação de hidrogênio. Os efeitos mais evidentes da ligação de hidrogênio ocorrem quando tanto X como Y são N, O ou F. As energias associadas à maioria das ligações de hidrogênio envolvendo esses elementos variam de 5 a 30 kJ $mol^{-1}$.

Região carregada positivamente

Região carregada negativamente

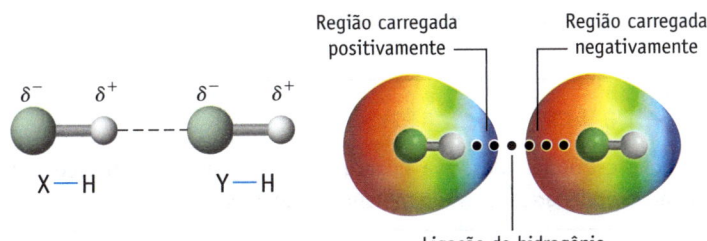

Ligação de hidrogênio

**Ligação de hidrogênio entre moléculas de HF.** O átomo de flúor parcialmente negativo de uma molécula de HF interage através da ligação de hidrogênio com uma molécula de HF vizinha. (As regiões vermelhas da molécula são carregadas negativamente, enquanto as regiões azuis são carregadas positivamente. Para saber mais sobre superfícies de potencial eletrostático, veja a página 371.)

**A Importância da Densidade de Carga do Átomo de H em Ligações de Hidrogênio** O átomo de H tem um raio extraordinariamente pequeno. Isso significa que a carga parcial no átomo de H em uma ligação de hidrogênio está concentrada em um pequeno volume; isto é, ele tem uma alta densidade de carga (densidade de carga = carga/volume). O resultado é que ele é altamente atrativo para a carga negativa de alguma molécula vizinha.

A ligação de hidrogênio tem implicações importantes para qualquer propriedade de um composto que seja influenciada pelas forças de atração intermoleculares. Ela é responsável pelas propriedades únicas da água (descritas a seguir) e tem um papel central na bioquímica (veja *Um Olhar mais Atento: Ligação de Hidrogênio na Bioquímica*).

---

**EXEMPLO 11.2**

## O Efeito da Ligação de Hidrogênio

**Problema** O etanol, $CH_3CH_2OH$, e o éter dimetílico, $CH_3OCH_3$, têm a mesma fórmula molecular, mas uma disposição diferente dos átomos. Qual desses compostos tem o ponto de ebulição mais alto?

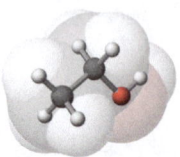  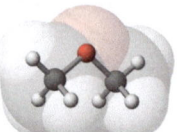

etanol, $CH_3CH_2OH$      éter dimetílico, $CH_3OCH_3$

**O que você sabe?** Você sabe que esses compostos têm a mesma massa molar e que, ao comparar compostos com a mesma massa, o composto com as forças intermoleculares maiores terá o ponto de ebulição mais alto.

**Estratégia** Analise a estrutura de cada molécula para decidir se é polar e, em caso positivo, se a ligação de hidrogênio é possível.

**RESOLUÇÃO** O etanol tem um grupo polar O—H e, portanto, pode participar da ligação de hidrogênio. O éter dimetílico é polar e o átomo de O tem uma carga parcial negativa. Contudo, não há nenhum átomo de H ligado ao átomo de O. Assim, não há possibilidade para uma ligação de hidrogênio no éter dimetílico. Podemos prever, portanto, que as forças intermoleculares serão maiores no etanol do que no éter dimetílico e que o etanol terá o ponto de ebulição mais alto.

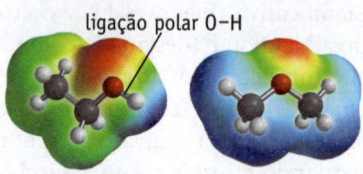

ligação polar O—H

$$CH_3CH_2-\ddot{O}:\cdots H-\ddot{O}:$$
$$\quad\quad\quad H \quad\quad\quad CH_2CH_3$$

ligação de hidrogênio no etanol, $CH_3CH_2OH$

**Pense bem antes de responder** O etanol entra em ebulição a 78,3°C, enquanto o éter dimetílico tem um ponto de ebulição de −24,8°C, mais de 100°C de diferença. Sob temperatura ambiente e pressão de 1 atm, o éter dimetílico é um gás, ao passo que o etanol é um líquido.

## Verifique seu entendimento

Usando fórmulas estruturais, descreva a ligação de hidrogênio entre moléculas de metanol ($CH_3OH$). Quais propriedades físicas do metanol são afetadas pelas ligações de hidrogênio?

---

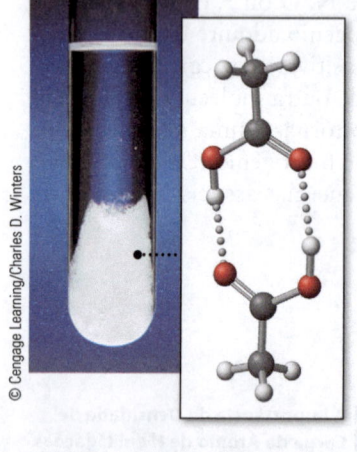

© Cengage Learning/Charles D. Winters

**Ligação de hidrogênio no ácido acético, $CH_3CO_2H$.** Duas moléculas de ácido acético podem interagir através de ligações de hidrogênio. Esta foto mostra o ácido acético glacial parcialmente sólido. Observe que o sólido é mais denso que o líquido, uma propriedade compartilhada a princípio por todas as substâncias, sendo a água uma exceção notável.

## Ligação de Hidrogênio e as Propriedades Incomuns da Água

Embora não prestemos muita atenção à água, praticamente nenhuma outra substância comporta-se de maneira semelhante. As características únicas da água são consequência da habilidade das moléculas de $H_2O$ de aderir tenazmente a outras pela ligação de hidrogênio.

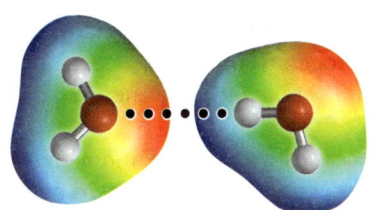

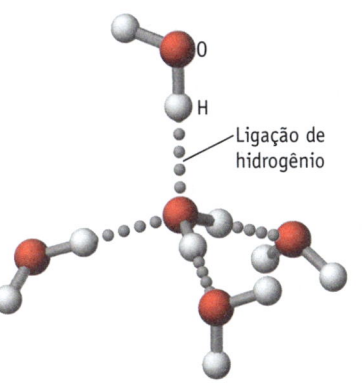

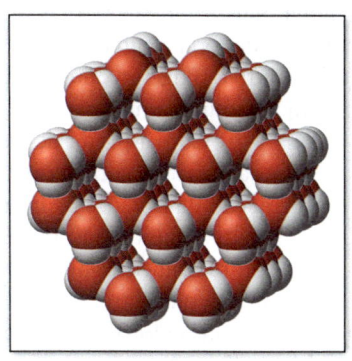

**(a)** Superfícies de potencial eletrostático para duas moléculas de água.

**(b)** O átomo de oxigênio de uma molécula de água une-se a duas outras moléculas de água por ligações de hidrogênio. Cada átomo de O tem duas ligações covalentes com dois átomos de H e duas ligações de hidrogênio com átomos de H de duas outras moléculas. As ligações de hidrogênio são mais longas do que as ligações covalentes.

**(c)** No gelo, a unidade estrutural ilustrada na parte (b) repete-se no retículo cristalino. Essa estrutura gerada por computador mostra uma pequena parte do extenso retículo. Observe os anéis hexagonais com seis membros. Os vértices de cada hexágono são átomos de O e cada lado compõe-se de dois átomos de oxigênio com um átomo de hidrogênio entre eles. Um dos átomos de oxigênio tem uma ligação covalente com o átomo de hidrogênio, e o outro é atraído por ele por uma ligação de hidrogênio.

**FIGURA 11.5** **Ligações de hidrogênio na água e na estrutura do gelo.**

As forças de atração intermoleculares extraordinariamente grandes entre as moléculas de água são resultado do fato de que cada molécula de água pode participar de *quatro* ligações de hidrogênio. Uma molécula individual de água possui duas ligações O—H polares e dois pares isolados. Os dois átomos de hidrogênio estão disponíveis para estabelecer ligações de hidrogênio com átomos de oxigênio das moléculas de água adjacentes. Além disso, os pares isolados de oxigênio podem participar de ligações de hidrogênio com os átomos de hidrogênio de mais duas moléculas de água (Figura 11.5). O resultado, que podemos observar especialmente no gelo, é uma disposição tetraédrica para os átomos de hidrogênio em torno de cada oxigênio, envolvendo dois átomos de hidrogênio com ligação covalente e dois átomos de hidrogênio com ligação de hidrogênio.

Uma consequência do fato de que cada molécula de água pode estar envolvida em quatro ligações de hidrogênio é que o gelo tem uma estrutura de gaiola aberta com muitos espaços vazios (Figura 11.5c). O resultado é que o gelo tem uma densidade cerca de 10% menor que a da água líquida, o que explica por que ele flutua. (Ao contrário, praticamente todos os outros sólidos afundam em sua fase líquida.) Podemos observar também nessa estrutura que os átomos de oxigênio estão arranjados nas extremidades dos anéis hexagonais pregados. Flocos de neve sempre têm uma estrutura de seis lados (página 71), um reflexo dessa estrutura molecular interna.

Quando o gelo funde a 0°C, a estrutura regular imposta no estado sólido pelas ligações de hidrogênio rompe-se, e um aumento relativamente grande na densidade ocorre (Figura 11.6). Outra coisa surpreendente acontece quando a temperatura da água líquida sobe de 0°C para 4°C: a densidade da água aumenta. Em quase todas as outras substâncias que conhecemos, a densidade diminui à medida que a temperatura aumenta. Mais uma vez, as ligações de hidrogênio são a causa do comportamento aparentemente estranho da água. A uma temperatura ligeiramente acima do ponto de fusão, parte das moléculas de água continua agregando-se em arranjos semelhantes ao do gelo, que exigem mais espaço vazio. À medida que a temperatura aumenta de 0° até 4°C, os vestígios finais da estrutura do gelo desaparecem e o volume se contrai ainda mais, levando ao aumento da densidade. A densidade da água atinge seu ponto máximo a aproximadamente 4°C. A partir desse ponto, a densidade diminui com o aumento da temperatura, tal como se observa na maioria das substâncias.

Em virtude da maneira como a densidade da água varia quando a temperatura aproxima-se do ponto de congelamento, os lagos não congelam do fundo para a superfície. Quando a água do lago esfria com o início do inverno, sua densidade

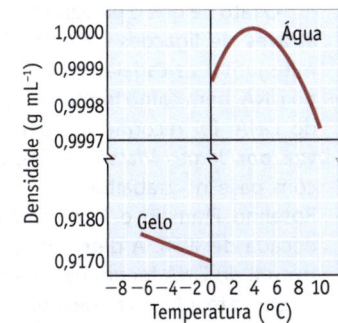

**FIGURA 11.6** **A dependência da densidade do gelo e da água em relação à temperatura.**

aumenta, a água mais fria desce para o fundo e a água mais quente sobe. Esse processo de "rotatividade" continua até que a temperatura de toda a água atinja 4°C, a densidade máxima. Esse processo leva a água rica em oxigênio ao fundo do lago, recuperando o oxigênio consumido durante o verão, e traz nutrientes às camadas superiores do lago. À medida que a temperatura diminui ainda mais, a água fria permanece no topo do lago, porque água mais fria que 4°C é menos densa que água a 4°C. Com a perda de calor, o gelo começa a se formar na superfície, flutuando e protegendo a água mais abaixo e a vida aquática contra uma perda de calor ainda maior.

A extensa formação de ligações de hidrogênio é também a causa da extraordinariamente alta capacidade calorífica da água. Embora a água líquida não possua a estrutura regular do gelo, ligações de hidrogênio continuam ocorrendo. Quando a temperatura aumenta, ainda que apenas um pouco, é preciso um acréscimo significativo de energia para romper as forças intermoleculares.

A elevada capacidade calorífica da água é, em grande parte, a razão pela qual os oceanos e os lagos têm um efeito tão grande sobre o clima. No outono, quando a temperatura do ar é mais baixa que a do oceano ou dos lagos, a água transfere energia na forma de calor para a atmosfera, moderando a queda de temperatura do ar. Além disso, há tanta energia disponível para ser transferida a cada grau a menos na temperatura que a queda de temperatura na água é gradual. Por esse motivo, a temperatura do lago ou do oceano é geralmente mais alta do que a temperatura média do ar até o final do outono.

## UM OLHAR MAIS ATENTO

# Ligação de Hidrogênio na Bioquímica

Pode-se dizer que a vida na Terra, como a conhecemos, é o que é por causa das ligações de hidrogênio na água e nos sistemas bioquímicos. Talvez a ocorrência mais importante seja no DNA e no RNA, onde as bases orgânicas adenina, citosina, guanina e timina (no DNA) ou uracila (no RNA) estão unidas a cadeias de açúcar-fosfato (Figura A). As cadeias no DNA estão unidas pelo pareamento de bases, adenina com timina e guanina com citosina.

A Figura B ilustra a ligação de hidrogênio entre adenina e timina. Esses modelos mostram que as moléculas ligam-se naturalmente para formar um anel de seis lados, dos quais dois envolvem ligações de hidrogênio. Um lado consiste em um agrupamento N · · · H—N, e o outro lado, N—H · · · O. Aqui, as superfícies de potencial eletrostático indicam que os átomos de N da adenina e os átomos de O da timina contêm cargas parciais negativas e que os átomos de H dos grupos N—H contêm cargas parciais positivas. Essas cargas e a geometria das bases levaram a essas interações muito específicas.

O fato de que o pareamento de bases através de ligações de hidrogênio permite juntar as cadeias de açúcar-fosfato no DNA, bem como formar a dupla hélice do DNA, foi reconhecido pela primeira vez por James Watson e Francis Crick, com base no trabalho experimental de Rosalind Franklin e Maurice Wilkins na década de 1950. A determinação da estrutura do DNA foi um passo fundamental para a revolução da biologia molecular na última parte do século XX. Veja a página 378 para mais informações sobre esses cientistas.

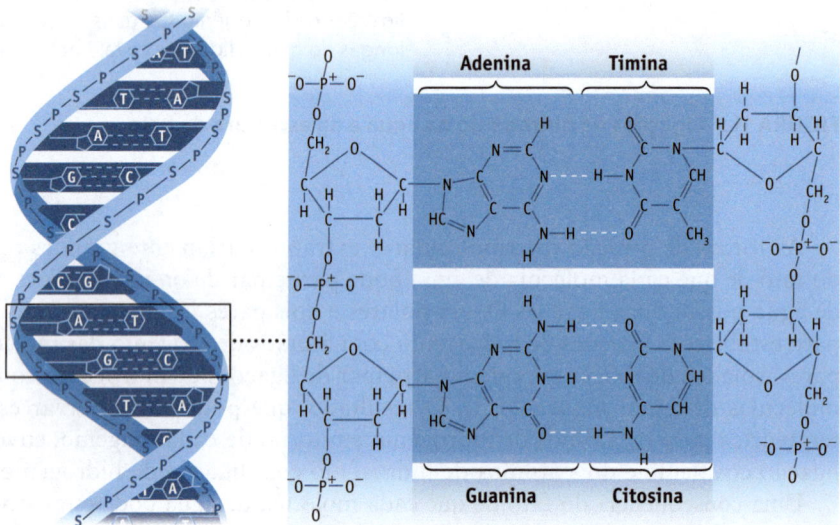

**FIGURA A  Ligação de hidrogênio no DNA.** Entre as quatro bases no DNA, os pares usuais são adenina com timina e guanina com citosina. Esse pareamento é possível graças às ligações de hidrogênio.

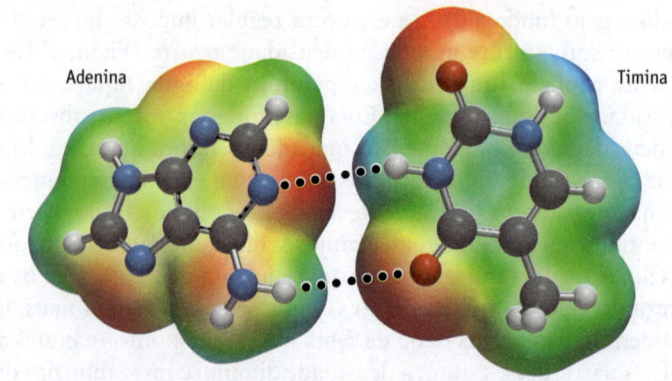

**FIGURA B  Ligação de hidrogênio entre adenina e timina.** Superfícies de potencial eletrostático ilustram as interações da ligação de hidrogênio entre a adenina e a timina. A ligação polar N—H em uma molécula pode ligar o hidrogênio com um átomo mais eletronegativo, N ou O, de uma molécula adjacente.

# 11.4 Forças Intermoleculares Envolvendo Moléculas Apolares

**Objetivos da Seção 11.4**

- Identificar os casos em que um dipolo pode ser induzido pela interação com uma molécula polar (forças de Debye).

- Identificar os casos em que as moléculas interagem por forças de dipolo-dipolo induzido (forças de dispersão de London).

Muitas moléculas importantes, como $O_2$, $N_2$ e os halogênios, não são polares. Por que então o $O_2$ dissolve-se na água polar? Por que o $N_2$ da atmosfera pode ser liquefeito? Algumas forças intermoleculares devem atuar entre o $O_2$ e a água e entre as moléculas de $N_2$, mas qual é a natureza dessas forças?

## Forças Dipolo-Dipolo Induzido

Moléculas polares como a água podem induzir, ou criar, um dipolo em moléculas que não têm um dipolo permanente. Para entender como isso pode ocorrer, imagine uma molécula de água polar aproximando-se de uma molécula apolar como o $O_2$.

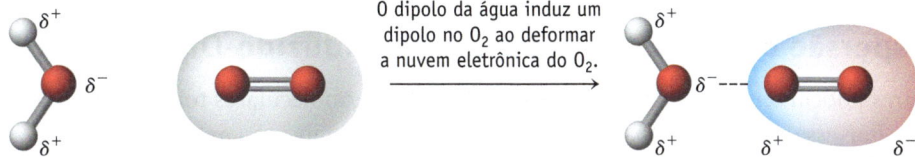

O dipolo da água induz um dipolo no $O_2$ ao deformar a nuvem eletrônica do $O_2$.

A nuvem eletrônica de uma molécula isolada (gasosa) de $O_2$ é distribuída simetricamente entre os dois átomos de oxigênio. Entretanto, conforme a extremidade negativa da molécula polar de $H_2O$ se aproxima, a nuvem eletrônica de $O_2$ se deforma. Nesse processo, a própria molécula de $O_2$ torna-se polar, isto é, um dipolo é *induzido* na molécula de $O_2$, inicialmente apolar. O resultado é que as moléculas de $H_2O$ e $O_2$ são agora atraídas uma pela outra, embora apenas fracamente. O oxigênio pode dissolver-se na água porque há uma força de atração entre o dipolo permanente da água e o dipolo induzido no $O_2$. Os químicos chamam isso de **dipolo-dipolo induzido** ou de **forças de Debye**.

O processo de indução de um dipolo é denominado **polarização**, e a extensão com que a nuvem eletrônica de um átomo ou de uma molécula pode ser distorcida para induzir um dipolo depende da **polarizabilidade** do átomo ou da molécula. Em átomos ou moléculas com nuvens eletrônicas grandes e amplas, como no $I_2$, essas nuvens podem ser polarizadas mais facilmente do que a de um átomo ou molécula muito menor, como He ou $H_2$, no qual os elétrons de valência estão próximos ao núcleo e são atraídos por ele mais fortemente. Aqui você pode ver que o etanol polar ($C_2H_5OH$) pode interagir com $I_2$ apolar, e que o iodo dissolve-se facilmente no etanol.

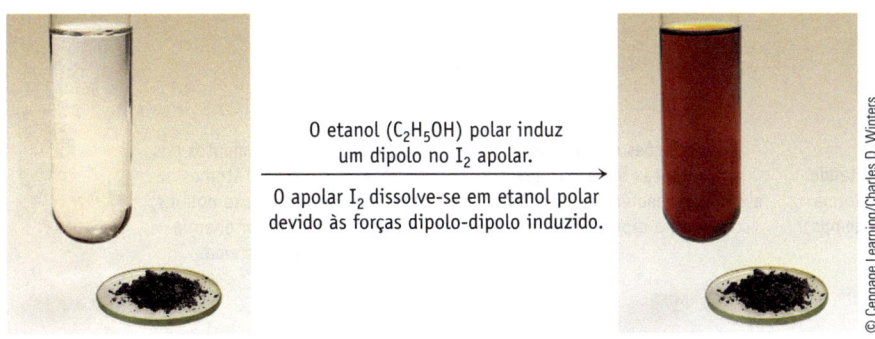

O etanol ($C_2H_5OH$) polar induz um dipolo no $I_2$ apolar.

O apolar $I_2$ dissolve-se em etanol polar devido às forças dipolo-dipolo induzido.

© Cengage Learning/Charles D. Winters

Em geral, para uma série de substâncias análogas, por exemplo, os halogênios ou alcanos (como $CH_4$, $C_2H_6$, $C_3H_8$ e assim por diante), quanto maior a massa molar, maior a polarizabilidade da molécula. De fato, as solubilidades dos gases comuns em água ilustram o efeito das interações entre um dipolo e um dipolo induzido. À medida que a massa molar do gás aumenta, aumenta também a polarizabilidade da nuvem eletrônica, a força da interação dipolo-dipolo induzido e a solubilidade em um solvente polar (Tabela 11.3).

**Tabela 11.3   A Solubilidade de Alguns Gases em Água***

|  | MASSA MOLAR (g mol⁻¹) | SOLUBILIDADE A 20°C (g GÁS/100 g ÁGUA)** |
|---|---|---|
| $H_2$ | 2,01 | 0,000160 |
| $N_2$ | 28,0 | 0,00190 |
| $O_2$ | 32,0 | 0,00434 |

*Dados obtidos de DEAN, J. *Lange's Handbook of Chemistry*. 14. ed. Nova York: McGrawHill, 1992. p. 5.3-5.8.
**Medido sob condições nas quais a pressão do gás + pressão de vapor de água = 760 mm Hg.

**Tabela 11.4   Entalpias de Vaporização e Pontos de Ebulição de Algumas Substâncias Apolares**

|  | $\Delta_{vap}H°$ (kJ mol⁻¹) | PE DO ELEMENTO/ COMPOSTO (°C) |
|---|---|---|
| $N_2$ | 5,57 | −196 |
| $O_2$ | 6,82 | −183 |
| $CH_4$ (metano) | 8,2 | −161,5 |
| $Br_2$ | 29,96 | +58,8 |
| $C_6H_6$ (benzeno) | 30,7 | +80,1 |
| $I_2$ | 41,95 | +185 |

## Forças de Dispersão de London: Forças Dipolo Induzido-Dipolo Induzido

Compostos apolares podem ser líquidos ou sólidos se as forças intermoleculares forem suficientemente intensas para unir as moléculas. Por essa razão, o iodo, $I_2$ apolar, é um sólido, e não um gás, à temperatura ambiente e pressão normal.

A entalpia de vaporização de uma substância em seu ponto de ebulição é um bom indicador da grandeza das forças intermoleculares. Os dados na Tabela 11.4 sugerem que as forças entre moléculas apolares podem variar desde muito fracas ($N_2$, $O_2$ e $CH_4$, com baixas entalpias de vaporização e pontos de ebulição muito baixos) até moderadas ($I_2$ e benzeno).

Para entender como duas moléculas apolares podem atrair-se mutuamente, lembre-se de que a nuvem eletrônica em torno dos átomos ou moléculas pode ser distorcida. Assim, quando dois átomos ou moléculas apolares se aproximam, as atrações ou repulsões entre seus elétrons e núcleos podem levar a distorções em suas nuvens eletrônicas (Figura 11.7). Isto é, dipolos podem ser induzidos momentaneamente em átomos ou moléculas adjacentes, e esses dipolos *induzidos* levam a atrações intermoleculares. A força de atração intermolecular em gases, líquidos e sólidos constituídos por moléculas apolares é uma **força dipolo induzido-dipolo induzido**. Muitas vezes os químicos as chamam de **forças de dispersão de London**. Precisamos esclarecer três pontos importantes sobre essas forças.

Dois átomos ou moléculas apolares (ilustrados como tendo uma nuvem eletrônica de forma esférica a maior parte do tempo).

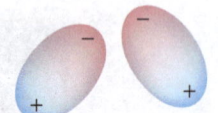
As atrações e repulsões momentâneas entre núcleos e elétrons em moléculas adjacentes conduzem a dipolos induzidos.

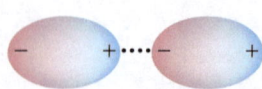
A correlação dos movimentos dos elétrons entre os dois átomos ou moléculas (que agora são polares) conduz a uma menor energia e estabiliza o sistema.

Br₂   I₂

**FIGURA 11.7  Interações dipolo induzido-dipolo induzido ou forças de dispersão de London.** As atrações e repulsões momentâneas entre núcleos e elétrons criam dipolos induzidos e conduzem a uma estabilização líquida devido às forças de atração resultantes. Tanto $Br_2$ quanto $I_2$, apolares, exemplificam essas forças. Eles são um líquido e um sólido, respectivamente, indicando que há forças entre as moléculas suficientemente intensas para mantê-los em uma fase condensada.

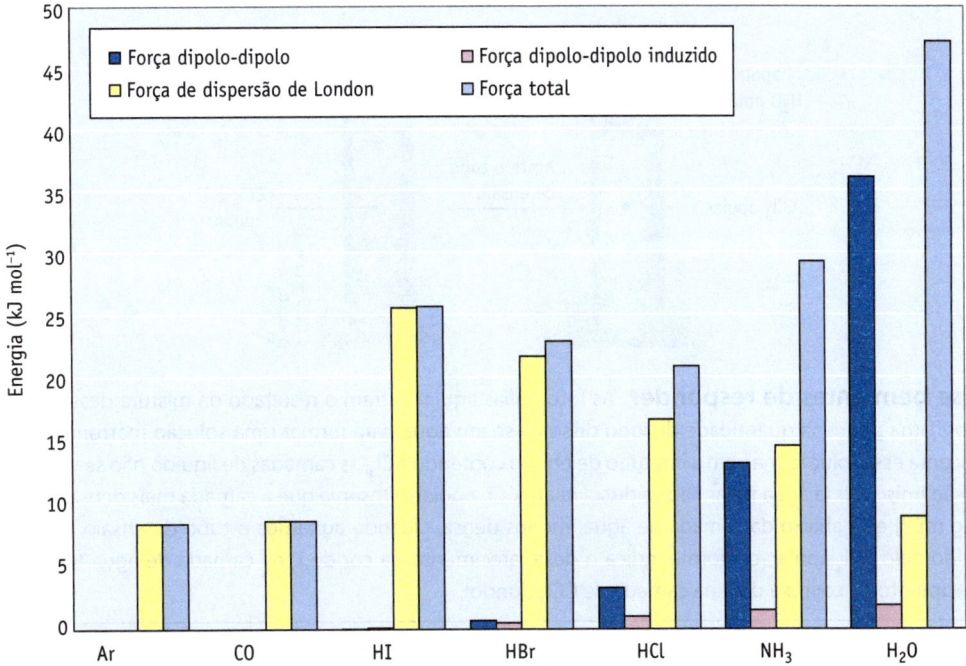

**FIGURA 11.8** **Energias associadas com as forças intermoleculares em diversas moléculas comuns.**

- As forças de dispersão de London ocorrem entre as moléculas, tanto polares como apolares, mas as forças de dispersão de London são as únicas forças intermoleculares entre moléculas apolares (Figura 11.8).

- As forças de dispersão de London podem ser as maiores contribuintes na força intermolecular resultante, mesmo para moléculas polares (Figura 11.8).

- As forças de dispersão de London aumentam com a massa molar em uma série de compostos relacionados (como as séries $CH_4$ ... $SnH_4$ na Figura 11.4).

---

**EXEMPLO 11.3**

## Forças Intermoleculares

**Problema** Suponha que você tenha uma mistura de iodo sólido, $I_2$, e os líquidos água e tetracloreto de carbono ($CCl_4$). Que forças intermoleculares existem entre cada par possível de compostos?

**O que você sabe?** O iodo, $I_2$, é uma molécula apolar composta de átomos grandes. Ele tem uma nuvem eletrônica extensa e é polarizável. O $CCl_4$ é uma molécula tetraédrica simétrica e apolar (veja a Figura 8.13). A molécula de $H_2O$ polar pode estar envolvida na ligação de hidrogênio com outras moléculas de água ou outras moléculas com grupos altamente polares.

**Estratégia** Você sabe se cada substância é polar ou apolar, de modo que só precisa definir os tipos de forças intermoleculares que podem existir entre os diferentes pares.

**RESOLUÇÃO** A molécula apolar de iodo, $I_2$, é facilmente polarizada e o iodo pode interagir com moléculas polares de água por forças dipolo-dipolo induzido e forças de dispersão de London. O tetracloreto de carbono apolar só pode interagir com o iodo apolar por forças de dispersão de London. A água e o $CCl_4$ podem interagir por forças dipolo-dipolo induzido e forças de dispersão de London.

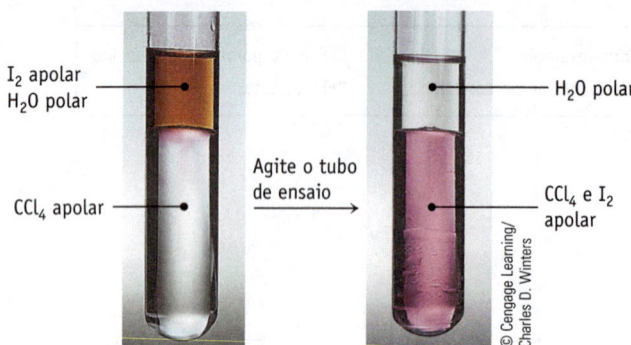

I₂ apolar
H₂O polar

CCl₄ apolar

Agite o tubo de ensaio

H₂O polar

CCl₄ e I₂ apolar

© Cengage Learning/
Charles D. Winters

**Pense bem antes de responder** As fotografias aqui mostram o resultado da mistura desses três compostos. Uma pequena quantidade de iodo dissolve-se em água para formar uma solução marrom. Quando se acrescenta essa solução marrom a um tubo de ensaio contendo CCl₄, as camadas de líquido não se misturam, ou seja, são imiscíveis (a água polar não se dissolve em CCl₄ apolar). Observe que a camada mais densa de CCl₄ [d = 1,58 g mL⁻¹] está abaixo da camada de água, menos densa. Quando agitamos o tubo de ensaio, o I₂ apolar é extraído pelo CCl₄ apolar, conforme indica o desaparecimento da cor de I₂ na camada de água (no topo) e o aparecimento da cor roxa do I₂ na camada de CCl₄ (fundo).

## Verifique seu entendimento

Misture água, CCl₄ e hexano (CH₃CH₂CH₂CH₂CH₂CH₃). Que tipo de forças intermoleculares pode existir entre cada par desses compostos?

# 11.5 Um Resumo das Forças Intermoleculares de van der Waals

### Objetivo da Seção 11.5

● Descrever os vários tipos de forças intermoleculares nos líquidos e sólidos.

As forças intermoleculares de van der Waals envolvem moléculas que são polares ou aquelas cuja polaridade pode ser induzida (Tabela 11.5). É importante reconhecer que

● vários tipos de forças intermoleculares podem contribuir para a habilidade total de uma molécula para interagir com outra do mesmo tipo ou diferente (Figura 11.8);

● as forças dipolo induzido-dipolo induzido (dispersão de London) podem ser significativas, mesmo em uma molécula polar como HCl (Figura 11.8);

**O Balanço das Forças Intermoleculares** No caso da água, por exemplo, estima-se que a força intermolecular líquida consista em 85% de dipolo-dipolo (incluindo ligação de H), 5% de dipolo-dipolo induzido e 10% de força de dispersão.

## Tabela 11.5 Resumo das Forças Intermoleculares

| TIPO DE INTERAÇÃO | FATORES RESPONSÁVEIS PELA INTERAÇÃO | EXEMPLO |
|---|---|---|
| Ligação de hidrogênio, X—H ··· :Y | Ligação X—H muito polar e átomo Y com par de elétrons isolado (em que X e Y geralmente são F, N, O). | $H_2O \cdots H_2O$ |
| Dipolo-dipolo | Momento dipolar (depende das eletronegatividades e da geometria molecular). | $(CH_3)_2O \cdots (CH_3)_2O$ |
| Dipolo-dipolo induzido | Momento dipolar da molécula polar e polarizabilidade da molécula apolar. | $H_2O \cdots I_2$ |
| Dipolo induzido-dipolo induzido (forças de dispersão de London) | Polarizabilidade (depende da massa molar). | $I_2 \cdots I_2$ |

## UM OLHAR MAIS ATENTO

# Lagartixas Conseguem Escalar Paredes

Exatamente como o herói das histórias em quadrinhos, o Homem-Aranha, um pequeno lagarto, a lagartixa, pode escalar paredes e andar pelo teto.

Esse fato intrigou Kellar Autumn, professor de Biologia da Lewis and Clark College em Portland, Oregon. Uma equipe interdisciplinar de Autumn e seus alunos, juntamente a cientistas e engenheiros da Universidade de Stanford e das universidades de Berkeley e Santa Barbara, na Califórnia, perceberam que os dedos da lagartixa são cobertos por pelos rígidos como *cerdas*. Cada um desses pelos tem um comprimento equivalente à espessura de um fio de cabelo humano, ou seja, aproximadamente 0,1 mm de comprimento. Mas cada cerda divide-se novamente em cerca de mil fibras ainda

menores, chamadas *espátulas*. E essas fibras têm aproximadamente apenas 200 nm de largura, uma distância menor que o comprimento de onda da luz visível!

O desenho dos pés da lagartixa é o segredo de suas habilidades para escalar paredes. Autumn disse: "Descobrimos que as cerdas são dez vezes mais adesivas do que se previa com base em medidas anteriores com animais em geral. Na verdade, a aderência é tão forte que uma única cerda é capaz de levantar o peso de uma formiga. Um milhão de cerdas, que caberiam facilmente em uma das faces de uma moeda de dez centavos de dólar, poderiam levantar uma criança de 22 quilos. Nossa descoberta explica por que a lagartixa é capaz de suportar o peso de todo o corpo em apenas um dedo."

"Quando a lagartixa se prende a uma superfície, ela desenrola os dedos como uma língua de sogra usada em festas, que se desenrola quando a assopramos", diz Autumn. "Mas", ele acrescenta, "conseguir ficar preso realmente não é tão difícil. Soltar-se da superfície é que é o maior problema. Quando uma lagartixa corre,

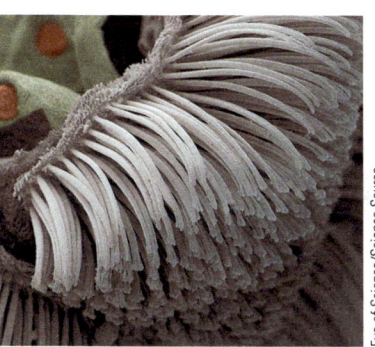

**Cerdas da lagartixa.** As minúsculas cerdas nos dedos da lagartixa. O comprimento desta visão é de 60 $\mu$m.

ela precisa prender e soltar os pés quinze vezes por segundo".

Mas o que é o "efeito adesivo" que permite a uma lagartixa subir uma parede? Trata-se de uma força intermolecular chamada *força de van der Waals*. Essa força ordinariamente fraca opera somente a uma distância muito pequena. Entretanto, cada uma das milhões de *espátulas* em cada dedo experimenta uma força atrativa de van der Waals com a superfície da parede.

### REFERÊNCIAS:

- http://kellarautumn.com
- https://college.lclark.edu/live/profiles/13-kellar-autumn

- entre os vários tipos de forças de van der Waals, a ligação de hidrogênio é um fator particularmente importante que afeta as propriedades moleculares.

---

### EXEMPLO 11.4

## Forças Intermoleculares

**Problema** Decida quais são as forças intermoleculares mais importantes entre cada um dos seguintes grupos: (a) entre moléculas do metano líquido, $CH_4$; (b) entre moléculas de água e metanol ($CH_3OH$); e (c) entre moléculas de bromo e água.

**O que você sabe?** O metano, $CH_4$, é uma molécula tetraédrica simétrica e, portanto, é apolar. Tanto a água quanto o metanol são polares, e ambos têm grupos —OH que podem estar envolvidos em ligações de hidrogênio. O bromo, $Br_2$, é apolar, mas é uma molécula grande e tem uma extensa nuvem eletrônica polarizável.

**Estratégia** Determine o tipo de interação possível entre pares de moléculas com base na estrutura e nas características de cada espécie.

### RESOLUÇÃO

(a) O metano é apolar. Portanto, a única maneira de as moléculas interagirem umas com as outras é por meio de forças dipolo induzido-dipolo induzido (forças de dispersão de London).

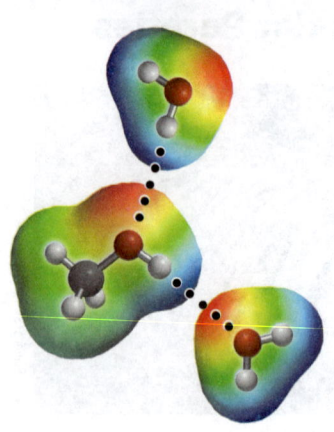

**Ligação de hidrogênio envolvendo metanol (CH₃OH) e água.**

(b) Tanto a água quanto o metanol são polares e ambos têm uma ligação O—H. Portanto, elas interagem por meio de um tipo especial de força dipolo–dipolo chamada ligação de hidrogênio, e pelas forças de dispersão de London.

(c) Moléculas apolares de bromo, $Br_2$, e moléculas polares de água interagem por forças dipolo-dipolo induzido (e forças de dispersão de London). (Isso é semelhante à interação $I_2$–etanol na página 479.)

**Pense bem antes de responder**   O fato de $CH_4$ ser um líquido somente a temperaturas muito baixas sugere que ele possui forças de atração fracas. Podemos esperar que forças de atração significativas sejam aquelas que envolvem ligação de hidrogênio e por isso observamos que a água é facilmente solúvel no metanol. Finalmente, o bromo é muito pouco solúvel em água, de modo que as forças intermoleculares são relativamente fracas.

## Verifique seu entendimento

Decida qual tipo de força intermolecular está envolvida em (a) $O_2$ líquido; (b) $CH_3OH$ líquido; e (c) $N_2$ dissolvido em $H_2O$.

## 11.6   Propriedades dos Líquidos

**Objetivos da Seção 11.6**

- Definir a pressão de vapor de equilíbrio de um líquido e explicar a relação entre a pressão de vapor e o ponto de ebulição de um líquido.

- Descrever como as interações intermoleculares afetam a energia necessária para quebrar completamente a superfície de um líquido (tensão superficial), a ação capilar e a resistência ao fluxo ou viscosidade de líquidos.

- Descrever os fenômenos da temperatura crítica, $T_c$, e da pressão crítica, $P_c$, de uma substância.

- Calcular as variações de entalpia para as mudanças de estado.

- Representar graficamente a conexão entre a pressão de vapor e a temperatura.

- Usar a equação de Clausius-Clapeyron para relacionar a pressão de vapor e a entalpia de vaporização.

Dos três estados da matéria, o líquido é o mais difícil de ser descrito com precisão. As moléculas de um gás, sob condições normais, encontram-se muito distantes entre si e podem ser consideradas mais ou menos independentes umas das outras. Podemos descrever prontamente as estruturas dos sólidos porque, em geral, as partículas que compõem os sólidos estão dispostas de maneira ordenada. As partículas de um líquido interagem com seus vizinhos, como as partículas de um sólido, mas, ao contrário dos sólidos, sua disposição não é muito organizada.

Embora os líquidos não tenham uma estrutura simples ou regular, ainda podemos explicar muitas de suas propriedades qualitativamente, examinando-os no nível particulado. Aqui queremos examinar melhor o processo de vaporização, a pressão de vapor dos líquidos, seus pontos de ebulição e suas propriedades críticas, além da tensão superficial, ação capilar e viscosidade.

## Vaporização e Condensação

**Vaporização** ou evaporação é o processo no qual uma substância no estado líquido transforma-se em um gás. Para compreender a evaporação, temos de observar as energias moleculares.

As moléculas em um líquido contêm uma variedade de energias (Figura 11.9) que lembra a distribuição de energias nas moléculas de um gás (Figura 10.11). Assim como nos gases, a energia média para as moléculas de um líquido depende somente da temperatura: quanto mais alta a temperatura, maior a energia média e maior o número relativo

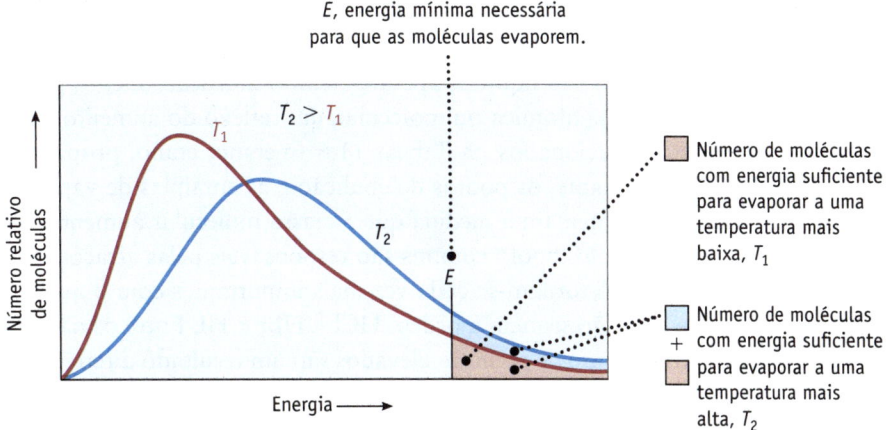

**FIGURA 11.9 Distribuição de energia entre as moléculas de uma amostra de líquido.** $T_2$ é uma temperatura mais alta do que $T_1$ e sob temperatura mais elevada, há mais moléculas com energia superior a $E$.

de moléculas com alta energia cinética. Em uma amostra de líquido, ao menos algumas moléculas possuem energia cinética mais elevada do que a energia potencial oriunda das forças de atração intermoleculares que mantêm unidas as moléculas do líquido. Se essas moléculas com energia elevada estiverem na superfície do líquido e se moverem na direção certa, elas poderão separar-se das suas vizinhas e passar para a fase de vapor.

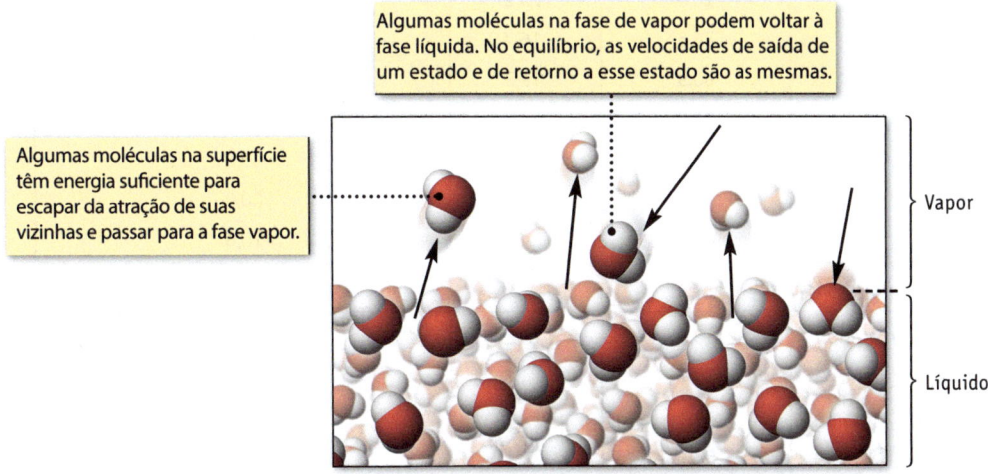

A vaporização é um processo endotérmico, porque há necessidade de energia para romper as forças de atração intermoleculares que mantêm unidas as moléculas. A energia necessária para vaporizar uma amostra em geral é indicada como a **entalpia molar de vaporização, $\Delta_{vap}H°$** (em unidades de quilojoules por mol; veja as Tabelas 11.4 e 11.6).

$$\text{líquido} \xrightarrow[\substack{\text{energia absorvida} \\ \text{pelo líquido}}]{\text{vaporização}} \text{vapor} \qquad \Delta_{vap}H° = \text{entalpia molar de vaporização}$$

Uma molécula na fase de vapor pode transferir parte de sua energia cinética ao colidir com moléculas gasosas mais lentas e objetos sólidos. Se essa molécula perder energia suficiente e entrar em contato com a superfície do líquido, ela pode voltar para a fase líquida em um processo chamado **condensação**.

$$\text{vapor} \xrightarrow[\substack{\text{energia liberada} \\ \text{pelo vapor}}]{\text{condensação}} \text{líquido} \qquad -\Delta_{vap}H° = \text{entalpia molar de condensação}$$

A condensação é o inverso da vaporização e, portanto, é um processo exotérmico. A energia é transferida para a vizinhança. *A variação de entalpia na condensação é igual àquela na vaporização, porém com sinal oposto.*

Conforme ilustram os dados na Tabela 11.6, há uma relação entre os valores de $\Delta_{vap}H°$ para diversas substâncias e as temperaturas sob as quais elas entram em ebulição. Ambas as propriedades refletem as forças atrativas entre as partículas no líquido. Os pontos de ebulição dos líquidos apolares (como hidrocarbonetos, gases atmosféricos e halogênios) elevam-se com o aumento da massa atômica ou molecular, um reflexo do aumento das forças intermoleculares de dispersão. Os hidrocarbonetos relacionados na Tabela 11.6 (metano, etano, propano e butano) mostram claramente essa tendência. De modo semelhante, os pontos de ebulição e as entalpias de vaporização dos haletos de hidrogênio mais pesados (HCl, HBr, HI) aumentam à medida que a massa molecular aumenta. No caso dessas moléculas, as forças de dispersão e as forças dipolo-dipolo comuns são responsáveis pelas atrações intermoleculares (veja a Figura 11.8). Como as forças de dispersão tornam-se cada vez mais importantes com o aumento da massa, as entalpias de vaporização e os pontos de ebulição seguem a ordem HCl < HBr < HI. Entre os haletos de hidrogênio, HF é a exceção; a entalpia de vaporização e o ponto de ebulição elevados são um resultado direto da extensão das ligações de hidrogênio.

### Tabela 11.6  Entalpias Molares de Vaporização e Pontos de Ebulição de Substâncias Comuns*

| Composto | Massa Molar (g mol⁻¹) | $\Delta_{vap}H°$ (kJ mol⁻¹)** | Ponto de Ebulição (°C) (Pressão de Vapor = 760 mm Hg) |
|---|---|---|---|
| *Compostos Polares* | | | |
| HF | 20,0 | 25,2 | 19,7 |
| HCl | 36,5 | 16,2 | −84,8 |
| HBr | 80,9 | 19,3 | −66,4 |
| HI | 127,9 | 19,8 | −35,6 |
| $NH_3$ | 17,0 | 23,3 | −33,3 |
| $H_2O$ | 18,0 | 40,7 | 100,0 |
| $SO_2$ | 64,1 | 24,9 | −10,0 |
| *Compostos Apolares* | | | |
| $CH_4$ (metano) | 16,0 | 8,2 | −161,5 |
| $C_2H_6$ (etano) | 30,1 | 14,7 | −88,6 |
| $C_3H_8$ (propano) | 44,1 | 19,0 | −42,1 |
| $C_4H_{10}$ (butano) | 58,1 | 22,4 | −0,5 |
| *Substâncias Simples Monoatômicas* | | | |
| He | 4,0 | 0,08 | −268,9 |
| Ne | 20,2 | 1,7 | −246,1 |
| Ar | 39,9 | 6,4 | −185,9 |
| Xe | 131,3 | 12,6 | −108,0 |
| *Substâncias Simples Diatômicas* | | | |
| $H_2$ | 2,0 | 0,90 | −252,9 |
| $N_2$ | 28,0 | 5,6 | −195,8 |
| $O_2$ | 32,0 | 6,8 | −183,0 |
| $F_2$ | 38,0 | 6,6 | −188,1 |
| $Cl_2$ | 70,9 | 20,4 | −34,0 |
| $Br_2$ | 159,8 | 30,0 | 58,8 |

*Dados obtidos de LIDE, D. R. *Basic Laboratory and Industrial Chemicals*. Boca Raton, FL: CRC Press, 1993.

**$\Delta_{vap}H°$ é medida no ponto de ebulição normal do líquido.

## EXEMPLO 11.5

## Entalpia de Vaporização

**Problema** Você coloca 925 mL de água (aproximadamente 4 xícaras) em uma panela a 100°C e a água evapora lentamente. Qual é a energia transferida na forma de calor para evaporar toda a água? Densidade da água a 100°C = 0,958 g cm$^{-3}$.

**O que você sabe?** Você conhece o volume de água e quer saber a energia necessária para a evaporação. Você precisa de duas informações adicionais para resolver esse problema:

1. $\Delta_{vap}H°$ para água = +40,7 kJ mol$^{-1}$ a 100°C (com base na Tabela 11.6).

2. Massa molar da água = 18,02 g mol$^{-1}$.

**Estratégia** $\Delta_{vap}H°$ tem as unidades de quilojoules por mol, de modo que primeiro você precisa encontrar a massa de água e depois a quantidade de matéria de água. Finalmente, use a entalpia de vaporização (em kJ mol$^{-1}$) para calcular a energia necessária na forma de calor.

**RESOLUÇÃO** Se usarmos a densidade da água a essa temperatura, verificaremos que 925 mL de água são equivalentes a 886 g e que essa massa, por sua vez, equivale a 49,2 mol de água.

$$925 \text{ mL} \left( \frac{0,958 \text{ g}}{1 \text{ mL}} \right) \left( \frac{1 \text{ mol}}{18,02 \text{ g}} \right) = 49,18 \text{ mol } H_2O$$

Portanto, a quantidade de energia necessária é:

$$49,18 \text{ mol } H_2O \left( \frac{40,7 \text{ kJ}}{\text{mol}} \right) = 2,00 \times 10^3 \text{ kJ}$$

**Pense bem antes de responder** O resultado de 2000 kJ é equivalente à energia obtida ao queimar cerca de 60 g de carbono.

### Verifique seu entendimento

A entalpia molar de vaporização do metanol, $CH_3OH$, é 35,2 kJ mol$^{-1}$ a 64,6°C. Qual é a energia necessária para evaporar 1,00 kg de metanol a 64,6°C?

---

**Mapa Estratégico 11.5**

**PROBLEMA**

Calcule a **energia** necessária para **evaporar** a amostra de água.

↓

**DADOS/INFORMAÇÕES**

- Entalpia de vaporização no ponto de ebulição.
- Volume de água.

**ETAPA 1.** Use a **densidade** e a **massa molar** para converter *volume* de água em *quantidade de matéria* (mol).

↓

**Quantidade** da amostra.

**ETAPA 2.** Multiplique a **quantidade** da amostra pela **entalpia molar**.

**Energia** necessária (kJ) para evaporar a amostra no ponto de ebulição.

---

A água líquida é uma substância excepcional. Entre as suas propriedades únicas está o fato de que é preciso uma enorme quantidade de energia para converter água líquida em vapor de água, o que é importante para o seu próprio bem-estar físico. Quando você se exercita vigorosamente, seu corpo responde suando. A energia de seu corpo é transferida para o suor no processo de evaporação, que resfria o seu corpo.

As entalpias de vaporização e de condensação da água também desempenham um papel importante no clima (Figura 11.10). Por exemplo, se houver condensação da água do ar suficiente para cobrir uma área de um acre de solo com uma polegada de chuva, a energia liberada será superior a $2,0 \times 10^8$ kJ! Isso equivale à energia liberada por uma pequena bomba.

## Pressão de Vapor

Se você colocar um pouco de água em um béquer aberto, ela se evaporará completamente. O movimento do ar e a difusão gasosa retiram o vapor de água das adjacências da superfície líquida, de modo que muitas moléculas de água não são capazes de retornar ao líquido.

**FIGURA 11.10 Tempestades liberam uma enorme quantidade de energia.** Quando o vapor de água condensa-se, energia é transferida para a vizinhança. A entalpia de condensação da água é grande, de modo que uma grande quantidade de energia é liberada em uma tempestade.

John Kotz

**FIGURA 11.11 Pressão de vapor.**

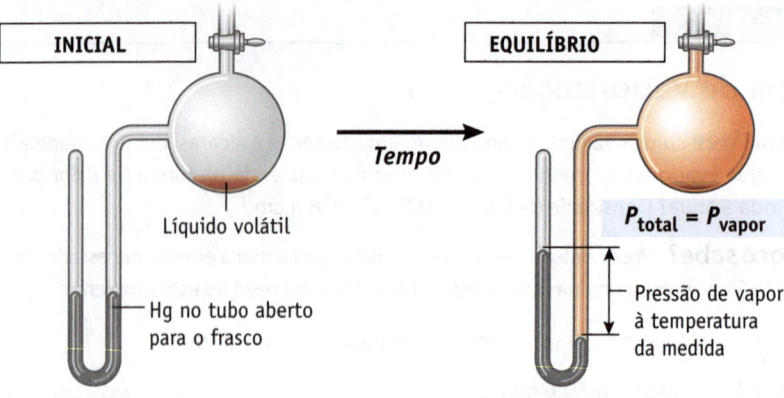

| INICIAL | EQUILÍBRIO |

*Tempo*

Líquido volátil

Hg no tubo aberto
para o frasco

$P_{total} = P_{vapor}$

Pressão de vapor
à temperatura
da medida

Um líquido volátil é colocado em um frasco previamente evacuado. No início, nenhuma molécula do líquido está na fase de vapor.

Após um breve período de tempo, parte do líquido evapora e as moléculas que agora estão na fase de vapor exercem uma pressão. A pressão de vapor medida quando o líquido e o vapor estão em equilíbrio é chamada de *pressão de vapor no equilíbrio*.

Porém, se você colocar água em um frasco e depois selá-lo (Figura 11.11), o vapor da água não poderá escapar, e parte desse vapor se condensará novamente para formar água líquida. Na verdade, as massas do líquido e do vapor no frasco permanecerão constantes, outro exemplo de um **equilíbrio dinâmico** (página 122).

$$\text{líquido + energia} \rightleftharpoons \text{vapor}$$

No equilíbrio, as moléculas continuarão passando da fase líquida até a fase de vapor e vice-versa (página 485). É importante observar que a velocidade com que as moléculas passam da fase líquida para a de vapor é a mesma com que elas passam da fase de vapor para a líquida, portanto não há nenhuma variação líquida das massas nas duas fases.

Quando se estabelece um equilíbrio líquido-vapor, é possível medir a pressão de vapor no equilíbrio (muitas vezes chamada apenas de pressão de vapor). A **pressão de vapor no equilíbrio** de uma substância é a pressão exercida pelo vapor em equilíbrio com a fase líquida. O conceito é que a pressão de vapor de um líquido é uma medida da tendência de suas moléculas para escapar da fase líquida e passar para a fase de vapor a determinada temperatura. Qualitativamente, chamamos essa tendência de **volatilidade** do composto. Quanto maior a pressão de vapor no equilíbrio a determinada temperatura, mais volátil será a substância.

Conforme descrito previamente (veja a Figura 11.9), a distribuição das energias moleculares na fase líquida é uma função da temperatura. Sob uma temperatura mais alta, mais moléculas têm energia suficiente para escapar da superfície do líquido. Portanto, a pressão de vapor no equilíbrio também aumenta com a temperatura.

Gráficos da pressão de vapor em função da temperatura podem nos fornecer muitas informações (Figura 11.12). *Os pontos ao longo das curvas de pressão de vapor em função da temperatura representam condições de pressão e*

**FIGURA 11.12 Curvas de pressão de vapor para éter dietílico [(C₂H₅)₂O], etanol (C₂H₅OH) e água.** Cada curva representa condições de *T* e *P* nas quais as duas fases, líquida e de vapor, estão em equilíbrio. Esses compostos existem como líquidos no caso de temperaturas e pressões à esquerda da curva, e como gases sob as condições à direita da curva. (O Apêndice G indica as pressões de vapor para vários líquidos.)

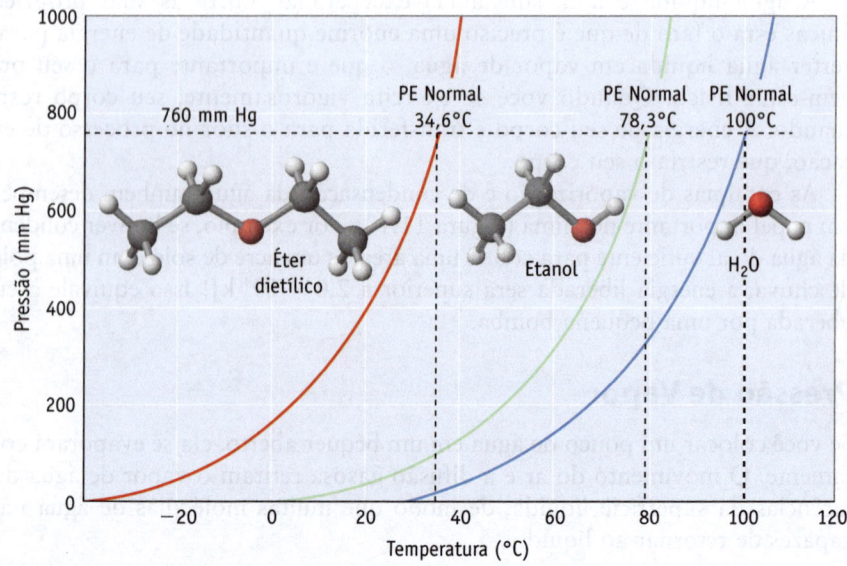

PE Normal 34,6°C     PE Normal 78,3°C     PE Normal 100°C

760 mm Hg

Éter dietílico      Etanol      H₂O

Pressão (mm Hg)

Temperatura (°C)

*temperatura nas quais líquido e vapor estão em equilíbrio.* Por exemplo, a 60°C, a pressão de vapor da água é de 149 mm Hg. Se colocarmos água em um frasco previamente evacuado mantido a 60°C, a água líquida vai evaporar até que a pressão exercida pelo vapor seja de 149 mm Hg (supondo que haja água suficiente no frasco para que ainda reste algum líquido quando o equilíbrio for atingido).

## EXEMPLO 11.6

### Usando a Pressão de Vapor

**Problema** Coloque 2,00 L de água em um recipiente aberto em seu dormitório; o quarto tem um volume de $4,25 \times 10^4$ L. Feche todo o quarto e espere a água evaporar. Toda a água evaporará a 25°C? Embora não seja uma cena realista, para simplificar, suponha que no início a umidade seja zero. (A 25°C a densidade da água é de 0,997 g mL$^{-1}$ e sua pressão de vapor é de 23,8 mm Hg.)

**O que você sabe?** Você conhece o volume e a densidade da água, o volume do quarto e a pressão de vapor da água a 25°C.

**Estratégia** Um modo de resolver esse problema é usar a lei do gás ideal para calcular a quantidade de água líquida que precisa evaporar para que o vapor produzido exerça uma pressão de 23,8 mm Hg em um volume de $4,25 \times 10^4$ L a 25°C. Em seguida, determine o volume de água líquida a partir dessa quantidade e compare a resposta com os 2,00 L de água disponíveis.

### RESOLUÇÃO

$$P = 23,8 \text{ mm Hg}\left(\frac{1 \text{ atm}}{760 \text{ mm Hg}}\right) = 0,03132 \text{ atm}$$

$$n = \frac{PV}{RT} = \frac{(0,03132)(4,25 \times 10^4 \text{ L})}{\left(0,082057 \frac{\text{L} \cdot \text{atm}}{\text{K} \cdot \text{mol}}\right)(298 \text{ K})} = 54,43 \text{ mol}$$

$$54,43 \text{ mol } H_2O\left(\frac{18,02 \text{ g}}{1 \text{ mol } H_2O}\right) = 980,8 \text{ } H_2O$$

$$980,8 \text{ g } H_2O\left(\frac{1 \text{ mL}}{0,997 \text{ g } H_2O}\right) = 984 \text{ mL}$$

Apenas cerca da metade da água disponível precisa evaporar para que atinja uma pressão de vapor de água de 23,8 mm Hg a 25°C.

**Pense bem antes de responder** Outra abordagem desse problema é calcular a pressão exercida se toda água tivesse evaporado. A resposta seria 48,4 mm Hg. Isso é aproximadamente o dobro da pressão de vapor no equilíbrio a 25°C, de modo que apenas cerca da metade da água precisa evaporar, conforme você constatou anteriormente.

### Verifique seu entendimento

Examine a curva de pressão de vapor do etanol na Figura 11.12.

(a) Qual é a pressão de vapor aproximada do etanol a 40°C?

(b) Quando a temperatura é de 60°C e a pressão é de 600 mm Hg, o líquido e o vapor estão em equilíbrio? Em caso negativo, o líquido evapora para formar mais vapor ou o vapor condensa-se para formar mais líquido?

---

**Mapa Estratégico 11.6**

**PROBLEMA**

Uma amostra de água vai **evaporar completamente** em um determinado volume a uma temperatura *T* conhecida?

**DADOS/INFORMAÇÕES**

- Volume de água.
- Densidade da água.
- Pressão de vapor a uma temperatura *T*.

**ETAPA 1.** Use a **lei do gás ideal** para calcular a *quantidade de vapor de água* necessária para ter uma pressão *P* igual à pressão de vapor em *determinado volume.*

**Quantidade de água** (mol) na fase de vapor para atingir *P* igual à pressão de vapor a determinada temperatura *T.*

**ETAPA 2.** Converta a **quantidade de água** em **volume de água líquida** usando *massa molar* e *densidade.*

**Volume de água** que evaporou para atingir a ***pressão de vapor*** a uma temperatura *T* indicada.

**ETAPA 3.** **Compare** o *volume de água evaporada* com o *volume disponível antes da evaporação.*

O volume de água que evaporou é ***menor*** que o que está disponível. **Parte da água líquida permanece no recipiente.**

## Pressão de Vapor, Entalpia de Vaporização e a Equação de Clausius-Clapeyron

Como mostra a Figura 11.12, a construção de um gráfico da pressão de vapor de um líquido como função da temperatura resulta em uma curva. Entretanto, vemos uma relação linear se fizermos um gráfico da recíproca da temperatura em kelvin (1/T) em função do logaritmo da pressão de vapor (ln P) (Figura 11.13), e a equação para a reta é

$$\ln P = -(\Delta_{vap} H^\circ / RT) + C \tag{11.1}$$

**FIGURA 11.13 Equação de Clausius-Clapeyron.** O nome dessa equação é uma homenagem ao físico alemão R. Clausius (1822-1888) e ao francês B. P. E. Clapeyron (1799-1864). O Apêndice G indica os valores de T e P para a água neste gráfico.

Quando o logaritmo natural da pressão de vapor (ln P) da água a várias temperaturas (T) é representado como função de 1/T, a inclinação da reta será $-\Delta_{vap}H^\circ/R$.

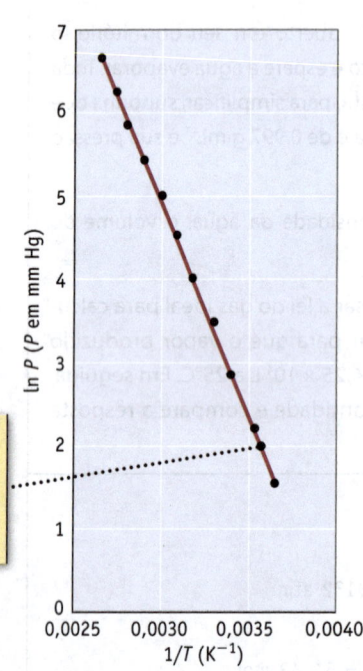

(Nessa equação, R é a constante do gás ideal (0,008314462 kJ/K° mol) e C é uma constante característica do líquido em questão.) A importância dessa relação – chamada de equação de Clausius-Clapeyron – é que podemos calcular a entalpia de vaporização de um líquido, $\Delta_{vap}H^\circ$, a partir de medidas experimentais da pressão de vapor e da temperatura.

A pressão de vapor de um líquido no equilíbrio pode ser medida a várias temperaturas e, se o logaritmo dessas pressões for representado em função de 1/T em um gráfico, o resultado será uma reta com uma inclinação de $-\Delta_{vap}H^\circ/R$. Por exemplo, ao fazer um gráfico dos dados para a água (Figura 11.13), verificamos que a inclinação da reta é de $-4,90 \times 10^3$ K, o que resulta em $\Delta_{vap}H^\circ = 40,7$ kJ mol$^{-1}$.

Como alternativa para representar ln P em função de 1/T, podemos usar a equação a seguir (deduzida da Equação 11.1), que nos permite calcular $\Delta_{vap}H^\circ$ se conhecermos a pressão de vapor de um líquido em duas temperaturas diferentes.

$$\ln \frac{P_2}{P_1} = -\frac{\Delta_{vap} H^\circ}{R} \left[ \frac{1}{T_2} - \frac{1}{T_1} \right] \tag{11.2}$$

Usemos a Equação 11.2 para calcular a entalpia de vaporização do etilenoglicol, um componente comum dos anticongelantes. Suponha que em nossos experimentos constatemos que o líquido tem uma pressão de vapor de 14,9 mm Hg ($P_1$) a 373 K ($T_1$) e uma pressão de vapor de 49,1 mm Hg ($P_2$) a 398 K ($T_2$). Isso resulta em $\Delta_{vap}H^\circ$ de 59,0 kJ mol$^{-1}$.

$$\ln\left(\frac{49,1 \text{ mm Hg}}{14,9 \text{ mm Hg}}\right) = -\frac{\Delta_{vap} H^\circ}{0,0083145 \text{ kJ/K} \cdot \text{mol}} \left[\frac{1}{398 \text{ K}} - \frac{1}{373 \text{ K}}\right]$$

$$1,192 = -\frac{\Delta_{vap} H^\circ}{0,0083145 \text{ kJ/K} \cdot \text{mol}}\left(-\frac{0,000168}{K}\right)$$

$$\Delta_{vap} H^\circ = 59,0 \text{ kJ mol}^{-1}$$

## Ponto de Ebulição

Em um béquer com água aberto, a atmosfera pressiona a superfície para baixo. Se determinada quantidade de energia for adicionada, a temperatura atingirá um ponto em que a pressão de vapor do líquido se igualará à pressão atmosférica. Nessa temperatura, as bolhas de vapor do líquido já não serão esmagadas pela pressão atmosférica. Ao contrário, as bolhas poderão subir até a superfície e então o líquido ebulirá (Figura 11.14).

O ponto de ebulição de um líquido é a temperatura na qual a pressão de vapor é igual à pressão externa. Se a pressão externa é de 760 mm Hg, essa temperatura é denominada **ponto de ebulição normal**. Esse ponto está destacado nas curvas de pressão de vapor para as substâncias na Figura 11.12.

O ponto de ebulição normal da água é de 100°C e, em muitos lugares dos Estados Unidos, a água entra em ebulição a essa temperatura ou próximo dela. Porém, em um lugar de elevada altitude, como em Salt Lake City, Utah, onde a pressão barométrica é próxima de 650 mm Hg, a água vai ferver a uma temperatura bem mais baixa. A curva na Figura 11.12 indica que uma pressão de 650 mm Hg corresponde a uma temperatura de ebulição de aproximadamente 95°C. Portanto, é preciso cozinhar a comida por um pouco mais de tempo em Salt Lake City para obter o mesmo resultado que em Nova York, no nível do mar.

## Temperatura e Pressão Críticas

À primeira vista, pode parecer que as curvas de pressão de vapor-temperatura (como aquelas ilustradas na Figura 11.12) deveriam continuar subindo indefinidamente, mas não é exatamente isso que ocorre. Em vez disso, quando se atingem temperaturas e pressões suficientemente altas, a interface entre o líquido e o vapor desaparece no **ponto crítico**. A temperatura na qual isso ocorre é a **temperatura crítica**, $T_c$, e a pressão correspondente é a **pressão crítica**, $P_c$ (Figura 11.15). A substância que existe nessas condições é chamada de **fluido supercrítico (FSC)**. É como um gás sob pressão tão alta que sua densidade parece a de um líquido, ao passo que sua viscosidade (resistência ao escoamento) permanece próxima à de um gás.

Sob essas condições, vamos considerar com o que a substância se parece no nível molecular. As moléculas foram forçadas a se aproximar o máximo possível como se estivessem em seu estado líquido, mas, diferentemente desse estado, cada molécula no fluido supercrítico tem energia cinética suficiente para vencer as forças que as mantêm juntas.

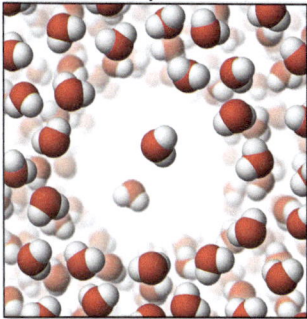

**FIGURA 11.14 Pressão de vapor e ebulição.** Quando a pressão de vapor do líquido se iguala à pressão atmosférica, bolhas de vapor começam a se formar no corpo do líquido, quando ele entra em ebulição.

Através da janela de um recipiente sob alta pressão, vemos as fases separadas de $CO_2$.

À medida que a amostra é aquecida e a pressão aumenta, o menisco torna-se menos nítido.

Assim que $T$ e $P$ críticas são atingidas, não é mais possível distinguir as fases líquida e de vapor. Essa fase homogênea é chamada "$CO_2$ supercrítico".

**FIGURA 11.15 Temperatura e pressão críticas para o $CO_2$.** A curva de pressão em função da temperatura que representa condições de equilíbrio para dióxido de carbono líquido e gasoso termina no ponto crítico; acima dessa temperatura e pressão, o $CO_2$ torna-se um fluido supercrítico.

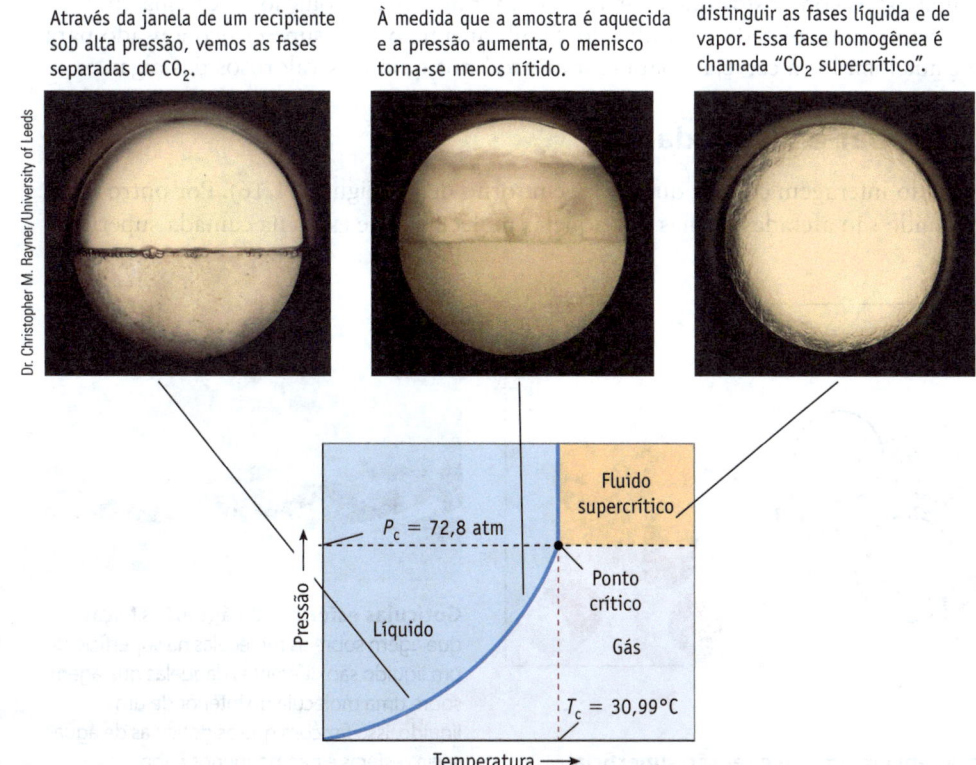

Fluido supercrítico

$P_c$ = 72,8 atm

Ponto crítico

Líquido

Gás

$T_c$ = 30,99°C

Pressão

Temperatura →

**Tabela 11.7**
**Temperaturas e Pressões Críticas para Compostos Comuns***

| COMPOSTO | $T_c$ (°C) | $P_c$ (atm) |
|---|---|---|
| $CH_4$ (metano) | −82,6 | 45,4 |
| $C_2H_6$ (etano) | 32,3 | 49,1 |
| $C_3H_8$ (propano) | 96,7 | 41,9 |
| $C_4H_{10}$ (butano) | 152,0 | 37,3 |
| $CCl_2F_2$ (CFC-12) | 111,8 | 40,9 |
| $NH_3$ | 132,4 | 112,0 |
| $H_2O$ | 374,0 | 217,7 |
| $CO_2$ | 30,99 | 72,8 |
| $SO_2$ | 157,7 | 77,8 |

*Dados obtidos de LIDE, D. R. *Basic Laboratory and Industrial Chemicals*. Boca Raton, FL: CRC Press, 1993.

Na maioria das substâncias, o ponto crítico ocorre em temperaturas e pressões muito altas (Tabela 11.7). A água, por exemplo, tem uma temperatura crítica de 374°C e pressão crítica de 217,7 atm.

Muito se tem escrito recentemente sobre o $CO_2$, em especial sobre seu papel como gás do efeito estufa, mas, porque ele também é um fluido supercrítico, pode ser usado como solvente na nossa revolução de "química verde". O $CO_2$ não apenas está amplamente disponível, é atóxico, não inflamável e barato, como também é relativamente fácil atingir a temperatura e pressão críticas.

Um dos usos do $CO_2$ supercrítico é para a extração da cafeína do café. Os grãos de café são inicialmente tratados com vapor para trazer a cafeína para a superfície. Então, os grãos são imersos no $CO_2$ supercrítico, que dissolve seletivamente a cafeína, mas deixa intactos os compostos que conferem o sabor ao café. A solução de cafeína em $CO_2$ supercrítico é separada, e o $CO_2$ é evaporado, coletado e reutilizado. Similarmente, o $CO_2$ supercrítico é usado para extrair óleos essenciais do lúpulo e adicioná-los à cerveja e para extrair produtos químicos valorosos das algas.

## Tensão Superficial, Ação Capilar e Viscosidade

As moléculas no interior de um líquido interagem com as que estão, em torno delas (Figura 11.16). Por outro lado, as moléculas na superfície de um líquido são afetadas apenas por aquelas moléculas que estão na camada superficial

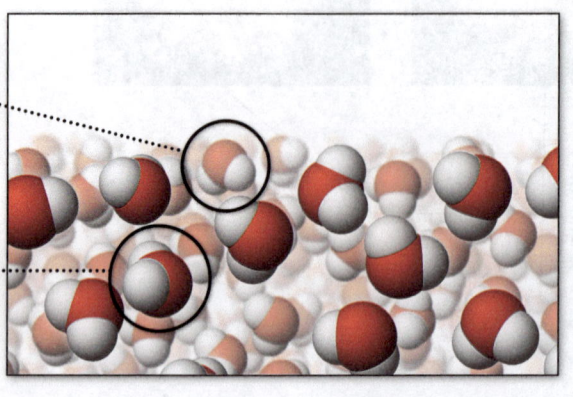

As moléculas de água **na superfície *não*** estão totalmente cercadas pelas outras moléculas de água.

As moléculas de água **abaixo da superfície** estão ***completamente cercadas*** por outras moléculas de água.

**FIGURA 11.16** Forças intermoleculares em um líquido e tensão superficial.

**Gotículas esféricas de água.** As forças que agem sobre as moléculas na superfície de um líquido são diferentes daquelas que agem sobre uma molécula no interior de um líquido. Isso faz com que as gotículas de água sejam esferas e não pequenos cubos.

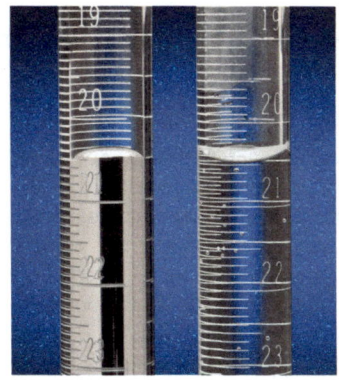

**Ação Capilar**
Um pedaço de papel é parcialmente imerso na água. As moléculas polares da água são atraídas para os grupos C—OH na celulose do papel, e a água sobe pelo papel.

**Menisco**
A água em um tubo de vidro (*à direita*) é atraída para os grupos polares –OH na superfície do vidro e, assim, a água forma um menisco voltado para baixo, ou côncavo. O mercúrio, porém, não é atraído para a superfície do vidro e, assim, forma um menisco convexo (*à esquerda*).

**FIGURA 11.17**  Forças intermoleculares: ação capilar (à esquerda) e formação de um menisco (à direita).

ou abaixo dela. Isso causa uma força resultante de atração nas moléculas da superfície voltada para o interior do líquido, contraindo a superfície e fazendo com que o líquido se comporte como se tivesse uma pele. A resistência dessa pele é medida por sua **tensão superficial** – a energia necessária para vencer a resistência dessa superfície ou desmanchar uma gota de líquido e espalhá-la como um filme. É a tensão superficial que faz com que gotas de água sejam esféricas e não pequenos cubos, por exemplo, pois a esfera tem uma área superficial menor do que qualquer outra forma geométrica com o mesmo volume.

A **ação capilar** e a observação de um **menisco** curvo quando um líquido está contido em um recipiente são outras consequências das forças intermoleculares. Quando mergulhamos parcialmente uma folha de papel na água, a água sobe pelo papel porque as moléculas polares da água são atraídas para as ligações C—OH presentes nas moléculas de celulose do papel (Figura 11.17, *à esquerda*).

Na Figura 11.17 (*à direita*) observamos os diferentes comportamentos da água e do mercúrio em tubos de vidro. As moléculas polares da água são atraídas pelas ligações Si—OH na superfície do vidro por **forças de adesão**. Essas forças são suficientemente fortes para competir com as **forças de coesão** entre as próprias moléculas de água. Assim, algumas moléculas de água podem aderir-se às paredes, enquanto outras são atraídas para o interior por forças de coesão formando uma "ponte" entre as paredes do tubo. As forças de adesão entre a água e o vidro são suficientemente grandes para que o nível da água suba pelas bordas. Esse aumento continuará até que as forças – de adesão entre a água e o vidro e de coesão entre as moléculas de água – sejam equilibradas pela força da gravidade que as atrai para baixo na direção da coluna de água. São essas forças que levam à formação do **menisco** côncavo ou curvado para baixo, que vemos na água contida em um tubo de vidro (Figura 11.17).

Em alguns líquidos, as forças de coesão são maiores que as forças de adesão ao vidro. O mercúrio é um exemplo. Ele não sobe pelas paredes de um tubo capilar. Na verdade, quando está em um tubo de vidro, o mercúrio forma um menisco convexo, ou curvado para cima (Figura 11.17).

Outra propriedade importante dos líquidos, em que forças intermoleculares têm o seu papel, é a **viscosidade**, a resistência dos líquidos ao escoamento (Figura 11.18). Quando você vira um copo com água, ele esvazia rapidamente. Por outro lado, um copo com mel ou azeite leva muito mais tempo para esvaziar. O azeite de oliva consiste em moléculas com longas cadeias de átomos de carbono e é aproximadamente setenta vezes mais viscoso que o etanol, uma molécula pequena com apenas dois átomos de carbono e um de oxigênio. Além disso, cadeias mais longas apresentam forças intermoleculares maiores porque há mais átomos que se atraem uns aos outros, contribuindo assim para uma maior força total. O mel (uma solução aquosa concentrada de açúcar) também é um líquido viscoso, mesmo com o tamanho das moléculas bem menor. Nesse caso, as moléculas de açúcar têm vários grupos —OH, que levam a forças de atração maiores em razão das ligações de hidrogênio.

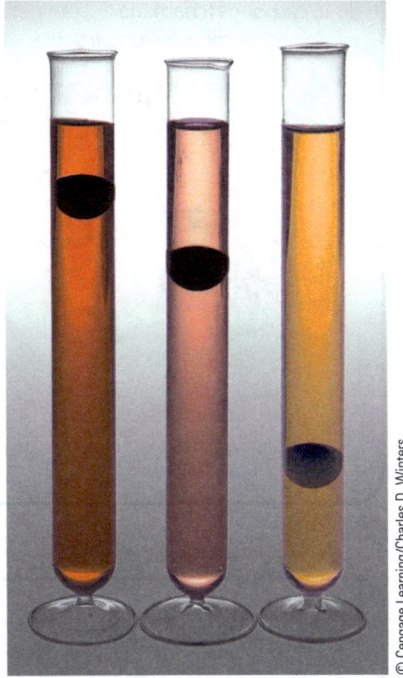

**FIGURA 11.18 Viscosidade.** Uma maneira de medir a viscosidade é comparar a velocidade na qual um objeto pesado afunda em um líquido. Aqui você pode ver a diferença de viscosidade em vários óleos para motor. Os óleos tornam-se menos viscosos da esquerda para a direita.

# 11.1 Cromatografia

A separação de misturas em componentes puros é importante, tanto para a síntese quanto para a análise de compostos químicos. Vários métodos são usados para separações, como destilação, precipitação e filtração. Entretanto, o modo mais comum de separar misturas é a cromatografia. A foto aqui mostra uma estudante usando um instrumento chamado cromatógrafo líquido de alto desempenho.

Cromatografia é um termo genérico para um conjunto de métodos de separação relacionados. Neles, usa-se uma fase móvel (em geral um líquido ou um gás) para transportar uma amostra (isto é, os componentes de uma mistura) por uma fase estacionária imiscível (geralmente um líquido ou um sólido). As fases móvel e estacionária são escolhidas de modo que os componentes da mistura distribuam-se de forma diferente entre as duas fases. A velocidade com que os componentes de uma mistura passam pela fase estacionária depende das suas interações intermoleculares com as fases móvel e estacionária. Componentes que interagem fracamente com a fase estacionária passam mais rapidamente por ela do que os que interagem mais fortemente com essa fase.

Em um método comum de cromatografia, chamada cromatografia de partição, tanto a fase móvel quanto a estacionária são líquidas. Por exemplo, uma fase móvel polar (como uma mistura de metanol e água) é passada por uma coluna muito estreita contendo uma fase estacionária apolar. Uma fase estacionária comum é o octadecano apolar ($C_{18}H_{38}$). A cadeia linear de 18 carbonos (chamada $C_{18}$) em geral está ligada a um suporte sólido, como pequenas partículas de sílica, para imobilizá-la

Uma estudante usa uma cromatografia de alta eficiência (CLAE) para uma análise.

© Cengage Learning/Charles D. Winters

dentro da coluna. À medida que a mistura passa pela coluna de $C_{18}$, os componentes movimentam-se constantemente entre as duas fases líquidas, e os componentes menos polares passam mais tempo na fase apolar do que os componentes mais polares. Em uma separação ideal, os componentes que emergem da coluna (isto é, os eluentes) estão totalmente separados.

## Questões:

1. Suponha que uma mistura das três moléculas abaixo seja separada em uma coluna de $C_{18}$ usando uma mistura de metanol e água como fase móvel.
   a. Qual das três moléculas será mais atraída para a fase móvel? Quais são as forças que atraem a molécula para a fase água/metanol?
   b. Qual molécula é mais atraída para a fase estacionária? Quais são as forças que atraem a molécula para a fase apolar?
   c. Em que ordem as três moléculas sairão (ou eluirão) da coluna?

1-pentanol

éter etilpropílico

pentano-1,5-diol

2. Na cromatografia gasosa, a fase móvel é um gás inerte, como $N_2$ ou He. Os componentes da mistura precisam ser voláteis para que possam ser transportados pela fase móvel. Assim como na cromatografia líquida, a separação baseia-se nas forças de atração dos vários componentes da amostra com as fases móvel e estacionária; forças de atração maiores entre um composto e a coluna resultarão em um tempo de eluição mais longo. Suponha que você queira separar um grupo de hidrocarbonetos, como pentano ($C_5H_{12}$), hexano ($C_6H_{14}$), heptano ($C_7H_{16}$) e octano ($C_8H_{18}$) usando uma coluna com uma fase estacionária apolar. Preveja a ordem de eluição desses componentes da coluna e explique sua resposta.

# 11.2 Uma Catástrofe na Ração Animal

No início de 2007, os donos de animais de estimação de todo o território dos Estados Unidos relataram que seus animais estavam adoecendo gravemente ou até mesmo morrendo. Cães e gatos desenvolveram sintomas de falência renal, que incluíam perda de apetite, vômito, sede extrema e letargia. Constatou-se também

que pedras arredondadas de cor marrom esverdeado estavam entupindo os rins dos animais afetados. Inicialmente tratou-se de um mistério, mas em dois meses químicos e toxicologistas atribuíram as doenças a dois componentes na ração animal: melamina e ácido cianúrico.

Melamina

Ácido cianúrico

*continua*

A melamina é usada para fabricar plásticos e fertilizantes. Ela não é aprovada para uso alimentar. O ácido cianúrico é usado para estabilizar o cloro de piscinas e higienizar equipamentos para processar alimentos. O ácido às vezes forma-se como subproduto na fabricação da melamina, de modo que amostras de melamina podem estar contaminadas com ácido cianúrico.

Mas por que havia melamina na ração? Um fabricante norte-americano de rações, que também fornecia para outras empresas, as quais distribuíam o alimento com o nome de suas marcas, havia comprado glúten de trigo de um fornecedor da China. O glúten de trigo é uma proteína vegetal concentrada usada como espessante e para dar liga em rações. A suspeita é a de que o fornecedor chinês havia acrescentado melamina ao glúten a fim de aumentar o conteúdo aparente de nitrogênio. Quando se analisa o conteúdo de proteína dos produtos, supõe-se que todo o nitrogênio encontrado venha da proteína. Acrescentar melamina é uma forma econômica de levar o comprador a pensar que o produto contém uma porcentagem maior de proteína.

A melamina e o ácido cianúrico em si não são tóxicos, mas, quando estão juntos, passam a ser. O motivo é a ligação de hidrogênio! A mistura de melamina e ácido cianúrico na água produz cristais insolúveis de cianurato de melamina.

Eric Isselee/Shutterstock.com

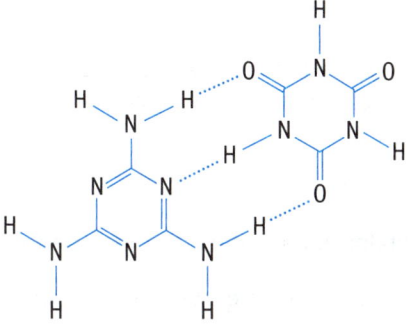

A estrutura mostra apenas a ligação de hidrogênio entre duas moléculas. Entretanto, ligações de hidrogênio adicionais com outras moléculas são também possíveis, e o resultado é uma agregação ainda maior de ácido cianúrico e melamina, formando um material insolúvel.

O funcionamento da ligação de hidrogênio é complexo e depende do pH. No estômago, um meio extremamente ácido com pH baixo, a ligação de hidrogênio não ocorre entre esses compostos, e eles são solúveis. O corpo, porém, tenta livrar-se desses produtos químicos pelos rins, e ali os componentes encontram um pH quase neutro. Assim, as ligações de hidrogênio podem ocorrer, e as moléculas agregam-se para formar cianurato de melamina sólido.

Em 2008 também foi encontrada melamina em produtos lácteos na China, inclusive em leite em pó para bebês. Vários milhares de bebês ficaram doentes, pois sofreram falência renal aguda depois de terem sido alimentados com um produto contaminado com melamina.

## Questões:

1. Calcule o percentual em massa de nitrogênio na melamina e no ácido cianúrico e compare esse valor com o percentual médio de nitrogênio nas proteínas (14%).

2. Constatou-se que um leite em pó infantil continha 0,14 ppm de melamina (a abreviação ppm significa partes por milhão. Isso significa, por exemplo, que há 1 g de uma substância por milhão de gramas do produto). Qual é a massa de melamina em um pacote desse leite com massa de 454 g (uma libra)?

# OBJETIVOS REVISITADOS

Os objetivos para este capítulo são marcados com as Questões para Estudo específicas para ajudá-lo a organizar sua revisão.

## 11.1 ESTADOS DA MATÉRIA E FORÇAS

- Saber quais os tipos de forças intermoleculares existem e quais as propriedades moleculares que elas influenciam. **1, 2**.

## 11.2 INTERAÇÕES ENTRE ÍONS E MOLÉCULAS COM UM DIPOLO PERMANENTE

- Saber o que determina a força da interação entre íons e moléculas com dipolos permanentes e o efeito dessa interação. **9, 10, 31**.

## 11.3 INTERAÇÕES ENTRE MOLÉCULAS COM UM DIPOLO PERMANENTE

- Reconhecer que duas moléculas podem interagir através de forças dipolo-dipolo. **3, 4, 29, 43**.

- Entender como pode ocorrer a ligação de hidrogênio e como pode afetar as propriedades da água. **7, 29, 47**.

## 11.4  FORÇAS INTERMOLECULARES ENVOLVENDO MOLÉCULAS APOLARES

- Identificar os casos onde um dipolo pode ser induzido pela interação com uma molécula polar (forças de Debye). **2**.

- Identificar os casos onde as moléculas interagem por forças de dipolo-dipolo induzido (forças de dispersão de London). **3, 5, 30**.

## 11.5  UM RESUMO DAS FORÇAS INTERMOLECULARES DE VAN DER WAALS

- Descrever os vários tipos de forças intermoleculares nos líquidos e sólidos. **3-10, 29**, 30.

## 11.6  PROPRIEDADES DOS LÍQUIDOS

- Definir a pressão de vapor de equilíbrio de um líquido e explicar a relação entre a pressão de vapor e o ponto de ebulição de um líquido. **17, 19, 33**.

- Descrever como as interações intermoleculares afetam a energia necessária para quebrar completamente a superfície de um líquido (tensão superficial), a ação capilar e a resistência ao fluxo ou viscosidade de líquidos. **25-28**.

- Descrever os fenômenos da temperatura crítica, $T_c$, e da pressão crítica, $P_c$, de uma substância. **23, 24, 53**.

- Calcular as variações de entalpia para as mudanças de estado. **11, 12**.

- Representar graficamente a conexão entre a pressão de vapor e a temperatura. **19, 21, 33**.

- Usar a equação de Clausius-Clapeyron para relacionar a pressão de vapor e a entalpia de vaporização. **21, 22, 39**.

## EQUAÇÕES-CHAVE

**Equação 11.1**  A equação de Clausius-Clapeyron relaciona a pressão de vapor no equilíbrio, $P$, de um líquido volátil com a entalpia molar de vaporização ($\Delta_{vap}H°$) a uma determinada temperatura, $T$. ($R$ é a constante universal, 8,314462 J K$^{-1}$ mol$^{-1}$.)

$$\ln P = -(\Delta_{vap}H°/RT) + C$$

**Equação 11.2**  Uma modificação da equação de Clausius-Clapeyron permite que você calcule $\Delta_{vap}H°$ se conhecer as pressões de vapor em duas temperaturas diferentes.

$$\ln \frac{P_2}{P_1} = -\frac{\Delta_{vap}H°}{R}\left[\frac{1}{T_2} - \frac{1}{T_1}\right]$$

# QUESTÕES PARA ESTUDO

▲ denota questões desafiadoras.

**Questões numeradas em verde** têm as respostas no Apêndice N.

## Praticando Habilidades

### Forças Intermoleculares

(*Veja as Seções 11.1-11.5 e os Exemplos 11.1-11.4.*)

**1.** Qual(is) força(s) intermolecular(es) deve(m) ser superada(s) para:
(a) Fundir gelo
(b) Sublimar $I_2$ sólido
(c) Converter $NH_3$ líquida em $NH_3$ na forma de vapor

**2.** Forças intermoleculares: quais tipos de forças precisam ser superadas entre moléculas de $I_2$ quando $I_2$ sólido dissolve-se em metanol, $CH_3OH$? Quais tipos de forças precisam ser vencidas entre moléculas de $CH_3OH$ para dissolver $I_2$? Quais tipos de forças existem entre moléculas de $I_2$ e $CH_3OH$ em solução?

**3.** Quais tipos de forças intermoleculares precisam ser superadas ao converter cada um dos líquidos seguintes em gás?
(a) $O_2$ líquido     (c) $CH_3I$ (iodeto de metila)
(b) Mercúrio     (d) $CH_3CH_2OH$ (etanol)

**4.** Quais tipos de forças intermoleculares precisam ser superadas ao converter cada um dos líquidos seguintes em gás?
(a) $CO_2$     (c) $CHCl_3$
(b) $NH_3$     (d) $CCl_4$

**5.** Considerando as forças intermoleculares na substância pura, quais dessas substâncias existem como gás a 25°C e 1 atm?
(a) Ne     (c) CO
(b) $CH_4$     (d) $CCl_4$

**6.** Considerando as forças intermoleculares na substância pura, quais dessas substâncias existem como gás a 25°C e 1 atm?
(a) $CH_3CH_2CH_2CH_3$ (butano)
(b) $CH_3OH$ (metanol)
(c) Ar

**7.** Em quais dos seguintes compostos pode haver formação de ligações de hidrogênio intermoleculares no estado líquido?
(a) $CH_3OCH_3$ (éter dimetílico)
(b) $CH_4$
(c) HF
(d) $CH_3CO_2H$ (ácido acético)

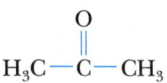

**ácido acético**

(e) $Br_2$
(f) $CH_3OH$ (metanol)

**8.** Em quais dos seguintes compostos pode haver formação de ligações de hidrogênio intermoleculares no estado líquido?
(a) $H_2Se$

(b) $HCO_2H$ (ácido fórmico)

**ácido fórmico**

(c) HI
(d) acetona, $(CH_3)_2CO$

**acetona**

**9.** Para cada par de compostos iônicos, qual provavelmente terá a entalpia de hidratação mais negativa? Explique brevemente seu raciocínio em cada caso.
(a) LiCl ou CsCl
(b) $NaNO_3$ ou $Mg(NO_3)_2$
(c) RbCl ou $NiCl_2$

**10.** Quando colocamos sais de $Mg^{2+}$, $Na^+$ e $Cs^+$ na água, os íons são hidratados. Qual desses três cátions será mais fortemente hidratado? Qual deles será menos fortemente hidratado?

### Líquidos

(*Veja a Seção 11.6 e os Exemplos 11.5 e 11.6.*)

**11.** O etanol, $CH_3CH_2OH$, tem uma pressão de vapor de 59 mm Hg a 25°C. Que quantidade de energia na forma de calor é necessária para evaporar 125 mL do álcool a 25°C? A entalpia de vaporização do álcool a 25°C é de 42,32 kJ $mol^{-1}$. A densidade do líquido é de 0,7849 g $mL^{-1}$.

**12.** A entalpia de vaporização do mercúrio líquido é de 59,11 kJ $mol^{-1}$. Qual quantidade de energia na forma de calor é necessária para vaporizar 0,500 mL de mercúrio a 357°C, seu ponto de ebulição normal? A densidade do mercúrio é de 13,6 g $mL^{-1}$.

**13.** Responda às seguintes questões usando a Figura 11.12:
(a) Qual é a pressão de vapor no equilíbrio aproximada da água a 60°C? Compare sua resposta com os dados no Apêndice G.
(b) Em que temperatura a água apresenta uma pressão de vapor no equilíbrio de 600 mm Hg?
(c) Compare as pressões de vapor no equilíbrio da água e do etanol a 70°C. Qual é maior?

**14.** Responda às seguintes questões usando a Figura 11.12:
(a) Qual é a pressão de vapor no equilíbrio do éter dietílico à temperatura ambiente (aproximadamente 20°C)?
(b) Coloque os três compostos na Figura 11.12 na ordem de forças intermoleculares crescentes.
(c) Se a pressão em um frasco é de 400 mm Hg e se a temperatura é de 40°C, quais dos três compostos (éter dietílico, etanol e água) são líquidos e quais são gases?

**15.** Suponha que você coloque 1,0 g de éter dietílico (Figura 11.12) em um frasco de 100 mL previamente evacuado e depois selado. Se o frasco for mantido a 30°C, qual será a pressão aproximada do gás no frasco? Se o frasco for colocado em um banho de gelo, haverá evaporação adicional do éter ou parte do éter vai se condensar em líquido?

**16.** Consulte a Figura 11.12 para responder às seguintes perguntas:

(a) Imagine que você aqueça um pouco de água a 60°C em uma garrafa plástica leve e sele a boca da garrafa de modo que nenhum gás possa entrar ou sair dela. O que acontece quando a água esfria?

(b) Se você colocar algumas gotas de éter dietílico líquido na mão, ele vai evaporar completamente ou continuará líquido?

**17.** Qual membro de cada um dos seguintes pares de compostos tem o ponto de ebulição mais alto?

(a) $O_2$ ou $N_2$   (c) HF ou HI

(b) $SO_2$ ou $CO_2$   (d) $SiH_4$ ou $GeH_4$

**18.** Classifique os quatro compostos seguintes em ordem de ponto de ebulição crescente:

(a) $C_5H_{12}$   (c) $C_2H_6$

(b) $CCl_4$   (d) Ne

**19.** A figura mostra curvas de pressão de vapor para o $CS_2$ (dissulfeto de carbono) e o $CH_3NO_2$ (nitrometano).

(a) Quais são as pressões de vapor aproximadas de $CS_2$ e $CH_3NO_2$ a 40°C?

(b) Quais tipos de forças intermoleculares existem na fase líquida de cada composto?

(c) Qual é o ponto de ebulição normal do $CS_2$? E do $CH_3NO_2$?

(d) Em que temperatura $CS_2$ tem uma pressão de vapor de 600 mm Hg?

(e) Em que temperatura $CH_3NO_2$ tem uma pressão de vapor de 600 mm Hg?

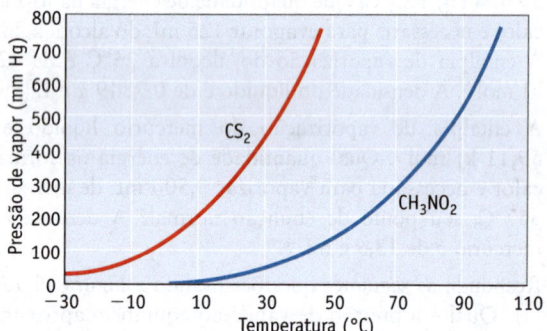

**20.** Suponha que você esteja comparando três substâncias diferentes, A, B e C, todas líquidas e com massas molares semelhantes. A pressão de vapor a 25°C para a substância A é menor que a pressão de vapor para B a essa temperatura. A substância C tem o ponto de ebulição mais alto das três substâncias. Relacione as três substâncias, A, B ou C, pela ordem de intensidade das forças intermoleculares, da menor para a maior.

**21.** A tabela indica as pressões de vapor do benzeno, $C_6H_6$, sob várias temperaturas.

| Temperatura (°C) | Pressão de Vapor (mm Hg) |
| --- | --- |
| 7,6 | 40,0 |
| 26,1 | 100,0 |
| 60,6 | 400,0 |
| 80,1 | 760,0 |

(a) Qual é o ponto de ebulição normal do benzeno?

(b) Coloque esses dados em um gráfico semelhante ao da Figura 11.12. A que temperatura o líquido tem uma pressão de vapor de 250 mm Hg? A que temperatura a pressão de vapor é de 650 mm Hg?

(c) Calcule a entalpia de vaporização do benzeno usando a equação de Clausius-Clapeyron.

**22.** Os dados para pressão de vapor do octano, $C_8H_{18}$ são descritos na tabela abaixo.

| Temperatura (°C) | Pressão de Vapor (mm Hg) |
| --- | --- |
| 25 | 13,6 |
| 50,0 | 45,3 |
| 75 | 127,2 |
| 100,0 | 310,8 |

Use a equação de Clausius-Clapeyron para calcular a entalpia molar de vaporização do octano e seu ponto de ebulição normal.

**23.** O monóxido de carbono ($T_c$ = 132,9 K; $P_c$ = 34,5 atm) pode ser liquefeito à temperatura ambiente ou acima dessa temperatura? Explique sucintamente.

**24.** O metano ($CH_4$) não pode ser liquefeito à temperatura ambiente, não importa o quanto a pressão seja aumentada. O propano ($C_3H_8$), outro hidrocarboneto simples, tem uma pressão crítica de 42 atm e temperatura crítica de 96,7°C. Esse composto pode ser liquefeito à temperatura ambiente?

**25.** O que é tensão superficial? Dê um exemplo ilustrando o fenômeno da tensão superficial. Explique por que a tensão superficial é consequência das forças intermoleculares.

**26.** Quais fatores afetam a viscosidade de uma substância? Qual das seguintes substâncias, água ($H_2O$), etanol ($CH_3CH_2OH$), etilenoglicol ($HOCH_2CH_2OH$) e glicerol ($HOCH_2CH(OH)CH_2OH$), tem a maior viscosidade? A viscosidade de uma substância é afetada pela temperatura? Explique suas respostas.

**27.** Se suspendermos um pedaço de papel de filtro (um papel absorvente usado em laboratórios) acima de um béquer com água e ele tocar a superfície, a água subirá lentamente pelo papel. Qual é o nome dado a esse fenômeno e como se explica esse comportamento?

**28.** Quando colocamos água em uma bureta, ela forma um menisco côncavo na superfície. Por outro lado, o mercúrio (em um manômetro, por exemplo) forma um menisco convexo (Figura 11.17). Explique por que esse fenômeno ocorre e porque os dois líquidos produzem resultados diferentes. Qual será a forma do menisco se enchermos a bureta com etilenoglicol ($HOCH_2CH_2OH$)?

## Questões Gerais

*Estas perguntas não estão definidas quanto ao tipo ou à localização no capítulo. Elas podem combinar diversos conceitos.*

**29.** Quais tipos de forças intermoleculares são importantes na fase líquida de (a) $CCl_4$, (b) $CH_3Cl$ e (c) $CH_3CO_2H$ (ácido acético)?

$$H_3C-\overset{\overset{\displaystyle O}{\|}}{C}-OH$$

**ácido acético**

**30.** Quais tipos de forças intermoleculares são importantes na fase líquida de (a) $C_2H_6$ e (b) $(CH_3)_2CHOH$?

**31.** Qual dos seguintes sais, $Li_2SO_4$ ou $Cs_2SO_4$, tem a entalpia de hidratação mais exotérmica?

**32.** Selecione a substância com o maior ponto de ebulição em cada um dos pares seguintes:

(a) $Br_2$ ou $ICl$

(b) neônio ou criptônio

(c) $CH_3CH_2OH$ (etanol) ou $C_2H_4O$ (óxido de etileno, estrutura abaixo)

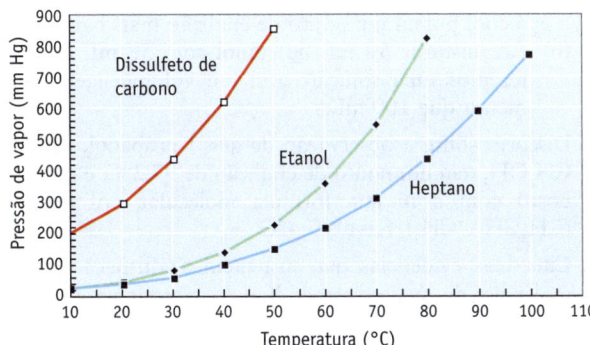

**óxido de etileno**

**33.** Use as curvas de pressão de vapor ilustradas aqui para responder às perguntas seguintes.

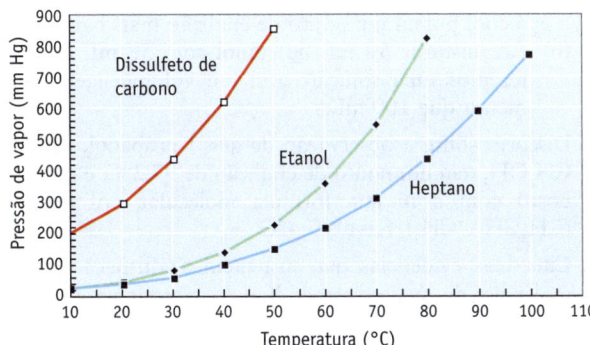

(a) Qual é a pressão de vapor do etanol, $C_2H_5OH$, a 60°C?

(b) Considerando apenas o dissulfeto de carbono ($CS_2$) e o etanol, qual tem as maiores forças intermoleculares no estado líquido?

(c) A qual temperatura o heptano ($C_7H_{16}$) tem uma pressão de vapor de 500 mm Hg?

(d) Quais são os pontos de ebulição normais aproximados de cada uma das três substâncias?

(e) Sob pressão de 400 mm Hg e temperatura de 70°C, cada uma dessas substâncias é um líquido, um gás ou uma mistura de líquido e gás?

**34.** Qual dos seguintes compostos iônicos terá a entalpia de hidratação mais negativa?

(a) $Fe(NO_3)_2$

(b) $CoCl_2$

(c) $NaCl$

(d) $Al(NO_3)_3$

**35.** Classifique os compostos seguintes por ordem crescente de entalpia molar de vaporização: $CH_3OH$, $C_2H_6$, $HCl$.

**36.** Classifique as seguintes moléculas por ordem crescente de ponto de ebulição: $CH_3CH_2CH_2CH_2CH_3$, $CH_3F$, $CH_3Cl$.

**37.** O mercúrio e muitos de seus compostos são venenosos caso sejam inalados, engolidos ou mesmo absorvidos pela pele. O metal líquido possui uma pressão de vapor de 0,00169 mm

Hg a 24°C. Se o ar em um ambiente pequeno estiver saturado de vapor de mercúrio, quantos átomos de vapor de mercúrio haverá por metro cúbico?

**38.** ▲ Os dados a seguir representam a pressão de vapor no equilíbrio do limoneno, $C_{10}H_{16}$, a diversas temperaturas. O limoneno é usado como aromatizante em produtos comerciais.

| Temperatura (°C) | Pressão de Vapor (mm Hg) |
|---|---|
| 14,0 | 1,0 |
| 53,8 | 10,0 |
| 84,3 | 40,0 |
| 108,3 | 100,0 |
| 151,4 | 400,0 |

(a) Represente esses dados em um gráfico como $\ln P$ em função $1/T$, de modo similar ao gráfico da Figura 11.13.

(b) A que temperatura o líquido tem uma pressão de vapor de 250 mm Hg? A que temperatura ela será de 650 mm Hg?

(c) Qual é o ponto de ebulição normal do limoneno?

(d) Calcule a entalpia molar de vaporização do limoneno usando a equação de Clausius-Clapeyron.

## No Laboratório

**39.** Suponha que você queira preparar um polímero de silicone, e uma das substâncias iniciais é o diclorodimetilsilano, $SiCl_2(CH_3)_2$. Você precisa conhecer seu ponto de ebulição normal e medir as pressões de vapor no equilíbrio a diversas temperaturas.

| Temperatura (°C) | Pressão de Vapor (mm Hg) |
|---|---|
| −0,4 | 40,0 |
| +17,5 | 100,0 |
| 51,9 | 400,0 |
| 70,3 | 760,0 |

(a) Qual é o ponto de ebulição normal do diclorodimetilsilano?

(b) Coloque esses dados em um gráfico de $\ln P$ em função $1/T$, de modo similar ao gráfico da Figura 11.13. A que temperatura o líquido tem uma pressão de vapor de 250 mm Hg? A que temperatura essa pressão é de 650 mm Hg?

(c) Calcule a entalpia molar de vaporização para o diclorodimetilsilano utilizando a equação de Clausius--Clapeyron.

**40.** Um "*hand boiler*" pode ser comprado em lojas de brinquedos ou de fornecedores de equipamentos científicos. Se você envolver o bulbo inferior com a mão, o líquido volátil no seu interior entrará em ebulição e o líquido passará para o bulbo superior.

(a) Utilizando seus conhecimentos sobre a teoria cinético--molecular e as forças intermoleculares, explique como esse dispositivo funciona.

(b) Qual dos seguintes líquidos seria o mais indicado para o "*hand boiler*"? Explique.

| Composto | Ponto de Ebulição Normal |
|---|---|
| Etanol | 78,4°C |
| Clorofórmio | 61,3°C |
| CCl₃F | 23,7°C |

**41.** ▲ As fotos abaixo ilustram uma experiência que você mesmo pode fazer. Coloque 10 mL de água em uma lata de refrigerante vazia e aqueça a água até ferver. Usando uma pinça metálica, vire a lata sobre um béquer contendo água fria, garantindo que a abertura da lata esteja abaixo do nível da água no béquer.

(a) (b)

(a) Descreva o que acontece e explique de acordo com o assunto deste capítulo.
(b) Prepare um esquema da situação que ocorre dentro da lata no nível molecular antes e depois de aquecê-la (mas antes de virar a lata).

**42.** Se você colocar 1,0 L de etanol (C₂H₅OH) em um pequeno laboratório de 3,0 m de comprimento, 2,5 m de largura e 2,5 m de altura, todo o álcool irá evaporar? Se restar algum líquido, quanto haverá? A pressão de vapor do etanol a 25°C é de 59 mm Hg, e a densidade do líquido a essa temperatura é de 0,785 g cm⁻³.

## Resumo e Questões Conceituais

*As seguintes questões podem usar os conceitos deste capítulo e dos capítulos anteriores.*

**43.** A acetona, CH₃COCH₃, é um solvente comum em laboratório. Entretanto, em geral, ela está contaminada com água.

Por que a acetona absorve água tão facilmente? Desenhe estruturas moleculares mostrando como a água e a acetona podem interagir. Qual(is) força(s) intermolecular(es) está(ão) envolvida(s) nessa interação?

$$H_3C - \underset{\underset{O}{\|}}{C} - CH_3$$

**44.** O óleo de cozinha flutua por cima da água. A partir dessa observação, que conclusão você pode tirar em relação à polaridade ou à capacidade de formar ligações de hidrogênio das moléculas encontradas no óleo de cozinha?

**45.** O etilenoglicol líquido, HOCH₂CH₂OH, é um dos principais ingredientes dos anticongelantes comerciais. Sua viscosidade é maior ou menor que a do etanol, CH₃CH₂OH?

**46.** Colocamos metanol líquido, CH₃OH, em um tubo de vidro. O menisco do líquido será côncavo ou convexo? Explique sucintamente.

**47.** Esclareça estes fatos:
(a) Embora o etanol (C₂H₅OH) (PE = 80°C) tenha uma massa molar maior que a da água (PE = 100°C), o álcool possui um ponto de ebulição mais baixo.
(b) Ao misturar 50 mL de etanol com 50 mL de água, teremos uma solução com um volume ligeiramente menor que 100 mL.

**48.** Discorra sobre a observação de que 1-propanol, CH₃CH₂CH₂OH, tem um ponto de ebulição de 97,2°C, e um composto com a mesma fórmula molecular, etil-metil-éter (CH₃CH₂OCH₃), ferve a 7,4°C.

**49.** Cite duas evidências que sustentem a afirmação de que moléculas de água no estado líquido exercem uma força de atração considerável entre si.

**50.** Durante as tempestades no meio oeste estadunidense, às vezes, caem pedras de granizo muito grandes (algumas do tamanho de uma bola de golfe!). Para preservar algumas dessas pedras, as colocamos no *freezer* de uma geladeira *frost-free*. Nosso amigo, que é estudante de Química, recomenda que usemos um modelo mais antigo que não seja *frost-free*. Por quê?

**51.** Consulte a Figura 11.8 para responder às seguintes perguntas:
(a) Dos três haletos de hidrogênio (HX), qual deles tem a maior força intermolecular total?
(b) Por que as forças de dispersão são maiores para o HI do que para o HCl?
(c) Por que as forças dipolo-dipolo são maiores para o HCl do que para o HI?
(d) Das sete moléculas mostradas na Figura 11.8, qual delas envolve as maiores forças de dispersão? Explique por que isso é razoável.

**52.** No Centro de Pesquisas de Câncer Fred Hutchinson em Seattle, descobriu-se que é possível colocar camundongos em estado de animação suspensa aplicando uma dose baixa de sulfeto de hidrogênio, H₂S. A taxa de respiração dos camundongos caiu de 120 para 10 respirações por minuto, e sua temperatura, para apenas 2°C acima da temperatura ambiente. Seis horas mais tarde os camundongos foram reanimados e aparentemente não sofreram efeitos negativos.
(a) O sulfeto de hidrogênio é um gás à temperatura ambiente e pressão atmosférica normal, e a água é um líquido com baixa pressão de vapor nas mesmas condições. Explique essa observação.

(b) O gás $H_2S$ fornecido aos camundongos tinha uma concentração de 80 ppm. Uma concentração de 1 ppm significa 1 parte por milhão, ou uma molécula a cada 1 milhão de moléculas. Se você aplicar 1,0 L de gás (uma mistura de $O_2$, $N_2$ e $H_2S$) a uma pressão total de 725 mm Hg a 22°C, qual será a pressão parcial do gás $H_2S$?

(c) O sulfeto de hidrogênio pode ser convertido em ácido sulfúrico. Se permitirmos que 5,2 L de gás $H_2S$ a uma pressão de 130 mm Hg e a 25°C reajam com gás $O_2$, quantos litros de gás $O_2$, também a uma pressão de 130 mm Hg e a 25°C, são necessários para que a reação seja completa? Suponha que ocorra a seguinte reação.

$$H_2S(g) + 2O_2(g) \rightarrow H_2SO_4(\ell)$$

**53.** Um fluorocarbono, $CF_4$, tem uma temperatura crítica de −45,7°C e pressão crítica de 37 atm. Existe alguma condição na qual esse composto possa ser líquido à temperatura ambiente? Explique sucintamente.

**54.** ▲ A figura abaixo é um gráfico da pressão de vapor em função da temperatura para o diclorodifluorometano, $CCl_2F_2$. A entalpia de vaporização do líquido é de 165 kJ/g, e a capacidade calorífica específica do líquido é de aproximadamente 1,0 J $g^{-1} \cdot K^{-1}$.

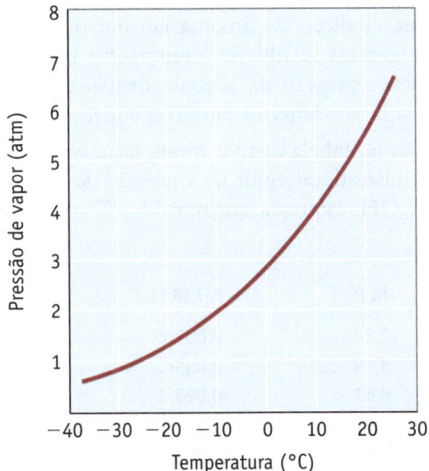

(a) Qual é o ponto de ebulição normal aproximado do $CCl_2F_2$?

(b) Um cilindro de aço contendo 25 kg de $CCl_2F_2$ em forma de líquido e vapor é colocado ao ar livre em um dia quente (25°C). Qual é a pressão aproximada do gás no cilindro?

(c) Ao abrir a válvula do cilindro, o vapor de $CCl_2F_2$ escapa rapidamente. Entretanto, logo o fluxo torna-se bem menor e o lado externo do cilindro fica coberto de gelo. Ao fechar a válvula e pesar o cilindro novamente, constata-se que ainda há 20 kg de $CCl_2F_2$ em seu interior. Por que o fluxo é maior no início? Por que o fluxo fica mais lento muito antes de o cilindro esvaziar? Por que o lado externo fica coberto de gelo?

(d) Qual dos procedimentos seguintes seria o mais eficiente para esvaziar o cilindro rapidamente (e com segurança)? (1) Virar o cilindro de cabeça para baixo e abrir a válvula. (2) Resfriar o cilindro até −78°C em gelo-seco e abrir a válvula. (3) Arrancar o topo do cilindro com válvula e tudo, usando um martelo.

**55.** O acetaminofeno é usado como analgésico. Aqui ilustramos um modelo da molécula com sua superfície de potencial eletrostático. Quais são os locais mais prováveis para ligações de hidrogênio?

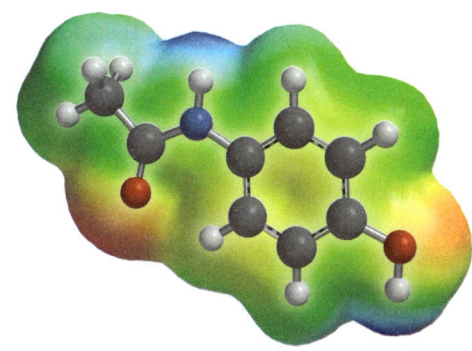

**Acetaminofeno**

**56.** Aqui estão ilustrados modelos de duas bases do DNA com suas superfícies de potencial eletrostático: citosina e guanina. Quais locais dessas moléculas estão envolvidos em ligações de hidrogênio entre si? Desenhe estruturas moleculares mostrando como a citosina pode estabelecer ligações de hidrogênio com a guanina.

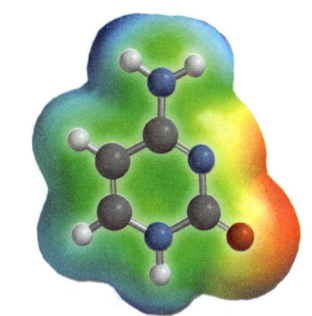

**Citosina**

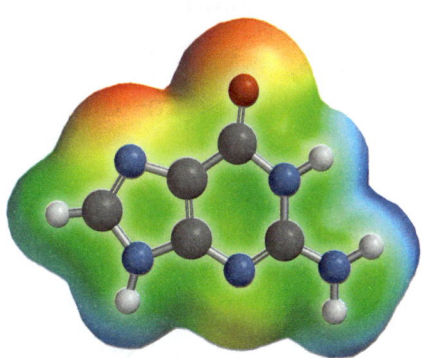

**Guanina**

**57.** Relacione quatro propriedades dos líquidos que são diretamente determinadas pelas forças intermoleculares.

**58.** Classifique os íons abaixo por ordem de energias de hidratação: $Na^+$, $K^+$, $Mg^{2+}$, $Ca^{2+}$. Explique como você estabeleceu essa ordem.

**59.** Compare os pontos de ebulição dos vários hidrocarbonetos isômeros indicados na tabela abaixo. Observe a relação entre ponto de ebulição e estrutura; hidrocarbonetos de cadeia ramificada têm pontos de ebulição inferiores aos do isômero não ramificado. Especule sobre possíveis razões para essa tendência. Por que as forças intermoleculares podem ser ligeiramente diferentes nesses compostos?

| Composto | Ponto de Ebulição (°C) |
|---|---|
| Hexano | 68,9 |
| 3-metilpentano | 63,2 |
| 2-metilpentano | 60,3 |
| 2,3-dimetilbutano | 58,0 |
| 2,2-dimetilbutano | 49,7 |

**60.** Uma amostra de 8,82 g de $Br_2$ é colocada em um recipiente previamente evacuado de 1,0 L e aquecida a 58,8°C, o ponto de ebulição normal do bromo. Descreva o conteúdo do recipiente nessas condições.

**61.** A polarizabilidade é definida como a extensão na qual a nuvem eletrônica em torno de um átomo ou molécula pode ser distorcida por uma carga externa. Classifique os halogênios ($F_2$, $Cl_2$, $Br_2$, $I_2$) e os gases nobres (He, Ne, Ar, Kr, Xe) por ordem de polarizabilidade (do menos polarizável para o mais polarizável). Quais características dessas substâncias podemos usar para determinar essa classificação?

**62.** Em quais das seguintes moléculas orgânicas podem ocorrer ligações de hidrogênio?

(a) acetato de metila, $CH_3CO_2CH_3$

$$H_3C - \overset{\overset{\displaystyle O}{\|}}{C} - O - CH_3$$

(b) acetaldeído (etanal), $CH_3CHO$

$$H_3C - \overset{\overset{\displaystyle O}{\|}}{C} - H$$

(c) acetona (2-propanona) (veja a Questão 8)
(d) ácido benzoico ($C_6H_5CO_2H$)

$$\overset{\overset{\displaystyle O}{\|}}{C} - OH$$

(e) acetamida ($CH_3CONH_2$, uma amida formada a partir do ácido acético e da amônia)

$$H_3C - \overset{\overset{\displaystyle O}{\|}}{C} - NH_2$$

(f) N,N-dimetilacetamida [$CH_3CON(CH_3)_2$, uma amida formada a partir de ácido acético e dimetilamina]

$$H_3C - \overset{\overset{\displaystyle O}{\|}}{C} - N(CH_3)_2$$

**63.** Uma panela de pressão é um recipiente com uma tampa que se fecha hermeticamente, permitindo que dentro dela a pressão aumente. Colocamos água na panela e a aquecemos até ferver. Com uma pressão mais alta, a água ferve a uma temperatura mais elevada, e isso permite que a comida cozinhe mais rapidamente. A maioria das panelas de pressão vem com uma regulagem de 15 psi, o que significa que a pressão dentro da panela é de 15 psi acima da pressão atmosférica (1 atm = 14,70 psi). Use a equação de Clausius-Clapeyron para calcular a temperatura sob a qual a água ferve na panela de pressão.

**64.** A tabela abaixo indica as pressões de vapor de $NH_3(\ell)$ a diversas temperaturas. Use essas informações para calcular a entalpia de vaporização da amônia.

| Temperatura (°C) | Pressão de Vapor (atm) |
|---|---|
| −68,4 | 0,132 |
| −45,4 | 0,526 |
| −33,6 | 1,000 |
| −18,7 | 2,00 |
| 4,7 | 5,00 |
| 25,7 | 10,00 |
| 50,1 | 20,00 |

**65.** Às vezes, os químicos fazem reações utilizando amônia líquida como solvente. Com a proteção adequada, essas reações podem ser realizadas sob temperaturas acima do ponto de ebulição da amônia em um tubo de ensaio de paredes grossas selado. Se a reação for realizada a 20°C, qual será a pressão da amônia dentro do tubo? Use os dados da tabela anterior para responder a esta pergunta.

**66.** Os dados na tabela abaixo foram usados para construir o gráfico ilustrado a seguir ($P$ = pressão de vapor do etanol, $CH_3CH_2OH$, expressa em mm Hg, $T$ = temperatura em kelvin).

| ln P | 1/T (K⁻¹) |
|---|---|
| 2,30 | 0,00369 |
| 3,69 | 0,00342 |
| 4,61 | 0,00325 |
| 5,99 | 0,00297 |
| 6,63 | 0,00285 |

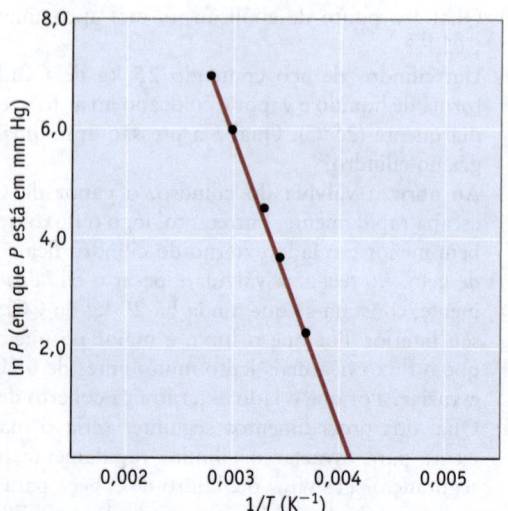

(a) Determine uma equação para a reta nesse gráfico.

(b) Descreva como usar o gráfico para determinar a entalpia de vaporização do etanol.

(c) Calcule a pressão de vapor do etanol a 0,00°C e a 100°C.

**67.** Colocamos água (10,0 g) em um tubo de ensaio com paredes grossas, cujo volume interno é de 50,0 cm³. Em seguida, retiramos o ar, selamos o tubo e então aquecemos o tubo e seu conteúdo a 100°C.

(a) Descreva a aparência do sistema a 100°C.

(b) Qual é a pressão dentro do tubo?

(c) A essa temperatura, a densidade da água líquida é de 0,958 g cm⁻³. Calcule o volume da água líquida no tubo.

(d) Parte da água está em estado de vapor. Determine a massa de água em estado gasoso.

**68.** A acetona é um solvente comum (veja a estrutura da acetona na Questão para Estudo 8 para a).

(a) O álcool alílico, $CH_2{=}CH{-}CH_2OH$, é um isômero da acetona. A acetona tem uma pressão de vapor de 100 mm Hg a +7,7°C. Estime se a pressão de vapor do álcool alílico é mais alta ou mais baixa que 100 mm Hg a essa temperatura. Explique.

(b) Use a equação de Clausius–Clapeyron para calcular a entalpia de vaporização da acetona a partir dos dados abaixo.

| Temperatura (°C) | Pressão de Vapor (mm Hg) |
|---|---|
| −9,4 | 40,0 |
| +7,7 | 100,0 |
| 39,5 | 400,0 |
| 56,5 | 760,0 |

(c) A fluoração da acetona, $C_3H_6O$ (substituindo H por flúor), produz um composto gasoso com a fórmula $C_3H_{6-x}F_xO$. Para identificar esse composto, sua massa molar foi determinada ao medir a densidade do gás. Obtiveram-se os seguintes dados: massa do gás, 1,53 g; volume do recipiente, 264 mL; pressão exercida pelo gás, 722 mm Hg; temperatura, 22°C. Calcule a massa molar a partir dessas informações e depois descubra a fórmula molecular.

# 12 O Estado Sólido

# Sumário do capítulo

# 12.1 Retículos Cristalinos e Células Unitárias

## Objetivos da Seção 12.1

- Definir a célula unitária para um composto cristalino.
- Entender a relação da estrutura entre célula unitária, raio do átomo e dimensões da célula.

Tanto nos gases como nos líquidos, as moléculas movem-se continuamente de forma aleatória, enquanto giram e vibram. Um arranjo ordenado de moléculas no estado gasoso ou líquido não é possível. Nos sólidos, no entanto, os átomos, as moléculas ou os íons não podem alterar sua posição relativa (embora ocasionalmente eles vibrem e rotacionem). Assim, um padrão repetitivo e regular de átomos ou moléculas, de grande extensão no interior da estrutura, é uma característica da maior parte dos sólidos. A bela regularidade (macroscópica) externa de muitos compostos cristalinos (como é o caso do sal, Figura 12.1) é uma consequência dessa ordem interna.

Estruturas de sólidos podem ser descritas como redes tridimensionais de átomos, íons ou moléculas. No caso de um sólido cristalino, podemos identificar a **célula unitária**, a menor unidade repetitiva que apresenta todas as características de simetria do arranjo de átomos, íons ou moléculas no sólido.

◀ O diamante de Lesedi La Rona. Diamantes são o material mais duro que se conhece e, portanto, são usados industrialmente para cortar e polir outros materiais mais macios. Esse diamante, que mede 1111 quilates (ou 222,2 g), é um dos maiores já encontrados. Ele foi descoberto no sul do país africano de Botsuana e recebeu o nome de "Lesedi La Rona", que significa "Nossa Luz" em tsuana, a língua de Botsuana. Ele foi ofertado em um leilão em 2016, no qual o lance inicial foi de 50 milhões de dólares, e não foi vendido.

**FIGURA 12.1 Sal comum, NaCl.**

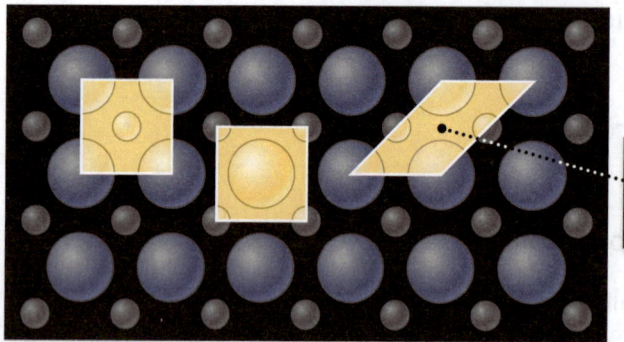

Nesta figura, todas as células unitárias contêm um círculo grande e um pequeno.

**FIGURA 12.2 Células unitárias em um sólido bidimensional feito de "átomos" circulares.** Um retículo pode ser representado como composto de células unitárias repetitivas. Este retículo bidimensional pode ser construído pela translação das células unitárias ao longo do plano da figura. Cada célula unitária deve posicionar-se acompanhando o comprimento de um dos lados da célula. Note que várias células unitárias são possíveis, e duas das mais evidentes são quadradas.

Para entender as células unitárias, considere primeiro um modelo bidimensional de retículo, o padrão repetitivo de círculos na Figura 12.2. O quadrado à esquerda é uma célula unitária, porque o padrão geral pode ser criado a partir de um grupo dessas células, juntando aresta com aresta. É também um requisito que as células unitárias reflitam a estequiometria do sólido. Aqui, a célula unitária quadrada à esquerda contém um círculo menor e um quarto de cada um dos quatro círculos maiores, dando um total de um pequeno e um grande círculo por célula unitária bidimensional.

Você pode perceber que é possível desenhar outras células unitárias para esse retículo bidimensional. Uma opção é o quadrado no meio da Figura 12.2, abrangendo totalmente um único círculo grande e partes de pequenos círculos que, quando somados, formam outro pequeno círculo. Ainda outra célula unitária possível é o paralelogramo à direita. Outras células unitárias podem ser separadas, mas é convencional desenhar células unitárias nas quais os átomos ou íons são colocados nos **pontos de rede**, isto é, nos vértices do cubo ou outro objeto geométrico que constitui a célula unitária.

Os retículos tridimensionais dos sólidos podem ser construídos pela montagem de células unitárias tridimensionais, muito semelhantes a blocos de construção. A montagem dessas células unitárias tridimensionais define o **retículo cristalino**.

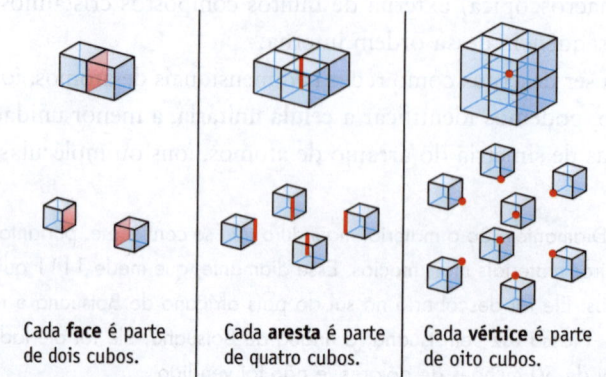

Cada **face** é parte de dois cubos.

Cada **aresta** é parte de quatro cubos.

Cada **vértice** é parte de oito cubos.

**Montando um retículo cristalino a partir de células unitárias cúbicas**

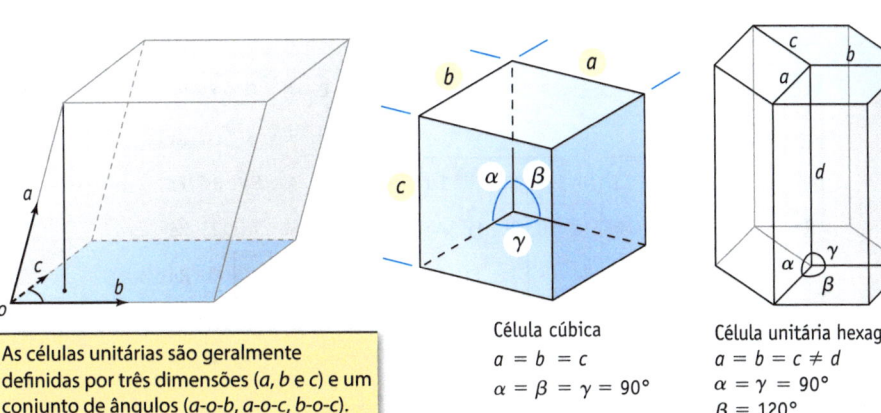

As células unitárias são geralmente definidas por três dimensões ($a$, $b$ e $c$) e um conjunto de ângulos ($a$-$o$-$b$, $a$-$o$-$c$, $b$-$o$-$c$).

Célula cúbica
$a = b = c$
$\alpha = \beta = \gamma = 90°$

Célula unitária hexagonal
$a = b = c \neq d$
$\alpha = \gamma = 90°$
$\beta = 120°$

**Tipos de células.** Há sete células unitárias básicas. Todas, exceto a célula unitária hexagonal, são paralelepípedos (um sólido com seis faces, cada uma das quais é um paralelogramo). Em um cubo, os ângulos ($a$-$o$-$c$, $a$-$o$-$b$ e $c$-$o$-$b$; em que $o$ é a origem) são de 90° e os lados são todos iguais. Em outras células, os ângulos e os lados podem ser iguais ou diferentes.

**FIGURA 12.3  Células unitárias.**

Para construir retículos cristalinos, a natureza pode utilizar qualquer uma das sete células unitárias tridimensionais (Figura 12.3). Elas diferem umas das outras porque suas arestas têm diferentes comprimentos relativos e formam ângulos diferentes entre si. O mais simples dos sete retículos cristalinos é a célula **unitária cúbica**, cujas arestas de igual comprimento encontram-se em ângulos de 90°. Vamos analisar em detalhes apenas essa estrutura, porque as células unitárias cúbicas são as mais simples de entender e também porque são comumente encontradas.

## Células Unitárias Cúbicas

Dentro da classe cúbica, três simetrias de célula ocorrem: **primitiva** ou **cúbica simples (cs)**, **cúbica de corpo centrado (ccc)** e **cúbica de face centrada (cfc)** (Figura 12.4). As três têm átomos, moléculas ou íons idênticos nos vértices da célula unitária. Os arranjos ccc e cfc, no entanto, diferem do cúbico primitivo porque possuem partículas adicionais em outros locais. A estrutura ccc é chamada de *corpo centrado* porque tem uma partícula adicional, do mesmo tipo que aquelas nos vértices, no centro do cubo. O arranjo cfc é chamado de *face centrada* porque tem uma partícula

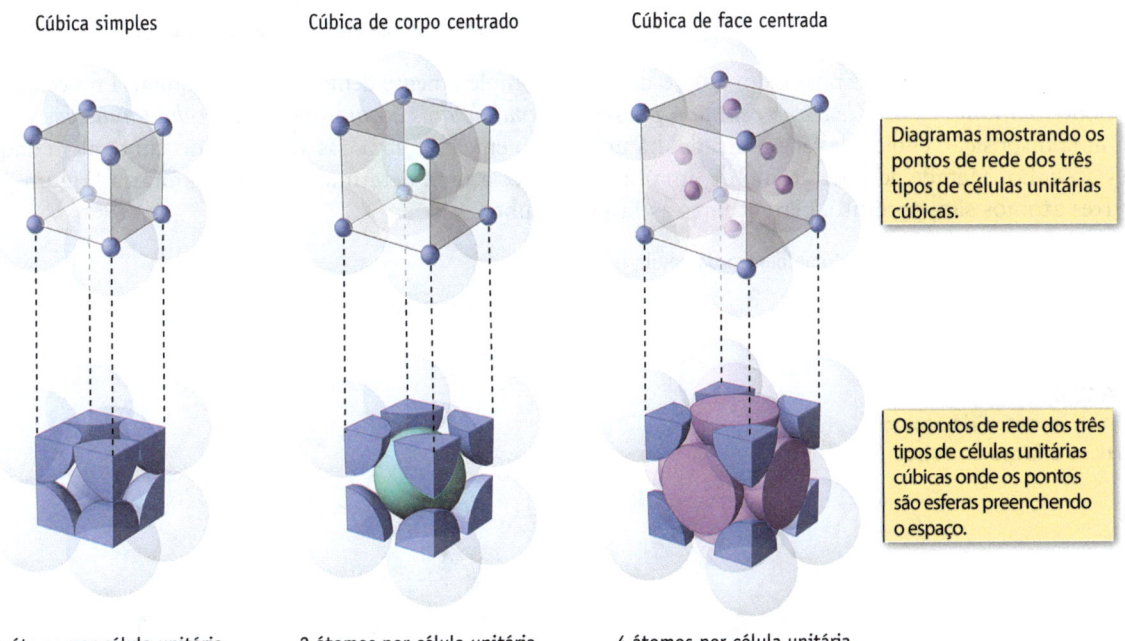

Cúbica simples

Cúbica de corpo centrado

Cúbica de face centrada

Diagramas mostrando os pontos de rede dos três tipos de células unitárias cúbicas.

Os pontos de rede dos três tipos de células unitárias cúbicas onde os pontos são esferas preenchendo o espaço.

Um átomo por célula unitária

2 átomos por célula unitária

4 átomos por célula unitária

**FIGURA 12.4  As três células unitárias cúbicas.** Como oito células unitárias em um retículo cristalino compartilham um átomo no vértice, apenas 1/8 de cada átomo no vértice encontra-se dentro de uma única célula unitária; os restantes 7/8 encontram-se em sete outras células unitárias. Uma vez que cada face de uma célula unitária cfc é compartilhada com outra célula unitária, a metade de cada átomo na face de um cubo encontra-se em uma única célula unitária, e a outra metade, na célula adjacente. (Veja também a Figura 12.6.)

**FIGURA 12.5 Metais usam quatro células unitárias diferentes.** Três são baseadas no cubo e a quarta é a célula unitária hexagonal (veja *Um Olhar Mais Atento: Empacotando Laranjas, Bolinhas de Gude e Átomos*). (Muitos metais podem cristalizar em mais de uma estrutura. Mn, por exemplo, pode ser ccc ou cfc.)

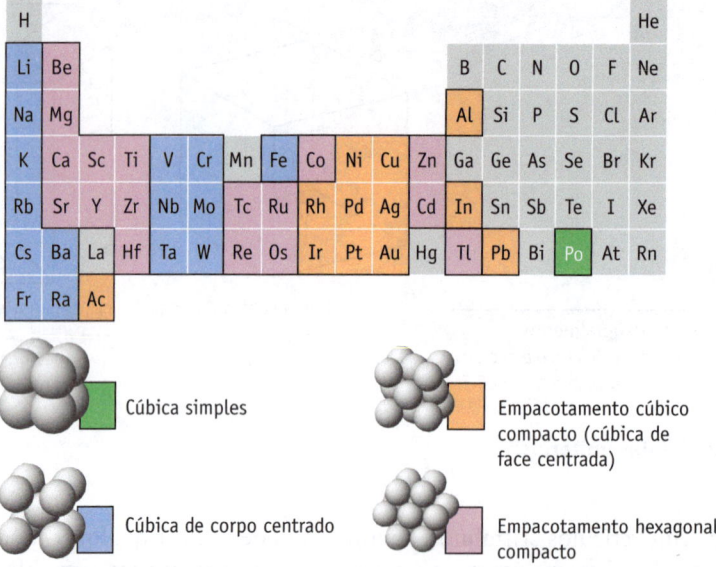

Cúbica simples

Empacotamento cúbico compacto (cúbica de face centrada)

Cúbica de corpo centrado

Empacotamento hexagonal compacto

do mesmo tipo que os átomos dos vértices, no centro de cada uma das seis faces do cubo. Exemplos de cada estrutura são encontrados entre os retículos cristalinos dos metais (Figura 12.5). Os metais alcalinos, por exemplo, são cúbicos de corpo centrado, enquanto o níquel, o cobre e o alumínio são cúbicos de face centrada. Observe que apenas um metal, o polônio, possui uma célula unitária cúbica simples.

Quando os cubos arranjam-se em conjunto para formar um cristal tridimensional de um metal, o átomo em cada vértice é compartilhado entre os oito cubos (Figuras 12.4 e 12.6, *à esquerda*). Por causa disso, apenas um oitavo de cada átomo no vértice está, na verdade, dentro de uma única célula unitária. Além disso, uma vez que um cubo tem oito vértices, e porque um oitavo do átomo em cada vértice "pertence" a uma célula unitária particular, a contribuição líquida de um átomo é para uma dada célula unitária. Assim, *o arranjo cúbico primitivo tem um total de um átomo no interior da célula unitária.*

(8 vértices de um cubo)(⅛ de cada átomo do vértice dentro de uma célula unitária) =

1 átomo por célula unitária para a célula unitária cúbica simples

Um cubo de corpo centrado possui um átomo adicional completamente dentro da célula unitária no centro do cubo. Desse modo, *o arranjo cúbico de corpo centrado possui um total de dois átomos dentro da célula unitária.*

Em uma disposição cúbica de face centrada, há um átomo em cada uma das seis faces do cubo, além daqueles nos vértices do cubo. Metade de cada átomo de uma face pertence a uma determinada célula unitária (Figura 12.6, *à direita*). Três átomos são, portanto, pertencentes às faces do cubo:

(6 faces de um cubo)(½ de um átomo dentro da célula unitária) =

3 átomos centrados na face dentro de uma célula unitária cúbica de face centrada

**FIGURA 12.6 Compartilhamentos de átomo nos vértices e faces do cubo.**

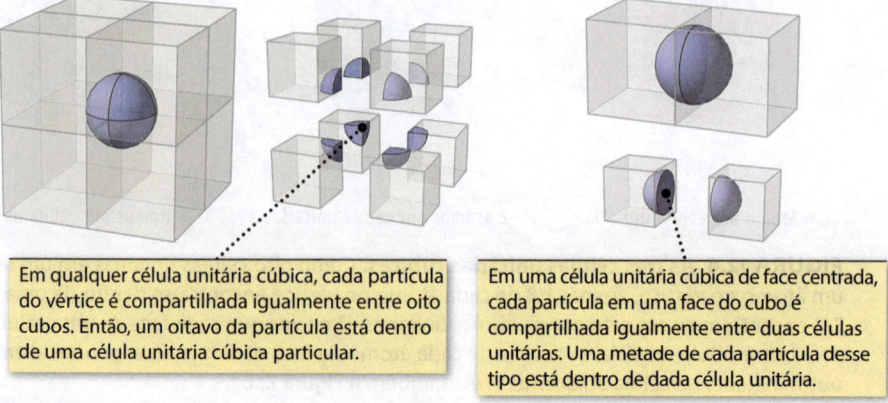

Em qualquer célula unitária cúbica, cada partícula do vértice é compartilhada igualmente entre oito cubos. Então, um oitavo da partícula está dentro de uma célula unitária cúbica particular.

Em uma célula unitária cúbica de face centrada, cada partícula em uma face do cubo é compartilhada igualmente entre duas células unitárias. Uma metade de cada partícula desse tipo está dentro de dada célula unitária.

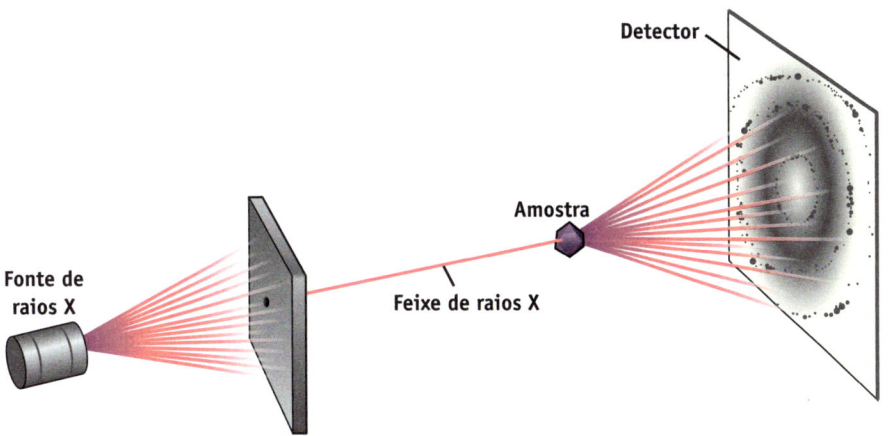

**FIGURA 12.7 Cristalografia de raios X.** No experimento de difração de raios X, um feixe de raios X é direcionado para um sólido cristalino. Os fótons desse feixe de raios X são espalhados pelos átomos do sólido. O padrão dos raios X dispersos é registrado e relacionado com as localizações dos átomos ou íons no cristal.

Assim, *o arranjo cúbico de face centrada possui um total de quatro átomos dentro da célula unitária*, um dos átomos dos vértices, e outros três dos átomos centrados nas seis faces.

Uma técnica experimental, a cristalografia de raios X, pode ser usada para determinar a estrutura de uma substância cristalina (Figura 12.7). Uma vez conhecida a estrutura, a informação pode ser combinada com outras informações experimentais para calcular outros parâmetros úteis, como o raio de um átomo ou íon (Exemplo 12.1).

---

### EXEMPLO 12.1

## Determinação do Raio de um Átomo a partir das Dimensões da Célula Unitária

**Problema** O alumínio tem uma densidade de 2,699 g cm$^{-3}$ e os átomos são empacotados em um arranjo cristalino cúbico de face centrada. Qual é o raio de um átomo de alumínio (em picômetros)?

**O que você sabe?** Você sabe que átomos de alumínio são empacotados em uma célula unitária de face centrada e, se olhar cuidadosamente para tal célula, verá que os átomos em uma célula cfc não se tocam, mas o fazem aqueles em uma mesma face (como ilustrado logo a seguir).

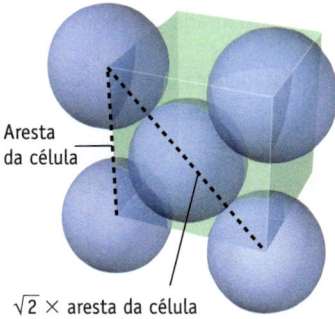

Aresta da célula

$\sqrt{2} \times$ aresta da célula

**Uma face de uma célula unitária cúbica de face centrada.**

Isso é importante porque, a partir da geometria, você sabe que o comprimento de uma aresta da célula e a distância diagonal da célula estão relacionadas pelo teorema de Pitágoras. Isto é, a distância diagonal é igual à raiz quadrada de 2 vezes o comprimento da aresta da célula.

**Estratégia** Se você sabe o comprimento da aresta da célula, pode calcular a diagonal de uma face, e a ilustração mostra que o raio do átomo é um quarto dessa diagonal. Assim, o problema resume-se em encontrar o comprimento da aresta da célula. Essa dimensão é a raiz cúbica do volume da célula e você pode encontrar o volume por meio da densidade e da massa da célula unitária. A densidade é fornecida e a massa da célula é 4 vezes a massa de um átomo. Conforme descrito no Capítulo 2, a massa de um átomo de Al pode ser encontrada a partir de sua massa atômica e do número de Avogadro. Portanto, você deve proceder da seguinte forma:

1. Encontrar a massa de uma célula unitária a partir da informação de que ela é cúbica de face centrada.

## Mapa Estratégico 12.1

**PROBLEMA**

Qual é o **raio** do **Al** no Al sólido?

↓

**DADOS/INFORMAÇÕES**

- A célula unitária do Al é **cfc** com $d$ = 2,699 g cm⁻³.
- Necessária a massa atômica do Al.
- Necessário o *número de Avogadro*.

**ETAPA 1.** Calcule a **massa** da célula unitária (4 átomos de Al).

↓

**Massa** do átomo de Al, **massa** da célula unitária.

**ETAPA 2.** Calcule o **volume** da célula unitária a partir da massa e da densidade.

↓

**Volume** da célula unitária.

**ETAPA 3.** Calcule o **comprimento** da *aresta* da célula unitária a partir do volume da célula.

↓

**Comprimento** da aresta da célula unitária.

**ETAPA 4.** Relacione o **raio atômico** com o **comprimento da aresta da célula unitária.**

↓

**Raio** atômico.

---

2. Determinar o volume da célula unitária utilizando a massa da célula e a densidade do alumínio.

3. Encontrar o comprimento de um lado da célula unitária a partir de seu volume.

4. Calcular o raio de um átomo pelo comprimento da aresta.

## RESOLUÇÃO

1. *Calcule a massa da célula unitária.*

$$\text{Massa de 1 átomo de Al} = \left(\frac{26,98\ g}{1\ mol}\right)\left(\frac{1\ mol}{6,022 \times 10^{23}\ átomos}\right) = 4,480 \times 10^{-23}\ g\ átomo^{-1}$$

$$\text{Massa de célula unitária de Al} = \left(\frac{4,480 \times 10^{-23}\ g}{1\ átomos\ de\ Al}\right)\left(\frac{4\ átomos\ de\ Al}{1\ célula\ unitária}\right)$$

$$= 1,792 \times 10^{-22}\ g\ (célula\ unitária)^{-1}$$

2. *Calcule o volume da célula unitária a partir de sua massa e da densidade.*

$$\text{Volume da célula unitária} = \left(\frac{1,792 \times 10^{-22}\ g}{célula\ unitária}\right)\left(\frac{1\ cm^3}{2,699\ g}\right) = 6,640 \times 10^{-23}\ cm^3\ (célula\ unitária)^{-1}$$

3. *Calcule o comprimento de uma aresta da célula unitária.* O comprimento da aresta da célula unitária é a raiz cúbica do volume da célula.

$$\text{Comprimento da aresta} = \sqrt[3]{6,640 \times 10^{-23}\ cm^3} = 4,049 \times 10^{-8}\ cm$$

4. *Calcule o raio do átomo.* Como ilustrado no modelo anterior, a diagonal da face da célula é igual a quatro vezes o raio do átomo de Al.

$$\text{Diagonal da face da célula} = 4 \times (\text{raio do átomo de Al})$$

A diagonal da célula é a hipotenusa de um triângulo isósceles com um ângulo reto, então, usando o teorema de Pitágoras,

$$(\text{Distância da diagonal})^2 = 2 \times (\text{aresta})^2$$

Tomando a raiz quadrada de ambos os lados, temos

$$\text{Distância da diagonal} = \sqrt{2} \times (\text{aresta})$$

$$= \sqrt{2} \times (4,0494 \times 10^{-8}\ cm) = 5,7267 \times 10^{-8}\ cm$$

Dividimos a diagonal por 4 para obter o raio do átomo de Al em cm.

$$\text{Raio do átomo} = \frac{5,7267 \times 10^{-8}\ cm}{4} = 1,4317 \times 10^{-8}\ cm$$

Dimensões atômicas são muitas vezes expressas em picômetros, por isso, convertemos o raio para essa unidade.

$$1,4317 \times 10^{-8}\ cm \left(\frac{1\ m}{100\ cm}\right)\left(\frac{1\ pm}{1 \times 10^{-12}\ m}\right) = \boxed{143,2\ pm}$$

**Pense bem antes de responder**   Esse cálculo ilustra um método pelo qual os raios atômicos dos metais (fornecidos na Figura 7.11) foram determinados.

## Verifique seu entendimento

(a) *Determinando o Raio de um Átomo pelas Dimensões da Célula Unitária*: O ouro tem uma célula unitária de face centrada e sua densidade é de 19,32 g cm⁻³. Calcule o raio de um átomo de ouro.

(b)  *A Estrutura do Ferro Sólido:* O ferro tem uma densidade de 7,8740 g cm$^{-3}$ e o raio de um átomo de ferro é de 126 pm. Verifique se o ferro sólido tem uma célula unitária cúbica de corpo centrado. Observe que os átomos em uma célula unitária cúbica de corpo centrado tocam-se ao longo da diagonal através da célula. Eles não se tocam ao longo das arestas da célula. (Sugestão: a diagonal da célula unitária = aresta × $\sqrt{3}$ .)

## UM OLHAR MAIS ATENTO | Empacotando Laranjas, Bolinhas de Gude e Átomos

Alguma vez você já tentou empilhar algumas laranjas em uma pilha que não caia e que ocupe o mínimo de espaço possível? Como você fez isso? Certamente, o arranjo em pirâmide, abaixo e à direita, é eficiente; ao passo que o arranjo cúbico, à esquerda, é muito menos eficiente.

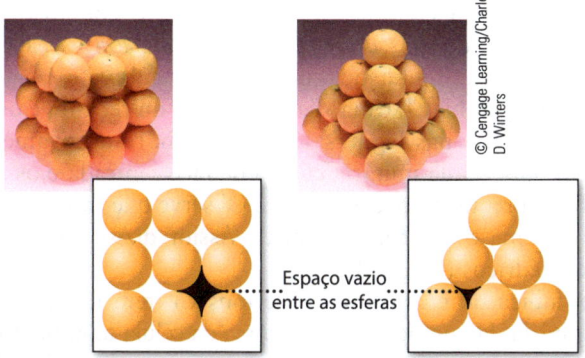

© Cengage Learning/Charles D. Winters

Espaço vazio entre as esferas

Se você pudesse olhar dentro da pilha de laranjas, descobriria que há menos espaço aberto no empilhamento em pirâmide do que naquele em cubo. Somente 52% do espaço é preenchido no arranjo do empilhamento cúbico. (Se fosse possível empilhar laranjas como em um cfc, essa alternativa seria um pouco melhor – 68% do espaço seria utilizado.) Contudo, o melhor método é o do empilhamento em pirâmide, que é na realidade um arranjo cfc. Átomos, laranjas ou íons organizados dessa maneira ocupam 74% do espaço disponível.

Para preencher o espaço tridimensional, o modo mais eficiente para arranjar objetos esféricos, como átomos ou íons, é começar com um arranjo hexagonal das esferas, como neste arranjo de bolas de gude:

© Cengage Learning/Charles D. Winters

Sucessivas camadas de átomos (ou íons) são então empilhadas uma em cima da outra, de duas maneiras diferentes. Dependendo do padrão de empilhamento (Figura A), você pode obter um arranjo do tipo **empacotamento cúbico compacto (ecc)** ou **empacotamento hexagonal compacto (ehc)**.

No arranjo ehc, camadas adicionais de partículas são colocadas acima e abaixo de determinada camada, encaixando nas

mesmas depressões em ambos os lados da camada intermediária. Em um cristal tridimensional, as camadas repetem seu padrão na sequência ABABAB… . Os átomos em cada camada A estão diretamente acima daqueles da outra camada A; o mesmo acontece para as camadas B.

No arranjo ecc, os átomos da camada (A) "superior" acomodam-se nas depressões da camada intermediária (B) e aqueles na camada (C) "inferior" são orientados nas depressões opostas às da camada superior. Em um cristal, o padrão de repetição é ABCABCABC… . Girando completamente o cristal, você percebe que o arranjo ecc é uma estrutura cúbica de face centrada (Figura B).

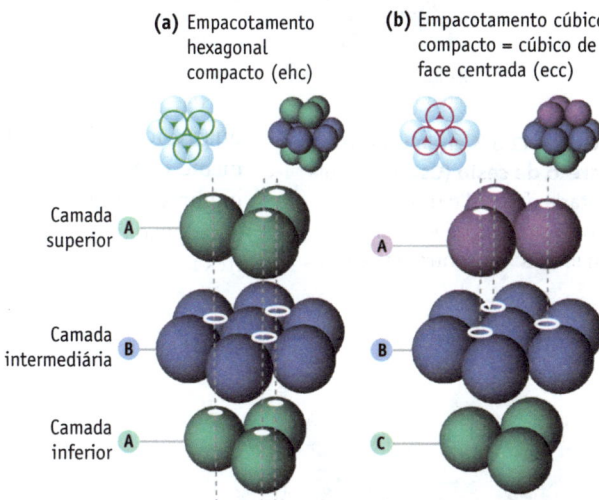

**(a)** Empacotamento hexagonal compacto (ehc)

**(b)** Empacotamento cúbico compacto = cúbico de face centrada (ecc)

Camada superior A

Camada intermediária B

Camada inferior A

A

B

C

**FIGURA A  Empacotamento eficiente.** As formas mais eficientes para empacotar átomos (ou íons) em materiais cristalinos são o empacotamento hexagonal compacto (ehc) e o empacotamento cúbico compacto (ecc).

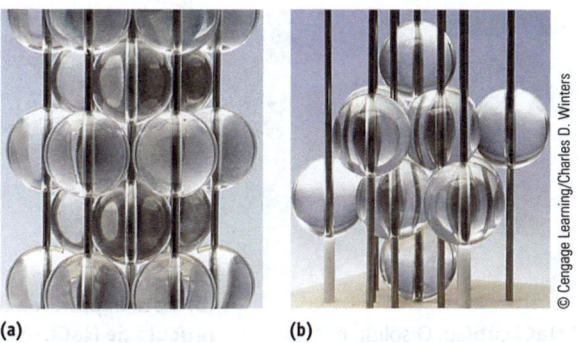

© Cengage Learning/Charles D. Winters

(a)                    (b)

**FIGURA B  Modelos de empacotamento compacto. (a)** Um modelo de empacotamento hexagonal compacto, no qual as camadas repetem-se na ordem ABABAB… **(b)** A célula unitária de face centrada (empacotamento cúbico compacto), na qual as camadas repetem-se na ordem ABCABC… . (Um conjunto que pode ser construído com esses modelos está disponível no Instituto de Educação Química da Universidade de Wisconsin, em Madison.)

## 12.2 Estruturas e Fórmulas de Sólidos Iônicos

### Objetivos da Seção 12.2

● Entender a relação da estrutura entre a célula unitária e a fórmula para compostos iônicos.

● Relacionar as dimensões da célula unitária, dos raios iônicos e da densidade do sólido.

Os retículos de muitos compostos iônicos são construídos pegando-se uma célula unitária cúbica simples ou cúbica de face centrada de um tipo de íon e colocando os íons de carga oposta nos interstícios dentro da célula. Isso produz um retículo tridimensional de íons regularmente posicionados. A menor unidade de repetição nessas estruturas é, por definição, a célula unitária para o composto iônico e o conteúdo da célula reflete a sua fórmula.

A escolha do retículo, o número e a localização dos interstícios no retículo que são preenchidos são as chaves para compreender a relação entre a estrutura do retículo e a fórmula de um sal.

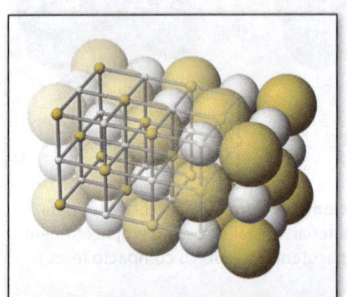

Raio do $Cl^-$ = 181 pm

Íons $Cl^-$ em cada vértice do cubo = 1 íon $Cl^-$ na célula unitária.

Retículo do $Cl^-$ e $Cs^+$ no interstício do retículo

**FIGURA 12.8  Célula unitária do cloreto de césio (CsCl).** A célula unitária do CsCl é uma célula cúbica simples de íons $Cl^-$ com um íon $Cs^+$ no centro da célula.

Geralmente, retículos iônicos são montados colocando os íons maiores nos vértices do retículo e os íons menores nos interstícios do retículo. Considere, por exemplo, o composto iônico cloreto de césio, CsCl (Figura 12.8). O composto tem uma célula unitária cúbica simples de íons cloreto (um saldo de íon $Cl^-$, Figura 12.6), e um íon césio encaixa-se em um interstício no centro do cubo.

A seguir, considere a estrutura do NaCl. Uma vista ampliada do retículo e outra de uma célula unitária são ilustradas nas Figuras 12.9a e 12.9b, respectivamente. Os íons $Cl^-$ são dispostos em uma célula unitária cúbica de face centrada e os íons $Na^+$ são dispostos de uma forma regular entre esses íons. Observe que cada íon $Na^+$ é cercado por seis íons $Cl^-$ em uma geometria octaédrica. Assim, diz-se que os íons $Na^+$ estão nos **interstícios octaédricos** (Figura 12.9c).

Para o NaCl uma rede cúbica de face centrada de íons $Cl^-$ tem um saldo de quatro íons $Cl^-$ na célula unitária. Há um íon $Na^+$ no centro da célula unitária, totalmente contido nela. Além disso, existem 12 íons $Na^+$ ao longo das arestas da célula unitária. Cada um desses íons $Na^+$ é compartilhado entre quatro células unitárias, então, cada um contribui com um quarto de um íon $Na^+$ para a célula unitária, dando três íons $Na^+$ adicionais dentro da célula unitária.

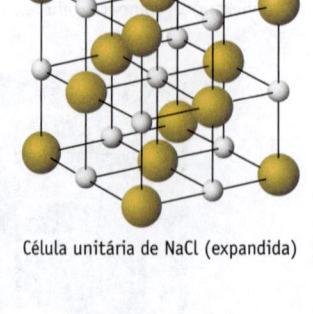

Célula unitária de NaCl (expandida)

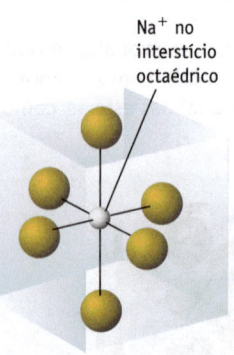

$Na^+$ no interstício octaédrico

1 interstício desse tipo no centro da célula unitária

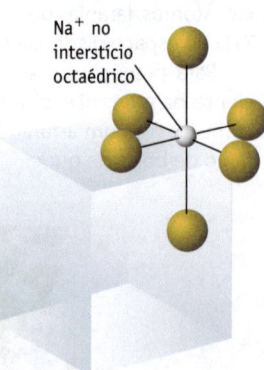

$Na^+$ no interstício octaédrico

12 interstícios desse tipo nas 12 arestas da célula unitária (um total de 3 interstícios)

© Cengage Learning/Charles D. Winters

**(a) NaCl cúbico.** O sólido é baseado em uma célula unitária cúbica de face centrada de íons $Na^+$ e $Cl^-$.

**(b) Vista expandida do retículo de NaCl.** (As linhas não são ligações; elas estão lá para ajudar a visualizar o retículo.) Os íons menores $Na^+$ estão empacotados em um retículo cúbico de face centrada de íons $Cl^-$ maiores.

**(c) Interstícios octaédricos.** Interstícios octaédricos no retículo.

**FIGURA 12.9  Cloreto de sódio.**

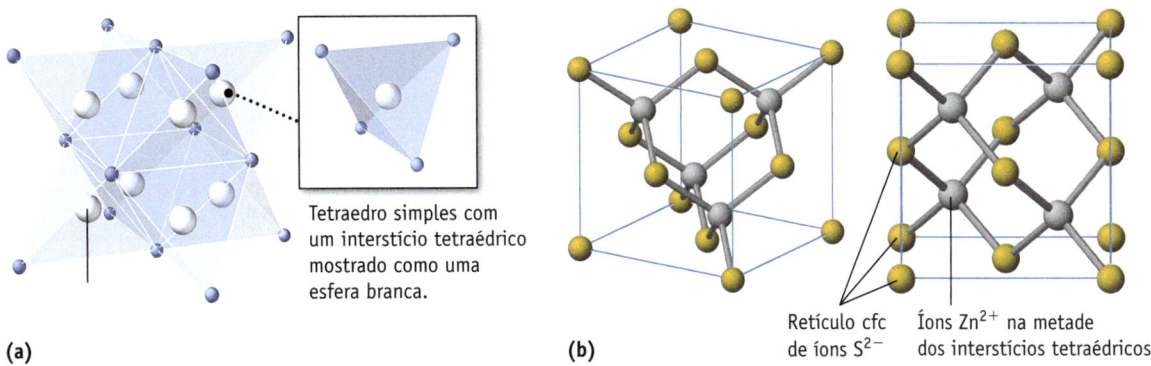

Tetraedro simples com um interstício tetraédrico mostrado como uma esfera branca.

(a)    (b)

Retículo cfc de íons $S^{2-}$    Íons $Zn^{2+}$ na metade dos interstícios tetraédricos

**FIGURA 12.10** **Interstícios tetraédricos e duas vistas da célula unitária de ZnS (blenda de zinco). (a)** Os interstícios tetraédricos em um retículo cúbico de face centrada. **(b)** Esta célula unitária é um exemplo de um retículo cúbico de face centrada de ânions, com os cátions na metade dos interstícios tetraédricos.

(1 íon $Na^+$ no centro da célula unitária) + ($\frac{1}{4}$ de um íon $Na^+$ em cada aresta × 12 arestas)

= total de 4 íons $Na^+$ na célula unitária do NaCl

Isso explica o fato de que uma célula unitária NaCl tem uma proporção de 1:1 de íons $Na^+$ e $Cl^-$, como a fórmula requer.

Uma outra célula unitária comum tem também íons de um tipo em uma célula unitária cúbica de face centrada. Entretanto, os íons de outro tipo estão localizados nos **interstícios tetraédricos**, em que cada íon está rodeado por quatro íons de carga oposta. Tal como ilustrado na Figura 12.10a, há oito interstícios tetraédricos em uma célula unitária cúbica de face centrada. No ZnS (chamado blenda de zinco), os íons sulfeto ($S^{2-}$) formam uma célula unitária cúbica de face centrada. Os íons zinco ($Zn^{2+}$) ocupam uma metade dos interstícios tetraédricos, e cada íon $Zn^{2+}$ está rodeado por quatro íons $S^{2-}$. A célula unitária tem quatro íons $S^{2-}$ (que compõem o retículo cfc) e quatro íons $Zn^{2+}$ contidos totalmente dentro da célula unitária (nos interstícios tetraédricos). Essa proporção de íons 1:1 corresponde à proporção na fórmula.

Em resumo, os compostos com a fórmula MX comumente formam uma das três estruturas cristalinas possíveis:

1. Íons $M^{n+}$ ocupando o interstício no centro de um cubo em um retículo cúbico simples de íons $X^{n-}$. Exemplo: CsCl.
2. Íons $M^{n+}$ em todos os interstícios octaédricos em um retículo cúbico de face centrada de íons $X^{n-}$. Exemplo: NaCl.
3. Íons $M^{n+}$ ocupando metade dos interstícios tetraédricos em um retículo cúbico de face centrada de íons $X^{n-}$. Exemplo: ZnS.

Os químicos e os geólogos, em particular, têm observado que a estrutura do cloreto de sódio ou "sal-gema" é adotada por muitos compostos iônicos: todos os haletos de metais alcalinos (exceto CsCl, CsBr e CsI), todos os óxidos e sulfetos de metais alcalinoterrosos (como um CaO) e todos os óxidos de fórmula MO dos metais de transição do quarto período (por exemplo, NiO).

**EXEMPLO 12.2**

## Estrutura Iônica e Fórmula da Perovskita

**Problema** Uma célula unitária do mineral comum perovskita é ilustrada ao lado. Esse composto é constituído por cátions de cálcio e titânio e ânions óxido. Com base na célula unitária, qual é a fórmula da perovskita?

**O que você sabe?** A célula é composta dos íons $Ca^{2+}$, $Ti^{4+}$ e $O^{2-}$. O íon $Ca^{2+}$ está inteiramente dentro da célula, os íons $Ti^{4+}$ estão nos vértices da célula e os íons $O^{2-}$ estão nas arestas das células.

**Estratégia** Com base nas posições dos íons, decida sobre o número líquido de íons de cada tipo dentro da célula.

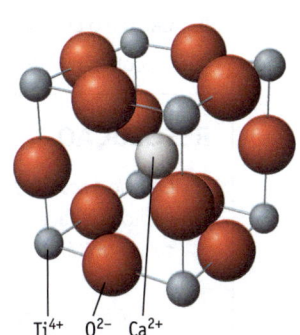

$Ti^{4+}$    $O^{2-}$    $Ca^{2+}$

A célula unitária do mineral perovskita.

## RESOLUÇÃO

Número de íons $Ca^{2+}$:

Um íon está no centro do cubo = 1 íon $Ca^{2+}$

Número de íons $Ti^{4+}$:

(8 íons $Ti^{4+}$ nos vértices do cubo) × ($\frac{1}{8}$ de cada íon dentro da célula unitária) = 1 íon $Ti^{4+}$ total

Número de íons $O^{2-}$:

(12 íons $O^{2-}$ nas arestas do cubo) × ($\frac{1}{4}$ de cada íon dentro da célula) = 3 íons $O^{2-}$.

Assim, a fórmula da perovskita é $CaTiO_3$.

**Pense bem antes de responder** $CaTiO_3$ é uma fórmula razoável. Um íon $Ca^{2+}$ e três íons $O^{2-}$ exigiriam um íon titânio com uma carga de 4+, um valor coerente, uma vez que o titânio está no Grupo 4 da tabela periódica.

## Verifique seu entendimento

Se um sólido iônico tem um retículo cfc de ânions (X) e os interstícios tetraédricos são ocupados por cátions do metal (M), a fórmula do composto é MX, $MX_2$ ou $M_2X$?

---

### EXEMPLO 12.3

## A Relação da Densidade de um Composto Iônico e as Dimensões de Sua Célula Unitária

**Problema** O óxido de magnésio tem uma célula unitária cúbica de face centrada de íons óxido com íons magnésio nos interstícios octaédricos. Se o raio do $Mg^{2+}$ é de 79 pm e a densidade do MgO é de 3,56 g/cm³, qual é o raio de um íon óxido?

**O que você sabe?** Isso é semelhante ao Exemplo 12.1, em que você quer encontrar o tamanho de um átomo ou de um íon na célula. Você sabe a densidade do composto e o fato de que a célula unitária é cúbica de face centrada. Além disso, você conhece o raio de um íon $Mg^{2+}$.

**Estratégia** Nossa estratégia pode ser resumida como se segue:

1. Calcule a massa de uma célula unitária:

   a) Use as massas atômicas de Mg e O e o número de Avogadro para calcular a massa de uma fórmula unitária de MgO.

   b) A célula unitária é cúbica de face centrada. Como os vértices do retículo são íons $O^{2-}$, isso significa que existem 4 íons $O^{2-}$ dentro da célula. Há íons $Mg^{2+}$ nos interstícios octaédricos, então você sabe que há também 4 íons $Mg^{2+}$ dentro da célula. A massa da célula unitária é, portanto, igual àquela de quatro unidades de MgO.

2. Calcule o volume da célula unitária a partir da massa da célula unitária e da densidade do MgO.

3. Calcule o comprimento de uma aresta a partir do volume da célula (comprimento = volume$^{1/3}$).

4. Calcule o raio do íon óxido.

## RESOLUÇÃO

1. *Calcule a massa da célula unitária.* Um composto iônico de fórmula MX (aqui MgO), baseado em um retículo cúbico de face centrada de íons $X^-$ com íons $M^+$ nos interstícios octaédricos, possui 4 unidades de MX por célula unitária.

$$\text{Massa da célula unitária} = \left(\frac{40,304 \text{ g}}{1 \text{ mol MgO}}\right)\left(\frac{1 \text{ mol MgO}}{6,022 \times 10^{23} \text{ unidades de MgO}}\right)\left(\frac{4 \text{ unidades de MgO}}{1 \text{ célula unitária}}\right)$$

$$= 2,6771 \times 10^{-22} \text{ g (célula unitária)}^{-1}$$

2. *Calcule o volume da célula unitária a partir da massa e da densidade da célula unitária.*

$$\text{Volume da célula unitária} = \left(\frac{2{,}6771 \times 10^{-22}\,g}{\text{célula unitária}}\right)\left(\frac{1\,cm^3}{3{,}56\,g}\right) = 7{,}520 \times 10^{-23}\,cm^3 \ (\text{célula unitária})^{-1}$$

3. *Calcule a dimensão da aresta da célula unitária em pm.*

$$\text{Aresta da célula unitária} = \sqrt[3]{7{,}520 \times 10^{-23}\,cm^3} = 4{,}221 \times 10^{-8}\,cm$$

$$\text{Aresta da célula unitária} = 4{,}221 \times 10^{-8}\,cm \left(\frac{1\,m}{100\,cm}\right)\left(\frac{1 \times 10^{12}\,pm}{1\,m}\right) = 4{,}221\,pm$$

4. *Calcule o raio do íon óxido.*

Uma face da célula unitária do MgO é mostrada ao lado. Os íons $O^{2-}$ definem o retículo, e os íons $Mg^{2+}$ e $O^{2-}$ ao longo da aresta da célula apenas tocam um no outro. Isso significa que uma aresta da célula é igual a um raio do $O^{2-}$ (*x*) mais duas vezes o raio do $Mg^{2+}$ mais um raio do $O^{2-}$.

$$\text{Aresta da célula unitária de MgO} = x\,pm + 2(79\,pm) + x\,pm = 4221\,pm$$

$$x = \text{raio do íon óxido} = 132\,pm$$

**Pense bem antes de responder** Os químicos frequentemente consultam a literatura química para julgar a coerência de uma resposta. O resultado calculado aqui é muito próximo do valor na Figura 7.11 (140 pm).

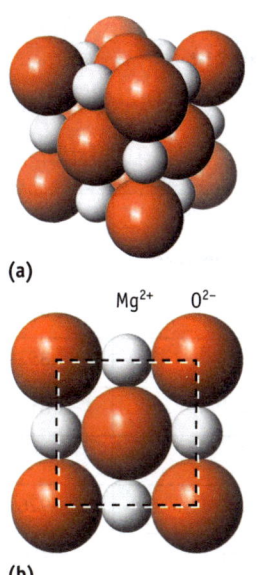

**Óxido de magnésio (a)** Uma célula unitária de MgO mostrando os íons óxido em um retículo cúbico de face centrada com os íons $Mg^{2+}$ nos interstícios octaédricos. **(b)** Uma face da célula.

## Verifique seu entendimento

O cloreto de potássio tem a mesma célula unitária que NaCl. Utilizando os raios iônicos da Figura 7.11, calcule a densidade do KCl.

---

## 12.3 Ligação em Compostos Iônicos: Energia de Rede

### Objetivo da Seção 12.3

● Calcular a entalpia de rede de um sólido iônico e relacionar a sua grandeza ao tamanho e à carga do íon.

Os compostos iônicos geralmente possuem pontos de fusão elevados, uma indicação da força da ligação no retículo iônico cristalino. Uma medida disso é a energia de rede.

Compostos iônicos têm íons positivos e negativos dispostos em um retículo tridimensional, no qual existem muitas atrações entre os íons de cargas opostas e repulsões entre íons de cargas similares. Cada uma dessas interações é governada por uma equação relacionada à lei de Coulomb (Equação 2.3). Por exemplo, $U_{\text{par iônico}}$, a energia das interações atrativas entre um par de íons, é dada por

$$U_{\text{par iônico}} = C \times \frac{(n^+ e)(n^- e)}{d}$$

*C* é uma constante que depende da estrutura da célula unitária, *d* é a distância entre os centros dos íons e *e* é a carga de um elétron. Os termos $n^+ e$ e $n^- e$ representam a carga do cátion e do ânion no par iônico, respectivamente. Uma coisa importante a ser observada sobre essa equação é que a *energia depende diretamente das cargas dos íons e inversamente da distância entre eles*.

Como $n^+ e$ e $n^- e$ têm sinais diferentes, a energia calculada por essa equação terá um valor negativo, ou seja, a energia do sistema diminui devido às forças de atração entre as duas partículas que formaram o par iônico. Uma equação semelhante (usando $n^+ e$ e $n^+ e$ ou $n^- e$ e $n^- e$) pode ser usada para calcular a energia associada à repulsão de duas partículas possuindo cargas semelhantes. Nesse caso, a energia líquida é *maior*, devido à repulsão das duas partículas.

| Tabela 12.1 Energias de Rede de Alguns Compostos Iônicos | |
|---|---|
| **Composto** | $\Delta_{rede}U$ **(kJ mol$^{-1}$)** |
| LiF | −1037 |
| LiCl | −852 |
| LiBr | −815 |
| LiI | −761 |
| NaF | −926 |
| NaCl | −786 |
| NaBr | −752 |
| NaI | −702 |
| KF | −821 |
| KCl | −717 |
| KBr | −689 |
| KI | −649 |

Fonte: CUBICCIOTTI, D. *Lattice energies of the alkali halides and electron affinities of the halogens. Journal of Chemical Education*, v. 31, p. 1646, 1959.

Podemos usar as informações sobre as cargas dos íons e sua localização no retículo para calcular a energia do sistema. Tomando NaCl como um exemplo (veja a Figura 12.9), atente-se ao íon Na$^+$ no centro da célula unitária. Vemos que ele é cercado e atraído por seis íons Cl$^-$. No entanto, um pouco mais distante do íon Na$^+$, existem 12 íons Na$^+$ ao longo das arestas dos cubos, e há uma força de repulsão entre o íon Na$^+$ central e esses íons. E, se ainda nos concentrarmos no íon Na$^+$ no "centro" da célula unitária, vemos que há mais oito íons Cl$^-$ nos vértices do cubo, e estes são atraídos para o íon Na$^+$ central. Levando-se em consideração *todas* as interações entre os íons em um retículo, é possível calcular a **energia de rede**, $\Delta_{rede}U$, a energia de formação de um mol de um sólido iônico cristalino quando os íons na fase gasosa combinam-se (Tabela 12.1). Para o cloreto de sódio, essa reação é

$$Na^+(g) + Cl^-(g) \rightarrow NaCl(s)$$

Ao lidar com compostos iônicos, os químicos costumam usar a **entalpia de rede**, $\Delta_{rede}H$. As mesmas tendências são vistas tanto na energia quanto na entalpia de rede e, como se trata de uma fase condensada, os valores numéricos são quase os mesmos.

Devemos nos concentrar aqui na dependência da entalpia de rede com relação às cargas e aos tamanhos dos íons. Como fornecido pela lei de Coulomb, quanto maiores as cargas dos íons, maior a atração entre os íons de cargas opostas, de modo que $\Delta_{rede}H$ tem um valor negativo maior para os íons com maiores cargas. Isso é ilustrado pelas entalpias de rede do MgO e NaF. O valor da $\Delta_{rede}H$ para MgO (−4050 kJ mol$^{-1}$) é aproximadamente quatro vezes mais negativo que o valor para o NaF (−926 kJ mol$^{-1}$), porque as cargas dos íons Mg$^{2+}$ e O$^{2-}$ [(2+) × (2−)] são duas vezes maiores do que aquelas dos íons Na$^+$ e F$^-$.

Uma vez que a atração entre os íons é inversamente proporcional à distância entre eles, o efeito do tamanho dos íons na entalpia de rede também é previsível: um retículo formado por íons menores geralmente conduz a um valor mais negativo de entalpia de rede (Tabela 12.1 e Figura 12.11). Por exemplo, para haletos de metais alcalinos, a entalpia de rede para os compostos de lítio é geralmente mais negativa que para os compostos de potássio, porque o íon Li$^+$ é muito menor que o cátion K$^+$. Similarmente, entalpias de rede dos fluoretos são mais negativas do que aquelas para os iodetos com o mesmo cátion.

## Calculando a Entalpia de Rede a partir de Dados Termodinâmicos

As entalpias de rede podem ser calculadas a partir de outros dados termodinâmicos usando um ciclo de Born-Haber, uma aplicação da lei de Hess (Seção 5.7). O diagrama de níveis de energia na Figura 12.12 mostra os termos de entalpia envolvidos nesse cálculo. Recorde que a variação da entalpia envolvida ao longo de um caminho de

**FIGURA 12.11 Energias de rede.** $\Delta_{rede}U$ é ilustrada para a formação de haletos de metais alcalinos, MX(s), a partir dos íons M$^+$(g) + X$^-$(g).

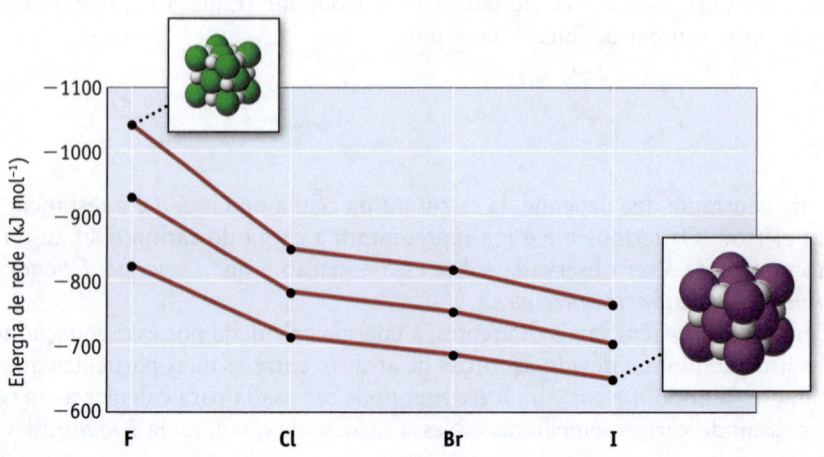

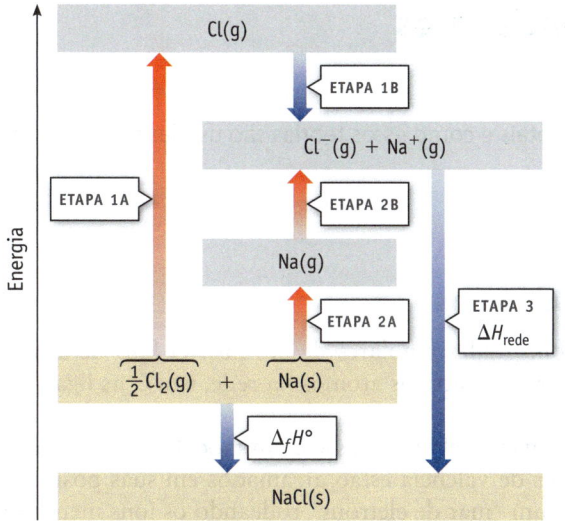

**FIGURA 12.12 Ciclo de Born-Haber para a formação de NaCl(s) a partir dos elementos.** O cálculo no texto utiliza valores de entalpia, e o valor obtido é a entalpia de rede $\Delta_{rede}H$. A diferença entre $\Delta_{rede}U$ e $\Delta_{rede}H$ é, geralmente, pequena e pode ser corrigida, se desejar. (Note que o diagrama de energia não está em escala.)
    O cálculo das energias de rede por meio desse procedimento (um ciclo de Born-Haber) tem o nome de Max Born (1882-1970) e Fritz Haber (1868-1934), cientistas alemães que desempenharam papéis de destaque na área da pesquisa termodinâmica.

reagentes para produtos é a mesma que a soma das variações de entalpia ao longo de outro caminho. Vamos usar como exemplo o cálculo da entalpia de rede do NaCl(s), para o qual sabe-se a entalpia de formação.

$$Na(s) + 1/2Cl_2(g) \rightarrow NaCl(s) \qquad \Delta_f H° \text{ [NaCl(s)]} = -411{,}12 \text{ kJ mol}^{-1}$$

Outra via ilustrada na Figura 12.12 para o cloreto de sódio envolve cinco passos. Na Etapa 1A, moléculas de $Cl_2$ são convertidas em átomos de Cl, e na Etapa 2A sódio sólido é vaporizado para átomos de Na no estado gasoso. Na Etapa 1B, os átomos de Cl formam íons $Cl^-(g)$, e na Etapa 2B os átomos de Na formam íons $Na^+(g)$. Uma vez formados os íons, eles se combinam para formar NaCl sólido. A entalpia de cada um desses passos é conhecida, exceto para a Etapa 3, $\Delta_{rede}H$, o objetivo do cálculo.

**ETAPA 1A**  $1/2Cl_2(g) \rightarrow Cl(g)$
$\Delta H°_{1A} = +121{,}3 \text{ kJ mol}^{-1}$
(Entalpia de dissociação, Apêndice L)

**ETAPA 2A**  $Na(s) \rightarrow Na(g)$
$\Delta H°_{2A} = +107{,}3 \text{ kJ mol}^{-1}$
(Entalpia de formação, Apêndice L)

**ETAPA 1B**  $Cl(g) + e^- \rightarrow Cl^-(g)$
$\Delta H°_{1B} = -349 \text{ kJ mol}^{-1}$
(Entalpia de adição eletrônica, Apêndice F)

**ETAPA 2B**  $Na(g) \rightarrow Na^+(g) + e^-$
$\Delta H°_{2B} = +496 \text{ kJ mol}^{-1})$
(Entalpia de ionização, Apêndice F)

**ETAPA 3**  $Na^+(g) + Cl^-(g) \rightarrow NaCl(s)$
$\Delta H_{rede} = ?$

$Na(s) + 1/2Cl_2(g) \rightarrow NaCl(s)$
$\Delta_f H°\text{[NaCl(s)]} = -411{,}12 \text{ kJ mol}^{-1}$
(Entalpia de formação, Apêndice L)

Observe que as equações químicas ao longo de uma via – Etapas 1A, 1B, 2A, 2B e 3 – adicionam-se para obter a equação para a formação de NaCl(s) a partir dos elementos, e as variações de entalpia para essas etapas adicionam-se para obter a entalpia de formação de NaCl(s).

$$\Delta_f H° \text{ [NaCl(s)]} = \Delta H_{Etapa\ 1A} + \Delta H_{Etapa\ 1B} + \Delta H_{Etapa\ 2A} + \Delta H_{Etapa\ 2B} + \Delta H_{Etapa\ 3}$$

Usando os valores conhecidos de variação de entalpia para cada etapa, encontra-se o valor de $-787 \text{ mol L}^{-1}$ para o $\Delta H_{Etapa\ 3}$ ($\Delta_{rede}H$), em boa concordância com o valor na Tabela 12.1.

## 12.4 Ligações em Metais e Semicondutores

### Objetivos da Seção 12.4

- Entender as teorias do mar de elétrons e de bandas de metais e como essas teorias são usadas para explicar as propriedades dos metais.

- Entender a natureza dos semicondutores.

### Ligação nos Metais: O Modelo do Mar de Elétrons

Descrevemos as estruturas no estado sólido de metais como redes regulares de átomos. O fato de a maioria dos metais ter altos pontos de fusão nos diz que as forças de atração entre os átomos na rede, isto é, as ligações entre os átomos metálicos, devem ser muito fortes.

A imagem clássica da ligação nos metais é o modelo do mar de elétrons. Esse é um modelo qualitativo no qual os íons metálicos formados pela perda de um ou mais elétrons de valência estão arranjados em suas posições na rede. Os elétrons da ionização dos átomos metálicos constituem um "mar de elétrons" rodeando os íons metálicos (Figura 12.13). A "ligação" entre as partículas nesse modelo está associada com as forças coulombianas de atração entre os elétrons e os íons metálicos carregados positivamente.

A característica significativa desse modelo é que os elétrons não estão associados com os íons metálicos individuais e estão livres para se mover pela rede. Em outros tipos de ligação, os elétrons ligantes estão mais localizados. Nas ligações covalentes, os elétrons ligantes são colocados entre os átomos. Na ligação iônica, os elétrons estão ligados firmemente aos íons individuais. Com as ligações iônica e covalente, um gasto significativo de energia acompanharia variações na estrutura eletrônica. A maior condutividade elétrica dos metais surge porque os elétrons estão livres para se mover por toda a rede sob a influência de um potencial elétrico aplicado; não há barreira de energia grande para o movimento dos elétrons.

A condutividade térmica é também uma consequência direta da mobilidade de elétrons, a qual permite rápida dispersão de calor na amostra do metal. A maleabilidade e a ductibilidade (características nas quais os metais podem ser moldados em lâminas e transformado em fios) são facilitadas porque os íons metálicos se movimentando na rede nesses processos não exige a quebra de ligações.

### Ligação nos Metais: Teoria de Bandas

A teoria do orbital molecular (Capítulo 9) foi usada para racionalizar a ligação covalente nas moléculas, e o modelo da teoria de bandas de ligações metálicas é uma extensão da TOM. A teoria de bandas simplesmente vê um metal como uma "supermolécula" com um enorme número de átomos.

Mesmo um pequeno pedaço de metal contém um número muito grande de átomos e um número ainda maior de orbitais de valência. Em 1 mol de átomos de lítio, existem $6 \times 10^{23}$ átomos. Considerando-se apenas os orbitais $2s$ de valência do lítio, há $6 \times 10^{23}$ orbitais atômicos, dos quais $6 \times 10^{23}$ orbitais moleculares podem ser criados. (Lembre-se de que o número total de orbitais moleculares é igual ao número total de orbitais atômicos fornecidos pelos átomos que se combinam; Seção 9.2. Se os orbitais $p$ e $d$ são considerados, então muito mais orbitais moleculares são criados.) Os orbitais moleculares que prevemos no lítio, ou em qualquer metal, abrangerão todos os átomos no sólido cristalino. Um mol de lítio tem 1 mol de elétrons de valência, e esses elétrons ocupam os orbitais ligantes de menor energia. A ligação é descrita como *deslocalizada*, porque os elétrons estão associados com todos os átomos no cristal e não com uma ligação específica entre dois átomos.

**FIGURA 12.13 Modelo do Mar de Elétrons para a Ligação Metálica.** Existem forças coulombianas de atração entre os íons metálicos e os elétrons deslocalizados.

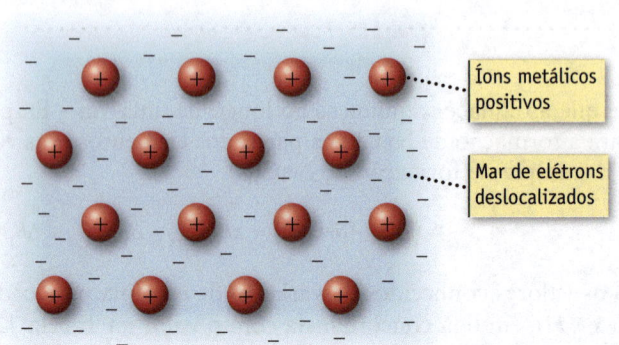

Íons metálicos positivos

Mar de elétrons deslocalizados

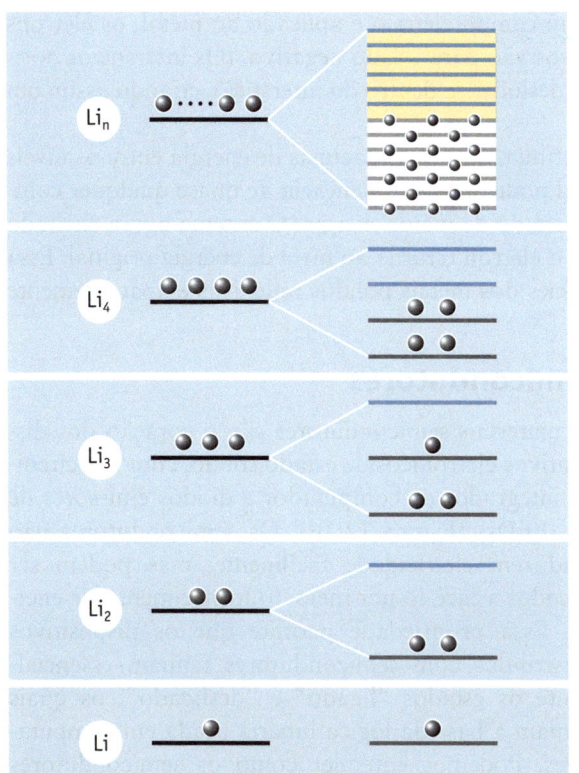

**FIGURA 12.14 Bandas de orbitais moleculares em um cristal de lítio.** Aqui, os orbitais de valência 2s dos átomos de Li são combinados para formar orbitais moleculares. Conforme são adicionados mais e mais átomos com os mesmos orbitais de valência, o número de orbitais moleculares aumenta até que os orbitais estejam tão próximos em energia que se fundem em uma banda de orbitais moleculares. Se 1 mol de átomos de Li, cada um com seu orbital de valência 2s, é combinado, $6 \times 10^{23}$ orbitais moleculares são formados. No entanto, apenas 1 mol de elétrons, ou $3 \times 10^{23}$ pares de elétrons, está disponível, portanto apenas metade desses orbitais moleculares é preenchida. (Veja a Seção 9.2 para a discussão da teoria do orbital molecular.)

Um diagrama de níveis de energia mostraria os orbitais moleculares ligantes e antiligantes misturando-se juntos formando uma banda de orbitais moleculares (Figura 12.14), com os OMs individuais tão próximos em energia que não são distinguíveis uns dos outros. Cada orbital molecular pode acomodar dois elétrons de spins opostos.

Nos metais, não existem elétrons suficientes para preencher todos os orbitais moleculares. Em 1 mol de átomos de Al, por exemplo, $18 \times 10^{23}$ elétrons 3s e 3p, ou $9 \times 10^{23}$ pares de elétrons, são suficientes para encher apenas uma parte dos $24 \times 10^{23}$ orbitais moleculares criados pelos orbitais s e p dos átomos de Al. Muito mais orbitais estão disponíveis do que pares de elétrons para ocupá-los.

A 0 K, os elétrons em qualquer metal estarão nos orbitais de menor energia possível, o que corresponde à menor energia possível para o sistema. O nível de maior energia ocupado a essa temperatura é chamado **nível de Fermi** (Figura 12.15).

Nos metais sob temperaturas acima de 0 K, a energia térmica fará com que alguns elétrons ocupem orbitais acima do nível de Fermi. Mesmo uma pequena entrada de energia (por exemplo, aumentando a temperatura alguns graus acima de 0 K) fará com que os elétrons movam-se de orbitais preenchidos para orbitais de maior energia. Para cada elétron promovido, dois níveis parcialmente ocupados resultam: um elétron negativo em um orbital acima do nível de Fermi e um "interstício" positivo – da ausência de um elétron – em um orbital abaixo do nível de Fermi.

Os interstícios positivos e os elétrons negativos em um pedaço de metal são responsáveis pela sua condutividade elétrica. A condutividade elétrica surge a partir do movimento de elétrons e interstícios em estados parcialmente

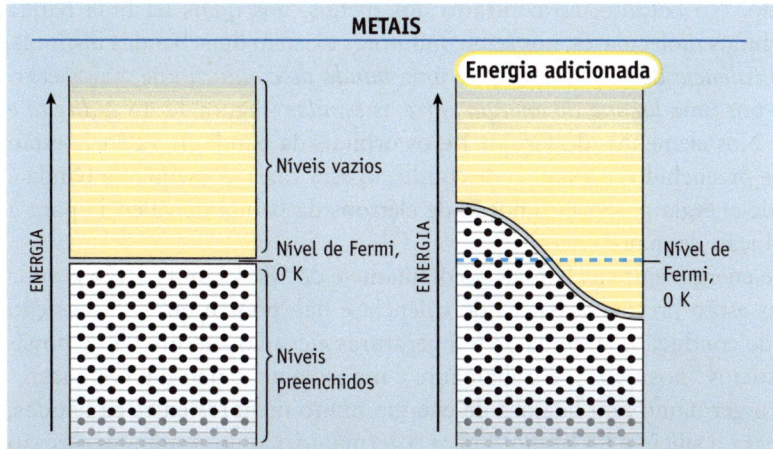

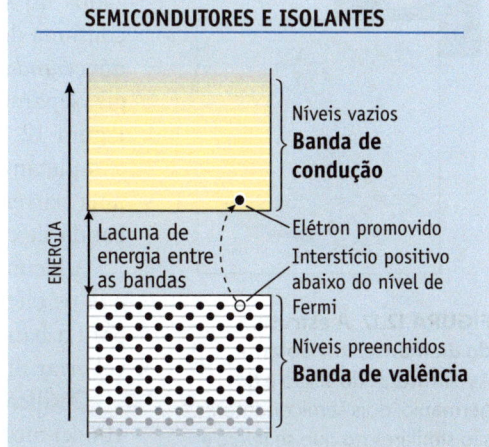

**FIGURA 12.15 Teoria de bandas aplicada aos metais, semicondutores e isolantes.** A ligação nos metais e semicondutores pode ser descrita usando-se a teoria do orbital molecular. Os orbitais moleculares são construídos a partir dos orbitais de valência em cada átomo e são deslocalizados em todos os átomos.

ocupados na presença de um campo elétrico aplicado. Quando um campo elétrico é aplicado ao metal, os elétrons negativos movem-se para o lado positivo e os "interstícios" positivos vão para o lado negativo. (Os interstícios positivos se "movem" porque um elétron de um átomo adjacente pode deslocar-se dentro do interstício, criando assim um novo "interstício".)

A banda de níveis de energia em um metal é essencialmente contínua, ou seja, as lacunas de energia entre os níveis são extremamente pequenas. A consequência disso é que um metal pode absorver a energia de quase qualquer comprimento de onda, fazendo com que um elétron se mova para um estado de maior energia. O sistema agora excitado pode emitir imediatamente um fóton da mesma energia, conforme o elétron retorna ao nível de energia original. Essa absorção *e* reemissão de luz rápidas e eficientes tornam as superfícies dos metais polidos reflexivas e aparentemente lustrosas (brilhantes).

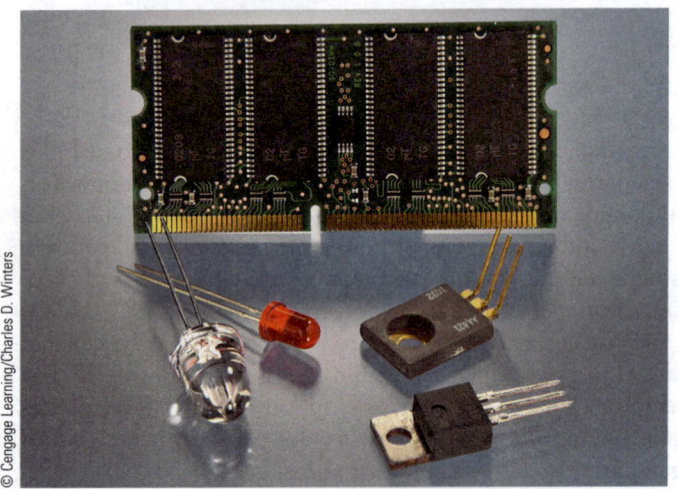

**FIGURA 12.16  Dispositivos eletrônicos, todos feitos de semicondutores.** (*acima*) Circuito integrado de computador. (*à esquerda*) Luzes de LED. (*à direita*) Transistores.

## Semicondutores

Os materiais semicondutores são o coração dos dispositivos eletrônicos de estado sólido, como os circuitos integrados de computador e diodos emissores de luz (LEDs) (Figura 12.16). Os semicondutores não conduzem eletricidade facilmente, mas podem ser forçados a fazê-lo por meio do fornecimento de energia. Essa propriedade permite que os dispositivos construídos com semicondutores tenham essencialmente os estados "ligado" e "desligado", os quais formam a base da lógica binária usada em computadores. Podemos entender como os semicondutores funcionam olhando para a sua estrutura eletrônica, seguindo a abordagem da teoria de bandas utilizada para os metais.

### Ligação nos Semicondutores: A Lacuna de Energia Entre as Bandas

Os elementos do Grupo 14 carbono (um isolante, sob a forma de diamante), silício e germânio (semicondutores) têm estruturas semelhantes. Cada átomo está rodeado por outros quatro átomos nos vértices de um tetraedro (Figura 12.17). Normalmente, representaríamos a ligação nesses elementos utilizando um modelo de ligação localizada. No entanto, o modelo de banda para a ligação metálica também pode ser utilizado com a vantagem de explicar a condutividade desses elementos. No modelo de bandas, os orbitais de valência (os orbitais *ns* e *np*) de cada átomo são combinados para formar orbitais moleculares que são deslocalizados no sólido. No entanto, ao contrário dos metais, nos quais há uma banda contínua de orbitais moleculares, nos semicondutores existem duas bandas distintas, uma *banda de valência* de menor energia e uma *banda de condução* de maior energia, separadas por uma *lacuna de energia entre as bandas* [Figura 12.15 *à direita* e Figura 12.18]. Nos elementos do Grupo 14, os orbitais da banda de valência estão completamente preenchidos e a banda de condução está vazia. A lacuna da banda é uma barreira de energia para a promoção de elétrons da banda de valência para a banda de condução de maior energia.

A lacuna de energia entre as bandas no diamante é de 580 kJ mol$^{-1}$ – tão grande que os elétrons estão presos na banda de valência e não podem fazer a transição para a banda de condução, mesmo sob temperaturas elevadas. Assim, não é possível criar interstícios "positivos", e o diamante é um isolante, e não um condutor.

O silício e o germânio têm lacunas de energia muito menores entre as bandas, 106 kJ mol$^{-1}$ para o silício e 68 kJ mol$^{-1}$ para o germânio. Como resultado, eles são semicondutores. Esses elementos podem conduzir uma pequena corrente, porque a energia térmica é suficiente para promover alguns elétrons da banda de valência através da lacuna de energia para a banda de condução (Figura 12.18). A condução

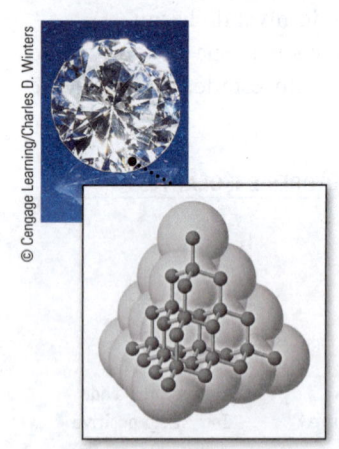

**FIGURA 12.17  A estrutura do diamante, um isolante.** As estruturas do silício e do germânio, dois semicondutores, são similares no que se refere a cada átomo estar ligado tetraedricamente a outros quatro.

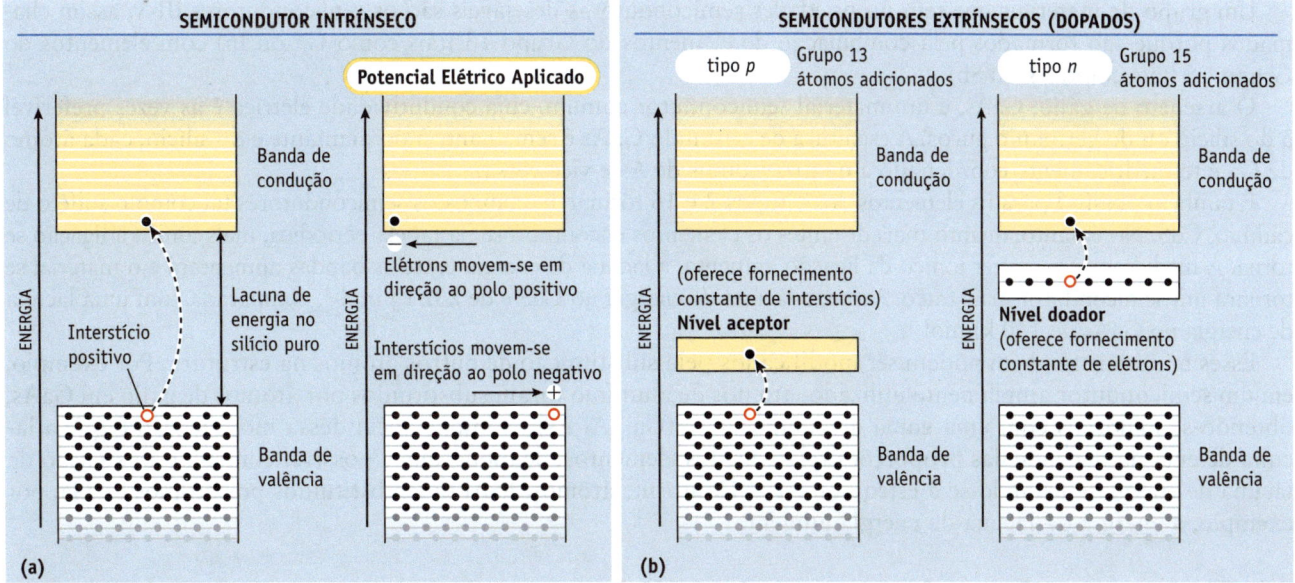

**FIGURA 12.18** Semicondutores intrínsecos (a) e extrínsecos (b).

ocorre, então, quando os elétrons da banda de condução migram em uma direção e os interstícios positivos na banda de valência migram na direção oposta sob um potencial elétrico aplicado.

O silício e o germânio puros são chamados **semicondutores intrínsecos**, cujo nome refere-se ao fato de que esta é uma propriedade intrínseca que ocorre naturalmente no material puro (Figura 12.18a). Nos semicondutores intrínsecos, o número de elétrons na banda de condução é determinado pela temperatura e pela grandeza da lacuna de energia entre as bandas. Quanto menor essa lacuna, menor é a energia necessária para promover um número significativo de elétrons. À medida que a temperatura aumenta, mais elétrons são promovidos para a banda de condução, o que resulta em uma maior condutividade.

Há também **semicondutores extrínsecos**. A condutividade desses materiais depende da adição de um pequeno número de átomos diferentes (tipicamente em torno de 1 átomo para cada $10^6$ outros átomos) chamados dopantes (Figura 12.18b). Isto é, as características dos semicondutores podem ser mudadas alterando-se a composição química.

Suponhamos que alguns dos átomos de silício no retículo de silício sejam substituídos por átomos de alumínio (ou átomos de algum outro elemento do Grupo 13). O alumínio tem apenas três elétrons de valência, enquanto o silício tem quatro. Quatro ligações Si-Al são criadas pelo átomo de alumínio no retículo, mas essas ligações devem ser deficientes em elétrons. Segundo a teoria de bandas, as ligações Si-Al formam uma banda discreta, vazia em um nível de energia maior que a banda de valência, mas menor que a banda de condução. Esse nível é referido como um *nível aceptor*, pois ele pode aceitar elétrons da banda de valência. Essa lacuna entre a banda de valência e o nível aceptor é geralmente muito pequena, por isso os elétrons podem ser facilmente promovidos para o nível aceptor. Os interstícios positivos criados na banda de valência são capazes de se mover sob a influência de um potencial elétrico, de modo que a corrente resulta da mobilidade do interstício. Devido ao fato de os interstícios *positivos* serem criados em um semicondutor dopado pelo alumínio, este é chamado de **semicondutor tipo *p*** (Figura 12.18b, *à esquerda*).

Agora suponhamos que átomos de fósforo (ou átomos de algum outro elemento do Grupo 15, como o arsênio) sejam incorporados no retículo de silício, em vez de átomos de alumínio. Esse material é também um semicondutor, mas ele agora tem elétrons extras porque cada átomo de fósforo tem um elétron de valência a mais do que o átomo de silício, o qual ele substituiu no retículo. Semicondutores dopados dessa maneira têm um nível doador discreto, parcialmente preenchido, que se localiza imediatamente abaixo da banda de condução. Os elétrons podem ser promovidos para a banda de condução a partir dessa banda do doador, e os elétrons na banda de condução transportam a carga. Tal material, que consiste em portadores de carga *negativa*, é chamado de **semicondutor tipo *n*** (Figura 12.18b, *à direita*).

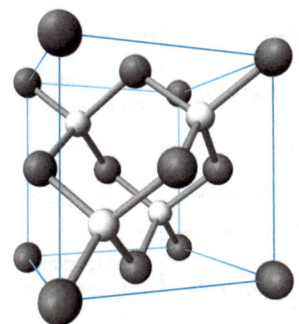

**Arseneto de gálio, GaAs.**
A célula unitária de GaAs tem átomos de Ga em um retículo cfc com os átomos de As em interstícios tetraédricos. Ele é um importante semicondutor usado em diodos emissores de infravermelho, diodos de laser e células solares.

Um grupo de materiais que tem propriedades semicondutoras desejáveis são os semicondutores III-V, assim chamados porque são formados pela combinação de elementos do Grupo 13 (tais como Ga ou In) com elementos do Grupo 15 (tais como As ou Sb).

O arseneto de gálio, GaAs, é um material semicondutor comum, cuja condutividade elétrica é às vezes preferível à do silício ou do germânio puros. A estrutura de cristal do GaAs é semelhante à do diamante e do silício; cada átomo de Ga é tetraedricamente coordenado a quatro átomos de As e vice-versa.

É também possível para os elementos dos Grupos 2 e 16 formarem compostos semicondutores tal como o sulfeto de cádmio, CdS. No entanto, quanto mais distantes os elementos encontram-se na tabela periódica, mais iônica a ligação se torna. À medida que o caráter iônico da ligação aumenta, a lacuna de energia entre as bandas aumentará e o material se tornará um semicondutor mais fraco. Assim, a lacuna de energia no CdS é de 232 kJ mol⁻¹, comparada com uma lacuna de energia no GaAs de 140 kJ mol⁻¹.

Esses materiais também podem ser modificados pela substituição de outros átomos na estrutura. Por exemplo, em um semicondutor amplamente utilizado, átomos de alumínio foram substituídos por átomos de gálio em GaAs, obtendo-se materiais com uma gama de composições ($Ga_{1-x}Al_xAs$). A importância dessa modificação é que a lacuna de energia depende das proporções relativas dos elementos, de modo que é possível controlar a extensão da lacuna de energia ajustando-se a estequiometria. Conforme átomos de Al são substituídos por átomos de Ga, por exemplo, a energia da lacuna de energia aumenta.

## 12.5 Outros Tipos de Materiais Sólidos

### Objetivo da Seção 12.5

- Caracterizar os diferentes tipos de sólidos.

Até aqui descrevemos as estruturas de metais e de sólidos iônicos simples. A seguir, vamos examinar brevemente as outras categorias de sólidos: moleculares, covalentes, amorfos e ligas (Tabela 12.2).

### Sólidos Moleculares

Compostos como $CO_2$ e $H_2O$ existem como sólidos sob certas condições. Nesses casos, são moléculas, em vez de átomos ou íons, que são agrupadas de forma regular em um retículo tridimensional. Você já viu um exemplo de um sólido molecular: o gelo (Figura 11.5).

**Tabela 12.2 Estruturas e Propriedades de Vários Tipos de Substâncias Sólidas**

| Tipo | Exemplos | Unidades Estruturais | Forças que Mantêm as Unidades Juntas | Propriedades Típicas |
|---|---|---|---|---|
| Iônico | NaCl, $K_2SO_4$, $CaCl_2$, $(NH_4)_3PO_4$ | Íons positivos e negativos; sem moléculas discretas | Iônica; atrações entre as cargas dos íons positivos e negativos | Duro; quebradiço; alto ponto de fusão; baixa condutividade elétrica como sólido e alta como líquido; frequentemente solúvel em água |
| Metálico | Ferro, prata, cobre, outros metais e ligas | Átomos do metal (íons metálicos positivos com elétrons deslocalizados) | Metálica; atração eletrostática entre os íons e os elétrons do metal | Maleável; dúctil; boa condutividade elétrica no estado líquido e sólido; boa condutividade térmica; amplo intervalo de durezas e pontos de fusão |
| Molecular | $H_2$, $O_2$, $I_2$, $H_2O$, $CO_2$, $CH_4$, $CH_3OH$, $CH_3CO_2H$ | Moléculas | Forças de dispersão, forças dipolo-dipolo, ligações de hidrogênio | Pontos de fusão e de ebulição baixos a moderados; mole; baixa condutividade elétrica nos estados sólido e líquido |
| Covalente | Grafite, diamante, quartzo, feldspato, mica | Átomos formando um retículo tridimensional infinito | Covalente; ligações direcionais de pares de elétrons | Vasta gama de durezas e pontos de fusão (ligação tridimensional > ligação bidimensional); baixa condutividade elétrica, com algumas exceções |
| Amorfo | Vidro, polietileno, náilon | Retículos ligados covalentemente com pouca ou nenhuma regularidade | Covalente; ligações direcionais de pares de elétrons | Não cristalino; amplo intervalo de temperatura de fusão; baixa condutividade elétrica, com algumas exceções |
| Liga | Prata de lei, bronze, latão | Rede de átomos metálicos com outros átomos, também metálicos, na rede (intersticial ou substitucional) | Metálica | Ampla faixa de propriedades físicas e elétricas. Podem ser misturas homogênea ou heterogêneas ou compostos intermetálicos |

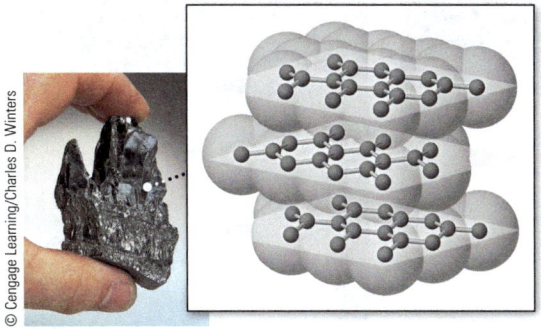

Grafite, camadas de anéis de seis membros de átomos de carbono.

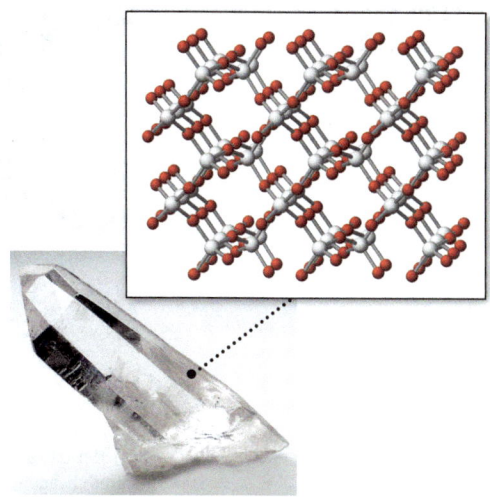

**FIGURA 12.19 Sólidos covalentes: grafite e quartzo estão entre muitos exemplos.**

Dióxido de silício, $SiO_2$. O quartzo comum é um retículo de tetraedros $SiO_4$ ligados.

O modo como as moléculas se arranjam em um retículo cristalino depende da forma das moléculas e dos tipos das forças intermoleculares. As moléculas tendem a um agrupamento do modo mais eficiente possível e a se alinharem de forma a maximizar as forças intermoleculares de atração. Assim, a estrutura da água foi estabelecida de forma a ganhar a máxima atração intermolecular por meio da ligação de hidrogênio.

A maior parte das informações sobre geometrias moleculares, comprimentos de ligação e ângulos de ligação discutida no Capítulo 8 veio de estudos das estruturas dos sólidos moleculares.

## Sólidos Covalentes

Os **sólidos covalentes (ou reticulares)** são compostos de átomos ligados covalentemente em um arranjo tridimensional. Exemplos comuns incluem os alótropos de carbono: grafite, grafeno e diamante. O silício elementar é um sólido covalente com uma estrutura do tipo diamante.

O grafite consiste em átomos de carbono ligados entre si, dispostos em folhas planas, que se atraem umas às outras apenas fracamente (Figura 12.19). Dentro dessas camadas, cada átomo de carbono está rodeado por três outros átomos de carbono em um arranjo trigonal plano. As camadas podem deslizar facilmente umas sobre as outras, o que explica por que o grafite é macio, um bom lubrificante e usado em lápis. (O grafite de lápis é um compósito de argila e grafite.)

Conforme descrito em mais detalhes no *Aplicando Os Princípios Químicos 12.2: Nanotubos e Grafeno – Os Mais Novos Sólidos Covalentes*, as últimas duas décadas têm assistido à descoberta de materiais como nanotubos de carbono e grafeno. Ambos são objeto de extensiva pesquisa, estão sob intenso desenvolvimento e têm potencial comercial.

O diamante, que tem uma densidade relativamente baixa ($d = 3,51 \text{ g/cm}^3$), é o material mais duro e o melhor condutor de calor conhecido. Ele é transparente à luz visível, bem como à radiação infravermelha e ultravioleta. Além de seu uso em joias, o diamante é utilizado em abrasivos e em ferramentas de corte revestidas de diamante. Na estrutura do diamante (veja a Figura 12.17), cada átomo de carbono está ligado a outros quatro átomos de carbono nos vértices de um tetraedro, e esse padrão estende-se por todo o sólido.

Silicatos, compostos constituídos de silício e oxigênio, também são sólidos covalentes e compõem uma enorme classe de compostos químicos. Você os conhece na forma de areia, quartzo, talco ou mica ou como constituinte majoritário de rochas, como o granito. O belo mineral jade é baseado em uma rede de $SiO_4$ tetraédrico e o quartzo é também um sólido covalente (Figura 12.19), que consiste em átomos de silício covalentemente ligados aos átomos de oxigênio em um retículo tridimensional gigante.

A maioria dos sólidos covalentes é dura e rígida e se caracteriza por elevados pontos de fusão e ebulição. Essas características simplesmente refletem o fato de

**Jade, um sólido covalente**. Esse jade, da Nova Zelândia, consiste de cadeias e lâminas de $SiO_4^{4-}$ tetraédricos unidos junto a íons como $Fe^{2+}$. Essa amostra em particular é uma nefrita formada de jade, com a fórmula $Ca_2(MgFe)_5(SiO_4)_2(OH)_2$.

**FIGURA 12.20** Sólidos cristalinos e amorfos.

**(a)** Um cristal de sal, um sólido cristalino, pode sofrer clivagem de forma limpa em cristais cada vez menores, que são cópias do cristal maior.

**(b)** O vidro é um sólido amorfo composto por átomos de silício e oxigênio. No entanto, ele não possui na sua estrutura nenhuma ordem de longo alcance, como no quartzo cristalino.

que uma grande quantidade de energia deve ser fornecida para romper as ligações covalentes no retículo. Por exemplo, o dióxido de silício funde-se em temperaturas superiores a 1700°C.

## Sólidos Amorfos

Uma propriedade característica dos sólidos puros cristalinos – sejam metais, sólidos iônicos ou sólidos moleculares – é que eles se fundem a uma temperatura específica. Por exemplo, a água na forma de gelo funde a 0°C, a aspirina a 135°C, o chumbo a 327,5°C e o NaCl a 801°C. Como os sólidos puros têm valores específicos e reprodutíveis, seus pontos de fusão são muitas vezes utilizados para identificar os compostos químicos.

Outra propriedade dos sólidos cristalinos é que eles formam cristais bem definidos, com faces planas e lisas. Quando uma força de grande intensidade é aplicada a um cristal, na maioria das vezes, o mesmo sofre clivagem para resultar em pedaços menores, com faces planas e lisas. As partículas sólidas resultantes são versões de menores dimensões do cristal original (Figura 12.20a).

Muitos sólidos comuns, incluindo aqueles que encontramos todos os dias, não apresentam essas propriedades. Esses são *sólidos amorfos*, os que não têm uma estrutura regular. O vidro é um bom exemplo. Quando o vidro é aquecido, ele amolece em um amplo intervalo de temperatura, uma propriedade útil para artesãos e artífices, que podem criar produtos belos e funcionais para o nosso prazer e uso. O vidro também possui uma propriedade que preferiríamos que ele não tivesse: quando o vidro quebra, ele deixa pedaços de forma irregular (Figura 12.20b). Outros sólidos amorfos que se comportam de forma semelhante incluem os polímeros comuns, como o tereftalato de polietileno (PET), náilon e outros plásticos.

## Ligas: Misturas de Metais

Os metais puros normalmente não têm as propriedades ideais necessárias para muitos usos típicos. A mistura de um ou mais elementos é feita com o objetivo de melhorar as propriedades do metal, mas mantendo as características dele. Há muitos exemplos na vida cotidiana: bronze, aço inoxidável e liga de estanho, para citar alguns.

As ligas estão entre os primeiros materiais feitos pelos humanos. A Idade do Bronze, remontam em torno de 3300 a.C., está bem estabelecida na história e o uso dessa liga de cobre (88%) e estanho (12%) para ferramentas e decorações é bem conhecido. O bronze era favorecido em relação ao cobre porque ele era mais duro e mais forte que o cobre puro. Os amálgamas de ouro (misturas líquidas de mercúrio e ouro) foram usados por séculos para dourar a superfície de um objeto. A superfície do objeto era revestida com um amálgama de ouro; quando aquecido, o mercúrio vaporizava e deixava um revestimento de ouro na superfície (Figura 12.21a).

Na realidade, muitos "metais" que usamos são ligas. O ferro em suas várias formas é uma liga desse elemento com pequenas quantidades de carbono e outros elementos. O aço inoxidável, feito de ferro, cromo e vários outros elementos, é muito mais resistente à corrosão que o ferro e o alumínio usados na indústria aeroespacial, e contém aproximadamente 5% de magnésio para melhorar sua dureza. Alguns magnetos atualmente usados em discos rígidos e pequenos motores são uma liga baseada no neodímio, com uma composição de $Nd_2Fe_{14}B$. Você já pode tê-los visto em lojas de brinquedos ou de novidades (Figura 12.21b).

**FIGURA 12.21**
**Ligas.**

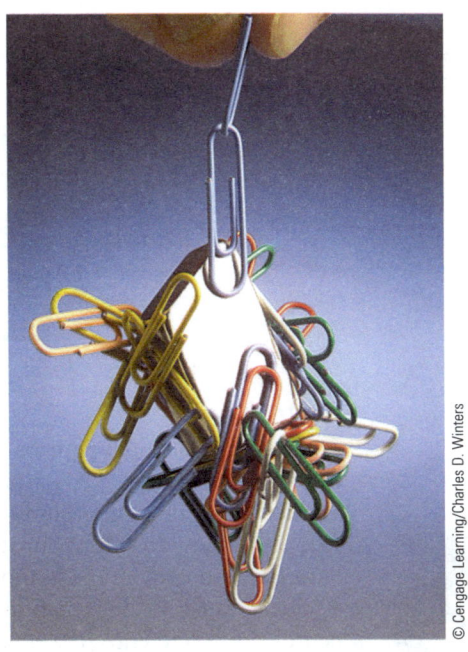

**(a)** A cúpula da Catedral de Saint Issac em São Petersburgo (Rússia) foi revestida com ouro fazendo um amálgama de ouro (com mercúrio). O mercúrio era então evaporado, deixando o ouro. Dizem que os vapores de mercúrio resultaram na morte de 60 trabalhadores.

**(b)** Um magneto de neodímio, $Nd_2Fe_{14}B$.

A prata de lei, normalmente usada em joalheria e que se pode erroneamente pensar ser prata pura, é uma liga composto de 92,5% de Ag e 7,5% de Cu. A prata pura é macia e danifica-se facilmente e a adição de cobre torna o metal mais rígido. Você pode confirmar se uma joia é prata de lei procurando o carimbo que diz "de lei" ou "925", que significa 92,5% de prata.

O ouro usado na joalheria é raramente puro (24 quilates). Com mais frequência, você encontrará estampado 18 k, 14 k ou 9 k no seu objeto de ouro, referindo-se a ligas que são 18/24, 14/24 ou 9/24 de ouro. O ouro "amarelo" 18 K tem 75% de ouro e os 25% restante são cobre e prata. Como com a prata de lei, os metais adicionados levam a um material mais duro e mais rígido (e que custa menos).

Existem três classes gerais de ligas: ligas homogêneas (ligas substitutivas ou intersticiais), ligas heterogêneas e compostos intermetálicos. Em soluções sólidas (ligas homogêneas), o elemento em maior quantidade é normalmente considerado o "solvente" e o outro, o "soluto." Como com soluções em líquidos, os átomos do soluto em um sólido estão dispersos por todo o solvente uma vez que a estrutura como um todo é homogênea. Entretanto, diferentemente das soluções líquidas, há limitações baseadas nos tamanhos dos átomos de solvente e soluto. Para uma solução sólida se formar, os átomos do soluto devem ser incorporados de uma maneira tal que a estrutura cristalina original do solvente metálico seja preservada. Isso pode ser alcançado de duas formas (Figura 12.22). Nas ligas intersticiais, os

**FIGURA 12.22 Ligas homogêneas.**

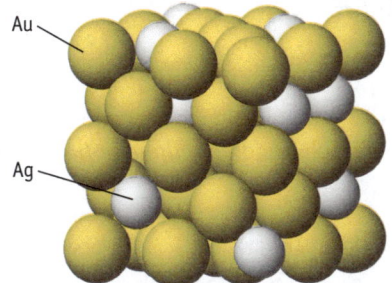

*Ouro 14 quilates*
de liga substitutiva

**(a)** Os átomos do soluto podem substituir um dos átomos da rede.

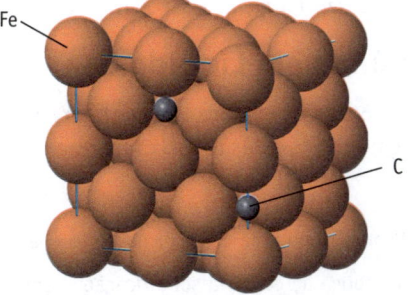

*Aço*
de liga intersticial

**(b)** Os átomos do soluto podem ser átomos intersticiais, encaixando-se em buracos na rede cristalina.

**FIGURA 12.23  Liga heterogênea.** A liga perlita consiste de regiões de ferro cúbico de face centrada e outras regiões de cementita, $Fe_3C$.

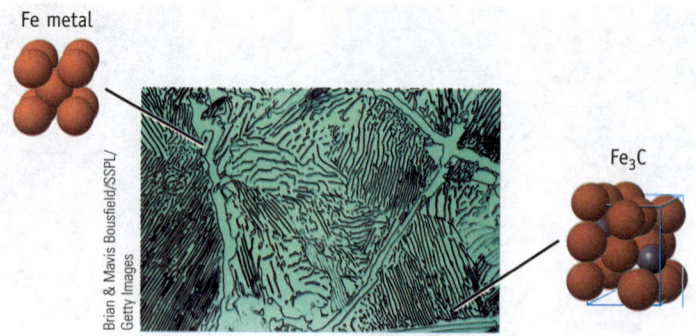

Fe metal

$Fe_3C$

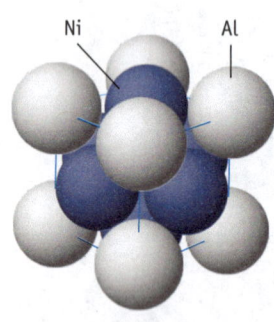

Ni    Al

$Ni_3Al$

**FIGURA 12.24  Uma liga intermetálica.** Essa liga é o principal componente de motores de jatos devido à sua baixa densidade e resistência a altas temperaturas.

átomos de soluto ocupam os interstícios, os buracos pequenos na rede cristalina entre os átomos do solvente. Os átomos do soluto devem ser substancialmente menores que os átomos do metal constituindo a rede para encaixar nessas posições. Nas ligas substitutivas, os átomos do soluto substituem átomos de solvente na estrutura cristalina original. Para que isso ocorra, os átomos do soluto e do solvente devem ter tamanhos similares.

Se as restrições de tamanho são atendidas, então a mistura de dois elementos componentes provavelmente será uma liga homogênea. Se tal mistura é vista em um microscópio, serão vistas regiões de diferentes composições e diferentes estruturas cristalinas (Figura 12.23).

As ligas intermetálicas são na realidade compostos em vez de misturas (Figura 12.24). Elas têm estequiometria e fórmulas definidas e os átomos são ordenados em vez de aleatórios. Esse ordenamento frequentemente faz com que as ligas tenham maiores pontos de fusão e melhor estabilidade estrutural.

Exemplos de compostos intermetálicos incluem $Ni_3Al$, $Nb_3Sn$, $SmCo_5$, $Mg_2Pb$ e $AuCu_3$. Em geral, os compostos intermetálicos são prováveis de se formarem se houver uma diferença substancial na eletronegatividade de dois elementos. No $Mg_2Pb$, por exemplo, as eletronegatividades do Mg e do Pb são 1,3 e 2,3, respectivamente.

## 12.6  Mudanças de Fase

### Objetivos da Seção 12.6

- Identificar os pontos e regiões significativos de diagramas e usar os diagramas para avaliar a pressão de vapor de um líquido e as densidades relativas de fases líquidas e sólidas.

- Esboçar um diagrama de fase a partir de informações sobre uma substância.

- Relacionar os processos de fusão e sublimação e as variações de entalpia associada.

As mudanças de fase dos materiais e as condições em que elas ocorrem são de interesse para os químicos e geólogos, assim como para os físicos e engenheiros que estão desenvolvendo novos dispositivos eletrônicos (veja *Um Olhar Mais Atento: Nova Memória para seu Computador Baseada em Mudanças de Fase*).

### Fusão: Conversão de Sólido em Líquido

O ponto de fusão de um sólido é a temperatura na qual o retículo desintegra-se e o sólido é convertido em um líquido. Como qualquer mudança de fase, a fusão envolve uma mudança de energia, chamada *entalpia de fusão* (dada em kJ $mol^{-1}$) (Capítulo 5).

Energia absorvida na forma de calor na fusão = entalpia de fusão = $\Delta_{fusão} H$ (kJ $mol^{-1}$)

Energia liberada na forma de calor na solidificação = entalpia de cristalização = $-\Delta_{fusão} H$ (kJ $mol^{-1}$)

As entalpias de fusão têm uma gama muito ampla de valores (Tabela 12.3). Uma baixa temperatura de fusão certamente significará um valor baixo para a entalpia de fusão, enquanto pontos de fusão elevados estão associados a altas entalpias de fusão. A Figura 12.25 mostra a entalpia de fusão dos metais do quarto ao sexto períodos. Aqui

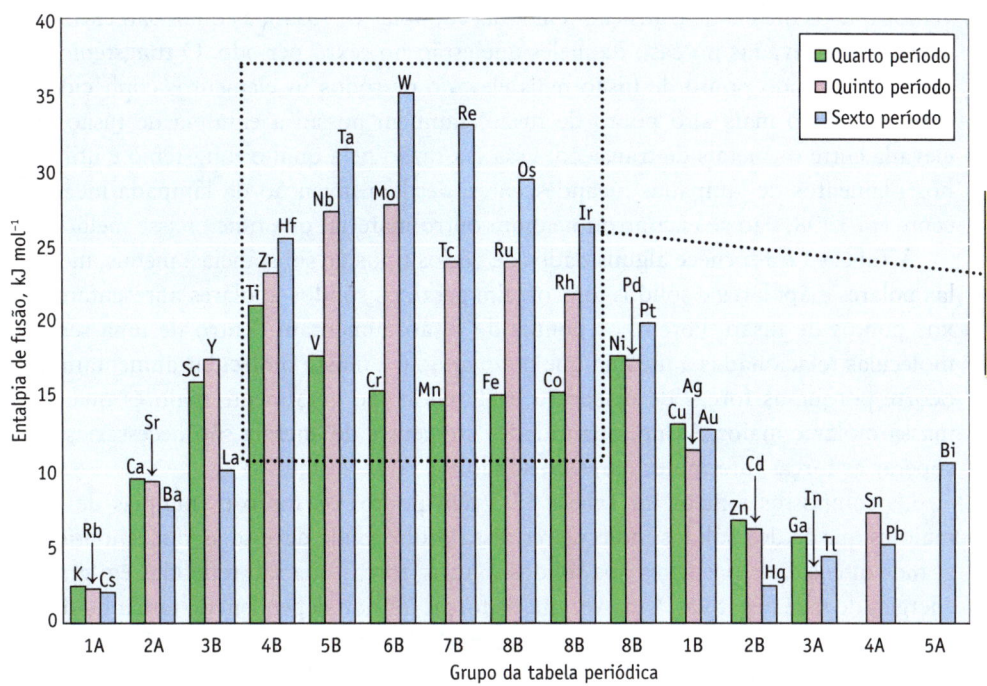

Observe que entalpias de fusão aumentam significativamente para os metais dos grupos 4B-8B à medida que se desce no grupo da tabela periódica. Esses elementos têm pontos de fusão especialmente elevados.

**FIGURA 12.25 Entalpias de fusão dos metais do quarto, quinto e sexto períodos.** As entalpias de fusão variam de 2-5 kJ mol$^{-1}$ para elementos do Grupo 1 até 35,2 kJ mol$^{-1}$ para o tungstênio.

## Tabela 12.3 Pontos de Fusão e Entalpias de Fusão de Alguns Elementos e Compostos

| ELEMENTO OU COMPOSTO | PONTO DE FUSÃO (°C) | ENTALPIA DE FUSÃO (kJ MOL$^{-1}$) | TIPO DE FORÇAS ENTRE PARTÍCULAS |
|---|---|---|---|
| *Metais* | | | |
| Hg | −39 | 2,29 | Ligações metálicas. |
| Na | 98 | 2,60 | |
| Al | 660 | 10,7 | |
| Ti | 1668 | 20,9 | |
| W | 3422 | 35,2 | |
| *Sólidos Moleculares: Moléculas Apolares* | | | |
| $O_2$ | −219 | 0,440 | Forças de dispersão de London (que aumentam com o tamanho e a massa molar). |
| $F_2$ | −220 | 0,510 | |
| $Cl_2$ | −102 | 6,41 | |
| $Br_2$ | −7,2 | 10,8 | |
| *Sólidos Moleculares: Moléculas Polares* | | | |
| HCl | −114 | 1,99 | Todas as três moléculas de HX têm forças dipolo-dipolo, bem como forças de dispersão de London (que aumentam com o tamanho e a massa molar). |
| HBr | −87 | 2,41 | |
| HI | −51 | 2,87 | |
| $H_2O$ | 0 | 6,01 | |
| *Sólidos Iônicos* | | | |
| NaF | 996 | 33,4 | Todos os sólidos iônicos têm interações íon-íon de grande intensidade. Observe que a tendência geral é a mesma que para as energias de rede (veja a Seção 12.3 e a Figura 12.11). |
| NaCl | 801 | 28,2 | |
| NaBr | 747 | 26,1 | |
| NaI | 660 | 23,6 | |

**Compostos iônicos fundidos conduzem eletricidade.**
Sólidos iônicos geralmente têm energias de rede elevadas e, portanto, necessitam de maior energia para romper o retículo. No entanto, uma vez fundido, os íons são móveis e o líquido conduzirá eletricidade.

vemos que os metais de transição têm altas entalpias de fusão, as quais são extraordinariamente elevadas no caso daqueles que estão no sexto período. O tungstênio, que possui o segundo ponto de fusão mais elevado de todos os elementos conhecidos (o carbono tem o mais alto ponto de fusão) também possui a entalpia de fusão mais elevada entre os metais de transição. Essa é a razão pela qual o tungstênio é utilizado nos filamentos de lâmpadas incandescentes; desde a invenção da lâmpada incandescente em 1908, não se encontrou nenhum outro material que funcionasse melhor.

A Tabela 12.3 fornece alguns dados de vários tipos de substâncias: metais, moléculas polares e apolares e sólidos iônicos. Em geral, os sólidos apolares apresentam baixos pontos de fusão. Porém, os pontos de fusão aumentam dentro de uma série de moléculas relacionadas à medida que o tamanho e a massa molecular aumentam. Isso ocorre porque as forças de dispersão de London são geralmente maiores quando a massa molar é maior. Assim, quantidades crescentes de energia são necessárias para superar as forças intermoleculares no sólido.

Os compostos iônicos na Tabela 12.3 têm pontos de fusão e entalpias de fusão maiores que as dos sólidos moleculares. Essa propriedade deve-se às forças íon-íon de grande intensidade presentes nos sólidos iônicos, forças que são refletidas em grandes energias de rede negativas. Uma vez que as forças íon-íon dependem do tamanho do íon (bem como da carga iônica), há uma boa correlação entre a energia de rede e a posição do metal ou do halogênio na tabela periódica. Por exemplo, os dados da Tabela 12.3 mostram uma diminuição no ponto de fusão e na entalpia de fusão para os sais de sódio à medida que as dimensões dos íons haleto aumentam. Isso segue a diminuição da energia de rede vista com o aumento do tamanho do íon. Isso se compara à diminuição na energia de rede vista com o aumento do tamanho do íon (Figura 12.11).

## Sublimação: Conversão de Sólido em Vapor

As moléculas podem escapar diretamente da fase sólida para a gasosa por meio da sublimação (Figura 12.26).

$$\text{Sólido} \rightarrow \text{gás} \qquad \text{Energia necessária na forma de calor} = \Delta_{\text{sublimação}}H$$

A sublimação, como a fusão e a evaporação, é um processo endotérmico. A energia requerida na forma de calor é chamada de **entalpia de sublimação**. A água, que apresenta uma entalpia molar de sublimação de 46,7 kJ mol$^{-1}$, pode ser prontamente convertida de gelo sólido para vapor de água. Um bom exemplo desse fenômeno é a sublimação da geada da grama e das árvores à medida que a noite transforma-se em dia em uma manhã fria de inverno.

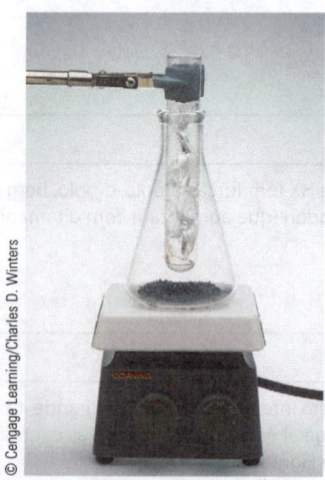
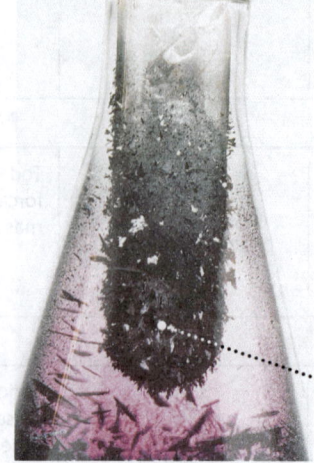

Iodo sublima quando aquecido

Se um tubo de ensaio cheio de gelo estiver inserido dentro de um frasco contendo vapor de iodo, cristais de iodo serão depositados sobre a superfície fria.

**FIGURA 12.26 Sublimação.** A sublimação é a conversão de um sólido diretamente em vapor. Aqui, iodo ($I_2$) sublima quando aquecido.

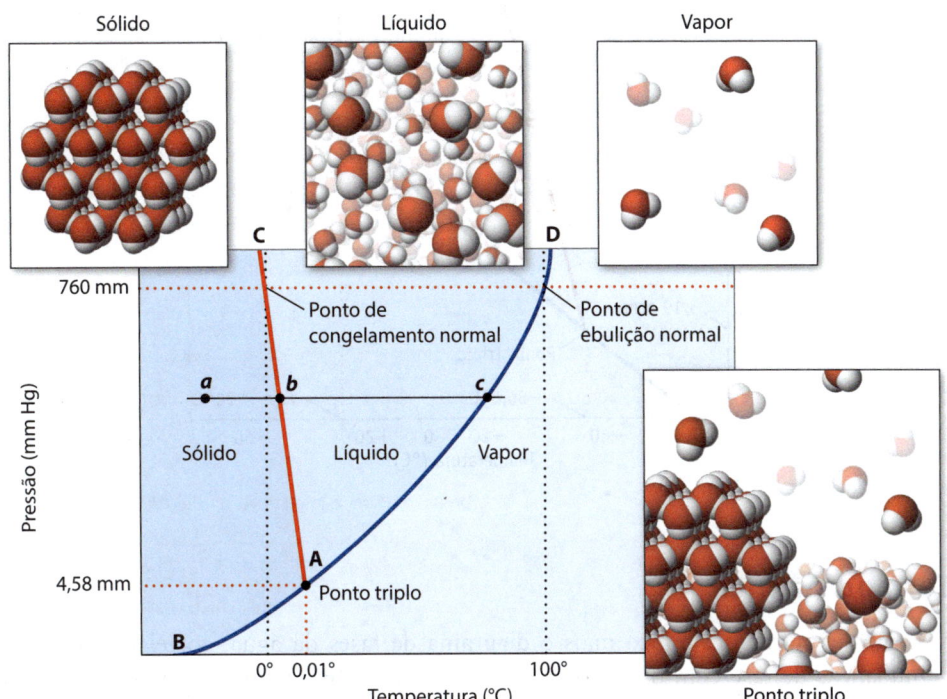

**FIGURA 12.27 Diagrama de fases da água.** A escala está intencionalmente exagerada para que seja possível mostrar o ponto triplo e o declive negativo da linha que representa o equilíbrio líquido-sólido. (Os pontos *a*, *b* e *c* são discutidos no texto.)

## Diagramas de Fase

Dependendo das condições de temperatura e pressão, uma substância pode existir como um gás, um líquido ou um sólido. Além disso, sob certas condições, dois (ou mesmo três) estados podem coexistir em equilíbrio. Essa informação é resumida em um diagrama de fases.

### Água

A Figura 12.27 ilustra o diagrama de fases para a água. As linhas de um diagrama de fases identificam as temperaturas e pressões sob as quais duas fases existem em equilíbrio. Por outro lado, os pontos que não se encontram sobre as curvas da figura representam condições sob as quais existe apenas um estado estável. A curva *A-B* na Figura 12.27 representa as condições para o equilíbrio sólido-vapor, e a curva *A-C*, para o equilíbrio líquido-sólido. A curva do ponto *A* ao ponto *D*, representando as temperaturas e pressões nas quais as fases líquida e de vapor estão em equilíbrio, é a mesma curva traçada para a pressão de vapor da água na Figura 11.12. Lembre-se de que o ponto de ebulição normal, 100°C no caso da água, é a temperatura na qual a pressão de vapor no equilíbrio é de 760 mm Hg.

O ponto *A*, chamado apropriadamente de **ponto triplo**, representa as condições sob as quais as três fases são capazes de coexistir em equilíbrio. Para a água, o ponto triplo está em $P = 4{,}588$ mmHg (611,7 Pa) e $T = 273{,}16$°C.

A curva *A-C* mostra as condições de pressão e temperatura em que existe um equilíbrio sólido-líquido. (Como não há pressão de vapor envolvida aqui, a pressão a que nos referimos é a pressão externa sobre o líquido.) Para a água, essa curva possui uma *inclinação negativa* de aproximadamente –0,01°C para cada aumento de uma atmosfera na pressão. Assim, quanto maior a pressão externa, menor o ponto de fusão.

Talvez a característica mais interessante do diagrama de fases da água seja a inclinação negativa da curva de equilíbrio sólido-líquido. Poucas substâncias no universo têm essa propriedade! O declive negativo dessa curva de equilíbrio pode ser explicado a partir do nosso conhecimento sobre a estrutura da água e do gelo. Quando aumentamos a pressão sobre um objeto, a intuição diz que o seu volume se tornará menor, conferindo à substância uma maior densidade. Uma vez que o gelo é menos denso que a água líquida (devido à estrutura de rede aberta do gelo, Figura 11.5), gelo e água em equilíbrio respondem ao aumento da pressão (mantendo *T* constante) derretendo o gelo para formar mais água, porque a mesma massa de água requer menos volume.

**FIGURA 12.28 O diagrama de fases do CO₂.** Observe particularmente a inclinação positiva da linha de equilíbrio sólido-líquido. (Para mais informações sobre o ponto crítico, veja a Seção 11.6.)

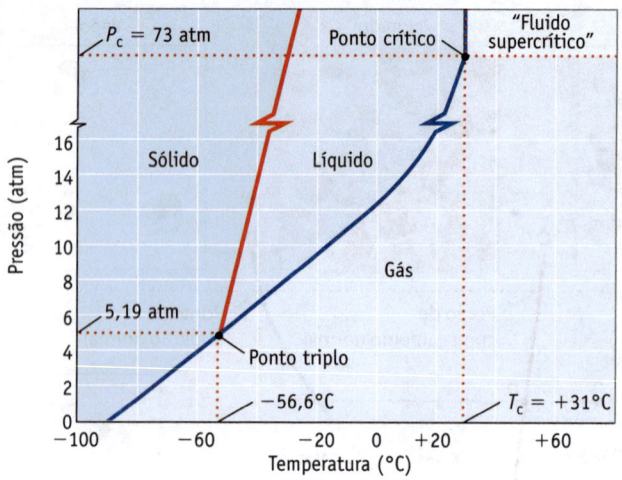

## Diagramas de Fases e Termodinâmica

**Mudança de Fase e Termodinâmica** A conexão entre as mudanças de fase da água e a termodinâmica está também ilustrada na Figura 5.7.

Vamos explorar um pouco mais o diagrama de fases da água, correlacionando as mudanças de fase com os dados termodinâmicos. Suponha que comecemos com o gelo a –10°C e sob uma pressão de 500 mm Hg (ponto *a* na Figura 12.27). À medida que o gelo é aquecido, ele absorve cerca de 2,1 J (g · K)⁻¹ no aquecimento de –10°C (ponto *a*) para uma temperatura entre 0°C e 0,01°C (ponto *b*). Nesse ponto, o sólido está em equilíbrio com a água líquida. O equilíbrio sólido-líquido é mantido até que 333 J g⁻¹ tenham sido transferidos para a amostra e esta tenha se transformado em água líquida sob essa temperatura. Se o líquido, ainda sob uma pressão de 500 mm Hg, absorve 4,184 J (g · K)⁻¹, ele aquece até o ponto *c*. A temperatura no ponto *c* é de cerca de 89°C, e o equilíbrio é estabelecido entre a água líquida e o vapor de água. A pressão do vapor em equilíbrio com a água líquida é de 500 mm Hg. Se cerca de 2300 J g⁻¹ são transferidos para a amostra de líquido-vapor, a pressão de vapor de equilíbrio permanece em 500 mm Hg até que o líquido seja completamente convertido em vapor a 89°C.

## Dióxido de Carbono

As características do diagrama de fases para o CO₂ (Figura 12.28) são geralmente as mesmas que as da água, mas com algumas diferenças importantes.

Em contraste com a água, a curva de equilíbrio sólido-líquido do CO₂ tem uma inclinação positiva. Mais uma vez, ao aumentar a pressão sobre o sólido em equilíbrio com o líquido, o equilíbrio será deslocado para a fase mais densa, mas para o CO₂ essa fase será a sólida. Como o CO₂ sólido é mais denso que o líquido, o CO₂ sólido recém-formado afunda em um recipiente contendo CO₂ líquido.

Outra característica do diagrama de fases do CO₂ é o ponto triplo que ocorre à pressão de 5,10 atm (517 kPa) e 216,6 K (–56,6°C). O dióxido de carbono não pode ser um líquido em pressões inferiores a 5,10 atm.

Sob pressões em torno da pressão atmosférica normal, o CO₂ será um sólido ou um gás, dependendo da temperatura. A uma pressão de 1 atm, o CO₂ sólido está em equilíbrio com o gás a uma temperatura de 194,6 K (–78,5°C). Como resultado, à medida que o CO₂ sólido é aquecido acima dessa temperatura, ele sublima em vez de fundir. O dióxido de carbono é chamado de *gelo-seco* por essa razão; ele se parece com o gelo de água, mas não derrete.

A partir do diagrama de fases do CO₂, também podemos aprender que o gás CO₂ pode ser convertido em um líquido à temperatura ambiente (20-25°C), exercendo uma pressão moderada no gás. Na verdade, o CO₂ é fornecido regularmente em tanques como um líquido para laboratórios e indústrias.

Por fim, a temperatura e a pressão críticas para o CO₂ são 31°C e 73 atm, respectivamente. Uma vez que a temperatura e a pressão críticas são condições facilmente obtidas em laboratório, é possível observar a transformação do CO₂ em um fluido supercrítico (veja a Figura 11.15).

# 12.1 Lítio e os "Carros Verdes"

Você está bem ciente do uso de metais em nossa economia: cobre na fiação elétrica, alumínio em aviões e latas de refrigerantes, chumbo e zinco em baterias, e ferro em carros, ônibus e pontes. Pode estar menos ciente sobre metais como os do grupo da platina (platina, paládio, ródio, irídio e rutênio), presentes no conversor catalítico de seu carro, e os lantanídeos, empregados em ímãs ultrafortes em fones de ouvido. E isso sem contar o lítio, que é usado em baterias em seu laptop.

Muito do lítio do mundo vem do norte do Chile e do extremo sul da Bolívia. Ali, as águas subterrâneas com altas concentrações de sais dos elementos do Grupo 1 são bombeadas para tanques. A solução evapora lentamente sob o Sol intenso do planalto dos Andes e, após um ano aproximadamente, a solução concentrada é finalmente levada para uma fábrica de produtos químicos, onde é evaporada para obter carbonato de lítio branco na forma de pó. Estima-se que só a Bolívia tenha uma reserva em torno de 73 milhões de toneladas métricas de $Li_2CO_3$. Para produzir lítio metálico, o carbonato é convertido em LiCl, o qual é então submetido à eletrólise para produzir o metal.

O lítio e os sais de lítio. O planalto da Bolívia, onde a água do solo contém altas concentrações de sais dos elementos do Grupo 1, entre os quais o carbonato de lítio. Essa água é deixada sob o Sol para depositar os sais por evaporação.

Felizmente, o lítio é bastante abundante na Terra. Dizemos "felizmente" porque os compostos de lítio têm uma ampla gama de utilizações: em cerâmica e vidro, em reagentes para a produção de produtos farmacêuticos e em graxas lubrificantes. No entanto, há uma crescente utilização de lítio que pode superar todas as outras no futuro: baterias para carros elétricos e híbridos e para aeronaves.

As baterias de lítio têm aparecido muito no noticiário. Em particular, Tesla, um fabricante de veículos elétricos que usa baterias de lítio, está construindo uma enorme fábrica para produzir essas baterias, não apenas para veículos, mas também para armazenamento de energia elétrica em residências. Está claro que as baterias baseadas em lítio vão se tornar

mais importantes e a disponibilidade de lítio será crítica.

## Questões:

1. Qual massa de lítio pode ser obtida a partir de 73 milhões de toneladas métricas de carbonato de lítio? 1 tonelada métrica = 1000 kg.

2. Descreva a célula unitária do lítio (veja a Figura).

3. A célula unitária do lítio é um cubo com 351 pm de lado. Use essas informações e o conhecimento sobre células unitárias para calcular a densidade do lítio metálico.

4. No processo de fabricação do lítio metálico, $Li_2CO_3$ é convertido para LiCl. Sugira uma maneira de fazer isso.

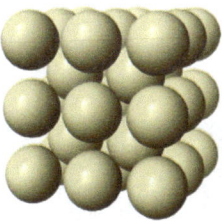

Uma visão da estrutura do estado sólido do lítio.

## APLICANDO OS PRINCÍPIOS QUÍMICOS

Um dos desenvolvimentos mais interessantes em Química nos últimos 20 anos tem sido a descoberta de novas formas de carbono. Em primeiro lugar, surgiram os fulerenos e, em seguida, os nanotubos de carbono.

O grafite comum, a partir do qual o grafite do lápis é feito, consiste em anéis de seis membros de átomos de carbono ligados formando uma folha, as quais empilham-se uma por cima da outra, como cartas de um baralho (Figura 12.19). Mas, se os compostos de carbono forem aquecidos sob certas condições, os átomos de carbono se estruturarão em folhas, que fecham em si mesmas para formar tubos. Estes são chamados **nanotubos**, porque os tubos são de apenas um nanômetro de diâmetro ou menos. Às vezes, trata-se de tubos individuais, e outras, de tubos dentro de tubos. Os nanotubos de carbono são pelo menos 100 vezes mais fortes que o aço, mas têm apenas um sexto da densidade e conduzem calor e eletricidade muito melhor que o cobre. Assim, suas aplicações comerciais vêm despertando bastante interesse, mas produzi-los com as propriedades desejadas não tem sido tarefa fácil.

Agora há também o **grafeno**, uma única folha de átomos de carbono de seis membros. Na Inglaterra, os pesquisadores Andre Geim e Kostya Novoselov descobriram o grafeno de uma forma simples: coloque um floco de grafite em uma fita adesiva, dobre a fita para cima e, em seguida, puxe-a para separar. As camadas de grafite desmancham e, se você fizer isso várias vezes, apenas uma camada – um átomo de C de espessura – é deixada na fita. Os químicos e físicos logo descobriram que o material é extremamente forte e que é um melhor condutor de elétrons se comparado a qualquer outro material sob temperatura ambiente. Vários milhares de trabalhos de pesquisa foram logo publicados sobre o grafeno, e Geim e Novoselov receberam o Prêmio Nobel de Física de 2010 pela sua descoberta.

O método da fita adesiva claramente não é adequado para produzir grandes quantidades de grafeno, portanto hoje ele é feito por deposição de vapor a alta temperatura, onde os átomos de carbono na fase gasosa são depositados em uma superfície ou pelo uso de métodos químicos para arrombar as camadas de grafite.

Os usos potenciais do grafeno parecem quase infinitos em áreas como medicina (entrega de drogas), eletrônica (transistores), energia solar (células solares e baterias), ambiental (filtragem da água) e química (catalisadores).

## 12.2 Nanotubos e Grafeno – Os Mais Novos Sólidos Covalentes

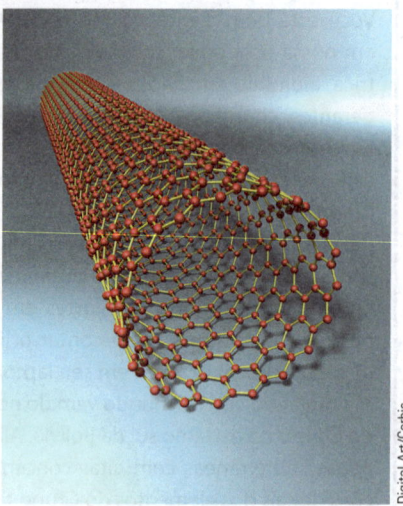

**Nanotubo de carbono.** Estes tubos são montados a partir de anéis de seis membros de átomos de carbono e possuem geralmente cerca de 1 nm de diâmetro.

## Questões:

1. Com base em uma distância de 139 pm para C—C, qual é a dimensão lado a lado de um anel plano de $C_6$?

2. Se uma folha de grafeno tem uma largura de 1,0 micrômetro, quantos anéis de $C_6$ são unidos através da folha?

3. Estime a espessura de uma folha de grafeno (em pm). Como você determina esse valor?

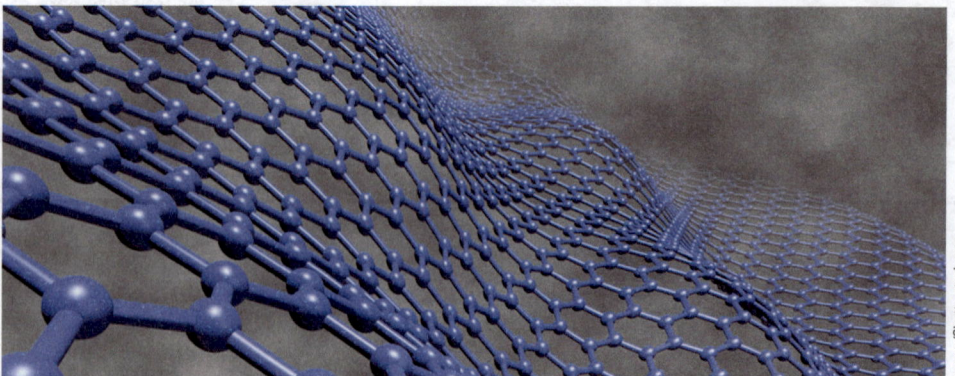

O grafeno é uma folha simples de anéis de carbono de seis membros. Esse material recente no mundo da química do carbono é um condutor melhor de elétrons que qualquer outro material.

## 12.3 Doença do Estanho

### APLICANDO OS PRINCÍPIOS QUÍMICOS

As tubulações dos órgãos nas catedrais do norte da Europa foram feitas de estanho durante muitos séculos. Acredita-se que o metal melhora tanto o tom quanto a aparência dos tubos. Agora os tubos dos órgãos são feitos de uma liga de estanho--chumbo, em parte porque muitos tubos de órgãos antigos já se desintegraram ao longo do tempo devido à "doença do estanho". Manchas cinzentas aparecem sobre o metal (normalmente brilhante) e ao longo do tempo o metal se desintegra, formando um pó cinza; as análises químicas mostraram que a substância é estanho puro.

Qual é a causa da "doença do estanho"? Duas formas alotrópicas de estanho existem sob pressão atmosférica. A forma metálica, conhecida como estanho branco (ou estanho-$\beta$), é estável a temperaturas superiores a 13°C (Figura 1). Essa forma metálica de estanho tem uma estrutura cristalina tetragonal (Figura 2). Abaixo de 13°C, o metal sofre uma transição de fase para uma estrutura cristalina cúbica que é semelhante ao diamante (Figura 12.17). A transição ocorre lentamente, com uma taxa que depende da pureza do estanho e da temperatura, mas o produto final é o estanho cinza ou estanho-$a$.

A estrutura tetragonal do estanho branco apresenta átomos em cada vértice, bem como um átomo em quatro das suas seis faces e um átomo no centro do retículo (Figura 2). A estrutura do retículo

**FIGURA 1 Uma amostra de estanho branco.** Este elemento comum tem uma densidade de 7,31 g cm⁻³ e um ponto de fusão de 232°C.

cristalino cúbico do estanho cinza tem um átomo em cada uma das seis faces e quatro átomos dentro da célula unitária (além dos átomos nos vértices), como na estrutura do diamante.

A transformação em baixa temperatura de estanho branco para estanho cinza foi usada para explicar dois desastres famosos na história, uns aparentemente verdadeiros, outros falsos.

No início do século XX, houve um grande interesse em alcançar o Polo Sul, e muitos tentaram tal proeza. O explorador britânico Robert Scott montou uma grande expedição e alcançou o Polo em janeiro de 1912 com um grupo de cinco pessoas. Foi uma enorme realização, mas ele descobriu, para grande decepção, que o norueguês Roald Amundsen o havia antecipado em cinco semanas. Tendo alcançado seu objetivo, o grupo de Scott começou a viagem de 800 milhas de volta através do gelo polar para o Mar de Ross. Ao longo da viagem, eles haviam deixado comida e combustível para o regresso. Ambos, combustível e alimentos, foram armazenados em latas de estanho com as juntas soldadas com estanho. Infelizmente, a temperaturas extremamente baixas, o estanho nas juntas transformou--se em estanho cinza, a solda se desintegrou e o combustível vazou. O combustível acabou, e todos do grupo de Scott pereceram.

Outra história da doença do estanho é um mito: a lenda dos botões desintegrados dos casacos dos soldados franceses em 1812. No inverno de 1812, o exército de Napoleão lutou e perdeu uma brutal campanha na Rússia. Os botões de estanho brilhantes usados pelos soldados franceses se desintegraram no clima frio russo, assim eles não puderam manter suas roupas bem fechadas no inverno. O problema com essa história é que os botões do uniforme, na época, eram feitos de osso.

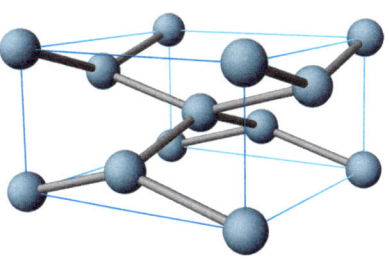

**FIGURA 2 A célula unitária tetragonal do estanho-$\beta$ branco.** A célula unitária tetragonal tem ângulos de 90° entre as arestas. Duas das três arestas têm o mesmo comprimento (583 pm), enquanto a outra é mais curta (318 pm). (Note que as linhas que ligam os átomos não são ligações. Elas servem apenas para mostrar a configuração espacial dos átomos.)

### Questões:

1. Quantos átomos de estanho estão contidos na célula unitária do retículo cristalino tetragonal do estanho-$\beta$? Quantos átomos de estanho estão contidos na célula unitária do retículo cristalino cúbico do estanho-$a$?

2. Utilizando as dimensões da célula unitária (Figura 2) e a massa molar do estanho, calcule a densidade do estanho branco (em g cm⁻³).

3. A densidade do estanho cinza é de 5,769 g cm⁻³. Determine as dimensões (em pm) do retículo cristalino cúbico.

4. Determine a porcentagem do espaço ocupado por átomos de estanho em ambos os retículos cristalinos, tetragonal e cúbico. O raio atômico do estanho é de 141 pm.

### Referências:

1. EMSLEY, J. *Nature's Building Blocks, An A-Z Guide to the Elements*. Oxford: Oxford University Press, 2001.

2. LECOUTEUR, P.; BURRESON, J. *Napoleon's Buttons*. Nova York: Penguin Putnam, 2003.

© Cengage Learning/ Charles D. Winters

# OBJETIVOS REVISITADOS

Os objetivos para este capítulo são marcados com as Questões para Estudo específicas para ajudá-lo a organizar sua revisão.

## 12.1 RETÍCULOS CRISTALINOS E CÉLULAS UNITÁRIAS

- Definir a célula unitária para um composto cristalino. **1-4, 42a, b**.

- Entender a relação da estrutura entre célula unitária, raio do átomo e dimensões da célula. **3, 9, 10, 42, 43, 45**.

## 12.2 ESTRUTURAS E FÓRMULAS DE SÓLIDOS IÔNICOS

- Entender a relação da estrutura entre a célula unitária e a fórmula para compostos iônicos. **5-8**.

- Relacionar as dimensões da célula unitária, dos raios iônicos e da densidade do sólido. **4, 11**.

## 12.3 LIGAÇÃO EM COMPOSTOS IÔNICOS: ENERGIA DE REDE

- Calcular a entalpia de rede de um sólido iônico e relacionar a sua grandeza ao tamanho e à carga do íon. **13, 14, 54, 64**.

## 12.4 LIGAÇÕES EM METAIS E SEMICONDUTORES

- Entender as teorias do mar de elétrons e de bandas de metais e como essas teorias são usadas para explicar as propriedades dos metais. **21, 22**.

- Entender a natureza dos semicondutores. **23-26, 55-59**.

## 12.5 OUTROS TIPOS DE MATERIAIS SÓLIDOS

- Caracterizar os diferentes tipos de sólidos. **27-30**.

## 12.6 MUDANÇAS DE FASE

- Identificar os pontos e regiões significativos de diagramas e usar os diagramas para avaliar a pressão de vapor de um líquido e as densidades relativas de fases líquidas e sólidas. **37, 38**.

- Esboçar um diagrama de fase a partir de informações sobre uma substância. **41**.

- Relacionar os processos de fusão e sublimação e as variações de entalpia associada. **35, 36**.

# QUESTÕES PARA ESTUDO

▲ denota questões desafiadoras.

**Questões numeradas em verde** têm as respostas no Apêndice N.

## Praticando Habilidades

### Sólidos Metálicos e Iônicos

(*Veja as Seções 12.1 e 12.2 e os Exemplos 12.1-12.3.*)

**1.** Esboce uma célula unitária bidimensional para o padrão mostrado aqui. Se os quadrados pretos são rotulados como A e os quadrados brancos como B, qual é a fórmula mais simples para um "composto" com base nesse padrão?

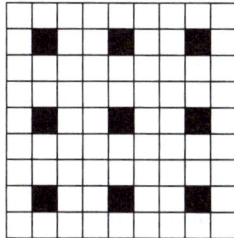

**2.** Esboce uma célula unitária bidimensional para o padrão mostrado aqui. Se os quadrados pretos são rotulados como A e os quadrados brancos como B, qual é a fórmula mais simples para um "composto" com base neste padrão?

**3.** Uma parte da rede cristalina para o potássio é ilustrada a seguir.
   (a) Em qual tipo de célula unitária os átomos de K estão arranjados?

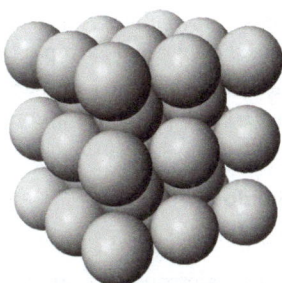

**Uma parte da estrutura no estado sólido do potássio.**

   (b) Se uma aresta da célula unitária do potássio tem 533 pm, qual é a densidade do potássio?

**4.** A célula unitária do carbeto de silício, SiC, é ilustrada a seguir.
   (a) Em qual tipo de célula unitária estão arranjados os átomos de C (cinza escuro)?
   (b) Se uma aresta da célula unitária do carbeto de silício tem 436,0 pm, qual é a densidade calculada desse composto?

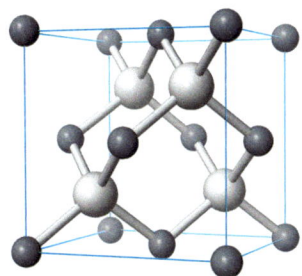

**Uma parte da estrutura no estado sólido do carbeto de silício.**

**5.** Uma maneira de visualizar a célula unitária da perovskita foi ilustrada no Exemplo 12.2. Outra forma é mostrada aqui. Prove que este ponto de vista também conduz a uma fórmula de $CaTiO_3$.

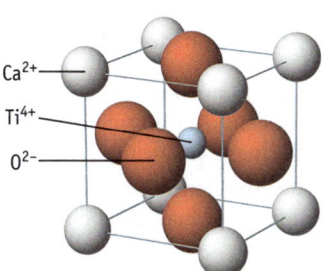

**Célula unitária da Perovskita**

**6.** O rutilo, $TiO_2$, cristaliza-se em uma estrutura característica de muitos outros compostos iônicos. Quantas fórmulas unitárias de $TiO_2$ pertencem a uma única célula unitária como a aqui ilustrada? (Os íons óxido marcados por um *x* estão totalmente dentro da célula; os outros estão nas faces das células.)

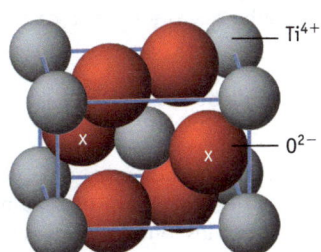

**Célula unitária do rutilo**

**7.** A cuprita é um semicondutor. Os íons óxido ocupam os vértices e o centro do cubo. Os íons cobre estão totalmente dentro da célula unitária.
   (a) Qual é a fórmula da cuprita?
   (b) Qual é o número de oxidação do cobre?

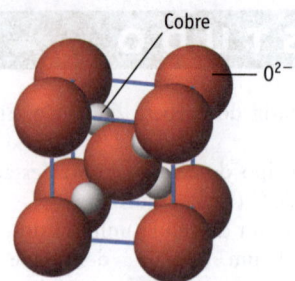

**Célula unitária da cuprita**

**8.** O mineral fluorita, que é composto de íons cálcio e íons fluoreto, tem a célula unitária mostrada aqui.
   (a) Qual tipo de célula unitária é descrita pelos íons $Ca^{2+}$?
   (b) Onde estão localizados os íons $F^-$: nos interstícios octaédricos ou tetraédricos?
   (c) Com base na célula unitária, qual é a fórmula da fluorita?

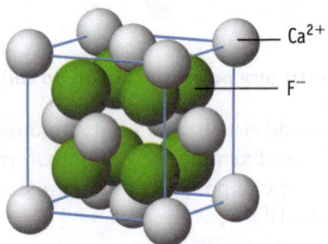

**Célula unitária da fluorita**

**9.** Cálcio metálico cristaliza em uma célula unitária cúbica de face centrada. A densidade do sólido é de 1,54 g $cm^{-3}$. Qual é o raio de um átomo de cálcio?

**10.** A densidade do cobre metálico é de 8,95 g $cm^{-3}$. Se o raio de um átomo de cobre é de 127,8 pm, a célula unitária do cobre é cúbica simples, cúbica de corpo centrado ou cúbica de face centrada?

**11.** O iodeto de potássio tem uma célula unitária cúbica de face centrada de íons iodeto com íons potássio nos interstícios octaédricos. A densidade do KI é de 3,12 g $cm^{-3}$. Qual é o comprimento de um dos lados da célula unitária? (Dimensões de íons são encontradas na Figura 7.11.)

**12.** ▲ Uma célula unitária de cloreto de césio é ilustrada na Figura 12.8. A densidade do sólido é de 3,99 g $cm^{-3}$ e o raio dos íons $Cl^-$ é 181 pm. Calcule o raio do íon $Cs^+$ no centro da célula. (Suponha que o íon $Cs^+$ toca todos os íons $Cl^-$ dos vértices.)

### Ligação Iônica e Energia de Rede

(*Veja a Seção 12.3.*)

**13.** Preveja a tendência em energia de rede, do menos negativo para o mais negativo, para os seguintes compostos com base nas cargas dos íons e nos raios iônicos: LiI, LiF, CaO, RbI.

**14.** Examine as tendências na energia de rede na Tabela 12.1. O valor da energia de rede torna-se um pouco mais negativo quando vai do NaI para NaBr até NaCl, e todos estão no intervalo de −700 a −800 kJ $mol^{-1}$. Proponha um motivo para a observação de que a energia de rede do NaF ($\Delta_{rede}U = -926$ kJ $mol^{-1}$) é muito mais negativa do que aquelas dos outros haletos de sódio.

**15.** Para fundir um sólido iônico, energia deve ser fornecida a fim de romper as forças entre os íons para que a matriz regular de íons desintegre-se. Preveja (e explique) como se espera que o ponto de fusão varie como uma função da distância entre o cátion e o ânion.

**16.** Qual composto em cada um dos seguintes pares deve ter o ponto de fusão mais elevado? Explique sucintamente.
   (a) NaCl ou RbCl
   (b) BaO ou MgO
   (c) NaCl ou MgS

**17.** Calcule a entalpia molar de formação, $\Delta_f H°$, do fluoreto de lítio sólido a partir da energia de rede (Tabela 12.1) e de outros dados termoquímicos. A entalpia de formação do Li(g), $\Delta_f H°$ [Li(g)] = 159,37 kJ $mol^{-1}$. Outros dados necessários podem ser encontrados nos Apêndices F e L.

**18.** Calcule a entalpia de rede para RbCl. Além dos dados dos Apêndices F e L, você precisará da seguinte informação:

$$\Delta_f H° \ [Rb(g)] = 80,9 \ kJ \ mol^{-1}$$

$$\Delta_f H° \ [RbCl(s)] = -435,4 \ kJ \ mol^{-1}$$

### Metais e Semicondutores

(*Veja a Seção 12.4.*)

**19.** Considerando apenas os orbitais moleculares formados por combinações dos orbitais atômicos 2s, quantos orbitais moleculares podem ser formados por 1000 átomos de Li? No estado de menor energia, quantos desses orbitais serão ocupados por pares de elétrons e quantos estarão vazios?

**20.** Quantos orbitais moleculares serão formados pela combinação de orbitais atômicos 3s e 3p em 1,0 mol de átomos de Mg? À temperatura de 0 K, qual fração desses orbitais será ocupada por pares de elétrons?

**21.** A condução de uma corrente elétrica é uma propriedade geralmente associada aos metais. Como a teoria de bandas para a ligação metálica explica a condutividade?

**22.** A maioria dos metais é brilhante, isto é, eles refletem a luz. Como a teoria de bandas para os metais explica essa característica?

**23.** Silício elementar e carbono elementar (sob a forma alotrópica do diamante) têm a mesma estrutura no estado sólido. No entanto, o diamante é um isolante e o silício é um semicondutor. Explique por que existe essa diferença.

**24.** Liste os elementos do Grupo 14 segundo a ordem de energia da lacuna entre as bandas.

**25.** Defina os termos semicondutores intrínsecos e semicondutores extrínsecos. Forneça um exemplo de cada um.

**26.** O silício dopado com alumínio é um semicondutor do tipo *p* ou do tipo *n*? Explique como a condutividade ocorre nesse semicondutor.

### Outros Tipos de Sólidos

(*Veja a Seção 12.5.*)

**27.** Qual dos seguintes alótropos do carbono não é um sólido covalente?
   (a) grafite
   (b) diamante
   (c) buckyballs ($C_{60}$)
   (d) grafeno

**28.** Um sólido branco, macio e ceroso funde em uma faixa de temperatura de 120°C a 130°C. Ele não se dissolve em água e não conduz eletricidade. Essas propriedades são consistentes com sua identidade como
(a) sólido covalente
(b) sólido iônico
(c) sólido amorfo
(d) sólido metálico

**29.** Uma célula unitária do diamante é mostrada aqui.

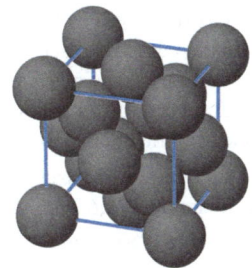

**Célula unitária do diamante**

(a) Quantos átomos de carbono há em uma célula unitária?
(b) A célula unitária pode ser considerada um cubo de átomos de C com outros átomos de C nos interstícios do retículo. Que tipo de célula unitária é esta (cs, ccc ou cfc)? Em quais interstícios estão localizados os outros átomos de C: octaédricos ou tetraédricos?

**30.** A estrutura do grafite é dada na Figura 12.19.
(a) Que tipo de forças intermoleculares existem entre as camadas de anéis de seis membros de átomos de carbono?
(b) Explique a ação lubrificante do grafite. Isto é, por que o grafite dá a sensação de ser escorregadio? Por que o lápis (que é constituído de grafite e argila) deixa marcas pretas no papel?

**31.** Identificamos cinco tipos de sólidos (metálico, iônico, molecular, covalente, amorfo, ligas). Quais partículas compõem cada um desses sólidos e quais são as forças de atração entre essas partículas?

**32.** Liste as propriedades gerais de cada tipo de sólido.

**33.** Classifique cada um dos seguintes materiais como pertencente a uma das categorias listadas na Tabela 12.2. Quais partículas compõem esses sólidos e quais são as forças de atração entre as partículas? Dê uma propriedade física de cada um.
(a) arseneto de gálio
(b) poliestireno
(c) carbeto de silício
(d) perovskita, $CaTiO_3$

**34.** Classifique cada um dos seguintes materiais como pertencente a uma das categorias listadas na Tabela 12.2. Quais partículas compõem esses sólidos e quais são as forças de atração entre as partículas? Dê uma propriedade física de cada um.
(a) Si dopado com P
(b) grafite
(c) ácido benzoico, $C_6H_5CO_2H$
(d) $Na_2SO_4$

## Mudanças de Fase para Sólidos

(*Veja a Seção 12.6.*)

**35.** O benzeno, $C_6H_6$, é um líquido orgânico que solidifica a 5,5°C (Figura 11.1), formando belos cristais em forma de penas. Qual é a energia liberada na forma de calor quando 15,5 g de benzeno solidifica a 5,5°C? (A entalpia de fusão do benzeno é de 9,95 kJ mol⁻¹.) Se 15,5 g da amostra for refundida, à temperatura constante, qual quantidade de energia é requerida para convertê-la em um líquido?

**36.** A capacidade calorífica específica da prata é de 0,235 J (g·K)⁻¹. O seu ponto de fusão é de 962°C e a sua entalpia de fusão é de 11,3 kJ mol⁻¹. Qual quantidade de energia, em J, é necessária para transformar 5,00 g de prata sólida a 25°C em líquida a 962°C?

## Diagramas de Fases e Mudanças de Fase

(*Veja a Seção 12.6.*)

**37.** Considere o diagrama de fases do $CO_2$ na Figura 12.28.
(a) A densidade do $CO_2$ líquido é maior ou menor que a do $CO_2$ sólido?
(b) Em que fase você encontra o $CO_2$ a 5 atm e 0°C?
(c) O $CO_2$ pode ser liquefeito a 45°C?

**38.** Utilize o diagrama de fases a seguir para responder às seguintes questões:

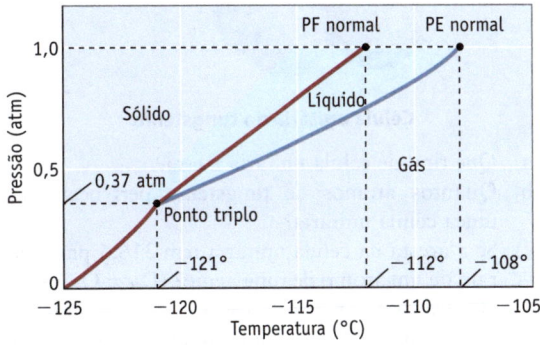

(a) Em que fase a substância é encontrada sob temperatura ambiente e 1,0 atm de pressão?
(b) Se a pressão exercida sobre uma amostra é de 0,75 atm e a temperatura é de −114°C, em qual fase a substância existe?
(c) Se você medir a pressão de vapor de uma amostra líquida e descobrir que ela é de 380 mm Hg, qual é a temperatura da fase líquida?
(d) Qual é a pressão de vapor do sólido a −122°C?
(e) Qual é a fase mais densa – sólida ou líquida? Explique sucintamente.

**39.** A amônia líquida, $NH_3(\ell)$, já foi utilizada em refrigeradores domésticos como fluido de transferência de calor. A capacidade calorífica específica do líquido é de 4,7 J (g · K)⁻¹ e a do vapor é de 2,2 J (g · K)⁻¹. A entalpia de vaporização é de 23,33 kJ mol⁻¹ no ponto de ebulição. Se você aquecer 12 kg de amônia líquida de −50,0°C até o ponto de ebulição de −33,3°C, deixá-la evaporar e, em seguida, continuar aquecendo até 0,0°C, qual quantidade de energia você deve fornecer?

**40.** Se seu ar-condicionado tem mais que alguns anos de idade, é provável que utilize $CCl_2F_2$, diclorodifluorometano, como fluido de transferência de calor. O ponto de ebulição normal do $CCl_2F_2$ é −29,8°C e a entalpia de vaporização é de 20,11 kJ mol⁻¹. O gás e o líquido têm capacidades calóríficas molares de 117,2 J (mol · K)⁻¹ e 72,3 J (mol · K)⁻¹, respectivamente. Qual é a energia liberada na forma de calor quando 20,0 g de $CCl_2F_2$ são resfriados de 40°C para −40°C?

## Questões Gerais

*Estas questões não estão definidas quanto ao tipo ou à localização no capítulo. Elas podem combinar vários conceitos.*

**41.** Construa um diagrama de fases para o $O_2$ a partir da seguinte informação: ponto de ebulição normal, 90,18 K; ponto de fusão normal, 54,8 K; e ponto triplo, 54,34 K a uma pressão de 2 mm Hg. Estime a pressão de vapor do $O_2$ líquido a −196°C, a temperatura mais baixa facilmente alcançada em um laboratório. A densidade do $O_2$ líquido é maior ou menor que a do $O_2$ sólido?

**42.** ▲ O tungstênio cristaliza na célula unitária mostrada aqui.

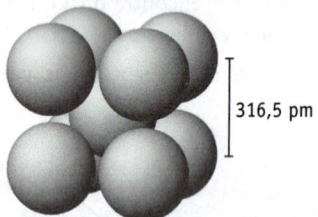

316,5 pm

**Célula unitária do tungstênio**

(a) Que tipo de célula unitária é esta?

(b) Quantos átomos de tungstênio pertencem a uma única célula unitária?

(c) Se a aresta da célula unitária tem 316,5 pm, qual é o raio de um átomo de tungstênio? (*Dica*: Os átomos de W tocam-se uns nos outros ao longo da linha diagonal de um vértice da célula unitária ao vértice oposto na própria célula.)

**43.** A prata cristaliza em uma célula unitária cúbica de face centrada. Cada lado da célula unitária tem um comprimento de 409 pm. Qual é o raio de um átomo de prata?

**44.** ▲ A célula unitária mostrada aqui pertence ao carbeto de cálcio. Quantos íons de cálcio e quantos átomos de carbono estão em cada célula unitária? Qual é a fórmula do carbeto de cálcio? (Íons cálcio são de cor branca e átomos de carbono são cinza.)

**Célula unitária do carbeto de cálcio**

**45.** O irídio, metal muito denso, tem uma célula unitária cúbica de face centrada e uma densidade de 22,56 g cm⁻³. Utilize essa informação para calcular o raio de um átomo do elemento.

**46.** O metal vanádio tem uma densidade de 6,11 g cm⁻³. Assumindo que o raio atômico do vanádio é de 132 pm, a célula unitária do vanádio é cúbica simples, cúbica de corpo centrado ou cúbica de face centrada?

**47.** ▲ O fluoreto de cálcio é o mineral fluorita, bem conhecido. Cada célula unitária contém quatro íons $Ca^{2+}$ e oito íons $F^-$. Os íons $F^-$ preenchem todos os interstícios tetraédricos em um retículo cúbico de face centrada de íons $Ca^{2+}$. A aresta da célula unitária do $CaF_2$ tem $5,46295 \times 10^{-8}$ cm de comprimento. A densidade do sólido é de 3,1805 g cm⁻³. Use essa informação para calcular o número de Avogadro.

**48.** ▲ O ferro tem uma célula unitária cúbica de corpo centrado, com uma aresta de 286,65 pm. A densidade do ferro é de 7,874 g cm⁻³. Use essa informação para calcular o número de Avogadro.

**49.** ▲ Você pode obter alguma ideia de quão eficientemente é o empacotamento dos átomos ou íons esféricos em um sólido tridimensional vendo quão bem átomos circulares podem ser acomodados em duas dimensões. Usando os desenhos aqui mostrados, prove que B é uma maneira mais eficiente para empacotar átomos circulares do que A. A célula unitária de A contém porções de quatro círculos e um interstício. Em B, a cobertura de empacotamento pode ser calculada considerando a configuração triangular dos átomos que contém porções de três círculos e um interstício. Mostre que A preenche cerca de 80% do espaço disponível, ao passo que B preenche perto de 90% do espaço disponível.

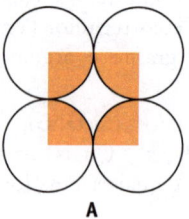 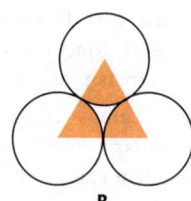

A                                    B

**50.** Considere os três tipos de células unitárias cúbicas.

(a) ▲ Supondo que os átomos ou íons esféricos em uma célula unitária cúbica simples apenas se toquem ao longo das arestas do cubo, calcule a porcentagem de espaço ocupado dentro da célula unitária. (Lembre-se de que o volume de uma esfera é $(4/3)\pi r^3$, em que $r$ é o raio da esfera.)

(b) Compare a porcentagem de espaço ocupado na célula simples (cs) com as células unitárias ccc e cfc. Com base nisso, um metal nessas três formas terá as densidades iguais ou diferentes? Se diferentes, em qual será mais denso? Em qual será menos denso?

**51.** A estrutura do estado sólido do silício é mostrada a seguir.

(a) Descreva este cristal como cs, ccc ou cfc.

(b) Que tipo de interstícios são ocupados no retículo?

(c) Quantos átomos de Si pertencem a uma única célula unitária?

(d) Calcule a densidade do silício em g cm⁻³ (dado que a aresta do cubo tem um comprimento de 543,1 pm).

(e) ▲ Estime o raio de um átomo de silício. (*Observação*: Os átomos de Si sobre as arestas não se tocam.)

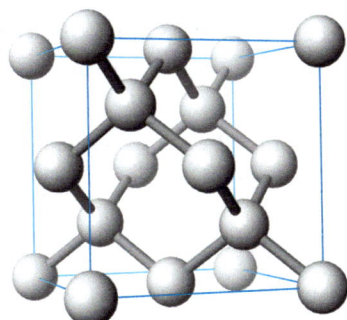

**Célula unitária do silício**

**52.** A estrutura do estado sólido do carbeto de silício é mostrada abaixo.
   (a) Quantos átomos de cada tipo estão contidos dentro da célula unitária? Qual é a fórmula do carbeto de silício?
   (b) ▲ Sabendo-se que o comprimento da ligação Si—C é de 188,8 pm (e o ângulo da ligação de Si—C—Si é de 109,5°), calcule a densidade do SiC.

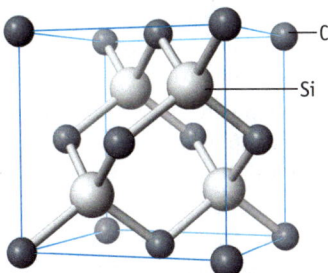

**Célula unitária do SiC**

**Amostra de carbeto de silício**

**53.** Espinelas são sólidos com a fórmula geral $AB_2O_4$ (em que $A^{2+}$ e $B^{3+}$ são os cátions do mesmo metal ou de diferentes metais). O exemplo mais conhecido é a magnetita comum, $Fe_3O_4$ [a qual você pode formular como $(Fe^{2+})(Fe^{3+})_2O_4$]. Outro exemplo é o mineral muitas vezes referido como *espinela*, $MgAl_2O_4$.

Os íons óxido das espinelas formam um retículo cúbico de face centrada. Em uma *espinela normal*, os cátions ocupam ⅛ dos interstícios tetraédricos e ½ dos octaédricos.
   (a) No $MgAl_2O_4$, em que tipos de interstícios são encontrados os íons magnésio e alumínio?
   (b) O mineral cromita tem a fórmula $FeCr_2O_4$. Quais íons estão envolvidos e em que tipos de interstícios são encontrados?

**Um cristal de espinela $MgAl_2O_4$**

**54.** Usando os dados termoquímicos abaixo e um valor estimado de −2481 kJ $mol^{-1}$ para a energia de rede do $Na_2O$, calcule o valor para a *segunda* afinidade eletrônica do oxigênio [$O^-(g) + e^- \rightarrow O^{2-}(g)$].

| Quantidade | Valor Numérico (kJ $mol^{-1}$) |
|---|---|
| Entalpia de atomização do Na | 107,3 |
| Energia de ionização do Na | 495,9 |
| Entalpia de formação do $Na_2O$ sólido | −418,0 |
| Entalpia de formação do O(g) a partir do $O_2$ | 249,1 |
| Primeira entalpia de adição eletrônica do O | −141,0 |

**55.** A lacuna de energia entre as bandas no arseneto de gálio é de 140 kJ $mol^{-1}$. Qual é o comprimento de onda máximo de luz necessário para excitar um elétron e deslocá-lo da banda de valência para a banda de condução?

**56.** A condutividade de um semicondutor intrínseco aumenta com o aumento da temperatura. Como isso pode ser racionalizado?

**57.** Qual mostrará a maior condutividade a 298 K, silício ou germânio?

**58.** Identifique os seguintes itens como semicondutores tipo *p* ou *n*.
   (a) germânio dopado com arsênio
   (b) silício dopado com fósforo
   (c) germânio dopado com índio
   (d) germânio dopado com antimônio

**59.** Semicondutores baseados em diamante são atualmente de enorme interesse na comunidade científica. Apesar de o próprio diamante ser um isolante, a adição de um dopante diminuirá a lacuna de energia entre as bandas. Um sistema de semicondutores possui diamante com boro como dopante. Esse é um semicondutor do tipo *p* ou *n*?

**60.** Sólidos moleculares, sólidos covalentes e sólidos amorfos contêm átomos que estão unidos por ligações covalentes. No entanto, essas classes de compostos são muito diferentes na estrutura global, o que conduz a propriedades físicas diferentes associadas a cada classe. Descreva como as estruturas dessas classes de sólidos diferem umas das outras.

## No Laboratório

**61.** Como o ZnS, o sulfeto de chumbo(II), PbS (comumente chamado *galena*), tem uma fórmula empírica de 1:1 com um cátion 2+ combinado com o ânion sulfeto.

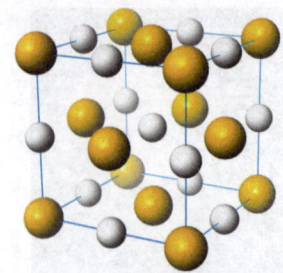

**Célula unitária do PbS**

© Cengage Learning/Charles D. Winters

**Amostra de galena**

O PbS tem a mesma estrutura sólida do ZnS? Se diferente, como eles se diferem? Como a célula unitária de PbS está relacionada à sua fórmula?

**62.** CaTiO$_3$, uma perovskita, tem a estrutura a seguir.
   (a) Se a densidade do sólido é de 4,10 g cm$^{-3}$, qual é o comprimento de um lado da célula unitária?
   (b) Calcule o raio do íon Ti$^{4+}$ no centro da célula unitária. Quanto o seu cálculo está de acordo com um valor da literatura de 75 pm?

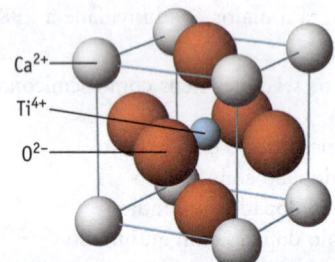

Ca$^{2+}$

Ti$^{4+}$

O$^{2-}$

**Célula unitária de perovskita, CaTiO$_3$**

© Cengage Learning/Charles D. Winters

**Uma amostra de perovskita, CaTiO$_3$**

**63.** O brometo de potássio tem a mesma estrutura cristalina do NaCl. Dados os raios iônicos do K$^+$ (133 pm) e Br$^-$ (196 pm), calcule a densidade do KBr.

**64.** Calcule a energia de rede do CaCl$_2$ usando um ciclo de Born-Haber e os dados dos Apêndices F e L e da Tabela 7.5.

## Resumo e Questões Conceituais

*As questões seguintes podem usar os conceitos deste capítulo e dos capítulos anteriores.*

**65.** ▲ Fosfeto de boro, BP, é um semicondutor e um material duro, resistente à abrasão. Ele é fabricado a partir da reação de tribrometo de boro com tribrometo de fósforo em uma atmosfera de hidrogênio sob alta temperatura (>750°C).
   (a) Escreva a equação química balanceada para a síntese do BP. (*Dica*: O hidrogênio é um agente redutor.)
   (b) O fosfeto de boro cristaliza na estrutura da blenda de zinco (ZnS), formada por átomos de boro em um retículo cúbico de face centrada e por átomos de fósforo nos interstícios tetraédricos. Quantos interstícios tetraédricos são preenchidos com átomos de P em cada célula unitária?
   (c) O comprimento da aresta de uma célula unitária do BP é de 478 pm. Qual é a densidade do sólido em g cm$^{-3}$?
   (d) Calcule a menor distância entre um átomo de B e um de P na célula unitária. (Suponha que os átomos de B não se toquem ao longo da aresta da célula. Os átomos de B nas faces tocam os átomos de B nos vértices da célula unitária.)

**66.** ▲ Por que não é possível para um sal com a fórmula M$_3$X (Na$_3$PO$_4$, por exemplo) ter um retículo cúbico de face centrada de ânions X com cátions M nos interstícios octaédricos?

**67.** ▲ Duas piscinas idênticas estão cheias de esferas uniformes de gelo empacotadas o mais próximo possível. As esferas na primeira piscina são do tamanho de grãos de areia; as da segunda piscina são do tamanho de laranjas. O gelo em ambas as piscinas funde. Em qual piscina o nível da água será maior? (Ignore eventuais diferenças ao preencher o espaço nos planos próximos das paredes e do fundo.)

**68.** As espinelas são descritas na Questão de Estudo 53. Considere duas espinelas normais, CoAl$_2$O$_4$ e SnCo$_2$O$_4$. Quais cátions estão envolvidos em cada uma? Quais são as suas configurações eletrônicas? Os cátions são paramagnéticos? Em caso afirmativo, quantos elétrons desemparelhados estão envolvidos?

**69.** Descreva um procedimento para calcular a porcentagem do espaço ocupado pelos átomos em uma disposição cfc.

**70.** A amostra de jade nefrita mostrada logo no início deste capítulo tinha a fórmula Ca$_2$(Mg, Fe)$_5$(Si$_4$O$_{11}$)$_2$(OH)$_2$. (O ferro nessa fórmula está no estado de oxidação +2.)
   (a) Qual é a carga do íon (Si$_4$O$_{11}$)$^n$ nesse composto?
   (b) Qual é o estado de oxidação do Si nesse composto?
   (c) Qual é a porcentagem de ferro em uma amostra de jade que tem a fórmula Ca$_2$(Mg$_{0,35}$Fe$_{0,65}$)$_5$(Si$_4$O$_{11}$)$_2$(OH)$_2$?
   (d) Os íons de ferro na fórmula para a nefrita têm o mesmo grau de paramagnetismo do Fe$^{2+}$(g). Quantos elétrons desemparelhados por íon de ferro isso representa?

**71.** Diagramas de fases para os materiais que têm alótropos podem ser mais complicados do que aqueles apresentados neste capítulo. Use o seguinte diagrama de fases do carbono para responder às próximas perguntas.

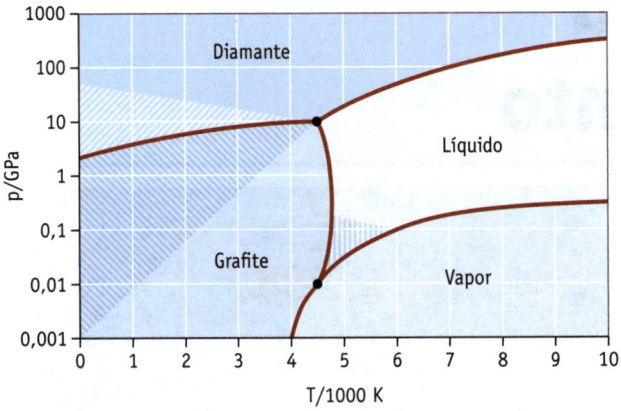

(a) Quantos pontos triplos estão presentes e quais fases estão em equilíbrio para cada um?

(b) Existe um único ponto em que todas as quatro fases estejam em equilíbrio?

(c) Qual é mais estável em altas pressões, o diamante ou o grafite?

(d) Qual é a fase estável do carbono sob temperatura ambiente e 1 atmosfera de pressão?

**72.** Prepare um gráfico da entalpia de rede para os haletos de lítio, sódio e potássio (Tabela 12.1) em função da soma dos raios iônicos para os íons componentes (Figura 7.11). Avalie os resultados e comente sobre a relação entre essas quantidades.

# 13 Soluções e seu Comportamento

# Sumário do capítulo

## 13.1 Unidades de Concentração

**Objetivos da Seção 13.1**

- Calcular e usar as unidades de concentração: molalidade, fração em quantidade de matéria, porcentagem em massa e partes por milhão.

- Reconhecer a diferença entre concentração em quantidade de matéria e molalidade.

Nossa atenção neste capítulo foca as propriedades de soluções. A experiência nos diz que a adição de um soluto a um líquido puro mudará as propriedades do líquido. De fato, essa é a razão de algumas soluções serem feitas. Por exemplo, a adição de anticongelante na água do radiador de seu carro previne que o líquido de resfriamento ferva no verão e congele no inverno. Os pontos de congelamento e ebulição, pressão osmótica e variações na pressão de vapor de soluções são exemplos de propriedades abordadas neste capítulo. Essas propriedades, chamadas de propriedades coligativas, dependem do número de partículas de soluto por molécula de solvente e não da identidade do soluto.

**Soluções** Uma solução é uma mistura homogênea de duas ou mais substâncias em uma única fase. Por convenção, o componente em maior quantidade é identificado como o solvente e os outros componentes como solutos (Seção 1.3).

Para analisar as propriedades coligativas das soluções, necessitamos de maneiras para definir as concentrações do soluto, que refletem o número de moléculas ou de íons do soluto por molécula de solvente. Quatro unidades de concentração aqui descritas possuem essa característica: a molalidade, a fração em quantidade de matéria ou fração em mol, a porcentagem em massa e as partes por milhão (ppm).

A **molalidade**, $m$, de uma solução é definida como a quantidade de matéria de soluto (mol) por quilograma de solvente.

$$\text{Concentração } (c, \text{ mol kg}^{-1}) = \text{molalidade da solução} = \frac{\text{quantidade de matéria de soluto (mol)}}{\text{massa de solvente (kg)}} \qquad (13.1)$$

Para preparar uma solução 1,00 mol kg$^{-1}$, por exemplo, adiciona-se 1,00 mol de soluto em 1,00 kg de água.

◀ **Mergulho autônomo: É importante considerar a solubilidade de gases nos fluidos corporais ao mergulhar.**

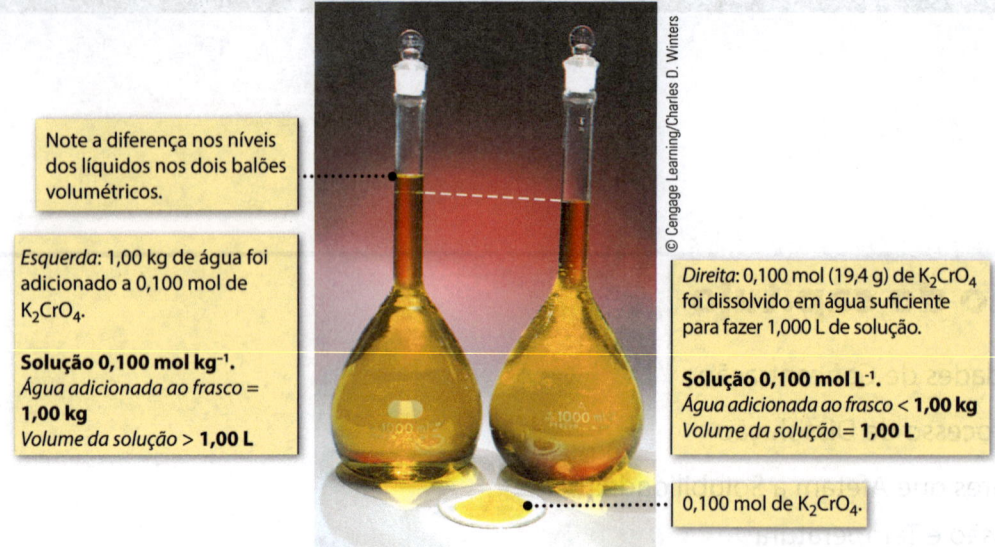

Note a diferença nos níveis dos líquidos nos dois balões volumétricos.

*Esquerda*: 1,00 kg de água foi adicionado a 0,100 mol de $K_2CrO_4$.

**Solução 0,100 mol kg$^{-1}$.**
*Água adicionada ao frasco =* **1,00 kg**
*Volume da solução >* **1,00 L**

*Direita*: 0,100 mol (19,4 g) de $K_2CrO_4$ foi dissolvido em água suficiente para fazer 1,000 L de solução.

**Solução 0,100 mol L$^{-1}$.**
*Água adicionada ao frasco <* **1,00 kg**
*Volume da solução =* **1,00 L**

0,100 mol de $K_2CrO_4$.

© Cengage Learning/Charles D. Winters

**FIGURA 13.1 Preparando soluções 0,100 mol kg$^{-1}$ e 0,100 molar.**

A concentração em quantidade de matéria é uma unidade de concentração que foi definida anteriormente e utilizada em cálculos estequiométricos (veja a Seção 4.5). Essa unidade não é útil quando se lida com a maioria das propriedades coligativas porque, ao preparar uma solução de dada concentração em quantidade de matéria, a quantidade de solvente não é conhecida.

A diferença entre *molalidade* (*m*) e *concentração em quantidade de matéria* (*c*) é ilustrada na Figura 13.1. O balão volumétrico à direita contém uma solução aquosa de cromato de potássio 0,100 mol L$^{-1}$. A solução foi feita adicionando-se água suficiente para obter 0,100 mol de $K_2CrO_4$ em um volume de 1,000 L de solução. Se 1,00 L (1,00 kg) de água é adicionado a 0,100 mol de $K_2CrO_4$ para fazer uma solução 0,100 mol kg$^{-1}$, o volume da solução será maior que 1,000 L, como pode ser visto no balão do lado esquerdo da foto.

**Fração em Quantidade de Matéria e Gases** Introduzimos previamente o uso da fração em quantidade de matéria quando discutimos misturas de gases na Seção 10.5.

A **fração em quantidade de matéria**, *X*, de um componente da solução é definida como a quantidade de matéria desse componente ($n_A$) dividida pela quantidade de matéria total dos componentes da mistura ($n_A + n_B + n_C + \ldots$) Matematicamente, é representada como:

$$\text{Fração em quantidade de matéria de A } (X_A) = \frac{n_A}{n_A + n_B + n_C + \ldots} \tag{13.2}$$

Considere uma solução que contenha 1,00 mol (46,1 g) de etanol, $C_2H_5OH$, em 9,00 mol (162 g) de água. Aqui a fração em quantidade de matéria do álcool é 0,100 e a da água é 0,900.

$$X_{\text{etanol}} = \frac{1,00 \text{ mol de etanol}}{1,00 \text{ mol de etanol} + 9,00 \text{ mol de água}} = 0,100$$

$$X_{\text{água}} = \frac{9,00 \text{ mol de água}}{1,00 \text{ mol de etanol} + 9,00 \text{ mol de água}} = 0,900$$

Observe que a soma das frações em quantidade de matéria dos componentes na solução é igual a 1,000, uma relação que deve ser verdadeira, baseada na definição da fração em quantidade de matéria.

**Porcentagem em massa** é a massa de um componente dividida pela massa total da solução, multiplicada por 100%:

$$\% \text{ Massa de A} = \frac{\text{massa de A}}{\text{massa de A} + \text{massa de B} + \text{massa de C} + \ldots} \times 100\% \tag{13.3}$$

A mistura álcool-água tem 46,1 g de etanol e 162 g de água, portanto a massa total da solução é 208,1 g, e a porcentagem em massa de álcool é

$$\% \text{ Massa de etanol} = \frac{46,1 \text{ g de etanol}}{46,1 \text{ g de etanol} + 162 \text{ g de água}} \times 100\% = 22,2\%$$

A porcentagem em massa é uma unidade comum em produtos de consumo (Figura 13.2). O vinagre, por exemplo, é uma solução aquosa contendo aproximadamente 5% de ácido acético e 95% de água. O rótulo de um alvejante doméstico indica seu ingrediente ativo como 6,00% de hipoclorito de sódio (NaOCl) em 94,00% de ingredientes inertes.

A unidade **ppm (partes por milhão)** também se refere às quantidades relativas em massa de soluto e solvente; 1,00 ppm representa uma solução contendo 1,0 g de soluto em uma solução com massa total de 1,0 milhão de gramas (equivalente a 1 mg por 1000 g). Essa unidade é comumente utilizada para identificar concentrações de solutos em soluções muito diluídas. É útil na Química (em especial em Química Ambiental) e em disciplinas como Biologia, Geologia e Oceanografia.

**FIGURA 13.2 Porcentagem em massa.** A composição de muitos produtos comuns é dada frequentemente em termos de porcentagem em massa.

## EXEMPLO 13.1

### Calculando Fração em Quantidade de Matéria, Molalidade e Porcentagem em Massa

**Problema** Suponha que sejam adicionados 1,2 kg de etilenoglicol, $HOCH_2CH_2OH$, como anticongelante a 4,0 kg de água no radiador de seu carro. Quais são a fração em quantidade de matéria, a molalidade e a porcentagem em massa do etilenoglicol?

**O que você sabe?** Você sabe a identidade e as massas do soluto e do solvente.

**Estratégia** As quantidades de soluto e de solvente podem ser calculadas utilizando-se a massa e a massa molar de cada componente. As massas e quantidades de soluto e solvente podem então ser combinadas para calcular a concentração em cada uma das unidades de concentração desejadas utilizando-se as Equações 13.1-13.3.

**RESOLUÇÃO** A massa de 1,2 kg de etilenoglicol (massa molar = 62,1 g $mol^{-1}$) equivale a 19 mol, e 4,0 kg de água representam 222 mol.

Fração em quantidade de matéria:

$$X_{etilenoglicol} = \frac{19,3 \text{ mol de etilenoglicol}}{19,3 \text{ mol de etilenoglicol} + 222 \text{ mol de água}} = \boxed{0,080}$$

Molalidade:

$$c_{etilenoglicol} = \frac{19,3 \text{ mol de etilenoglicol}}{4,0 \text{ kg de água}} = 4,8 \text{ mol kg}^{-1} = \boxed{4,8 \text{ mol kg}^{-1}}$$

Porcentagem em massa:

$$\% \text{ Massa} = \frac{1,2 \times 10^3 \text{ g de etilenoglicol}}{1,2 \times 10^3 \text{ g de etilenoglicol} + 4,0 \times 10^3 \text{ g de água}} \times 100\% = \boxed{23\%}$$

**Pense bem antes de responder** Embora os valores numéricos sejam muito diferentes, a informação contida nesses valores é similar; cada uma expressa números relativos ao solvente e às partículas do soluto.

### Verifique seu entendimento

(a) Fração em quantidade de matéria, molalidade e porcentagem em massa: se você dissolver 10,0 g (aproximadamente uma colher de chá) de açúcar (sacarose, $C_{12}H_{22}O_{11}$) em um copo com água (250,0 g), quais serão a fração em quantidade de matéria, a molalidade e a porcentagem em massa do açúcar?

(b) Partes por milhão: a água do mar tem concentração de íons sódio de $1,08 \times 10^4$ ppm. Se o sódio estiver presente na forma de cloreto de sódio dissolvido, que massa de NaCl há em cada litro de água do mar? A água do mar é mais densa que a água pura por causa dos sais dissolvidos. Sua densidade é de 1,05 g $mL^{-1}$.

**ppb e ppt** As unidades ppb (partes por bilhão) e ppt (partes por trilhão) estão relacionadas com as ppm. Técnicas analíticas sofisticadas estão agora disponíveis e podem detectar traços de impurezas no nível de ppb e de ppt.

**Anticongelante comercial.** Essa solução contém etilenoglicol, $HOCH_2CH_2OH$, um álcool que se solubiliza rapidamente em água. Normas especificam que anticongelantes à base de etilenoglicol devem ter pelo menos 75% em massa desse composto (o restante da solução pode ser composto de outros glicóis e água).

## 13.2  O Processo de Dissolução

### Objetivos da Seção 13.2

- Entender o processo de dissolução de um soluto em um solvente e reconhecer a terminologia usada (saturada, insaturada, supersaturada, solubilidade e miscível).

- Entender a termodinâmica associada com o processo de dissolução e calcular a entalpia de dissolução a partir de dados termodinâmicos.

**Insaturado** O termo insaturado é utilizado para se referir a soluções cuja concentração de soluto é menor do que a da solução saturada.

Se o $CuCl_2$ sólido for adicionado a um béquer com água, o sal começará a dissolver (veja a Figura 13.3). A quantidade de sólido diminui e as concentrações de $Cu^{2+}$(aq) e $Cl^-$(aq) na solução aumentam. Se continuarmos a adicionar $CuCl_2$, entretanto, chegará um ponto em que o $CuCl_2$ adicional parece não se dissolver mais. As concentrações de $Cu^{2+}$(aq) e de $Cl^-$(aq) não aumentarão mais e qualquer sólido $CuCl_2$ adicional simplesmente permanecerá como um sólido no fundo do béquer. Dizemos que a solução está **saturada.**

Embora nenhuma mudança seja observada no nível macroscópico quando uma solução está saturada, trata-se de uma situação diferente no nível particulado. O processo de dissolução continua ocorrendo, com íons $Cu^{2+}$ e $Cl^-$ saindo do estado sólido e entrando na solução. Entretanto, ao mesmo tempo, $CuCl_2$(s) está sendo formado a partir de $Cu^{2+}$(aq) e $Cl^-$(aq). As velocidades nas quais o $CuCl_2$ se dissolve e se reprecipita são iguais em uma solução saturada, de modo que nenhuma mudança líquida na concentração dos íons é observada no nível macroscópico.

Esse processo é outro exemplo de um equilíbrio dinâmico (Seção 3.3) e podemos considerar o que acontece em termos de uma equação na qual as substâncias estão ligadas por um conjunto de setas duplas ($\rightleftharpoons$):

$$CuCl_2(s) \rightleftharpoons Cu^{2+}(aq) + 2Cl^-(aq)$$

Uma solução saturada fornece uma maneira de definir precisamente a solubilidade de um sólido em um líquido. A **solubilidade** é a concentração de soluto em equilíbrio com o soluto não dissolvido em uma solução saturada. A solubilidade do $CuCl_2$, por exemplo, é de 70,6 g em 100 mL de água a 0°C. Se adicionarmos 100,0 g de $CuCl_2$ a 100 mL de água a 0°C, podemos esperar que 70,6 g dissolvam-se e 29,4 g de sólido permaneçam sem dissolver.

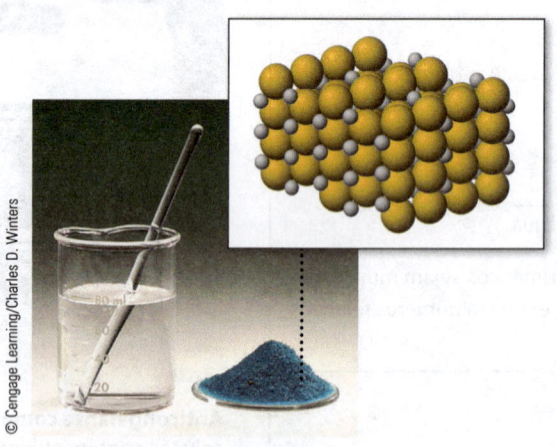

**(a)** Cloreto de cobre(II), o soluto, é adicionado à água, o solvente.

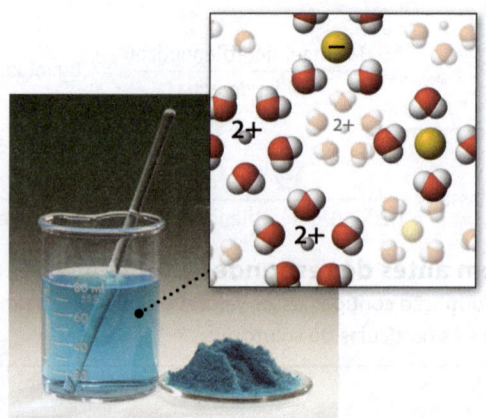

**(b)** Interações entre as moléculas de água e os íons $Cu^{2+}$ e $Cl^-$ permitem ao sólido dissolver-se. Os íons estão agora circundados pelas moléculas de água.

**FIGURA 13.3  Fazendo uma solução de cloreto de cobre(II) (o soluto) em água (o solvente).** Quando compostos iônicos dissolvem-se na água, cada íon é rodeado por moléculas de água. O número de moléculas de água depende do tamanho e da carga do íon.

© Cengage Learning/Charles D. Winters

## UM OLHAR MAIS ATENTO

# Soluções Supersaturadas

Embora à primeira vista pareça uma contradição, é possível ter uma solução em que há mais soluto dissolvido do que a quantidade em uma solução saturada. Essas soluções são referidas como **supersaturadas**. As soluções supersaturadas são instáveis, e o sólido adicional pode cristalizar-se a partir da solução até que a concentração de equilíbrio do soluto seja alcançada.

A solubilidade das substâncias frequentemente diminui se a temperatura diminui. As soluções supersaturadas são geralmente obtidas preparando-se uma solução saturada a uma temperatura elevada e cuidadosamente resfriada. Se a velocidade da cristalização for lenta, é possível que o sólido não se precipite quando a solubilidade for excedida. O resultado é uma solução que possui mais soluto do que a quantidade definida pelas condições de equilíbrio; ela é supersaturada.

Quando perturbada de alguma forma, uma solução supersaturada desloca-se em direção ao equilíbrio por meio da precipi-

**Soluções supersaturadas.** Quando uma solução supersaturada é perturbada, o sal dissolvido (neste caso, acetato de sódio, $NaCH_3CO_2$) cristaliza-se rapidamente.

tação de soluto. Essa mudança pode ocorrer rapidamente, muitas vezes com a liberação de calor. De fato, as soluções su-

**Calor de cristalização.** Uma compressa quente baseia-se no calor liberado pela cristalização de acetato de sódio.

persaturadas são usadas nas "compressas quentes" vendidas comercialmente para aplicar calor em músculos contundidos. Quando a cristalização do acetato de sódio ($NaCH_3CO_2$) de uma solução supersaturada em uma compressa quente é iniciada, a temperatura da compressa sobe até aproximadamente 50°C e cristais de acetato de sódio sólido são visíveis no interior da embalagem.

## Líquidos Dissolvendo-se em Líquidos

Se dois líquidos são misturados em qualquer proporção para formar uma mistura homogênea, dizemos que são **miscíveis**. Por outro lado, os líquidos **imiscíveis** não se misturam completamente em todas as proporções; eles existem em contato um com o outro como camadas separadas (Figura 13.4). O etanol ($C_2H_5OH$) e a água, ambos compostos polares, são miscíveis, do mesmo modo que os líquidos apolares octano ($C_8H_{18}$) e tetracloreto de carbono ($CCl_4$). Muitas observações similares a estas levam-nos a uma regra familiar: *semelhante dissolve semelhante*. Líquidos apolares são quase sempre miscíveis, do mesmo modo que líquidos polares.

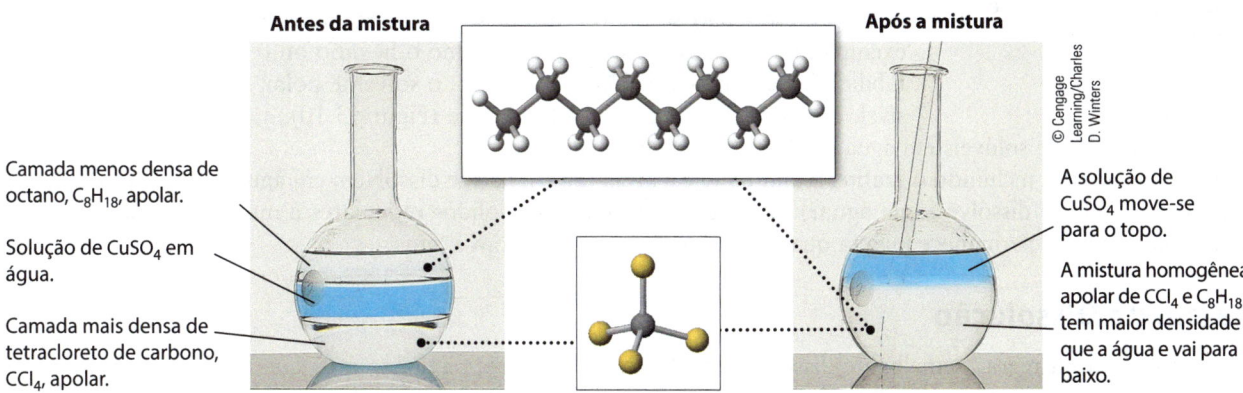

**Antes da mistura**

Camada menos densa de octano, $C_8H_{18}$, apolar.

Solução de $CuSO_4$ em água.

Camada mais densa de tetracloreto de carbono, $CCl_4$, apolar.

**Após a mistura**

A solução de $CuSO_4$ move-se para o topo.

A mistura homogênea apolar de $CCl_4$ e $C_8H_{18}$ tem maior densidade que a água e vai para baixo.

**(a) Antes da mistura.** A camada inferior incolor mais densa é de tetracloreto de carbono, $CCl_4$, apolar. A camada média é uma solução de $CuSO_4$ em água e a camada incolor superior é o octano, $C_8H_{18}$, apolar e menos denso. Essa mistura foi preparada por meio de cuidadosa sobreposição de um líquido sobre outro, sem agitar.

**(b) Após a mistura.** Após agitar a mistura, os dois líquidos apolares formam uma mistura homogênea. Essa camada de líquidos misturados está sob a camada de solução porque a mistura de $CCl_4$ e $C_8H_{18}$ tem maior densidade que a água.

**FIGURA 13.4 Miscibilidade.**

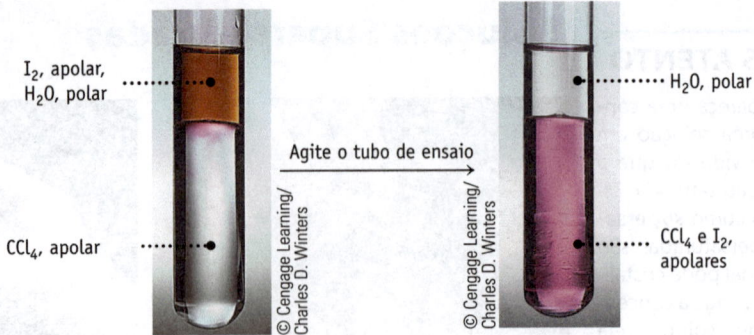

I$_2$, apolar,
H$_2$O, polar

Agite o tubo de ensaio

CCl$_4$, apolar

H$_2$O, polar

CCl$_4$ e I$_2$,
apolares

© Cengage Learning/
Charles D. Winters

**FIGURA 13.5  Solubilidades do iodo apolar em água polar e em tetracloreto de carbono apolar.** Quando uma solução de I$_2$ apolar em água (a camada superior no tubo de ensaio da esquerda) é agitada com o CCl$_4$ apolar (o líquido incolor na parte de baixo do tubo de ensaio da esquerda), o I$_2$ transfere-se preferencialmente para o solvente apolar. Uma prova de que isso ocorreu é a cor púrpura da camada inferior de CCl$_4$ no tubo de ensaio da direita.

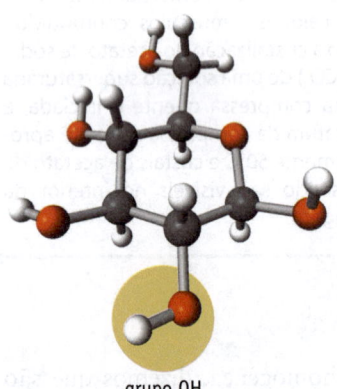

grupo OH

**Semelhante dissolve semelhante.** A glicose possui 5 grupos —OH em cada molécula, grupos que permitem que se formem ligações de hidrogênio com as moléculas de água. Como resultado, a glicose dissolve-se rapidamente na água.

Por outro lado, solventes apolares, como o C$_8$H$_{18}$ e o CCl$_4$, não são miscíveis com a água, que é polar. Como regra geral, solventes polares provavelmente não são miscíveis com solventes apolares.

## Sólidos Dissolvendo-se em Líquidos

A regra "semelhante dissolve semelhante" também se aplica a sólidos moleculares dissolvendo-se em líquidos. Sólidos apolares, como o naftaleno, C$_{10}$H$_8$, dissolvem-se facilmente em solventes apolares, como o benzeno, C$_6$H$_6$, e o hexano, C$_6$H$_{14}$. O iodo, I$_2$, um sólido inorgânico apolar, dissolve-se em água até certo ponto, mas se dissolve muito mais em líquidos apolares como o CCl$_4$ (Figura 13.5). Sólidos polares são geralmente solúveis em líquidos polares, como a água. A sacarose (açúcar), um sólido molecular polar com vários grupos —OH, dissolve-se rapidamente em água, um fato que conhecemos bem, pois a utilizamos para adoçar bebidas.

Conforme já visto, a maioria dos líquidos apolares provavelmente é insolúvel ou apresenta baixa solubilidade em solventes polares, como a água. O oposto também é verdadeiro. Solutos polares, o açúcar, por exemplo, tendem a possuir menor solubilidade em solventes apolares, como a gasolina.

Compostos iônicos podem ser considerados exemplos extremos de compostos polares e estes não se dissolvem em solventes apolares. O cloreto de sódio, por exemplo, não se dissolve em líquidos como o hexano ou o CCl$_4$. Entretanto, a solubilidade de compostos iônicos na água, o solvente polar, não é facilmente previsível. Lembre-se da regra da solubilidade (Figura 3.10), a qual prediz que alguns compostos iônicos são solúveis em água enquanto outros não são.

Sólidos covalentes, incluindo o grafite, o diamante e a areia (SiO$_2$), não se dissolvem em água (onde estariam todas as praias se a areia se dissolvesse na água?). A ligação covalente nos sólidos reticulares é muito forte para ser quebrada, e sua estrutura permanece intacta quando entram em contato com a água.

## Entalpia de Dissolução

Qual é a base para a regra "semelhante dissolve semelhante"? Primeiro, reconhecemos que há dois fatores que determinam se algum processo vai ocorrer. Um fator é a variação de entalpia no processo, aqui a *entalpia de dissolução*. O segundo fator é a variação de entropia para o processo. A entropia é uma função termodinâmica que mede maior dispersão de energia das partículas na mistura em relação aos líquidos puros (Figura 13.6). Quanto maior a energia associada à dispersão, maior a entropia, e mais favorável é o processo. Discutiremos a entropia mais profundamente no Capítulo 18; aqui apenas indicaremos que, ao avaliar dissoluções, o efeito da entropia é, frequentemente, dominante. A entalpia de dissolução, que pode ser interpretada de maneira rápida com base nas forças de atração entre as partículas, é um fator importante na determinação da solubilidade, porém menos que o fator da entropia.

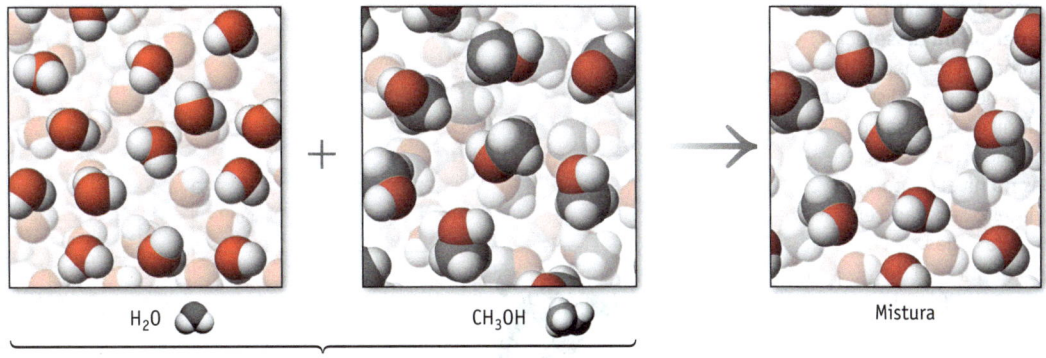

$H_2O$  $CH_3OH$  Mistura

Líquidos separados

**FIGURA 13.6 Conduzindo o processo de dissolução-entropia.** Quando dois líquidos similares – aqui a água e o metanol – são misturados, as moléculas mesclam-se e a energia do sistema se torna mais dispersa do que nos dois líquidos puros separados. Uma medida dessa energia de dispersão é a entropia, uma função termodinâmica descrita em mais detalhes no Capítulo 18.

É possível avaliar a variação de entalpia que ocorre quando uma solução é formada avaliando as forças intermoleculares entre as partículas. Na água pura e no metanol puro ($CH_3OH$), a principal força entre as moléculas é a ligação de hidrogênio envolvendo os grupos —OH. Quando os dois líquidos são misturados, as ligações de hidrogênio entre o metanol e as moléculas de água também ocorrem. Como as forças de atração soluto-solvente e soluto-soluto são de magnitudes similares, podemos prever que a variação de entalpia na dissolução será pequena.

De forma similar, pode-se esperar que a variação de entalpia quando se dissolve um soluto apolar em um solvente apolar seja próxima de zero. Moléculas de octano puro ou $CCl_4$ puro, ambas apolares, são mantidas unidas na fase líquida pelas forças de dispersão de London (Seção 11.4). Quando esses líquidos apolares são misturados, a energia associada com as forças de atração entre o soluto e o solvente é similar àquela associada com as forças de atração entre as moléculas de octano e de $CCl_4$ como líquidos puros. Assim como em soluções de solutos polares em solventes polares, pouca ou nenhuma variação de energia ocorre; espera-se que o processo de dissolução ocorra com uma variação mínima de energia.

Para compostos iônicos dissolvendo-se em água, uma variação de entalpia favorável (um $\Delta_{dissolução}H$ negativo) geralmente leva um composto a ser solúvel. Por exemplo, o hidróxido de sódio é muito solúvel, dissolvendo-se em água com liberação

**A Entropia e o Processo de Dissolução** É geralmente aceito que a entropia é o maior contribuinte do processo de dissolução. (Veja o Capítulo 18 e SILVERSTEIN, T. P. The real reason why oil and water don't mix. *Journal of Chemical Education*, v. 75, p. 116-118, 1998.)

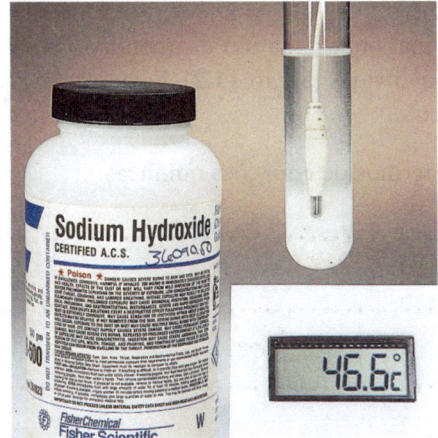

**(a)** A dissolução de NaOH em água é um processo altamente exotérmico.

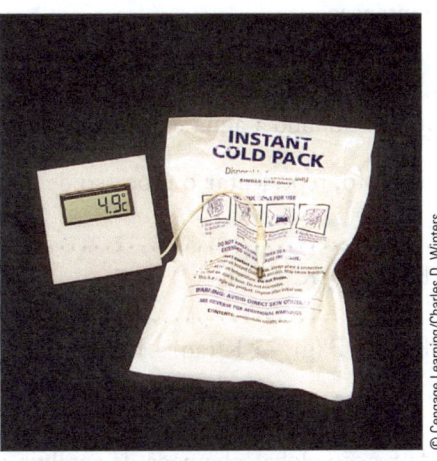

**(b)** Uma "compressa fria" contém nitrato de amônio sólido, $NH_4NO_3$, e uma embalagem com água. Quando a água e o $NH_4NO_3$ são misturados e o sal dissolve-se, a temperatura do sistema cai devido à entalpia endotérmica da dissolução de nitrato de amônio ($\Delta_{dissolução}H° = +25,7$ kJ mol$^{-1}$).

**FIGURA 13.7 Dissolução de sólidos iônicos e a entalpia de dissolução.**

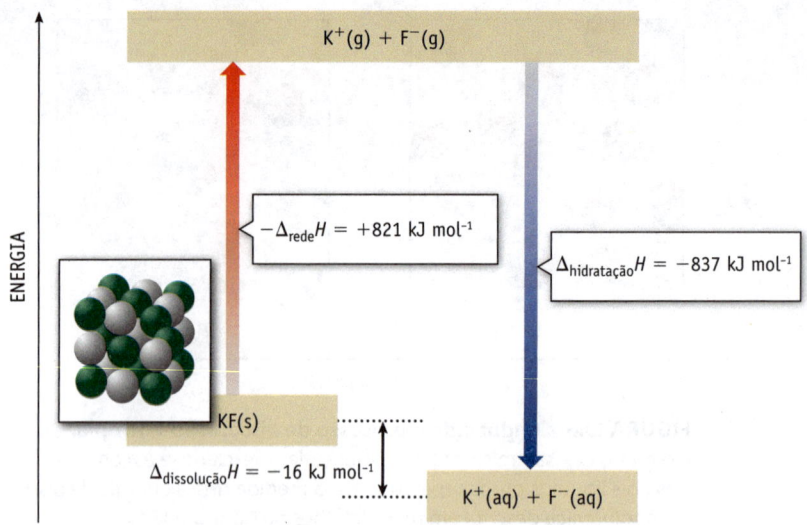

**FIGURA 13.8 Modelo para as variações de energia na dissolução de KF.** Uma estimativa da magnitude das variações de energia ao dissolver um composto iônico em água pode ser feita se imaginarmos que isso ocorre em duas etapas no nível de partículas. Aqui, o KF é primeiro separado em cátion e ânion na fase gasosa com consumo de 821 kJ por mol de KF. Esses íons são então hidratados com $\Delta_{hidratação} H$, o qual estima-se ser –837 kJ. Portanto, o saldo energético é de –16 kJ, uma entalpia de dissolução levemente exotérmica.

significativa de calor (Figura 13.7a). Uma variação de entalpia desfavorável, no entanto, não garante que um composto iônico não vai dissolver. O cloreto de sódio é bastante solúvel em água, embora o processo de dissolução seja levemente endotérmico. O nitrato de amônio é bastante solúvel em água em um processo que também é endotérmico, evidenciado pelo fato de que a solução torna-se perceptivelmente mais fria (Figura 13.7b). Nesses casos, devemos concluir que a entropia é a força que conduz ao processo de dissolução.

Para entender mais a respeito da energia dos processos que envolvem a solubilidade, usaremos o processo de dissolução de KF em água para ilustrar o que ocorre. O diagrama de níveis de energia na Figura 13.8 nos ajudará a acompanhar as mudanças. O fluoreto de potássio possui um retículo cristalino com íons $K^+$ e $F^-$ alternados, mantidos no lugar por forças de atração provenientes de suas cargas opostas. Na água, esses íons são separados uns dos outros e *hidratados*, ou seja, eles são circundados por moléculas de água. As forças de atração íon-dipolo ligam fortemente as moléculas de água a cada íon. A variação de energia que ocorre no processo a partir do reagente, KF(s), para os produtos, $K^+$(aq) e $F^-$(aq), é a soma das energias em duas etapas individuais:

1. É preciso fornecer energia para separar os íons no retículo, em oposição a forças de atração. Isso é o contrário do processo que define a entalpia de rede de um composto iônico (Seção 12.3), e seu valor será igual a $-\Delta_{rede} H$. A separação dos íons uns dos outros é um processo altamente endotérmico, porque as forças de atração entre os íons são intensas.

2. Energia é liberada quando os íons individuais dissolvem-se na água, onde cada íon é circundado por moléculas de água. As forças de atração intensas (forças íon-dipolo) estão envolvidas (Seção 11.2). Esse processo, chamado de **hidratação** quando a água é o solvente, é altamente exotérmico.

Podemos, portanto, representar o processo de dissolução do KF em termos de equações químicas:

**ETAPA 1** $KF(s) \longrightarrow K^+(g) + F^-(g)$ $\qquad\qquad -\Delta_{rede} H$

**ETAPA 2** $K^+(g) + F^-(g) \longrightarrow K^+(aq) + F^-(aq)$ $\qquad\qquad \Delta_{hidratação} H$

A entalpia da reação global, chamada de **entalpia de dissolução** ($\Delta_{dissolução} H$), é a soma das duas mudanças de entalpia.

Global: $\qquad KF(s) \longrightarrow K^+(aq) + F^-(aq) \qquad \Delta_{dissolução} H = -\Delta_{rede} H + \Delta_{hidratação} H$

Podemos usar essa equação para calcular $\Delta_{hidratação} H$. Da energia de rede para o KF (–821 kJ mol⁻¹, calculado usando um ciclo de Born-Haber; Seção 12.3) e o valor de $\Delta_{dissolução} H$ (–16,4 kJ mol⁻¹, de calorimetria), podemos determinar que $\Delta_{hidratação} H$ é –837 kJ mol⁻¹.

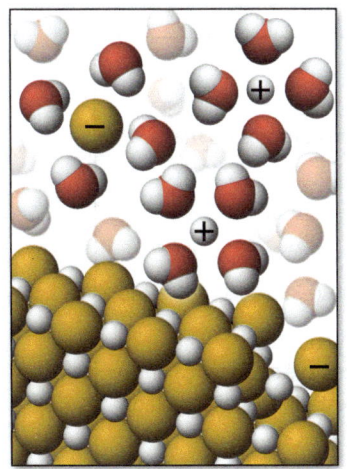

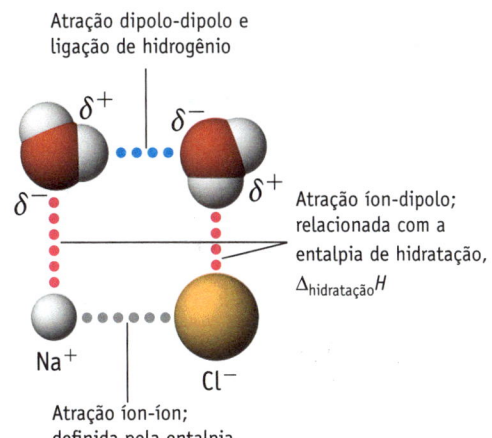

Atração dipolo-dipolo e ligação de hidrogênio

$\delta^+$     $\delta^-$

$\delta^-$     $\delta^+$     Atração íon-dipolo; relacionada com a entalpia de hidratação, $\Delta_{hidratação}H$

$Na^+$

$Cl^-$

Atração íon-íon; definida pela entalpia de rede, $\Delta_{rede}H$

**FIGURA 13.9** **Dissolução de um sólido iônico em água.** Este processo é um balanço de forças. Há forças intermoleculares entre as moléculas de água e forças íon-íon atuantes no retículo iônico cristalino. Para dissolver, as forças íon-dipolo entre a água e os íons ($\Delta_{hidratação}H$) devem superar as forças íon-íon ($\Delta_{rede}H$) e as forças intermoleculares na água.

Como regra geral, por ser solúvel em água, um composto iônico terá uma entalpia de dissolução que será exotérmica ou apenas levemente endotérmica (Figura 13.9). Nesse último caso, assume-se que o processo de dissolução deve-se ao fato de que a característica endotérmica seja balanceada por uma entropia de dissolução favorável. Se o processo de dissolução for muito endotérmico (por causa da baixa energia de hidratação), então é improvável que o composto seja solúvel. De modo similar, podemos concluir que os solventes apolares não solvatariam os íons com suficiente intensidade e que o processo de dissolução seria, portanto, desfavorável. Dessa forma, prevemos que um composto iônico, como o sulfato de cobre(II), não é solúvel em solventes apolares, como o tetracloreto de carbono e o octano (Figura 13.4).

Também é útil reconhecer que a entalpia do processo de dissolução é a diferença entre dois números muito grandes. Pequenas variações nas entalpias reticulares ou nas de hidratação podem determinar se um processo de dissolução é endotérmico ou exotérmico.

## Entalpia de Dissolução: Dados Termodinâmicos

Tabelas de valores termodinâmicos frequentemente incluem valores para as entalpias de formação de soluções aquosas de sais. Por exemplo, $\Delta_f H°$ para NaCl(aq) (−407,3 kJ mol⁻¹, Tabela 13.1 e Apêndice L) refere-se à formação de uma solução de 1 mol kg⁻¹ de NaCl a partir de seus elementos. É preciso considerar o envolvimento das variações na entalpia para as duas etapas: (1) a formação de NaCl(s) a partir dos elementos Na(s) e Cl₂ (g) em estados padrão ($\Delta_f H°$) e (2) a formação de uma solução de 1 mol kg⁻¹ ao dissolver NaCl sólido na água ($\Delta_{dissolução}H°$):

**Tabela 13.1 Dados para Calcular a Entalpia de Dissolução**

| Composto | $\Delta_f H°$(s) (kJ mol⁻¹) | $\Delta_f H°$ (aq, 1 mol kg⁻¹) (kJ mol⁻¹) |
|---|---|---|
| LiF | −616,9 | −611,1 |
| NaF | −573,6 | −572,8 |
| KF | −568,6 | −585,0 |
| RbF | −557,7 | −583,8 |
| LiCl | −408,7 | −445,6 |
| NaCl | −411,1 | −407,3 |
| KCl | −436,7 | −419,5 |
| RbCl | −435,4 | −418,3 |
| NaOH | −425,9 | −469,2 |
| NH₄NO₃ | −365,6 | −339,9 |

Formação de NaCl(s):    Na(s) + ½Cl₂(g) → NaCl(s)      $\Delta_f H° = -411,11$ kJ mol⁻¹

Dissolução de NaCl(s):    NaCl(s) → NaCl(aq, 1 mol kg⁻¹)      $\Delta_{dissolução}H° = +3,8$ kJ mol⁻¹

Processo global:    Na(s) + ½Cl₂(g) → NaCl(aq, 1 mol kg⁻¹)      $\Delta_f H° = -407,3$ kJ mol⁻¹

Ao combinar as entalpias de formação de um sólido e de sua solução aquosa, pode-se calcular a entalpia de dissolução, como descrito no Exemplo 13.2.

**EXEMPLO 13.2**

## Calculando uma Entalpia de Dissolução

**Problema** Determine a entalpia de dissolução do $NH_4NO_3$, o composto utilizado em compressas frias.

**O que você sabe?** O processo de dissolução do $NH_4NO_3$ é representado pela equação:

$$NH_4NO_3(s) \rightarrow NH_4NO_3(aq)$$

As entalpias de formação do $NH_4NO_3$ no estado sólido ($-365,6$ kJ mol$^{-1}$) e em solução ($-339,9$ kJ mol$^{-1}$) são dadas na Tabela 13.1.

**Estratégia** A Equação 5.6 (Seção 5.7) afirma que a variação de entalpia em um processo é a diferença entre a entalpia de formação, $\Delta_f H$, do estado final (aqui, o composto em solução) e a do estado inicial (o estado sólido).

**RESOLUÇÃO** A variação de entalpia para esse processo é calculada utilizando-se a Equação 5.6, como segue:

$$\Delta_{dissolução}H° = \sum[n\Delta_f H°(\text{produto})] - \sum[n\Delta_f H°(\text{reagente})]$$
$$= \Delta_f H°[NH_4NO_3(aq)] - \Delta_f H°[NH_4NO_3(s)] \text{ (em que } n = 1 \text{ para ambos)}$$
$$= -339,9 \text{ kJ} - (-365,6 \text{ kJ}) = +25,7 \text{ kJ}$$

**Pense bem antes de responder** O processo é endotérmico, como indicado pelo fato de que $\Delta_{dissolução}H°$ tem um valor positivo, como verificado pelo experimento da Figura 13.7b.

### Verifique seu entendimento

Use os dados da Tabela 13.1 para calcular a entalpia de dissolução do NaOH.

## **13.3** Fatores que Afetam a Solubilidade: Pressão e Temperatura

**Objetivos da Seção 13.3**

- Descrever os efeitos da pressão e da temperatura na solubilidade de um soluto.

- Usar a lei de Henry para calcular a solubilidade de um gás em um solvente.

- Aplicar o princípio de Le Chatelier para prever a variação na solubilidade de gases com a variação de temperatura.

Pressão e temperatura são dois fatores externos que afetam a solubilidade. Ambos afetam a solubilidade de gases em líquidos, enquanto apenas a temperatura afeta a solubilidade de sólidos em líquidos.

### Dissolução de Gases em Líquidos: Lei de Henry

A solubilidade de um gás em um líquido é diretamente proporcional à pressão do gás. Isso é o que diz a **lei de Henry**,

$$S_g = k_H P_g \tag{13.4}$$

em que $S_g$ é a solubilidade do gás (em mol kg$^{-1}$), $P_g$ é a pressão parcial do gás e $k_H$ é a constante da lei de Henry (Tabela 13.2), uma constante característica do soluto e do solvente.

Refrigerantes carbonatados ilustram como a lei de Henry atua. Essas bebidas são engarrafadas sob pressão em uma câmara preenchida com gás dióxido de

**Tabela 13.2**
**Constantes da Lei de Henry para Gases em Água (25°C)**

| GÁS | $k_H$ (bar kg mol$^{-1}$) |
|---|---|
| He | $3,8 \times 10^{-4}$ |
| $H_2$ | $7,8 \times 10^{-4}$ |
| $N_2$ | $6,0 \times 10^{-4}$ |
| $O_2$ | $1,3 \times 10^{-3}$ |
| $CO_2$ | $0,034$ |
| $CH_4$ | $1,4 \times 10^{-3}$ |
| $C_2H_6$ | $1,9 \times 10^{-3}$ |

*Fonte: http://webbook.nist.gov/chemistry/.
*Observação*: 1 bar = 0,9869 atm.

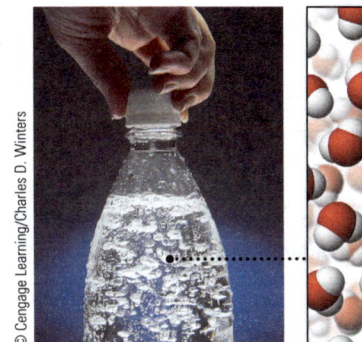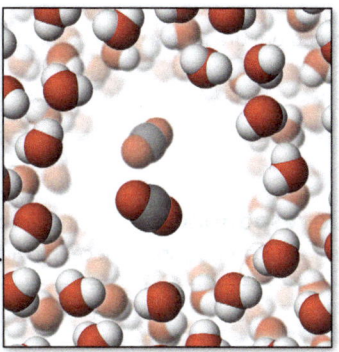

**FIGURA 13.10 Solubilidade de gases e pressão.** Bebidas carbonatadas são engarrafadas sob alta pressão de $CO_2$. Quando a garrafa é aberta, a pressão é aliviada e bolhas de $CO_2$ formam-se dentro do líquido e sobem à superfície. Depois de algum tempo, alcança-se um equilíbrio entre o $CO_2$ dissolvido e o $CO_2$ atmosférico. A bebida perde a efervescência quando a maior parte do $CO_2$ dissolvido é perdida.

carbono, parte do qual dissolve-se na bebida. Quando a garrafa ou a lata é aberta, a pressão parcial do $CO_2$ sobre a solução diminui, causando a diminuição da solubilidade do $CO_2$ e a saída de bolhas de gás da solução (Figura 13.10).

Podemos compreender melhor o efeito da pressão sobre a solubilidade pela análise de um sistema no nível particulado. A solubilidade de um gás é definida como a concentração do gás dissolvido em uma solução em equilíbrio com o gás na fase gasosa. No equilíbrio, a velocidade com que as moléculas do soluto gasoso escapam da solução e entram na fase gasosa é igual à velocidade com que as moléculas de gás entram na solução. Um aumento de pressão resulta em mais moléculas de gás que colidem com a superfície do líquido e entram na solução em determinado tempo. A solução então alcança um novo equilíbrio quando a concentração de gás dissolvido no solvente é alta o suficiente para que a velocidade de escape das moléculas do gás da solução iguale-se à velocidade de entrada das moléculas do gás para a solução.

**Limitações da Lei de Henry** A lei de Henry é válida quantitativamente apenas para gases que não interagem quimicamente com o solvente. Ela não prevê precisamente a solubilidade da $NH_3$ em água, por exemplo, porque esse composto produz pequenas concentrações de $NH_4^+$ e $OH^-$ em água.

**EXEMPLO 13.3**

## Usando a Lei de Henry

**Problema** Qual é a concentração de $O_2$ em um córrego de água doce em equilíbrio com o ar a 25°C a uma pressão de 1 bar? Expresse a resposta em gramas de $O_2$ por kg de água.

**O que você sabe?** Você sabe a pressão total do ar e a temperatura e pode buscar a constante da lei de Henry na temperatura indicada ($1,3 \times 10^{-3}$ bar kg mol$^{-1}$). (Note que 1 bar é aproximadamente 1 atm; Seção 10.1.)

**Estratégia** Você deve primeiro encontrar a pressão parcial de $O_2$ a partir da fração em quantidade de matéria no ar (0,21) e a pressão atmosférica especificada (1,0 bar). Em seguida, use a lei de Henry para calcular a solubilidade molar.

### RESOLUÇÃO

(a) A fração em quantidade de matéria do $O_2$ no ar é de 0,21, e, como a pressão total é de 1,0 bar, a pressão parcial do $O_2$ é de 0,21 bar.

(b) Usando essa pressão parcial do $O_2$ para $P_g$, pela Lei de Henry, temos que:

$$\text{Solubilidade do } O_2 = k_H P_g = \left(\frac{1,3 \times 10^{-3} \text{ mol}}{\text{kg} \cdot \text{bar}}\right)(0,21 \text{ bar}) = 2,7 \times 10^{-4} \text{ mol kg}^{-1}$$

(c) Calcule a concentração em g/kg a partir da concentração em mol kg$^{-1}$ e a massa molar do O$_2$.

$$\text{Solubilidade do } O_2 = \left(\frac{2,7 \times 10^{-4} \text{ mol}}{kg}\right)\left(\frac{32,0 \text{ g}}{\text{mol}}\right) = 0,0087 \text{ g kg}^{-1}$$

**Pense bem antes de responder**  A concentração de O$_2$ é de 8,7 ppm (8,7 mg/1000 g). Essa concentração é bastante baixa, mas é suficiente para fornecer o oxigênio necessário à vida aquática.

---

### Verifique seu entendimento

Qual é a concentração de CO$_2$ na água a 25°C quando a pressão parcial é de 0,33 bar? (Embora o CO$_2$ reaja com a água para formar traços de H$_3$O$^+$ e HCO$_3^-$, a reação ocorre em tão pequena escala que a lei de Henry é obedecida sob baixas pressões parciais de CO$_2$.)

---

## Efeitos da Temperatura na Solubilidade: Princípio de Le Chatelier

A solubilidade dos gases em água diminui com o aumento da temperatura. Pode-se perceber isso a partir de observações cotidianas, como o aparecimento de bolhas quando a água é aquecida até um pouco abaixo do ponto de ebulição.

É possível prever o efeito da temperatura na solubilidade de um gás a partir da entalpia de dissolução. Quando gases dissolvem-se em água, eles geralmente o fazem através de um processo exotérmico.

$$\Delta_{\text{dissolução}} H < 0$$
$$\text{Gás + solvente líquido} \rightleftharpoons \text{solução saturada + energia}$$

O processo inverso, a perda de moléculas de gás dissolvido por uma solução, requer energia na forma de calor. No equilíbrio, as proporções nas quais os dois processos ocorrem são as mesmas.

Para entender como a temperatura afeta a solubilidade, retomamos o **princípio de Le Chatelier**, o qual afirma que uma mudança em qualquer um dos fatores que determinam um equilíbrio faz com que o sistema se ajuste de modo a reduzir ou neutralizar o efeito da mudança. Se uma solução de um gás em um líquido é aquecida, por exemplo, o equilíbrio se deslocará de modo a absorver uma parte da energia adicionada. Isto é, a reação

Processo exotérmico
$$\Delta_{\text{dissolução}} H \text{ é negativo.}$$
$$\text{Gás + solvente líquido} \rightleftharpoons \text{solução saturada + energia}$$

Adiciona energia. Equilíbrio desloca-se para a esquerda.

desloca-se para a esquerda com o aumento da temperatura, porque a energia é absorvida no processo que produz moléculas de gás livres e solvente puro. Esse deslocamento corresponde a uma menor quantidade de gás dissolvido e a uma solubilidade mais baixa a temperaturas mais altas, que é o resultado observado.

A solubilidade de sólidos em água também é afetada pela temperatura, mas, diferentemente da situação que envolve soluções de gases, não se observa um padrão geral de comportamento. Na Figura 13.11, as solubilidades de diversos sais estão representadas em um gráfico em função da temperatura. A solubilidade de muitos sais aumenta com a elevação da temperatura, mas há exceções. Previsões baseadas no fato de a entalpia de dissolução ser positiva ou negativa funcionam na maior parte dos casos, mas não em todos.

Os químicos tiram proveito da variação da solubilidade com a temperatura para purificar compostos. Uma amostra impura de um composto que é mais solúvel a temperaturas mais elevadas é dissolvida aquecendo-se a solução. A solução é então resfriada para diminuir a solubilidade (Figura 13.11c). Quando o limite de solubilidade é atingido sob uma temperatura mais baixa, formam-se cristais do composto puro. Se o processo é feito lenta e cuidadosamente, pode-se às vezes obter cristais bastante grandes.

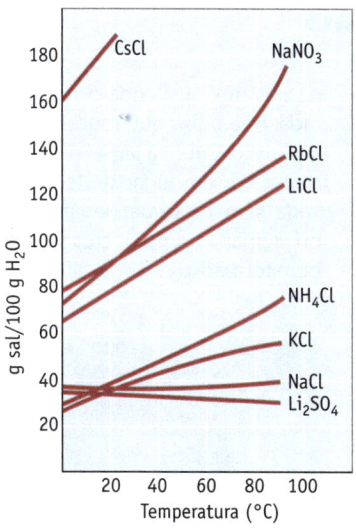

**(a)** Dependência da solubilidade de alguns compostos iônicos com a temperatura.

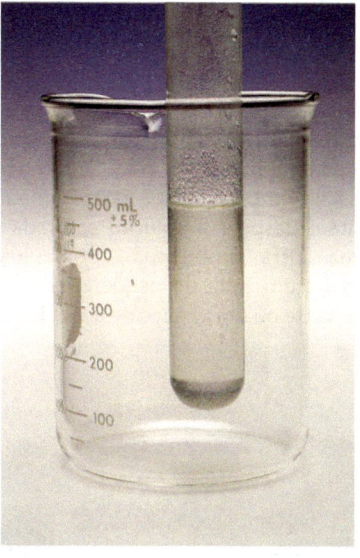

**(b)** NH$_4$Cl dissolvido em água.

**(c)** NH$_4$Cl precipita quando a solução é resfriada em gelo.

**FIGURA 13.11 Dependência da solubilidade de alguns compostos iônicos em água com a temperatura.** A solubilidade da maioria dos compostos aumenta com a elevação da temperatura. Esse fenômeno é ilustrado utilizando-se NH$_4$Cl (partes b e c).

## **13.4 Propriedades Coligativas**

### Objetivos da Seção 13.4

- Usar a lei de Raoult, calcular o efeito de solutos dissolvidos na pressão de vapor do solvente ($P_{solvente}$).

- Calcular o efeito no ponto de ebulição e no ponto de congelamento de um solvente causado por um soluto.

- Calcular a pressão osmótica ($\Pi$) para soluções.

- Usar as propriedades coligativas para determinar a massa molar de um soluto.

- Usar o fator de van't Hoff em cálculos de propriedade coligativa envolvendo solutos iônicos.

### Mudanças na Pressão de Vapor: A Lei de Raoult

Quando um soluto não volátil dissolve-se em um líquido, a pressão de vapor do solvente diminui. Experiências mostram que a pressão de vapor de um solvente, $P_{solvente}$, é proporcional à fração em quantidade de matéria do solvente. Podemos escrever uma equação, chamada **lei de Raoult**, para a pressão de vapor do solvente sobre uma solução, uma vez alcançado o equilíbrio:

> **Pressão de Vapor no Equilíbrio**
> Lembre-se de que a pressão de vapor de um líquido no equilíbrio é definida como a pressão do vapor quando o líquido e o vapor estão em equilíbrio (Seção 11.6).

$$P_{solvente} = X_{solvente}\, P°_{solvente} \tag{13.5}$$

A lei de Raoult diz que a pressão de vapor do solvente sobre uma solução ($P_{solvente}$) é uma certa fração da pressão de vapor do solvente puro ($P°_{solvente}$) no equilíbrio. Por exemplo, se 95% das moléculas em uma solução são moléculas de solvente ($X_{solvente} = 0,95$), então a pressão de vapor do solvente ($P_{solvente}$) é 95% de $P°_{solvente}$.

Uma **solução ideal** é definida como aquela que obedece exatamente à lei de Raoult. Entretanto, como nenhum gás é realmente ideal, nenhuma solução é realmente ideal. No entanto, a lei de Raoult consiste em uma boa aproximação do comportamento da solução na maioria dos casos, em especial em baixas concentrações de soluto.

Para que a lei de Raoult seja válida, as forças de atração entre moléculas de soluto e solvente devem ser as mesmas que aquelas entre as moléculas de solvente no solvente puro. Esse é frequentemente o caso quando moléculas com estruturas semelhantes estão envolvidas. Assim, soluções de um hidrocarboneto em outro (hexano, $C_6H_{14}$, dissolvido em octano, $C_8H_{18}$, por exemplo) seguem, geralmente, a lei de Raoult quase em sua totalidade. Entretanto, com outras soluções, observam-se desvios na lei de Raoult. Se as interações solvente-soluto forem mais fortes que as interações

## UM OLHAR MAIS ATENTO

# Crescimento de Cristais

O enorme cristal que você vê na foto foi cultivado no laboratório de Lawrence Livermore, na Califórnia. Ele pesa 318 kg e mede 66 × 53 × 58 cm. O cristal cresceu suspendendo um pequeno núcleo cristalino em um tanque com cerca de 1,80 m, com uma solução saturada de $KH_2PO_4$. A temperatura da solução foi sendo gradualmente reduzida a partir de 65°C, ao longo de um período de cinquenta dias. Os cristais foram fatiados em finas placas, utilizadas para converter a luz de um laser gigante, do infravermelho para o ultravioleta.

Você pode "cultivar" cristais a partir de compostos químicos que podem ser encontrados no supermercado. O alúmen (sulfato de alumínio e potássio) é particularmente uma boa escolha. Aqueça cerca de 100 mL de água e adicione o alúmen até que nada mais se dissolva. Deixe a mistura esfriar de um dia para o outro,

sem nenhum tipo de perturbação. No outro dia, pequenos cristais "sementes" terão se formado. Remova um pequeno cristal que parece estar bem formado e, então, despeje a solução saturada em uma outra jarra limpa. Com cuidado, amarre em volta do pequeno cristal um barbante ou um pedaço de linha de pesca

de náilon e suspenda-o na solução saturada. Não deixe que toque nas laterais ou no fundo. Cubra a jarra levemente e coloque-a em um lugar onde possa ser deixada sem perturbações por alguns dias ou semanas, então crescerá um cristal bem formado.

**Cristal gigante de diidrogenofosfato de potássio.**

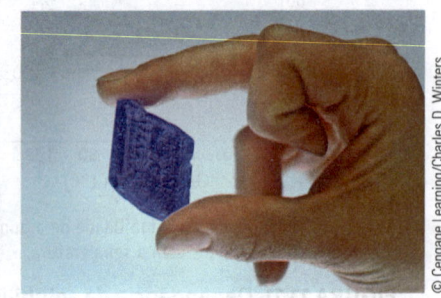

**Um cristal de sulfato de cobre cultivado por um aluno.**

---

solvente-solvente, a pressão de vapor medida será menor que a calculada pela lei de Raoult. Se as interações solvente-soluto forem mais fracas que as interações solvente-solvente, a pressão de vapor será mais alta.

A lei de Raoult pode ser modificada para produzir outra equação útil, que nos permite calcular *a diminuição* da pressão de vapor do *solvente*, $\Delta P_{solvente}$, como uma função da fração em quantidade de matéria do *soluto*.

$$\Delta P_{solvente} = P_{solvente} - P°_{solvente}$$

Substituindo $P_{solvente}$ na lei de Raoult, temos:

$$\Delta P_{solvente} = (X_{solvente} \, P°_{solvente}) - P°_{solvente} = -(1 - X_{solvente})P°_{solvente}$$

Em uma solução que apresenta apenas o solvente volátil e um soluto não volátil, a soma das frações em quantidade de matéria de solvente e soluto deve ser 1:

$$X_{solvente} + X_{soluto} = 1$$

Portanto, $1 - X_{solvente} = X_{soluto}$ e a equação para $\Delta P_{solvente}$ pode ser escrita como

$$\Delta P_{solvente} = -X_{soluto} \, P°_{solvente} \tag{13.6}$$

Assim, a *diminuição* da pressão de vapor do solvente é proporcional à fração em quantidade de matéria (o número relativo de partículas) de soluto.

### EXEMPLO 13.4

## Usando a Lei de Raoult

**Problema** Dissolvem-se 651 g de etilenoglicol, $HOCH_2CH_2OH$, em 1,50 kg de água. Qual é a pressão de vapor da água sobre essa solução a 90°C? Suponha o comportamento ideal da solução.

**O que você sabe?** Este é um problema que envolve a lei de Raoult, no qual você quer descobrir o $P_{solvente}$. Para calcular o $P_{solvente}$ é preciso saber a fração em quantidade de matéria do solvente e a pressão de vapor do solvente puro. Você pode calcular a fração em quantidade de matéria do soluto a partir das massas do soluto e do solvente e das massas molares dessas espécies químicas. A pressão de vapor da água pura a 90°C (= 525,8 mm Hg) pode ser encontrada no Apêndice G.

**Estratégia** Primeiro, calcule a fração em quantidade de matéria do solvente (água) e então combine o resultado com a pressão de vapor do solvente puro na temperatura especificada, utilizando a lei de Raoult (Equação 13.5).

### RESOLUÇÃO

(a) Calcule a quantidade de matéria de água e de etilenoglicol e, a partir disso, calcule a fração em quantidade de matéria da água.

$$\text{Quantidade de matéria de água} = 1,50 \times 10^3 \text{ g} \left(\frac{1 \text{ mol}}{18,02 \text{ g}}\right) = 83,24 \text{ mol de água}$$

$$\text{Quantidade de matéria de etilenoglicol} = 651 \text{ g} \left(\frac{1 \text{ mol}}{62,07 \text{ g}}\right) = 10,49 \text{ mol de etilenoglicol}$$

$$X_{água} = \frac{83,24 \text{ mol de água}}{83,24 \text{ mol de água} + 10,49 \text{ mol de etilenoglicol}} = 0,8881$$

(b) Em seguida, aplique a lei de Raoult.

$$P_{água} = X_{água} \, P°_{água} = (0,8881)(525,8 \text{ mm Hg}) = 467 \text{ mm Hg}$$

**Pense bem antes de responder** Embora uma massa substancial de etilenoglicol tenha sido adicionada à água, a diminuição na pressão de vapor do solvente foi de apenas 59 mm Hg, ou cerca de 11%:

$$\Delta P_{água} = P_{água} - P°_{água} = 467 \text{ mm Hg} - 525,8 \text{ mm Hg} = -59 \text{ mm Hg}$$

O etilenoglicol é ideal para ser utilizado como anticongelante. Ele dissolve-se facilmente na água, não é corrosivo e é relativamente barato. Devido ao seu alto ponto de ebulição, ele não evapora rapidamente. No entanto, é uma substância tóxica para os animais, de modo que está sendo substituído pelo propilenoglicol, que é menos tóxico.

## Verifique seu entendimento

Considere que você dissolveu 10,0 g de sacarose ($C_{12}H_{22}O_{11}$) em 225 mL (225 g) de água e aqueceu a mistura até 60°C. Qual é a pressão de vapor da água sobre essa solução? O Apêndice G relaciona $P°(H_2O)$ a várias temperaturas.

## Elevação do Ponto de Ebulição

Suponha que você tenha uma solução de um soluto não volátil em benzeno, um solvente volátil. Se a concentração de soluto for de 0,200 mol em 100, g de benzeno ($C_6H_6$) (= 2,00 mol kg$^{-1}$), isso significa que $X_{benzeno} = 0,865$. Usando $X_{benzeno}$ e aplicando a lei de Raoult, podemos calcular que a pressão de vapor do solvente a 60°C cairá de 400,0 mm Hg para o solvente puro a 346 mm Hg para a solução.

$$P_{benzeno} = X_{benzeno} \, P°_{benzeno} = (0,865)(400,0 \text{ mm Hg}) = 346 \text{ mm Hg}$$

Esse ponto está assinalado no gráfico de pressão de vapor na Figura 13.12. Agora, qual será a pressão de vapor quando a temperatura for elevada em 10°C? A pressão de vapor do benzeno puro, $P°_{benzeno}$, torna-se maior com o aumento da temperatura, de modo que $P_{benzeno}$ para a solução deve se tornar maior. Esse novo ponto, junto a outros calculados da mesma maneira para outras temperaturas, define a curva de pressão de vapor para a solução (a curva inferior na Figura 13.12).

**FIGURA 13.12 Diminuição da pressão de vapor do benzeno pela adição de um soluto não volátil.** A curva desenhada em vermelho representa a pressão de vapor do benzeno puro e a curva em azul representa a pressão de vapor de uma solução contendo 0,200 mol de um soluto dissolvido em 0,100 kg de solvente (2,00 mol kg⁻¹). Esse gráfico foi construído efetuando-se uma série de cálculos, conforme mostrado no texto. Alternativamente, o gráfico poderia ser construído medindo-se várias pressões de vapor para a solução em um experimento de laboratório.

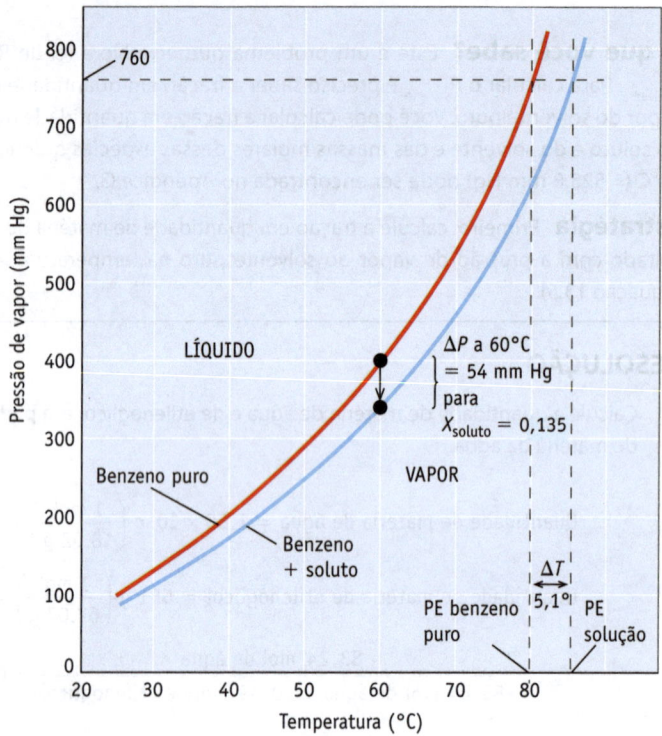

Uma observação importante que se pode fazer na Figura 13.12 é que o abaixamento da pressão de vapor causado pelo soluto não volátil leva a um aumento do ponto de ebulição. O ponto de ebulição normal de um líquido é a temperatura em que a pressão de vapor é igual a 1 atm ou 760 mm Hg (Seção 11.6). Na Figura 13.12, vemos que o ponto de ebulição normal do benzeno puro (a 760 mm Hg) é de aproximadamente 80°C. Acompanhando a curva de pressão de vapor para a solução, é evidente que a pressão de vapor alcança 760 mm Hg a uma temperatura aproximadamente 5°C mais elevada do que esse valor.

Uma questão importante é como o ponto de ebulição da solução varia com a concentração de soluto. Na verdade, existe uma relação simples: a elevação do ponto de ebulição, $\Delta T_{PE}$, é diretamente proporcional à molalidade do soluto.

$$\text{Elevação do ponto de ebulição} = \Delta T_{PE} = K_{PE} \cdot m_{soluto} \qquad (13.7)$$

Nessa equação, $K_{PE}$ é uma constante de proporcionalidade chamada **constante ebulioscópica**. Ela apresenta unidades de graus/molal (°C kg mol⁻¹). Os valores de $K_{PE}$ são determinados experimentalmente e solventes distintos apresentam valores diferentes (Tabela 13.3). Formalmente, o valor de $K_{PE}$ corresponde à elevação do ponto de ebulição de uma solução 1 mol kg⁻¹.

**Tabela 13.3 Algumas Constantes de Elevação do Ponto de Ebulição e de Diminuição do Ponto de Congelamento**

| SOLVENTE | PONTO DE EBULIÇÃO NORMAL (°C) SOLVENTE PURO | $K_{PE}$ (°C kg mol⁻¹) | PONTO DE CONGELAMENTO NORMAL (°C) SOLVENTE PURO | $K_{PC}$ (°C kg mol⁻¹) |
|---|---|---|---|---|
| Água | 100,00 | +0,5121 | 0,0 | −1,86 |
| Benzeno ($C_6H_6$) | 80,10 | +2,53 | 5,50 | −5,12 |
| Cânfora ($C_{10}H_{16}O$) | 207,4 | +5,611 | 179,75 | −39,7 |
| Clorofórmio ($CHCl_3$) | 61,70 | +3,63 | — | — |

## EXEMPLO 13.5

### Elevação do Ponto de Ebulição

**Problema** O eugenol, um composto encontrado na noz-moscada e no cravo, tem a fórmula $C_{10}H_{12}O_2$. Qual é o ponto de ebulição de uma solução contendo 0,144 g desse composto dissolvido em 10,0 g de benzeno?

**O que você sabe?** Você sabe a identidade e a massa tanto do soluto como do solvente. Você precisa saber qual é o ponto de ebulição normal do benzeno e o valor de $K_{PE}$.

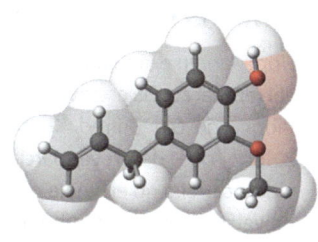

**Eugenol, $C_{10}H_{12}O_2$, um importante componente do óleo de cravo, uma especiaria comumente utilizada.**

### Estratégia

- Calcule a concentração da solução (molalidade, $m$, em mol kg⁻¹) a partir da quantidade de eugenol e da massa de solvente (kg).

- Calcule a variação no ponto de ebulição usando a Equação 13.7 (com o valor de $K_{PE}$ obtido da Tabela 13.3).

- Adicione essa variação à temperatura de ebulição do benzeno puro para obter o novo ponto de ebulição.

### RESOLUÇÃO

(a)  Concentração da solução

$$0,144 \text{ g de eugenol} \left( \frac{1 \text{ mol de eugenol}}{164,2 \text{ g}} \right) = 8,770 \times 10^{-4} \text{ mol de eugenol}$$

$$c_{eugenol} = \frac{8,770 \times 10^{-4} \text{ mol de eugenol}}{0,0100 \text{ kg de benzeno}} = 8,770 \times 10^{-2} \text{ mol kg}^{-1}$$

(b)  Elevação do ponto de ebulição

$$\Delta T_{PE} = (2,53°C \text{ kg mol}^{-1})(0,08770 \text{ mol kg}^{-1}) = 0,222°C$$

Devido ao aumento do ponto de ebulição em relação ao solvente puro, o ponto de ebulição da solução é de

$$80,10°C + 0,222°C = 80,32°C$$

**Pense bem antes de responder** A elevação do ponto de ebulição é proporcional à concentração do soluto, de modo que grandes elevações no ponto de ebulição são possíveis através de altas concentrações.

### Verifique seu entendimento

Que quantidade de etilenoglicol, $HOCH_2CH_2OH$, deve ser adicionada a 125 g de água para elevar o ponto de ebulição em 1,0°C? Expresse a resposta em gramas.

---

**Mapa Estratégico 13.5**

**PROBLEMA**

Calcule **o ponto de ebulição** da solução.

↓

**DADOS/INFORMAÇÕES**

- **Massa** do **composto** e do **solvente**
- $K_{PE}$ e $T$ (PE solvente) a partir da Tabela 13.3.

**ETAPA 1.** Calcule a $c_{soluto}$ = (mol composto/kg solvente).

**Concentração** de soluto (mol kg⁻¹).

**ETAPA 2.** Use $\Delta T_{PE} = K_{PE}m$.

**Variação** no ponto de ebulição ($\Delta T_{PE}$).

**ETAPA 3.** $\Delta T_{PE}$ = $T$(PE solução) – $T$(PE solvente).

↓

$T$(PE solução).

---

A elevação do ponto de ebulição de um solvente quando se adiciona um soluto apresenta muitas consequências práticas. Uma delas é a proteção que o motor do seu carro recebe do anticongelante para "todas as estações do ano". O ingrediente principal do anticongelante comercial é o etilenoglicol, $HOCH_2CH_2OH$. O radiador e o sistema de arrefecimento do carro são selados para manter o líquido de refrigeração sob pressão, de modo que ele não vaporize sob a temperatura normal de funcionamento do motor. Porém, quando a temperatura do ar é elevada, como no verão, a água do radiador poderia "ferver" se não estivesse protegida pelo "anticongelante". Por meio da adição de um líquido não volátil, a solução no radiador tem ponto de ebulição mais alto que o da água pura.

**Por que o Ponto de Ebulição de uma Solução Aumenta e o Ponto de Congelamento Diminui?** A resposta a essa pergunta está relacionada à entropia, uma função termodinâmica discutida no Capítulo 18. Você pode consultar uma página da web que apresenta uma discussão sobre entropia (entropysite.oxy.edu) ou uma página da web específica, na qual as propriedades coligativas são discutidas: http://entropysite.oxy.edu/entropy_is _simple/index.html.

# Hardening Árvores

## UM OLHAR MAIS ATENTO

Hope Jahren é uma botânica de considerável reputação. Ela escreveu um livro encantador, *Lab Girl* (Alfred Knopf, New York, 2016)[NT], que descreve parcialmente sua vida e carreira no ensino e na pesquisa em universidades, mas também trata de sua paixão pelo entendimento da biologia das árvores. Em um capítulo, ela descreve a razão pela qual as árvores não congelam no inverno, um tópico diretamente relacionado ao assunto deste capítulo.

"Para se preparar para as longas jornadas de inverno, as árvores passam por um processo conhecido como 'hardening'. Inicialmente a permeabilidade das paredes celulares aumenta drasticamente, permitindo que a água pura flua para fora enquanto concentra açúcares, proteínas e ácidos deixados para trás. Esses produtos químicos agem como anticongelantes potentes, de tal forma que a célula possa agora mergulhar bem abaixo do congelamento e os fluidos dentro dela ainda persistam em uma forma de líquido xaroposo. Os espaços entre as células estão agora preenchidos com um destilado ultrapuro de água celular, tão puro que não há átomos dispersos que um cristal de gelo possa nuclear e crescer. O gelo é um cristal tridimensional de moléculas e o congelamento requer um ponto de nucleação – alguma aberração química sobre a qual o padrão pode começar a se construir. A água pura desprovida de qualquer desses sítios pode ser 'supercongelada' a quarenta graus abaixo de zero e ainda permanecer como um líquido livre de gelo. É nesse estado "endurecido", com algumas células totalmente empacotadas de produtos químicos e outras seccionadas para pureza, que uma árvore embarca na jornada do inverno, mantendo-se inerte através das geadas do granizo e das nevascas da estação. Essas árvores não crescem durante o inverno, elas simplesmente se mantêm eretas e transpõem o planeta Terra para o outro lado do Sol, onde o Polo Norte estará finalmente inclinado em direção à fonte de calor e a árvore experimentará o verão."

"A grande maioria das árvores no norte prepara-se bem para as jornadas nos tempos de inverno e a morte devido aos danos da geada é extremamente rara. Um outono gelado traz o mesmo hardening mais ameno, porque as árvores não pegam sua dica da variação na temperatura. É o

**Abaixamento do ponto de congelamento.** Altas concentrações de açúcares, proteínas e ácidos dentro das células agem como anticongelante durante os meses de inverno.

encurtamento gradual dos dias, sentido como uma diminuição gradual da luz durante o ciclo de vinte e quatro horas, que dispara o hardening. Diferentemente do caráter global do inverno, que pode ser um inverno ameno e o seguinte castigante, o padrão de como a luz varia pelo outono é exatamente a mesma todo ano."

NT: Esse livro foi publicado no Brasil, em 2017, com o título *Lab Girl: a Jornada de uma Cientista Entre Plantas e Paixões* pela Harper Collins Br.

## Diminuição do Ponto de Congelamento

Outra consequência da dissolução de um soluto em um solvente é que o ponto de congelamento da solução é inferior ao do solvente puro (Figura 13.13). Para uma solução ideal, a diminuição do ponto de congelamento é dada por uma equação semelhante à da elevação do ponto de ebulição:

$$\text{Diminuição do ponto de congelamento} = \Delta T_{PC} = K_{PC} m_{soluto} \qquad (13.8)$$

em que $K_{PC}$ é a **constante crioscópica** em graus Celsius por molal (°C kg mol$^{-1}$). Valores de $K_{PC}$ para alguns solventes comuns são dados na Tabela 13.3. Os valores são quantidades negativas, de modo que o resultado do cálculo é um valor negativo para $\Delta T_{PC}$, o que significa diminuição de temperatura.

Os aspectos práticos das mudanças do ponto de congelamento do solvente puro para uma solução são semelhantes àqueles para a elevação do ponto de ebulição. O próprio nome do líquido que se adiciona ao radiador do carro, anticongelante, indica o propósito (Figura 13.13a). O rótulo no recipiente do anticongelante diz, por exemplo, para adicionar 5,7 L do anticongelante a um sistema de refrigeração de 11,4 L, de forma a baixar o ponto de congelamento a -34°C e elevar o ponto de ebulição a +109°C.

Água pura     Água com anticongelante

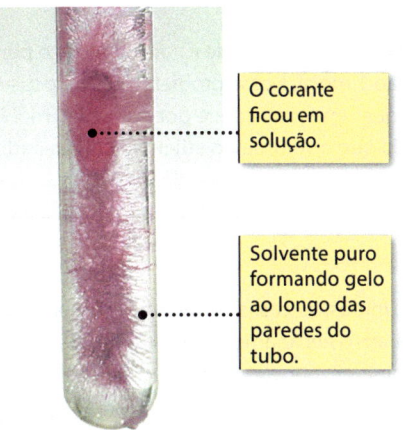

**FIGURA 13.13 Congelamento de uma solução.**

O corante ficou em solução.

Solvente puro formando gelo ao longo das paredes do tubo.

**(a)** Adicionando anticongelante à água, previne-se o congelamento da água. Aqui, um pote com água pura (*à esquerda*) e um pote com água à qual foi adicionado anticongelante (*à direita*) foram mantidos por toda a noite no congelador de uma geladeira doméstica.

**(b)** Quando uma solução congela, é o solvente puro que se solidifica. Aqui, a água contendo um corante roxo foi congelada vagarosamente. Formou-se gelo puro nas paredes do tubo e o corante permaneceu em solução. A concentração do corante aumentou à medida que mais solvente congelou e a solução resultante apresentou diminuição do ponto de congelamento. Assim, o sistema continha gelo incolor nas paredes do tubo e uma solução mais concentrada no centro do tubo.

---

**EXEMPLO 13.6**

## Diminuição do Ponto de Congelamento

**Problema** Que massa de etilenoglicol, $HOCH_2CH_2OH$, deve ser adicionada a 5,50 kg de água para diminuir o ponto de congelamento da água de 0,0°C para −10,0°C?

**O que você sabe?** De certa forma, este problema é o inverso do Exemplo 13.5. Aqui, você sabe a variação no ponto de congelamento, mas deseja saber a quantidade de soluto necessária para produzir aquele valor de $\Delta T$.

**Estratégia** A concentração da solução (molalidade, $m$) pode ser calculada a partir de $\Delta T_{pc}$ e $K_{pc}$ (Tabela 13.3) usando a Equação 13.8. Combine a concentração com a massa do solvente para obter a quantidade de matéria de soluto e, então, sua massa.

---

### RESOLUÇÃO

(a) Calcule a concentração do soluto em uma solução com a diminuição do ponto de congelamento de −10,0°C.

$$\text{Concentração do soluto } (m) = \frac{\Delta T_{p_c}}{K_{p_c}} = \frac{-10,0°C}{-1,86°C \text{ kg mol}^{-1}} = 5,38 \text{ mol kg}^{-1}$$

(b) Calcule a quantidade de matéria de soluto a partir da concentração e da massa do solvente.

$$\left(\frac{5,376 \text{ mol etilenoglicol}}{1,00 \text{ kg de água}}\right)(5,50 \text{ kg de água}) = 29,57 \text{ mol etilenoglicol}$$

(c) Calcule a massa de soluto, etilenoglicol.

$$29,57 \text{ mol do etilenoglicol}\left(\frac{62,07 \text{ g}}{1 \text{ mol}}\right) = 1840 \text{ g etilenoglicol}$$

**Pense bem antes de responder** O valor de $K_{PC}$ nos diz que o ponto de congelamento da água é mais baixo em 1,86°C para uma solução 1 molal. Nesse problema em particular, a diminuição do ponto de congelamento foi de –10,0°C, de modo que uma molalidade por volta de 5 mol kg⁻¹ é razoável. A densidade do etilenoglicol é de 1,11 kg L⁻¹, de modo que o volume do etilenoglicol a ser adicionado é de (1,84 kg) (1 L/1,11 kg) = 1,66 L.

## Verifique seu entendimento

No extremo norte dos Estados Unidos, as casas de verão geralmente ficam fechadas durante o inverno. Ao fazer isso, os proprietários preparam o encanamento das casas para a estação fria adicionando anticongelante às caixas de água dos vasos sanitários, por exemplo. A adição de 525 g de $HOCH_2CH_2OH$ a 3,00 kg de água assegurará que a água não vai congelar a –25°C?

## Pressão Osmótica

A **osmose** é o movimento de moléculas de solvente através de uma membrana semipermeável de uma região de concentração de soluto mais baixa para uma região de concentração de soluto mais alta. Esse movimento pode ser demonstrado com um experimento simples. O béquer na Figura 13.14 contém água pura e uma solução concentrada de açúcar está na bolsa e no tubo. Os líquidos são separados por uma membrana semipermeável, uma folha delgada de um material (como um tecido vegetal ou papel celofane) através do qual apenas certos tipos de moléculas podem passar. Aqui, moléculas de água podem atravessar, mas as de açúcar, que são maiores (ou íons hidratados), não podem (Figura 13.15). Quando o experimento é iniciado, os níveis de líquido no béquer e no tubo são os mesmos. Ao longo do tempo, entretanto, o nível da solução de açúcar dentro do tubo eleva-se, o nível de água pura no béquer diminui e a solução de açúcar torna-se gradualmente mais diluída. Depois de algum tempo, não ocorre mais nenhuma variação nos níveis; o equilíbrio é atingido.

Do ponto de vista molecular, a membrana semipermeável não representa uma barreira para o movimento das moléculas de água, portanto elas se movem através da membrana em ambas as direções. Durante um certo período de tempo, mais moléculas de água passam através da membrana do lado da água pura para o da solução do que na

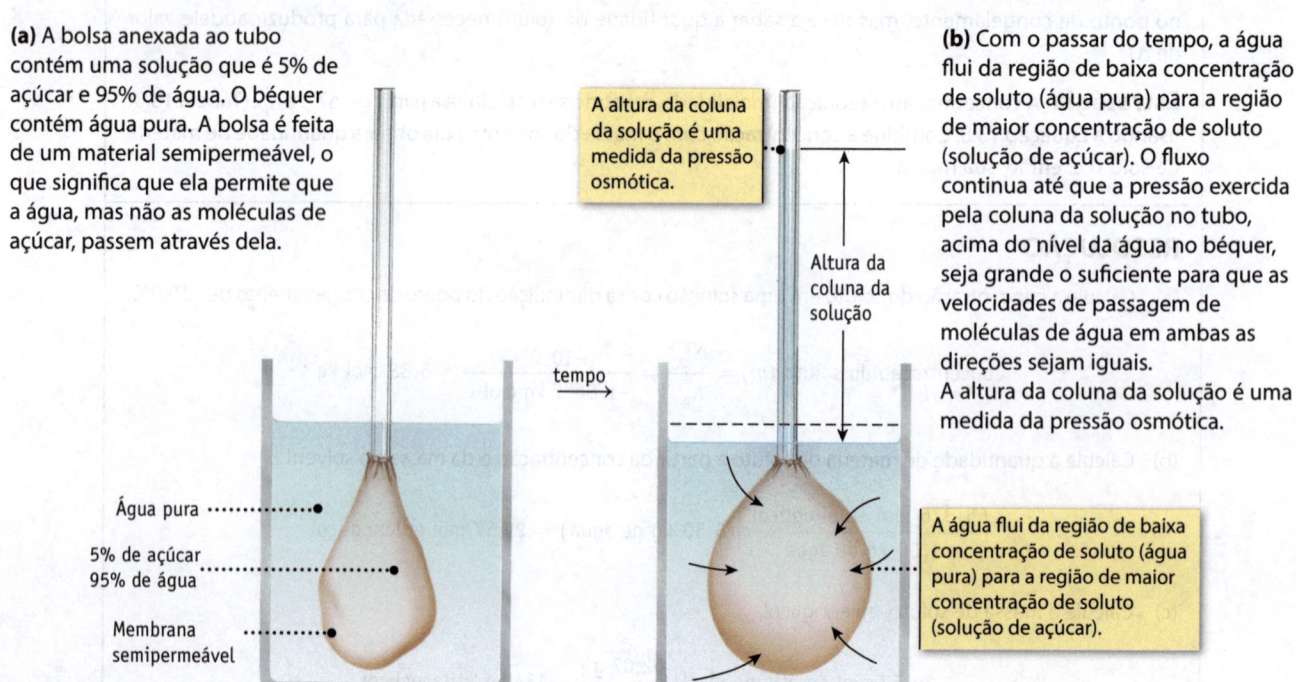

**(a)** A bolsa anexada ao tubo contém uma solução que é 5% de açúcar e 95% de água. O béquer contém água pura. A bolsa é feita de um material semipermeável, o que significa que ela permite que a água, mas não as moléculas de açúcar, passem através dela.

A altura da coluna da solução é uma medida da pressão osmótica.

Altura da coluna da solução

tempo

Água pura

5% de açúcar 95% de água

Membrana semipermeável

**(b)** Com o passar do tempo, a água flui da região de baixa concentração de soluto (água pura) para a região de maior concentração de soluto (solução de açúcar). O fluxo continua até que a pressão exercida pela coluna da solução no tubo, acima do nível da água no béquer, seja grande o suficiente para que as velocidades de passagem de moléculas de água em ambas as direções sejam iguais.

A altura da coluna da solução é uma medida da pressão osmótica.

A água flui da região de baixa concentração de soluto (água pura) para a região de maior concentração de soluto (solução de açúcar).

**FIGURA 13.14 O processo de osmose.**

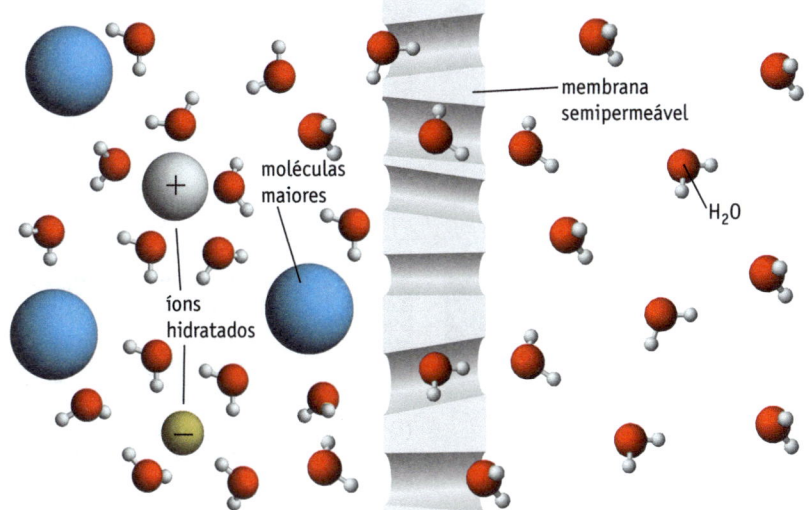

direção oposta. Na verdade, as moléculas de água tendem a se mover das regiões de baixa concentração de soluto para regiões de alta concentração de soluto. O mesmo é verdadeiro para qualquer solvente, contanto que a membrana permita a passagem de moléculas de solvente, mas não de moléculas ou íons de soluto.

Por que o sistema enfim atinge o equilíbrio? Obviamente, a solução no tubo da Figura 13.14 nunca poderá atingir uma concentração zero de açúcar ou sal, o que seria necessário para igualar as concentrações de soluto em ambos os lados da membrana. A resposta reside no fato de que a solução sobe cada vez mais no tubo à medida que a água transfere-se para a solução de açúcar. Em um dado momento, a pressão exercida por essa coluna de solução contrabalança a pressão exercida pela água que passa através da membrana para a solução e, assim, o movimento líquido da água deixa de ocorrer. Um equilíbrio de forças é atingido. A pressão exercida pela coluna da solução no sistema em equilíbrio é uma medida da **pressão osmótica**, Π. Ou seja, a pressão osmótica é a diferença entre a altura final da solução no tubo e o nível da água pura no béquer.

A partir de medidas experimentais em soluções diluídas, sabe-se que a pressão osmótica e a concentração (c) estão relacionadas através da equação:

$$\Pi = cRT \tag{13.9}$$

Nessa equação, $c$ é a concentração em quantidade de matéria (em mol por litro), $R$ é a constante dos gases e $T$ é a temperatura absoluta (em kelvin). Utilizar um valor para a constante da lei do gás ideal de 0,082057 L atm K$^{-1}$ mol$^{-1}$ permite o cálculo da pressão osmótica Π em atmosferas. Essa equação é análoga à lei do gás ideal ($PV = nRT$), com Π tomando o lugar de $P$ e $c$ sendo equivalente a $n/V$.

Mesmo soluções com baixas concentrações de soluto possuem uma significativa pressão osmótica. Por exemplo, a pressão osmótica de uma solução $1,00 \times 10^{-3}$ mol L$^{-1}$ a 298 K é de 18,5 mm Hg. Pressões baixas desse tipo são fácil e precisamente mensuráveis, de forma que concentrações de soluções muito diluídas podem ser determinadas por meio dessa técnica. Compare isso ao efeito de um soluto no ponto de congelamento, por exemplo. Espera-se que uma solução aquosa diluída de concentração similar, $1,00 \times 10^{-3}$ mol kg$^{-1}$ de solvente, diminua seu ponto de congelamento por volta de 0,002°C, o que é muito baixo para ser medido com precisão. Por essa razão, determinar a massa molar pela medição da pressão osmótica de uma solução é uma técnica particularmente útil quando lidamos com compostos com massa molar muito alta, como os polímeros e as grandes biomoléculas.

Outros exemplos de osmose são mostrados na Figura 13.16. Nesse caso, a membrana do ovo serve como uma membrana semipermeável. A osmose ocorre em uma direção se a concentração do soluto for maior no interior do ovo do que na solução exterior e ocorre na outra direção se a concentração da solução for menor dentro do ovo que na solução do lado de fora. Em ambos os casos, o solvente flui da região com menor concentração de soluto para a região de maior concentração.

**(a)** Um ovo fresco é colocado em ácido acético diluído. O ácido reage com o $CaCO_3$ da casca, mas mantém a membrana intacta.

**(b)** Se um ovo com a casca removida for colocado em água pura, ele incha.

**(c)** Se um ovo com sua casca removida, for colocado em uma solução concentrada de açúcar, ele murcha.

**FIGURA 13.16 Um experimento para observar a osmose.** Você pode tentar fazer essa experiência em sua cozinha. Na primeira etapa, use vinagre como fonte de ácido acético.

## Osmose Reversa para Obter Água Pura

### UM OLHAR MAIS ATENTO

Encontrar fontes de água doce para consumo humano e agrícola tem sido uma batalha constante por séculos e, se continuarmos utilizando a água da Terra sob as atuais taxas, esses problemas podem aumentar. Embora a Terra tenha água em abundância, 97% dela é muito salgada para ser consumida ou utilizada em plantações. Uma grande parte dos 3% restantes está na forma de gelo nas regiões polares e não pode ser obtida facilmente.

**Uma usina de osmose reversa.**

Uma das formas mais antigas de obter água doce a partir da água do mar é por meio da evaporação. Esse processo, no entanto, consome bastante energia, além de produzir sais e outros materiais que não podem ser utilizados e que devem ser descartados.

A *osmose reversa* é outro método de obter água doce a partir da água do mar ou de águas subterrâneas. Por meio dessa técnica, aplica-se uma pressão maior que a pressão osmótica da água impura para forçar a passagem da água através de uma membrana semipermeável de uma região com alta concentração de soluto para outra com menor concentração, ou seja, na direção inversa à qual a água teria de percorrer por osmose.

Embora a osmose reversa seja conhecida há mais de duzentos anos, apenas nas últimas décadas ela tem sido explorada. Nos dias de hoje, algumas cidades

**Osmose reversa.** Água potável pode ser obtida a partir da água do mar por osmose reversa. A pressão osmótica da água do mar é de aproximadamente 27 atm. Para obter água doce a uma taxa razoável, a osmose reversa requer uma pressão de aproximadamente 50 atm. Como comparação, pneus de bicicleta geralmente são inflados a uma pressão entre 2 e 3 atm.

obtêm água potável dessa forma, bem como companhias farmacêuticas utilizam-na para adquirir água altamente purificada. Mais de 15 mil usinas de osmose reversa estão em operação ou estão sendo projetadas em todo o mundo.

*Pressão*

*Água do mar*

*Fluxo de água*

*Solução mais concentrada*

*Água doce*

*Fluxo da solução concentrada*

*Membrana semipermeável*

---

**EXEMPLO 13.7**

## Determinação da Pressão Osmótica de uma Solução de um Polímero

**Problema**    O álcool polivinílico é um polímero solúvel em água que possui uma massa molar média de 28000 g mol$^{-1}$. Dissolve-se 1,844 g desse polímero em água de modo a obter 150,0 mL de solução. Qual é a pressão osmótica medida a 27°C?

**O que você sabe?** A pressão osmótica é calculada usando a Equação 13.9, $\Pi = cRT$. São dadas a massa e a massa molar do polímero, a temperatura e será necessário saber a constante da lei do gás ideal.

**Estratégia** Calcule a concentração do polímero, $c$, em mol L$^{-1}$. A temperatura deve ser expressa em kelvin. Substitua os valores na Equação 13.9 para encontrar a pressão osmótica.

### RESOLUÇÃO

$$c = 1,844 \text{ g}(1 \text{ mol}/28000 \text{ g})/(0,150 \text{ L}) = 4,39 \times 10^{-4} \text{ mol L}^{-1}$$

$$\Pi = cRT$$

$$\Pi = (4,39 \times 10^{-4} \text{ mol L}^{-1})(0,08206 \text{ L atm K}^{1} \text{ mol}^{-1})(300 \text{ K})$$

$$\Pi = 0,011 \text{ atm } (= 8,2 \text{ mm Hg})$$

**Pense bem antes de responder** Se a pressão osmótica for medida em um dispositivo semelhante ao que é mostrado na Figura 13.14, a altura que suporta a coluna da solução aquosa seria de cerca de 110 mm (8,2 mm × 13,5 mm H$_2$O/mm Hg = 110 mm). Isso seria medido facilmente em laboratório.

## Verifique seu entendimento

Bradicinina é um pequeno peptídeo (9 aminoácidos, 1060 g mol$^{-1}$) que abaixa a pressão sanguínea ao provocar a dilatação dos vasos. Qual é a pressão osmótica de uma solução dessa proteína a 20°C se 0,033 g desse peptídeo for dissolvido em água para produzir 50,0 mL de solução?

## Osmose e Medicina

### UM OLHAR MAIS ATENTO

A osmose possui significado prático para profissionais da área de saúde. Pacientes desidratados devido a alguma doença frequentemente necessitam receber água e nutrientes por via endovenosa. Porém, a água não pode ser simplesmente gotejada na veia de um paciente. Preferencialmente, a solução intravenosa deve conter a mesma concentração geral de soluto que o sangue do paciente: a solução deve ser isosmótica ou **isotônica** (Figura B, ao centro). Se água pura fosse utilizada, a parte interior da célula do sangue teria uma maior concentração de solutos (concentração de água mais baixa) e a água fluiria para a célula. Essa situação **hipotônica** provocaria a ruptura (lise) dos glóbulos vermelhos do sangue (Figura B, à direita). A situação oposta, de **hipertonicidade**, ocorreria se a solução intravenosa tivesse uma concentração maior que as células do sangue (Figura B, à esquerda). Nesse caso, a célula perderia água e murcharia. Para combater isso, um paciente desidratado é reidratado em um hospital com uma solução salina estéril de NaCl 0,16 mol L$^{-1}$, uma solução que é isotônica com as células do corpo.

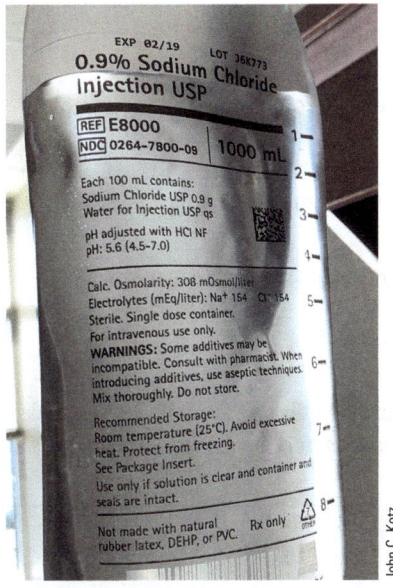

John C. Katz

**FIGURA A** Uma solução salina isotônica. Essa solução possui a mesma molalidade que os fluidos do corpo.

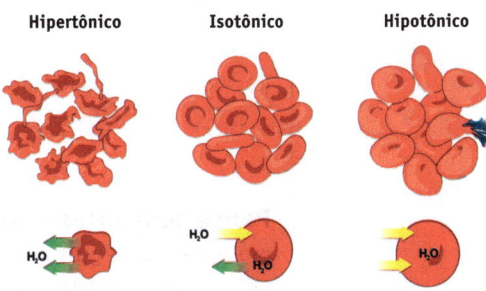

**FIGURA B** **Osmose e células vivas.** Uma célula colocada em uma solução isotônica. O fluxo de água para dentro e para fora da célula é o mesmo, porque a concentração de solutos tanto dentro como fora de célula é a mesma (*centro*). Em uma solução hipertônica, a concentração de solutos fora da célula é maior que a do interior. Há um fluxo resultante de água para fora da célula, causando sua desidratação, encolhimento e, talvez, sua morte (*à esquerda*). Em uma solução hipotônica, a concentração de solutos fora da célula é menor que em seu interior. Há um fluxo resultante para o interior da célula, fazendo com que a célula inche e, talvez, se rompa (lise) (*à direita*).

## Propriedades Coligativas e Determinação da Massa Molar

No início deste livro, você aprendeu como calcular a fórmula molecular a partir de uma fórmula empírica quando é fornecida a massa molar. Mas como você determina a massa molar de um composto desconhecido? Um experimento precisa ser realizado para encontrar essa informação crucial e uma forma de fazer isso é usar uma propriedade coligativa de uma solução do composto. O mapa estratégico utilizado com o Exemplo 13.8 representa a abordagem básica de cada propriedade usada.

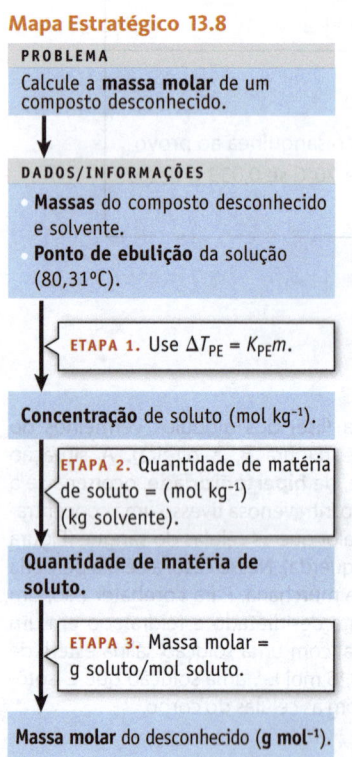

**Mapa Estratégico 13.8**

**PROBLEMA**
Calcule a **massa molar** de um composto desconhecido.

**DADOS/INFORMAÇÕES**
- **Massas** do composto desconhecido e solvente.
- **Ponto de ebulição** da solução (80,31°C).

**ETAPA 1.** Use $\Delta T_{PE} = K_{PE}m$.

**Concentração** de soluto (mol kg⁻¹).

**ETAPA 2.** Quantidade de matéria de soluto = (mol kg⁻¹)(kg solvente).

**Quantidade de matéria de soluto.**

**ETAPA 3.** Massa molar = g soluto/mol soluto.

**Massa molar** do desconhecido (**g mol⁻¹**).

---

### EXEMPLO 13.8

## Determinação da Massa Molar a partir da Elevação do Ponto de Ebulição

**Problema** Uma solução preparada a partir de 1,25 g de óleo de *wintergreen* (salicilato de metila) em 99,0 g de benzeno possui um ponto de ebulição de 80,31°C. Determine a massa molar do salicilato de metila.

**O que você sabe?** A massa molecular de um composto é o quociente da massa da amostra (g) e da quantidade de matéria representada por aquela amostra. Aqui você conhece a massa da amostra (1,25 g), de modo que precisa encontrar a quantidade de matéria que corresponde a essa massa.

### Estratégia

- Determine $\Delta T_{PE}$ a partir do ponto de ebulição dado da solução (o ponto de ebulição do benzeno puro e a $K_{PE}$ do benzeno são dados na Tabela 13.3). Utilize a equação $\Delta T_{PE} = K_{PE} \cdot m$ para calcular a concentração da solução em unidades de mol kg⁻¹.
- Sabendo a massa do solvente, calcule a quantidade de matéria de soluto.
- Combine a massa e a quantidade de matéria de soluto para obter a massa molar [massa molar = massa (g)/quantidade de matéria (mol)].

### RESOLUÇÃO

(a) Use a elevação do ponto de ebulição para calcular a concentração da solução:

$$\text{Elevação do ponto de ebulição } (\Delta T_{PE}) = 80,31°C - 80,10°C = 0,21°C$$

$$c_{soluto} = \frac{\Delta T_{PE}}{K_{PE}} = \frac{0,21°C}{2,53°C \text{ kg mol}^{-1}} = 0,0830 \text{ mol kg}^{-1}$$

(b) Calcule a quantidade de matéria de soluto na solução a partir da concentração da solução.

$$\text{Quantidade de matéria de soluto} = \left(\frac{0,0830 \text{ mol}}{1,00 \text{ kg}}\right)(0,0990 \text{ kg solvente}) = 0,0082 \text{ mol de soluto}$$

(c) Combine a quantidade de matéria de soluto com a massa para obter a massa molar.

$$\frac{1,25 \text{ g}}{0,00822 \text{ mol}} = 150 \text{ g mol}^{-1}$$

**Pense bem antes de responder** O salicilato de metila tem fórmula $C_8H_8O_3$ e massa molar de 152,14 g mol⁻¹. Dado que o $\Delta T$ possui apenas dois algarismos significativos, o valor calculado é bem próximo ao seu valor real.

### Verifique seu entendimento

Um composto contendo alumínio possui fórmula empírica $(C_2H_5)_2AlF$. Encontre a fórmula molecular se 0,448 g do composto dissolvido em 23,46 g de benzeno possui ponto de congelamento de 5,265°C.

## EXEMPLO 13.9

## Pressão Osmótica e Massa Molar

**Problema** O betacaroteno é a mais importante das vitaminas A. Calcule a massa molar do betacaroteno se 10,0 mL de uma solução de 7,68 mg de betacaroteno em clorofórmio possui uma pressão osmótica de 26,57 mm Hg a 25,0°C.

**O que você sabe?** A massa molar de um composto é o quociente entre a massa de uma amostra e a quantidade de matéria representada pela amostra. Aqui você conhece a massa da amostra (7,68 mg), de modo que precisa encontrar a quantidade de matéria equivalente a essa massa.

### Estratégia

- Use a Equação 13.9 para calcular a concentração da solução a partir da pressão osmótica.
- Use o volume e a concentração da solução para calcular a quantidade de matéria de soluto.
- Encontre a massa molar do soluto a partir da massa e da quantidade de matéria.

### RESOLUÇÃO

(a) Calcule a concentração do betocaroteno a partir de $\Pi$, $R$ e $T$.

$$\text{Concentração (mol L}^{-1}) = \frac{\Pi}{RT} = \frac{(26,57 \text{ mm Hg})\left(\dfrac{1 \text{ atm}}{760 \text{ mm Hg}}\right)}{(0,082057 \text{ L atm K}^{-1} \text{ mol}^{-1})(298,2 \text{ K})}$$

$$= 1,429 \times 10^{-3} \text{ mol L}^{-1}$$

(b) Calcule a quantidade de matéria de betacaroteno dissolvido em 10,0 mL de solvente.

$$(1,429 \times 10^{-3} \text{ mol L}^{-1})(0,0100 \text{ L}) = 1,29 \times 10^{-5} \text{ mol}$$

(c) Combine a quantidade de matéria de soluto com sua massa para calcular a massa molar:

$$\frac{7,68 \times 10^{-3} \text{g}}{1,29 \times 10^{-5} \text{ mol}} = 538 \text{ g mol}^{-1}$$

**Pense bem antes de responder** O betacaroteno é um hidrocarboneto com fórmula $C_{40}H_{56}$ (massa molar = 536,8 g mol$^{-1}$).

## Verifique seu entendimento

Uma amostra de 1,40 g de polietileno, um plástico comum, é dissolvida em uma quantidade suficiente de solvente orgânico para produzir 100,0 mL de solução. Qual é a massa molar do polímero se a pressão osmótica da solução é de 1,86 mm Hg a 25°C?

## Propriedades Coligativas de Soluções Contendo Íons

No extremo norte dos Estados Unidos e Canadá, é uma prática comum no inverno espalhar sal nas ruas, calçadas e estradas cobertas de neve ou gelo. Quando o sol bate na neve ou na camada de gelo, uma pequena quantidade derrete, e um pouco do sal dissolve-se na água. Como resultado do soluto dissolvido, o ponto de congelamento da solução passa a ser menor que 0°C. A solução "consome o gelo e abre caminho" através dele, rompendo-o, e o trecho gelado já não é tão perigoso para motoristas e pedestres.

O sal (NaCl) é a substância mais comum utilizada nas ruas, porque é barato e se dissolve prontamente em água. Sua massa molar relativamente baixa significa que o efeito por grama é grande. Além disso, o sal é eficiente especialmente porque é um eletrólito. Ou seja, ele se dissolve produzindo íons na solução.

$$NaCl(s) \rightarrow Na^+(aq) + Cl^-(aq)$$

Lembre-se de que as *propriedades coligativas dependem não do que está dissolvido, mas sim do número de partículas de soluto por partícula de solvente*. Quando 1 mol de NaCl é dissolvido, 2 mol de íons são formados, o que significa que o efeito sobre o ponto de congelamento da água deveria ser duas vezes maior do que o esperado para um mol de açúcar. Uma solução de NaCl de 0,100 mol kg$^{-1}$ realmente contém dois solutos, 0,100 mol kg$^{-1}$ de Na$^+$ e 0,100 mol kg$^{-1}$ de Cl$^-$. O que devemos utilizar para estimar a diminuição do ponto de congelamento é a molalidade *total* das partículas de soluto:

$$m_{total} = m(Na^+) + m(Cl^-) = (0,100 + 0,100) \text{ mol kg}^{-1} = 0,200 \text{ mol kg}^{-1}$$

$$\Delta T_{PC} = (-1,86°C \text{ kg mol}^{-1})(0,200 \text{ mol kg}^{-1}) = -0,372°C$$

Para estimar a diminuição do ponto de congelamento para um composto iônico, primeiro encontre a molalidade do soluto a partir da massa e da massa molar do composto e da massa do solvente. Então, multiplique a molalidade pelo número de íons na fórmula: dois para NaCl, três para Na$_2$SO$_4$, quatro para LaCl$_3$, cinco para Al$_2$(SO$_4$)$_3$, e assim por diante.

A Tabela 13.4 mostra que, conforme a concentração de NaCl diminui, $\Delta T_{PC}$ aproxima-se, mas não atinge de um valor que é duas vezes maior que o valor calculado, assumindo que não há nenhuma dissociação. Da mesma forma, $\Delta T_{PC}$ para o Na$_2$SO$_4$ aproxima-se, mas não atinge, de um valor três vezes maior. O quociente entre o $\Delta T_{PC}$ experimental e o seu valor calculado, assumindo que não há nenhuma dissociação, é chamado de **fator de van't Hoff**, em homenagem a Jacobus Henricus van't Hoff (1852-1911), que estudou esse fenômeno. O fator de van't Hoff é representado por *i*.

$$i = \frac{\Delta T_{PC} \text{, medido}}{\Delta T_{PC} \text{, calculado}} = \frac{\Delta T_{PC} \text{, medido}}{K_{PC} \times m}$$

ou

$$\Delta T_{PC} \text{ medido} = K_{PC} \times m \times i \tag{13.10}$$

Os fatores de van't Hoff podem ser usados nos cálculos de qualquer propriedade coligativa. O abaixamento da pressão de vapor, a elevação do ponto de ebulição, a diminuição do ponto de congelamento e a pressão osmótica são todos maiores para eletrólitos do que para não eletrólitos com a mesma molalidade.

O fator de van't Hoff aproxima-se de um número inteiro (2, 3 e assim por diante) somente em soluções muito diluídas. Em soluções mais concentradas, a diminuição do ponto de congelamento experimental revela que há menos íons em solução do que o esperado. Esse comportamento, que é típico de todos os compostos iônicos, é consequência das fortes atrações entre os íons. O resultado sugere que algumas das partículas positivas e negativas estão pareadas, diminuindo a molalidade total de partículas. De fato, em soluções mais concentradas, e especialmente em solventes menos polares do que a água, os íons estão extensamente associados em pares de íons ou agrupamentos ainda maiores.

**Tabela 13.4   Diminuição do Ponto de Congelamento de Algumas Soluções de Compostos Iônicos**

| MASSA % | $m$ (mol kg$^{-1}$) | $\Delta T_{PC}$ (medido,°C) | $\Delta T_{PC}$ (calculado,°C) | $\dfrac{\Delta T_{PC}\text{, medido}}{\Delta T_{PC}\text{, calculado}}$ |
|---|---|---|---|---|
| *NaCl* | | | | |
| 0,00700 | 0,0120 | −0,0433 | −0,0223 | 1,94 |
| 0,500 | 0,0860 | −0,299 | −0,160 | 1,87 |
| 1,00 | 0,173 | −0,593 | −0,322 | 1,84 |
| 2,00 | 0,349 | −1,186 | −0,649 | 1,83 |
| *Na$_2$SO$_4$* | | | | |
| 0,00700 | 0,00493 | −0,0257 | −0,00917 | 2,80 |
| 0,500 | 0,0354 | −0,165 | −0,0658 | 2,51 |
| 1,00 | 0,0711 | −0,320 | −0,132 | 2,42 |
| 2,00 | 0,144 | −0,606 | −0,268 | 2,26 |

## EXEMPLO 13.10

## Ponto de Congelamento e Soluções Iônicas

**Problema** Uma solução aquosa de 0,0200 mol kg$^{-1}$ de um composto iônico, $Co(NH_3)_4Cl_3$, congela a -0,0640°C. Quantos íons cada fórmula unitária de $Co(NH_3)_4Cl_3$ produz ao ser dissolvido na água?

**O que você sabe?** Você sabe a diminuição do ponto de congelamento (-0,0640°C), a concentração da solução e o $K_{PC}$.

**Estratégia** O fator de van't Hoff, $i$, é a relação entre a $\Delta T_{PC}$ medida e a diminuição do ponto de congelamento calculada. Primeiro, calcule o valor de $\Delta T_{PC}$ esperado para uma solução na qual nenhum íon é produzido. Compare esse valor com o real $\Delta T_{PC}$. A relação (= $i$) refletirá o número de íons produzidos.

### RESOLUÇÃO

(a) Calcule a diminuição do ponto de congelamento esperada para uma solução de 0,0200 mol kg$^{-1}$, assumindo que o sal não se dissocia em íons.

$$\Delta T_{PC} \text{ calculado} = K_{PC}m = (-1,86°C)(0,0200 \text{ mol kg}^{-1}) = -0,0372°C$$

(b) Compare a diminuição do ponto de congelamento calculado com a diminuição medida. Isso dá o fator de van't Hoff.

$$i = \frac{\Delta T_{PC}, \text{ medido}}{\Delta T_{PC}, \text{ calculado}} = \frac{-0,0640°C}{-0,0372°C} = 1,72$$

O valor $i$ é muito maior que 1, aproximando-se de 2. Portanto, assumimos que cada unidade da fórmula $Co(NH_3)_4Cl_3$ produz **2 mol de íons em solução**.

**Pense bem antes de responder** Encontramos que $i$ aproxima-se de 2, significando que o complexo dissocia-se em dois íons: $[Co(NH_3)_4Cl_2]^+$ e $Cl^-$. Como você verá no Capítulo 22, o cátion é um íon $Co^{3+}$ circundado octaedricamente por quatro moléculas de $NH_3$ e dois íons $Cl^-$.

## Verifique seu entendimento

Calcule o ponto de congelamento de 525 g de água que contém 25,0 g de NaCl. Considere que $i$, o fator de van't Hoff, é de 1,85 para NaCl.

## 13.5 Coloides

### Objetivo da Seção 13.5

- Reconhecer as propriedades e a importância dos coloides.

Anteriormente neste capítulo, definimos de forma geral que uma solução é uma mistura homogênea de duas ou mais substâncias em uma única fase. A essa definição devemos adicionar que, em uma solução verdadeira, nenhuma decantação de soluto deve ser observada e as partículas dos solutos devem estar na forma de íons ou de moléculas relativamente pequenas. Assim, o açúcar e o NaCl formam soluções verdadeiras em água. Você também está familiarizado com suspensões, as quais são obtidas, por exemplo, se um punhado de areia fina for adicionado à água e agitado vigorosamente. As partículas de areia ainda serão visíveis e decantarão gradualmente para o fundo do recipiente. As **dispersões coloidais**, chamadas também de **coloides**, representam o estado intermediário entre uma solução e uma suspensão (Figura 13.17).

**FIGURA 13.17 Coloide de ouro.** Um sal solúvel em água cujo ânion tem fórmula $[AuCl_4]^-$ é reduzido para produzir ouro metálico coloidal. O ouro coloidal produz uma dispersão de cor vermelha quando as partículas possuem uma extensão ou diâmetro inferior a 100 nm. Por essa natureza, o ouro coloidal é usado para dar uma linda cor vermelha ao vidro. Desde os tempos da alquimia, tem-se dito que beber uma solução de ouro coloidal faz bem para a mente.

**Tabela 13.5   Tipos de Coloides**

| Tipo | Meio Dispersante | Fase Dispersa | Exemplos |
|---|---|---|---|
| Aerossol | Gás | Líquido | Névoa, nuvens, *sprays* aerossóis |
| Aerossol | Gás | Sólido | Fumaça, vírus em suspensão no ar, descarga do escapamento de veículos |
| Espuma | Líquido | Gás | Creme de barbear, creme de leite batido |
| Espuma | Sólido | Gás | Isopor, *marshmallow* |
| Emulsão | Líquido | Líquido | Maionese, leite, creme facial |
| Gel | Sólido | Líquido | Geleia, gelatina, queijo, manteiga |
| Sol | Líquido | Sólido | Ouro em água, leite de magnésia, lama |
| Sol sólido | Sólido | Sólido | Vidro leitoso |

Os coloides incluem muitos dos alimentos que você consome, bem como os materiais ao seu redor, entre eles a gelatina, o leite, a neblina e a porcelana (Tabela 13.5).

Por volta de 1860, o químico britânico Thomas Graham (1805-1869) descobriu que compostos como o amido, a gelatina, o colágeno e a albumina dos ovos apresentavam uma difusão muito mais lenta quando colocados na água, se comparados ao açúcar ou ao sal. Além disso, os compostos anteriores diferenciavam-se significativamente em suas habilidades de difundir através de uma membrana: moléculas de açúcar podem difundir-se através de muitas membranas, mas moléculas muito grandes, como as que compõem o amido, a gelatina, o colágeno e a albumina, não. Além disso, Graham descobriu que não era capaz de cristalizar essas substâncias, ao contrário do açúcar, do sal e dos outros materiais que formam soluções verdadeiras, os quais conseguia cristalizar. Graham inventou a palavra "coloide" (que em grego significa "cola") para descrever distintamente essa classe de compostos diferentes das soluções verdadeiras e das suspensões.

Sabemos agora que é possível cristalizar algumas substâncias coloidais, embora com dificuldade; portanto, não há realmente nenhuma linha divisória definida entre essas classes com base nessa propriedade. Os coloides, no entanto, possuem diversas características que os distinguem. Primeiro, muitos dos compostos que formam os coloides possuem grande massa molar; isso é verdadeiro para proteínas, como a hemoglobina, que têm massa molar da ordem dos milhares. Segundo, as partículas de um coloide são relativamente grandes (várias centenas de nanômetros de diâmetro). Como consequência, elas exibem o **efeito Tyndall**, espalhando a luz visível quando dispersas em um solvente, fazendo com que a mistura pareça turva (Figura 13.18). Terceiro, mesmo que as partículas coloidais sejam grandes, elas não são tão grandes a ponto de se depositarem.

**FIGURA 13.18   O efeito Tyndall.**
As dispersões coloidais espalham a luz, um fenômeno conhecido como efeito Tyndall.

A poeira no ar dispersa a luz que atravessa as copas das árvores em uma floresta na costa do estado norte-americano de Oregon.

Um estreito feixe de luz de um *laser* passa através de uma solução de NaCl (*à esquerda*) e, depois, de uma mistura coloidal de gelatina e água (*à direita*).

© Cengage Learning/Charles D. Winters

Graham também utilizou as palavras **sol** para a dispersão coloidal de um composto sólido em um meio fluido, e **gel** para a dispersão coloidal que apresenta uma estrutura que impede que ela seja móvel. A gelatina é um sol quando o sólido é inicialmente misturado com água fervente, mas torna-se um gel quando refrigerada. Outros exemplos de géis são os precipitados gelatinosos de $Al(OH)_3$, $Fe(OH)_3$ e $Cu(OH)_2$ (Figura 13.19).

Devido ao pequeno tamanho das partículas em uma dispersão coloidal, elas possuem uma grande área superficial. Por exemplo, se você tivesse um milionésimo de mol de partículas coloidais, cada uma sendo supostamente uma esfera com um diâmetro de 1000 nm, a área total da superfície das partículas estaria na ordem de 2 milhões de $cm^2$. Não é surpreendente, portanto, que muitas das propriedades dos coloides dependam das propriedades das superfícies.

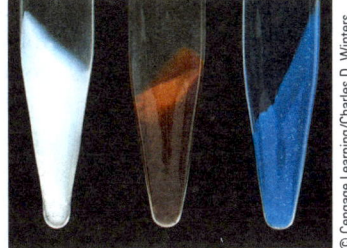

**FIGURA 13.19 Precipitados gelatinosos** $Al(OH)_3$ (*à esquerda*), $Fe(OH)_3$ (*centro*) e $Cu(OH)_2$ (*à direita*).

## Tipos de Coloides

Os coloides são classificados de acordo com o estado da fase dispersa e do meio dispersante. A Tabela 13.5 apresenta diversos tipos de coloides e exemplos de cada um deles.

Os coloides com água como o meio dispersante podem ser classificados como **hidrofóbicos** (do grego, que significa "que tem fobia de água") ou **hidrofílicos** ("que tem afinidade com a água"). Em um *coloide hidrofóbico* existem somente forças atrativas fracas entre a água e a superfície das partículas coloidais. Exemplos incluem dispersões de metais (veja a Figura 13.17) e de sais quase insolúveis em água. Quando compostos como AgCl se precipitam, o resultado é, com frequência, uma dispersão coloidal. A reação de precipitação ocorre rápido demais para que os íons separados por longas distâncias agrupem-se para formar grandes cristais e, então, os íons agregam-se para formar partículas pequenas que permanecem suspensas no líquido.

Por que essas partículas não se juntam (coagulam) para formar partículas maiores? A resposta é que as partículas coloidais carregam cargas elétricas. Para ver como isso acontece, suponha que pares de íons $Ag^+$ e $Cl^-$ se juntem e formem uma pequena partícula. Se íons $Ag^+$ ainda estão presentes em concentração substancial na solução, esses íons positivos poderiam ser atraídos pelos íons negativos $Cl^-$ na superfície da partícula. Então o aglomerado inicial de pares de íons $Ag^+$ e $Cl^-$ torna-se carregado positivamente, permitindo que atraia uma segunda camada de ânions. As partículas, agora rodeadas pelas novas camadas de íons, repelem-se mutuamente, impedindo que se juntem para formar um precipitado (Figura 13.20).

As partículas do solo são frequentemente carregadas pela água nos rios e nos córregos como coloides hidrofóbicos. Quando a água do rio que carrega grandes quantidades de partículas coloidais encontra-se com a água do mar com sua elevada concentração de sais, as partículas coagulam para formar lodo, como observado na embocadura do rio (Figura 13.21). As estações de tratamento de água frequentemente adicionam sais de alumínio, como $Al_2(SO_4)_3$, para

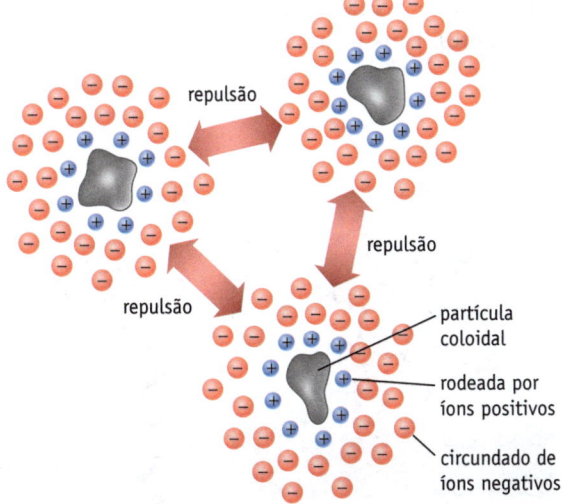

**FIGURA 13.20 Coloides hidrofóbicos.** Um coloide hidrofóbico é estabilizado por íons positivos adsorvidos em cada partícula e por uma camada secundária de íons negativos. Devido ao fato de as partículas carregarem cargas de mesmo sinal, elas se repelem mutuamente, evitando a precipitação.

**FIGURA 13.21 Formação do aluvião.** O aluvião forma-se nos deltas dos rios quando as partículas coloidais do solo entram em contato com a água salgada do mar. Vemos aqui o rio Connecticut desaguando na baía de Long Island. A alta concentração de íons na água salgada faz com que as partículas coloidais do solo coagulem-se.

clarear a água. Em solução aquosa, os íons alumínio existem como cátions $[Al(H_2O)_6]^{3+}$ que neutralizam a carga nas partículas coloidais hidrofóbicas do solo, fazendo com que as partículas do solo agreguem-se e decantem.

*Coloides hidrofílicos* são fortemente atraídos pelas moléculas de água. Eles frequentemente possuem grupos como —OH e —NH$_2$ nas suas superfícies. Esses grupos formam fortes ligações de hidrogênio com a água, estabilizando assim o coloide. As proteínas e o amido são exemplos importantes e o leite homogeneizado é um exemplo do dia a dia.

**Emulsões** são dispersões coloidais de um líquido em outro, como o óleo ou a gordura em água. Exemplos do cotidiano incluem temperos de salada, maionese e leite. Se o óleo vegetal e o vinagre forem misturados para preparar um tempero de salada, a mistura separa-se rapidamente em duas camadas, porque as moléculas apolares do óleo não interagem com as moléculas polares da água e do ácido acético ($CH_3CO_2H$). Então, por que o leite e a maionese são misturas aparentemente homogêneas, que não se separam em camadas? A resposta é que eles contêm um **agente emulsificante**, como um tipo de sabão ou uma proteína. A lecitina, um fosfolipídio encontrado na gema de ovo, pode atuar como agente emulsificante, fazendo com que a mistura de gemas de ovo com o óleo e o vinagre estabilizem-se em uma dispersão coloidal conhecida como maionese. Para compreender melhor o efeito dos agentes emulsificantes, vamos observar o funcionamento dos sabões e dos detergentes, substâncias conhecidas como surfactantes.

## Surfactantes

Os sabões e os detergentes são agentes emulsificantes. O sabão é feito aquecendo-se uma gordura com hidróxido de potássio ou de sódio, o que produz ânions de ácido carboxílico (íon carboxilato) de cadeia longa, muitas vezes chamados de ácidos graxos. Um exemplo é o estearato de sódio.

$$H_3C(CH_2)_{16} - \overset{\overset{\textstyle O}{\|}}{C} - O^- \ Na^+$$

cauda de hidrocarboneto solúvel em óleo

cabeça polar solúvel em água

*estearato de sódio, um sabão*

**Sabões e Surfactantes** Os sabões de sódio são sólidos à temperatura ambiente, enquanto os sabões de potássio geralmente são líquidos. São produzidos anualmente no mundo cerca de 30 milhões de toneladas de sabões domésticos, sabonetes, detergentes sintéticos e detergentes baseados em sabões para lavanderia.

O ânion de ácido graxo tem uma dupla funcionalidade: ele tem uma cauda apolar hidrofóbica, de hidrocarboneto, que é compatível com outros hidrocarbonetos similares, e uma cabeça polar hidrofílica, compatível com água.

O óleo não pode ser lavado facilmente dos pratos ou da roupa com água, pois ele é apolar e, portanto, insolúvel em água. Assim, adicionamos sabão à água para remover o óleo. As moléculas apolares do óleo interagem com as caudas apolares de hidrocarbonetos do sabão, deixando as cabeças polares do sabão para interagir com as moléculas vizinhas de água. Água e óleo, então, podem se misturar (Figura 13.22) e o óleo pode ser lavado.

Substâncias como os sabões, que afetam as propriedades das superfícies e, portanto, afetam a interação entre duas fases, são chamadas de agentes tensoativos ou, para resumir, **surfactantes**. Um surfactante utilizado para limpeza é

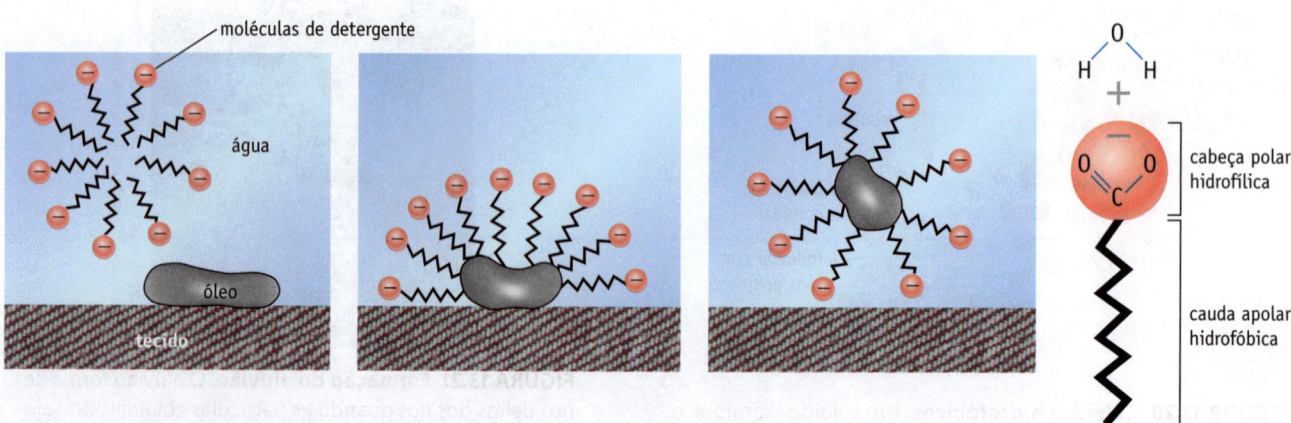

**FIGURA 13.22  A ação de limpeza do sabão.** Moléculas de sabão interagem com a água por meio da extremidade hidrofílica carregada da molécula. A longa cauda de hidrocarboneto da molécula é hidrofóbica e pode ligar-se por meio de forças de dispersão com hidrocarbonetos e outras substâncias apolares.

adição de
surfactante →

© Cengage Learning/Charles D. Winters

**FIGURA 13.23** **Efeito de um detergente na tensão superficial da água.**

O enxofre (densidade = 2,1 g cm⁻³) é colocado cuidadosamente na superfície da água (densidade de 1,0 g cm⁻³). A tensão superficial da água mantém o enxofre mais denso na superfície.

Várias gotas de detergente são colocadas na superfície da água. A tensão superficial da água é reduzida e o enxofre afunda no béquer.

chamado de **detergente**. Uma das funções de um surfactante é diminuir a tensão superficial da água, o que realça a ação de limpeza do detergente (Figura 13.23).

Muitos detergentes usados em casa e na indústria são sintéticos. Um exemplo é o laurilbenzenossulfonato de sódio, um composto biodegradável.

$$CH_3CH_2CH_2CH_2CH_2CH_2CH_2CH_2CH_2CH_2CH_2CH_2 \!-\!\!\bigcirc\!\!-\! SO_3{}^- \ Na^+$$

laurilbenzenossulfonato de sódio

Em geral, os detergentes sintéticos usam o grupo sulfonato, $-SO_3{}^-$, como a cabeça polar em vez do grupo carboxilato, $-CO_2{}^-$. Os ânions carboxilato formam um precipitado insolúvel com quaisquer íons $Ca^{2+}$ ou $Mg^{2+}$ presentes na água. Como a água dura contém concentrações elevadas desses íons, o uso de sabões que contêm carboxilatos produz os "círculos da banheira" e faz com que as roupas brancas tornem-se acinzentadas. Os detergentes sintéticos de sulfonato têm a vantagem de não formar tais precipitados porque seus sais de cálcio são mais solúveis em água.

## APLICANDO OS PRINCÍPIOS QUÍMICOS

# 13.1 Destilação

Destilação é um meio de separar os componentes de uma mistura com base nas diferenças de volatilidade. Como o petróleo é constituído de um grande número de compostos com grandes variações de volatilidade, a destilação é um processo-chave para produzir gasolina e outros produtos relacionados (Figura A). Como funciona esse processo?

Se uma mistura é composta por um componente volátil e um ou mais componentes não voláteis, é possível fazer a separação do componente volátil. Mas, quando dois ou mais componentes em uma mistura possuem valores de pressão de vapor diferentes de zero no ponto de ebulição da mistura, o resultado da destilação simples é uma separação incompleta.

A destilação fracionada utiliza ciclos de evaporação-condensação repetitivos para otimizar a separação de compostos voláteis. Quando uma mistura entra em ebulição, o vapor acima do líquido possui uma concentração mais alta de componentes voláteis que o líquido. Se esse vapor for condensado e novamente evaporado, o vapor resultante é ainda mais enriquecido nos componentes voláteis.

O diagrama de temperatura e composição para uma mistura de hexano-heptano é mostrado na Figura B. A curva de baixo indica os pontos de ebulição da mistura como função da fração em quanti-

*continua*

dade de matéria do componente mais volátil, o hexano. A curva de cima indica a quantidade de matéria do hexano na fase de vapor, acima da solução em ebulição. A linha azul representa a variação na composição da mistura no curso da destilação fracionada de uma mistura com uma fração em quantidade de matéria inicial do hexano de 0,20. A solução pode ser aquecida até alcançar seu ponto de ebulição a 90°C. A essa temperatura, a fração em quantidade de matéria do hexano na fase de vapor pode ser determinada desenhando-se uma linha horizontal em 90°C que intercepta a curva superior. Isso indica que a fase de vapor possui uma fração em

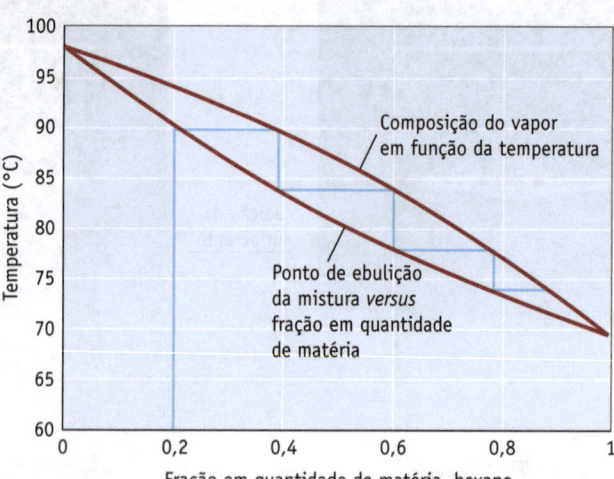

**FIGURA B** O diagrama temperatura-composição para a mistura hexano ($C_6H_{14}$)-heptano ($C_7H_{16}$).

**FIGURA A** Equipamento utilizado para a destilação fracionada do petróleo em uma refinaria.

quantidade de matéria do hexano de 0,38 a essa temperatura.

A eficiência da coluna de destilação fracionada é expressa em termos de *pratos teóricos*. Cada ciclo de evaporação-condensação exige um prato teórico. Quanto maior o número de pratos teóricos, melhor a separação para a maioria das misturas.

## Questões:

1. A linha azul no diagrama ilustra o efeito de utilizar a destilação fracionada para separar uma mistura de hexano ($C_6H_{14}$) e heptano ($C_7H_{16}$). Se iniciarmos uma destilação fracionada com uma fração em quantidade de matéria do hexano de 0,20, qual é a fração em quantidade

de matéria aproximada do hexano na fase de vapor após dois ciclos de evaporação-condensação?

2. Quantos pratos teóricos são necessários para produzir uma solução com uma fração em quantidade de matéria de hexano superior a 0,90?

3. Qual é a porcentagem em massa do hexano em uma mistura com heptano se a quantidade de matéria do hexano é de 0,20?

4. A pressão de vapor do heptano puro é de 361,2 mm Hg a 75,0°C e seu ponto de ebulição normal é de 98,4°C. Use a equação de Clausius-Clapeyron (veja a página 490) para determinar a entalpia da vaporização do heptano.

# 13.2  A Lei de Henry e os Lagos Explosivos

### APLICANDO OS PRINCÍPIOS QUÍMICOS

Em uma quinta-feira, dia 21 de agosto de 1986, pessoas e animais que estavam ao redor do Lago Nyos, na República dos Camarões, um pequeno país localizado na costa oeste da África, de repente caíram e morreram. Mais de 1700 pessoas e centenas de animais morreram sem nenhuma causa aparente – não houve fogo, terremoto, nem tempestade. Qual teria sido a causa dessa catástrofe?

Algumas semanas depois, o mistério foi solucionado. Os lagos Nyos e Monoun, situados próximos um do outro, foram formados em crateras de vulcões que,

após terem resfriado, foram preenchidas com água. O fato mais importante é que o Lago Nyos contém uma enorme quantidade de dióxido de carbono dissolvido, resultante da atividade vulcânica no interior da Terra. Sob as altas pressões que existem no fundo do lago, uma quantidade muito grande de $CO_2$ dissolveu-se na água.

Mas, naquela noite de 1986, algo perturbou o lago. A água saturada de $CO_2$, no fundo do lago, veio à superfície, onde, sob menor pressão, o gás tornou-se muito menos solúvel. Cerca de 1 km³ de dióxido de carbono

foi liberado na atmosfera. Água e $CO_2$ foram lançados como um gêiser a uma altura de cerca de 85 metros e, uma vez que esse gás é mais denso que o ar, pairou sobre o solo e começou a se espalhar, acompanhando a direção dos ventos predominantes, a uma velocidade em torno de 67 quilômetros por hora. Ao alcançar aldeias a aproximadamente 20 km de distância, o oxigênio vital foi deslocado. O resultado foi a morte por asfixia de pessoas e animais.

Na maioria dos lagos, essa situação não poderia ocorrer porque a água neles contida é "revolvida", à medida que as estações

*continua*

do ano se sucedem. No outono, a camada da superfície da água dos lagos se resfria, sua densidade aumenta, e essa água afunda. Esse processo continua, com a água mais quente subindo à superfície e a mais fria dirigindo-se para o fundo do lago. O $CO_2$ dissolvido no fundo de um lago normalmente seria expelido durante esse processo de revolvimento, mas geólogos descobriram que os lagos na República dos Camarões são diferentes. A chamada quimioclina, que é o limite entre as águas profundas, ricas em minerais e gases, e a camada da superfície, repleta de água doce, permanece inalterada. À medida que o dióxido de carbono penetra no lago, por meio de fendas ali existentes, a água torna-se supersaturada com esse gás.

Presume-se que um pequeno distúrbio – talvez um pequeno tremor de terra, um vento muito forte ou um deslizamento de terra no leito do lago – tenha provocado o revolvimento das águas e levado à explosiva e letal liberação do $CO_2$.

A liberação explosiva de $CO_2$ que ocorreu no lago Nyos é muito similar ao que acontece quando se agita e se abre uma garrafa de bebida carbonatada. Os refrigerantes carbonatados são engarrafados sob alta pressão de $CO_2$. Parte do gás dissolve-se no refrigerante, mas um pouco dele permanece no pequeno espaço acima do líquido (chamado de *espaço livre*). A pressão do $CO_2$ no espaço livre é de 2 a 4 atm. Quando a tampa da garrafa é aberta, o $CO_2$ do espaço livre escapa rapidamente. Um pouco do $CO_2$ dissolvido também sai da solução, e então é possível observar as bolhas de gás subindo à superfície. Se a garrafa permanece aberta, esse processo continua até que o equilíbrio com a atmos-

**Lago Nyos na República dos Camarões (África Ocidental), o local do desastre natural.** Em 1986, uma gigantesca bolha de $CO_2$ escapou do lago e asfixiou mais de 1700 pessoas.

fera seja estabelecido (quando a pressão parcial do $CO_2$ for de $3,75 \times 10^{-4}$ atm)

$$CO_2(\text{solução}) \rightleftharpoons CO_2(g)$$

e o refrigerante perca a efervescência. Entretanto, se a garrafa de refrigerante recentemente aberta permanece sem perturbação, a perda de $CO_2$ da solução é bastante baixa, com lenta formação de bolhas, de modo que o refrigerante permanece com gás.

### Questões:

1. Se o espaço livre de uma garrafa de refrigerante é de 25 mL e a pressão de $CO_2$ nesse espaço é de 4,0 atm (≈ 4,0 bar) a 25°C, qual é a quantidade de $CO_2$ contida nesse espaço livre?

2. Se o $CO_2$ do espaço livre escapa para a atmosfera, onde a pressão parcial do $CO_2$ é de $3,7 \times 10^{-4}$ atm, que volume o $CO_2$ deveria ocupar (a 25°C)? Ao ser liberado, o volume do $CO_2$ aumentou quantas vezes?

3. Qual é a solubilidade do $CO_2$ na água a 25°C quando a pressão do gás é de $3,7 \times 10^{-4}$ bar?

4. Após abrir uma garrafa de 1,0 L de refrigerante, qual massa de $CO_2$ dissolvido é liberada para a atmosfera até alcançar o equilíbrio? Suponha que o $CO_2$ dissolvido no refrigerante na garrafa fechada estivesse em equilíbrio com o $CO_2$ no espaço livre a uma pressão de 4,0 atm.

---

*continua*

## 13.3 A Narcose e o Mal dos Mergulhadores

**APLICANDO OS PRINCÍPIOS QUÍMICOS**

Se você já praticou mergulho, deve ter ouvido falar sobre a narcose, também chamada de "narcose de nitrogênio", "efeito martini" ou "êxtase das profundezas". E você provavelmente já discutiu com o instrutor a respeito do "mal dos mergulhadores". Ambos os efeitos são causados pelos gases do cilindro de mergulho que se dissolvem no sangue ao respirar $O_2$ e $N_2$ sob pressão.

Quando você mergulha, a pressão do ar que respira deve ser balanceada com a pressão externa da água contra o corpo. A

pressão sobre o corpo quando se está embaixo d'água é a pressão atmosférica normal mais a pressão da água, ou mais ou menos 1 atm para cada 10 m de profundidade. Para contrabalançar isso, os modernos reguladores de mergulho fornecem automaticamente a mistura de gases para a respiração à medida que se desce em profundidade a pressões cada vez maiores.

Mas aqui há um problema: conforme a pressão dos gases aumenta, a pressão parcial de $O_2$ e a de $N_2$ também aumentam,

fazendo com que mais gases dissolvam-se no sangue. Esses gases também se dissolvem nas células nervosas do cérebro e alteram a transmissão nervosa, provocando efeitos narcóticos. O efeito é comparável a beber um martini de estômago vazio ou inalar gás hilariante (óxido nitroso, $N_2O$) no dentista; isso pode deixá-lo um pouco tonto. Em casos graves, isso pode alterar seu julgamento a ponto de levá-lo a tirar o regulador da boca e dá-lo a um peixe! Algumas pessoas podem descer a profundidades de 30-40 m sem nenhum problema,

*continua*

mas outras podem ter narcose em profundidades muito menores.

Outro problema com o ar que se respira em profundidade é a toxicidade do oxigênio. Nossos corpos estão acostumados a uma pressão parcial do $O_2$ de 0,21 atm. A uma profundidade de 30 m, usando ar comprimido, a pressão parcial do $O_2$ é de mais ou menos uma atmosfera, o que significa que é comparável a respirar 100% de oxigênio ao nível do mar. Essas pressões parciais mais elevadas podem prejudicar os pulmões e provocar dano ao sistema nervoso central.

Caso você suba muito rapidamente de um mergulho, você pode experimentar o "mal dos mergulhadores", um estado doloroso e potencialmente letal no qual se formam bolhas do gás nitrogênio no sangue à medida que a solubilidade do nitrogênio diminui com a diminuição da pressão. Para reduzir a probabilidade de ocorrência desse mal, mergulhadores podem utilizar uma mistura gasosa chamada "nitrox". Essa mistura tem geralmente 32-36% de $O_2$, em decorrência de uma menor porcentagem de $N_2$. Com a pressão de $N_2$ mais baixa, menos $N_2$ é dissolvido no sangue. O uso do nitrox permite que o mergulhador suba mais rápido em menos tempo do que o necessário para expelir o $N_2$ do sangue. E, devido ao teor de $O_2$ mais elevado nessa mistura gasosa, o nitrox possui uma vantagem adicional ao permitir mergulhos mais prolongados.

Para mergulhos profundos (ao redor de 100 m) são utilizadas diferentes misturas gasosas. Uma mistura comumente usada (Trimix) pode conter 10% de $O_2$,

Rich Carey/Shutterstock.com

70% de He e 20% de $N_2$; outras misturas contêm apenas oxigênio e hélio (Heliox). A porcentagem menor de $O_2$ reduz o perigo da toxicidade desse gás. Substitui-se o nitrogênio pelo hélio porque ele é menos solúvel no sangue e tecidos, mas introduz um efeito colateral interessante. Se houver uma conexão de voz com a superfície, a fala do mergulhador passa a se parecer com a do Pato Donald! Essa alteração da fala ocorre devido à velocidade do som no hélio, que é diferente da velocidade dele no ar.

Está claro que um mergulho seguro exige a compreensão da solubilidade dos gases nos líquidos, um dos tópicos deste capítulo.

## Questões:

1. Calcule a pressão externa sofrida por um mergulhador a uma profundidade de 10,0 m. Se um mergulhador autô-nomo estiver usando ar comprimido nessa profundidade, quais serão as pressões parciais de oxigênio e nitrogênio? (Suponha que a densidade da água seja 1,00 g mL$^{-1}$.)

2. A uma profundidade de 20 metros a pressão é de aproximadamente 3,0 atm. Calcule a solubilidade do $O_2$ na água sob uma pressão de 3,0 atm. Então, calcule a massa de oxigênio que irá se dissolver em 1,0 L de água sob essa pressão.

3. Uma amostra de 1,0 L de água é sacudida ao ar para permitir que ela se torne saturada tanto com $N_2$ quanto $O_2$. Qual é a quantidade de matéria total de gases dissolvidos? Se a solução fosse agora aquecida e os gases dissolvidos expelidos da solução e coletados, qual é a fração em quantidade de matéria de oxigênio na mistura de gases?

# OBJETIVOS REVISITADOS

Os objetivos para este capítulo são marcados com as Questões para Estudo específicas para ajudá-lo a organizar sua revisão.

## 13.1 UNIDADES DE CONCENTRAÇÃO

- Calcular e usar as unidades de concentração: molalidade, fração em quantidade de matéria, porcentagem em massa e partes por milhão. **1, 3, 5, 7, 11, 12**.

- Reconhecer a diferença entre concentração em quantidade de matéria e molalidade. **9, 10**.

## 13.2 O PROCESSO DE DISSOLUÇÃO

- Entender o processo de dissolução de um soluto em um solvente e reconhecer a terminologia usada (saturada, insaturada, supersaturada, solubilidade e miscível). **13, 14, 17, 18, 96, 97**.

- Entender a termodinâmica associada com o processo de dissolução e calcular a entalpia de dissolução a partir de dados termodinâmicos. **15, 16, 73**.

### 13.3 FATORES QUE AFETAM A SOLUBILIDADE: PRESSÃO E TEMPERATURA

- Descrever os efeitos da pressão e da temperatura na solubilidade de um soluto. **17, 18**.

- Usar a lei de Henry para calcular a solubilidade de um gás em um solvente. **19-22, 83, 84**.

- Aplicar o princípio de Le Chatelier para prever a variação na solubilidade de gases com a variação de temperatura. **23, 24**.

### 13.4 PROPRIEDADES COLIGATIVAS

- Usar a lei de Raoult, calcular o efeito de solutos dissolvidos na pressão de vapor do solvente ($P_{solvente}$). **25-28, 75, 76**.

- Calcular o efeito no ponto de ebulição e no ponto de congelamento de um solvente causado por um soluto. **29-36**.

- Calcular a pressão osmótica ($\Pi$) para soluções. **37-40, 80, 108**.

- Usar as propriedades coligativas para determinar a massa molar de um soluto. **41-46, 66, 67**.

- Usar o fator de van't Hoff em cálculos de propriedade coligativa envolvendo solutos iônicos. **47-50, 63, 77, 95**.

### 13.5 COLOIDES

- Reconhecer as propriedades e importância dos coloides. **51, 52, 85, 99**.

## EQUAÇÕES-CHAVE

**Equação 13.1** A molalidade é definida como a quantidade de matéria de soluto por quilograma de solvente.

$$\text{Concentração } (c, \text{mol kg}^{-1}) = \text{molalidade da solução} = \frac{\text{quantidade de matéria de soluto (mol)}}{\text{massa de solvente (kg)}}$$

**Equação 13.2** A fração em quantidade de matéria, $X$, de um componente da solução é definida como a quantidade de matéria daquele componente da solução ($n_A$, mol) dividida pela quantidade de matéria total dos componentes da solução.

$$\text{Fração em quantidade de matéria de A } (X_A) = \frac{n_A}{n_A + n_B + n_C + \ldots}$$

**Equação 13.3** A porcentagem em massa é a massa de um componente dividida pela massa total da solução (multiplicada por 100%).

$$\% \text{ Massa de A} = \frac{\text{massa de A}}{\text{massa de A + massa de B + massa de C} + \ldots} \times 100\%$$

**Equação 13.4** Lei de Henry: A solubilidade de um gás, $S_g$, é igual ao produto entre a pressão parcial do gás ($P_g$) e uma constante ($k_H$) característica do soluto e do solvente.

$$S_g = k_H P_g$$

**Equação 13.5** Lei de Raoult: A pressão de vapor no equilíbrio de um solvente sobre uma solução a uma dada temperatura, $P_{solvente}$, é o produto entre a fração em quantidade de matéria do solvente ($X_{solvente}$) e a pressão de vapor do solvente puro ($P°_{solvente}$).

$$P_{solvente} = X_{solvente} \, P°_{solvente}$$

**Equação 13.6** A diminuição da pressão de vapor do solvente sobre uma solução, $\Delta P_{solvente}$, depende da fração em quantidade de matéria do soluto ($X_{soluto}$) e da pressão de vapor do solvente puro ($P°_{solvente}$).

$$\Delta P_{solvente} = -X_{soluto} \, P°_{solvente}$$

**Equação 13.7** A elevação do ponto de ebulição de uma solução, $\Delta T_{PE}$, é o produto entre a molalidade do soluto, $m_{soluto}$, e uma constante característica do solvente, $K_{PE}$.

$$\text{Elevação do ponto de ebulição} = \Delta T_{PE} = K_{PE} m_{soluto}$$

**Equação 13.8** A diminuição do ponto de congelamento do solvente em uma solução, $\Delta T_{PC}$, é o produto entre a molalidade do soluto, $m_{soluto}$, e a constante característica do solvente, $K_{PC}$.

$$\text{Diminuição do ponto de congelamento} = \Delta T_{PC} = K_{PC} m_{soluto}$$

**Equação 13.9** A pressão osmótica, $\Pi$, é o produto entre a concentração em quantidade de matéria de soluto, $c$ (em mol $L^{-1}$), a constante universal dos gases $R$ (0,082057 L atm $K^{-1}$ $mol^{-1}$) e a temperatura $T$ (em kelvin).

$$\Pi = cRT$$

**Equação 13.10** Essa equação modificada para a diminuição do ponto de congelamento leva em consideração a possível dissociação de um soluto. O fator de van't Hoff, $i$, o quociente da diminuição do ponto de congelamento medido e a diminuição do ponto de congelamento calculado, assumindo que não há nenhuma dissociação do soluto, é associado ao número relativo de partículas produzidas por um soluto dissolvido.

$$\Delta T_{PC} \text{ medido} = K_{PC} \times m \times i$$

# QUESTÕES PARA ESTUDO

▲ denota questões desafiadoras.

**Questões numeradas em verde** têm as respostas no Apêndice N.

## Praticando Habilidades

### Concentração

(*Veja a Seção 13.1 e o Exemplo 13.1*).

1. Você dissolve 2,56 g de ácido succínico $C_2H_4(CO_2H)_2$, em 500,0 mL de água. Assumindo que a densidade da água é de 1,00 g $cm^{-3}$, calcule a molalidade, a fração em quantidade de matéria e a porcentagem em massa do ácido na solução.

2. Você dissolve 45,0 g de cânfora, $C_{10}H_{16}O$, em 425 mL de etanol, $C_2H_5OH$. Calcule a molalidade, a fração em quantidade de matéria e a porcentagem em massa da cânfora na solução (a densidade do etanol é de 0,785 g $mL^{-1}$).

3. Preencha os espaços vazios na tabela. Suponha que sejam soluções aquosas.

| Composto | Molalidade | Porcentagem em Massa | Fração em Quantidade de Matéria |
|---|---|---|---|
| NaI | 0,15 | — | — |
| $C_2H_5OH$ | — | 5,0 | — |
| $C_{12}H_{22}O_{11}$ | 0,15 | — | — |

4. Preencha os espaços vazios na tabela. Suponha que sejam soluções aquosas.

| Composto | Molalidade | Porcentagem em Massa | Fração em Quantidade de Matéria |
|---|---|---|---|
| $KNO_3$ | _____ | 10,0 | _____ |
| $CH_3CO_2H$ | 0,0183 | _____ | _____ |
| $HOCH_2CH_2OH$ | _____ | 18,0 | _____ |

**5.** Qual massa de $Na_2CO_3$ você deve adicionar a 125 g de água para preparar 0,200 mol kg$^{-1}$ de $Na_2CO_3$? Qual é a fração em quantidade de matéria do $Na_2CO_3$ na solução resultante?

**6.** Qual massa de $NaNO_3$ deve ser adicionada a 500,0 g de água para preparar uma solução 0,0512 mol kg$^{-1}$? Qual é a fração em quantidade de matéria de $NaNO_3$ na solução?

**7.** Você deseja preparar uma solução aquosa de glicerol, $C_3H_5(OH)_3$, na qual a fração em quantidade de matéria do soluto é 0,093. Qual massa de glicerol deve ser adicionada a 425 g de água para fazer essa solução? Qual é a molalidade da solução?

**8.** Você deseja preparar uma solução aquosa de etilenoglicol, $HOCH_2CH_2OH$, na qual a fração em quantidade de matéria do soluto é 0,125. Qual massa de etilenoglicol, em gramas, você deve adicionar a 955 g de água? Qual é a molalidade da solução?

**9.** O ácido clorídrico é vendido como solução aquosa concentrada. Se a concentração do HCl comercial é de 12,0 mol L$^{-1}$ e sua densidade é de 1,18 g cm$^{-3}$, calcule o seguinte:
(a) a molalidade da solução
(b) a porcentagem em massa do HCl na solução.

**10.** O ácido sulfúrico concentrado possui uma densidade de 1,84 g cm$^{-3}$ e tem 95,0% em massa de $H_2SO_4$. Qual é a molalidade desse ácido? Qual é a sua concentração em quantidade de matéria?

**11** A concentração média de íon-lítio na água do mar é de 0,18 ppm. Qual a molalidade do Li$^+$ na água do mar?

**12.** O íon prata tem uma concentração média de 28 ppb (partes por bilhão) na água da rede de abastecimento dos Estados Unidos.
(a) Qual é a molalidade do íon prata?
(b) Se você quisesse obter $1,0 \times 10^2$ g de prata e pudesse recuperar quimicamente essa quantidade a partir da água de abastecimento, que volume de água em litros você deveria tratar? Assuma a densidade da água como 1,0 g cm$^{-3}$.

### O Processo de Dissolução

*(Veja a Seção 13.2 e o Exemplo 13.2.)*

**13.** Que pares de líquidos serão miscíveis?
(a) $H_2O$ e $CH_3CH_2CH_2CH_3$
(b) $C_6H_6$ (benzeno) e $CCl_4$
(c) $H_2O$ e $CH_3CO_2H$

**14.** Acetona, $CH_3COCH_3$, é bastante solúvel em água. Explique por que isso acontece.

**Acetona**

**15.** Use os dados da Tabela 13.1 para calcular a entalpia de dissolução do LiCl.

**16.** Utilize os seguintes dados para calcular a entalpia de dissolução do perclorato de sódio, $NaClO_4$:

$\Delta_f H°(s) = -382,9$ kJ mol$^{-1}$    e

$\Delta_f H°(aq, 1$ mol kg$^{-1}) = -369,5$ kJ mol$^{-1}$

**17.** Você prepara uma solução saturada de NaCl a 25°C. Não há nenhum sólido presente no béquer onde está a solução. O que pode ser feito para aumentar a quantidade de NaCl dissolvida nessa solução? (Consulte a Tabela 13.11.)
(a) Adicionar mais NaCl sólido.
(b) Aumentar a temperatura da solução.
(c) Aumentar a temperatura da solução e adicionar mais um pouco de NaCl.
(d) Abaixar a temperatura e adicionar um pouco mais de NaCl.

**18.** Certa quantidade de cloreto de lítio, LiCl, é dissolvida em 100 mL de água em um béquer e uma outra quantidade de $Li_2SO_4$ é dissolvida em 100 mL de água em outro béquer. As duas estão a 10°C e ambas são soluções saturadas; um pouco de sólido permanece não dissolvido em cada béquer. Descreva o que você observaria à medida que a temperatura aumentasse. Os seguintes dados podem ser encontrados em um livro-texto de Química:

| Composto | Solubilidade (g/100 mL) | |
|---|---|---|
| | **10°C** | **40°C** |
| $Li_2SO_4$ | 35,5 | 33,7 |
| LiCl | 74,5 | 89,8 |

### Lei de Henry

*(Veja a Seção 13.3 e o Exemplo 13.3.)*

**19.** A pressão parcial do $O_2$ em seus pulmões varia de 25 mm Hg a 40 mm Hg. Qual massa de $O_2$ pode ser dissolvida em 1,0 L de água a 25°C se a pressão parcial do $O_2$ for de 40 mm Hg?

**20.** A constante da lei de Henry para o $O_2$ na água a 25°C é fornecida na Tabela 13.2. Qual das seguintes alternativas é uma constante razoável quando a temperatura é de 50°C? Explique o motivo de sua escolha.
(a) $6,7 \times 10^{-4}$ bar kg mol$^{-1}$
(b) $2,6 \times 10^{-3}$ bar kg mol$^{-1}$
(c) $1,3 \times 10^{-3}$ bar kg mol$^{-1}$
(d) $6,4 \times 10^{-2}$ bar kg mol$^{-1}$

**21.** Uma lata de refrigerante fechada possui uma concentração de $CO_2$ aquoso de 0,0506 mol kg$^{-1}$ a 25°C. Qual é a pressão do gás $CO_2$ na lata?

**22.** O gás hidrogênio possui uma constante da lei de Henry de $7,8 \times 10^{-4}$ bar kg mol$^{-1}$ a 25°C, quando dissolvido na água. Se a pressão do gás (gás $H_2$ mais o vapor de água) sobre a água é de 1,00 bar, qual é a concentração de $H_2$ na água em gramas por mililitro? (Veja o Apêndice G para a pressão de vapor da água.)

### Princípio de Le Chatelier

*(Veja a Seção 13.3.)*

**23.** Um frasco selado contém água e gás oxigênio a 25°C. O gás $O_2$ possui uma pressão parcial de 1,5 atm.

(a) Qual é a concentração de $O_2$ na água?

(b) Se a pressão do $O_2$ no frasco for aumentada para 1,7 atm, o que acontecerá com a quantidade de $O_2$ dissolvida? O que acontecerá com a quantidade de $O_2$ dissolvida quando a pressão do gás $O_2$ diminuir a 1,0 atm?

**24.** Sugere-se utilizar o butano, $C_4H_{10}$, como gás refrigerante para compressores domésticos, tais como os encontrados nos aparelhos de ar-condicionado.

(a) Em que extensão o butano é solúvel em água? Calcule a concentração de butano em água se a pressão do gás for de 0,21 atm ($k_H = 0,0011$ bar kg mol$^{-1}$ a 25°C).

(b) Se a pressão do butano for aumentada para 1,0 atm, a concentração do butano aumentará ou diminuirá?

**Lei de Raoult**

(*Veja a Seção 13.4 e o Exemplo 13.4.*)

**25.** Uma amostra de 35,0 g de etilenoglicol, $HOCH_2CH_2OH$, é dissolvida em 500,0 g de água. A pressão de vapor da água a 32°C é de 35,7 mm Hg. Qual é a pressão de vapor da solução água-etilenoglicol a 32°C? (O etilenoglicol não é volátil.)

**26.** A ureia, $(NH_2)_2CO$, é amplamente utilizada como fertilizante e em plásticos e é bastante solúvel em água. Se você dissolver 9,00 g de ureia em 10,0 mL de água, o que acontece com a pressão de vapor da solução a 24°C? Assuma que a densidade da água é 1,00 g mL$^{-1}$.

**27.** O etilenoglicol puro, $HOCH_2CH_2OH$, é adicionado a 2,00 kg de água no sistema de arrefecimento de um carro. A pressão de vapor da água no sistema a 90°C é de 457 mm Hg. Qual é a massa do etilenoglicol adicionado? (Suponha que a solução seja ideal. Veja o Apêndice G para obter a pressão de vapor da água.)

**28.** Iodo puro (105 g) é dissolvido em 325 g de $CCl_4$ a 65°C. Dado que a pressão de vapor do $CCl_4$ a essa temperatura é de 531 mm Hg, qual é a pressão de vapor da solução de $CCl_4$-$I_2$ a 65°C? (Considere que o $I_2$ não contribui para a pressão de vapor.)

**Elevação do Ponto de Ebulição**

(*Veja a Seção 13.4 e o Exemplo 13.5.*)

**29.** Qual é o ponto de ebulição de uma solução contendo 0,200 mol de um soluto não volátil em 125 g de benzeno ($C_6H_6$)?

**30.** Qual é o ponto de ebulição de uma solução composta por 15,0 g de ureia, $(NH_2)_2CO$, em 0,500 kg de água?

**31.** Qual é o ponto de ebulição de uma solução composta por 15,0 g de $CHCl_3$ e 0,515 g de um soluto não volátil, acenafteno, $C_{12}H_{10}$, um componente do alcatrão presente no carvão?

**32.** Uma solução de glicerol, $C_3H_5(OH)_3$, em 735 g de água tem um ponto de ebulição de 104,4°C a uma pressão de 760 mm Hg. Qual é a massa de glicerol na solução? Qual é a fração em quantidade de matéria do soluto?

**Diminuição do Ponto de Congelamento**

(*Veja a Seção 13.4 e o Exemplo 13.6.*)

**33.** Uma mistura de etanol, $C_2H_5OH$, e água possui ponto de congelamento a -16°C.

(a) Qual é a molalidade do álcool?

(b) Qual é a porcentagem em massa do álcool na solução?

**34.** Adiciona-se um pouco de etilenoglicol, $HOCH_2CH_2OH$, no sistema de arrefecimento de seu carro, junto com 5,0 kg de água. Se o ponto de congelamento da solução água-etilenoglicol é de –15,0°C, que massa de $HOCH_2CH_2OH$ foi adicionada?

**35.** Você dissolve 15,0 g de sacarose, $C_{12}H_{22}O_{11}$, em uma xícara de água (225 g). Qual é o ponto de congelamento da solução?

**36.** Uma garrafa de vinho típica consiste de uma solução de 11% (em massa) de etanol ($C_2H_5OH$) em água. Se o vinho for resfriado a -20°C, a solução começará a congelar?

**Osmose**

(*Veja a Seção 13.4 e o Exemplo 13.7.*)

**37.** Uma solução aquosa contém 3,00% de fenilalanina ($C_9H_{11}NO_2$) em massa. (A fenilalanina não é iônica nem volátil.) Determine:

(a) o ponto de congelamento da solução

(b) o ponto de ebulição da solução

(c) a pressão osmótica da solução a 25°C

Na sua opinião, qual desses valores é mais facilmente medido em laboratório?

**38.** Estime a pressão osmótica do sangue humano a 37°C. Assuma que o sangue é isotônico com uma solução de NaCl 0,154 mol L$^{-1}$ e que o fator de van't Hoff, $i$, é de 1,90 para o NaCl.

**39.** Uma solução aquosa contendo 1,00 g de insulina bovina (uma proteína não ionizada) por litro possui uma pressão osmótica de 3,1 mm Hg a 25°C. Calcule a massa molar da insulina bovina.

**40.** Calcule a pressão osmótica de uma solução de NaCl 0,0120 mol L$^{-1}$ em água a 0°C. Assuma que o fator de van't Hoff, $i$, é de 1,94 para essa solução.

**Propriedades Coligativas e Determinação da Massa Molar**

(*Veja a Seção 13.4 e os Exemplos 13.8 e 13.9.*)

**41.** Você adiciona 0,255 g de um composto cristalino de cor laranja, cuja fórmula empírica é $C_{10}H_8Fe$, a 11,12 g de benzeno. O ponto de ebulição do benzeno aumenta de 80,10°C para 80,26°C. Quais são a massa molar e a fórmula molecular do composto?

**42.** O butirato de hidroxianisol (BHA) é utilizado em margarinas e outras gorduras e óleos. (É usado como antioxidante, prolongando o prazo de validade dos alimentos.) Qual é a massa molar do BHA, se 0,640 g do composto dissolvido em 25,0 g de clorofórmio produz uma solução cujo ponto de ebulição é de 62,22°C?

**43.** O acetato de benzila é um dos componentes ativos do óleo de jasmim. Se 0,125 g desse composto for adicionado a 25,0 g de clorofórmio ($CHCl_3$), o ponto de ebulição da solução será de 61,82°C. Qual é a massa molar do acetato de benzila?

**44.** O antraceno, um hidrocarboneto obtido a partir do carvão, possui a seguinte fórmula empírica: $C_7H_5$. Para encontrar a fórmula molecular, dissolve-se 0,500 g em 30,0 g de benzeno. O ponto de ebulição do benzeno puro é de 80,10°C, enquanto a solução possui um ponto de ebulição de 80,34°C. Qual é a fórmula molecular do antraceno?

**45.** Uma solução aquosa contém 0,180 g de um soluto não iônico desconhecido em 50,0 g de água. A solução congela a –0,040°C. Qual é a massa molar do soluto?

**46.** O aluminon, um composto orgânico, é utilizado como reagente para testar a presença de íons de alumínio em soluções aquosas. Uma solução de 2,50 g de aluminon em 50,0 g de água congela a –0,197°C. Qual é a massa molar do aluminon?

### Propriedades Coligativas dos Compostos Iônicos

(*Veja a Seção 13.4 e o Exemplo 13.10.*)

**47.** Se 52,5 g de LiF forem dissolvidos em 306 g de água, qual é o ponto de congelamento esperado da solução? (Considere que o fator de van't Hoff, *i*, para o LiF é 2.)

**48.** Para fazer um sorvete caseiro, você resfria o leite e o creme de leite, colocando o recipiente em imersão em uma solução concentrada de sal de rocha (NaCl) e gelo. Caso você queira ter uma solução de água e sal que congela a –10°C, que massa de NaCl terá que adicionar em 3,0 kg de água? (Considere que o fator de van't Hoff, *i*, para o NaCl é 1,85.)

**49.** Relacione as seguintes soluções aquosas em ordem crescente de ponto de fusão. (Assume-se que as últimas três dissociam-se completamente na água.)
(a) 0,1 mol kg$^{-1}$ de açúcar
(b) 0,1 mol kg$^{-1}$ de NaCl
(c) 0,08 mol kg$^{-1}$ de CaCl$_2$
(d) 0,04 mol kg$^{-1}$ de Na$_2$SO$_4$

**50.** Ordene as seguintes soluções aquosas em ordem decrescente de ponto de congelamento. (Assume-se que as últimas três dissociam-se completamente na água.)
(a) 0,20 mol kg$^{-1}$ de etilenoglicol (não volátil e um não eletrólito)
(b) 0,12 mol kg$^{-1}$ de K$_2$SO$_4$
(c) 0,10 mol kg$^{-1}$ de MgCl$_2$
(d) 0,12 mol kg$^{-1}$ de KBr

### Coloides

(*Veja a Seção 13.5.*)

**51.** Quando soluções de BaCl$_2$ e Na$_2$SO$_4$ são misturadas, a mistura torna-se turva. Depois de alguns dias, observa-se um sólido branco no fundo do béquer e um líquido claro acima dele.
(a) Escreva a equação balanceada para a reação que ocorre.
(b) Por que inicialmente a solução fica turva?
(c) O que acontece durante os poucos dias que se passam?

**52.** A fase dispersa de certa dispersão coloidal consiste em esferas com 1,0 × 10$^2$ nm de diâmetro.
(a) Qual é o volume ($V = \frac{4}{3}\pi r^3$) e a área superficial ($A = 4\pi r^2$) de cada esfera?
(b) Quantas esferas são necessárias para dar um volume total de 1,0 cm$^3$? Qual é a superfície total dessas esferas em metros quadrados?

## Questões Gerais

*Estas questões não estão definidas quanto ao tipo ou à localização no capítulo. Elas podem combinar vários conceitos.*

**53.** O fenilcarbinol é utilizado em *sprays* como descongestionante nasal. Uma solução de 0,52 g do composto em 25,0 g

de água possui um ponto de fusão de –0,36°C. Qual a massa molecular do fenilcarbinol?

**54.** (a) Que solução aquosa terá o ponto de ebulição mais alto: Na$_2$SO$_4$ 0,10 mol kg$^{-1}$ ou açúcar 0,15 mol kg$^{-1}$?
(b) Que solução aquosa terá a pressão de vapor da água mais alta: NH$_4$NO$_3$ 0,30 mol kg$^{-1}$ ou Na$_2$SO$_4$ 0,15 mol kg$^{-1}$?

**55.** Arranje as seguintes soluções aquosas em ordem de (i) aumento da pressão de vapor da água e (ii) aumento do ponto de ebulição.
(a) HOCH$_2$CH$_2$OH (um soluto não volátil) 0,35 mol kg$^{-1}$
(b) açúcar 0,50 mol kg$^{-1}$
(c) KBr (um eletrólito forte) 0,20 mol kg$^{-1}$
(d) Na$_2$SO$_4$ (um eletrólito forte) 0,20 mol kg$^{-1}$

**56.** Preparar sorvete em casa é um dos maiores prazeres da vida. Bate-se leite fresco, creme de leite, açúcar e aromatizantes em um balde suspenso em uma mistura de água e gelo, sendo o ponto de congelamento da mistura reduzido por meio da adição de sal. Um fabricante de congeladores de sorvete recomenda adicionar 1130 g de sal (NaCl) a 7250 g de gelo em um congelador de 4 litros. Para essa solução formada, quando a mistura derrete, calcule o seguinte:
(a) a porcentagem em massa do NaCl
(b) a fração em quantidade de matéria do NaCl
(c) a molalidade da solução

**57.** A dimetilglioxima [DMG, (CH$_3$CNOH)$_2$] é utilizada como reagente para precipitar íons níquel. Assuma que 53,0 g de DMG tenham sido dissolvidos em 525 g de etanol (C$_2$H$_5$OH).

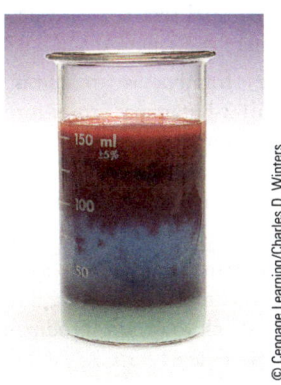

© Cengage Learning/Charles D. Winters

**O composto vermelho, insolúvel, formado entre o íon níquel (II) e a dimetilglioxima (DMG) é precipitado quando a DMG é adicionada a uma solução básica de Ni$^{2+}$(aq).**

(a) Qual é a fração em quantidade de matéria do DMG?
(b) Qual é a molalidade da solução?
(c) Qual é a pressão de vapor do etanol sobre a solução no ponto de ebulição normal do etanol de 78,4°C?
(d) Qual é o ponto de ebulição da solução? (DMG não produz íons em solução.) ($K_{PE}$ para o etanol = + 1,22°C kg mol$^{-1}$.)

**58.** Uma solução de NaOH 10,7 mol kg$^{-1}$ possui uma densidade de 1,33 g cm$^{-3}$ a 20°C. Calcule o seguinte:
(a) a fração em quantidade de matéria do NaOH
(b) a porcentagem em massa de NaOH
(c) a concentração em quantidade de matéria da solução

**59.** Uma solução aquosa concentrada de amônia possui uma concentração em quantidade de matéria de 14,8 mol L$^{-1}$ e uma densidade de 0,90 g cm$^{-3}$. Qual é a molalidade da solução? Calcule a fração em quantidade de matéria e a porcentagem em massa da NH$_3$.

**60.** Se 2,00 g de Ca(NO$_3$)$_2$ são dissolvidos em 750 g de água, qual é a molalidade do Ca(NO$_3$)$_2$? Qual é a molalidade total de íons em solução? (Assuma que haja total dissociação do sólido iônico.)

**61.** Se quiser uma solução que tenha 0,100 mol kg$^{-1}$ em íons, qual massa de Na$_2$SO$_4$ deve ser dissolvida em 125 g de água? (Assuma que há total dissociação do sólido iônico.)

**62.** Considere as seguintes soluções aquosas: (i) HOCH$_2$CH$_2$OH (não volátil, não eletrólito) 0,20 mol kg$^{-1}$; (ii) CaCl$_2$ 0,10 mol kg$^{-1}$; (iii) KBr 0,12 mol kg$^{-1}$; e (iv) Na$_2$SO$_4$ 0,12 mol kg$^{-1}$.
  (a) Qual solução tem o ponto de ebulição mais alto?
  (b) Qual solução tem o ponto de congelamento mais baixo?
  (c) Qual solução tem a maior pressão de vapor?

**63.** (a) Qual solução você esperaria ter um ponto de ebulição maior: KBr 0,20 mol kg$^{-1}$ ou açúcar 0,30 mol kg$^{-1}$?
  (b) Que solução aquosa possui o ponto de congelamento menor: NH$_4$NO$_3$ 0,12 mol kg$^{-1}$ ou Na$_2$CO$_3$ 0,10 mol kg$^{-1}$?

**64.** A solubilidade do NaCl em água a 100°C é de 39,1 g/100, g de água. Calcule o ponto de ebulição dessa solução. Assuma $i = 1,85$ para o NaCl.

**65.** Em vez de usar o NaCl para derreter o gelo em calçadas, você decide utilizar CaCl$_2$. Se adicionar 35,0 g de CaCl$_2$ em 150,0 g de água, qual será o ponto de congelamento da solução? (Assuma $i = 2,7$ para o CaCl$_2$.)

**66.** O aroma de framboesas maduras é devido ao 4-(p-hidroxifenil)-2-butanona, cuja fórmula empírica é C$_5$H$_6$O. Para encontrar a fórmula molecular, dissolve-se 0,135 g em 25,0 g de clorofórmio, CHCl$_3$. O ponto de ebulição da solução é 61,82°C. Qual é a massa molecular do soluto?

**67.** O hexaclorofeno tem sido usado em sabonetes germicidas. Qual é a sua massa molar se 0,640 g do composto, dissolvido em 25,0 g de clorofórmio, produz uma solução cujo ponto de ebulição é de 61,93°C?

**68.** A solubilidade do formiato de amônio, NH$_4$CHO$_2$, em 100,0 g de água é de 102 g a 0°C e 546 g a 80°C. Uma solução é preparada dissolvendo-se NH$_4$CHO$_2$ em 200,0 g de água até que nada mais se dissolva a 80°C. A solução então é resfriada a 0°C. Qual massa de NH$_4$CHO$_2$ precipita? (Considere que a água não evapora e que a solução não está supersaturada.)

**69.** Quanto N$_2$ pode ser dissolvido em água a 25°C se a pressão parcial do N$_2$ é de 585 mm Hg?

**70.** Charutos são mais bem armazenados em um umidificador a 18°C e a 55% de umidade relativa. Isso significa que a pressão do vapor de água deve ser de 55% da pressão de vapor da água pura à mesma temperatura. A umidade adequada pode ser mantida colocando-se uma solução de glicerol [C$_3$H$_5$(OH)$_3$] e água no umidificador. Calcule a porcentagem em massa do glicerol que baixará a pressão de vapor de água ao valor desejado. (A pressão de vapor do glicerol é insignificante.)

**71.** Uma solução aquosa contendo 10,0 g de amido por litro possui uma pressão osmótica de 3,8 mm Hg a 25°C.
  (a) Qual é a massa molar média do amido? O resultado é uma média, porque nem todas as moléculas de amido são idênticas.
  (b) Qual é o ponto de congelamento da solução? Seria fácil determinar a massa molecular do amido medindo a diminuição do ponto de congelamento? (Considere que a concentração em quantidade de matéria e a molalidade são as mesmas para essa solução.)

**72.** O vinagre é uma solução de 5% (em massa) de ácido acético em água. Determine a fração em quantidade de matéria e a molalidade do ácido acético. Qual é a concentração do ácido acético em partes por milhão (ppm)? Explique por que não é possível calcular a concentração em quantidade de matéria dessa solução a partir das informações fornecidas.

**73.** Calcule as entalpias de dissolução para Li$_2$SO$_4$ e K$_2$SO$_4$. Os processos são exotérmicos ou endotérmicos? Compare-os com o LiCl e o KCl. Que semelhanças ou diferenças você encontra?

| Composto | $\Delta_f H°$(s)<br>(kJ mol$^{-1}$) | $\Delta_f H°$(aq, 1 mol kg$^{-1}$)<br>(kJ mol$^{-1}$) |
|---|---|---|
| Li$_2$SO$_4$ | −1436,4 | −1464,4 |
| K$_2$SO$_4$ | −1437,7 | −1413,0 |

**74.** ▲ A água a 25°C tem uma densidade de 0,997 g cm$^{-3}$. Calcule a molalidade e a concentração em quantidade de matéria da água pura nessa temperatura.

**75.** ▲ Se um soluto volátil for adicionado a um solvente volátil, ambas as substâncias contribuem para a pressão de vapor sobre a solução. Assumindo uma solução ideal, a pressão de vapor de cada um é dada pela lei de Raoult, e a pressão de vapor total é a soma das pressões de vapor dos dois componentes. Uma solução, supostamente ideal, é preparada a partir de 1,0 mol de tolueno (C$_6$H$_5$CH$_3$) e 2,0 mol de benzeno (C$_6$H$_6$). Os valores da pressão de vapor dos solventes puros são 22 mm Hg e 75 mm Hg, respectivamente, a 20°C. Qual é a pressão de vapor total da mistura? Qual é a fração em quantidade de matéria de cada componente no líquido e no vapor?

**76.** Uma solução é preparada misturando-se 50,0 mL de etanol (C$_2$H$_5$OH, $d$ = 0,789 g mL$^{-1}$) e 50,0 mL de água ($d$ = 0,998 g mL$^{-1}$). Qual é a pressão de vapor total sobre a solução a 20°C? (Veja a Questão para Estudo 75.) A pressão de vapor do etanol a 20°C é de 43,6 mm Hg.

**77.** Uma solução aquosa de cloreto de novocaína (C$_{13}$H$_{21}$ClN$_2$O$_2$) 2% (em massa) congela a −0,237°C. Calcule o fator de van't Hoff, $i$. Quantos mol de íons estão na solução por mol do composto?

**78.** Uma solução contém 4,00% (em massa) de maltose e 96,00% de água. Ela congela a −0,229°C.
  (a) Calcule a massa molar da maltose (que não é um composto iônico).
  (b) A densidade da solução é de 1,014 g mL$^{-1}$. Calcule a pressão osmótica da solução.

**79.** ▲ A tabela seguinte relaciona as concentrações dos principais íons na água do mar:

| Íon | Concentração (ppm) |
| --- | --- |
| $Cl^-$ | $1,95 \times 10^4$ |
| $Na^+$ | $1,08 \times 10^4$ |
| $Mg^{2+}$ | $1,29 \times 10^3$ |
| $SO_4^{2-}$ | $9,05 \times 10^2$ |
| $Ca^{2+}$ | $4,12 \times 10^2$ |
| $K^+$ | $3,80 \times 10^2$ |
| $Br^-$ | 67 |

(a) Calcule o ponto de congelamento da água do mar.
(b) Calcule a pressão osmótica da água do mar a 25°C. Qual é a pressão mínima necessária para purificar a água do mar por osmose reversa?

**80.** ▲ Uma árvore tem 10,0 m de altura.
(a) Qual deve ser a concentração em quantidade de matéria total dos solutos se a seiva sobe até o topo da árvore por pressão osmótica a 20°C? Assuma que a água subterrânea, fora da árvore, é uma água pura e que a densidade da seiva é de 1,0 g mL$^{-1}$ (1 mm Hg = 13,6 mm de $H_2O$).
(b) Se apenas a sacarose é soluto na seiva, $C_{12}H_{22}O_{11}$, qual será a porcentagem em massa?

**81.** Uma solução 2,00% de $H_2SO_4$ em água congela a –0,796°C.
(a) Calcule o fator de van't Hoff, $i$.
(b) Quais das seguintes espécies representa melhor o ácido sulfúrico em uma solução aquosa diluída: $H_2SO_4$, $H_3O^+ + HSO_4^-$ ou $2H_3O^+ + SO_4^{2-}$?

**82.** Um composto é conhecido por ser um haleto de potássio, KX. Se 4,00 g do sal forem dissolvidos em exatamente 100 g de água, a solução congelará a –1,28°C. Identifique o íon haleto nessa fórmula.

**83.** O óxido nitroso, $N_2O$, o gás hilariante, é utilizado como anestésico. Sua constante da lei de Henry é $2,4 \times 10^{-2}$ bar kg mol$^{-1}$. Determine a massa do $N_2O$ que se dissolverá em 500,0 mL de água, sob uma pressão de $N_2O$ de 1,00 bar. Qual é a concentração do $N_2O$ nessa solução, expressa em ppm ($d$ ($H_2O$) = 1,0 g mL$^{-1}$)?

**84.** Se uma bebida carbonatada for engarrafada sob 1,5 bar de pressão de $CO_2$, qual será a concentração de $CO_2$ dissolvido nessa bebida? ($k_H$ para $CO_2$ é 0,034 mol kg-1 bar.) Após aberta a garrafa, qual fração do gás dissolvido vai escapar antes que o equilíbrio com o $CO_2$ da atmosfera seja atingido?

**85.** A você é fornecido um frasco preenchido com um líquido colorido. Sugira vários testes que permitiriam determinar se essa é uma solução ou um coloide.

**86.** Se alguém for muito cuidadoso, conseguirá fazer uma agulha flutuar na água. Se a agulha for magnetizada, ela apontará para a direção norte-sul, sendo então uma bússola improvisada. O que aconteceria com a agulha se uma gota de sabão líquido fosse adicionada à solução? Explique a observação.

## No Laboratório

**87.** ▲ Uma solução de ácido benzoico em benzeno possui um ponto de congelamento de 3,1°C e um ponto de ebulição de 82,6°C (o ponto de congelamento do benzeno puro é de 5,50°C e seu ponto de ebulição é de 80,1°C). A estrutura do ácido benzoico é

**Ácido benzoico, $C_6H_5CO_2H$**

O que você pode concluir sobre o estado das moléculas do ácido benzoico às duas diferentes temperaturas? Lembre-se da discussão a respeito das ligações de hidrogênio da Seção 11.3.

**88.** ▲ Dissolvem-se 5,0 mg de iodo, $I_2$, em 25 mL de água. Adicionam-se, então, 10,0 mL de $CCl_4$ e a mistura é agitada. Se o $I_2$ é 85 vezes mais solúvel no $CCl_4$ do que em água (para volumes iguais), quais serão as massas do $I_2$ nas camadas de água e de $CCl_4$ após a agitação? (Consulte a Figura 13.5.)

**89.** ▲ Uma solução de 5,00 g de ácido acético em 100,0 g de benzeno congela a 3,37°C. Uma solução de 5,00 g de ácido acético em 100,0 g de água congela a –1,49°C. Encontre a massa molar do ácido acético a partir de cada um desses experimentos. O que pode ser concluído a respeito do estado das moléculas de ácido acético em cada um desses solventes? Lembre-se da discussão a respeito das ligações de hidrogênio na Seção 11.3 e proponha uma estrutura para as espécies químicas na solução de benzeno.

**90.** ▲ Em um laboratório de perícia da polícia, você examina um pacote que pode conter heroína. Entretanto, você verifica que o pó branco não é heroína pura, mas uma mistura de heroína ($C_{21}H_{23}O_5N$) e lactose ($C_{12}H_{22}O_{11}$). Para determinar a quantidade de heroína na mistura, você dissolve 1,00 g do pó em 100,0 mL de água em um balão volumétrico de 100,0 mL. Você verifica que a solução possui uma pressão osmótica de 539 mm Hg a 25°C. Qual é a composição da mistura?

**91.** Um composto orgânico contém carbono (71,17%), hidrogênio (5,12%) e o restante em nitrogênio. Dissolvendo 0,177 g do composto em 10,0 g de benzeno, é produzida uma solução com uma pressão de vapor de 94,16 mm Hg a 25°C. A pressão de vapor do benzeno puro a essa temperatura é de 95,26 mm Hg. Qual é a fórmula molecular do composto?

**92.** Em pesquisas químicas, com frequência enviamos novos compostos sintetizados para laboratórios comerciais para análise. Esses laboratórios determinam a porcentagem em massa de C e H ao queimar o composto e coletar o $CO_2$ e $H_2O$ liberados. Eles determinam a massa molar medindo a pressão osmótica da solução do composto. Calcule as fórmulas empírica e molecular do composto $C_xH_yCr$, dadas as seguintes informações.
(a) O composto contém 73,94% de C e 8,27% de H; o restante é cromo.
(b) A 25°C, a pressão osmótica de uma solução contendo 5,00 mg do composto desconhecido dissolvido em exatamente 100 mL de clorofórmio é de 3,17 mm Hg.

# Resumo e Questões Conceituais

*As seguintes questões podem usar os conceitos deste capítulo e dos capítulos anteriores.*

**93.** Quando os sais de $Mg^{2+}$, $Ca^{2+}$ e $Be^{2+}$ são colocados em água, o íon positivo será hidratado (assim como acontece com o íon negativo). Qual desses três cátions é mais fortemente hidratado? Qual deles é menos fortemente hidratado?

**94.** Explique por que um pepino encolhe quando é colocado em uma solução concentrada de sal.

**95.** Se você dissolver quantidades equimolares de NaCl e $CaCl_2$ em água, o $CaCl_2$ diminui o ponto de congelamento da água cerca de 1,5 vezes mais que o NaCl. Por quê?

**96.** Uma amostra de 100,0 g de cloreto de sódio (NaCl) é adicionada a 100,0 mL de água a 0°C. Depois de alcançado o equilíbrio, cerca de 64 g do sólido permanecem não dissolvidos. Descreva o equilíbrio que existe nesse sistema no nível particulado.

**97.** Qual(is) das seguintes substâncias é(são) provavelmente solúvel(is) em água, e qual(is) é(são) possivelmente solúvel(is) em benzeno ($C_6H_6$)?
(a) $NaNO_3$
(b) Éter etílico, $CH_3CH_2OCH_2CH_3$
(c) $NH_4Cl$
(d) Naftaleno, $C_{10}H_8$

**Naftaleno, $C_{10}H_8$**

**98.** Discorra sobre o fato de que álcoois, como o metanol ($CH_3OH$) e o etanol ($C_2H_5OH$), são miscíveis com a água, enquanto um álcool com uma cadeia longa de carbono, como o octanol ($C_8H_{17}OH$), é pouco solúvel em água.

**99.** O amido contém ligações C—C, C—H, C—O e O—H. Hidrocarbonetos têm apenas ligações C—C e C—H. Ambos, amido e hidrocarbonetos, podem formar dispersões coloidais em água. Qual dispersão é classificada como hidrofóbica? Qual é hidrofílica? Explique sucintamente.

**100.** Qual substância teria a maior influência na pressão de vapor de água quando adicionada a 1000,0 g de água: 10,0 g de sacarose ($C_{12}H_{22}O_{11}$) ou 10,0 g de etilenoglicol ($HOCH_2CH_2OH$)?

**101.** Você tem duas soluções aquosas separadas por uma membrana semipermeável. Uma contém 5,85 g de NaCl dissolvidos em 100,0 mL de solução, e a outra contém 8,88 g de $KNO_3$ dissolvidos em 100,0 mL de solução. Em que direção o solvente vai fluir: da solução de NaCl para a solução de $KNO_3$, ou vice-versa? Explique sucintamente.

**102.** Um protozoário (animal unicelular) que normalmente vive no oceano é colocado em água doce. Será que vai encolher ou estourar? Explique sucintamente.

**103.** ▲ No processo de destilação, uma mistura de dois (ou mais) líquidos voláteis é primeiro aquecida para converter os líquidos voláteis em vapor. Em seguida, o vapor é condensado, formando de novo o líquido. O resultado líquido dessa conversão de líquido → vapor → líquido é enriquecer a fração do componente mais volátil da mistura no vapor condensado. Podemos descrever como isso ocorre usando a lei de Raoult. Imagine que você tenha uma mistura de 12% (em massa) de etanol e água (tal como formado, por exemplo, por meio da fermentação das uvas).
(a) Quais são as frações em quantidade de matéria de etanol e de água nessa mistura?
(b) Essa mistura é aquecida a 78,5°C (o ponto de ebulição normal de etanol). Quais são as pressões de vapor no equilíbrio do etanol e da água a essa temperatura, assumindo um comportamento ideal (lei de Raoult)? (Você vai precisar estimar a pressão de vapor da água a 78,5°C a partir dos dados no Apêndice G.)
(c) Quais são as frações em quantidade de matéria do etanol e da água no vapor?
(d) Após esse vapor ser condensado em um líquido, até que ponto a fração em quantidade de matéria de etanol foi enriquecida? Qual é a porcentagem em massa de etanol no vapor condensado?

**104.** O cloreto de sódio (NaCl) é normalmente utilizado para derreter o gelo nas estradas durante o inverno. O cloreto de cálcio ($CaCl_2$), às vezes, também é utilizado para essa finalidade. Vamos comparar a eficácia de massas iguais desses dois compostos ao baixar o ponto de congelamento da água, por meio do cálculo da diminuição do ponto de congelamento de soluções contendo 200,0 g de cada sal em 1,00 kg de água. Uma vantagem do $CaCl_2$ é que ele atua mais rapidamente porque é higroscópico, ou seja, ele absorve a umidade do ar para obter uma solução e iniciar o processo. Uma desvantagem é que esse composto tem um custo mais alto.

**105.** Reveja a tendência dos valores do fator $i$ de van't Hoff em função da concentração (Tabela 13.4). Use os seguintes dados para calcular o fator de van't Hoff para uma concentração de NaCl de 5,00% (em massa) (na qual $\Delta T = -3,05°C$) e uma concentração de $Na_2SO_4$ de 5,00% (em massa) (na qual $\Delta T = -1,36°C$). Esses valores estão de acordo com as suas expectativas com base na tendência daqueles indicados na Tabela 13.4? Especule sobre por que essa tendência é encontrada.

**106.** A tabela abaixo apresenta os valores determinados experimentalmente para pontos de congelamento de soluções a 1,00% (% em massa) de uma série de ácidos.
(a) Calcule a molalidade de cada solução e os pontos de congelamento e, em seguida, calcule os valores do fator $i$ de van't Hoff. Preencha esses valores na tabela.

| Ácido (1,00% em massa) | Molalidade (mol) | $T_{medido}$ (°C) | $T_{calculado}$ (°C) | $i$ Kg $H_2O$ |
|---|---|---|---|---|
| $HNO_3$ | ____ | −0,56 | ____ | ____ |
| $CH_3CO_2H$ | ____ | −0,32 | ____ | ____ |
| $H_2SO_4$ | ____ | −0,42 | ____ | ____ |
| $H_2C_2O_4$ | ____ | −0,30 | ____ | ____ |
| $HCO_2H$ | ____ | −0,42 | ____ | ____ |
| $CCl_3CO_2H$ | ____ | −0,21 | ____ | ____ |

(b) Analise os resultados, comparando os valores de *i* para os vários ácidos. Como esses dados estão relacionados com a força do ácido? A discussão de ácidos fortes e fracos na Seção 3.6 vai ajudá-lo a responder a essa pergunta.

**107.** É interessante como a escala de temperatura Fahrenheit foi estabelecida. Um relatório, dado por Fahrenheit em um trabalho em 1724, indicou que o valor de 0°F foi estabelecido como a temperatura de congelamento de soluções saturadas de sal marinho. A partir da literatura, descobrimos que o ponto de congelamento de uma solução de 20% em massa de NaCl é −16,46°C (essa é a menor temperatura de congelamento relatada para soluções de NaCl). Será que esse valor oferece credibilidade a essa história do estabelecimento da escala Fahrenheit?

**108.** A pressão osmótica exercida pela água do mar a 25°C é de cerca de 27 atm. Calcule a concentração de íons dissolvidos na água do mar necessária para obter uma pressão osmótica dessa grandeza. (A dessalinização da água do mar é realizada por osmose inversa. Nesse processo, é aplicada uma força que pressiona a água através de uma membrana contra um gradiente de concentração. A força externa mínima necessária para esse processo é de 27 atm. Na verdade, para realizar o processo em um ritmo razoável, a pressão aplicada deve ser duas vezes superior a esse valor, aproximadamente.)

# Apêndices

# Usando logaritmos e resolvendo equações quadráticas

Um curso de química geral requer álgebra básica além de conhecimento sobre (1) notação exponencial (ou científica), (2) logaritmos e (3) equações de segundo grau. O uso da notação exponencial foi revisado na página 35, e este apêndice revisa os últimos dois tópicos.

## A.1 Logaritmos

Dois tipos de logaritmos são utilizados neste texto: (1) logaritmos comuns (abreviados como log), cuja base é 10, e (2) logaritmos naturais (abreviados como ln), cuja base é $e$ (= 2,71828):

$$\log x = n, \text{ onde } x = 10^n$$
$$\ln x = m, \text{ onde } x = e^m$$

A maioria das equações em Química e Física foi desenvolvida em logaritmos naturais (ou de base $e$) e seguimos essa prática neste texto. A relação entre log e ln é

$$\ln x = 2,303 \log x$$

Apesar das diferentes bases dos dois logaritmos, eles são utilizados da mesma maneira. O que segue é em grande parte uma descrição da utilização dos logaritmos comuns.

Um logaritmo comum é a potência à qual você deve elevar 10 para obter o número. Por exemplo, o logaritmo de 100 é 2, uma vez que você deve elevar 10 à segunda potência para obter 100. Outros exemplos são

$$\log 1000 = \log (10^3) = 3$$
$$\log 10 = \log (10^1) = 1$$
$$\log 1 = \log (10^0) = 0$$
$$\log 0,1 = \log (10^{-1}) = -1$$
$$\log 0,0001 = \log (10^{-4}) = -4$$

Para obter o logaritmo comum de um número diferente de uma potência inteira de 10, você deve recorrer a uma tabela de log ou a uma calculadora eletrônica. Por exemplo,

$$\log 2,10 = 0,322, \text{ signifa que } 10^{0,322} = 2,10$$
$$\log 5,16 = 0,713, \text{ significa que } 10^{0,713} = 5,16$$
$$\log 3,125 = 0,4949, \text{ significa que } 10^{0,4949} = 3,125$$

Para verificar isso na calculadora, digite o número e então pressione a tecla "log". Você deve se certificar de que compreendeu como usar sua calculadora.

Para obter o logaritmo natural ln dos números mostrados aqui, use uma calculadora que tenha essa função. Insira cada número e pressione "ln:"

$$\ln 2,10 = 0,742, \text{ significa que } e^{0,742} = 2,10$$
$$\ln 5,16 = 1,641, \text{ significa que } e^{1,641} = 5,16$$

Para encontrar o logaritmo comum de um número maior que 10 ou menor que 1 com uma tabela de log, primeiro expresse o número em notação científica. Em seguida, localize o log de cada parte do número e some os logs. Por exemplo,

$$\log 241 = \log (2{,}41 + 10^2) = \log 2{,}41 + \log 10^2$$
$$= 0{,}382 + 2 = 2{,}382$$
$$\log 0{,}00573 = \log (5{,}73 + 10^{-3}) = \log 5{,}73 + \log 10^{-3}$$
$$= 0{,}758 + (-3) = -2{,}242$$

## Algarismos Significativos e Logaritmos

Observe que a mantissa tem tantos algarismos significativos quanto o número cujo logaritmo foi calculado.

**Logaritmos e Nomenclatura**
O número à esquerda da vírgula é chamado de **característica**, e o número à direita da vírgula é a **mantissa.**

## Obtendo Antilogaritmos

Se você tem o logaritmo de um número e encontra o número a partir dele, obteve o "antilogaritmo" ou o "antilog" do número. Dois procedimentos comuns utilizados com calculadoras eletrônicas para fazer isso são os seguintes:

| PROCEDIMENTO **A** | PROCEDIMENTO **B** |
|---|---|
| 1. Digite o valor do log ou ln. | 1. Digite o valor do log ou ln. |
| 2. Pressione 2ndF. | 2. Pressione INV. |
| 3. Pressione $10^x$ ou $e^x$. | 3. Pressione log ou ln $x$. |

Certifique-se de que você pode executar corretamente essa operação na sua calculadora trabalhando com os seguintes exemplos:

1. Encontre o número cujo log é 5,234:
   Lembre-se de que log $x = n$, onde $x = 10^n$. Nesse caso, $n = 5{,}234$. Encontre o valor de $10^n$, o antilog. Nesse caso,

$$10^{5{,}234} = 10^{0{,}234} + 10^5 = 1{,}71 + 10^5$$

   Note que a característica (5) define a vírgula decimal e corresponde à potência de 10 sob a forma exponencial. A mantissa (0,234) dá o valor do número $x$, 1,71, nesse caso.
2. Encontre o número cujo log é −3,456:

$$10^{-3{,}456} = 10^{0{,}544} + 10^{-4} = 3{,}50 + 10^{-4}$$

   Note que −3,456 é representado como a soma de −4 e +0,544.

## Operações Matemáticas Usando Logaritmos

Uma vez que os logaritmos são expoentes, as operações que os envolvem seguem as mesmas regras utilizadas para expoentes. Assim, a multiplicação de dois números ($xy$) pode ser feita por meio da adição de logaritmos:

$$\log xy = \log x + \log y$$

Por exemplo, multiplicamos 563 por 125, adicionando seus logaritmos e encontrando o antilogaritmo do resultado:

$$\log 563 = 2{,}751$$
$$\log 125 = \underline{2{,}097}$$
$$\log xy = 4{,}848$$
$$xy = 10^{4{,}848} = 10^{0{,}848} + 10^4 = 7{,}05 + 10^4$$

Um número ($x$) pode ser dividido por outro ($y$) pela subtração dos seus logaritmos:

$$\log \frac{x}{y} = \log x - \log y$$

Por exemplo, para dividir 125 por 742,

$$\log 125 = 2,097$$
$$-\log 742 = 2,870$$
$$\log \frac{x}{y} = -0,773$$

$$\frac{x}{y} = 10^{-0,773} = 10^{0,227} \times 10^{-1} = 1,68 \times 10^{-1}$$

Do mesmo modo, as potências e as raízes dos números podem ser encontradas usando os logaritmos.

$$\log x^y \, y(\log x)$$

$$\log \sqrt[y]{x} = \log x^{1/y} = \frac{1}{y}\log x$$

Como um exemplo, encontre a quarta potência de 5,23. Primeiro, encontramos o log de 5,23 e depois o multiplicamos por 4. O resultado, 2,874, é o log da resposta. Agora, calculamos o antilog de 2,874:

$$(5,23)^4 = ?$$
$$\log (5,23)^4 = 4 \log 5,23 = 4(0,719) = 2,874$$
$$(5,23)^4 = 10^{2,874} = 748$$

Como outro exemplo, encontre a raiz quinta de $1,89 + 10^{-9}$:

$$\sqrt[5]{1,89 \times 10^{-9}} = (1,89 \times 10^{-9})^{1/5} = ?$$

$$\log(1,89 \times 10^{-9})^{1/5} = \frac{1}{5}\log(1,89 \times 10^{-9}) = \frac{1}{5}(-8,724) = -1,745$$

A resposta é o antilog de $-1,745$:

$$(1,89 \times 10^{-9})^{1/5} = 10^{-1,745} = 1,80 \times 10^{-2}$$

## A.2  Equações Quadráticas

Equações algébricas do tipo $ax^2 + bx + c = 0$ são chamadas de **equações quadráticas**. Os coeficientes $a$, $b$ e $c$ podem ser positivos ou negativos. As duas raízes da equação podem ser encontradas usando a *fórmula quadrática*:

$$x = \frac{-b \pm \sqrt{b^2 - 4ac}}{2a}$$

Como um exemplo, resolva a equação $5x^2 - 3x - 2 = 0$. Aqui $a = 5$, $b = -3$ e $c = -2$. Portanto,

$$x = \frac{3 \pm \sqrt{(-3)^2 - 4(5)(-2)}}{2(5)}$$

$$= \frac{3 \pm \sqrt{9 - (-40)}}{10} = \frac{3 \pm \sqrt{49}}{10} = \frac{3 \pm 7}{10}$$

$$= 1 \text{ e } -0,4$$

Como você sabe qual das duas raízes é a resposta correta? Matematicamente, ambas as raízes são possíveis, mas, nos problemas de Química, você tem que decidir, em cada caso, qual raiz tem um significado físico. Para nossas aplicações, *geralmente* os valores negativos não têm significado.

Ao resolver uma expressão quadrática, é preciso sempre verificar seus valores pela substituição na equação original. No exemplo anterior, encontramos que $5(1)^2 - 3(1) - 2 = 0$ e que $5(-0,4)^2 - 3(-0,4) - 2 = 0$.

O lugar mais comum que você encontrará equações do segundo grau são nos capítulos sobre equilíbrio químico, particularmente nos Capítulos 15 a 17. Aqui, muitas vezes, você será confrontado com a resolução de uma equação como

$$1,8 \times 10^{-4} = \frac{x^2}{0,0010 - x}$$

Essa equação pode certamente ser resolvida usando a fórmula quadrática (para se obter $x = 3,4 + 10^{-4}$). Você pode considerar especialmente conveniente o **método das aproximações sucessivas**. Aqui começamos fazendo uma aproximação razoável de $x$. Esse valor aproximado é substituído na equação original, que é então resolvida para se obter o que se espera ser um valor correto de $x$. Esse processo é repetido até que a resposta conduza a um determinado valor de $x$, ou seja, até que o valor de $x$ resultante de duas aproximações sucessivas seja o mesmo.

**ETAPA 1** *Em primeiro lugar, assuma que x é tão pequeno que (0,0010 − x) ≈ 0,0010.* Isso significa que

$x^2 = 1,8 \times 10^{-4} (0,0010)$
$x = 4,2 \times 10^{-4}$ (para 2 algarismos significativos)

**ETAPA 2** *Substitua o valor de x da Etapa 1 no denominador da equação original e novamente resolva para x:*

$x^2 = 1,8 \times 10^{-4} (0,0010 - 0,00042)$
$x = 3,2 \times 10^{-4}$

**ETAPA 3** *Repita a Etapa 2 utilizando o valor de x encontrado naquela etapa:*

$x = \sqrt{1,8 \times 10^{-4} (0,0010 - 0,00032)} = 3,5 \times 10^{-4}$

**ETAPA 4** *Continue repetindo o cálculo, utilizando o valor de x encontrado na etapa anterior:*

$x = \sqrt{1,8 \times 10^{-4} (0,0010 - 0,00035)} = 3,4 \times 10^{-4}$

**ETAPA 5**

$x = \sqrt{1,8 \times 10^{-4} (0,0010 - 0,00034)} = 3,4 \times 10^{-4}$

Aqui, descobrimos que as iterações após a quarta etapa resultam no mesmo valor para $x$, indicando que chegamos a uma resposta válida (e a mesma obtida pela fórmula quadrática).

Aqui estão algumas considerações finais sobre a utilização do método de aproximações sucessivas. Em primeiro lugar, em alguns casos, o método não funciona. Passos sucessivos podem resultar em respostas que são aleatórias ou que divergem do valor correto. Nos Capítulos 15 a 17, você encontra equações do segundo grau com o formato $K = x^2/(C - x)$. O método das aproximações sucessivas funciona desde que $K < 4C$ (assumindo que se começa com $x = 0$ como a primeira suposição, isto é, $K \approx x^2/C$). Isso sempre será verdadeiro para ácidos e bases fracos (o tema dos Capítulos 16 e 17), mas pode *não* ser o caso para problemas que envolvem equilíbrio em fase gasosa (Capítulo 15), onde $K$ pode ser muito grande.

Em segundo lugar, os valores de $K$ na equação $K = x^2/(C - x)$ geralmente apresentam apenas dois algarismos significativos. Estamos, portanto, justificados para a realização das etapas sucessivas, até que duas respostas sejam as mesmas para dois algarismos significativos.

Finalmente, recomendamos esse método para resolução de equações do segundo grau, especialmente aquelas nos Capítulos 16 e 17. Se a sua calculadora tem uma função de memória, aproximações sucessivas podem ser realizadas fácil e rapidamente.

# Alguns importantes conceitos de física

## B.1 Matéria

A tendência de se manter uma velocidade constante é chamada de *inércia*. Assim, a menos que sofra a ação de uma força líquida, um corpo em repouso permanece em repouso, e um corpo em movimento permanece em movimento com velocidade uniforme. Matéria é tudo que apresenta inércia; a quantidade de matéria é a sua massa.

## B.2 Movimento

Movimento é a mudança de posição ou de localização no espaço. Os objetos podem ter as seguintes classes de movimento:

- Translação ocorre quando o centro de massa de um objeto muda a sua localização. Exemplo: um carro em movimento na estrada.
- Rotação ocorre quando cada ponto de um objeto em movimento move-se em um círculo em torno de um eixo que passa pelo centro de massa. Exemplos: um pião girando, uma molécula rotacionando.
- Vibração é a distorção e a recuperação periódica da forma original. Exemplos: um diapasão ao ser golpeado por uma superfície, uma molécula vibrando.

## B.3 Força e Peso

Força é aquilo que altera a velocidade de um corpo; ela é definida como

$$\text{Força} = \text{massa} \times \text{aceleração}$$

A unidade SI de força é o **newton**, N, cujas dimensões são quilogramas vezes metro por segundo ao quadrado (kg · m s$^{-2}$). Um newton é, por conseguinte, a força necessária para alterar a velocidade de uma massa de 1 quilograma em 1 metro por segundo, no período de tempo de 1 segundo.

Como a gravidade da Terra não é a mesma em todos os lugares, o peso (uma força) correspondente a uma determinada massa não é uma constante. Em qualquer ponto determinado da Terra, porém, a gravidade é constante e, por isso, o peso é proporcional à massa. Quando uma balança nos diz que uma dada amostra (o "desconhecido") tem o mesmo peso que outra amostra (os "pesos", conforme determinados por uma leitura de balança ou por uma soma de contrapesos), também nos informa que as duas massas são iguais. A balança é, portanto, um instrumento válido para medir a massa de um objeto, independentemente de ligeiras variações na força da gravidade.

## B.4 Pressão[2]

Pressão é a força por unidade de área. A unidade SI, chamada *pascal*, Pa, é

---

[1] Adaptado de BRESCIA, F. et al. *General Chemistry*. 5. ed. Filadélfia: Harcourt Brace, 1988.
[2] Veja a Seção 10.1.

| Tabela 1 | Conversões de Pressão | |
| --- | --- | --- |
| **DE** | **PARA** | **MULTIPLIQUE POR** |
| atmosfera | mm Hg | 760 mm Hg/atm (exatamente) |
| atmosfera | lb in$^{-2}$ | 14,6960 lb (in$^2$ · atm)$^{-1}$ |
| atmosfera | kPa | 101,325 kPa/atm |
| bar | Pa | 10$^5$ Pa/bar (exatamente) |
| bar | lb in$^{-2}$ | 14,5038 lb (in$^2$ · bar)$^{-1}$ |
| mm Hg | torr | 1 torr/mm Hg (exatamente) |

$$1 \text{ pascal} = \frac{1 \text{ newton}}{m^2} = \frac{1 \text{ kg} \cdot m \text{ s}^{-2}}{m^2} = \frac{1 \text{ kg}}{m \cdot s^2}$$

O Sistema Internacional de Unidades também reconhece o bar, que equivale a $10^5$ Pa e que se aproxima da pressão atmosférica normal (Tabela 1).

Os químicos também expressam a pressão em termos de alturas que alcançam colunas de líquidos, especialmente água e mercúrio. Esse uso não é completamente satisfatório, porque a pressão exercida por uma dada coluna de um determinado líquido não é uma constante, mas depende da temperatura (que influencia a densidade do líquido) e da localização (que influencia a magnitude da força exercida pela gravidade). Essas unidades não são parte do SI, e seu uso é cada vez menos frequente. No entanto, as unidades mais antigas ainda são adotadas em livros e revistas e os químicos devem estar familiarizados com elas.

A pressão de um líquido ou de um gás depende apenas da profundidade (ou altura) e é exercida igualmente em todas as direções. No nível do mar, a pressão exercida pela atmosfera da Terra suporta uma coluna de mercúrio de aproximadamente 0,76 m (76 cm ou 760 mm) de altura.

Uma **atmosfera normal** (atm) é a pressão exercida por exatamente 76 cm de mercúrio a 0°C (densidade, 13,5951 g cm$^{-3}$) e sob gravidade padrão, 9,80665 m s$^{-2}$. O **bar** é equivalente a 0,9869 atm. Um **torr** é a pressão exercida por exatamente 1 mm de mercúrio a 0°C e gravidade padrão.

## B.5  Energia e Potência

A unidade SI de energia é o produto das unidades de força e distância, ou quilogramas vezes metro por segundo ao quadrado (kg · m s$^{-2}$) vezes metros (+ m), isto é kg · m$^2$ s$^{-2}$; essa unidade é chamada de **joule**, J. O joule é, assim, o trabalho realizado quando uma força de 1 newton atua ao longo de uma distância de 1 metro.

O trabalho também pode ser feito movendo-se uma carga elétrica em um campo elétrico. Quando a carga movida é de 1 coulomb (C) e a diferença de potencial entre as suas posições inicial e final é de 1 volt (V), o trabalho é de 1 joule. Dessa forma,

$$1 \text{ joule} = 1 \text{ coulomb-volt (CV)}$$

Outra unidade de trabalho elétrico que não faz parte do Sistema Internacional de Unidades, mas que ainda está em uso, é o **elétron-volt**, eV, que é o trabalho necessário para mover um elétron contra uma diferença de potencial de 1 volt. (Ele também é a energia cinética adquirida por um elétron quando o mesmo é acelerado por uma diferença de potencial de 1 volt.) Como a carga de um elétron é $1,602 + 10^{-19}$ C, temos

$$1 \text{ eV} = 1,602 \times 10^{-19} \text{ CV} \times \frac{1 \text{ J}}{1 \text{ CV}} = 1,602 \times 10^{-19} \text{ J}$$

Se esse valor for multiplicado pelo número de Avogadro, obtemos a energia envolvida na movimentação de 1 mol de cargas de elétrons (1 faraday) em um campo produzido por uma diferença de potencial de 1 volt:

$$1\frac{\text{eV}}{\text{partícula}} = \frac{1,602 \times 10^{-19} \text{ J}}{\text{partícula}} \times \frac{6,022 \times 10^{23} \text{ partículas}}{\text{mol}} \cdot \frac{1 \text{ kJ}}{1000 \text{ J}} = 96,49 \text{ kJ mol}^{-1}$$

## Tabela 2   Conversões de Energia

| DE | PARA | MULTIPLIQUE POR |
|---|---|---|
| caloria (cal) | joule | 4,184 J/cal (exatamente) |
| quilocaloria (kcal) | cal | $10^3$ cal/kcal (exatamente) |
| quilocaloria | joule | $4,184 + 10^3$ J/kcal (exatamente) |
| litro atmosfera (L · atm) | joule | 101,325 J/L · atm |
| elétron-volt (eV) | joule | $1,60218 + 10^{-19}$ J/eV |
| elétron-volt por partícula | quilojoules por mol | 96,485 kJ · partícula/eV · mol |
| coulomb-volt (CV) | joule | 1 CV/J (exatamente) |
| quilowatt-hora (kW-h) | kcal | 860,4 kcal/kW-h |
| quilowatt-hora | joule | $3,6 + 10^6$ J/kW-h (exatamente) |
| Unidade Térmica Britânica (BTU) | caloria | 252 cal/BTU |

Potência é a quantidade de energia fornecida por unidade de tempo. A unidade SI é o watt, W, que corresponde a 1 joule por segundo. Um quilowatt, kW, é 1000 W. Watt-hora e quilowatt-hora são, portanto, unidades de energia (Tabela 2). Por exemplo, 1000 watts-hora ou 1 quilowatt-hora é

$$1,0 \times 10^3 \text{ W} \cdot \text{h} \times \frac{1 \text{ J}}{1 \text{ W} \cdot \text{s}} \times \frac{3,6 \times 10^3 \text{ s}}{1 \text{ h}} = 3,6 \times 10^6 \text{ J}$$

# Abreviaturas e fatores de conversão úteis

## Tabela 3   Algumas Abreviaturas Comuns e Símbolos Padrão

| TERMO | ABREVIATURA | TERMO | ABREVIATURA |
|---|---|---|---|
| Energia de ativação | $E_a$ | Entropia | $S$ |
| Ampere | A | Entropia padrão | $S°$ |
| Solução aquosa | aq | Variação de entropia de reação | $\Delta_r S°$ |
| Atmosfera, unidade de pressão | atm | Constante de equilíbrio | $K$ |
| Unidade de massa atômica | u | Baseada em concentração | $K_c$ |
| Constante de Avogadro | $N$ | Baseada em pressão | $K_p$ |
| Bar, unidade de pressão | bar | da ionização de ácido fraco | $K_a$ |
| Cúbico de corpo centrado | ccc | da ionização de base fraca | $K_b$ |
| Raio de Bohr | $a_0$ | Produto de solubilidade | $K_{ps}$ |
| Ponto de ebulição | PE | Constante de formação | $K_f$ |
| Temperatura em Celsius | °C | Etilenodiamina | em |
| Número de cargas de um íon | $z$ | Cúbico de face centrada | cfc |
| Coulomb, carga elétrica | C | Constante de Faraday | $F$ |
| Curie, radioatividade | Ci | Constante dos gases | $R$ |
| Ciclos por segundo, Hertz | Hz | Energia livre de Gibbs | $G$ |
| Debye, unidade de dipolo elétrico | D | Energia livre padrão | $G°$ |
| Elétron | $e^-$ | Energia livre padrão de formação | $\Delta_f G°$ |
| Elétron-volt | eV | Variação de energia livre padrão de reação | $\Delta_r G°$ |
| Eletronegatividade | $\chi$ | Meia-vida | $t_{1/2}$ |
| Energia | $E$ | Calor | $q$ |
| Entalpia | $H$ | Hertz | Hz |
| Entalpia padrão | $H°$ | Hora | h |
| Entalpia padrão de formação | $\Delta_f H°$ | Joule | J |
| Entalpia padrão de reação | $\Delta_r H°$ | kelvin | K |

*(continuação)*

**Tabela 3 Algumas Abreviaturas Comuns e Símbolos Padrão (continuação)**

| Termo | Abreviatura | Termo | Abreviatura |
|---|---|---|---|
| Quilocaloria | kcal | Libra | lb |
| Líquido | $\ell$ | Cúbica simples (célula unitária) | cs |
| Logaritmo, base 10 | log | Pressão | $P$ |
| Logaritmo, base $e$ | ln | Número de prótons | $Z$ |
| Milímetros de mercúrio, unidade de pressão | mm Hg | Constante de velocidade | $k$ |
| Minuto | min | Condições normais de temperatura e pressão | CNTP |
| Massa molar | $M$ | Temperatura | $T$ |
| Mol | mol | Volt | V |
| Pressão osmótica | $\Pi$ | Watt | W |
| Pascal, unidade de pressão | Pa | Comprimento de onda | $\lambda$ |
| Constante de Planck | $h$ | | |

## C.1 Unidades Fundamentais do Sistema SI

O sistema métrico foi iniciado pela Assembleia Nacional Francesa em 1790 e passou por muitas modificações. O Sistema Internacional de Unidades ou *Système International* (SI), que representa uma extensão do sistema métrico, foi adotado pela 11ª Conferência Geral de Pesos e Medidas em 1960. Ele é construído a partir de sete unidades básicas, cada uma das quais representa uma quantidade física particular (Tabela 4).

**Tabela 4 Unidades Fundamentais SI**

| Grandeza Física | Nome da Unidade | Símbolo |
|---|---|---|
| Comprimento | metro | m |
| Massa | quilograma | kg |
| Tempo | segundo | s |
| Temperatura | kelvin | K |
| Quantidade de matéria | mol | mol |
| Corrente elétrica | ampere | A |
| Intensidade luminosa | candela | cd |

As primeiras cinco unidades indicadas na Tabela 4 são particularmente úteis na química geral e são definidas como se segue:

1. O *metro* foi redefinido em 1960 para ser igual a 1650763,73 comprimentos de onda de uma determinada linha do espectro de emissão do criptônio-86.
2. O *quilograma* representa a massa de um bloco de platina-irídio mantida no International Bureau of Weights and Measures (Agência Internacional de Pesos e Medidas) em Sèvres, na França.[1]
3. O *segundo* foi redefinido em 1967 como a duração de 9192631770 períodos de uma determinada linha no espectro de micro-ondas do césio-133.

---

[1] NT: Em 2019 o quilograma foi redefinido em função da constante de Planck ($h$).

4. O *kelvin* corresponde a 1/273,16 do intervalo de temperatura entre o zero absoluto e o ponto triplo da água.[2]

5. O *mol* é a quantidade de matéria que contém tantas entidades quanto há átomos em exatamente 0,012 kg de carbono-12 (12 g de átomos de $^{12}C$).[3]

## C.2 Prefixos Usados com Unidades Métricas Tradicionais e Unidades SI

Frações decimais e múltiplos de unidades métricas e SI são designados usando os prefixos listados na Tabela 5. Os mais comumente usados em química geral aparecem em itálico.

| **Tabela 5    Prefixos Métricos Tradicionais e SI** | | | | | |
|---|---|---|---|---|---|
| **FATOR** | **PREFIXO** | **SÍMBOLO** | **FATOR** | **PREFIXO** | **SÍMBOLO** |
| $10^{12}$ | tera | T | $10^{-1}$ | *deci* | d |
| $10^{9}$ | giga | G | $10^{-2}$ | *centi* | c |
| $10^{6}$ | mega | M | $10^{-3}$ | *mili* | m |
| $10^{3}$ | quilo | k | $10^{-6}$ | micro | $\mu$ |
| $10^{2}$ | hecto | h | $10^{-9}$ | *nano* | n |
| $10^{1}$ | deca | da | $10^{-12}$ | *pico* | p |
| | | | $10^{-15}$ | femto | f |
| | | | $10^{-18}$ | atto | a |

## C.3 Unidades SI Derivadas

No Sistema Internacional de Unidades, todas as quantidades físicas são representadas pelas combinações adequadas das unidades básicas listadas na Tabela 4. Uma lista das unidades derivadas frequentemente utilizadas na química geral é dada na Tabela 6.

| **Tabela 6    Unidades SI Derivadas** | | | |
|---|---|---|---|
| **GRANDEZA FÍSICA** | **NOME DA UNIDADE** | **SÍMBOLO** | **DEFINIÇÃO** |
| Área | metro quadrado | $m^2$ | |
| Volume | metro cúbico | $m^3$ | |
| Densidade | quilograma por metro cúbico | $kg\ m^{-3}$ | |
| Força | newton | N | $kg \cdot m\ s^{-2}$ |
| Pressão | pascal | Pa | $N\ m^{-2}$ |
| Energia | joule | J | $kg \cdot m^2\ s^{-2}$ |
| Carga elétrica | coulomb | C | $A \cdot s$ |
| Diferença de potencial elétrico | volt | V | $J\ A^{-1} \cdot s^{-1}$ |

---

[2] NT: O kelvin foi redefinido, em 2019, como uma função da constante de Boltzmann, $k$.
[3] NT: Em função da redefinição do quilograma, o mol passou a ser definido em função da constante de Avogadro, $N_A$.

## Tabela 7  Unidades Comuns de Massa

**1 LIBRA = 453,39 GRAMAS**

| |
|---|
| 1 quilograma = 1000 gramas = 2,205 libras |
| 1 grama = 1000 miligramas |
| 1 grama = $6,022 \times 10^{23}$ unidades de massa atômica |
| 1 unidade de massa atômica = $1,6605 \times 10^{-24}$ grama |
| 1 tonelada curta = 2000 libras = 907,2 quilogramas |
| 1 tonelada longa = 2240 libras |
| 1 tonelada métrica = 1000 quilogramas = 2205 libras |

## Tabela 8  Unidades Comuns de Comprimento

**1 POLEGADA = 2,54 CENTÍMETROS (EXATAMENTE)**

| |
|---|
| 1 milha = 5280 pés = 1,609 quilômetros |
| 1 jarda = 36 polegadas = 0,9144 metro |
| 1 metro = 100 centímetros = 39,37 polegadas = 3,281 pés = 1,094 jardas |
| 1 quilômetro = 1000 metros = 1094 jardas = 0,6215 milha |
| 1 angstrom = $1,0 \times 10^{-8}$ centímetro = 0,10 nanômetro = 100 picômetros = $1,0 \times 10^{-10}$ metro = $3,937 \times 10^{-9}$ polegada |

## Tabela 9  Unidades Comuns de Volume

**1 QUARTO DE GALÃO = 0,9463 LITRO**
**1 LITRO = 1,0567 QUARTOS DE GALÃO**

| |
|---|
| 1 litro = 1 decímetro cúbico = 1000 centímetros cúbicos = 0,001 metro cúbico |
| 1 mililitro = 1 centímetro cúbico = 0,001 litro = $1,056 \times 10^{-3}$ quarto de galão |
| 1 pé cúbico = 28,316 litros = 29,924 quartos de galão = 7,481 galões |

# Constantes físicas

http://physics.nist.gov/cuu/Constants/index.html

## Tabela 10  Constantes Físicas

| GRANDEZA | SÍMBOLO | UNIDADES TRADICIONAIS | UNIDADES DO SI |
|---|---|---|---|
| Aceleração da gravidade | $g$ | 980,6 cm s$^{-2}$ | 9,806 m s$^{-2}$ |
| Unidade de massa atômica (1/12 da massa do átomo de $^{12}C$) | u | 1,6605 × 10$^{-24}$ g | 1,6605 × 10$^{-27}$ kg |
| Número de Avogadro | $N_A$ | 6,02214129 × 10$^{23}$ partículas mol$^{-1}$ | 6,02214129 × 10$^{23}$ partículas mol$^{-1}$ |
| Raio de Bohr | $a_0$ | 0,052918 nm 5,2918 × 10$^{-9}$ cm | 5,2918 × 10$^{-11}$ m |
| Constante de Boltzmann | $k$ | 1,3807 × 10$^{-16}$ erg K$^{-1}$ | 1,3807 × 10$^{-23}$ J K$^{-1}$ |
| Razão carga/massa do elétron | $e/m$ | 1,7588 × 10$^{8}$ C g$^{-1}$ | 1,7588 × 10$^{11}$ C kg$^{-1}$ |
| Massa do elétron em repouso | $m_e$ | 9,1094 × 10$^{-28}$ g 0,00054858 u | 9,1094 × 10$^{-31}$ kg |
| Carga do elétron | $e$ | 1,6022 × 10$^{-19}$ C 4,8033 × 10$^{-10}$ esu | 1,6022 × 10$^{-19}$ C |
| Constante de Faraday | $F$ | 96485 C mol$^{-1}$ e$^{-}$ 23,06 kcal (V · mol e$^{-}$)$^{-1}$ | 96485 C mol$^{-1}$ e$^{-}$ 96485 J V$^{-1}$ · mol e$^{-}$ |
| Constante dos gases | $R$ | 0,082057 $\dfrac{L \cdot atm}{mol \cdot K}$ 1,987 $\dfrac{cal}{mol \cdot K}$ | 8,3145 $\dfrac{Pa \cdot dm^3}{mol \cdot K}$ 8,3145 J (mol · K)$^{-1}$ |
| Volume molar (CNTP) | $V_m$ | 22,414 L mol$^{-1}$ | 22,414 × 10$^{-3}$ m$^3$ mol$^{-1}$ 22,414 dm$^3$ mol$^{-1}$ |
| Massa do nêutron em repouso | $m_n$ | 1,67493 × 10$^{-24}$ g 1,008665 u | 1,67493 × 10$^{-27}$ kg |
| Constante de Planck | $h$ | 6,6261 × 10$^{-27}$ erg · s | 6,6260693 × 10$^{-34}$ J · s |
| Massa do próton em repouso | $m_p$ | 1,6726 × 10$^{-24}$ g 1,007276 u | 1,6726 × 10$^{-27}$ kg |
| Constante de Rydberg | $R$ $Rhc$ | — | 1,0974 × 10$^{7}$ m$^{-1}$ 2,1799 × 10$^{-18}$ J |
| Velocidade da luz (no vácuo) | $c$ | 2,9979 × 10$^{10}$ cm s$^{-1}$ (186282 milhas s$^{-1}$) | 2,9979 × 10$^{8}$ m s$^{-1}$ |
| $\pi = 3,1416$ | | | |
| $e = 2,7183$ | | | |
| $\ln X = 2,303 \log X$ | | | |

**Tabela 11    Calores Específicos e Capacidades Caloríficas de Algumas Substâncias Comuns a 25°C**

| SUBSTÂNCIA | CALOR ESPECÍFICO ($J\,g^{-1} \cdot K$) | CAPACIDADE CALORÍFICA MOLAR ($J\,mol^{-1} \cdot K^{-1}$) |
|---|---|---|
| Al(s) | 0,897 | 24,2 |
| Ca(s) | 0,646 | 25,9 |
| Cu(s) | 0,385 | 24,5 |
| Fe(s) | 0,449 | 25,1 |
| Hg($\ell$) | 0,140 | 28,0 |
| $H_2O$(s), gelo | 2,06 | 37,1 |
| $H_2O$($\ell$), água | 4,184 | 75,4 |
| $H_2O$(g), vapor | 1,86 | 33,6 |
| $C_6H_6$($\ell$), benzeno | 1,74 | 136 |
| $C_6H_6$(g), benzeno | 1,06 | 82,4 |
| $C_2H_5OH$($\ell$), etanol | 2,44 | 112,3 |
| $C_2H_5OH$(g), etanol | 1,41 | 65,4 |
| $(C_2H_5)_2O$($\ell$), éter dietílico | 2,33 | 172,6 |
| $(C_2H_5)_2O$(g), éter dietílico | 1,61 | 119,5 |

**Tabela 12    Calores de Transformação e Temperaturas de Transformação de Várias Substâncias**

| SUBSTÂNCIA | PF (°C) | CALOR DE FUSÃO $J\,g^{-1}$ | kJ mol$^{-1}$ | PE (°C) | CALOR DE VAPORIZAÇÃO $J\,g^{-1}$ | kJ mol$^{-1}$ |
|---|---|---|---|---|---|---|
| Elementos* | | | | | | |
| Al | 660 | 395 | 10,7 | 2518 | 12083 | 294 |
| Ca | 842 | 212 | 8,5 | 1484 | 3767 | 155 |
| Cu | 1085 | 209 | 13,3 | 2567 | 4720 | 300 |
| Fe | 1535 | 267 | 13,8 | 2861 | 6088 | 340 |
| Hg | −38,8 | 11 | 2,29 | 357 | 295 | 59,1 |
| Compostos | | | | | | |
| $H_2O$ | 0,00 | 333 | 6,01 | 100,0 | 2260 | 40,7 |
| $CH_4$ | −182,5 | 58,6 | 0,94 | −161,5 | 511 | 8,2 |
| $C_2H_5OH$ | −114 | 109 | 5,02 | 78,3 | 838 | 38,6 |
| $C_6H_6$ | 5,48 | 127,4 | 9,95 | 80,0 | 393 | 30,7 |
| $(C_2H_5)_2O$ | −116,3 | 98,1 | 7,27 | 34,6 | 357 | 26,5 |

*Os dados para os elementos foram obtidos de DEAN, J. A. *Lange's Handbook of Chemistry*. 15. ed. Nova York: McGraw-Hill Publishers, 1999.

# Um guia resumido para nomear compostos orgânicos

Parece uma tarefa difícil criar um procedimento sistemático que forneça para cada composto orgânico um nome único, mas é isso o que tem sido feito. Um conjunto de regras foi desenvolvido pela União Internacional de Química Pura e Aplicada (IUPAC, na sigla em inglês) para nomear compostos orgânicos. A nomenclatura IUPAC permite que os químicos escrevam o nome de qualquer composto com base na sua estrutura ou identifiquem a fórmula e a estrutura de um composto a partir do seu nome. Neste livro, geralmente, utilizamos o esquema de nomenclatura IUPAC ao nomear os compostos.

Além dos nomes sistemáticos, muitos compostos têm nomes comuns. Os nomes comuns passaram a existir antes de as regras de nomenclatura serem criadas e eles continuaram em uso. Para alguns compostos, esses nomes estão tão incorporados que são utilizados na maioria das vezes. Um desses compostos é o ácido acético, que é quase sempre referido por esse nome e não por seu nome sistemático, ácido etanoico.

O procedimento geral para a nomenclatura sistemática de compostos orgânicos começa com a nomenclatura dos hidrocarbonetos. Outros compostos orgânicos são então designados como derivados dos hidrocarbonetos. As regras de nomenclatura dos compostos orgânicos simples são apresentadas na seção seguinte.

## E.1 Hidrocarbonetos

### Alcanos

Os nomes dos alcanos terminam em "-ano". Ao nomear um alcano específico, a raiz do nome identifica a cadeia de carbono mais longa no composto. Grupos substituintes específicos associados a essa cadeia de carbono são identificados pelo nome e pela posição.

Os alcanos com cadeias de um a dez átomos de carbono estão indicados na Tabela 23.2. Após os primeiros quatro compostos, os nomes derivam de números gregos e latinos – pentano, hexano, heptano, octano, nonano, decano –, e essa nomenclatura regular continua para os alcanos com números maiores de átomos de carbono. Para os alcanos substituídos, os grupos substituintes em uma cadeia de hidrocarbonetos devem ser identificados tanto pelo nome como pela posição do substituinte; essa informação precede a raiz do nome. A posição é indicada por um número de localização que se refere ao átomo de carbono ao qual está ligado o substituinte. (A numeração dos átomos de carbono em uma cadeia deve começar em uma das extremidades dela, de modo que o átomo de carbono ao qual está ligado o substituinte tenha o menor número de localização possível.)

Os nomes dos substituintes dos hidrocarbonetos são derivados do nome do hidrocarboneto. O grupo —$CH_3$, resultante da substituição de um hidrogênio do metano, é chamado de *grupo metila*; o grupo —$C_2H_5$ é o *grupo etila*. O esquema de nomenclatura é facilmente estendido para derivados de hidrocarbonetos com outros grupos substituintes, como —Cl (cloro), —$NO_2$ (nitro), —CN (ciano), —D (deutério) e assim por diante (Tabela 13). Se ocorrerem dois ou mais dos mesmos grupos substituintes, os prefixos "di-", "tri-" e "tetra-" são adicionados. Quando diferentes grupos substituintes estão presentes, eles são geralmente listados em ordem alfabética.

## Tabela 13    Nomes de Grupos Substitutos Comuns

| Fórmula | Nomes | Fórmula | Nomes |
|---------|-------|---------|-------|
| —$CH_3$ | metil | —D | deutério |
| —$C_2H_5$ | etil | —Cl | cloro |
| —$CH_2CH_2CH_3$ | propil (n-propil) | —Br | bromo |
| —$CH(CH_3)_2$ | 1-metiletil (isopropil) | —F | fluoro |
| ——$CH=CH_2$ | etenil (vinil) | —CN | ciano |
| —$C_6H_5$ | fenil | —$NO_2$ | nitro |
| —OH | hidroxi | | |
| —$NH_2$ | amino | | |

*Exemplo:*

$$\underset{CH_3CH_2\overset{\displaystyle CH_3}{\underset{|}{C}}HCH_2\overset{\displaystyle C_2H_5}{\underset{|}{C}}HCH_2CH_3}{}$$

| Etapa | Informações a Incluir | Contribuição ao Nome |
|-------|----------------------|---------------------|
| 1 | Um alcano | Nome terminará em "-ano" |
| 2 | A cadeia mais longa possui 7 carbonos | Nomear como um *heptano* |
| 3 | Grupo —$CH_3$ no carbono 3 | *3-metil* |
| 4 | Grupo —$C_2H_5$ no carbono 5 | *5-etil* |
| *Nome:* | | 5-etil-3-metil-heptano |

Os cicloalcanos são nomeados com base no tamanho do anel e pela adição do prefixo "ciclo"; por exemplo, o cicloalcano com um anel de seis membros de átomos de carbono é chamado de *ciclo-hexano*.

## Alcenos

Os nomes dos alcenos terminam em "-eno". O nome de um alceno deve especificar o comprimento da cadeia de carbono e a posição da ligação dupla (e, quando apropriado, a configuração, *cis* ou *trans*). Assim como no caso dos alcanos, é preciso fornecer tanto a identidade quanto a posição dos grupos substituintes. A cadeia de carbono é numerada a partir da extremidade que fornece à ligação dupla o menor número de localização.

Os compostos com duas ligações duplas são chamados de *dienos* e são nomeados similarmente – especificando as posições das ligações duplas e o nome e a posição de quaisquer grupos substituintes.

Por exemplo, o composto $H_2C=C(CH_3)CH(CH_3)CH_2CH_3$ tem uma cadeia de cinco carbonos com uma ligação dupla entre os átomos de carbono 1 e 2 e grupos metila nos átomos de carbono 2 e 3. Seu nome, segundo a nomenclatura IUPAC, é **2,3-dimetil-1-penteno**. O composto $CH_3CH=CHCCl_3$ com uma configuração *cis* em volta da ligação dupla é denominado **1,1,1-tricloro-cis-2-buteno**. O composto $H_2C=C(Cl)CH=CH_2$ é o **2-cloro-1,3-butadieno**.

## Alcinos

A nomenclatura dos alcinos é semelhante à dos alcenos, exceto pelo fato da isomeria *cis-trans* não existir. A terminação "-ino" em um nome identifica um composto como um alcino.

## Derivados do Benzeno

Os átomos de carbono no anel de seis membros são numerados de 1 a 6, e são dados o nome e a posição dos grupos substituintes. Os dois exemplos mostrados aqui são **1-etil-3-metilbenzeno** e **1,4-diaminobenzeno**.

1-etil-3-metilbenzeno          1,4-diaminobenzeno

## E.2  Derivados dos Hidrocarbonetos

Os nomes para álcoois, aldeídos, cetonas e ácidos são baseados no nome do hidrocarboneto com um sufixo apropriado para denotar a classe do composto, como segue:

- **Álcoois:** Substitua o "o" final por "ol" no nome do hidrocarboneto e designe a posição do grupo —OH pelo número do átomo de carbono. Por exemplo, $CH_3CH_2CHOHCH_3$ é nomeado como um derivado do hidrocarboneto butano de 4 carbonos. O grupo —OH está ligado ao segundo carbono, então o nome é **2-butanol**.

- **Aldeídos:** Substitua o "-o" final por "al" no nome do hidrocarboneto. O átomo de carbono de um aldeído é, por definição, o carbono-1 na cadeia do hidrocarboneto. Por exemplo, o composto $CH_3CH(CH_3)CH_2CH_2CHO$ contém uma cadeia de 5 carbonos com o grupo funcional aldeído sendo carbono-1 e o grupo —$CH_3$ na posição 4; assim, o nome é **4-metilpentanal**.

- **Cetonas:** Substitua o final "o" por "ona" no nome do hidrocarboneto. A posição do grupo funcional cetona (o grupo carbonila) é indicada pelo número do átomo de carbono. Por exemplo, o composto $CH_3COCH_2CH(C_2H_5)$ $CH_2CH_3$ tem o grupo carbonila na posição 2 e um grupo etila na posição 4 de uma cadeia de 6 carbonos; o seu nome é **4-etil-2-hexanona**.

- **Ácidos carboxílicos (ácidos orgânicos):** Substitua o final "o" por "-oico" no nome do hidrocarboneto. Os átomos de carbono na cadeia mais longa são numerados começando com o átomo de carbono carboxílico. Por exemplo, *trans*-$CH_3CH=CHCH_2CO_2H$ é nomeado como um derivado do *trans*-3-penteno – isto é, **ácido trans-3--pentenoico**.

Um **éster** é nomeado como um derivado do álcool e do ácido dos quais ele foi formado. O nome de um éster é obtido através da divisão da fórmula $RCO_2R'$ em duas partes, a parte $RCO_2$— e a parte —$R'$. A parte —$R'$ vem do álcool e é identificada pelo nome do grupo hidrocarboneto; derivados de etanol, por exemplo, são chamados ésteres de *etila*. A parte do ácido do composto é nomeada trocando-se o final "-oico" do ácido por "-oato". O composto $CH_3CH_2CO_2CH_3$ é denominado **propanoato de metila**.

Observe que um ânion derivado de um ácido carboxílico pela perda do próton do grupo —$CO_2H$ é nomeado da mesma forma. Assim, $CH_3CH_2CO_2^-$ é o **ânion propanoato**, e o sal de sódio desse ânion, $Na(CH_3CH_2CO_2)$ é o **propanoato de sódio**.

# Valores de energias de ionização e entalpias de afinidade eletrônica dos elementos

## Primeiras Energias de Ionização para Alguns Elementos (kJ mol⁻¹)

| 1 (1A) | 2 (2A) | 3 (3B) | 4 (4B) | 5 (5B) | 6 (6B) | 7 (7B) | 8 (8B) | 8 (8B) | 8 (8B) | 1 (11B) | 2 (12B) | 3 (13A) | 4 (14A) | 5 (15A) | 6 (16A) | 7 (17A) | 8 (18) |
|---|---|---|---|---|---|---|---|---|---|---|---|---|---|---|---|---|---|
| H 1312 | | | | | | | | | | | | | | | | | He 2371 |
| Li 520 | Be 899 | | | | | | | | | | | B 801 | C 1086 | N 1402 | O 1314 | F 1681 | Ne 2081 |
| Na 496 | Mg 738 | | | | | | | | | | | Al 578 | Si 786 | P 1012 | S 1000 | Cl 1251 | Ar 1521 |
| K 419 | Ca 599 | Sc 631 | Ti 658 | V 650 | Cr 652 | Mn 717 | Fe 759 | Co 758 | Ni 757 | Cu 745 | Zn 906 | Ga 579 | Ge 762 | As 947 | Se 941 | Br 1140 | Kr 1351 |
| Rb 403 | Sr 550 | Y 617 | Zr 661 | Nb 664 | Mo 685 | Tc 702 | Ru 711 | Rh 720 | Pd 804 | Ag 731 | Cd 868 | In 558 | Sn 709 | Sb 834 | Te 869 | I 1008 | Xe 1170 |
| Cs 377 | Ba 503 | La 538 | Hf 681 | Ta 761 | W 770 | Re 760 | Os 840 | Ir 880 | Pt 870 | Au 890 | Hg 1007 | Tl 589 | Pb 715 | Bi 703 | Po 812 | At 890 | Rn 1037 |

### Tabela 14 Valores de Entalpia de Afinidade Eletrônica para Alguns Elementos (kJ mol⁻¹)*

| | | | | | | |
|---|---|---|---|---|---|---|
| H −72,77 | | | | | | |
| Li −59,63 | Be 0** | B −26,7 | C −121,85 | N 0 | O −140,98 | F −328,0 |
| Na −52,87 | Mg 0 | Al −42,6 | Si −133,6 | P −72,07 | S −200,41 | Cl −349,0 |
| K −48,39 | Ca 0 | Ga −30 | Ge −120 | As −78 | Se −194,97 | Br −324,7 |
| Rb −46,89 | Sr 0 | In −30 | Sn −120 | Sb −103 | Te −190,16 | I −295,16 |
| Cs −45,51 | Ba 0 | Tl −20 | Pb −35,1 | Bi −91,3 | Po −180 | At −270 |

\* Derivado de dados extraídos de HOTOP, H.; LINEBERGER, W. C. *Journal of Physical Chemistry, Reference Data*, v. 14, p. 731, 1985. (Esse artigo inclui também dados para metais de transição.) Alguns valores são conhecidos com mais de duas casas decimais. Veja também: http://en.wikipedia.org/wiki/Electron_affinity_(data_page)

\*\* Elementos com uma entalpia de afinidade eletrônica de zero indicam que um ânion estável A⁻ do elemento não existe na fase gasosa.

# Pressão de vapor da água a várias temperaturas

**Tabela 15  Pressão de Vapor da Água a Várias Temperaturas**

| TEMPERATURA (°C) | PRESSÃO DE VAPOR (TORR) | TEMPERATURA (°C) | PRESSÃO DE VAPOR (TORR) | TEMPERATURA (°C) | PRESSÃO DE VAPOR (TORR) | TEMPERATURA (°C) | PRESSÃO DE VAPOR (TORR) |
|---|---|---|---|---|---|---|---|
| −10 | 2,1 | 21 | 18,7 | 51 | 97,2 | 81 | 369,7 |
| −9 | 2,3 | 22 | 19,8 | 52 | 102,1 | 82 | 384,9 |
| −8 | 2,5 | 23 | 21,1 | 53 | 107,2 | 83 | 400,6 |
| −7 | 2,7 | 24 | 22,4 | 54 | 112,5 | 84 | 416,8 |
| −6 | 2,9 | 25 | 23,8 | 55 | 118,0 | 85 | 433,6 |
| −5 | 3,2 | 26 | 25,2 | 56 | 123,8 | 86 | 450,9 |
| −4 | 3,4 | 27 | 26,7 | 57 | 129,8 | 87 | 468,7 |
| −3 | 3,7 | 28 | 28,3 | 58 | 136,1 | 88 | 487,1 |
| −2 | 4,0 | 29 | 30,0 | 59 | 142,6 | 89 | 506,1 |
| −1 | 4,3 | 30 | 31,8 | 60 | 149,4 | 90 | 525,8 |
| 0 | 4,6 | 31 | 33,7 | 61 | 156,4 | 91 | 546,1 |
| 1 | 4,9 | 32 | 35,7 | 62 | 163,8 | 92 | 567,0 |
| 2 | 5,3 | 33 | 37,7 | 63 | 171,4 | 93 | 588,6 |
| 3 | 5,7 | 34 | 39,9 | 64 | 179,3 | 94 | 610,9 |
| 4 | 6,1 | 35 | 42,2 | 65 | 187,5 | 95 | 633,9 |
| 5 | 6,5 | 36 | 44,6 | 66 | 196,1 | 96 | 657,6 |
| 6 | 7,0 | 37 | 47,1 | 67 | 205,0 | 97 | 682,1 |
| 7 | 7,5 | 38 | 49,7 | 68 | 214,2 | 98 | 707,3 |
| 8 | 8,0 | 39 | 52,4 | 69 | 223,7 | 99 | 733,2 |
| 9 | 8,6 | 40 | 55,3 | 70 | 233,7 | 100 | 760,0 |
| 10 | 9,2 | 41 | 58,3 | 71 | 243,9 | 101 | 787,6 |
| 11 | 9,8 | 42 | 61,5 | 72 | 254,6 | 102 | 815,9 |
| 12 | 10,5 | 43 | 64,8 | 73 | 265,7 | 103 | 845,1 |
| 13 | 11,2 | 44 | 68,3 | 74 | 277,2 | 104 | 875,1 |
| 14 | 12,0 | 45 | 71,9 | 75 | 289,1 | 105 | 906,1 |
| 15 | 12,8 | 46 | 75,7 | 76 | 301,4 | 106 | 937,9 |
| 16 | 13,6 | 47 | 79,6 | 77 | 314,1 | 107 | 970,6 |
| 17 | 14,5 | 48 | 83,7 | 78 | 327,3 | 108 | 1004,4 |
| 18 | 15,5 | 49 | 88,0 | 79 | 341,0 | 109 | 1038,9 |
| 19 | 16,5 | 50 | 92,5 | 80 | 355,1 | 110 | 1074,6 |
| 20 | 17,5 | | | | | | |

# Constantes de ionização de ácidos fracos a 25°C

**Tabela 16** **Constantes de Ionização de Ácidos Fracos Aquosos a 25°C**

| ÁCIDO | FÓRMULA E EQUAÇÃO DE IONIZAÇÃO | $K_a$ |
|---|---|---|
| Acético | $CH_3CO_2H \rightleftharpoons H^+ + CH_3CO_2^-$ | $1,8 \times 10^{-5}$ |
| Arsênico | $H_3AsO_4 \rightleftharpoons H^+ + H_2AsO_4^-$<br>$H_2AsO_4^- \rightleftharpoons H^+ + HAsO_4^{2-}$<br>$HAsO_4^{2-} \rightleftharpoons H^+ + AsO_4^{3-}$ | $K_1 = 5,8 \times 10^{-3}$<br>$K_2 = 1,1 \times 10^{-7}$<br>$K_3 = 3,2 \times 10^{-12}$ |
| Arsenoso | $H_3AsO_3 \rightleftharpoons H^+ + H_2AsO_3^-$<br>$H_2AsO_3^- \rightleftharpoons H^+ + HAsO_3^{2-}$ | $K_1 = 6,0 \times 10^{-10}$<br>$K_2 = 3,0 \times 10^{-14}$ |
| Benzoico | $C_6H_5CO_2H \rightleftharpoons H^+ + C_6H_5CO_2^-$ | $6,3 \times 10^{-5}$ |
| Bórico | $H_3BO_3 \rightleftharpoons H^+ + H_2BO_3^-$<br>$H_2BO_3^- \rightleftharpoons H^+ + HBO_3^{2-}$<br>$HBO_3^{2-} \rightleftharpoons H^+ + BO_3^{3-}$ | $K_1 = 7,3 \times 10^{-10}$<br>$K_2 = 1,8 \times 10^{-13}$<br>$K_3 = 1,6 \times 10^{-14}$ |
| Carbônico | $H_2CO_3 \rightleftharpoons H^+ + HCO_3^-$<br>$HCO_3^- \rightleftharpoons H^+ + CO_3^{2-}$ | $K_1 = 4,2 \times 10^{-7}$<br>$K_2 = 4,8 \times 10^{-11}$ |
| Cítrico | $H_3C_6H_5O_7 \rightleftharpoons H^+ + H_2C_6H_5O_7^-$<br>$H_2C_6H_5O_7^- \rightleftharpoons H^+ + HC_6H_5O_7^{2-}$<br>$HC_6H_5O_7^{2-} \rightleftharpoons H^+ + C_6H_5O_7^{3-}$ | $K_1 = 7,4 \times 10^{-3}$<br>$K_2 = 1,7 \times 10^{-5}$<br>$K_3 = 4,0 \times 10^{-7}$ |
| Ciânico | $HOCN \rightleftharpoons H^+ + OCN^-$ | $3,5 \times 10^{-4}$ |
| Fórmico | $HCO_2H \rightleftharpoons H^+ + HCO_2^-$ | $1,8 \times 10^{-4}$ |
| Hidrazoico | $HN_3 \rightleftharpoons H^+ + N_3^-$ | $1,9 \times 10^{-5}$ |
| Cianídrico | $HCN \rightleftharpoons H^+ + CN^-$ | $4,0 \times 10^{-10}$ |
| Fluorídrico | $HF \rightleftharpoons H^+ + F^-$ | $7,2 \times 10^{-4}$ |
| Peróxido de hidrogênio | $H_2O_2 \rightleftharpoons H^+ + HO_2^-$ | $2,4 \times 10^{-12}$ |
| Sulfídrico | $H_2S \rightleftharpoons H^+ + HS^-$<br>$HS^- \rightleftharpoons H^+ + S^{2-}$ | $K_1 = 1 + 10^{-7}$<br>$K_2 = 1 + 10^{-19}$ |
| Hipobromoso | $HOBr \rightleftharpoons H^+ + OBr^-$ | $2,5 \times 10^{-9}$ |
| Hipocloroso | $HOCl \rightleftharpoons H^+ + OCl^-$ | $3,5 \times 10^{-8}$ |
| Nitroso | $HNO_2 \rightleftharpoons H^+ + NO_2^-$ | $4,5 \times 10^{-4}$ |
| Oxálico | $H_2C_2O_4 \rightleftharpoons H^+ + HC_2O_4^-$<br>$HC_2O_4^- \rightleftharpoons H^+ + C_2O_4^{2-}$ | $K_1 = 5,9 \times 10^{-2}$<br>$K_2 = 6,4 \times 10^{-5}$ |

*(continua)*

## Tabela 16  Constantes de Ionização de Ácidos Fracos Aquosos a 25°C (continuação)

| Ácido | Fórmula e Equação de Ionização | $K_a$ |
|---|---|---|
| Fenol | $C_6H_5OH \rightleftharpoons H^+ + C_6H_5O^-$ | $1,3 \times 10^{-10}$ |
| Fosfórico | $H_3PO_4 \rightleftharpoons H^+ + H_2PO_4^-$<br>$H_2PO_4^- \rightleftharpoons H^+ + HPO_4^{2-}$<br>$HPO_4^{2-} \rightleftharpoons H^+ + PO_4^{3-}$ | $K_1 = 7,5 \times 10^{-3}$<br>$K_2 = 6,2 \times 10^{-8}$<br>$K_3 = 3,6 \times 10^{-13}$ |
| Fosforoso | $H_3PO_3 \rightleftharpoons H^+ + H_2PO_3^-$<br>$H_2PO_3^- \rightleftharpoons H^+ + HPO_3^{2-}$ | $K_1 = 1,6 \times 10^{-2}$<br>$K_2 = 7,0 \times 10^{-7}$ |
| Selênico | $H_2SeO_4 \rightleftharpoons H^+ + HSeO_4^-$<br>$HSeO_4^- \rightleftharpoons H^+ + SeO_4^{2-}$ | $K_1 = $ muito grande<br>$K_2 = 1,2 \times 10^{-2}$ |
| Selenoso | $H_2SeO_3 \rightleftharpoons H^+ + HSeO_3^-$<br>$HSeO_3^- \rightleftharpoons H^+ + SeO_3^{2-}$ | $K_1 = 2,7 \times 10^{-3}$<br>$K_2 = 2.5 \times 10^{-7}$ |
| Sulfúrico | $H_2SO_4 \rightleftharpoons H^+ + HSO_4^-$<br>$HSO_4^- \rightleftharpoons H^+ + SO_4^{2-}$ | $K_1 = $ muito grande<br>$K_2 = 1,2 \times 10^{-2}$ |
| Sulfuroso | $H_2SO_3 \rightleftharpoons H^+ + HSO_3^-$<br>$HSO_3^- \rightleftharpoons H^+ + SO_3^{2-}$ | $K_1 = 1,2 \times 10^{-2}$<br>$K_2 = 6,2 \times 10^{-8}$ |
| Teluroso | $H_2TeO_3 \rightleftharpoons H^+ + HTeO_3^-$<br>$HTeO_3^- \rightleftharpoons H^+ + TeO_3^{2-}$ | $K_1 = 2 \times 10^{-3}$<br>$K_2 = 1 \times 10^{-8}$ |

# Constantes de ionização de bases fracas a 25°C

## Tabela 17  Constantes de Ionização de Bases Fracas a 25°C

| BASE | FÓRMULA E EQUAÇÃO DE IONIZAÇÃO | $K_b$ |
|------|-------------------------------|-------|
| Amônia | $NH_3 + H_2O \rightleftharpoons NH_4^+ + OH^-$ | $1,8 \times 10^{-5}$ |
| Anilina | $C_6H_5NH_2 + H_2O \rightleftharpoons C_6H_5NH_3^+ + OH^-$ | $4,0 \times 10^{-10}$ |
| Dimetilamina | $(CH_3)_2NH + H_2O \rightleftharpoons (CH_3)_2NH_2^+ + OH^-$ | $7,4 \times 10^{-4}$ |
| Etilamina | $C_2H_5NH_2 + H_2O \rightleftharpoons C_2H_5NH_3^+ + OH^-$ | $4,3 \times 10^{-4}$ |
| Etilenodiamina | $H_2NCH_2CH_2NH_2 + H_2O \rightleftharpoons H_2NCH_2CH_2NH_3^+ + OH^-$ <br> $H_2NCH_2CH_2NH_3^+ + H_2O \rightleftharpoons H_3NCH_2CH_2NH_3^{2+} + OH^-$ | $K_1 = 8,5 \times 10^{-5}$ <br> $K_2 = 2,7 \times 10^{-8}$ |
| Hidrazina | $N_2H_4 + H_2O \rightleftharpoons N_2H_5^+ + OH^-$ <br> $N_2H_5^+ + H_2O \rightleftharpoons N_2H_6^{2+} + OH^-$ | $K_1 = 8,5 \times 10^{-7}$ <br> $K_2 = 8,9 \times 10^{-16}$ |
| Hidroxilamina | $NH_2OH + H_2O \rightleftharpoons NH_3OH^+ + OH^-$ | $6,6 \times 10^{-9}$ |
| Metilamina | $CH_3NH_2 + H_2O \rightleftharpoons CH_3NH_3^+ + OH^-$ | $5,0 \times 10^{-4}$ |
| Piridina | $C_5H_5N + H_2O \rightleftharpoons C_5H_5NH^+ + OH^-$ | $1,5 \times 10^{-9}$ |
| Trimetilamina | $(CH_3)_3N + H_2O \rightleftharpoons (CH_3)_3NH^+ + OH^-$ | $7,4 \times 10^{-5}$ |

# Constantes do produto de solubilidade de alguns compostos inorgânicos a 25°C

**Tabela 18A   Constantes do Produto de Solubilidade a 25°C**

| Cátion | Composto | $K_{ps}$ | Cátion | Composto | $K_{ps}$ |
|---|---|---|---|---|---|
| $Ba^{2+}$ | *$BaCrO_4$ <br> $BaCO_3$ <br> $BaF_2$ <br> *$BaSO_4$ | $1,2 \times 10^{-10}$ <br> $2,6 \times 10^{-9}$ <br> $1,8 \times 10^{-7}$ <br> $1,1 \times 10^{-10}$ | $Hg_2^{2+}$ | *$Hg_2Br_2$ <br> $Hg_2Cl_2$ <br> *$Hg_2I_2$ <br> $Hg_2SO_4$ | $6,4 \times 10^{-23}$ <br> $1,4 \times 10^{-18}$ <br> $2,9 \times 10^{-29}$ <br> $6,5 \times 10^{-7}$ |
| $Ca^{2+}$ | $CaCO_3$ (calcita) <br> *$CaF_2$ <br> *$Ca(OH)_2$ <br> $CaSO_4$ | $3,4 \times 10^{-9}$ <br> $5,3 \times 10^{-11}$ <br> $5,5 \times 10^{-5}$ <br> $4,9 \times 10^{-5}$ | $Ni^{2+}$ | $NiCO_3$ <br> $Ni(OH)_2$ | $1,4 \times 10^{-7}$ <br> $5,5 \times 10^{-16}$ |
| $Cu^+, Cu^{2+}$ | $CuBr$ <br> $CuI$ <br> $Cu(OH)_2$ <br> $CuSCN$ | $6,3 \times 10^{-9}$ <br> $1,3 \times 10^{-12}$ <br> $2,2 \times 10^{-20}$ <br> $1,8 \times 10^{-13}$ | $Ag^+$ | *$AgBr$ <br> *$AgBrO_3$ <br> $AgCH_3CO_2$ <br> $AgCN$ <br> $Ag_2CO_3$ <br> *$Ag_2C_2O_4$ <br> *$AgCl$ <br> $Ag_2CrO_4$ <br> *$AgI$ <br> $AgSCN$ <br> *$Ag_2SO_4$ | $5,4 \times 10^{-13}$ <br> $5,4 \times 10^{-5}$ <br> $1,9 \times 10^{-3}$ <br> $6,0 \times 10^{-17}$ <br> $8,5 \times 10^{-12}$ <br> $5,4 \times 10^{-12}$ <br> $1,8 \times 10^{-10}$ <br> $1,1 \times 10^{-12}$ <br> $8,5 \times 10^{-17}$ <br> $1,0 \times 10^{-12}$ <br> $1,2 \times 10^{-5}$ |
| $Au^+$ | $AuCl$ | $2,0 \times 10^{-13}$ | | | |
| $Fe^{2+}$ | $FeCO_3$ <br> $Fe(OH)_2$ | $3,1 \times 10^{-11}$ <br> $4,9 \times 10^{-17}$ | | | |
| $Pb^{2+}$ | $PbBr_2$ <br> $PbCO_3$ <br> $PbCl_2$ <br> $PbCrO_4$ <br> $PbF_2$ <br> $PbI_2$ <br> $Pb(OH)_2$ <br> $PbSO_4$ | $6,6 \times 10^{-6}$ <br> $7,4 \times 10^{-14}$ <br> $1,7 \times 10^{-5}$ <br> $2,8 \times 10^{-13}$ <br> $3,3 \times 10^{-8}$ <br> $9,8 \times 10^{-9}$ <br> $1,4 \times 10^{-15}$ <br> $2,5 \times 10^{-8}$ | $Sr^{2+}$ | $SrCO_3$ <br> $SrF_2$ <br> $SrSO_4$ | $5,6 \times 10^{-10}$ <br> $4,3 \times 10^{-9}$ <br> $3,4 \times 10^{-7}$ |
| | | | $Tl^+$ | $TlBr$ <br> $TlCl$ <br> $TlI$ | $3,7 \times 10^{-6}$ <br> $1,9 \times 10^{-4}$ <br> $5,5 \times 10^{-8}$ |
| $Mg^{2+}$ | $MgCO_3$ <br> $MgF_2$ <br> $Mg(OH)_2$ | $6,8 \times 10^{-6}$ <br> $5,2 \times 10^{-11}$ <br> $5,6 \times 10^{-12}$ | $Zn^{2+}$ | $Zn(OH)_2$ <br> $Zn(CN)_2$ | $3 \times 10^{-17}$ <br> $8,0 \times 10^{-12}$ |
| $Mn^{2+}$ | $MnCO_3$ <br> *$Mn(OH)_2$ | $2,3 \times 10^{-11}$ <br> $1,9 \times 10^{-13}$ | | | |

Os valores apresentados nesta tabela foram extraídos de DEAN, J. A. *Lange's Handbook of Chemistry*. 15. ed. Nova York: McGraw-Hill Publishers, 1999. Os valores foram arredondados para dois algarismos significativos.

*A solubilidade calculada a partir desses valores de $K_{ps}$ corresponderão à solubilidade experimental para esse composto dentro de um fator de 2. Os valores experimentais para as solubilidades são dados em CLARK, R. W.; BONICAMP, J. M. *Journal of Chemical Education*, v. 75, p. 1182, 1998.

**Tabela 18B**   Valores de $K'_{ps}$ Modificados*
para Alguns Sulfetos Metálicos a 25°C

| SUBSTÂNCIA | $K_{ps}$ |
|---|---|
| HgS (vermelho) | $4 \times 10^{-54}$ |
| HgS (preto) | $2 \times 10^{-53}$ |
| CuS | $6 \times 10^{-37}$ |
| PbS | $3 \times 10^{-28}$ |
| CdS | $8 \times 10^{-28}$ |
| SnS | $1 \times 10^{-26}$ |
| FeS | $6 \times 10^{-19}$ |

*Os valores da constante de equilíbrio para estes sulfetos metálicos referem-se ao equilíbrio de $MS(s) + H_2O(\ell) \rightleftharpoons M^{2+}(aq) + OH^-(aq) + HS^-(aq)$; veja MYERS, R. J. *Journal of Chemical Education*, v. 63, p. 687, 1986.

# Constantes de formação de alguns íons complexos em solução aquosa a 25°C

**Tabela 19  Constantes de Formação de Alguns Íons Complexos em Solução Aquosa a 25°C\***

| EQUILÍBRIO DE FORMAÇÃO | $K_f$ |
|---|---|
| $Ag^+ + 2Br^- \rightleftharpoons [AgBr_2]^-$ | $2,1 \times 10^7$ |
| $Ag^+ + 2Cl^- \rightleftharpoons [AgCl_2]^-$ | $1,1 \times 10^5$ |
| $Ag^+ + 2CN^- \rightleftharpoons [Ag(CN)_2]^-$ | $1,3 \times 10^{21}$ |
| $Ag^+ + 2S_2O_3^{2-} \rightleftharpoons [Ag(S_2O_3)_2]^{3-}$ | $2,9 \times 10^{13}$ |
| $Ag^+ + 2NH_3 \rightleftharpoons [Ag(NH_3)_2]^+$ | $1,1 \times 10^7$ |
| $Al^{3+} + 6F^- \rightleftharpoons [AlF_6]^{3-}$ | $6,9 \times 10^{19}$ |
| $Al^{3+} + 4OH^- \rightleftharpoons [Al(OH)_4]^-$ | $1,1 \times 10^{33}$ |
| $Au^+ + 2CN^- \rightleftharpoons [Au(CN)_2]^-$ | $2,0 \times 10^{38}$ |
| $Cd^{2+} + 4CN^- \rightleftharpoons [Cd(CN)_4]^{2-}$ | $6,0 \times 10^{18}$ |
| $Cd^{2+} + 4NH_3 \rightleftharpoons [Cd(NH_3)_4]^{2+}$ | $1,3 \times 10^7$ |
| $Co^{2+} + 6NH_3 \rightleftharpoons [Co(NH_3)_6]^{2+}$ | $1,3 \times 10^5$ |
| $Cu^+ + 2CN^- \rightleftharpoons [Cu(CN)_2]^-$ | $1,0 \times 10^{24}$ |
| $Cu^+ + 2Cl^- \rightleftharpoons [CuCl_2]^-$ | $3,2 \times 10^5$ |
| $Cu^{2+} + 4NH_3 \rightleftharpoons [Cu(NH_3)_4]^{2+}$ | $2,1 \times 10^{13}$ |
| $Fe^{2+} + 6CN^- \rightleftharpoons [Fe(CN)_6]^{4-}$ | $1,0 \times 10^{35}$ |
| $Hg^{2+} + 4Cl^- \rightleftharpoons [HgCl_4]^{2-}$ | $1,2 \times 10^{15}$ |
| $Ni^{2+} + 4\,CN^- \rightleftharpoons [Ni(CN)_4]^{2-}$ | $2,0 \times 10^{31}$ |
| $Ni^{2+} + 6\,NH_3 \rightleftharpoons [Ni(NH_3)_6]^{2+}$ | $5,5 \times 10^8$ |
| $Zn^{2+} + 4OH^- \rightleftharpoons [Zn(OH)_4]^{2-}$ | $4,6 \times 10^{17}$ |
| $Zn^{2+} + 4NH_3 \rightleftharpoons [Zn(NH_3)_4]^{2+}$ | $2,9 \times 10^9$ |

\*Os dados apresentados nesta tabela foram extraídos de DEAN, J. A. *Lange's Handbook of Chemistry*. 15. ed. Nova York: McGraw-Hill Publishers, 1999.

# Parâmetros termodinâmicos selecionados

## Tabela 20 Parâmetros Termodinâmicos Selecionados*

| Espécies | $\Delta_f H°$ (298,15 K) (kJ mol$^{-1}$) | $S°$ (298,15 K) (J K$^{-1} \cdot$ mol$^{-1}$) | $\Delta_f G°$ (298,15 K) (kJ mol$^{-1}$) |
|---|---|---|---|
| *Alumínio* | | | |
| Al(s) | 0 | 28,3 | 0 |
| AlCl$_3$(s) | −705,63 | 109,29 | −630,0 |
| Al$_2$O$_3$(s) | −1675,7 | 50,92 | −1582,3 |
| *Bário* | | | |
| BaCl$_2$(s) | −858,6 | 123,68 | −810,4 |
| BaCO$_3$(s) | −1213 | 112,1 | −1134,41 |
| BaO(s) | −548,1 | 72,05 | −520,38 |
| BaSO$_4$(s) | −1473,2 | 132,2 | −1362,2 |
| *Berílio* | | | |
| Be(s) | 0 | 9,5 | 0 |
| Be(OH)$_2$(s) | −902,5 | 51,9 | −815,0 |
| *Bromo* | | | |
| BCl$_3$(g) | −402,96 | 290,17 | −387,95 |
| *Boro* | | | |
| Br(g) | 111,884 | 175,022 | 82,396 |
| Br$_2$($\ell$) | 0 | 152,2 | 0 |
| Br$_2$(g) | 30,91 | 245,47 | 3,12 |
| BrF$_3$(g) | −255,60 | 292,53 | −229,43 |
| HBr(g) | −36,29 | 198,70 | −53,45 |
| *Cálcio* | | | |
| Ca(s) | 0 | 41,59 | 0 |
| Ca(g) | 178,2 | 158,884 | 144,3 |

*A maioria dos dados termodinâmicos foram extraídos de NIST Chemistry WebBook em http://webbook.nist.gov.

*(continua)*

## Tabela 20 Parâmetros Termodinâmicos Selecionados (continuação)

| Espécies | $\Delta_f H°$ (298,15 K) (kJ mol$^{-1}$) | $S°$ (298,15 K) (J K$^{-1}$ · mol$^{-1}$) | $\Delta_f G°$ (298,15 K) (kJ mol$^{-1}$) |
|---|---|---|---|
| *Cálcio (continuação)* | | | |
| $Ca^{2+}$(g) | 1925,90 | — | — |
| $CaC_2$(s) | −59,8 | 70,0 | −64,93 |
| $CaCO_3$(s, calcita) | −1207,6 | 91,7 | −1129,16 |
| $CaCl_2$(s) | −795,8 | 104,6 | −748,1 |
| $CaF_2$(s) | −1219,6 | 68,87 | −1167,3 |
| $CaH_2$(s) | −186,2 | 42 | −147,2 |
| $CaO$(s) | −635,09 | 38,2 | −603,42 |
| $CaS$(s) | −482,4 | 56,5 | −477,4 |
| $Ca(OH)_2$(s) | −986,09 | 83,39 | −898,43 |
| $Ca(OH)_2$(aq) | −1002,82 | — | −868,07 |
| $CaSO_4$(s) | −1434,52 | 106,5 | −1322,02 |
| *Carbono* | | | |
| C(s, grafite) | 0 | 5,6 | 0 |
| C(s, diamante) | 1,8 | 2,377 | 2,900 |
| C(g) | 716,67 | 158,1 | 671,2 |
| $CCl_4$(ℓ) | −128,4 | 214,39 | −57,63 |
| $CCl_4$(g) | −95,98 | 309,65 | −53,61 |
| $CHCl_3$(ℓ) | −134,47 | 201,7 | −73,66 |
| $CHCl_3$(g) | −103,18 | 295,61 | −70,4 |
| $CH_4$(g, metano) | −74,87 | 186,26 | −50,8 |
| $C_2H_2$(g, etino) | 226,73 | 200,94 | 209,20 |
| $C_2H_4$(g, eteno) | 52,47 | 219,36 | 68,35 |
| $C_2H_6$(g, etano) | −83,85 | 229,2 | −31,89 |
| $C_3H_8$(g, propano) | −104,7 | 270,3 | −24,4 |
| $C_6H_6$(ℓ, benzeno) | 48,95 | 173,26 | 124,21 |
| $CH_3OH$(ℓ, metanol) | −238,4 | 127,19 | −166,14 |
| $CH_3OH$(g, metanol) | −201,0 | 239,7 | −162,5 |
| $C_2H_5OH$(ℓ, etanol) | −277,0 | 160,7 | −174,7 |
| $C_2H_5OH$(g, etanol) | −235,3 | 282,70 | −168,49 |
| CO(g) | −110,525 | 197,674 | −137,168 |
| $CO_2$(g) | −393,509 | 213,74 | −394,359 |
| $CS_2$(ℓ) | 89,41 | 151 | 65,2 |

*(continua)*

## Tabela 20   Parâmetros Termodinâmicos Selecionados (continuação)

| ESPÉCIES | $\Delta_f H°$ (298,15 K) (kJ mol$^{-1}$) | $S°$ (298,15 K) (J K$^{-1} \cdot$ mol$^{-1}$) | $\Delta_f G°$ (298,15 K) (kJ mol$^{-1}$) |
|---|---|---|---|
| *Carbono (continuação)* | | | |
| $CS_2(g)$ | 116,7 | 237,8 | 66,61 |
| $COCl_2(g)$ | −218,8 | 283,53 | −204,6 |
| *Césio* | | | |
| $Cs(s)$ | 0 | 85,23 | 0 |
| $Cs^+(g)$ | 457,964 | — | — |
| $CsCl(s)$ | −443,04 | 101,17 | −414,53 |
| *Cloro* | | | |
| $Cl(g)$ | 121,3 | 165,19 | 105,3 |
| $Cl^-(g)$ | −233,13 | — | — |
| $Cl_2(g)$ | 0 | 223,08 | 0 |
| $HCl(g)$ | −92,31 | 186,2 | −95,09 |
| $HCl(aq)$ | −167,159 | 56,5 | −131,26 |
| *Cromo* | | | |
| $Cr(s)$ | 0 | 23,62 | 0 |
| $Cr_2O_3(s)$ | −1134,7 | 80,65 | −1052,95 |
| $CrCl_3(s)$ | −556,5 | 123,0 | −486,1 |
| *Cobre* | | | |
| $Cu(s)$ | 0 | 33,17 | 0 |
| $CuO(s)$ | −156,06 | 42,59 | −128,3 |
| $CuCl_2(s)$ | −220,1 | 108,07 | −175,7 |
| $CuSO_4(s)$ | −769,98 | 109,05 | −660,75 |
| *Flúor* | | | |
| $F_2(g)$ | 0 | 202,8 | 0 |
| $F(g)$ | 78,99 | 158,754 | 61,91 |
| $F^-(g)$ | −255,39 | — | — |
| $F^-(aq)$ | −332,63 | — | −278,79 |
| $HF(g)$ | −273,3 | 173,779 | −273,2 |
| $HF(aq)$ | −332,63 | 88,7 | −278,79 |
| *Hidrogênio* | | | |
| $H_2(g)$ | 0 | 130,7 | 0 |
| $H(g)$ | 217,965 | 114,713 | 203,247 |
| $H^+(g)$ | 1536,202 | — | — |

*(continua)*

## Tabela 20 Parâmetros Termodinâmicos Selecionados (continuação)

| Espécies | $\Delta_f H°$ (298,15 K) (kJ mol$^{-1}$) | $S°$ (298,15 K) (J K$^{-1} \cdot$ mol$^{-1}$) | $\Delta_f G°$ (298,15 K) (kJ mol$^{-1}$) |
|---|---|---|---|
| *Hidrogênio (continuação)* | | | |
| $H_2O(\ell)$ | −285,83 | 69,95 | −237,15 |
| $H_2O(g)$ | −241,83 | 188,84 | −228,59 |
| $H_2O_2(\ell)$ | −187,78 | 109,6 | −120,35 |
| *Iodo* | | | |
| $I_2(s)$ | 0 | 116,135 | 0 |
| $I_2(g)$ | 62,438 | 260,69 | 19,327 |
| $I(g)$ | 106,838 | 180,791 | 70,250 |
| $I^-(g)$ | −197 | — | — |
| $ICl(g)$ | 17,51 | 247,56 | −5,73 |
| *Ferro* | | | |
| $Fe(s)$ | 0 | 27,78 | 0 |
| $FeO(s)$ | −272 | — | — |
| $Fe_2O_3(s,$ hematita$)$ | −825,5 | 87,40 | −742,2 |
| $Fe_3O_4(s,$ magnetita$)$ | −1118,4 | 146,4 | −1015,4 |
| $FeCl_2(s)$ | −341,79 | 117,95 | −302,30 |
| $FeCl_3(s)$ | −399,49 | 142,3 | −344,00 |
| $FeS_2(s,$ pirita$)$ | −178,2 | 52,93 | −166,9 |
| $Fe(CO)_5(\ell)$ | −774,0 | 338,1 | −705,3 |
| *Chumbo* | | | |
| $Pb(s)$ | 0 | 64,81 | 0 |
| $PbCl_2(s)$ | −359,41 | 136,0 | −314,10 |
| $PbO(s,$ amarelo$)$ | −219 | 66,5 | −196 |
| $PbO_2(s)$ | −277,4 | 68,6 | −217,39 |
| $PbS(s)$ | −100,4 | 91,2 | −98,7 |
| *Lítio* | | | |
| $Li(s)$ | 0 | 29,12 | 0 |
| $Li^+(g)$ | 685,783 | — | — |
| $LiOH(s)$ | −484,93 | 42,81 | −438,96 |
| $LiOH(aq)$ | −508,48 | 2,80 | −450,58 |
| $LiCl(s)$ | −408,701 | 59,33 | −384,37 |
| *Magnésio* | | | |
| $Mg(s)$ | 0 | 32,67 | 0 |

*(continua)*

## Tabela 20 Parâmetros Termodinâmicos Selecionados (continuação)

| ESPÉCIES | $\Delta_f H°$ (298,15 K) (kJ mol$^{-1}$) | $S°$ (298,15 K) (J K$^{-1} \cdot$ mol$^{-1}$) | $\Delta_f G°$ (298,15 K) (kJ mol$^{-1}$) |
|---|---|---|---|
| *Magnésio (continuação)* | | | |
| $MgCl_2(s)$ | −641,62 | 89,62 | −592,09 |
| $MgCO_3(s)$ | −1111,69 | 65,84 | −1028,2 |
| $MgO(s)$ | −601,24 | 26,85 | −568,93 |
| $Mg(OH)_2(s)$ | −924,54 | 63,18 | −833,51 |
| $MgS(s)$ | −346,0 | 50,33 | −341,8 |
| *Mercúrio* | | | |
| $Hg(\ell)$ | 0 | 76,02 | 0 |
| $HgCl_2(s)$ | −224,3 | 146,0 | −178,6 |
| $HgO(s, vermelho)$ | −90,83 | 70,29 | −58,539 |
| $HgS(s, vermelho)$ | −58,2 | 82,4 | −50,6 |
| *Níquel* | | | |
| $Ni(s)$ | 0 | 29,87 | 0 |
| $NiO(s)$ | −239,7 | 37,99 | −211,7 |
| $NiCl_2(s)$ | −305,332 | 97,65 | −259,032 |
| *Nitrogênio* | | | |
| $N_2(g)$ | 0 | 191,56 | 0 |
| $N(g)$ | 472,704 | 153,298 | 455,563 |
| $NH_3(g)$ | −45,90 | 192,77 | −16,37 |
| $N_2H_4(\ell)$ | 50,63 | 121,52 | 149,45 |
| $NH_4Cl(s)$ | −314,55 | 94,85 | −203,08 |
| $NH_4Cl(aq)$ | −299,66 | 169,9 | −210,57 |
| $NH_4NO_3(s)$ | −365,56 | 151,08 | −183,84 |
| $NH_4NO_3(aq)$ | −339,87 | 259,8 | −190,57 |
| $NO(g)$ | 90,29 | 210,76 | 86,58 |
| $NO_2(g)$ | 33,1 | 240,04 | 51,23 |
| $N_2O(g)$ | 82,05 | 219,85 | 104,20 |
| $N_2O_4(g)$ | 9,08 | 304,38 | 97,73 |
| $NOCl(g)$ | 51,71 | 261,8 | 66,08 |
| $HNO_3(\ell)$ | −174,10 | 155,60 | −80,71 |
| $HNO_3(g)$ | −135,06 | 266,38 | −74,72 |
| $HNO_3(aq)$ | −207,36 | 146,4 | −111,25 |

*(continua)*

## Tabela 20   Parâmetros Termodinâmicos Selecionados (continuação)

| Espécies | $\Delta_f H°$ (298,15 K) (kJ mol$^{-1}$) | $S°$ (298,15 K) (J K$^{-1}$ · mol$^{-1}$) | $\Delta_f G°$ (298,15 K) (kJ mol$^{-1}$) |
|---|---|---|---|
| *Oxigênio* | | | |
| $O_2(g)$ | 0 | 205,07 | 0 |
| $O(g)$ | 249,170 | 161,055 | 231,731 |
| $O_3(g)$ | 142,67 | 238,92 | 163,2 |
| *Fósforo* | | | |
| $P_4$(s, branco) | 0 | 41,1 | 0 |
| $P_4$(s, vermelho) | −17,6 | 22,80 | −12,1 |
| $P(g)$ | 314,64 | 163,193 | 278,25 |
| $PH_3(g)$ | 5,47 | 210,24 | 6,64 |
| $PCl_3(g)$ | −287,0 | 311,78 | −267,8 |
| $P_4O_{10}(s)$ | −2984,0 | 228,86 | −2697,7 |
| $H_3PO_4(\ell)$ | −1279,0 | 110,5 | −1119,1 |
| *Potássio* | | | |
| $K(s)$ | 0 | 64,63 | 0 |
| $KCl(s)$ | −436,68 | 82,56 | −408,77 |
| $KClO_3(s)$ | −397,73 | 143,1 | −296,25 |
| $KI(s)$ | −327,90 | 106,32 | −324,892 |
| $KOH(s)$ | −424,72 | 78,9 | −378,92 |
| $KOH(aq)$ | −482,37 | 91,6 | −440,50 |
| *Silício* | | | |
| $Si(s)$ | 0 | 18,82 | 0 |
| $SiBr_4(\ell)$ | −457,3 | 277,8 | −443,9 |
| $SiC(s)$ | −65,3 | 16,61 | −62,8 |
| $SiCl_4(g)$ | −662,75 | 330,86 | −622,76 |
| $SiH_4(g)$ | 34,31 | 204,65 | 56,84 |
| $SiF_4(g)$ | −1614,94 | 282,49 | −1572,65 |
| $SiO_2$(s, quartzo) | −910,86 | 41,46 | −856,97 |
| *Prata* | | | |
| $Ag(s)$ | 0 | 42,55 | 0 |
| $Ag_2O(s)$ | −31,1 | 121,3 | −11,32 |
| $AgCl(s)$ | −127,01 | 96,25 | −109,76 |
| $AgNO_3(s)$ | −124,39 | 140,92 | −33,41 |

*(continua)*

## Tabela 20 Parâmetros Termodinâmicos Selecionados (continuação)

| Espécies | $\Delta_f H°$ (298,15 K) (kJ mol$^{-1}$) | $S°$ (298,15 K) (J K$^{-1}$ · mol$^{-1}$) | $\Delta_f G°$ (298,15 K) (kJ mol$^{-1}$) |
|---|---|---|---|
| *Sódio* | | | |
| Na(s) | 0 | 51,21 | 0 |
| Na(g) | 107,3 | 153,765 | 76,83 |
| Na$^+$(g) | 609,358 | — | — |
| NaBr(s) | −361,02 | 86,82 | −348,983 |
| NaCl(s) | −411,12 | 72,11 | −384,04 |
| NaCl(g) | −181,42 | 229,79 | −201,33 |
| NaCl(aq) | −407,27 | 115,5 | −393,133 |
| NaOH(s) | −425,93 | 64,46 | −379,75 |
| NaOH(aq) | −469,15 | 48,1 | −418,09 |
| Na$_2$CO$_3$(s) | −1130,77 | 134,79 | −1048,08 |
| *Enxofre* | | | |
| S(s, rômbico) | 0 | 32,1 | 0 |
| S(g) | 278,98 | 167,83 | 236,51 |
| S$_2$Cl$_2$(g) | −18,4 | 331,5 | −31,8 |
| SF$_6$(g) | −1209 | 291,82 | −1105,3 |
| H$_2$S(g) | −20,63 | 205,79 | −33,56 |
| SO$_2$(g) | −296,84 | 248,21 | −300,13 |
| SO$_3$(g) | −395,77 | 256,77 | −371,04 |
| SOCl$_2$(g) | −212,5 | 309,77 | −198,3 |
| H$_2$SO$_4$(ℓ) | −814 | 156,9 | −689,96 |
| H$_2$SO$_4$(aq) | −909,27 | 20,1 | −744,53 |
| *Estanho* | | | |
| Sn(s, branco) | 0 | 51,08 | 0 |
| Sn(s, cinza) | −2,09 | 44,14 | 0,13 |
| SnCl$_4$(ℓ) | −511,3 | 258,6 | −440,15 |
| SnCl$_4$(g) | −471,5 | 365,8 | −432,31 |
| SnO$_2$(s) | −577,63 | 49,04 | −515,88 |
| *Titânio* | | | |
| Ti(s) | 0 | 30,72 | 0 |
| TiCl$_4$(ℓ) | −804,2 | 252,34 | −737,2 |
| TiCl$_4$(g) | −763,16 | 354,84 | −726,7 |
| TiO$_2$(s) | −939,7 | 49,92 | −884,5 |

*(continua)*

**Tabela 20** Parâmetros Termodinâmicos Selecionados (continuação)

| Espécies | $\Delta_f H°$ (298,15 K) (kJ mol$^{-1}$) | $S°$ (298,15 K) (J K$^{-1}$ · mol$^{-1}$) | $\Delta_f G°$ (298,15 K) (kJ mol$^{-1}$) |
|---|---|---|---|
| *Zinco* | | | |
| Zn(s) | 0 | 41,63 | 0 |
| ZnCl$_2$(s) | −415,05 | 111,46 | −369,398 |
| ZnO(s) | −348,28 | 43,64 | −318,30 |
| ZnS(s, esfarelita) | −205,98 | 57,7 | −201,29 |

# Potenciais padrão de redução em solução aquosa a 25°C

## Tabela 21 Potenciais Padrão de Redução em Solução Aquosa a 25°C

| Solução Ácida | Potencial Padrão de Redução, $E°$ (volts) |
|---|---|
| $F_2(g) + 2e^- \longrightarrow 2F^-(aq)$ | 2,87 |
| $Co^{3+}(aq) + e^- \longrightarrow Co^{2+}(aq)$ | 1,82 |
| $Pb^{4+}(aq) + 2e^- \longrightarrow Pb^{2+}(aq)$ | 1,8 |
| $H_2O_2(aq) + 2H^+(aq) + 2e^- \longrightarrow 2H_2O$ | 1,77 |
| $NiO_2(s) + 4H^+(aq) + 2e^- \longrightarrow Ni^{2+}(aq) + 2H_2O$ | 1,7 |
| $PbO_2(s) + SO_4^{2-}(aq) + 4H^+(aq) + 2e^- \longrightarrow PbSO_4(s) + 2H_2O$ | 1,685 |
| $Au^+(aq) + e^- \longrightarrow Au(s)$ | 1,68 |
| $2HClO(aq) + 2H^+(aq) + 2e^- \longrightarrow Cl_2(g) + 2H_2O$ | 1,63 |
| $Ce^{4+}(aq) + e^- \longrightarrow Ce^{3+}(aq)$ | 1,61 |
| $NaBiO_3(s) + 6H^+(aq) + 2e^- \longrightarrow Bi^{3+}(aq) + Na^+(aq) + 3H_2O$ | $\approx 1,6$ |
| $MnO_4^-(aq) + 8H^+(aq) + 5e^- \longrightarrow Mn^{2+}(aq) + 4H_2O$ | 1,51 |
| $Au^{3+}(aq) + 3e^- \longrightarrow Au(s)$ | 1,50 |
| $ClO_3^-(aq) + 6H^+(aq) + 5e^- \longrightarrow \frac{1}{2} Cl_2(g) + 3H_2O$ | 1,47 |
| $BrO_3^-(aq) + 6H^+(aq) + 6e^- \longrightarrow Br^-(aq) + 3H_2O$ | 1,44 |
| $Cl_2(g) + 2e^- \longrightarrow 2Cl^-(aq)$ | 1,36 |
| $Cr_2O_7^{2-}(aq) + 14H^+(aq) + 6e^- \longrightarrow 2Cr^{3+}(aq) + 7H_2O$ | 1,33 |
| $N_2H_5^+(aq) + 3H^+(aq) + 2e^- \longrightarrow 2NH_4^+(aq)$ | 1,24 |
| $MnO_2(s) + 4 H^+(aq) + 2e^- \longrightarrow Mn^{2+}(aq) + 2 H_2O$ | 1,23 |
| $O_2(g) + 4H^+(aq) + 4e^- \longrightarrow 2H_2O$ | 1,229 |
| $Pt^{2+}(aq) + 2e^- \longrightarrow Pt(s)$ | 1,2 |
| $IO_3^-(aq) + 6H^+(aq) + 5 e^- \longrightarrow \frac{1}{2} I_2(aq) + 3H_2O$ | 1,195 |
| $ClO_4^-(aq) + 2H^+(aq) + 2e^- \longrightarrow ClO_3^-(aq) + H_2O$ | 1,19 |

*(continua)*

**Tabela 21   Potenciais Padrão de Redução em Solução Aquosa a 25°C** (continuação)

| Solução Ácida | Potencial Padrão de Redução, $E°$ (volts) |
|---|---|
| $Br_2(\ell) + 2e^- \longrightarrow 2Br^-(aq)$ | 1,08 |
| $AuCl_4^-(aq) + 3e^- \longrightarrow Au(s) + 4Cl^-(aq)$ | 1,00 |
| $Pd^{2+}(aq) + 2e^- \longrightarrow Pd(s)$ | 0,987 |
| $NO_3^-(aq) + 4H^+(aq) + 3e^- \longrightarrow NO(g) + 2H_2O$ | 0,96 |
| $NO_3^-(aq) + 3H^+(aq) + 2e^- \longrightarrow HNO_2(aq) + H_2O$ | 0,94 |
| $2Hg^{2+}(aq) + 2e^- \longrightarrow Hg_2^{2+}(aq)$ | 0,920 |
| $Hg^{2+}(aq) + 2e^- \longrightarrow Hg(\ell)$ | 0,855 |
| $Ag^+(aq) + e^- \longrightarrow Ag(s)$ | 0,7994 |
| $Hg_2^{2+}(aq) + 2e^- \longrightarrow 2Hg(\ell)$ | 0,789 |
| $Fe^{3+}(aq) + e^- \longrightarrow Fe^{2+}(aq)$ | 0,771 |
| $SbCl_6^-(aq) + 2e^- \longrightarrow SbCl_4^-(aq) + 2Cl^-(aq)$ | 0,75 |
| $[PtCl_4]^{2-}(aq) + 2e^- \longrightarrow Pt(s) + 4Cl^-(aq)$ | 0,73 |
| $O_2(g) + 2H^+(aq) + 2e^- \longrightarrow H_2O_2(aq)$ | 0,682 |
| $[PtCl_6]^{2-}(aq) + 2e^- \longrightarrow [PtCl_4]^{2-}(aq) + 2Cl^-(aq)$ | 0,68 |
| $I_2(aq) + 2e^- \longrightarrow 2I^-(aq)$ | 0,621 |
| $H_3AsO_4(aq) + 2H^+(aq) + 2e^- \longrightarrow H_3AsO_3(aq) + H_2O$ | 0,58 |
| $I_2(s) + 2e^- \longrightarrow 2I^-(aq)$ | 0,535 |
| $TeO_2(s) + 4H^+(aq) + 4e^- \longrightarrow Te(s) + 2H_2O$ | 0,529 |
| $Cu^+(aq) + e^- \longrightarrow Cu(s)$ | 0,521 |
| $[RhCl_6]^{3-}(aq) + 3e^- \longrightarrow Rh(s) + 6Cl^-(aq)$ | 0,44 |
| $Cu^{2+}(aq) + 2e^- \longrightarrow Cu(s)$ | 0,337 |
| $Hg_2Cl_2(s) + 2e^- \longrightarrow 2Hg(\ell) + 2Cl^-(aq)$ | 0,27 |
| $AgCl(s) + e^- \longrightarrow Ag(s) + Cl^-(aq)$ | 0,222 |
| $SO_4^{2-}(aq) + 4H^+(aq) + 2e^- \longrightarrow SO_2(g) + 2H_2O$ | 0,20 |
| $SO_4^{2-}(aq) + 4H^+(aq) + 2e^- \longrightarrow H_2SO_3(aq) + H_2O$ | 0,17 |
| $Cu^{2+}(aq) + e^- \longrightarrow Cu^+(aq)$ | 0,153 |
| $Sn^{4+}(aq) + 2e^- \longrightarrow Sn^{2+}(aq)$ | 0,15 |
| $S(s) + 2H^+ + 2e^- \longrightarrow H_2S(aq)$ | 0,14 |
| $AgBr(s) + e^- \longrightarrow Ag(s) + Br^-(aq)$ | 0,0713 |
| $2H^+(aq) + 2e^- \longrightarrow H_2(g)$(eletrodo de referência) | 0,0000 |
| $N_2O(g) + 6H^+(aq) + H_2O + 4e^- \longrightarrow 2NH_3OH^+(aq)$ | −0,05 |
| $Pb^{2+}(aq) + 2e^- \longrightarrow Pb(s)$ | −0,126 |

*(continua)*

## Tabela 21   Potenciais Padrão de Redução em Solução Aquosa a 25°C (continuação)

| Solução Ácida | Potencial Padrão de Redução, $E°$ (volts) |
|---|---|
| $Sn^{2+}(aq) + 2e^- \longrightarrow Sn(s)$ | −0,14 |
| $AgI(s) + e^- \longrightarrow Ag(s) + I^-(aq)$ | −0,15 |
| $[SnF_6]^{2-}(aq) + 4e^- \longrightarrow Sn(s) + 6F^-(aq)$ | −0,25 |
| $Ni^{2+}(aq) + 2e^- \longrightarrow Ni(s)$ | −0,25 |
| $Co^{2+}(aq) + 2e^- \longrightarrow Co(s)$ | −0,28 |
| $Tl^+(aq) + e^- \longrightarrow Tl(s)$ | −0,34 |
| $PbSO_4(s) + 2e^- \longrightarrow Pb(s) + SO_4^{2-}(aq)$ | −0,356 |
| $Se(s) + 2H^+(aq) + 2e^- \longrightarrow H_2Se(aq)$ | −0,40 |
| $Cd^{2+}(aq) + 2e^- \longrightarrow Cd(s)$ | −0,403 |
| $Cr^{3+}(aq) + e^- \longrightarrow Cr^{2+}(aq)$ | −0,41 |
| $Fe^{2+}(aq) + 2e^- \longrightarrow Fe(s)$ | −0,44 |
| $2CO_2(g) + 2H^+(aq) + 2e^- \longrightarrow H_2C_2O_4(aq)$ | −0,49 |
| $Ga^{3+}(aq) + 3e^- \longrightarrow Ga(s)$ | −0,53 |
| $HgS(s) + 2H^+(aq) + 2e^- \longrightarrow Hg(\ell) + H_2S(g)$ | −0,72 |
| $Cr^{3+}(aq) + 3e^- \longrightarrow Cr(s)$ | −0,74 |
| $Zn^{2+}(aq) + 2e^- \longrightarrow Zn(s)$ | −0,763 |
| $Cr^{2+}(aq) + 2e^- \longrightarrow Cr(s)$ | −0,91 |
| $FeS(s) + 2e^- \longrightarrow Fe(s) + S^{2-}(aq)$ | −1,01 |
| $Mn^{2+}(aq) + 2e^- \longrightarrow Mn(s)$ | −1,18 |
| $V^{2+}(aq) + 2e^- \longrightarrow V(s)$ | −1,18 |
| $CdS(s) + 2e^- \longrightarrow Cd(s) + S^{2-}(aq)$ | −1,21 |
| $ZnS(s) + 2e^- \longrightarrow Zn(s) + S^{2-}(aq)$ | −1,44 |
| $Zr^{4+}(aq) + 4e^- \longrightarrow Zr(s)$ | −1,53 |
| $Al^{3+}(aq) + 3e^- \longrightarrow Al(s)$ | −1,66 |
| $Mg^{2+}(aq) + 2e^- \longrightarrow Mg(s)$ | −2,37 |
| $Na^+(aq) + e^- \longrightarrow Na(s)$ | −2,714 |
| $Ca^{2+}(aq) + 2e^- \longrightarrow Ca(s)$ | −2,87 |
| $Sr^{2+}(aq) + 2e^- \longrightarrow Sr(s)$ | −2,89 |
| $Ba^{2+}(aq) + 2e^- \longrightarrow Ba(s)$ | −2,90 |
| $Rb^+(aq) + e^- \longrightarrow Rb(s)$ | −2,925 |
| $K^+(aq) + e^- \longrightarrow K(s)$ | −2,925 |
| $Li^+(aq) + e^- \longrightarrow Li(s)$ | −3,045 |

*(continua)*

**Tabela 21   Potenciais Padrão de Redução em Solução Aquosa a 25°C (continuação)**

| Solução Básica | Potencial Padrão de Redução, $E°$ (volts) |
|---|---|
| $ClO^-(aq) + H_2O + 2e^- \longrightarrow Cl^-(aq) + 2OH^-(aq)$ | 0,89 |
| $OOH^-(aq) + H_2O + 2e^- \longrightarrow 3OH^-(aq)$ | 0,88 |
| $2NH_2OH(aq) + 2e^- \longrightarrow N_2H_4(aq) + 2OH^-(aq)$ | 0,74 |
| $ClO_3^-(aq) + 3H_2O + 6e^- \longrightarrow Cl^-(aq) + 6OH^-(aq)$ | 0,62 |
| $MnO_4^-(aq) + 2H_2O + 3e^- \longrightarrow MnO_2(s) + 4OH^-(aq)$ | 0,588 |
| $MnO_4^-(aq) + e^- \longrightarrow MnO_4^{2-}(aq)$ | 0,564 |
| $NiO_2(s) + 2H_2O + 2e^- \longrightarrow Ni(OH)_2(s) + 2OH^-(aq)$ | 0,49 |
| $Ag_2CrO_4(s) + 2e^- \longrightarrow 2Ag(s) + CrO_4^{2-}(aq)$ | 0,446 |
| $O_2(g) + 2H_2O + 4e^- \longrightarrow 4OH^-(aq)$ | 0,40 |
| $ClO_4^-(aq) + H_2O + 2e^- \longrightarrow ClO_3^-(aq) + 2OH^-(aq)$ | 0,36 |
| $Ag_2O(s) + H_2O + 2e^- \longrightarrow 2Ag(s) + 2OH^-(aq)$ | 0,34 |
| $2NO_2^-(aq) + 3H_2O + 4e^- \longrightarrow N_2O(g) + 6OH^-(aq)$ | 0,15 |
| $N_2H_4(aq) + 2H_2O + 2e^- \longrightarrow 2NH_3(aq) + 2OH^-(aq)$ | 0,10 |
| $[Co(NH_3)_6]^{3+}(aq) + e^- \longrightarrow [Co(NH_3)_6]^{2+}(aq)$ | 0,10 |
| $HgO(s) + H_2O + 2e^- \longrightarrow Hg(\ell) + 2OH^-(aq)$ | 0,0984 |
| $O_2(g) + H_2O + 2e^- \longrightarrow OOH^-(aq) + OH^-(aq)$ | 0,076 |
| $NO_3^-(aq) + H_2O + 2e^- \longrightarrow NO_2^-(aq) + 2OH^-(aq)$ | 0,01 |
| $MnO_2(s) + 2H_2O + 2e^- \longrightarrow Mn(OH)_2(s) + 2OH^-(aq)$ | −0,05 |
| $CrO_4^{2-}(aq) + 4H_2O + 3e^- \longrightarrow Cr(OH)_3(s) + 5OH^-(aq)$ | −0,12 |
| $Cu(OH)_2(s) + 2e^- \longrightarrow Cu(s) + 2OH^-(aq)$ | −0,36 |
| $S(s) + 2e^- \longrightarrow S^{2-}(aq)$ | −0,48 |
| $Fe(OH)_3(s) + e^- \longrightarrow Fe(OH)_2(s) + OH^-(aq)$ | −0,56 |
| $2H_2O + 2e^- \longrightarrow H_2(g) + 2OH^-(aq)$ | −0,8277 |
| $2NO_3^-(aq) + 2H_2O + 2e^- \longrightarrow N_2O_4(g) + 4OH^-(aq)$ | −0,85 |
| $Fe(OH)_2(s) + 2e^- \longrightarrow Fe(s) + 2OH^-(aq)$ | −0,877 |
| $SO_4^{2-}(aq) + H_2O + 2e^- \longrightarrow SO_3^{2-}(aq) + 2OH^-(aq)$ | −0,93 |
| $N_2(g) + 4H_2O + 4e^- \longrightarrow N_2H_4(aq) + 4OH^-(aq)$ | −1,15 |
| $[Zn(OH)_4]^{2-}(aq) + 2e^- \longrightarrow Zn(s) + 4OH^-(aq)$ | −1,22 |
| $Zn(OH)_2(s) + 2e^- \longrightarrow Zn(s) + 2OH^-(aq)$ | −1,245 |
| $[Zn(CN)_4]^{2-}(aq) + 2e^- \longrightarrow Zn(s) + 4CN^-(aq)$ | −1,26 |
| $Cr(OH)_3(s) + 3e^- \longrightarrow Cr(s) + 3OH^-(aq)$ | −1,30 |
| $SiO_3^{2-}(aq) + 3H_2O + 4e^- \longrightarrow Si(s) + 6OH^-(aq)$ | −1,70 |

# Respostas das questões para estudo e dos exercícios para as seções verifique seu entendimento e aplicando os princípios químicos

## Capítulo 1

### Verifique Seu Entendimento

**1.1** $P_4$ é um elemento; CO é um composto.

**1.2** O vinagre é mais denso que o óleo de oliva.

**1.3** Propriedades intensivas: ponto de ebulição, dureza, número de átomos por volume de solução. Propriedades extensivas: volume da solução, número de átomos.

**1.4** Mudanças físicas: fusão da manteiga, dissolução do açúcar. Mudanças químicas: madeira queimando.

### Aplicando os Princípios Químicos

#### 1.1 $CO_2$ nos Oceanos

1. Dióxido de carbono

2. Cálcio: Ca; cobre: Cu; manganês: Mn; ferro: Fe

3. Mais denso: cobre, menos denso: cálcio

4. Elementos: cálcio, carbono, oxigênio
   Nome do composto: carbonato de cálcio

### Questões para Estudo

**1.1** (a) hipótese
   (b) lei
   (c) teoria

**1.3** Atender às necessidades econômicas e ambientais atuais, preservando as opções de gerações futuras para atender às suas necessidades.

**1.5** Veja a lista na página 5: Em maior ou menor extensão, o novo procedimento aplica todos esses princípios.

**1.7** (a) C, carbono
   (b) K, potássio
   (c) Cl, cloro
   (d) P, fósforo
   (e) Mg, magnésio
   (f) Ni, níquel

**1.9** (a) Ba, bário
   (b) Ti, titânio
   (c) Cr, cromo
   (d) Pb, chumbo
   (e) As, arsênio
   (f) Zn, zinco

**1.11** (a) Na (elemento) e NaCl (composto)
   (b) Açúcar (composto) e carbono (elemento)
   (c) Ouro (elemento) e cloreto de ouro. (composto)

**1.13** A preparação de 27 g de água exige 3 g de gás hidrogênio e 24 g de gás oxigênio. A lei das proporções definidas, algumas vezes chamada de lei da composição constante, é usada para resolver este problema.

**1.15** (a) Propriedade física
   (b) Propriedade química
   (c) Propriedade química
   (d) Propriedade física
   (e) Propriedade física
   (f) Propriedade física

**1.17** (a) Física (líquido incolor) e química (queima no ar)
   (b) Física (metal brilhante, vermelho-alaranjado) e química (reage com bromo)

**1.19** A energia mecânica é usada para mover a alavanca, que por sua vez move as engrenagens. O dispositivo produz energia elétrica e energia radiante

**1.21** (a) Energia cinética
   (b) Energia potencial
   (c) Energia potencial
   (d) Energia potencial

**1.23** 1500 J; lei da conservação de energia.

**1.25** (a) Qualitativa: cor verde-azulada, estado físico sólido
   Quantitativa: densidade = 2,65 g cm$^{-3}$ e massa = 2,5 g
   (b) Densidade, estado físico e cor são propriedades intensivas, enquanto a massa é uma propriedade extensiva.
   (c) Volume = 0,94 cm$^3$

**1.27** O item c é uma propriedade química.

**1.29** Cálcio, Ca; flúor, F

Os cristais são de forma cúbica porque os átomos estão dispostos em estruturas cúbicas.

**1.31** A água pode ser removida por meio da fervura da solução até que toda ela se evapore. O sólido que permanece é o sal, NaCl.

**1.33** Alterações físicas: a, b, d
Alterações químicas: c

**1.35** O ponto de vista macroscópico é a fotografia de NaCl, e a visão particulada é o desenho dos íons em um arranjo cúbico. A estrutura do composto no nível das partículas determina as propriedades que são observadas no nível macroscópico.

**1.37** A densidade do plástico é menor que a de $CCl_4$, de modo que o plástico flutuará em $CCl_4$ líquido. O alumínio é mais denso que $CCl_4$, então ele afundará quando colocado em $CCl_4$.

**1.39** (a) Mistura
(b) Misturas
(c) Elemento
(d) Composto

**1.41**

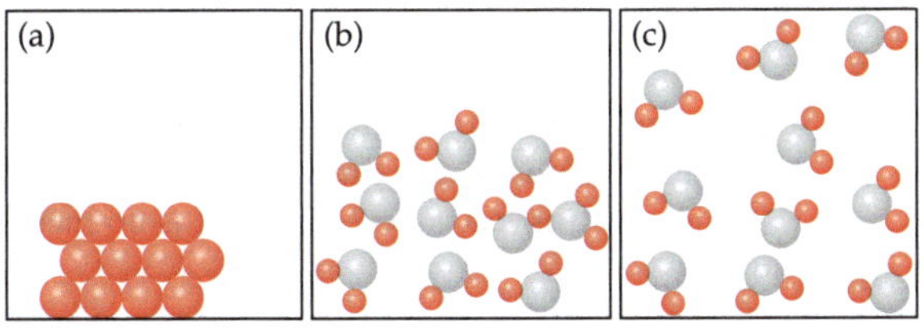


**1.43** Os três líquidos formarão três camadas separadas com hexano na parte superior, água no meio e perfluoroexano na parte inferior. O HDPE flutuará na interface das camadas de hexano e água. O PVC flutuará na interface das camadas de água e perfluoroexano. O Teflon afundará para o fundo do cilindro.

**1.45** O HDPE flutuará em etilenoglicol, água, ácido acético e glicerol.

**1.47** O leite é principalmente água. Quando a água congela, sua densidade diminui, assim, para uma dada massa de água, o volume aumenta consideravelmente. O aumento de volume significa que a água congelada expande para fora da garrafa.

**1.49** Se muito açúcar fosse excretado, a densidade da urina seria maior que a normal. Se muita água fosse excretada, a densidade seria menor que a normal.

**1.51** (a) O metal potássio sólido reage com a água líquida para produzir hidrogênio gasoso e uma mistura homogênea (solução) de hidróxido de potássio em água líquida.
(b) A reação é uma alteração química.
(c) Os reagentes são o potássio e a água. Os produtos são gás hidrogênio e uma solução de água (aquosa) de hidróxido de potássio. O calor e a luz também são desenvolvidos.
(d) Entre as observações qualitativas estão (i) a reação é violenta, e (ii) calor e luz (uma chama púrpura) são produzidos.

**1.53** Os balões contendo hélio e neônio flutuarão no ar.

**1.55** Alteração física

**1.57** (a) Ouro = Au, prata = Ag e cobre = Cu
(b) T (K) = (1 K/1°C)(1064°C + 273°C) = 1337 K
(c) Não, o ouro não é o elemento mais denso. O irídio, Ir, é um pouco mais denso (22,65 g $cm^{-3}$).
(d) Massa do ouro = 0,75 × 5,58 g = 4,2 g
(e) Perda da massa = (6,15 mg/anel)(1 g/1000 mg)(5,6 × $10^7$ anéis) = 3,4 × $10^5$ g
Valor perdido = (3,4 × $10^5$ g)(1 onças troy/31,1 g)($ 1620/1 onças troy) = $1,8 × $10^7$ (ou 18 milhões de dólares)

# Capítulo 1 – R

## Verifique Seu Entendimento

**R-1.** 0,154 nm (1 m/$10^9$ nm) ($10^{12}$ pm/1 m) = 154 pm
0,154 nm (1 m/$10^9$ nm) (100 cm/1 m) = 1,54 × $10^{-8}$ cm

**R-2.** A média para a Balança 1 é 5,02 g; a média para a Balança 2 é 4,97 g. O erro percentual para a Balança 1 = ((5,018 g – 5,000 g)/5,000 g) × 100% = 0,35%; o erro percentual para a Balança 2 = ((4,968 g – 5,000 g)/5,000 g) × 100% = – 0,65%. A Balança 1 é ligeiramente mais exata.

**R-3.** $x$ = 3,9 × $10^5$. A diferença entre 110,7 e 64 é 47. Dividir 47 por 0,056 e 0,00216 dá uma resposta com dois algarismos significativos.

**R-4.** (19320 kg $m^{-3}$)($10^3$ g/1 kg)(1 $m^3$/$10^6$ $cm^3$) = 19,32 g $cm^{-3}$

**R-5.** Mude todas as dimensões para centímetros: 7,6 m = 760 cm; 2,74 m = 274 cm; 0,13 mm = 0,013 cm.
Volume da tinta = (760 cm)(274 cm)(0,013 cm) = 2,7 × $10^3$ $cm^3$
Volume (L) = (2,7 × $10^3$ $cm^3$)(1 L/$10^3$ $cm^3$) = 2,7 L
Massa = (2,7 × $10^3$ $cm^3$)(0,914 g $cm^{-3}$) = 2,5 × $10^3$ g

## Aplicando os Princípios Químicos

### 1.1 A Gasolina Acabou!

**1.** Densidade do combustível em kg $L^{-1}$: (1,77 lb $L^{-1}$)(0,4536 kg $lb^{-1}$) = 0,803 kg $L^{-1}$

**2.** Massa de combustível já no tanque: 7.682 L (0,803 kg $L^{-1}$) = 6170 kg
Massa de combustível necessária: 22.300 kg – 6170 kg = 16.100 kg
Volume de combustível necessário: 16.130 kg (1 L/0,803 kg) = 20.100 L

### 1.2 Empates na Natação e Algarismos Significativos

**1.** Velocidade = 50,00 m/20,91 s = 2,3912 m $s^{-1}$; distância percorrida em exatamente 0,001 s = 2,3912 m $s^{-1}$ × 0,001 s = 0,0023912 m = 2,3912 mm ( = 2,4 mm)

**2.** 30,0 mm(0,001 s/2,3912 mm) = 0,0125 s = 0,013 s

**3.** 3 cm/5000,0 cm × 100% = 0,06%

## Questões para Estudo

**1.** 298 K

**3.** (a) 289 K
(b) 97°C
(c) 310 K (3,1 × $10^2$ K)

**5.** 42,195 m; 26,219 milhas

**7.** 5,3 cm²; 5,3 × 10⁻⁴ m²

**9.** 250, cm³; 0,250 L, 2,50 × 10⁻⁴ m³; 0,250 dm³

**11.** 2,52 × 10³ g

**13.** 555 g

**15.** (c)  zinco

**17.** 5,0 × 10⁶ J

**19.** 170 kcal é equivalente a 710 kJ, que é consideravelmente maior que 280 kJ.

**21.** (a)  Método A com todos os dados incluídos:
   Média = 2,4 g cm⁻³
   Método B com todos os dados incluídos:
   Média = 3,480 g cm⁻³
   Para B, o ponto de dados de 5,811 g cm⁻³ pode ser excluído porque é mais de duas vezes maior que todos os outros pontos para o Método B. Usando apenas os três primeiros pontos, média = 2,703 g cm⁻³
   (b)  Método A: erro = 0,3 g cm⁻³ ou cerca de 10%
   Método B: erro = 0,001 g cm⁻³ ou cerca de 0,04%
   (c)  Método A: desvio padrão = 0,2 g cm⁻³
   Método B (incluindo todos os pontos de dados): desvio padrão = 1,554 g cm⁻³
   Método B (excluindo todos os pontos de dados de 5,811 g cm⁻³): Desvio padrão = 0,002 g cm⁻³
   (d)  Valor médio do Método B é tanto mais preciso quanto exato, desde que os pontos de dados de 5,811 g cm⁻³ sejam excluídos.

**23.** (a)  5,4 × 10⁻² g, dois algarismos significativos
   (b)  5,462 × 10³ g, quatro algarismos significativos
   (c)  7,92 × 10⁻⁴ g, três algarismos significativos
   (d)  1,6 x 10³ mL, dois algarismos significativos

**25.** (a)  9,44 × 10⁻³
   (b)  5694
   (c)  11,9
   (d)  0,122

**27.**

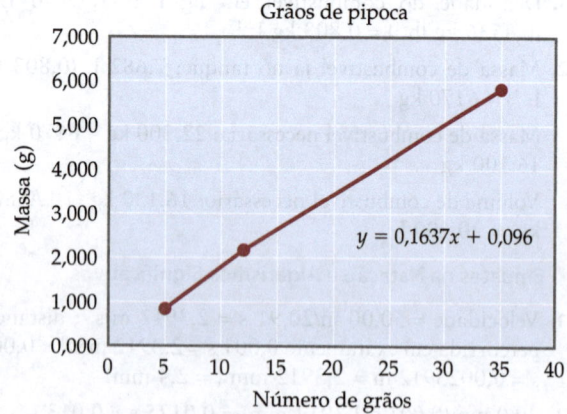

Grãos de pipoca

$y = 0,1637x + 0,096$

Inclinação: 0,1637 g/grãos

A inclinação representa a massa média de um grão de pipoca.

Massa de 20 grãos de pipoca = 3,370 g

Há 127 grãos em uma amostra com uma massa de 20,88 g.

**29.** (a)  y = −4,00x + 20,00
   (b)  y = −4,00

**31.** C = 0,0823

**33.** T = 295

**35.** 0,197 nm; 197 pm

**37.** (a)  7,5 × 10⁻⁶ m; (b) 7,5 × 10³ nm; (c) 7,5 × 10⁶ pm

**39.** 50 mg de cloridrato de procaína

**41.** Volume das bolas de gude = 99 mL – 61 mL = 38 mL. Isso produz uma densidade de 2,5 g cm⁻³.

**43.** (a)  0,178 nm³; 1,78 × 10⁻²² cm³
   (b)  3,87 × 10⁻²² g
   (c)  9,68 × 10⁻²³ g

**45.** A sua temperatura corporal normal (cerca de 98,6°F) é de 37°C. Como isso é maior que o ponto de fusão do gálio, o metal derreterá na sua mão.

**47.** (a)  15%
   (b)  3,63 × 10³ grãos

**49.** 8,0 × 10⁴ kg de fluoreto de sódio por ano

**51.** 245 g de ácido sulfúrico

**53.** (a)  272 mL de gelo
   (b)  O gelo não consegue ser contido na lata.

**55.** 7,99 g cm⁻³

**57.** (a)  8,7 g cm⁻³
   (b)  O metal é, provavelmente, o cádmio, mas a densidade calculada é próxima à do cobalto, níquel e cobre. Outros testes devem ser feitos no metal.

**59.** 0,0927 cm

**61.** (a)  1,143 × 10²¹ átomos; 76,4% da estrutura é preenchida com átomos; 23,6% da estrutura é um espaço aberto.
   Os átomos são esferas. Quando as esferas são colocadas juntas elas se tocam apenas em certos pontos, portanto deixam espaços na estrutura.
   (b)  Quatro átomos

**63.** Al, alumínio

**65.**

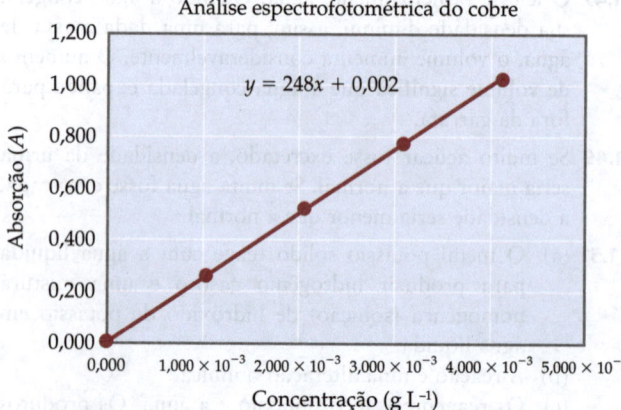

Análise espectrofotométrica do cobre

$y = 248x + 0,002$

Quando a absorção = 0,635, concentração = 2,55 × 10⁻³ g L⁻¹ = 2,55 × 10⁻³ mg mL⁻¹

**67.** Média = 5,24%, desvio padrão = 0,05%

Sete dos dez valores caem dentro da região 5,19 ≤ x ≤ 5,29

# Capítulo 2

## Verifique Seu Entendimento

**2.1** (1) Número de massa com 26 prótons e 30 nêutrons é 56

(2) $(59,930788 \text{ u})(1,661 \times 10^{-24} \text{ g/u}) = 9,955 \times 10^{-23}$ g

(3) $^{64}$Zn tem 30 prótons, 30 elétrons e $(64 - 30) = 34$ nêutrons.

**2.2** Use a Equação 2.2 para o cálculo.

Massa atômica $= (34,96885) (75,77/100) + (36,96590) (24,23/100) = 35,45$. (A precisão é limitada pelo valor da porcentagem de abundância para quatro algarismos significativos.)

**2.3** Use a Equação 2.2 para o cálculo. Faça $x$ = percentual de abundância de $^{20}$Ne e $y$ = percentual de abundância de $^{22}$Ne.

$20,1797 \text{ u} = (x/100)(19,992435 \text{ u}) + (0,27/100) (20,993843 \text{ u}) + (y/100)(21,991383 \text{ u})$

Como todas as abundâncias percentuais devem somar 100%, $y = 100 - x - 0,27 = 99,73 - x$.

$20,1797 \text{ u} = (x/100)(19,992435 \text{ u}) + 0,27/100)(20,993843 \text{ u}) + [(99,73 - x)/100](21,991383 \text{ u})$

$x = 90,5$; portanto, a abundância percentual de $^{20}$Ne = 90,5% e a abundância percentual de $^{22}$Ne = 9,2%.

**2.4** (a) (1) NaF: 1 Na$^+$ e 1 F$^-$ íon. (2) Cu(NO$_3$)$_2$: 1Cu$^{2+}$ e 2NO$_3^-$ íons. (3) NaCH$_3$CO$_2$: 1Na$^+$ e 1CH$_3$CO$_2^-$ íon.

**2.5** (a) Na$_2$S, Na$_3$PO$_4$, BaS, Ba$_3$(PO$_4$)$_2$

(b) FeCl$_2$, FeCl$_3$

**2.6** $(2,6 \times 10^{24}$ átomos)(1 mol/$6,022 \times 10^{23}$ átomos) $(197,0$ g de Au/1 mol) = 850 g de Au

Volume $= (850$ g Au)$(1,00$ cm$^3$/19,32 g$) = 44$ cm$^3$

**2.7** Massa molar H$_3$C$_6$H$_5$O$_7$ $= 8(1,01) + 6(12,01) + 7(16,00) = 192,14$ g mol$^{-1}$

$(454$ g H$_3$C$_6$H$_5$O$_7$)(1 mol H$_3$C$_6$H$_5$O$_7$/192,14 g H$_3$C$_6$H$_5$O$_7$) $= 2,36$ mol H$_3$C$_6$H$_5$O$_7$

$(2,36$ mol H$_3$C$_6$H$_5$O$_7$)(6,022 $\times 10^{23}$ moléculas/1 mol) $= 1,42 \times 10^{24}$ moléculas H$_3$C$_6$H$_5$O$_7$

$(1,42 \times 10^{24}$ moléculas H$_3$C$_6$H$_5$O$_7$)(6 átomos C/1 moléculas H$_3$C$_6$H$_5$O$_7$) $= 8,54 \times 10^{24}$ átomos C

**2.8** (1) 1,00 mol de (NH$_4$)$_2$CO$_3$ (massa molar de 96,09 g mol$^{-1}$) tem 28,0 g de N (29,1%), 8,06 g de H (8,39%), 12,0 g de C (12,5%) e 48,0 g de O (50,0%)

(2) 454 g de C$_8$H$_{18}$ (1 mol de C$_8$H$_{18}$/114,2 g) (8 mol de C/1 mol de C$_8$H$_{18}$) (12,01 g de C/1 mol de C) = 382 g de C

**2.9** (1) C$_5$H$_4$

(2) C$_2$H$_4$O$_2$

(3) $(88,17$ g C$)(1$ mol C/12,011 g C$) = 7,341$ mol C

$(11,83$ g H$)(1$ mol H/1,008 g H$) = 11,74$ mol H

11,74 mol H/7,341 mol C $= 1,6$ mol H/1 mol C $= (8/5)$; (mol H/1 mol C) = 8 mol H/5 mol C

Fórmula empírica é C$_5$H$_8$. A massa molar, 68,11 g mol$^{-1}$, aproxima-se dessa fórmula, por isso C$_5$H$_8$ também é a fórmula molecular.

(4) $(78,90$ g C$)(1$ mol C/12,011 g C$) = 6,569$ mol C

$(10,59$ g H$)(1$ mol H/1,008 g H$) = 10,51$ mol H

$(10,51$ g O$)(1$ mol O/16,00 g O$) = 0,6569$ mol O

10,51 mol H/0,6569 mol O = 16 mol H/1 mol O

6,569 mol C/0,6569 mol O = 10 mol C/1 mol O

A fórmula empírica é C$_{10}$H$_{16}$O.

**2.10** $(1,25$ g de Ga$)$ (1 mol de Ga/69,72 g de Ga$) = 0,0179$ mol de Ga

1,68 g do produto – 1,25 g de Ga = 0,43 g de O

$(0,43$ g de O$)$ (1 mol de O/16,00 g de O$) = 0,027$ mol de O

Razão molar = 0,027 mol de O/0,0179 mol de Ga = 1,5 mol de O/1,0 mol de Ga = 3,0 mol de O/2,0 mol de Ga

Fórmula empírica = Ga$_2$O$_3$

**2.11** A massa de água perdida no aquecimento é 0,235 g – 0,128 g = 0,107 g; 0,128 g de NiCl$_2$ permanece

$(0,107$ g de H$_2$O$)$ (1 mol de H$_2$O/18,016 g de H$_2$O$) = 0,00594$ mol de H$_2$O

$(0,128$ g de NiCl$_2$) (1 mol de NiCl$_2$/129,6 g de NiCl$_2$) = 0,000988 mol de NiCl$_2$

Razão molar = 0,00594 mol H$_2$O/0,000988 mol NiCl$_2$ = 6,01: Portanto $x = 6$

A fórmula do hidrato é NiCl$_2 \cdot$ 6H$_2$O.

**2.12** (a) $m/Z = 270$: P$^{79}$Br$^{79}$Br$^{81}$Br

$m/Z = 272$: P$^{79}$Br$^{81}$Br$^{81}$Br

(b) Há um total de oito maneiras de construir moléculas de PBr$_3$ usando os dois isótopos do bromo. Uma configuração contém apenas átomos de $^{79}$Br e tem uma massa de u. Similarmente, há uma configuração que contém apenas $^{81}$Br e tem uma massa de 274 u. Das seis configurações restantes, três contêm dois átomos de $^{79}$Br e um de $^{81}$Br. As outras três configurações contêm um átomo de $^{79}$Br e dois de $^{81}$Br. Uma vez que os isótopos de bromo estão presentes em porcentagens aproximadamente iguais, cada configuração tem aproximadamente uma probabilidade igual. Portanto, existe uma chance de uma em oito (12,5%) de que cada molécula contenha apenas $^{81}$Br. A probabilidade é três vezes maior – três de oito configurações ou 37,5% de chance – de que cada molécula tenha dois átomos de um isótopo e um átomo do outro. Logo, os dois picos em 270 e 272 devem ser aproximadamente três vezes maiores que aqueles em 268 e 274.

## Aplicando os Princípios Químicos

### 2.1 Usando Isótopos: Ötzi, o Homem do Gelo dos Alpes

**1.** $^{18}$O: $18 - 8 = 10$ nêutrons

$^{204}$Pb: $204 - 82 = 122$ nêutrons

$^{206}$Pb: $206 - 82 = 124$ nêutrons

**2.** 15,9993 u

### 2.2 O Arsênio, a Medicina e a Fórmula do Composto 606

**1.** Quantidade de As: 19,024 g de As $\times$ (1 mol de As/74,9216 g de As) = 0,25392 mol de As

Quantidade de Cu: 48,407 g de Cu $\times$ (1 mol de Cu/63,546 g de Cu) = 0,76176 mol de Cu

Quantidade de S: 32,569 g de S × (1 mol S/32,066 g de S) = 1,0157 mol de S

Proporção de mol de Cu/As: 0,76176 mol de Cu/0,25392 mol de As = 3,0000 mol de Cu/1 mol de As

Proporção de mol S/As: 1,0157 mol de S/0,25392 mol de As = 4,0001 mol de S/1 mol de As

Fórmula empírica: $Cu_3AsS_4$

**2.** Quantidade de C: 39,37 g de C × (1 mol de C/12,011 g de C) = 3,278 mol de C

Quantidade de H: 3,304 g de H × (1 mol de H/1,0079 g de H) = 3,278 mol de H

Quantidade de O: 8,741 g de O × (1 mol de O/15,999 g de O) = 0,5463 mol de O

Quantidade de N: 7,652 g de N × (1 mol de N/14,007 g de N) = 0,5463 mol de N

Quantidade de As: 40,932 g de As × (1 mol de As/74,9216 g de As) = 0,54633 mol de As

Proporção de mol C/O e H/O: 3,278 mol de C/0,5463 mol de O = 6,000 mol de C/1 mol de O. Um cálculo semelhante produz 6,000 mol de H/1 mol de O.

Proporção de mol N/O e As/O: 0,5463 mol de N/0,5463 mol de O = 1,000 mol de N/1 mol de O. Um cálculo semelhante produz 1,000 mol de As/1 mol de O.

Fórmula empírica: $C_6H_6AsNO$

Massa molar de $C_6H_6AsNO$: 183,0 g $mol^{-1}$

Composto 1: 549/183,0 = 3,00; por conseguinte, a fórmula molecular é $C_{18}H_{18}As_3N_3O_3$.

Composto 2: 915/183,0 = 5,00; por conseguinte, a fórmula molecular é $C_{30}H_{30}As_5N_5O_5$.

### 2.3   Argônio – Uma Incrível Descoberta

**1.** Volume = massa/densidade = (0,20389 g/1,25718 g $L^{-1}$) (1000 $cm^3$ $L^{-1}$) = 162,18 $cm^3$

**2.** (0,2096)(1,42952 g $cm^{-3}$) + (0,7811)(1,25092 g $cm^{-3}$) + (0,00930)$x$ = 1,29327 g $cm^{-3}$; $x$ = 1,78 g $L^{-1}$

**3.** % Abundância $^{40}Ar$ = 100 − 0,337 − 0,063 = 99,600%
(0,337/100)(35,967545 u) + (0,063/100)(37,96732 u) + (99,600/100)$x$ = 39,948 u

Massa atômica do $^{40}Ar$ = 39,963 u

**4.** (4,0 m)(5,0 m)(2,4 m)(1 L/$10^{-3}$ $m^3$) = 4,8 × $10^4$ L

(4,8 × $10^4$ L)(1,78 g $L^{-1}$)(1 mol/39,948 g)

(6,022 × $10^{23}$ átomos $mol^{-1}$) = 1,3 × $10^{27}$ átomos

## Questões para Estudo

**2.1** Os átomos contêm as seguintes partículas fundamentais: prótons (carga +1), nêutrons (carga zero) e elétrons (carga −1). Prótons e nêutrons estão no núcleo de um átomo. Os elétrons são os menos massivos das três partículas.

**2.3** A nuvem de elétrons estende-se em cerca de 1 × $10^{-13}$ cm = 1 fm.

**2.5** (a) $^{27}_{12}Mg$

(b) $^{48}_{22}Ti$

(c) $^{62}_{30}Zn$

**2.7**

| Elemento | Elétrons | Prótons | Nêutrons |
|---|---|---|---|
| $^{24}Mg$ | 12 | 12 | 12 |
| $^{119}Sn$ | 50 | 50 | 69 |
| $^{232}Th$ | 90 | 90 | 142 |
| $^{13}C$ | 6 | 6 | 7 |
| $^{63}Cu$ | 29 | 29 | 34 |
| $^{205}Bi$ | 83 | 83 | 122 |

**2.9** massa $p$/massa $e$ = 1,672622 × $10^{-24}$ g/9,109383 × $10^{-28}$ g = 1836,15. O próton é mais de 1800 vezes mais pesado que o elétron. A estimativa de Thomson estava errada por um fator de 2.

**2.11** Os raios gama ($\gamma$) não têm carga e por isso não são afetados pelo campo elétrico. As partículas alfa ($\alpha$) são carregadas positivamente e atraídas para a placa negativa, e as partículas beta ($\beta$) são carregadas negativamente e atraídas para a placa positiva. As partículas beta são mais afetadas pelo campo elétrico, porque elas são mais leves que as partículas alfa. (As partículas alfa são íons $He^+$, enquanto as partículas beta são elétrons.)

**2.13** $^{16}O/^{12}C$ = 1,3329

**2.15** $^{57}_{27}Co$, $^{58}_{27}Co$, $^{60}_{27}Co$

**2.17** Prótio: um próton, um elétron
Deutério: um próton, um nêutron, um elétron
Trítio: um próton, dois nêutrons, um elétron

**2.19** O $^{205}Tl$ é mais abundante do que $^{203}Tl$. A massa atômica do tálio está mais próxima de 205 do que de 203.

**2.21** (0,0750)(6,015121) + (0,9250)(7,016003) = 6,94

**2.23** $^{69}Ga$, 60,12%; $^{71}Ga$, 39,88%

**2.25**

| Símbolo | Núm. Atômico | Massa Atômica | Grupo | Período | |
|---|---|---|---|---|---|
| Titânio | Ti | 22 | 47,867 | 4 | 4 | Metal |
| Titânio | Tl | 81 | 204,3833 | 13 | 6 | Metal |

**2.27** Oito elementos: períodos 2 e 3. Dezoito elementos: períodos 4 e 5. E 32 elementos: períodos 6 e 7.

**2.29** (a) Não metais: C, Cl
(b) Elementos do grupo principal: C, Ca, Cl, Cs
(c) Lantanídeos: Ce
(d) Elementos de transição: Cr, Co, Cd, Ce, Cm, Cu, Cf
(e) Actinídeos: Cm, Cf
(f) Gases: Cl

**2.31** Metais: Na, Ni, Np
Metaloides: Nenhum nesta lista
Não metais: N, Ne

**2.33** Fórmula molecular: $HNO_3$,
Fórmula estrutural:

A estrutura em torno do átomo de N é planar. Os átomos de O são dispostos em torno dos átomos de N nos cantos de um triângulo. O átomo de hidrogênio está ligado a um dos átomos de oxigênio.

**2.35** (a) $Mg^{2+}$
(b) $Zn^{2+}$
(c) $Ni^{2+}$
(d) $Ga^{3+}$

**2.37** (a) $Ba^{2+}$
(b) $Ti^{4+}$
(c) $PO_4^{3-}$
(d) $HCO_3^-$
(e) $S^{2-}$
(f) $ClO_4^-$
(g) $Co^{2+}$
(h) $SO_4^{2-}$

**2.39** K perde um elétron por átomo para formar um íon $K^+$. Ele tem o mesmo número de elétrons que um átomo de Ar.

**2.41** Íons $Ba^{2+}$ e $Br^-$. A fórmula do composto é $BaBr_2$.

**2.43** (a) Dois íons $K^+$ e um íon $S^{2-}$
(b) Um íon $Co^{2+}$ e um íon $SO_4^{2-}$
(c) Um íon $K^+$ e um íon $MnO_4 -$
(d) Três íons $NH_4^+$ e um íon $PO_4^{3-}$
(e) Um íon $Ca^{2+}$ e dois íons $ClO^-$
(f) Um íon $Na^+$ e um íon $CH_3CO_2^-$

**2.45** $Co^{2+}$ dá CoO e $Co^{3+}$ dá $Co_2O_3$.

**2.47** (a) $AlCl_2$ deve ser $AlCl_3$ (com base em um íon $Al^{3+}$ e três íons $Cl^-$).
(b) $KF_2$ deve ser KF (com base em um íon $K^+$ e um íon $F^-$).
(c) $Ga_2O_3$ está correto.
(d) MgS está correto.

**2.49** (a) Sulfeto de potássio
(b) Sulfato de cobalto(II)
(c) Fosfato de amônio
(d) Hipoclorito de cálcio

**2.51** (a) $(NH_4)_2CO_3$
(b) $CaI_2$
(c) $CuBr_2$
(d) $AlPO_4$
(e) $AgCH_3CO_2$

**2.53** Compostos com $Na^+$: $Na_2CO_3$ (carbonato de sódio) e NaI (iodeto de sódio). Compostos com $Ba^{2+}$: $BaCO_3$ (carbonato de bário) e $BaI_2$ (iodeto de bário).

**2.55** A força de atração é mais forte em NaF que em NaI, porque a distância entre os centros dos íons é menor em NaF (235 pm) que em NaI (322 pm).

**2.57** (a) Trifluoreto de nitrogênio
(b) Iodeto de hidrogênio
(c) Tri-iodeto de boro
(d) Pentafluoreto de fósforo

**2.59** (a) $SCl_2$
(b) $N_2O_5$
(c) $SiCl_4$
(d) $B_2O_3$

**2.61** (a) 67 g Al
(b) 0,0698 g de Fe
(c) 0,60 g de Ca
(d) $1,32 \times 10^4$ g de Ne

**2.63** (a) 1,9998 mol de Cu
(b) 0,0017 mol de Li

**2.65** Desses elementos, He tem a menor massa molar, e Fe tem a maior massa molar. Portanto, 1,0 g de He possui o maior número de átomos nessas amostras, e 1,0 g de Fe tem o menor número de átomos.

**2.67** 0,020 mol de H < 0,0597 mol de P < 0,0996 mol de Ca < 0,259 mol de O

**2.69** (a) $159,7$ g $mol^{-1}$
(b) $117,2$ g $mol^{-1}$
(c) $176,1$ g $mol^{-1}$

**2.71** (a) $290,8$ g $mol^{-1}$
(b) $249,7$ g $mol^{-1}$

**2.73** (a) 1,53 g
(b) 4,60 g
(c) 4,60 g
(d) 1,48 g

**2.75** Quantidade de $SO_3$ = 12,5 mol
Número de moléculas = $7,52 \times 10^{24}$ moléculas
Número de átomos de S = $7,52 \times 10^{24}$ átomos
Número de átomos de O = $2,26 \times 10^{25}$ átomos

**2.77** $4 \times 10^{21}$ moléculas

**2.79** (a) 86,60% de Pb e 13,40% S
(b) 81,71% de C e 18,29% de H
(c) 79,96% de C, 9,394% de H e 10,65% de O

**2.81** 66,46% de cobre em CuS. 15,0 g de CuS são necessários para se obter 10,0 g de Cu.

**2.83** $C_4H_6O_4$

**2.85** (a) CH, $26,0$ g $mol^{-1}$; $C_2H_2$
(b) CHO, $116,1$ g $mol^{-1}$; $C_4H_4O_4$
(c) $CH_2$, $112,2$ g $mol^{-1}$; $C_8H_{16}$

**2.87** Fórmula empírica, CH; fórmula molecular, $C_2H_2$

**2.89** Fórmula empírica, $C_3H_4$; fórmula molecular, $C_9H_{12}$

**2.91** Fórmulas empírica e molecular são ambas $C_8H_8O_3$

**2.93** $XeF_2$

**2.95** $MgSO_4 \cdot 2H_2O$

**2.97** (a) $14 = N^+$, $16 = O^+$, $30 = NO^+$, $46 = NO_2^+$
(b) Esta é a evidência para a estrutura ONO. Os íons estão associados com os fragmentos da molécula quando as ligações são quebradas. Se a estrutura fosse OON, os íons de massa 32, correspondendo ao $O_2^+$, seriam esperados; a ausência deles sugere que OON é a estrutura errada.

**2.99** (a) $m/Z = 50$ é $^{12}C^1H_3^{35}Cl^+$; $m/Z = 52$ é $^{12}C^1H_3^{37}Cl^+$
A altura da linha em $m/Z = 52$ é aproximadamente 1/3 da altura da linha em $m/Z = 50$ porque a abundância para o $^{37}Cl$ é aproximadamente 1/3 daquela para o $^{35}Cl$.
(b) $^{13}C^1H_3^{35}Cl^+$ (uma pequena parte deste pico é devida também ao $^{12}C^2H^1H_2^{35}Cl^+$)

**2.101**

| Símbolo | $^{58}Ni$ | $^{33}S$ | $^{20}Ne$ | $^{55}Mn$ |
|---------|-----------|----------|-----------|-----------|
| Prótons | 28 | 16 | 10 | 25 |
| Nêutrons | 30 | 17 | 10 | 30 |
| Elétrons | 28 | 16 | 10 | 25 |
| Nome | Níquel | Enxofre | Neônio | Manganês |

**2.103**

| S | N |
|---|---|
| B | I |

**2.105** (a) $1{,}0552 \times 10^{-22}$ g para 1 átomo de Cu

     (b) $6{,}3 \times 10^{-22}$ dólares para 1 átomo de Cu

**2.107** (a) Estrôncio

     (b) Zircônio

     (c) Carbono

     (d) Arsênio

     (e) Iodo

     (f) Magnésio

     (g) Criptônio

     (h) Enxofre

     (i) Germânio ou arsênio

**2.109** (a) 0,25 mol de U

     (b) 0,50 mol de Na

     (c) 10 átomos de Fe

**2.111** 40,157 g de $H_2$ (b) < 103,0 g de C (c) < 182 g de Al (f) < 210 g de Si (d) < 212,0 g de Na (e) < 351 g de Fe (a) < 650 g de $Cl_2$ (g)

**2.113** (a) Massa atômica de O = 15,873 u; número de Avogadro = $5{,}9802 \times 10^{23}$ partículas por mol

     (b) Massa atômica de H = 1,00798 u; Número de Avogadro = $6{,}0279 \times 10^{23}$ partículas por mol

**2.115** $(NH_4)_2CO_3$, $(NH_4)_2SO_4$, $NiCO_3$, $NiSO_4$

**2.117** Todos esses compostos possuem um átomo de algum elemento mais três átomos de Cl. O maior percentual da massa do cloro ocorrerá no composto tendo o elemento central mais leve. Aqui, esse elemento é B, assim $BCl_3$ deve ter o maior percentual de massa de Cl (90,77%).

**2.119** A massa molar da adenina ($C_5H_5N_5$) é 135,13 g mol$^{-1}$. $3{,}0 \times 10^{23}$ moléculas representam 67 g. Assim, $3{,}0 \times 10^{23}$ moléculas de adenina têm uma massa maior que 40,0 g do composto.

**2.121** $1{,}7 \times 10^{21}$ moléculas de água

**2.123** 245,75 g mol$^{-1}$. Percentual de massa: 25,86% de Cu, 22,80% de N, 5,742% de H, 13,05% de S e 32,55% de O. Em 10,5 g do composto há 2,72 g de Cu e 0,770 g de $H_2O$.

**2.125** Fórmula empírica do ácido málico: $C_4H_6O_5$

**2.127** $Fe_2(CO)_9$

**2.129** (a) $C_7H_5NO_3S$

     (b) $6{,}82 \times 10^{-4}$ mol de sacarina

     (c) 21,9 mg S

**2.131** (a) NaClO, iônico

     (b) $BI_3$

     (c) $Al(ClO_4)_3$, iônico

     (d) $Ca(CH_3CO_2)_2$, iônico

     (e) $KMnO_4$, iônico

     (f) $(NH_4)_2SO_3$, iônico

     (g) $KH_2PO_4$, iônico

     (h) $S_2Cl_2$

     (i) $ClF_3$

     (j) $PF_3$

**2.133** (a) Fórmula empírica = fórmula molecular = $CF_2O_2$

     (b) Fórmula empírica = $C_5H_4$; fórmula molecular = $C_{10}H_8$

**2.135** Fórmula empírica e fórmula molecular = $C_5H_{14}N_2$

**2.137** $C_9H_7MnO_3$

**2.139** 68,42% Cr; $1{,}2 \times 10^3$ kg $Cr_2O_3$

**2.141** Fórmula empírica = $ICl_3$; fórmula molecular = $I_2Cl_6$

**2.143** 7,35 kg de ferro

**2.145** (d) $Na_2MoO_4$

**2.147** $5{,}52 \times 10^{-4}$ mol de $C_{21}H_{15}Bi_3O_{12}$; 0,346 g de Bi

**2.149** A massa molar do composto é 154 g mol$^{-1}$. O carbono é o elemento desconhecido.

**2.151** $n = 2{,}19 \times 10^3$

**2.153** (a) $2{,}3 \times 10^{14}$ g cm$^{-3}$

     (b) $3{,}34 \times 10^{-3}$ g cm$^{-3}$

     (c) O núcleo é muito mais denso que o espaço ocupado pelos elétrons.

**2.155** (a) 0,0130 mol de Ni

     (b) $NiF_2$

     (c) Fluoreto de níquel(II)

**2.157** Volume = 3,0 cm³; comprimento lateral = 1,4 cm

**2.159** A fórmula é $MgSO_4 \cdot 7H_2O$

**2.161** $SnI_4$

**2.163** (c) A proporção molar calculada é 0,78 mol de $H_2O$ por mol de $CaCl_2$. O estudante deve aquecer o cadinho de novo e, em seguida, pesá-lo novamente. Mais água pode ser expelida.

**2.165** Dados necessários: densidade do ferro (d), a massa molar do ferro (b), o número de Avogadro (c)

$$1{,}00\,\text{cm}^3 \left( \frac{7{,}87\,\text{g}}{1\,\text{cm}^3} \right) \left( \frac{1\,\text{mol}}{55{,}85\,\text{g}} \right) \left( \frac{6{,}022 \times 10^{23}\,\text{átomos}}{1\,\text{mol}} \right)$$

$$= 8{,}49 \times 10^{22}\,\text{atomos de Fe}$$

**2.167** (a) O bário seria mais reativo que o cálcio, por isso, uma evolução mais vigorosa do hidrogênio deve ocorrer.

     (b) A reatividade geralmente aumenta de forma descendente na tabela periódica, pelo menos nos Grupos 1 e 2.

# Capítulo 3

## Verifique Seu entendimento

**3.1** (a) $2C_4H_{10}(g) + 13O_2(g) \rightarrow 8CO_2(g) + 10H_2O(g)$

     (b) $2C_3H_7BO_3(\ell) + 8O_2(g) \rightarrow$

                            $6CO_2(g) + 7H_2O(g) + B_2O_3(s)$

**3.2** (a) $LiNO_3$ é solúvel e fornece íons $Li^+(aq)$ e $NO_3^-(aq)$.
   (b) $CaCl_2$ é solúvel e fornece íons $Ca^{2+}(aq)$ e $Cl^-(aq)$.
   (c) O $CuO$ não é solúvel em água.
   (d) $NaCH_3CO_2$ é solúvel e fornece íons $Na^+(aq)$ e $CH_3CO_2^-(aq)$.

**3.3** (a) $Na_2CO_3(aq) + CuCl_2(aq) \rightarrow$
$$2NaCl(aq) + CuCO_3(s)$$
   (b) Nenhuma reação; nenhum composto insolúvel é produzido.
   (c) $NiCl_2(aq) + 2KOH(aq) \rightarrow Ni(OH)_2(s) + 2KCl(aq)$

**3.4** (a) $3CaCl_2(aq) + 2Na_3PO_4(aq) \rightarrow$
$$Ca_3(PO_4)_2(s) + 6\ NaCl(aq)$$
$$3Ca^{2+}(aq) + 2PO_4^{3-}(aq) \rightarrow Ca_3(PO_4)_2(s)$$
   (b) $FeCl_3(aq) + 3KOH(aq) \rightarrow$
$$Fe(OH)_3(s) + 3KCl(aq)$$
$$Fe^{3+}(aq) + 3OH^-(aq) \rightarrow Fe(OH)_3(s)$$
   (c) $Pb(NO_3)_2(aq) + 2KCl(aq) \rightarrow$
$$PbCl_2(s) + 2KNO_3(aq)$$
$$Pb^{2+}(aq) + 2Cl^-(aq) \rightarrow PbCl_2(s)$$

**3.5** (a) $H_3PO_4(aq) + H_2O(\ell) \rightarrow H_3O^+(aq) + H_2PO_4^-(aq)$
   (b) Agindo como um ácido:
$H_2PO_4^-(aq) + H_2O(\ell) \rightleftharpoons HPO_4^{2-}(aq) + H_3O^+(\ell)$
Agindo como uma base:
$H_2PO_4^-(aq) + H_2O(\ell) \rightleftharpoons H_3PO_4(aq) + OH^-(aq)$
Uma vez que o $H_2PO_4^-(aq)$ pode reagir como um ácido de Brønsted e como uma base, dizemos que ele é anfótero.

**3.6** $Mg(OH)_2(s) + 2HCl(aq) \rightarrow MgCl_2(aq) + 2H_2O(\ell)$

Equação iônica líquida:
$Mg(OH)_2(s) + 2H_3O^+(aq) \rightarrow Mg^{2+}(aq) + 4H_2O(\ell)$

**3.7** $BaCO_3(s) + 2HNO_3(aq) \rightarrow$
$$Ba(NO_3)_2(aq) + CO_2(g) + H_2O(\ell)$$

O carbonato de bário e ácido nítrico produzem nitrato de bário, dióxido de carbono e água.

**3.8** (a) Fe em $Fe_2O_3$, +3; (b) S em $H_2SO_4$, +6;
   (c) C em $CO_3^{2-}$, +4; (d) N em $NO_2^+$, +5

**3.9** O íon dicromato é o agente oxidante e é reduzido. (Cr com um número de oxidação +6 é reduzido a $Cr^{3+}$ com um número de oxidação +3.) O etanol é o agente redutor e é oxidado. (Os átomos de C no etanol têm um número de oxidação de –2. O número de oxidação é 0 no ácido acético.)

**3.10** (a) Reação formadora de gás:
$CuCO_3(s) + H_2SO_4(aq) \rightarrow$
$$CuSO_4(aq) + H_2O(\ell) + CO_2(g)$$
Equação iônica líquida:
$CuCO_3(s) + 2H_3O^+(aq) \rightarrow$
$$Cu^{2+}(aq) + 3H_2O(\ell) + CO_2(g)$$
   (b) Oxidação-redução:
$4Ga(s) + 3O_2(g) \rightarrow 2Ga_2O_3(s)$
   (c) Reação ácido-base:
$Ba(OH)_2(aq) + 2HNO_3(aq) \rightarrow$
$$Ba(NO_3)_2(aq) + 2H_2O(\ell)$$
Equação iônica líquida:
$Ba(OH)_2(S) + 2H_3O^+(aq) \rightarrow Ba^{2+}(aq) + H_2O(\ell)$
   (d) Reação de precipitação:
$CuCl_2(aq) + (NH_4)_2S(aq) \rightarrow CuS(s) + 2NH_4Cl(aq)$

Equação iônica líquida:
$$Cu^{2+}(aq) + S^{2-}(aq) \rightarrow CuS(s)$$

## Aplicando os Princípios Químicos

### 3.1  Supercondutores

**1.** Nesse caso, uma vez que sabemos que o Cu implica em um índice inferior igual a 1, dividimos a quantidade de matéria de cada elemento pela quantidade de matéria de Cu.
$$x = 0,15; \text{fórmula} = La_{1,85}Ba_{0,15}CuO_4$$

**2.** Y, 13,4%; Ba, 41,3%; Cu, 28,7%; O, 16,7%

**3.** Uma fórmula unitária do composto contém dois íons $Cu^{2+}$ e um íon $Cu^{3+}$.

**4.** $Y_2O_3 + 4BaCO_3 + 6CuO \rightarrow 2YBa_2Cu_3O_{6,5} + 4CO_2$
(O valor de $x$ é 0,5.)

**5.** 0,011 g de $O_2$

### 3.2  Sequestrando Dióxido de Carbono

**1.** $Ca^{2+}(aq) + H_2CO_3(aq) + 2H_2O(\ell) \rightarrow CaCO_3(s) + 2H_3O^+(aq)$

**2.** 6 prótons, 8 nêutrons e 6 elétrons

### 3.3  Fumarolas Negras e Vulcões

**1.** Cátions: íon cálcio, $Ca^{2+}$; íon manganês(II), $Mn^{2+}$; íon ferro (II), $Fe^{2+}$; íon níquel(II), $Ni^{2+}$. Ânions: íon sulfato, $SO_4^{2-}$; íon sulfeto, $S^{2-}$.

**2.** Íon sulfeto, $S^{2-}$, o número de oxidação é –2. Íon sulfato, $SO_4^{2-}$, o número de oxidação é +6.

## Questões para Estudo

**3.1** Reagentes: fósforo ($P_4$) e oxigênio ($O_2$); produto: decaóxido de tetrafósforo ($P_4O_{10}$). Os coeficientes estequiométricos são 1, 5, 1; s e g indicam estado da matéria: s = sólido, g = gás.

**3.3** 48000 moléculas de $Cl_2$

**3.5** 0,57 g de oxigênio

**3.7** (a) $2Al(s) + Fe_2O_3(s) \rightarrow 2Fe(\ell) + Al_2O_3(s)$
Tanta energia é liberada na forma de calor nessa reação que o ferro formado está no estado líquido.
   (b) $C(s) + H_2O(g) \rightarrow CO(g) + H_2(g)$
   (c) $SiCl_4(\ell) + 2\ mg(s) \rightarrow Si(s) + 2\ mgCl_2(s)$

**3.9** (a) $4Cr(s) + 3O_2(g) \rightarrow 2Cr_2O_3(s)$
   (b) $Cu_2S(s) + O_2(g) \rightarrow 2Cu(s) + SO_2(g)$
   (c) $C_6H_5CH_3(\ell) + 9O_2(g) \rightarrow 4H_2O(\ell) + 7CO_2(g)$

**3.11** (a) $Fe_2O_3(s) + 3Mg(s) \rightarrow 3MgO(s) + 2Fe(s)$
Reagentes = óxido de ferro(III), magnésio
Produtos = óxido de magnésio, ferro
   (b) $AlCl_3(s) + 3NaOH(aq) \rightarrow$
$$Al(OH)_3(s) + 3NaCl(aq)$$
Reagentes = cloreto de alumínio, hidróxido de sódio
Produtos = hidróxido de alumínio, cloreto de sódio
   (c) $2NaNO_3(s) + H_2SO_4(aq) \rightarrow$
$$Na_2SO_4(s) + 2HNO_3(aq)$$
Reagentes = nitrato de sódio, ácido sulfúrico
Produtos = sulfato de sódio, ácido nítrico
   (d) $NiCO_3(s) + 2HNO_3(aq) \rightarrow$
$$Ni(NO_3)_2(aq) + CO_2(g) + H_2O(\ell)$$
Reagentes = carbonato de níquel(II), ácido nítrico

Produtos = nitrato de níquel(II), dióxido de carbono, água

**3.13** (a) e (c) são verdadeiras; (b) é falsa.

**3.15** A reação que envolve HCl é produto-favorecida em equilíbrio.

**3.17** Os eletrólitos são compostos cuja solução aquosa conduz eletricidade. Dada uma solução aquosa que contém um eletrólito forte e uma outra solução aquosa que contém um eletrólito fraco com a mesma concentração, a solução que contém o eletrólito forte (tal como NaCl) conduzirá eletricidade muito melhor que a que contém o eletrólito fraco (tal como o ácido acético).

**3.19** (a) $CuCl_2$
   (b) $AgNO_3$
   (c) Todos são solúveis em água.

**3.21** (a) Íons $K^+$ e $OH^-$
   (b) Íons $K^+$ e $SO_4^{2-}$
   (c) Íons $Li^+$ e $NO_3^-$
   (d) Íons $NH_4^+$ e $SO_4^{2-}$

**3.23** (a) Solúvel, íons $Na^+$ e $CO_3^{2-}$
   (b) Solúvel, íons $Cu^{2+}$ e $SO_4^{2-}$
   (c) Insolúvel
   (d) Solúvel, íons $Ba^{2+}$ e $Br^-$

**3.25** $CdCl_2(aq) + 2NaOH(aq) \rightarrow Cd(OH)_2(s) + 2NaCl(aq)$
$Cd^{2+}(aq) + 2OH^-(aq) \rightarrow Cd(OH)_2(s)$

**3.27** (a) $NiCl_2(aq) + (NH_4)_2S(aq) \rightarrow NiS(s) + 2NH_4Cl(aq)$
$Ni^{2+}(aq) + S^{2-}(aq) \rightarrow NiS(s)$
   (b) $3Mn(NO_3)_2(aq) + 2Na_3PO_4(aq) \rightarrow$
$Mn_3(PO_4)_2(s) + 6\ NaNO_3(aq)$
$3Mn^{2+}(aq) + 2PO_4^{3-}(aq) \rightarrow Mn_3(PO_4)_2(s)$

**3.29** $HNO_3(aq) + H_2O(\ell) \rightarrow H_3O^+(aq) + NO_3^-(aq)$

**3.31** $H_2C_2O_4(aq) + H_2O(\ell) \rightarrow H_3O^+(aq) + HC_2O_4^-(aq)$
$HC_2O_4^-(aq) + H_2O(\ell) \rightarrow H_3O^+(aq) + C_2O_4^{2-}(aq)$

**3.33** $MgO(s) + H_2O(\ell) \rightarrow Mg(OH)_2(s)$

**3.35** (a) O ácido acético reage com o hidróxido de magnésio para dar acetato de magnésio e água.
$2CH_3CO_2H(aq) + Mg(OH)_2(s) \rightarrow$
$Mg(CH_3CO_2)_2(aq) + 2H_2O(\ell)$
   (b) O ácido perclórico reage com a amônia para dar o perclorato de amônio
$HClO_4(aq) + NH_3(aq) \rightarrow NH_4ClO_4(aq)$

**3.37** $Ba(OH)_2(aq) + 2HNO_3(aq) \rightarrow Ba(NO_3)_2(aq) + 2H_2O(\ell)$

**3.39** $HNO_3(aq) + H_2O(\ell) \rightleftarrows H_3O^+(aq) + NO_3^-(aq)$
Ácidos de Brønsted: $HNO_3(aq)$ e $H_3O^+(aq)$
Bases de Brønsted: $H_2O(\ell)$ e $NO_3^-(aq)$

$HNO_3$ é um ácido forte; portanto, esta reação é produto-favorecida em equilíbrio.

**3.41** $H_2O(\ell) + HBr(aq) \rightleftarrows H_3O^+(aq) + Br^-(aq)$
A água aceita $H^+$ de $HBr(aq)$

$H_2O(\ell) + NH_3(aq) \rightleftarrows OH^-(aq) + NH_4^+(aq)$
A água doa $H^+$ para $NH_3(aq)$

**3.43** (a) $(NH_4)_2CO_3(aq) + Cu(NO_3)_2(aq) \rightarrow$
$CuCO_3(s) + 2NH_4NO_3(aq)$
$CO_3^{2-}(aq) + Cu^{2+}(aq) \rightarrow CuCO_3(s)$
   (b) $Pb(OH)_2(s) + 2HCl(aq) \rightarrow PbCl_2(s) + 2H_2O(\ell)$

$Pb(OH)_2(s) + 2H_3O^+(aq) + 2Cl^-(aq) \rightarrow$
$PbCl_2(s) + 4H_2O(\ell)$

   (c) $BaCO_3(s) + 2HCl(aq) \rightarrow$
$BaCl_2(aq) + H_2O(\ell) + CO_2(g)$
$BaCO_3(s) + 2H_3O^+(aq) \rightarrow$
$Ba^{2+}(aq) + 3H_2O(\ell) + CO_2(g)$

   (d) $2CH_3CO_2H(aq) + Ni(OH)_2(s) \rightarrow$
$Ni(CH_3CO_2)_2(aq) + 2H_2O(\ell)$
$2CH_3CO_2H(aq) + Ni(OH)_2(s) \rightarrow$
$Ni^{2+}(aq) + 2CH_3CO_2^-(aq) + 2H_2O(\ell)$

**3.45** (a) $AgNO_3(aq) + KI(aq) \rightarrow AgI(s) + KNO_3(aq)$
$Ag^+(aq) + I^-(aq) \rightarrow AgI(s)$
   (b) $Ba(OH)_2(aq) + 2HNO_3(aq) \rightarrow$
$Ba(NO_3)_2(aq) + 2H_2O(\ell)$
$OH^-(aq) + H_3O^+(aq) \rightarrow 2H_2O(\ell)$
   (c) $2Na_3PO_4(aq) + 3Ni(NO_3)_2(aq) \rightarrow$
$Ni_3(PO_4)_2(s) + 6\ NaNO_3(aq)$
$2PO_4^{3-}(aq) + 3Ni^{2+}(aq) \rightarrow Ni_3(PO_4)_2(s)$

**3.47** (a) $HNO_2(aq) + OH^-(aq) \rightarrow NO_2^-(aq) + H_2O(\ell)$
   (b) $Ca(OH)_2(s) + 2H_3O^+(aq) \rightarrow Ca^{2+}(aq) + 4H_2O(\ell)$

**3.49** $FeCO_3(s) + 2HNO_3(aq) \rightarrow$
$Fe(NO_3)_2(aq) + CO_2(g) + H_2O(\ell)$

O carbonato de ferro(II) reage com o ácido nítrico para dar nitrato de ferro(II), dióxido de carbono e água.

**3.51** $(NH_4)_2S(aq) + 2HBr(aq) \rightarrow 2NH_4Br(aq) + H_2S(g)$

Sulfureto de amônio reage com ácido hidrobromídrico para dar brometo de amônio e sulfureto de hidrogênio.

**3.53** (a) $Br = +5$ e $O = -2$
   (b) $C = +3$ e $O = -2$
   (c) $F = -1$
   (d) $Ca = +2$ e $H = -1$
   (e) $H = +1$, $Si = +4$ e $O = -2$
   (f) $H = +1$, $S = +6$ e $O = -2$

**3.55** (a) Oxidação-redução
Zn é oxidado de 0 a +2, e N em $NO_3^-$ é reduzida de +5 para +4 em $NO_2$.
   (b) Reação ácido-base
   (c) Oxidação-redução
O cálcio é oxidado de 0 a +2 em $Ca(OH)_2$, e H é reduzido de +1 em $H_2O$ para 0 em $H_2$.

**3.57** (a) O $O_2$ é o agente oxidante (como sempre), então o $C_2H_4$ é o agente redutor. Nesse processo, o $C_2H_4$ é oxidado, e o $O_2$ é reduzido.
   (b) O Si é oxidado de 0 em Si para +4 em $SiCl_4$. O $Cl_2$ é reduzido de 0 em $Cl_2$ para –1 em $Cl^-$. Si é o agente redutor, e $Cl_2$ é o agente oxidante.

**3.59** (a) Ácido-base
$Ba(OH)_2(aq) + 2HCl(aq) \rightarrow BaCl_2(aq) + 2H_2O(\ell)$
   (b) Formação do gás
$2HNO_3(aq) + CoCO_3(s) \rightarrow$
$Co(NO_3)_2(aq) + H_2O(\ell) + CO_2(g)$
   (c) Precipitação
$2Na_3PO_4(aq) + 3Cu(NO_3)_2(aq) \rightarrow$
$Cu_3(PO_4)_2(s) + 6\ NaNO_3(aq)$

**3.61** (a) Precipitação

$MnCl_2(aq) + Na_2S(aq) \rightarrow MnS(s) + 2NaCl(aq)$

$Mn^{2+}(aq) + S^{2-}(aq) \rightarrow MnS(s)$

(b) Precipitação

$K_2CO_3(aq) + ZnCl_2(aq) \rightarrow ZnCO_3(s) + 2KCl(aq)$

$CO_3^{2-}(aq) + Zn^{2+}(aq) \rightarrow ZnCO_3(s)$

**3.63** (a) $CuCl_2(aq) + H_2S(aq) \rightarrow$

$CuS(s) + 2HCl(aq)$; precipitação

(b) $H_3PO_4(aq) + 3KOH(aq) \rightarrow$

$3H_2O(\ell) + K_3PO_4(aq)$

ácido-base

(c) $Ca(s) + 2HBr(aq) \rightarrow H_2(g) + CaBr_2(aq)$

oxidação-redução e formação de gás

(d) $MgCl_2(aq) + 2NaOH(aq) \rightarrow$

$Mg(OH)_2(s) + 2NaCl(aq)$

precipitação

**3.65** (a) $Ca(OH)_2(s) + 2HBr(aq) \rightarrow 2H_2O(\ell) + CaBr_2(aq)$

(b) $MgCO_3(s) + 2HNO_3(aq) \rightarrow$

$Mg(NO_3)_2(aq) + CO_2(g) + H_2O(\ell)$

(c) $BaCl_2(aq) + Na_2SO_4(aq) \rightarrow BaSO_4(s) + 2NaCl(aq)$

(d) $NH_3(g) + H_2O(\ell) \rightarrow NH_4^+(aq) + OH^-(aq)$

**3.67** (a) $CO_2(g) + 2NH_3(g) \rightarrow NH_2CONH_2(s) + H_2O(\ell)$

(b) $UO_2(s) + 4HF(aq) \rightarrow UF_4(s) + 2H_2O(\ell)$

$UF_4(s) + F_2(g) \rightarrow UF_6(s)$

(c) $TiO_2(s) + 2Cl_2(g) + 2C(s) \rightarrow TiCl_4(\ell) + 2CO(g)$

$TiCl_4(\ell) + 2\ mg(s) \rightarrow Ti(s) + 2\ mgCl_2(s)$

**3.69** (a) NaBr, KBr, ou outros brometos de metais alcalinos; brometos do Grupo 2; outros brometos de metais, exceto $AgBr$, $Hg_2Br_2$ e $PbBr_2$

(b) $Al(OH)_3$ e hidróxidos de metais de transição

(c) Carbonatos alcalinoterrosos ($CaCO_3$) ou carbonatos de metais de transição ($NiCO_3$)

(d) Nitratos de metal são geralmente solúveis em água [por exemplo, $NaNO_3$, $Ni(NO_3)_2$].

(e) $CH_3CO_2H$, outros ácidos contendo o grupo $-CO_2H$

**3.71** Solúvel em água: $Cu(NO_3)_2$, $CuCl_2$. Insolúvel em água: $CuCO_3$, $Cu_3(PO_4)_2$

**3.73** $2H_3O^+(aq) + Mg(OH)_2(s) \rightarrow 4H_2O(\ell) + Mg^{2+}(aq)$

Íon espectador, $NO_3^-$. Reação ácido-base.

**3.75** (a) O $Cl_2$ é reduzido (para $Cl^-$) e o $Br^-$ é oxidado (para $Br_2$).

(b) O $Cl_2$ é o agente oxidante e o $Br^-$ é o agente redutor.

**3.77** (a) $MgCO_3(s) + 2H_3O^+(aq) \rightarrow$

$CO_2(g) + Mg^{2+}(aq) + 3H_2O(\ell)$

O íon cloreto ($Cl^-$) é o íon espectador.

(b) Reação formadora de gás

**3.79** (a) $H_2O$, $NH_3$, $NH_4^+$ e $OH^-$ (e um traço de $H_3O^+$)

base de Brønsted fraca

(b) $H_2O$, $CH_3CO_2H$, $CH_3CO_2^-$ e $H_3O^+$ (e um traço de $OH^-$)

ácido de Brønsted fraco

(c) $H_2O$, $Na^+$ e $OH^-$ (e um traço de $H_3O^+$)

base de Brønsted forte

(d) $H_2O$, $H_3O^+$ e $Br^-$ (e um traço de $OH^-$)

base de Brønsted forte

**3.81** (a) $K_2CO_3(aq) + 2HClO_4(aq) \rightarrow$

$2KClO_4(aq) + CO_2(g) + H_2O(\ell)$

Formação de gás

Carbonato de potássio e ácido perclórico reagem para formar perclorato de potássio, dióxido de carbono e água.

$CO_3^{2-}(aq) + 2H_3O^+(aq) \rightarrow CO_2(g) + 3H_2O(\ell)$

(b) $FeCl_2(aq) + (NH_4)_2S(aq) \rightarrow FeS(s) + 2NH_4Cl(aq)$

Precipitação

Cloreto de ferro(II) e sulfureto de amônio reagem para formar sulfureto de ferro(II) e cloreto de amônio.

$Fe^{2+}(aq) + S^{2-}(aq) \rightarrow FeS(s)$

(c) $Fe(NO_3)_2(aq) + Na_2CO_3(aq) \rightarrow$

$FeCO_3(s) + 2NaNO_3(aq)$

Precipitação

Nitrato de ferro(II) e carbonato de sódio reagem para formar carbonato de ferro(II) e nitrato de sódio

$Fe^{2+}(aq) + CO_3^{2-}(aq) \rightarrow FeCO_3(s)$

(d) $3NaOH(aq) + FeCl_3(aq) \rightarrow$

$3NaCl(aq) + Fe(OH)_3(s)$

Precipitação

Hidróxido de sódio e cloreto de ferro(III) reagem para formar cloreto de sódio e hidróxido de ferro(III).

$3OH^-(aq) + Fe^{3+}(aq) \rightarrow Fe(OH)_3(s)$

**3.83** (a) NaOH

(b) $MgCl_2$

(c) KI

(d) $NH_4Cl$

**3.85** (a) $NH_3$

(b) $CH_3CO_2H$, HF

**3.87** $2H_3O^+(aq) + S^{2-}(aq) \rightarrow H_2S(g) + 2H_2O(\ell)$

$H_2S(g) + Pb^{2+}(aq) + 2H_2O(\ell) \rightarrow PbS(s) + 2H_3O^+(aq)$

**3.89** (a) Reagentes: Na(+1), I(−1), H(+1), S(+6), O(−2), Mn(+4)

Produtos: Na(+1), S(+6), O(−2), Mn(+2), I(0), H(+1)

(b) O agente oxidante é o $MnO_2$, e NaI é oxidado. O agente redutor é NaI, e o $MnO_2$ é reduzido.

(c) Com base no quadro, a reação é produto-favorecida.

(d) O iodeto de sódio, ácido sulfúrico e óxido de manganês(IV) reagem para formar o sulfato de sódio, sulfato de manganês(III), iodo e água.

**3.91** Entre as reações que poderiam ser utilizadas estão as seguintes:

$MgCO_3(s) + 2HCl(aq) \rightarrow MgCl_2(aq) + CO_2(g) + H_2O(\ell)$

$MgS(s) + 2HCl(aq) \rightarrow MgCl_2(aq) + H_2S(g)$

$MgSO_3(s) + 2HCl(aq) \rightarrow MgCl_2(aq) + SO_2(g) + H_2O(\ell)$

Em cada caso, a solução resultante pode ser evaporada para se obter o cloreto de magnésio pretendido.

**3.93** O $Ag^+$ foi reduzido (para metal de prata), e a glicose foi oxidada (para $C_6H_{12}O_7$). O $Ag^+$ é o agente oxidante, e a glicose é o agente redutor.

**3.95** Testes de eletrólito fraco: compare a condutividade de uma solução de ácido láctico e aquela de uma concentração igual de um ácido forte. A condutividade da solução de ácido láctico deve ser significativamente menor.

Reação reversa: o fato de o ácido láctico ser um eletrólito indica que a reação continua. Para testar se a ionização é reversível, pode-se preparar uma solução que contenha a mesma quantidade de ácido que ela manterá e, em seguida, adicionar um ácido forte (para fornecer $H_3O^+$). Se a reação prosseguir no sentido inverso, isto fará com que um pouco de ácido láctico se precipite.

**3.97** (a) Várias reações de precipitação são possíveis:

    i.   $BaCl_2(aq) + H_2SO_4(aq) \rightarrow$
$$BaSO_4(s) + 2HCl(aq)$$

    ii.  $BaCl_2(aq) + Na_2SO_4(aq) \rightarrow$
$$BaSO_4(s) + 2NaCl(aq)$$

    iii. $Ba(OH)_2(aq) + H_2SO_4(aq) \rightarrow$
$$BaSO_4(s) + 2H_2O(\ell)$$

    (b) Reação de formação de gás:
$BaCO_3(s) + H_2SO_4(aq) \rightarrow$
$$BaSO_4(s) + CO_2(g) + H_2O(\ell)$$

**3.99** $NiC_8H_{14}N_4O_4$

**3.101** (a) Reagentes: As: +3; S: −2; N: +5
           Produtos: As: +5; S: 0; N: +2

    (b) $Ag_3AsO_4$

# Capítulo 4

## Verifique Seu Entendimento

**4.1** (454 g de $C_3H_8$) (1 mol de $C_3H_8$/44,10 g de $C_3H_8$) = 10,3mol de $C_3H_8$

10,3mol de $C_3H_8$ (5 mol de $O_2$/1 mol de $C_3H_8$) (32,00 g de $O_2$/1 mol de $O_2$) = 1650 g de $O_2$

(10,3mol de $C_3H_8$) (3mol de $CO_2$/1 mol de $C_3H_8$) (44,01 g de $CO_2$/1 mol de $CO_2$) = 1360 g de $CO_2$

(10,3mol de $C_3H_8$) (4 mol de $H_2O$/1 mol de $C_3H_8$) (18,02 g de $H_2O$/1 mol de $H_2O$) = 742 g de $H_2O$

**4.2** (50,0 g de Al)(1 mol de Al/26,98 g de Al)(2 mol de Fe/2 mol de Al)

(55,85 g de Fe/1 mol de Fe) = 104 g de Fe

(50,0 g de $Fe_2O_3$)(1 mol $Fe_2O_3$/159,7 g de $Fe_2O_3$)(2 mol de Fe/1 mol de $Fe_2O_3$)(55,85 g de Fe/1 mol de Fe) = 35,0 g de Fe

A massa de ferro que pode ser produzida a partir do $Fe_2O_3$ é menor que aquela prevista a partir do Al, logo o reagente limitante é o $Fe_2O_3$.

A massa de ferro produzida é aquela prevista pelo reagente limitante, 35,0 g Fe.

**4.3** (0,143g de $O_2$) (1 mol de $O_2$/32,00 g de $O_2$)(3mol de $TiO_2$/3mol de $O_2$)(79,87 g de $TiO_2$/1 mol de $TiO_2$) = 0,357 g de $TiO_2$

Percentual de $TiO_2$ na amostra = (0,357 g/2,367 g) (100%) = 15,1%

**4.4** (1,612 g de $CO_2$) (1 mol de $CO_2$/44,010 g de $CO_2$) (1 mol de C/ 1 mol de $CO_2$) = 0,03663mol de C

(0,7425 g de $H_2O$) (1 mol de $H_2O$/18,015 g de $H_2O$) (2 mol de H/ 1 mol de $H_2O$) = 0,08243mol de H

0,08243mol H/0,03663mol = 2,250 H/1 C = 9 H/4C

A fórmula empírica é $C_4H_9$, que tem uma massa molar de 57 g $mol^{-1}$. Essa é metade do valor medido da massa molar, então a fórmula molecular é $C_8H_{18}$.

**4.5** (0,240 g de $CO_2$)(1 mol de $CO_2$/44,01 g de $CO_2$) (1 mol de C/ 1 mol de $CO_2$)(12,01 g de C/1 mol de C) = 0,06549 g de C

(0,0982 g de $H_2O$) (1 mol de $H_2O$/18,02 g de $H_2O$) (2 mol de H/ 1 mol de $H_2O$) (1,008 g de H/1 mol de H) = 0,01099 g de H

Massa de O (pela diferença) = 0,1342 g − 0,06549 g − 0,01099 g = 0,0577 g

Quantidade de C = 0,06549 g (1 mol de C/12,01 g de C) = 0,00545 mol de C

Quantidade de H = 0,01099 g de H (1 mol de H/1,008 g de H) = 0,01090 mol de H

Quantidade de O = 0,0577 g de O (1 mol de O/16,00 g de O) = 0,00361 mol de O

Para encontrar uma relação de número inteiro, divida cada valor por 0,003611; isso dá 1,51 mol C:3,02 mol H:1 mol O. Multiplique cada valor por 2, e arredonde para 3mol C:6 mol H:2 mol O. A fórmula empírica é $C_3H_6O_2$; dada a massa molar de 74,1, ela é também a fórmula molecular.

**4.6** (26,3g) (1 mol de $NaHCO_3$/84,01 g de $NaHCO_3$) = 0,313mol de $NaHCO_3$

0,313mol de $NaHCO_3$/0,200 L = 1,57 mol $L^{-1}$

Concentrações de íons $[Na^+] = [HCO_3^-] = 1,57$ mol $L^{-1}$

**4.7** (2,00 mol $L^{-1}$)($V_{conc}$) = (1,00 mol $L^{-1}$)(0,250 L); $V_{conc}$ = 0,125 L

Para preparar a solução, medir com precisão 125 mL de 2,00 mol $L^{-1}$ de NaOH em um balão volumétrico de 250 mL e adicionar água até obter um volume total de 250 mL.

**4.8** (a) pH = −log (2,6 × $10^{-2}$) = 1,59

    (b) −log $[H^+]$ = 3,80; $[H^+]$ = 1,6 × $10^{-4}$ mol $L^{-1}$

**4.9** HCl é o reagente limitante.

(0,350 mol de HCl/1 L)(0, 0750 L)(1 mol de $CO_2$/2 mol de HCl)(44,01 g de $CO_2$/1 mol de $CO_2$) = 0,578 g de $CO_2$

**4.10** (0,953mol de NaOH/1 L) (0,02833L de NaOH) = 0,0270 mol de NaOH

(0,0270 mol de NaOH)(1 mol de $CH_3CO_2H$/1 mol de NaOH) = 0,0270 mol de $CH_3CO_2H$

(0,0270 mol de $CH_3CO_2H$)(60,05 g $mol^{-1}$) = 1,62 g de $CH_3CO_2H$

0,0270 mol de $CH_3CO_2H$/0,0250 L = 1,08 mol $L^{-1}$

**4.11** (0,100 mol de HCl/1 L)(0,02967 L) = 0,00297 mol de HCl

(0,00297 mol de HCl)(1 mol de NaOH/1 mol de Cl) = 0,00297 mol NaOH

0,00297 mol de NaOH/0,02500 L = 0,119 mol $L^{-1}$ de NaOH

**4.12** Quantidade de matéria de ácido = quantidade de matéria de base = (0,323mol $L^{-1}$)(0,03008 L) = 9,716 × $10^{-3}$ mol

Massa molar = 0,856 g de ácido/9,716 × $10^{-3}$ mol de ácido = 88,1 g $mol^{-1}$

**4.13** (0,196 mol de $Na_2S_2O_3$/1 L)(0,02030 L) = 0,00398 mol de $Na_2S_2O_3$

(0,00398 mol de $Na_2S_2O_3$)(1 mol de $I_2$/2 mol de $Na_2S_2O_3$) = 0,00199 mol de $I_2$

0,00199 mol de $I_2$ está em excesso e não foi utilizado na reação com o ácido ascórbico.

$I_2$ originalmente adicionado = (0,0520 mol de $I_2$/1 L) (0,05000 L) = 0,00260 mol de $I_2$

$I_2$ utilizado na reação com o ácido ascórbico = 0,00260 mol – 0,00199 mol = 6,1 × $10^{-4}$ mol de $I_2$

(6,1 × $10^{-4}$ mol de $I_2$)(1 mol de $C_6H_8O_6$/1 mol de $I_2$) (176,1 g/1 mol) = 0,11 g de $C_6H_8O_6$

**4.14** Uma representação da Lei de Beer sobre a calibração de dados foi construída assinalando a concentração de $Cu^{2+}$ ao longo do eixo $x$ e a absorbância ao longo do eixo $y$. A equação para a linha de melhor ajuste é $y = 13,0x + 0,011$.

A substituição da absorbância da solução de concentração desconhecida rende

$0,418 = 13,0x + 0,011$
$x = 0,0315$

Assim, a concentração de $Cu^{2+}$ na solução da concentração desconhecida é 0,0315 mol $L^{-1}$.

## Aplicando os Princípios Químicos

### 4.1   Química Verde e Economia Atômica

**1.** As moléculas reagentes contêm 5 C, 10 H, 3O. Massa molar combinada = 118,1 g $mol^{-1}$

O produto desejado (metacrilato de metila) contém 5 C, 8 H, 2O. Massa molar = 100,1 g $mol^{-1}$

% de economia dos átomos = (100,1/118,1) × 100 = 84,75%

### 4.2   Química Forense: Adulteração de Alimentos

**1.** Etapa 1: Calcule a quantidade de $I_2$ em solução com base nos dados da titulação.

Quantidade de $I_2$ = (0,0425 mol de $S_2O_3^{2-}$/L) (0,0253L) (1 mol de $I_2$/2 mol de $S_2O_3^{2-}$) = 5,38 × $10^{-4}$ mol de $I_2$

Etapa 2: Calcule a quantidade de NaClO presente com base na quantidade de $I_2$ formado e, a partir daquele valor, calcule a massa de NaClO.

Massa de NaClO = 5,38 × $10^{-4}$ mol de $I_2$ (1 mol de HClO/1 mol de $I_2$) (1 mol de NaClO/1 mol de HClO) (74,44 g NaClO/1 mol de NaClO) = 0,0400 g de NaClO

### 4.3   Quanto Sal Existe na Água do Mar?

**1.** Etapa 1: Calcule a quantidade de $Cl^-$ na solução diluída com base nos dados de titulação.

Mol de $Cl^-$ em 50 mL de solução diluída = mol de $Ag^+$ = (0,100 mol $L^{-1}$) (0,02625 L) = 2,63× $10^{-3}$ mol de $Cl^-$

Etapa 2: Calcule a concentração de $Cl^-$ na solução diluída.

Concentração de $Cl^-$ em solução diluída = 2,63× $10^{-3}$ 0,0500 mol $L^{-1}$ = 5,25 × $10^{-2}$ mol $L^{-1}$

Etapa 3: Calcule a concentração de $Cl^-$ na água do mar.

A água do mar foi diluída inicialmente a um centésimo da sua concentração original. Assim, a concentração de $Cl^-$ na água do mar (não diluída) = 5,25 mol $L^{-1}$

### 4.4   *The Martian*

**1.** (d) Massa molar de $H_2O$, 18,0 g $mol^{-1}$

**2.** (d) 2 mol de $H_2O$ /1 mol de $O_2$

**3.** (b) 1,28 L

1,00 × $10^3$ mL de $O_2$ (1,14 g de $O_2$/1 mL de $O_2$)(1 mol de $O_2$/32,00 g $O_2$)(2 mol de $H_2O$/1 mol de $O_2$)(18,0 g de $H_2O$ /1 mol de $H_2O$)(1 mL de $H_2O$ /1,00 g de $H_2O$) (1 L/1.000 mL) = 1,28 L

**4.** 1,0 × $10^3$ mL de $N_2H_4$(1,02 g $N_2H_4$/1 mL de $N_2H_4$)(1 mol de $N_2H_4$/32,05 g de $N_2H_4$)(2 mol de $H_2O$/1 mol de $N_2H_4$) (18,0 g de $H_2O$ /1 mol de $H_2O$)(1 mL/1,00 g de $H_2O$)(1 L/1.000 mL) = 1,1 L de $H_2O$

Observe a similaridade desses dois cálculos. Em ambos os casos, um mol do material de partida leva a dois mols do produto. As massas molares foram as mesmas. O único fator causando a diferença no volume final é a densidade. Pensando no nível particulado: o volume de um líquido dependerá do tamanho das moléculas individuais e quão bem elas estão empacotadas entre si.

## Questões para Estudo

**4.1** 6,0 mol Al e 335 g de Fe

**4.3** 22,7 g de $Br_2$; 25,3g de $Al_2Br_6$

**4.5** (a)   $CO_2$, dióxido de carbono e $H_2O$, água
   (b)   $CH_4(g) + 2O_2(g) \rightarrow CO_2(g) + 2H_2O(\ell)$
   (c)   102 g de $O_2$
   (d)   128 g de produtos

**4.7**

| Equação | $2PbS(s) + 3O_2(g) \rightarrow 2PbO(s) + 2SO_2(g)$ | | | |
|---|---|---|---|---|
| Inicial (mol) | 2,50 | 3,75 | 0 | 0 |
| Variação (mol) | −2,50 | $-\frac{3}{2}$(2,50) | $+\frac{2}{2}$(2,50) | $+\frac{2}{2}$(2,50) |
| | | = −3,75 | = +2,50 | = +2,50 |
| Final (mol) | 0 | 0 | 2,50 | 2,50 |

A tabela mostra que quantidade de 2,50 mol de PbS requer $\frac{3}{2}$(2,50) = 3,75 mol de $O_2$ e produz 2,50 mol de PbO e 2,50 mol de $SO_2$.

**4.9** (a)   Equação balanceada: 4 Cr(s) + 3$O_2$(g) → 2$Cr_2O_3$(s)
   (b)   0,175 g de Cr é equivalente a 0,00337 mol

| Equação | $4Cr(s) + 3O_2(g) \rightarrow 2Cr_2O_3(s)$ | | |
|---|---|---|---|
| Inicial (mol) | 0,00337 | 0,00252 mol | 0 |
| Variação (mol) | −0,00337 | $-\frac{3}{4}$(0,00337) | $\frac{2}{4}$(0,00337) |
| | | = −0,00252 | = +0,00168 |
| Final (mol) | 0 | 0 | 0,00168 |

   O 0,00168 mol de $Cr_2O_3$ produzido corresponde a 0,256 g de $Cr_2O_3$.
   (c)   0,081 g de $O_2$

**4.11** 0,11 mol de $Na_2SO_4$ e 0,62 mol de C são misturados. O sulfato de sódio é o reagente limitante. Portanto, 0,11 mol de $Na_2S$ é formado, ou 8,2 g.

**4.13** (a)   $F_2$ é o reagente limitante.
   (b)   12 mol de $SF_6$

**4.15** (a)   $CH_4$ é o reagente limitante.
   (b)   375 g de $H_2$
   (c)   Excesso de $H_2O$ = 1390 g

**4.17** (a)   $Fe_2O_3$ é o reagente limitante.
   (b)   6,99 g de Fe produzidos
   (c)   16,6 g de alumínio permanecem.
   (d)   Tabelas de quantidades

| Equação | $Fe_2O_3(s)$ | + | $2Al(s)$ | $\rightarrow$ | $2Fe(\ell)$ | + | $Al_2O_3(g)$ |
|---|---|---|---|---|---|---|---|
| Inicial (mol) | 0,0626 | | 0,741 | | 0 | | 0 |
| Variação (mol) | −0,0626 | | −0,125 | | +0,125 | | +0,0626 |
| Final (mol) | 0 | | 0,616 | | 0,125 | | 0,0626 |

**4.19** (332 g de $CH_3OH$/407 g)100% = 81,6%

**4.21** (a)  14,3g de $Cu(NH_3)_4SO_4$
(b)  88,3% de rendimento

**4.23** 110 g de $CH_4$ são necessários

**4.25** 91,9% de $CuSO_4 \cdot 5H_2O$

**4.27** 84,3% de $CaCO_3$

**4.29** 13,8% de NiS

**4.31** Fórmula empírica = CH

**4.33** Fórmula empírica = $C_5H_4$
Fórmula molecular = $C_{10}H_8$

**4.35** (a)  Fórmula empírica = $CH_3O$
(b)  Fórmula molecular = $C_2H_6O_2$

**4.37** $Ni(CO)_4$

**4.39** $[Na_2CO_3]$ = 0,254 mol $L^{-1}$; $[Na^+]$ = 0,508 mol $L^{-1}$; $[CO_3^{2-}]$ = 0,254 mol $L^{-1}$

**4.41** 0,494 g de $KMnO_4$

**4.43** $5,08 \times 10^3$ mL

**4.45** (a)  0,50 mol $L^{-1}$ de $NH_4^+$ e 0,25 mol $L^{-1}$ de $SO_4^{2-}$
(b)  0,246 mol $L^{-1}$ de $Na^+$ e 0,123mol $L^{-1}$ de $CO_3^{2-}$
(c)  0,056 mol $L^{-1}$ de $H_3O^+$ e 0,056 mol $L^{-1}$ de $NO_3^-$

**4.47** Uma massa de 1,06 g de $Na_2CO_3$ é necessária. Após a pesagem dessa quantidade de $Na_2CO_3$, transfira-a para um balão volumétrico de 500 mL. Lave todo o sólido do gargalo do frasco durante o enchimento do balão com água destilada. Dissolva o soluto na água. Acrescente água até que o fundo do menisco da água esteja no topo da marca prescrita no gargalo do frasco. Misture completamente a solução.

**4.49** 0,0750 mol $L^{-1}$

**4.51** O método (a) está correto. O método (b) dá uma concentração de ácido de 0,15 mol $L^{-1}$.

**4.53** 0,00340 mol $L^{-1}$

**4.55** $[H_3O^+]$ = $10^{-pH}$ = $4,0 \times 10^{-4}$ mol $L^{-1}$; a solução é ácida.

**4.57** $HNO_3$ é um ácido forte, por isso, $[H_3O^+]$ = 0,0013mol $L^{-1}$. pH = 2,89.

**4.59**

| | pH | $[H_3O^+]$ | Ácida/Básica |
|---|---|---|---|
| (a) | 1,00 | 0,10 mol $L^{-1}$ | Ácida |
| (b) | 10,50 | $3,2\times 10^{-11}$ mol $L^{-1}$ | Básica |
| (c) | 4,89 | $1,3\times 10^{-5}$ mol $L^{-1}$ | Ácida |
| (d) | 7,64 | $2,3\times 10^{-8}$ mol $L^{-1}$ | Básica |

**4.61** 268 mL

**4.63** 210 g de NaOH e 190 g de $Cl_2$

**4.65** 174 mL da solução de $Na_2S_2O_3$

**4.67** $1,50 \times 10^3$ mL da solução de $Pb(NO_3)_2$

**4.69** 44,6 mL

**4.71** 1,052 mol $L^{-1}$ de HCl

**4.73** 104 g $mol^{-1}$

**4.75** 12,8% Fe

**4.77**

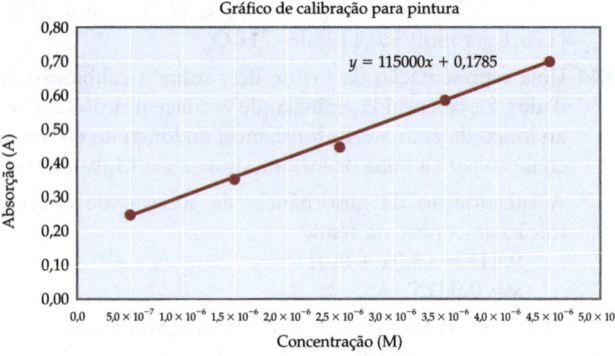

(a)  Inclinação = $1,2\times 10^5$ L $mol^{-1}$; interseção $y$ = 0,18 mol $L^{-1}$
(b)  $3,0 \times 10^{-6}$ mol $L^{-1}$

**4.79** (a)  Produtos = $CO_2(g)$ e $H_2O(g)$
(b)  $2C_6H_6(\ell) + 15O_2(g) \rightarrow 12CO_2(g) + 6H_2O(g)$
(c)  49,28 g $O_2$
(d)  65,32 g produtos (= soma da massa de $C_6H_6$ e $O_2$)

**4.81** 0,28 g arginina, 0,21 g ornitina

**4.83** (a)  Cloreto de titânio(IV), água, óxido de titânio(IV), cloreto de hidrogênio
(b)  4,60 g de $H_2O$
(c)  10,2de $TiO_2$, 18,6 g de HCl

**4.85** 85,33 g de $NaN_3$

**4.87** Percentuais da massa da sacarina = 75,92%

**4.89** $SiH_4$

**4.91** $C_3H_2O$

**4.93** 1,85 kg de $H_2SO_4$

**4.95** A massa molar calculada do metal é $1,2\times 10^{-2}$ g $mol^{-1}$. O metal é, provavelmente, estanho (118,67 g $mol^{-1}$).

**4.97** 479 kg de $Cl_2$

**4.99** 66,5 kg de CaO

**4.101** 1,27 g de $C_4H_8$ (44,4%) e 1,59 g de $C_4H_{10}$ (55,6%)

**4.103** 62,2% de $Cu_2S$ e 26,8% de CuS

**4.105** O ácido acético é o reagente limitante. 1,54 g de $NaCH_3CO_2$ produzido.

**4.107** 3,13 g de $Na_2S_2O_3$, 96,8%

**4.109** (a)  pH = 0,979
(b)  $[H_3O^+]$ = 0,0028 mol $L^{-1}$; a solução é ácida.
(c)  $[H_3O^+]$ = $2,1 \times 10^{-10}$ mol $L^{-1}$; a solução é básica.
(d)  A concentração da nova solução é 0,102mol $L^{-1}$ de HCl; o pH = 0,990

**4.111** A concentração do ácido clorídrico é 2,92 mol $L^{-1}$; o pH é −0,465

**4.113** 1,56 g de $CaCO_3$ necessário; 1,00 g $CaCO_3$ permanece; 1,73 g de $CaCl_2$ produzido.

**4.115** Volume de água na piscina = $7,6 \times 10^4$ L

**4.117** (a)  Au, ouro, foi oxidado e é o agente redutor.
O $O_2$, oxigênio, foi reduzido e é o agente oxidante.
(b)  26 L de solução de NaCN

**4.119** % de economia de átomos = 49,81%

**4.121** A concentração de $Na_2CO_3$ na primeira solução preparada é 0,0275 mol $L^{-1}$, na segunda solução preparada a concentração de $Na_2CO_3$ é 0,00110 mol $L^{-1}$.

**4.123** (a) $Ag^+(aq) + Cl^-(aq) \rightarrow AgCl(s)$

(b) Equação balanceada:
$$2AgNO_3(aq) + K_2CrO_4(aq) \rightarrow$$
$$2KNO_3(aq) + Ag_2CrO_4(s)$$
Equação iônica líquida:
$$2Ag^+(aq) + CrO_4^{2-}(aq) \rightarrow Ag_2CrO_4(s)$$

(c) $[Cl^-] = 5,30 \times 10^{-4}$ mol $L^{-1} = 18,8$ mg $L^{-1}$. Essa concentração é suficiente para promover o crescimento de ostra.

**4.125** (a) Primeira reação: agente oxidante = $Cu^{2+}$ e agente redutor = $I^-$. Segunda reação: agente oxidante = $I_3^-$ e agente redutor = $S_2O_3^{2-}$.

(b) 67,3% de cobre

**4.127** $x = 6$; $Cr(NH_3)_6Cl_3$

**4.129** 11,48% 2,4-D

**4.131** 3,3mol de $H_2O$/quantidade de matéria de $CaCl_2$

**4.133** (a) Inclinação = $2,06 \times 10^5$; interceptação $y = 0,024$
(b) $1,20 \times 10^{-4}$ g $L^{-1}$
(c) 0,413mg $PO_4^{3-}$

**4.135** A massa total dos béqueres e dos produtos após a reação é igual à massa total antes da reação (167,170 g) porque nenhum gás foi produzido na reação e não há conservação da massa em reações químicas.

**4.137** A equação química equilibrada indica que a razão estequiométrica de HCl para Zn é de 2 mol de HCl/1 mol de Zn. Em cada reação há 0,100 mol de HCl presente. Na reação 1, há 0,107 mol de Zn presente. Isso dá uma proporção de 0,93mol de HCl $mol^{-1}$ de Zn, o que indica que o HCl é o reagente limitante. Na reação 2, há 0,050 mol de Zn, dando uma proporção de 2,0 mol de HCl $mol^{-1}$ de Zn. Isso indica que os dois reagentes estão presentes exatamente na proporção estequiométrica correta. Na reação 3, há 0,020 mol de Zn, dando uma proporção de 5,0 mol de HCl $mol^{-1}$ de Zn. Isso indica que o HCl está presente em excesso e que o zinco é o reagente limitante.

**4.139** Se ambos os alunos basearem seus cálculos na quantidade da solução de HCl pipetada dentro do frasco (20 mL), então, o segundo resultado do aluno será (e), o mesmo que o do primeiro aluno. No entanto, se a concentração de HCl for calculada usando o volume da solução diluída, o aluno 1 usará um volume de 40 mL, e o aluno 2usará um volume de 80 mL no cálculo. O resultado do segundo aluno será (c), a metade do primeiro aluno.

**4.141** (a) % economia de átomos = 44,15%
(b) O rendimento teórico do anidrido maleico = $1,26 \times 10^3$ g; % rendimento = 77,4%
O rendimento teórico do dióxido de carbono de 1,00 kg de benzeno é 1,13kg.

# Capítulo 5

## Verifique Seu Entendimento

**5.1** $C = 59,8$ J/[(25,0 g)(1,00 K)] = 2,39 J $g^{-1} \cdot K^{-1}$

**5.2** $(15,5 g)(C_{metal})(18,9°C - 100,0°C) + (55,5 g)$
$(4,184$ J $g^{-1} \cdot K^{-1})(18,9°C - 16,5°C) = 0$

$C_{metal} = 0,44$ J $g^{-1} \cdot K^{-1}$

**5.3** 1,00 L (1000 mL/1 L)(0,7849 g $cm^3$) = 785 g

Aqueça o líquido de 25,0°C a 78,3°C.
$\Delta T = 78,3°C - 25,0°C = 53,3°C = 53,3K$
$q = (2,44$ J $g^{-1} \cdot K^{-1})(785$ g$)(53,3K) =$
$1,02 \times 10^5$ J = 102kJ

Ferva o líquido.
$q = 38,56$ kJ $mol^{-1}$ (785 g)(1 mol/46,08 g) = 657 kJ
Total = 102kJ + 657 kJ = 759 kJ

**5.4** A energia transferida como calor do chá + energia como calor dispendido para derreter o gelo = 0.
$(250$ g$)(4,2$J $g^{-1} \cdot K^{-1})(273,2K - 291,4$ K$) +$
$x$ g $(333$J $g^{-1}) = 0$

$x = 57$ g

57 g de gelo derretem com energia fornecida por arrefecimento de 250 g de chá a partir de 18,2°C (291,4 K) a 0°C (273,2K).

Massa de gelo restante = massa de gelo inicial – massa de gelo derretido

Massa de gelo restante = 75 g – 57 g = 18 g

**5.5** A mudança de volume é $(-0,65$ L$)(1$ $m^3$/1000 L) = $-6,5 \times 10^{-4}$ $m^3$. Trabalho, $w_p = -P\Delta V =$
$-(1,01 \times 10^5$ kg/m $\cdot s^2)(-6,5 \times 10^{-4}$ $m^3) = 66$ J
(trabalho feito no sistema pelo ambiente).

O calor (485 J) é transferido do sistema;
$q_p$ do sistema = –485 J.
$\Delta U = q_p + w_p = -485$ J + 66 J = –419 J

**5.6** $(15,0$ g de $C_2H_6)(1$ mol de $C_2H_6$/30,07 g de $C_2H_6) =$
0,499 mol de $C_2H_6$

$\Delta H° = 0,499$ mol de $C_2H_6(1$ mol de reação/2 mol de $C_2H_6)$ $(-2857,3$kJ (mol de reação$)^{-1}) = -713$kJ

**5.7** Massa da solução final = 400, g

$\Delta T = 27,78°C - 25,10°C = 2,68°C = 2,68$ K

Quantidade de HCl utilizada = quantidade de NaOH usada = $C \times V = (0,400$ mol $L^{-1}) \times 0,200$ L = 0,0800 mol

Energia transferida como calor por reação ácido-base + energia adquirida na forma de calor para aquecer a solução = 0

$q_{rea} + (4,20$ J $g^{-1} \cdot K^{-1})(400$ g$)(2,68$ K$) = 0$
$q_{rea} = -4,50 \times 10^3$ J

Isso representa a energia transferida como calor na reação de 0,0800 mol de HCl.

Energia transferida como calor por mol = $\Delta_r H = -4,50$ kJ/0,0800 mol de HCl = $-56,3$kJ $mol^{-1}$ de HCl

**5.8** (a) A energia evoluiu na forma de calor na reação + energia na forma de calor absorvida por $H_2O$ + energia na forma de calor absorvida pela bomba = 0
$q_{rea} + (1,50 \times 10^3$ g$)(4,20$ J $g^{-1} \cdot K^{-1})(27,32°C - 25,00°C) + (837$ J $K^{-1})(27,32°C - 25,00°C) = 0$
$q_{rea} = -16.600$ J (energia como calor desenvolvida na queima de 1,0 g de sacarose)

(b) Energia desenvolvida na forma de calor por mol = $(-16,6$ kJ $g^{-1}$ de sacarose) (342,3 g de sacarose/1 mol de sacarose) = $-5670$ kJ $mol^{-1}$ de sacarose

**5.9** $C(s) + O_2(g) \rightarrow CO_2(g)$ $\qquad \Delta_r H_1° = -393,5$ kJ
$2[S(s) + O_2(g) \rightarrow SO_2(g)]$
$\qquad \Delta_r H° = 2\Delta_r H_2° = 2(-296,8) = -593,6$ kJ

$$CO_2(g) + 2SO_2(g) \rightarrow CS_2(g) + 3O_2(g)$$
$$\Delta_r H° = -\Delta_r H_3° = +1103,9 \text{ kJ}$$

Líquido: $C(s) + 2S(s) \rightarrow CS_2(g)$
$$\Delta_r H°_{líquido} = -393,5 \text{ kJ} + (-593,6 \text{ kJ}) + 1103,9 \text{ kJ}$$
$$= +116,8 \text{ kJ}$$

**5.10** $\Delta_r H° = (6 \text{ mol de } CO_2 \text{ (mol de reação)}^{-1})\Delta_f H°[CO_2(g) + (3\text{mol de } H_2O \text{ (mol de reação)}^{-1})]\Delta_f H°[H_2O(\ell)] - \{(1 \text{ mol } C_6H_6 \text{ (1 mol de reação)}^{-1})\Delta_f H°[C_6H_6(\ell)] + (^{15}\!/_2 \text{ mol de } O_2 \text{ (mol de reação)}^{-1})\Delta_f H°[O_2(g)]\}$

$= (6 \text{ mol (mol de reação)}^{-1})(-393,5 \text{ kJ mol}^{-1}) + (3\text{mol (mol de reação)}^{-1})(-285,8 \text{ J mol}^{-1}) - (1 \text{ mol (mol de reação)}^{-1})(+49,0 \text{ kJ mol}^{-1}) - 0$

$= -3267,4 \text{ kJ (mol de reação)}^{-1}$

## Aplicando os Princípios Químicos

### 5.1   Pólvora

**1.** (a) $\Delta_r H° = (1 \text{ mol de } K_2S \text{ (mol de reação)}^{-1})[\Delta_f H°(K_2S)] + (1 \text{ mol } N_2 \text{ (mol de reação)}^{-1})[\Delta_f H°(N_2)] + (3\text{mol de } CO_2 \text{ (mol de reação)}^{-1})[\Delta_f H°(CO_2)] - \{(2 \text{ mol de } KNO_3 \text{ (mol de reação)}^{-1})[\Delta_f H°(KNO_3)] + (3\text{mol de } C \text{ (mol de reação)}^{-1})[\Delta_f H°(C)] + (1 \text{ mol de } S \text{ (mol de reação)}^{-1})[\Delta_f H°(S)]$

$\Delta_r H° = (1 \text{ mol (mol de reação)}^{-1})(-376,6 \text{ kJ mol}^{-1}) + (1 \text{ mol (mol de reação)}^{-1})(0 \text{ kJ mol}^{-1}) + (3\text{mol(mol de reação)}^{-1}(-393,5 \text{ kJ mol}^{-1}) - \{(2 \text{ mol (mol de reação)}^{-1})(-494,6 \text{ kJ mol}^{-1}) + (3\text{mol (mol de reação)}^{-1})(0 \text{ kJ mol}^{-1}) + (1 \text{ mol (mol de reação)}^{-1})(0 \text{ kJ mol}^{-1})$

$\Delta_r H° = -567,9 \text{ kJ (mol de reação)}^{-1}$

(b) $\Delta H° = 1,00 \text{ g de pólvora}$
$(1 \text{ mol de pólvora negra}/270,31 \text{ g de pólvora negra})$
$(1 \text{ mol de reação}/1 \text{ mol de pólvora negra})(-567,9 \text{ kJ (mol de reação)}^{-1}) = -2,10 \text{ kJ}$

**2.** $q = -[(4,184 \text{ J g}^{-1} \cdot \text{K}^{-1})(1,200 \times 103 \text{ g})(1,32K) + (691 \text{ J K}^{-1})(1,32K)] = -7,540 \times 103\text{J} -7,540 \times 103\text{J}/0,725 \text{ g} = -1,04 \times 104 \text{ J g}^{-1} \text{ algodão-pólvora}$

**3.** (a) $4C_3H_5N_3O_9(\ell) \rightarrow 12CO_2(g) + 6N_2(g) + 10H_2O(g) + O_2(g)$

(b) $(-6,23\text{kJ}/1,00 \text{ g de } C_3H_5N_3O_9)(227,09 \text{ g de } C_3H_5N_3O_9/1 \text{ mol de } C_3H_5N_3O_9)(4 \text{ mol de } C_3H_5N_3O_9/1 \text{ mol de reação}) = -5659 \text{ kJ (mol de reação)}^{-1}$

$-5659 \text{ kJ (mol de reação)}^{-1} = (12 \text{ mol de } CO_2 \text{ (mol de reação)}^{-1})(-393,5 \text{ kJ mol}^{-1} \text{ de } CO_2) + (6 \text{ mol de } N_2 \text{ (mol de reação)}^{-1})(0 \text{ kJ mol}^{-1} \text{ de } N_2) + (10 \text{ mol de } H_2O \text{ (mol de reação)}^{-1})(-241,\text{kJ mol}^{-1} \text{ de } H_2O) + (1 \text{ mol de } O_2 \text{ (mol de reação)}^{-1})(0 \text{ kJ mol}^{-1} \text{ de } O_2) - 4\Delta_f H°[C_3H_5N_3O_9]$ $\Delta_f H°[C_3H_5N_3O_9] = -3,70 \times 10^2 \text{ kJ mol}^{-1}$

### 5.2   A Controvérsia do Combustível – Álcool e Gasolina

No que se segue, assume-se que o vapor de água, $H_2O(g)$, é formado por oxidação.

**1.** Queima de etanol: $C_2H_5OH(\ell) + 3O_2(g) \rightarrow 2CO_2(g) + 3H_2O(g)$

$\Delta_r H° = (2 \text{ mol de } CO_2 \text{ (mol de reação)}^{-1})[\Delta_f H°(CO_2)] + (3\text{mol de } H_2O \text{ (mol de reação)}^{-1})[\Delta_f H°(H_2O)] - (1 \text{ mol de } C_2H_5OH \text{ (mol de reação)}^{-1})[\Delta_f H°(C_2H_5OH)]$

$\Delta_r H° = (2 \text{ mol de } CO_2 \text{ (mol de reação)}^{-1})[-393,5 \text{ kJ mol}^{-1} \text{ de } O_2] + (3\text{mol de } H_2O \text{ (mol de reação)}^{-1})[-241,8 \text{ kJ}$
de $H_2O] - (1 \text{ mol de } C_2H_5OH \text{ (mol de reação)}^{-1}) [-277,0 \text{ kJ mol}^{-1} \text{ de } C_2H_5OH)] = -1235,4 \text{ kJ (mol de reação)}^{-1}$

1 mol de etanol por 1 mol; portanto, $q$ por mol é $-1235,4 \text{ kJ mol}^{-1}$

$q$ por grama:
$(-1235,4 \text{ kJ mol}^{-1})(1 \text{ mol de } C_2H_5OH/46,07 \text{ g de } C_2H_5OH) = -26,82\text{kJ g}^{-1} \text{ de } C_2H_5OH$

Queima de octano: $C_8H_{18}(\ell) + 12,5O_2(g) \rightarrow 8CO_2(g) + 9H_2O(g)$

$\Delta_r H° = (8 \text{ mol de } CO_2 \text{ (mol de reação)}^{-1})[\Delta_f H°(CO_2)] + (9 \text{ mol de } H_2O \text{ (mol de reação)}^{-1})[\Delta_f H°(H_2O)] - (1 \text{ mol de } C_8H_{18} \text{ (mol de reação)}^{-1})[\Delta_f H°(C_8H_{18})]$

$\Delta_r H° = (8 \text{ mol de } CO_2 \text{ (mol de reação)}^{-1})[-393,5 \text{ kJ mol}^{-1} \text{ de } CO_2] + (9 \text{ mol de } H_2O \text{ (mol de reação)}^{-1})[-241,8 \text{ kJ mol}^{-1} \text{ de } H_2O] - (1 \text{ mol de } C_8H_{18} \text{ (mol de reação)}^{-1})[-250,1 \text{ кJ mol}^{-1} \text{ de } C_8H_{18})] = -5074,1 \text{ kJ (mol de reação)}^{-1}$

1 mol de octano por 1 mol de reação; portanto, $q$ por mol de octano é $-5074,1 \text{ kJ mol}^{-1}$

$q$ por grama: $-5074,1 \text{ kJ}/1 \text{ mol de } C_8H_{18}$ $(1 \text{ mol de } C_8H_{18}/114,2 \text{ g de } C_8H_{18}) = -44,43\text{kJ g}^{-1}$ de $C_8H_{18}$

O octano fornece mais energia por grama do que o etanol.

**2.** Para o etanol, por litro: $q = (-26,82\text{kJ g}^{-1})(785 \text{ g L}^{-1}) = -2,11 \times 10^4 \text{ kJ L}^{-1}$

Para o octano, por litro: $q = (-44,43\text{kJ g}^{-1})(699 \text{ g L}^{-1}) = -3,11 \times 10^4 \text{ kJ L}^{-1}$

O octano produz quase 50% a mais de energia por litro de combustível.

**3.** Massa de $CO_2$ por litro de etanol = $1,000 \text{ L } (785 \text{ g de } C_2H_5OH/L)(1 \text{ mol de } C_2H_5OH/46,07 \text{ g } C_2H_5OH) (2 \text{ mol de } CO_2/1 \text{ mol de } C_2H_5OH)(44,01 \text{ g de } CO_2/1 \text{ mol de } CO_2) = 1,50 \times 10^3 \text{ g de } CO_2$

Massa de $CO_2$ por litro de octano = $1,000 \text{ L } (699 \text{ g de } C_8H_{18}/L)(1 \text{ mol de } C_8H_{18}/114,2 \text{ g de } C_8H_{18}) (8 \text{ mol de } CO_2/1 \text{ mol de } C_8H_{18})(44,01 \text{ g de } CO_2/1 \text{ mol de } CO_2) = 2,16 \times 10^3 \text{ g de } CO_2$

**4.** O volume de etanol necessário para se obter $3,11 \times 10^4 \text{ kJ}$ de energia da oxidação: $(2,11 \times 10^4 \text{ kJ/L de } C_2H_5OH)(x) = 3,11 \times 10^4 \text{ kJ}$ (onde $x$ é o volume de etanol)

Volume de etanol = $x = 1,47 \text{ L}$

Massa de $CO_2$ produzida pela queima de 1,47 L de etanol = $(1,50 \times 10^3 \text{ g de } CO_2/L \text{ de } C_2H_5OH)(1,47 \text{ L de } C_2H_5OH) = 2,22 \times 10^3 \text{ g de } CO_2$

Para se obter a mesma quantidade de energia, um pouco mais de $CO_2$ é produzido pela queima de etanol do que pela queima de octano.

**5.** Seu carro viajará cerca de 50% mais longe com um litro de octano, e produzirá um pouco menos de emissões de $CO_2$, do que se queimasse 1,0 L de etanol.

## Questões para Estudo

**5.1** O sistema é a parte do universo em estudo. A vizinhança corresponde a tudo no universo que pode trocar de matéria e/ou energia com o sistema. Diz-se que um sistema e sua vizinhança estão em equilíbrio térmico se podem trocar energia um com o outro, mas estão sob a mesma temperatura; portanto, não há qualquer transferência líquida de energia na forma de calor de um para o outro.

**5.3** (a) Exotérmica; $q_{sis}$ é negativo
(b) Endotérmica; $q_{sis}$ é positivo
(c) Endotérmica; $q_{sis}$ é positivo
(d) Endotérmica; $q_{sis}$ é positivo

**5.5** $0,140 \text{ J g}^{-1} \cdot \text{K}^{-1}$

**5.7** 2,44 kJ

**5.9** 32,8°C

**5.11** 20,7°C

**5.13** $T_{inicial} = 37,4°C$

**5.15** $0,40 \text{ J g}^{-1} \cdot \text{K}^{-1}$

**5.17** 330 kJ

**5.19** 49,3kJ

**5.21** 273J

**5.23** $9,97 \times 10^5 \text{ J}$

**5.25** $w = P\Delta V = 126 \text{ J}$

**5.27** $\Delta V = 4,42 \text{L}$

**5.29** $\Delta U = 433 \text{J}$

**5.31** $V_{final} = 2,6 \text{ L}$

**5.33** A reação é exotérmica porque $\Delta_r H°$ é negativa. O calor desenvolvido é 2,38 kJ.

**5.35** $-3,3 \times 10^4 \text{ kJ}$

**5.37** $\Delta H = -56 \text{ kJ mol}^{-1} \text{ CsOH}$

**5.39** $0,52 \text{J} (g \cdot K)^{-1}$

**5.41** $\Delta_r H = +23 \text{kJ (mol de reação)}^{-1}$

**5.43** $-297 \text{ kJ mol}^{-1} \text{ SO}_2$

**5.45** $-3,09 \times 10^3 \text{ kJ mol}^{-1} \text{ C}_6\text{H}_5\text{CO}_2\text{H}$

**5.47** $0,236 \text{ J} (g \cdot K)^{-1}$

**5.49** (a) $\Delta_r H° = -126 \text{ kJ (mol de reação)}^{-1}$
(b)

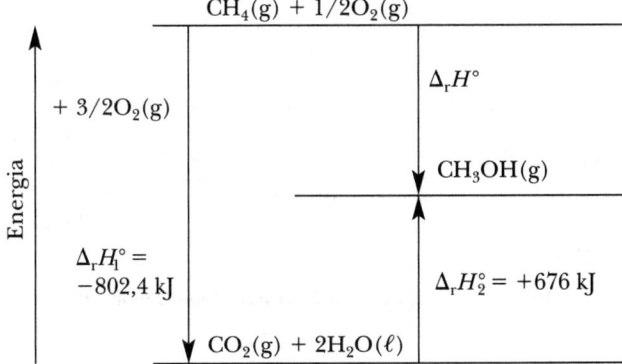

**5.51** $\Delta_r H° = +90,3 \text{kJ (mol de reação)}^{-1}$

**5.53** $C(s) + 2H_2(g) + 1/2O_2(g) \rightarrow CH_3OH(\ell)$
$$\Delta_f H° = -238,4 \text{ kJ mol}^{-1}$$

**5.55** (a) $2Cr(s) + 3/2O_2(g) \rightarrow Cr_2O_3(s)$
$$\Delta_f H° = -1134,7 \text{ kJ mol}^{-1}$$
(b) 2,4 g são equivalentes a 0,046 mol de Cr. Isso produzirá 26 kJ de energia transferida como calor.

**5.57** (a) $\Delta H° = -24 \text{ kJ}$ para 1,0 g de fósforo
(b) $\Delta H° = -18 \text{ kJ}$ para 0,20 mol de NO

(c) $\Delta H° = -16,9 \text{ kJ}$ para a formação de 2,40 g de NaCl(s)
(d) $\Delta H° = -1,8 \times 10^3 \text{ kJ}$ para oxidação de 250 g de ferro

**5.59** (a) $\Delta_r H° = -906,2 \text{kJ}$
(b) O calor desenvolvido é de 133kJ para a oxidação de 10,0 g de $NH_3$

**5.61** (a) $\Delta_r H° = +161,6$ kJ (mol de reação)$^{-1}$; a reação é endotérmica.
(b)

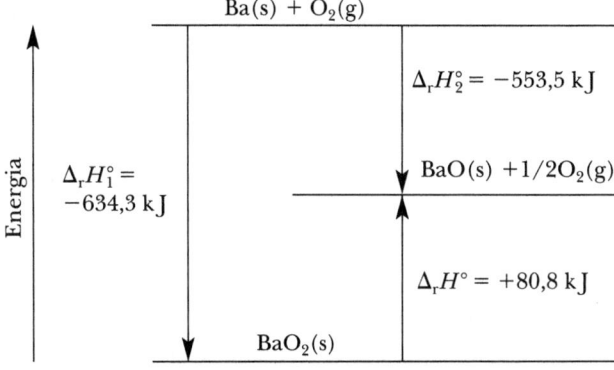

**5.63** $\Delta_f H° = +77,7 \text{ kJ mol}^{-1}$ para naftaleno.

**5.65** (a) Exotérmica: um processo no qual a energia é transferida como calor de um sistema para sua vizinhança. (A combustão do metano é um processo exotérmico.)

Endotérmico: um processo no qual a energia é transferida como calor da vizinhança para o sistema. (O derretimento do gelo é endotérmico.)

(b) Sistema: o objeto ou a coleção de objetos em estudo. (Uma reação química – o sistema – que ocorre dentro de um calorímetro – a vizinhança.)

Vizinhança: inclui tudo que esteja fora do sistema, que possa trocar energia com ele. (O calorímetro e tudo fora do calorímetro compreendem a vizinhança.)

(c) Capacidade calorífica específica: a quantidade de energia que tem de ser transferida na forma de calor para elevar a temperatura de 1 grama de uma substância a 1 kelvin. (A capacidade calorífica específica da água é $4,184 \text{ J g}^{-1} \cdot \text{K}^{-1}$.)

(d) Função do estado: a quantidade que é caracterizada por alterações que não dependem do caminho escolhido para ir do estado inicial ao estado final. (Entalpia e energia interna são funções do estado.)

(e) Estado padrão: a forma mais estável de uma substância no estado físico no qual existe uma pressão de 1 bar e a uma temperatura específica. (O estado padrão do carbono a 25°C é grafite.)

(f) Alteração de entalpia, $\Delta H$: a energia transferida como calor a uma pressão constante. (A alteração de entalpia do derretimento do gelo a 0°C é 6,00 kJ mol$^{-1}$.)

(g) A entalpia padrão de formação: a variação de entalpia para a formação de um mol de um composto no seu estado padrão diretamente dos elementos componentes nos seus estados normais. ($\Delta_f H°$ da água líquida é $-285,83 \text{kJ mol}^{-1}$.)

**5.67** (a) Sistema: reação entre o metano e o oxigênio

Vizinhança: o forno e o restante do universo. A energia é transferida como calor do sistema para a vizinhança.

(b) Sistema: gotas de água

Vizinhança: pele e o restante do universo

Energia é transferida como calor da vizinhança para o sistema

(c) Sistema: água

Vizinhança: o *freezer* e o restante do universo

Energia é transferida como calor da vizinhança para o sistema

(d) Sistema: reação de alumínio e óxido de ferro(III)

Vizinhança: o frasco, a bancada do laboratório e o restante do universo

Energia é transferida como calor do sistema para a vizinhança.

**5.69** O estado padrão do oxigênio é o gás, $O_2(g)$.

$O_2(g) \rightarrow 2O(g)$, $\Delta_r H° = +498,34$ kJ (mol de reação)$^{-1}$, endotérmica

$3/2 O_2(g) \rightarrow O_3(g)$, $\Delta_r H° = +142,67$ kJ (mol de reação)$^{-1}$

**5.71** (a) A energia é transferida como calor da vizinhança para o sistema e como trabalho feito pelo sistema.

(b) A energia é transferida como calor da vizinhança para o sistema e como trabalho realizado pelo sistema.

**5.73** $\Delta H° = -0,627$ kJ

**5.75** $C_{Ag} = 0,24$ J g$^{-1}$ · K$^{-1}$

**5.77** Massa do gelo derretido = 75,4 g

**5.79** Temperatura final = 278 K (5°C)

**5.81** (a) Quando somadas, as seguintes equações dão a equação balanceada para a formação de $B_2H_6(g)$ a partir dos elementos.

| | | | |
|---|---|---|---|
| $2B(s)$ | $+ 3/2 O_2(g)$ | $\rightarrow B_2O_3(s)$ | $\Delta_r H° = -1271,9$ kJ |
| $3H_2(g)$ | $+ 3/2 O_2(g)$ | $\rightarrow 3H_2O(g)$ | $\Delta_r H° = -725,4$ kJ |
| $B_2O_3(s)$ | $+ 3H_2O(g)$ | $\rightarrow B_2H_6(g) + 3O_2(g)$ | $\Delta_r H° = +2032,9$ kJ |
| $2B(s)$ | $+ 3H_2(g)$ | $\rightarrow B_2H_6(g)$ | $\Delta_r H° = +35,6$ kJ |

(b) A entalpia de formação do $B_2H_6(g)$ é +35,6 kJ mol$^{-1}$. +35,6 kJ mol$^{-1}$.

(c)

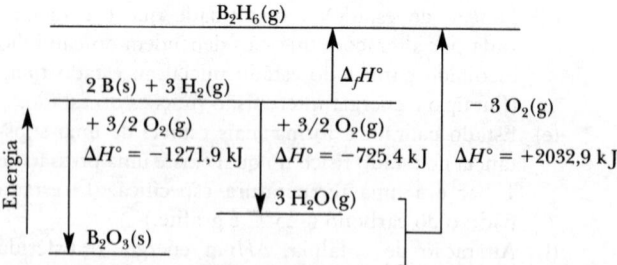

(d) A formação de $B_2H_6(g)$ é endotérmica.

**5.83** (a) $\Delta_r H° = +131,31$ kJ

(b) Endotérmica

(c) $1,0932 \times 10^7$ kJ

**5.85** Supondo que $CO_2(g)$ e $H_2O(\ell)$ sejam os produtos da combustão:

$\Delta_r H°$ do isoctano é $-5461,3$ kJ mol$^{-1}$ ou $-47,81$ kJ por grama.

$\Delta_r H°$ do metanol líquido é $-726,77$ kJ mol$^{-1}$ ou $-22,682$ kJ por grama.

**5.87** (a) Adicionar as equações como são dadas na pergunta resulta na equação desejada para a formação de $SrCO_3(s)$. O $\Delta_r H° = -1220$ kJ mol$^{-1}$ calculado.

(b)

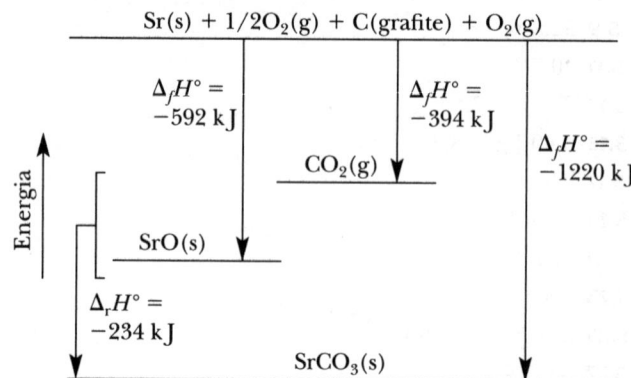

**5.89** $\Delta_r H° = -305,3$ kJ

**5.91** $\Delta_r H° = -1235,4$ kJ (mol de reação)$^{-1}$;

$\Delta H°$ for 100,0 g de $C_2H_5OH = -2682$ kJ ($-2680$ kJ com três algarismos significativos)

**5.93** $C_{Pb} = 0,121$ J g$^{-1}$ · K$^{-1}$

**5.95** $\Delta_r H = -69$ kJ mol$^{-1}$ de AgCl

**5.97** 36,0 kJ desenvolvido por mol de $NH_4NO_3$

**5.99** A variação de entalpia padrão, $\Delta_r H°$, é $-352,88$ kJ. A quantidade de magnésio necessária é 0,43 g.

**5.101** (a) Exotérmica

(b) Exotérmica

**5.103** A variação de entalpia de cada uma das três reações seguintes é conhecida ou pode ser medida por calorimetria. As três equações somam para gerar a entalpia de formação de $CaSO_4(s)$.

| | | |
|---|---|---|
| $Ca(s)$ + $1/2 O_2(g)$ | $\rightarrow CaO(s)$ | $\Delta_r H° = \Delta_f H° = -635,09$ kJ |
| $1/8 S_8(s)$ + $3/2 O_2(g)$ | $\rightarrow SO_3(g)$ | $\Delta_r H° = \Delta_f H° = -395,77$ kJ |
| $CaO(s)$ + $SO_3(g)$ | $\rightarrow CaSO_4(s)$ | $\Delta_r H° = -402,7$ kJ |
| $Ca(s)$ + $1/8 S_8(s) + 2O_2(g)$ | $\rightarrow CaSO_4(s)$ | $\Delta_r H° = \Delta_f H° = -1432,6$ kJ |

**5.105**

| Metal | Capacidade Calorífera Molar (J mol$^{-1}$ · K) |
|---|---|
| Al | 24,2 |
| Fe | 25,1 |
| Cu | 24,5 |
| Au | 25,4 |

Todos os metais têm uma capacidade calorífera molar de $24,8 \pm 0,5$ J (mol · K)$^{-1}$. Portanto, assumindo que a capacidade calorífera molar de Ag é 24,8 J (mol · K)$^{-1}$, sua capacidade calorífica específica é 0,230 J (g · K)$^{-1}$. Esse valor está muito próximo do valor experimental de 0,236 J (g · K)$^{-1}$.

**5.107** 120 g de $CH_4$ necessários (supondo-se $H_2O(g)$ como produto)

**5.109** $1,6 \times 10^{11}$ kJ liberados para a vizinhança. Isso é equivalente a $3,8 \times 10^4$ toneladas de dinamite.

**5.111** (a)

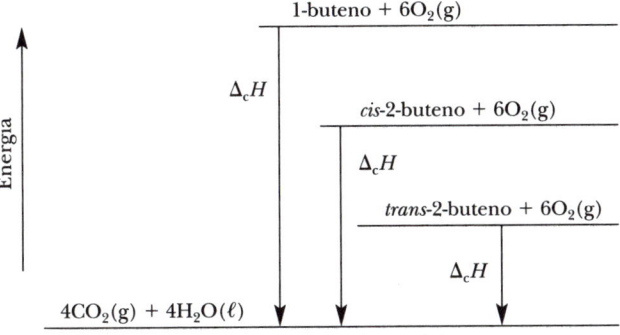

(b) *cis*-2-buteno: $\Delta_f H° = -7,6$ kJ mol⁻¹
*trans*-2-buteno: $\Delta_f H° = -10,8$ kJ mol⁻¹
1-buteno: $\Delta_f H° = -0,6$ kJ mol⁻¹

(c)

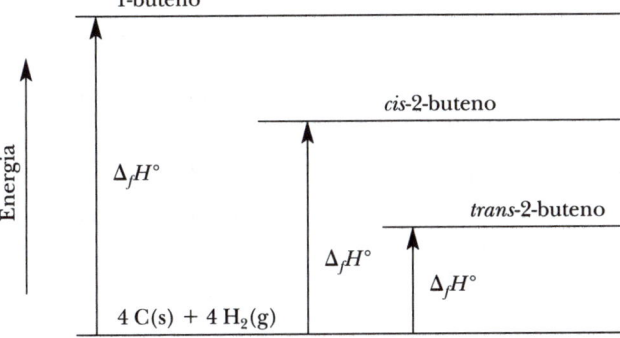

(d) $-3,4$ kJ (mol de reação)⁻¹

**5.113** (a) $-726$ kJ mol⁻¹ de Mg
(b) $25,0°C$

**5.115** (a) Metano
(b) Metano
(c) $-279$ kJ
(d) $CH_4(g) + 1/2O_2(g) \rightarrow CH_3OH(\ell)$

**5.117** (a) Metal aquecido = 100,0 g de Al; metal resfriado = 50,0 g de Au; temperatura final = 26°C
(b) Metal aquecido = 50,0 g de Zn; metal resfriado = 50,0 g de Al; temperatura final = 21°C

**5.119** $w = -(1,0 \text{ L} \cdot \text{atm})(0,36 \text{ L} - 0 \text{ L}) = -0,36$ L atm $= -36$ J

Assim, 36 J de trabalho é realizado pelo sistema na vizinhança.

# Capítulo 6

## Verifique Seu Entendimento

**6.1** (a) Maior frequência, violeta; menor frequência, vermelho.
(b) O comprimento de onda da radiação num forno de micro-ondas é mais curto que o comprimento de onda da rádio FM.
(c) O comprimento de onda do raio X é mais curto que o comprimento de onda da luz ultravioleta.
(d) $\lambda = 5,10 \times 10^{-7}$ m

$\nu = c/\lambda = (2,998 \times 10^8 \text{ m s}^{-1})/(5,10 \times 10^{-7} \text{ m}) = 5,88 \times 10^{14} \text{ s}^{-1}$

**6.2** $\nu = c/\lambda = (2,998 \times 10^8 \text{ m s}^{-1})/(4,05 \times 10^{-7} \text{ m}) = 7,40 \times 10^{14} \text{ s}^{-1}$
$E = N_A h\nu = (6,022 \times 10^{23} \text{ fótons/mol})$
$(6,626 \times 10^{-34} \text{ J s/fóton})(7,40 \times 10^{14} \text{ s}^{-1})$
$E = 295000 \text{ J mol}^{-1} ( = 295 \text{ kJ mol}^{-1})$

**6.3** (a) $E$ (por átomo) $= -Rhc/n^2$
$= (-2,179 \times 10^{-18})/(3^2) \text{ J átomo}^{-1}$
$= -2,421 \times 10^{-19} \text{ J átomo}^{-1}$
(b) $E$ (por átomo) $= (-2,421 \times 10^{-19} \text{ J átomo}^{-1})$
$(6,022 \times 10^{23} \text{ átomos mol}^{-1})$
$(1 \text{ kJ}/10^3 \text{ J})$
$= -145,8 \text{ kJ mol}^{-1}$

**6.4** A linha de menor energia é da transição eletrônica de $n = 2$ para $n = 1$.
$\Delta E = -Rhc[1/1^2 - 1/2^2]$
$= -(2,179 \times 10^{-18} \text{ J átomo}^{-1})(3/4)$
$= -1,634 \times 10^{-18} \text{ J átomo}^{-1}$

Assim, o fóton emitido tem $E_{\text{fóton}} = 1,634 \times 10^{-18}$ J
$\nu = E_{\text{fóton}}/h$
$= (1,634 \times 10^{-18} \text{ J})/(6,626 \times 10^{-34} \text{ J} \cdot \text{s})$
$= 2,466 \times 10^{15} \text{ s}^{-1}$
$\lambda = c/\nu = (2,998 \times 10^8 \text{ m s}^{-1})/(2,466 \times 10^{15} \text{ s}^{-1})$
$= 1,216 \times 10^{-7}$ m (ou 121,6 nm)

**6.5** Primeiro calcule a velocidade do nêutron:
$\nu = [2E/m]^{1/2} = [2(6,21 \times 10^{-21} \text{ kg} \cdot \text{m}^2 \text{ s}^{-2})/$
$(1,675 \times 10^{-27} \text{ kg})]^{1/2}$
$= 2720 \text{ m} \cdot \text{s}^{-1}$

Utilize este valor na equação de Broglie:
$\lambda = h/m\nu = (6,626 \times 10^{-34} \text{ kg} \cdot \text{m}^2 \text{ s}^{-2} \cdot \text{s})/$
$(1,675 \times 10^{-27} \text{ kg}) (2720 \text{ m s}^{-1})$
$= 1,45 \times 10^{-10} \text{ m} = 0,145 \text{ nm}$

## Aplicando os Princípios Químicos

### 6.1 Queimaduras, Protetores Solares e Radiação Ultravioleta

**1.** A luz no visível tem maior comprimento de onda. A luz no UV tem maior frequência e maior energia por fóton.

**2.** Luz no vermelho
$E = (6,626 \times 10^{-34} \text{ J} \cdot \text{s})(2,998 \times 10^8 \text{ m s}^{-1})/$
$(7,00 \times 10^{-7} \text{ m}) = 2,84 \times 10{-19} \text{ J fóton}^{-1}$
Luz no UV-B
$E = (6,626 \times 10^{-34} \text{ J} \cdot \text{s})(2,998 \times 108 \text{ m s}^{-1})/$
$(3,00 \times 10^{-7} \text{ m}) = 6,62 \times 10^{-19} \text{ J fóton}^{-1}$

A luz no UV-B tem energia por fóton 2,33 maior que a luz no vermelho.

### 6.2 O que Produz as Cores nos Fogos de Artifício?

**1.** A luz amarela vem de emissões de 589 e 590 nm.

**2.** A emissão primária para Sr é vermelha. Essa tem um comprimento de onda mais longo do que a luz amarela.

**3.** $4 Mg(s) + KClO_4(s) \rightarrow KCl(s) + 4 MgO(s)$

### 6.3 Química do Sol

**1.** $\nu = c/\lambda = (2,998 \times 10^8 \text{ m s}^{-1})/(5,876 \times 10^{-7} \text{ m}) = 5,102 \times 10^{14} \text{ s}^{-1}$

**2.** $\lambda = c/\nu = (2,998 \times 10^8 \text{ m s}^{-1})/(5,688 \times 10^{14} \text{ s}^{-1}) = 5,271 \times 10^{-7}$ m (= 527,1 nm)

**3.** Para $\lambda = 589,00$ nm,
$E = (6,6261 \times 10^{-34} \text{ J} \cdot \text{s})(2,9979 \times 108 \text{ m s}^{-1})/$
$\qquad\qquad (5,8900 \times 10^{-7} \text{ m}) = 3,3726 \times 10^{-19}$ J
Para $\lambda = 589,59$ nm,
$E = (6,6261 \times 10^{-34} \text{ J} \cdot \text{s})(2,9979 \times 108 \text{ m s}^{-1})/$
$\qquad\qquad (5,8959 \times 10^{-7} \text{ m}) = 3,3692 \times 10^{-19}$ J
$\Delta E = 3,4 \times 10^{-22}$ J

**4.** Por fóton: $E = hc/\lambda$
$\qquad = (6,626 \times 10^{-34} \text{ J} \cdot \text{s})(2,998 \times 10^8 \text{ m s}^{-1})/$
$\qquad\qquad (4,341 \times 10^{-7} \text{ m}) = 4,5761 \times 10^{-19}$ J
Por mol: $E = (4,5761 \times 10^{-19} \text{ J fóton}^{-1})$
$\qquad\qquad (6,022 \times 10^{23} \text{ fótons mol}^{-1})(1 \text{ kJ}/1000 \text{ J})$
$\qquad = 275,6$ kJ mol$^{-1}$ de fótons

**5.** A linha F corresponde ao comprimento de onda de 486 nm. Com base na Figura 6.10, esta linha surge do elétron no hidrogênio indo de $n = 4$ para $n = 2$.

## Questões para Estudo

**6.1** (a) Micro-ondas
(b) Luz no vermelho
(c) Infravermelho

**6.3** (a) A luz verde tem uma frequência maior que a luz âmbar
(b) $5,04 \times 10^{14}$ s$^{-1}$

**6.5** Frequência = $6,0 \times 10^{14}$ s$^{-1}$; energia por fóton = $4,0 \times 10^{-19}$ J; energia por mol de fótons = $2,4 \times 10^5$ J

**6.7** Frequência = $7,5676 \times 10^{14}$ s$^{-1}$; energia por fóton = $5,0144 \times 10^{-19}$ J; 301,97 kJ mol$^{-1}$ de fótons

**6.9** Em ordem crescente de energia: Estação de FM < micro-ondas < luz amarela < raios X

**6.11** Luzes com um comprimento de onda de 600 nm seriam suficientes. Ela está na região visível.

**6.13** (a) A luz com comprimento de onda mais curto tem 253,652 nm.
(b) Frequência = $1,18190 \times 10^{15}$ s$^{-1}$. Energia por fóton = $7,83139 \times 10^{-19}$ J/fóton.
(c) As linhas a 404 nm (violeta) e 436 nm (azul) estão na região visível do espectro.

**6.15** A cor é violeta. $n_{\text{inicial}} = 6$ e $n_{\text{final}} = 2$

**6.17** (a) 10 linhas possíveis
(b) Frequência mais alta (maior energia), $n = 5$ para $n = 1$
(c) Menor comprimento de onda (menor energia), $n = 5$ para $n = 4$

**6.19** (a) $n = 3$ para $n = 2$
(b) $n = 4$ para $n = 1$. Os níveis de energia estão cada vez mais próximos em níveis mais elevados, por isso, a diferença de energia de $n = 4$ para $n = 1$ é maior que de $n = 5$ para $n = 2$.

**6.21** Comprimento de onda = 102,6 nm e frequência = $2,923 \times 10^{15}$ s$^{-1}$. A luz com essas propriedades está na região ultravioleta.

**6.23** Comprimento de onda = 0,29 nm

**6.25** O comprimento de onda é $4,8 \times 10^{-25}$ nm. (Calculado de $\lambda = h/m \cdot v$, onde $m$ é a bola da massa em kg e $v$ é a velocidade.) Para ter um comprimento de onda de $5,6 \times 10^{-3}$ nm, a bola teria de viajar a $2,6 \times 10^{-21}$ m/s.

**6.27** (a) $n = 4$, $\ell = 0, 1, 2, 3$
(b) Quando $\ell = 2$, $m_\ell = -2, -1, 0, 1, 2$
(c) Para um orbital 4s, $n = 4$, $\ell = 0$ e $m_\ell = 0$
(d) Para um orbital 4f, $n = 4$, $\ell = 3$ e $m_\ell = -3, -2, -1, 0, 1, 2, 3$

**6.29** Conjunto 1: $n = 4$, $\ell = 1$ e $m_\ell = -1$
Conjunto 2: $n = 4$, $\ell = 1$ e $m_\ell = 0$
Conjunto 3: $n = 4$, $\ell = 1$ e $m_\ell = +1$

**6.31** Quatro subníveis. (O número de subníveis em um nível é sempre igual a $n$.)

**6.33** (a) $\ell$ deve ter um valor não superior a $n - 1$.
(b) Quando $\ell = 0$, $m_\ell$ só pode ser igual a 0.
(c) Quando $\ell = 0$, $m_\ell$ só pode ser igual a 0.

**6.35** (a) Nenhum. O conjunto do número quântico não é possível. Quando $\ell = 0$, $m_\ell$ só pode ser igual a 0.
(b) 3 orbitais
(c) 11 orbitais
(d) 1 orbital

**6.37** (a) $m_s = 0$ não é possível. $m_s$ só pode ter valores de $\pm 1/2$. Um conjunto possível de números quânticos:
$n = 4$, $\ell = 2$, $m_\ell = 0$, $m_s = +1/2$
(b) $m_\ell$ não pode ser igual a $-3$, neste caso. Se $\ell = 1$, $m_\ell$ só pode ser $-1$, 0 ou 1. Um conjunto possível de números quânticos:
$n = 3$, $\ell = 1$, $m_\ell = -1$, $m_s = -1/2$
(c) $\ell = 3$ não é possível neste caso. O valor máximo de $\ell$ é $n - 1$. Um conjunto possível de números quânticos:
$n = 3$, $\ell = 2$, $m_\ell = -1$, $m_s = +1/2$

**6.39** Os orbitais 2d e 3f não podem existir. O nível $n = 2$ consiste somente em subníveis $s$ e $p$. O nível $n = 3$ consiste somente em subníveis $s$, $p$ e $d$.

**6.41** (a) Para 2p: $n = 2$, $\ell = 1$ e $m_\ell = -1$, 0 ou +1
(b) Para 3d: $n = 3$, $\ell = 2$ e $m_\ell = -2, -1, 0, +1$ ou +2
(c) Para 4f: $n = 4$, $\ell = 3$ e $m_\ell = -3, -2, -1, 0, +1, +2$ ou +3

**6.43** 4d

**6.45** (a) 2s tem 0 superfícies nodais que passam através do núcleo ($\ell = 0$).
(b) 5d tem 2 superfícies nodais que passam através do núcleo ($\ell = 2$).
(c) 5f tem 3 superfícies nodais que passam através do núcleo ($\ell = 3$).

**6.47** (a) Correto
(b) Incorreto. A intensidade de um feixe de luz é independente da frequência e está relacionada ao número de fótons da luz com certa energia.
(c) Correto

**6.49** Considerando-se apenas os nós angulares (superfícies nodais que passam através do núcleo):

Orbital $s$    0 superfícies nodais através do núcleo

Orbitais $p$    1 superfície nodal ou plana que passa através do núcleo

Orbitais $d$    2 superfícies nodais ou planas que passam através do núcleo

Orbitais $f$    3 superfícies nodais ou planas que passam através do núcleo

**6.51**

| Valor de $\ell$ | Tipo de Orbital |
|---|---|
| 3 | f |
| 0 | s |
| 1 | p |
| 2 | d |

**6.53** Considerando-se apenas os nós angulares (superfícies nodais que passam através do núcleo):

| Tipo de Orbital | Número do Orbitais em um Subnível | Número de Superfícies Nodais |
|---|---|---|
| s | 1 | 0 |
| p | 3 | 1 |
| d | 5 | 2 |
| f | 7 | 3 |

**6.55** (a) Luz verde
   (b) A luz no vermelho tem um comprimento de onda de 680 nm; e a luz verde tem um comprimento de onda de 500 nm.
   (c) A luz verde tem uma frequência maior que a luz no vermelho.

**6.57** (a) Comprimento de onda = 0,35 m
   (b) Energia = 0,34 J/mol
   (c) A luz violeta (com $\lambda$ = 420 nm) tem energia de 280 kJ mol$^{-1}$ de fótons.
   (d) A luz violeta tem energia (por mol de fótons) que é 840 mil vezes maior que um mol de fótons de um telefone celular.

**6.59** A energia de ionização do He$^+$ é 5248 kJ mol$^{-1}$. Isso é quatro vezes a energia de ionização do átomo de H.

**6.61** $1s < 2s = 2p < 3s = 3p = 3d < 4s$

   No átomo de H os orbitais no mesmo nível (por exemplo, $2s$ e $2p$) têm a mesma energia.

**6.63** Frequência = $2,836 \times 10^{20}$ s$^{-1}$ e comprimento de onda = $1,057 \times 10^{-12}$ m

**6.65** 260 s ou 4,3 min

**6.67** (a) Tamanho e energia
   (b) $\ell$
   (c) Mais
   (d) 7 (quando $\ell$ = 3 eles são orbitais $f$)
   (e) Um orbital
   (f) (Da esquerda para a direita) $d$, $s$ e $p$
   (g) $\ell$ = 0, 1, 2, 3, 4
   (h) 16 orbitais (1 orbital $s$, 3 orbitais $p$, 5 orbitais $d$ e 7 orbitais $f$) (= $n^2$)

**6.69** Energia = $4,576 \times 10^{-19}$ J
   Frequência = $6,906 \times 10^{14}$ s$^{-1}$
   Comprimento de onda = 434,1 nm

**6.71** Os picles brilham porque foram feitos por meio da imersão de um pepino em salmoura, uma solução concentrada de NaCl. Os átomos de sódio nos picles são excitados pela corrente elétrica e liberam energia como luz amarela quando retornam ao estado fundamental. Átomos de sódio excitados são a fonte da luz amarela que você vê em fogos de artifício e em certos tipos de iluminação pública.

**6.73** (a) $\lambda$ = 0,0005 cm = 5 $\mu$m
   (b) O lado esquerdo é o lado com maior energia, e o lado direito é o lado com menor energia.
   (c) A interação com O—H requer mais energia.

**6.75** (c) Elétrons estão passando de um determinado nível de energia para outro de mais baixa energia.

**6.77** Um experimento pode ser feito para mostrar que o elétron pode comportar-se como uma partícula, e outro experimento pode ser feito para mostrar que ele possui propriedades de onda. (No entanto, nenhum experimento mostra ambas as propriedades do elétron.) A visão moderna da estrutura atômica é baseada nas propriedades de onda do elétron.

**6.79** (a) e (b)

**6.81** A radiação com um comprimento de onda de 93,8 nm é suficiente para elevar o elétron para o nível quântico $n = 6$ (ver Figura 6.10). Devem existir 15 linhas de emissão envolvendo transições de $n = 6$ a níveis mais baixos de energia. (Existem cinco linhas de transições de $n = 6$ para níveis menores, quatro linhas de $n = 5$ para níveis menores, três para $n = 4$ para níveis inferiores, duas linhas para $n = 3$ para níveis inferiores, e uma linha de $n = 2$ a $n = 1$.) Os comprimentos de onda para muitas linhas são dados na Figura 6.10. Por exemplo, haverá uma emissão envolvendo um elétron que se move de $n = 6$ para $n = 2$ com um comprimento de onda de 410,2 nm.

**6.83** (a) Grupo 7; Período 5
   (b) $n = 5$, $\ell = 0$, $m_\ell = 0$, $m_s = +1/2$
   (c) $\lambda = 8,79 \times 10^{-12}$ m; $\nu = 3,41 \times 10^{19}$ s$^{-1}$
   (d) (i) $HTcO_4(aq) + NaOH(aq) \rightarrow H_2O(\ell) + NaTcO_4(aq)$
       (ii) $8,5 \times 10^{-3}$ g de $NaTcO_4$ produzido; $1,8 \times 10^{-3}$ g de NaOH necessário
   (e) 0,28 mg de $NaTcO_4$; 0,00015 mol L$^{-1}$

# Capítulo 7

## Verifique Seu Entendimento

**7.1** (a) cloro (Cl)
   (b) $1s^22s^22p^63s^23p^3$

$$[Ne] \quad \overset{3s}{\boxed{\uparrow\downarrow}} \quad \overset{3p}{\boxed{\uparrow}\boxed{\uparrow}\boxed{\uparrow}}$$

**7.2** O cálcio tem dois elétrons de valência no subnível $4s$. Os números quânticos destes dois elétrons são $n = 4$, $\ell = 0$, $m_\ell = 0$ e $m_s = \pm 1/2$

**7.3** Obtenha as respostas da Tabela 7.3.

**7.4**

$$V^{2+} \quad [Ar] \quad \overset{3d}{\boxed{\uparrow}\boxed{\uparrow}\boxed{\uparrow}\boxed{\phantom{\uparrow}}\boxed{\phantom{\uparrow}}} \quad \overset{4s}{\boxed{\phantom{\uparrow}}}$$

$$V^{3+} \quad [Ar] \quad \overset{3d}{\boxed{\uparrow}\boxed{\uparrow}\boxed{\phantom{\uparrow}}\boxed{\phantom{\uparrow}}\boxed{\phantom{\uparrow}}} \quad \overset{4s}{\boxed{\phantom{\uparrow}}}$$

$$Co^{3+} \quad [Ar] \quad \overset{3d}{\boxed{\uparrow\downarrow}\boxed{\uparrow}\boxed{\uparrow}\boxed{\uparrow}\boxed{\uparrow}} \quad \overset{4s}{\boxed{\phantom{\uparrow}}}$$

Todos os três íons são paramagnéticos com três, dois e quatro elétrons desemparelhados, respectivamente.

**7.5** (a) Aumentando o raio atômico: C < B < Al

(b) Aumentando a energia de ionização: Al < B < C

(c) Supõe-se que o carbono tenha a entalpia de ligação de elétrons mais negativa.

## Aplicando os Princípios Químicos

### 7.1 As Terras Não Tão Raras

**1.** (a) $Sm^{3+}$: $[Xe]4f^5$

(b) $4Sm(s) + 3O_2(g) \rightarrow 2Sm_2O_3(s)$

**2.** Y tem a configuração $[Kr]4d^15s^2$, enquanto o La tem a configuração $[Xe]5d^16s^2$ e o Lu tem a configuração $[Xe]4f^{14}5d^16s^2$.

Com base na configuração eletrônica, tanto o La quanto o Lu estão localizados apropriadamente sob o ítrio. Todos os três elementos têm configurações eletrônicas que terminam com o orbial $s$ mais externo preenchido e um elétron no subnível $d$ mais externo com um elétron.

**3.** (a) [Xe] ⬛ com 4f, 5d, 6s

(b) O estado de oxidação mais comum é +3 correspondendo à perda de dois elétrons do $6s$ e um do $5d$. A configuração eletrônica do $Gd^{3+}$ é $[Xe]4f^7$.

**4.** (a) A configuração eletrônica do nível mais externo do La e do Lu é $6s^2$, mas o lutécio tem um adicional de 14 elétrons nos orbitais $4f$. Esses elétrons são fracamente blindados de tal forma que os elétrons mais externos sofrem uma grande parte da carga dos 14 prótons adicionais no núcleo, levando a um menor raio.

(b) Os elementos no bloco $5d$ têm raios similares, porém maiores que os átomos diretamente acima deles no bloco $4d$. O lantânio pode ser considerado mais bem posicionado abaixo do ítrio na tabela periódica.

**5.** $\nu = c/\lambda = (2,998 \times 10^8 \text{ m s}^{-1})/(6,12 \times 10^{-7} \text{ m}) = 4,899 \times 10^{14} \text{ s}^{-1} = 4,90 \times 10^{14} \text{ s}^{-1}$

$E = h\nu = (6,626 \times 10^{-34} \text{ J s fóton}^{-1})(4,899 \times 10^{14} \text{ s}^{-1}) = 3,25 \times 10^{-19} \text{ J fóton}^{-1}$

**6.** Massa molar do $Nd_2Fe_{14}B = 1081,13$ g $mol^{-1}$

% Nd = $[(2)(144,24$ g $mol^{-1})/1081,13$ g $mol^{-1}] \times 100\% = 26,683\%$

### 7.2 Metais em Bioquímica e Medicina

**1.** Fe: $[Ar]3d^64s^2$; $Fe^{2+}$: $[Ar]3d^6$; $Fe^{3+}$: $[Ar]3d^5$

**2.** Ambos os íons ferro são paramagnéticos.

**3.** O tamanho ligeiramente maior de Cu em relação a Fe está relacionado a maiores repulsões elétron-elétron.

**4.** $Fe^{2+}$ é maior que $Fe^{3+}$ e se encaixará de forma menos precisa na estrutura. Como resultado, alguma distorção da estrutura do anel de planaridade ocorre.

## Questões para Estudo

**7.1** (a) Fósforo: $1s^22s^22p^63s^23p^3$

| ⇅ | ⇅ | ⇅⇅⇅ | ⇅ | ↑↑↑ |
|---|---|---|---|---|
| 1s | 2s | 2p | 3s | 3p |

O elemento está no terceiro período e no Grupo 15. Portanto, ele tem sete elétrons no terceiro nível.

(b) Cloro: $1s^22s^22p^63s^23p^5$

| ⇅ | ⇅ | ⇅⇅⇅ | ⇅ | ⇅⇅↑ |
|---|---|---|---|---|
| 1s | 2s | 2p | 3s | 3p |

O elemento está no terceiro período e no Grupo 17. Portanto, ele tem sete elétrons no terceiro nível.

**7.3** (a) Cromo: $1s^22s^22p^63s^23p^63d^54s^1$

(b) Ferro: $1s^22s^22p^63s^23p^63d^64s^2$

**7.5** (a) Arsênio: $1s^22s^22p^63s^23p^63d^{10}4s^24p^3$; $[Ar]3d^{10}4s^24p^3$

(b) Criptônio: $1s^22s^22p^63s^23p^63d^{10}4s^24p^6$; $[Ar]3d^{10}4s^24p^6 = [Kr]$

**7.7** (a) Tântalo: Este é o terceiro elemento da série de transição, no sexto período. Portanto, ele tem um núcleo equivalente ao Xe mais dois elétrons $6s$, 14 elétrons $4f$, e três elétrons em $5d$: $[Xe]4f^{14}5d^36s^2$

(b) Platina: Este é o oitavo elemento da série de transição, no sexto período. Portanto, ele deve ter um núcleo equivalente ao Xe mais dois elétrons $6s$, 14 elétrons $4f$, e oito elétrons em $5d$: $[Xe]4f^{14}5d^86s^2$. Na realidade, sua configuração real (Tabela 7.3) é $[Xe]4f^{14}5d^96s^1$.

**7.9** Amerício: $[Rn]5f^77s^2$ (ver Tabela 7.3)

**7.11** (a) 2

(b) 1

(c) Nenhum (porque $\ell$ não pode ser igual a $n$)

**7.13** Magnésio: $1s^22s^22p^63s^2$

[Ne] ⇅
     3s

Números quânticos dos dois elétrons no orbital $3s$:
$n = 3$, $\ell = 0$, $m_\ell = 0$ e $m_s = +1/2$
$n = 3$, $\ell = 0$, $m_\ell = 0$ e $m_s = -1/2$

**7.15** Gálio: $1s^22s^22p^63s^23p^63d^{10}4s^24p^1$

[Ar] ⇅⇅⇅⇅⇅ ⇅ ↑
       3d    4s  4p

Um conjunto possível de números quânticos para o elétron no $4p$:
$n = 4$, $\ell = 1$, $m_\ell = -1$, 0 ou +1, e $m_s = +\frac{1}{2}$ ou $-\frac{1}{2}$

**7.17** (a) Aumento regular do Li para o F (veja a Figura 7.2).

**7.19** 1s, 2s, 2p, 3s, 3p

**7.21** (a) íon $Mg^{2+}$

| ⇅ | ⇅ | ⇅⇅⇅ |
|---|---|---|
| 1s | 2s | 2p |

(b) íon $K^+$

| ⇅ | ⇅ | ⇅⇅⇅ | ⇅ | ⇅⇅⇅ |
|---|---|---|---|---|
| 1s | 2s | 2p | 3s | 3p |

(c) Íon $Cl^-$ (Note que tanto $Cl^-$ quanto $K^+$ têm a mesma configuração; ambos são equivalentes a Ar.)

| ⇅ | ⇅ | ⇅⇅⇅ | ⇅ | ⇅⇅⇅ |
|---|---|---|---|---|
| 1s | 2s | 2p | 3s | 3p |

(d) Íon $O^{2-}$

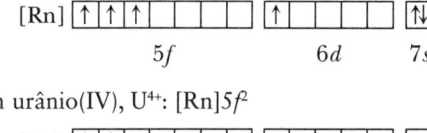

$\quad 1s \quad 2s \quad\quad 2p$

**7.23** (a) V (paramagnético, três elétrons desemparelhados)

$[Ar]$ ↑ ↑ ↑ ☐ ☐ ↑↓
$\qquad\quad 3d \qquad\quad 4s$

(b) Íon $V^{2+}$ (paramagnético, três elétrons desemparelhados)

$[Ar]$ ↑ ↑ ↑ ☐ ☐ ☐
$\qquad\quad 3d \qquad\quad 4s$

(c) íon $V^{5+}$. Este íon tem uma configuração de elétrons equivalente ao argônio, $[Ar]$. Ele é diamagnético sem elétrons desemparelhados.

**7.25** (a) Manganês

$[Ar]$ ↑ ↑ ↑ ↑ ↑ ↑↓
$\qquad\quad 3d \qquad\quad 4s$

(b) $Mn^{4+}$

$[Ar]$ ↑ ↑ ↑ ☐ ☐ ☐
$\qquad\quad 3d \qquad\quad 4s$

(c) O íon $4^+$ é paramagnético até os três elétrons desemparelhados.

(d) 3

**7.27** Aumento do tamanho: C < B < Al < Na < K

**7.29** (a) $Cl^-$

(b) Al

(c) In

**7.31** (c) Li < Si < C < Ne

**7.33** (a) Maior raio, Na

(b) Entalpia de ligação de elétrons mais negativa: O

(c) Energia de ionização: Na < Mg < P < O

**7.35** (a) Aumentando a energia de ionização: S < O < F. S é inferior a O, porque a EI decresce no grupo. F é maior que O porque a EI geralmente aumenta de um período a outro.

(b) Maior EI: O. A EI decresce no grupo.

(c) Entalpia de ligação de elétrons mais negativa: Cl. A entalpia de ligação dos elétrons geralmente se torna mais negativa em toda a tabela periódica e subindo no grupo.

(d) Maior tamanho: $O^{2-}$. Os íons negativos são maiores que seus átomos neutros correspondentes. $F^-$ é, portanto, maior que F. $O^{2-}$ e $F^-$ são isoeletrônicos, mas o íon $O^{2-}$ tem apenas oito prótons em seu núcleo para atrair os 10 elétrons, enquanto o $F^-$ tem nove prótons, tornando o íon $O^{2-}$ maior.

**7.37** (a) Li    (b) K    (c) Sc

**7.39** Identifique os orbitais que contêm elétrons: no H e no He apenas o orbital $1s$ é ocupado; no Li os elétrons estão presentes nos orbitais $1s$ e $2s$. As intensidades dos picos no Li são 1 (para o elétron $2s$) e 2(dos elétrons $1s$).

**7.41** (a) Configuração do Cr: $[Ar]3d^54s^1$
Configuração do $Cr^{3+}$: $[Ar]3d^3$

(b) Tanto $Cr^{2+}$ quanto $Cr^{3+}$ são paramagnéticos

(c) Os raios são semelhantes (raio de $Al^{3+}$ = 57 nm), que é a razão de os íons $Cr^{3+}$ serem às vezes encontrados em $Al_2O_3$ sólido, no lugar de $Al^{3+}$.

**7.43** Configuração do urânio: $[Rn]5f^36d^17s^2$

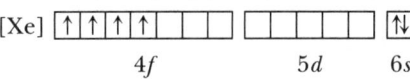

$\qquad\quad 5f \qquad\qquad\quad 6d \qquad\quad 7s$

Íon urânio(IV), $U^{4+}$: $[Rn]5f^2$

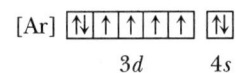

$\qquad\quad 5f \qquad\qquad\quad 6d \qquad\quad 7s$

Tanto $U^+$ quanto $U^{4+}$ são paramagnéticos.

**7.45** (a) Número atômico = 20

(b) Número total de elétrons $s$ = 8

(c) Número total de elétrons $p$ = 12

(d) Número total de elétrons $d$ = 0

(e) O elemento é Ca, cálcio, um metal.

**7.47** (a) Válido. Os elementos possíveis são Li e Be.

(b) Inválido. O valor máximo de $\ell$ é ($n - 1$).

(c) Válido. Os elementos possíveis são de B a Ne.

(d) Válido. Os elementos possíveis são de Y a Cd.

**7.49** (a) Neodímio, Nd: $[Xe]4f^46s^2$ (Tabela 7.3)

$[Xe]$ ↑ ↑ ↑ ↑ ☐ ☐ ☐ ☐ ☐ ↑↓
$\qquad\quad 4f \qquad\qquad\quad 5d \qquad\quad 6s$

Ferro, Fe: $[Ar]3d^64s^2$

$[Ar]$ ↑↓ ↑ ↑ ↑ ↑ ↑↓
$\qquad\quad 3d \qquad\quad 4s$

Boro, B: $[He]2s^22p^1$

$[He]$ ↑↓ ↑ ☐ ☐
$\qquad\quad 2s \quad 2p$

(b) Todos os três elementos têm elétrons desemparelhados e, portanto, devem ser paramagnéticos.

(c) Íon neodímio(III), $Nd^{3+}$: $[Xe]4f^3$

$[Xe]$ ↑ ↑ ↑ ☐ ☐ ☐ ☐ ☐ ☐
$\qquad\quad 4f \qquad\qquad\quad 5d \qquad\quad 6s$

Íon ferro(III), $Fe^{3+}$: $[Ar]3d^5$

$[Ar]$ ↑ ↑ ↑ ↑ ↑ ☐
$\qquad\quad 3d \qquad\quad 4s$

Tanto o neodímio(III) quanto o ferro(III) têm elétrons desemparelhados e são paramagnéticos.

**7.51** K < Ca < Si < P

**7.53** (a) Metal

(b) B

(c) A

(d) A

(e) $A_2B$ ou $Rb_2Se$

**7.55** $In^{4+}$: índio tem três elétrons no nível mais externo e por isso é pouco provável formar um íon $4^+$.

$Fe^{6+}$: embora o ferro tenha oito elétrons em seus orbitais $3d$ e $4s$, os íons com carga $6^+$ são altamente improváveis. A energia de ionização é muito grande.

Sn$^{5+}$: o estanho tem quatro elétrons nos níveis mais externos e por isso é pouco provável formar um íon 5$^+$.

**7.57** (a) Se
(b) Br$^-$
(c) Na
(d) N
(e) N$^{3-}$

**7.59** (a) Na
(b) C
(c) Na < Al < B < C

**7.61** (a) Cobalto
(b) Paramagnético
(c) Quatro elétrons desemparelhados

**7.63** (a) metal
(b) B
(c) A
(d) B
(e) A
(f) AB$_2$ ou SrI$_2$

**7.65** (a) 0,421 g
(b) Paramagnéticos; dois elétrons desemparelhados
(c) 99,8 mg; o pó de níquel é paramagnético e grudará em um ímã.

**7.67** O Li tem três elétrons ($1s^22s^1$) e o Li$^+$ tem apenas dois elétrons ($1s^2$). O íon é menor que o átomo porque existem apenas dois elétrons para serem mantidos pelos três prótons no íon. Além disso, um elétron em um orbital maior foi removido. Átomos de flúor têm nove elétrons e nove prótons ($1s^22s^22p^5$). O ânion, F$^-$, tem um elétron adicional, o que significa que dez elétrons devem ser mantidos por apenas nove prótons, e assim o íon é maior do que o átomo.

**7.69** (a) Os elétrons removidos do Al estão no orbital $3p$, que tem energia menos negativa do que o orbital $3s$ do qual o elétron é removido em Mg. Veja o gráfico das energias dos orbitais em "Um Olhar mais Atento: Energias dos Orbitais, Z* e Configurações Eletrônicas".
(b) O elétron removido de S é um de um par. A repulsão elétron-elétron reduz a energia necessária para remover o elétron. (Os elétrons $3p$ de P não estão emparelhados.)

**7.71** A configuração mais estável é (d) (*spins* paralelos em orbitais diferentes, de acordo com a regra de Hund.) A configuração (b) é menos estável do que (c) devido à repulsão dos dois elétrons no mesmo orbital. A configuração (a) não é uma possibilidade aceitável; dois elétrons não podem ter o mesmo conjunto de números quânticos.

**7.73** K ($1s^22s^22p^63s^23p^64s^1$) → K$^+$($1s^22s^22p^63s^23p^6$)
K$^+$ ($1s^22s^22p^63s^23p^6$) → K$^{2+}$($1s^22s^22p^63s^23p^5$)

A primeira ionização é para a remoção de um elétron do nível de valência dos elétrons. O segundo elétron, no entanto, é removido do subnível $3p$. Esse subnível é significativamente menor em energia do que o subnível $4s$, e consideravelmente mais energia é necessária para remover esse segundo elétron.

**7.75** (a) Ao ir de um elemento para o outro ao longo do período, a carga nuclear efetiva aumenta ligeiramente, e a atração entre o núcleo e os elétrons aumenta.

(b) O tamanho do quarto período de elementos de transição, por exemplo, é um reflexo do tamanho do orbital $4s$. Quando elétrons $d$ são adicionados ao longo da série, os prótons são adicionados ao núcleo. A adição de prótons deve levar à diminuição do tamanho do átomo, mas o efeito dos prótons é equilibrado por repulsões dos elétrons $3d$ e $4s$, e o tamanho do átomo muda ligeiramente.

**7.77** Entre os argumentos de um composto de Mg$^{2+}$ e O$^{2-}$ estão os seguintes:
(a) A experiência química sugere que todos os elementos do Grupo 2 formam cátions 2$^+$, e que o oxigênio é tipicamente o íon O$^{2-}$ nos seus compostos.
(b) Outros elementos alcalinoterrosos formam óxidos tais como BeO, CaO e BaO.

Um experimento possível é a medição do ponto de fusão do composto. Um composto iônico tal como NaF (com íons tendo cargas 1$^+$ e 1$^-$) funde-se a 990°C, enquanto um composto análogo ao MgO, CaO, funde a uma temperatura muito mais alta (2580°C).

**7.79** (a) A carga nuclear efetiva aumenta, fazendo que as energias do orbitais de valência fiquem mais negativas em movimento ao longo do período.
(b) À medida que as energias dos orbitais de valência ficam mais negativas, fica cada vez mais difícil remover um elétron do átomo, e a EI aumenta. Perto do final do período, as energias dos orbitais se tornam tão negativas que a remoção de um elétron requer energia significativa. Em vez disso, a carga nuclear efetiva atinge o ponto no qual o átomo forma um íon negativo, em linha com a entalpia de ligação de elétrons mais negativa para os elementos do lado direito da tabela periódica.
(c) As energias dos orbitais de valência estão na ordem:

Li (−520,0 kJ) < Be (−899,3kJ) >
B (−800,8 kJ) < C (−1029 kJ)

Isso significa que é mais difícil retirar um elétron de Be do que de Li ou B. A energia é mais negativa para C do que para B, então é mais difícil remover um elétron de C do que de B.

**7.81** O tamanho diminui ao longo dessa série de elementos, enquanto sua massa aumenta. Desse modo, a massa por volume, a densidade, aumenta.

**7.83** (a) O elemento 113: [Rn]$5f^{14}6d^{10}7s^27p^1$
Elemento 115: [Rn]$5f^{14}6d^{10}7s^27p^3$
(b) O elemento 113 está no Grupo 3(com elementos como o boro e o alumínio), e o elemento 115 está no Grupo 15 (com elementos como o nitrogênio e o fósforo).
(c) c) Américio (Z = 95) + argônio (Z = 18) = elemento 113

**7.85** (a) Configuração eletrônica do enxofre

| ↑↓ | ↑↓ | ↑↓ ↑↓ ↑↓ | ↑↓ | ↑↓ ↑ ↑ |
|---|---|---|---|---|
| $1s$ | $2s$ | $2p$ | $3s$ | $3p$ |

(b) Um conjunto possível de números quânticos de um elétron $3p$ é:
$n = 3$, $\ell = 1$, $m_\ell = 1$ e $m_s = +1/2$
(c) S tem a menor energia de ionização e O tem o menor raio.

(d) S é menor que o íon $S^{2-}$

(e) 584 g $SCl_2$

(f) 10,0 g de $SCl_2$ é o reagente limitante, e 11,6 g de $SOCl_2$ pode ser produzido.

(g) $\Delta_f H°[SCl_2(g)] = -17,6$ kJ $mol^{-1}$

**7.87** (a) $Z*$ para F é 5,20; $Z*$ para Ne é 5,85. A carga nuclear efetiva aumenta de O para F para Ne. À medida que a carga nuclear efetiva aumenta, o raio atômico diminui, e a primeira energia de ionização aumenta.

(b) $Z*$ para um elétron $3d$ em Mn é 5,6; para um elétron $4s$ é apenas 3,6. A carga nuclear efetiva experimentada por um elétron $4s$ é muito menor que a experimentada por um elétron $3d$. Um elétron $4s$ em Mn é, assim, mais facilmente removido.

# Capítulo 8

## Verifique Seu Entendimento

**8.1**

$$H-\underset{\underset{:\overset{..}{Cl}:}{|}}{\overset{\overset{H}{|}}{C}}-H \quad :\overset{..}{\underset{..}{O}}-\overset{..}{\underset{..}{O}}: \quad H-\overset{\overset{H}{|}}{N}-\overset{..}{\underset{..}{O}}-H$$

**8.2** $:C\equiv O:$

**8.3**

$$\left[ H-\overset{\overset{H}{|}}{\underset{\underset{H}{|}}{N}}-H \right]^{+} \quad [:N\equiv O:]^{+} \quad \left[ :\overset{..}{\underset{..}{O}}-\overset{\overset{:\overset{..}{O}:}{|}}{\underset{\underset{:\overset{..}{O}:}{}}{S}}-\overset{..}{\underset{..}{O}}: \right]^{2-}$$

**8.4**

$$H-\underset{\underset{H}{|}}{\overset{\overset{H}{|}}{C}}-\overset{..}{\underset{..}{O}}-H \qquad H-\overset{\overset{H}{|}}{N}-\overset{..}{\underset{..}{O}}-H$$

metanol           hidroxilamina

**8.5** (a) $CN^-$: carga formal em C é –1; carga formal em N é 0.

(b) $SO_3^{2-}$: carga formal em S é +1; carga formal em cada O é –1.

**8.6** Estruturas de ressonância do íon $HCO_3^-$:

$$\left[ \overset{..}{\underset{\underset{:O-H}{|}}{O}}=C-\overset{..}{\underset{..}{O}}: \right]^{-} \longleftrightarrow \left[ :\overset{..}{\underset{\underset{:O-H}{|}}{O}}-C=\overset{..}{\underset{..}{O}} \right]^{-}$$

(a) Não. Três estruturas de ressonância são necessárias na descrição de $CO_3^{2-}$; apenas duas são necessárias para descrever $HCO_3^-$.

(b) Em cada estrutura de ressonância: a carga formal de carbono é 0; o oxigênio do grupo —OH e o oxigênio duplamente ligado têm uma carga formal de zero; o oxigênio ligado isoladamente tem carga formal de –1. A carga formal média nos dois últimos átomos de oxigênio é – ½. No íon carbonato, cada um dos três átomos de oxigênio tem uma carga formal média de –⅔.

(c) Espera-se que $H^+$ adicione a um dos oxigênios uma carga formal negativa; Isso é, um dos átomos de oxigênio com carga formal de –½ nesta estrutura.

**8.7** $\left[ :\overset{..}{\underset{..}{F}}-\overset{..}{\underset{..}{Cl}}-\overset{..}{\underset{..}{F}}: \right]^{+}$ $ClF_2^+$, 2 pares de ligação e 2 pares isolados.

$\left[ :\overset{..}{\underset{..}{F}}-\overset{..}{\underset{..}{Cl}}-\overset{..}{\underset{..}{F}}: \right]^{-}$ $ClF_2^-$, 2 pares de ligação e 3 pares isolados.

**8.8** Geometria tetraédrica em torno do carbono. O ângulo de ligação Cl—C—Cl estará perto de 109,5°.

**8.9** Para cada espécie, arranjo e a geometria moleculares são as mesmas. $BF_3$: trigonal planar; $BF_4^-$: tetraédrica. Adicionando-se $F^-$ a $BF_3$ soma um par de elétrons ao átomo central e a forma se altera.

**8.10** A geometria do par de elétrons ao redor de I é bipirâmide trigonal. A geometria molecular do íon é linear.

$$\left[ \overset{:\overset{..}{Cl}:}{\underset{:\overset{..}{Cl}:}{\overset{|}{\underset{|}{:I}}}} \right]^{-}$$

**8.11** (a) O átomo de H é o polo positivo em cada caso. H—F ($\Delta\chi = 1,8$) é mais polar que H—I ($\Delta\chi = 0,5$).

(b) O átomo de B é o polo positivo em cada caso. B—F ($\Delta\chi = 2,0$) é mais polar que B—C ($\Delta\chi = 0,5$).

(c) C—Si ($\Delta\chi = 0,6$) é mais polar que C—S ($\Delta\chi = 0,1$). Em C—Si, C é o polo negativo, e Si é o polo positivo. Em C—S, S é o polo negativo, e C é o polo positivo.

**8.12** 16 elétrons de valência

$$[:S\equiv C-\overset{..}{N}:]^{-} \longleftrightarrow [:\overset{..}{S}=C=\overset{..}{N}:]^{-} \longleftrightarrow [:\overset{..}{S}-C\equiv N:]^{-}$$

Cargas formais   + 0 2-        0 0 –        – 0 0

As considerações da carga formal favorecerem a estrutura do meio porque ela tem menos carga formal do que a estrutura da esquerda e, ao contrário da estrutura da direita, ela tem a carga formal negativa no átomo mais eletronegativo no íon.

Polaridade da ligação: para a ligação C—N, $\Delta\chi = 0,5$, então essa ligação é polar e deve ter um C parcialmente positivo e um N parcialmente negativo. Para a ligação C—S, $\Delta\chi = 0,1$, então essa ligação deve ser apenas ligeiramente polar com um C parcialmente positivo e um S parcialmente negativo.

Comparação da carga formal e da polaridade da ligação: a ligação em $SCN^-$ será mais próxima da estrutura de ressonância do meio com uma contribuição menor da estrutura de ressonância do lado direito. Disso concluímos que tanto N quanto S terão uma carga formal negativa, com N tendo o valor mais negativo. As polaridades das ligações C—N e C—S correspondem a essa descrição, com N e S sendo a extremidade negativa de cada ligação polar.

**8.13** (a) $BFCl_2$, lado negativo, polar, é o átomo F porque F é o átomo mais eletronegativo na molécula.

$$\overset{F}{\underset{Cl\,\,\,\,\,\,Cl}{\overset{|}{B}}} \uparrow +$$

(b) $NH_2Cl$, lado negativo, polar, é o átomo de Cl.

$$\overset{\delta-}{Cl}\diagdown\overset{N}{\diagup}\cdots H^{\delta+} \\ \underset{H^{\delta+}}{}$$

(c) $SCl_2$, polar, os átomos de Cl estão no lado negativo.

$$\overset{\cdot\cdot}{\underset{\delta-}{Cl}} \overset{\overset{\cdot\cdot}{S}}{\underset{}{}} \underset{\delta+}{} \underset{\delta-}{\overset{\cdot\cdot}{Cl}} \;\downarrow$$

**8.14** (a)

$$:\overset{\cdot\cdot}{\underset{}{O}}:$$
$$:\overset{\cdot\cdot}{Cl}\!-\!\overset{\mid}{S}\!-\!\overset{\cdot\cdot}{Cl}:$$

Cargas formais: $S = +1$, $O = -1$, $Cl = 0$

(b) Geometria: piramidal trigonal. A molécula é polar. A carga positiva está no enxofre, a carga negativa, no oxigênio.

**8.15** $CH_4(g) + 2O_2(g) \rightarrow CO_2(g) + 2H_2O(g)$

Quebre 4 ligações C—H e 2 ligações O=O: (4 mol) $(413kJ\ mol^{-1}) + (2\ mol)\ (498\ kJ\ mol^{-1}) = 2648\ kJ$

Faça 2 ligações C=O e 4 ligações H—O: (2 mol) $(803kJ\ mol^{-1}) + (4\ mol)\ (463kJ\ mol^{-1}) = 3458\ kJ$

$\Delta_rH° = 2648\ kJ - 3458\ kJ = -810\ kJ$ (mol de reação)$^{-1}$ (valor calculado usando as entalpias de formação = $-802kJ$ (mol de reação)$^{-1}$

## Aplicando os Princípios Químicos

### 8.1 Ibuprofeno, um Estudo de Caso em Química Verde

1. As estruturas de Lewis para as partes principais das moléculas nas quais a reação ocorre são as seguintes:

$$\begin{array}{c} H \\ \diagdown \overset{\cdot\cdot}{\underset{\cdot\cdot}{O}} \\ / \\ CH \\ | \end{array} + \; :C\equiv O: \;\rightarrow\; \begin{array}{c} \overset{\cdot\cdot}{\underset{\cdot\cdot}{O}}\;\;\overset{H}{\overset{|}{\underset{\cdot\cdot}{O}}} \\ \diagdown / \\ C \\ | \\ CH \\ | \end{array}$$

Ligações rompidas: 1 C—O e 1 C≡O

(1 mol C—O/1 mol de reação)(358 kJ mol$^{-1}$ C—O) + (1 mol C≡O/1 mol de reação)(1046 kJ mol$^{-1}$ C≡O) = 1404 kJ (mol de reação)$^{-1}$

Ligações formadas: 1 C—C, 1 C=O e 1 C—O

(1 mol C—C/1 mol de reação)(346 kJ mol$^{-1}$ C—C) + (1 mol C=O/1 mol de reação)(745 kJ mol$^{-1}$ C=O) + (1 mol C—O/1 mol de reação)(358 kJ mol$^{-1}$ C—O) = 1449 kJ (mol de reação)$^{-1}$

$\Delta_rH° \approx 1404$ kJ (mol de reação)$^{-1}$ − 1449 kJ (mol de reação)$^{-1}$ = −45 kJ (mol de reação)$^{-1}$

A reação é prevista como sendo exotérmica.

2. Todos os átomos do ibuprofeno têm uma carga formal de zero.

3. A ligação mais polar na molécula é O—H.

4. A molécula não é simétrica e, assim, é polar.

5. A ligação mais curta na molécula é O—H.

6. A ligação C=O tem a maior ordem de ligação. As ligações C=C no anel têm uma ordem de 1,5.

7. Sim, existem ângulos de ligação de 120° presentes: os ângulos de ligação ao redor dos átomos de C no anel e aqueles em torno do átomo de C no grupo —$CO_2H$ são todos de 120°. Não há ângulos de 180° nesta molécula.

8. Há um grupo ácido no ibuprofeno (—$CO_2H$), por conseguinte, 1 mol de ibuprofeno reagirá com 1 mol de NaOH.

200,0 mg de ibuprofeno (1 g/1000 mg)(1 mol ibuprofeno/206,3 g ibuprofeno)(1 mol NaOH/1 mol ibuprofeno)(1 L/0,0259 mol NaOH)(1000 mL/1 L) = 37,4 mL.

Portanto 37,4 mL da solução de NaOH seriam necessários.

### 8.2 Triângulos van Arkel e Ligações

1. (a) O CuZn é metálico.
   (b) GaAs e BP são semicondutores. As e B são semimetais; Ga e P não são. Em ambos os compostos, apenas um elemento é um semimetal.
   (c) $Mg_3N_2$ e $SrBr_2$ são iônicos. Ambos são constituídos de um metal combinado com um ametal.
   (d) Ligação covalente
   (e) $SBr_2$ e $C_3N_4$ são covalentes. Ambos os elementos nos compostos são ametais.

2. A diferença de eletronegatividade entre o Be(1,6) e o Cl(3,2) é 1,6. A eletronegatividade média dos dois é 2,4. Localize na figura o ponto para este composto, o qual está no limite entre compostos iônicos (vermelho) e covalentes (amarelo).

### 8.3 Aplicando os Princípios Químicos: Linus Pauling e a Origem do Conceito de Eletronegatividade

1. Usando as entalpias de dissociação da ligação médias:
   $\chi_{Cl} - \chi_H = 0,102[\Delta_{diss}H(HCl) - (\Delta_{diss}H(HH) + \Delta_{diss}H(ClCl))/2]^{1/2}$
   $= 0,102[432kJ\ mol^{-1} - (436\ kJ\ mol^{-1} + 242kJ\ mol^{-1})/2]^{1/2} = 0,98$

   De acordo com a Figura 8.11, $\chi_{Cl} - \chi_H = 1,0$

2. $\chi_N - \chi_I = 0,102[\Delta_{diss}H(NI) - (\Delta_{diss}H(NN) + \Delta_{diss}H(II))/2]^{1/2}$
   $3,0 - 2,7 = 0,102[x - (163kJ\ mol^{-1} + 151\ kJ\ mol^{-1})/2]^{1/2}$
   $x = 200$ kJ mol$^{-1}$

3. $\chi_S = 1,97 \times 10{-}3(EI - \Delta_{AE}H) + 0,19$
   $= 1,97 \times 10{-}3(1000\ kJ\ mol^{-1} - -200,41\ kJ\ mol^{-1}) + 0,19$
   $= 2,55$

   Isso está em boa concordância com o valor de 2,6 da Figura 8.11.

## Questões para Estudo

**8.1.** (a) Grupo 16, 6 elétrons no nível de valência
   (b) Grupo 13, 3 elétrons no nível de valência
   (c) Grupo 1, 1 elétron no nível de valência
   (d) Grupo 2, 2 elétrons no nível de valência
   (e) Grupo 17, 7 elétrons no nível de valência
   (f) Grupo 16, 6 elétrons no nível de valência

**8.3** Grupo 14, quatro ligações
   Grupo 15, três ligações (de um composto neutro)
   Grupo 16, duas ligações (de um composto neutro)
   Grupo 17, uma (de um composto neutro)

**8.5** (a) $NF_3$, 26 elétrons de valência

$$:\overset{\cdot\cdot}{F}\!-\!\overset{\mid}{N}\!-\!\overset{\cdot\cdot}{F}:$$
$$:\overset{\cdot\cdot}{\underset{\cdot\cdot}{F}}:$$

   (b) $ClO_3^-$, 26 elétrons de valência

$$\left[ :\overset{\cdot\cdot}{\underset{\cdot\cdot}{O}}\!-\!\overset{\mid}{\underset{|}{Cl}}\!-\!\overset{\cdot\cdot}{\underset{\cdot\cdot}{O}}: \atop :\overset{\cdot\cdot}{\underset{\cdot\cdot}{O}}: \right]^-$$

(c) HOBr, 14 elétrons de valência

H—Ö—Br̈:

(d) SO₃²⁻, 26 elétrons de valência

[:Ö—S—Ö:]²⁻
   |
  :Ö:

**8.7** (a) CHClF₂, 26 elétrons de valência

       H
       |
:C̈l—C—F̈:
       |
      :F̈:

(b) CH₃CO₂H, 24 elétrons de valência

   H  :O:
   |   ‖
H—C—C—Ö—H
   |
   H

(c) CH₃CN, 16 elétrons de valência

   H
   |
H—C—C≡N:
   |
   H

(d) H₂CCCH₂, 16 elétrons de valência

   H      H
   |      |
H—C=C=C—H

**8.9** (a) SO₂, 18 elétrons de valência

:Ö—S̈=Ö ⟷ Ö=S̈—Ö:

(b) HNO₂, 18 elétrons de valência

H—Ö—N̈=Ö

(c) SCN⁻, 16 elétrons de valência

H—S̈=C=N̈ ⟷ H—S≡C—N̈: ⟷ H—S̈—C≡N

**8.11** (a) BrF₃, 28 elétrons de valência

:F̈:
|
:Br—F̈:
|
:F̈:

(b) I₃⁻, 22 elétrons de valência

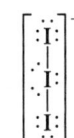

(c) XeO₂F₂, 34 elétrons de valência

:F̈:
|
:Ö—Xe—Ö:
|
:F̈:

(d) XeF₃⁺, 28 elétrons de valência

:F̈:
|
:Xe—F̈:
|
:F̈:

**8.13** (a) N = 0; H = 0
(b) P = +1; O = −1
(c) B = −1; H = 0
(d) Todos são zero.

**8.15** (a) N = +1; O = 0
(b) O N central é 0. O átomo de O ligado isoladamente é o −1, e o átomo de oxigênio com ligação dupla é 0.

[:Ö—N̈=Ö]⁻ ⟷ [Ö=N̈—Ö:]⁻

(c) N e F ambos são 0.
(d) O átomo central N é +1, um dos átomos de O é −1, e os outros dois átomos de O e o átomo de H são todos 0.

      0  +1  0
H—Ö—N=Ö
      |
     :Ö:
      −1

**8.17** (a) A geometria de par eletrônico em torno de N é tetraédrica. A geometria molecular é piramidal trigonal.

:C̈l—N—H
      |
      H

(b) A geometria do par eletrônico em torno de O é tetraédrica. A geometria molecular é dobrada.

:C̈l—Ö—C̈l:

(c) A geometria do par eletrônico em torno de C é linear. A geometria molecular é linear.

[S̈=C=N̈]⁻

(d) A geometria do par eletrônico em torno de O é tetraédrica. A geometria molecular é dobrada.

H—Ö—F̈:

**8.19** (a) A geometria do par eletrônico em torno de C é linear. A geometria molecular é linear.

Ö=C=Ö

(b) A geometria do par eletrônico em torno de N é trigonal planar. A geometria molecular é dobrada.

[:Ö—N̈=Ö]⁻

(c) A geometria do par eletrônico em torno de O é trigonal planar. A geometria molecular é dobrada.

Ö=Ö—Ö:

(d) A geometria do par eletrônico em torno de Cl é tetraédrica. A geometria molecular é dobrada.

[:Ö—C̈l—Ö:]⁻

Todos têm dois átomos ligados ao átomo central. Como a ligação e os pares isolados variam, as geometrias dos pares eletrônicos variam de linear para tetraédrica, e as geometrias moleculares variam de linear para dobrada.

**8.21** (a) A geometria do par eletrônico em torno de Cl é bipirâmide trigonal. A geometria molecular é linear.

$$[\ddot{\text{F}}\!-\!\text{Cl}\!-\!\ddot{\text{F}}]^{-}$$

(b) A geometria do par eletrônico em torno de Cl é bipirâmide trigonal. A geometria molecular é em forma de T.

$$\ddot{\text{F}}\!-\!\text{Cl}\!-\!\ddot{\text{F}}$$
$$|$$
$$\ddot{\text{F}}$$

(c) A geometria do par eletrônico em torno de Cl é octaédrica. A geometria molecular é quadrática plana.

$$\left[\begin{array}{c}\ddot{\text{F}}\\ |\\ \ddot{\text{F}}\!-\!\text{Cl}\!-\!\ddot{\text{F}}\\ |\\ \ddot{\text{F}}\end{array}\right]$$

(d) A geometria do par eletrônico em torno de Cl é octaédrica. A geometria molecular é piramidal quadrada.

$$\begin{array}{c}\ddot{\text{F}}\\\text{F}\diagdown\,|\,\diagup\text{F}\\ \text{Cl}\\ \text{F}\diagup\,\diagdown\text{F}\end{array}$$

**8.23** (a) Ângulo O—S—O ideal = 120°
(b) 120°
(c) 120°
(d) H—C—H = 109° e ângulo C—C—N = 180°

**8.25** 1 = 120°; 2= 109°; 3= 120°; 4 = 109°; 5 = 109°

A cadeia não pode ser linear, porque os primeiros dois átomos de carbono na cadeia têm ângulos de ligação de 109° e o último tem um ângulo de ligação de 120°. Esses ângulos de ligação não levam a uma cadeia linear.

**8.27**

$$\overset{\longrightarrow}{\underset{+\delta \quad -\delta}{\text{C—O}}} \qquad \overset{\longrightarrow}{\underset{+\delta \quad -\delta}{\text{C—N}}}$$

CO é mais polar

$$\overset{\longrightarrow}{\underset{+\delta \quad -\delta}{\text{P—Cl}}} \qquad \overset{\longrightarrow}{\underset{+\delta \quad -\delta}{\text{P—Br}}}$$

PCl é mais polar

$$\overset{\longrightarrow}{\underset{+\delta \quad -\delta}{\text{B—O}}} \qquad \overset{\longrightarrow}{\underset{+\delta \quad -\delta}{\text{B—S}}}$$

BO é mais polar

$$\overset{\longrightarrow}{\underset{+\delta \quad -\delta}{\text{B—F}}} \qquad \overset{\longrightarrow}{\underset{+\delta \quad -\delta}{\text{B—I}}}$$

BF é mais polar

**8.29** (a) As ligações CH e CO são polares.
(b) A ligação CO é mais polar, e O é o átomo mais negativo.

**8.31** (a) OH⁻: A carga formal em O é –1 e em H é 0.

(b) BH₄⁻: mesmo que a carga formal em B seja –1 e em H seja 0, H é um pouco mais eletronegativo do que B. Os quatro átomos de H, portanto, são mais propensos a terem a carga –1 do íon. As ligações BH são polares com o átomo de H na extremidade negativa.

(c) As ligações CH e CO são polares (mas a ligação C—C não é). A carga negativa nas ligações CO estão em átomos de O.

**8.33** A estrutura C é a mais razoável. As cargas são as menores possíveis, e a carga negativa reside no átomo mais eletronegativo.

$$\overset{-2\;\;+1\;\;+1}{:\ddot{\text{N}}\!-\!\text{N}\!\equiv\!\text{O}:}\longleftrightarrow\overset{-1\;\;+1\;\;0}{\ddot{\text{N}}\!=\!\text{N}\!=\!\ddot{\text{O}}}\longleftrightarrow\overset{0\;\;+1\;\;-1}{:\text{N}\!\equiv\!\text{N}\!-\!\ddot{\text{O}}:}$$
$$\text{A}\qquad\qquad\text{B}\qquad\qquad\text{C}$$

**8.35** Estruturas de Lewis:

$$\left[\begin{array}{c}\ddot{\text{O}}\!=\!\text{C}\!-\!\ddot{\text{O}}\!-\!\text{H}\\ |\\ :\ddot{\text{O}}:\end{array}\right]^{-}\longleftrightarrow\left[\begin{array}{c}:\ddot{\text{O}}\!-\!\text{C}\!-\!\ddot{\text{O}}\!-\!\text{H}\\ \|\\ :\text{O}:\end{array}\right]^{-}$$

$$\begin{array}{c}\ddot{\text{O}}\!=\!\text{N}\!-\!\ddot{\text{O}}\!-\!\text{H}\\ |\\ :\ddot{\text{O}}:\end{array}\longleftrightarrow\begin{array}{c}:\ddot{\text{O}}\!-\!\text{N}\!-\!\ddot{\text{O}}\!-\!\text{H}\\ \|\\ :\text{O}:\end{array}$$

(a) Estas espécies são isoeletrônicas.
(b) Cada uma tem duas estruturas principais de ressonância.
(c) Em HCO₃⁻, o H, o C e o O ligados ao H têm uma carga formal de 0. Cada um dos outros átomos de oxigênio tem uma carga formal de –¹/₂.
Em HNO₃, as mesmas cargas formais estão presentes como em HCO₃⁻, exceto que o N central tem uma carga formal de +1.
(d) HNO₃ é muito mais ácido que HCO₃⁻. Isso se deve, em parte, à eletrostática simples. É muito mais fácil remover uma espécie de carga positiva (H⁺) de uma espécie neutra (HNO₃) do que de uma carregada negativamente (HCO₃⁻).

**8.37** (a)

$$\left[\overset{-1\;\;\;0\;\;\;0}{:\ddot{\text{O}}\!-\!\text{N}\!=\!\ddot{\text{O}}}\right]^{-}\longleftrightarrow\left[\overset{0\;\;\;0\;\;-1}{\ddot{\text{O}}\!=\!\text{N}\!-\!\ddot{\text{O}}:}\right]^{-}$$

(b) Se um íon H⁺ fosse atacar NO₂⁻, ele se anexaria a um átomo de O, porque os átomos de O suportam a carga negativa nesse íon.

(c) $\text{H}\!-\!\ddot{\text{O}}\!-\!\ddot{\text{N}}\!=\!\ddot{\text{O}}:\longleftrightarrow:\ddot{\text{O}}\!-\!\ddot{\text{N}}\!=\!\ddot{\text{O}}\!-\!\text{H}$

A estrutura do lado esquerdo é fortemente favorecida porque todos os átomos possuem carga formal zero, ao passo que a estrutura da direita tem carga formal –1 em um átomo de oxigênio (*à esquerda*) e carga formal +1 em outro (*à direita*).

**8.39** (i) As cargas mais polares estão em H₂O (porque O e H têm a maior diferença de eletronegatividade).
(ii) Apolares: CO₂ e CCl₄.
(iii) O átomo de F é mais negativamente carregado.

**8.41** (a) BeCl₂, nenhuma molécula polar linear.
(b) HBF₂, molécula trigonal planar polar com átomos de F sobre a extremidade negativa do dipolo e o átomo de H na extremidade positiva.

(c) $CH_3Cl$, molécula tetraédrica polar. O átomo de Cl está ligado à extremidade negativa do dipolo e os três átomos de H estão no lado positivo da molécula.

(d) $SO_3$, uma molécula trigonal planar apolar.

**8.43** (a) Duas ligações C—H, a ordem da ligação é 1; 1 ligação C=O, ordem da ligação é 2.

(b) Três ligações S—O simples, ordem da ligação é 1.

(c) Duas ligações duplas nitrogênio-oxigênio, ordem de ligação é 2.

(d) Uma ligação dupla N=O, ordem de ligação é 2; uma ligação N—Cl, ordem de ligação é 1.

**8.45** (a) B—Cl

(b) C—O

(c) P—O

(d) C=O

**8.47** Ordens da ligação NO: 2em $NO_2^+$; 1,5 em $NO_2^-$; 1,33em $NO_3^-$. A ligação NO é mais longa em $NO_3^-$ e mais curta em $NO_2^+$.

**8.49** A ligação CO no monóxido de carbono é uma ligação tripla, por isso, ela é mais curta e mais forte do que a ligação dupla CO em $H_2CO$.

**8.51** Usando os dados da entalpia de dissociação da ligação, $\Delta_r H° \approx -44$ kJ (mol de reação)$^{-1}$. Usando dados $\Delta_f H°$, $\Delta_r H° = -45,9$ kJ (mol de reação)$^{-1}$.

**8.53** $\Delta_r H = -126$ kJ

**8.55** A energia de dissociação da ligação O—F = 192kJ mol$^{-1}$

**8.57**

| Elemento | Número de Elétrons de Valência |
|---|---|
| Li | 1 |
| Ti | 4 |
| Zn | 2 |
| Si | 4 |
| Cl | 7 |

**8.59** $SeF_4$, $BrF_4^-$, $XeF_4$

**8.61**

$$\left[\begin{array}{c} :O: \\ \parallel \\ H-C-O: \end{array}\right]^- \longleftrightarrow \left[\begin{array}{c} :O: \\ \vert \\ H-C=O \end{array}\right]^-$$

Ordem da ligação = 3/2

**8.63** Para estimar a variação de entalpia, precisamos das entalpias de dissociação da ligação das seguintes ligações: O=O, H—H e H—O.

$\Delta H$ para quebrar as ligações $\approx 498$ kJ (para O=O) + 2× 436 kJ (para H—H) = +1370 kJ

$\Delta H$ desenvolvida quando as ligações são feitas $\approx 4 \times 463$kJ (para O—H) = −1852KJ

$\Delta_r H \approx -482$kJ

**8.65** Todas as espécies da série têm 16 elétrons de valência e todas são lineares.

(a) $\ddot{O}=C=\ddot{O} \longleftrightarrow :\ddot{O}-C\equiv O: \longleftrightarrow :O\equiv C-\ddot{O}:$

(b)

$$\left[\ddot{N}=N=\ddot{N}\right]^- \longleftrightarrow \left[:\ddot{N}-N\equiv N:\right]^- \longleftrightarrow \left[:N\equiv N-\ddot{N}:\right]^-$$

(c)

$$\left[\ddot{O}=C=\ddot{N}\right]^- \longleftrightarrow \left[:\ddot{O}-C\equiv N:\right]^- \longleftrightarrow \left[:O\equiv C-\ddot{N}:\right]^-$$

**8.67** As ligações N—O em $NO_2^-$ têm uma ordem de ligação de 1,5, enquanto em $NO_2^+$ a ordem da ligação é 2. As ligações mais curtas (110 pm) são as ligações NO com a ordem de ligação mais alta ($NO_2^+$), enquanto as cargas mais longas (124 pm) em $NO_2^-$ têm uma ordem de ligação inferior.

**8.69** O ângulo de ligação de F—Cl—F em $ClF_2^+$, que tem uma geometria tetraédrica de par de elétrons, é de aproximadamente 109°.

$$\left[:\ddot{F}-\ddot{Cl}-\ddot{F}:\right]^+$$

O íon $ClF_2^-$ tem uma geometria de par de elétron bipirâmide trigonal com átomos de F nas posições axiais e os pares isolados nas posições equatoriais. Portanto, o ângulo de F—C—F é de 180°.

$$\left[:\ddot{F}-\ddot{Cl}-\ddot{F}:\right]^-$$

O ânion $ClF_2^-$ tem o ângulo de ligação maior.

**8.71** Um íon $H^+$ se juntará a um átomo de O de $SO_3^{2-}$ e não ao átomo de S. Cada um dos átomos de O tem uma carga formal de −1, enquanto a carga formal do átomo de S é +1.

$$\left[\begin{array}{c} :\ddot{O}-S-\ddot{O}: \\ \vert \\ :O: \end{array}\right]^{2-}$$

**8.73** (a) O cálculo das entalpias de dissociação da ligação: $\Delta_r H° = -1070$ kJ (mol de reação)$^{-1}$; $\Delta H° = -535$ kJ mol$^{-1}$ $CH_3OH$

(b) Cálculo de dados termoquímicos: $\Delta_r H° = -1352,3$kJ mol$^{-1}$; $\Delta H° = -676$ kJ mol$^{-1}$ $CH_3OH$

**8.75** (a)

$$\left[:C\equiv N-\ddot{O}:\right]^- \longleftrightarrow \left[:\ddot{C}=N=\ddot{O}:\right]^- \longleftrightarrow \left[:\ddot{C}-N\equiv O:\right]^-$$
$$\phantom{xxx}-1\ +1\ -1 \phantom{xxxxxxx} -2\ +1\ \ 0 \phantom{xxxxxxx} -3\ +1\ +1$$

(b) A estrutura da primeira ressonância é a mais razoável porque o oxigênio, o átomo mais eletronegativo, tem carga formal negativa, e a carga negativa desfavorável no átomo menos eletronegativo, o carbono, é menor.

(c) Essa espécie é tão instável porque o carbono, o elemento menos eletronegativo no íon, tem uma carga formal negativa. Além disso, todas as três estruturas de ressonância têm uma distribuição de carga desfavorável.

**8.77**

(a) $XeF_2$ tem três pares de elétrons em torno do átomo Xe. A geometria do par de elétrons é bipirâmide trigonal. Já que pares isolados exigem mais espaço do que pares de ligações, é melhor colocar os pares isolados no equador da bipirâmide, onde os ângulos entre eles são de 120°.

(b) Como $XeF_2$, $ClF_3$ tem uma geometria de par de elétrons bipirâmide trigonal, mas com apenas dois pares de elétrons ao redor do Cl. Estes são de novo colocados no plano equatorial, onde o ângulo entre eles é de 120°.

**8.79** (a) Ângulo 1 = 109°; ângulo 2= 120°; ângulo 3= 109°; ângulo 4 = 109°; e ângulo 5 = 109°

(b) A ligação O—H é a mais polar.

**8.81** $\Delta_r H$ = +146 kJ = $2(\Delta H_{C-N})$ + $\Delta H_{C=O}$ −

$$[\Delta H_{N-N} + \Delta H_{C=O}]$$

**8.83** (a) Duas ligações C—H e uma O=O são quebradas e duas ligações O—C e duas H—O são feitas na reação. $\Delta_r H$ = –318 kJ. A reação é exotérmica.

(b) Tanto a hidroxiacetona quanto a acetona são polares.

(c) Os átomos de hidrogênio O—H são os mais positivos na di-hidroxiacetona.

**8.85** (a) A ligação C=C é mais forte do que a ligação C—C.

(b) A ligação simples C—C é maior que a ligação dupla C=C.

(c) O etileno é apolar, enquanto a acroleína é polar.

(d) A reação é exotérmica ($\Delta_r H$ = –45 kJ).

**8.87** $\Delta_r H$ = –211 kJ

**8.89** O metanol é um solvente polar. Ele contém duas ligações de polaridade significativa, a ligação C—O e a ligação O—H. Os átomos de C—O—H estão numa configuração dobrada, o que leva a uma molécula polar. O tolueno contém apenas átomos de carbono e hidrogênio, que têm eletronegatividades semelhantes e que estão dispostos em geometrias planares tetraédricas ou trigonais, que levam a uma molécula que é, em grande parte, apolar.

**8.91** (a)

$$
\begin{array}{ccc}
& H & H \\
& | & | \\
H-\!\!\!\! & C-\ddot{S}-C & -H \\
& | & | \\
& H & H
\end{array}
$$

Os ângulos de ligação são todos de aproximadamente 109°.

(b) O átomo de enxofre deve ter uma carga parcial ligeiramente negativa, e os carbonos devem ter cargas parciais ligeiramente positivas. A molécula tem uma forma curva e é polar.

(c) $1,6 \times 10^{18}$ moléculas

**8.93** (a) C=O (Com base na diferença nas eletronegatividades, a ligação C=O é ligeiramente mais polar que a ligação N—H.)

(b) Previsto = 120° (Real = 124°)

(c) Previsto = 120° (Real = 113°)

(d) Aproximadamente 109,5° (ligeiramente menor, similar aos ângulos de ligação H—N—H na amônia)

**8.95** (a) $P_4 + 6Cl_2 \rightarrow 4PCl_3$

(b) $\Delta_r H$ = –1206,9 kJ (mol de reação)$^{-1}$

(c) Ligações rompidas: 6 mol P—P, 6 mol Cl—Cl

Ligações formadas: 12 mol P—Cl

$\Delta H_{P-Cl}$ = 322kJ mol$^{-1}$; o valor na Tabela 8.9 é 326 kJ mol$^{-1}$

**8.97** (a) Moléculas de elétrons ímpares: BrO (13elétrons)

(b) $Br_2(g) \rightarrow 2Br(g)$      $\Delta_r H$ = +193kJ

$2Br(g) + O_2(g) \rightarrow 2BrO(g)$     $\Delta_r H$ = +96 kJ

$BrO(g) + H_2O(g) \rightarrow HOBr(g) + OH(g)$

$\Delta_r H$ = 0 kJ

(c) $\Delta_f H$ [HOBr(g)] = –101 kJ mol$^{-1}$

(d) As reações no item (b) são endotérmicas, e a entalpia de formação na parte (c) é exotérmica.

# Capítulo 9

## Verifique Seu Entendimento

**9.1** Os átomos de carbono e nitrogênio em $CH_3NH_2$ são hibridizados $sp^3$. As ligações C—H surgem através da sobreposição dos orbitais $sp^3$ do carbono e $1s$ do hidrogênio. A ligação entre C e N é formada pela sobreposição de orbitais $sp^3$ a partir desses átomos. A sobreposição dos orbitais $sp^3$ do nitrogênio e $1s$ do hidrogênio dá as duas ligações N—H, e há um par isolado no orbital $sp^3$ do nitrogênio remanescente.

**9.2** (a) $sp^3$

(b) (da esquerda para a direita) $sp^2$, $sp^2$, $sp^3$

(c) $sp^2$

**9.3** Os dois átomos de carbono $CH_3$ são hibridizados em $sp^3$, e o átomo de carbono central é hibridizado em $sp^2$. Para cada um dos átomos de carbono nos grupos metilo, a sobreposição dos orbitais $sp^3$ com os orbitais $1s$ do hidrogênio forma as três ligações C—H, e o quarto orbital $sp^3$ sobrepõe com um orbital $sp^2$ no átomo do carbono central, formando uma ligação sigma carbono-carbono. A sobreposição de um orbital $sp^2$ no carbono central e um orbital $sp^2$ no oxigênio dão a ligação sigma entre esses elementos. A ligação $\pi$ entre carbono e oxigênio surge pela sobreposição de um orbital $p$ de cada elemento.

**9.4** $H_2^+$: $(\sigma_{1s})^1$ O íon tem uma ordem de ligação de ½ e espera-se que exista. Uma ordem de ligação de ½ é prevista para $He_2^+$ e $H_2^-$, sendo previsto que ambos tenham as seguintes configurações de elétrons $(\sigma_{1s})^2(\sigma^*_{1s})^1$.

**9.5** É previsível que $Li_2^-$ tenha a seguinte configuração eletrônica $(\sigma_{1s})^2(\sigma^*_{1s})^2(\sigma_{2s})^2(\sigma^*_{2s})^1$ e uma ordem de ligação de ½; o valor positivo implica que o íon pode existir.

**9.6** $O_2^+$: [elétrons mais internos] $(\sigma_{2s})^2(\sigma^*_{2s})^2(\sigma_{2p})^2(\pi_{2p})^4(\pi^*_{2p})^1$. A ordem da ligação é 2,5. O íon é paramagnético com um elétron não emparelhado.

## Aplicando os Princípios Químicos

**9.1** Pesquisando Moléculas com Espectroscopia de Fotoelétrons

1. Metal

2. $E = h\nu = hc/\lambda = (6,626 \times 10^{-34}$ J · s)$(2,998 \times 10^8$ m s$^{-1}$)/
$$(58,4 \times 10^{-9} \text{ m})$$
$$= 3,401 \times 10^{-18} \text{ J fóton}^{-1}$$
$(3,401 \times 10^{-18}$ J fóton$^{-1}$)$(6,022 \times 10^{23}$ fótons mol$^{-1}$)
$= 2,05 \times 10^6$ J mol$^{-1}$ = $2,05 \times 10^3$ kJ mol$^{-1}$

3. $\sigma_{2p}$

4. $E = h\nu = 3,401 \times 10^{-18}$ J do problema 2.
$IE = h\nu - KE = 3,401 \times 10^{-18}$ J $- 4,23 \times 10^{-19}$ J
$= 2,978 \times 10^{-18}$ J elétron$^{-1}$
$(2,978 \times 10^{-18}$ J elétron$^{-1}$)$(6,022 \times 10^{23}$ elétrons mol$^{-1}$)
$(1$ kJ/1000 J)
$= 1,79 \times 10^3$ kJ mol$^{-1}$
$(2,978 \times 10{-18}$ J)$(1$ eV/$1,60218 \times 10^{-19}$ J) = 18,6 eV

5. Os elétrons ejetados 15,6 eV e 16,7 eV vieram dos orbitais ligantes. A remoção de um elétron de um orbital ligante enfraquece a ligação e, portanto, resulta em um maior comprimento de ligação. O elétron ejetado 18,6 eV vem de um orbital antiligante.

### 9.2 Química Verde, Corantes Seguros e Orbitais Moleculares

**1.** $C_8H_4BrNO$

**2.** A energia por fóton é inversamente proporcional ao tamanho da onda. A luz absorvida pelo amarelo manteiga tem um comprimento de onda menor que o amarelo manteiga nitrado; portanto, o amarelo manteiga absorve mais energia luminosa do que o amarelo manteiga nitrado.

**3.** Púrpura tíria: 9
Amarelo manteiga nitrado: 8

## Questões para Estudo

**9.1** O par de elétrons e a geometria molecular de $CHCl_3$ são ambos tetraédricos. Cada ligação C—Cl é formada pela sobreposição de um orbital híbrido $sp^3$ no átomo de C com um orbital $3p$ em um átomo de Cl para formar uma ligação sigma. Uma ligação sigma C—H é formada pela sobreposição de um orbital híbrido $sp^3$ no átomo de C com um orbital $1s$ do átomo H.

**9.3**

Tanto N quanto O apresentam hibridização $sp^3$. Um dos orbitais $sp^3$ no N sobrepõe-se a um dos orbitais apresentando hibridização $sp^3$ no O.

**9.5**

As geometrias de par de elétrons e moleculares são ambas trigonais planares. O átomo de carbono apresenta hibridização $sp^2$. A ligação $\sigma$ entre C e O é formada pela sobreposição de um orbital híbrido $sp^2$ em C com um orbital híbrido $sp^2$ em O. A ligação $\pi$ é formada pela sobreposição de uma orbital $2p$ em C com um orbital $2p$ em O.

**9.7**

| | Geometria do Par Eletrônico | Geometria Molecular | Conjunto Orbital Híbrido |
|---|---|---|---|
| (a) | Trigonal plana | Trigonal plana | $sp^2$ |
| (b) | Linear | Linear | $sp$ |
| (c) | Tetraédrica | Tetraédrica | $sp^3$ |
| (d) | Trigonal plana | Trigonal plana | $sp^2$ |

**9.9** (a)  C, $sp^3$; O, $sp^3$
(b) $CH_3$, $sp^3$; do meio C, $sp^2$; $CH_2$, $sp^2$
(c) $CH_2$, $sp^3$; $CO_2H$, $sp^2$; N, $sp^3$

**9.11** Há 32elétrons de valência, tanto em $HPO_2F_2$ quanto em seu ânion. Ambos têm uma geometria tetraédrica molecular, então o átomo P em ambos apresenta hibridização $sp^3$.

**9.13** O átomo de C apresenta hibridização $sp^2$. Dois dos orbitais que apresentam hibridização $sp^2$ são usados para formar ligações $\sigma$ em C—Cl, e o terceiro é usado para formar a ligação $\sigma$ em C—O. O orbital $p$ não utilizado nos orbitais híbridos do átomo C é usado para formar a ligação pi em CO.

**9.15** A geometria de par de elétrons em torno do S é tetraédrica, e a geometria molecular é trigonal piramidal. Os átomos de S apresentam hibridização $sp^3$.

**9.17**

isômero *cis*          isômero *trans*

**9.19** íon $H_2^+$: $(\sigma_{1s})^1$. Ordem de ligação é 0,5. A ligação em $H_2^+$ é mais fraca que em $H_2$ (ordem de ligação = 1).

**9.21** Diagramas MO para o íon $C_2^{2-}$

(a) Há saldos de uma ligação $\sigma$ e duas ligações $\pi$.
(b) 3
(c) As descrições por LV e OM fornecem o mesmo resultado.
(d) A ordem de ligação aumenta de 2 para 3 indo do $C_2$ to $C_2^{2-}$.
(e) Não, ele é diamagnético.

**9.23** $O_2$: (elétrons mais internos)$(\sigma_{2s})^2(\sigma^*_{2s})^2(\sigma_{2p})^2(\pi_{2p})^4(\pi^*_{2p})^2$
$O_2^{2-}$: (elétrons mais internos)$(\sigma_{2s})^2(\sigma^*_{2s})^2(\sigma_{2p})^2(\pi_{2p})^4(\pi^*_{2p})^4$

(a) $O_2$ é paramagnético; $O_2^{2-}$ é diamagnético. $O_2$ tem uma ligação líquida $\sigma$ e uma ligação líquida $\pi$. $O_2^{2-}$ tem uma ligação líquida $\sigma$; a ordem de ligação no $O_2$ = 2; a ordem de ligação no $O_2^{2-}$ = 1; o comprimento de ligação no $O_2$ é menor que no $O_2^{2-}$.

(b) Tanto a teoria de ligação de valência quanto a do orbital molecular preveem uma ligação $\sigma$ e uma ligação $\pi$ no $O_2$ e uma ligação $\pi$ no $O_2^{2-}$. Ambas as teorias preveem ordens de ligação 2para o $O_2$ e 1 para o $O_2^{2-}$. Entretanto, observe que a teoria de ligação de valência não prevê o comportamento paramagnético do $O_2$.

**9.25** Menor, $N_2$; maior, $Li_2$

**9.27** (a)  ClO tem 13elétrons de valência
[núcleo]$(\sigma_s)^2(\sigma^*_s)^2(\pi_p)^4(\sigma_p)^2(\pi^*_p)^3$
(b) $\pi^*_p$
(c) Paramagnético
(d) Há ligações líquidas $\sigma$ 1 e $\pi$ 0,5; a ordem de ligação é 1,5.

**9.29**

$$\left[\begin{array}{c} \ddot{\mathrm{F}}: \\ : \ddot{\mathrm{F}} - \mathrm{Al} - \ddot{\mathrm{F}}: \\ : \ddot{\mathrm{F}}: \end{array}\right]^{-}$$

O arranjo e a geometria moleculares são ambos tetraédricos. O átomo de Al apresenta hibridização $sp^3$, assim as ligações Al—F são formadas pela sobreposição de um orbital $sp^3$ com um orbital $p$ em cada átomo de F. A carga formal em cada um dos átomos de flúor é 0, e em Al é $-1$. Essa não é uma distribuição de carga razoável, pois o átomo menos eletronegativo, alumínio, tem carga negativa.

**9.31** $\left[:\ddot{\mathrm{O}} - \dot{\mathrm{N}} = \ddot{\mathrm{O}}\right]^{-} \longleftrightarrow \left[\ddot{\mathrm{O}} = \dot{\mathrm{N}} - \ddot{\mathrm{O}}:\right]^{-}$

A geometria do par de elétrons é trigonal plana. A geometria molecular é dobrada (ou angular). O ângulo O—N—O será de cerca de 120°, a ordem média da ligação N—O é 3/2, e o átomo de N apresenta hibridização $sp^2$.

**9.33** As estruturas de ressonância de $N_2O$, com cargas formais, são mostradas aqui.

$$\underset{A}{\overset{-2\ +1\ +1}{:\ddot{\mathrm{N}} - \mathrm{N} \equiv \mathrm{O}:}} \longleftrightarrow \underset{B}{\overset{-1\ +1\ 0}{\ddot{\mathrm{N}} = \mathrm{N} = \ddot{\mathrm{O}}}} \longleftrightarrow \underset{C}{\overset{0\ +1\ -1}{:\mathrm{N} \equiv \mathrm{N} - \ddot{\mathrm{O}}:}}$$

O átomo central N apresenta hibridização $sp$ em todas as estruturas. Os dois orbitais $sp$ híbridos no átomo central N são usados para formar ligações $\sigma$ N—N e N—O. Os dois orbitais $p$ não utilizados na hibridação do átomo de N são usados para formar a ligação $\pi$ necessária.

**9.35** (a) Todas as três têm a fórmula $C_2H_4O$. (Elas são isômeras porque têm a mesma fórmula. Contudo, têm estruturas diferentes.)

(b) *Óxido de etileno*: Todos os átomos de C possuem hibridização $sp^3$.
*Acetaldeído*: O átomo de carbono em $CH_3$ apresenta hibridização $sp^3$, e o outro átomo de C, hibridização $sp^2$.
*Álcool vinil*: Ambos os átomos de C possuem hibridização $sp^2$.

(c) *Óxido de etileno*: 109°
*Acetaldeído*: 109°
*Álcool vinil*: 120°

(d) Todos são polares.

(e) O acetaldeído tem a ligação CO mais forte, e o álcool vinílico tem a ligação C—C mais forte.

**9.37** (a) átomo de carbono de $CH_3$: $sp^3$
átomo de carbono de C=N: $sp^2$
átomo de N: $sp^2$

(b) ângulo da ligação C—N—O = 120°

**9.39** (a) C(1) = $sp^2$; O(2) = $sp^3$; N(3) = $sp^3$; C(4) = $sp^3$; P(5) = $sp^3$

(b) Ângulo A = 120°; ângulo B = 109°; ângulo C = 109°; ângulo D = 109°

(c) As ligações P—O e O—H são mais polares ($\Delta\chi$ = 1,3).

**9.41** (a) A ligação C≡O é mais polar.

(b) 18 ligações $\sigma$ e cinco ligações $\pi$

(c)

isômero *trans*      isômero *cis*

(d) Todos os átomos de C possuem hibridização $sp^2$.

(e) Todos os ângulos de ligação são de 120°.

**9.43** (a) O íon peróxido tem uma ordem de ligação de 1.

$$\left[:\ddot{\mathrm{O}} - \ddot{\mathrm{O}}:\right]^{2-}$$

(b) [Núcleo de elétrons] $(\sigma_{2s})^2(\sigma^*_{2s})^2(\sigma_{2p})^2(\pi_{2p})^4(\pi^*_{2p})^4$
Essa configuração também leva a uma ordem de ligação de 1.

(c) Ambas as teorias levam a um íon diamagnético com uma ordem de ligação de 1.

**9.45** Moléculas diatômicas paramagnéticas: $B_2$ e $O_2$
Ordem de ligação de 1: $Li_2$, $B_2$, $F_2$; ordem de ligação de 2: $C_2$ e $O_2$; ordem de ligação mais alta: $N_2$

**9.47** CN tem nove elétrons de valência.
[elétrons no núcleo]$(\sigma_{2s})^2(\sigma^*_{2s})^2(\pi_{2p})^4(\sigma_{2p})^1$

(a) HOMO, $\sigma_{2p}$

(b, c) Ordem de ligação = 2,5 (0,5 ligação $\sigma$ e 2 ligações $\pi$)

(d) Paramagnética

**9.49** (a) Todos os átomos apresentam hibridização $sp^3$.

(b) Aproximadamente 109°

(c) Polar

(d) O anel de seis membros não pode ser plano, devido aos átomos tetraédricos C do anel. Todos os ângulos da ligação são 109°.

**9.51** (a) A geometria sobre o átomo de boro é trigonal plana em $BF_3$ mas tetraédrica em $H_3N$—$BF_3$.

(b) O boro tem hibridização $sp^2$ em $BF_3$ mas hibridização $sp^3$ em $H_3N$—$BF_3$.

(c) A molécula de amônia é polar com o átomo de N parcialmente negativo. Embora a molécula de $BF_3$ em geral seja apolar, cada uma das ligações B—F é polarizada de modo que B tenha uma carga positiva parcial. O N parcialmente negativo em $NH_3$ é atraído para o B parcialmente positivo em $BF_3$.

(d) Um dos pares isolados no oxigênio de $H_2O$ pode formar uma ligação covalente coordenada com o B em $BF_3$. O composto resultante seria (os pares isolados em F não mostrados):

**9.53** (a) $NH_2^-$: geometria de par de elétrons = tetraédrica, geometria molecular = dobrada, hibridização de N = $sp^3$

$SO_3$: geometria de par de elétrons = geometria molecular = trigonal plana, hibridização de S = $sp^2$

(b)

Os ângulos de ligação ao redor de N e S são de cerca de 109°.

(c) O N não sofre qualquer alteração em sua hibridação; o S muda de $sp^2$ para $sp^3$.

(d) O $SO_3$ é o que aceita um par de elétrons na presente reação. O mapa do potencial eletrostático confirma que seja razoável porque o enxofre tem uma carga positiva parcial.

**9.55**

Hibridização de C em $-CO_2{}^{2-}$ é $sp^2$

Ligação C—C: sobreposição do orbital híbrido $sp^2$ no carbono de $-CO_2{}^-$ com orbital híbrido $sp^3$ no outro C.

Ligação $\sigma$ de C—O da ligação dupla C=O: sobreposição do orbital híbrido $sp^2$ no C com orbital híbrido $sp^2$ no O

Ligação $\pi$ de C—O da ligação dupla C=O: sobreposição do orbital $p$ no C com orbital em O

Ligação simples C—O: a estrutura de Lewis, por si só, faria parecer que essa ligação é formada pela sobreposição de um orbital híbrido $sp^2$ em C com um orbital híbrido $sp^3$ em O. No híbrido de ressonância, no entanto, esse oxigênio também teria hibridização $sp^2$.

**9.57**  $\ddot{O}=S-\ddot{\underset{..}{O}}: \longleftrightarrow :\ddot{\underset{..}{O}}-S=\ddot{O}$

A teoria do OM mostra uma ligação $\sigma$ para cada ligação S—O, mais uma contribuição da ligação $\pi$. A ligação $\pi$ nessa molécula será semelhante àquela em $O_3$ discutida no texto. Haverá dois elétrons em uma ligação $\pi$ de MO e dois elétrons em uma não ligação $\pi$ de MO. Isso dá uma ordem de ligação global de 1 para a ligação $\pi$, em toda a molécula e, por conseguinte, uma ordem de ligação líquida $\pi$ de 0,5 para cada ligação S—O. A ordem total da ligação de cada ligação S—O é, portanto, 1,5 (1 da ligação $\sigma$, 0,5 da ligação $\pi$).

**9.59** Um átomo de C pode formar, no máximo, quatro orbitais híbridos ($sp^3$). O número mínimo é dois, por exemplo, os orbitais híbridos $sp$ utilizados por carbono em CO. O carbono tem apenas quatro orbitais de valência, de modo que não pode formar mais de quatro orbitais híbridos.

**9.61** (a) C, $sp^2$; N (prevIsto com base na estrutura de Lewis), $sp^3$

(b) A amida ou ligação peptídica tem duas estruturas de ressonância (mostradas aqui com cargas formais sobre os átomos O e N). A estrutura B é menos favorável, devido à separação de carga.

(c) O fato de a ligação amida ser plana indica que a estrutura B tem alguma importância e que o N da ligação peptídica apresenta hibridização $sp^2$.

Os principais locais de carga positiva são o nitrogênio na ligação amida e o hidrogênio do grupo —O—H. As principais regiões de carga negativa são átomos de oxigênio e o nitrogênio do grupo livre —$NH_2$.

**9.63** A teoria OM é melhor usada quando se explica ou compreende o efeito da adição de energia a moléculas. Uma molécula pode absorver energia e um elétron pode, assim, ser promovido a um nível mais elevado. Usando a teoria do OM, é possível ver como isso ocorre. Além disso, essa teoria do OM é um modelo melhor de se usar para prever se uma molécula é paramagnética.

**9.65** Menor energia = orbital C < orbital B < orbital A = maior energia

**9.67** B rodeado por três pares de elétrons: geometria de par de elétrons = geometria molecular = trigonal plana; hibridização = $sp^2$; carga formal = 0

B rodeado por quatro pares de elétrons; geometria do par de elétrons = geometria molecular = tetraédrica; hibridização = $sp^3$; carga formal = $-1$

**9.69** HF tem uma ordem de ligação igual a 1. $HF_2{}^-$ tem uma ordem de ligação de 1 para toda a ligação de três centros de quatro elétrons e, portanto, uma ordem de ligação de 0,5 para cada ligação H—F. Por conseguinte, deve ser mais fácil romper a ligação em $HF_2{}^-$, levando à menor entalpia de ligação para $HF_2{}^-$ do que para HF.

**9.71** (a) fórmula empírica = $Br_2O$

$$:\ddot{\underset{..}{Br}}-\ddot{\underset{..}{O}}-\ddot{\underset{..}{Br}}:$$

O O deve ter orbitais híbridos $sp^3$.

(b) 13 elétrons de valência; $(\sigma_s)^2(\sigma^*_s)^2(\pi_p)^4(\sigma_p)^2(\pi^*_p)^3$

$HOMO = \pi^*_p$

**9.73** (a) As ligações rompidas: duas ligações N—H, uma ligação N—H em cada N da ureia; duas ligações C—O no ácido malônico (em cada extremidade da molécula). Ligações feitas: duas ligações N—C no ácido barbitúrico; duas ligações O—H, uma em cada molécula de $H_2O$ (outro produto dessa reação). A variação de entalpia estimada calculada a partir das energias de ligação média: 38 kJ evoluído, exotérmica.

(b) $H_2NCONH_2 + HO_2CCH_2CO_2H \rightarrow C_4H_4N_2O_3 + 2H_2O$

(c) Ângulos de 109,5° na ligação de C no grupo $CH_2$; todos os outros ângulos estarão próximos a 120°.

(d) Os átomos de C e N no anel têm hibridização $sp^2$, exceto para o átomo de C do grupo $CH_2$, onde o átomo de C tem hibridização $sp^3$.

(e) O grupo C=O, já que a diferença de eletronegatividade é maior entre C e O.

(f) Sim, ele é polar.

# Capítulo 10

## Verifique Seu Entendimento

**10.1** 0,29 atm(760 mm Hg/1 atm) = 220 mm Hg
0,29 atm(1,01325 bar/1 atm) = 0,29 bar
0,29 bar($10^5$ Pa/1 bar)(1 kPa/$10^3$ Pa) = 29 kPa

**10.2** $V_2 = P_1V_1/P_2 = $ (745 mm Hg)(65,0 L)/[0,70(745 mm Hg)] = 93 L

**10.3** $V_1 = 45$ L e $T_1 = 298$ K; $V_2 = ?$ e $T_2 = 263$ K
$V_2 = V_1(T_2/T_1) = $ (45 L)(263K/298 K) = 40, L

**10.4** $V_2 = V_1(P_1/P_2)(T_2/T_1) =$
(22L)(150 atm/0,993atm)(295 K/304 K) = 3200 L

Com 5,0 L por balão, há He suficiente para encher 640 balões.

**10.5** 44,8 L de $O_2$(g) são necessários; 44,8 L de $H_2O$(g) e 22,4 L de $CO_2$(g) são produzidos.

**10.6** $PV = nRT$

(750/760 atm)($V$) =
(1300 mol)(0,08206 L · atm mol$^{-1}$ · K$^{-1}$)(296 K)

$V = 3{,}2 \times 10^4$ L

**10.7** De acordo com a Equação 10.5, a densidade é inversamente proporcional a $T$ (K).

$d$ (a 55°C ) = (1,18 g L$^{-1}$)(298 K/328 K) = 1,07 g L$^{-1}$

**10.8** $PV = (m/M)RT$; $M = mRT/PV$

$M = (0{,}105$ g)(0,08206 L · atm mol$^{-1}$ · K$^{-1}$)(296,2K)/
[(561/760) atm (0,125 L)] = 27,8 g mol$^{-1}$

**10.9** $2Na(s) + 2H_2O(\ell) \rightarrow 2NaOH(aq) + H_2(g)$

Quantidade de $H_2$ = (15,0 g Na)(1 mol Na/22,99 g Na)
(1 mol $H_2$/2 mol Na) = 0,326 mol

Volume de $H_2$ = $V = nRT/P$ = (0,326 mol)
(0,08206 L atm mol$^{-1}$ K$^{-1}$)(298,2K)/1,10 atm = 7,26 L

**10.10** $P_{halotano}$ (5,00 L) =
(0,0760 mol)(0,08206 L · atm mol$^{-1}$ · K$^{-1}$) (298,2K)

$P_{halotano}$ = 0,372atm (ou 283mm Hg)

$P_{oxigênio}$ (5,00 L) =
(0,734 mol)(0,08206 L · atm mol$^{-1}$ · K$^{-1}$)(298,2K)

$P_{oxigênio}$ = 3,59 atm (ou 2730 mm Hg)

$P_{total} = P_{halotano} + P_{oxigênio}$ =
283mm Hg + 2730 mm Hg = 3010 mm Hg

**10.11** Para o He: use a Equação 10.9, com M = $4{,}00 \times 10^{-3}$ mol$^{-1}$, $T$ = 298 K, e $R$ = 8,314 J mol$^{-1}$ · K para calcular a velocidade rms de 1360 m/s. Um cálculo semelhante para $N_2$, com M = $28{,}01 \times 10^{-3}$ kg mol$^{-1}$, dá uma velocidade rmq de 515 m/s.

**10.12** A massa molar de $CH_4$ é 16,0 g mol$^{-1}$.

$$\frac{\text{Razão de CH}_4}{\text{Razão de moléculas desconhecidas}} = \frac{n \text{ moléculas/1,50 min}}{n \text{ moléculas/4,73 min}}$$

$$= \sqrt{\frac{M_{desconhecido}}{16{,}0}}$$

$$M_{desconhecido} = 159 \text{ g mol}^{-1}$$

## Aplicando os Princípios Químicos

### 10.1   A Atmosfera e a Doença da Altitude

**1.** Os pontos de dados para o gráfico: (0 m, 760 mm Hg), (3.000 m, 532 mm Hg), (5.000 m, 380 mm Hg), (8.848 m, 220 mm Hg). À medida que a altitude aumenta, a pressão diminui. Embora a relação em altitudes mais baixas seja próxima à linear, em altitude mais alta há um desvio significativo da linearidade. São necessários mais pontos de dados para altitudes mais altas, mas isso parece estar sugerindo uma relação assintótica. (Busque na internet por mais informações sobre pressão atmosférica *versus* altitude para confirmar essa relação não linear.)

**2.** Pressão atmosférica = 90 mm Hg/0,21 = 429 mm Hg

Traçando a linha de melhor ajuste para os três primeiros pontos usando o Microsoft Excel, obtemos uma linha com a equação: $y = -0{,}076x + 760$. Substituindo $y = 429$ mm Hg nessa equação, obtemos um valor de aproximadamente 4400 m para $x$ (elevação). Há dados suficientes para fornecer uma resposta verdadeiramente exata e precisa.

### 10.2   O Dirigível da Goodyear

**1.** $d$ = PM/(RT) = (1,00 atm)(4,003 g mol$^{-1}$)/
[0.082057 L · atm mol$^{-1}$ · K$^{-1}$)(298.2K)]
= 0.164 g L$^{-1}$

**2.** $M$ = (28,01 g mol$^{-1}$)(0,7808) + (32,00 g mol$^{-1}$)(0,2095) + (39,95 g mol$^{-1}$)(0,00934) + (44,01 g mol$^{-1}$)(0,000393)
= 28,96 g mol$^{-1}$

Esse valor é bem comparável àquele relatado na nota de rodapé da Tabela 10.1 de 28,960 g mol$^{-1}$.

$d$ = PM/(RT) = (1,00 atm)(28,960 g mol$^{-1}$)/
[0,082057 L · atm mol$^{-1}$ · K$^{-1}$)(298,2K)]
= 1,184 g L$^{-1}$ = 1,18 g L$^{-1}$

**3.** O volume do dirigível é a diferença entre o volume deste envoltório (5740 m$^3$) e o volume dos balonetes (340 m$^3$). O volume do dirigível é, portanto, 5400 m$^3$.

A partir da Questão 2, sabemos que a densidade do ar seco é de 1,184 g L$^{-1}$ = 1,184 kg m$^{-3}$. Para ter uma flutuabilidade neutra, o dirigível deve ter uma massa de $m = V \times d$ = (5400 m$^3$)(1,184 kg m$^{-1}$) = 6391 kg

Massa dos passageiros + lastro = 6391 kg − 5820 kg = 570 kg

### 10.3   A Química dos Airbags

**1.** (a) A decomposição do $NaN_3$ produz 3mol de $N_2$ a partir de 2 mol de $NaN_3$. Da reação que captura o produto lateral sódio, haverá 1 mol de $N_2$ adicional produzido a partir de 10 mol de Na (ou 0,2 mol de $N_2$ por 2 mol de Na, que corresponde a 2 mol de $NaN_3$). A soma dessas duas quantidades de $N_2$ das duas reações mostra que 3,2 mol de $N_2$ serão produzidos por 2 mol de $NaN_3$. Inicialmente calcule a quantidade necessária de $N_2$ usando $PV = nRT$, e então complete o problema estequiométrico.
$n$ = (3,0 atm)(75 L)/[(0,08206 L · atm mol$^{-1}$ · K$^{-1}$) (298,2K)] = 9,19 mol de $N_2$
9,19 mol de $N_2$(2 mol de $NaN_3$/3,2 mol de $N_2$) (65,01 g de $NaN_3$/1 mol $NaN_3$) = 374 g de $NaN_3$ = 370 g de $NaN_3$

(b) 374 g de $NaN_3$(1 mol de $NaN_3$/65,01 g de $NaN_3$) (2 mol de Na/2 mol de $NaN_3$)(2 mol de $KNO_3$/ 10 mol Na)(101,1 g de $KNO_3$/1 mol de $KNO_3$) = 116 g de $KNO_3$

**2.** (a) São necessários 9,19 mol de gases (veja a Questão 1), e são produzidos 3mol (1 mol de $N_2O$ e 2 mol de $H_2O$) de gás por mol de $NH_4NO_3$.
(9,19 mol de gases)(1 mol de $NH_4NO_3$/3mol de gases)
(80,04 g de $NH_4NO_3$/1 mol de $NH_4NO_3$ = 250 g $NH_4NO_3$

(b) 1,0 atm de $N_2O$(g) e 2,0 atm de $H_2O$(g)

## Questões para Estudo

**10.1** (a) 0,58 atm
(b) 0,59 bar
(c) 59 kPa

**10.3** (a) 0,754 bar
(b) 650 kPa
(c) 934 kPa

**10.5** $2,70 \times 10^2$ mm Hg

**10.7** 3,7 L

**10.9** 250 mm Hg

**10.11** $3,2 \times 10^2$ mm Hg

**10.13** 9,72atm

**10.15** (a) 75 mL $O_2$
(b) 150 mL $NO_2$

**10.17** 0,919 atm

**10.19** $V = 2,9$ L

**10.21** $1,9 \times 10^6$ g He

**10.23** $3,7 \times 10^{-4}$ g $L^{-1}$

**10.25** 34,0 g $mol^{-1}$

**10.27** 57,5 g $mol^{-1}$

**10.29** Massa molar = 74,9 g $mol^{-1}$; $B_6H_{10}$

**10.31** 0,096 atm; 73mm Hg

**10.33** 170 g de $NaN_3$

**10.35** 1,7 atm de $O_2$

**10.37** 4,1 atm de $H_2$; 1,6 atm de Ar; pressão total = 5,7 atm

**10.39** (a) 0,30 mol de halotano/1 mol de $O_2$
(b) $3,0 \times 10^2$ g de halotano

**10.41** (a) $CO_2$ tem a maior energia cinética.
(b) A velocidade quadrada das moléculas de $H_2$ é maior que a velocidade das moléculas de $CO_2$.
(c) O número de moléculas de $CO_2$ é maior que o número de moléculas de $H_2$ [$n(CO_2) = 1,8n(H_2)$].
(d) A massa de $CO_2$ é maior que a massa de $H_2$.

**10.43** A velocidade média das moléculas de $CO_2$ = $3,65 \times 10^4$ cm/s

**10.45** A velocidade média aumenta (e a massa molar diminui) na ordem $CH_2F_2$ < Ar < $N_2$ < $CH_4$.

**10.47** (a) $F_2$ (38 g $mol^{-1}$) se difunde mais rápido que $CO_2$ (44 g $mol^{-1}$).
(b) $N_2$ (28 g $mol^{-1}$) se difunde mais rápido que $O_2$ (32 g $mol^{-1}$).
(c) $C_2H_4$ (28,1 g $mol^{-1}$) se difunde mais rápido que $C_2H_6$ (30,1 g $mol^{-1}$).
(d) $CFCl_3$ (137 g $mol^{-1}$) se difunde mais rápido que $C_2Cl_2F_4$ (171 g $mol^{-1}$).

**10.49** 36 g $mol^{-1}$

**10.51** (c) Alta pressão e baixa temperatura (T perto do ponto de condensação)

**10.53** $P$ da equação de van der Waals = 26,0 atm
$P$ da lei do gás ideal = 30,6 atm

**10.55** (a) Como um gás ideal, $P$ = 162atm. Usando a equação de van der Waals, $P$ = 111,10 atm.
(b) $a(n/V^2)$

**10.57**

|  | atm | mm Hg | kPa | bar |
|---|---|---|---|---|
| Atmosfera padrão | 1 | 760 | 101,325 | 1,013 |
| Pressão parcial de $N_2$ | 0,780 | 593 | 79,1 | 0,791 |
| Pressão de $H_2$ | 131 | $9,98 \times 104$ | $1,33 \times 104$ | 133 |
| Ar | 0,333 | 253 | 33,7 | 0,337 |

**10.59** T = 290 K ou 17°C

**10.61** $2C_4H_9SH(g) + 15O_2(g) \rightarrow$
$$8CO_2(g) + 10H_2O(g) + 2SO_2(g)$$
Pressão total = 37,3mm Hg. Pressões parciais:
$CO_2$ = 14,9 mm Hg, $H_2O$ = 18,6 mm Hg e
$SO_2$ = 3,73mm Hg.

**10.63** 4 mol

**10.65** $V$ = 44,8 L de $O_2$

**10.67** Ni é o reagente limitante; 1,31 g de $Ni(CO)_4$

**10.69** (a, b) A amostra 4 (He) tem o maior número de moléculas e a amostra 3($H_2$ a 27°C e 760 mm Hg) tem o menor número de moléculas.
(c) Amostra 2(Ar)

**10.71** 8,54 g de $Fe(CO)_5$

**10.73** $S_2F_{10}$

**10.75** (a) 28,7 g $mol^{-1}$ $\simeq$ 29 g $mol^{-1}$
(b) $X$ de $O_2$ = 0,17 e $X$ de $N_2$ = 0,83

**10.77** Massa molar = 86,4 g $mol^{-1}$. O gás é provavelmente $ClO_2F$.

**10.79** Calcule a massa molar (44 g $mol^{-1}$). O gás é provavelmente $CO_2$.

**10.81** (d) Não está correto. A velocidade de efusão de um gás é inversamente proporcional à raiz quadrada de sua massa molar.

**10.83** $1,3 \times 10^2$ g $mol^{-1}$

**10.85** $n(He)$ = 0,0128 mol

**10.87** Percentagem em massa de $KClO_3$ = 69,1%

**10.89** (a) $NO_2 < O_2 < NO$
(b) $P(O_2)$ = 75 mm Hg
(c) $P(NO_2)$ = 150 mm Hg

**10.91** $P(NH_3)$ = 69 mm Hg e $P(F_2)$ = 51 mm Hg
Pressão após a reação = 17 mm Hg

**10.93** A 20°C, há $7,8 \times 10^{-3}$ g $H_2O$/L. A 0°C, há $4,6 \times 10^{-3}$ g $H_2O$/L.

**10.95** A mistura contém 0,22 g de $CO_2$ e 0,77 g de CO.
$P(CO_2)$ = 0,22atm; $P(O_2)$ = 0,12atm; $P(CO)$ = 1,22atm

**10.97** A fórmula do composto do ferro é $Fe(CO)_5$.

**10.99** (a) $P(B_2H_6)$ = 0,0160 atm
(b) $P(H_2)$ = 0,0320 atm, então $P_{total}$ = 0,0480 atm

**10.101** Quantidade de $Na_2CO_3$ = 0,00424 mol
Quantidade de NaHCO3= 0,00951 mol
Quantidade de $CO_2$ produzida = 0,0138 mol
Volume de $CO_2$ produzido = 0,343L

**10.103** A decomposição de 1 mol de $Cu(NO_3)_2$ deve dar 2 mol de $NO_2$ e ½ mol de $O_2$. Quantidade total real = $4,72 \times 10^{-3}$ mol de gás.

Massa molar média = 41,3 g mol⁻¹.

Frações molares: $X(NO_2) = 0,666$ e $X(O_2) = 0,334$

Quantidade de cada gás: $3,13 \times 10^{-3}$ mol de $NO_2$ e $1,57 \times 10^{-3}$ mol de $O_2$. A razão dessas quantidades é 1,99 mol de $NO_2$ mol⁻¹ de $O_2$. Ela é diferente da razão 4 mol de $NO_2$ mol⁻¹ de $O_2$ esperada da reação.

Se algumas moléculas de $NO_2$ se combinassem para formar $N_2O_4$, a fração em mol aparente de $NO_2$ seria menor que a esperada (= 0,8). Uma vez que este é o caso, é evidente que algum $N_2O_4$ tenha sido formado (como é observado na experiência).

**10.105** (a) $M = 138$ g mol⁻¹; o composto desconhecido é $P_2F_4$.
(b) $M = 1,4 \times 10^2$ g mol⁻¹; isso é consistente com o resultado obtido no item (a).

**10.107** (a) 10,0 g de $O_2$ representam mais moléculas do que 10,0 g de $CO_2$. Portanto, $O_2$ tem a maior pressão parcial.
(b) A velocidade média das moléculas de $O_2$ é maior que a velocidade das moléculas de $CO_2$.
(c) Os gases estão na mesma temperatura e assim têm a mesma energia cinética média.

**10.109** (a) $P(C_2H_2) > P(CO)$
(b) Há mais moléculas no recipiente de $C_2H_2$ do que no recipiente de CO.

**10.111** (a) Não é um gás. Um gás se expandiria a um volume infinito.
(b) Não é um gás. Uma densidade de 8,2 g L⁻¹ é típica de um sólido.
(c) Informação insuficiente
(d) Gás

**10.113** (a) Há mais moléculas de $H_2$ presentes do que átomos de He.
(b) A massa de He é maior que a massa de $H_2$.

**10.115** A velocidade das moléculas de gás está relacionada à raiz quadrada da temperatura absoluta, de modo que uma duplicação da temperatura levará a um aumento de aproximadamente $(2)^{1/2}$ ou 1,4.

# Capítulo 11

## Verifique Seu Entendimento

**11.1** Como o $F^-$ é o menor íon, as moléculas de água podem se aproximar mais e interagir mais fortemente. Assim, o $F^-$ deve ter a entalpia de hidratação mais negativa.

**11.2**

$$H_3C - O \cdots H - O$$

A ligação de hidrogênio em metanol envolve a atração do átomo de hidrogênio que tem uma carga positiva parcial ($\Delta^+$) sobre uma molécula do átomo de oxigênio que tem uma carga negativa parcial ($\Delta^-$) numa segunda molécula. A forte força atrativa da ligação de hidrogênio fará com que o ponto de ebulição e a entalpia de vaporização do metanol sejam altos.

**11.3** A água é um solvente polar, enquanto o hexano e o $CCl_4$ não são polares. Forças de dispersão de London são as forças primárias de atração entre todos os pares de solventes diferentes. Para misturas de água com os outros solventes, as forças dipolo induzido-dipolo também serão importantes.

**11.4** (a) $O_2$: apenas forças dipolo induzido-dipolo induzido.
(b) $CH_3OH$: forte ligação de hidrogênio (forças dipolo-dipolo), bem como as forças dipolo induzido-dipolo induzido.
(c) As forças entre as moléculas de água: forte ligação de hidrogênio e forças dipolo induzido-dipolo induzido. Entre $N_2$ e $H_2O$: as forças dipolo induzido-dipolo e forças dipolo induzido-dipolo induzido.

**11.5** $(1,00 \times 10^3 \text{ g})(1 \text{ mol}/32,04 \text{ g})(35,2 \text{ kJ mol}^{-1}) = 1,10 \times 10^3$ kJ

**11.6** (a) A 40°C a pressão de vapor do etanol é de cerca de 120 mm Hg.
(b) A pressão de vapor em equilíbrio do etanol a 60°C é de cerca de 320 mm Hg. A 60°C e 600 mm Hg, o etanol é um líquido. Se o vapor estiver presente, ele condensa-se num líquido.

## Aplicando os Princípios Químicos

### 11.1 Cromatografia

**1.** (a) O 1,5-pentanodiol é mais atraído à fase móvel. A força de atração principal é a ligação de hidrogênio. Forças dipolo-dipolo e forças de dispersão também estão presentes.
(b) O etil propil éter é mais atraído à fase estacionária por força de dispersão, mas também existem algumas interações dipolo induzido-dipolo.
(c) As moléculas serão separadas na seguinte ordem (do primeiro ao último): 1,5-pentanodiol, 1-pentanol e etil propil éter.

**2.** Ordem de eluição do primeiro ao último: pentano, hexano, octano. As forças de atração entre os hidrocarbonetos e a fase estacionária aumentam nessa ordem.

### 11.2 Uma Catástrofe na Ração Animal

**1.** % N na melamina = $84/126 \times 100 = 67\%$
% N em ácido cianúrico = $42/129 \times 100 = 33\%$
Ambos os compostos possuem um percentual maior de nitrogênio do que a proteína média.

**2.** 454 g da amostra (0,14 g de melamina/1000000 g de amostra) = $6,4 \times 10^{-5}$ g de melamina = 0,064 mg de melamina = 64 $\mu$g de melamina

## Questões para Estudo

**11.1** (a) Interações dipolo-dipolo (e ligações de hidrogênio)
(b) Forças dipolo induzido-dipolo induzido
(c) Interações dipolo-dipolo (e ligações de hidrogênio)

**11.3** (a) Forças dipolo induzido-dipolo induzido
(b) Forças dipolo induzido-dipolo induzido
(c) Forças dipolo-dipolo
(d) Forças dipolo-dipolo (e ligação de hidrogênio)

**11.5** (a), (b) e (c). Os pontos de ebulição destes líquidos são: Ne (−246°C), CO (−192°C), $CH_4$ (−162°C) e $CCl_4$ (77°C).

**11.7** (c) HF; (d) ácido acético; (f) $CH_3OH$

**11.9** (a) LiCl. O íon $Li^+$ é menor que o $Cs^+$ (Figura 7.11), o que faz com que as forças de atração íon-íon sejam mais fortes em LiCl.

(b) $Mg(NO_3)_2$. O íon $Mg^{2+}$ é menor que o íon $Na^+$ (Figura 7.11), e o íon magnésio tem uma carga 2+ (em oposição a 1+ do sódio). Ambos os efeitos levam a forças mais fortes da atração íon-íon no nitrato de magnésio.

(c) $NiCl_2$. O íon níquel(II) tem uma carga maior que o $Rb^+$ e é consideravelmente menor. Ambos os efeitos significam que existem forças de atração íon-íon mais fortes em cloreto de níquel(II).

**11.11** $q = +90,1$ kJ

**11.13** (a) A pressão do vapor de água é de cerca de 150 mm Hg a 60°C. (O Apêndice G dá um valor de 149,4 mm Hg a 60°C.)

(b) 600 mm Hg a cerca de 93°C

(c) A 70°C, o etanol tem uma pressão de vapor de cerca de 520 mm Hg, enquanto a da água é de cerca de 225 mm Hg.

**11.15** A 30°C, a pressão de vapor do éter é de cerca de 590 mm Hg. (Essa pressão requer 0,23 g de éter na fase de vapor nas condições dadas, então há éter suficiente no frasco.) A 0°C, a pressão de vapor é de cerca de 160 mm Hg, então algum éter condensa quando a temperatura diminui.

**11.17** (a) $O_2$ (–183°C) (pe de $N_2$ = –196°C)

(b) $SO_2$ (–10°C) ($CO_2$ sublima a –78°C)

(c) HF (+19,7°C) (HI, –35,6°C)

(d) $GeH_4$ (–90,0°C) ($SiH_4$, –111,8°C)

**11.19** (a) $CS_2$, cerca de 620 mm Hg; $CH_3NO_2$, cerca de 80 mm Hg

(b) $CS_2$, forças dipolo induzido-dipolo induzido; $CH_3NO_2$, forças dipolo-dipolo

(c) $CS_2$, cerca de 46°C; $CH_3NO_2$, cerca de 100°C

(d) Cerca de 39°C

(e) Cerca de 95°C

**11.21** (a) 80,1°C

(b) A cerca de 48°C, o líquido tem uma pressão de vapor a 250 mm Hg. A pressão de vapor é de 650 mm Hg a 75°C.

(c) 3,5 kJ $mol^{-1}$ (da inclinação do gráfico)

**11.23** Não, o CO não pode ser liquefeito sob temperatura ambiente, porque a temperatura crítica é inferior a ela.

**11.25** A camada de moléculas na superfície de um líquido é mais difícil de romper do que o volume líquido. A energia necessária para romper essa película é a tensão superficial. Uma aplicação da tensão superficial é que é possível um clipe de papel flutuar na superfície da água, mas se o clipe romper a superfície, ele irá afundar. A tensão superficial resulta de forças intermoleculares porque as moléculas no interior de um líquido interagem por meio dessas forças com moléculas em torno delas, mas as moléculas na superfície têm forças intermoleculares apenas com moléculas na camada de superfície ou abaixo dela e, assim, sentem uma força interior líquida de atração.

**11.27** Esse fenômeno é resultado da ação capilar. A água é atraída para os grupos —OH no papel. Como resultado dessas forças de adesão, algumas moléculas de água começam a se mover para cima do papel. Outras moléculas de água ficam em contato com essas moléculas de água por meio de forças coesas. Um fluxo de moléculas de água, assim, move o papel.

**11.29** (a) dipolo induzido-dipolo induzido

(b) dipolo induzido-dipolo induzido, dipolo-dipolo

(c) dipolo induzido-dipolo induzido, dipolo-dipolo, ligação de hidrogênio.

**11.31** Os íons $Li^+$ são menores que os íons $Cs^+$ (78 pm e 165 pm, respectivamente; ver Figura 7.11). Assim, haverá uma força atrativa maior entre os íons $Li^+$ e as moléculas de água do que entre os íons $Cs^+$ e as moléculas de água.

**11.33** (a) 350 mm Hg

(b) Etanol (pressão de vapor mais baixa em cada temperatura)

(c) 84°C

(d) $CS_2$, 46°C; $C_2H_5OH$, 78°C; $C_7H_{16}$, 99°C

(e) $CS_2$, gás; $C_2H_5OH$, gás; $C_7H_{16}$, líquido

**11.35** A entalpia molar de vaporização eleva-se com o aumento das forças intermoleculares: $C_2H_6$ (14,69 kJ $mol^{-1}$; dipolo-induzido) < HCl (16,15 kJ $mol^{-1}$; dipolo) < $CH_3OH$ (35,21 kJ $mol^{-1}$, ligações de hidrogênio). (As entalpias molares de vaporização aqui estão dadas no ponto de evaporação do líquido.)

**11.37** $5,49 \times 10^{19}$ átomo $m^{-3}$

**11.39** (a) 70,3°C

(b)

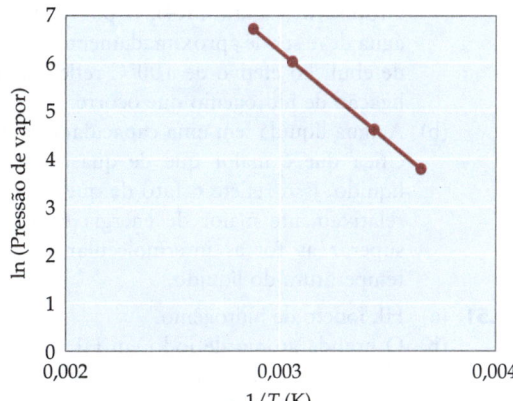

Usando a equação da linha reta no gráfico
ln P = –3885 (1/T) + 17,949
calculamos que T = 311,6 K (39,5°C) quando P = 250 mm Hg. Quando P = 650 mm Hg, T = 338,7 K (ou 65,5°C)

(c) Calculado $\Delta_{vap}H$ = 32,3 kJ $mol^{-1}$

**11.41** (a) Quando a lata é invertida em água fria, a pressão do vapor de água dentro da lata, que foi de aproximadamente 760 mm Hg, cai rapidamente, digamos, a 9 mm Hg a 10°C. Isso cria um vácuo parcial na lata e ela é esmagada por causa da diferença de pressão no seu interior e da pressão atmosférica que pressiona para baixo no exterior da lata.

(b)

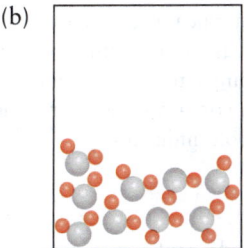 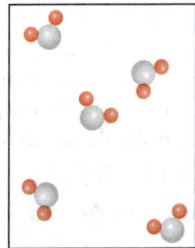

Antes do aquecimento    Após o aquecimento

**11.43** A acetona e a água podem interagir através de ligações de hidrogênio.

**11.45** A viscosidade do etilenoglicol será maior que a do etanol, graças à maior capacidade de ligação do hidrogênio do glicol.

**11.47** (a) A água tem duas ligações OH e dois pares de elétrons, enquanto o átomo de O do etanol tem apenas uma ligação OH (e dois pares de elétrons). Ligações de hidrogênio mais extensas são mais prováveis para a água.

(b) A água e o etanol interagem extensivamente através da ligação de hidrogênio, então espera-se que o volume seja ligeiramente menor que a soma dos dois volumes.

**11.49** Duas evidências de que o $H_2O(\ell)$ tem forças atrativas intermoleculares consideráveis:

(a) Com base nos pontos de ebulição dos hidretos do Grupo 16 (Figura 11.4), o ponto de ebulição da água deve ser de aproximadamente –80°C. O ponto de ebulição efetivo de 100°C reflete a significativa ligação de hidrogênio que ocorre.

(b) A água líquida tem uma capacidade calorífica específica que é maior que de quase qualquer outro líquido. Isso reflete o fato de que uma quantidade relativamente maior de energia é necessária para superar as forças intermoleculares e aumentar a temperatura do líquido.

**11.51** (a) HI, iodeto de hidrogênio

(b) O grande átomo de iodo em HI leva a uma polaridade significativa da molécula e, portanto, a uma grande força de dispersão.

(c) O momento dipolar de HCl (1,07 D, Tabela 8.6) é maior que de HI (0,38 D).

(d) HI. Ver parte (b).

**11.53** Um gás pode ser liquefeito sob ou abaixo da sua temperatura crítica. A temperatura crítica do $CF_4$ (–45,7°C) é inferior à temperatura ambiente (25°C), de modo que não pode ser liquefeito à temperatura ambiente.

**11.55** A ligação do hidrogênio é a mais provável no grupo O—H na extremidade "direita" da molécula, e nos grupos C=O e N—H no grupo amida (—NH—CO—).

**11.57** Pontos de ebulição, entalpia de vaporização, volatilidade, tensão superficial

**11.59** Quanto mais ramificações nos hidrocarbonetos, menor é o ponto de ebulição. Isso implica forças dipolo induzido-dipolo induzido mais fracas. Maior ramificação resulta em um formato mais compacto, com menos área de superfície disponível para contato e, portanto, menores forças dipolo induzido-dipolo induzido.

**11.61** $F_2 < Cl_2 < Br_2 < I_2$

$He < Ne < Ar < Kr < Xe$

A massa molar e o ponto de ebulição se correlacionam com essas ordens.

**11.63** O ponto de ebulição da água na panela de pressão é 121°C.

**11.65** Usando a equação da linha da Questão 11.64, $P = 9,8$ atm.

**11.67** (a) Haverá água no tubo em equilíbrio com o seu vapor, mas quase toda a água estará presente como água líquida.

(b) 760 mm Hg

(c) 10,4 cm³

(d) 0,0233 g $H_2O$

# Capítulo 12

## Verifique Seu Entendimento

**12.1** (a) A estratégia para resolver este problema é dada no Exemplo 12.1.

Etapa 1. Massa da célula unitária

= (197,0 g mol⁻¹)(1 mol/6,022× 10²³ átomos)

(4 átomos/célula unitária)

= 1,309 × 10⁻²¹ g/célula unitária

Etapa 2. Volume da célula unitária =

(1,309 × 10⁻²¹ g/célula unitária) (1 cm³/19,32 g)

= 6,773× 10⁻²³ cm³/célula unitária

Etapa 3. Comprimento do lado da célula unitária

= [6,773× 10⁻²³ cm³/célula unitária]^{1/3}

= 4,076 × 10⁻⁸ cm

Etapa 4. Calcular o raio a partir da dimensão da extremidade.

Distância diagonal = 4,076 × 10⁻⁸ cm (2^{1/2}) = 4 ($r_{Au}$)

$r_{Au}$ = 1,441 × 10⁻⁸ cm ( = 144,1 pm)

(b) Para verificar uma estrutura cúbica de corpo centrado, calcule a massa contida na célula unitária. Se a estrutura é ccc, então a massa será a massa de dois átomos de Fe. (Outras possibilidades: cfc – massa de 4 Fe; cúbica primitiva – massa de um átomo de Fe.) Esse cálculo utiliza os quatro passos do exercício anterior em ordem inversa.

Etapa 1. Use o raio de Fe para calcular as dimensões da célula. Em um cubo de corpo centrado, os átomos se tocam através da diagonal do cubo.

Distância diagonal = dimensão lateral ($\sqrt{3}$) = 4 $r_{Fe}$

Dimensão lateral do cubo =
4 (1,26 × 10⁻⁸ cm)/($\sqrt{3}$) = 2,910 × 10⁻⁸ cm

Etapa 2. Calcule o volume da célula unitária

Volume da célula unitária = (2,910 × 10⁻⁸ cm)³ = 2,464 × 10⁻²³ cm³

Etapa 3. Combine o volume da célula unitária e a densidade para encontrar a massa da célula unitária.

Massa da célula unitária = 2,464 × 10⁻²³ cm³ (7,8740 g cm⁻³) = 1,940 × 10⁻²² g

Etapa 4. Calcule a massa de 2 átomos de Fe, e compare-a com a resposta do passo 3.

Massa de 2 átomos de Fe =
55,85 g mol⁻¹ (1 mol/6,022× 10²³ átomos)(2 átomos)
= 1,85 × 10⁻²² g.

Este é um jogo muito bom e, claramente, muito melhor que as duas outras possibilidades, primitiva e cfc.

**12.2** $M_2X$. Em uma célula unitária cúbica de face centrada, há quatro ânions e oito furos tetraédricos para se colocar os íons metálicos. Todos os furos dos tetraedros estão dentro da célula unitária, então a proporção de átomos na célula unitária é $2:1$.

**12.3** Precisamos calcular a massa e o volume da célula unitária a partir da informação dada. A densidade de KCl será então massa/volume. Selecione as unidades para que a densidade seja calculada como g cm$^{-3}$.

Etapa 1. Massa: A célula unitária contém 4 íons K$^+$ e 4 íons Cl$^-$.

Massa da célula unitária = (39,10 g mol$^{-1}$)(1 mol/6,022$\times$ 10$^{23}$ íons K$^+$)(4 íons K$^+$) + (35,45 g mol$^{-1}$)(1 mol/6,022$\times$ 10$^{23}$ íons Cl$^-$)(4 íons Cl$^-$) = 2,597 $\times$ 10$^{-22}$ g + 2,355 $\times$ 10$^{-22}$ g = 4,952$\times$ 10$^{-22}$ g

Etapa 2. Volume: Supondo que os íons K$^+$ e Cl$^-$ se tocam ao longo de um lado do cubo, a dimensão lateral = $2r_{K^+}$ + $2r_{Cl^-}$. O volume do cubo é o cubo desse valor. (Converta o raio iônico de pm para cm.)

V = [2(1,33$\times$ 10$^{-8}$ cm) + 2(1,81 $\times$ 10$^{-8}$ cm)]$^3$ = 2,477 $\times$ 10$^{-22}$ cm$^3$

Etapa 3. Densidade = massa/volume = 4,952$\times$ 10$^{-22}$ g/2,477 $\times$ 10$^{-22}$ cm$^3$) = 2,00 g cm$^{-3}$

## Aplicando os Princípios Químicos

### 12.1 Lítio e os "Carros Verdes"

1. 73000000 toneladas métricas de Li$_2$CO$_3$ (13,88 toneladas métricas de Li/ 73,89 toneladas métricas de Li$_2$CO$_3$) = 1,4 $\times$ 10$^7$ toneladas métricas de Li (= 14 milhões de toneladas métricas de Li)

2. A célula unitária do metal de lítio é cúbica de corpo centrado. (Existem átomos em cada um dos cantos do cubo e um átomo incorporado no meio do cubo.)

3. 351 pm (1 m/10$^{12}$ pm) (100 cm/1 m) = 3,51 $\times$ 10$^{-8}$ cm

V de célula unitária = (3,51 $\times$ 10$^{-8}$ cm)$^3$ = 4,32$\times$ 10$^{-23}$ cm$^3$

Massa de célula unitária = 6,941 g Li mol$^{-1}$ (1 mol/6,022$\times$ 10$^{23}$ átomos) (2átomos/célula unitária) = 2,305 $\times$ 10$^{-23}$ g/célula unitária

Densidade = massa/volume = 2,305 $\times$ 10$^{-23}$ g/4,32$\times$ 10$^{-23}$ cm$^3$ = 0,533 g cm$^{-3}$

4. Um método consiste em realizar a seguinte reação da formação de gás:

Li$_2$CO$_3$(aq) + 2HCl(aq) $\rightarrow$
$$2LiCl(aq) + H_2O(\ell) + CO_2(g)$$

### 12.2 Nanotubos e Grafenos – Os Mais Novos Sólidos Covalentes

1. Queremos saber a distância $x$ no diagrama do hexágono. Você sabe que os ângulos internos de um hexágono são todos de 120°. Para encontrar $x$, podemos achar a distância $y$ na figura e, em seguida, dobrá-la ($x = 2y$). O ângulo limitado pelo lado do hexágono e $y$ é de 30°, e, a partir

da geometria, cos 30° = $y$/(lado do hexágono), então $y$ = (cos 30°) (139 pm) = (0,866) (139 pm) = 120 pm. Finalmente, $x$ = 241 pm.

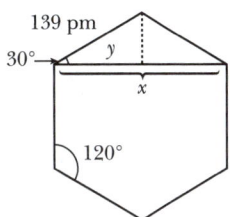

2. 1,0 $\mu$m (1 m/10$^6$ $\mu$m)(10$^{12}$ pm/1 m)(1 anel C$_6$/241 pm) = 4,2$\times$ 10$^3$ anéis C$_6$

3. A espessura seria de aproximadamente 150 pm. Isso corresponde ao diâmetro de um átomo de carbono, obtido multiplicando-se o raio de um átomo de carbono (apresentado na Figura 7.5) por 2e o arredondamento com dois algarismos significativos.

### 12.3 Doença do Estanho

1. O estanho-$\beta$ tem quatro átomos na célula unitária. O estanho-$\beta$ tem oito átomos na célula unitária.

2. Volume da célula unitária = (5,83$\times$ 10$^{-8}$ cm)(5,83$\times$ 10$^{-8}$ cm) (3,18 $\times$ 10$^{-8}$ cm) = 1,081 $\times$ 10$^{-22}$ cm$^3$

Massa da célula unitária = (118,7 g de Sn/1 mol de Sn) (1 mol/6,022$\times$ 10$^{23}$ átomos)(4 átomos por célula unitária = 7,8844 $\times$ 10$^{-22}$ g

Densidade = 7,8844 $\times$ 10$^{-22}$ g/1,081 $\times$ 10$^{-22}$ cm$^3$
= 7,29 g cm$^{-3}$

3. Há oito átomos por célula unitária (8 átomos nos vértices $\times$ 1/8 + 6 átomos na face $\times$ 1/2+ 4 átomos dentro da célula $\times$ 1 = 8).

Massa da célula unitária = (118,7 g de Sn/1 mol de Sn) (1 mol/6,022$\times$ 10$^{23}$ átomos)(8 átomos por célula unitária) = 1,5769 $\times$ 10$^{-21}$ g

Volume = massa/densidade = 1,5769 $\times$ 10$^{-21}$ g/5,769 g cm$^{-3}$ = 2,7334 $\times$ 10$^{-22}$ cm$^{-3}$

Comprimento de uma aresta = (2,7334 $\times$ 10–22cm$^3$)1/3= 6,490 $\times$ 10$^{-8}$ cm = 649,0 pm

4. Tetragonal: A célula unitária do estanho-$\beta$ contém 4 átomos. O volume da célula unitária (da Questão 2) é 1,081 $\times$ 10$^{-22}$ cm$^3$ = 1,081 $\times$ 10$^8$ pm$^3$. O volume do espaço ocupado por quatro átomos é $V$ = 4(4/3)($\pi$r3) = 4[(4/3)$\pi$(141 pm)$^3$] = 4,697 $\times$ 10$^7$ pm$^3$. A porcentagem do espaço ocupado é (4,697 $\times$ 10$^7$ pm$^3$/1,081 $\times$ 10$^8$ pm$^3$) $\times$ 100% = 43,5%

Cúbico: A célula unitária do estanho cinza contém 8 átomos. O volume da célula unitária (da Questão 3) é 2,7334 $\times$ 10$^{-22}$ cm$^3$ = 2,7334 $\times$ 10$^8$ pm$^3$. O volume do espaço ocupado por quatro átomos é $V$ = 8(4/3)($\pi$r3) = 8[(4/3)$\pi$(141 pm)$^3$] = 9,394 $\times$ 10$^7$ pm$^3$. A porcentagem do espaço ocupado é (9,394 $\times$ 107 pm3/2,7334 $\times$ 10$^8$ pm$^3$) $\times$ 100% = 34,4%

## Questões para Estudo

**12.1** Duas células unitárias possíveis são ilustradas aqui. A fórmula mais simples é AB$_8$.

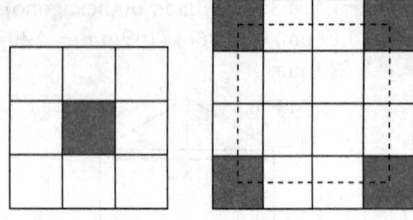

**12.3** (a) Cúbica de corpo centrado

(b) Massa da célula unitária = (39,10 g de K/1 de mol K) (1 mol/6,022× $10^{23}$ átomos)(2 átomos por célula unitária) = $1,2986 \times 10^{-22}$ g
Volume da célula unitária = ($5,33\times 10^{-8}$ cm)3= $1,514 \times 10^{-22}$ cm³
Densidade = $1,2986 \times 10^{-22}$ g/$1,514 \times 10^{-22}$ cm³ = 0,858 g cm⁻³

**12.5** Os íons $Ca^{2+}$ em oito cantos = 1 íon líquido $Ca^{2+}$

Íons $O^{2-}$ em seis faces = 3 íons líquidos $O^{2-}$

Íon $Ti^{4+}$ no centro da célula unitária = 1 íon líquido $Ti^{4+}$

Fórmula = $CaTiO_3$

**12.7** (a) Há oito íons $O^{2-}$ nos cantos e um no centro de uma rede de dois íons $O^{2-}$ por célula unitária. Há quatro íons Cu no interior em buracos tetraédricos. A proporção de íons é $Cu_2O$.

(b) O número de oxidação do cobre deve ser +1.

**12.9** Raio do átomo de Ca = 197 pm

**12.11** Há três maneiras de calcular as dimensões da extremidade:

(a) Calcular a massa da célula unitária (= $1,103\times 10^{-21}$ g/cu).
Calcular o volume da célula unitária a partir da massa (= $3,53\times 10^{-22}$ cm³/cu)
Calcular o comprimento da aresta a partir do volume (= 707 pm)

(b) Supor que os íons I⁻ se toquem ao longo da diagonal da célula (Verifique Seu Entendimento 12.1) e usar o raio de I⁻ para encontrar o comprimento da extremidade. Raio de I⁻ = 220 pm
Extremidade = 4(220 pm) /$2^{1/2}$ = 622pm

(c) Supor que os íons I⁻ e K⁺ se toquem ao longo da extremidade da célula
Extremidade = 2× raio de I⁻ + 2× raio de K⁺ = 706 pm

Os métodos (a) e (c) concordam. É evidente que os tamanhos dos íons são tais que os íons I⁻ não podem se tocar ao longo da diagonal da célula.

**12.13** Aumentando a energia reticular: RbI < LiI < LiF < CaO

**12.15** Como a distância íon-íon diminui, a força de atração entre os íons aumenta. Isso deve tornar a estrutura mais estável, e mais energia deve ser exigida para derreter o composto.

**12.17** $\Delta_f H° = -607$ kJ mol⁻¹

**12.19** Os 1000 orbitais 2s se combinarão para formar 1000 orbitais moleculares. No estado mais baixo de energia, 500 desses orbitais serão preenchidos por pares de elétrons e 500 ficarão vazios.

**12.21** Nos metais, a energia térmica faz com que alguns elétrons ocupem orbitais de maior energia na banda de

orbitais moleculares. Para cada elétron promovido, dois níveis isoladamente ocupados resultam em: um elétron negativo acima do nível de Fermi e um "furo" positivo abaixo do nível de Fermi. A condutividade elétrica resulta porque, devido à presença de um campo elétrico, esses elétrons negativos se moverão para o lado positivo do campo e os buracos positivos se moverão para o lado negativo.

**12.23** No carbono, o intervalo da banda é muito grande para que os elétrons se movam para cima em energia, da banda de valência para a banda de condução, enquanto no silício o intervalo é pequeno o suficiente para permitir isso.

**12.25** Um semicondutor intrínseco (como Si ou Ge) é aquele que naturalmente pode fazer com que os elétrons se movam através do intervalo da banda, enquanto um semicondutor extrínseco (como Ge com As adicionado) requer a adição de dopantes para que ele conduza.

**12.27** (c) Buckyballs (constituído de moléculas de $C_{60}$)

**12.29** (a) Oito átomos de C por célula unitária. Há oito cantos (= 1 átomo líquido C), seis faces (= 3 átomos líquidos C) e quatro átomos líquidos C internos.

(b) Cúbica de face centrada (cfc) com átomos C nos furos tetraédricos

**12.31** Tipos de sólido: partículas, forças de atração

(a) Metálico: átomos metálicos, ligação metálica

(b) Iônica: íons, interações íon-íon

(c) Molecular: moléculas, ligações covalentes dentro das moléculas e forças intermoleculares entre as moléculas

(d) Rede: rede estendida de átomos de ligação covalente, ligações covalentes

(e) Amórficas: redes de ligação covalente sem regularidade de longo alcance, ligações covalentes

(f) Liga: dois ou mais átomos metálicos, forças eletrostáticas entre íons metálicos e mar de elétrons

**12.33** Substâncias: tipo de sólido, partículas, forças, propriedade

(a) Arsenieto de gálio: rede, átomos de ligação covalente, ligações covalentes, semicondutores

(b) Poliestireno: amorfos, ligações covalentes dentro das moléculas de polímero e forças de dispersão entre as moléculas de polímero, isolante térmico

(c) Carboneto de silício: rede, os átomos de ligação covalente, ligações covalentes, material muito duro

(d) Perovskita: iônico, íons de $Ca^{2+}$ e $TiO_3$ ²⁻, interações íon-íon, alto ponto de fusão

**12.35** q (para fusão) = −1,97 kJ; q (para derretimento) = +1,97 Kj

**12.37** (a) A densidade de $CO_2$ líquido é menor que a do $CO_2$ sólido.

(b) $CO_2$ é um gás a 5 atm e 0°C.

(c) Temperatura crítica = 31°C, então $CO_2$ não pode ser liquefeito a 45°C.

**12.39** q (para aquecer o líquido) = $9,4 \times 10^2$ kJ

q (para vaporizar $NH_3$) = $1,6 \times 10^4$ kJ

q (para aquecer o vapor) = $8,8 \times 10^2$ kJ

$q_{total}$ = $1,8 \times 10^4$ kJ

**12.41** Diagramas de fase do $O_2$. (i) Observe particularmente a inclinação positiva da linha de equilíbrio sólido-líquido. Isso indica que a densidade do sólido $O_2$ é maior que a do líquido $O_2$. (ii) Utilizando o diagrama aqui, a pressão de vapor de $O_2$ a 77 K está entre 150 e 200 mm Hg.

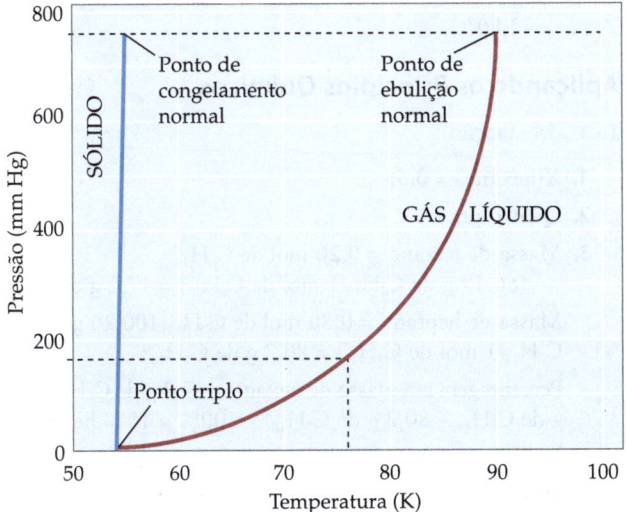

**12.43** Raio da prata = 145 pm

**12.45** $1,356 \times 10^{-8}$ cm (valor da literatura é $1,357 \times 10^{-8}$ cm)

**12.47** Massa de 1 unidade de $CaF_2$ calculada a partir dos dados do cristal = $1,2963 \times 10^{-22}$ g. Divida a massa molar de $CaF_2$ ($78,077$ g mol$^{-1}$) pela massa de 1 $CaF_2$ para obter o número de Avogadro. Valor calculado = $6,0230 \times 10^{23}$ $CaF_2$ mol$^{-1}$.

**12.49** O diagrama A leva a uma cobertura de superfície de 78,5%. O diagrama B leva à cobertura de 90,7%.

**12.51** (a) A estrutura pode ser descrita como uma estrutura cfc de átomos de Si.

(b) Os átomos de Si estão localizados na metade dos furos tetraédricos.

(c) Há oito átomos de Si na célula unitária.

(d) Massa da célula unitária = $3,731 \times 10^{-22}$ g
Volume da célula unitária = $1,602 \times 10^{-22}$ cm$^3$
Densidade = 2,329 g cm$^{-3}$ (o mesmo do valor da literatura)

(e) Na célula unitária de Si não podemos presumir que os átomos se toquem ao longo da borda ou ao longo da face diagonal. Ao invés disto, sabemos que os átomos de Si nos furos tetraédricos estão ligados aos átomos de Si na extremidade.

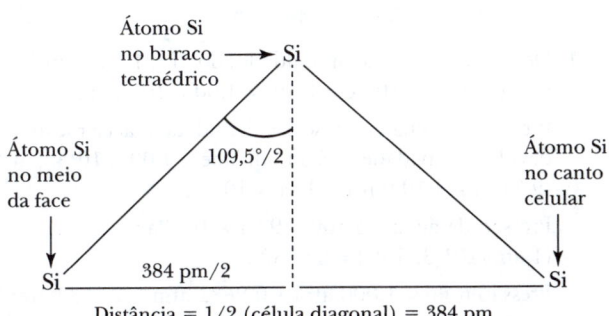

Distância = 1/2 (célula diagonal) = 384 pm

Distância de um lado ao outro da face diagonal da célula = 768 pm

Sin $(109,5°/2) = 0,817 = (384 \text{ pm}/2)/(\text{Distância Si-Si})$

Distância de Si no furo tetraédrico para a face ou canto de Si = 235 pm

Raio de Si = 118 pm

A Figura 7.5 dá o raio de Si como 117 pm

**12.53** (a) Os íons $Mg^{2+}$ estão em $\frac{1}{8}$ dos possíveis furos tetraédricos, e os íons $Al^{3+}$ estão em $\frac{1}{2}$ dos quatro furos octaédricos disponíveis.

(b) Os íons $Fe^{2+}$ estão em $\frac{1}{8}$ dos possíveis furos tetraédricos, e os íons $Cr^{3+}$ estão em $\frac{1}{2}$ dos quatro furos octaédricos disponíveis.

**12.55** $8,5 \times 10^2$ nm

**12.57** O germânio tem um intervalo menor, por isso tem uma condutividade superior.

**12.59** Como o boro é deficiente em elétrons em comparação com o carbono, ele é um semicondutor do tipo p.

**12.61** O sulfeto de chumbo tem a mesma estrutura do cloreto de sódio, não a mesma estrutura de ZnS. Há quatro íons $Pb^{2+}$ e quatro íons $S^{2-}$ por célula unitária, uma proporção de 1:1 que corresponde ao composto da fórmula.

**12.63** 4 unidades da fórmula/célula unitária; massa da célula unitária = $7,905 \times 10^{-22}$ g

Dimensão de um dos lados da célula unitária = $2r(K^+) + 2r(Br^-) = 6,58 \times 10^{-8}$ cm; então, o volume da unidade celular = lateral$^3$ = $2,85 \times 10^{-22}$ cm$^3$

Densidade = $7,905 \times 10^{-22}$ g$/2,85 \times 10^{-22}$ cm$^3$ = 2,77 g cm$^{-3}$

**12.65** (a) $BBr_3(g) + PBr_3(g) + 3H_2(g) \rightarrow BP(s) + 6HBr(g)$

(b) Se átomos de B encontram-se numa estrutura cfc, então os átomos de P devem estar em $\frac{1}{2}$ dos furos tetraédricos. (Dessa forma se assemelha a Si na questão 12.51.)

(c) Volume da célula unitária = $1,092 \times 10^{-22}$ cm$^3$
Massa da célula unitária = $2,775 \times 10^{-22}$ g
Densidade = 2,54 g cm$^{-3}$

(d) A solução para este problema é idêntica à da questão 12.51. Na estrutura BP, a diagonal da face da célula é 676 pm. Portanto, a distância BP calculada é 207 pm.

**12.67** Assumindo que as esferas são embaladas de modo idêntico, os níveis de água são os mesmos. Uma estrutura cfc, por exemplo, usa 74% do espaço disponível, independentemente do tamanho da esfera.

**12.69** Etapa 1. Existem quatro átomos dentro de uma célula unitária ccp. Calcule o volume desses quatro átomos (V de uma esfera = $(4/3)\pi r^3$).

Etapa 2. Calcule o volume total da unidade celular ($V_{célula}$ = lateral$^3$).

Etapa 3. Ocupação percentual = $(V_{átomos}/V_{célula})100\%$

**12.71** (a) Dois pontos triplos. Um com diamante, grafite e C líquido; o segundo com C líquido, grafite e vapor de carbono.

(b) Não

(c) Diamante

(d) Grafite é a forma estável do carbono a temperatura ambiente e 1 atmosfera de pressão.

# Capítulo 13

## Verifique Seu Entendimento

**13.1** (a) 10,0 g sacarose = 0,0292 mol; 250 g $H_2O$ = 13,9 mol

$X_{sacarose}$ = (0,0292 mol)/(0,0292 mol + 13,9 mol) = 0,00210

$c_{sacarose}$ = (0,0292 mol sacarose)/(0,250 kg solvente) = 0,117 mol kg$^{-1}$

% do peso da sacarose =
(10,0 g sacarose/260 g solvente)(100%) = 3,85%

(b) $1,08 \times 10^4$ ppm = $1,08 \times 10^4$ mg Na$^+$ por 1000 g solvente = ($1,08 \times 10^4$ mg Na$^+$/1000 g solvente)(1050 g solvente/1 L) = $1,13 \times 10^4$ mg Na$^+$/L = 11,3 g Na$^+$/L

(11,3 g Na$^+$/L)(58,44 g NaCl/23,0 g Na$^+$) = 28,8 g NaCl/L

**13.2** $\Delta_{solvente}H°$ = $\Delta_f H°$[NaOH(aq)] − $\Delta_f H°$[NaOH(s)]
= −469,2kJ mol$^{-1}$ − (−425,9 kJ mol$^{-1}$)
= −43,3kJ mol$^{-1}$

**13.3** Solubilidade de $CO_2$ = $k_H P_g$ = 0,034 mol/kg · bar × 0,33bar = $1,1 \times 10^{-2}$ mol kg$^{-1}$

**13.4** A solução contém sacarose [(10,0 g)(1 mol/342,3 g) = 0,0292 mol] em água [(225 g) (1 mol/18,02 g) = 12,5 mol].

$X_{água}$ = (12,5 mol $H_2O$)/(12,5 mol + 0,0292 mol) = 0,998

$P_{água}$ = $X_{água}P°_{água}$ = 0,998(149,4 mm Hg) = 149 mm Hg

**13.5** $c_{glicol}$ = $\Delta T_{bp}/K_{bp}$ = 1,0°C/(0,512°C/$m$) = 2,0 mol kg$^{-1}$
massa$_{glicol}$ = (2,0 mol kg$^{-1}$)(0,125 kg)(62,07 g mol$^{-1}$) = 15 g

**13.6** $c_{glicol}$ = (525 g)(1 mol/62,07 g)/(3,00 kg) = 2,82 mol kg$^{-1}$

$\Delta T_{fp}$ = $K_{fp} \times m$ = (−1,86°C mol kg$^{-1}$)(2,82 mol kg$^{-1}$) = −5,24°C

Você estará protegido apenas a cerca de −5°C e não a −25°C.

**13.7** $c$ (mol L$^{-1}$) = (0,033 g bradicinina) (1 mol bradicinina/1060 g bradicinina) /0,0500 L = $6,2 \times 10^{-4}$ mol L$^{-1}$

$\Pi$ = $cRT$ = ($6,2 \times 10^{-4}$ mol L$^{-1}$) (0,082057 L · atm mol$^{-1}$ · K)(293K) = 0,015 atm

**13.8** $\Delta T_{fp}$ = 5,265°C − 5,50°C = −0,24°C

$\Delta T_{fp}$ = $K_{fp} \times m_{soluto}$

$m_{soluto}$ = −0,24°C/−5,12°C/$m$ = 0,046 mol kg$^{-1}$

$m_{soluto}$ = (0,046 mol soluto/kg benzeno)(0,02346 kg benzeno) = 0,0011 mol soluto

$M$ = 0,448 g/0,0011 mol = $4,2 \times 10^2$ g mol$^{-1}$

$M$(composto)/$M$(fórmula empírica) = $4,2 \times 10^2$ g mol$^{-1}$/104,1 g mol$^{-1}$ = 4,0

Fórmula molecular = $(C_2H_5)_8Al_4F_4$

**13.9** $c$ (mol L$^{-1}$) = $\Pi/RT$ = [(1,86 mm Hg) (1 atm/ 760 mm Hg)]/[(0,08206 L · atm mol$^{-1}$ · K) (298 K)] = $1,00 \times 10^{-4}$ mol L$^{-1}$

($1,00 \times 10^{-4}$ mol L$^{-1}$)(0,100 L) = $1,00 \times 10^{-5}$ mol

Massa molar = 1,40 g/$1,00 \times 10^{-5}$ mol = $1,4 \times 10^5$ g mol$^{-1}$

(Assumindo que o polímero é composto por unidades de $CH_2$, o polímero é de cerca de 10000 unidades de comprimento.)

**13.10** $c_{NaCl}$ = (25,0 g NaCl) (1 mol/58,44 g) /(0,525 kg) = 0,815 mol kg$^{-1}$

$\Delta T_{fp}$ = $K_{fp} \times m \times i$ = (−1,86°C/$m$) (0,815 mol kg$^{-1}$) (1,85) = −2,80°C

## Aplicando os Princípios Químicos

### 13.1 Destilação

1. $X$(hexano) = 0,59

2. Quatro pratos

3. Massa de hexano = 0,20 mol de $C_6H_{14}$ (86,18 g de $C_6H_{14}$/1 mol de $C_6H_{14}$) = 17,2 g de $C_6H_{14}$

Massa de heptano = 0,80 mol de $C_7H_{16}$(100,20 g de $C_7H_{16}$/1 mol de $C_7H_{16}$) = 80,2 g de $C_7H_{16}$

Percentagem em massa de hexano = 17,2 g de $C_6H_{14}$/(17,2 g de $C_6H_{14}$ + 80,2 g de $C_7H_{16}$) × 100% = 18% hexano

4. $\ln(P_2/P_1)$ = −($\Delta_{vap}H/R$)($1/T_2$ − $1/T_1$)

$\ln$(361,5 mm Hg/760 mm Hg) = −($\Delta_{vap}H$/0,0083145 kJ mol$^{-1}$ · K$^{-1}$)(1/348,2K − 1/371,6 K)

$\Delta_{vap}H$ = 34,2 mol L$^{-1}$

### 13.2 A Lei de Henry e os Lagos Explosivos

1. $PV$ = $nRT$

4,0 atm(0,025 L) = $n$(0,08206 L · atm mol$^{-1}$ · K)(298 K); $n$ = $4,1 \times 10^{-3}$ mol

2. $P_1V_1$ = $P_2V_2$

4,0 atm(0,025 L) = $3,7 \times 10^{-4}$ atm ($V_2$); $V_2$ = 270 L

O gás expandido por um fator de 11000 (= 270 L/0,025 L).

3. Solubilidade de $CO_2$ = $k_H P_g$ = 0,034 mol/kg · bar ($3,7 \times 10^{-4}$ bar) = $1,3 \times 10^{-5}$ mol kg$^{-1}$

4. Antes de abrir: Solubilidade de $CO_2$ antes da abertura = $k_H P_g$ = 0,034 mol/kg · bar (4,0 bar) = 0,14 mol kg$^{-1}$

Assuma que a densidade da solução é de 1,0 g cm$^{-3}$, por conseguinte, 1,0 L corresponde a 1,0 kg. A quantidade de $CO_2$ dissolvido é de 0,14 mol.

Após a abertura: Solubilidade de $CO_2$ = $1,3 \times 10^{-5}$ mol kg$^{-1}$ conforme calculado na parte 3 acima. A quantidade de $CO_2$ em 1,0 kg é $1,3 \times 10^{-5}$ mol.

Massa de $CO_2$ liberado = (0,14 mol $CO_2$ − $1,3 \times 10^{-5}$ mol $CO_2$)(44,01 g $CO_2$/1 mol $CO_2$) = 6,0 g $CO_2$

### 13.3 A Narcose e o Mal dos Mergulhadores

1. Densidade da água em unidades do SI = 1,00 g cm$^{-3}$ (1 kg/1000 g) (100 cm/1 m)$^3$ = $1,00 \times 10^3$ kg m$^{-3}$

Pressão da água em pascal = densidade × aceleração devido à gravidade × profundidade = $1,00 \times 10^3$ kg m$^{-3}$ (9,81 m s$^{-2}$)(10,0 m) = $9,81 \times 10^4$ Pa

Pressão da água em atm = $9,81 \times 10^4$ Pa (1 atm/101,325 Pa) = 0,9682 atm

Pressão total = 1,000 atm + 0,9682 atm = 1,9682 atm = 1,968 atm

Pressão parcial do $N_2 = X_{N2}(P_{total}) = 0,7808(1,9682\ atm) = 1,537\ atm$

Pressão parcial do $O_2 = X_{O_2}(P_{total}) = 0,2095(1,9682\ atm) = 0,4123\ atm$

**2.** Pressão parcial do $O_2 = X_{O_2}(P_{total}) = 0,2095(3,0\ atm) = 0,629\ atm$

Solubilidade do $O_2 = k_H P_g = (1,3\times 10^{-3}\ mol\ kg^{-1} \cdot bar^{-1})$ $(0,629\ atm)(1\ bar/0,98692\ atm) = 8,28 \times 10^{-4}\ mol\ kg^{-1} = 8,3\times 10{-4}\ mol\ kg^{-1}$

Supondo que a densidade da água seja de $1,00\ g\ cm^{-1}$, 1,0 L corresponde a 1,0 kg ode água.

$1,0\ kg(8,28 \times 10^{-4}\ mol\ de\ O_2\ por)(32,00\ g\ de\ O_2\ mol^{-1} O_2)^{-1} = 0,026\ g\ O_2$

**3.** Pressão parcial do $N_2 = X_{N_2}(P_{total}) = 0,7808(1,0\ atm) = 0,781\ atm$

Solubilidade do $N_2 = k_H P_g = (6,0 \times 10^{-4}\ mol\ kg^{-1} \cdot bar^{-1})$ $(0,781\ atm)(1\ bar/0,98692\ atm) = 4,75 \times 10{-4}\ mol\ kg^{-1}$

Pressão parcial do $O_2 = X_{O_2}(P_{total}) = 0,209(1,0\ atm) = 0,209\ atm$

Solubilidade do $O_2 = k_H P_g = (1,3\times 10^{-3}\ mol\ kg^{-1} \cdot bar^{-1})$ $(0,209\ atm)(1\ bar/0,98692\ atm) = 2,75 \times 10{-4}\ mol\ kg^{-1}$

Em 1,0 L (= 1,0 kg) de $H_2O$, há $4,75 \times 10^{-4}$ mol de $N_2$ e $2,75 \times 10^{-4}$ mol de $O_2$ que será expelido.

$X_{O_2} = 2,75 \times 10^{-4}\ mol/(2,75 \times 10^{-4}\ mol + 4,75 \times 10^{-4}\ mol) = 0,37$

## Questões para Estudo

**13.1** (a) Concentração $(m) = 0,0434\ mol\ kg^{-1}$
(b) Fração em mol do ácido = 0,000781
(c) Percentagem em massa = 0,509%

**13.3**

| Composto | Molalidade | Peso Percentual | Fração em Mol |
|---|---|---|---|
| NaI | $0,15\ mol\ kg^{-1}$ | 2,2 | $2,7 \times 10^{-3}$ |
| $C_2H_5OH$ | $1,1\ mol\ kg^{-1}$ | 5,0 | 0,020 |
| $C_{12}H_{22}O_{11}$ | $0,15\ mol\ kg^{-1}$ | 4,9 | $2,7 \times 10^{-3}$ |

**13.5** $2,65\ g\ Na_2CO_3$; $X(Na_2CO_3) = 3,59 \times 10^{-3}$

**13.7** 220 g glicerol; $5,7\ mol\ kg^{-1}$

**13.9** $16,2\ mol\ kg^{-1}$; 37,1%

**13.11** Molalidade = $2,6 \times 10^{-5}\ mol\ kg^{-1}$ (supondo que 1 kg de água do mar seja equivalente a 1 kg de solvente)

**13.13** (b) e (c)

**13.15** $\Delta_{solvente}H°$ de LiCl = $-36,9\ kJ\ mol^{-1}$. Esta é uma entalpia exotérmica de solução, em comparação com o mesmo valor muito ligeiramente endotérmico de NaCl.

**13.17** Acima de cerca de 40°C, a solubilidade aumenta com a temperatura; portanto, adicione mais NaCl e aumente a temperatura.

**13.19** $2\times 10^{-3}\ g\ O_2$

**13.21** 1100 mm Hg ou 1,5 bar

**13.23** (a) $S = 2,0 \times 10^{-3}\ mol\ kg^{-1}$
(b) O aumento da pressão de 1,7 atm resultará num aumento da concentração de $O_2$ dissolvido; a redução da pressão para 1,0 atm conduzirá a uma menor concentração de $O_2$ dissolvido.

**13.25** 35,0 mm Hg

**13.27** $X(H_2O) = 0,869$; 16,7 mol de glicol; 1040 g de glicol

**13.29** Ponto de ebulição calculado = 84,2°C

**13.31** $\Delta T_{pe} = 0,808°C$; ponto de ebulição da solução = 62,51°C

**13.33** Molalidade = $8,60\ mol\ kg^{-1}$; 28,4%

**13.35** Molalidade = $0,195\ mol\ kg^{-1}$; $\Delta T_{pf} = pf = -0,362°C$

**13.37** (a) $\Delta T_{pf} = -0,348°C$; pf = $-0,348°C$
(b) $\Delta T_{pe} = +0,0959°C$; pe = $100,0959°C$
(c) $\Pi = 4,58\ atm$
A pressão osmótica é grande e pode ser medida com um pequeno erro experimental.

**13.39** Massa molar = $6,0 \times 10^3\ g\ mol^{-1}$

**13.41** Massa molar = $360\ g\ mol^{-1}$; $C_{20}H_{16}Fe_2$

**13.43** Massa molar = $150\ g\ mol^{-1}$

**13.45** Massa molar = $170\ g\ mol^{-1}$

**13.47** Ponto de congelamento = $-24,6°C$

**13.49** $0,08\ mol\ kg^{-1}\ CaCl_2 < 0,1\ mol\ kg^{-1}\ NaCl < 0,04\ mol\ kg^{-1}$ $Na_2SO_4 < 0,1$ açúcar

**13.51** (a) $BaCl_2(aq) + Na_2SO_4(aq) \rightarrow BaSO_4(s) + 2NaCl(aq)$
(b) Inicialmente, as partículas de $BaSO_4$ formam uma suspensão coloidal.
(c) Com o tempo, as partículas de $BaSO_4(s)$ crescem e se precipitam.

**13.53** Massa molar = $110\ g\ mol^{-1}$

**13.55** (a) Aumento na pressão de vapor de água
$0,20\ mol\ kg^{-1}\ Na_2SO_4 < 0,50\ mol\ kg^{-1}$ açúcar $< 0,20$ $mol\ kg^{-1}\ KBr < 0,35\ mol\ kg^{-1}$ etilenoglicol
(b) Aumento do ponto de ebulição de $0,35\ mol\ kg^{-1}$ de etilenoglicol $< 0,20\ mol\ kg^{-1}\ KBr$ $< 0,50\ mol\ kg^{-1}$ açúcar $< 0,20\ mol\ kg^{-1}\ Na_2SO_4$

**13.57** (a) 0,456 mol DMG e 11,4 mol de etanol; $X(DMG) = 0,0385$
(b) $0,869\ mol\ kg^{-1}$
(c) Etanol VP sobre a solução a 78,4°C = 730,7 milímetros de Hg
(d) pe = 79,5°C

**13.59** Da amônia: $23\ mol\ kg^{-1}$; $X(NH_3) = 0,29$; 28%

**13.61** $0,592\ g\ Na_2SO_4$

**13.63** (a) $0,20\ mol\ kg^{-1}\ KBr$; (b) $0,10\ mol\ kg^{-1}\ Na_2CO_3$

**13.65** Pontos de congelamento = $-11°C$

**13.67** $4,0 \times 10^2\ g\ mol^{-1}$

**13.69** $4,7 \times 10^{-4}\ mol\ kg^{-1}$

**13.71** (a) Massa molar = $4,9 \times 10^4\ g\ mol^{-1}$
(b) $\Delta T_{pf} = -3,8 \times 10^{-4}°C$

**13.73** $\Delta_{solvente}H°\ [Li_2SO_4] = -28,0\ kJ\ mol^{-1}$
$\Delta_{solvente}H°\ [LiCl] = -36,9\ kJ\ mol^{-1}$
$\Delta_{solvente}H°\ [K_2SO_4] = +23,7\ kJ\ mol^{-1}$
$\Delta_{solvente}H°\ [KCl] = +17,2 kJ\ mol^{-1}$
Ambos os compostos de lítio têm entalpias exotérmicas de solução, enquanto ambos os compostos de potássio têm valores endotérmicos. Consistente com isso está o fato de que os sais de lítio (LiCl) são muitas vezes mais

solúveis em água do que os sais de potássio (KCl) (ver Figura 13.11).

**13.75** $X$ (benzeno na solução) = 0,67 e
$X$ (tolueno na solução) = 0,33

$$P_{total} = P_{tolueno} + P_{benzeno} = 7,3mm\ Hg + 50\ mm\ Hg$$
$$= 57\ mm\ Hg$$

$$X(\text{toluente no vapor}) = \frac{7,3\ mm\ Hg}{57\ mm\ Hg} = 0,13$$

$$X(\text{benzeno no vapor}) = \frac{50\ mm\ Hg}{57\ mm\ Hg} = 0,87$$

**13.77** $i = 1,7$. Ou seja, há 1,7 mol de íons em solução por mol de composto.

**13.79** (a) Calcule a quantidade de matéria de íons em $10^6$ g $H_2O$: 550 mol de $Cl^-$; 470 mol de $Na^+$; 53,1 mol de $Mg^{2+}$; 9,42 mol de $SO_4^{2-}$; 10,3mol de $Ca^{2+}$; 9,72 mol de $K^+$; 0,84 mol de $Br^-$. Quantidade de matéria total de íons =$1,103\times 10^3$ por $10^6$ g água. Isso dá $\Delta T_{pf}$ de $-2,05°C$.

(b) $\Pi = 27,0$ atm. Isso significa que uma pressão mínima de 27 atm teria de ser utilizada num dispositivo de osmose reversa.

**13.81** (a) $i = 2,06$
(b) Há aproximadamente duas partículas na solução, então $H^+ + HSO_4^-$ representa melhor o $H_2SO_4$ em solução aquosa.

**13.83** Massa de $N_2O = 0,53$ g; concentração = $1,1 \times 10^3$ ppm

**13.85** O melhor método seria o de acender um laser através do líquido e observar o efeito de Tyndall. Algumas outras propriedades dos coloides que podem ser utilizados são os de que o material disperso em um coloide ou não se cristalizará ou se cristalizará apenas com dificuldade e não se difundirá através de uma membrana ou se difundirá muito mais lentamente do que um verdadeiro soluto.

**13.87** A molalidade calculada no ponto de congelamento do benzeno é de 0,47 mol kg⁻¹, enquanto o ponto de ebulição é de 0,99 mol kg⁻¹. Uma molalidade mais alta a uma temperatura mais elevada indica que mais moléculas estão dissolvidas. Portanto, assumindo que o ácido benzoico forma dímeros como o ácido acético, a formação do dímero é mais predominante sob temperatura mais baixa. Nesse processo, duas moléculas tornam-se uma entidade, diminuindo o número de espécies distintas em solução e reduzindo a molalidade.

**13.89** Massa molar no benzeno = $1,20 \times 10^2$ g mol⁻¹; massa molar em água = 62,4 g mol⁻¹. A massa molar do ácido acético é de 60,1 g mol⁻¹. No benzeno, as moléculas de ácido acético formam "dímeros". Ou seja, duas moléculas formam uma única unidade através de ligações de hidrogênio.

**13.91** A fórmula empírica, calculada a partir dos dados percentuais da composição, é $C_7H_6N_2$. A massa molar calculada do composto é de 118 g mol⁻¹, o que concorda com a massa molar calculada a partir dos dados de pressão de vapor.

**13.93** A força das interações está relacionada com o tamanho do íon. Assim, o $Be^{2+}$ é mais fortemente hidratado, e o $Ca^{2+}$ é menos fortemente hidratado.

**13.95** As propriedades coligativas dependem do número de íons ou moléculas em solução. Cada mol de $CaCl_2$ fornece 1,5 vezes mais íons que cada mol de NaCl.

**13.97** O benzeno é um solvente apolar. Assim, substâncias iônicas, tais como $NaNO_3$ e $NH_4Cl$, certamente não se dissolverão. No entanto, o naftaleno também é apolar e assemelha-se ao benzeno na sua estrutura; ele deve dissolver muito bem. (Um manual de química dá uma solubilidade de 33 g de naftaleno por 100 g de benzeno.) Éter dietílico é fracamente polar mas é miscível em certa medida com benzeno.

A água é um solvente polar. Os compostos iônicos, $NaNO_3$ e $NH_4Cl$, são ambos solúveis em água (solubilidade de $NaNO_3$ (a 25°C) = 91 g por 100 g de água; solubilidade de $NH_4Cl$ (a 25°C) = 40 g por 100 g de água. O composto ligeiramente polar do éter dietílico é solúvel em uma pequena medida de água (cerca de 6 g por 100 g de água a 25°C). O naftaleno apolar não é solúvel em água (solubilidade a 25°C = 0,003 g por 100 g de água).

**13.99** As ligações C—C e C—H nos hidrocarbonetos são apolares ou fracamente polares e tendem a fazer tais dispersões hidrofóbicas (que não absorvem água). As ligações C—O e O—H em amido apresentam oportunidades para ligação de hidrogênio com água. Assim, espera-se que o amido seja mais hidrofílico.

**13.101** [NaCl] = 1,0 mol L⁻¹ e [KNO₃] = 0,88 M. A solução $KNO_3$ tem uma concentração mais elevada de solvente, então ele fluirá a partir da solução de $KNO_3$ para a de NaCl.

**13.103** (a) $X(C_2H_5OH) = 0,051$; $X(H_2O) = 0,949$
(b) $P(C_2H_5OH)$ sobre a mistura = 38 mm Hg; $P°(H_2O)$ calculado através da interpolação linear utilizando as pressões de vapor a 78°C e 79°C = 334,2 milímetros Hg; $P(H_2O)$ sobre a mistura = 317 mm Hg
(c) $X(C_2H_5OH) = 0,11$; $X(H_2O) = 0,89$
(d) A fração em mol do etanol aumentou de 0,051 a 0,11, 2,2 vezes o tamanho original. Porcentagem em massa de $C_2H_5OH$ = 24%

**13.105** A molalidade da solução de NaCl a 5,00% é de 0,901 mol kg⁻¹. Presumindo que haja dissociação, Isso leva a $\Delta T_{fp}$(calculada) = $-1,68°C$ e $i = 1,82$. A molalidade da solução de 5,00% $Na_2SO_4$ é, 0,371 mol kg⁻¹, $\Delta T_{fp}$(calculada) = $-0,689°C$, e $i = 1,97$. Esses valores são consistentes com as tendências observadas na Tabela 13.4. Como a concentração dos solutos iônicos aumenta, o valor de $i$ continua a diminuir para ambos os solutos, e a taxa de redução está caindo para ambos os solutos. No caso do NaCl, esse valor está se uniformizando um pouco. No caso de $Na_2SO_4$, ele continua a diminuir em quantidades significativas. O valor de $i$ para $Na_2SO_4$ agora caiu abaixo de 2 e está próximo ao do NaCl.

**13.107** Isso não dá crédito à história. A temperatura mais baixa da solução de NaCl corresponde a uma temperatura de 2,372°F. A temperatura de 0°F ainda está abaixo dela.

# Índice remissivo e Glossário

*Os números em itálico representam ilustrações e aqueles seguidos pela letra "t" indicam tabelas. Os termos do glossário, em negrito, são definidos aqui e no texto.*

# Tabela Periódica dos Elementos

## Cores padrão para átomos em modelos moleculares

- átomos de carbono
- átomos de hidrogênio
- átomos de oxigênio
- átomos de nitrogênio
- átomos de cloro

### Legenda
- METAIS DO GRUPO PRINCIPAL
- METAIS DE TRANSIÇÃO
- METALOIDES
- NÃO METAIS

**Exemplo:**
Urânio
92 — Número atômico
U — Símbolo
238,0289 — Massa atômica

| | 1 (1A) | 2 (2A) | 3 (3B) | 4 (4B) | 5 (5B) | 6 (6B) | 7 (7B) | 8 (8B) | (9B) | (10B) | 11 (1B) | 12 (2B) | 13 (3A) | 14 (4A) | 15 (5A) | 16 (6A) | 17 (7A) | 18 (8A) |
|---|---|---|---|---|---|---|---|---|---|---|---|---|---|---|---|---|---|---|
| 1 | Hidrogênio 1 H 1,0079 | | | | | | | | | | | | | | | | | Hélio 2 He 4,0026 |
| 2 | Lítio 3 Li 6,941 | Berílio 4 Be 9,0122 | | | | | | | | | | | Boro 5 B 10,811 | Carbono 6 C 12,011 | Nitrogênio 7 N 14,0067 | Oxigênio 8 O 15,9994 | Flúor 9 F 18,9984 | Neônio 10 Ne 20,1797 |
| 3 | Sódio 11 Na 22,9898 | Magnésio 12 Mg 24,3050 | | | | | | | | | | | Alumínio 13 Al 26,9815 | Silício 14 Si 28,0855 | Fósforo 15 P 30,9738 | Enxofre 16 S 32,066 | Cloro 17 Cl 35,4527 | Argônio 18 Ar 39,948 |
| 4 | Potássio 19 K 39,0983 | Cálcio 20 Ca 40,078 | Escândio 21 Sc 44,9559 | Titânio 22 Ti 47,867 | Vanádio 23 V 50,9415 | Cromo 24 Cr 51,9961 | Manganês 25 Mn 54,9380 | Ferro 26 Fe 55,845 | Cobalto 27 Co 58,9332 | Níquel 28 Ni 58,6934 | Cobre 29 Cu 63,546 | Zinco 30 Zn 65,38 | Gálio 31 Ga 69,723 | Germânio 32 Ge 72,63 | Arsênico 33 As 74,9216 | Selênio 34 Se 78,96 | Bromo 35 Br 79,904 | Criptônio 36 Kr 83,798 |
| 5 | Rubídio 37 Rb 85,4678 | Estrôncio 38 Sr 87,62 | Ítrio 39 Y 88,9059 | Zircônio 40 Zr 91,224 | Nióbio 41 Nb 92,9064 | Molibdênio 42 Mo 95,96 | Tecnécio 43 Tc (97,907) | Rutênio 44 Ru 101,07 | Ródio 45 Rh 102,9055 | Paládio 46 Pd 106,42 | Prata 47 Ag 107,8682 | Cádmio 48 Cd 112,411 | Índio 49 In 114,818 | Estanho 50 Sn 118,710 | Antimônio 51 Sb 121,760 | Telúrio 52 Te 127,60 | Iodo 53 I 126,9045 | Xenônio 54 Xe 131,293 |
| 6 | Césio 55 Cs 132,9055 | Bário 56 Ba 137,327 | Lantânio 57 La 138,9055 | Háfnio 72 Hf 178,49 | Tântalo 73 Ta 180,9479 | Tungstênio 74 W 183,84 | Rênio 75 Re 186,207 | Ósmio 76 Os 190,23 | Irídio 77 Ir 192,22 | Platina 78 Pt 195,084 | Ouro 79 Au 196,9666 | Mercúrio 80 Hg 200,59 | Tálio 81 Tl 204,3833 | Chumbo 82 Pb 207,2 | Bismuto 83 Bi 208,9804 | Polônio 84 Po (208,98) | Astatínio 85 At (209,99) | Radônio 86 Rn (222,02) |
| 7 | Frâncio 87 Fr (223,02) | Rádio 88 Ra (226,0254) | Actínio 89 Ac (227,0278) | Rutherfórdio 104 Rf (265) | Dúbnio 105 Db (268) | Seabórgio 106 Sg (271) | Bóhrio 107 Bh (270) | Hássio 108 Hs (277) | Meitnério 109 Mt (276) | Darmstádtio 110 Ds (281) | Roentgênio 111 Rg (280) | Copernício 112 Cn (285) | Ununtrium 113 Uut Descoberto em 2004 | Fleróvio 114 Fl (289) | Ununpentium 115 Uup Descoberto em 2004 | Livermorium 116 Lv (292) | Ununseptium 117 Uus Descoberto em 2010 | Ununoctium 118 Uuo Descoberto em 2002 |

**Lantanídeos:**

| Cério 58 Ce 140,116 | Praseodímio 59 Pr 140,9076 | Neodímio 60 Nd 144,242 | Promécio 61 Pm (144,91) | Samário 62 Sm 150,36 | Európio 63 Eu 151,964 | Gadolínio 64 Gd 157,25 | Térbio 65 Tb 158,9254 | Disprósio 66 Dy 162,50 | Hólmio 67 Ho 164,9303 | Érbio 68 Er 167,26 | Túlio 69 Tm 168,9342 | Itérbio 70 Yb 173,054 | Lutécio 71 Lu 174,9668 |
|---|---|---|---|---|---|---|---|---|---|---|---|---|---|

**Actinídeos:**

| Tório 90 Th 232,0381 | Protactíneo 91 Pa 231,0359 | Urânio 92 U 238,0289 | Netúnio 93 Np (237,0482) | Plutônio 94 Pu (244,664) | Amerício 95 Am (243,061) | Cúrio 96 Cm (247,07) | Berquélio 97 Bk (247,07) | Califórnio 98 Cf (251,08) | Einstênio 99 Es (252,08) | Férmio 100 Fm (257,10) | Mendelévio 101 Md (258,10) | Nobélio 102 No (259,10) | Laurêncio 103 Lr (262,11) |
|---|---|---|---|---|---|---|---|---|---|---|---|---|---|

Nota: As massas atômicas correspondem aos valores de 2009 da IUPAC (até quatro casas decimais). Os números entre parênteses representam as massas atômicas ou os números de massa do isótopo mais estável de um elemento.

## CONSTANTES FÍSICAS E QUÍMICAS

| | |
|---|---|
| Número de Avogadro | $N = 6,02214129 \times 10^{23}$ mol$^{-1}$ |
| Carga do elétron | $e = 1,60217657 \times 10^{-19}$ C |
| Constante de Faraday | $F = 9,6485337 \times 10^4$ C (mol de elétrons)$^{-1}$ |
| Constante do gás ideal | $R = 8,314462$ J K$^{-1}$ · mol$^{-1}$ |
| | $= 0,082057$ L · atm K$^{-1}$ · mol$^{-1}$ |

| | |
|---|---|
| $\pi$ | $\pi = 3,1415926536$ |
| Constante de Planck | $h = 6,6260696 \times 10^{-34}$ J · s |
| Velocidade da luz (no vácuo) | $c = 2,99792458 \times 10^8$ m s$^{-1}$ |

## RELAÇÕES E FATORES DE CONVERSÃO ÚTEIS

### Comprimento
**Unidade SI: Metro (m)**

1 quilômetro = 1000 metros
        = 0,62137 milha
    1 metro = 100 centímetros
1 centímetro = 10 milímetros
1 nanômetro = $1,00 \times 10^{-9}$ metro
1 picômetro = $1,00 \times 10^{-12}$ metro
1 polegada = 2,54 centímetros (exatamente)
1 Ångstrom = $1,00 \times 10^{-10}$ metro

### Massa
**Unidade SI: Quilograma (kg)**

1 quilograma = 1000 gramas
    1 grama = 1000 miligramas
    1 libra = 453,59237 gramas = 16 onças
1 tonelada = 2000 libras

### Volume
**Unidade SI: Metro Cúbico (m³)**

1 litro (L) = $1,00 \times 10^{-3}$ m$^3$
        = 1000 cm$^3$
        = 1,056710 quartos
1 galão = 4,00 quartos

### Energia
**Unidade SI: Joule (J)**

1 joule = 1 kg · m$^{-2}$ s$^{-2}$
      = 0,23901 caloria
      = 1 C × 1 V
1 caloria = 4,184 joules

### Pressão
**Unidade SI: Pascal (Pa)**

1 pascal = 1 N m$^{-2}$
        = 1 kg m$^{-1}$ · s$^{-2}$
1 atmosfera = 101,325 quilopascals
        = 760 mm Hg = 760 torr
        = 14,70 lb/in$^{-2}$
        = 1,01325 bar
1 bar = $10^5$ Pa (exatamente)

### Temperatura
**Unidade SI: kelvin (K)**

0 K = $-273,15$°C
K = °C + 273,15°C
? °C = (5°C/9°F)(°F − 32°F)
? °F = (9°F/5°C)(°C) + 32°F

## LOCALIZAÇÃO DE TABELAS E FIGURAS ÚTEIS

### Propriedades
### Atômicas e Moleculares

| | |
|---|---|
| Configurações eletrônicas atômicas | Tabela 7.3 |
| Raios atômicos | Figuras 7.5, 7.8 |
| Entalpias de dissociação de ligações | Tabela 8.8 |
| Comprimentos da ligação | Tabela 8.7 |
| Entalpias de adição eletrônica | Figura 7.10, Apêndice F |
| Eletronegatividade | Figura 8.11 |
| Elementos e suas células unitárias | Figura 12.5 |
| Orbitais híbridos | Figura 9.3 |
| Raios iônicos | Figura 7.11 |
| Energias de ionização | Figura 7.9, Tabela 7.5, Apêndice F |

### Propriedades
### Termodinâmicas

| | |
|---|---|
| Entalpia, entropia, energia livre | Apêndice L |
| Energias reticulares | Tabela 12.1 |
| Capacidades caloríficas específicas | Figura 5.4, Apêndice D |

### Ácidos, Bases
### e Sais

| | |
|---|---|
| Propriedades ácidas e básicas de alguns íons em solução aquosa | Tabela 16.3 |
| Ácidos e bases comuns | Tabela 3.1 |
| Constantes de formação de íons complexos | Apêndice K |
| Constantes de ionização para ácidos e bases fracos | Tabela 16.2, Apêndices H e I |
| Nomes e composição de íons poliatômicos | Tabela 2.4 |
| Diretrizes de solubilidade | Figura 3.10 |
| Constantes do produto de solubilidade | Apêndice J |

### Diversos

| | |
|---|---|
| Cargas de alguns cátions e ânions monoatômicos comuns | Figura 2.18 |
| Pontos de fusão e entalpias de fusão de alguns elementos e compostos | Tabela 12.3 |
| Agentes oxidantes e redutores | Tabela 3.3 |
| Polímeros | Tabela 23.12 |
| Alcanos selecionados | Tabela 23.2 |
| Potenciais padrão de redução | Tabela 19.1, Apêndice M |
| Estruturas e propriedades de vários tipos de substâncias sólidas | Tabela 12.2 |

## MASSAS ATÔMICAS PADRÃO DOS ELEMENTOS 2009 Com base na massa atômica relativa de $^{12}C = 12$, em que $^{12}C$ é um átomo neutro em seu estado fundamental e eletrônico e nuclear.[†]

| Nome | Símbolo | Número Atômico | Massa Atômica | Nome | Símbolo | Número Atômico | Massa Atômica |
|---|---|---|---|---|---|---|---|
| Actínio* | Ac | 89 | (227) | Mendelévio* | Md | 101 | (258) |
| Alumínio | Al | 13 | 26,9815386(8) | Mercúrio | Hg | 80 | 200,59(2) |
| Américio* | Am | 95 | (243) | Molibdênio | Mo | 42 | 95,96(2) |
| Antimônio | Sb | 51 | 121,760(1) | Neodímio | Nd | 60 | 144,242(3) |
| Argônio | Ar | 18 | 39,948(1) | Neônio | Ne | 10 | 20,1797(6) |
| Arsênio | As | 33 | 74,92160(2) | Neptúnio* | Np | 93 | (237) |
| Astato* | At | 85 | (210) | Níquel | Ni | 28 | 58,6934(4) |
| Bário | Ba | 56 | 137,327(7) | Nióbio | Nb | 41 | 92,90638(2) |
| Berquélio* | Bk | 97 | (247) | Nitrogênio | N | 7 | 14,0067(2) |
| Berílio | Be | 4 | 9,012182(3) | Nobélio* | No | 102 | (259) |
| Bismuto | Bi | 83 | 208,98040(1) | Ósmio | Os | 76 | 190,23(3) |
| Bóhrio* | Bh | 107 | (270) | Oxigênio | O | 8 | 15,9994(3) |
| Boro | B | 5 | 10,811(7) | Paládio | Pd | 46 | 106,42(1) |
| Bromo | Br | 35 | 79,904(1) | Fósforo | P | 15 | 30,973762(2) |
| Cádmio | Cd | 48 | 112,411(8) | Platina | Pt | 78 | 195,084(9) |
| Césio | Cs | 55 | 132,9054519(2) | Plutônio* | Pu | 94 | (244) |
| Cálcio | Ca | 20 | 40,078(4) | Polônio* | Po | 84 | (209) |
| Califórnio* | Cf | 98 | (251) | Potássio | K | 19 | 39,0983(1) |
| Carbono | C | 6 | 12,0107(8) | Praseodímio | Pr | 59 | 140,90765(2) |
| Cério | Ce | 58 | 140,116(1) | Promécio* | Pm | 61 | (145) |
| Cloro | Cl | 17 | 35,453(2) | Protactínio* | Pa | 91 | 231,03588(2) |
| Cromo | Cr | 24 | 51,9961(6) | Rádio* | Ra | 88 | (226) |
| Cobalto | Co | 27 | 58,933195(5) | Radônio* | Rn | 86 | (222) |
| Copernício | Cn | 112 | (285) | Rênio | Re | 75 | 186,207(1) |
| Cobre | Cu | 29 | 63,546(3) | Ródio | Rh | 45 | 102,90550(2) |
| Cúrio* | Cm | 96 | (247) | Roentgênio | Rg | 111 | (280) |
| Darmstádio | Ds | 110 | (281) | Rubídio | Rb | 37 | 85,4678(3) |
| Dúbnio | Db | 105 | (268) | Rutênio | Ru | 44 | 101,07(2) |
| Disprósio | Dy | 66 | 162,500(1) | Rutherfórdio | Rf | 104 | (265) |
| Einstênio* | Es | 99 | (252) | Samário | Sm | 62 | 150,36(2) |
| Érbio | Er | 68 | 167,259(3) | Escândio | Sc | 21 | 44,955912(6) |
| Európio | Eu | 63 | 151,964(1) | Seabórgio | Sg | 106 | (271) |
| Férmio* | Fm | 100 | (257) | Selênio | Se | 34 | 78,96(3) |
| Fleróvio | Fl | 114 | (289) | Silício | Si | 14 | 28,0855(3) |
| Flúor | F | 9 | 18,9984032(5) | Prata | Ag | 47 | 107,8682(2) |
| Frâncio* | Fr | 87 | (223) | Sódio | Na | 11 | 22,98976928(2) |
| Gadolínio | Gd | 64 | 157,25(3) | Estrôncio | Sr | 38 | 87,62(1) |
| Gálio | Ga | 31 | 69,723(1) | Enxofre | S | 16 | 32,065(5) |
| Germânio | Ge | 32 | 72,63(1) | Tântalo | Ta | 73 | 180,94788(2) |
| Ouro | Au | 79 | 196,966569(4) | Tecnécio* | Tc | 43 | (98) |
| Háfnio | Hf | 72 | 178,49(2) | Telúrio | Te | 52 | 127,60(3) |
| Hássio | Hs | 108 | (277) | Térbio | Tb | 65 | 158,92535(2) |
| Hélio | He | 2 | 4,002602(2) | Tálio | Tl | 81 | 204,3833(2) |
| Hólmio | Ho | 67 | 164,93032(2) | Tório* | Th | 90 | 232,03806(2) |
| Hidrogênio | H | 1 | 1,00794(7) | Túlio | Tm | 69 | 168,93421(2) |
| Índio | In | 49 | 114,818(3) | Estanho | Sn | 50 | 118,710(7) |
| Iodo | I | 53 | 126,90447(3) | Titânio | Ti | 22 | 47,867(1) |
| Irídio | Ir | 77 | 192,217(3) | Tungstênio | W | 74 | 183,84(1) |
| Ferro | Fe | 26 | 55,845(2) | Ununoctium | Uuo | 118 | (294) |
| Criptônio | Kr | 36 | 83,798(2) | Ununpentium | Uup | 115 | (288) |
| Lantânio | La | 57 | 138,90547(7) | Ununseptium | Uus | 117 | (294) |
| Laurêncio* | Lr | 103 | (262) | Ununtrium | Uut | 113 | (284) |
| Chumbo | Pb | 82 | 207,2(1) | Urânio* | U | 92 | 238,02891(3) |
| Lítio | Li | 3 | 6,941(2) | Vanádio | V | 23 | 50,9415(1) |
| Livermório | Lv | 116 | (292) | Xenônio | Xe | 54 | 131,293(6) |
| Lutécio | Lu | 71 | 174,9668(1) | Itérbio | Yb | 70 | 173,054(5) |
| Magnésio | Mg | 12 | 24,3050(6) | Ítrio | Y | 39 | 88,90585(2) |
| Manganês | Mn | 25 | 54,938045(5) | Zinco | Zn | 30 | 65,38(2) |
| Meitenério | Mt | 109 | (276) | Zircônio | Zr | 40 | 91,224(2) |

[†] As massas atômicas de muitos elementos podem variar, dependendo da origem e do tratamento da amostra. Isso é especialmente verdadeiro para o Li; materiais comerciais que contêm lítio apresentam massas atômicas para o Li que variam entre 6,96 e 6,99. As incertezas nos valores de massa atômica aparecem entre parênteses após o último algarismo significativo que são atribuídas.

*Elementos que não apresentam nuclídeo estável; o valor apresentado entre parênteses representa a massa atômica de isótopo de meia-vida mais longa. Entretanto, três desses elementos (Th, Pa e U) têm composição isotópica característica, e a massa atômica está tabulada para esses elementos (http:www.chem.qmv.ac.uk.iupac/AtWt/).

Este livro foi impresso na
LIS GRÁFICA E EDITORA LTDA.
Rua Felício Antônio Alves, 370 – Bonsucesso
CEP 07175-450 – Guarulhos – SP
Fone: (11) 3382-0777 – Fax: (11) 3382-0778
lisgrafica@lisgrafica.com.br – www.lisgrafica.com.br